యువాల్ నోఆ హరారీ

మన నమ్మకాలు ఏవైనా కానీయండి, కానీ మన ప్రపంచానికి పునాదులైన వృత్తాంతాల పైన ప్రశ్నలు వేయడాన్ని, గతంలోని సంఘటనలని వర్తమానంలోని వ్యవహారాలతో జోడించడాన్ని, వివాదాస్పదమైన విషయాలకు భయపడకుండా ఉండటాన్ని ప్రోత్సహిస్తూంటాను.

డా. యువల్ నోఆ హరారీ ఆక్స్‌ఫర్డ్ విశ్వవిద్యాలంలో 'చరిత్ర'లో పి. హెచ్‌డి చేశారు. ప్రపంచ చరిత్రను లోతుగా చదివారు. ప్రస్తుతం వారు హీబ్రూ విశ్వవిద్యాలయం, జెరూసలేంలో అధ్యాపకుడిగా ఉన్నారు. వారి పుస్తకాలు సేపియన్స్, హోమో డెయూస్ అంతర్జాతీయ స్థాయిలో చర్చించబడ్డాయి.

మంజుల్ పబ్లిషింగ్ హౌస్ ప్రచురించిన
యువాల్ నోఆ హరారీ యొక్క మరొక పుస్తకం

సేపియన్స్ : మానవజాతి పరిణామక్రమం సంక్షిప్త చరిత్ర

యువల్ నోఆ హరారీ

హోమో డెయూస్

రేపటి సంక్షిప్త చరిత్ర

అనువాదం : ఆర్. శాంతసుందరి

MANJUL

మంజుల్ పబ్లిషింగ్ హౌస్

First published in India by

MANJUL
Manjul Publishing House
Corporate and Editorial Office
• 2nd Floor, Usha Preet Complex,
42 Malviya Nagar, Bhopal 462 003 - India
Sales and Marketing Office
•C-16, Sector 3, Noida, Uttar Pradesh, 201301, India
Website: www.manjulindia.com
Distribution Centres
Ahmedabad, Bengaluru, Bhopal, Kolkata, Chennai,
Hyderabad, Mumbai, New Delhi, Pune

Original English edition first published by Harvill Secker in 2016
Revised edition was first published with the title The History of Tomorrow
in Hebrew in Israel by Kinneret Zmora-Bitan Dvir in 2015

Telugu translation of
Homo Deus: A Brief History of Tomorrow by *Yuval Noah Harari*

This edition first published in India in 2021
Second impression 2023

ISBN 978-93-90924-19-6

Translation by R. Santha Sundari

Illustration © Stuart Daly; Design © Suzanne Dean

Printed and bound in India by Saurabh Printers Pvt. Ltd.

ప్రేమపూర్వకంగా ఎన్నో ముఖ్యమైన విషయాలు బోధించిన
మా గురువు ఎస్.ఎన్. గోయంకా (1924-2013)కి

విషయసూచిక

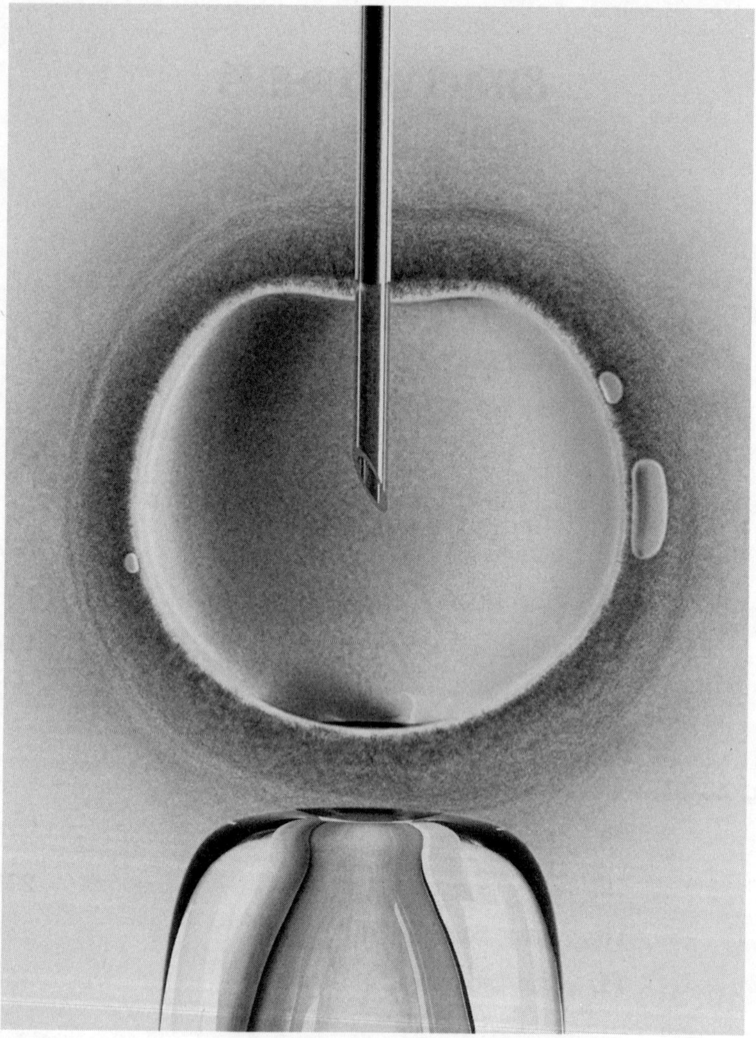

1. కృత్రిమ గర్భధారణ : ప్రయోగశాలలో సృష్టి

1

మానవజాతికి సంబంధించిన కొత్త కార్యక్రమ పట్టిక

మూడవ సహస్రాబ్ది తెల్లవారగానే మానవజాతి నిద్రలేచి ఒళ్ళు విరుచుకుని, కళ్ళు నులుముకుంటుంది. రాత్రి కన్న పీడకల తాలూకు అవశేషాలు ఇంకా దాని మనసులో కదలాడుతున్నాయి. 'కలలో ముళ్లకంచె లాంటిదీ, పుట్టగొడుగులా లేచిన బ్రహ్మాండమైన మేఘాలలాంటివీ కనిపించాయి. ఓహ్, అది ఉత్త పీడకల, అంతే.' బాత్రూంలోకి వెళ్లి మానవజాతి మొహం కడుక్కుంటుంది, అద్దంలో మొహం మీది ముడతలని శ్రద్ధగా పరీక్షించుకుంటుంది, కప్పు కాఫీ తయారుచేస్తుంది, ఆ తరవాత డైరీ తెరుస్తుంది. 'ఈరోజు చెయ్యవలసిన పనుల వివరాలేమిటో చూద్దాం.'

కొన్నివేల యేళ్లుగా ఈ ప్రశ్నకి సమాధానంలో ఎటువంటి మార్పు లేదు. ఇరవయ్యో శతాబ్దంలో చైనాలోనూ, మధ్యకాలంలో భారతదేశంలోనూ, ప్రాచీన ఈజిప్ట్ దేశంలోనూ జనం కేవలం మూడు సమస్యలకి పరిష్కారం కనుక్కోవటంలోనే తలమునకలుగా ఉండే వారు. కరువు, మహమ్మారి, యుద్ధం – ఈ మూడూ ఎప్పుడూ జాబితాలో అన్నిటికన్నా పైన ఉండేవి. తరతరాలుగా మానవులు ప్రతి దేవుడినీ, దేవతనీ, సెయింట్‌నీ ప్రార్థించారు, లెక్కలేనన్ని పరికరాలనీ, సంస్థలనీ, సామాజిక వ్యవస్థలనీ కనుగొన్నారు – అయినప్పటికీ వాళ్ళు లక్షల సంఖ్యలో ఆకలి బాధలతోనూ, అంటువ్యాధులతోనూ, హింసకి గురవటం చేతా మరణిస్తూనే ఉన్నారు. కరువు, మహమ్మారులూ, యుద్ధాలూ ఈ విశ్వాన్ని సృష్టించిన దేవుడి ప్రణాళికలోనో, లేదా మన అసంపూర్ణ స్వభావంలోనో అంతర్భాగమని చాలామంది మేధావులూ, ప్రవక్తలూ నిర్ధారించారు. ప్రళయకాలం వచ్చేదాకా వాటినుంచి తప్పించుకోవటం సాధ్యం కాదని కూడా అన్నారు.

అయినా మూడవ సహస్రాబ్ది ఉషోదయం అవగానే మానవజాతి నిద్ర మేల్కొంటూనే అద్భుతమైన ఒక కొత్త పరిజ్ఞానాన్ని సంపాదించుకుంది. ఎక్కువమంది అరుదుగా దాన్ని గురించి ఆలోచిస్తారు, కానీ గత కొన్ని దశాబ్దాల నుంచీ మనం కరువునీ, మహమ్మారిని,

యుద్ధాన్నీ అదుపుచేయగలుగుతున్నాం. ఈ సమస్యలు పూర్తిగా సమసిపోలేదన్నది నిజమే, కానీ అవి అర్థం కానీ, అదుపుచేయలేని ప్రకృతి శక్తుల్లా కాక మనం నిర్వహించగలిగే సవాళ్లుగా మార్పు చెందాయి. వాటినుంచి కాపాడమని మనం ఏ దేవుడినో, సెయింట్‌నో ప్రార్థించాల్సిన పనిలేదు. కరువునీ, మహమ్మారినీ, యుద్ధాన్నీ నివారించేందుకు ఏంచెయ్యాలో మనకి బాగా తెలుసు. ఆ పనిచెయ్యటంలో మనం కృతకృత్యులం కూడా అవుతాం.

ఇంకా కొన్ని పెద్ద వైఫల్యాలు ఉన్నమాట నిజమే, కానీ అలాటి వైఫల్యాలని ఎదుర్కొన్నప్పుడు ఇకమీదట లెక్కచెయ్యనట్టు భుజాలెగరేసి, 'మనం జీవించే లోపాలతో నిండిన ప్రపంచంలో అలాగే జరుగుతుంది,' అనో, 'దేవుడు ఇచ్చ అలా ఉంటే ఏం చెయ్యగలం?' అనో అనం. కరువు, మహమ్మారి, యుద్ధం మన అదుపు తప్పినప్పుడు ఎక్కడో ఏదో పెద్ద పొరపాటు జరిగిందని నిశ్చయించి, ఒక కమిషన్ చేత విచారణ చేయిస్తాం. ఈసారి ఇలాంటి పొరపాటు జరగదని మనకి మనం వాగ్దానం చేస్తాం. అది నిజంగానే ఫలితాలనిస్తుంది. అలాంటి విపత్తులు సంభవించటం నిజంగానే చాలా తగ్గుముఖం పట్టింది. చరిత్రలో మొదటిసారి మనుషులు తక్కువ తినటంవల్ల కాకుండా ఎక్కువ తినటంవల్ల; ఎక్కువమంది అంటువ్యాధుల వల్ల కాకుండా వృద్ధాప్యం వల్ల; సైనికులు, ఉగ్రవాదులు, నేరస్థులు చేసే దాడికి గురికాకుండా ఎక్కువమంది ఆత్మహత్యలు చేసుకుని చనిపోతున్నారు. ఇరవైఒకటో శతాబ్దం ప్రారంభకాలంలో, సగటు మానవుడు మెక్‌డోనాల్డ్స్‌లో అతిగా తినటంవల్ల చనిపోతాడేమో కానీ, కరువు బాధకి గురై కానీ, ఇబోలా వైరస్‌వల్ల కానీ, అల్ ఖైదా దాడికి గాని గురవటంవల్ల చనిపోడు.

అధ్యక్షులూ, సీయిఓలూ, సేనానాయకులూ రోజువారీ కార్యక్రమాలతో, క్లిష్ట పరిస్థితులతో సతమతమవుతున్నప్పటికీ, విశ్వచరిత్ర దృష్ట్యా ఆలోచించినప్పుడు మానవ జాతి కళ్ళు పైకెత్తి కొత్త క్షితిజాలవైపు చూడటం మొదలెట్టగలదనే చెప్పాలి. కరువునీ, మహమ్మారులనీ, యుద్ధాలనీ మనం కనక నియంత్రించగలుగుతూ ఉన్నట్టయితే, మరి మానవుల కార్యక్రమ పట్టికలో పైస్థానంలో ఉండేదేమిటి? నిప్పులేని ప్రపంచంలో అగ్నిమాపక దళాల్లాగ, ఇరవైఒకటో శతాబ్దంలో ఇంతకు మునుపెన్నడూ లేని విధంగా మానవజాతి తననితాను ఇలా ప్రశ్నించుకోవాలి - ఆరోగ్యకరమైన, సమృద్ధివంతమైన, సామరస్యంతో నిండిన ప్రపంచంలో మనం ఎలా వ్యవహరించబోతున్నాం? ఏది మన దృష్టినీ, నైపుణ్యాన్నీ ఆకట్టుకుంటుంది? జీవశాస్త్ర సాంకేతిక విజ్ఞానం, సమాచార సాంకేతిక విజ్ఞానం మనకి అందుబాటులోకి రావటంవల్ల ఈ ప్రశ్న అవసరం రెండింత లౌతుంది. అంత శక్తిని మనం ఏం చేసుకుంటాం?

ఈ ప్రశ్నకి జవాబు చెప్పే ముందు మనం కరువు, మహమ్మారి, యుద్ధం గురించి కొన్ని మాటలు చెప్పుకోవాలి. వాటిని మనం అదుపులోకి తెచ్చుకున్నామని అనటం చాలా మందికి దారుణమైనదిగానూ, విపరీతమైన మూర్ఖత్వంగానూ, లేదా విచక్షణాజ్ఞానం లేనిదిగానూ అనిపించవచ్చు. రోజుకి రెండు డాలర్ల కన్నా తక్కువ సంపాదనతో ఎలాగో ఒకలా జీవితాన్ని ఈడ్చుకొస్తున్న కొన్ని కోట్ల మంది మాటేమిటి? ఆఫ్రికాలో ఇప్పటికీ కొనసాగుతూ ఎయిడ్స్ వ్యాధి సృష్టిస్తున్న క్లిష్ట పరిస్థితి సంగతేమిటి? సిరియా, ఇరాక్‌లో

రేగుతున్న యుద్ధాల మాటేమిటి? ఈ సమస్యలని ఎదుర్కోవాలనుకుంటే, రాబోయే దశాబ్దిలో మానవజాతి కార్యక్రమ పట్టికని పరిశీలించే ముందు మనం ఇరవైఒకటో శతాబ్దం ప్రారంభకాలాన్ని మరింత జాగ్రత్తగా చూడాలి.

జీవశాస్త్రానికి సంబంధించిన దారిద్ర్యరేఖ

ఎన్నో వేల సంవత్సరాలపాటు మానవజాతికి బద్ధశత్రువుగా ఉండిన కరువునే తీసుకుందాం. కొంతకాలం క్రితం వరకూ మనుషులు జీవశాస్త్రానికి సంబంధించిన దారిద్ర్యరేఖ అంచున జీవిస్తూ వచ్చారు. ఆ పరిస్థితుల్లో వాళ్ళు పోషకాహారం లోపించటంవల్లా, ఆకలికి తాళలేకా చనిపోయారు. ఒక చిన్న పొరపాటో, లేక కాస్తంత దురదృష్టమో ఒక పూర్తి కుటుంబానికి గాని, పల్లెకి గాని మరణదండన విధించవచ్చు. కుంభవృష్టి కురిసి మీ గోధుమ పంటలు నాశనమైపోతే, లేదా దొంగలు మీ మేకల మందలని దోచుకుపోతే, మీరూ, మీ కుటుంబమూ ఆకలిచావులకి బలయ్యే అవకాశం ఉంది. సాంఘిక స్థాయిలో పొరపాట్లూ, లేదా మూర్ఖత్వం కారణంగా పెద్దఎత్తున కరువు కాటకాలకి దారితీసింది. ప్రాచీన ఈజిప్టులోనూ, మధ్యయుగపు భారతదేశంలోనూ తీవ్రమైన కరువు కాటకాలు దాడి చేసినప్పుడు జనాభాలో 5 నుంచి 10 శాతం వరకూ ప్రాణాలు పోగొట్టుకున్నారనేది మామూలు విషయం. ఆహారపదార్థాల లేమి ఏర్పడేది; రవాణావ్యవస్థ మందగించటమే కాక, తగినంత ఆహారాన్ని సరఫరా చెయ్యటానికి అయే ఖర్చు కూడా పెరిగేది; ప్రభుత్వం బలహీనమైపోయి ఈ పరిస్థితిని సరిదిద్దలేకపోయేది.

ఏ చరిత్ర పుస్తకం పుటలు తిరగేసినా మీకు కరువుతో పస్తులుంటూ, ఆకలితో అలమటించే మనుషుల భయంకరమైన కథలు కనిపిస్తాయి. ఏప్రిల్ 1694లో బూవే అనే నగరంలో పనిచేసిన ఫ్రెంచ్ అధికారి కరువు, ఆకాశాన్నంటే ఆహారపదార్థాల ధరలూ ప్రజల మీద ఎలాంటి ప్రభావాన్ని చూపుతున్నాయో వివరించాడు. 'ఏ పనీ, వృత్తీ లేకపోవటంవల్ల ఆహారం కొనేందుకు డబ్బు లేక, పేదరికం వాళ్ళని బలహీనులని చేశాయి. జిల్లా మొత్తం అలాంటి అభాగ్యులతో నిండిపోయింది. తమ జీవితాలని కాస్తంత పొడిగించేందుకూ, ఆకలిని కొంతవరకూ తీర్చుకునేందుకూ, ఆ దీనులు పిల్లులనీ, తోలుతీసి పెంటకుప్పలమీద పారేసిన గుర్రపు మాంసాన్నీ తింటున్నారు. మరికొందరు ఆవులనీ, ఎద్దులనీ నరికినప్పుడు వాటి శరీరాలనుంచి కారే రక్తాన్ని తాగి, లేదా వంటవాళ్ళు వీధిలో పారేసే కుళ్ళిన చెత్తని తిని ఆకలి తీర్చుకుంటున్నారు. ఇంకొంతమంది నిరుపేదలు దురదగొండి ఆకులనీ, కలుపు మొక్కలనీ, చెట్టు వేళ్ళనీ, మూలికలనీ నీళ్ళలో ఉడికించుకుని తింటున్నారు.'

ఇదే రకమైన దృశ్యాలు ఫ్రాన్స్ దేశమంతటా కనిపించాయి. గత రెండేళ్ళలో వాతావరణం అనుకూలించక రాజ్యమంతటా పంటలు నాశనమయాయి. ఆ కారణంగా 1694లో వసంతం ప్రవేశించే వేళకి ధాన్యపు కొట్లన్నీ నిండుకున్నాయి. ధనవంతులు తాము వీలైనంత ఆహారపదార్థాలని దాచుకోగలిగారు. వాటిని విపరీతమైన ధరలకు

అమ్ముజూపారు. పేదవాళ్ళు పెద్ద సంఖ్యలో చనిపోయారు. 1692-1694 మధ్య కాలంలో జనాభాలో 15 శాతం, అంటే సుమారు 28 లక్షలమంది ఆకలి బాధతో ప్రాణాలు కోల్పోయారు. అదే సమయంలో సన్ కింగ్, 14వ లూఈ వర్సైల్‌లో తన ఉంపుడుగత్తెలతో సరసాలలో మునిగి ఉన్నాడు. ఆ తరువాత సంవత్సరం, 1695లో ఎస్టోనియాలో పెద్ద కరువు ఏర్పడింది. అది జనాభాలో ఐదోవంతుని పొట్టన పెట్టుకుంది. 1696లో ఫిన్‌ల్యాండ్ వంతు వచ్చింది. అక్కడ జనాభాలో నాలుగోవంతు నుంచి మూడో వంతు వరకూ జనం ప్రాణాలు పోగొట్టుకున్నారు. 1695-98 మధ్య స్కాట్‌ల్యాండ్ కరువు బారిన పడింది, కొన్ని జిల్లాల్లో నివసించేవారిలో 20 శాతం దానికి బలయ్యారు.

మతసంబంధమైన సెలవు దినాల్లోనూ పస్తు ఉంటూ, లేదా అద్భుతమైన మితాహారం సేవించే పేరుతో ఉపవాసాలుంటూ కేవలం కూరలతో చేసిన రసాలు తాగుతూ గడిపే టప్పుడూ, ఒక పూట భోజనం మానేస్తే ఎలా ఉంటుందో మీలో చాలామందికి అనుభవమే. కానీ రోజుల తరబడి ఏమీ తినకపోతేనో, మరో పూటకి నాలుగు మెతుకులు దొరికే మార్గం ఏదో తెలియకపోతేనో ఎలా ఉంటుంది? ఇలాంటి తీవ్రమైన బాధని ఈనాడు చాలామంది ఎప్పుడూ అనుభవించి ఉండలేదు. కానీ పాపం మన పూర్వీకులకు ఇది బాగా అనుభవమే. 'కరువు నుంచి మమ్మల్ని కాపాడు,' అంటూ దేవుణ్ణి వేడుకున్నప్పుడు వాళ్ళ మనస్సులో ఉన్నది ఈ భావమే.

గత వందేళ్లలో సాంకేతికంగా, ఆర్థికంగా, రాజకీయంగా జరిగిన అభివృద్ధి మానవ జాతిని జీవశాస్త్ర దారిద్ర్యరేఖనుంచి వేరుచేసే ఒక పటిష్ఠమైన రక్షణజాలాన్ని సృష్టించింది. పెద్దెత్తున కరువుకాటకాలు ఇప్పటికీ కొన్ని ప్రాంతాలలో సంభవిస్తూనే ఉంటాయి. కానీ వాటికి ప్రకృతి వైపరీత్యాలు కాకుండా దాదాపు ప్రతిసారీ మనుషులు చేసే రాజకీయాలే కారణమవుతాయి. ఈ భూమి మీద ఏ ప్రాంతంలోని మనిషైనా ఉద్యోగం పోగొట్టుకుని, తనకున్న ఆస్తిపాస్తులన్నీ కూడా కోల్పోయినా అతను ఆకలితో చనిపోవటమనేది జరగని పని. ప్రైవేటు బీమా పథకాలూ, ప్రభుత్వ ఏజెన్సీలో అంతర్జాతీయ ఎంజీఓలూ అతన్ని పేదరికం నుంచి కాపాడకపోవచ్చు, కానీ అతను ప్రాణాలతో మనగలిగేందుకు ప్రతిరోజూ సరిపోయేటన్ని క్యాలరీలు అతనికి అందించగలుగుతాయి. సామూహికస్థాయిలో ప్రపంచ వాణిజ్య నెట్‌వర్క్ కరువులనీ, వరదలనీ వ్యాపారానికి పనికివచ్చే అవకాశాలుగా మారుస్తుంది. త్వరగానూ, తక్కువ ఖర్చుతోనూ ఆహార కొరతని అధిగమించేందుకు సాయం చేస్తుంది. యుద్ధాలూ, భూకంపాలూ, సునామీలో ఏదైనా పూర్తి దేశాన్ని సర్వనాశనం చేసినప్పుడు కూడా, సామాన్యంగా అంతర్జాతీయంగా జరిగే ప్రయత్నాలు కరువుని నివారించడంలో సాఫల్యం సాధిస్తాయి. దాదాపు ప్రతిరోజూ కొన్ని కోట్లమంది ఆకలితో బాధపడుతున్నప్పటికీ, అధికశాతం దేశాలలో చాలా కొద్దిమంది మాత్రమే పస్తుల కారణంగా చనిపోతారు.

పేదరికం అనేక రకాలైన వ్యాధులకు దారితీస్తుందన్నది నిజమే, ఇక అత్యంత ధనవంతమైన దేశాలలో కూడా పోషకాహారం లోపించటమనేది ఆయుర్దాయాన్ని తగ్గిస్తుంది. ఉదాహరణకి, ఫ్రాన్స్‌లో 60 లక్షలమంది, అంటే జనాభాలో 10 శాతం పోషకాహార లోపంతో బాధపడుతున్నారు. వాళ్ళు ఉదయం నిద్ర లేచిన తరవాత తమకి

మధ్యాహ్నం భోజనం దొరుకుతుందో లేదో తెలీని పరిస్థితిలో ఉంటారు; తరచూ ఖాళీ కడుపులతోనే నిద్రపోతారు; వాళ్లకి దొరికే పోషకాహారం సమతులంగా ఉండక ఆరోగ్యానికి హాని చేస్తుంది. బోలెడంత చక్కెర, పిండిపదార్థాలు, ఉప్పు, అందులో తగినన్ని మాంసకృత్తులూ, విటమిన్లూ ఉండవు. అయినప్పటికీ పోషకాహారం లోపించటం, కరువూ ఒకటే కాదు. పైగా ఇరవైఒకటో శతాబ్దపు ఫ్రాన్సూ, 1694 నాటి ఫ్రాన్సూ ఒకటి కాదు. బూవే, పారిస్‌లలోని అతిదారుణమైన మురికివాడల్లో కూడా వారాల తరబడి తిండి లేకపోవటంవల్ల ఎవరూ చనిపోరు.

ఇటువంటి మార్పులే ఇతర దేశాలలో కూడా జరిగాయి, ముఖ్యంగా చైనా గురించి చెప్పుకోవాలి. పసుపు (యెల్లో) సామ్రాట్టు కాలం నుంచి ఎర్ర (రెడ్) కమ్యూనిస్టుల కాలం వరకు యేటా క్షామం కొన్ని వేల సంవత్సరాలపాటు చైనాని వెంటాడింది. కొన్ని దశాబ్దాల క్రితం చైనా ఆహారకొరతకి ఉదాహరణగా ఉండేది. వినాశనాన్ని సృష్టించిన గ్రేట్ లీప్ ఫార్వర్డ్ (చైనాలో కమ్యూనిస్టు పార్టీ ప్రారంభించిన ఆర్థిక, సామాజిక ప్రచారం) కాలంలో కొన్ని కోట్లమంది ఆకలికి తాళలేక ప్రాణాలు కోల్పోయారు. ఈ పరిస్థితి మరింత అధ్వాన్నంగా మారబోతోందని నిపుణులు నిరంతరం భవిష్యవాణి చెపుతూ వచ్చారు. 1974లో రోమ్‌లో మొట్టమొదటి ప్రపంచ ఆహార సమావేశం జరిగింది. అందులో పాల్గొన్న ప్రతినిధులకు ప్రళయకాల దృశ్యాలు చూపించారు. చైనాలో ఉండే కోటిమంది ప్రజలకి ఆహారం సమకూర్చే మార్గమేదీ లేదని వాళ్లకి చెప్పారు. ప్రపంచంలోకెల్లా అత్యధిక జనాభా గల దేశం వినాశనం వైపు కదులుతోందని తెలియజేశారు. నిజానికి చరిత్రలో జరిగిన ఒక గొప్ప ఆర్థిక అద్భుతంవైపు అది ముందుకుపోతోంది. 1974 మొదలు కొన్ని లక్షలమంది చైనీయులు పేదరికం నుంచి విముక్తి పొందారు. కొన్ని కోట్లమంది ఇప్పటికీ లేమితోనూ, పోషకాహార లోపంతోనూ విపరీతంగా కష్టాలు పడుతున్నప్పటికీ, చరిత్రలో మొట్టమొదటిసారి చైనా కరువుకాటకాలనుంచి విముక్తి సాధించింది.

ఈనాడు నిజానికి అనేక దేశాలలో కరువు కన్నా అతిగా తింటామనేదే పెద్ద సమస్యగా మారింది. పద్దెనిమిదో శతాబ్దంలో మారీ ఆంతోయినెత్ ప్రజలు ఆకలిబాధతో అల్లల్లాడుతూంటే, బ్రెడ్ దొరకని పక్షంలో వాళ్ళని కేకులు తినమని సలహా ఇచ్చిందిట. ఈనాడు పేదవాళ్ళు ఈ సలహాని అక్షరాలా పాటిస్తున్నారు. మరోవైపు బెవర్లీ హిల్స్‌లో ఉండే ధనవంతులు లెట్యూస్ సాలడ్, ఆవిరిలో ఉడికించిన తోఫు క్వినోవాలో నంచుకుని తింటారు. మురికివాడల్లోనూ, అల్పసంఖ్యాకులు నివసించే వాడల్లోనూ జనం ట్వింకిల్ కేకులూ, చీతోలూ (మొక్కజొన్న పిండీ ఛీజు కలిపి చేసే చిప్స్ లాంటివి), హాంబర్గర్లూ, పిజ్జాలూ తింటారు. 2014లో పోషకాహార లోపంవల్ల బాధపడినవారు 850 మిలియన్లయితే అధికబరువు సమస్యతో బాధపడినవారు 2.1 బిలియన్లని లెక్క తేలింది. 2030 నాటికి మానవజాతిలో సగభాగాన్ని అధికబరువు సమస్య పీడిస్తోందని అంచనా. 2010లో కరువు, పోషకాహార లోపమూ కలిసి పది లక్షలమందిని పొట్టనపెట్టుకున్నాయి. ఊబకాయం 30 లక్షలమంది ప్రాణాలు తీసింది.

కనిపించని యుద్ధనౌకల సమూహం

కరువు తరవాత మానవజాతికి అతిపెద్ద శత్రువు మహమ్మారులూ, అంటువ్యాధులూ. వ్యాపారులూ, అధికారులూ, యాత్రికులూ నిరంతరం వచ్చిపోతూ ఉండటంవల్ల ఎప్పుడూ సందడిగా ఉండే నగరాలు మానవ నాగరికతకీ, వ్యాధులకీ చక్కని పునాదులు. ఈ కారణంగా, ప్రాచీన ఏథెన్స్‌లోనూ, మధ్యయుగపు ఫ్లోరెన్స్‌లోనూ ప్రజలు పైవారం జబ్బుపడతామన్న, లేదా ఏదైనా అంటువ్యాధి హఠాత్తుగా దాడిచేసి తమ కుటుంబాన్ని మొత్తంగా తుడిచిపెట్టేస్తుందన్న, అవగాహనతో జీవించేవాళ్ళు.

అన్నిటికన్నా ప్రసిద్ధమైన అలాంటి వ్యాధిని నల్ల మృత్యువు (బ్లాక్ డెత్) అనేవారు. అది 1330లో మధ్య ఆసియాలో ఎక్కడో ప్రారంభమైంది. తుళ్లు పురుగులు మనుషులని కుట్టినప్పుడు ఆ పురుగుల్లో ఉండే యార్సీనియా పెస్టిస్ అనే సూక్ష్మజీవి వాళ్ళ శరీరంలో ప్రవేశించి వాళ్లు వ్యాధిగ్రస్తులయేవారు. అక్కడినుంచి ఎలుకలమీదా, తుళ్లు పురుగులమీదా పెద్దసైన్యంలా స్వారీచేస్తూ ఆ మహమ్మారి త్వరగా ఆసియాలో, యూరప్‌లో, ఆఫ్రికాలో వ్యాపించింది. అది అక్కణ్ణించి అట్లాంటిక్ మహాసముద్రం తీరానికి చేరుకునేందుకు సుమారు ఇరవై సంవత్సరాలు పట్టింది. 75 మిలియన్ల నుంచి 200 మిలియన్ల దాకా, అంటే జనాభాలో నాలుగోవంతుకన్నా ఎక్కువమంది చనిపోయారు. మహమ్మారి దాడి

2. మధ్యయుగ ప్రజలు బ్లాక్ డెత్‌ను మానవ నియంత్రణ లేదా గ్రహణశక్తికి మించిన భయంకరమైన దెయ్యాల శక్తిగా పేర్కొన్నారు.

చేయకముందు 3.7 మిలియన్ల ఉన్న జనసంఖ్య దాడి తరవాత 2.2 మిలియన్లకి పడిపోయింది. ఫ్లోరెన్స్‌లో ఉన్న 100,000 మందిలో 50,000 మంది మరణించారు.

ఆ విపత్తు దాడిని ఎదుర్కోలేక అధికారులు పూర్తిగా నిస్సహాయులై చూస్తూ ఉండిపోయారు. పెద్ద సమూహాలుగా ప్రార్థనలూ, ఊరేగింపులూ ఏర్పాటు చెయ్యటం తప్ప ఆ మహమ్మారి సోకిన రోగులకు ఎలాటి చికిత్స చెయ్యాలనే మాట అటుంచి, దాన్ని మరింత విస్తరించకుండా ఎలా ఆపాలో వాళ్ళకి తోచలేదు. ఆధునికయుగం వరకూ, జనం వ్యాధులకు హానికరమైన గాలి, ద్వేషంతో నిండిన పిశాచాలు, కోపగించిన దేవతలే కారణ మని వాటిని తప్పుపట్టేవారు. వాళ్ళకి సూక్ష్మజీవులూ, వైరస్‌లూ ఉంటాయన్న అనుమానమే ఉండేది కాదు. జనం చాల సులభంగా దేవదూతలనీ, అప్సరసలనీ నమ్మేవారు. కానీ ఒక చిన్న తుళ్ళుపురుగులోనో, ఒక చుక్క నీటిలోనో ప్రాణాంతకమైన, తమని కబళించే పెద్ద యుద్ధనౌకల సమూహం ఉంటుందని మాత్రం ఊహించలేకపోయారు.

నల్ల మృత్యువు చరిత్రలో జరిగిన ఏకైక సంఘటనో, అతిదారుణమైన మహమ్మారో కాదు. యూరోపియన్లు ఆ ప్రదేశాలకి వచ్చిన తరవాత అమెరికాలో, ఆస్ట్రేలియాలో, పసిఫిక్ దీవులలో అంతకన్నా వినాశనాన్ని సృష్టించిన సంఘటనలు జరిగాయి. ఆ ఆవిష్కర్తలకీ, అక్కడికొచ్చి స్థిరనివాసాలు ఏర్పరుచుకున్నవాళ్ళకీ తెలియకుండానే వాళ్ళు తమ వెంట కొత్త అంటువ్యాధులని తీసుకొచ్చారు. అలాటి వ్యాధుల్ని నిరోధించే శక్తి మూలవాసులకి లేదు. ఆ కారణంగా అక్కడి స్థానికులలో 90 శాతం వ్యాధులు సోకి ప్రాణాలు పోగొట్టుకున్నారు.

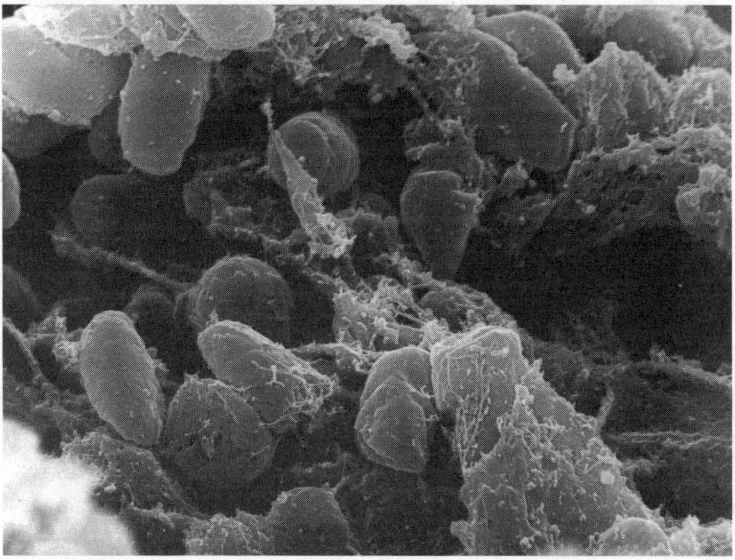

3. యెర్సినియా పెస్టిస్ అనే సూక్ష్మ జీవాణువు

1520 మార్చ్ 5న ఒక చిన్న స్పానిష్ నౌకాదళం క్యూబా దీవిని వదిలి మెక్సికోకి ప్రయాణమైంది. ఆ ఓడల్లో 900 మంది స్పానిష్ సైనికులు ఉన్నారు. వాళ్ళతోబాటు గుర్రాలూ, తుపాకులూ, కొందరు ఆఫ్రికన్ బానిసలూ కూడా ఉన్నారు. వారిలో ఫ్రాన్సిస్కో డి ఎగియా అనే అనే ఒక బానిస శరీరంలో అన్నిటికన్నా ప్రాణాంతకమైన సామాను ఉంది. ఫ్రాన్సిస్కోకి ఆ సంగతి తెలీదు, ఒంట్లో ఉన్న కొన్ని కోట్ల కణాలలో ఒక జీవశాస్త్ర టైమ్ బాంబు పేలేందుకు సిద్ధంగా ఉంది, అది పెద్దమ్మవారు వైరస్. ఫ్రాన్సిస్కో మెక్సికోలో ఓడ దిగిన తరవాత ఆ వైరస్ అతని శరీరంలో అతివేగంగా పెరిగిపోసాగింది. చివరికి అది సందులేకుండా అతని చర్మం మీద భయంకరమైన పొక్కులుగా బైట పడింది. అతనికి జ్వరం వచ్చేసరికి కేంపోఆలన్ అనే ఊళ్ళో ఉండే స్థానికుడైన అమెరికన్ ఇంటికి తీసుకెళ్లారు. ఫ్రాన్సిస్కో తన రోగాన్ని వాళ్లకి అంటించాడు, వాళ్ళనుంచి అది ఇరుగుపొరుగు కుటుంబాలకి సోకింది. ఒక్క పదిరోజుల్లో కేంపోఆలన్ శ్మశానంగా మారిపోయింది. శరణు కోరి అక్కణ్ణించి వేరే ఊళ్ళకి పారిపోయినవాళ్ళు ఆ రోగాన్ని అక్కడ కూడా వ్యాపింప జేశారు. ఒక్కొక్క ఊరుగా ఆ అంటువ్యాధికి బలైపోవటం చూసి హడిలిపోయిన శరణార్థులు మెక్సికో అంతటా, ఆ తరవాత ఇతర దేశాలకి కూడా ఆ వ్యాధిని తీసుకు పోయారు.

యుకటాన్ ద్వీపకల్పంలో నివసించిన మాయాప్రజలు దుష్టదేవుళ్లని నమ్మేవారు – ఎక్ పెట్జ్, ఉజాన్నకక్, సోజాకక్. ఆ ముగ్గురూ రాత్రిపూట ఒక ఊరి నుంచి మరో ఊరికి గాలిలో ఎగురుతూ పోతూ జనానికి అంటురోగాలు కలగజేస్తూ ఉంటారు. అజ్టెక్ వాసులు ట్కేట్లిపోకా, షైపే అనే దేవుళ్ళనీ తప్పుపట్టేవారు, లేదా బహుశా తెల్లవాళ్లు చేసే చేతబడి అనుకునేవారో. మతాచార్యులనీ, వైద్యులనీ సంప్రదించేవారు. వాళ్ళు ప్రార్థించమనీ, చన్నీటి స్నానాలు చెయ్యమనీ, ఒంటికి తారు పూసుకోమనీ, కురుపుల మీద బొద్దింకలని నలిపి రాయమనీ సలహాలిచ్చేవారు. కానీ ఇవేవీ పనిచెయ్యలేదు. వేలకి వేల శవాలు వీధుల్లో కుళ్లిపోతూ ఉండిపోయాయి. వాటి దగ్గరకెళ్ళి పాతిపెట్టే ధైర్యం ఎవరికీ లేకపోయింది. కొద్దిరోజుల్లో కుటుంబాలకి కుటుంబాలు మరణించాయి. ఆ శవాల మీద ఇళ్ళని కూల్చివెయ్యమని అధికారులు ఆజ్ఞ జారీ చేశారు. కొన్ని స్థావరాల్లో సగం జనాభా ప్రాణాలు కోల్పోయింది.

1520 సెప్టెంబర్ నెలలో ఆ మహమ్మారి మెక్సికోలోని ఒక లోయకి చేరుకుంది. అక్టోబర్‌లో అది అజ్టెక్ రాజధాని, టేనోచిట్లాన్ నగర ద్వారాలు ప్రవేశించింది. అది 2,50,000 మంది ప్రజలు నివసించిన ఒక అద్భుతమైన మహానగరం. రెండు నెలలలో జనాభాలో మూడోవంతు జనం చనిపోయారు. వారిలో అజ్టెక్ సామ్రాట్టు, క్విట్లావక్ కూడా ఉన్నాడు. 1520 మార్చ్‌లో స్పానిష్ నౌకలు అక్కడికి చేరుకున్నప్పుడు మెక్సికోలో 22 మిలియన్ల జనాభా ఉండేది. డిసెంబర్ నాటికి 14 మిలియన్ల మంది మాత్రమే ప్రాణాలతో ఉన్నారు. అమ్మవారు కేవలం మొట్టమొదటి దెబ్బ. స్పానిష్ యజమానులు దానం కూడగట్టుకోవటంలోనూ, స్థానికులని దోచుకోవటంలోనూ మునిగిఉండగా, ఫ్లూ జ్వరం, చిన్నమ్మవారు లాంటి ఇతర ప్రాణాంతకమైన వ్యాధులు ఒకదాని వెంట మరొకటి మెక్సికో

మీద దాడి చేశాయి. చివరికి 1580లో అక్కడి జనాభా రెండు మిలియన్లకన్నా తక్కువకి చేరుకుంది.

రెండు శతాబ్దాల తరువాత, 1778 జనవరి 18న బ్రిటిష్ అన్వేషకుడు కెప్టెన్ జేమ్స్ కుక్ హవాయి చేరుకున్నాడు. హవాయి దీవులు లక్షమంది ప్రజలతో కిక్కిరిసి ఉన్నాయి. వాళ్ళు యూరప్‌తోనూ, అమెరికాతోనూ ఎలాంటి సంబంధమూ లేకుండా పూర్తిగా విడిగా ఉంటూ వచ్చారు. అందుచేత యూరప్‌లో, అమెరికాలో ఉండే రోగాలు వాళ్ళకి ఎన్నడూ సోకలేదు. కెప్టెన్ కుక్, అతని వెంట వచ్చినవాళ్ళూ మొట్టమొదటిసారి అక్కడి మనుషులకి ఫ్లూ జ్వరాన్ని, క్షయ వ్యాధినీ, సిఫిలిస్‌నీ పరిచయం చేశారు. ఆ తరవాత వచ్చిన యూరప్‌వాసులు టైఫాయిడ్‌నీ, పెద్ద అమ్మవారునీ అంటించారు. 1853 నాటికి హవాయిలో కేవలం 70,000 మంది మాత్రమే మిగిలారు.

ఇరవైయో శతాబ్దం ప్రారంభమయ్యాక కూడా మహమ్మారులు కొన్ని లక్షలమంది ప్రాణాలు బలిగొన్నాయి. 1918 జనవరి నెలలో ఫ్రాన్స్ ఉత్తరాన కందకాల్లో ఉండే సైనికులు ఒక తీవ్రమైన ఫ్లూ జ్వరంతో వేలసంఖ్యలో మరణించటం మొదలెట్టారు. దానికి ముద్దు పేరు, 'స్పానిష్ ఫ్లూ'. కందకాలలో ఉండే సైన్యానికి దాన్ని మించిన సమర్థమైన ప్రపంచ సరఫరా చేసే నెట్‌వర్క్ ఎవరూ ఎన్నడూ చూడలేదు. సైనికులూ, ఆయుధాలూ బ్రిటన్ నుంచీ, అమెరికా నుంచీ, భారతదేశం నుంచీ, ఆస్ట్రేలియా నుంచీ విరివిగా అందటం జరుగుతోంది. చమురు మధ్యప్రాచ్యం నుంచి, ధాన్యమూ, గోమాంసమూ అర్జెంటీనా నుంచీ, రబ్బర్ మలయా నుంచీ, రాగి కాంగో నుంచీ సరఫరా అయేవి. దానికి మారుగా వాళ్ళందరికీ స్పానిష్ ఫ్లూ అంటుకుంది. కొన్ని నెలల్లో యాభై కోట్లమంది, అంటే ప్రపంచ జనాభాలో మూడో వంతు, ఫ్లూ బారిన పడ్డారు. భారతదేశంలో అది 5 శాతం (15 మిలియన్) జనాభాని పొట్టనపెట్టుకుంది. తాహితీ ద్వీపంలో 14 శాతం చనిపోయారు. సామోఆలో 20 శాతం. కాంగోలోని రాగి గనుల్లో అయిదు మందిలో ఒక కూలీ చొప్పున మరణించారు. ఈ మహమ్మారితో ఒక్క యేడాది లోపల చనిపోయినవారి సంఖ్య మొత్తం మీద 50 మిలియన్ల నుంచి 100 మిలియన్ల దాకా అని తేలింది. 1914 నుంచి 1918 వరకూ జరిగిన మొదటి ప్రపంచయుద్ధంలో చనిపోయినవారి సంఖ్య 40 మిలియన్లు.

పదేళ్లకొకసారి మానవజాతిని సునామీల్లా మహమ్మారులు నాశనం చెయ్యటమే కాకుండా, తరచు వచ్చే చిన్నచిన్న అంటువ్యాధులతో కూడా జనం బాధపడ్డారు. యేటా అవి కొన్ని మిలియన్లమంది ప్రాణాలు తీశాయి. రోగనిరోధకశక్తి లేని చిన్నపిల్లలు ఎక్కువగా వాటి ప్రభావానికి గురయ్యారు. అందుకే వాటిని 'బాల్యంలో వచ్చే జబ్బులు' అంటారు. ఇరవైయో శతాబ్దం ప్రారంభకాలం వరకూ పెరిగి పెద్దవారయే లోపలే మూడో వంతు పిల్లలు చనిపోయేవారు. దానికి దోహదం చేసినవి పోషకాహార లోపం, వ్యాధులు.

జనాభా పెరుగుదల, రవాణా వ్యవస్థ మరింత బాగుపడటంవల్ల గత శతాబ్దంలో మానవజాతి మహమ్మారుల దాడికి సులభంగా గురయేంత బలహీనపడింది. మధ్యయుగపు ఫ్లోరెన్స్, 1520 నాటి తెనోచిట్లాన్ కన్నా, టోక్యో, కిన్షాసా లాంటి ఆధునిక మహానగరాలు వ్యాధులకి మంచి వేటస్థలాలుగా మారాయి. ఇక 1918 కన్నా ఈనాటి రవాణా వ్యవస్థ

చాలా మెరుగ్గా పనిచేస్తోంది. స్పెయిన్ నుంచి బయలుదేరే ఒక రోగాణువు కాంగో లేదా తాహితికి ఇరవైనాలుగు గంటల లోపల చేరుకోగలదు. అందుచేత ఒకదాని తరవాత ఒకటిగా సంక్రమించే మహమ్మారుల నరకంలో జీవించవలసిందేనని మనం ఎదురుచూసే పరిస్థితి దాపురించింది.

అయినప్పటికీ గత కొన్ని దశాబ్దాలలో మహమ్మారులు తలెత్తటం, ప్రభావం చూపటం నాటకీయంగా తగ్గిపోయింది. ముఖ్యంగా చిన్నపిల్లలు చనిపోవటమనేది ప్రపంచవ్యాప్తంగా ఎన్నడూ లేనంతగా తగ్గింది. పెరిగి పెద్దవారయే లోపల 5 శాతం పిల్లలు మాత్రమే చనిపోతున్నారు. అభివృద్ధి సాధించిన దేశాలలో ఇది ఒక శాతం కన్నా తక్కువగా ఉంది. ఇరవైయో శతాబ్దంలో వైద్యరంగం ఎన్నడూ లేనంత సాఫల్యం సాధించటమే ఈ అద్భుతం జరగటానికి కారణం. మనకి టీకాలూ, యాంటీబయోటిక్స్, ఎక్కువ పరిశుభ్రత, మునుపటికన్నా మెరుగైన వైద్య సదుపాయాల వ్యవస్థ కల్పించింది.

ఉదాహరణకి, ప్రపంచవ్యాప్తంగా పెద్ద అమ్మవారిని నివారించే టీకాల గురించి జరిగిన ప్రచారం సాధించిన సాఫల్యం చూసి 1979లో ప్రపంచ ఆరోగ్య సంస్థ (వరల్డ్ హెల్త్ ఆర్గనైజేషన్) పెద్ద అమ్మవారు పూర్తిగా నిర్మూలించబడిందనీ, మానవజాతి గెలిచిందనీ ప్రకటించింది. ఈ భూమి మీదినుంచి మానవులు పూర్తిగా నిర్మూలించగలిగిన మొదటి మహమ్మారి అదే. 1967లో అమ్మవారు 15 మిలియన్ల మందికి సోకింది, వారిలో 2 మిలియన్లు చనిపోయారు. కానీ 2014లో ఒక్కరికి కూడా సోకలేదు, ఒక్కరు కూడా దాని బారిన పడి చనిపోలేదు. ఆ విజయం పరిపూర్ణమైనది. అందుకే ప్రపంచ ఆరోగ్య వ్యవస్థ ఆ రోగనివారణకి టీకాలు వెయ్యటం మానేసింది.

కొన్నేళ్ళకొకసారి బలమైన మరో కొత్త మహమ్మారి విజృంభించటం చూసి భయపడి పోతున్నాం. ఉదాహరణకి 2002-03లో SARS, 2005లో బర్డ్ ఫ్లూ, 2009-10లో స్వయిన్ ఫ్లూ, 2014లో ఇబోలా. వీటిని నిరోధించేందుకు సమర్థమైన చర్యల ధర్మమా అని మునుపటితో పోలిస్తే తక్కువమంది చనిపోయారు. ఉదాహరణకి, SARS మొదట్లో నల్లమృత్యువు కొత్త రూపంలో వచ్చిందని భయం రేకెత్తించింది, కానీ ప్రపంచవ్యాప్తంగా 1,000 కన్నా తక్కువమంది చనిపోయాక అది ఆగిపోయింది. పడమటి ఆఫ్రికాలో ఇబోలా అదుపు చెయ్యటం సాధ్యం కాదేమో అన్నంతగా ప్రబలినప్పుడు, ప్రపంచ ఆరోగ్య సంస్థ 2014 సెప్టెంబర్ 26 న 'ప్రజల ఆరోగ్యానికి సంబంధించి అన్నిటికన్నా తీవ్రమైన ఎమర్జెన్సీ' అని అన్నది. అయినా 2015 ప్రారంభంలోనే ఆ అంటువ్యాధిని నిరోధించ గలిగారు. 2016 జనవరిలో ప్రపంచ ఆరోగ్య సంస్థ అది సమసిపోయింది ప్రకటించింది. అది 30,000 మందికి సోకింది (వారిలో 11,000 మంది చనిపోయారు), పడమటి ఆఫ్రికా అంతటా ఆర్థికంగా చాలా పెద్ద నష్టాన్ని కలిగించింది. ప్రపంచమంతటా భయంతో జనం హడలిపోయారు; కానీ అది పడమటి ఆఫ్రికా బైటికి విస్తరించలేదు. స్పానిష్ ఫ్లూతోనూ, మెక్సికన్ అమ్మవారుతోనూ పోలిస్తే దీని ప్రభావం చాలా తక్కువే అనాలి.

గత కొన్ని దశాబ్దాలుగా వైద్యరంగంలో అన్నిటికన్నా గొప్ప వైఫల్యంగా భావించే ఎయిడ్స్ సృష్టించిన విషాదాన్ని కూడా ప్రగతికి సంకేతంగా అనుకోవచ్చు. 1980లలో

పెద్దెత్తున మొదటిసారి అది సోకినప్పుడు 30 మిలియన్లమంది కన్నా ఎక్కువ వ్యాధితో చనిపోయారు. ఇంకా కొన్ని కోట్లమంది శారీరకంగానూ, మానసికంగానూ తీవ్రంగా దెబ్బ తిన్నారు. ఆ కొత్త వ్యాధి ఒక పట్టాన అంతుపట్టనిది కావటంతో ఎయిడ్స్ అంటువ్యాధిని అర్థం చేసుకోవటం, దానికి చికిత్స చెయ్యటం కష్టమైంది. పెద్ద అమ్మవారు సోకినా మనిషి కొన్ని రోజుల్లో చనిపోయేవాడు, హెచ్ ఐ వీ వ్యాధి కలిగి ఉన్నాడని నిర్ధారించిన మనిషి కొన్ని వారాల్లో, నెలలో పూర్తి ఆరోగ్యవంతుడిలా కనిపించవచ్చు, కానీ తనకు తెలీకుండానే ఇంకొకరికి ఆ వ్యాధిని అంటిస్తూ పోవచ్చు. హెచ్ ఐ వీ వైరస్ వ్యక్తి చనిపోయేందుకు కారణం కాదు. అది రోగనిరోధక శక్తిని నాశనం చేస్తుంది. తద్వారా రోగిని ఇంకా ఎన్నో వ్యాధులకు గురిచేస్తుంది. నిజానికి ఎయిడ్స్ బారిన పడిన మనిషి ప్రాణాలు తీసేవి ఈ ఇతర వ్యాధులే. పర్యవసానంగా ఎయిడ్స్ వ్యాపించటం మొదలుపెట్టాక, అసలు ఏం జరుగుతోందో అర్థం చేసుకోవటం మరింత కష్టమైంది. 1981లో న్యూయార్క్ ఆస్పత్రిలో ఇద్దరు రోగులను చేర్పించినప్పుడు, బైటికి కనిపించిన లక్షణాలను బట్టి, వారిలో ఒకరు న్యుమోనియాతోనూ, మరొకరు క్యాన్సర్‌తోనూ చనిపోయారని తేల్చారు. నిజానికి వాళ్లిద్దరూ హెచ్ ఐ వీ వైరస్ సోకటంవల్ల చనిపోయారని తెలియనేలేదు. ఆ వైరస్ వాళ్లకి ఎన్నో నెలల ముందో, మరీ మాట్లాడితే సంవత్సరాలముందో సోకి ఉండవచ్చు.

అయినా, ఈ సమస్యలన్నీ ఉన్నప్పటికీ, వైద్య సమితికి అర్థం కాని ఈ కొత్త మహమ్మారి ఏమిటో తెల్సివచ్చాక, దాన్ని గుర్తించేందుకు శాస్త్రజ్ఞులకు కేవలం రెండేళ్లు పట్టింది. అది ఎలా వ్యాపిస్తుందో అర్థమయ్యాక, దాని వేగాన్ని తగ్గించేందుకు ఎలాటి ఉపాయాలు పనికివస్తాయనేది సూచించగలిగారు. మరో పదేళ్లలో కొత్త మందులు ఎయిడ్స్ వ్యాధిని మరణదండన స్థాయి నుంచి దీర్ఘకాలిక రోగంగా (కనీసం దాని చికిత్సకి అయ్యే ఖర్చు భరించగలిగేవాళ్ళకి) మార్చివేశాయి. ఎయిడ్స్ వ్యాధి 1981లో కాకుండా 1581లో ప్రబలి ఉంటే ఏమయేదో ఊహించండి. ఆ రోజుల్లో బహుశా ఆ అంటురోగానికి కారణమేమిటో, అది ఒకరినుంచి మరొకరికి ఎలా అంటుకుంటుందో, దాన్ని ఆపటం ఎలాగో (నయం చెయ్యటం మాట దేవుడెరుగు) ఎవరికీ తెలిసేది కాదనే అనుకోవాలి. అటువంటి పరిస్థితుల్లో, ఎయిడ్స్, నల్లమృత్యువుతో సమానంగానే, ఇంకా ఎక్కువగానో జనాభాలో మరింతమంది ప్రాణాలు బలిగొని ఉండేది.

ఎయిడ్స్ వ్యాధి వల్ల భయంకరమైన ప్రాణనష్టం జరిగినప్పటికీ, చాలాకాలంగా పాతుకుపోయిన మలేరియా లాంటి ఎన్నో అంటురోగాలతో కొన్ని లక్షలమంది చనిపోయి నప్పటికీ, మునుపటి సహస్రాబ్దులతో పోలిస్తే ఈనాడు అంటురోగాలవల్ల మనుషులకి జరిగే నష్టం తక్కువే అనాలి. అధికశాతం మనుషులు అంటురోగాలు కానటువంటి క్యాన్సర్, గుండెజబ్బు, లేదా కేవలం వృద్ధాప్యంవల్లే చనిపోతున్నారు. (అన్నట్టు క్యాన్సరూ, గుండెజబ్బూ నిజానికి కొత్త రోగాలు కావు – అవి అతిప్రాచీనకాలం నుంచీ వస్తున్నవే. కానీ మునుపటి యుగాలలో వాటివల్ల చనిపోయినవారి సంఖ్య మాత్రం తక్కువనే చెప్పాలి.)

ఇది కేవలం తాత్కాలికమైన విజయమని కొందరికి అనుమానం. నల్లమృత్యువు తాలూకు బంధువేదో అవకాశం కోసం మలుపు దగ్గర వేచి ఉందని వాళ్ళ భయం.

మహమ్మారులు మళ్ళీ రావని ఎవరూ హామీ ఇవ్వలేరు, కానీ డాక్టర్లూ, రోగ క్రిములూ చేసే ఆయుధాల పోటీలో డాక్టర్ల వేగమే ఎక్కువని చెప్పేందుకు తగిన కారణాలే ఉన్నాయి. ముఖ్యంగా రోగ జన్యువుల్లో అనుకోకుండా జరిగే మార్పులవల్లే కొత్త అంటురోగాలు వచ్చే అవకాశముంది. ఈ మార్పులు ఆ రోగాలని జంతువులనుంచి తిన్నగా మనుషులకి సోకేలా చేస్తాయి, మనుషుల రోగనిరోధక శక్తిని అధిగమిస్తాయి, లేదా యాంటీబయోటిక్స్ మందులని తట్టుకోగలుగుతాయి. పర్యావరణం మీద మనుషుల ప్రభావం పడటంవల్ల మునుపటికన్నా ఈనాడు అటువంటి మార్పులు జరగటం విస్తరించటం ఎక్కువయింది. అయినప్పటికీ, మందులకు వ్యతిరేకంగా చేసే పోటీలో రోగాలు అదృష్టం మీద గుడ్డిగా ఆధారపడతాయి.

దీనికి విరుద్ధంగా డాక్టర్లు కేవలం అదృష్టం మీదే ఆధారపడరు. విజ్ఞానశాస్త్రం ఆకస్మికంగా లభించే అంశాలకి ఎంతో రుణపడి ఉంటారు, కానీ డాక్టర్లు రకరకాల రసాయనాలని పరీక్షానాళికల్లో పడవేసి, యాదృచ్ఛికంగా ఏదైనా మందు తయారవు తుందేమోనని చూస్తూ కూర్చోరు. ఒక్కొక్క యేడాదే గడిచినకొద్దీ డాక్టర్లు మరింత మెరుగైన జ్ఞానాన్ని పోగుచేసుకుంటారు. దాన్ని ఉపయోగించి మరింత బాగా పనిచేసే మందులనీ, చికిత్సలనీ తయారుచేస్తారు. దీని ఫలితంగా 2050లో మనం మరింత లాఘవమైన సూక్ష్మజీవులని నిశ్చయంగా ఎదుర్కోవలసి ఉన్నప్పటికీ, ఈనాటికన్నా 2050లో వైద్యం వాటిని ఇంకా సమర్థంగా ఎదుర్కొనే అవకాశం ఉంటుంది.

2015లో పూర్తిగా కొత్తదైన టాక్సోబ్యాక్టిన్ అనే ఒక యాంటీబయోటిక్‌ని కనుగొన్నా మని డాక్టర్లు ప్రకటించారు. ఇంతవరకూ ఎటువంటి బాక్టీరియా కూడా దాన్ని అధిగమించ లేదు. ఒక పట్టాన లొంగని సూక్ష్మజీవుల ఆట కట్టించే పని ఈ టాక్సోబాక్టిన్ చేయగలదని కొందరు అధ్యయనకర్తల నమ్మకం. ఇంతకుమునుపు ఉన్న మందులకు పూర్తి విభిన్నమైన పద్ధతిలో పనిచెయ్యగల విప్లవాత్మకమైన చికిత్సా విధానాలను శాస్త్రజ్ఞులు కనిపెడు తున్నారు. ఉదాహరణకి, కొన్ని ప్రయోగశాలల్లో జరిపే ప్రయోగాల్లో నానో రోబోట్స్‌ని ఉపయోగిస్తున్నారు. అవి ఏదో ఒకరోజున మన రక్తప్రవాహంలో ఈదుతూ, రోగాలని పసిగట్టి వాటినీ, క్యాన్సర్ వ్యాధి కలిగించే కణాలనీ నాశనం చేస్తాయని వాళ్ళు నమ్ముతున్నారు. సేంద్రీయ శత్రువులతో పోరాడటంలో సూక్ష్మజీవులు 4 బిలియన్ల సంవత్సరాల అనుభవం ఉండవచ్చు, కానీ బయోనిక్ భక్షకులని ఎలా ఎదుర్కోవాలనే విషయంలో వాటికున్న అనుభవం శూన్యం. అందుకే ఉపయుక్తమైన రక్షణావ్యవస్థని సృష్టించుకోవటం వాటికి రెండింతలు కష్టమనిపిస్తుంది.

అందుకని ఒక కొత్త రకం ఇబోలా కానీ, పరిచయం లేని ఫ్లూ కానీ భూమి అంతటా వ్యాపించి కొన్ని లక్షలమంది ప్రాణాలు తియ్యదని మనం కచ్చితంగా చెప్పలేకపోయినా, అదొక అనివార్యమైనా ప్రకృతి వైపరీత్యమని అనలేం. పైగా అది క్షమించటానికి వీల్లేని మానవ వైఫల్యమని, దానికి బాధ్యులైనవారి తలలు తీసెయ్యమని అడుగుతాం. 2014 ఎండాకాలం చివర్లో, కొన్ని వారాలపాటు ఇబోలా విజృంభిస్తూ ప్రపంచవ్యాప్తంగా ఆరోగ్యశాఖ అధికారులని భయపెట్టింది. పర్యవేక్షణ కమిటీలని అత్యవసరంగా ఏర్పాటు

చేశారు. 2014 అక్టోబర్ 18న ఆ వ్యాధి ప్రబలినందుకు సరిగా స్పందించలేదని ప్రపంచ ఆరోగ్య సంస్థని దుయ్యబట్టారు. ఆ అంటువ్యాధికి ఆఫ్రికాలోని ప్రపంచ ఆరోగ్య సంస్థ భ్రష్టుపట్టటం, అసమర్థత కారణమని నిందించారు. తగినంత త్వరగానూ, బలంగానూ ప్రతిస్పందించనందుకు అంతర్జాతీయ సంఘాలని తప్పుపట్టారు. మానవజాతి దగ్గర ఈ అంటువ్యాధులని నివారించేందుకు అవసరమైన పరిజ్ఞానమూ, పరికరాలూ ఉన్నాయనీ, ఏదైనా ఒక అంటువ్యాధిని నియంత్రించటం సాధ్యం కాకపోవటం మనుషుల అసమర్థతవల్లే తప్ప దేవతల ఆగ్రహంవల్ల కాదనీ అనుకునే అవకాశం ఉంటుంది.

అందుచేతే ప్రకృతి వైపరీత్యాలవల్ల కలిగే ఎయిడ్స్, ఇబోలా లాంటి అంటువ్యాధులకు వ్యతిరేకంగా జరిగే పోరాటంలో త్రాసు మనిషికి అనుకూలమైనవైపే తూగుతోంది. కానీ మనిషి స్వభావంలో అంతర్గతంగా ఉండే ప్రమాదాల మాటేమిటి? జీవసాంకేతిక విజ్ఞానం (బయోటెక్నాలజీ) బ్యాక్టీరియానీ, వైరస్‌లనీ ఓడించేందుకు మనకి సాయం చేస్తుంది, కానీ అదే సమయంలో అది మనుషులు తామే ఎప్పుడూ లేనంత ప్రమాదకరంగా రూపొందేందుకు కూడా దోహదం చేస్తుంది. కొత్త రోగాలని త్వరగా గుర్తించి నయం చెయ్యటానికి డాక్టర్లు ఉపయోగించే అవే పరికరాలని, సైన్యాలూ, ఉగ్రవాదులూ ఇంకా భయంకరమైన వ్యాధుల్ని, ప్రళయకాలపు రోగాలనీ సృష్టించేందుకు ఉపయోగించే అవకాశం ఉంది. అందుచేత ఏదో ఒక క్రూరమైన ఆదర్శం కోసం మానవజాతి తానే వాటిని సృష్టించేట్టయితేనే, భవిష్యత్తులో పెద్దపెద్ద అంటువ్యాధులు కొనసాగుతూ మానవజాతికి ప్రమాదాన్ని కొనితెచ్చే అవకాశం ఉంటుంది. సహజంగా కలిగే అంటువ్యాధుల ముందు మానవజాతి నిస్సహాయంగా నిలబడే యుగం బహుశా ముగిసిపోయింది.

అరాచకత్వాన్ని అధిగమించటం

యుద్ధాలు కూడా మాయమైపోతున్నాయి అనేది మూడో శుభవార్త. చరిత్ర గమనంలో అధికశాతం మానవులు యుద్ధం తప్పనిసరి అనే అనుకున్నారు. శాంతి అనేది తాత్కాలికం గానూ, అనిశ్చిత స్థితిగానూ ఉండేది. అంతర్జాతీయ సంబంధాల మీద అరాచకత్వం ఆధిపత్యం ఉండేది. అలాటి స్థితిలో రెండు దేశాలు శాంతియుతంగా జీవిస్తున్నప్పటికీ, యుద్ధం అనేది ఒక ప్రత్యామ్నాయంగా ఎప్పుడూ ఉండేది. ఉదాహరణకి, 1913లో జర్మనీ, ఫ్రాన్సు మధ్య శాంతియుతమైన సంబంధాలు ఉన్నప్పటికీ, 1914లో ఇద్దరూ ఒకరి గొంతు మరొకరు పట్టుకుంటారన్నది ఆనాడు అందరికీ తెలిసిన సంగతే. రాజకీయ నాయకులూ, సేనానాయకులూ, వ్యాపారవేత్తలూ, సామాన్య జనులూ భవిష్యత్తు కోసం ప్రణాళికలు వేసినప్పుడు, అది ఎప్పుడూ యుద్ధానికి దారితీసే అవకాశం ఉంటుంది. రాతియుగం నుంచి ఆవిరి యంత్రాల యుగం వరకూ, ఆర్కిటిక్ నుంచి సహారా దాకా, పొరుగువారు ఏ క్షణాన్నైనా తమ ప్రాంతం మీద దాడి చెయ్యవచ్చనీ, తమ జనాలని ఓడించవచ్చనీ, తమ దేశ ప్రజలని ఊచకోత కోసి, తమ భూమిని ఆక్రమిస్తారన్నది ఆనాడు ఈ భూమి మీది ప్రతిమనిషికీ తెలిసిన విషయమే.

చివరికి ఇరవయ్యో శతాబ్దం రెండవ సగభాగంలో ఈ అరాచకత్వం అనేది పూర్తిగా తుదముట్టించటం సాధ్యం కాకపోయినా, దాన్ని అధిగమించటం సాధ్యమైంది. అధికశాతం ప్రాంతాలలో యుద్ధాలు మునుపెన్నడూ లేనంత అరుదుగా జరగటం మొదలైంది. కానీ వ్యవసాయ సమాజాల్లో 15 శాతం మరణాలకి మానవుల హింసే కారణంగా ఉంటే, ఇరవైయో శతాబ్దంలో అలాటి హింసకి బలైనవారు 5 శాతం మాత్రమే. ఇక ఇరవైఒకటో శతాబ్దం ప్రారంభకాలంలో, ప్రపంచవ్యాప్తంగా కేవలం 1 శాతం మరణాలకు ఆ హింస కారణమయింది. 2012లో ప్రపంచం మొత్తంలో 56 మిలియన్లు చనిపోయారు; వారిలో 62,000 మంది మానవులు చేసిన హింసవల్ల చనిపోయారు (యుద్ధం 120,000 మందిని పొట్టనపెట్టుకుంటే నేరాలు మరో 500,000 మంది మరణానికి కారణ మయ్యాయి). దీనికి వ్యతిరేకంగా 800,000 మంది ఆత్మహత్య చేసుకున్నారు, 1.5 మిలియన్లు మధుమేహంతో చనిపోయారు. ప్రస్తుతం మందుగుండు సామాను కన్నా ప్రమాదకరమైనది పంచదార.

అంతకన్నా ముఖ్యమైన విషయం, యుద్ధం ఊహించలేనిదని అనుకునే మానవుల సంఖ్య పెరిగిపోతోంది. చరిత్రలో మొట్టమొదటిసారి యుద్ధం జరిగే అవకాశం లేదని అనుకోవటం జరుగుతోంది, ప్రభుత్వాలూ, కార్పొరేషన్లూ, వ్యక్తులూ రేపు తమ భవిష్యత్తు ఏమవుతుందని మాత్రమే ఆలోచిస్తున్నారు కాబట్టి, చరిత్రలో మొట్టమొదటిసారి యుద్ధం జరిగే అవకాశం లేదని అనుకోవటం జరుగుతోంది. అణ్వాయుధాలు మహాశక్తుల మధ్య యుద్ధాన్ని మతిలేని సామూహిక ఆత్మహత్యలుగా మార్చేశాయి. దానివల్ల ఈ భూమిమీద అన్నిటికన్నా శక్తివంతమైన దేశాలు ఆ సంఘర్షణలకు ప్రత్యామ్నాయ శాంతియుత మార్గాలను కనుగొనేందుకు బాధ్యులని చేశాయి. అదే విధంగా ప్రపంచ ఆర్థిక వ్యవస్థ వస్తుపరమైన అంశాలమీద ఆధారపడే ఆర్థిక వ్యవస్థ నుంచి జ్ఞానం మీద ఆధారపడేదిగా పరివర్తన చెందింది. మునుపు బంగారం గనులు, గోధుమ పొలాలు, చమురుబావుల్లాంటి వస్తుపరమైన ఆస్తులే సంపదకు మూలంగా ఉండేవి. ఈనాడు సంపదకు మూలం జ్ఞానం. చమురు బావుల్లాంటివాటిని యుద్ధాలు చేసి గెలుచుకోవచ్చు, కానీ జ్ఞానాన్ని ఆ విధంగా సంపాదించుకోవడం సాధ్యం కాదు. జ్ఞానం ఆర్థిక వ్యవస్థకు అతిముఖ్యమైన ఆధారం కావటంవల్ల యుద్ధాలవల్ల కలిగే లాభం తగ్గుముఖం పట్టింది. ఆర్థిక వ్యవస్థ ఇంకా వాస్తుపరమైన మూలలమీద ఆధారపడుతున్న మధ్యప్రాచ్యం, మధ్య ఆఫ్రికా లాంటి కొన్ని ప్రాంతాలకే యుద్ధాలు పరిమితమైపోవటం ఎక్కువగా కనబడుతోంది.

1998లో పొరుగునున్న కాంగోలోని సంపన్నమైన కాల్టన్ గనులని ర్వాండా ఆక్రమించి దోచుకుందంటే అర్థం చేసుకోగలం, కారణం, ఆ ఖనిజాన్ని మొబైల్ ఫోన్లూ, ల్యాప్‌టాప్‌ల తయారీకి విరివిగా ఉపయోగిస్తారు. ప్రపంచం మొత్తంలో 80 శాతం కాల్టన్ నిక్షిప్తాలు కాంగోలోనే ఉన్నాయి. తాము దోచుకున్న ఆ ఖనిజం ర్వాండాకి యేటా 240 మిలియన్ల డాలర్లు సంపాదించిపెట్టింది. పేద దేశమైన ర్వాండాకి అది చాల పెద్ద మొత్తం. దీనికి విరుద్ధంగా సిలికాన్ వ్యాలీని ఆక్రమించుకునేందుకు చైనా కాలిఫోర్నియా మీద దాడి చేస్తుందనటం అర్థం లేని మాట. ఆపిల్, మైక్రోసాఫ్ట్ లాంటి బ్రహ్మాండమైన హైటెక్

కంపెనీలతో సహకరించి, వాళ్ళ సాఫ్ట్‌వేర్‌ని కొని వాళ్ళకోసం వస్తువులు తయారుచేసి, చైనీయులు కొన్ని బిలియన్ల డాలర్లు సంపాదించుకున్నారు. కాంగోలోని కాల్టన్ ఖనిజాన్ని దోచుకుని ర్వాండా ఒక యేడాదిలో సంపాదించుకున్న మొత్తాన్ని, శాంతియుతంగా వర్తకం చేసి చైనీయులు ఒక్కరోజులో సంపాదిస్తారు.

తత్ఫలితంగా 'శాంతి' అనే మాటకి కొత్త అర్థం ఏర్పడింది. తాత్కాలికంగా యుద్ధం లేకుండా ఉండటమే శాంతి అని ముందుతరాలు అనుకున్నాయి. ఈనాడు శాంతి అంటే యుద్ధం అసంభవం కావటమని అనుకుంటున్నాం. 1913లో జర్మనీ, ఫ్రాన్సు మధ్య శాంతి నెలకొందని ఎవరైనా అంటే, 'ప్రస్తుతం జర్మనీకీ, ఫ్రాన్సుకీ యుద్ధం జరగటం లేదు, కానీ పైయేడాది ఎలా ఉంటుందో ఎవరు చెప్పగలరు?' అని అర్థం. ఈనాడు జర్మనీ, ఫ్రాన్సు మధ్య శాంతియుతమైన వాతావరణం ఉందని అంటే, రాబోయే కాలంలో పరిస్థితులు ఎలా ఉన్నప్పటికీ ఆ రెండు దేశాల మధ్య యుద్ధాన్ని ఊహించటం సాధ్యం కాదనే అర్థం. ఇలాంటి శాంతి ఆ రెండు దేశాల మధ్యే కాదు దాదాపు అన్ని (అన్నీ కాక పోయినా) దేశాలమధ్యా ఉంటున్నది. వచ్చే యేడాది జర్మనీకీ, పోలాండ్‌కీ, ఇండినేసియాకీ ఫిలిప్పైన్స్‌కీ, లేదా బ్రెజిల్‌కీ ఉరుగ్వేకీ మధ్య పెద్ద యుద్ధం జరిగే సూచనలేవీ కనిపించటం లేదు .

ఈ కొత్త శాంతి ఏదో హిప్పీ ఫాంటసీ కాదు. అధికారదాహం గల ప్రభుత్వాలూ, లోభత్వం నిండిన కార్పొరేషన్లూ కూడా దీని మీద ఆధారపడతాయి. తూర్పు యూరప్‌లో మెర్సిడీస్ కార్ల కంపెనీ తన అమ్మకాలకి పథకాలు వేసేప్పుడు జర్మనీ పోలండుని జయించవచ్చున్న ఆలోచనని కొట్టిపారేస్తుంది. ఫిలిప్పీన్స్ నుంచి చవకగా కూలీలని దిగుమతి చేసుకునే ఒక కార్పొరేషన్‌పై యేడాది ఇండోనేషియా ఫిలిప్పీన్స్ మీద దాడి చేస్తుందేమోనని ఆందోళన పడదు. బ్రెజిల్ ప్రభుత్వంపై యేడాది బడ్జెట్ గురించి చర్చించేందుకు సమావేశమైనప్పుడు బ్రెజిల్ రక్షణశాఖ మంత్రి తన కుర్చీలోంచి లేచి, బల్లమీద పిడికిలితో గట్టిగా గుద్దుతూ, "ఒక్క నిమిషం! మనం ఒకవేళ ఉరుగ్వే మీద దాడి చేసి దాన్ని జయించాలనుకుంటేనో? దాన్ని గురించి మీరు ఆలోచించలేదా? ఈ ఆక్రమణ కోసం మనం 5 బిలియన్ల డాలర్లు విడిగా పెట్టుకోవాలి," అని అరవటం ఊహించలేం. కొన్ని ప్రాంతాలలో ఇలాంటి మాటలనే రక్షణ మంత్రులు అంటూ ఉన్నమాట, కొత్త శాంతి వేళ్ళూనటంలో విఫలమైన మాట నిజమే. అలాంటి ఒక ప్రాంతంలో ఉంటాను కాబట్టి నాకిది బాగా తెలిసిన విషయం. కానీ ఇవి మినహాయింపులు మాత్రమే.

ఈ కొత్త శాంతి శాశ్వతంగా నిలుస్తుందని ఎవరూ హామీ ఇవ్వలేరు. అసలు న్యూక్లియర్ ఆయుధాలు శాంతికి దోహదం చేసినట్టే, భవిష్యత్తులో కూడా సాంకేతిక అభివృద్ధి కొత్తరకం యుద్ధాలకి దారితీయవచ్చు. ముఖ్యంగా సైబర్ యుద్ధాలు చిన్నచిన్న దేశాలకీ, ప్రభుత్వేతర కార్యకర్తలకీ మహాశక్తులైన పెద్ద దేశాలతో పోరాడే సామర్థ్యాన్నిచ్చి, ప్రపంచాన్ని బలహీనం చెయ్యవచ్చు. 2003లో అమెరికా ఇరాక్‌తో యుద్ధం చేసినప్పుడు బాగ్దాద్‌లోనూ, మోసుల్‌లోనూ విధ్వంసం సృష్టించారు, కానీ లాస్ ఏంజెలెస్‌లో గాని, షికాగోలో గాని ఒక్క బాంబు కూడా పడలేదు. భవిష్యత్తులో నార్త్ కొరియా లేదా ఇరాన్

లాజిక్ బాంబులని ప్రయోగించి కాలిఫోర్నియాలో విద్యుత్తును నిలిపివేయవచ్చు, టెక్సాస్‌లో రిఫైనరీలని పేల్చేయవచ్చు, మిషిగన్‌లో రైళ్లను ఢీ కొట్టించవచ్చు ('లాజిక్ బాంబులు' విద్వేషపూరితమైన సాఫ్ట్‌వేర్ కోడ్‌లు. వాటిని శాంతి నెలకొన్న సమయంలో నాటి దూరం నుంచి ప్రయోగిస్తారు. అమెరికాలోనూ, ఇతర అనేక దేశాలలోనూ కీలకమైన మౌలిక సదుపాయాలు ఇటువంటి కోడ్స్‌తో కిక్కిరిసిపోయాయి ఉండే అవకాశం ఉంది.)

అయినా మనం సామర్థ్యాన్ని ప్రేరణ అనుకుంటే అయోమయంలో పడతాం. సైబర్ యుద్ధం కొత్తరకమైన వినాశనానికి అవసరమైన సాధనాలని పరిచయం చేసినప్పటికీ, వాటిని ఉపయోగించమని కొత్తగా ప్రోత్సహిస్తుందని చెప్పలేం. గత డెబ్బై సంవత్సరాలుగా మానవజాతి అరాచకత్వాన్ని అధిగమించటమే కాకుండా చెఖోవ్ నియమాన్ని కూడా భంగం చేసింది. నాటకం మొదటి అంకంలో ఒక తుపాకీ కనిపించిందంటే మూడో అంకంలో దాన్ని పేల్చకుండా ఉండటం అసంభవమని అంటోన్ చెఖోవ్ అన్న మాటలు చాలా ప్రసిద్ధి పొందాయి. చరిత్ర అంతటా రాజులూ, సామ్రాట్టులూ కొత్త ఆయుధాల్ని సంపాదించుకుంటే, నేడో రేపో వాటిని ఉపయోగించాలన్న ఉబలాటం వాళ్లకి కలగక మానదు. కానీ 1945 నుంచీ మానవజాతి ఈ ఉబలాటాన్ని అడ్డుకోవటం నేర్చుకుంది. ప్రచ్ఛన్న యుద్ధం మొదటి అంకంలో కనిపించిన తుపాకీని ఎవరూ పేల్చనేలేదు. ఈసరికి మనం పేల్చని బాంబులతోనూ, ప్రయోగించని క్షిపణులతోనూ నిండిన ఈ ప్రపంచంలో జీవించటానికి అలవాటు పడ్డాం. అరాచకత్వాన్నీ, చెఖోవ్ నియమాన్నీ అధిగమించడంలో నైపుణ్యం సాధించాం. ఈ నియమాలు మళ్ళీ మన జీవితాలలో ప్రవేశిస్తే దానికి మన తప్పే కారణమౌతుంది కాని తప్పించుకోలేని విధి కాదు.

4. మాస్కోలో అణు క్షిపణుల క్రమ విన్యాసం : ప్రదర్శనలో ఉన్న తుపాకీని ఎప్పుడూ పేల్చలేదు.

మరైతే ఉగ్రవాదం మాటేమిటి? కేంద్ర ప్రభుత్వాలూ, శక్తిమంతమైన రాజ్యాలూ నిగ్రహం పాటించటం నేర్చుకున్నప్పటికీ, కొత్తగా తయారైన ఆయుధాల్ని విధ్వంసం కోసం ఉపయోగించటానికి ఉగ్రవాదులు ఎంతమాత్రం వెనకాడరు. అది నిశ్చయంగా మనం ఆందోళన పడాల్సిన విషయమే. అయినా, ఉగ్రవాదం అనేది, నిజమైన ఆధిపత్యాన్ని సాధించలేని వారు ఉపయోగించే ఒక బలహీనమైన యుక్తి. కనీసం గతంలో ఉగ్రవాదం వస్తుపరమైన విధ్వంసాన్ని సృష్టించడానికి బదులు అందరినీ భయపెట్టేందుకే ప్రయోగించటం జరిగింది. ఉగ్రవాదులకు సామాన్యంగా సైన్యాన్ని ఓడించటానికీ, దేశాన్ని ఆక్రమించటానికీ, నగరాలకు నగరాలని మట్టుపెట్టటానికీ తగిన సామర్థ్యం ఉండదు. 2010లో ఊబకాయం దానివల్ల కలిగే వ్యాధులూ 3 మిలియన్లమంది చనిపోయేందుకు కారణమయ్యాయి, అదే ఉగ్రవాదులు ప్రపంచం మొత్తంలో 7,697 మందిని హతమార్చారు. ఆ మొత్తంలో ఎక్కువశాతం ఇంకా అభివృద్ధి చెందుతున్న దేశప్రజలు. సగటు అమెరికన్‌కి గాని, యూరోపియన్‌కి గాని అల్ ఖైదా కన్నా ఎక్కువ ప్రాణాంతకమైన ప్రమాదం కోకాకోలా వల్ల వాటిల్లే అవకాశం ఉంది.

అలాటప్పుడు ఉగ్రవాదులు ముఖ్యవార్తల్లో చోటు సంపాదించుకుంటూ ప్రపంచ మంతటా రాజకీయ పరిస్థితులను ఎలా మార్చెయ్యగలుగుతున్నారు? తమ శత్రువులని విపరీతంగా ప్రతిస్పందించేందుకు ఉసిగొల్పుతూ ఆ పని చేస్తున్నారు. క్లుప్తంగా చెప్పాలంటే, ఉగ్రవాదం ఒక ప్రదర్శన. ఉగ్రవాదులు ఒక అతిభయంకరమైన దృశ్యాన్ని ప్రదర్శించి మన ఊహాశక్తిని తమ అధీనం చేసుకుంటారు. మనం మధ్యయుగంలోకి వెనక్కి వెళ్ళిపోతున్నామన్న భ్రమ కలిగిస్తారు. తత్ఫలితంగా రాజ్యాలు ఆ ఉగ్రవాదుల నాటకానికి ప్రతిస్పందిస్తున్నట్టు, రక్షణ ఏర్పాట్లు చేస్తున్నట్టు ప్రవర్తించటం తమ బాధ్యత అనుకుంటారు. దానికోసం విపరీతమైన బలప్రదర్శన చేస్తూ మొత్తం జనాభాని హింసించటం, విదేశాలమీద దాడి చెయ్యటం లాంటి పనులు చేపడతారు. చాలా సందర్భాలలో ఉగ్రవాదులవల్ల కలిగే ప్రమాదం కన్నా, ఇలా అతిగా ప్రతిస్పందించటం ప్రమాదాన్ని సృష్టించి మనకి భద్రత లేకుండా చేస్తుంది.

పింగాణీ పాత్రలతో నిండిన ఒక దుకాణాన్ని (చైనా షాప్) ధ్వంసం చేసేందుకు ప్రయత్నించే ఒక ఈగ లాంటిది ఉగ్రవాదం. ఈగకున్న బలం ఒక్క టీ కప్పుని కూడా కదిలించలేదు. అందుచేత అది ఒక ఎద్దు చెవిలో చేరి రొద చెయ్యటం మొదలుపెడుతుంది. ఎద్దుకి భయంతోనూ, కోపంతోనూ పిచ్చెక్కుతుంది, దాంతో అది చైనా షాప్‌ని ధ్వంసం చేసేస్తుంది. గత దశాబ్దంలో మధ్యప్రాచ్యంలో ఇదే జరిగింది. ఇస్లాం మతవాదులు తమంతట తాము సద్దాం హుసైన్‌ని ఎప్పటికీ పడగొట్టి ఉండేవాళ్ళు కారు. దానికి బదులు వాళ్ళు 9/11లో దాడులు జరిపి అమెరికాకి విపరీతమైన కోపం తెప్పించారు, అమెరికా వాళ్ళకోసం మధ్య ప్రాచ్యమనే చైనా షాప్‌ని ధ్వంసం చేసేసింది. ఇప్పుడు ఆ శిథిలాలలో వాళ్ళు వర్ధిల్లుతున్నారు. ఉగ్రవాదులకి మనని మధ్యయుగంలోకి లాక్కెళ్ళి, అరాచకత్వ వ్యవస్థని మళ్ళీ స్థాపించేంత బలం లేదు. వాళ్ళు మనని ఉసికొల్పవచ్చు, కానీ చివరికి మొత్తం మన ప్రతిస్పందన మీదే ఆధారపడి ఉంటుంది. అరాచకత్వం మళ్ళీ ప్రబలితే అది ఉగ్రవాదుల తప్పని అనలేం.

రాబోయే దశాబ్దాలలో కూడా కరువు, మహమ్మారీ, యుద్ధం కొన్ని లక్షలమంది ప్రాణాలు తియ్యవచ్చు. కానీ మానవజాతి దాన్ని అర్థం చేసుకోలేక, అదుపు చెయ్యలేక నిస్సహాయంగా చూస్తూ కూర్చునే రోజులు పోయాయి. ఇక అవి నివారించలేని విషాదాలు కావు, పైగా మనం పరిష్కరించగలిగే సవాళ్ళుగా మారాయి. దీనర్థం, కొన్ని కోట్లమంది నిరుపేదరికంతో బాధపడుతున్నారన్న నిజాన్ని తక్కువచెయ్యటం కాదు; మలేరియా, ఎయిడ్స్, క్షయ వ్యాధులకు జనం బలి కావటంలేదని అనటంలేదు; సిరియా, కాంగో, లేదా ఆఫ్గనిస్తాన్‌లో లక్షలమంది హింసతో కూడిన విషవలయంలో చిక్కుకుని యాతన పడుతున్నారన్నది అబద్ధం కాదు. ఈ భూమి మీదినుంచి కరువు, మహమ్మారి, యుద్ధమూ పూర్తిగా మాయమైపోయాయనీ, వాటి గురించి ఇక మనం ఆందోళన పడక్కర్లేదనీ అనటం లేదు. పరిస్థితి దీనికి పూర్తి వ్యతిరేకంగా ఉంది. చరిత్ర అంతటా జనం ఇవి నివారించలేని సమస్యలని అనుకున్న దాఖలాలున్నాయి. అందుచేత వాటిని అంతం చెయ్యటంలో అర్థం లేదు. అద్భుతాలు చెయ్యమని జనం దేవుణ్ణి వేడుకున్నారు, కానీ వాళ్ళే స్వయంగా కరువునీ, మహమ్మారిని, యుద్ధాన్నీ అంతమొందించేందుకు తీవ్రంగా ప్రయత్నించలేదు. 2016లో కూడా ప్రపంచం 1916లో లాగే ఆకలితో, రోగాలతో, హింసతో బాధపడుతోంది అనేవాళ్ళు ఓటమికి లొంగిపోయే ఆ పాత ధోరణినే కొనసాగిస్తూ ఉంటారు. ఇరవయ్యో శతాబ్దంలో మానవులు చేసిన బ్రహ్మాండమైన ప్రయత్నాలన్నీ ఏమీ సాధించలేదనీ, వైద్య రంగంలో జరిగిన పరిశోధనలూ, ఆర్థిక సంస్కరణలూ, శాంతి కోసం చేసిన ప్రయత్నాలూ వృథా అయిపోయాయని వాళ్ళ మాటలకి అర్థం. అదే నిజమైతే, మన కాలాన్నీ, వనరులని ఇంకా వైద్య పరిశోధనలకీ, కొత్త ఆర్థిక సంస్కరణలకీ లేదా శాంతి కోసం చేసే సరికొత్త ప్రయత్నాలకీ కేటాయించటంవల్ల లాభమేమిటి?

గతంలో మనం సాధించిన విజయాలని గుర్తించటం ఆశనీ, బాధ్యతనీ తెలియజేసే సందేశాన్ని అందజేస్తుంది. భవిష్యత్తులో మరింత గట్టి ప్రయత్నాలు చేపట్టేందుకు ప్రోత్సహిస్తుంది. మనం ఇరవయ్యో శతాబ్దంలో ఫలితాలు సాధించినప్పటికీ, జనం కరువు, మహమ్మారీ, యుద్ధంతో బాధపడుతూ ఉన్నట్టయితే, దానికి మనం ప్రకృతినో, దేవుణ్ణో తప్పుపట్టలేం. పరిస్థితులని మరింత మెరుగ్గా తయారుచేయటం, బాధలని మరింత తగ్గించటం మన చేతుల్లోనే ఉంది.

అయినప్పటికీ మన సాఫల్యాల గొప్పతనాన్ని మెచ్చుకోవటంలో మరో రకం సందేశం కూడా ఉంది : చరిత్ర శూన్యాన్ని ఆమోదించదు. కరువు, మహమ్మారీ, యుద్ధం ఏర్పడే పరిస్థితులు మందగిస్తూ ఉన్నట్టయితే, మానవుల అజెండాలో మరేదో వాటి స్థానాన్ని ఆక్రమించి తీరాలి. అది ఏమిటో మనం చాలా జాగ్రత్తగా ఆలోచించాలి. లేకపోతే పాత యుద్ధభూముల్లో సంపూర్ణ విజయం సాధించిన మనం పూర్తిగా కొత్తవైన రణ రంగాల్లో మనకు తెలియకుండానే చిక్కుకుపోగలం. ఇరవైఒకటో శతాబ్దంలో మానవుల అజెండాలో అన్నిటికన్నా పైన, కరువు, మహమ్మారీ, యుద్ధం స్థానాన్ని ఆక్రమించగల ప్రణాళిక లెటువంటివి?

మనమే స్వయంగా ప్రమాదాల్ని సృష్టించి మానవజాతినీ, ఈ భూగ్రహాన్నీ

మొత్తంగా నాశనం చేసే శక్తి మనకుంది. అలాంటి ప్రమాదాలనుంచి రక్షణ కల్పించటం మనం చేపట్టవలసిన ముఖ్యమైన ప్రణాళికల్లో ఒకటి. అసాధారణమైన ఆర్థిక అభివృద్ధి ధర్మమా అని మనం కరువునీ, మహమ్మారిని, యుద్ధాన్నీ నియంత్రించగలిగాం. ఆర్థిక అభివృద్ధి మనకి బోలెడంత ఆహారం, వైద్యం, శక్తి ముడిపదార్థాలూ అందజేస్తున్నది. అయినా ఈ అభివృద్ధే మన భూమిమీద పర్యావరణ సమతౌల్యాన్ని ఎన్నో రకాలుగా దెబ్బతీస్తోంది. దాని గురించి అన్వేషించటం మనం ఇప్పుడిప్పుడే ప్రారంభించాం. మానవజాతి ఈ ప్రమాదాన్ని ఆలస్యంగా అంగీకరించింది, అందుకే దీన్ని గురించి తగినన్ని చర్యలు తీసుకోలేదు. వాతావరణ కాలుష్యం, భూమిమీద ఉష్ణోగ్రత పెరగటం (గ్లోబల్ వార్మింగ్), వాతావరణంలో మార్పులూ గురించి ఎంత మాట్లాడినా, పరిస్థితిని మెరుగుపరిచేందుకు అధికశాతం దేశాలు ముఖ్యమైన ఆర్థిక మార్పులూ, రాజకీయమైన మార్పులూ, ఎన్నో త్యాగాలూ చెయ్యవలసి ఉంది. ఆర్థిక అభివృద్ధి, పర్యావరణాన్ని స్థిరంగా ఉంచటం అనే విషయాలలో ఏదో ఒకదాన్ని ఎంపిక చెయ్యవలసి వచ్చినప్పుడు రాజకీయవేత్తలూ, సీఈఓలూ, ఓట్లు వేసే జనం దాదాపు ప్రతిసారీ అభివృద్ధినే ఎంచు కుంటారు. ఇరవైఒకటో శతాబ్దంలో, ఈ మహావిపత్తుని నివారించాలంటే మనం ఇంకా బాగా పనిచేయవలసి ఉంటుంది.

మానవజాతి ఇంకా వేటికోసం కష్టపడి ప్రయత్నిస్తుంది? మనం కేవలం మనకి లభించిన మంచి విషయాలని చూసి, అంటే కరువు, మహమ్మారీ, యుద్ధమూ నివారించ బడ్డాయని, పర్యావరణ సమతౌల్యాన్ని రక్షించగలిగామని సంతోషిస్తూ ఉండిపోతామా? నిజానికి అది చాలా తెలివైన పనే, కానీ మానవజాతి అంతటితో సంతృప్తి పొందదు. తమ దగ్గరున్నవాటితో మానవులు తృప్తిపడటం చాలా అరుదు. మనిషి మనసు ఏదైనా సాధించి నప్పుడు చూపించే ప్రతిక్రియ మరింత సాధించాలన్న తీవ్రమైన వాంఛే తప్ప సంతృప్తి కాదు. మానవులు ఎప్పుడూ ఇంకా మెరుగైనదానికోసమే చూస్తూ ఉంటారు, ఇంకా పెద్దది, ఇంకా రుచికరమైనది కావాలన్నా కోరిక వాళ్ళకి ఎప్పుడూ ఉంటుంది. మానవజాతికి బ్రహ్మాండమైన కొత్త శక్తులు లభించినప్పుడు, కరువు, మహమ్మారీ, యుద్ధం వల్ల వచ్చే ప్రమాదాలు తొలగిపోయినప్పుడు, వాళ్ళు చేసేందుకు ఇంకేం ఉంటుంది? శాస్త్రవేత్తలూ, పెట్టుబడీదార్లూ, బ్యాంకర్లూ, రాష్ట్రపతులూ రోజంతా ఏం చేస్తారు? కవిత్వం రాస్తారా?

సాఫల్యం ఆకాంక్షను పెంచుతుంది, ఈ మధ్య మనం సాధించిన విజయాలు మరింత సాహసంతో కూడిన లక్ష్యాలను ఏర్పరచుకునేందుకు మానవజాతిని ముందుకు తోస్తున్నాయి. ఇంతకూ ముందెన్నడూ లేనంత సమృద్ధిని, ఆరోగ్యాన్నీ, సామరస్యాన్నీ సంపాదించుకున్న తరవాత, మనం మునుపు సాధించిన ఫలితాలనే, ప్రస్తుత విలువలనీ లెక్కలోకి తీసుకున్నప్పుడు, మానవజాతి ఇకమీదట సాధించదలచుకున్న లక్ష్యాలు, అమరత్వం, ఆనందం, దైవత్వం అని అనిపిస్తుంది. పస్తులవల్లా, రోగాలవల్లా, హింసవల్లా సంభవించే మరణాలని బాగా తగ్గించేసిన తరవాత, ఇక మనం వార్ధక్యాన్నీ, చివరికీ మృత్యువుని కూడా జయించాలని అనుకుంటాం. నికృష్టమైన బాధలనుంచి జనానికి విముక్తి కలగజేశాక, ఇప్పుడు వాళ్ళ జీవితాల్లో పూర్తి ఆనందం నింపటమే లక్ష్యంగా

పెట్టుకుంటాం. మనుగడకోసం చేసే పోరాటంలో జంతుస్థితి నుంచి మానవత్వాన్ని ఉద్ధరించాక, మానవులని దేవుళ్ళ స్థాయికి తీసుకెళ్లటమే ధ్యేయంగా కృషి చేస్తాం. అప్పుడు హోమో సేపియన్స్, హోమో డెయూస్‌గా మార్పు చెందుతారు.

మృత్యువుకి చివరి రోజులు

ఇరవైయో శతాబ్దంలో మానవులు అమరత్వం కోసం బహుశా తీవ్రంగా ప్రయతించవచ్చు. వార్ధక్యం, మృత్యువుకి వ్యతిరేకంగా సలిపిన పోరాటం, కేవలం చాలాకాలంపాటు కరువు, వ్యాధులకు వ్యతిరేకంగా జరిగిన పోరాటానికి కొనసాగింపే అవుతుంది. అది సమకాలీన సంస్కృతిలోని మహోన్నతమైన విలువని ప్రకటిస్తుంది : అదే మానవ జీవితం. మానవ జీవితం ఈ విశ్వంలోకెల్లా అతిపవిత్రమైనదని మనకి నిరంతరం గుర్తుచేస్తూ ఉంటారు. స్కూళ్లలో అధ్యాపకులూ, పార్లమెంట్‌లో రాజకీయ నాయకులూ, న్యాయస్థానాల్లో వకీళ్ళూ, నాటక రంగస్థలాల్లో నటులూ అందరూ ఇదే మాట అంటారు. రెండో ప్రపంచ యుద్ధం తరవాత ఐక్యరాజ్యసమితి మనవహక్కుల సార్వత్రిక ప్రకటనని (ద యూనివర్సల్ డిక్లరేషన్ ఆఫ్ హ్యూమన్ రైట్స్) స్వీకరించింది. బహుశా ప్రపంచ రాజ్యాంగానికి అతిదగ్గరగా ఉన్నది అదే అనుకోవాలి. 'జీవించి ఉండటం' అనేది మానవులకి సంబంధించిన అతిముఖ్యమైన విలువ అని అది స్పష్టంగా ప్రకటిస్తుంది. మరణం ఈ హక్కుని అతిక్రమిస్తుందని స్పష్టంగా తెలుస్తోంది కనుక మరణం మానవులపట్ల జరిగే నేరం, అందుకని మనం దానికి ఎదురుతిరిగి శాయశక్తులా పోరాడాలి.

ఇంతవరకూ చరిత్రలో మతాలూ, భావజాలాలూ జీవితానికి దానికంటూ ఒక పవిత్రత ఉందని ఆపాదించలేదు. ఈ భూమిమీద జీవితం కన్నా ఇంకా దానిపైన ఉన్న ఉన్నతమైనదేదో ఉందని దానికి పవిత్రతని ఆపాదించారు. అందుచేత వాళ్ళు మృత్యువుని బాగానే భరించగలిగారు. నిజానికి కొందరికైతే భయంకరమైన మృత్యువు రూపం అంటే ఇష్టంగా ఉండేది. పరలోకంలో మన విధి ఎలా ఉండబోతోందనే దానిమీద మన ఇహలోక జీవితానికి అర్థం ఆధారపడి ఉంటుందని క్రైస్తవం, ఇస్లాం, హిందూ మతం బల్లగుద్ది చెప్పాయి. అందుచేత వాళ్ళు మృత్యువుని ఈ లోకంలో ముఖ్యమైన, సానుకూలమైన భాగంగా భావించారు. మనుషులు చనిపోవాలన్నది దేవుడి ఆదేశం. వాళ్ళు చనిపోయే క్షణం పవిత్రమైన అధిభౌతిక అనుభవమని, దానికి గొప్ప అర్థం ఉన్నదని వాళ్ళు నమ్మారు. మనిషి అంతిమశ్వాస వదిలే ముందు, చనిపోయే మనిషి జీవితాన్ని తూకం వేసి, ఈ విశ్వంలో అతని అసలు పాత్రేమిటో నిర్ణయిస్తారని, మతాచార్యులనీ, రబ్బిలనీ, షామాన్లనీ పిలిపిస్తారు. మరణం లేని, అంటే స్వర్గం నరకం, పునర్జన్మ లేని లోకంలో క్రైస్తవమతాన్నీ, ఇస్లాంనీ, హిందూమతాన్నీ ఊహించేందుకు ప్రయత్నించండి.

ఆధునిక విజ్ఞాన శాస్త్రానికీ, ఆధునిక సంస్కృతికీ జీవితం, మృత్యువు గురించి పూర్తి భిన్నమైన అభిప్రాయం ఉంది. మృత్యువు అధిభౌతిక రహస్యమని అవి అనుకోవు, మృత్యువు జీవితార్థానికి మూలమని అసలే అనుకోవు. పైగా, ఆధునిక మానవుడికి

మృత్యువనేది సాంకేతిక సమస్య, దాన్ని మనం పరిష్కరించగలమనీ, పరిష్కరించాలనీ అతని అభిప్రాయం.

అసలు మానవులు ఎలా చనిపోతారు? మధ్యయుగపు కల్పిత కథలు మృత్యువు నల్లటి ముసుగున్న దుస్తులు ధరించి, చేతిలో పొడవైన కొడవలి పట్టుకున్న మనిషి రూపంలో వస్తుందని వర్ణించాయి. ఒక మనిషి జీవితంలో ఏవేవో సమస్యలతో సతమత మవుతూ, అక్కడికీ ఇక్కడికీ పరిగెత్తుతూ ఉంటాడు. హఠాత్తుగా మృత్యుదేవత అతనిముందు ప్రత్యక్షమై, ఎముకల వేలితో అతని భుజం మీద తట్టి, "పద!" అంటాడు. "నా మాట విను, ఇప్పుడు కాదు! ఒక యేడాది, ఒక నెల, ఒక రోజు, ఆగు!" అని బతిమాలుకుంటాడు ఆ మనిషి. కానీ ఆ ముసుగు ఆకారం, "లేదు! నువ్వు ఇప్పుడే రావాలి!" అంటుంది. ఈ విధంగానే మనం చనిపోతాం.

నిజానికి నల్ల దుస్తులలో ఉన్న ఒక ఆకారం భుజం మీద తట్టటం వల్లనో, దేవుడి ఆదేశం వల్లనో, అమరత్వమనేది ఈ బ్రహ్మాండానికి సంబంధించిన గొప్ప పథకంలో భాగం కావటం వల్లనో మనుషులు చనిపోరు. ఏదో ఒక సాంకేతిక లోపం వల్లనే వాళ్ళు చనిపోతారు. గుండె రక్తాన్ని పంప్ చెయ్యటం ఆపేస్తుంది. ప్రధాన ధమనిలో కొవ్వు నిల్వలు చేరి అది మూసుకు పోతుంది. కాలేయంలో క్యాన్సర్‌కణాలు విస్తరిస్తాయి. ఊపిరితిత్తుల్లో సూక్ష్మజీవుల సంఖ్య పెరుగుతూ పోతుంది. మరి ఈ సాంకేతిక సమస్యలన్నిటికీ కారణం ఏమిటి? కారణం ఇతర సాంకేతిక సమస్యలే. గుండె కండరానికి తగినంత ప్రాణవాయువు అందకపోవటం వల్లే అది రక్తాన్ని పంప్ చెయ్యటం ఆపేస్తుంది. యాదృచ్ఛికంగా జన్యువులలో మార్పు ఏర్పడి వాటికి అందవలసిన సమాచారం తిరగరాయబడటమే క్యాన్సర్ కణాలు విస్తరించ డానికి కారణం. సూక్ష్మజీవులు నా

5. మధ్యయుగ చిత్రకళలో మృత్యువు భీతి గొలిపే ఆకారంతో కోత కోయు వ్యక్తిగా చిత్రీకరించబడింది.

ఊపిరితిత్తులలో వచ్చి చేరటానికి, సబ్‌వే స్టేషన్‌లో నా పక్కనున్న వ్యక్తి తుమ్మటమే కారణం. ఇందులో ఆధిభౌతికమేమీ లేదు. ఇదంతా సాంకేతిక సమస్యలకి సంబంధించినది.

ఇక ప్రతి సాంకేతిక సమస్యకీ ఒక సాంకేతిక పరిష్కారం ఉంటుంది. మనం మృత్యువుని అధిగమించేందుకు సెకండ్ కమింగ్ (ఏసుక్రీస్తు పునరాగమనం) కోసం వేచిచూడాల్సిన అవసరం లేదు. విజ్ఞానశాస్త్రం తప్ప మరొకటి తెలీని ఇద్దరు పరిశోధకులు ప్రయోగశాలలో పరిష్కారం కనుగొనగలరు. సంప్రదాయం ప్రకారం మృత్యువు మతాచార్యులకీ, వేదాంతులకీ సంబంధించిన విషయమైనప్పటికీ, ప్రస్తుతం ఇంజనీర్లు దాన్ని తమ చేతిలోకి తీసుకుంటున్నారు. క్యాన్సర్ కణాలని కెమోథెరపీ, నానోరోబోట్ల సాయంతో నాశనం చెయ్యగలం. ఊపిరితిత్తుల్లోని సూక్ష్మజీవులని యాంటీబయోటిక్స్‌తో అంతమొందించగలం. గుండె రక్తాన్ని పంప్ చెయ్యటం ఆపేస్తే మందులతోనూ, కరెంట్ షాక్‌లతోనూ దాన్ని మళ్ళీ పనిచేయించగలం. అవి కూడా పనిచేయకపోతే కొత్త గుండెకాయని అమర్చగలం. ప్రస్తుతం అన్ని సాంకేతిక సమస్యలకీ మన దగ్గర పరిష్కారాలు లేని మాట నిజమే, కానీ మనం క్యాన్సర్, సూక్ష్మజీవులు, జన్యుశాస్త్రం, నానోటెక్నాలజీ కోసం ఇంత సమయాన్నీ, ధనాన్నీ వెచ్చించటానికి అచ్చంగా ఇదే కారణం.

శాస్త్రీయ పరిశోధనలతో సంబంధం లేని సామాన్య మానవులకి కూడా మృత్యువు ఒక సాంకేతిక సమస్య అనే అనుకోవటం అలవాటయింది. ఒక స్త్రీ డాక్టర్ దగ్గరకెళ్ళి, "నాకేమైంది డాక్టర్", అని అడిగితే, డాక్టర్, "నీకు ఫ్లూ జ్వరం వచ్చింది," అనో, "క్షయవ్యాధి ఉంది," అనో, "క్యాన్సర్ సోకింది", అనో అంటాడే తప్ప "నువ్వు చనిపోతావు," అని ఎప్పుడూ అనడు. ఫ్లూ, క్షయ, క్యాన్సర్, ఇవన్నీ సాంకేతిక సమస్యలని మనమందరం అనుకుంటాం. వీటికి ఏదో ఒకరోజు మనం సాంకేతిక పరిష్కారాలని కనుగొనవచ్చు.

తుఫాను దెబ్బకు, కారు ప్రమాదంలోనో, యుద్ధంలోనో మనుషులు చనిపోయినప్పుడు దాన్ని సైతం మనం సాంకేతిక సమస్యగా భావించి, ప్రమాదం నివారించటం సాధ్యమయ్యేదేననీ, నివారించి ఉండవలసిందనీ అనుకుంటాం. ప్రభుత్వం ఇంకా కాస్త మెరుగైన విధానాన్ని అమలుపరిచి ఉంటే; మునిసిపాలిటీ తన పని ఇంకా సవ్యంగా చేసి ఉంటే; సైన్యాధిపతి ఇంకాస్త తెలివైన నిర్ణయం తీసుకుని ఉంటే, మృత్యువుని తప్పించుకుని ఉండవచ్చు. మృత్యువు కోర్టులో దావాలకీ, దర్యాప్తులకీ కారణమవటం చాల సహజమై పోయింది. "వాళ్ళు అలా ఎలా చనిపోయారు? ఎక్కడో ఎవరో తప్పుచేసి ఉండాలి."

అధికశాతం శాస్త్రజ్ఞులూ, డాక్టర్లూ, అధ్యయనకర్తలూ అమరత్వం గురించి కలలు కనటంలేదు. ఇంకా ఏదో ఒక సమస్యని పరిష్కరించేందుకు ప్రయత్నిస్తూనే ఉన్నామని అనటంలేదు. అయినప్పటికీ వార్ధక్యం, మృత్యువూ ఏదో ఒక ప్రత్యేకమైన సమస్యకి కారణాలే అనాలి. ఏ సందర్భంలోనూ శాస్త్రజ్ఞులూ డాక్టర్లూ, 'ఇంతవరకే, ఇంకొక్క అడుగు కూడా వెయ్యక్కర్లేదు. క్షయనీ, క్యాన్సర్‌నీ అధిగమించగలిగాం, కానీ అల్జీమర్స్ వ్యాధితో పోరాడేందుకు ఒక్క వేలిని కూడా కదపం. జనం ఆ వ్యాధితో మరణిస్తూనే ఉండవచ్చు,' అని ప్రకటించరు. 'మనుషులకి తొంభై యేళ్ళ వరకూ బతికి ఉండే హక్కుంది,' అని మానవ హక్కుల సార్వత్రిక ప్రకటన చెప్పదు. ప్రతి మనిషికీ జీవించే హక్కు ఉందంటుంది,

అంతే. ఆ హక్కుకి ముగింపు తేదీ (ఎక్స్‌పైరీ డేట్) అనేది ఉండదు.

ఈ రోజుల్లో అధికశాతం శాస్త్రజ్ఞులూ, మేధావులూ నిష్కపటంగా ఉన్నదున్నట్టు చెపుతున్నారు. ఆధునిక విజ్ఞానశాస్త్రం అన్నిటికన్నా ముందు మృత్యువుని జయించి మానవాళికి శాశ్వతమైన యవ్వనాన్ని అందించే ప్రయత్నానికి ప్రాముఖ్యం ఇస్తోందని అంటున్నారు. వృద్ధాప్యాన్ని అధ్యయనం చేసిన ఆబ్రీ డి గ్రే అనే శాస్త్రజ్ఞుడూ, బహుముఖ ప్రజ్ఞాశాలి, ఆవిష్కర్త రే కర్జ్ వెయిల్ (1999లో సంయుక్తరాష్ట్రాలు ఇతనికి యునైటెడ్ స్టేట్స్ నేషనల్ మెడల్ ఫర్ టెక్నాలజీ అండ్ ఇన్నోవేషన్‌కి ఇచ్చి సత్కరించారు). 2012లో కర్జ్ వెయిల్ గూగుల్ సంస్థలో ఇంజనీరింగ్ డైరెక్టర్‌గా నియమితులయ్యారు. ఒక యేడాది తరవాత గూగుల్ కాలికో అనే మరో సబ్ కంపెనీని ప్రారంభించింది. 'మృత్యువుని పరిష్కరించటం' తమ ధ్యేయమని ఆ కంపెనీ ప్రకటించింది. ఈ మధ్యనే గూగుల్ బిల్ మారిస్ అనే మరో వ్యక్తిని గూగుల్ వెంచర్స్ ఇన్‌వెస్ట్‌మెంట్ ఫండ్‌కి అధ్యక్షుడిగా నియమించింది. అతనికి అమరత్వం మీద ఎనలేని నమ్మకం. 2015 జనవరిలో ఒక ఇంటర్వ్యూలో మారిస్ ఇలా అన్నాడు, "500 సంవత్సరాలు బతకటం సాధ్యమేనా అని మీరీరోజు నన్నడిగితే, దానికి సమాధానం అవును అనే చెపుతాను." మారిస్ చాలా సాహసంగా ఉటంకించిన ఈ మాటల వెనక బోలెడంత డబ్బుంది. గూగుల్ వెంచర్స్ తన దగ్గరున్న 2 బిలియన్ డాలర్ల ఖాతాలోనుంచి 36 శాతం జీవశాస్త్ర పరిశోధనల ప్రారంభానికి కేటాయిస్తోంది. దానితో బాటు గొప్ప ఆకాంక్షతో ఆయుష్షు పెంచేందుకు ఎన్నో ప్రణాళికల్ని కూడా చేపట్టింది. అమెరికన్ ఫుట్‌బాల్‌ని ఉదాహరణగా చెపుతూ మృత్యువుతో పోరాడతానని మారిస్ ఈ రకంగా వివరించాడు, "మేము కొన్ని గజాలు అదనంగా సంపాదించుకోవాలని ప్రయత్నించటం లేదు. ఆటలో గెలుపు సాధించాలని ప్రయత్నిస్తున్నాం." ఎందుకు? అంటే అతనిలా అంటాడు, "మరణించటంకన్నా జీవించి ఉండటం మేలు."

సిలికాన్ వ్యాలీలో ఉండే మరికొందరు ప్రసిద్ధులు కూడా ఇలాంటి కలలు కంటారు. తన లక్ష్యం శాశ్వతంగా బతికిఉండాలన్నదేనని పే-పాల్ సహసంస్థాపకుడు పీటర్ థియేల్ ఈ మధ్యనే ఒప్పుకున్నాడు. "మృత్యువుతో వ్యవహరించేందుకు మూడు ముఖ్యమైన పద్ధతులున్నాయి. దాన్ని మీరు అంగీకరించటం, నిరాకరించటం లేదా దానితో పోరాడటం. మన సమాజం నిండా అంగీకరించేవాళ్ళూ, నిరాకరించేవాళ్ళే ఎక్కువగా ఉన్నారు నేను పోరాడాలని అనుకుంటున్నాను," అని వివరించాడతను. ఇలాంటి మాటలని చాలామంది యుక్తవయసులో కనే కలలని కొట్టిపారేశారు. అయినా థియేల్ చెప్పే మాటల గురించి చాలా లోతుగా ఆలోచించాలి. సిలికాన్ వ్యాలీలో ఉండే పారిశ్రామికవేత్తల్లోకెల్లా ఎక్కువ విజయాల్ని సాధించిన వ్యక్తి. అతని సొంత ఆస్తి 2.2 బిలియన్ డాలర్లని అంటారు. రాబోయే పరిణామాలకి సంకేతం స్పష్టంగానే ఉంది : సమానత్వం బైటికి - అమరత్వంలోనికి.

జన్యు యంత్రనిర్మాణమూ (జెనెటిక్ ఇంజనీరింగ్), పునరుత్పత్తి వైద్యమూ (రిజెనెరేటివ్ మెడిసిన్), నానోటెక్నాలజీ లాంటి రంగాలలో అత్యధిక వేగంతో జరుగుతున్న కొత్త

అభివృద్ధి భవిష్యత్తు మరింత ఆశావహంగా ఉండబోతోందని సూచిస్తోంది. 2200 సంవత్సరానికి మానవులు మృత్యువుని జయిస్తారని కొందరు నిపుణుల నమ్మకం. మరి కొంతమంది 2100 అంటారు. కర్జ్ వెయిల్, డి గ్రే ఇంకా ఉత్సాహంగా ఉన్నారు. ఆరోగ్యమైన శరీరమూ, మంచి బ్యాంక్ అకౌంటు ఉన్నవాళ్ళెవరైనాసరే 2050లో అమరత్వాన్ని పొంది పదేళ్లకొకసారి మృత్యువుని మోసం చేసే అవకాశం ఉంటుందని అంటారు వాళ్ళు. వాళ్లిద్దరూ అనేదేమిటంటే సుమారు ప్రతి పదేళ్లకొకసారి మనం క్లినిక్‌కి వెళ్లి మొత్తం కాయకల్పం చేయించుకున్నట్టయితే మన రోగాలు తగ్గటమే కాదు, నశించి పోతున్న కణజాలాలని పునరుత్పత్తి చేయించుకుని, చేతులనీ, కళ్ళనీ, మెదడునీ మెరుగు పరచుకోవచ్చు. మళ్ళీ చికిత్స చేయించుకునే సమయం ఆసన్నమైనప్పుడు, డాక్టర్లు బోలెడన్ని కొత్త మందుల్ని, మెరుగైన విధానాలనీ, పరికరాలనీ కనిపెట్టేసి ఉంటారు. క్వార్జ్ వెయిల్, డి గ్రే చెప్పేది నిజమే అయితే వీధిలో మీ సరసన అమరులు ఇప్పటికే నడుస్తూ ఉండవచ్చు - కనీసం వాల్ స్ట్రీట్‌లోనో, ఫిఫ్త్ అవెన్యూలోనో మీరు నడుస్తూ ఉన్నట్టయితే.

నిజానికి వాళ్ళు అమరులు కారు, వాళ్లకి మరణం ఉంటుంది. దేవుళ్ళలాగ కాకుండా భావి మానవులు కూడా యుద్ధంలోనో, ప్రమాదంలోనో మరణించే అవకాశం ఉంది, వాళ్ళని ఏ శక్తీ మళ్ళీ మృత్యులోకం నుంచి ఈ లోకానికి తీసుకురాలేదు. అయినా మృత్యువుని తప్పించుకోలేని మనలాంటి మనుషులకి ఉన్నట్టు వాళ్ళ జీవితాలకి ముగింపు తేదీ ఉండదు. ఏ బాంబో వాళ్ళని తునాతునకలు చెయ్యకుండా ఉంటే, ఏ లారీయో వాళ్ళని మోదకుండా ఉంటే, వాళ్ళు అనంతంగా జీవిస్తూ పోగలరు. బహుశా అదే వాళ్ళని ఈ చరిత్రలోకెల్లా ఎక్కువ ఆత్రుతపడేవారిలా తయారుచేస్తుందేమో. మనం ఏదో ఒకరోజు చనిపోవటం ఖాయం కాబట్టి సంకటాలని ఎదుర్కొంటాం. జీవితం ఎలాగూ ముగిసి పోతుంది మనకి తెలుసు. అందుకే మనం హిమాలయాల్లో ట్రెకింగ్‌కి వెళతాం, సముద్రంలో ఈదుతాం, ఇంకా రోడ్డు దాటటం, బైట తినటం లాంటి ప్రమాదకరమైన పనులు ఎన్నో చేస్తాం. కానీ మీరు శాశ్వతంగా బతికే ఉంటారని తెలిసి కూడా శాశ్వతమైన జీవితాన్ని పణంగా పెడితే మీరు మతిలేనివాడికిందే జమ.

బహుశా మనం చిన్నచిన్న లక్ష్యాలతో మొదలుపెట్టటమే మంచిది. ఆయుః ప్రమాణాన్ని రెండింతలు చెయ్యటం లాంటిది లక్ష్యంగా పెట్టుకుంటేనో? ఇరవయ్యో శతాబ్దంలో మనం జీవిత ప్రమాణాన్ని నలభై నుంచి డెబ్బై వరకూ, దాదాపు రెండింతలు చేసుకున్నాం. అలాగయితే ఇరవైఒకటో శతాబ్దంలో మనం కనీసం దాన్ని మళ్ళీ రెండింతలు, అంటే 150 యేళ్లు బతకగలగాలి. ఇది అమరత్వం కన్నా చాలా తక్కువే అయినా, మానవ సమాజంలో విప్లవం సృష్టిస్తుంది. ముందుగా కుటుంబ నిర్మాణం, పెళ్లిళ్లు, పిల్లలు-తల్లిదండ్రుల సంబంధాలు బాగా మారిపోతాయి. ఈనాడు 'చనిపోయే వరకూ విడిపోమని' అనుకునే చాలామంది పెళ్లి చేసుకుంటున్నారు. ఇక జీవితంలో ఎక్కువ భాగం పిల్లల్ని కనటం, పెంచటం చుట్టూరానే తిరుగుతూ ఉంటుంది. ఇప్పుడు 150 సంవత్సరాలపాటు జీవించి ఉండే ఒక మనిషిని ఊహించుకోండి. నలభై యేళ్ళకి పెళ్లి చేసుకున్న ఆ స్త్రీ ఇంకా 110 యేళ్లు జీవించి ఉంటుంది. వారి ఆమె వివాహజీవితం 110 యేళ్లు స్థిరంగా ఉంటుందని అనుకోవటం జరిగే పనేనా? కాథలిక్ సాంప్రదాయ

వాదులు కూడా దీన్ని ఖండిస్తారు. అందుచేత ప్రస్తుతం నడుస్తున్న సీరియల్ పెళ్లిళ్ల ధోరణి మరింత తీవ్రంగా మారుతుంది. నలభైయ్యో పడిలో ఇద్దరు పిల్లల్ని కన్న ఆ స్త్రీకి 120 యేళ్లు వచ్చేసరికి ఆ పిల్లల్ని పెంచటం ఏనాడో జరిగిన విషయంలా గుర్తుండిపోతుంది. ఆమె సుదీర్ఘమైన జీవితంలో అంత ప్రాముఖ్యం లేని ఒక సంఘటనలా అనిపిస్తుంది. అలాంటి పరిస్థితుల్లో పిల్లలూ–తల్లిదండ్రుల మధ్య ఎలాంటి సంబంధాలు ఉంటాయో చెప్పటం కష్టం.

పోనీ వృత్తిపరమైన ఉద్యోగాలనే తీసుకోండి. ఈనాడు యుక్తవయసులోనే, ఇరవయ్యో పడిలోనో మీరు ఏదైనా వృత్తి నేర్చుకుంటారని అనుకుందాం. ఆ తరవాత జీవితమంతా అదే వృత్తిలో గడుపుతారు. నలభై, యాభై ఏళ్ళకి కూడా మీరు కొత్త విషయాలు నేర్చుకుంటారన్నది అందరికీ తెలిసినదే. కానీ సామాన్యంగా జీవితం నేర్చుకోవటం, ఆ తరవాత పనిచేయటం అనే రెండు భాగాలుగా విభజించబడింది. మీరు 150 సంవత్సరాలు బతికితే అది సాధ్యం కాదు, ముఖ్యంగా కొత్త సాంకేతిక ఆవిష్కారాలతో నిలకడగా ఉండక నిరంతరం మారిపోయే లోకంలో. జనం ఎక్కువకాలం పనిచేస్తారు, తొంభైయేళ్ల వయసులో కూడా తమని తాము మళ్ళీమళ్ళీ ఆవిష్కరించుకుంటూ ఉండాలి.

అదే సమయంలో, జనం అరవైఐదేళ్లకి పదవీ విరమణ చెయ్యరు, సరికొత్త ఆలోచనలూ, ఆకాంక్షలూ ఉన్న కొత్త తరానికి దారి ఇవ్వరు. భౌతిక శాస్త్రవేత్త మాక్స్ ప్లాంక్ అన్న ఈ వాక్యం ప్రసిద్ధి పొందింది – విజ్ఞాన శాస్త్రం ఒక్కొక్క అంత్యక్రియ తరువాత ముందుకి పోతుంది. అతనన్న మాటలకి అర్థం, ఒక తరం చనిపోయాకే కొత్త సిద్ధాంతాలు పాతవి తొలగించి వాటి స్థానాన్ని ఆక్రమించగలవు. ఇది విజ్ఞానశాస్త్రానికే పరిమితమైన సత్యం కాదు. మీ కార్యాలయం గురించే ఒకసారి ఆలోచించండి. మీరు అధ్యయనకర్త అయినా, పాత్రికేయుడైనా, వంటవాడయినా, ఫుట్‌బాల్ ఆటగాడయినా, మీ బాస్ 120 యేళ్ళవాడైతే మీకెలా ఉంటుంది? విక్టోరియా రాణి కాలంలో అయన ఆలోచనలు రూపు దిద్దుకున్నాయి, ఇంకా రెండు దశాబ్దాలు అయన మీకు బాస్‌గా ఉండే అవకాశం ఉంది.

రాజకీయ రంగంలో ఫలితాలు ఇంకా భయంకరంగా ఉండే అవకాశం ఉంది. పుతిన్ మరో తొంభై సంవత్సరాలు కుర్చీకి అతుక్కుని ఉంటే మీకేమైనా అభ్యంతరమా? మరోసారి ఆలోచిస్తే, మనుషులు 150 సంవత్సరాలు జీవిస్తే, 2016లో స్టాలిన్ 138 యేళ్ళ వయసులో శక్తి ఉడిగిపోకుండా, ఇంకా మాస్కోని పరిపాలిస్తూ ఉండేవాడు. అధ్యక్షుడు మావో 123 యేళ్ళ మధ్యవయస్కుడు అయి ఉండేవాడు, రాజ్యాన్ని 121 యేళ్ళ ఆరవ జార్జ్ నుంచి రాజ్యాన్ని వారసత్వంగా పొందేందుకు రాజకుమార్తె ఎలిజబెత్ ఏ పనీ చెయ్యకుండా ఎదురుచూస్తూ కూర్చుని ఉండేది. ఆమె కుమారుడు చార్ల్స్ వంతు 2076 వరకూ వచ్చేది కాదు.

వాస్తవానికి వస్తే, కర్జ్ వెయిల్, డి గ్రే చెప్పిన భవిష్యవాణి 2050 లేదా 2100 నాటికీ నిజమౌతాయో లేదో ఇదమిత్థంగా చెప్పలేం. నా దృష్టిలో ఇరవైఒకటో శతాబ్దిలో నిత్య యవ్వనం గురించి కనే కలలే అపరిపక్వమైనవి, వాటిని నిజమని నమ్మినవాళ్లు ఘోరమైన నిరాశకి గురవుతారు. ఎప్పుడో ఒకప్పుడు చనిపోతామని తెలిసి బతకటం సులభం కాదు,

కానీ అమరత్వాన్ని నమ్మి అది అబద్ధమని తెలిస్తే అది ఇంకా బాధాకరం.

గత వందేళ్లలో సగటు ఆయుప్రమాణం రెండింతలు పెరిగినా, రాబోయే వందేళ్లలో దాన్ని 150 యేళ్ళకి పొడిగించవచ్చని అంచనాలు వెయ్యటం, నిర్ణయించటం సమంజసం కాదు. 1900లో ప్రపంచవ్యాప్తంగా మనిషి నలభైయేళ్లకన్నా ఎక్కువకాలం బతకుతాడని అనుకునేవారు కాదు. దానికి కారణం పోషకాహార లోపం, అంటువ్యాధులూ, హింస. అయినప్పటికీ కరువునీ, మహమ్మారిని, యుద్ధాన్నీ తప్పించుకున్నవాళ్ళు డెబ్భై, ఎనభై ఏళ్ళవరకూ బతికారు. హోమో సేపియన్స్ సహజంగా బతికేది అన్ని సంవత్సరాలే. మామూలుగా అందరూ అనుకునేట్టు కాకుండా, గత కొన్ని శతాబ్దాలుగా డెబ్భైయేళ్ళవాళ్ళని ప్రకృతి వింతలలాగ చూడటం మానేశారు. గెలీలియో గెలిలీ డెబ్భైఏడేళ్ళకి చనిపోయాడు. ఐజాక్ న్యూటన్ ఎనభైనాలుగో యేటా, మైకెలాంజిలో ఎనభైఎనిమిదేళ్ళ వృద్ధుడయాక చనిపోయారు. వాళ్ళు ఎటువంటి యాంటీబయోటిక్స్, టీకాలు వాడలేదు, అవయవ మార్పిడి లాంటివి చేయించుకోలేదు. అడవుల్లో ఉండే చింపాంజీలు కూడా ఒక్కోసారి అరవైయేళ్లు బతకటం నిజమే.

నిజం చెప్పాలంటే ఇంతవరకూ ఆధునిక వైద్యం మనకి సహజంగా ఉన్న ఆయుః ప్రమాణాన్ని ఒక్క యేడాది కూడా పెంచలేదు. మనని అకాలమరణం నుంచి కాపాడి, పూర్తిజీవితాన్ని ఆనందంగా గడిపేట్టు చెయ్యటమే అది సాధించిన అతిగొప్ప విజయం. ప్రస్తుతం మనం ప్రాణాంతకమైన క్యాన్సర్, మధుమేహం లాంటి కొన్ని పెద్ద వ్యాధులను అధిగమించగలుగుతున్నా, దాదాపు ప్రతిఒక్కరూ తొంభైయేళ్లవరకూ బతకగలుగుతారనే అర్థం చేసుకోవాలి. 150కి చేరుకునేందుకు అది చాలదు, ఇక 500 మాట చెప్పేదేముంది? అలా చెయ్యటానికి వైద్యం మానవ శరీరంలోని ప్రాథమిక నిర్మాణాన్నీ, ప్రక్రియలనీ పునర్నిర్మించాల్సి ఉంటుంది. అవయవాలన్నీ, కణజాలాన్నీ ఎలా పునరుత్పత్తి చెయ్యాలో కనుగొనవలసి ఉంటుంది. 2100 నాటికి మనం ఆ పని ఎట్టి పరిస్థితుల్లోనూ చెయ్యలేం.

అయినప్పటికీ, మృత్యువుని జయించాలని మనకి ఎదురయే ప్రతి వైఫల్యమూ మనని ఒక అడుగు లక్ష్యంవైపే తీసుకెళ్తుంది. దానివల్ల ఇంకా బాగా ప్రయత్నించాలన్న ప్రేరణ కలిగి మనుషులకి ప్రోత్సాహం లభిస్తుంది. గూగుల్ సహ సంస్థాపకులు సర్గెయి బ్రిన్, ల్యారీ పేజ్‌కి అమరత్వం ప్రసాదించేందుకు కాలికోకి సమయం సరిపోకపోవచ్చు, కానీ ఆ సంస్థ తప్పకుండా కణ జీవశాస్త్రం (సెల్ బయాలజీ), జన్యు వైద్యం (జెనెటిక్ మెడిసిన్), మానవుల ఆరోగ్యం గురించి విశేషమైన విధానాలను కనుగొంటాయి. గూగుల్ సంస్థ తరువాతి తరం మృత్యువుతో పోరాటాన్ని మరింత అనువైన చోటినుంచి ప్రారంభించవచ్చు. అమరత్వం గురించి ఎలుగెత్తి అరిచే శాస్త్రజ్ఞులు 'నాన్నా పులి' అని అరిచిన పిల్లవాడితో సమానం : ఇవాళో రేపో ఆ పులి రానే వస్తుంది.

అందుచేత మన జీవితకాలంలో మనం అమరత్వం సాధించేలేకపోయినా, రాబోయే శతాబ్దంలో మృత్యువుతో పోరాటం అన్నిటికన్నా ప్రధానంగా ఉండబోతోంది. మానవ జీవితం పవిత్రమైనదనే నమ్మకాన్ని లెక్కలోకి తీసుకున్నప్పుడు, విజ్ఞానశాస్త్ర సంస్థల గమన శక్తిని దానికి జోడించాలి, ఆ రెండిటి పైనా పెట్టుబడిదారీ ఆర్థిక వ్యవస్థకి సంబంధించిన

అవసరాలని ఉంచాలి మృత్యువుతో నిర్దయగా పోరాడటం అనివార్యమని అనిపిస్తుంది. మానవ జీవితం పట్ల మన భావజాలానికి ఉన్న నిబద్ధత వల్ల మనం మృత్యువుని తేలికగా అంగీకరించలేం. ఏదో ఒక కారణంగా మనుషులు చనిపోతూ ఉన్నంతవరకూ మనం దాన్ని అధిగమించేందుకే ప్రయత్నిస్తూ ఉంటాం.

విజ్ఞానశాస్త్ర సంస్థలూ, పెట్టుబడిదారీ ఆర్థిక వ్యవస్థ ఈ పోరాటాన్ని సంతోషంగా సమర్థిస్తాయి. అధికశాతం శాస్త్రజ్ఞులూ, బ్యాంకర్లూ తాము పనిచేసేది దేనికోసమని పట్టించుకోరు. చేసే పనులు కొత్త విషయాలని కనుగొనేందుకూ, లాభాలు సాధించేందుకూ అవాకాశాలు కల్పిస్తే చాలు అనుకుంటారు. విజ్ఞానశాస్త్రానికి సంబంధించినంతవరకూ మృత్యువుని మోసంచేసి గెలవటం కన్నా ఎక్కువ ప్రేరణ కలిగించే సవాలుని ఎవరైనా ఊహించగలరా? అలాగే, శాశ్వత యవ్వనాన్ని అమ్మజూపే మార్కెట్ కన్నా మంచి మార్కెట్ మరొకటి ఉంటుందా? మీకు ఇప్పుడు నలభైయేళ్ళు ఉంటే, కళ్ళు మూసుకుని, పాతిక సంవత్సరాలప్పుడు మీ శరీరం ఎలా ఉండేదో జ్ఞాపకం తెచ్చుకునేందుకు ప్రయత్నించండి. ఎలా కనిపించేదో మాత్రమే కాదు, మీకు ఎలా అనిపించేదో కూడా గుర్తుచేసుకోండి. ఆ శరీరం మళ్ళీ మీకు దొరికే అవకాశం ఉంటే, దానికి ధర చెల్లించేందుకు మీరు ఎంత సుముఖంగా ఉంటారు? కొంతమంది ఆ అవకాశాన్ని వదులుకుంటారనటంలో సందేహం లేదు. కానీ దానికి అవసరమైన సొమ్ము చెల్లించేందుకు తగినంతమంది ఒప్పుకుంటారు. ఆ మార్కెట్ దాదాపు అనంతంగా కొనసాగుతూనే ఉంటుంది.

ఇదంతా చాలదనుకుంటే, అధికశాతం మనుషుల్లో పాతుకుపోయిన మృత్యుభయం, మృత్యువుతో పోరాటానికి ఆపలేని వేగాన్నిస్తుంది. మృత్యువు అనివార్యమని అనుకున్నంత కాలం జనం ఎల్లకాలం జీవించి ఉండాలన్న కోరికని అణచుకునేందుకు చిన్నప్పటినుంచీ తమకి తామే తర్ఫీదు ఇచ్చుకున్నారు. లేదా దానికి బదులుగా మనసుని వేరే లక్ష్యాలమీద లగ్నం చేశారు. మనుషులకి శాశ్వతంగా బతికిఉండాలనే ఉంటుంది, దానికోసం వాళ్ళు 'అమర' గీతాన్ని రాస్తారు, ఒక యుద్ధంలో కోసం ప్రయాసపడతారు, లేదా నందనవనంలో 'శాశ్వతమైన ఆనందాన్ని' అనుభవించేందుకు తమ ప్రాణాలని సైతం త్యాగం చేస్తారు. మన కళాసృజనలోనూ, రాజకీయ నిబద్ధతలోనూ, మత సంబంధమైన పవిత్రతలోనూ అధికభాగం మృత్యుభయం రగిలించేదే.

మృత్యుభయాన్ని తన వృత్తికి అమోఘంగా ఉపయోగించుకున్న వుడీ ఆలెన్‌ని ఒకసారి ఎవరో వెండితెర సహాయంతో మీరు ఎల్లకాలం బతికి ఉండాలని ఆశిస్తున్నారా అని అడిగారు. "నాకు నా అపార్ట్‌మెంట్‌లో ఉండటమే నచ్చుతుంది," అని ఆయన జవాబు చెప్పాడు. తన జవాబుకి కొనసాగింపుగా, "నేను చేసే పని ద్వారా అమరత్వం సాధించాలని లేదు నాకు. చనిపోకుండా ఉండి దాన్ని సాధించాలని ఉంది." అలెన్ లాంటి వాళ్ళు కోరుకునేది చనిపోకుండా ఉండాలని. దానికి శాశ్వతకీర్తి, జాతీయ స్మృతి ఉత్సవాలూ, నందనవనం గురించి కలలూ చాలా తుచ్ఛమైన ప్రత్యామ్నాయాలు. ఒకసారి మనుషులు (కారణం ఎలాంటిదైనప్పటికీ) మృత్యువుని తప్పించుకునేందుకు మంచి అవకాశం ఉందని అనుకోవటం మొదలెడితే, కళలు, భావజాలం, మతం అనే డొక్కు బండిని

లాగుతూ పోయేందుకు జీవితం ఒప్పుకోదు, హిమపాతంలా ముందుకు విరుచుకు పడుతుంది.

మండే కళ్ళూ, జీరాడే గడ్డమూ ఉన్న మతఛాందసులు ఎంతమాత్రం దయలేని క్రూరులని మీరు అనుకుంటే, వయసు పెరిగిన వ్యాపారశిఖామణులూ, వయసుమీరిన హాలీవుడ్ తారలూ జీవితామృతం చేతికందే దూరంలో ఉందని తెలిస్తే, ఏం చేస్తారో వేచి చూడండి. మృత్యువుకి వ్యతిరేకంగా జరిపే ఈ పోరాటంలో విజ్ఞానశాస్త్రం విశేషమైన ప్రగతి సాధించినప్పుడు అసలు పోరాటం ప్రయోగశాలలనుంచి పార్లమెంట్‌లోకీ, న్యాయ స్థానాలలోకీ, వీధుల్లోకీ మారిపోతుంది. శాస్త్రీయ ప్రయత్నాలు విజయకిరీటాన్ని ధరించి నప్పుడు, అవి ఘోరమైన రాజకీయ సంఘర్షణలకు దారితీస్తాయి. మన ముందున్న అసలు సంఘర్షణని శాశ్వతమైన యవ్వనం కోసం చేసే సంఘర్షణతో పోలిస్తే, చరిత్రలో ఇంత వరకూ జరిగిన యుద్ధాలూ, పోరాటాలూ పేలవమైన ప్రారంభదశగా తోస్తాయి.

ఆనందించే హక్కు

మానవుల అజెండాలో రెండో ముఖ్యమైన ప్రణాళిక బహుశా ఆనందానికి కీలకమైన అంశాన్ని కనుగొనటం కావచ్చు. చరిత్ర నిండా అనేకమంది మేధావులూ, ప్రవక్తలూ, సామాన్య మానవులూ జీవితం కన్నా ఆనందమంటే అత్యున్నతమైన శ్రేయస్సు అని నిర్వచించారు. ప్రాచీన గ్రీస్‌లో ఎపిక్యూరస్ అనే తత్వవేత్త దేవుణ్ణి ఆరాధించటం సమయాన్ని వ్యర్థంగా గడపటమేనని అన్నాడు. మరణానంతర జీవితం అనేది లేదనీ, ఆనందం ఒక్కటే జీవితధ్యేయమనీ వివరించాడు. ప్రాచీన కాలంలో అత్యధికశాతం జనం ఎపిక్యూరస్ వాదాన్ని తిరస్కరించారు, కానీ ఈనాడు దాన్ని తిరుగులేని దృష్టికోణంగా స్వీకరిస్తున్నారు. మరణానంతర జీవితాన్ని నమ్మకపోవటంవల్ల మానవజాతికి అమరత్వాన్ని పొందేందుకు ప్రయత్నించాలన్న కోరికే కాక ఈ లోకంలో ఆనందాన్ని అనుభవించాలన్న ప్రేరణ కూడా కలిగింది. ఎవరైనా అంతులేని బాధలతో శాశ్వతంగా బతకాలని ఎందుకు కోరుకుంటారు?

ఆనందాన్ని ఎలా పొందాలన్నది ఎపిక్యూరస్‌కి వ్యక్తిగతమైన అన్వేషణ. దీనికి విరుద్ధంగా ఆధునిక మేధావులు దీన్ని ఒక సామూహిక ప్రణాళికగా భావిస్తారు. ప్రభుత్వ పథకాలు, ఆర్థిక వనరులు, శాస్త్రీయ పరిశోధనలూ లేకుండా, ఆనందాన్ని అన్వేషించే మార్గంలో మానవులు ఎక్కువ దూరం పోలేరు. మీ దేశం యుద్ధాలతో ఛిన్నాభిన్నమైతే, ఆర్థిక సంక్షోభం దేశాన్ని కుంగదీస్తే, ఆరోగ్య పరిరక్షణ అనేది శూన్యమైతే, మీ జీవితం బాధాకరంగా తయారౌతుంది. పద్దెనిమిదో శతాబ్దం చివర్లో బ్రిటిష్ తత్వవేత్త, జెరెమీ బెంథమ్ 'అత్యధికశాతం మనుషులు అత్యధికంగా ఆనందంగా జీవించటమే' అన్నిటికన్నా గొప్ప శ్రేయస్సు అని ప్రకటించాడు. చివరిగా, రాజ్యానికి, విపణికీ, శాస్త్రవేత్తలకీ ఉండ వలసిన ఏకైక లక్ష్యం ప్రపంచమంతా ఆనందంగా ఉండటమే, అన్నాడాయన. రాజకీయ నాయకులు శాంతి నెలకొల్పాలి, వ్యాపారవేత్తలు సమృద్ధిని సంరక్షించాలి, అధ్యయనకర్తలు

ప్రకృతిని అధ్యయనం చెయ్యాలి. రాజు, దేశం, దేవుడు లాంటి వాటి కీర్తి కోసం కాకుండా అది మీరూ, నేనూ ఆనందంగా జీవించటం కోసం జరగాలి.

పంతొమ్మిది, ఇరవయ్యో శతాబ్దాలలో బెంథమ్ దృష్టిని అందరూ పైపైన సమర్థించినా, ప్రభుత్వాలూ, కంపెనీలూ, ప్రయోగశాలలూ మరింత త్వరగానూ, స్పష్టంగానూ తేల్చవలసిన లక్ష్యాలమీదే దృష్టి కేంద్రీకరించాయి. దేశాలు తమ భూవిస్తీర్ణాన్ని బట్టి విజయాన్ని అంచనా వేశాయి, అంటే తమ జనాభా పెరుగుదలా, స్థూలదేశీయోత్పత్తి (జీడీపీ) ఎదుగుదలా మీద దృష్టి పెట్టాయి తప్ప తమ దేశప్రజలు ఎంత ఆనందంగా ఉన్నారన్న విషయం మీద కాదు. జర్మనీ, ఫ్రాన్స్, జపాన్ లాంటి పారిశ్రామిక దేశాలు బృహత్తరమైన విద్య, ఆరోగ్యం, శ్రేయస్సు కోసం వ్యవస్థల్ని స్థాపించాయి, కానీ ఈ వ్యవస్థలు వ్యక్తి సుఖసౌకర్యాలని కాక, దేశాన్ని బలపరచటమే లక్ష్యంగా పెట్టుకున్నాయి.

తమ దేశానికి విధేయులై సేవ చేసేందుకు, నైపుణ్యం, క్రమశిక్షణ గల నాగరికులని తయారుచేసేందుకు స్కూళ్ళని స్థాపించారు. పద్దెనిమిదేళ్లు వచ్చేసరికి యువతీయువకులు దేశభక్తిని అలవరచుకోవటమేకాక అక్షరాస్యులై కూడా ఉండాలి. అప్పుడే వాళ్ళు బ్రిగేడియర్ ఆ రోజు అందజేసిన ఆదేశాన్ని చదివి మర్నాడు జరగబోయే యుద్ధానికి అవసరమైన పథకాల్ని సిద్ధం చేసుకోగలుగుతారు. ఒక క్షిపణి నుంచి వెలువడే అస్త్రం ప్రయాణం చేసే మార్గాన్ని అంచనా వేసేందుకు, లేదా శత్రువు పంపే రహస్య సంకేతాన్ని ఛేదించేందుకు వాళ్లకి గణితశాస్త్రం తెలిసివుండాలి. వైర్‌లెస్ యంత్రాలని, ట్యాంకుల్ని నడిపేందుకూ, తోటి సైనికులు గాయపడ్డప్పుడు వాళ్లకి చికిత్స చేసేందుకూ విద్యుత్ శాస్త్రం, యంత్రగతి శాస్త్రం, చికిత్సాశాస్త్రం తెలిసి ఉండాలి. సైన్యం నుంచి పదవీ విరమణ చేశాక, వాళ్ళు గుమాస్తాలుగా, అధ్యాపకులుగా, ఇంజనీర్లుగా, ఆధునిక ఆర్థిక వ్యవస్థని నిర్మిస్తూ, బోలెడన్ని పన్నులు కడుతూ దేశసేవ చెయ్యాలని ప్రభుత్వం ఆశించేది.

ఆరోగ్య వ్యవస్థ కూడా ఇదే విధానాన్ని పాటించేది. పంతొమ్మిదో శతాబ్దం చివరలో ఫ్రాన్స్, జర్మనీ, జపాన్ లాంటి దేశాలు జనానికి ఉచిత ఆరోగ్య సేవలు అందించటం మొదలుపెట్టాయి. శిశువుకి టీకాలూ, పిల్లలకి సమతులాహారం, యుక్తవయస్కులకి వ్యాయామం లాంటి శారీరిక విద్య అందించేందుకు ఆర్థిక సహాయం చేశాయి. చిత్తడి నేలల్ని శుభ్రం చేయించి, దోమల్ని నిర్మూలించారు, కేంద్రీకృత మురుగునీటి వ్యవస్థను నిర్మించారు. వాళ్ళ లక్ష్యం జనానికి ఆనందం అందించటం కాదు, దేశాన్ని మరింత శక్తివంతం చెయ్యటం. దేశానికి దృఢంగా ఉండే సైనికులు, పనివాళ్ళూ కావాలి, మరింత మంది అటువంటి సైనికులకీ, పనివాళ్ళకీ జన్మనిచ్చే స్త్రీలు కావాలి, ఇంట్లో రోగంతో పడుకోకుండా కార్యాలయానికి ఠంచనుగా ఉదయం 8 గంటలకల్లా వచ్చే ఉద్యోగులు కావాలి.

సంక్షేమ వ్యవస్థ కూడా వ్యక్తుల అవసరాలకోసం కాకుండా ముందు దేశం కోసమే తయారుచేయటం జరిగింది. పంతొమ్మిదో శతాబ్దంలో జర్మనీలో, ఒట్టో వాన్ బిస్మార్క్ పదవీ విరమణ చేసిన ఉద్యోగులకి రాజ్యం పెన్షన్ ఇచ్చే ఏర్పాటు చేసినప్పుడు, వాళ్ళ సంక్షేమం గురించి కన్నా వాళ్ళ విధేయత గురించే ఎక్కువ ఆలోచించాడు. మీకు

డెబ్భైయేళ్లు వచ్చాక రాజ్యం మీ శ్రేయస్సుని పట్టించుకుంటుందని, మీరు పద్దెనిమిదేళ్ల వయసులో దేశం కోసం పోరాడారు, నలభైయేళ్లప్పుడు పన్నులు కట్టారు.

1776లో సంయుక్త రాష్ట్రాల సంస్థాపక నేతలు స్థాపించిన మూడు మానవ హక్కులలో ఆనందాన్ని అన్వేషించే హక్కుని కూడా చేర్చారు. మిగిలిన రెండూ, జీవించే హక్కూ స్వేచ్ఛగా ఉండే హక్కు ఇక్కడ ఒక విషయం గమనించటం ముఖ్యం, అమెరికన్ స్వాతంత్ర్య ప్రకటన పత్రం ఆనందాన్ని అన్వేషించే హక్కుకి హామీ ఇచ్చిందే తప్ప ఆనందించే హక్కు ఉందని అని లేదు. ఇందులో అసలు విషయం, థామస్ జెఫర్సన్ తన దేశ ప్రజలని ఆనందంగా ఉంచే బాధ్యత రాజ్యానిది అని అనలేదు. ఆయన రాజ్యానికి గల శక్తిని పరిమితం చెయ్యాలని మాత్రమే అనుకున్నాడు. రాజ్యం పర్యవేక్షణ లేకుండా వ్యక్తులు సొంతంగా తమకి ఏం కావాలో నిర్ణయించుకునే వెసులుబాటుని ప్రత్యేకించటమే ఆయన ఉద్దేశం. మేరీ కన్నా జాన్‌ని పెళ్ళి చేసుకుంటే, సాల్ట్ లేక్ సిటీలో కన్నా శాన్‌ఫ్రాన్సిస్కోలో ఉంటే, లేదా పాలకేంద్రంలో కన్నా బార్ టెండర్‌గా పనిచేస్తే నాకు ఎక్కువ ఆనందంగా ఉంటుందని అనిపిస్తే, నా మార్గంలో ఆనందాన్ని వెతుక్కోవటం నా హక్కు నా నిర్ణయం తప్పయినా సరే ఆ విషయంలో రాజ్యం జోక్యం కలిగించుకోకూడదు.

అయినప్పటికీ గత కొన్ని దశాబ్దాలలో పరిస్థితుల్లో మార్పు వచ్చింది. బెంథం దృష్టికోణానికి విలువ పెరిగింది. పెద్దపెద్ద పాత వ్యవస్థలు నిర్మించి శతాబ్దం దాటింది. అవి దేశాన్ని సుదృఢం చేసేందుకు స్థాపించినవి. కానీ నిజానికి ఆ వ్యవస్థలు వ్యక్తి ఆనందం కోసమూ, సంక్షేమం కోసమూ పనిచేయాలని నమ్మేవారి సంఖ్య పెరిగిపోతోంది. మనం ఇక్కడ ఉన్నది రాజ్యానికి సేవచేసేందుకు కాదు – అది మనకి సేవలందించడం కోసమే ఉంది. అసలు ఆనందాన్ని అన్వేషించటమనేది రాజ్యానికున్న శక్తిని నియంత్రించేందుకు ఏర్పడినది, కానీ మనం కనిపెట్టలేనంత నిశ్శబ్దంగా అది ఆనందించే హక్కుగా మారి పోయింది. మానవులకి ఆనందించే హక్కు సహజమైనట్టూ, మనకి అసంతృప్తి కలిగించే ఏ విషయమైనా ప్రాథమిక మానవ హక్కులకు భంగం కలిగించేదైనట్టూ భావించి రాజ్యం దాన్ని గురించి ఏదైనా చర్య తీసుకోవాలని అనుకుంటాం.

ఇరవయ్యో శతాబ్దంలో ఒక దేశ సాఫల్యాన్ని కొలిచే అతిపెద్ద కొలబద్ద బహుశా తలసరి జీడీపీ అయి ఉంటుంది. ఆ దృష్టితో చూసినప్పుడు, యేటా ఒక్కొక్క వ్యక్తి 56,000 డాలర్ల ఖరీదుచేసే వస్తువులూ, సేవలూ ఉత్పత్తి చేసే సింగపూర్, యేటా ప్రతి వ్యక్తీ 14,000 డాలర్ల విలువగల సరుకులూ,సేవలూ మాత్రమే ఉత్పత్తి చేసే కోస్టా రికా కన్నా ఎక్కువ సాఫల్యం సాధించిన దేశమనాలి. కానీ ఈనాడు మేధావులూ, రాజకీయనాయకులూ, ఆర్థికశాస్త్ర నిపుణులు సైతం జీడీపీ స్థానంలో జీడీహెచ్ ఉండాలని అంటున్నారు. జీడీహెచ్ అంటే (గ్రాస్ డొమెస్టిక్ హ్యాపీనెస్) స్థూలదేశీయ ఆనందం. ఎంతైనా మనుషులకి కావలసిం దేమిటి? వాళ్ళకి ఉత్పత్తి చెయ్యటం కాదు కావలసింది, ఆనందంగా ఉండటమే కావాలి. ఆనందానికి అవసరమైన వస్తువులని సమకూర్చటం వరకే ఉత్పత్తి ప్రాధాన్యత. కానీ అది ఒక సాధనమే తప్ప అదే గమ్యం కాదు. మళ్ళీమళ్ళీ జరిపిన సర్వేల రిపోర్టులో, సింగపూరు వాసులకన్నా కోస్టా రికాలో ఉన్న ప్రజలు జీవితాన్ని ఎక్కువ సంతృప్తిగా గడుపుతున్నారని

తేలింది. మీకు గొప్ప ఉత్పత్తులని తయారుచేస్తూ కూడా అసంతృప్తిగా జీవించే సింగపూర్ ప్రజల్లా ఉండాలనుందా, లేక తక్కువ ఉత్పత్తి చేసినా సంతృప్తిగా జీవించే కోస్టా రికా ప్రజల్లా ఉండాలనుందా?

ఇలాంటి తర్కం ఇరవైఒకటో శతాబ్దంలో ఆనందాన్ని తమ రెండో ప్రధాన లక్ష్యంగా చేసుకునేందుకు మానవజాతిని ప్రేరేపించవచ్చు. మొదటిసారి చూసినప్పుడు ఇది చాల సులభంగా సాధించగల ప్రణాళికలా కనిపించవచ్చు. కరువు, మహమ్మారీ, యుద్ధం మాయమౌతూ ఉంటే, మానవజాతి ఎన్నడూ లేనంత శాంతినీ, సమృద్ధిని అనుభవిస్తూ ఉంటే, ఆయుర్దాయం నాటకీయంగా పెరిగితే, ఇవన్నీ మనుషులకి ఆనందం కలిగిస్తాయి, అవునా?

కాదు. ఆనందమే అన్నిటికన్నా ఉత్తమమైనది సర్వశ్రేష్ఠమైనది అని ఎపిక్యూరస్ నిర్వచించినప్పుడు, ఆనందంగా ఉండాలంటే చాలా కష్టపడి ప్రయత్నించాలని ఆయన తన శిష్యులని హెచ్చరించాడు. భౌతికమైన సాఫల్యాలు మనని ఎక్కువకాలం సంతృప్తి పరచలేవు. డబ్బు, పేరుప్రతిష్ఠలు, సంతోషం వెంట గుడ్డిగా పరిగెత్తటంవల్ల మన జీవితం బాధాకరంగా మారుతుంది. ఉదాహరణకి, మితంగా తినమనీ, తాగమనీ, లైంగిక వాంఛలని అణచుకోమనీ ఎపిక్యూరస్ సలహా ఇచ్చాడు. చివరికి మనకి నిజమైన సంతృప్తినిచ్చేది గాఢమైన స్నేహమే తప్ప మత్తెక్కించే వినోదాలూ విలాసాలు కాదు. ఆనందానికి చేర్చే ప్రమాదకరమైన దారిలో మనుషులు చెయ్యవలసినవీ, చెయ్యకూడనివీ ఏమిటో ఎపిక్యూరస్ ఒక పూర్తి నీతిశాస్త్రంగా రూపొందించాడు.

ఎపిక్యూరస్ ఈ రకంగా ప్రవర్తించటానికి వెనుక ఏదో బలమైన ఉద్దేశమే ఉండి ఉండాలి. గత కొన్ని దశాబ్దాలలో ఎన్నడూ లేనంతగా సాఫల్యం సాధించినా, గడిచిపోయిన సంవత్సరాలలో తమ పూర్వీకులకన్నా ప్రస్తుతకాలంలో మనుషులు ఎక్కువ తృప్తిగా జీవిస్తున్నారని చెప్పలేం. సమృద్ధి, సౌకర్యాలూ, రక్షణ ఇప్పుడు ఎక్కువగా ఉన్నా, సంప్రదాయాలని పాటించిన సమాజాలలో కన్నా, అభివృద్ధి సాధించిన దేశాలలో ఆత్మహత్యల సంఖ్య చాలా ఎక్కువగా ఉందన్న నిజం అరిష్టాన్నే సూచిస్తోంది.

పెరూ, గౌతెమాలా, ఫిలిపైన్స్, అల్బేనియా లాంటి పూర్తి అభివృద్ధి సాధించని దేశాలలో, జనం పేదరికంవల్ల, రాజకీయంగా ఒడిదుడుకులవల్ల బాధలు పడుతున్నారు, 100,000 మందిలో ఒకరు యేటా ఆత్మహత్య చేసుకుంటున్నారు. స్విట్జర్లాండ్, ఫ్రాన్స్, జపాన్, న్యూజీలాండ్ లాంటి దేశాలలో ధనానికీ, శాంతికీ కొరత లేదు, అయినా 100,000 మందిలో పాతికమంది యేటా ఆత్మహత్య చేసుకుంటున్నారు. 1985లో దక్షిణ కొరియాలో పేదవారు, చదువుసంధ్యలు లేనివారు, సంప్రదాయాన్ని పాటించేవారు ఎక్కువగా ఉండేవారు. వాళ్ళు ఆధిపత్యం చెలాయించే నియంత పరిపాలనలో జీవించారు. ఈనాడు దక్షిణ కొరియా ఆర్థికశక్తి దాన్ని మొదటి స్థానంలో నిలబెట్టింది. అక్కడి జనం ప్రపంచంలో అత్యధికంగా చదువుకున్న విద్యావంతులుగా పరిగణింపబడతారు. ఆ దేశ ప్రజలు ఇతర దేశాలతో పోలిస్తే నిలకడైన, ప్రజాతంత్ర పరిపాలనలో సుఖంగా జీవిస్తున్నారు. అయినా 1985 లో 100,000 కొరియన్లలో యేటా సుమారు తొమ్మిదిమంది

ఆత్మహత్య చేసుకుంటే, ఈనాడు అది మూడింతలు పెరిగి యేడాదికి ఆ సంఖ్య ముప్ఫయి మందిగా మారింది.

దీనికి వ్యతిరేకమైనవీ, మరింత ప్రోత్సాహకారమైనవీ కొన్ని ధోరణులు లేకపోలేదు. పిల్లలు చనిపోవటం విశేషంగా తగ్గిపోవటంవల్ల మనుషులు ఎక్కువ ఆనందం పొందుతున్నారు. అది ఆధునిక జీవితంలోని ఒత్తిడిని కొంతవరకూ తగ్గించింది. అయినా, మనం మన పూర్వీకులకన్నా ఎంతో కొంత ఎక్కువ ఆనందాన్ని అనుభవిస్తున్నప్పటికీ, మన శ్రేయస్సులో ఆశించినంత అభివృద్ధి జరగలేదనే అనాలి. రాతియుగంలో సగటు మానవుడికి రోజుకి 4,000 క్యాలరీల శక్తి అందుబాటులో ఉండేది. ఆ శక్తి ఆహారం వరకే కాకుండా, పరికరాలు, దుస్తులు, కళలు, చలిమంటలు తదితర విషయాలకి కూడా ఉపయోగపడేది. ఈనాడు అమెరికన్లు సగటున రోజుకి ఒక్కొక్కరూ 228,000 క్యాలరీల శక్తిని వాడుకుంటున్నారు. తమ కడుపు నింపుకునేందుకు కాక, కార్లు, కంప్యూటర్లు, రెఫ్రిజిరేటర్లు, టెలివిజన్ల కోసం కూడా వాడే మొత్తం శక్తి అది. అంటే, రాతియుగంలో జీవించిన సగటు ఆటవికుడి కన్నా సగటు అమెరికన్ అరవై ఇంతలు ఎక్కువ శక్తిని ఉపయోగించుకుంటున్నాడన్నమాట. మరైతే, ఆ సగటు అమెరికన్ అరవై ఇంతలు ఆనందంగా ఉన్నాడా? అలాటి మనోహరమైన దృశ్యాన్ని మనం నమ్మటం కష్టమే!

నిన్నటి అనేక బాధాకరమైన స్థితులను మనం అధిగమించినప్పటికీ, బాధలను తుడిచిపెట్టెయ్యటంకన్నా సానుకూలమైన ఆనందాన్ని పొందటం చాలా కష్టమైన పని. మధ్యయుగంలో ఆకలితో అలమటించే ఒక పేద రైతుకు ఒక చిన్న రొట్టెముక్క దొరకటమే గొప్ప ఆనందాన్నిచ్చేది. మరి విసుగు, ఎక్కువ జీతం, అధికబరువు ఉన్న ఒక ఇంజనీర్‌ని సంతోషపెట్టడం ఎలా? ఇరవైయో శతాబ్దం మలి సగం అమెరికాకి స్వర్ణయుగం. రెండో ప్రపంచయుద్ధంలో విజయం, ఆ తరవాత అంతర్యుద్ధంలో నిశ్చయమైన విజయం దాన్ని ప్రపంచంలోకెల్లా అత్యున్నత శక్తిగా తీర్చిదిద్దాయి. 1950–2000 మధ్య అమెరికా జీడీపీ 2 ట్రిలియన్ డాలర్ల నుంచి 12 ట్రిలియన్ డాలర్ల వరకూ పెరిగింది. వ్యక్తి తలసరి ఆదాయం రెండింతలైంది. కొత్తగా ఆవిష్కరించిన గర్భనిరోధక మాత్రలు లైంగిక సంబంధాలకి మునుపటికన్నా ఎక్కువ స్వేచ్ఛని ప్రసాదించాయి. స్త్రీలకీ, స్వలింగ సంపర్కులకీ, నల్లజాతి అమెరికన్లకీ, ఇతర అల్పసంఖ్యాకులకీ, అమెరికన్ రొట్టెలో పెద్ద ముక్కే దొరికింది. చవక కార్లు, రెఫ్రిజిరేటర్లూ, ఎయిర్ కండీషనర్లూ, వాక్యూం క్లీనర్లూ, డిష్ వాషర్లూ, లాండ్రీ మిషన్లూ, టెలిఫోన్లూ, టెలివిజన్లూ, కంప్యూటర్లూ వెల్లువెత్తి రోజువారీ జీవితాన్ని దాదాపు గుర్తుపట్టలేనంతగా మార్చేశాయి. అయినప్పటికీ, అమెరికాలో ఒక్కొక్క వ్యక్తి శ్రేయస్సు స్థాయి 1950లో ఎలా ఉందో, 1990లో కూడా అలాగే ఉందని అధ్యయనాలు తెలియజేశాయి.

1958లోనూ, 1987లోనూ జపాన్‌లో చరిత్రలో ఎన్నడూ లేనంత వేగంగా ఆర్థిక వృద్ధి నెలకొని సగటు ఆదాయం ఐదింతలు పెరిగింది. సంపద హిమపాతంలా విరుచుకు పడినప్పటికీ, జపనీయులు జీవన విధానాల్లోనూ, సామాజిక సంబంధాలలోనూ దీనివల్ల సానుకూలమైన, వ్యతిరేకమైన మార్పులు అనేకం వచ్చినప్పటికీ, ఆశ్చర్యకరంగా, వ్యక్తి

శ్రేయస్సు మీద వాటి ప్రభావం బొత్తిగా పడలేదు. 1950లో ఎంత సంతృప్తినీ, లేదా అసంతృప్తినీ అనుభవించారో, 1990లో కూడా అంతే అనుభవించారు.

మన ఆనందం ఒక అంతుపట్టని గాజుతో చేసిన పైకప్పుకి కొట్టుకుంటూ ఉన్నట్టూ, మనం గతంలో ఎన్ని విజయాలు సాధించినా అది కొంచెం కూడా పెరగనట్టూ అనిపిస్తుంది. అందరికీ ఉచితంగా ఆహారం అందజేయగలిగినా, అన్ని వ్యాధులనీ నయం చేసి అంతటా ప్రపంచశాంతి నెలకొనేట్టు చూసినా అది ఆ గాజు పైకప్పుని బద్దలు కొడుతుందని చెప్పలేం. వార్ధక్యాన్నీ, మృత్యువునీ అధిగమించినంత సులభం కాదు ఆనందాన్ని పొందటం.

ఆనందమనే గాజు పైకప్పుని కదలకుండా రెండు లావాటి స్తంభాలు పట్టి ఉంచుతాయి. ఒకటి మానసికశాస్త్రానికి సంబంధించినది, మరొకటి జీవశాస్త్రానికి సంబంధించినది. మానసిక స్థాయిలో ఆనందం వస్తుపరమైన పరిస్థితులకన్నా దేన్నైనా ఆశించటం మీద ఆధారపడి ఉంటుంది. శాంతిగా, సమృద్ధిగా జీవించటంతో మనం తృప్తి పడం. మన ఆశలకీ, వాస్తవానికీ సమన్వయము కుదిరినప్పుడే మనకి ఆనందం లభిస్తుంది. పరిస్థితులు మెరుగైనకొద్దీ మన ఆశలు కూడా పెరిగిపోతాయనేది అసలు చెడు వార్త. ఈ మధ్య కొన్ని దశాబ్దాలుగా పరిస్థితులు నాటకీయంగా మెరుగవుతున్నాయన్నది మానవజాతికి అనుభవమే, కానీ దానివల్ల ఆశలు ఇంకా పెరుగుతున్నాయే తప్ప సంతృప్తి హెచ్చటంలేదు. మనం దీన్ని గురించి ఏమైనా చెయ్యకపోయినట్టయితే, మనం భవిష్యత్తులో విజయాలు కూడా ఎప్పటిలా మనకి అసంతృప్తినే మిగులుస్తాయి.

జీవశాస్త్ర స్థాయిలో మన ఆశలనీ, మన ఆనందాన్నీ మన ఆర్థిక, సామాజిక, రాజకీయ పరిస్థితులు కాదు మన జీవరసాయనాలే నిర్ధారిస్తాయి. ఎపిక్యూరస్ చెప్పినదాని ప్రకారం మనకి ఆహ్లాదకరమైన భావాలూ కలిగి, అయిష్టమైన భావాలు మనసులో తల ఎత్తనప్పుడు మనం ఆనందంగా ఉంటాం. జెరెమీ బెంథం తన అభిప్రాయాన్ని తెలుపుతూ, మనిషి మీద రెండు భావాలకి ఆధిపత్యం ఇచ్చాడనీ, అవి ఆనందం, బాధ అనీ, మన మాటలనీ, చేతలనీ, ఆలోచనలనీ అవే నిశ్చయిస్తాయనీ అన్నాడు. బెంథం వారసుడు, జాన్ స్టువర్ట్ మిల్ ఆనందమంటే సుఖమూ, బాధలనుంచి విముక్తీ తప్ప ఇంకేమీ కాదని, సుఖం, బాధని మించి మంచీ చెడులనేవి ఇంకేమీ లేవనీ వివరించాడు. ఎవరైనా మంచి చెడులని మరోలా నిర్వచించడానికి ప్రయత్నిస్తే (భగవంతుడి ఉవాచ, లేదా జాతీయ శ్రేయస్సులా) వాళ్ళు మీకు టోపీ వేస్తున్నారని, లేదా తమని తాము మోసగించు కుంటున్నారని అనుకోండి.

ఎపిక్యూరస్ కాలంలో ఇలాంటి మాటలని దైవదూషణ కింద పరిగణించేవారు. బెంథం, మిల్ కాలంలో అది సమూలంగా నాశనం చెయ్యటం అనిపించుకునేది. కానీ ఇరవైఒకటో శతాబ్దం ప్రారంభంలో ఇది శాస్త్రీయమైన ఛాందసత్వంగా పరిగణించబడు తోంది. జీవ విజ్ఞానశాస్త్రం ప్రకారం, ఆనందం, బాధ అనేవి శరీరంలోని విభిన్నమైన సమతూకాలతో ఉన్న భావాలు తప్ప ఇంకేమీ కాదు. మనం బైటి ప్రపంచంలో జరిగే సంఘటనలకు కాక, మన శరీరంలో ఉత్పన్నమయే భావాలకు మాత్రమే స్పందిస్తాం.

ఉద్యోగం పోయిందనీ, భర్తతో విడిపోయాననీ, ప్రభుత్వం యుద్ధం చెయ్యటం ప్రారంభించిందని ఏ స్త్రీ కూడా బాధపడదు. మనుషులు వేదనతో కుమిలిపోయేది తమ శరీరాలలో తలెత్తే అయిష్టమైన భావాలవల్లే. ఉద్యోగం పోవటమనేది తప్పకుండ మనిషిని కుంగదీస్తుంది, కానీ కుంగిపోవటమనే భావం ఎవరూ ఇష్టపడని ఒక రకమైన శారీరిక స్పందనే. మనకి కోపం తెప్పించే విషయాలు వెయ్యి ఉండుగాక, కానీ కోపమనేది నైరూప్యమైనది కాదు. అది శరీరంలో వేడిమిని, ఒత్తిడిని కలిగించే ఒక భావన. అందుకే కోపంతో మనిషి విరుచుకుపడతాడు. మనం కోపంతో 'రగిలిపోవటం' అనే మాట ఊరికే రాలేదు.

విజ్ఞానశాస్త్రం దీన్ని ఒప్పుకోకుండా, ఎవరికీ కూడా పదోన్నతి, లాటరీలో గెలుపు, చివరికి నిజమైన ప్రేమని పొందటం లాంటివి ఎన్నడూ ఆనందాన్నివ్వలేవని అంటుంది. జనానికి ఆనందాన్నిచ్చేవి ఒక్కటి మాత్రమే, శరీరంలో తమకి ఇష్టమైన భావాలూ తలెత్తటం. మీరు మారియో గొట్జే అనీ, 2014 ప్రపంచకప్ ఫైనల్స్‌లో అర్జెంటీనాకి పోటీగా మిడ్ ఫీల్డ్‌లో దాడిచేసే ఆటగాడనీ ఊహించుకోండి. 113 నిముషాలు గడిచినా ఒక్క గోల్ కూడా కొట్టలేదు.అందరూ భయపడే పెనాల్టీ షూట్ అవుట్‌కి ఇంకా ఏడు నిమిషాలే ఉన్నాయి. రియోలోని మారకానా స్టేడియం 75,000 మంది అభిమానులతో నిండి ఉంది. ప్రపంచవ్యాప్తంగా ఇంకా లెక్కలేనంతమంది ఉత్సాహంగా, ఆతృతగా ఆట చూస్తున్నారు. అర్జెంటినా గోల్‌కి మీరు కొన్ని మీటర్ల దూరంలో ఉన్నారు. ఆ సమయంలో ఆంద్రే షుఅర్లే మీవైపు బంతిని అద్భుతమైన వేగంతో కొడతాడు. ఆ బంతిని మీరు మీ ఛాతీతో అడ్డుకుంటారు, అది మీ కాలివైపు కిందికి పడుతుంది, కిందపడే లోపల మీరు దాన్ని గట్టిగా తంతారు, మీరు చూస్తూండగానే అది అర్జెంటినా గోల్ కీపర్‌ని దాటి నెట్ లోపలి దూసుకుపోతుంది. గోల్.....! అంటూ జనం వెర్రెత్తినట్టు అరిచే అరుపులతో స్టేడియం అగ్నిపర్వతంలా ఎగసిపడుతుంది. మీ జట్టులోని ఆటగాళ్లు మిమ్మల్ని కౌగలించుకుని ముద్దుపెట్టుకునేందుకు మీవైపు పరిగెత్తుకొస్తున్నారు. బెర్లిన్‌లో, మ్యూనిచ్‌లో తెలివిజన్ల ముందు జనం ఆనందబాష్పాలు రాలుస్తూ ఆ దృశ్యాన్ని చూస్తారు. మీ మనసు నిండా పరమానందం నిండేది అర్జెంటీనా నెట్‌లో మీరు బంతిని తన్నగలిగినందుకో, ఆ తరవాత *బవేరియాలోని బియర్ గార్డెన్స్‌లో* జరిగే ఆ విజయోత్సవంవల్లో కాదు, మీలో తుఫానులా చెలరేగే భావోద్వేగాలవల్లే మీకు అంత ఆనందం కలుగుతుంది. మీ వెన్ను మాటిమాటికీ జలదరిస్తుంది, మీ శరీరం విద్యుత్తరంగాలలో మునిగి తేలుతుంది, మీరు కొన్ని మిలియన్ల శక్తి గోళాలుగా కరిగిపోతున్నట్టు అనిపిస్తుంది.

ఇలాంటి స్పందనలు పొందేందుకు మీరు ప్రపంచకప్ ఫైనల్‌లో గెలవాల్సిన అవసరం లేదు. అనుకోకుండా ఉద్యోగంలో ప్రమోషన్ వచ్చిందని మీరు సంతోషం పట్టలేక గెంతుతూ ఉన్నారంటే, మీ శరీరంలో అటువంటి స్పందనలే కలుగుతున్నాయను కోవాలి. మీ మెదడులో లోతైన భాగాలకు ఫుట్‌బాల్ గురించే కానీ, మీ ఉద్యోగం గురించి కానీ ఏమీ తెలీదు. దానికి స్పందనలు మాత్రమే తెలుసు. మీకు ప్రమోషన్ వచ్చినా ఏదో కారణంగా మీకు సంతోషం కలగకపోతే మీకు సంతృప్తి దొరకదు. దీనికి వ్యతిరేకమైన

స్థితి కూడా ఉంటుంది. హఠాత్తుగా మీ ఉద్యోగం పోయినా (లేదా గెలుస్తామన్న ఫుట్‌బాల్ ఆటలో మీరు ఓడిపోయినా) ఆనందానుభూతి చెందుతున్నారంటే (బహుశా ఏదైనా మాత్ర వేసుకున్నారేమో) అప్పుడు కూడా మీకు మీరు ఈ ప్రపంచాన్నే గెలిచినట్టు అనిపించవచ్చు.

బాధపడాల్సిన విషయం ఇక్కడొకటుంది, ఆనందాన్నిచ్చే భావాలూ త్వరగా తగ్గుముఖం పడతాయి. అంతే కాదు అవి కొంతసేపటికి బాధాకరమైన భావాలుగా మారిపోతాయి. ప్రపంచకప్‌లో గెలుపునందించే గోల్ కొట్టటం కూడా జీవితాంతం ఆనందాన్నిస్తుందనలేం. నిజానికి అక్కణ్ణించి ఇక అంతా కిందికి దిగటమే. అదే విధంగా, గత యేడాది అనుకోకుండా నాకు ఉద్యోగంలో ప్రమోషన్ వచ్చి నేనా పదవిలో ఉన్నప్పటికీ, ఆ వార్త వినగానే కలిగిన అపరిమితమైన ఆనందం ఒక గంటలో తగ్గిపోవటం ప్రారంభిస్తుంది. అలాంటి అద్భుతమైన స్పందనలు మళ్ళీ నాలో కలగాలంటే నాకు మళ్ళీ మళ్ళీ ప్రమోషన్లు వస్తూనే ఉండాలి. అలా జరగనట్టయితే, నాకు చిరాకూ, కోపం పెరిగిపోతాయి, అంతకన్నా నేను ఒక చిరుద్యోగిగా ఉండిపోతే ఇలాటి బాధలు వచ్చేవి కావు.

ఇదంతా పరిణామక్రమం వల్ల జరిగిన తప్పు. లెక్కలేనన్ని తరాలపాటు మన జీవరసాయన వ్యవస్థ మనం మనుగడ సాధించేందుకూ, పునరుత్పత్తి చేసేందుకూ ఎక్కువ అవకాశాలు కల్పించేందుకే అలవాటు పడింది కాని మనకి ఆనందం అందించేందుకు కాదు. ఈ జీవరసాయన వ్యవస్థ మనుగడకీ, పునరుత్పత్తికీ దోహదం చేసే చర్యలకి సంతోషకరమైన స్పందనలను బహూకరిస్తుంది. కానీ ఇది కేవలం అమ్మకాలకోసం చేసే ఒక అశాశ్వతమైన చిట్కా. మనకి అయిష్టమైన ఆకలి లాంటి వాటిని నివారించేందుకూ, రుచికరమైన పదార్థాలు తినేందుకూ ఆహారం సంపాదించేందుకు కష్టపడతాం. అలాగే లైంగిక సుఖాన్ని అనుభవించేందుకు జతకోసం ఆరాటపడతాం. కానీ మంచి రుచులూ, లైంగిక సుఖమూ చాలాకాలం నిలిచిఉండవు. మనకి మళ్ళీ అలాటి అనుభవం కావాలనుకుంటే ఆహారాన్నీ, జతనీ వెతుక్కుంటూ వెళ్ళవలసిందే.

అరుదైన ఒక మార్పు జరిగి దానివల్ల ఒక్క గింజ తిని జీవితాంతం ఆనందంగా ఉండే ఒక ఉడత సృష్టించబడితే ఏమౌతుంది? సాంకేతికంగా చూస్తే, ఉడత మెదడులో మార్పులు చేసి దీన్ని సాధించవచ్చు. కొన్ని మిలియన్ల సంవత్సరాల క్రితం అదృష్టం కొద్దీ ఒక ఉడత విషయంలో ఇలాటిది జరిగిందేమో ఎవరికి తెలుసు? ఒకవేళ అలాటిదే జరిగుంటే, ఆ ఉడత విపరీతమైన ఆనందాన్ని అనుభవించి ఉంటుంది, అలాగే దాని జీవితం చాలా త్వరగా ముగిసిపోయి కూడా ఉంటుంది. దాంతో ఆ అరుదైన మార్పు కూడా ముగిసిపోతుంది. అంత ఆనందం అనుభవించిన ఉడత, జత విషయం అటుంచి, ఇంకా కొన్ని గింజలకోసం కూడా వెతికి ఉండదు. దానికి పోటీగా ఉండిన ఉడతలకి ఒక గింజ తిన్న ఐదు నిమిషాలకి మళ్ళీ ఆకలేసేది. అలాంటి ఉడతలు మనుగడ సాగిస్తూ తమ జన్యువులని రాబోయే తరానికి అందించే అవకాశం ఎక్కువ. సరిగ్గా ఇదే కారణంవల్ల, మనుషులమైన మనం కూడబెట్టాలనుకునే గింజలు - లాభసాటి ఉద్యోగాలూ, పెద్దపెద్ద ఇళ్ళూ, అందమైన జీవితభాగస్వాములూ - మనకి చాలా అరుదుగా సంతృప్తినిస్తాయి.

లక్ష్యం కాదు, ప్రయాణమే మనకి ఆనందాన్నిస్తుంది కాబట్టి ఇది అంత ఇబ్బంది కరమైన విషయం కాదు అని కొందరు అనొచ్చు. ఎవరెస్ట్ పర్వతశిఖరం మీద నిలబడటం కన్నా దాన్ని ఎక్కటమే ఎక్కువ తృప్తినిస్తుంది; లైంగిక చర్యలో సుఖప్రాప్తి కన్నా, సరసా లాడటం, ముద్దుముచ్చట్లే ఎక్కువ ఉత్సాహాన్నిస్తాయి; ప్రశంసలూ, పురస్కారాలూ అందు కోవటం కన్నా, ప్రయోగశాలలో గొప్ప ఫలితాలనిచ్చే పరిశోధనలు చెయ్యటం ఎక్కువ ఆసక్తిని రేకెత్తిస్తుంది. కానీ దీనివల్ల పెద్ద తేడా ఏమీ ఉండదు. పరిణామక్రమం ఎన్నో రకాల ఆనందాలతో, సుఖాలతో మనని అదుపులో ఉంచుకుంటుంది అని మాత్రం ఇది సూచిస్తుంది, అంతే. ఒక్కోసారి అది మనని పరమానందం, ప్రశాంతతతో లోబరుచు కుంటుంది, మరోసారి హర్షోల్లాసం, భావోద్రేకంతో ఒళ్ళు గగుర్పొడిచేట్టు చేస్తుంది.

తన మనుగడనీ, పునరుత్పత్తినీ పెంచే దేనికోసమైన ఒక జంతువూ వెతుకుతూ ఉన్నట్టయితే (ఉదా: ఆహారం, జతకట్టేందుకు మరో జంతువూ, లేదా సామాజిక స్థాయి) మెదడు అప్రమత్తత, భావోద్రేకం అనే స్పందనలని ఉత్పత్తి చేస్తుంది. ఆ స్పందనలు జంతువుకి ఇష్టమైనవి కాబట్టి అది మరింత గట్టిగా ప్రయత్నించటానికి అవి ప్రేరేపిస్తాయి. కేవలం ఒక పెడల్‌ని తొక్కటంవల్ల వాటి మెదడులో ఉద్రేకం రేకెత్తించటానికి ఎన్నో ఎలుకల మెదళ్లకి ఎలెక్ట్రోడ్‌లను జోడించి శాస్త్రవేత్తలు ప్రయోగాలు చేశారు. ఎలుకలకు ఆహారం, పెడళ్లలో ఏదో ఒకటి ఎంచుకోమన్న అవకాశం ఇచ్చినప్పుడు, అవి పెడళ్లనే ఎంచుకున్నాయి (పిల్లలు కిందకి వచ్చి భోజనం చెయ్యటంకన్నా వీడియోగేమ్స్ ఆడేందుకే ఎక్కువ ఇష్టపడ్డట్టు). ఆకలితో అలసిపోయి సొమ్మసిల్లి పడిపోయేదాకా ఎలుకలు మళ్ళీ మళ్ళీ పెడళ్లనే తొక్కాయి. విజయం లభించిందన్న ఆనందంతో తృప్తిపడక మనుషులు కూడా పరుగుపందెంలో పాల్గొంటే కలిగే ఉద్రేకాన్ని ఇష్టపడవచ్చు. కానీ పరుగుపందెం పట్ల అంత ఆకర్షణ ఉండటానికి అది కలిగించే ఉల్లాసం, ఉత్సాహమే కారణం. అవి కేవలం ఒత్తిడి, నిరాశ, విసుగు లాంటి అయిష్టమైన భావాలు రేకెత్తించేవే అయితే, ఎవరూ కూడా ఎవరెస్ట్ శిఖరాన్ని ఎక్కటం, వీడియో గేమ్స్ ఆడటం, లేదా అపరిచితులతో స్నేహం చెయ్యటం లాంటి పనులు చేయాలనుకోరు.

విజయం ఎంత గొప్ప ఆనందాన్నిచ్చినా అది తాత్కాలికమే అయినట్టు, పరుగుపందెం కలిగించే ఉద్రేకం కూడా తాత్కాలికమే. కేవలం ఒక్క రాత్రి లైంగిక సుఖాలలో మునిగితేలిన డాన్ హువాన్, డౌ జోన్స్ అభివృద్ధినీ, పతనాన్నీ విపరీతమైన కుతూహలంతో గమనిస్తూ ఆనందించే వ్యాపారవేత్త, కంప్యూటర్ తెరమీద రాక్షసులని చంపుతూ ఆనందించే కుర్రాడూ, క్రితం రోజు చేసిన సాహసాలని తల్చుకుని తృప్తిపడరు. మళ్ళీమళ్ళీ పెడళ్లని తొక్కే ఎలుకల్లా, డాన్ హువాన్‌లకీ, గొప్ప వ్యాపారవేత్తలకీ, కంప్యూటర్ ఆటగాళ్లకీ ప్రతిరోజూ ఒక కొత్త ఊపు కావాలి. అంతకన్నా ఘోరం, ఇక్కడ కూడా ఆశలు పరిస్థితులకు అనుగుణంగా మారతాయి. నిన్న సవాలుగా తోచింది ఈరోజు చాలా త్వరగా విసుగెత్తుతుంది. బహుశా ఆనందానికి కావలసినది పరుగుపందెము, బంగారుపతకమూ కాకపోవచ్చు. ఉద్రేకము, ప్రశాంతత సమపాళ్లలో ఉండటమే దానికి కీలకం కావచ్చు. కానీ మనలో చాలామంది నుంచి విసుగుకీ, మళ్ళీ అక్కణ్ణించి వెనక్కీ గెంతుతూ ఉంటాం. వాటిలో ఏదీ మనకి తృప్తినివ్వకపోయేసరికి ఎప్పుడూ అసంతృప్తిగానే ఉండిపోతాం.

విజ్ఞానశాస్త్రం చెప్పేది నిజమయితే, మన ఆనందాన్ని నిర్ధారించేది మన జీవరసాయన వ్యవస్థే అయితే, ఆ వ్యవస్థని అవసరానికి తగినట్టు కూర్చటమొక్కటే మార్గం. ఆర్థిక అభివృద్ధినీ, సామాజిక సంస్కరణలనీ, రాజకీయ విప్లవాలనీ మరిచిపోండి : ప్రపంచం అంతటా ఆనందం స్థాయిని పెంచాలంటే, మనం మానవ జీవరసాయన వ్యవస్థని ఉపాయంగా మార్చుకోవాలి. గత కొన్ని దశాబ్దాలుగా మనం చేస్తున్నది అక్షరాలా ఇదే. యాభై ఏళ్ళక్రితం మనోవ్యాధులకి మందులు వాడటం చాలా నామోషీగా ఉండేది. ఈనాడు అది పెద్ద అవమానంగా అనుకోరు. మంచికో, చెడుకో మనోవ్యాధులకి క్రమం తప్పకుండా మందులు తీసుకునేవారి సంఖ్య పెరిగింది. అది కేవలం కుంగదీసే మానసిక వ్యాధుల్ని నయం చేసేందుకే కాదు, అప్పుడప్పుడూ కలిగే నిరాశా నిస్పృహలకీ, మామూలు దిగుళ్ళకీ కూడా వాడుతున్నారు.

ఉదాహరణకి, స్కూలుపిల్లల్లో ఉత్తేజం కలిగించే రిటాలిన్ లాంటి మందులు వాడేవాళ్ల సంఖ్య పెరిగింది. ఉదాహరణకి 2011లో 3.5 మిలియన్ అమెరికన్ పిల్లలు ఏడీహెచ్ డీ (అటెన్షన్ డెఫిసిట్ హైపరాక్టివిటీ డిసార్డర్) కోసం మందులు వేసుకునేవాళ్ళు. ఇంగ్లాండ్‌లో 1997లో అలాటి మందులు వాడేవాళ్లు 92,000 వేలుంటే, 2012లో ఆ సంఖ్య 786,000కి పెరిగింది. అసలు లక్ష్యం పిల్లలు దృష్టి కేంద్రీకరించలేకపోవటం లోని సమస్యలు, కానీ ఈనాడు పూర్తి ఆరోగ్యంతో ఉన్న పిల్లలు కూడా అధ్యాపకులూ, తల్లిదండ్రులూ ఆశించే స్థాయికి చేరుకొని మంచి మార్కులూ, ర్యాంకులూ తెచ్చుకోవాలని ఆ మందులు వాడుతున్నారు. ఈ పరిణామాన్ని చాలామంది ఖండిస్తూ, సమస్య పిల్లలది కాదనీ, విద్యావ్యవస్థదే అనీ అంటారు. విద్యార్థులు దృష్టి కేంద్రీకరించలేకపోవటం, ఒత్తిడి, తక్కువ మార్కులు లాంటి సమస్యలతో బాధపడుతున్నారంటే, పాతపడిపోయిన శిక్షణా వ్యవస్థని, కిక్కిరిసి ఉండే తరగతులనీ, వేగం పెరిగిపోయి, అసహజంగా తయారైన జీవన విధానాన్నీ నిందించాలి. బహుశా మనం పిల్లల్లో కాకుండా స్కూళ్లలోనే మార్పు తీసుకు రావాలి. ఈ వాదనలు ఎలా పరిణతి చెందాయో చూడటం ఆసక్తికరంగా ఉంటుంది. విద్య గరిపే పద్ధతుల గురించి కొన్ని వేల సంవత్సరాలుగా పోట్లాడుకుంటున్నారు. ప్రాచీన కాలపు చైనాలో కానివ్వండి, విక్టోరియన్ బ్రిటిష్ దేశంలో కానివ్వండి, ప్రతివాళ్ళకీ తమకి అత్యంత ప్రియమైన పద్ధతి ఒకటుండేది, దాని ప్రత్యామ్నాయాలన్నిటినీ వాళ్ళు తీవ్రంగా ఖండించేవాళ్ళు. అయినా ఇప్పటివరకూ ఒక్క విషయంలో మాత్రం అందరిదీ ఏకాభి ప్రాయమే, విద్యావ్యవస్థని మెరుగుపరచాలంటే మనం స్కూళ్లలో మార్పు తీసుకురావాలి. ఈనాడు చరిత్రలో మొట్టమొదటిసారి, విద్యార్థులు జీవరసాయన వ్యవస్థని మారిస్తే లక్ష్యాన్ని సమర్థంగా చేరుకోవచ్చని కొంతమందైనా ఆలోచిస్తున్నారు.

సైన్యాలు కూడా అదే దారంట వెళ్తున్నాయి : యుద్ధం తాలూకు ఒత్తిడినీ, వేదననీ భరించగలిగేందుకు ఇరాక్‌లోని 12 శాతం అమెరికన్ సైనికులూ, ఆఫ్ఘనిస్తాన్‌లోని 17 శాతం సైనికులూ నిద్రమాత్రలూ, కుంగిపోకుండా ఉండేందుకు మందులూ వాడారు. తూటాలవల్ల, బాంబులవల్ల, లేదా ల్యాండ్‌మైన్స్‌వల్ల వాళ్ళకి భయం వెయ్యలేదు, వాళ్ళు కుంగిపోలేదు, వాళ్ళకి మానసికమైన గాయం తగల్లేదు. వాటికి హార్మోన్లూ, న్యూరో

ట్రాన్స్మిటర్లూ, న్యూరల్ నెట్‌వర్క్‌లూ కారణం. పొంచి ఉండి దాడిచేసే ఒకేచోట ఇద్దరు సైనికులు పక్కపక్కనే ఉండవచ్చు, వాళ్లలో ఒకరు భయంతో బిగుసుకుపోయి, కొయ్యబారి పోతాడు, ఆ సంఘటన జరిగిన ఎన్నో యేళ్ళ తరవాత కూడా దాన్ని గురించి అతనికి పీడకలలు వస్తూనే ఉంటాయి; రెండో సైనికుడు ధైర్యంగా దాడిచేసి పతాకం గెలుచు కుంటాడు. తేడా అంతా సైనికుల జీవరసాయన వ్యవస్థలోనే ఉంది. దాన్ని అదుపులో ఉంచే మార్గం కనుగొనగలిగితే, ఒకే దెబ్బతో సైనికులకు ఆనందాన్ని అందించగలుగుతాం, మరింత సామర్థ్యం ఉన్న సైన్యాన్ని తయారుచెయ్యగలుగుతాం.

ఆనందాన్ని వెంటాడటం ఈ లోకంలో నేరాలు జరగటానికి అన్నిటికన్నా ముఖ్యమైన కారణం. 2009లో అమెరికాలోని ఫెడరల్ జైల్లో సగంమంది ఖైదీలు మాదకద్రవ్యాల వాడకంవల్లే పట్టుబడ్డారు; 38 శాతం ఇటాలియన్ ఖైదీలు మాదకద్రవ్యాలకు సంబంధించిన నేరాలవల్లే శిక్షకి గురయ్యారు; ఇంగ్లాండ్‌లో 55 శాతం ఖైదీలు, మాదకద్రవ్యాల వాడకం వల్లా లేదా వాటిని అమ్మటంవల్లా ఖైదు చెయ్యబడ్డామని అన్నారు. నేరం చేస్తూ పట్టుబడ్డ సమయంలో 62 శాతం ఆస్ట్రేలియన్ ఖైదీలు మాదకద్రవ్యాలు వాడుతూ ఉన్నారని 2001లో ఒక రిపోర్ట్ చెపుతోంది. జనం మరిచిపోయేందుకు ఆల్కహాల్ తాగుతారు, మనశ్శాంతి కోసం గంజాయి సేవిస్తారు, బుద్ధి చురుగ్గా పనిచేసేందుకూ, ఆత్మవిశ్వాసం పెరిగేందుకూ కొకైన్, మెథామ్ఫెటమైన్స్ వాడతారు, ఇక ఎక్స్టసీ అనే మందు మీకు పరమానందం కలిగిస్తే ఎల్ ఎస్ డీ మిమ్మల్ని ఏకంగా 'లూసీ ఇన్ ద స్కై విత్ డైమండ్స్' (బీటిల్స్ పాట)ని కలిసేందుకు తీసుకెళ్తుంది. కొందరు చదువుకుని, ఉద్యోగం చేసి, పిల్లల్ని పెంచి సాధించాలనుకునే సాఫల్యాన్ని, ఇంకొందరు సరైన మోతాదులో ఉండే కణాల ద్వారా ఇంకా ఎక్కువ సులభంగా సాధించేందుకు ప్రయత్నిస్తారు. సామాజిక, ఆర్థిక వ్యవస్థకి ఇది అస్తిత్వ సంబంధమైన అపాయం. అందుకే జీవరసాయనాలకి సంబంధించిన నేరాలతో దేశాలు విడవకుండా భయంకరమైన యుద్ధాలు చేస్తాయి.

ఆనందాన్ని జీవరసాయనాల ద్వారా వెంటాడటాన్ని 'చెడ్డ' ఉపాయాలు, 'మంచి' ఉపాయాలు అని విడదీసి రాజ్యం వాటిని క్రమబద్ధం చెయ్యాలని చూస్తుంది. సూత్రం స్పష్టంగానే ఉంది : జీవరసాయనాలని ఉపాయంగా వాడుకోవటంవల్ల రాజకీయాలు దృఢంగా ఉండటం, సామాజిక వ్యవస్థ పటిష్ఠంగా ఉండటం, ఆర్థిక అభివృద్ధి జరగటం సాధ్యమైతే వాటికి అనుమతి దొరకటమే కాదు, ప్రోత్సాహం కూడా లభిస్తుంది (ఉదాహరణకి, స్కూల్‌లో అతిచురుగ్గా ఉండే పిల్లలని శాంతింపజేయటానికి, లేదా గాభరాపడే సైనికుల్ని పోరాడమని ప్రోత్సహించడానికి). నిలకడకీ, అభివృద్ధికీ అపాయం వాటిల్లుతుందంటే, అలాటి ఉపాయాలని నిషేధిస్తారు. కానీ ప్రతి యేడాది విశ్వవిద్యాలయాల ప్రయోగశాలల్లో, ఔషధాలు తయారుచేసే కంపెనీల్లో, నేర సంస్థల్లో కొత్త మందులు కనుగొంటారు. అది కాక, రాజ్యం అవసరాలూ, వ్యాపారమూ కూడా మారుతూ ఉంటుంది. జీవరసాయన వ్యవస్థ ఆనందాన్ని వెంటాడే వేగం ఎక్కువైనకొద్దీ అది రాజకీయాలనీ, సమాజాన్నీ, ఆర్థిక వ్యవస్థనీ మారుస్తుంది, కొత్త ఆకారం ఇస్తుంది. ఇక దాన్ని అదుపులో పెట్టటం ఇంకా కష్టమౌతుంది.

ఇక మాదకద్రవ్యాలనేవి ప్రారంభం మాత్రమే. మానవ జీవరసాయన వ్యవస్థని ఉపాయంగా మార్చేందుకు అధునాతన మార్గాలని ప్రయోగశాలల్లో నిపుణులు అన్వేషించేందుకు ప్రయత్నిస్తూనే ఉన్నారు. ఉదాహరణకి, మెదడులో కొన్ని ప్రత్యేకమైన భాగాలకి సూటిగా విద్యుత్ స్పందనలు పంపించటం, లేదా మన శరీరం తాలూకు నమూనా పథకాన్ని (బ్లూ ప్రింట్)ని జన్యు నిర్మాణాల ద్వారా (జెనెటిక్ ఇంజనీరింగ్) మార్చటం లాంటివి. పద్ధతి ఏదైనప్పటికీ, ఆనందాన్ని అందుకునేందుకు జీవరసాయన వ్యవస్థలో మార్పులు చెయ్యటం అంత సులభం కాదు. ఎందుకంటే ఆ పని చెయ్యాలంటే జీవితానికి సంబంధించిన నమూనాలని సమూలంగా మార్చివేయాలి. మరి, కరువు, మహమ్మారి, యుద్ధాన్ని కూడా అధిగమించటం సులభంగా జరగలేదు కదా!

ఆనందం పొందేందుకు జీవరసాయన వ్యవస్థని ఇంత శ్రమపడి వెంటాడటం మానవ జాతికి అవసరమా కాదా అని ఇదమిత్థంగా చెప్పలేం. ఆనందం అంత ముఖ్యమైనదేమీ కాదనీ, వ్యక్తి పొందే సంతృప్తి మానవ సమాజం కోరే అత్యున్నతమైన లక్ష్యమని అనుకోవటం పొరపాటనీ కొందరు వాదించవచ్చు. ఇంకొందరు ఆనందమే అన్నిటికన్నా మంచి చేసే విషయమని ఒప్పుకున్నా, ఇష్టమైన భావాల అనుభవమే ఆనందానికి నిర్వచనమని జీవరసాయన వ్యవస్థ చెప్పే విషయాన్ని ఒప్పుకోకపోవచ్చు.

ఆనందం కోసం అదే పనిగా వెతుకుతూ ఉండటంవల్ల ఆనందంకన్నా వేదనే ఎక్కువ కలుగుతుందని సుమారు 2,300 సంవత్సరాల క్రితం ఎపిక్యూరస్ తన శిష్యులని హెచ్చరించాడు. రెండు శతాబ్దాల కిందట బుద్ధుడు ఇంకా విప్లవాత్మకమైన అభిప్రాయాన్ని వెలిబుచ్చాడు. సుఖాన్నిచ్చే స్పందనల వెంటపడటం నిజానికి బాధకి మూలకారణమని బోధించాడు. అలాంటి స్పందనలు కేవలం అశాశ్వతమైన అర్థంలేని ప్రకంపనాలనీ, వాటిని అనుభవించినా మనం తృప్తితో వాటికి ప్రతిస్పందించమనీ, ఇంకా కావాలని ఆరాటపడతామనీ అన్నాడాయన. అందుచేత పరమానందం, ఉద్రేకం కలిగించే స్పందనలు ఎన్ని అనుభవించినా అవి నాకు ఎన్నడూ సంతృప్తినివ్వవు.

ఆనందం తాత్కాలికమైన సుఖాన్నిచ్చే స్పందనలతో సమానమని అనుకుంటే, అలాటి సుఖం ఇంకా ఇంకా కావాలని కోరుకుంటే, నిరంతరం వాటి వెంట పరిగెత్తటం తప్ప నాకు మరో మార్గం ఉండదు. చివరికి నాకు అవి అందే వేళకి అవి మాయమవుతాయి, కేవలం గతకాలపు సుఖాలు నాకు సంతృప్తినివ్వవు కాబట్టి, నేను మళ్ళీ మొదలుపెట్టాల్సి ఉంటుంది. ఈ వెతుకులాటని నేను దశాబ్దాలకొద్దీ కొనసాగించినా అది నాకు ఎటువంటి శాశ్వతమైన సాఫల్యాలనీ తెచ్చిపెట్టదు; పైగా, సుఖాన్నిచ్చే ఈ భావాలని నేను వెంటాడినకొద్దీ నాలో మరింత ఒత్తిడీ, అసంతృప్తీ పెరిగిపోతుంది. నిజమైన ఆనందాన్ని పొందాలంటే మానవులు సుఖాన్నిచ్చే భావాల వెంట పరిగెత్తకుండా ఆ వేగాన్ని కాస్త తగ్గించాలి.

బౌద్ధమతానికి చెందిన ఈ దృష్టికోణానికీ, జీవరసాయన దృష్టికోణానికీ చాలా పోలిక ఉంది. మనకి ఇష్టమైన స్పందనలు ఎంత త్వరగా తలెత్తుతాయి అంతే త్వరగా అణగిపోతాయని ఈ రెండూ అంగీకరిస్తాయి. సంతోషం కలిగినప్పుడు దాన్ని అనుభవించ

కుండానే ఇంకా కావాలని తహతహలాడటంవల్ల మనుషులు అసంతృప్తిగానే ఉండిపోతారు. అయినప్పటికీ ఈ సమస్య పరిష్కరించేందుకు రెండు పూర్తి భిన్నమైన మార్గాలున్నాయి. జీవరసాయనశాస్త్రం దీనికి చెప్పే పరిష్కారం, మనం ఎన్నడూ అసంతృప్తి పడకుండా ఉండాలంటే మనకి అనంతమైన సంతోషాన్నిచ్చే మందులూ, చికిత్సా తయారుచేసి అవి మనకి అందుబాటులో ఉండేట్టు చూడాలి. బుద్ధుడిచ్చిన సలహా, సుఖాలకోసం కాంక్షించటం తగ్గించి, అవి మన జీవితాలని తమ అధీనం చేసుకోకుండా చూడాలని. మన మనసుల్లో అన్ని రకాల భావాలూ ఎలా తలెత్తుతాయి, ఎలా మరుగున పడిపోతాయి అనే విషయాన్నీ జాగ్రత్తగా గమనించేందుకు మనసుకి శిక్షణ ఇవ్వవచ్చు, అంటాడు బుద్ధుడు. మన భావాల అసలు స్వరూపం మనసు గ్రహించినప్పుడు అవి అశాశ్వతమనీ, అర్థం లేనివనీ తెలుసు కున్నప్పుడు వాటిని వెంబడించాలన్న ఆసక్తి మాయమవుతుంది. తలెత్తిన మరుక్షణం మాయమయేదాన్ని వెంబడించటంలో అర్థమేముంటుంది?

ప్రస్తుతం మానవజాతికి జీవరసాయనశాస్త్రం చెప్పే పరిష్కారం మీదే ఎక్కువ ఆసక్తి ఉంది. హిమాలయాల గుహల్లో ఉండే సన్యాసులూ, ఏకాంతంగా నివసించే తత్వవేత్తలూ చెప్పేది ఏదైనా సరే, పెట్టుబడిదారీ శక్తులకు మాత్రం ఆనందమంటే సుఖమే, అంతే. యేళ్లు గడిచినకొద్దీ మనం అయిష్టాన్ని కలిగించే భావాలని సహించలేకపోతాం, సుఖమైన స్పందనలకోసం వెంపర్లాడటం ఎక్కువైపోతుంది. శాస్త్రీయ పరిశోధనలూ, ఆర్థిక కార్య కలాపాలూ ఈ లక్ష్యాన్ని సాధించేందుకే ప్రయత్నిస్తూ, ప్రతి సంవత్సరం శారీరక బాధలను నివారించేందుకు మెరుగైన మందులూ, కొత్త రుచుల ఐస్‌క్రీములూ, మరింత సౌకర్యంగా ఉండే పరుపులూ, మనం బస్సు కోసం వేచి ఉన్నప్పుడు బోరుకొట్టకుండా ఉండేందుకు స్మార్ట్‌ఫోన్లలో వ్యసనంలా పట్టుకునే కొత్త వీడియో గేమ్సూ తయారుచేస్తున్నాయి.

కానీ, ఇదంతా ఎంతమాత్రం సరిపోదని వేరే చెప్పాలా? పరిణామక్రమం హోమో సేపియన్లని నిరంతరం సుఖం అనుభవించేట్టు నిర్మించలేదు. కానీ మానవజాతికి కావలసినది అదే అయినట్లయితే ఐస్‌క్రీములూ, స్మార్ట్ ఫోన్లూ సరిపోవు. మన జీవ రసాయనాలలో మార్పులు చేసి, మన శరీరాలనీ, మెదళ్ళనీ పునర్నిర్మించాల్సి ఉంటుంది. అందుకని మనం ఆ పనిమీదే ఉన్నాం. ఇది మంచిదా కాదా అని మీరు వాదోపవాదాలు చెయ్యచ్చు, కానీ ఇరవైఒకటో శతాబ్దంలో ముఖ్యమైన ప్రణాళికల్లో రెండోది, ప్రపంచ వ్యాప్తంగా ఆనందాన్ని అందించేందుకు హామీ ఇవ్వగలగటం. ఇందులో హోమో సేపియన్లని శాశ్వతమైన సంతోషాన్ని అనుభవించే విధంగా పునర్నిర్మించటం ఒక భాగం.

భూలోకంలో దేవుళ్ళు

పరమానందం, అమరత్వం కోరుకునే మానవులు నిజానికి తాము దేవతల స్థాయికి ఎదిగేందుకు ప్రయత్నిస్తున్నారు. ఇవి దైవికమైన గుణాలవటమొక్కటే దీనికి కారణం కాదు, వృద్ధాప్యాన్నీ, బాధలనీ అధిగమించాలంటే మానవులకి దేవతల్లా తమ జీవశాస్త్ర వ్యవస్థ పునాదిమీద అదుపు సాధించాలి. మృత్యువునీ, నొప్పినీ మన శరీర వ్యవస్థలోనుంచి తొలగించే నిర్మాణవిధానం మనకి అందుబాటులో ఉన్నట్టయితే, అదే శక్తి మన శరీర

వ్యవస్థలో ఇష్టమొచ్చిన మార్పులు చేసుకునేందుకు బహుశా సరిపోతుంది. మన అవయవాలనీ, భావోద్రేకాలనీ, తెలివితేటలనీ, అనేక రకాలుగా ఉపయోగించుకునే సామర్థ్యం ఉంటుంది. హెర్క్యులిస్ బలాన్ని, ఆఫ్రొడైట్ శృంగార భావాన్నీ, ఎథీనా తెలివితేటలనీ, డియోనిసస్ ఉన్మాదాన్నీ మనం కావాలనుకుంటే కొనుక్కోగలుగుతాం. ఇంతవరకూ మనుషులు తమ శక్తిని పెంచుకునేందుకు ముఖ్యంగా బాహ్య పరికరాలమీద ఆధారపడ్డారు. భవిష్యత్తులో దీనికోసం మనిషి శరీరం, మెదడు మీద ఆధారపడవలసి రావచ్చు, లేదా సూటిగా పరికరాలలోనే విలీనమైపోవచ్చు.

దేవతల స్థాయికి మానవుని పెంచేందుకు మనం ఈ మూడు మార్గాలలో ఒకదాన్ని అనుసరిస్తామేమో : జీవశాస్త్ర వ్యవస్థ పునర్నిర్మాణం, సైబార్గ్ పునర్నిర్మాణం, సేంద్రీయేతర జీవుల పునర్నినిర్మాణం.

సేంద్రీయ శరీరాల పూర్తి సంభావ్యతని మనం అర్థం చేసుకోలేదన్న అంతర్దృష్టితో జీవశాస్త్ర వ్యవస్థ పునర్నిర్మాణం మొదలవుతుంది. ఈ శరీరాల్ని 4 బిలియన్ సంవత్సరాలుగా సహజ ఎంపిక తనకి తోచినట్టు మారుస్తూ, సంస్కరిస్తూ వచ్చింది. అలా మనం అమీబా నుంచి సరీసృపాలదాకా, అక్కణ్ణించి క్షీరదాలు, సేపియన్ల దాకా వచ్చాం. అయినప్పటికీ, సేపియన్లే చివరి గమ్యమని అనుకోనక్కర్లేదు. అంతకన్నా చిన్నచిన్న మార్పులే జన్యువుల్లోనూ, హార్మోన్లలోనూ, నాడీకణాలలోనూ జరగటంవల్ల, చిన్న రాతికత్తులకన్నా గొప్ప పరికరాలు తయారుచెయ్యలేని హోమో ఎరెక్టస్ నుంచి వ్యోమనౌకలూ, కంప్యూటర్లూ తయారు చెయ్యగలిగిన హోమో సేపియన్లు అవతరించారు. మన డీఎన్ఏ, హార్మోన్ల వ్యవస్థ, మెదడు నిర్మాణంలో మళ్ళీ జరిగే మార్పులు ఎటువంటి ఫలితాలనిస్తాయో ఎవరికి తెలుసు? బయోఇంజినీరింగ్ సహజ ఎంపిక తన ఇంద్రజాలం ప్రదర్శించేవరకూ సహనంతో వేచి ఉండదు. అది పాత సేపియన్ల శరీరాన్ని తీసుకుని, బుద్ధిపూర్వకంగా దాని జన్యు సంకేతాలనీ, మెదడులోని విద్యుద్వలయాలనీ (సర్క్యూట్స్) తిరగరాస్తుంది. జీవరసాయనాల సమతౌల్యాన్ని మార్చివేస్తుంది, బహుశా పూర్తి కొత్త అవయవాలు పెరిగేట్టు చేస్తుంది. ఆ విధంగా కొత్త చిల్లర దేవుళ్ళ సృష్టి జరుగుతుంది. మనకీ హోమో ఎరెక్టస్‌కీ ఉన్నంత పెద్ద తేడా సేపియన్లకీ, ఈ చిల్లరదేవుళ్ళకీ ఉంటుంది.

సైబార్గ్ ఇంజనీరింగ్ ఇంకొక అడుగు ముందుకే ఉంటుంది. సేంద్రీయేతర పరికరాలని, అంటే బయోనిక్ చేతులూ, కృత్రిమమైన కళ్ళూ, లేదా మన రక్తప్రవాహం వెంట కదిలే, సమస్యలని పరీక్షించి నిర్ధారించే, పాడైపోయినవాటిని మరమ్మతు చేసే కొన్ని మిలియన్ల నానో రోబోట్లనీ మన సేంద్రీయ అవయవాలతో పూర్తిగా కలిసిపోయేలా చేస్తుంది. అటువంటి సైబార్గ్ మన సేంద్రీయ శరీరం చెయ్యలేని పనులెన్నో చెయ్యగలదు. ఉదాహరణకి, సవ్యంగా పనిచేయాలంటే మన శరీరంలోని అన్ని భాగాలూ ఒకదానితో ఒకటి ప్రత్యక్ష సంబంధం కలిగి ఉండాలి. ఒక ఏనుగు మెదడు భారతదేశంలోనూ, కళ్ళూ, చెవులూ చైనాలోనూ, కాళ్ళు ఆస్ట్రేలియాలోనూ ఉన్నట్టయితే బహుశా ఆ ఏనుగు చనిపోయి ఉండాలి, లేదా ఒకవేళ అది ఏదో అద్భుతం జరిగి బతికే ఉన్నా అది చూడలేదు, వినలేదు, నడవలేదు. అదే ఒక సైబార్గ్ అయితే ఒకే సమయంలో ఎన్నోచోట్ల ఉండగలదు. ఒక

సైబార్గ్ డాక్టర్ స్టాక్‌హోమ్‌లో ఉన్న తన ఆఫీసుని వదిలి బైటికి రాకుండానే టోక్యోలో, షికాగోలో లేదా అంగారక గ్రహం మీది స్పేస్ స్టేషన్‌లో ఎమర్జెన్సీ సర్జరీలు చెయ్యగలదు. ఆమెకి వేగంగా పనిచేసే ఇంటర్నెట్ కనెక్షన్, కొన్ని జతల బయోనిక్ కళ్లూ, చేతులూ అవసరమవుతాయి, అంతే. అసలు మళ్ళీ మాట్లాడితే జతలు ఎందుకు? నాలుగేసి ఉండొచ్చుకదా ? నిజానికి అవి కూడా అనవసరమే. అసలు సైబార్గ్ డాక్టర్ చేత్తో స్కాల్పెల్ (శస్త్రచికిత్స చేసేందుకు అవసరమైన కత్తి) పెట్టుకోవాలా? తన మెదడుని సూటిగా ఆ పరికరానికి సంధానం చేస్తే సరిపోదూ?

ఇది మీకు సైన్స్ ఫిక్షన్ లాగ అనిపించవచ్చు, కానీ అది ప్రస్తుతం జరుగుతున్న వాస్తవం. తమ శరీరానికి సంధానం చెయ్యని బయోనిక్ చేతులనీ, పాదాలనీ, తమ మెదళ్లలో అమర్చిన ఎలెక్ట్రోడ్‌ల సహాయంతో, సవ్యంగా ఎలా ఉపయోగించాలో ఈ మధ్య కోతులు కూడా నేర్చుకున్నాయి. పక్షవాతంతో బాధపడే రోగులు కేవలం ఆలోచనల సాయంతో బయోనిక్ చేతులనీ, కాళ్ళనీ కదపగలుగుతున్నారు, కంప్యూటర్ మీద పని చెయ్యగలుగుతున్నారు. మీరు కావాలనుకుంటే 'మైండ్ రీడింగ్' (మీ ఆలోచనలను చదివే) విద్యుత్ హెల్మెట్ సాయంతో మీ ఇంట్లోని విద్యుత్పరికరాలని ఎంత దూరంనుంచైనా పనిచేసేలా అదుపు చెయ్యవచ్చు. ఈ హెల్మెట్‌కి కొత్తగా మెదడు అమర్చాల్సిన అవసరం లేదు. మీ తలమీది చర్మంలోని విద్యుత్సంకేతాలని చదవటం ద్వారా అది పనిచేస్తుంది. వంటింట్లో లైట్ వెలిగించాలంటే హెల్మెట్ పెట్టుకోండి, ముందే ప్రోగ్రాం చేసిన ఒక మానసిక సంకేతాన్ని ఊహించుకోండి (ఉదా: మీ కుడిచెయ్యి కదులుతున్నట్టు ఊహించండి), వెంటనే లైట్ వెలుగుతుంది. అలాటి హెల్మెట్‌లని మీరు ఆన్‌లైన్‌లో కేవలం 400 డాలర్లకి కొనుక్కోవచ్చు.

2015 ప్రారంభంలో స్టాక్‌హోమ్‌లో ఎపిసెంటర్ అనే హైటెక్ హబ్‌లో కొన్ని వందలమంది ఉద్యోగులకు చేతుల్లోపల మైక్రోచిప్స్ అమర్చారు. ఆ చిప్స్ పరిమాణం బియ్యం గింజంత. వాటిలో వ్యక్తిగతమైన రక్షణకి సంబంధించిన సమాచారం మొత్తం నిక్షిప్తమై ఉంటుంది. ఉద్యోగులు తలుపులు తెరుచుకునేందుకూ, ఫోటోకాపీలు తయారు చేసేందుకూ తమ చెయ్యి ఊపితే చాలు. త్వరలో బిల్లులు చెల్లించటం కూడా ఈ రకంగా చేసే అవకాశం ఉంది. దీన్ని ప్రారంభించినవారిలో హానెస్ ఎస్‌జోబ్లాడ్ కూడా ఒకరు. 'మనం ఇరవైనాలుగు గంటలూ సాంకేతిక విజ్ఞానానికి సంబంధించిన పనుల్లోనే తలమునకలుగా ఉంటాం. ఈనాడు అది కాస్త అస్తవ్యస్తంగా ఉంది : మనకు కేవలం కోడ్లూ, పాస్‌వర్డ్లూ అవసరమౌతున్నాయి. కేవలం చేత్తో తాకటం ఇంకా చాలా సులభం కదా?' అంటాడాయన.

అయినప్పటికీ సైబార్గ్ ఇంజనీరింగ్ మాత్రమే సరిపోదు, అది సాంప్రదాయమైన పద్ధతే. ఎందుకంటే జీవితాన్ని ఆదేశించి, నిగ్రహించే కేంద్రాలు మానవ మస్తిష్కాలేనని అది అనుకుంటుంది. అంతకన్నా ధైర్యం చెయ్యాలంటే, సేంద్రీయ భాగాలని పూర్తిగా అవతలపెట్టి పూర్తి సేంద్రీయేతర ప్రాణులని నిర్మించేందుకు పూనుకునే ఆశయం ఉండాలి. నాడీకణాల నెట్‌వర్క్‌ల స్థానాన్ని తెలివైన సాఫ్ట్‌వేర్ ఆక్రమించాలి. అవి సేంద్రీయ

రసాయనశాస్త్రానికి కట్టుబడకుండా వాస్తవిక లోకంలోనూ, అవాస్తవిక లోకంలోనూ ప్రయాణం చేయగలవు. 4 బిలియన్ సంవత్సరాలపాటు సేంద్రీయ మిశ్రమాల (ఆర్గానిక్ కాంపౌండ్స్) రాజ్యంలో తిరుగుతూ ఉన్న తరవాత ప్రాణం విశాలమైన సేంద్రీయేతర రాజ్యంలోకి అకస్మాత్తుగా తెగిపడి మనం కలలో కూడా ఊహించలేనంత విచిత్రమైన రూపాలని సంతరించుకుంటుంది. ఎంతైనా మన విలక్షణమైన కలలు సేంద్రీయ రసాయన శాస్త్రానికి సంబంధించినవే కదా!

ఈ మార్గాలు మనని ఎక్కడికి తీసుకెళ్తాయో, దేవతల్లాంటి మన వారసులు ఎలా ఉంటారో మనకి తెలీదు. భవిష్యత్తు ఇలా ఉంటుందని చెప్పటం సులభం కాదు, ఇక విప్లవాత్మకమైన జీవసాంకేతిక శాస్త్రాలు దాన్ని మరింత క్లిష్టంగా తయారుచేస్తాయి. రవాణా వ్యవస్థ, సమాచారాన్ని ఇచ్చిపుచ్చుకోవటం, శక్తిలాంటి రంగాలలో ఈ కొత్త సాంకేతిక పరిజ్ఞానం ప్రభావం ఎలా చూపుతుందో చెప్పటం కూడా కష్టమైనా పనే. మానవుని పైస్థాయికి తీసుకు వెళ్లగల సాంకేతిక పరిజ్ఞానం వేరే రకమైన సవాళ్ళను మన ముందుంచుతుంది. వాటిని ఉపయోగించి మానవుల మనసులని, కోరికలని మార్చివెయ్యటం సాధ్యం కనుక ఈనాడు మనుషులకి ఉన్న మనసు, కోరికలు రాబోయే మార్పులని ఊహించలేవు.

కొన్ని వేల సంవత్సరాలపాటు చరిత్ర సాంకేతిక, ఆర్థిక, సామాజిక, రాజకీయ గందరగోళాలతో నిండి ఉంది. అయినా ఒకటి మటుకు కొంచెం కూడా మారలేదు : మానవత్వం. ఈనాటి పరికరాలకీ, సంస్థలకీ, బైబిల్ కాలం వాటితో పోలిస్తే చాలా తేడా కనిపిస్తుంది. కానీ మానవ మస్తిష్కం లోతైన నిర్మాణం మాత్రం అలాగే ఉంది. అందుకే ఇప్పటికీ బైబిల్ పేజీలలో, కంఫ్యూషియస్ రచనల్లో, సోఫోక్లీజ్, యూరిపిడెస్ విషాదాంత నాటకాల్లో మనకి మనం కనిపిస్తూనే ఉంటాం. ఉత్కృష్టమైన ఈ రచనలు మనలాంటి మానవులు సృష్టించినవే, అందుకే మనకి అవి మన గురించే మాట్లాడుతున్నాయనిపిస్తుంది. ఆధునిక నాటకాలలో ఈడిపస్, హామ్లెట్, ఒథెల్లో జీన్స్, టీ షర్ట్ వేసుకోవచ్చు, వాళ్ళకి ఫేస్‌బుక్ అకౌంట్లు ఉండవచ్చు, కానీ వాళ్ళ మానసిక సంఘర్షణలు మాత్రం మూలంలో ఉన్నటువంటివే.

ఏదేమైనప్పటికీ, సాంకేతిక పరిజ్ఞానం సాయంతో మన మెదళ్ళని పునర్నిర్మించటం సాధ్యమైతే హోమో సేపియన్స్ మాయమైపోతారు, మానవుల చరిత్ర ముగిసిపోతుంది, పూర్తిగా కొత్త రకమైన ఒక ప్రక్రియ ప్రారంభమౌతుంది. దాన్ని మనలాంటి వాళ్ళం అర్థం చేసుకోలేం. 2100లో, లేదా 2200లో ప్రపంచం చూసేందుకు ఎలా ఉండబోతోందని చాలామంది అధ్యయనకర్తలు భవిష్యవాణి చెపుతారు. ఇది కాలాన్ని వృథా చెయ్యటమే. మానవ మస్తిష్కాలని పునర్నిర్మించే సామర్థ్యాన్ని లెక్కలోకి తీసుకున్నప్పుడే అలాంటి భవిష్యవాణికి విలువనేది ఉంటుంది, కానీ అది అసంభవం. ఈ ప్రశ్నకి ఎన్నో తెలివైన సమాధానాలున్నాయి, 'మనలాంటి మెదళ్ళున్న మనుషులు బయోటెక్నాలజీని ఏం చేసుకుంటారు?' కానీ ఈ కింది ప్రశ్నకి సరైన జవాబనేదే లేదు, 'భిన్నమైన మెదళ్ళున్న వాళ్ళు బయోటెక్నాలజీని ఏం చేసుకుంటారు?' మనం చెప్పగలిగిందల్లా ఒకటే,

మనలాంటి మెదళ్ళున్నవాళ్ళు తమ మెదళ్ళని పునర్నిర్మించుకునేందుకు బయోటెక్నాలజీని ఉపయోగించుకుంటారు, కానీ ఆ తరవాత ఏం జరుగుతుందనేది ఈనాడు మనకున్న మెదళ్ళు గ్రహించలేవు.

ఈ వివరాలు అస్పష్టంగా ఉన్నా కూడా చరిత్ర ఏ దిశగా వెళ్లిందన్నది మనకి నిశ్చయంగా తెలుసు. ఇరవైఒకటో శతాబ్దంలో మానవజాతి చేపట్టబోయే మూడో ముఖ్యమైన పెద్ద ప్రణాళిక సృష్టి, విధ్వంసం అనే దివ్యశక్తుల్ని సంపాదించుకోవడం, హోమో సేపియన్లని పైస్థాయికి తీసుకెళ్లి హోమో డెయూస్‌గా తయారుచేయటం. ఈ మూడో ప్రణాళికలో మొదటి రెండూ కూడా కలిసే ఉంటాయి. అవి మూడోదానికి ఇంధనం అంద జేస్తాయి. అన్నిటికన్నా ఎక్కువగా వార్ధక్యాన్నీ, మృత్యువునీ, దుఃఖాన్నీ అధిగమించేందుకు మన మెదళ్ళనీ, శరీరాన్నీ పునర్నిర్మించే సామర్థ్యం కోసం వెతుకు తున్నాం, కానీ ఒకసారి అది మనకి లభిస్తే ఆ తరవాత అటువంటి సామర్థ్యాన్ని మనం ఎలా ఉపయోగించుకుంటామో ఎవరికి తెలుసు? అందుచేత ఈ కొత్త మానవ అజెండాలో నిజానికి ఒకే ఒక ప్రణాళిక ఉందని అనుకోవచ్చు, అది దైవత్వాన్ని సాధించటం.

ఇది అశాస్త్రీయంగానో, లేదా పూర్తి అసాధారణమైనదిగానో అనిపిస్తే జనం దైవత్వాన్ని తరచు సరిగ్గా అర్థం చేసుకోలేకపోవటమే కారణం. దైవత్వమనేది అస్పష్టమైన ఆధిభౌతికమైన లక్షణం కాదు. అలాగే దాన్ని అనంతశక్తి అని కూడా అనలేం. మానవుని దేవతల స్థాయికి తీసుకెళ్లటం గురించి మాట్లాడినప్పుడు బైబిల్‌లో ఆకాశంలో ఉండే తండ్రిలాంటి అనంతశక్తిని గురించి కాకుండా, గ్రీకు దేవతలనీ, హిందూ దేవతలనీ తలుచుకోండి. అప్పుడు జియూస్‌కీ, ఇంద్రుడికీ ఉన్నట్టే మన వారసులకు కూడా బలహీనతలూ, వంకరలూ, పరిమితులూ ఉంటాయి. కానీ, మనకన్నా మహత్తరమైన స్థాయిలో వాళ్ళు ప్రేమించగలరు, ద్వేషించగలరు, సృష్టించగలరు, నాశనం చెయ్యగలరు.

చరిత్ర తిరగేస్తే అనంతశక్తి గల దేవతలు కనిపించరు గాని, వాళ్లకి కొన్ని ప్రత్యేక శక్తులు ఉన్నట్టు తెలుస్తుంది. ఉదాహరణకి, మానవుని రూపొందించి సృష్టించే సామర్థ్యం; తమ శరీరాలను ఇష్టం వచ్చినట్టు మార్చుకునే సామర్థ్యం; పరిసరాలనూ, వాతావరణాన్నీ అదుపుచెయ్యగల సామర్థ్యం; మనసులని చదివి దూరంనుంచే సంభాషించే సామర్థ్యం; అత్యధిక వేగంతో ప్రయాణించటం; ఇక మృత్యువుని తప్పించుకోవటం, శాశ్వతంగా బతకటమనే సామర్థ్యం ఉండనే ఉంది. మానవులు ఈ రకమైన సామర్థ్యాలన్నిటినీ, ఇవికాక మరికొన్ని అదనంగా సంపాదించుకునే ప్రయత్నంలో ఉన్నారు. కొన్ని సహస్రాబ్దుల దాకా దేవతలకి మాత్రమే సొంతమనుకున్న కొన్ని ప్రాచీనకాలపు సామర్థ్యాలు ఈనాడు ఎంత సామాన్యమైపోయాయంటే వాటిని గురించి మనమసలు ఆలోచించం. ప్రాచీన యుగంలో గ్రీకు, హిందూ, ఆఫ్రికన్ దేవతలకన్నా ఈనాటి సగటు మానవుడు అతిసులభంగా దూరతీరాలలో ఉన్న వ్యక్తులతో మాట్లాడగలుగుతున్నాడు, ప్రపంచం నలుమూలలకీ వెళ్లగలుగుతున్నాడు.

ఉదాహరణకి, మనుషులని సృష్టించే తమ దేవుడు చుక్వు అసలు వాళ్ళని అమరులు గానే సృష్టించాలనుకున్నాడని నైజీరియాలో నివసించే ఇగ్బోల నమ్మకం. ఎవరైనా చనిపోతే

ఆ శవం మీద బూడిద చల్లమని, అపుడా శవం మళ్ళీ బతుకుతుందనీ ఆ దేవుడు ఒక కుక్క ద్వారా సందేశం పంపాడు. దురదృష్టవశాత్తూ ఆ కుక్క దారిలో అలిసిపోయి ఆలస్యం చేసింది. చుక్వు అసహనంతో ఒక గొర్రెని పిలిచి ఆ ముఖ్యమైన సందేశాన్ని త్వరగా వాళ్లకి అందించమని పంపాడు. పాపం, ఆ గొర్రె ఆయాసపడుతూ గమ్యాన్ని చేరుకుంది కానీ సమాచారాన్ని అవకతవకగా చెప్పి శవాలని పాతిపెట్టమంది. అలా వాళ్ళ మరణం శాశ్వతమైపోయింది. అందుకే ఈనాటికీ మనుషులకి మరణం తప్పటంలేదు. చుక్వు దగ్గర సోమరిపోతు కుక్కలూ, మందమతి గొర్రెలూ కాక సందేశాన్ని అందించేందుకు ట్విట్టర్ అకౌంట్ ఉంటే ఎంత బాగుండేది!

ప్రాచీనకాలపు వ్యవసాయ సమాజాలలో అధికశాతం మతాలు అధిభౌతిక సమస్యల చుట్టూ తిరుగుతూనో, మరణం తరవాత జీవితం గురించి ఆలోచిస్తూనో ఉండేవి కావు, ఎక్కువ పంటల్ని ఎలా పండించాలన్న రోజువారీ విషయాల గురించే ఆలోచించేవి. ఓల్డ్ టెస్టమెంట్‌లో చనిపోయిన తరవాత వరాలూ, శిక్షల గురించి దేవుడు మాట్లాడడు. దానికి బదులు అయన ఇజ్రాయెల్ వాసులతో, 'నేను ఇచ్చే ఆదేశాల్ని మీరు జాగ్రత్తగా పాటిస్తే [...] అనుకూలమైన ఋతువులో మీ దేశంలో వర్షాలు కురిపిస్తాను [...] మీరు ధాన్యం, సారా, నూనెలూ సేకరించుకోవచ్చు. మీ పశువులకు మైదానాల్లో గడ్డి మొలిపిస్తాను, మీరు కడుపునిండా తిని తృప్తిగా జీవించవచ్చు. కానీ, జాగ్రత్త! లేకపోతే మీ మనసులు మిమ్మల్ని మోసం చేయగలవు, అప్పుడు మీరు నానుంచి దూరమై ఇతర దేవతలని సేవిస్తూ ఆరాధిస్తారు. దేవుడి ఆగ్రహం మిమ్మల్ని నిలువునా దహించి వేస్తుంది. ఆయన ఆకాశలోకాన్ని అదుపుచేసి మీ దేశంలో వర్షాలు పడకుండా ఆపేస్తాడు. మీ భూమిలో పంటలు పండవు, దేవుడు మీకు ఇవ్వబోయే సారవంతమైన భూమి కోల్పోవటంతో మీరు నాశనమైపోతారు' (డ్యూటరోనమి 11:13-17). ఓల్డ్ టెస్టమెంట్‌లోని దేవుడికన్నా ఈనాడు శాస్త్రజ్ఞులు మరింత బాగా పనిచేయగలరు. కృత్రిమ ఎరువులు, పారిశ్రామిక క్రిమిసంహారక మందులు, జన్యు మార్పిడితో పండించే పంటల ధర్మమా అని, ప్రాచీన కాలంలో రైతులు దేవుడినుంచి ఎదురుచూసినదానికన్నా ఈనాటి వ్యవసాయ ఉత్పత్తి చాలా ఎక్కువ సాఫల్యాన్ని సాధించింది. ఎండిపోయిన ఇజ్రాయిల్ దేశం ఇక ఏ దేవుడో ఆగ్రహంతో అక్కడ అసలు వర్షాలే కురవకుండా ఆపేస్తాడని భయపడక్కర్లేదు. ఎందుకంటే ఈ మధ్యనే ఇజ్రాయిల్ ప్రజలు మధ్యధరా సముద్రం ఒడ్డున ఒక పెద్ద యంత్ర సముదాయాన్ని స్థాపించారు. అది సముద్రపు ఉప్పు నీటిని మంచినీరుగా మార్చేందుకు ఉపయోగపడుతుంది. ఇప్పుడు వాళ్లకి తాగునీరు మొత్తం సముద్రం నుంచే లభిస్తోంది.

ఇంతవరకూ మనం ఎప్పటికప్పుడు మెరుగైన పరికరాలు తయారుచేస్తూ ప్రాచీన కాలం నాటి దేవుళ్లతో పోటీచేస్తూ వచ్చాం. మనం మానవాతీతులని సృష్టించే సమయం మరీ దూరంలో లేదు. వాళ్ళు పరికరాల విషయంలోనే కాదు, శారీరక, మానసిక శక్తుల విషయంలో కూడా ఆ దేవుళ్ళని అధిగమిస్తారు. మనం అక్కడికి అసలు చేరుకోగలిగితే, ఆ సమయానికి దైవత్వం కూడా సైబర్ స్పేస్‌లాగే మామూలు విషయమైపోతుంది - అదొక ఆశ్చర్యం, అద్భుతం అయినా మనం దాన్ని మామూలు విషయంలా భావిస్తాం

మానవులు దైవత్వం కోసం తప్పకుండా ప్రయత్నిస్తారు. మానవులకి ఆ స్థాయికి చేరుకోవాలనిపించేందుకు కారణాలూ, దాన్ని సాధించే మార్గాలూ చాలానే ఉన్నాయి. సరైనదనుకున్న ఒక మార్గం ఎక్కడికీ చేరనట్టయితే, మిగిలిన మార్గాలు ఉండనే ఉన్నాయి. ఉదాహరణకి, ఎంత శ్రమించి, ఎన్ని ఉపాయాలు ప్రయోగించినా మానవుల జన్యువుని మార్చటం సాధ్యం కాకపోవచ్చని మనం తెలుసుకుంటామేమో. కానీ ఆ అవగాహన బ్రెయిన్-కంప్యూటర్-ఇంటర్ఫేస్, నానో రోబోట్స్ లేదా ఆర్టిఫిషల్ ఇంటెలిజెన్స్ని నిర్మించేందుకు అవరోధం కల్పించదు.

అయినా కంగారు పడాల్సిందేమీ లేదు. ఇంత త్వరలో ఏమీ ముంచుకుపోదు. సేపియన్లని పై స్థాయికి తీసుకెళ్లటమనేది హాలీవుడ్ చూపించే ప్రళయదృశ్యం కాదు, అది క్రమంగా జరిగే ఒక చారిత్రాత్మక ప్రక్రియ. రోబోట్లతో తిరుగుబాటు చేసినంత మాత్రాన హోమో సేపియన్లు అంతరించిపోరు. హోమో సేపియన్లు ఒక్కొక్క మెట్టుగా ఎక్కి పైకి చేరుకునే అవకాశం ఉంది. ఆ ప్రక్రియలో రోబోట్లతోనూ, కంప్యూటర్లతోనూ ఒకటైపోతారు. మన వారసులు వెనక్కి చూసి, తాము బైబిల్ రాసిన, గ్రేట్ వాల్ ఆఫ్ చైనా కట్టిన, చార్లీ చాప్లిన్ కోణంగితనం చూసి నవ్వుకున్న జాతికి చెందామని తెలుసుకునేదాకా ఈ ప్రక్రియ అలాగే కొనసాగుతుంది. ఇది ఒకరోజులోనో, ఒక సంవత్సరంలోనో జరిగేది కాదు. నిజానికి ఇది లెక్కలేనన్ని రోజువారీ ఆచరణలతో ఈ సమయంలో జరుగుతున్నదే. ప్రతిరోజూ కొన్ని లక్షలమంది తమ జీవితాలని స్మార్ట్ ఫోన్లను మరికొంత అదుపులో ఉంచడానికి నిశ్చయిస్తారు, లేదా మానసికంగా కుంగిపోకుండా ఉండేందుకు మరింత బాగా పనిచేసే కొత్త మందులు వేసుకుని చూస్తారు. ఆరోగ్యాన్నీ, ఆనందాన్నీ, అధికారాన్నీ పొందేందుకు మానవులు ముందు తమకున్న ఒక లక్షణాన్ని మార్చుకుంటారు, ఆ తరవాత మరొకటీ, మళ్ళీ మరొకటీ మార్చుకుంటూ ఇక మానవులుగా మిగలనంతవరకూ కొనసాగిస్తూనే ఉంటారు.

దయచేసి ఎవరైనా బ్రేక్ వేస్తారా?

ఎంత శాంతంగా ఉండమని వివరాలన్నీ తెలియజేసినా, ఇలాంటివి జరిగే అవకాశం ఉందని విన్నప్పుడు చాలామంది విపరీతంగా భయపడతారు. స్మార్ట్ ఫోన్ ఇచ్చే సలహాని పాటించటమూ, డాక్టర్ రాసిచ్చిన మందులు వేసుకోవటమూ వాళ్లకి నచ్చుతుంది, కానీ పైస్థాయికి ఎదిగే మానవాతీతుల గురించి విన్నప్పుడు మాత్రం, "అలాటిది జరిగే లోపల నేను చనిపోతే బావుంటుంది," అంటారు. తనకి వార్ధక్యం వస్తే ఎందుకూ పనికిరాకుండా పోతానేమోననీ, తన చుట్టూ ఉండే ప్రపంచాన్ని అర్థం చేసుకోలేక, దానికి తనవంతు సాయం చెయ్యలేక, పాత జ్ఞాపకాలనే నెమరువేసుకుంటూ ఉండిపోతానేమోననీ భయం వేస్తోందని ఒక స్నేహితురాలు నాతో అంది. ఒక జాతిగా మనం మానవాతీతుల గురించి విన్నప్పుడు మనందరం ఇలాగే భయపడతాం. అలాంటి ప్రపంచంలో మన గుర్తింపు, కలలు, చివరికి మన భయాలు కూడా అసంబద్ధంగా కనిపిస్తాయనీ, మనం ఈ లోకానికి ఇచ్చేది ఇంకేమీ ఉండదనీ అనిపిస్తుంది. ఈరోజు మీరెలాటివారైనా - శ్రద్ధాభక్తులున్న

హిందూ క్రికెట్ ఆటగాడైనా, వర్ధమాన లెస్బియన్ పాత్రికేయురాలైనా – మెరుగుపరచిన లోకంలో వాల్ స్ట్రీట్‌లో నియాండర్తాల్ వేటగాడిలా ఉన్నానని మీకు అనిపిస్తుంది. మీరు అక్కడ ఇమడలేరు.

నియాండర్తాల్లకి అమెరికా షేర్ బజారు నాస్డాక్ గురించి ఆందోళన పడాల్సిన అవసరం రాలేదు. వాళ్ళకీ, దానికీ మధ్య కొన్ని వేల సంవత్సరాలు కవచంలా నిలిచాయి. ఈనాడు మనం చెప్పుకునే అర్థాల ప్రపంచం కొన్ని దశాబ్దాలలోనే కూలిపోయేట్టుగా తయారయింది. మీరు పూర్తిగా అసంబద్ధంగా అయిపోవటానికి మరణాన్ని నమ్ముకోలేరు. 2100 నాటికీ మన వీధుల్లో దేవతలు నడవకపోయినా, ఆ శతాబ్దంలో హోమో సేపియన్లని మార్చే ప్రయత్నం మన లోకాన్ని గుర్తుపట్టలేనంతగా మార్చివేస్తుంది. శాస్త్రీయ పరిశోధనలూ, సాంకేతిక అభివృద్ధీ మనలో ఎక్కువమంది గ్రహించలేనంత అతివేగంగా ముందుకి సాగిపోతున్నాయి.

నిపుణులతో మాట్లాడితే, శిశువులని జన్యు పునర్నిర్మాణం ద్వారా పుట్టించేందుకూ, మానవుల స్థాయికి తగిన ఆర్టిఫిషల్ ఇంటెలిజెన్స్‌ని కనుగొనేందుకూ ఇంకా చాలా దూరం వెళ్ళవలసి ఉందని వాళ్ళు చెపుతారు. కానీ విద్యానిధులు, కాలేజీ ఉద్యోగాల వరకే అధిక శాతం నిపుణులు ఆలోచిస్తారు. అందుకని 'చాలా దూరం' అంటే ఇరవైయేళ్ళనీ, 'ఎన్నటికీ కాదు' అంటే యాభయేళ్ళకన్నా ఎక్కువ కాదనీ మనం అర్థం చెప్పుకోవాలి.

మొదటిసారి నేను ఇంటర్నెట్ చూసిన రోజు నాకింకా గుర్తుంది. అది 1993లో నేను హైస్కూల్లో ఉన్నప్పుడు జరిగింది. నా స్నేహితులిద్దరితో కలిసి ఇడో (అతనిప్పుడు కంప్యూటర్ సైంటిస్ట్) అనే మరో స్నేహితుడింటికి వెళ్లాను. మేము టేబుల్ టెన్నిస్ ఆడాలనుకున్నాం. ఇడోకి ఆసరికే కంప్యూటర్లంటే తగని ఇష్టం. పింగ్ పాంగ్ బల్ల వేసే లోపల అతను మాకు ఈమధ్యనే తాను చూసిన అద్భుతాన్ని చూపిస్తానని పట్టుపట్టాడు. ఫోన్ కేబుల్‌ని తన కంప్యూటర్‌కి జోడించి కొన్ని కీస్‌ని నొక్కాడు. కొన్ని నిమిషాలవరకూ మాకు కీచుమనీ, కెవ్వుమనీ, జుంయిమనే ధ్వనులు తప్ప ఏమీ వినిపించలేదు. ఆ తరవాత అంతా నిశ్శబ్దం. అది సరిగ్గా పనిచేయలేదు. మేం సణుక్కున్నాం, గొణుక్కున్నాం, ఇడో మళ్ళీ ప్రయత్నించాడు. మళ్ళీమళ్ళీ ప్రయత్నించిన తరవాత ఉత్సాహంగా అరుస్తూ తన కంప్యూటర్‌ని దగ్గర్లో ఉన్న విశ్వవిద్యాలయంలోని సెంట్రల్ కంప్యూటర్‌తో జోడించగలిగానని అన్నాడు. 'సెంట్రల్ కంప్యూటర్‌లో ఏముంది?' అని అడిగాం. 'ఇంకా ఏమీ లేదనుకో, కానీ మనం కావాలంటే అందులో ఏమైనా పెట్టచ్చు,' అన్నాడు. 'అంటే ఎలాంటివి?' అన్నాం. 'నాకు తెలీదు, అన్ని విషయాలూ,' అన్నాడు. అతని మాటల్లో అర్థం కనిపించలేదు మాకు. పింగ్ పాంగ్ ఆడుకునేందుకు వెళ్లిపోయాం. ఆ తరవాత ఎన్నో వారాలు ఇడో పిచ్చి ఆలోచనని వెక్కిరించటం మాకు మంచి కాలక్షేపంగా మారింది. అది జరిగి సుమారు పాతికేళ్ళు కూడా అవలేదు (ఇది రాస్తున్నప్పుడు). మరో పాతికేళ్ళకి ఏం జరుగుతుందో ఎవరు చెప్పగలరు?

అందుకే అమరత్వం గురించీ, ఆనందం గురించీ దేవతలకుండే శక్తుల్లాంటి శక్తుల గురించీ వ్యక్తులే కాదు, సంస్థలూ, కంపెనీలూ, ప్రభుత్వాలూ కూడా చాలా లోతుగా

ఆలోచిస్తున్నాయి. బీమా కంపెనీలూ, పెన్షన్ నిధులూ, ఆరోగ్య వ్యవస్థా, ఆర్థిక మంత్రిత్వ శాఖలూ ఆయుర్దాయం నిడివి చూసి అపరిమితంగా ఆశ్చర్యపోతున్నాయి. మనుషులు అనుకున్నదానికన్నా ఎక్కువ కాలం బతుకుతున్నారు. వాళ్ళ చికిత్సకీ, పెన్షన్‌కీ డబ్బులు సరిపోవటం లేదు. డెబ్భై యేళ్లు కొత్త నలభైఏళ్లుగా మారే ప్రమాదం కనిపిస్తూ ఉంటే, నిపుణులు పదవీ విరమణ వయసు పెంచేందుకూ, మొత్తం ఉద్యోగ రంగాన్ని పునర్నిర్మించేందుకూ ఆలోచిస్తున్నారు.

మహత్తరమైన అజ్ఞాతం వైపు మనం ఎంత వేగంగా దూసుకుపోతున్నామనీ, మరణం సైతం దాన్నుంచి తమని రక్షించలేదనీ జనం గ్రహించినప్పుడు, ఎవరో ఒకరు బ్రేకులు వేసి వేగాన్ని తగ్గిస్తారని ఆశించటమే వాళ్ళు చెయ్యగలిగింది. కానీ చాలా కారణాలవల్ల మనం బ్రేకులు వెయ్యలేం.

మొదట, అసలు బ్రేకులు ఎక్కడున్నాయో ఎవరికీ తెలీదు. కొందరు నిపుణులకు ఆర్టిఫిషల్ ఇంటెలిజెన్స్, నానోటెక్నాలజీ, బిగ్ డేటా, లేదా జన్యుశాస్త్రంలాంటి ఏదో ఒక రంగంలో జరిగే అభివృద్ధి గురించి తెలియవచ్చు. ప్రతి విషయంలోనూ నైపుణ్యం సాధించినవాళ్లెవరూ లేరు. అన్ని చుక్కలనీ కలిపి మొత్తం చిత్రాన్ని చూడగల సామర్థ్యం ఎవరికీ లేదు. వివిధ రంగాలు ఒకదానిమీద మరొకటి సంక్లిష్టమైన ప్రభావాన్ని చూపటం చేత అందరికన్నా ఎక్కువ తెలివితేటలున్నవాళ్ళు కూడా ఆర్టిఫిషల్ ఇంటెలిజెన్స్‌లో కనుగొన్న అంశాలు నానోటెక్నాలజీ ఒకదాని మీద మరొకటి ఎలాంటి ప్రభావాన్ని చూపుతాయి అనే విషయాన్ని అర్థం చేసుకోలేరు. ఈ మధ్య విజ్ఞానశాస్త్రం కనుగొన్న అన్ని విషయాలనీ ఎవరూ గ్రహించలేరు. పదేళ్ల తరవాత ప్రపంచ ఆర్థిక వ్యవస్థ ఎలా ఉండబోతోందో ఎవరూ చెప్పలేరు. ఇంత హడావిడిగా మనం ఎక్కడికి వెళ్తున్నామో ఎవరికీ కొంచెం కూడా తెలీదు. ఈ వ్యవస్థని ఎవరూ అర్థం చేసుకోలేరు కాబట్టి దాన్ని ఎవరూ ఆపలేరు.

రెండోది, ఒకవేళ మనం బ్రేకులు వెయ్యగలిగినా, సమాజంతోబాటు మన ఆర్థిక వ్యవస్థ కూడా కూలిపోతుంది. తరవాత వచ్చే ఒక అధ్యాయంలో వివరించినట్టు, ఆధునిక ఆర్థిక వ్యవస్థ మనుగడ కొనసాగించాలంటే నిరంతరం, అభివృద్ధి అనంతంగా చెందుతూనే ఉండాలి. అభివృద్ధి ఆగిపోతే ఆర్థిక వ్యవస్థ చక్కగా సమతూలంగా ఒదిగిపోదు, ముక్కలు ముక్కలైపోతుంది. అందుకే పెట్టుబడిదారీ విధానం మనని అమరత్వం, ఆనందం, దైవత్వం సాధించమని ప్రోత్సహిస్తుంది. మనం ఎన్ని జోళ్ళు తొడుక్కోగలం, ఎన్ని కార్లు నడపగలం, మంచుపర్వతాల మీద స్కీయింగ్ చేస్తూ ఎన్ని సెలవురోజులు గడపగలం అనేదానికి ఒక పరిమితి ఉంది. అమరత్వం, ఆనందం, దైవత్వం కోసం వెతుకులాటకి లాగే, శాశ్వతమైన అభివృద్ధి ఆధారంగా నిర్మించే ఆర్థిక వ్యవస్థకి అంతులేనన్ని ప్రణాళికలు అవసరమవుతాయి.

మరి మనకి అంతులేనన్ని ప్రణాళికలు కావాలనుకుంటే, ఆనందం, అమరత్వం సరిపోతాయి కదా, మానవాతీత శక్తుల కోసం ఈ భయంగొలిపే అన్వేషణ దేనికి? ఎందుకంటే దాన్ని మిగిలిన రెండింటినుంచీ విడదీయటం సాధ్యం కాదు. శరీరం కింది

భాగానికి పక్షవాతం వచ్చినవాళ్ళు మళ్ళీ నడవగలిగేందుకు మీరు బయోనిక్ కాళ్ళు తయారుచెయ్యగలిగితే, ఆరోగ్యవంతులైన వాళ్ళకి మరింత సామర్థ్యాన్నిచ్చేందుకు కూడా అదే పద్ధతిని వాడచ్చు. వయసుమళ్ళినవాళ్లు జ్ఞాపకశక్తి కోల్పోకుండా ఉండేందుకు కొత్త మార్గాలు కనుగొనగలిగితే, అదే చికిత్స వాడి యువతీయువకుల జ్ఞాపకశక్తిని మరింత పదునుపెట్టచ్చు.

నయం చెయ్యటం, మెరుగుపరచడం, ఈ రెండిటినీ విభజించే స్పష్టమైన రేఖ ఏదీ లేదు. మందులు ప్రతిసారీ మనుషులు ఒక ప్రమాణానికన్నా కిందికి దిగిపోకుండా కాపాడతాయి, కానీ అవే పద్ధతులనీ, పరిజ్ఞానాన్నీ ఆ ప్రమాణాన్ని అధిగమించేందుకు కూడా ఉపయోగించవచ్చు. రక్తపోటు సమస్యలకి ముందుగా వయాగ్రా తన జీవితాన్ని ప్రారంభించింది. వయాగ్రా నపుంసకత్వాన్ని కూడా నయం చేస్తుందని తెలుసుకున్న ఫైజర్ ఆశ్చర్యానికి, ఆనందానికీ అంతే లేకపోయింది. దాని సాయంతో కొన్ని లక్షలమంది మగవాళ్ళు లైంగిక సామర్థ్యాన్ని తిరిగి పొందగలిగారు; ఆ తరవాత నపుంసకత్వం సమస్య లేని మగవాళ్ళు కూడా ప్రమాణాన్ని అధిగమించేందుకూ, ఇంతకు మునుపు తమకు లేని లైంగిక శక్తిని పొందేందుకూ అదే మాత్రని వాడారు.

కొన్ని ప్రత్యేకమైన మందుల విషయంలో జరిగేదే మొత్తం వైద్య వ్యవస్థలో జరిగేందుకు అవకాశముంది. ఆధునిక ప్లాస్టిక్ సర్జరీ రెండవ ప్రపంచయుద్ధ కాలంలో ప్రారంభమైంది. ఆల్డర్షాట్ ఆస్పత్రిలో హరాల్డ్ గిల్లీస్ అనే డాక్టర్ మొహానికి తగిలిన గాయాలకు చికిత్స చెయ్యటంతో అది మొదలైంది. యుద్ధం ముగిశాక, అదే సర్జరీతో పూర్తి ఆరోగ్యంగా, కానీ వికారంగా ఉన్న ముక్కులని అందంగా తయారుచేసేందుకు, అదే పద్ధతిని ఉపయోగించవచ్చని డాక్టర్లు కనుగొన్నారు. ప్లాస్టిక్ సర్జరీ రోగులకీ, గాయపడిన వాళ్ళకీ సహాయం చేయటం కొనసాగిస్తున్నప్పటికీ, దాని ధ్యాసంతా ఆరోగ్యంగా ఉన్నవాళ్ళని మెరుగ్గా తయారుచేయటం మీదికి మళ్లింది. ఈనాడు ప్లాస్టిక్ సర్జన్లు లక్షలకి లక్షలు సంపాదిస్తున్నారు. వాళ్ళ ప్రైవేట్ క్లినిక్‌లలో ఆరోగ్యంగా ఉన్నవాళ్ళని మరింత మెరుగ్గానూ, ధనవంతులని ఇంకా అందంగానూ తయారుచెయ్యటమే లక్ష్యం.

ఇలాటిదే జన్యు పునర్నిర్మాణం (జెనెటిక్ ఇంజనీరింగ్) విషయంలో కూడా జరగొచ్చు. ఒక కోటీశ్వరుడు తన పిల్లలని సూపర్ స్మార్ట్ మేధావులుగా తీర్చిదిద్దాలను కుంటున్నట్టు బాహాటంగా ప్రకటిస్తే, జనం ఎంత గొడవ చేస్తారో ఊహించండి. కానీ అలా జరగదు. మనం జారుడుబండ మీద కిందికి జారిపోయే అవకాశమే ఎక్కువ. తలిదండ్రుల జన్యువుల కారణంగా పుట్టబోయే పిల్లలకి ప్రాణాంతకమైన వ్యాధులు వస్తాయని తెలుసు కోవటంతో అది మొదలవుతుంది. అందుకని వాళ్ళు ఇన్ విట్రో ఫెర్టిలైజేషన్ (పరీక్షా నాళికలో అండానికి ఫలదీకరణ) జరిపించి, ఆ అండం ఫలదీకరణ జరిగాక దాని డీఎన్ఏని పరీక్ష చేయిస్తారు. అంతా సవ్యంగా ఉంటే మంచిదే. కానీ ఆ డీఎన్ఏ పరీక్షలో భయంకరమైన కొత్త మార్పు కనిపిస్తే ఆ పిండాన్ని నాశనం చేసేస్తారు.

అయినా ఒకే ఒక అండానికి ఫలదీకరణ చేసి చూడటమెందుకు? ఎక్కువ అండాలకి ఫలదీకరణ చేస్తే అందులో నాలుగైదు పాడైపోయినా ఒకటైనా మంచిది ఉండచ్చు కదా.

ఈ ఇన్ విట్రో ద్వారా ఎంపిక చెయ్యటమనేది ఆమోదించబడి, చవగ్గా ఉన్నట్టయితే, దాన్ని విస్తారంగా ఉపయోగిస్తారు. కొత్త మార్పులనేవి (మ్యుటేషన్లు) అంతటా వ్యాపించి ప్రమాదాన్ని సృష్టించే అవకాశం ఉంటుంది. అందరి డీఎన్ఏలోనూ హాని కలిగించే కొన్ని మార్పులూ, ఉండవలసినదానికన్నా తక్కువ జన్యు యుగ్మవికల్పాలూ ఉంటాయి. లైంగిక పునరుత్పత్తి లాటరీలాంటిది (నోబెల్ పురస్కార గ్రహీత అనాతోలే ఫ్రాన్స్, అందగత్తె, నృత్యకోవిదురాలూ ఇసాడోరా డంకన్‌ని 1923లో కలుసుకున్నప్పుడు జరిగిన ఒక ప్రసిద్ధ ఉదంతం – అది కల్పన కూడా కావచ్చు – ఇది. నరవంశశుద్ధి (యూజెనిక్స్) అప్పట్లో ఒక ఉద్యమరూపం దాల్చటం వల్ల, "మీ తెలివితేటలూ, నా అందం పంచుకుని పుట్టే బిడ్డని ఒకసారి ఊహించండి," అంది డంకన్. దానికి జవాబు చెపుతూ, "కానీ నా అందం, మీ తెలివితేటలూ పంచుకుని పుట్టే బిడ్డని కూడా ఊహించుకోండి!" అన్నాడు ఫ్రాన్స్. సరే అయితే ఆ లాటరీని మనకి కావలసినట్టు అమర్చుకుంటే? ఎక్కువ అండాలని ఫలదీకరణకి సిద్ధం చేసి, అన్నిటికన్నా చక్కటి సంయోగం ఉన్నదాన్ని ఎంచుకోండి. స్టెమ్–సెల్ పరిశోధనలు చవకగా లెక్కలేనన్ని మానవపిండాలను సృష్టించే నేర్పు సాధించిన తరవాత వందల సంఖ్యలో ఉన్న శిశువుల్లోంచి మీకు కావలసిన శిశువును ఎంచుకోవచ్చు. వాళ్లందరిలోనూ ఉండే డీఎన్ఏ మీదే. అందరు శిశువులూ పూర్తిగా సహజంగా ఉంటారు, భవిష్యత్తులో వాళ్లకి జన్యు పునర్నిర్మాణం అవసరం ఉండదు. ఈ పద్ధతిని కొన్ని తరాల పాటు కొనసాగిస్తూ ఉన్నట్టయితే, మీరు మానవాతీతులని (లేక అధ్వాన్నమయిన పరిస్థితులని) సులభంగా తయారుచేస్తారు.

కానీ అన్ని అండాలకీ ఫలదీకరణ జరిగాక అన్నిటిలోనూ ప్రాణాంతకమైన మార్పులు ఏర్పడ్డాయని తెలిస్తే ఏం చేస్తారు? అన్ని పిండాలనీ నాశనం చేసేయ్యటమేనా? దాని బదులు సమస్యకి కారణమైన జన్యువులని మార్చేస్తే? ఈ పనిలో ముందుకి పోవాలంటే మైటోకాండ్రియాల్ డీఎన్ఏ జోక్యం ఉండాలి. మైటోకాండ్రియా మనిషి కణాల్లో ఉండే సూక్ష్మ నిర్మాణాలు. కణాలు ఉపయోగించుకునే శక్తిని అవి ఉత్పత్తి చేస్తాయి. వాటికి తమవైన జన్యువులుంటాయి. కణం కేంద్రకంలో డీఎన్ఏకీ వీటికీ పూర్తి తేడా ఉంటుంది. మైటోకాండ్రియా డీఎన్ఏలో లోపాలుంటే బాగా బలహీనత, ఒకోసారి ప్రాణానికే ప్రమాదం కలిగించే వ్యాధులకు అది దారితీయచ్చు. ప్రస్తుతం ఉన్న ఇన్ విట్రో సాంకేతిక విధానంతో 'ముగ్గురు జన్మదాతల శిశువుని' సృష్టించి, మైటోకాండ్రియల్ జన్యు వ్యాధుల్ని అధిగమించే అవకాశం ఉంది. శిశువులోని జీవాణువుల డీఎన్ఏ ఇద్దరు జన్మదాతలనుంచి వస్తుంది, మైటోకాండ్రియల్ డీఎన్ఏ మూడో వ్యక్తి నుంచి వస్తుంది. 2000లో మిషిగన్‌లోని వెస్ట్ బ్లూమ్ ఫీల్డ్‌లో ఉండే షారన్ సాటినెన్ అలనా అనే ఒక ఆరోగ్యవంతమైన ఆడ శిశువుని కన్నది. అలనా జీవాణువుల డీఎన్ఏ తల్లి షారన్ నుంచీ, తండ్రి పాల్ నుంచీ వస్తే, ఆ శిశువు మైటోకాండ్రియాల్ డీఎన్ఏ మరో స్త్రీ నుంచి వచ్చింది. దీన్ని మనం పూర్తిగా సాంకేతికమైన దృష్టితో చూసినట్లయితే, అలనాకి ముగ్గురు జన్మదాత లున్నట్టు లెక్క. సురక్షితం కాదనీ, అది నైతిక సమస్యలకి దారితీయచ్చనీ, మరుసటేడు 2001లో అమెరికా ప్రభుత్వం ఈ చికిత్సని నిషేధించింది.

కానీ, 2015 ఫిబ్రవరి 3న బ్రిటిష్ పార్లమెంట్ ఈ 'ముగ్గురు జన్మదాతల పిండానికి' సంబంధించిన చట్టాన్ని ఓటు ద్వారా ఆమోదించింది. ఇంగ్లాండ్‌లో ఈ చికిత్సకీ, దానికి సంబంధించిన పరిశోధనలకీ అనుమతిచ్చింది. జీవాణువుల డీఎన్ఏ స్థానాన్ని భర్తీచెయ్యటం ప్రస్తుతం అసాధ్యమూ, చట్టవిరుద్ధమూ. కానీ సాంకేతిక సమస్యలని పరిష్కరించగలిగి, అలా చేసినప్పుడు లోపలున్న మైటోకాండ్రియా డీఎన్ఏని భర్తీ చేసేందుకు ఉపయోగించిన అంగీకరించిన తర్కమే జీవాణువుల డీఎన్ఏని భర్తీ చేసేందుకు కూడా ఆమోదిస్తుందని అనుకోవచ్చు.

ఎంపిక, భర్తీ జరిగిన తరవాత తరువాతి మెట్టు బహుశా సవరణ అవుతుంది. ప్రాణాంతకమైన జన్యువులని సవరించటం సాధ్యమయ్యాక, ఇక పరాయి డీఎన్ఏని చొప్పించి ఇబ్బందిపడటం ఎందుకు? కోడ్‌ని తిరగరాసి ప్రమాదకరమైన జన్యువుని అపాయంలేని కొత్త జన్యువుగా మార్చెయ్యవచ్చు కదా? ఆ తరవాత ప్రాణం తీసే జన్యువులనే కాక, అంత ప్రమాదకరం కాని వ్యాధులనీ, ఆటిజం, మూర్ఖత్వం, ఊబకాయం లాంటి సమస్యలని కూడా ఈ విధానంతో నయం చెయ్యగలమేమో. తన పిల్లలు ఇలాంటి సమస్యలతో బాధపడటం ఎవరికి ఇష్టముంటుంది? మీకు పుట్టబోయే కూతురు తెలివైనదీ, అందమైనదీ, వెన్నెలంటి మనసున్నదీ, కానీ అంతులేని నిరాశతో ఎప్పుడూ కుంగిపోతూ ఉంటుందని ముందే తెలిస్తే, త్వరగానూ, నొప్పి లేకుండానూ పరీక్ష నాళిక ద్వారా జోక్యం కలిగించుకోవటంతో ఏళ్లతరబడి ఆమె పడబోయే బాధని నివారించాలని మీరు అనుకోరా?

మీరా పని చెయ్యదల్చుకున్నప్పుడు ఆ శిశువుని మెల్లగా నెట్టచ్చు కదా? ఆరోగ్యంగా ఉన్నవాళ్ళకి కూడా జీవితం కష్టంగా, సవాళ్లతో నిండి ఉన్నట్టు అనిపిస్తుంది. అందుచేత ఆ చిన్నపాపకి మామూలుగా కన్నా ఎక్కువ రోగనిరోధకశక్తి, మామూలు కన్నా ఎక్కువ జ్ఞాపకశక్తి, సంతోషంగా ఉండే స్వభావం ఉంటే ఆమెకి అది ఉపయోగపడుతుంది. ఒకవేళ ఇదంతా మీ పాపకి అక్కర్లేదనుకుంటే, మరి మీ పొరుగువాళ్ళు తమ పిల్లలకి ఈ పద్ధతిని ఉపయోగిస్తూ ఉంటే? మీ పిల్లలు వెనకబడి ఉండటం మీకు నచ్చుతుందా? ఒకవేళ జనం తమ పిల్లలని ఇలాంటి ఇంజనీరింగ్ విధానంతో మార్చటాన్ని ప్రభుత్వం కూడదంటే? కానీ ఉత్తర కొరియాలో ఆ విధానాన్ని అమలుచేసి ఆశ్చర్యకరమైన మేధస్సు గల పిల్లల్ని, కళాకారుల్ని, క్రీడాకారుల్నీ కానీ తయారుచేస్తే, వాళ్ళు మనకన్నా చాలా గొప్ప ప్రతిభావంతులుగా తయారైతే? ఆ విధంగా జన్యు సంతానం జాబితాలో మనమింకా తప్పటడుగులు వేస్తూ ముందుకి పోతున్నాం.

మెరుగుపరచటమనే ప్రక్రియలో ప్రతిసారీ మొదట ఉన్న వ్యాధిని నయం చేయటం సముచితమని అనుకుంటారు. జన్యు ఇంజనీరింగ్‌లో కాని, మెదడు-కంప్యూటర్ ఇంటర్ఫేస్‌తో కాని ప్రయోగాలు చేసే ప్రొఫెసర్లని కలిసి, అలాంటి పరిశోధనలు ఎందుకు చేస్తున్నారని అడగండి. బహుశా అందరూ కూడా రోగాలని నయం చేసేందుకేనని జవాబు చెపుతారు. 'జన్యు ఇంజనీరింగ్ సాయంతో మేము క్యాన్సర్‌ని నయం చేయగలుగుతాం. ఇక మెదడునీ కంప్యూటర్‌నీ సూటిగా జోడించగలిగితే (స్కీజోఫ్రెనియా) మనోవైకల్యానికి

చికిత్స చేయగలుగుతాం,' అని చెపుతారు. అలా జరిగే అవకాశం ఉందేమో, కానీ అది అక్కడితో ఆగదు. మనం మెదడునీ, కంప్యూటర్‌నీ జోడించటంలో కృతకృత్యులమైతే, మనోవైకల్యానికి చికిత్స చేసి అక్కడితో ఆగుతామా? ఈ విషయాన్ని ఎవరైనా నమ్మితే వాళ్లకి మెదడు గురించీ, కంప్యూటర్ల గురించీ చాలా విషయాలు తెలిసి ఉండవచ్చు గాని, మనిషి మనస్సు గురించీ, మానవ సమాజం గురించీ చాలా తక్కువ తెలుసని అనుకోవాలి. ఒకసారి మహత్తరమైన విజయం లభించాక, దాన్ని కేవలం చికిత్స వరకే పరిమితం చేసి, మెరుగుపరిచేందుకు ఉపయోగించకుండా ఎవరూ ఆపలేరు.

మానవులు కొత్త సాంకేతిక పరిజ్ఞానాన్ని ఉపయోగించటంలో పరిమితి పాటించ గలరనీ, పాటిస్తారనీ మనం నమ్మచ్చు. ఆ విధంగా రెండో ప్రపంచయుద్ధం తరవాత నరవంశశుద్ధి ఉద్యమం తగ్గుముఖం పట్టింది. ప్రస్తుతం మనిషి అవయవాల వ్యాపారం సాధ్యమూ, చాలా లాభసాటి వ్యాపారం అయినప్పటికీ, అది ఇంతవరకూ అంత ప్రాముఖ్యత లేని క్రియాకలాపంగానే ఉంది. ఏదో ఒకరోజు డిజైనర్ శిశువులని తయారుచేయటం, అవయవాలకోసం మనుషులని హత్య చెయ్యటమనే సాంకేతిక వ్యవస్థంత సులువైపోవచ్చు. కానీ అది అప్పటికీ అంత ప్రాముఖ్యం లేనిదిగానే ఉండిపోవచ్చు.

యుద్ధాలలో చెఖోవ్ నియమం ఉచ్చునుంచి తప్పించుకున్నట్టే, మిగిలిన కార్యరంగాల్లో కూడా తప్పించుకోవచ్చు. రంగస్థలం మీద కొన్ని తుపాకులు కనిపించినప్పటికీ వాటిని ఎవరూ పేల్చరు. అందుకే మానవుల కొత్త అజెండా గురించి ఆలోచించటం అంత ముఖ్యం. కొత్త సాంకేతికతని ఉపయోగించటంలో మనకి ఎంచుకునే అవకాశం ఉండబట్టి ఇది మరీ కీలకమైన నిర్ణయం. అది మన మనసులమీద ప్రభావం చూపి నిర్ణయాలు తీసుకునేలా చేసే ముందు, జరుగుతున్నదేమిటో అర్థం చేసుకుని మనమే నిర్ణయాలు తీసుకోవటం మంచిది.

జ్ఞానంలోని వైరుధ్యం

ఇరవైఒకటో శతాబ్దంలో మానవజాతి అమరత్వాన్నీ, ఆనందాన్నీ, దైవత్వాన్నీ పొందటమే తమ లక్ష్యంగా భావిస్తుందన్న విషయం విని ఎంతమందైనా కోపంతో, భయంతో వెనక్కి తగ్గే ప్రయత్నం చెయ్యవచ్చు. అందుకే కొన్ని విషయాలు విస్తరించవలసి ఉంది.

మొదటిది, అధికశాతం వ్యక్తులు ఇరవైఒకటో శతాబ్దిలో ఈ పనులు చెయ్యరు. మానవజాతి ఒక సమూహంగా చేసే పనులివి. ఎక్కువమంది ఈ ప్రణాళికల్లో బహుశా చాలా చిన్న పాత్ర మాత్రమే వహిస్తారు. కరువు, మహమ్మారీ, యుద్ధం అనే సమస్యలు బాగా తగ్గిపోయినప్పటికీ, అభివృద్ధి చెందుతున్న దేశాలలో, వ్యాధులతో బాధపడే పొరుగు ప్రాంతాలలో ఉండే ధనికులు శాశ్వతమైన యౌవనం కోసం, దేవతలకు మాత్రమే లభించే శక్తులకోసం అర్రులుచాస్తూ ఉన్నా, సామాన్య మానవులు పేదరికం, రోగాలు, హింసలాంటి సమస్యలతో సంఘర్షణ చేస్తూనే ఉంటారు. ఇది అన్యాయమని స్పష్టంగా తెలుస్తోంది. పోషకాహారలోపం వల్ల ఒక్క పిల్లో పిల్లవాడో చనిపోతున్నంత వరకూ, మాదకద్రవ్యాల

వ్యాపారం చేసే దుర్మార్గుల పోరాటంలో ఒక్క మనిషి హత్యకి గురవుతున్నంతవరకూ, మానవజాతి ఇలాంటి దుఃఖాలతో పోరాడటం మీద దృష్టి కేంద్రీకరించాలని కొందరు వాదించవచ్చు. చివరి కరవాలాన్ని కరిగించి నాగలి కర్రుగా మార్చేవరకూ మనం మరో ముఖ్యమైన విషయం గురించి ఆలోచించకూడదు. కానీ చరిత్ర అలా పనిచేయదు. పూరిపాకల్లో ఉండేవాళ్ళకీ భవనాల్లో ఉండేవాళ్ళకీ అజెండాలో ఎప్పుడూ తేడాలు ఉంటూనే ఉన్నాయి. ఇరవైఒకటో శతాబ్దంలో అది మారుతుందన్న ఆశ లేదు.

రెండోది, ఇదొక చారిత్రాత్మకమైన భవిష్యవాణి, రాజకీయ ప్రకటనపత్రం కాదు. మురికివాడల్లో జీవించేవాళ్ల విధిని మనం పట్టించుకోకపోయినా, అమరత్వం, ఆనందం, దైవత్వం మన లక్ష్యాలు కావాలని అనుకోవటం అర్థంలేని కోరిక. ఇలాంటి ప్రణాళికల్ని చేపట్టటం పెద్ద పొరపాటు అయే ప్రమాదం ఉంది. గతంలో మనం సాధించిన విజయాల వివరాలూ, నేటి మన విలువలూ చూస్తూ ఉంటే, అవి మన ప్రాణాలు తీసినా సరే, ఆనందం, దైవత్వం, అమరత్వం కోసం మనం ప్రయత్నించటం మానేట్టు లేము.

మూడోది, ప్రయత్నించటం, సాధించటం ఒకటి కాదు. ఆశలని అతిశయంగా చూపించటం తరచు చరిత్రని రూపొందిస్తుంది. ఇరవయ్యో శతాబ్దపు రష్యా చరిత్రని రూపొందించింది చాలామటుకు అసమానతలని అధిగమించేందుకు సామ్యవాదులు చేసిన కృషే. కానీ అది విజయం సాధించలేదు. నా దృష్టంతా మానవజాతి ఇరవైయొకటవ శతాబ్దిలో ఏం సాధిస్తుందనే దానిమీదే ఉంది, కాని దేన్నీ సాధించటంలో దానికి విజయం లభిస్తుందనే విషయం నేను ఆలోచించటం లేదు. మృత్యువుని అధిగమించటం మీదే భవిష్యత్తులో మన ఆర్థిక, సామాజిక, రాజకీయ జీవితం ఆధారపడి వుంటుంది. 2100లో మానవులు అమరత్వం పొందుతారన్నది దాని లక్ష్యం కాదు.

నాలుగోది, అన్నిటికన్నా ముఖ్యమైనది, ఈ ఊహలు భవిష్యవాణి కన్నా ఒకరకంగా మనం ప్రస్తుతం చేసే ఎంపికల గురించి చర్చించటమే అనుకోవాలి. ఒకవేళ చర్చల తరవాత మన ఊహలు తప్పని నిరూపించటం జరిగి, మనం ఎంచుకునే విషయం భిన్నంగా ఉంటే ఇంకా మంచిదే కదా! దేనినీ మార్చలేని ఊహలు చేసి ఏం లాభం?

వాతావరణంలాంటి క్లిష్టమైన వ్యవస్థలకి మన ఊహలతో పనిలేదు. అంతేకాక మానవ అభివృద్ధి ప్రక్రియ వాటికి ప్రతిస్పందిస్తుంది. నిజానికి, మన పూర్వాలోచనలు మెరుగైనకొద్దీ అవి మరిన్ని ప్రతిక్రియలకి జన్మనిస్తాయి. దీనిలో వైరుధ్యం ఏమిటంటే, మనం ఎక్కువ డేటాని సేకరించి, కంప్యూటింగ్ శక్తిని పెంచుకున్నకొద్దీ సంఘటనలు క్రూరంగానూ, ఎదురుచూడని విధంగానూ జరుగుతాయి. మనకి ఎక్కువ తెలిసినకొద్దీ, మనం తక్కువ ఊహించగలుగుతాం. ఉదాహరణకి, ఒకరోజు నిపుణులు ఆర్థిక వ్యవస్థలోని ప్రాథమిక సూత్రాలను కనుగొంటారని ఊహించుకోండి. ఒకసారి ఇలా జరిగాక బ్యాంకులూ, ప్రభుత్వాలూ, మదుపుదారులూ, వినియోగదారులూ ఈ కొత్త పరిజ్ఞానాన్ని ఉపయోగించుకుని కొత్తరకంగా పనిచేయటం ప్రారంభించి తమ పోటీదార్లని దాటిపోతారు. కొత్తరకం ప్రవర్తనకి దారితీయని కొత్త పరిజ్ఞానంవల్ల లాభమేముంటుంది? హతవిధీ! జనం తమ ప్రవర్తనని మార్చుకోగానే, ఆర్థిక సిద్ధాంతాలు పనికిరాకుండా పోతాయి. గతంలో ఆర్థిక

విధానం ఎలా పనిచేసిందో మనకి తెలియచ్చు గాక, కానీ వర్తమానంలో అదెలా పనిచేస్తుందో మనకి తెలీదు, ఇక భవిషత్తు గురించి చెప్పేదేముంది!

ఇది కల్పించిన ఉదాహరణ కాదు. పంతొమ్మిదో శతాబ్దం మధ్యకాలంలో కార్ల్ మార్క్స్ ఆర్థిక వ్యవస్థ గురించి విలక్షణమైన అంతర్దృష్టి ప్రదర్శించాడు. ఆ అంతర్దృష్టి ఆధారంగా శ్రామికవర్గానికీ, పెట్టుబడిదారీ వర్గానికీ భయంకరమైన పోరాటం పెరుగుతూ పోతుందనీ, భవిష్యత్తులో అది శ్రామిక వర్గం విజయం సాధించటంతోనూ, పెట్టుబడిదారీ వ్యవస్థ నేలమట్టం అవటంతోనూ ముగుస్తుందనీ ఆయన ముందే ఊహించాడు. బ్రిటన్, ఫ్రాన్స్, అమెరికాలాంటి పారిశ్రామిక విప్లవానికి నాయకత్వం వహించిన దేశాలలో ఈ విప్లవం ప్రారంభమవుతుందనీ, తరవాత అది మిగతా దేశాలకి విస్తరిస్తుందనీ ఆయన గట్టిగా నమ్మాడు.

పెట్టుబడిదారులకు చదవటం వచ్చున్న సంగతి మార్క్స్ మర్చిపోయాడు. మొదట కొద్దిమంది శిష్యులు మాత్రమే మార్క్స్ మాటల్ని పట్టించుకుని అతని రచనల్ని చదివారు. కానీ ఈ సామ్యవాద విప్లవకారులకి మరింతమంది సహకరించేవాళ్లూ, అధికారమూ దొరికేసరికి పెట్టుబడిదారులు గాభరాపడ్డారు. వాళ్ళు కూడా దాస్ కాపిటల్ చదివారు. అందులో మార్క్స్ విశ్లేషించిన అనేక ఉపాయాలనీ, అయన అంతర్దృష్టినీ అవలంబించారు. ఇరవైయో శతాబ్దంలో బిచ్చమెత్తుకునేవాళ్ళ దగ్గర్నుంచీ దేశాధ్యక్షుడిదాకా ప్రతిఒక్కరూ మార్క్స్ నిర్దేశించిన ఆర్థిక వ్యవస్థనీ, చరిత్రనీ అంగీకరించారు. మార్క్సిస్టు ఊహలని తీవ్రంగా ఖండించిన వీర పెట్టుబడిదారులు కూడా మార్క్సిస్టు రోగనిర్ధారణని ఉపయోగించుకున్నారు. 1960లలో చిలి, వియత్నాంలాంటి దేశాలలోని పరిస్థితిని సీఐఏ విశ్లేషించినప్పుడు, అది సమాజాన్ని వర్గాలుగా విభజించింది. నిక్సన్‌గాని, థాచర్‌గాని భూగోళాన్ని చూసినప్పుడు ఉత్పత్తి సాధనాలని నియంత్రించేది ఎవరని తమనితాము ప్రశ్నించుకున్నారు. 1989 నుంచి 1991 వరకూ సామ్యవాద దుష్ట సామ్రాజ్యం పతనామయేట్టు చూశాడు జార్జ్ బుష్. కానీ 1992లో జరిగిన ఎన్నికల్లో అయన బిల్ క్లింటన్ చేతిలో ఓడిపోయాడు. క్లింటన్ విజయానికి దారితీసిన యుద్ధతంత్ర సారం ఈ నినాదంలో పొందుపరచి ఉంది: 'ఇది ఆర్థిక వ్యవస్థ మూర్ఖుడా!' మార్క్స్ ఇంతకన్నా చక్కగా చెప్పి ఉండేవాడు కాదు.

జనం మార్క్సిస్టు రోగనిర్ధారణని సొంతం చేసుకున్నప్పుడు, దానికి తగ్గట్టు తమ ప్రవర్తనని మార్చుకున్నారు. బ్రిటన్, ఫ్రాన్స్ దేశాలలో పెట్టుబడిదారులు తమ దగ్గర పనిచేసే కార్మికుల జీవితాలని మెరుగుపరిచేందుకు, తమ జాతీయ స్పృహని బలోపేతం చేసేందుకు, వాటిని ఒక రాజకీయ వ్యవస్థలో భాగంగా చేసేందుకు శ్రమించారు. తత్ఫలితంగా, ఎన్నికల్లో శ్రామికవర్గం ఓటు వెయ్యటం మొదలుపెట్టి, ఒక దేశం తరవాత మరో దేశంలో కార్మికులకు అధికారం పెరిగినా పెట్టుబడిదారులు సుఖంగా నిద్రపోతూనే ఉన్నారు. దీనివల్ల మార్క్స్ ఊహలు తప్పయ్యాయి. కమ్యూనిస్టు విప్లవాలు బ్రిటన్, ఫ్రాన్స్, అమెరికాలాంటి దేశాలలో అగ్రశ్రేణి పారిశ్రామిక శక్తులని అణచలేకపోయాయి. శ్రామికుల నియంతృత్వమనేది చరిత్ర చెత్తబుట్ట పాలయింది.

ఇదే చారిత్రాత్మక జ్ఞానంలోని వైరుధ్యం. ప్రవర్తనని మార్చలేని జ్ఞానం నిరుపయోగం.

కానీ ప్రవర్తనని వెంటనే మార్చే జ్ఞానం సందర్భాన్ని కోల్పోతుంది. మన దగ్గరుండే డేటా పెరిగిపోయి, మనం చరిత్రని ఇంకా బాగా అర్థం చేసుకున్నకొద్దీ, చరిత్ర తన గమనాన్ని ఇంకా వేగంగా మార్చుకుంటుంది, దాంతో మన జ్ఞానం వేగంగా పాతదైపోతుంది.

శతాబ్దాల క్రిందట మానవుల జ్ఞానం నెమ్మదిగా పెరిగింది. అందుకని రాజకీయాలూ, ఆర్థిక వ్యవస్థ కూడా నింపాదిగా మార్పుచెందాయి. ఈనాడు మన జ్ఞానం ఉరుకులూ, పరుగులతో ముందుకి దూసుకెళ్తోంది, సిద్ధాంతపరంగా చూస్తే మనం లోకాన్ని ఇంకా బాగా అర్థం చేసుకోవాలి. కానీ జరిగేది మాత్రం పూర్తిగా దీనికి వ్యతిరేకం. మనం కొత్తగా సంపాదించుకున్న జ్ఞానం ఆర్థికంగా, రాజకీయంగా వేగవంతమైన మార్పులు తీసుకొస్తోంది; జరిగేదాన్ని అర్థం చేసుకునేందుకు మనం జ్ఞాన సముపార్జన వేగాన్ని పెంచుతున్నాం. దీనివల్ల వేగమైన గొప్ప తిరుగుబాట్లు జరుగుతున్నాయి. తత్ఫలితంగా వర్తమానాన్ని అర్థం చేసుకోవటంలోనూ, భవిష్యత్తు గురించి ఊహించటంలోనూ మన సామర్థ్యం తగ్గిపోతూ వస్తోంది. 1050లో యూరప్ ఎలా ఉండబోతుందనేది 1016లో ఊహించటం కొంత సులభంగానే ఉండేది. నిజమే, సామ్రాజ్యాలు కూలిపోవచ్చు, అపరిచితులెవరో మనమీద దాడి చెయ్యవచ్చు, ప్రకృతి వైపరీత్యాలు నష్టం కలిగించవచ్చు; కానీ 1050లో కూడా యూరప్‌ని రాజులూ, మతాధికారులూ పరిపాలిస్తారనేది స్పష్టంగా జనానికి తెలిసేది. అది వ్యవసాయ సమాజంగా ఉండబోతోందనీ, అక్కడి ప్రజల్లో అధికశాతం పొలంపనులే చేస్తారనీ, అక్కడ కరువు, మహమ్మారి, యుద్ధంతో ప్రజలు నానాబాధలూ పడతారనీ ముందే ఊహించగలిగారు. దానికి వ్యతిరేకంగా, 2050లో యూరప్ ఎలా ఉండబోతోందో 2016లో ఊహించటం మనవల్ల కాదు. అక్కడ ఎలాంటి రాజకీయ వ్యవస్థ ఉంటుందో, ఉద్యోగ రంగం నిర్మాణం ఎలా ఉంటుందో, అక్కడ నివసించేవాళ్ల శరీరాలు ఎలా ఉంటాయో కూడా చెప్పలేం.

పచ్చని తోటల సంక్షిప్త చరిత్ర

చరిత్ర నిలకడగా ఉండే నియమాలని అనుసరించకపోతే, మనం దాని భవిష్యద్గమనాన్ని ఊహించలేకపోతే ఇక దాన్ని అధ్యయనం చెయ్యటమెందుకు? విజ్ఞానశాస్త్రం లక్ష్యం భవిష్యత్తుని ఊహించటమని తరచు అనిపిస్తుంది – వాతావరణ శాస్త్రజ్ఞులు రేపు వర్షం కురుస్తుందో లేక ఎండ కాస్తుందో చెప్పాలనుకుంటాం; డబ్బు విలువ తగ్గిస్తే ఆర్థిక సంక్షోభం విషమిస్తుందో లేక నివారించబడుతుందో అర్థశాస్త్రజ్ఞులకి తెలియాలనుకుంటాం; ఊపిరితిత్తుల క్యాన్సర్ నయం చేసేందుకు కెమోథెరపీ మంచిదా లేక రేడియేషన్ మంచిదా అని మంచి డాక్టర్లు నిర్ణయించాలనుకుంటాం. అదే విధంగా చరిత్రకారులు మన పూర్వీకుల క్రియాకలాపాలను పరీక్షించి మనకి తెలియజేయాలనీ, అప్పుడు వాళ్ళు చేసిన మంచిపనులని కొనసాగించి, తప్పులను నివారించగలమనీ అనుకుంటాం. కానీ ఎప్పుడూ కూడా అది ఆ విధంగా పనిచేయదు, ఎందుకంటే వర్తమానం గతంకన్నా చాలా భిన్నంగా ఉంటుంది. మూడో ప్రపంచయుద్ధంలో ఆ నమూనాని అనుసరించటం కోసం రెండో ప్యూనిక్ యుద్ధంలో హాన్నిబాల్ వ్యూహాలని అధ్యయనం చెయ్యటం కాలాన్ని వృథాచెయ్యటమే

అవుతుంది. అశ్వసైన్యంతో చేసిన యుద్ధాలలో పనికివచ్చిన యుక్తులు సైబర్ యుద్ధాలకి పనికిరాకపోవచ్చు.

అయినా విజ్ఞానశాస్త్రం పని కేవలం భవిష్యత్తుని ఊహించటమే కాదు. అన్ని రంగాలలోనూ అధ్యయనకర్తలు మన పరిధులని విస్తృతం చేసేందుకే ప్రయత్నిస్తారు. ఆ విధంగా వాళ్ళు భవిష్యత్తుకు ద్వారాలు తెరిచి మనకి తెలియని కొత్త విషయాలని చూపిస్తారు. ముఖ్యంగా ఇది చరిత్ర విషయంలో వాస్తవం. చరిత్రకారులు అప్పుడప్పుడూ భవిష్యవాణి వినిపించాలని ప్రయత్నించినప్పటికీ (ఆ ప్రయత్నం పెద్దగా ఫలించకపోయినా), చరిత్రని అధ్యయనం చెయ్యటమనేది మనం సామాన్యంగా అనుకోని సంభావ్యతల్ని గురించి మనకి అవగాహన కలిగించటానికే, చరిత్రకారులు గతాన్ని అధ్యయనం చేసేది దాన్ని పునరుక్తం చేసేందుకు కాదు, దానినుంచి విముక్తి సాధించేందుకు.

మనలో ప్రతిఒక్కరం ఒకానొక చారిత్రిక వాస్తవంలో పుట్టాం, కొన్ని ప్రత్యేక నిబంధనలకు, విలువలకు లోబడి ఉన్నాం. ఒక అసాధారణమైన రాజకీయ, ఆర్థిక వ్యవస్థ మన జీవితాన్ని నిర్వహిస్తోంది. ఈ వాస్తవాన్ని మనం పెద్దగా పట్టించుకోము. అది సహజమనీ, అనివార్యమనీ, మార్చలేనిదనీ అనుకుంటాం. మన ప్రపంచాన్ని సృష్టించింది ప్రమాదవశాత్తూ వరసగా జరిగిన కొన్ని సంఘటనలన్న విషయం మనం మర్చిపోతాం. చరిత్ర మన సాంకేతిక వ్యవస్థకీ, రాజకీయాలకీ, సమాజానికే కాదు మన ఆలోచనలకీ, భయాలకీ, కలలకీ కూడా రూపమిచ్చింది. గతమనే మంచులాంటి చల్లటి చెయ్యి మన పూర్వీకుల సందుల్లోంచి బైటికొస్తుంది, మన మెడల్ని గట్టిగా పట్టుకుని మన చూపుల్ని ఒకే ఒక భవిష్యత్తువైపు తిప్పుతుంది. ఆ పట్టుని మనం పుట్టిన క్షణం నుంచీ అనుభవిస్తున్నాం. అందుకే అది సహజమనీ, మనం ఏమిటనే విషయంలో అది ఒక విడదీయలేని భాగమనీ అనుకుంటాం. అందుచేత అరుదుగా ఆ పట్టునుంచి తప్పించుకుని ప్రత్యామ్నాయ భవిష్యత్తులని దర్శించేందుకు ప్రయత్నించం.

చరిత్ర అధ్యయనం చెయ్యటంలో మన లక్ష్యం గతం పట్టుని సడలించటమే. మనం అటూఇటూ తలతిప్పి చూసేందుకు అది సాయం చేస్తుంది. మన పూర్వీకులు ఊహించలేని, మనం ఊహించకూడదని వాళ్ళు అనుకున్న సంభావ్యతలు చూడటం మొదలెడతాం. అనుకోకుండా మననిక్కడికి చేర్చిన సంఘటనలని గమనించటం ద్వారా మన ఆలోచనలూ, కలలూ ఎలా రూపొందాయో అర్థం చేసుకుని, మరో రకంగా ఆలోచించటం, కలలు కనటం ప్రారంభించగలుగుతాం. చరిత్ర అధ్యయనం మనం దేన్నీ ఎంచుకోవాలో చెప్పదు, కానీ మనం ఎంచుకునేందుకు ఎక్కువ అవకాశాలు కల్పిస్తుంది.

ప్రపంచాన్ని మార్చాలన్న ఉద్దేశంతో ప్రారంభమయే ఉద్యమాలు తరచు చరిత్రని తిరగరాయటంతోనే మొదలవుతాయి. అప్పుడు జనం భవిష్యత్తుని మళ్ళీ ఊహించుకోవటం సాధ్యమౌతుంది. కార్మికులు సమ్మె చెయ్యాలన్నా, స్త్రీలకి తమ శరీరాలపై అధికారం ఉండాలన్నా లేక పీడిత అల్పసంఖ్యాకులకి రాజకీయ హక్కులు కావాలన్నా, దానికి మొదటిమెట్టు చరిత్రని మళ్ళీ కొత్తగా చెప్పటమే. 'మన ప్రస్తుత పరిస్థితి సహజమూ, శాశ్వతమూ కాదు, ఒకప్పుడు అంతా భిన్నంగా ఉండేది. ఈనాడు మనకు తెలిసిన

అన్యాయంతో నిండిన ప్రపంచాన్ని సృష్టించింది వరసగా జరిగిన ఎదురుచూడని కొన్ని సంఘటనలే. మనం తెలివిగా పనిచేస్తే ప్రపంచాన్ని మార్చగలం, ఇంకా చాలా మెరుగైన ప్రపంచాన్ని సృష్టించగలం.' అని కొత్త చరిత్ర వివరిస్తుంది. అందుకే మార్క్సిస్టులు పెట్టుబడిదారీ వ్యవస్థకి సంబంధించిన చరిత్రని సమగ్రంగా వివరిస్తారు; పితృస్వామ్య సమాజాల నిర్మాణాన్ని స్త్రీవాదులు అధ్యయనం చేస్తారు; ఆఫ్రికన్ అమెరికన్లు బానిస వ్యాపారానికి సంబంధించిన ఘోరాలని జ్ఞాపకం చేసుకుంటారు. వాళ్ళ లక్ష్యం గతాన్ని అనంతంగా కొనసాగించటం కాదు, దానినుంచి విముక్తి సాధించటం.

మహత్తరమైన సామాజిక విప్లవాలకు వర్తించేది రోజువారీ జీవితంలోని సూక్ష్మ స్థాయికి కూడా వర్తిస్తుంది. కొత్తగా పెళ్ళైన జంట తమకోసం కొత్త ఇల్లు కట్టుకుంటున్నప్పుడు, ఆవరణలో ముందువైపు చక్కటి పచ్చిక వెయ్యమని ఇల్లు కట్టే మనిషికి చెప్పచ్చు. పచ్చిక ఎందుకు? 'పచ్చిక వేస్తే అందంగా ఉంటుంది,' అని ఆ జంట అనచ్చు. కానీ వాళ్ళకి అలా ఎందుకనిపిస్తుంది? దాని వెనక చరిత్ర ఉంది.

రాతియుగంలో నివసించిన ఆటవికులు వాళ్ళ గుహల ముందు పచ్చగడ్డి పెంచలేదు. అథీనియాలోని ఆక్రోపోలిస్, రోమన్ కాపిటల్, జెరూసలేంలోని యూదుల ఆలయం, బీజింగ్‌లోని ఫర్బిడెన్ సిటీకి వెళ్ళేవాళ్ళకి పచ్చికబీళ్లు స్వాగతం పలకలేదు. మధ్యయుగపు చివరి దశలో ఫ్రెంచ్, ఇంగ్లీష్ దొరలకి తమ ఇళ్ల ముందూ, సార్వజనిక కట్టడాలముందూ ఆవరణలో పచ్చిక పెంచాలన్న ఆలోచన వచ్చింది. ఆధునిక యుగపు ప్రారంభంలో ఆ ఆలోచన అందరిలోనూ లోతుగా పాతుకుని ధనికవర్గానికి గుర్తింపుగా మారింది.

పచ్చికని అందంగా ఉంచాలంటే భూమి కావాలి, చాలా శ్రమ పడాలి, ముఖ్యంగా గడ్డి కత్తిరించే యంత్రాలూ (లాన్ మోవర్లూ), మనిషి ప్రమేయం లేకుండా నీళ్లు చల్లే స్ప్రింక్లర్లూ రాకముందు. మనం ఖర్చుపెట్టే డబ్బుకీ, శ్రమకీ బదులు అవి విలువైనవేమీ ఉత్పత్తి చేయవు. పశువుల్ని మేపేందుకు కూడా ఆ గడ్డి పనికిరాదు, ఎందుకంటే అవి ఆ గడ్డి తినటమే కాదు, అడ్డదిడ్డంగా తొక్కి పాడుచేస్తాయి. పేద రైతులు లాన్లు పెంచేందుకు తమ భూమినీ, సమయాన్నీ వ్యర్థం చేసే స్థితిలో ఉండరు. పెద్ద పెద్ద భవంతుల ప్రవేశ ద్వారాల ముందు శుభ్రమైన పచ్చిక భూములు వాటిలో నివసించేవారి హోదాని తెలియ జేసేవి. వాటిని ఎవరూ నకలు చెయ్యలేకపోయేవారు. 'నేను చాలా డబ్బు, అధికారం ఉన్నవాణ్ణి, నా దగ్గర ఎన్నో ఎకరాలూ, సేవకులూ ఉన్నారు. అందుకే నేనీ పచ్చని ఆడంబరానికయే ఖర్చు భరించగలను,' అని ఆ దారిన వెళ్ళేవాళ్ళకి గొప్పగా చెప్పేవి. ఆ పచ్చిక భూములు పెద్దవిగానూ, శుభ్రంగానూ ఉన్నకొద్దీ ఆ రాజవంశం అంత శక్తిమంతమై ఉండేది. మీరు ఒక సామంతరాజుని కలిసేందుకు వెళ్లారనుకుందాం, ఆయన భవనం ముందున్న పచ్చిక మైదానం అడ్డదిడ్డంగా పెరిగి ఉందంటే, అతను ఇబ్బందుల్లో ఉన్నట్టేనని మీకు అర్థమైపోతుంది.

ఆ విలువైన మైదానంలో తరచు వేడుకలూ, సామాజిక కార్యక్రమాలూ జరిగేవి. మిగిలిన సమయాల్లో అక్కడ ఎవరికీ ప్రవేశం ఉండేది కాదు. ఈనాటివరకూ కూడా ఎన్నో

6. ల్వార్ (Loire) వేలీలోని షాతో దె శంభోఖ్ లాన్
మొదటి ఫ్రాంఖ్వా రాజు దీనిని 16వ శతాబ్దం ప్రారంభంలో నిర్మించాడు,
జరిగిందంతా యిక్కడే మొదలైంది.

7. వైట్ హౌస్ లాన్‌లో రెండవ ఎలిజబెత్ రాణి గౌరవార్థం
ఏర్పాటు చేసిన స్వాగత సమారోహం

8. మారాకాన్ లాన్‌లో మే 2014న మారియో గోట్జే
నిర్ణయాత్మకమైన గోల్ చేసి జర్మనీకి ప్రపంచకప్ తెచ్చిపెట్టాడు.

9. పేటీ-బూర్జవా యొక్క స్వర్గం.

భవంతుల్లోనూ, ప్రభుత్వ భవనాల్లోనూ, సార్వజనిక ప్రదేశాల్లోనూ 'గడ్డిమీద నడవరాదు,' అని స్పష్టంగా రాసిఉన్న బోర్డు కనిపిస్తుంది. నేను మునుపు చదువుకున్న ఆక్స్‌ఫర్డ్ కాలేజీలో కట్టడాలకు మధ్య ఉండే నలుచదరపు స్థలం పూర్తిగా అందమైన పెద్ద గడ్డిమైదానంతో నిండి ఉండేది. దాని మీద ఏడాది మొత్తంలో ఒకే ఒకరోజు మాకు నడిచేందుకూ, కూర్చునేందుకూ అనుమతి దొరికేది. మరో రోజెవరైనా విద్యార్థి దానిమీద నడిచి అపవిత్రం చేస్తే ఇక అంతే సంగతులు!

రాజభవనాలూ, సామంతరాజుల భవంతులూ పచ్చిక మైదానాలని అధికారానికి చిహ్నాలుగా మార్చివేశాయి. ఆధునికయుగం చివర్లో రాజుల్ని గద్దె దింపించి, సామంతరాజుల తలలు నరికించిన తరవాత, కొత్త అధ్యక్షులూ, ప్రధానమంత్రులూ ఆ పచ్చిక మైదానాలని సొంతం చేసుకున్నారు. పార్లమెంటులూ, సుప్రీంకోర్టులూ, అధ్యక్షుల భవనాలూ, ఇతర సార్వజనిక కట్టడాలూ, తమ అధికారాన్ని చాటుకునేందుకు వరసలువరసలుగా అందమైన ఆకుపచ్చ గరికను పెంచారు. అదే సమయంలో క్రీడాప్రపంచాన్ని కూడా పచ్చికమైదానాలు ఆక్రమించాయి. కొన్ని వేల సంవత్సరాలపాటు మనుషులు మంచునేలలనుంచీ ఎడారి భూములవరకూ, అన్ని రకాల నేలల మీదా ఆటలు ఆడారు. అయినా గత రెండు శతాబ్దాలుగా నిజంగా ముఖ్యమైన క్రీడలు - ఫుట్‌బాల్, టెన్నిస్ లాంటివి - పచ్చిక మైదానంలోనే ఆడటం జరుగుతోంది. అలాటి ఆటలాడేందుకు మీ దగ్గర డబ్బుంటేనే సుమా! రియో డి జెనీరోలోని మురికివాడల్లో బ్రెజిల్ దేశపు భవిష్యత్తరం బంతులని తామే తయారుచేసుకుని దుమ్ముధూళిలో ఫుట్‌బాల్ ఆడుతున్నారు. కానీ, ధనికులుండే శివార్లలో ధనవంతుల కొడుకులు అతిజాగ్రత్తగా కాపాడుకుంటున్న పచ్చిక మీద ఆడుకుంటున్నారు.

ఆ విధంగా మానవులు పచ్చిక మైదానాలను రాజకీయ అధికారంతోనూ, సామాజిక హోదాతోనూ, ఆర్థిక సంపదతోనూ ముడిపెట్టారు. పంతొమ్మిదో శతాబ్దంలో ఎదుగుతున్న బూర్జువా వర్గం ఉత్సాహంగా పచ్చికమైదానాలను సొంతం చేసుకోవటంలో ఆశ్చర్య మేముంది? మొదట్లో బ్యాంకర్లూ, లాయర్లూ, పారిశ్రామికవేత్తలూ మాత్రమే ఆ వైభోగాన్ని తమ సొంత ఇళ్లలో అనుభవించగలిగేవారు. కానీ పారిశ్రామిక విప్లవం మధ్యతరగతిని విస్తృతం చేసి గడ్డి కత్తిరించే యంత్రాలనీ, ఆ తరవాత నీళ్లు చల్లే యంత్రాలనీ తయారు చేశాక కొన్ని లక్షల కుటుంబాలు హఠాత్తుగా తమ ఇళ్లలో గడ్డి మైదానాలని పెంచే స్థితికి చేరుకున్నాయి. అమెరికాలోని శివార్లలో పరిశుభ్రమైన గడ్డిమైదానాలు ధనికుల వైభోగం నుంచి మధ్యతరగతి అవసరంగా మారిపోయాయి.

శివార్లలో జరిగే చర్చి ప్రార్థనల్లో కొత్త ఆచారాన్ని ప్రవేశపెట్టినప్పుడు జరిగిన విషయం ఇది. ఆదివారం ఉదయం చర్చిలో తంతు ముగిశాక చాలామంది శ్రద్ధగా తమ పచ్చిక మైదానాలని కత్తిరిస్తారు. వీధిలో నడుస్తున్నప్పుడు వాళ్ళవాళ్ళ ఇంటి ముందున్న పచ్చిక మైదానాన్ని బట్టి ఆ కుటుంబం సంపదనీ, హోదానీ వెంటనే అంచనా వెయ్యచ్చు. ఆవరణలో అశ్రద్ధగా వదిలేసిన పచ్చిక మైదానం జోన్స్ కుటుంబం ఇబ్బందుల్లో ఉందన్న దానికి కచ్చితమైన నిదర్శనం. ఈనాడు మొక్కజొన్న, గోధుమ తరవాత అమెరికాలో అతి ముఖ్యమైన పంట గడ్డి. ఇక పచ్చిక మైదానాల పరిశ్రమకి (మొక్కలు, ఎరువులు, కత్తిరించే

యంత్రాలు, నీళ్లు చల్లే యంత్రాలు, తోటమాలులు) యేటా కొన్ని బిలియన్ల డాలర్లు ఖర్చవుతాయి.

గడ్డి మైదానాలంటే వెర్రి వ్యామోహం కేవలం యూరప్, అమెరికాకి మాత్రమే పరిమితం కాలేదు. ఫ్రాన్స్‌లోని ల్వార్ లోయకి ఎప్పుడూ వెళ్ళనివాళ్ళు కూడా వైట్ హౌస్ గడ్డిమైదానంలో అమెరికా అధ్యక్షుడు ఉపన్యాసం ఇవ్వటం, ముఖ్యమైన ఫుట్‌బాల్ క్రీడలు పచ్చని స్టేడియంలలో జరగటం, గడ్డి కత్తిరించటం ఎవరివంతని హోమర్, బార్ట్ సిమ్సన్ వాదించుకోవటం చూస్తారు. ప్రపంచమంతటా జనం గడ్డిమైదానాలని అధికారానికీ, డబ్బుకీ, గౌరవానికీ చిహ్నంగా భావిస్తారు. అందుచేత పచ్చగడ్డి మైదానాలు సుదూర ప్రాంతాలకి విస్తరించటమే కాదు, ప్రస్తుతం ముస్లిం ప్రపంచం మనసుల్ని కూడా దోచుకునేందుకు సిద్ధంగా ఉన్నాయి. కతర్‌లో కొత్తగా కట్టిన మ్యూజియం ఆఫ్ ఇస్లామిక్ ఆర్ట్ భవనం రెండువైపులా అద్భుతమైన పచ్చగడ్డి పరచి ఉంటుంది. అది హరూన్ అల రషీద్ పాలించే బాగ్దాద్‌ని కాక గతకాలంలో 14వ లూయీ పరిపాలించిన వర్సాయ్‌ని జ్ఞాపకం చేసేలా ఉంటుంది. వాటిని రూపొందించి నిర్మించింది ఒక అమెరికన్ కంపెనీ, అరేబియన్ ఎడారి నట్టనడుమ ఆ భవనం ఆవరణలో పరిచిన 100,000 చదరపు మీటర్ల పచ్చగడ్డి పచ్చదనం కోల్పోకుండా ఉండాలంటే దానికి ప్రతిరోజూ గ్యాలన్లకొద్దీ మంచినీళ్లు అవసరమవుతాయి. ఈలోపల, దోహా, దుబాయ్ దేశాల శివార్లలో మధ్యతరగతి కుటుంబాలు తమ ఇంట్లో పరిచిన పచ్చగడ్డిని చూసి గర్వపడతాయి. అక్కడ జనం తొడుక్కునివున్న పొడవాటి తెల్ల దుస్తులూ, నల్లటి ముసుగులూ చూడకపోతే, మీరు మధ్యప్రాచ్యంలో కాకుండా మధ్య పాశ్చాత్య దేశంలో ఉన్నారని అనుకుంటారు.

పచ్చగడ్డి మైదానాల గురించి ఈ సంక్షిప్తమైన చరిత్ర చదివాక, మీ కలలు కనే ఇల్లు కట్టించాలనుకున్నప్పుడు, ఆ ఇంటిముందు పచ్చగడ్డి పరిపించటం గురించి మీరు బాగా ఆలోచిస్తారని అనుకుంటున్నాను. ఇష్టం వచ్చినట్టు చేసే స్వేచ్ఛ మీకుంది. కానీ యూరోపియన్ సామంతరాజులూ, పెట్టుబడిదారీ దొరలూ, సిమ్సన్‌లూ మీకు ప్రసాదించిన సాంస్కృతిక సామగ్రి భారాన్ని దులిపేసుకునే స్వేచ్ఛ కూడా మీకుంటుంది. దానికి బదులు మీరు జపనీస్ రాక్ గార్డెన్‌ని, లేదా పూర్తిగా ఏదైనా కొత్త సృష్టిని ఊహించుకోవచ్చు. చరిత్ర నేర్చుకోవటానికి ఇదే అన్నిటికన్నా మంచి కారణం : భవిష్యత్తుని ఊహించేందుకు కాదు, గతం నుంచి విముక్తి పొంది ప్రత్యామ్నాయ గమ్యాలని ఊహించుకునేందుకు. అయినా ఇది పూర్తిగా విముక్తి ప్రసాదించదు, గతం మనని రూపుదిద్దకుండా నివారించలేము. కానీ అసలు స్వేచ్ఛే లేకపోవటంకన్నా కొంత ఉండటం మేలు కదా!

మొదటి అంకంలో తుపాకీ

ఈ పుస్తకంలో భవిష్యత్తు గురించి చేసిన ఊహలు అంతటా కనిపిస్తాయి. ఇది వర్తమానంలో మనకి ఉన్న అనిశ్చితస్థితి గురించి హెచ్చరించే ప్రయత్నమూ, భవిష్యత్తుని మారుద్దాం రారమ్మని పిలిచే ప్రయత్నమూ. మానవజాతి భవిష్యత్తులో అమరత్వాన్నీ, ఆనందాన్నీ, దైవత్వాన్నీ సాధిస్తుందని ఊహించటం, ఇల్లు కట్టుకునేవాళ్ళు తమ ఇంటి

ముందు ఆవరణలో పచ్చగడ్డి పరిపిస్తారని ఊహించటం లాంటిదే. అది సాధ్యమయేట్టే కనిపిస్తుంది. కానీ ఒకసారి అలాంటి ఊహని వెలిబుచ్చాక దానికి ప్రత్యామ్నాయాల గురించి ఆలోచించటం ప్రారంభించవచ్చు.

అమరత్వం, దైవత్వం గురించి కలలు కంటున్నామని ఎవరైనా చెబితే, జనం ఆశ్చర్యపోతారు. అవి అపరిచితమైనవీ, అసాధ్యమైనవీ అని కాదు, కానీ అంత నిర్మొహమాటంగా మనసులో మాట చెప్పటం సామాన్యంగా జరగదు. అయినా దాన్ని గురించి ఆలోచించటం మొదలెట్టాక అందులో ఎంతో విషయం ఉందని అధికశాతం జనానికి అనిపిస్తుంది. ఈ కలల గురించి సాంకేతికపరమైన అహంకారం ఎంత ఉన్నప్పటికీ, సిద్ధాంతపరంగా అవి పాతబడిన వార్తలే. 300 సంవత్సరాలపాటు ప్రపంచాన్ని ఏలింది మానవత్వవాదం. అది జీవితానికీ, ఆనందానికీ హోమో సేపియన్ల ఆధిపత్యానికీ పవిత్రత ఆపాదించింది. అమరత్వం, ఆనందం, దైవత్వం సాధించే ప్రయత్నం కేవలం ఎంతో కాలంగా స్థిరపడిన మానవత్వపు విలువలను తార్కికమైన ముగింపుకు తీసుకెళ్తుంది. చాలాకాలంగా మనం దాచి ఉంచిన విషయాలను బాహాటంగా మన ముందుంచుతుంది.

అయినప్పటికీ నేనింకొక విషయాన్నీ మీ ముందుంచాలనుకుంటున్నాను : ఒక తుపాకీ. మూడో అంకంలో ఎవరో కాల్చే ఆ తుపాకీ మొదటి అంకంలో కనిపిస్తుంది. తరువాతి అధ్యాయాల్లో మానవత్వం, అంటే మానవజాతిని ఆరాధించటం, ప్రపంచాన్ని ఎలా జయించిందనే విషయం గురించి చర్చ ఉంటుంది. కానీ, మానవతావాదం వృద్ధి చెందటంలోనే దాని పతనానికి కారణమైన విత్తులు కూడా ఉన్నాయి. మానవజాతిని దేవతల స్థాయికి పెంచే ప్రయత్నం తార్కికంగా సరైన నిర్ణయమే కానీ, మానవత్వవాదంలో అంతర్గతంగా ఉండే లోపాలను కూడా అదే సమయంలో బహిర్గతం చేస్తుంది. లోపాలున్న ఆదర్శంతో మొదలుపెడితే, అది అమలయే స్థితికి చేరుకున్నప్పుడుగాని అందులోని లోపాలు మీకు తెలిసిరావు.

వృద్ధులకు కేటాయించిన ఆస్పత్రి వార్డులలో ఈ ప్రక్రియ చేసే పనిని మనం చూస్తున్నాం. మనిషి ప్రాణం పవిత్రమైనదన్న మానవవాద నమ్మకం చెక్కుచెదరనిది కావటంతో, మనుషులు దీనాతిదీనమైన స్థితికి చేరుకునేదాకా వాళ్ళని బతికి ఉంచేందుకు ప్రయత్నిస్తాం. కానీ చివరికి మనం, 'ఇందులో అంత పవిత్రత ఏముంది?' అని ప్రశ్నించటం తప్పనిసరి అయిపోతుంది. ఇదే రకమైన మానవతావాద నమ్మకాలవల్ల ఇరవైయొకటో శతాబ్దంలో మనం మొత్తం మానవజాతిని దాని హద్దుల బైటికి నెట్టివేసే అవకాశం కనిపిస్తోంది. మనుషులని దేవుళ్ళ స్థాయికి పెంచే అదే సాంకేతిక విధానం మనుషులను బహుశా పనికిరాకుండా చేసేస్తుందేమో. ఉదాహరణకి, వార్ధక్యం, మృత్యువుని అర్థం చేసుకుని అధిగమించగల విధానాలతో పనిచేసే అతిశక్తివంతమైన కంప్యూటర్లు బహుశా మనుషులు చేసే అన్ని పనులకీ, మనుష్యేతర విధానాలని నియోగించే అవకాశం ఉండవచ్చు.

అందుచేత, ఈ సుదీర్ఘమైన మొదటి అధ్యాయంలో సూచించిన దానికన్నా ఇరవైయొకటో శతాబ్దంలో మానవజాతి అజెండా ఇంకా చాలా సంక్లిష్టంగా ఉండబోతోంది.

ప్రస్తుతానికి మన అజెండాలో అమరత్వం, పరమానందం, దైవత్వంపై స్థానాన్ని ఆక్రమించు కున్నట్టు కనిపించవచ్చు. కానీ మనం ఈ లక్ష్యాల్ని చేరుకునేందుకు వాటికి దగ్గరైనకొద్దీ తత్ఫలితంగా నెలకొనే అల్లకల్లోలం మనని పూర్తిగా భిన్నమైన దిశగా మళ్లించవచ్చు. ఈ అధ్యాయంలో వివరించిన భవిష్యత్తు కేవలం గతం తాలూకు భవిష్యత్తు, అంటే గత 300 సంవత్సరాలుగా ఈ ప్రపంచం మీద ఆధిపత్యం చేసిన ఆలోచనల, ఆశల మీద ఆధార పడిన భవిష్యత్తన్నమాట. అసలైన భవిష్యత్తు, అంటే ఇరవైయొకటో శతాబ్దంలో ప్రారంభమైన ఆలోచనల, ఆశలలోనుంచి పుట్టిన భవిష్యత్తు, పూర్తిగా భిన్నంగా ఉండవచ్చు.

ఈ విషయాన్నంతా అర్థం చేసుకోవాలంటే మనం వెనక్కి వెళ్లి, హోమో సేపియన్స్ అంటే అసలెవరనీ, మానవతావాదం ఈ ప్రపంచాన్ని ఏలే మతంగా ఎలా తయారయిందనీ, మానవతావాద కలని నిజం చేసుకునేందుకు ప్రయత్నిస్తే అది ఛిన్నాభిన్నమయే అవకాశం ఉందనే విషయాలని పరీక్షించాలి.

పుస్తకంలో మొదటి భాగం మన జాతికి అంత ప్రత్యేకత ఏముందని అర్థం చేసుకునేందుకు ప్రయత్నిస్తూ, హోమో సేపియన్లకీ, ఇతర జంతువులకీ గల సంబంధాన్ని వివరిస్తుంది. భవిష్యత్తు గురించి మాట్లాడే పుస్తకంలో జంతువులకి అంత ప్రాముఖ్యం ఎందుకుందని కొందరు పాఠకులకి అనుమానం రావచ్చు. మన తోటి జంతువులతో ప్రారంభించకుండా మానవజాతి స్వభావం గురించీ, భవిష్యత్తు గురించీ లోతుగా చర్చించటం సాధ్యం కాదని నా ఉద్దేశం. హోమో సేపియన్లు ఆ విషయం మర్చిపోయేందుకు శాయశక్తులా ప్రయత్నిస్తారు కానీ ఆ జాతి కూడా జంతుజాతే. మనని మనం దేవతలుగా మార్చుకోవాలనుకుంటున్న సమయంలో, మన మూలాల్ని జ్ఞాపకం చేసుకోవటం మరీ ముఖ్యం. భవిష్యత్తులో దైవత్వం పొందాలన్న ఆలోచనతో చేసే పరీక్షలు మనం ఒకప్పుడు జంతువులమన్న విషయాన్నీ, ఇతర ప్రాణులతో మనకున్న సంబంధాన్నీ పట్టించుకోకుండా ఉండకూడదు. ఎందుకంటే భవిష్యత్తులో మానవాతీతులకీ, మానవులకీ ఎటువంటి సంబంధాన్నైతే మనం కోరుకుంటున్నామో, దానికి ఉత్తమమైన నమూనా ప్రస్తుతం మానవులకీ, జంతువులకీ గల సంబంధమే. అత్యుత్తమమైన తెలివితేటలున్న సైబార్గ్‌లు మామూలు రక్తమాంసాలున్న మనుషులతో ఎలా వ్యవహరిస్తారో తెలుసుకోవాలని ఉందా? అయితే తమకన్నా తక్కువ తెలివితేటలున్న తోటి ప్రాణులతో మనుషులు ఎలా వ్యవహరిస్తారో చూడండి చాలు. ఇది నిర్దుష్టమైన పోలిక కాదు, కానీ మనం ఊహించే దానికన్నా ఇది మంచి గీటురాయి, ఎందుకంటే దీన్ని మనం ప్రత్యక్షంగా గమనించటం సాధ్యమౌతుంది.

ఈ మొదటి భాగంలో వచ్చిన నిర్ధారణల ఆధారంగా, గత కొన్ని సహస్రాబ్దుల కాలంలో హోమో సేపియన్లు సృష్టించిన విచిత్రమైన ప్రపంచాన్ని, అది మన జీవితాలనీ, ప్రస్తుతం మనని ఈ కూడలికి చేర్చిన మార్గాన్నీ ఈ పుస్తకంలోని రెండో భాగం పరీక్షిస్తుంది. ప్రపంచం మొత్తం మానవజాతి చుట్టూనే తిరుగుతుందనీ, అన్ని అర్థాలకీ, ఆధిపత్యానికీ మానవులే మూలమనీ చెప్పే మానవతావాద మతాన్ని హోమో సేపియన్లు నమ్మటం ఎలా ప్రారంభించారు? ఈ మతంవల్ల వచ్చే ఆర్థిక, రాజకీయ సమస్యలెటువంటివి? మన

రోజువారీ జీవితానికీ, మన కళలకీ, మన మనసులోతుల్లో ఎక్కడో దాగున్న కోరికలకీ అవి ఎలాంటి రూపాన్నిస్తాయి?

పుస్తకంలో మూడో, (ఆఖరి) అధ్యాయం మళ్ళీ ఇరవైయొకటో శతాబ్దానికి వెనక్కి వస్తుంది. అది మానవజాతినీ, మానవతావాద మతాన్నీ మరింత లోతుగా అర్థం చేసుకోవటం మీద ఆధారపడిన అధ్యాయం. ప్రస్తుతం మనం ఎదుర్కొంటున్న సంకట స్థితినీ, మనం ఊహించుకునే భవిష్యత్తుని అది వివరిస్తుంది. మానవతావాదాన్ని నెలకొల్పే ప్రయత్నం దాని పతనానికి కారణమెందుకవుతుంది? అమరత్వం, పరమానందం, దైవత్వం కోసం మన ప్రయత్నాలు మానవత్వం మీద మనకున్న నమ్మకాన్ని సమూలంగా ఎలా కుదిపి వదిలిపెడుతుంది? ఈ ఉపద్రవాన్ని సూచించే చిహ్నాలేవి? మనం చేసే రోజువారీ నిర్ణయాలలో అవి ఎలా ప్రతిఫలిస్తాయి? నిజంగానే మానవతావాదం ఆపదలో చిక్కుకుని ఉన్నట్టయితే, దాని స్థానాన్ని ఆక్రమించే మరో అంశం ఏది? పుస్తకంలోని ఈ భాగం భవిష్యవాణి గురించి తాత్విక చర్చలూ, పైపై మాటలూ చెప్పదు. అది రాబోయే కాలంలో మన స్మార్ట్ ఫోన్ల, డేటింగ్ (ప్రేమించటంలో) పద్ధతుల, ఉద్యోగ రంగాల జాడ తెలుసుకునేందుకు వాటిని పరీక్షిస్తుంది.

మానవతావాదాన్ని నిజంగా నమ్మేవాళ్ళకి ఇదంతా నిరాశావాదంలాగానూ, నిస్పృహ కలిగించేదిగానూ కనిపించవచ్చు. కానీ మరీ త్వరగా నిర్ధారణలకి రాకపోవటమే ఉత్తమం. చరిత్ర ఎన్నో మతాలూ, సామ్రాజ్యాలూ, సంస్కృతులూ వర్ధిల్లటం, పతనమవటం చూసింది. అలాంటి ఆటుపోట్లు మంచివి కావని అనలేం. మానవతావాదం 300 సంవత్సరాలపాటు ప్రపంచం మీద ఆధిపత్యం వహించింది. అది ఎక్కువ కాలమేమీ కాదు. ఈజిప్టుని ఫారోలు 3,000 సంవత్సరాలు పరిపాలించారు. పోప్‌లు యూరప్‌ని వెయ్యేళ్ళు తమ అధికారంలో ఉంచుకున్నారు. రెండో రాంసేస్ కాలంలో ఒక ఈజిప్టు నివాసికి రాజులూ, ఫారోలు ఒకరోజు ఇక ఉండరని మీరు చెప్పి ఉంటే, 'ఫారో లేకుండా మేమెలా బతగ్గలం? దేశంలో క్రమశిక్షణ, శాంతి, న్యాయం అమలయేలా ఎవరు చూస్తారు?' అంటూ బహుశా ఆయన నిర్ఘాంతపోయేవాడేమో. మధ్యయుగంలో నివసించినవారికి, కొన్ని శతాబ్దాల్లో దేవుడు మరణిస్తాడని చెప్పివుంటే వాళ్ళు హడలిపోయుండేవాళ్లు. "దేవుడు లేకపోతే ఎలా బతుకుతాం? జీవితానికి అర్థం కల్పించి, మమ్మల్ని కాపాడేవారెవరుంటారు?' అనేవాళ్ళు.

వెనక్కి తిరిగి చూసుకుంటే, ఫారోల పతనమూ, దేవుళ్ళ మరణమూ, రెండూ సానుకూల ఫలితాలనే ఇచ్చాయని చాలామంది అనుకుంటారు. బహుశా మానవత్వం పతనమవటం కూడా మంచి ఫలితాలనే ఇస్తుందేమో! జనం సామాన్యంగా మార్పుకి భయపడతారు, ఎందుకంటే తెలియని దాన్ని చూస్తే మనకి భయం వేస్తుంది. కానీ చరిత్రలో నిలకడగా ఉండే ఒకే ఒక విషయం - అంతా మారిపోతుందన్న వాస్తవం.

10. అసిరియా రాజు అశుర్బనిపాల్ సింహాన్ని చంపడం :
జంతు రాజ్యాన్ని స్వాధీనం చేసుకోవడం

భాగం-I

హోమో సేపియన్లు ప్రపంచాన్ని జయించారు

మానవులకీ ఇతర జంతువులకీ
ఉన్న తేడా ఏమిటి?
మన జాతి ప్రపంచాన్ని ఎలా జయించింది?
హోమో సేపియన్లు నిజంగానే ఉత్తమమైన జీవిత రూపమా,
లేక స్థానికంగా ఉండే ఒక రౌడీయా?

2

మనుషుల యుగం

మిగిలిన జంతువులకి సంబంధించినంత వరకూ మానవులు ఏనాడో దేవుళ్ళుగా మారారు. మనం పెద్దగా న్యాయాన్నీ, దయాదాక్షిణ్యాలనీ చూపించే దేవుళ్ళలా ప్రవర్తించలేదు కాబట్టి దీన్ని గురించి మరీ లోతుగా ఆలోచించటం మనకు నచ్చదు. మీరు నేషనల్ జియోగ్రాఫిక్ ఛానెల్ చూసినా, డిస్నీ సినిమా చూసేందుకు వెళ్ళినా, అద్భుతాలతో నిండిన కల్పనాసాహిత్యం చదివినా ఈ భూమి సింహాలతో, తోడేళ్లతో, పులులతో నిండి ఉందనీ, అవి మనకేమాత్రం తీసిపోవనీ అనుకుంటారు. సింహాల రాజు సింబా అడవిలోని అన్ని జంతువులమీదా ఆధిపత్యం చేస్తుంది; లిటిల్ రెడ్ రైడింగ్ హుడ్ బిగ్ బ్యాడ్ వుల్ఫ్‌ని తప్పించుకునేందుకు ప్రయత్నిస్తుంది; ఇక చిన్నపిల్లవాడు మౌగ్లీ షేర్ ఖాన్ అనే పులిని ధైర్యంగా ఎదుర్కొంటాడు. కానీ అసలు విషయమేమిటంటే, ఇక అవేవీ అక్కడ లేవు. మన టెలివిజన్లూ, పుస్తకాలూ, ఊహలూ, పీడకలలా నిండా ఉన్నాయవి. కానీ సింబాలూ, షేర్ ఖాన్‌లూ, బిగ్ బ్యాడ్ వూల్ఫ్‌లూ మన భూమిమీదనుంచి మాయమౌతున్నాయి. ప్రపంచం మొత్తం మానవులూ, వాళ్ళ పెంపుడు జంతువులతో నిండిపోయింది.

గ్రిమ్ బ్రదర్స్, లిటిల్ రెడ్ రైడింగ్ హుడ్, బిగ్ బ్యాడ్ వుల్ఫ్ ఒకప్పుడు బతికిన జర్మనీలో ఈనాడు ఎన్ని తోడేళ్లున్నాయి? వందకన్నా తక్కువ (వాటిలో కూడా అధికశాతం గత కొన్నేళ్లలో రహస్యంగా సరిహద్దులు దాటి పోలాండ్ నుంచి దొంగతనంగా ప్రవేశించినవి.) దీనికి విరుద్ధంగా జర్మనీలో 5 మిలియన్ల పెంపుడు కుక్కలు నివసిస్తున్నాయి. ఈ భూమి మీద మొత్తం 2,00,000 అడవి తోడేళ్ళు తిరుగాడుతున్నాయి, కానీ పెంపుడు కుక్కలు మాత్రం 400 మిలియన్లకన్నా ఎక్కువే ఉన్నాయి. ప్రపంచంలో సింహాల సంఖ్య 40,000 ఉంటే, 600 మిలియన్ల పెంపుడు పిల్లులున్నాయి; ఆఫ్రికన్ గేదెలు 9,00,000, పెంపుడు ఆవులు 1.5 బిలియన్; 50 మిలియన్ల పెంగ్విన్లు, 20 బిలియన్ల కోడిపెట్టలు. 1970 నుంచీ పర్యావరణం గురించి అవగాహన పెరిగినప్పటికీ, అడవిజంతువుల సంఖ్య సగానికి పడిపోయింది (అంటే 1970లో అది సమృద్ధిగా ఉండేదని అనటంలేదు).

1980లో యూరప్‌లో 2 బిలియన్ల అడవిపక్షులు ఉండేవి 2009లో కేవలం 1.6 బిలియన్ మిగిలాయి. అదే యేడాది యూరోపియన్లు 1.9 బిలియన్ కోడిపెట్టలని వాటి మాంసంకోసం, గుడ్లకోసం పెంచారు. ప్రస్తుతం ప్రపంచంలోని పెద్ద జంతువులలో 90 శాతం (అంటే కొన్ని కిలోగ్రాముల వరకూ బరువున్నవి) మానవులు, లేదా పెంపుడు జంతువులూ.

శాస్త్రజ్ఞులు ఈ భూమండలం చరిత్రని ప్లేస్టోసీన్, ప్లయోసీన్, మయోసీన్ లాంటి యుగాలుగా విభజిస్తారు మనం ఇప్పుడు జీవిస్తున్నది హోలోసీన్ యుగం. అయినా గత 70,000 సంవత్సరాలని ఆంత్రోపోసీన్ - మానవత్వపు - యుగమని అనటమే మేలేమో. ఈ సహస్రాబ్దులలో భూమండలం పర్యావరణంలో మార్పులకి కారణమైన ఒకేఒక ముఖ్యమైన జాతి హోమో సేపియన్లదే.

ఇది మునుపెన్నడూ చూడని సంఘటన. 4 బిలియన్ల సంవత్సరాలక్రితం భూమిమీద జీవులు ఆవిర్భవించినప్పట్నుంచీ ఏ ఒక్క జాతీ ఒక్క చేత్తో ప్రపంచ పర్యావరణాన్ని ఇంతగా మార్చలేదు. పర్యావరణంలో పెనుమార్పులూ, జాతులు మొత్తం అంతరించిపోవడం జరగలేదని కాదు. కానీ అలాటివి ఒక ప్రత్యేక జాతికి చెందిన బల్లులో, గబ్బిలాలో, నాచు మొక్కలో చేసిన పనులవల్ల జరగలేదు. వాతావరణంలో ప్రకృతిసిద్ధంగా ఏర్పడిన గొప్ప మార్పులూ, టెక్టానిక్ (భూమి కింది) పొరల కదలికలూ, అగ్నిపర్వతాల పేలుళ్లు, గ్రహ శకలాలు భూమిని ఢీకొనటాలూ వీటికి కారణమయ్యాయి.

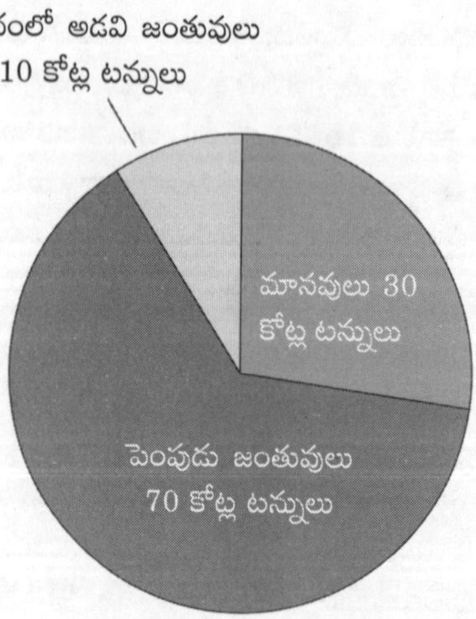

11. పెద్ద జంతువుల గ్లోబల్ బయోమాస్ 'పై' (Pie) చార్ట్

ఈనాడు మనం మళ్ళీ బ్రహ్మాండమైన అగ్నిపర్వతాల పేలుళ్ళకీ, గ్రహశకలాల పెనుతాకిడికీ గురవుతామని కొందరు భయపడుతున్నారు. ఈ ఆందోళనలని ఉపయోగించుకుని హాలీవుడ్ నిర్మాతలు బిలియన్ల సంపాదిస్తున్నారు. కానీ వాస్తవానికి అటువంటి ప్రమాదం జరిగే అవకాశం చాలా తక్కువ. అలా పెద్దెత్తున ప్రాణులు అంతరించిపోవటమనేది ఎన్నో మిలియన్ల సంవత్సరాలకి ఒకసారి జరుగుతుంది. రాబోయే వంద మిలియన్ సంవత్సరాలలో ఒక పెద్ద గ్రహశకలం మన భూగ్రహంతో ఢీకొనే ప్రమాదం ఉండవచ్చు. కానీ అది వచ్చే మంగళవారం జరిగే అవకాశం మాత్రం శూన్యం. గ్రహశకలాలని చూసి భయపడటం బదులు మనని చూసి మనం భయపడాలి.

ఎందుకంటే హోమో సేపియన్లు ఈ ఆటలో నియమాలని తిరగరాశారు. 70,000 సంవత్సరాలలో ఈ ఒకే ఒక వానరజాతి ప్రపంచంలోని పర్యావరణ వ్యవస్థని ఎన్నడూ చూడనంతగా సమూలంగా మార్చెయ్యగలిగింది. మన ప్రభావం ఇప్పటికే హిమయుగాన్నీ, టెక్టోనిక్ కదలికలనీ తలపింపజేస్తోంది. మరో శతాబ్ద కాలంలో, 65 మిలియన్ సంవత్సరాల క్రితం రాక్షసబల్లులని హతమార్చిన గ్రహశకలం ప్రభావాన్ని అధిగమించే అవాకాశం ఉంది.

ఆ గ్రహశకలం మన భూమిమీది పరిణామక్రమం దిశని మార్చివేసింది కానీ ప్రాథమిక నియమాలని మార్చలేదు. 4 బిలియన్ సంవత్సరాల క్రితం మొట్టమొదటి జీవులు ఉద్భవించినప్పట్నుంచీ ఆ నియమాలు అలాగే ఉన్నాయి. ఆ యుగాలన్నిటిలోనూ మీరు ఒక వైరస్ అయినా, రాక్షసబల్లి అయినా, ఏ మార్పూ లేని సహజ ఎన్నిక నియమాలని అనుసరించి మీరు పరిణామాన్ని సాధించారు. అదనంగా ప్రాణులు ఎటువంటి వింతైన, అసాధారణ రూపాలు పొందినా అది సేంద్రీయ పరిధిలోనే ఉండేది. ఒక బ్రహ్మజెముడు మొక్కైనా, తిమింగలమే అయినా మీరు రూపొందింది సేంద్రీయ మిశ్రమాలతోనే. ప్రస్తుతం మానవజాతి సహజ ఎంపిక బదులు తెలివైన నిర్మాణాన్ని ఉపయోగించేందుకు సిద్ధంగా ఉంది. సేంద్రీయ పరిధినుంచి ప్రాణులని సేంద్రియ పరిధిలోకి విస్తరించాలని ప్రయత్నిస్తోంది.

మనం భవిషత్తులో జరగబోయే అంశాలని పక్కన పెట్టి గత 70,000 సంవత్సరాలని ఒకసారి చూసినట్లయితే, మనుషుల యుగం ఎన్నడూ కనీవినీ ఎరగనంతగా మార్చివేసిందని స్పష్టంగా తెలిసిపోతుంది. గ్రహశకలాలూ, భూమి కింది పొరలూ వాతావరణ మార్పులూ ప్రపంచవ్యాప్తంగా ప్రాణుల మీద ప్రభావం చూపి ఉండవచ్చు, కానీ వాటి ప్రభావం యుగాలవెంట మారుతూ వచ్చింది. భూమిమీద ఎన్నడూ ఒకే రకమైన పర్యావరణ వ్యవస్థ ఉండలేదు, ఒకదానితో ఒకటి అలవోకగా సంబంధాలున్న ఎన్నో పర్యావరణ వ్యవస్థల కలయికలాగ ఉండేది. భూమిగత పొరల కదలికలు ఉత్తర అమెరికానీ, దక్షిణ అమెరికానీ జోడించినపుడు, ఆ కదలికలవల్ల దక్షిణ అమెరికాలోని అధికశాతం కోశంగల స్తనజీవులు (మార్సూపియల్స్) అంతరించిపోయాయి, కానీ ఆస్ట్రేలియాలో ఉండే కంగారూల మీద ఎటువంటి దుష్ప్రభావమూ పడలేదు. గతసారి 20,000 సంవత్సరాలకు పూర్వం, హిమ యుగం చరమదశకి చేరుకున్నప్పుడు, పర్షియన్ గల్ఫ్‌లోనూ, టోక్యో బే లోనూ ఉండే జెల్లీ

చేపలు కొత్త వాతావరణానికి అనుకూలంగా తమను తాము మార్చుకోవలసి వచ్చింది. అయినా, ఆ రెండు రకాల చేపలకీ సంబంధమేమీ లేకపోవటంవల్ల రెండూ రెండు రకాలుగా ప్రతిక్రియ చూపి, విశేషమైన దిశగా పరిణతి సాధించాయి.

దీనికి వ్యతిరేకంగా, ప్రపంచాన్ని స్వతంత్ర పర్యావరణ ప్రాంతాలుగా విభజించిన అడ్డంకులను సేపియన్లు భగ్నం చేశారు. మనుషుల యుగంలో భూమండలం ఒకే ఒక పర్యావరణ ప్రాంతంగా తయారైంది. ఆస్ట్రేలియా, యూరప్, అమెరికాలో వాతావరణం, స్థల అమరిక భిన్నంగా ఉంటూ వచ్చాయి, అయినా ప్రపంచమంతటా ఉన్న జీవులు నిరంతరం, దూరాలతోనూ, భౌగోళిక పరిమితులతోనూ సంబంధం లేకుండా ఒకదానితో ఒకటి కలిసేందుకు వాళ్ళు దోహదం చేశారు. ముందు చిన్న సంఖ్యలో ప్రారంభమైన చెక్క పడవలు, అసంఖ్యాకమైన విమానాలుగా, ఆయిల్ ట్యాంకర్లుగా, ప్రతి సముద్రాన్నీ అటూ ఇటూ దాటుతూ, ప్రతి ద్వీపాన్నీ, ఖండాన్నీ జోడిస్తూ సామాన్లు చేరవేసే బ్రహ్మాండమైన ఓడలుగా మార్పు చెందాయి. తత్ఫలితంగా, ఆస్ట్రేలియాలోని పర్యావరణాన్ని అర్థం చేసుకోవాలంటే, అక్కడి సముద్రతీరాలలోనూ, ఎడారుల్లోనూ ఉండే యూరప్‌లోని క్షీరదాలనీ, అమెరికాలోని సూక్ష్మజీవులనీ లెక్కలోకి తీసుకోవటం తప్పనిసరి. గత 300 సంవత్సరాలలో ఆస్ట్రేలియాకి మానవులు తీసుకొచ్చిన గొర్రెలూ, గోధుమలూ, ఎలుకలూ ఫ్లూ వైరస్‌లూ, స్థానికంగా ఉండే కంగారూలకన్నా, కోఆలాలకన్నా కూడా అక్కడి పర్యావరణానికి చాలా ముఖ్యమైపోయాయి.

కానీ మనుషుల యుగమనేది గత కొన్ని శతాబ్దాలకు సంబంధించిన కొత్త సంఘటన కాదు. ఎన్నో వేలయేళ్ళ క్రితం మన రాతియుగపు పూర్వీకులు తూర్పు ఆఫ్రికా నుంచి భూమి నలుదిశలా విస్తరించినప్పుడు, తాము స్థిరనివాసం ఏర్పరచుకున్న ప్రతి ఖండంలోనూ, ద్వీపంలోనూ ఉండే వృక్ష సంపదనీ, జంతుజాలాన్నీ మార్చేశారు. ప్రపంచంలోని ఇతర మానవజాతులన్నిటినీ, ఆస్ట్రేలియాలోని పెద్దపెద్ద జంతువులలో 90 శాతాన్నీ, అమెరికాలోని పెద్ద క్షీరదాలలో 75 శాతాన్నీ, భూమిమీద ఉన్న భూచర క్షీరదాలలో 50 శాతాన్నీ అంతరించిపోయేట్టు చేశారు. వాళ్ళు మొదటి గోధుమపొలం నాటే ముందే, లోహంతో మొదటి పరికరాన్ని తయారుచెయ్యకముందే, మొదటిసారి రచన చేయకముందే, మొదటి నాణేన్ని రూపొందించకముందే ఇదంతా జరిగింది.

పెద్ద ఆకారం గల జంతువులూ వీళ్ళ బారిన పడటానికి కారణం, అవి తక్కువ సంఖ్యలో ఉండేవి, పుట్టేందుకు ఎక్కువ సమయం పట్టేది. ఉదాహరణకి, మామత్ ఏనుగుల్ని (అవి అంతరించిపోయాయి) కుందేళ్లతో (అవి మనుగడ సాగించాయి) పోల్చి చూడండి. మామత్ ఏనుగుల గుంపులో మహా అయితే కొన్ని డజన్లు మాత్రమే ఉండేవి. యేడాదికి బహుశా రెండే రెండు ఏనుగులు పుట్టేవి. అందుచేత అక్కడ నివసించే మానవులు యేడాదికి మూడు ఏనుగులని చంపినా, జననాలకన్నా మరణాలు ఎక్కువగా ఉండేవి. అలా కొన్ని తరాలలో మామత్ ఏనుగులు అంతరించిపోయాయి. దీనికి విరుద్ధంగా కుందేళ్లు కుందేళ్ళలాగే పుట్టేవి. మానవులు యేటా వందలకొద్దీ కుందేళ్ళని వేటాడి చంపినా అవి అంతరించిపోవడం జరగలేదు.

మన పూర్వీకులు మామత్ ఏనుగులని తుడిచిపెట్టేయాలని పథకం ప్రకారం పని చేయలేదు. తాము చేసే పనుల పర్యవసానం ఎలా ఉండబోతోందో వాళ్లకి తెలీలేదంతే. పరిణామక్రమం కొలబద్దతో చూసినప్పుడు మామత్‌లు, ఇతర పెద్ద జంతువులూ అంతరించిపోవటమనేది చాలా త్వరగా జరిగిపోయినట్టు అనిపించవచ్చు. కానీ మానవుల దృష్టిలో అది నెమ్మదిగా, క్రమంగా జరిగిన సంఘటన. మనుషులు డెబ్బై, ఎనభై యేళ్ళకన్నా ఎక్కువ బతకలేదు, కానీ అంతరించిపోవటమనే ప్రక్రియకి కొన్ని శతాబ్దాల సమయం పట్టింది. ప్రాచీన సేపియన్లకి తాము యేడాదికి రెండు మూడు మామత్‌లను వేటాడి చంపటానికీ, ఆ జూలున్న దిగ్గజాలు అంతరించిపోవటానికీ సంబంధం ఉందని బహుశా గమనించి ఉండరు. ఎవరో ఒక ముసలాయన, 'మా చిన్నప్పుడు మామత్ ఏనుగులు ఇప్పటికన్నా చాలా ఎక్కువుండేవి. మాస్తోడాన్‌లూ, పెద్దపెద్ద కణుజులూ కూడా ఉండేవి. అంతే కాదు తెగ పెద్దలు నిజాయితీ పాటించేవారు, పిల్లలు పెద్దల్ని గౌరవించే వారు,' అని పాత రోజులు గుర్తుచేసుకుంటూ పిల్లలకి చెప్పేవాడేమో!

పాము పిల్లలు

మానవశాస్త్రం, పురాతత్వశాస్త్రం చూపించే నిదర్శనాలు ప్రాచీనకాలపు ఆటవికులు బహుశా సర్వాత్మవాదాన్ని నమ్మి ఉంటారని సూచిస్తాయి : మనుషులని ఇతర జంతువుల నుంచి వేరుచేసే ముఖ్యమైన ఖాళీ ఏదీ లేదని వాళ్ళు నమ్మారు. ప్రపంచం, అంటే వాళ్ళు నివసించే లోయ, దానిచుట్టూ ఉండే పర్వతశ్రేణులూ అక్కడ జీవించే వాటన్నిటికీ చెందినవి. అందరికీ, అన్నిటికీ, ఒకే రకమైన నియమాలు వర్తిస్తాయి. అన్ని ప్రాణులకీ ఎడతెగకుండా చర్చలు జరగటం ఈ నియమాలలో ఒక భాగంగా ఉండేది. మనుషులు జంతువులతోనూ, చెట్లతోనూ, రాళ్లు రప్పలతోనే కాక దేవదూతలతోనూ, దయ్యాలూ భూతాలతోనూ మాట్లాడేవాళ్ళు. ఈ సంభాషణల పరంపర నుంచి మానవులనీ, ఏనుగు లనీ, సిందూర వృక్షాలనీ, ప్రేతాత్మలనీ కలిపికట్టే విలువలూ, నిబంధనలూ వెలువడేవి.

సర్వాత్మవాదుల దృష్టికోణం ఈ ఆధునిక యుగంలో కూడా కొన్ని ఆటవికజాతులకి మార్గదర్శకంగా కొనసాగుతూనే ఉంది. ఆ జాతులలో ఒకటి నాయక తెగ. ఈ తెగవాళ్ళు దక్షిణ భారత ప్రాంతంలోని ఉష్ణమండల అడవుల్లో ఉంటారు. డాన్నీ నావెహ్ అనే మానవ శాస్త్రవేత్త ఎన్నో సంవత్సరాలపాటు నాయక తెగని అధ్యయనం చేశాడు. నాయక తెగకి చెందిన వ్యక్తికి అడవిలో పులి, పాము, ఏనుగు లాంటి ప్రమాదకరమైన జంతువేదైనా ఎదురైతే ఆ వ్యక్తి ఆ జంతువుతో, "నువ్వు అడవిలో ఉంటావు, నేను కూడా అడవిలోనే ఉంటాను. నువ్విక్కడికి తినేందుకు వచ్చావు, నేను కూడా ఇక్కడ కందమూలాలు ఏరు కునేందుకు వచ్చాను. నీకు హాని కలిగించేందుకు రాలేదు," అంటాడు.

'ఎప్పుడూ ఒంటరిగా నడిచే ఏనుగు', అని ఆ తెగవాళ్ళు పేరు పెట్టిన ఒక మగ ఏనుగు ఒకసారి ఒక నాయక తెగ మనిషిని చంపింది. దాన్ని పట్టుకునేందుకు భారతీయ అటవీశాఖ అధికారులకి నాయకులు సహాయం చెయ్యం అన్నారు. ఆ మగ ఏనుగు మరో

మగ ఏనుగుతో చాలా సన్నిహితంగా మెలిగేదనీ, దానివెంటే ఎప్పుడూ తిరిగేదనీ వాళ్ళు నావెహ్‌కి చెప్పారు. ఒకరోజు అటవీశాఖ అధికారులు ఆ రెండో ఏనుగుని పట్టుకున్నారు. అప్పట్నుంచీ 'ఎప్పుడూ ఒంటరిగా నడిచే ఏనుగు' కోపంతో రెచ్చిపోయి అందరిమీదా దాడిచేయ్యటం మొదలెట్టింది. 'మీ జీవితభాగస్వామిని మీకు దూరం చేస్తే మీకెలా ఉంటుంది? ఈ ఏనుగుకి సరిగా అలాగే అనిపించింది. ఈ రెండు ఏనుగులూ ఒక్కోసారి రాత్రిళ్ళు విడిపోయేవి, దేని దారిన అది పోయేది...కానీ ఉదయం అవగానే మళ్ళీ రెండూ కలిసే కనిపించేవి. ఆ రోజు ఈ ఏనుగు తన మిత్రుడు కింద పడి ఉండటం చూసింది. ఇద్దరు ఎప్పుడూ కలిసే ఉండేవారు, అందులో ఒకర్ని ఎవరైనా కాల్చి చంపితే మరొకరికి ఎలా ఉంటుంది?'

ఇలాంటి సర్వాత్మవాదం పారిశ్రామిక యుగంలో బతుకుతున్న మనుషులకి విచిత్రంగా కనిపిస్తుంది. మనలో అధికశాతం జంతువులూ భిన్నమైనవనీ, మనకన్నా తక్కువ స్థాయికి చెందినవనీ అనుకోవటం పరిపాటి. మన అతిప్రాచీన ఆచారాలు సైతం ఆటవిక యుగానికి కొన్ని వేల సంవత్సరాల తరవాత రూపొందించబడటమే దీనికి కారణం. ఉదాహరణకి, ఓల్డ్ టెస్టమెంట్ క్రీ.పూ. మొదటి సహస్రాబ్దిలో రాయబడింది. దానిలో అన్నిటికన్నా పాత కథలు రెండో సహస్రాబ్దిలోని వాస్తవాలని ప్రతిబింబిస్తాయి. కానీ మధ్యప్రాచ్యంలో ఆటవికుల యుగం 7,000 సంవత్సరాలకన్నా ముందే ముగిసిపోయింది. అందుచేత బైబిల్ సర్వాత్మవాదాన్ని ఖండించడంలో ఆశ్చర్యం లేదు. అందులోని ఒకే ఒక సర్వాత్మవాద కథ పుస్తకం ఆరంభంలోనే, అత్యవసరమైన హెచ్చరికగా కనిపిస్తుంది. బైబిల్ చాలా పెద్ద పుస్తకం. దాన్నిండా అద్భుతాలూ, అసాధారణ సంఘటనలూ, చిత్ర విచిత్రమైన అభూతకల్పనలూ ఉన్నాయి. అయినప్పటికీ మనిషితో జంతువు మాట్లాడే సంఘటన మాత్రం ఒకే ఒకటి – పాము ఈవ్‌ని నిషిద్ధ జ్ఞాన ఫలం తినమని ఉసిగొల్పే సంఘటన (బిల్'ఆమ్ ఆడగాడిద కూడా కొన్ని మాటలు మాట్లాడుతుంది, కానీ అది బిల్'ఆమ్‌కి దేవుడి సందేశం అందించటానికి మాత్రమే).

గార్డెన్ ఆఫ్ ఈడెన్‌లో ఆడమ్, ఈవ్ ఆహారసేకరణ చేస్తూ జీవించారు. ఈడెన్ నుంచి వాళ్ళని బహిష్కరించే సంఘటనకీ వ్యవసాయ విప్లవానికీ ఆశ్చర్యకరమైన పోలిక కనిపిస్తుంది. ఆడమ్ అడవిలో పళ్ళు ఏరుకునేందుకు అనుమతి ఇవ్వకుండా దేవుడు అతని మీద కోపగించి, 'చెమటోడ్చి సంపాదించుకునే ఆహారం తిను,' అని శపిస్తాడు. కనుక బైబిల్‌లోని జంతువులు వ్యవసాయానికి పూర్వం ఉండిన ఈడెన్ యుగంలో మాత్రమే మనుషులతో మాట్లాడేవి యనేది యాదృచ్ఛికం కాదు. ఆ సంఘటన నుంచి బైబిల్ ఎలాంటి పాఠం నేర్పిస్తుంది? మీరు పాములు చెప్పే మాటలు వినకూడదనీ, జంతువుల తోనూ, మొక్కలతోనూ మాట్లాడకుండా ఉండటమే మంచిదనీ కదా? అలా చేస్తే వినాశనం తప్ప ఇంకేమీ జరగదు.

అయినా బైబిల్‌లో ఉండే కథలకి ఇంకా లోతైన, ప్రాచీనమైన అంతరార్థాలు చాలానే ఉన్నాయి. ఎన్నో ఆదివాసీ తెగల్లో 'ఈవ్'కి 'పాము', ఇంకా 'ఆడపాము' అనే అర్థం కూడా ఉంది. బైబిల్ నాటి మన ప్రాచీనకాలపు తల్లి పేరులో అనేక సర్వాత్మవాద కల్పిత గాథలు

దాగి ఉన్నాయి. వాటిని బట్టి చూస్తే పాములు మన శత్రువులు కావు, మన పూర్వీకులు. సర్వాత్మవాదాన్ని నమ్మే అనేక సంస్కృతులు మనుషులు పాములు, ఇతర సరీసృపాలతో సహా, జంతువుల నుంచి పుట్టారని నమ్మాయి. ఆస్ట్రేలియాలో ఉండే మూలవాసుల్లో అధికశాతం ఈ ప్రపంచాన్ని సృష్టించింది ఇంద్రధనుస్సు పాము (రైన్ బో సర్పెంట్) అని నమ్మారు. అరాందా, డాయియేరీ తెగల మనుషులు తాము ఆదిమ యుగపు బల్లుల నుంచీ, పాములనుంచీ ఉద్భవించామనీ, ఆ తరవాత మనుషులుగా మారామనీ అంటారు. ఆధునిక కాలంలో పాశ్చాత్యులు కూడా తాము సరీసృపాలనుంచే పరిణతి చెందామని అనుకుంటారు. మనలో ప్రతి ఒక్కరి మెదడూ సరీసృప కేంద్రం నుంచే నిర్మితమైంది. సరీసృపాల శరీరాలలో కొద్ది మార్పులూ చేర్పులూ చెయ్యటంతో మన శరీరాలు కూడా నిర్మించబడ్డాయి.

జెనెసిస్ పుస్తకం రచించినవాళ్ళు ఈవ్ పేరులో పురాతన సర్వాత్మవాద విశ్వసాల అవశేషాలని పొందుపరచి ఉండవచ్చు, కానీ మిగిలిన గుర్తులన్నిటినీ దాచటంలో వాళ్ళు అమితమైన జాగ్రత్త వహించారు. పాములనుంచి కాకుండా దేవతలు మనుషులని

12. కోల్పోయిన స్వర్గం (సిస్టీన్ చాపెల్). పాము - మానవ శరీరం పైభాగంలో ఆడుకునే యా జీవి - గొలుసు సంఘటనల మొత్తానికి కారకుడు. ఆదికాండము యొక్క మొదటి రెండు అధ్యాయాలు దైవికమైన నాటకీయ డైలాగుల ఆధిపత్యం చెలాయిస్తుంది. ("మరియు దేవుడు చెప్పాడు... మరియు దేవుడు చెప్పాడు... మరియు దేవుడు చెప్పాడు..."), మూడవ అధ్యాయంలో చివరకు మనం ఒక సంభాషణను వింటాం - ఈవ్ మరియు పాము మధ్య ("మరియు పాము స్త్రీతో చెప్పింది... మరియు స్త్రీ సర్పంతో ఇలా చెప్పింది..."). మానవుడు మరియు జంతువుల మధ్య ఈ ప్రత్యేకమైన సంభాషణ మానవత్వం పతనానికి మరియు ఈడెన్ నుండి మన బహిష్కరణకు దారితీస్తుంది.

జడపదార్థం నుంచి సృష్టించారని అంటుంది జెనెసిస్. పాము మన పూర్వీకుడు కాదు : స్వర్గంలో ఉండే మన తండ్రికి ఎదురుతిరగమని అది మనని ఉసికొల్పుతుంది. సర్వాత్మవాదులు మనిషి కేవలం మరో జంతువు అనుకుంటే, బైబిల్ మాత్రం మానవులు అపురూపమైన సృష్టి అని అంటుంది. మనలోని జంతువుని కాదనే ప్రయత్నమేదైనా సరే ఆ దేవుడి శక్తినీ, అధిపత్యాన్నీ ధిక్కరించటమే అవుతుంది. కానీ ఆధునిక మానవులు తాము సరీసృపాలనుంచి పరిణతి చెందామని కనుగొన్నప్పుడు, వాళ్ళు దేవుడికి ఎదురు తిరిగి, ఆయన మాట వినటం మానేశారు, అంతేకాదు దేవుడనేవాడున్నాడని నమ్మటమే మానేశారు.

పూర్వీకుల అవసరాలు

మానవులు విశిష్టమైన సృష్టి అనే నమ్మకాన్ని బైబిల్ ప్రచారం చేసింది. అది వ్యవసాయ విప్లవానికి సంబంధించిన ఉపఫలాలలో (బై ప్రోడక్ట్స్) ఒకటి. అది మానవులకీ జంతువులకీ గల సంబంధాలలో ఒక కొత్త ఒరవడికి నాంది పలికింది. వ్యవసాయం పెద్దెత్తున ప్రాణులు అంతరించిపోవటానికి కారణమైంది. ఇంకా ముఖ్యమైన విషయం, అది ఈ భూమ్మీద పూర్తిగా కొత్తదైన ఒక ప్రాణికి – పెంపుడు జంతువులకి రూపమిచ్చింది. మొదట్లో ఈ పరిణామానికి అంత ప్రాముఖ్యం ఉందని అనిపించలేదు. మానవులు ఇరవై కన్నా తక్కువ జాతుల క్షీరదాలనీ, పక్షులనీ పెంచుకునేవారు. అప్పటికీ వేలకొద్దీ ప్రాణి జాతులు 'అడవి'లోనే ఉండేవి. కానీ శతాబ్దాలు గడిచినకొద్దీ ఈ కొంగొత్త పెంపుడుజాతి ఆధిపత్యం సాధించింది. ఈనాడు అన్ని రకాల పెద్ద జంతువుల్లోనూ 90 శాతం పెంపుడువే.

కానీ ఈ పెంపుడు జంతుజాతులన్నీ సామూహికంగా అసమానమైన సాఫల్యం సాధించినప్పటికీ, పాపం వైయక్తికంగా ఎన్నడూ ఎరగని బాధలు అనుభవించాయి. జంతు ప్రపంచం కొన్ని మిలియన్ల సంవత్సరాలపాటు అనేక రకాల బాధలనీ, వేదనలనీ ఎరిగినదే అయినా, వ్యవసాయ విప్లవం పూర్తిగా కొత్త రకమైన బాధలను సృష్టించింది. అవి కాలంతోబాటు మరింత ఘోరంగా తయారయ్యాయి.

అలవోకగా చూసేవాళ్ళకి, తమ పూర్వీకులైన అడవి జంతువులకన్నా పెంపుడు జంతువులు సుఖంగానే బతుకుతున్నట్టు అనిపించవచ్చు. అడవి పందులు రోజంతా ఆహారం, నీళ్ళూ, గూడూ వెతుక్కుంటూనే ఉంటాయి. వాటికి ఎల్లప్పుడూ సింహాలవల్లా, పరాన్నజీవులవల్లా, వరదలవల్లా ప్రమాదం వాటిల్లే అవకాశం ఉంటుంది. కానీ దీనికి వ్యతిరేకంగా పెంపుడు పందులకి మనుషులు ఆహారమూ, నీళ్ళూ, ఉండేందుకు చోటూ కల్పిస్తారు. వాటికి రోగాలొస్తే చికిత్స చేయిస్తారు, ఇతర జంతువులు వాటిని చంపకుండా కాపాడతారు. ప్రకృతి వైపరీత్యాల బారిన పడకుండా చూస్తారు. అధికశాతం పందులు కసాయిగృహాలలోకే చేరుకుంటాయి. కానీ అది అడవి పందుల దుర్గతి కన్నా భయంకరం అనగలమా? మనిషి చేతిలో చావటంకన్నా సింహం నోట్లో చిక్కుకుని మరణించటం మేలా? ఉక్కు కత్తులకన్నా మొసలి పళ్ళు తక్కువ ప్రాణాంతకమైనవా?

పెంపుడు జంతువులు చనిపోయే పద్ధతి మాత్రమే కాదు, అవి బతికే పద్ధతి కూడా అంతకన్నా భయంకరంగా ఉంటుంది. ప్రాచీన కాలంలో పెంపుడు జంతువులకీ, వర్తమానంలో పెంపుడు జంతువులకీ జీవన విధానంలో గల పోటీని సృష్టించిన కారణాలు రెండు : మానవుల కోరికలూ, జంతువుల అవసరాలూ. ఆ రకంగా మనుషులు మాంసం కోసం పందుల్ని పెంచుతారు, కానీ వాళ్లకి ఎడతెగకుండా మాంసం దొరుకుతూ ఉండా లంటే పందులు ఎక్కువకాలం బతికేట్టూ, పిల్లల్ని కనేట్టూ చూడాలి. సిద్ధాంతపరంగా ఇది జంతువులమీద అతితీవ్రమైన హింస జరగకుండా కాపాడి ఉండవలసింది. ఒక వ్యవసాయదారు తన పందుల్ని జాగ్రత్తగా చూసుకోకపోతే, అవి పిల్లలు పుట్టకముందే చనిపోతాయి. దాంతో ఆ వ్యవసాయదారు పస్తులుండవలసి వస్తుంది.

దురదృష్టం కొద్దీ, వాటి మనుగడ గురించి, పునరుత్పత్తి గురించీ శ్రద్ధ తీసుకుంటూనే, పెంపుడు జంతువులని మానవులు ఎన్నో రకాలుగా తీవ్రమైన బాధలకి గురిచెయ్యగలరు. పెంపుడు జంతువులకి తమ పూర్వీకులనుంచి శారీరకమైన, భావాత్మకమైన, సామాజికమైన అవసరాలు అందాయి. అవి మనుషుల వ్యవసాయ భూముల్లో శూన్యం అవటమే ఈ సమస్యకి మూలం. వ్యవసాయదారులు ఆర్థికంగా ఎటువంటి నష్టమూ లేకుండా ఈ అవసరాలని మామూలువిగా భావించి నిర్లక్ష్యం చేస్తారు. వాళ్ళు ఇరుకు బోన్లలో జంతువులని బంధిస్తారు, వాటి తోకలనీ, కొమ్ములనీ కత్తిరిస్తారు, తల్లులని పిల్లలనుంచి వేరు చేస్తారు, ఎంచి ఎంచి వికృతమైన జంతువులని పుట్టిస్తారు. ఆ జంతువులూ తీవ్రంగా బాధపడతాయి, అయినా అవి బతుకుతూ, పిల్లల్ని పుట్టిస్తూనే ఉంటాయి.

అది సహజ ఎంపికకి సంబంధించిన అన్ని ప్రాథమిక సూత్రాలకు వ్యతిరేకం కాదా? అన్ని సహజ ప్రవృత్తులూ, అంతఃప్రేరణలూ, భావోద్రేకాలూ కలగటానికి ముఖ్య కారణం మనుగడ, పునరుత్పత్తి అని పరిణామక్రమ సిద్ధాంతం నమ్ముతుంది. అలాగయితే, పెంపుడు జంతువులూ నిరంతరం పునరుత్పత్తి కొనసాగిస్తూ ఉండటం చూస్తే వాటి అసలు అవసరాలన్నీ తీరుతున్నాయనే అనుకోవాలి కదా? తన మనుగడకీ, పునరుత్పత్తి కార్యానికీ అవసరమైన సదుపాయాలు ఉన్నప్పుడు పందికి ఇంకే 'అవసరం' ఉంటుంది?

అన్ని సహజ ప్రవృత్తులూ, ప్రేరణలూ, భావోద్రేకాలూ మనుగడ కోసం, పునరుత్పత్తి కోసం పరిణామక్రమం తెచ్చే ఒత్తిడివల్లే కలుగుతాయన్నది నిజమే. అయినప్పటికీ, ఈ ఒత్తిడి హఠాత్తుగా మాయమైనప్పుడు, దానితోబాటు అది సృష్టించిన సహజ ప్రవృత్తులూ, ప్రేరణలూ, భావోద్రేకాలూ మాయమవవు. కనీసం వెంటనే అలా జరగదు. మనుగడకూ, పునరుత్పత్తికీ ఇక మీదట అవి దోహదం చెయ్యకపోయినప్పటికీ, ఆ ప్రవృత్తులూ, ప్రేరణలూ, భావోద్వేగాలూ ఆ జంతువూ పొందే అనుభవాలకు ఆకారాన్నిస్తాయి. జంతువులకీ, మానవులకీ కూడా ఎంపికపై సంబంధించిన ఒత్తిళ్ళని వ్యవసాయం ఒక్క రాత్రిలో మార్చివేసింది. కానీ, అది ఆ ప్రాణుల శారీరక, భావనాత్మక, సామాజిక ప్రేరణలను మార్చలేదు. అయినా పరిణామక్రమం ఒకచోట అలా ఆగి ఉండిపోదు. వ్యవసాయం ప్రారంభించిన ఈ 12,000 సంవత్సరాలుగా అది జంతువులలోనూ మానవులలోనూ మార్పులు తెస్తూనే ఉంది. ఉదాహరణకి, యూరప్‌లోనూ, పశ్చిమ

ఆసియాలోనూ ఉండే మనుషులు ఆవుపాలని అరిగించుకునే విధంగా రూపొందారు. ఆవులకి మనుషులంటే భయం పోయి, అడవిలో నివసించిన తమ పూర్వీకులకన్నా ఈనాడు అవి ఎక్కువ పాలు ఉత్పత్తి చేస్తున్నాయి. కానీ ఇవన్నీ పైపై మార్పులే. రాతియుగం నుంచీ ఆవుల్లో, పందుల్లో, మానవుల్లో ఉండే ఇంద్రియజ్ఞానానికీ, మనోభావాలకీ సంబంధించిన నిర్మాణం అంతగా మార్పుచెందలేదు.

ఆధునిక మానవులకి తీపి పదార్థాలంటే ఎందుకంత ఇష్టం? ఇరవైయొకటో శతాబ్దంలో మనం ప్రాణాలతో ఉండాలంటే ఐస్‌క్రీములూ, చాకోలెట్లూ విపరీతంగా తినాల్సిన అవసరం ఉందని కాదు. రాతియుగంలో బతికిన మన పూర్వీకులు తీయటి పళ్ళూ, తేనె దొరికినప్పుడు వీలైనంత ఎక్కువ, వీలైనంత త్వరగా తినటమే తెలివైన పని అని వాళ్ళు అనుకోవటమే దీనికి కారణం. యువకులు అజాగ్రత్తగా వాహనాలు నడపటం, కొట్లాటలకి దిగేంత తీవ్రంగా వాదించుకోవటం, రహస్యంగా ఉన్న ఇంటర్నెట్ సైట్లని హ్యాక్ చెయ్యటం లాంటి పనులకి ఎందుకు పాల్పడతారు? ప్రాచీన జన్యు ఆదేశాలని పాటించటం 70,000 సంవత్సరాలకు పూర్వమే పరిణామ వ్యవస్థకి అవసరం అయింది, కానీ ఈనాడు అవి ఎంత పనికిమాలినవీ, ఉత్పాదకతకి అడ్డుపడేవీ అయినప్పటికీ వాటిని ఇంకా మనుషులు పాటిస్తూనే ఉండటానికి అదే కారణం. ఒక యువ వేటగాడు ప్రాణాలకి తెగించి ఒక మామత్ ఏనుగు వెంటపడి పరిగెత్తినప్పుడు, అతనితో పోటీ చేసే యువకులందరికన్నా సామర్థ్యం కలవాడిగా గుర్తింపు పొంది, అందమైన అమ్మాయిని దక్కించుకునేవాడు, మనం ఇంకా అలాంటి మగసిరి సూచించే జన్యువుల వలలోనే చిక్కుకుని ఉన్నాం.

సరిగ్గా ఇలాంటి పరిణామ వ్యవస్థకి సంబంధించిన తర్కమే మనిషి అధీనంలో ఉన్న వ్యవసాయ భూముల్లో పందుల జీవితాలనీ, వాటి పిల్లల జీవితాలనీ నిర్ణయిస్తుంది. అడవుల్లో బతికేందుకూ, పిల్లల్ని కనేందుకూ ప్రాచీన కాలంలో అడవిపందులు విస్తృతమైన ప్రాంతాలకి వెళ్ళవలసివచ్చేది, కొత్త వాతావరణాన్ని పరిచయం చేసుకోవటం, ఉచ్చులనీ, తమని వేటాడి చంపే జంతువులనీ తప్పించుకోవటం అవసరమయ్యేది. అంతేకాక తమ తోటి పందులతో సమాచారం పంచుకోవటం, సహకరించటం కూడా అవసరమయేది. అవి ఒక సంక్లిష్టమైన సమూహంగా ఏర్పడేవి. బాగా అనుభవం ఉన్న వయసుమళ్ళిన ఆడపంది వాటికి ఆధిపత్యం వహించేది. పరిణామ వ్యవస్థకి సంబంధించిన ఒత్తిళ్లు అడవిపందులనీ, అడవి ఆవులనైతే ఇంకా ఎక్కువగా, తెలివైనవిగా సామాజిక ప్రాణులుగా మార్చాయి. వాటి స్వభావంలో విపరీతమైన కుతూహలం, కలిసిమెలిసి ఉండాలన్న తీవ్రమైన కోరికా, ఆడుకోవటం, విహరించటం, తమ చుట్టుపక్కల ఉన్న ప్రదేశాలని ఆకళింపు చేసుకోవటం లాంటి లక్షణాలు కనిపిస్తాయి. అరుదైన లోపంతో పుట్టిన ఆడపందిపిల్లకి, తన చుట్టూ ఉన్న వాతావరణాన్ని, ఇతర పందులనీ పట్టించుకోకుండా ఉంటూ అట్టే కాలం బతకటం, పిల్లల్ని కనటం సాధ్యం కాకుండా పోయేది.

అడవి పందుల వారసులైన పెంపుడు పందులు వాటి తెలివితేటలనీ, కుతూహలాన్నీ, సామాజిక కౌశలాన్నీ పుణికిపుచ్చుకున్నాయి. అడవిపందుల్లాగే, పెంపుడు పందులు కూడా పరస్పరం రకరకాల శబ్దాల ద్వారా, ఘ్రాణశక్తికి సంబంధించిన సూచనల ద్వారా

సంభాషించుకుంటాయి. ఆడపందులు తమ పిల్లల అరుపులని బట్టి వాటిని గుర్తుపడతాయి. అలాగే, పుట్టిన రెండో రోజునుంచే పందిపిల్లలు ఇతర ఆడపందులకీ, తమ తల్లికీ గల తేడాని దాని గొంతునిబట్టి గుర్తుపడతాయి. పెన్సిల్వేనియా స్టేట్ యూనివర్సిటీ ప్రొఫెసర్, స్టాన్లీ కర్టిస్, హామ్లెట్, ఆమ్లెట్ అనే రెండు పందులకి ఒక ప్రత్యేకమైన జాయ్ స్టిక్‌ని తమ ముట్టెలతో ఎలా అదుపుచేయ్యాలనే విషయంలో తర్ఫీదునిచ్చాడు. చాలా త్వరగా అవి మామూలు కంప్యూటర్ గేమ్స్ నేర్చుకుని ఆడటంలో ఆదిమానవుణ్ణి మించిపోయాయి.

ఈనాడు పారిశ్రామిక భూముల్లో అధికశాతం ఆడపందులు కంప్యూటర్ గేమ్స్ ఆడవు. యజమానులు కడుపుతో ఉన్నవాటిని రెండు మీటర్లు పొడవు, అరవై సెంటీమీటర్ల వెడల్పు ఉండే ఇరుకైన పెట్టెల్లో బంధిస్తారు. ఆ పెట్టెలకి కింద కాంక్రీట్ నేల, చుట్టూ ఇనపకడ్డీలూ ఉంటాయి. నడవటం మాట అటుంచి ఆ ఆడపందులు పడుకుని పక్కకి ఒత్తిగిలేంత చోటు కూడా ఉండదు. మూడున్నర నెలలు అలాంటి స్థితిలో ఉన్న తరవాత వాటిని కాస్త పెద్ద పెట్టెల్లోకి మారుస్తారు. అక్కడ అవి పిల్లల్ని ఈని పాలిస్తాయి. అసలు సహజంగా అయితే పందిపిల్లలు పది నుంచి ఇరవై వారాలదాకా పాలు తాగుతాయి, కానీ పారిశ్రామిక భూముల్లో రెండు లేదా నాలుగు వారాలకే వాటికి పాలు మాన్పిస్తారు. తల్లినుంచి వేరుచేసి, బాగా బలిపించి కసాయి దుకాణాలకు తరలిస్తారు. తల్లికి వెంటనే మళ్ళీ గర్భధారణ జరిపించి ఆ ఇరుకు పెట్టెల్లోకి పంపిస్తారు. సరాసరి ఆడపంది వధించబడే ముందు ఇలా ఐదు నుంచి పదిసార్ల వరకూ పిల్లల్ని ఈనుతుంది. ఈ మధ్య కాలంలో యూరప్‌లోనూ, కొన్ని అమెరికన్ రాష్ట్రాల్లోనూ ఈ పెట్టెల వాడకానికి పరిమితి

13. పందుల గర్భధారణ డబ్బాలలో పరిమితం చేయబడింది. ఈ సామాజిక, తెలివైన జీవులు తమ జీవితంలో అధికభాగం ఈ స్థితిలోనే గడుపుతాయి. అప్పటికే అవి నంజుడు కూరలా అయినట్లు కనిపిస్తాయి.

విధించారు, కానీ ఇతర అనేక దేశాల్లో ఈ పెట్టెలని విరివిగా ఉపయోగిస్తున్నారు. కొన్ని లక్షల పందులు జీవితాంతం ఇలాంటి పెట్టెల్లోనే బతుకుతాయి.

ఒక ఆడపంది బతకటానికీ, పిల్లల్ని ఈనటానికీ అవసరమైన జాగ్రత్తలన్నీ వాటి యజమానులు తీసుకుంటారు. తగినంత ఆహారం, రోగాలు రాకుండా టీకాలూ, అనుకూలంగా లేని వాతావరణం నుంచి రక్షణ, కృత్రిమ గర్భాదానం, అన్నీ సవ్యంగా అందేట్టు చూస్తారు. బాహ్య దృష్టితో చూస్తే ఇక ఆ ఆడపంది తన పరిసరాల్ని పర్యవేక్షించక్కర్లేదు, ఇతర పందులతో దానికి సంబంధాలు అక్కర్లేదు, తన పిల్లలతో అనుబంధం పెట్టుకోవక్కర్లేదు, చివరికి నడవాల్సిన అవసరం కూడా ఉండదు. కానీ దానివైపునుంచి చూస్తే అవన్నీ చెయ్యాలన్న తీవ్రమైన ఆకాంక్ష ఆ పందికి ఉండి తీరుతుంది. ఆ ఆకాంక్షలు తీరకపోతే అది చాలా తీవ్రంగా బాధపడుతుంది. ఇలాంటి గర్భాధారణ వలన పెట్టెల్లో బందీలుగా ఉండే పందులు తీవ్రమైన నిరాశనీ, నిస్సహాయతనీ ప్రదర్శిస్తాయి.

ఇది పరిణామవ్యవస్థ తాలూకు మనస్తత్వశాస్త్రానికి సంబంధించిన ప్రాథమిక పాఠం : ప్రస్తుతం ప్రాణాలతో ఉండేందుకూ, పునరుత్పత్తి సాధించేందుకూ అవసరం లేకపోయినప్పటికీ, కొన్ని వేల తరాలుగా రూపొందించబడిన ఆ అవసరం వ్యక్తిగతంగా మనసులో మెదులుతూనే ఉంటుంది. వ్యవసాయ విప్లవం పెంపుడు జంతువుల మనుగడనీ, పునరుత్పత్తి కార్యాన్నీ నిర్విఘ్నంగా కొనసాగించే అధికారమైతే మానవులకి ఇచ్చింది కానీ, వాటి వ్యక్తిగత అవసరాలని నిర్లక్ష్యం చేసే పరిస్థితులని కల్పించిందనే విషయం గొప్ప విషాదమనే అనాలి.

జీవులు కలన గణితాలు (ఆల్గోరిథమ్స్)

పందులలాంటి జంతువులకి అవసరాలు, ఇంద్రియజ్ఞానం, భావోద్రేకాలతో నిండిన వ్యక్తిగతమైన ప్రపంచం ఉంటుందని మనం కచ్చితంగా ఎలా చెప్పగలం? మనం జంతువులని మానవుల్లా భావించే తప్పు చెయ్యలేదా? అంటే, బొమ్మలకి ప్రేమ, కోపం లాంటివి ఉంటాయని పిల్లలు నమ్మినట్టు మనం జంతువులకి మనుషుల లక్షణాలను ఆపాదించటం లేదా?

నిజం చెప్పాలంటే, పందులకి భావోద్రేకాలుంటాయని అనుకుంటే వాటిని మానవులుగా చూసినట్టు కాదు. అది వాటిని క్షీరదాలని అనుకోవటమే అవుతుంది. భావోద్రేకాలు మనుషులకి మాత్రమే ప్రత్యేకించబడినవి కావు. అన్ని క్షీరదాలకీ (అన్ని పక్షులకీ, బహుశా అన్ని సరీసృపాలకీ, చేపలకీ కూడా) ఉంటాయి. అన్ని క్షీరదాలూ భావనాసామర్థ్యాన్ని, అవసరాలనీ వికసింపజేసుకున్నాయి. పందులు క్షీరదాలు కనుక వాటికి భావోద్రేకాలు ఉంటాయని మనం ఎటువంటి మొహమాటమూ లేకుండా అనుకోవచ్చు.

భావోద్రేకాలు ఎవరికీ అర్థం కాని గూఢమైన ఆధ్యాత్మిక విషయం కాదనీ, అది కేవలం కవిత్వం రాయటానికో, సింఫనీలు సృష్టించేందుకు పనికివచ్చేది కాదనీ ఈ మధ్య

కొన్ని దశాబ్దాలలో జీవ శాస్త్రజ్ఞులు నిరూపించారు. భావోద్రేకాలు జీవ రసాయన కలన గణితాలని అనాలి. అవి క్షీరదాల మనుగడకీ, పునరుత్పత్తికి కీలకమైనవి. దీనికి అర్థమేమిటి? ముందుగా కలన గణితమంటే ఏమిటో చూద్దాం. ఇది చాలా ముఖ్యమైన విషయం. రాబోయే అధ్యాయాల్లో ఈ అతిముఖ్యమైన భావన మళ్ళీమళ్ళీ ప్రస్తావించబడుతూ ఉండటమే దీనికి కారణం కాదు, ఇరవైయొకటో శతాబ్దంలో కలన గణితానికి ఉన్న ప్రాముఖ్యం ఇంక దేనికీ ఉండదు. 'కలన గణితం' మన ప్రపంచంలో అతిముఖ్యమైన ఏకైక భావన అనే విషయాన్నీ గురించి అభిప్రాయభేదాలు ఉండవచ్చు. మన జీవితాన్నీ, భవిష్యత్తునీ అర్థం చేసుకోవాలనుకుంటే, కలన గణితమంటే ఏమిటో, దానికీ భావోద్రేకాలకీ గల సంబంధం ఏమిటో తెలుసుకునేందుకు శాయశక్తులా ప్రయత్నించాలి.

లెక్కలు వెయ్యటానికీ, సమస్యలు పరిష్కరించటానికీ, నిర్ణయాలు తీసుకోవటానికీ ఉపయోగించేదే కలన గణితం. దీన్ని ఒక పద్ధతి ప్రకారం దశలవారీగా ఉపయోగించుకోవాలి. ఆల్గోరిథమ్ ఒక ప్రత్యేకమైన లెక్క కాదు, లెక్కలు వేసేప్పుడు అనుసరించవలసిన ఒకానొక పద్ధతి. ఉదాహరణకి, రెండు సంఖ్యల సగటు ఎంతో తెలుసుకోవాలనుకుంటే ఒక సరళమైన ఆల్గోరిథమ్‌ని ఉపయోగించుకోవచ్చు. కలన గణితం ఇచ్చే సూచన ఇలా ఉంటుంది : 'మొదటి మెట్టు : రెండు సంఖ్యలని కలపండి. రెండో మెట్టు : ఆ మొత్తాన్ని రెండుతో భాగించండి.' మీరు 4, 8 అనే ఆ రెండు సంఖ్యలనీ కలిపి వాటి సగటు ఎంత అని చూసినప్పుడు మీకు 6 అనే సంఖ్య కనిపిస్తుంది. అలాగే 117, 231 కలిపినప్పుడు 174 అని ఫలితం చూపిస్తుంది.

ఇంతకన్నా క్లిష్టమైన ఉదాహరణ, ఒక పదార్థాన్ని వండటం ఎలా అనేది. కూరగాయలతో సూప్ చెయ్యటం ఎలాగో తెలిపే కలన గణితం ఇలా ఉంటుంది :

1. ఒక గిన్నెలో అరకప్పు నూనె వేసి మరిగించండి.
2. నాలుగు ఉల్లిపాయల్ని సన్నగా తరగండి.
3. బంగారం రంగు వచ్చేదాకా ఉల్లిపాయల్ని వేయించండి.
4. మూడు బంగాళాదుంపలని ముక్కలుగా తరిగి ఆ గిన్నెలో వెయ్యండి.
5. ఒక క్యాబేజీని సన్నగా పొడుగాటి ముక్కలు తరిగి దానికి కలపండి.

ఇలా సాగుతుంది. ఇదే ఆల్గోరిథమ్‌ని ఎన్నిసార్లైనా వాడుకుని, వేర్వేరు కూరగాయలతో వండి, కొంచెం రుచిలో తేడా ఉన్న సూప్‌లని తయారుచేసుకోవచ్చు. కానీ వండేది ఏ సూపైనా, ఆల్గోరిథమ్‌లో మార్పు ఉండదు.

వంటకం తయారుచేసే విధానం మాత్రమే సూప్ తయారుచెయ్యలేదు. ఆ విధానాన్ని చదివి, ఆ పద్ధతిని వరసగా పాటించే మనిషొకరుండాలి. కానీ ఈ కలన గణితాన్ని నిక్షిప్తం చేసుకుని, ఆ మెట్లన్నిటినీ తనంతతానే అనుసరించే ఒక యంత్రాన్ని మీరు తయారుచేయవచ్చు. అప్పుడు మీరు ఆ యంత్రానికి అందించవలసినవి నీళ్లు, విద్యుత్తూ, కూరగాయలు. అప్పుడది తనంతతానే సూప్ తయారుచేస్తుంది. ఇలాంటి సూప్ మిషన్లు లోకంలో ఎక్కువ లేవు. కానీ పానీయాలు అమ్మే (బీవరేజ్ వెండింగ్) మిషన్ల గురించి విని ఉంటారు. అలాంటి

మిషన్లలో నాణేలు వేసేందుకు ఒక రంధ్రం, కప్పు నిండేందుకు ఒక గొట్టం, వరసగా కొన్ని మీటలూ (బటన్స్) ఉంటాయి. మొదటి వరసలో మీటలు కాఫీ, టీ, కోకో లాంటి పానీయాలకి సంబంధించినవి. రెండో వరస మీటల మీద ఇలా రాసి ఉంటుంది : చక్కెర వద్దు, ఒక స్పూను చక్కెర, రెండు స్పూన్లు చక్కెర. మూడో వరసలో : పాలు, సోయాపాలు, పాలు వద్దు. ఒక వ్యక్తి ఆ మిషన్ దగ్గరకొచ్చి రంధ్రంలో నాణెం వేసి, 'టీ', 'ఒక స్పూన్ చక్కెర', 'పాలు' అని రాసి ఉన్న మీటలు నొక్కుతాడు. కొన్ని కచ్చితమైన ఆదేశాల్ని అనుసరించి మిషన్ తన పని ప్రారంభిస్తుంది. ఒక టీ బ్యాగ్‌ని కప్పులో వేస్తుంది, మరిగే నీళ్లు పోస్తుంది, ఒక స్పూన్ చక్కెర వేసి, పాలు పోస్తుంది. డింగ్! అనే చప్పుడుతో ఒక చక్కటి టీ కప్పు మీ ముందుకొస్తుంది. ఇది ఒక కలన గణితం.

మీటలు నొక్కి టీ తాగే మనిషి కూడా ఒక కలన గణితమేనని కొన్ని దశాబ్దాలపాటు అధ్యయనం చేసిన జీవశాస్త్రజ్ఞులు నిశ్చయానికొచ్చారు. వస్తువులు అమ్మే యంత్రాలకన్నా మనిషి క్లిష్టమైన కలన గణితమనటంలో ఏమాత్రం సందేహం లేదు, కానీ అతను కూడా కలన గణితమే. మనుషులు టీ కప్పు ఉత్పత్తిచేసే ఆల్గోరిథమ్స్ వంటివాళ్ళు కారు. తమకి నకళ్ళు తయారుచేసే ఆల్గోరిథమ్స్ (అంటే సరైన మీటలు నొక్కితే ఒక వెండింగ్ యంత్రం మరో వెండింగ్ యంత్రాన్ని పుట్టిస్తుందన్నమాట).

అమ్మకాలు చేసే యంత్రాలని అదుపుచేసి పనిచేయించే ఆల్గోరిథమ్‌లు యంత్ర భాగాలకీ, ఎలక్ట్రిక్ సర్క్యూట్లకీ సంబంధించినవి. కానీ మనుషులని అదుపుచేసే ఆల్గోరిథమ్‌లు ఇంద్రియజ్ఞానం, భావోద్రేకాలూ, ఆలోచనలూ. సరిగ్గా ఇలాంటి కలన గణితాలే పందులనీ, బబూన్ కోతులనీ, జంగ్ పిల్లులనీ (ఆటర్‌లనీ) కోడిపెట్టలనీ అదుపుచేస్తాయి. ఉదాహరణకి, మనుగడకి సంబంధించిన ఈ సమస్యని గురించి ఆలోచించండి : ఒక చెట్టుకి కొన్ని అరటిపళ్ళు వేలాడుతూ ఉండటం ఒక బబూన్ కోతి చూస్తుంది, కానీ దగ్గరలోనే ఒక సింహం పొదమాటున పొంచి ఉండటం గమనిస్తుంది. ఆ పళ్లకోసం బబూన్ ప్రాణాలకి తెగించాలా?

ఇది పూర్తిగా సంభావ్యతలని అంచనా వెయ్యటమనే గణితశాస్త్ర సమస్యకి సంబంధించిన విషయం : ఆ అరటిపళ్ళు తినకపోతే బబూన్ ఆకలికి తట్టుకోలేక చనిపోతుంది అనేది ఒక సంభావ్యత. పళ్ళు తినేందుకు వెళితే సింహం దాన్ని పట్టుకుంటుందన్నది మరో సంభావ్యత. ఈ సమస్యని పరిష్కరించేందుకు ఆ బబూన్ ఎన్నో వివరాలని లెక్కలోకి తీసుకోవాలి. పళ్లకీ, నాకూ ఉన్న దూరమెంత? సింహం ఎంత దూరంలో ఉంది? నేనెంత వేగంగా పరిగెత్తగలను? సింహం ఎంత వేగంగా పరిగెత్తగలదు? సింహం మేలుకునుందా, నిద్రపోతోందా? సింహానికి ఆకలి వేస్తున్నట్టుందా, కడుపు నిండినట్టుందా? ఎన్ని అరటి పళ్ళున్నాయి? అవి పెద్దవా, చిన్నవా? పచ్చిగా ఉన్నాయా పండాయా? ఈ బాహ్య వివరాలు కాక, బబూన్‌కి తన శారీరిక స్థితిని గురించిన వివరాలు కూడా తెలియాలి. ఒకవేళ అది ఆకలితో బాధపడుతూ ఉన్నట్టయితే ఫలితం ఏదైనా ఆ అరటిపళ్ల కోసం అన్నిటికీ తెగించటంలో అర్థముంది. దానికి బదులు అది కొంతసేపటి క్రితమే ఆహారం తిని ఉన్నట్టయితే, అరటిపళ్ళు తినాలన్న కోరిక కేవలం లోభంవల్లే అయితే, మరి ప్రమాదం కొనితెచ్చుకోవటం ఎందుకు?

ఇలాంటి అనిశ్చితస్థితినీ , సంభావ్యతలనీ ఆచి తూచి చూసేందుకు, బబూన్ కోతికి ఆటోమాటిక్ యంత్రాలని నియంత్రించే ఆల్గోరిథమ్స్ కన్నా ఎక్కువ క్లిష్టమైన ఆల్గోరిథమ్స్ అవసరమవుతాయి. లెక్కింపు ఎంత సవ్యంగా ఉంటే, బహుమతి కూడా అంత గొప్పగా ఉంటుంది. ఆ బహుమతి బబూన్ కోతి మనుగడకి చాలా కీలకమైనది. బబూన్ పిరికిదై, దాని కలన గణితం ప్రమాదం చాలా భయంకరంగా ఉంటుందని వెనకాడితే, ఆకలిబాధకి గురై చనిపోతుంది. ఈ పిరికి ఆల్గోరిథమ్స్‌ని రూపొందించిన జన్యువులు దానితోబాటే నశిస్తాయి. దూకుడుగా ప్రవర్తించే బబూన్, దాని కలన గణితం పెద్ద ప్రమాదమేమీ లేదని అనుకుంటే, అది సింహం నోటికి చిక్కుతుంది. ప్రమాదాన్ని లక్ష్యపెట్టని దాని జన్యువులు తరువాతి తరానికి అందకుండా పోతాయి. ఈ కలన గణితం సహజ ఎంపిక ద్వారా నిరంతరం మార్పు చెందుతూనే ఉంటుంది. సంభావ్యతలని సరిగ్గా అంచనా వేయగల జంతువుల పిల్లలు మాత్రమే బతికి బట్టకడతాయి.

కానీ దీన్ని వ్యక్తీకరించటం చాలా కష్టం. సంభావ్యతలని ఆ కోతి సరిగ్గా ఎలా అంచనా వేయగలదు? తన చెవి వెనకున్న పెన్సిల్, వెనక జేబులోంచి నోటుపుస్తకం తీసి, పరిగెత్తే వేగాన్నీ, శక్తిలో తేడాలనీ క్యాలికులేటర్ సాయంతో లెక్కలు వెయ్యటం ప్రారంభిస్తుందని అనలేం కదా? నిజానికి బబూన్ శరీరమే ఒక క్యాలికులేటర్. మనం ఇంద్రియజ్ఞానం, భావోద్రేకాలు అనేవి నిజానికి ఆల్గోరిథమ్సే. బబూన్ ఆకలి అనుభవిస్తుంది, సింహాన్ని చూడగానే దానికి భయం అనే అనుభూతి కలిగి వణకటం ప్రారంభిస్తుంది, అరిటిపళ్ళని చూసి దానికి నోరూరటం అనే అనుభూతి కలుగుతుంది. అరక్షణంలో దానిలో రకరకాల అనుభూతులు, భావోద్రేకాలూ, కోరికలూ వెల్లువెత్తుతాయి. అదంతా అంచనా వేసే ప్రక్రియే తప్ప మరేమీ కాదు. దాని ఫలితం అనుభూతిగా బయల్పడుతుంది: బబూన్‌కి హఠాత్తుగా ఉత్సాహం పెరిగిపోతున్నట్టనిపిస్తుంది, రోమాలు నిక్కపొడుచు కుంటాయి, కండరాలు బిగుసుకుంటాయి, ఛాతీ పొంగినట్టనిపిస్తుంది, అది గట్టిగా ఊపిరి పీలుస్తుంది, 'ముందుకి వెళతాను! నేనీ పని చెయ్యగలను! అరటిపళ్ళవైపు కదులుతాను!' అనుకుంటుంది. దీనికి మారుగా అది భయంతో బిక్కచచ్చిపోయే అవకాశం కూడా ఉంది. దాని భుజాలు కుంగిపోతాయి, కడుపులో తిప్పుతుంది, కాళ్ళు బలహీనమౌతాయి, 'అమ్మో! సింహం! కాపాడండి!' అనుకుంటుంది. ఒక్కోసారి రెండు రకాల భావాలూ సరిసమానంగా ఉండి, ఎటూ నిర్ణయించలేని స్థితి ఏర్పడుతుంది. ఇది కూడా ఒక అనుభూతిలాగే బైటపడుతుంది. బబూన్ అయోమయంలో పడి నిర్ణయించుకోలేక, 'అవును...కాదు...అవును...ఛీ! ఏం చెయ్యాలో తోచడంలేదు!' అనుకుంటుంది.

జన్యువులని తరువాతి తరానికి అందించేందుకు మనుగడకి సంబంధించిన సమస్యలను పరిష్కరించటం మాత్రమే సరిపోదు. జంతువులు పునరుత్పత్తికి సంబంధించిన సమస్యలని కూడా పరిష్కరించాలి. ఇది సంభావ్యతలని అంచనా వెయ్యటం మీద ఆధారపడి ఉంటుంది. పునరుత్పత్తికి సంబంధించిన అసమానతలని నిర్ధారించేందుకు సహజ ఎంపిక, తీవ్రమైన కాంక్ష, అసహ్యం అనే కలన గణితాన్ని సృష్టించింది. అందం అంటే, 'విజయవంతమైన సంతానాన్ని కనేందుకు మంచి అవకాశాలు'. ఒక స్త్రీ ఒక

పురుషుడుని చూసి, 'అబ్బా! ఎంత బాగున్నాడు!' అనుకుంటేనూ, ఒక ఆడనెమలి మగ నెమలిని చూసి, 'ఈశ్వరా! అంత మంచి తోక!' అనుకుంటేనూ, ఆటోమాటిక్ యంత్రంలా పనిచేస్తున్నట్టే లెక్క. మెగా శరీరాలనుంచి ప్రతిఫలించిన వెలుగు ఆ రెండు ప్రాణుల కంటిపొర మీద పడగానే కొన్ని మిలియన్ల సంవత్సరాలుగా పరిణామక్రమం ద్వారా మెరుగుపరచుకున్న, అత్యంతశక్తి గల అల్గోరిథమ్స్ తమ పని ప్రారంభిస్తాయి. కొన్ని మిల్లీ సెకన్లలో కలన గణితం మగప్రాణి బాహ్య శరీరంలోని అతి చిన్న చిన్న సంకేతాలని పునరుత్పత్తికి సంభావ్యతలుగా మార్చివేస్తుంది. ఆ తరవాత 'ఈ మగప్రాణి ఆరోగ్యంగా, పుంసత్వంతో నిండి ఉన్నట్టు కనిపిస్తోంది. బహుశా దీని శరీరంలో అద్భుతమైన జన్యువులు ఉండి ఉంటాయి. ఈ ప్రాణితో సంగమిస్తే, నా సంతానానికి కూడా మంచి ఆరోగ్యమూ, అద్భుతమైన జన్యువులూ అంది, అవి సుఖంగా జీవిస్తాయి.' ఈ నిర్ణయం మాటల్లోనో, సంఖ్యల్లోనో కనిపించదు, లైంగికాకర్షణతో రగిలిపోయే కోరిక ద్వారా బయల్పడుతుంది. ఆడనెమళ్ళూ. అధికశాతం స్త్రీలూ కాగితం కలం తీసుకుని ఇలాంటి అంచనాలు వెయ్యటం జరగదు. అవి వాళ్ళు కేవలం అనుభూతి చెందుతారు.

ఆర్థిక శాస్త్రంలో నోబెల్ బహుమతి గ్రహీతలు సైతం తాము తీసుకునే నిర్ణయాల్లో అతితక్కువ శాతాన్ని కాగితం, కలం, కాలిక్యులేటర్ సహాయంతో తీసుకుంటారు. మనం తీసుకునే అతిముఖ్యమైన నిర్ణయాలలో, జీవితభాగస్వామి, ఉద్యోగం, నివాసాలకు సంబంధించినవి కొన్ని. ఆ నిర్ణయాలలో 99 శాతం అత్యధికంగా పరిష్కృతమైన కలన గణితాన్ని మనం అనుభూతులని, భావోద్రేకాలనీ, కోరికలని అంటాం.

ఈ అల్గోరిథమ్స్ అన్ని క్షీరదాలు జీవితాలనీ, పక్షుల జీవితాలనీ (బహుశా కొన్ని సరీసృపాల, చేపల జీవితాలనీ) అదుపులో ఉంచుకుంటాయి కాబట్టి, మనుషులూ, బబూన్ కోతులూ, పందులూ భయపడ్డప్పుడు, ఒకే రకమైన మెదడు భాగాల్లో, ఒకే రకమైన నాడీ ప్రక్రియలు జరుగుతాయి. అందుచేత భయపడే మానవులకీ, బబూన్ కోతులకీ, పందులకీ ఒకే రకమైన అనుభవం కలగటం సాధ్యం కావచ్చు.

ఇక్కడ తేడాలు కూడా ఉన్నాయి. హోమో సేపియన్లకి మాత్రమే కలిగే తీవ్రమైన సానుభూతి, క్రూరత్వం లాంటి భావాలూ, నక్షత్రాలతో నిండి అంతులేనట్టు కనిపించే ఆకాశాన్ని చూసినప్పుడు ముంచెత్తే ఆశ్చర్యం లాంటి అనుభవాలు పందులకి ఉన్నట్టు తోచదు. బహుశా దీనికి విరుద్ధమైన ఉదాహరణలు కూడా ఉంటాయేమో. మానవులకి తెలియనివి, నేను పేర్కొనలేకపోవటం వింతేమో కాని, పంది భావోద్రేకాలు పందులకి ఉంటాయేమో. కానీ ఒక మూలభావన అన్ని క్షీరదాలకీ సమానంగా ఉంటుంది : తల్లీ–పిల్లల అనుబంధం. నిజంగానే, అదే క్షీరదాలకి ఆ పేరునిచ్చింది. మామ్మల్ (క్షీరదం) అనే ఆంగ్ల పదం లాటిన్ భాషలో ఉన్న మమ్మా అనే పదం నుంచి వచ్చింది. ఆ లాటిన్ పదానికి అర్థం, స్తనం. క్షీరదాలలో తల్లులకు పిల్లలంటే ఎంత ప్రేమంటే అవి వాటిని తమ స్తనాల నుంచి పాలు తాగనిస్తాయి. క్షీరదాలలో పిల్లలు కూడా తమ తల్లులతో బాంధవ్యం కోసం, తల్లులకు దగ్గరగా ఉండటం కోసం ఆరాటపడతాయి. అడవిలో తల్లికి దూరమై బాంధవ్యం కోల్పోయిన పంది పిల్లలు, దూడలు, కుక్కపిల్లలు ఆట్టే కాలం బతకటం

14. ఒక నెమలి, ఒక మనిషి. మీరు ఈ ఛాయాచిత్రాలను చూసినప్పుడు, నిష్పత్తులు, రంగులు, పరిమాణాల సమాచారం మీ జీవరసాయన అల్గోరిథంల ద్వారా ప్రోసెస్ అవుతుంది. దానివల్ల మీరు ఆకర్షణ, వికర్షణ లేదా నిర్లిప్తతను అనుభూతి చెందుతారు.

అరుదు. కొంతకాలం క్రితం వరకూ మనుషుల పిల్లలు కూడా అలాగే ఉండేవాళ్ళు. దీనికి వ్యతిరేకంగా ఏదో ఒక ఉత్పరివర్తన (మ్యూటేషన్) కారణంగా ఒక పంది, ఆవు లేదా ఆడకుక్క పిల్లలని లెక్క చెయ్యనిదిగా తయారైతే, అది చాలాకాలం సుఖంగా బతకవచ్చు కానీ దాని జన్యువులు తరువాతి తరానికి అందవు. ఇదే తర్కం జిరాఫీలకీ, గబ్బిలాలకీ, తిమింగలాలకీ, ముళ్ళపందులకీ కూడా వర్తిస్తుంది. మనం ఇతర భవనాల గురించి వాదించవచ్చు, కానీ క్షీరదాల సంతతి తల్లి సంరక్షణ లేకుండా బతకలేవు కాబట్టి, తల్లి ప్రేమ, బలమైన తల్లీపిల్లల అనుబంధం అన్ని క్షీరదాలకీ ఉండే ప్రధాన లక్షణమని అనాలి.

చాలాకాలం తరవాత శాస్త్రజ్ఞులు ఈ విషయాన్ని ఒప్పుకున్నారు. మనుషుల్లో తల్లి దండ్రులకీ, పిల్లలకీ ఉండే భావనాత్మకమైన అనుబంధాన్ని సైతం ముఖ్యమని అనుకునేందుకు కొంతకాలం క్రితం మనస్తత్వవేత్తలు సందేహించారు. ఇరవయ్యో శతాబ్దం మొదటి సగభాగంలో, ఫ్రాయిడ్ సిద్ధాంతాల ప్రభావం ఉన్నప్పటికీ, ప్రవర్తనావాదాన్ని బలంగా సమర్థించే సంప్రదాయం తల్లిదండ్రులకీ పిల్లలకీ గల అనుబంధానికి రూపమిచ్చేది భౌతిక స్పందనలే (మెటీరియల్ ఫీడ్‌బాక్) అని వాదించారు. పిల్లలకి ముఖ్యంగా కావలసింది తిండి, ఆశ్రయం, వైద్యసదుపాయం అనీ, పిల్లలు తల్లిదండ్రులతో అనుబంధం ఏర్పరచు

కోవటానికి కారణం ఈ భౌతిక అవసరాలన్నీ సమకూర్చేది వాళ్ళు కాబట్టేననీ అన్నారు. ఆప్యాయతా, కౌగలింతలూ, ముద్దులూ కావాలని కోరే పిల్లలు 'పనికిరాకుండా పోయారని' అనేవాళ్ళు. తల్లిదండ్రులు దగ్గరకు తీసుకుని ముద్దుచేస్తే పిల్లలు పెద్దవాళ్ళయ్యాక ఎప్పుడూ సహాయం కోరుతూ, అహంకారులుగా, అభద్రతాభావంతో బాధపడేవాళ్లుగా తయారవుతారని పిల్లల సంరక్షణకి సంబంధించిన అధికారులు హెచ్చరించారు.

ప్రసిద్ధ పిల్లల సంరక్షణా అధికారి, జాన్ వాట్సన్ 1920లో తల్లిదండ్రులకు కచ్చితమైన సలహా ఇచ్చాడు, 'మీ పిల్లలని ఎప్పుడూ వాటేసుకుని ముద్దుపెట్టుకోకండి, వాళ్ళని మీ ఒళ్ళో కూర్చోనివ్వకండి. ఒకవేళ ముద్దు పెట్టుకోవాలనిపిస్తే, వాళ్ళు గుడ్ నైట్ చెప్పినప్పుడు ఒకసారి నుదుటిమీద ముద్దు పెట్టుకోండి. ఉదయాన్నే వాళ్లకి షేక్ హ్యాండ్ ఇవ్వండి.' ఇంఫాన్ట్ కేర్ అనే ప్రముఖ పత్రిక ఈ విషయాన్నీ వివరిస్తూ, ఏ రోజుకారోజు పిల్లల్ని క్రమశిక్షణతో పెంచుతూ, పద్ధతి ప్రకారం వాళ్ళ భౌతిక అవసరాలు తీర్చటమే పిల్లల్ని బాగా పెంచటంలో అసలు రహస్యం. 1929లో అచ్చయిన ఒక వ్యాసం ఒక పిల్లో పిల్లవాడో నిర్ణీత సమయానికి ముందే ఆహారం కావాలని ఏడ్చినట్టయితే 'వాణ్ణి ఎత్తుకోవద్దు, ఏడుపు ఆపేందుకు ఉయ్యాలలో ఊపద్దు, వేళ అయేవరకూ వాడికి పాలు పట్టద్దు. పిల్లలు, పసివాళ్లయినా సరే, ఏడిస్తే ఇబ్బందేమీ లేదు.

1950-60లకొచ్చేసరికి నిపుణుల్లో ఏకాభిప్రాయం పెరిగి, ఈ నడవడి సంబంధించిన కఠిన సిద్ధాంతాలని వదిలి, భావనాత్మక అవసరాల ప్రాముఖ్యతని కేంద్రంగా ఒప్పుకోవాలన్న నిర్ణయానికి వచ్చారు. వరసగా కొన్ని ప్రసిద్ధ (కానీ వణుకుపుట్టించేంత క్రూరమైన) ప్రయోగాల ద్వారా, మనస్తత్వవేత్త హ్యారీ హార్లో పుట్టిన కొద్దిసేపటి తర్వాత పసి కోతులని వాటి తల్లులనుంచి వేరుచేసి, చిన్నచిన్న బోనుల్లో విడివిడిగా ఉంచాడు. లోహంతో చేసిన కోతిబొమ్మలో పాలసీసా అమర్చాడు, మెత్తటి గుడ్డతో చేసిన కోతిబొమ్మలో పాలసీసా ఉంచలేదు. వాటిలో ఒకదాన్ని ఎంచుకోమని కోతిపిల్లలకి అవకాశం ఇచ్చాడు. కోతిపిల్లలు మెత్తటి గుడ్డతో చేసిన బొమ్మనే పట్టుకువేలాడాయి.

జాన్ వాట్సన్, ఇంఫాన్ట్ కేర్ నిపుణులూ గ్రహించలేని ఒక విషయం ఆ కోతిపిల్లలకి తెలిసింది : క్షీరదాలు కేవలం తిండి మీదే బతకలేవు. వాటికి భావనాత్మకమైన బాంధవ్యాలు కూడా అవసరం. కొన్ని మిలియన్ల సంవత్సరాలపాటు జరిగిన పరిణామక్రమం కోతి పిల్లలకి భావనాత్మక అనుబంధం కావాలన్న కోరికని ముందే వాటి స్వభావంలో భాగంగా చేసింది. ఆ పరిణామక్రమమే వాటి మనస్సులో గట్టిగా ఉండే లోహ వస్తువుల కన్నా, రోమాలున్న మెత్తటి వస్తువులే భావనాత్మక బాంధవ్యాలకి తగినవన్న అభిప్రాయాన్ని కూడా బలంగా నాటింది. (మనుషులు కూడా చిన్నప్పుడు కత్తులూ, చెంచాలూ, రాళ్ళూ, చెక్కముక్కలూ కాకుండా, మెత్తటి బొమ్మలనీ, దుప్పట్లనీ, పాతబట్టలనీ అమితంగా ఇష్టపడటానికి కూడా ఇదే కారణం కావచ్చు.) భావనాత్మక బాంధవ్యం చాలా అవసరం కనుకే హార్లో కోతిపిల్లలు తమకి పోషకం అందించే లోహంతో చేసిన కోతిని వదిలి, తమ అవసరం తీర్చగల ఒకే ఒక వస్తువుని ఇష్టపడ్డాయి. పాపం, ఆ గుడ్డబొమ్మ వాటి ప్రేమకి స్పందించకపోవటంవల్ల ఆ చిన్నారి కోతులు తీవ్రమైన మానసిక, సామాజిక సమస్యలతో

బాధపడ్డాయి. పెద్దయ్యాక దేన్ని చూసినా బెదిరిపోతూ, ఎవరితోనూ కలవకుండా ఒంటరిగా ఉండసాగాయి.

ఇరవయ్యో శతాబ్దంలో పిల్లల పెంపకం గురించి వ్యక్తపరచిన సలహాని ఒకసారి తిరిగి చూస్తే మనకి అది అర్థం కాదు. పిల్లలకి భావనాత్మక అవసరాలుంటాయనీ, ఆహారం, ఆశ్రయం, వైద్యంలాగే ఈ విషయంలో కూడా వాళ్ళ అవసరాలు తీరితేనే వాళ్ళ మానసిక, శారీరిక ఆరోగ్యం చక్కగా ఉంటుందన్న విషయం నిపుణులు ఎందుకు అర్థం చేసుకోలేకపోయారు? అయినా ఇతర క్షీరదాలు దగ్గరకొచ్చేసరికి మనం స్పష్టంగా తెలుస్తున్న ఈ విషయాన్ని ఒప్పుకోము. జాన్ వాట్సన్, ఇంఫాంట్ కేర్ నిపుణుల్లాగే, చరిత్ర నిండా వ్యవసాయదారులు పందిపిల్లలకీ, దూడలకీ, మేకపిల్లలకీ కావలసిన భౌతిక అవసరాలని బాగానే అందించటం కనిపిస్తుంది. కానీ వాటికి అవసరమైన భావనాత్మక అవసరాల గురించి వాళ్ళు పట్టించుకోనేలేదు. ఆ రకంగా క్షీరదాల ప్రపంచంలో అన్నిటికన్నా ప్రాధాన్యం గల భావనాత్మక అనుబంధాన్ని భగ్నం చెయ్యటం మీద ఆధారపడి మాంసం, పాల ఉత్పత్తులూ అమ్మే పరిశ్రమలు పనిచేశాయి. వ్యవసాయదారులు తమ ఆడపందులకీ, ఆవులకీ మళ్ళీమళ్ళీ గర్భం వచ్చేట్టు చూస్తారు. అయినా వాటి పిల్లల్ని పుట్టిన కొద్దిసేపటికల్లా తల్లులనుంచి విడదీస్తారు. తరచు అవి తల్లుల దగ్గర పాలు తాగకుండా, దాని చేత నాకించుకోకుండా, దాని వెచ్చని శరీరం స్పర్శ లేకుండానే కాలం గడుపుతాయి. హ్యారీ హార్లో కొన్ని వందల కోతుల విషయంలో చేసిన పని, మాంసం, పాల పరిశ్రమలు ప్రతి సంవత్సరం కొన్ని బిలియన్ల జంతువుల విషయంలో చేస్తున్నాయి.

వ్యవసాయపరమైన బేరం

వ్యవసాయదారులు తమ ప్రవర్తనని ఎలా సమర్థించుకున్నారు? ఆటవికులకి పర్యావరణాన్ని తామెలా నాశనం చేస్తున్నారో తెలియకపోయి ఉండవచ్చు, కానీ వ్యవసాయదారులకు తాము చేసే పని గురించి కచ్చితంగా తెలుసు. పెంపుడు జంతువులని తమ స్వార్థానికి ఉపయోగించుకుంటున్నామనీ, మానవుల ఇష్టాయిష్టాలకు అనుకూలంగా వాటిమీద ఆధిపత్యం చెలాయిస్తున్నామనీ వాళ్ళకి తెలుసు. వ్యవసాయ విప్లవం తరవాత పుట్టగొడుగుల్లా మొలుచుకొచ్చిన కొత్త ఆస్తిక మతాల పేరిట తమ పనులని వాళ్ళు సమర్థించుకున్నారు. ఈ లోకాన్ని పాలించేది గొప్ప దేవతలతో కూడిన ఒక సమూహమని, లేదా ఒకే ఒక పెద్ద ప్రధాన దేవత అని ఆస్తిక మతాలు ఉటంకించాయి. సామాన్యంగా ఈ ఆలోచన వ్యవసాయానికి సంబంధించిందని మనం అనుకోము, కానీ ఆస్తిక మతాలు ప్రారంభ దశలో వ్యవసాయానికి సంబంధించిన వ్యాపారమే. యూదు, హైందవ, క్రైస్తవ మతాలకి సంబంధించిన మతశాస్త్రాలూ, కల్పితగాథలూ, సామూహిక ప్రార్థనలూ మొదట మానవులకి, పెంపుడు మొక్కలతోనూ, వ్యవసాయ జంతువులతోనూ గల సంబంధం చుట్టూనే తిరిగేవి.

ఉదాహరణకి, బైబిల్‌లోని యూదు మతం రైతులూ, గొర్రెలమందలకే పరిమితమైంది. అందులోని కమాండ్మెంట్స్ చాలామటుకు వ్యవసాయానికీ, గ్రామీణ జీవితానికీ

సంబంధించినవే. అందులో పేర్కొన్న ముఖ్యమైన సెలవుదినాలన్నీ పంట కోతలకి సంబంధించిన పండగలే. జెరూసలేంలో ఉన్న ప్రాచీన ఆలయం యూదుల పెద్ద ప్రార్థనా గృహమనీ, తెల్లటి బట్టలు వేసుకున్న మతాచార్యులు భక్తితో అక్కడికి వచ్చే యాత్రికులకి స్వాగతం చెపుతారనీ, గాయక బృందాలు మధురమైన భక్తిగీతాలు పాడతారనీ, అగరొత్తులూ, ధూపాల సుగంధం అంతటా వ్యాపించి ఉంటుందనీ ఈనాడు అందరూ అనుకుంటారు. అది నిజానికి కొంత కసాయి దుకాణంలాగానూ, మరికొంత బార్బెక్యూ రెస్టారెంట్‌లాగానూ ఉంటుంది. యాత్రికులు ఉత్తచేతులతో రారు. వాళ్ళు తమవెంట అంతులేనన్ని గొర్రెలూ, మేకలూ, కోళ్ళూ, ఇతర జంతువులూ తెస్తారు. వాటిని దేవుడి పీఠం ముందు బలిచ్చి ఆ తరవాత వండుకుని తింటారు. భయంతో గగ్గోలుపెట్టే దూడల, మేకపిల్లల అరుపుల గోలలో బృందగానాలు వినిపించవు. రక్తంతో తడిసిన దుస్తుల్లో ఉన్న మతాచార్యులు ఆ మూగజీవుల కుత్తుకలు కోసి, బైటికి ఉబికే రక్తాన్ని గాజుసీసాల్లో నింపి పీఠం మీద వెదజల్లుతారు. ధూపం నుంచి వచ్చే సుగంధం గడ్డకట్టిన రక్తం, వేయించిన మాంసం వాసనలతో కలిసిపోతుంది. అన్నిటిమీదా ఈగలు ముసురుతాయి (ఉదాహరణకి, నంబర్స్ 28, డ్యూటేరానమీ 12, మరియు శామ్యూల్ 2 చూడండి.) సంప్రదాయాన్ని పాటిస్తూ అందరూ కలిసి మతగ్రంథాలు పఠించే కుటుంబం కన్నా, తమ ఆవరణలో బార్బెక్యూ వండే ఆధునిక యూదు కుటుంబమే బైబిల్ కాలం నాటి మానసిక ధోరణికి ఎక్కువ దగ్గరగా ఉందని అనాలి.

బైబిల్ కాలం నాటి యూదు మతం లాంటి ఆస్తిక మతాలు ఈ బ్రహ్మాండానికి సంబంధించిన కొత్త కల్పిత గాథల ద్వారా వ్యవసాయ ఆర్థిక విధానాన్ని సమర్థించాయి. సర్వాత్మవాద మతం ఈ విశ్వాన్ని లెక్కలేనంతమంది అందమైన నటులున్న ఒక గొప్ప చైనాదేశపు సంగీత రూపకం (ఒపెరా)గా వర్ణించింది. ఏనుగులూ, సిందూర వృక్షాలూ, మొసళ్ళూ, నదులూ, పర్వతాలూ, కప్పలూ, దెయ్యాలూ, అప్సరసలూ, దేవదూతలూ భూతాలూ – వీటిలో ప్రతి ఒక్కదానికీ ఆ హాస్యరూపకంలో పాత్ర ఉంది. ఆస్తిక మతాలు ఆ రూపకాన్ని తిరగరాసి, విశ్వాన్ని ఇద్దరే ముఖ్యపాత్రలున్న ఇబ్సెన్ విషాదాంత నాటకంలా మార్చాయి. ఆ పాత్రలలో ఒకటి మనిషి, మరొకటి దేవుడు. దేవదూతలూ, భూతాలూ ఈ మార్పుకి తట్టుకుని, మహిమగల దేవుళ్ళకి సేవకులుగానో, దూతలుగానో మనగలిగాయి. కానీ సర్వాత్మవాదం తయారుచేసిన మిగతా పాత్రలు – అన్ని జంతువులూ, మొక్కలూ, ప్రకృతికి సంబంధించిన ఇతర విషయాలూ – కేవలం మాట్లాడలేని అలంకరణలుగా మిగిలిపోయాయి. కొన్ని జంతువులూ ఏదో ఒక దేవతకి పవిత్రమైనవని అనుకున్న మాట నిజమే. చాలామంది దేవుళ్ళకి జంతులక్షణాలు ఉండేవి : ఈజిప్ట్ దేవుడు అన్యూబిస్ తల నక్కని పోలి ఉండేది. ఏసుక్రీస్తుని కూడా తరచు గొర్రెపిల్లలా చూపించటం జరిగింది. అయినా అన్యూబిస్‌కీ, కోళ్ళకోసం పల్లెలోకి జొరబడే గుంటనక్కకీ తేడా ఈజిప్ట్ ప్రజలకి తెలిసేది. కానీ గొర్రెపిల్ల తల నరికే ఏ కసాయివాడికీ తన కత్తి కింద ఉన్నది ఏసుక్రీస్తు అన్న భ్రమ కలగలేదు.

ఆస్తిక మతాలు దేవుళ్ళకి పవిత్రత ఆపాదించాయని మనం సామాన్యంగా

అనుకుంటాం. కానీ అవి మానవులకి కూడా పవిత్రత ఆపాదించాయన్న విషయం మర్చిపోతాం. ఇంతవరకూ కొన్ని వేల నటుల్లో హోమో సేపియన్లు కూడా ఒకరుగా ఉంటూ వచ్చారు. కొత్తగా తయారైన ఆస్తిక నాటకంలో సేపియన్లు ముఖ్య నాయక పాత్ర ప్రపంచమంతా వాళ్ళ చుట్టూ తిరగటం ప్రారంభమైంది.

ఆ సమయంలో దేవతలకి పరస్పరం సంబంధమున్న రెండు పాత్రలు ఇచ్చారు. ముందుగా సేపియన్లలో అంత ప్రత్యేకత ఏముందో, మిగిలిన అన్ని ప్రాణులనీ మానవులు తమ అధీనం చేసుకుని, వాటిని దోపిడీకి గురిచేయ్యటం ఎందువల్ల సబబో వివరించటం జరిగింది. ఒక ఉదాహరణ, సృష్టికర్త వాళ్ళకి ఆ అధికారం ఇచ్చాడు కనుక మానవులు సృష్టిలోని మిగిలిన అన్నిటిమీదా ఆధిపత్యం చెయ్యవచ్చని క్రైస్తవ మతం అంటుంది. అంతే కాక, క్రైస్తవమతం దృష్టిలో దేవుడు మానవులకి మాత్రమే శాశ్వతమైన ఆత్మని ప్రసాదించాడు. క్రైస్తవ వ్యవస్థకి సంపూర్ణమైన అర్థాన్నిచ్చేదే ఈ శాశ్వతమైన ఆత్మగతి కాబట్టి, పైగా జంతువులకి ఆత్మ ఉండదు కాబట్టి, అవి కేవలం అదనపు అస్తిత్వాలే. ఆ రకంగా మానవులు సృష్టికి తలమానికం అయ్యారు. మిగిలిన జీవులన్నిటినీ ఒక పక్కకి నెట్టేశారు.

రెండోది, దేవుళ్ళు మానవులకీ, పర్యావరణ వ్యవస్థకీ మధ్యస్థులుగా వ్యవహరించాల్సి వచ్చింది. సర్వాత్మవాద ప్రపంచంలో అందరితోనూ నేరుగా మాట్లాడేవాళ్ళు. మీకు కారిబౌ (జింక జాతి జంతువు)తో, అత్తిపళ్ళ చెట్టుతో, మబ్బులతో, లేదా రాళ్లతో మాట్లాడాలనుంటే మీరు స్వయంగా వాటితో మాట్లాడవచ్చు. ఆస్తిక లోకంలో మానవేతరమైనవన్నీ మూగవై పోయాయి. తత్ఫలితంగా మీరు చెట్లతోనూ, జంతువులతోనూ మాట్లాడటం సాధ్యంకాకుండా పోయింది. మరైతే, చెట్లనుంచి ఎక్కువ పళ్ళు కావాలన్నా, ఆవు ఎక్కువ పాలివ్వాలన్నా, మేఘాలు ఎక్కువ వానలు కురిపించాలన్నా, మిడతల దండ్లు మీ పొలాలకేసి రాకుండా ఉండాలన్నా ఏం చెయ్యాలి? ఆ పరిస్థితుల్లో వేదిక మీద దేవతలు ప్రత్యక్షమయ్యారు. వానలు కురిపిస్తామనీ, సారవంతమైన భూములనీ, రక్షణనీ అందజేస్తామనీ మాటిచ్చి, ప్రతిగా మానవులు తమకి ఏదైనా చెయ్యాల్సి ఉంటుందని ఆ దేవతలు అన్నారు. వ్యవసాయపరమైన బేరంలోని సారం ఇదే. దేవతలు వ్యవసాయ ఉత్పత్తులను కాపాడారు, అధికం చేశారు, దానికి మారుగా మానవులు ఆ ఉత్పత్తులను దేవతలతో పంచుకోవలసి వచ్చింది. ఈ బేరంవల్ల ఇరుపక్షాలకీ లాభమే కానీ మిగతా పర్యావరణ వ్యవస్థ మొత్తానికి కలిగిన నష్టం ఇంతా అంతా కాదు.

ఈనాడు నేపాల్‌లో బరియాపుర్ గ్రామంలో భక్తులు గాధీమాయి అనే దేవతకి ఐదేళ్లకొకసారి బ్రహ్మాండంగా ఉత్సవాలు జరిపిస్తారు. 2009లో 2,50,000 జంతువులని ఆ దేవతకి బలిచ్చి వాళ్ళు ఒక రికార్డునే సృష్టించారు. అక్కడికి టూరిస్ట్‌గా వచ్చిన ఒక ఆంగ్లేయుడికి అక్కడి డ్రైవర్ ఒకతను ఇలా చెప్పాడు, "మాకు ఏదైనా కావాలంటే, ఈ దేవత దగ్గరకి నైవేద్యం తెచ్చి సమర్పించుకుంటే, తరువాతి ఐదేళ్ళలో మా కలలన్నీ నిజమైపోతాయి."

ఈ బేరం గురించిన సూక్ష్మ వివరాలన్నీ ఆస్తిక కల్పిత గాథల్లో మనకి కనిపిస్తాయి. దేవతలు ప్రపంచాన్ని నాశనం చేసేందుకు పెద్ద వరదని పంపినప్పుడు, దాదాపు అందరు మానవులూ, అన్ని జంతువులూ మరణించాయని మెసొపొటేమియన్ గిల్గమెష్ పురాణ

గాథ చెపుతుంది. అప్పటికి గాని దేవతలకి తమ తొందరపాటు తెలిసిరాలేదు. తమకి నైవేద్యం పెట్టేందుకు ఎవరూ మిగల్లేదని తెలుసుకున్నారు. వాళ్ళు ఆకలితోనూ, దుఃఖం తోనూ పిచ్చివాళ్లయిపోయారు. అదృష్టవశాత్తూ ఒకే ఒక కుటుంబం తప్పించుకుంది. ఎన్కి అనే దేవుడి ముందుచూపువల్ల వాళ్ళు బతికారు. ఉత్నపిష్టిమ్ అనే తన భక్తుడిని ఎన్కి ముందుగా హెచ్చరించి, ఒక పెద్ద చెక్క నావలో తన బంధువులతోనూ, జంతుసమూహాల తోనూ తలదాచుకోమని చెప్పాడు. వెల్లువ మందగించి, ఈ మెసొపొటేమియన్ నోఆ ఆ నావలోంచి బైటికి వచ్చాక, జంతువులలో కొన్నిటిని దేవతలకి బలివ్వటం అతను చేసిన మొట్టమొదటి పని. ఆ తరవాత ఆ పురాణగాథ ఇలా చెపుతుంది, దేవతలందరూ ఆ చోటికి పరిగెత్తుకుంటూ వచ్చారు : 'దేవతలకి మంచి వాసన వచ్చింది / ఆ తీయటి వాసనని వాళ్ళు ఆఘ్రాణించారు / నైవేద్యం చుట్టూ దేవతలు ఈగల్లా మూగారు' ఈ వరద గురించి బైబిల్‌లో ఉన్న కథ (మెసొపొటేమియా గాథ రాసిన 1,000 సంవత్సరాల తరవాత రాసినది) కూడా నావ దిగిన వెంటనే 'నోఆ దేవుడికి ఒక బలిపీఠం నిర్మించాడనీ, శుభ్రంగా ఉన్న కొన్ని జంతువులనీ, పక్షులనీ తీసుకుని వాటిని నిప్పుతో కాల్చి దేవుడికి సమర్పించుకున్నాడనీ చెపుతుంది. చక్కటి ఆ వాసన సోకగానే మనసులో ఆ దేవుడు ఇలా అనుకున్నాడు : ఇంకెప్పుడూ మానవులున్న ఈ భూమిని శపించను' (జెనెసిస్ 8:20-I).

వరదకి సంబంధించిన ఈ కథ వ్యవసాయలోకానికి ప్రధాన గాథ అయింది. దానికి ఆధునిక పర్యావరణ అర్థాన్ని జోడించడం సాధ్యమే అనుకోవచ్చు. పర్యావరణ వ్యవస్థని విధ్వంసం చేసే అవకాశం మనం చేసే పనులకు ఉందని, దేవతలకున్నట్టుగానే మిగిలిన సృష్టినంతా కాపాడే కర్తవ్యం మనుషులకి ఉందనీ ఆ వరద మనకి నేర్పిస్తుందనుకోవచ్చు. అయినా మానవుల ఔన్నత్యానికీ, జంతువుల హీనత్వానికీ ఇది ఒక నిదర్శనమని దీనికి సంప్రదాయబద్ధమైన అర్థం చెప్పారు. మానవులనీ, దేవతలనీ కాపాడేందుకే మొత్తం పర్యావరణాన్ని రక్షించమని నోఆ ని ఆదేశించటం జరిగింది. జంతువులని ఎవరూ పట్టించుకోలేదు. మానవేతర ప్రాణులకి తమకంటూ ఎటువంటి విలువా లేదు, అవి కేవలం మనకోసమే బతుకుతున్నాయి.

'మానవజాతి దౌష్ట్యం ఎంత ముదిరిపోయిందో చూశాక ఆ దేవుడు ఇలా తీర్మానించాడు,' 'నేను సృష్టించిన మానవజాతిని, దానితోబాటు జంతువులనీ, పక్షులనీ, ఇతర భూచరాలనీ ఈ భూమ్మీదినుంచి తుడిచిపెట్టెయ్యండి, వాటిని సృష్టించినందుకు నేను విచారం ప్రకటిస్తున్నాను' (జెనెసిస్ 6:7). హోమో సేపియన్లు చేసిన నేరాలకి జంతువులన్నిటినీ నాశనం చెయ్యటం పూర్తిగా న్యాయమేనని బైబిల్ అనుకుంటుంది. మనుషులు చెడుగా ప్రవర్తిస్తే ఇక జిరాఫీలూ, పెలికన్ పక్షులూ, ఆరుద్రపురుగులూ బతికి ఉన్నా ఏమీ ప్రయోజనం లేదని వాళ్ళ ఉద్దేశం కావచ్చు. హోమో సేపియన్లని సృష్టించినందుకు దేవుడు విచారం వెలిబుచ్చినట్టూ, ఆ నరవానరాన్ని ఈ లోకంలో లేకుండా అంతం చేసినట్టూ, ఆ తరవాత ఉష్ట్రపక్షులతో, కంగారూలతో, పాండాలతో సరదాగా కాలం గడుపుతున్నట్టూ బైబిల్‌లో ఎక్కడా లేదు.

అయినప్పటికీ ఆస్తిక మతాలకి జంతువులపట్ల సౌహార్దాన్ని తెలిపే కొన్ని నమ్మకాలు

లేకపోలేదు. దేవతలు జంతు ప్రపంచం మీద మానవులకి అధికారం ఇచ్చారు, కానీ ఆ అధికారంతోబాటు కొన్ని బాధ్యతలు కూడా ఉన్నాయి. ఉదాహరణకి, పూజకు కేటాయించిన దినాన (సబాత్) వ్యవసాయపు పనులు చేసే జంతువులకి విశ్రాంతి ఇవ్వాలనీ, వీలైనప్పుడల్లా వాటికి అనవసరంగా బాధ కలిగించకూడదనీ యూదులు ఆదేశించారు. (కానీ ఎప్పుడైనా మనుషుల అవసరాలు ముఖ్యమా, జంతువులవా అన్న ప్రశ్న వచ్చినప్పుడు మనుషులదే పైచెయ్యి అయింది.)

టాల్ముడ్ (యూదుల మత గ్రంథం)లో ఒక కథ ఉంది. కసాయి దుకాణానికి తీసుకెళ్తున్న ఒక దూడ తప్పించుకుని పారిపోయి, రక్షణకోసం రబ్బీల యూదు మతాన్ని స్థాపించినవారిలో ఒకడైన రబ్బీ యహూదా హానాసీని ఆశ్రయించిందని ఆ కథ చెపుతుంది. దూడ తన తలని రబ్బీ పొడవాటి దుస్తులలో దాచుకుని దీనంగా అరవసాగింది. అయినా రబ్బీ దాన్ని దూరంగా తోసేసి, 'వెళ్ళు. నిన్ను సృష్టించినదే ఈ ప్రయోజనం కోసం', అన్నాడు. రబ్బీ దూడ మీద దయ చూపించలేదు కనుక దేవుడు ఆయన్ని శిక్షించాడు. రబ్బీ పదమూడేళ్లపాటు తీవ్రమైన రోగంతో బాధపడుతూ ఉండిపోయాడు. ఆ తరవాత ఒకరోజు రబ్బీ ఇంట్లో పనిచేసే మనిషికి అప్పుడే పుట్టిన ఎలుకపిల్లలు కనిపిస్తే అతను వాటిని బైటికి ఊడవసాగాడు. రబ్బీ యహూదా పరిగెత్తుకొచ్చి ఆ నిస్సహాయంగా ఉన్న ఎలుక పిల్లలని ఏమీ చెయ్యవద్దని సేవకుడికి చెప్పాడు. ఎందుకంటే, 'దేవుడు అందరిపట్లా మంచిగా ఉంటాడు, తాను సృష్టించిన వాటన్నిటిమీదా ఆయనకి సానుభూతి ఉంటుంది' (కీర్తన 145:9). రబ్బీ ఆ ఎలుకలమీద సానుభూతి చూపించాడు కనుక, దేవుడు ఆయన మీద సానుభూతి చూపించి అతని రోగం నయమయేట్టు చూశాడు.

ఇతర మతాలూ, ముఖ్యంగా జైనమతం, బౌద్ధమతం, హైందవమతం జంతువులపట్ల మరింత సానుభూతి కనబరిచాయి. అవి మామావులకీ, మిగిలిన పర్యావరణ వ్యవస్థకే గల సంబంధాన్ని నొక్కి వక్కాణిస్తాయి, ఇక ప్రాణంతో ఉన్న ఏ జీవినీ చంపకూడదనేదే వాళ్ళు ఇచ్చే అతిప్రధానమైన నైతిక ఆదేశం. బైబిల్‌లో 'నువ్వు ఎవరినీ చంపరాదు' అనేది కేవలం మానవులవరకే పరిమితమైంది. ప్రాచీన భారతదేశపు అహింసా సిద్ధాంతం జీవమున్న ప్రతి ప్రాణికీ వర్తిస్తుంది. ఈ విషయంలో జైన మునులు మరీ ఎక్కువ జాగ్రత్త పడతారు. ఊపిరితోబాటు ఏదైనా పురుగు నోట్లోకి వెళ్తుందేమోనని, వాళ్ళు తమ నోటికి ఎప్పుడూ తెల్లటి గుడ్డ కట్టుకుంటారు. నడిచి ఎక్కడికైనా వెళ్లేప్పుడు ఒక చీపురుతో నేలని సుతారంగా ఊడుస్తూ, చీమలు గాని, ఇంకేవైనా చిన్న పురుగులు గాని కాళ్ళ కింద పడి చనిపోకుండా జాగ్రత్త తీసుకుంటారు.

అయినప్పటికీ జైనమతం, బౌద్ధమతం, హైందవమతం, ఇవన్నీ మానవుడి ఔన్నత్యాన్నీ, జంతువులని స్వార్థానికి వినియోగించుకోవటాన్నీ సమర్థించేందుకు మార్గాలు కనిపెట్టాయి (మాంసం కోసం కాకపోయినా పాలకోసమూ, వాటి కండబలాన్ని ఉపయోగించు కోవటం కోసమూ). మానవులు కొన్ని నియమాలని అనుసరించినట్టయితే, మానవులకి ఇతర జంతువులని అదుపుచేసి, ఉపయోగించుకునేందుకు సహజమైన హక్కు ఉందని ఆ మతాలన్నీ అన్నాయి. ఉదాహరణకి హైందవమతం ఆవులకి పవిత్రత ఆపాదించి గొడ్డు

మాంసం తినటాన్ని నిషేధించింది, కానీ పాల పరిశ్రమకి తిరుగులేని సమర్ధన అందజేస్తూ ఆవులు ఉదారగుణం కలవనీ, మానవులతో తమ పాలని పంచుకోవాలని తప్పకుండా కాంక్షిస్తాయనీ అంటుంది.

ఆ రకంగా మానవులు ఒక 'వ్యవసాయపరమైన బేరానికి' ఒప్పుకున్నారు. ఆ బేరం ప్రకారం ఈ లోకంలోని శక్తులు మానవులకి జంతువుల మీద ఆధిపత్యం చెలాయించే అధికారం ఇచ్చాయి, కానీ దానికి బదులు దేవుళ్ళకోసం, ప్రకృతికోసం, చివరికి జంతువుల కోసం కూడా కొన్ని పనులు చెయ్యాల్సిన బాధ్యత మానవులకి ఉంటుంది. అది వ్యవసాయ జీవితంలోని దైనందిన కృత్యాలని ప్రతిబింబిస్తుంది కాబట్టి, అలాంటి దృఢమైన విశ్వం ఉన్నదని నమ్మటం సులభమైంది.

ఆటవికులు తాము ఉన్నతులమని అనుకోలేదు. పర్యావరణ వ్యవస్థ మీద తమ ప్రభావం గురించి వాళ్ళకి అట్టే అవగాహన లేకపోవటమే దీనికి కారణం. ఆటవికులు సమూహంలో సామాన్యంగా కొన్ని డజన్లమంది మాత్రమే ఉండేవారు. వాళ్ళ చుట్టూ కొన్ని వేల అడవి జంతువులుండేవి. ఆ జంతువుల కోరికలని అర్థం చేసుకోవటం, మన్నించటం మీదే వాళ్ళ మనుగడ ఆధారపడి ఉండేది. ఆటవికులు నిరంతరం, జింకలు దేన్నీ గురించి కలలు కంటాయో, సింహాల ఆలోచనలెలా ఉంటాయో తెలుసుకునేందుకు తమని తాము ప్రశ్నించుకుంటూ ఉండవలసి వచ్చేది. లేకపోతే జింకలని వేటాడటం, సింహాలని తప్పించుకోవటం వాళ్ళకి సాధ్యమై ఉండేది కాదు.

దీనికి విరుద్ధంగా వ్యవసాయదారులు జీవించిన ప్రపంచాన్ని మానవుల కలలూ, ఆలోచనలూ అదుపుచేసి దానికి ఒక రూపాన్నిచ్చాయి. అప్పటికీ తుఫానులూ, భూకంపాల లాంటి భయంకరమైన ప్రకృతి వైపరీత్యాలకి మానవులు గురికాక తప్పలేదు. కానీ ఇతర జంతువుల కోరికల మీద వాళ్ళు ఇక ఆధారపడవలసి అవసరం లేకుండా పోయింది. వ్యవసాయభూమిలో ఉండే పిల్లవాడు చాలా చిన్నవయసులోనే గుర్రం మీద స్వారీ చెయ్యటం, ఎద్దుని పూన్చటం, మొండి గాడిదని చెర్నాకోలతో కొట్టటం, గొర్రెల్ని మేపేందుకు తీసుకెళ్ళటం నేర్చుకునేవాడు. అలంటి దైనందిన కార్యాలు ప్రకృతి నియమాలను అనుసరించి ఏర్పాటయిందనీ, లేదా దేవతల ఇష్టం అదేననీ నమ్మటం తేలికగా అనిపించేది.

దక్షిణ భారతదేశంలోని నాయక తెగ ఏనుగులనీ, పాములనీ, అడవిలో చెట్లనీ మానవులతో సమానంగా చూస్తాయనేది యాదృచ్ఛికం కాదు. పెంపుడు మొక్కల గురించీ, జంతువుల గురించీ వాళ్ళ దృష్టికోణం చాలా భిన్నమైంది. నాయక భాషలో విశిష్టమైన వ్యక్తిత్వం గల ఒక ప్రాణిని మన్‌సన్ అంటారు. డాన్నీ నవే అనే నృశాస్త్ర నిపుణుడు గుచ్చి గుచ్చి అడిగితే ఆ తెగమనుషులు అన్ని ఏనుగులూ మన్‌సన్‌లే అని చెప్పారు. 'మేమూ అడవిలో ఉంటాము, అవీ అడవిలో ఉంటాయి. మేమందరం మన్‌సన్‌లమే... ఎలుగుబంట్లూ, జింకలూ, పులులూ కూడా అంతే. అడవి జంతువులన్నీ అంతే'. మరి ఆవుల మాటేమిటి? 'ఆవులు వేరు. వాటిని మీరు అన్ని చోట్లకీ తోలుకెళ్ళాలి.' కోళ్ళు? 'అవి ఏమీ కావు. అవి మన్‌సన్‌లు కావు.' అడవిలో చెట్లు? 'అవి మన్‌సన్‌లే, చాలాకాలం బతికుంటాయి'.

తేయాకు పొదలు? 'ఓ, వాటిని మేము పెంచుతాం. తేయాకు అమ్మి ఆ వచ్చిన డబ్బులతో దుకాణంలో మాకు కావలసిన సరుకులు కొనుక్కుంటాం. అవి మన్‌సన్ కావు.'

అధికశాతం వ్యవసాయ సమాజాల్లో మనుషులపట్ల కూడా ఎలాటి ప్రవర్తన ఉండేదో మనం గుర్తుంచుకోవాలి. బైబిల్ నాటి ఇజ్రాయిల్‌లో లేదా మధ్యయుగపు చైనాలో మనుషులని కొరడాతో కొట్టటం, వాళ్ళని బానిసలుగా చేసుకోవటం, చిత్రహింసలు పెట్టటం, చంపెయ్యటం సామాన్యమైన విషయంగా ఉండేది. మనుషులని కేవలం ఆస్తిగా పరిగణించేవాళ్ళు. పాలకులు రైతులని వాళ్ళ అభిప్రాయం చెప్పమని అడగటం గాని, వాళ్ళ అవసరాల గురించి పట్టించుకోవటం గాని ఉండేది కాదు. తల్లిదండ్రులు తరచు తమ పిల్లల్ని బానిసలుగా అమ్మేసేవారు. లేదా ఎక్కువ ధర ఎవరు పలికితే వాళ్ళకిచ్చి పెళ్ళి చేసేవారు. అలాంటి పరిస్థితుల్లో, ఒక కోడి గాని, ఆవు గాని పడే మనోవేదనని పట్టించు కోకపోవటంలో ఆశ్చర్యమేమీ లేదనే అనాలి.

ఐదువందల సంవత్సరాల ఏకాంతవాసం/ఒంటరితనం

మనిషికీ జంతువులకీ గల సంబంధంలో ఆధునిక విజ్ఞాన శాస్త్రం, పారిశ్రామిక రంగం మరో విప్లవాన్ని సృష్టించాయి. వ్యవసాయ విప్లవం తలెత్తినప్పుడు మానవులు మొక్కలనీ, జంతువులనీ మాట్లాడనీయకుండా చేసి, సర్వాత్మవాదం సృష్టించిన గొప్ప సంగీత రూపకాన్ని మానవులకీ, దేవతలకీ జరిగే సంభాషణగా మార్చేశారు. శాస్త్రీయ విప్లవం నాటికి మానవులు దేవతలని కూడా మూగవాళ్ళుగా చేసేశారు. ఇక ప్రపంచం ఏకపాత్రాభి నయంగా మారింది. ఖాళీగా ఉన్న రంగస్థలం మీద మనిషి స్వగతం మాట్లాడుకుంటూ, ఎవరితోనూ లావాదేవీలు లేకుండా, ఎటువంటి బాధ్యతలూ లేకుండా, అపారమైన అధికారాన్ని సంపాదించుకుని ఒంటరిగా నిలబడ్డాడు. భౌతికశాస్త్రం, రసాయనశాస్త్రం, జీవశాస్త్రంలోని మూగ నియమాల రహస్యాల్ని ఛేదించి, ప్రస్తుతం వాటి సాయంతో మనిషి ఇష్టమొచ్చినట్టు ప్రవర్తిస్తున్నాడు.

ప్రాచీనకాలపు ఆటవికుడు పచ్చిక బయలులోకి వెళ్ళినప్పుడు అతను అడవిదున్న సాయం కోరేవాడు. ఆ దున్న ఆ ఆటవికుణ్ణి దానికి మారుగా ఏదైనా ఇమ్మని కోరేది. ప్రాచీన కాలంలో పాల వ్యాపారి తన ఆవులు ఎక్కువ పాలివ్వాలని అనుకున్నప్పుడు, ఒక గొప్ప దేవత సాయం కోరేవాడు. ఆ దేవత తన షరతులు ఏమిటో చెప్పేది. నెస్లే రీసర్చ్ అండ్ డెవలప్‌మెంట్ విభాగంలో తెల్ల కోట్లు వేసుకున్న సిబ్బంది పాల ఉత్పత్తిని పెంచాలను కున్నప్పుడు, వాళ్ళు జన్యుశాస్త్రాన్ని అధ్యయనం చేస్తారు, కానీ ఆ జన్యువులు తమ సాయానికి మారుగా ఏమీ అడగవు. కానీ ఆటవికులకీ, వ్యవసాయ భూములున్న రైతులకీ ఉన్నట్టే రీసర్చ్ అండ్ డెవలప్‌మెంట్ విభాగంలో పనిచేసేవాళ్ళకి కూడా కొన్ని కల్పిత గాథలుంటాయి. వాళ్ళు చెప్పుకునే అలాంటి ఒక ప్రసిద్ధమైన గాథ జ్ఞానవృక్షానికీ, గార్డెన్ ఆఫ్ ఈడెన్‌కీ సంబంధించింది. వాళ్ళు ఏమాత్రం సంకోచించకుండా గ్రంథచౌర్యం చేసి, ఆ గాథలో ఒకే ఒక మార్పు చేశారు. గార్డెన్ ఆఫ్ ఈడెన్‌ని లింకన్ షైర్‌లోని వూల్ థార్ప్

మానర్ గార్డెన్‌గా మార్చి క్రియాకలాపాలకి ఆ స్థలాన్ని కేంద్రంగా చేశారు. ఈ కల్పిత గాథ ప్రకారం ఐజాక్ న్యూటన్ అక్కడ ఒక ఆపిల్ చెట్టు కింద కూర్చుని ఉండగా , బాగా పండిన ఒక ఆపిల్ అతని తలమీద పడింది. ఆపిల్ పక్కకో, పైకో పడకుండా అలా సూటిగా కిందికే ఎందుకు పడిందని న్యూటన్ ఆలోచించటం మొదలెట్టాడు. అలా మొదలైన ఆయన సందేహం భూమ్యాకర్షణ శక్తి కనుగొనేందుకూ, లా ఆఫ్ న్యూటోనియాన్ మెకానిక్స్‌కీ దారితీసింది.

న్యూటన్ కథ జ్ఞానవృక్షం కల్పిత గాథని తలకిందులు చేస్తుంది. గార్డెన్ ఆఫ్ ఈడెన్‌లో సర్పం నాటకానికి నాంది పలుకుతుంది, మానవుని పాపం చెయ్యటానికి ఉసికొల్పుతుంది. ఆ విధంగా వాళ్ళని దేవుడి ఆగ్రహానికి గురిచేస్తుంది. ఆడమ్, ఈవ్ ఇద్దరూ సర్పానికీ, దేవుడికీ కూడా ఆటబొమ్మలే. దానికి విరుద్ధంగా గార్డెన్ ఆఫ్ వూల్స్ థార్ప్‌లో మనిషి ఒక్కడే కర్త. న్యూటన్‌కి స్వయంగా క్రైస్తవమతంలో గాఢమైన నమ్మకం ఉన్నప్పటికీ, భౌతికశాస్త్ర నియమాలకన్నా బైబిల్ చదవటంలోనే ఆయనకీ ఎక్కువ శ్రద్ధ ఉండినప్పటికీ, ఆయన ప్రారంభించిన శాస్త్రీయ విప్లవం దేవుణ్ణి ఒక పక్కకి నెట్టేసింది. న్యూటన్ తరవాత వచ్చినవాళ్లు జెనెసిస్ కల్పిత గాథ రాసినప్పటికీ వాళ్లకి దేవుడితోగాని, సర్పంతోగాని పనిలేకపోయింది. గార్డెన్ ఆఫ్ వూల్స్ థార్ప్‌లో ప్రకృతి నియమాలు గుడ్డిగా పనిచేస్తాయి. ఆ నియమాల రహస్యం తెలుసుకోవటం పూర్తిగా మానవులే చెయ్యాల్సిన పని. న్యూటన్ తల మీద ఆపిల్ పడటంతో కథ మొదలవచ్చు కానీ ఆపిల్ ఆ పని బుద్ధిపూర్వకంగా చెయ్యలేదు.

గార్డెన్ ఆఫ్ ఈడెన్ గాథలో కుతూహలం చూపించినందుకూ, జ్ఞానం పొందాలనుకున్నందుకూ మనుషులు శిక్షించబడతారు. దేవుడు వాళ్ళని పారడైజ్ నుంచి బహిష్కరిస్తాడు. గార్డెన్ ఆఫ్ వూల్స్ థార్ప్ కథలో న్యూటన్‌ని ఎవరూ శిక్షించరు, అంటే ఇక్కడ పూర్తిగా భిన్నమైన ఫలితం కనబడుతుంది. ఆయన కనబరిచిన కుతూహలంవల్ల ఈ విశ్వం గురించి మానవజాతికి కొత్త జ్ఞానం లభిస్తుంది, ఎక్కువ శక్తి లభించి సాంకేతిక పారడైజ్ వైపు అది మరో అడుగు ముందుకి వెళ్తుంది. ప్రపంచవ్యాప్తంగా చెప్పలేనంతమంది అధ్యాపకులు విద్యార్థుల్లో కుతూహలం పెంచేందుకు న్యూటన్‌కి సంబంధించిన ఈ కల్పిత గాథని చెపుతారు. మనం ఎక్కువ జ్ఞానాన్ని సంపాదిస్తేనే ఈ భూమ్మీద స్వర్గాన్ని (పారడైజ్) సృష్టించగలమని ఈ గాథ ద్వారా సందేశం ఇస్తారు.

నిజానికి న్యూటన్ గాథలో కూడా దేవుడు ఉన్నాడు : న్యూటనే స్వయంగా దేవుడు. విజ్ఞానశాస్త్రానికి సంబంధించిన బయోటెక్నాలజీ, నానోటెక్నాలజీ లాంటి ఫలాలు పక్వానికొచ్చాక , హోమో సేపియన్లకి దివ్యశక్తులు లభిస్తాయి. అప్పుడు వాళ్ళు ఆ వలయం చుట్టూ తిరగటం పూర్తిచేసి మళ్ళీ బైబిల్‌లో చెప్పిన జ్ఞానవృక్షం దగ్గరకొస్తారు. ఆహారసేకరణ చేస్తూ, వేటాడుతూ బతికిన ప్రాచీన ఆటవికులు జంతువులలో మరో జాతి, అంతే. వ్యవసాయదారులు సృష్టికే తాము తలమాణికమని అనుకున్నారు. శాస్త్రజ్ఞులు మనని మరింత పైకి తీసుకెళ్లి దేవతల స్థానంలో కూర్చోబెడతారు.

వ్యవసాయ విప్లవం ఆస్తిక మతాలకు జన్మనిస్తే, శాస్త్రీయ విప్లవం మానవతావాద మతాలకు నాంది పలికింది. ఆ మతంలో దేవుళ్ళ స్థానాన్ని మానవులు ఆక్రమించారు. ఆస్తికులు థియోస్ (దేవుడికి గ్రీకు పదం)ని ఆరాధిస్తారు, మానవతావాదులు మానవుణ్ణి ఆరాధిస్తారు. హోమో సేపియన్లలో ఏదో ఒక అసాధారణమైన, పవిత్రమైన సారం ఉందనీ, ఈ విశ్వంలోని అన్నిరకాల అర్థాలకీ, అధికారాలకీ అదే మూలమనేది ఉదార వాదం, సామ్యవాదం, నాజీవాదంలాంటి మానవతావాద మతాల్లో ఉన్న మూల ఉద్దేశం. హోమో సేపియన్ల మీద పడే ప్రభావాన్ని బట్టే ఈ విశ్వంలో జరిగే ప్రతి సంఘటనలోని మంచి–చెడులు నిర్ధారించబడతాయి.

ఆస్తికవాదం దేవుడి పేరిట సంప్రదాయబద్ధమైన వ్యవసాయాన్ని సమర్థిస్తే మానవతా వాదం ఆధునిక పారిశ్రామిక వ్యవసాయాన్ని మానవుడి పేరిట సమర్థించింది. పారిశ్రామిక వ్యవసాయం మానవుడి అవసరాలకీ, ఇష్టాలకీ, అభిరుచులకీ పవిత్రత ఆపాదించి మిగిలిన అన్నిటినీ నిర్లక్ష్యం చేస్తుంది. పారిశ్రామిక వ్యవసాయానికి జంతువులంటే అట్టే ఆసక్తి లేదు. వాటికి మానవ స్వభావంలో ఉండే పవిత్రత లేదు. వాటి ఉపయోగం దేవతలకు లేదు. ఆధునిక విజ్ఞానశాస్త్రం, సాంకేతికశాస్త్రం మనిషికి ప్రాచీన దేవతలకన్నా ఎక్కువ శక్తులని అందిస్తున్నాయి కాబట్టి వాటితో పనిలేదు. ఆధునిక కంపెనీలు ఆవుల్నీ, పందుల్నీ, కోడిపెట్టల్నీ అధీనం చేసుకుని, వ్యవసాయ సమాజాల్లో కన్నా భయంకరమైన పరిస్థితుల్లో వాటిని బంధించేందుకు విజ్ఞానశాస్త్రం తోడ్పడుతుంది.

ప్రాచీన కాలపు ఈజిప్ట్, రోము సామ్రాజ్యంలోనూ, మధ్యయుగపు చైనాలోనూ జీవరసాయన శాస్త్రం, జన్యుశాస్త్రం, జంతుశాస్త్రం, అంటువ్యాధుల గురించి ప్రాథమిక జ్ఞానం మాత్రమే ఉండేది. తత్ఫలితంగా వాటిని స్వార్థం కోసం ఉపయోగించుకునేందుకు పరిమితి ఉండేది. ఆ రోజుల్లో ఆవులూ, పందులూ, కోడిపెట్టలూ స్వేచ్ఛగా ఇళ్ల మధ్య పరిగెత్తుతూ చెత్తకుప్పల్లో, దగ్గరున్న అడవుల్లో తినేందుకు ఏమైనా దొరుకుతుందేమోనని వెతుక్కునేవి. అత్యాశకి పోయి ఏ వ్యవసాయదారుడైనా కొన్ని వేల జంతువులని ఒకే కొట్టంలో బంధిస్తే ఏదో ఒక ప్రాణాంతకమైన అంటువ్యాధి ప్రబలి ఉండేది. అది అన్ని జంతువులనీ, చాలామంది గ్రామస్థులనీ పొట్టనపెట్టుకునేది. ఏ మతాచార్యుడూ, ఏ షమన్, ఏ దేవుడూ దాన్ని నివారించలేకపోయేవాడు.

కానీ ఆధునిక విజ్ఞానశాస్త్రం అంటురోగాల, వ్యాధికారక క్రిముల, యాంటీబయాటిక్స్ రహస్యాన్ని ఛేదించిన తరవాత పారిశ్రామిక కోళ్ల ఫారాలూ, పశువుల శాలలూ, పందుల కొట్టాలూ నిర్మించటం సాధ్యమైంది. టీకాలు, మందులు, హార్మోన్లూ, పురుగుల మందులు, సెంట్రల్ ఎయిర్ కండిషనింగ్ వ్యవస్థ, ఆహారాన్ని నోటికందించే ఆటోమాటిక్ యంత్రాల సాయంతో ఇరుకైన బోనుల్లో వేలకొద్దీ పందుల్నీ, ఆవుల్నీ, కోళ్లనీ కుక్కేసి మాంసం, పాలు, గుడ్లు ఉత్పత్తి చెయ్యటం ఇప్పుడు సాధ్యమవుతోంది.

ఈ మధ్య కొన్నేళ్లుగా జనం మనిషికీ జంతువుకీ ఉన్న సంబంధాన్ని గురించి మళ్ళీ ఆలోచించటం ప్రారంభించాక, ఇలాంటి పనులని విమర్శించటం ఎక్కువైంది. ఇన్నాళ్లూ మనకన్నా తక్కువస్థాయి ప్రాణులని అనుకుంటూ వచ్చిన జంతువుల మీద ఇంతకు

ముందెన్నడూ లేనంత ఆసక్తి హఠాత్తుగా కనబరుస్తున్నాం. బహుశా మనం కూడా ఆ వర్గంలో చేరబోతున్నాం కనుకనేమో. కంప్యూటర్ ప్రోగ్రాంలు మానవాతీతమైన తెలివితేటల్ని, ఎన్నడూ లేనంత శక్తినీ సంపాదించుకున్నాక మనం మనుషులకన్నా ఆ ప్రోగ్రాములే ఎక్కువ విలువయినవని అనుకోవటం మొదలెడతామా? ఉదాహరణకి కృత్రిమ తెలివి (ఆర్టిఫీషియల్ ఇంటెలిజెన్స్) మానవుని స్వార్థానికి ఉపయోగించుకోవటం, చివరికి తమ అవసరాలకోసమూ, కోరికలకోసమూ వాళ్ళని చంపటం కూడా సబబే అవుతుందా? దానికి మనిషి కన్నా ఉన్నతమైన తెలివితేటలూ, శక్తీ ఉన్నప్పటికీ మనిషిని నాశనం చేసేందుకు దాన్ని అనుమతించనప్పుడు మనిషి మాత్రం పందుల్ని స్వార్థానికి ఉపయోగించుకోవటం, చంపటం అనేది నైతికం ఎలా అయింది? పందుల్నించీ, కోడిపెట్టల్నించీ, చింపాంజీలనుంచీ, కంప్యూటర్ ప్రోగ్రాములనుంచీ వేరుచేసే ఎక్కువ తెలివితేటలూ, శక్తీ కాక మనుషుల్లో ఇంకేదైనా అద్భుతమైన వైశిష్ట్యం ఉందా? ఉన్నట్టయితే అది ఎక్కణ్ణుంచి వచ్చింది? ఒకవేళ అలాటిది ఉంటే కృత్రిమ తెలివి దాన్ని పొందలేదని మనం అంత కచ్చితంగా ఎలా చెప్పగలం? అలాటి విలక్షణమైన గుణం మనిషికి లేనట్టయితే, కంప్యూటర్లు తెలివితేటల్లోనూ, శక్తిలోనూ మనుషులని అధిగమించాక కూడా మనిషికి అలాంటి విలువ ఉన్నదని అనుకోవటం సబబేనా? నిజం చెప్పాలంటే మానవులని అంత తెలివైనవాళ్లుగా, శక్తిమంతులుగా భావించేందుకు మనలో ఏముందని? మానవేతర సత్వాలు (ఎంటిటీస్) మనతో పోటీచేసి గెలవవని ఎలా చెప్పగలం?

తరువాతి అధ్యాయం హోమో సేపియన్ల స్వభావాన్నీ, శక్తినీ పరిశీలిస్తుంది. మనకీ ఇతర జంతువులకీ ఉన్న సంబంధాన్ని ఇంకా బాగా అర్థం చేసుకునేందుకే కాదు, భవిష్యత్తు మనకోసం ఎలాంటి జీవితాన్ని నిర్దేశించిందో తెలుసుకునేందుకు, మానవులకీ, మానవాతీతులకీ మధ్య సంబంధం ఎలా ఉండబోతోందని తెలుసుకునేందుకు.

3

మానవుని ప్రత్యేకత

ఈ ప్రపంచంలో అన్నిటికన్నా ఎక్కువ శక్తి గల జాతి హోమో సేపియన్లే అనే విషయంలో సందేహం లేదు. హోమో సేపియన్లు తాము నైతికంగా కూడా పైస్థాయిలో ఉన్నామని అనుకుంటారు. పందులు, ఏనుగులు లేదా తోడేళ్లకన్నా మానవుడి ప్రాణం విలువైనదని కూడా అనుకుంటారు. ఇది అంత స్పష్టంగా కనిపించదు. కానీ బలం ఉన్నవాడిదే అధికారం అనుకోవటం సబబేనా? పందుల సామూహిక జీవితంకన్నా మానవుల సామూహిక జీవితం ఎక్కువ శక్తిమంతమైనది కనుక దానికి ఎక్కువ విలువ ఉండవచ్చా? ఆఫ్ఘనిస్తాన్ కన్నా అమెరికా చాలా శక్తిమంతమైనది, అంతమాత్రాన ఆఫ్ఘనిస్తాన్‌లో నివసించేవారు ప్రాణాలకన్నా అమెరికావాసుల ప్రాణాలు ఎక్కువ విలువైనవని అర్థమా?

వ్యావహారికంగా చూస్తే అమెరికన్ల జీవితాలకి ఎక్కువ విలువ ఉంటుంది. సగటు అమెరికన్ కోసం విద్య, ఆరోగ్యం, రక్షణ లాంటి విషయాల్లో సగటు ఆఫ్ఘనిస్తాన్ నివాసి కన్నా ఎక్కువ డబ్బు ఖర్చు చేస్తారు. ఆఫ్ఘనిస్తాన్‌లో ఉండే మనిషిని హత్య చేస్తే అంతర్జాతీయ స్థాయిలో అంత గొడవ జరగదు, కానీ ఒక అమెరికన్ హత్యకి గురైతే అంతర్జాతీయ స్థాయిలో దానికి నిరసన తెలియజేయటం కనబడుతుంది. భూగోళ స్థాయిలో ఆధిపత్యానికి సంబంధించిన అన్యాయానికి ఫలితమే తప్ప ఇది మరేమీ కాదని అందరూ అంగీకరిస్తారు. అమెరికా కన్నా ఆఫ్ఘనిస్తాన్‌కి తక్కువ పలుకుబడి ఉండవచ్చు, అయినప్పటికీ తోరా బోరా పర్వతప్రాంతంలో నివసించే ఒక పిల్లవాడి జీవితం బెవర్లీ హిల్స్‌లో ఉండే ఒక పిల్లవాడి జీవితమంత పవిత్రమైనదేనని చెప్పాలి.

దీనికి విరుద్ధంగా మనం పందిపిల్లల ప్రాణాలకన్నా మనిషిపిల్లల ప్రాణాలకి ఎక్కువ విలువ ఇచ్చినప్పుడు, ఇది అధిపత్యానికి సంబంధించిన పర్యావరణ సమతౌల్యం కన్నా లోతైన విషయానికి సంకేతమని నమ్ముతాం. మానవ జీవితాలు నిజంగానే ఏదో ఒక ప్రాథమిక రీతిలో ఉన్నతమైనవి అని నమ్మాలని అనుకుంటాం. మనలో ఏదో అద్భుతమైన

గుణం ఉందనీ, అదే మనకి విపరీతమైన అధికారాన్ని ఇవ్వటమే కాక, మనం ఉన్నతస్థాయిలో ఉండేందుకు అది నైతికసమర్థన కూడా అందిస్తుందనీ చెప్పుకోవటం సేపియన్లమైన మనకి చాలా ఇష్టం. మనిషిలో ఉండే ఈ అసాధారణమైన ప్రత్యేకత ఏమిటి?

సంప్రదాయాన్ని పాటించే ఏకేశ్వరవాదులు, సేపియన్లకి మాత్రమే ఆత్మ ఉంటుందని ఈ ప్రశ్నకి సమాధానం చెపుతారు. శరీరం కుళ్ళి నశించిపోతుంది, కానీ ఆత్మ మోక్షం వైపో, నరకం వైపో ప్రయాణం కొనసాగిస్తుంది. స్వర్గంలో శాశ్వతానందాన్నో, నరకంలో అంతులేని బాధలనో అనుభవిస్తుంది. పందులకీ, మిగిలిన జంతువులకీ ఆత్మ లేదు కాబట్టి ఈ విశ్వనాటకంలో వాటికి ఎటువంటి పాత్రా ఉండదు. అవి కొన్నేళ్లు మాత్రమే జీవించి మరణించి గుర్తు తెలియకుండా పోతాయి. అందుకే మనం అశాశ్వతమైన పందులకన్నా, శాశ్వతమైన మానవుల ఆత్మ గురించే పట్టించుకోవాలి.

ఇది కిండర్‌గార్టెన్‌లో పిల్లలకి చెప్పే సరదా కథ కాదు, ఇరవైఒకటో శతాబ్దిలో కొన్ని కోట్లమంది మనుషుల జీవితాలనీ, జంతువుల జీవితాలనీ నిరంతరం రూపొందిస్తూ ఉండే ఒక శక్తివంతమైన కల్పిత గాథ. మానవులకి శాశ్వతమైన ఆత్మలుంటాయనీ, జంతువులు కేవలం అస్థిరమైన శరీరాలనీ నమ్మటం మన న్యాయ, రాజకీయ, ఆర్థిక వ్యవస్థకి మూలస్తంభం. ఉదాహరణకి, ఆహారం కోసం కాని, వినోదం కోసం కాని జంతువులని చంపటం ఎందుకు తప్పు కాదో ఇది వివరిస్తుంది.

ఏది ఏమైనా, ఈ మధ్య జరిగిన శాస్త్రీయ ఆవిష్కరణలు ఈ ఏకేశ్వరవాద కల్పిత గాథని పూర్తిగా నిరాకరిస్తాయి. ఈ కల్పిత గాథలో ఒక భాగాన్ని ప్రయోగశాలల్లో జరిగే పరిశోధనలు ధ్రువపరిచిన మాట వాస్తవమే. ఏకేశ్వరవాదులు జంతువులకి ఆత్మలుండవని అన్నట్టే ఇదీనూ. ఎంతో జాగ్రత్త తీసుకుని శ్రద్ధగా చేసిన అధ్యయనాలూ, పరీక్షలూ ఎంతో జాగ్రత్త తీసుకుని శ్రద్ధగా చేసినప్పటికీ, పందుల్లో, ఎలుకల్లో, రీసస్ జాతి కోతుల్లో ఆత్మలున్న దాఖలాలేవీ కనబడలేదు. కానీ దురదృష్టవశాత్తూ ప్రయోగశాలల్లో జరిపే అవే అధ్యయనాలూ, ప్రయోగాలూ ఏకేశ్వరవాద కల్పిత గాథ చెప్పే మరో ముఖ్యమైన అంశాన్ని, మనుషులకి ఆత్మలుంటాయన్న విషయాన్ని నిర్లక్ష్యం చేస్తాయి. శాస్త్రజ్ఞులు హోమో సేపియన్ల మీద చిత్ర విచిత్రమైన వేలాది ప్రయోగాలు చేశారు, మన మనసులోని అన్ని మూలాలనీ, మెదడులోని అన్ని పగుళ్ళనీ క్షుణ్ణంగా పరీక్షించారు. కానీ ఇంతవరకూ వాళ్లకి అద్భుతమైన మెరుపు ఎక్కడా కనిపించలేదు. పందులకి లేని ఆత్మ సేపియన్లకి ఉందనటానికి గల శాస్త్రీయ ఆధారం శూన్యమనే అనాలి.

విషయం అదే అయితే, శాస్త్రజ్ఞులు అలాటిది కనబడే వరకూ శోధిస్తూనే ఉండాలని మనం వాదించవచ్చు. వాళ్లకి ఇంతవరకూ ఆత్మ కనబడలేదంటే వాళ్ళు జాగ్రత్తగా చూడలేదని అనుకోవచ్చు కదా ! అయినా జీవశాస్త్రం కేవలం ఆధారం లేదన్న కారణంగా ఆత్మకి ఉనికి ఉందా, లేదా అన్న విషయాన్ని సందేహించదు. అసలు ఆత్మ అనే విషయాన్నే ఒప్పుకోకపోవటానికి అది పరిణామక్రమ సిద్ధాంతాలకు వ్యతిరేకంగా ఉండటమే కారణం. ఈ వ్యతిరేకతవల్లే ఏకేశ్వరవాదులు పరిణామక్రమ సిద్ధాంతాన్ని విపరీతంగా ద్వేషిస్తారు.

చార్లెస్ డార్విన్ అంటే ఎవరికి భయం?

2012లో జరిపిన గ్యాలప్ సర్వే ప్రకారం అమెరికన్లలో 15 శాతం మాత్రమే హోమో సేపియన్లు దేవుడి జోక్యం లేకుండా సహజ ఎంపిక ద్వారా పరిణతి చెందారని నమ్ముతారు; 32 శాతం కొన్ని లక్షల సంవత్సరాలపాటు జరిగిన ప్రక్రియలో మొట్టమొదటి జీవులనుంచి మానవులు పరిణతి చెందారని, కానీ ఆ మొత్తం ప్రదర్శనని నడిపించింది దేవుడేననీ నమ్ముతారు; 46 శాతం బైబిల్‌లో చెప్పినట్టు, మానవులని ప్రస్తుతం వాళ్ళు ఉన్న రూపంలో దేవుడే 10,000 సంవత్సరాల కాలంలో సృష్టించాడని నమ్ముతారు. మూడేళ్లు కాలేజీలో గడిపాక కూడా అది ఈ అభిప్రాయాల మీద ఎటువంటి ప్రభావమూ చూపలేదు. ఇదే సర్వేలో బి.ఏ. విద్యార్థులలో 46 శాతం సృష్టి గురించి బైబిల్‌లో చెప్పిన కథనే నమ్ముతారనీ, 14 శాతం మాత్రమే దేవుడి ప్రమేయం లేకుండా మానవజాతి పరిణామం సాధించిందని నమ్ముతారనీ తేలింది. ఎం.ఏ., పీహెచ్‌డీ డిగ్రీలు సంపాదించుకున్నవాళ్ళు కూడా 25 శాతం బైబిల్‌ని నమ్ముతారు, కేవలం 29 శాతం, మానవజాతి పరిణతి చెందింది సహజ ఎంపిక ద్వారా మాత్రమేనని నమ్ముతారు.

స్కూళ్లలో పరిణామక్రమం గురించి నేర్పించటం విషయంలో అధ్యాపకులు పూర్తిగా విఫలమౌతున్నారన్న మాట రుజువైంది, మత ఛాందసులు ఇప్పటికీ దాన్ని అసలు బోధించకూడదనే పట్టుపడుతున్నారు. దానికి మారుగా తెలివైన నిర్మాణం అనే సిద్ధాంతం గురించి బోధించాలనీ, అన్ని జీవులనీ ఆ నిర్మాణం ప్రకారం సృష్టించిన పరమ మేధస్సు (అంటే దేవుడు) ఒకటి ఉన్నదనీ బోధించమనీ వాళ్ళు ఒత్తిడి తీసుకొస్తున్నారు. 'వాళ్లకి రెండు సిద్ధాంతాలనీ పరిచయం చేసి, ఏది కావాలంటే అది ఎంచుకోమని చెప్పండి,' అంటున్నారు.

సాపేక్ష సిద్ధాంతం కానీ, క్వాంటం మెకానిక్స్ గురించి కానీ ఎవరూ పట్టించుకోవటం లేదు, కానీ పరిణామక్రమ సిద్ధాంతం గురించి మాత్రమే అభ్యంతరాలు ఎందుకు తలెత్తుతున్నాయి? పదార్థం, శక్తి, స్థలము, కాలము లాంటి ప్రత్యామ్నాయ సిద్ధాంతాలని పిల్లలకి పరిచయం చెయ్యమని రాజకీయవేత్తలు అడగరెందుకు? ఐన్‌స్టీన్, వెర్నర్ హైసెన్‌బర్గ్ ప్రతిపాదించిన భయంకరమైన సిద్ధాంతాలకన్నా, మొదటిసారి చూసినప్పుడు డార్విన్ చెప్పినది అంత ప్రమాదకరంగా కనిపించదు కదా! పరిణామక్రమ సిద్ధాంతం ఆధారపడేది బలవంతులదే మనుగడ (సర్వైవల్ ఆఫ్ ద ఫిట్టెస్ట్) అనే సూత్రం పైన. ఈ ఆలోచనలో పస లేకపోవచ్చు, కానీ ఇది చాల స్పష్టంగా, సరళంగా ఉంటుంది. దీనికి వ్యతిరేకంగా సాపేక్ష సిద్ధాంతము, క్వాంటం మెకానిక్స్, కాలాన్నీ, స్థలాన్నీ మెలిపెట్టవచ్చునీ, ఏమీ లేని దానిలోంచి ఏదో ఒకటి వెలువడవచ్చునీ, ఒక పిల్లి ఒకే సమయంలో బతికి ఉంటూనే చనిపోవచ్చునీ అంటాయి. ఇది మన ఇంగితజ్ఞాన్ని వెక్కిరించటంలా ఉంటుంది. అయినా దోషాలతో నిండిన ఇలాంటి ఆలోచనలనుంచి అమాయకులైన స్కూలు పిల్లలని కాపాడాలని ఎవరూ ప్రయత్నించరు, ఎందుకని?

సాపేక్ష సిద్ధాంతం ఎవరికీ కోపం తెప్పించదు, ఎందుకంటే అది మనం కాపాడుకోవాలని అనుకునే నమ్మకాలని వ్యతిరేకించదు. స్థల కాలాలు సంపూర్ణమైనవా, సాపేక్షమైనవా

అనేదాన్ని గురించి ఎవరికీ ఇసుమంతైనా పట్టదు. ఒకవేళ స్థల కాలాలని వంచటం సాధ్యమేనని మీరు అనుకున్నట్టయితే, రండి, వచ్చి వాటిని వంచండి. నాకేం పట్టింది? దీనికి వ్యతిరేకంగా డార్విన్ మనకి ఆత్మలు లేకుండా చేశాడు. మీకు నిజంగా పరిణామక్రమ సిద్ధాంతం అర్థమైతే, ఆత్మ లేదన్న విషయం కూడా అర్థమౌతుంది. శ్రద్ధాళువులైన క్రైస్తవులకీ, ముస్లిములకు కాదు, ఎటువంటి మాట విశ్వాసమూ లేనివాళ్లకి కూడా ఇది భయం గొలిపే ఆలోచనలాగే తోస్తుంది. అధికశాతం మనుషులు ప్రతి మనిషిలోనూ ఒక వైయక్తిక సారం ఉన్నదనీ, మనిషి జీవించి ఉన్నంత కాలం అది మారదనీ, మనిషి చనిపోయాక కూడా అది చెక్కుచెదరకుండా అలాగే ఉంటుందనేది వాళ్ళ నమ్మకం.

'ఇండివిద్యువల్' (Individual) అనే ఆంగ్ల పదానికి అర్థం అక్షరాలా 'విభజనకు సాధ్యం కానిది' అని. నేను ఒక 'ఇన్–డివిద్యువల్'ని అంటే, నేను పరిపూర్ణమైనవాడిననీ, విభిన్న భాగాలతో సమకూర్చబడినవాడిని కాననీ అర్థం. ఈ విభజించలేని సారం ఒక క్షణం నుంచి మరో క్షణానికి, ఇక దేనినీ కోల్పోకుండానూ, అదనంగా తనలో చేర్చుకోకుండానూ నిలబడి ఉంటుంది. నాడీకణాలు రాజుకుంటాయి, హార్మోన్లు ప్రవహిస్తాయి, కండరాలు సంకోచిస్తాయి, ఈ ప్రక్రియలవల్ల నా శరీరమూ, మెదడూ నిరంతరం మార్పు చెందుతూనే ఉంటాయి. నా వ్యక్తిత్వమూ, కోరికలూ, బంధుత్వాలూ ఎప్పుడూ ఒకేలా ఉండవు. యేళ్లూ, దశాబ్దాలూ గడిచినకొద్దీ పూర్తిగా మారిపోనూవచ్చు. కానీ వాటన్నిటి చాటునా, పుట్టినప్పటి నుంచీ చనిపోయేదాకా – మరణానంతరం అని కూడా అనుకోవచ్చేమో – మిగిలేది అదే మనిషి!

కానీ దురదృష్టవశాత్తూ, నేను అనేది విభజనకి లొంగని, మార్పు చెందని, శాశ్వత సారమనే ఆలోచనని పరిణామక్రమ సిద్ధాంతం నిరాకరిస్తుంది. పరిణామక్రమ సిద్ధాంతం ప్రకారం అన్ని జీవులూ, ఏనుగు నుంచి సిందూర వృక్షం దాకా, కణాలనుంచి డీఎన్ఏ అణువుల దాకా, చిన్నచిన్న సరళమైన భాగాలతో నిర్మాణం చెందినవే, అవి ఎడతెగకుండా కలుస్తూ విడిపోతూ ఉంటాయి. ఏనుగులూ, కణాలూ క్రమక్రమంగా పరిణామం సాధించాయి. కొత్త జోడింపులూ, విడిపోవడాలవల్లే అది సాధ్యమైంది. విభజనకు లొంగనిదీ, మార్పు చెందనిదీ సహజ ఎంపిక ద్వారా ఉనికిలోకి రావటం సాధ్యం కాదు.

ఉదాహరణకి, మనిషి కన్ను చాలా సంక్లిష్టమైన నిర్మాణం. అందులో కటకం (లెన్స్), కంటి పైపొర (కార్నియా), కనుగుడ్డు మధ్య పొర (రెటీనా) లాంటి బోలెడన్ని చిన్నచిన్న భాగాలు ఉంటాయి. కన్ను ఈ భాగాలన్నిటితో ఎక్కడినుంచో హఠాత్తుగా ఊడిపడలేదు. కొన్ని లక్షల సంవత్సరాలపాటు అది అతినెమ్మదిగా చిన్నచిన్న మార్పులూ, చేర్పులూ చేసుకుంటూ ఈ స్థితికి చేరుకుంది. మిలియన్ సంవత్సరాల క్రితం జీవించిన హోమో ఎరెక్టస్ కంటికీ ఈనాటి మానవుడి కంటికీ చాలా పోలికలున్నాయి. కానీ 5 మిలియన్ సంవత్సరాల క్రితం జీవించిన ఆస్ట్రాలోపితికస్ కంటికీ మన కంటికీ కొంతవరకూ తేడా ఉంది. 150 మిలియన్ సంవత్సరాల క్రితం జీవించిన డ్రయొలెస్టెస్ కంటికన్నా ఇది చాలా భిన్నంగా ఉంది. కొన్ని కోట్ల సంవత్సరాల క్రితం ఈ భూమ్మీద జీవించిన ఏకకణజీవుల కళ్ళకీ మన కళ్ళకీ ఎక్కడా పోలికే లేదు.

అయినప్పటికీ, ఏకకణజీవులలాంటి సూక్ష్మజీవులకి కూడా వెలుతురూ, చీకటిలో తేడా కనిపెట్టగల బుల్లిబుల్లి అవయవాలు ఉంటాయి. అవి ఒకదాని దగ్గరకి మరొకటి కదిలేందుకు ఇవి సహకరిస్తాయి. అటువంటి పురాతన ఇంద్రియాలనుంచి ఆధునిక కాలంలో మనకి ఉన్న కన్ను వరకూ తీసుకొచ్చిన మార్గం చాలా దీర్ఘమైనది, అనేక మలుపులతో కూడుకున్నది. కానీ కొన్ని కోట్ల సంవత్సరాలు మీకు అందుబాటులో ఉన్నట్టయితే, ఒక్కొక్క అడుగే వేస్తూ మీరు ఆ మార్గాన్ని పూర్తిగా దాటవచ్చు. కన్ను అనేక వేర్వేరు భాగాలతో నిర్మితమైంది కనుకనే మీరా పని చేయగలుగుతారు. కొన్ని తరాలు గడిచినప్పుడల్లా ఏదో ఒక పరివర్తనం జరిగి ఒక భాగంలో చిన్న మార్పు ఏర్పడితే – ఉదాహరణకి, కంటి పైపొరలో కొద్దిమాత్రం వంపు ఏర్పడితే – కొన్ని మిలియన్ల తరాల తరవాత మనిషి కాంతిలో ఇలాంటి మార్పు ఏర్పడే అవకాశం ఉంది. ఒకవేళ కన్ను విడి భాగాలతో నిర్మితం కాని పరిపూర్ణమైన అవయవం అయినట్లయితే, అది సహజ ఎంపిక ద్వారా పరిణామం చెందేదే కాదు.

అందుకే పరిణామక్రమ సిద్ధాంతం ఆత్మలున్నాయని నమ్మదు – ముఖ్యంగా 'ఆత్మ' అంటే విభజించటానికి సాధ్యం కానిదనీ, మార్పుకి లొంగనిదనీ, శాశ్వతమైనదనీ మనం అనుకున్నట్టయితే. అలాంటిది ఒక్కొక మెట్టుగా ముందుకి సాగుతూ పరిణామం చెంది ఉనికిలోకి రావటం సాధ్యం కాదు. మనిషి కంటిలో ఎన్నో భాగాలున్నాయి కాబట్టి సహజ ఎంపిక దాన్ని తయారుచెయ్యగలదు. కానీ ఆత్మలో భాగాలు లేవు. ఎరెక్టస్ ఆత్మ నుంచి సిపియం ఆత్మ క్రమక్రమంగా పరిణామం చెంది ఉన్నట్టయితే, మరి దానికి దారితీసిన క్రమం ఏమిటి? సేపియన్ల ఆత్మలో ఏ భాగమైనా ఎరెక్టస్ ఆత్మ కన్నా ఎక్కువ పరిణతి సాధించిందా? కానీ ఆత్మలో భాగాలు లేవు.

మనుషుల ఆత్మలు పరిణామం చెందలేదని, వెలుగులతో నిండిన ఒకానొకరోజు అద్భుతమైన మెరుపులతో మన కళ్ళముందుకొచ్చాయనీ మీరు వాదించవచ్చు. కానీ ఆ వెలుగులతో నిండిన రోజు ఏది? మానవజాతి పరిణామ క్రమాన్ని మనం జాగ్రత్తగా గమనించినట్లయితే, అది ఎక్కడా కనబడక మనం తలలు వంచుకోవలసి వస్తుంది. ఈ లోకంలో ఉన్న ప్రతి వ్యక్తీ మగవాడి వీర్యం ఆడదాని అండంతో ఐక్యం అవటంవల్లే ఉనికి సాధించాడు. మొట్టమొదటి శిశువు ఆత్మని పొందటం గురించి ఒకసారి ఊహించండి. ఆ శిశువు తన తల్లిదండ్రులని చాలామటుకు పోలి ఉంటుంది. ఒకటే తేడా, శిశువుకి ఆత్మ ఉంది, తల్లిదండ్రులకు లేదు. తల్లిదండ్రుల కళ్ళలో లేని వంగిన కంటి పైపొర శిశువుకి ఉంటే, జీవశాస్త్రం గురించి మనకున్న జ్ఞానం దానికి కారణాలు వివరించగలదు. ఒక్క జన్యువులో జరిగే కొద్దిపాటి మార్పువల్ల అలా జరిగే అవకాశం ఉంది. తల్లిదండ్రులలో ఆత్మ ఉన్న దాఖాలాలేవీ లేనప్పుడు అప్పుడే పుట్టిన శిశువులో ఆత్మ ఉందని చెపితే, దాన్ని జీవశాస్త్రం వివరించలేదు. ఒకే ఒక పరివర్తన గాని, పోనీ అనేక పరివర్తనలు గాని, ఒక జంతువుకి అన్ని మార్పులనుంచీ, చివరికి చావు నుంచి కూడా రక్షణ కల్పించగలదా?

అందుకే ఆత్మలు ఉన్నాయనటానికీ, పరిణామక్రమ సిద్ధాంతానికీ పొసగదు. పరిణామక్రమం అంటేనే మార్పు. అది శాశ్వతమైన సత్వాలని ఉత్పన్నం చెయ్యగలదు.

పరిణామక్రమం దృష్టితో చూస్తే మానవ సారానికి అతిసమీపంలోకి వచ్చేది మన డీఎన్ఏ. మనలో పరివర్తనలు తీసుకువచ్చేది ఆ డీఎన్ఏ అణువే. అంతేకానీ, అది శాశ్వతత్వానికి నెలవు కాదు. ఇది ఎక్కువమందిని భయపెడుతుంది. వాళ్ళు తమ ఆత్మలని వదులుకోవడం కన్నా పరిణామక్రమ సిద్ధాంతాన్ని నిరాకరించటానికే ఇష్టపడతారు.

షేర్ మార్కెట్‌కి ఎందుకు చైతన్యం ఉండదు?

మానవుల ఔన్నత్యాన్ని సమర్థించే కథ మరొకటి ఉంది. ఈ భూమ్మీద ఉన్న అన్ని జంతువుల లోకీ హోమో సేపియన్స్‌కి మాత్రమే చైతన్యవంతమైన మనసుంది. మనసుకీ ఆత్మకీ చాలా తేడా ఉంది. మనసు ఆధ్యాత్మికమైన శాశ్వత సత్వం కాదు. కన్ను, మెదడు లాగా అది ఒక అవయవము కాదు. బాధ, సుఖం, కోపం, ప్రేమ లాంటి వ్యక్తిగతమైన అనుభవాల ప్రవాహమే మనసంటే. ఈ మానసికమైన అనుభవాలు గొలుసుకట్టులా ఉన్న అనుభూతులవల్ల, భావోద్రేకాలవల్ల, ఆలోచనలవల్ల ఏర్పడతాయి. అవి ఒక్క క్షణం కనిపించి వెంటనే మాయమైపోతాయి. తరవాత వేరే రకమైన అనుభవాలు క్షణంసేపు తలెత్తి మెరిసి మాయ మవుతాయి. (దాన్ని గురించి ఆలోచిస్తున్నప్పుడు మనం అనుభవాలని అనుభూతులు గానూ, భావోద్రేకాలుగానూ, ఆలోచనలుగానూ స్పష్టమైన వర్గీకరణలుగా విభజించేందుకు ప్రయత్నిస్తాం, కానీ నిజానికి అవన్నీ కలగలిసి ఉంటాయి.) వెర్రెత్తినట్టుండే ఈ అనుభవాల సమూహమే చైతన్య ప్రవంతిగా రూపుదిద్దుకుంటుంది. శాశ్వతమైన ఆత్మలా కాకుండా, మనసులో అనేక భాగాలుంటాయి, అది నిరంతరం మారుతూ ఉంటుంది, అది శాశ్వత మైనది అనుకునేందుకు కారణమేదీ కనిపించదు.

ఆత్మ అనే కథని కొందరు ఒప్పుకుంటారు, కొందరు ఒప్పుకోరు. దీనికి వ్యతిరేకంగా చైతన్య ప్రవంతి అనేది మనం నిత్యం ప్రత్యక్షంగా చూసే కాదనలేని ఒక వాస్తవం. ఈ లోకంలో అది అన్నిటికన్నా కచ్చితమైనది. దాని అస్తిత్వాన్ని మీరు సందేహించలేరు. ఒకవేళ ఎప్పుడైనా సందేహం కలిగి మనని మనం, 'వ్యక్తిపరమైన అనుభవాలు నిజంగా ఉంటాయా?' అని ప్రశ్నించుకుంటే, మనకి సందేహమనే అనుభవం కలుగుతోందని నిశ్చయంగా చెప్పవచ్చు.

మనం చైతన్యవంతంగా ఉన్నప్పుడు మనసులో ప్రవహించే అనుభవాలు ఎలా ఉంటాయి? ప్రతి వ్యక్తిపరమైన అనుభవానికి రెండు ప్రధానమైన లక్షణాలుంటాయి : అనుభూతి, కోరిక. రోబోట్లకీ, కంప్యూటర్లకీ చైతన్యం ఉండదు. వాటికి లెక్కలేనంత సామర్థ్యం ఉన్నా వాటికి అనుభూతులూ, కోరికలూ ఉండనే ఉండవు. బ్యాటరీ అయిపో వస్తోందని తెలిపేందుకు రోబోట్‌లో ఉండే ఒక ఎనర్జీ సెన్సర్ దాని సెంట్రల్ ప్రాసెసింగ్ యూనిట్‌కి సంకేతాలని అందించే వెసులుబాటు ఉండవచ్చు. అప్పుడా రోబోట్ ఎలక్ట్రిక్ ప్లగ్ సాయంతో తన బ్యాటరీని రీచార్జ్ చేసుకుంటుంది. అయినా, ఈ ప్రక్రియ జరుగు తున్నంతసేపూ రోబోట్‌కి ఎటువంటి అనుభవమూ కలగదు. దీనికి వ్యతిరేకంగా, శరీరంలో బలం తగ్గినట్టు అనిపించినప్పుడు, మనిషికి ఆకలి వేస్తుంది, అయిష్టమైన ఆ

అనుభూతిని ఆపివెయ్యాలన్న కోరిక కలుగుతుంది. అందుకే మనం మనుషులు చైతన్యం కలవారని, రోబోట్స్‌లో ఆ గుణం లేదనీ అంటాం. మనుషులు ఆకలితోనూ, అలసటతోనూ కూలిపోయేవరకూ వాళ్ళచేత పనిచేయించటం నేరమని కూడా అంటాం. కానీ అదే రోబోట్లతో బ్యాటరీ అయిపోయేదాకా పనిచేయించటం నిందించదగిన నేరం కాదు.

మరి జంతువుల మాటేమిటి? వాటికి చైతన్యం ఉందా? వ్యక్తిపరమైన అనుభవాలున్నాయా? ఒక గుర్రం చేత అది డస్సిపోయి కూలిపోయేదాకా బలవంతంగా పని చేయించటం న్యాయమేనా? ముందు చెప్పినట్టు, క్షీరదాలకీ, పక్షులకీ, కొన్ని సరీసృపాలకీ, చేపలకీ అనుభూతులూ, భావోద్రేకాలూ ఉంటాయని ప్రస్తుతం జీవశాస్త్రజ్ఞులు అంటున్నారు. కానీ, అనుభూతులూ, భావోద్రేకాలూ జీవరసాయన డేటా ప్రాసెసింగ్‌కి సంబంధించిన కలన గణితాలని, ఈ మధ్యనే వినవస్తున్న సిద్ధాంతాలు అంటున్నాయి. రోబోట్లూ, కంప్యూటర్లూ వ్యక్తిపరమైన అనుభవాలు లేకుండా డేటా ప్రాసెసింగ్ చేస్తాయని మనకి తెలుసు కాబట్టి, బహుశా జంతువులకి కూడా అదే వర్తిస్తుందేమో? నిజమే, మానవుల్లో కూడా మస్తిష్కంలో సర్క్యూట్లు అనేక అనుభూతులకీ, భావోద్రేకాలకీ సంబంధించిన డేటాని ప్రాసెస్ చేసి వాళ్ళకి తెలియకుండానే వాళ్ళచేత పనులు చేయించగలవు. అందువల్ల ఆకలి, భయం, ప్రేమ, విధేయతలాంటి అనుభూతులు, భావోద్రేకాలు జంతువులకి కూడా మనం ఆపాదించటం వెనక బహుశా వ్యక్తిపరమైన అనుభవాలు కాకుండా ఈ తెలియని అల్గోరిథమ్‌లే ఉంటాయేమో!

ఈ సిద్ధాంతం ప్రతిపాదించింది ఆధునిక తత్వశాస్త్ర పితామహుడిగా మనకి తెలిసిన రెనె డైకార్ట్. పదిహేడో శతాబ్దిలో ఆయన మనిషికి మాత్రమే అనుభూతులు, కోరికలూ ఉంటాయనీ, మిగిలిన జంతువులన్నీ ఆలోచనారహితంగా పనులు చేస్తాయనీ, ఒక రోబోట్‌లాగానో, వెండింగ్ మిషన్‌లాగానో పనిచేస్తాయని అన్నాడు. మనిషి ఒక కుక్కని తంతే దానికేమీ అనిపించదు. అది భయపడి మొరగటం, ఒక వెండింగ్ మిషన్ ఆటోమాటిక్‌గా చప్పుడు చేస్తూ ఒక కప్పు కాఫీ తయారుచేసినట్టే, ఎటువంటి అనుభూతులకీ స్పందించకుండా జరిగిపోతుంది.

డైకార్ట్ జీవించి ఉన్న కాలంలో ఈ సిద్ధాంతాన్ని అందరూ అంగీకరించారు. పదిహేడో శతాబ్దంలో డాక్టర్లూ, అధ్యయనకర్తలూ బతికున్న కుక్కల్ని చీల్చి వాటి శరీరం లోపలి అవయవాలు ఎలా పనిచేస్తాయో పరిశీలించారు. మత్తుమందులివ్వాలని కానీ, అది చెయ్యకూడని పని అని గానీ వాళ్ళకి అనిపించలేదు. ఎలాంటి తప్పూ కనబడలేదు, మనం వెండింగ్ మిషన్‌ని తెరిచి అందులో ఉండే యంత్రభాగాలని పరిశీలించినప్పుడు మనకి ఏమీ అనిపించనట్టే వాళ్ళకి కూడా అది తప్పనిపించలేదు. ఇరవైయొకటో శతాబ్దం ఆరంభంలో కూడా జంతువులకి చైతన్యం లేదనీ, ఒకవేళ ఉన్నా అది చాలా భిన్నమైనదనీ, మనుషులతో పోలిస్తే తక్కువ స్థాయిదనీ వాదించేవాళ్ళు చాలామంది ఉన్నారు.

జంతువులకి మనతో సమానంగా చైతన్యవంతమైన మనసు ఉందా లేదా అని నిశ్చయించేందుకు అసలు మనసులనేవి ఎలా పనిచేస్తాయో, అవి ఎలాంటి పాత్ర పోషిస్తాయో మనం ఇంకా బాగా అర్థం చేసుకోవాలి. ఇవి అతికష్టమైన ప్రశ్నలు, కానీ

వాటికోసం కొంత సమయాన్ని వెచ్చించటం మంచిది. ఇక రాబోయే అనేక అధ్యాయాల్లో మనసే మన కథానాయకుడు. కృత్రిమ తెలివి (ఆర్టిఫిషల్ ఇంటెలిజెన్స్) లాంటి కొత్త టెక్నాలజీల పూర్తి నిగూఢమైన విషయాలని అర్థం చేసుకోలేం. అందుకని ప్రస్తుతానికి జంతువుల మనసుకి సంబంధించిన ప్రశ్నని పక్కన పెట్టి, అసలు మనసు గురించి, చైతన్యం గురించి విజ్ఞానశాస్త్రానికి తెలిసిన దేమిటో చూద్దాం. మానవ చైతన్యం నుంచి తీసుకున్న ఉదాహరణల మీదే దృష్టి పెడదాం, అదే మనకి ఎక్కువ అందుబాటులో ఉంది. ఆ తరవాత జంతువుల విషయం చూసి, మనకి వర్తించేది, జూలు, ఈకలూ ఉన్న మన దాయాదులకి కూడా వర్తిస్తుందా లేదా అని పరీక్షిద్దాం.

ఉన్నదున్నట్టు చెప్పాలంటే, విజ్ఞానశాస్త్రానికి మనసు గురించీ, చైతన్యం గురించీ ఏమీ తెలీదన్న సంగతి ఆశ్చర్యం కలిగిస్తుంది. మెదడులో జరిగే విద్యుత్ రసాయన ప్రతిక్రియలే చైతన్యాన్ని సృష్టిస్తాయనీ, డేటా ప్రోసెసింగ్‌కి అవసరమైన కార్యాలని మానసికమైన అనుభవాలే తీరుస్తాయనీ ప్రస్తుత సంప్రదాయం అంటుంది. అయినప్పటికీ, బాధ, కోపం, ప్రేమలాంటి అనుభూతులని మెదడులో జరిగే జీవరసాయన ప్రతిక్రియలూ, విద్యుత్ ప్రవాహాలూ ఎలా సృష్టిస్తాయో ఎవరికీ తెలీదు. ఏ పదేళ్ల తరవాతో యాభైయేళ్ల తరవాతో దీనికి కచ్చితమైన వివరణ మనకి దొరుకుతుందేమో. కానీ 2016 నాటికీ మనకి అలాంటి వివరణ ఏదీ అందుబాటులో లేదని మనం స్పష్టంగా గ్రహిస్తే మంచిది.

ఎఫ్ఎమ్ఆర్ఐ స్కాన్‌లు, శరీరంలో చొప్పించిన ఎలెక్ట్రోడ్‌లలాంటి ఇతర అధునాతన పరికరాల సహాయంతో మెదడులోని విద్యుత్ ప్రవాహాలకీ, రకరకాల వ్యక్తిపరమైన అనుభవాలకీ గల పైపై అంకెలని శాస్త్రవేత్తలు గుర్తించగలిగారు. శాస్త్రవేత్తలు కేవలం మెదడులో జరిగే కార్యకలాపాల్ని చూసి, మీరు మేలుకుని ఉన్నారా, కలలు కంటున్నారా లేక గాఢనిద్రలో ఉన్నారా అన్న విషయం తెలుసుకోగలరు. మీరు మగతగా ఉన్నప్పుడు క్షణమాత్రం మీ కళ్ళముందు ఒక చిత్రం ప్రదర్శించి, (మిమ్మల్ని ప్రశ్నించకుండానే) ఆ చిత్రం మీకు కనిపించిందా లేదా అని తెలుసుకోగలరు. ఒక వ్యక్తి మెదడులో ఉండే నాడీ కణాలను ఒక ప్రత్యేకమైన మానసికమైన అంశాలతో జోడించటంలో కూడా కృతకృత్యులయ్యారు. ఉదాహరణకి, వాళ్ళు 'బిల్ క్లింటన్' నాడీకణాన్నీ, 'హోమర్ సింప్సన్' నాడీకణాన్నీ కనుగొన్నారు. 'బిల్ క్లింటన్' నాడీకణం పనిచేస్తూ ఉన్నప్పుడు, ఆ వ్యక్తి అమెరికా నలభైరెండో అధ్యక్షుడి గురించి ఆలోచిస్తూ ఉంటాడు; అతనికి హోమర్ సింప్సన్ చిత్రాన్ని చూపిస్తే, అతని పేరుకి స్పందించే నాడీకణం రగులుకుంటుంది.

ఇంకా విస్తృతంగా పరిశీలిస్తే, మెదడులోని ఒక ప్రత్యేకమైన భాగంలో విద్యుత్తు తుఫానులా చెలరేగితే మీకు బహుశా కోపం రావచ్చని శాస్త్రజ్ఞులు తెలుసుకోగలుగుతారు. ఆ తుఫాను అణిగిపోయి మెదడు మరోభాగంలో విద్యుత్తు ప్రభావం చూపితే మీ మనసులో ప్రేమ పుట్టచ్చు. సరైన నాడీకణాలని ప్రేరేపించి శాస్త్రజ్ఞులు కోపం, ప్రేమ అనే భావాలని రేకెత్తించవచ్చు. కానీ ఒక చోటునుంచి మరోచోటికి మారే ఆ పరమాణువుల్లోని రుణ విద్యుత్తు (ఎలెక్ట్రాన్స్) కదలిక ఒక వ్యక్తిపరమైన బిల్ క్లింటన్ లాంటి చిత్రాన్నో, కోపం, ప్రేమ లాంటి భావాలనో ఎలా సృష్టించగలదు?

దీనికి అన్నిటికన్నా సామాన్యమైన వివరణ ఇవ్వాలంటే, మెదడు అతిసంక్లిష్టమైన వ్యవస్థ అనీ, అందులో 80 బిలియన్ల నాడీకణాలు అత్యంత జటిలమైన సాలెగూడులా ఒకదానితో ఒకటి కలిసిపోయి ఉంటాయనీ చెప్పాలి. మరికొన్ని బిలియన్ల నాడీకణాలు, కొన్ని బిలియన్ల విద్యుత్ సంకేతాలని అటూఇటూ ప్రసరింపజేస్తున్నప్పుడు వ్యక్తిపరమైన అనుభవాలు కలుగుతాయి. ప్రతి విద్యుత్ సంకేతాన్నీ పంపటం, అందుకోవటం సరళమైన జీవరసాయన ప్రక్రియే అయినప్పటికీ, ఈ సంకేతాల మధ్య పరస్పరం జరిగే క్రియ చైతన్య ప్రవంతి అనే మరింత సంక్లిష్టమైన ఫలితాన్ని సృష్టిస్తుంది. మరెన్నో రంగాల్లో మనం ఇలాంటి గతిశీలతనే గమనిస్తాం. ఒక కారు కదలటం అనేది ఒక సరళమైన క్రియ, కానీ కొన్ని లక్షల కార్లు ఒకే సమయంలో కదులుతూ ఒకదానిమీద మరొకటి ప్రభావం చూపుతున్నప్పుడు, వాహనాలన్నీ నిలిచిపోయి ట్రాఫిక్ జామ్ ఏర్పడుతుంది. ఒక షేర్ కొనటం తేలికైన పనే, కానీ కొన్ని లక్షలమంది, కొన్ని లక్షల షేర్లు అమ్మటం, కొనటం ప్రారంభిస్తే అది నిపుణులు కూడా నోరువెళ్ళబెట్టేటంత ఆర్థిక సంక్షోభానికి దారితీయవచ్చు.

అయినా ఈ వివరణ మనకి ఏమీ వివరించదు. సమస్య చాలా జఠిలమైనదని మాత్రమే ధ్రువపరుస్తుంది. ఇక్కణ్ణుంచి అక్కడికి మారే కొన్ని బిలియన్ల విద్యుత్ సంకేతాలు కోపమూ, ప్రేమ లాంటి పూర్తిగా భిన్నమైన, వ్యక్తిపరమైన ప్రక్రియని ఎలా సృష్టిస్తాయనేది తెలిపే అంతర్దృష్టిని అది వివరించదు. ట్రాఫిక్ జామ్, ఆర్థిక సంక్షోభం లాంటి ఇతర జటిల సమస్యలతో దీన్ని పోల్చటం తప్పు. ఒక ట్రాఫిక్ జామ్‌ని సృష్టించేది ఏది? మీరు ఒక కారుని మాత్రమే అనుసరిస్తే మీకది ఎప్పటికీ అర్థం కాదు. ఎన్నో కార్ల మధ్య పరస్పరం జరిగే క్రియలు ఆ ట్రాఫిక్ జామ్‌కి కారణం. ఏ అనే కారు బీ అనే కారు కదలిక మీద ప్రభావం చూపుతుంది, ఆ కదలిక సి అనే కారు దారిని అడ్డుకుంటుంది. ఈ ప్రక్రియ ఇలా కొనసాగుతూనే ఉంటుంది. అయినప్పటికీ మీరు అన్ని కార్ల కదలికలనీ ఒక మ్యాప్ లాగ తయారుచేసి, ఒకదాని మీద మరోదాన్ని ప్రభావం ఎలా ఉంటుందో గమనిస్తే, ఆ మొత్తం ట్రాఫిక్ జామ్‌కి సంబంధించిన వివరాలు మీకు అందుతాయి. 'కానీ ఈ కదలికలన్నీ ట్రాఫిక్ జామ్‌ని ఎలా సృష్టించాయి?' అని అడగటంలో అర్థముండదు. ఈ సామూహిక సంఘటనలని వివరించేందుకు మానవులు సృష్టించిన నైరూప్య పదం 'ట్రాఫిక్ జామ్', అంతే తప్ప మరేమీ కాదు.

కానీ 'కోపం' నైరూప్య పదం కాదు, దాన్ని మెదడు పంపే కొన్ని బిలియన్ల సంకేతాలకి ఒక పేరుగా మనం వాడటంలేదు. కోపమనేది అత్యంత వాస్తవమైన ఒక అనుభవం. విద్యుత్తు గురించి ఏమీ తెలియని కాలంలోనే మనుషులకి ఆ అనుభవం తెలుసు. 'నాకు కోపంగా ఉంది!' అని అంటే నేను పరిగణించదగిన భావాన్ని నేను సూచిస్తున్నానన్నమాట. నాడీకణంలో జరిగే జీవరసాయన ప్రతిక్రియ విద్యుత్ ఎలా మారుతుందో, అలాటి కొన్ని బిలియన్ల ప్రతిక్రియలు కొన్ని బిలియన్ల అదనపు సంకేతాలని ఎలా సృష్టిస్తాయో తెలుసుకోవాలంటే, "ఇన్ని బిలియన్ల సంఘటనలు నాలో కోపమనే స్పష్టమైన భావాన్ని కలిగించేందుకు ఎలా ఒకచోట చేరతాయి?" అని అడిగితే లాభం ఉండవచ్చు.

కొన్నివేల కార్లు లండన్‌లో నత్తనడకలా సాగుతూ వెళ్తున్నప్పుడు, దాన్ని మనం ట్రాఫిక్ జామ్ అంటాం. కానీ అది లండన్‌కి సంబంధించిన ఒక గొప్ప చైతన్యాన్ని సృష్టించి పికడిల్లీ అనే ప్రాంతంలో ఎత్తున తిరుగుతూ, 'నన్ను నమ్మండి, నాకు జామ్ అయినట్టు ఉంది!' అని తనలోతాను అనుకోదు. కొన్ని బిలియన్ల మంది కొన్ని బిలియన్ల షేర్లు అమ్మేటప్పుడు, దాన్ని మనం ఆర్థిక సంక్షోభం అంటాం. కానీ వాల్‌స్ట్రీట్‌లో ఉండే ఏ దయ్యమూ, 'అబ్బా, నేను సంక్షోభంలో చిక్కుకున్నట్టున్నాను!' అని గొణుక్కోదు. కొన్ని ట్రిలియన్ల నీటి కణాలు ఆకాశంలో ఒకదగ్గర చేరితే దాన్ని మనం మబ్బు అంటాం. కానీ ఈ మబ్బులోనుంచీ చైతన్యం తొంగిచూసి, 'నాకు వాన కురిసేట్టు అనిపిస్తోంది,' అని ప్రకటించదు. మరి నా మెదడులో కొన్ని బిలియన్ల విద్యుత్ సంకేతాలు అటూఇటూ కదిలినప్పుడు మాత్రం, 'నాకు ఒళ్ళు మండుతోంది,' అని మన మనసుకి ఎలా అనిపిస్తుంది? 2016 వరకూ దీన్ని గురించి మనకేమీ తెలీదు.

ఈ చర్చ మీలో అయోమయాన్నీ, చిరాకునీ కలిగించినట్టయితే మీరు సరైన సమూహంలో ఉన్నట్టే అనుకోండి. అందరికన్నా నిపుణులైన శాస్త్రజ్ఞులు కూడా మనసు, చైతన్యం అనే అంతుపట్టని అంశాన్ని అర్థం చేసుకునేందుకు ఇంకా చాలాకాలం పట్టవచ్చు. విజ్ఞానశాస్త్రం గురించిన గొప్ప విషయం ఏమిటంటే, శాస్త్రజ్ఞులకు ఒక విషయం తెలీక పోతే, వాళ్ళు అన్ని రకాల సిద్ధాంతాలనీ, నిరూపించటానికి సాధ్యం కానీ అభిప్రాయాలనీ ప్రకటించేందుకు ప్రయత్నించవచ్చు, కానీ ఆఖరికి వాళ్ళు తమ అజ్ఞానాన్ని ఒప్పుకోవలసి వస్తుంది.

జీవితానికి సంబంధించిన సమీకరణం

మెదడులో ఏర్పడే విద్యుత్ సంకేతాల సమూహం వ్యక్తిపరమైన అనుభవాలని ఎలా కలగజేస్తుందో శాస్త్రజ్ఞులకు తెలీదు. ఇంకా ముఖ్యమైన విషయమేమిటంటే, ఇలాంటి సంఘటనల వల్ల పరిణామక్రమానికి కలిగే లాభమేమిటో వాళ్లకి అసలే తెలీదు. జీవితాన్ని అర్థం చేసుకునేందుకు ఇది అన్నిటికన్నా పెద్ద అడ్డంకి. కొన్ని లక్షల తరాలపాటు కుందేళ్ళని తరమటానికీ, సింహాలను తప్పించుకోటానికీ మన పూర్వీకులకు కాళ్ళు ఉపయోగపడ్డాయి కాబట్టి మనుషులకి కాళ్ళు ఉన్నాయి. లెక్కలేనన్ని సంవత్సరాలపాటు కుందేలు ఎటు పోతోందో, సింహం ఎటునుంచి వస్తోందో చూసేందుకు మన పూర్వీకులకు కళ్ళు పనికి వచ్చాయి, అందుకే మనకి కళ్ళు ఉన్నాయి. కానీ మనుషులకి ఆకలి, భయం లాంటి వ్యక్తిపరమైన అనుభవాలు ఎందుకున్నాయి?

ఈ మధ్యనే జీవశాస్త్రజ్ఞులు దీనికి చాలా సరళమైన సమాధానం ఇచ్చారు. మన మనుగడకి వ్యక్తిపరమైన అనుభవాలు అవసరం. మనకి ఆకలి వెయ్యకపోతే కుందేళ్ళని తరిమేవాళ్ళం కాదు, భయం వెయ్యకపోతే సింహాలని చూసి పారిపోయేందుకు ప్రయత్నించే వాళ్ళం కాదు. సింహాన్ని చూడగానే మనిషి ఎందుకు పారిపోతాడు? అతనికి భయం వేసింది కాబట్టే కదా? వ్యక్తిపరమైన అనుభవాలు మనిషి చేసే పనులకి కారణాలని వివరిస్తాయి. అయినా ఈనాటి శాస్త్రవేత్తలు మరింత విస్తారమైన వివరణ ఇస్తారు.

మనిషి సింహాన్ని చూసినప్పుడు విద్యుత్ సంకేతాలు కంటినుంచి మెదడుకి అందుతాయి. లోపలికి వచ్చే సంకేతాలు ప్రత్యేకమైన కొన్ని నాడీకణాలను ప్రేరేపిస్తాయి, దానివల్ల మరిన్ని సంకేతాలు రగులుకుంటాయి. అవి గొలుసుకట్టులా ఇతర నాడీకణాలను ప్రేరేపించటంవల్ల అవి కూడా మరిన్ని సంకేతాలను వెలువరిస్తాయి. సరైన నాడీకణాలు తగిన సంఖ్యలో వేగంగా రగులుకుని అడ్రినల్ గ్రంథులకి ఆదేశాలు పంపితే, అవి స్రవించి శరీరంలోకి అడ్రినలిన్‌ని విడుదల చేస్తాయి, గుండెకి వేగంగా కొట్టుకోమని ఆదేశం అందుతుంది, కదలికను ప్రేరేపించే కేంద్రం (మోటార్ సెంటర్) లో ఉండే నాడీకణాలు కాళ్లలోని కండరాలకు సంకేతాలు పంపిస్తాయి, అవి వ్యాకోచించటం, సంకోచించటం మొదలెడతాయి, మనిషి సింహానికి దూరంగా పరిగెత్తి పారిపోతాడు.

విచిత్రంగా, ఈ ప్రక్రియని మనం ఇంకా చక్కగా చిత్రించినకొద్దీ, చైతన్యవంతమైన భావాలను వివరించటం కష్టమౌతుంది. మెదడుని ఇంకా బాగా అర్థం చేసుకున్నకొద్దీ అది మరింత వ్యర్థమైనదిలా అనిపిస్తుంది. మొత్తం వ్యవస్థ ఇటు నుంచి అటు ప్రసరించే సంకేతాల ద్వారా పనిచేస్తున్నట్టయితే, మనం భయమనే అనుభూతికి ఎందుకు లోనవ్వాలి? విద్యుత్ రసాయన ప్రతిక్రియలు కళ్లలో ఉండే నాడీకణాలనుంచి కాళ్ళలోని కండరాల కదలికల దాకా ఒక గొలుసుకట్టులా ప్రసరించేట్టయితే ఆ గొలుసుకి వ్యక్తిపరమైన అనుభవాలని అదనంగా ఎందుకు జోడించడం? అవేం చేస్తాయి? ఎటువంటి వ్యక్తిపరమైన అనుభవమూ అవసరం లేకుండా లెక్కలేనన్ని డోమినో బిళ్ళలు ఒకదాని తరవాత ఒకటిగా పడిపోగలవు. మరి నాడీకణాలకి మాత్రం ఒకదాన్ని మరొకటి ప్రేరేపించేందుకూ, అడ్రినలిన్ గ్రంథిని స్రవించమని ఆదేశించేందుకూ భావాలు ఎందుకు అవసరమవుతాయి? కండరాల కదలిక, హార్మోన్ గ్రంథులు స్రవించటం లాంటి శారీరక క్రియలు, 99 శాతం మనలో భావాలూ చైతన్యం పొందకుండానే జరిగిపోతాయి. మరైతే మిగిలిన ఒక శాతంలో నాడీకణాలకీ, కండరాలకీ, గ్రంథులకీ భావాలు ఎందుకు అవసరమవుతాయి?

మనసు జ్ఞాపకాలను నిక్షిప్తం చేసుకుంటుంది, ప్రణాళికలు వేస్తుంది, స్వయం ప్రతిపత్తితో పూర్తిగా కొత్తవైన చిత్రాలనీ, ఆలోచనలనీ సృష్టిస్తుందనీ, అందుకు మనకి మనసు అవసరమనీ మీరు వాదించవచ్చు. అది కేవలం బాహ్యప్రేరణలకి స్పందించి ఊరుకోదు. ఉదాహరణకి, ఒక మనిషి సింహాన్ని చూసినప్పుడు ఆ పరభక్ష జంతువుని చూసి మాత్రమే అతను ప్రతిస్పందించడు. యేడాది కిందట తన పిన్నమ్మని ఒక సింహం చంపి తినేసిందని గుర్తుచేసుకుంటాడు. తనని సింహం చీల్చి చెండాడితే ఎలా అనిపిస్తుందో ఊహించుకుంటాడు. అనాథలైపోయే తన పిల్లల గురించి ఆలోచిస్తాడు. అందుకే అతను పారిపోతాడు. కానీ ఒక్కోసారి బాహ్యప్రేరణ లేకుండానే మనసులో వాటంతటవే ఎన్నో ప్రతిక్రియలు చోటుచేసుకుంటూ ఉంటాయి. ఇంతకు ముందు సింహం చేసిన దాడి మనిషికి గుర్తురావచ్చు, అసలు సింహాలవల్ల జరిగే ప్రమాదాలన్నిటి గురించీ అతను ఆలోచించటం మొదలెడతాడు. ఆ తరవాత అతను తన తెగవారందరినీ ఒకచోట చేరుస్తాడు. అందరూ కలిసి సింహాలని బెదిరించి తరిమేసేందుకు కొత్త ఉపాయాలు ఏమిటని బుర్రలు బద్దలుకొట్టుకుంటారు.

అన్నట్టు, ఒక్కక్షణం ఆగండి. అసలు ఈ జ్ఞాపకాలూ, ఊహలూ, ఆలోచనలూ ఏమిటి? అవి ఎక్కడ ఉంటాయి? ప్రస్తుతం చెలామణీలో ఉన్న సిద్ధాంతాల ప్రకారం మన జ్ఞాపకాలూ, ఊహలూ, ఆలోచనలూ ఎక్కడో ఆకాశంనుంచి ఊడిపడవు. నిజానికి అవి కూడా కొన్ని బిలియన్ల నాడీకణాలు ప్రసరించే విద్యుత్ సంకేతాలుగానే విరుచుకుపడతాయి. మనం జ్ఞాపకాలు, ఊహలు, ఆలోచనలను లెక్కలోకి తీసుకున్నప్పుడు కూడా, మనకి మిగిలేవి విద్యుత్ రసాయన ప్రతిక్రియలే. అవి కొన్ని బిలియన్ల నాడీకణాల ద్వారా ప్రసరించి అడ్రినిలిన్ గ్రంథుల, కాలి కండరాల క్రియగా బయటపడతాయి.

మలుపులతో నిండిన ఈ సుదీర్ఘ ప్రయాణంలో, ఒక నాడీకణం చేసే పనికీ, ఆ తరవాతి నాడీకణం చేసే పనికీ మధ్యలో మెదడు జోక్యం చేసుకుని రెండో నాడీకణం ప్రతిక్రియ చూపించాలా వద్దా అని నిర్ణయించటానికి కనీసం ఒక్క వెసులుబాటైనా ఉంటుందా? మరో కణం కదలికకి ముందు కనీసం ఒక ఎలెక్ట్రాన్‌కి సంబంధించిన పదార్థం కదిలి వ్యక్తిపరమైన భయమనే అనుభూతిని కలిగించే అవకాశం ఉందా? అలాంటి కదలిక ఏదీ లేనట్టయితే, అంతకు ముందు ఒక ఎలెక్ట్రాన్ కదలటంవల్లే ప్రతి ఎలెక్ట్రానూ కదిలేటట్టయితే, మనం భయానికి గురికావటం ఎందుకు? ఆ ప్రశ్నకి జవాబు మనకి బొత్తిగా తెలీదు.

తత్వవేత్తలు ఈ చిక్కుప్రశ్న సారాన్నంతటినీ ఒక టక్కరి ప్రశ్నలో ఇమిడ్చారు, మనసులో జరగనిది ఏది మెదడులో జరుగుతుంది? మన శరీరంలో ఉండే లెక్కలేనన్ని నాడీకణాల వలలో జరిగేది తప్ప మనసులో ఇంకేమీ జరగకపోతే, మనకి అసలు మనసనేది ఎందుకు? ఒకవేళ నాడీకణాల వలలో జరిగేదానికన్నా మనసులో అదనంగా ఇంకేదైనా జరిగితే, మరి అది ఎక్కడ జరుగుతున్నట్టు? బిల్ క్లింటన్ గురించీ, మోనికా లెవిన్స్కీ విషయంలో జరిగిన కుంభకోణం గురించీ హోమర్ సిమ్సన్ ఏమనుకున్నాడని నేను మిమ్మల్ని అడిగాననుకోండి. దాన్ని గురించి మీరు ఇంతకుముందు ఆలోచించి ఉండకపోవచ్చు, అందుకని ఇప్పుడు మీ మనసు రెండు సంబంధం లేని విషయాలని జోడించి చూడవలసివస్తుంది. 'నాకు ఆమెతో లైంగిక సంబంధం లేదు,' అని క్లింటన్ చెప్పిన ఉపన్యాసాన్ని హోమర్ బీరు తాగుతూ చూడటాన్ని మీరు బహుశా ఊహించుకుంటారు. ఈ జోడించడం అనేది ఎక్కడ జరుగుతుంది.

అనేక నాడీకణాలు పరస్పరం కలిసి పనిచేస్తూ సృష్టించే 'ప్రపంచ కార్యస్థలం'లో ఇది జరుగుతుందని మెదడుని అధ్యయనం చేసే కొందరు శాస్త్రజ్ఞుల అభిప్రాయం. అయినా, 'కార్యస్థలం' అనే పదం కేవలం ఒక ఉపమానం. ఆ ఉపమానం వెనక ఉన్న వాస్తవమేమిటి? సమాచారం విభిన్న భాగాలుగా కలిసి ముడిపడేది ఎక్కడ? ప్రస్తుతం చెలామణీలో ఉన్న సిద్ధాంతాల ప్రకారం అది ఎక్కడో ప్లేటోనిక్ ఐదో పరిమాణం (ఫిఫ్త్ డైమెన్షన్) లో జరగదని కచ్చితంగా చెప్పచ్చు. ఎటువంటి సంబంధమూ లేని రెండు నాడీకణాలు హఠాత్తుగా ఒకదానివైపు మరొకటి సంకేతాలు పంపటం ప్రారంభించటం మొదలెట్టచ్చు. బిల్ క్లింటన్ నాడీకణానికీ, హోమర్ సిమ్సన్ నాడీకణానికీ మధ్య కొత్త సంధి ఏర్పడుతుంది. మరి ఈ

రెండు నాడీకణాలూ శారీరకంగా కలిసే సంఘటన సరిపోదా? మనకి అదనంగా జ్ఞాపకం అనే చైతన్యవంతమైన అనుభవం ఎందుకు అవసరమవాలి?

ఇదే చిక్కుప్రశ్నని మనం గణితభాషలో కూడా అడగొచ్చు. ఈనాటి సిద్ధాంతం జీవులు కలన గణితాలనీ, కలన గణితాలని గణిత సూత్రాల ద్వారా వెలిబుచ్చవచ్చనీ నమ్ముతుంది. ఒక వెండింగ్ మిషన్ కప్పు టీ తయారుచేసేందుకు ఏమేమి చేస్తుందో, అలాగే సింహం తనని సమీపించటం చూసి మనిషి మెదడు ఎలా హడలిపోతుందో, ఆ వివరాలను కూడా క్రమబద్ధం చేసి మీరు అంకెల ద్వారానూ, గణిత చిహ్నాల ద్వారానూ రాయచ్చు. అలాగయితే, చైతన్యంతో కూడుకున్న అనుభవాలు ఏవైనా ముఖ్యమైన పనులు చేసేవే అయితే, వాటికి గణిత ప్రాతినిధ్యం ఉండాలి. అవి కలన గణితలో ఉండే అతిముఖ్యమైన భాగం. భయం అనే అల్గోరిథమ్ రాసి, 'భయం'ని కచ్చితమైన లెక్కలుగా విడగొట్టినప్పుడు, 'ఇదిగో, ఇక్కడ ఈ లెక్కల్లో తొంభైమూడో మెట్టు, ఇది భయమనే వ్యక్తిపరమైన అనుభవం!' అని చూపించగలగాలి. కానీ ఇంత పెద్ద గణితశాస్త్ర ప్రపంచంలో వ్యక్తిపరమైన అనుభవాన్ని సూచించే కలన గణితం ఎక్కడైనా ఉందా? ఇంతవరకూ అలాంటి కలన గణితమేదీ మనకి తెలీదు. గణితశాస్త్రంలోనూ, కంప్యూటర్ విజ్ఞానంలోనూ మనం విస్తృతమైన పరిజ్ఞానాన్ని సంపాదించుకున్నప్పటికీ, మనం సృష్టించిన డేటా ప్రాసెసింగ్ వ్యవస్థలు పనిచేసేందుకు, వాటిలో ఒక్కదానికి కూడా వ్యక్తిపరమైన అనుభవం అక్కర్లేదు, వాటికి బాధ, సుఖం, కోపం, ప్రేమ లాంటి అనుభూతులు ఉండవు.

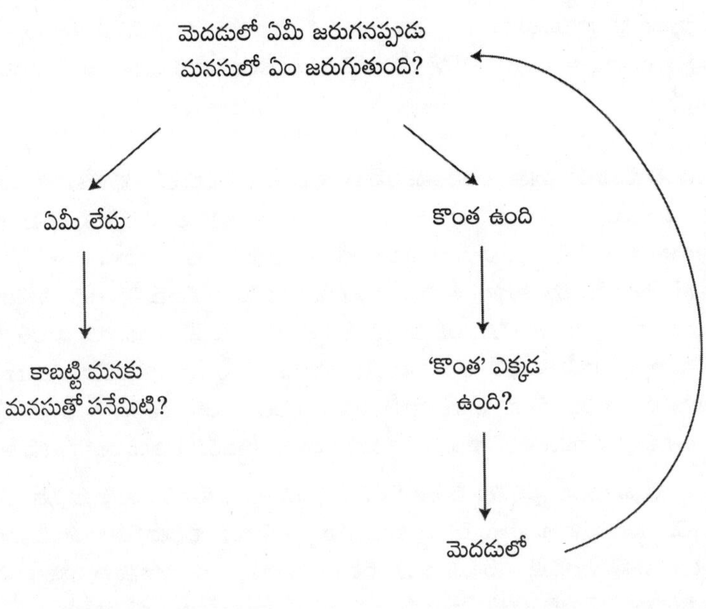

బహుశా మన గురించి ఆలోచించటం కోసమే మనకి వ్యక్తిపరమైన అనుభవాలు అవసరమేమో? పచ్చిక మైదానాల్లో తిరిగే జంతువు తన మనుగడకోసం, పునరుత్పత్తి కార్యం కోసం అంచనాలు వేసుకునేందుకు, తాను చేసే పనులనీ, తీసుకునే నిర్ణయాలనీ తనతో చెప్పుకోవాలి. అంతేకాదు, తన ఆలోచనలని ఒక్కోసారి ఇతర జంతువులతో కూడా పంచుకోవాలి. మెదడు అది స్వయంగా తీసుకునే నిర్ణయాలకు ఒక నమూనాని తయారు చేసేందుకు ప్రయత్నిస్తే, అది అనవసరమైన విషయాల్లో అంతులేకుండా చిక్కుకుపోతుంది. హాం ఫట్! ఆ చిక్కుముడిలోనుంచి చైతన్యం అకస్మాత్తుగా బైటపడుతుంది.

యాభైఏళ్లక్రితం ఇది హేతుబద్ధంగా అనిపించేదేమో, కానీ 2016లో కాదు. గూగుల్, టెస్లా లాంటి అనేక సంస్థలు స్వయంప్రతిపత్తి గల కార్లని తయారుచేస్తున్నాయి, అవి మన రోడ్ల మీద పరిగెత్తుతున్నాయి. ఇలాంటి కార్లని అదుపుచేసే కలన గణితం, మిగిలిన కార్లకీ, నడిచేవాళ్ళకీ, ట్రాఫిక్ లైట్లకీ, రోడ్డుమీది గుంతలకీ సంబంధించిన కొన్ని లక్షల లెక్కలు ప్రతిక్షణం వేస్తూ ఉంటుంది. డ్రైవర్ లేకుండా నడిచే ఆ కారు ఎటువంటి భయమూ లేకుండానే ప్రతిసారీ ఎర్రలైటు వెలిగినప్పుడు ఆగుతుంది, అడ్డంకుల్ని తప్పించుకుంటూ ముందుకి పోతుంది, మిగిలిన వాహనాలకు సురక్షితమైన దూరాన్ని పాటిస్తుంది. ఆ కారు తన కదలికలని తాను చూసుకుంటూ తన ప్లాన్‌లనీ, కోరికలనీ తన చుట్టూ ఉన్న వాహనాలకు తెలియజేయాలి. ఒకవేళ అది కుడివైపుకు వెళ్ళాలనుకుంటే, ఇతర వాహనాల ప్రవర్తన మీద అది ప్రభావం చూపుతుంది. ఇదంతా ఆ కారు ఎటువంటి సమస్యా లేకుండా చేస్తుంది, కానీ ఆ పనులు చేసేందుకు దానికి చైతన్యం ఉండవలసిన అవసరం లేదు. డ్రైవరు లేని ఈ కారుకి అంత ప్రత్యేకత ఏమీ లేదు. ఇంకా ఎన్నో కంప్యూటర్ ప్రోగ్రాములు తాము చేసే పనుల గురించి అవగాహన కలిగి ఉంటాయి, గుర్తు పెట్టుకుంటాయి, అయినా వాటిలో దేనికీ చైతన్యం లేదు, వాటికి భావాలూ, కోరికలూ ఉండవు.

మనసంటే ఏమిటో మనం వివరించలేకపోతే, అది చేసే పనేమిటో చెప్పలేకపోతే, దాన్ని అలా వదిలెయ్యచ్చు కదా? విజ్ఞానశాస్త్రం నిండా అలా అవతల పారవేసిన భావనలూ, సిద్ధాంతాలూ బోలెడన్ని ఉన్నాయి. ఉదాహరణకి, ఆధునిక కాల ప్రారంభంలో కాంతి కదలికలకి అందులో ఈథర్ అనే పదార్థం ఉండటమే కారణమనీ, అది విశ్వవ్యాప్త మైనదనీ శాస్త్రజ్ఞులు నిరూపించేందుకు ప్రయత్నించారు. ఈథర్ తరంగాలు కాంతి అని అనుకున్నారు. కానీ ఈథర్ అనే పదార్థం ఉన్నదని చెప్పేందుకు ప్రయోగాల ద్వారా రుజువులేవీ చూపించలేకపోయారు. కానీ దానికి బదులు కాంతి గురించే ఇంకా మెరుగైన సిద్ధాంతాలు ప్రతిపాదించగలిగారు. ఆ తరవాత వాళ్ళు ఈథర్‌ని చెత్తబుట్టలో పారవేశారు.

అదే విధంగా, ప్రకృతికి సంబంధించిన విషయాలను వివరించేందుకు మానవులు కొన్ని వేల సంవత్సరాల పాటు దేవుణ్ణి వాడుకున్నారు. పిడుగు పడటానికి కారణమేమిటి? దేవుడు. వాన ఎందుకు కురుస్తుంది? దేవుడి మహిమ. ఈ భూమ్మీద జీవం ఎలా ఉద్భవించింది? దేవుడే ప్రారంభించాడు. గత కొన్ని శతాబ్దాల కాలంలో దేవుడు ఉన్నాడని ప్రయోగాల ద్వారా నిరూపించేందుకు శాస్త్రజ్ఞులు ఎటువంటి ఆధారాలనీ కనుగొనలేక

15. రహదారి మీద గూగుల్ అటానమస్ (స్వయంప్రతిపత్తి గల, డ్రైవర్ లేని) కారు

పోయారు. కానీ పిడుగులు పడటానికి, వానలు కురవటానికీ, జీవం ఉద్భవించటానికీ వివరణకు లొంగే కారణాలని మాత్రం కనుగొనగలిగారు. తత్వశాస్త్రంలో కొన్ని ఉపవిభాగాలని మాత్రం వదిలేస్తే, ఇంకా ఏ శాస్త్రీయ విషయాలకి సంబంధించిన పుస్తకంలోనూ దేవుడి అస్తిత్వాన్ని ఎవరూ అంతగా పట్టించుకోలేదు. దేవుడు వాళ్ళ పక్షాన ఉండటంవల్లే మిత్ర రాజ్యాలు రెండో ప్రపంచయుద్ధంలో గెలిచాయని చరిత్రకారులెవరూ వాదించరు. 1929లో సంభవించిన ఆర్థిక సంక్షోభానికి దేవుడే బాధ్యుడని ఆర్థిక శాస్త్రవేత్తలెవరూ ఆయన్ని తప్పుపట్టరు. భూమి ఉపరితలంలో ఉండే పలకల కదలికలు దేవుడి ఇష్టాయిష్టాలవల్లే సంభవిస్తాయని భూశాస్త్రవేత్తలెవరూ అనరు.

ఆత్మ విషయంలో కూడా ఇలాంటిదే జరిగింది. మనం చేసే పనులూ, మనం తీసుకునే నిర్ణయాలూ ఆత్మనుంచే పుడతాయని కొన్నివేల సంవత్సరాలపాటు మనుషులు నమ్ముతూ వచ్చారు. కానీ దీన్ని బలపరిచే రుజువులేవీ లేకపోవటంవల్ల, ఇంకా వివరణాత్మకమైన ప్రత్యామ్నాయ సిద్ధాంతాలు కనిపించటంవల్ల, జీవశాస్త్రం ఆత్మను వదిలేసింది. చాలామంది జీవశాస్త్రజ్ఞులూ, డాక్టర్లూ ఇప్పటికీ ఆత్మని నమ్మటం కొనసాగిస్తూనే ఉండవచ్చు. కానీ వాళ్ళు కూడా శాస్త్రీయ విషయాలకు సంబంధించిన పుస్తకాలలో ఆత్మ గురించి ప్రస్తావించరు.

బహుశా మనసు ఆత్మతో, దేవుడితో, ఈథర్‌తో కలిసి చెత్తబుట్టలోకే చేరాలేమో? ఎంతైనా, ఎవరూ బాధ, ప్రేమ లాంటి అనుభవాలని మైక్రోస్కోప్‌లోనుంచి చూడలేరు కదా! బాధకీ, ప్రేమకీ మన దగ్గర జీవశాస్త్రానికి సంబంధించిన వివరణ ఉంది, అది వ్యక్తిపరమైన అనుభవానికి తావివ్వదు. కానీ మనసుకీ, ఆత్మకీ ఒక ముఖ్యమైన తేడా లేకపోలేదు (ఆ తేడా మనసుకీ దేవుడికీ కూడా ఉంది). శాశ్వతమైన ఆత్మలు ఉంటాయనేది

పూర్తిగా నిరూపణకు లొంగని అభిప్రాయం, కానీ బాధ అనే అనుభవం సూటిగా, పరిగణింపగలిగే వాస్తవం. ఒక మేకు మీద నేను కాలు పెడితే, నాకు నొప్పి కలుగుతున్నదని నిస్సందేహంగా చెప్పగలుగుతాను (అందుకు శాస్త్రీయమైన వివరణ ఇవ్వవలసిన అవసరం నాకు ఉండదు). కానీ మేకు గుచ్చుకున్నందువల్ల అయిన గాయం మానక, గాంగ్రీన్ (మాంసం కుళ్ళిపోవటం) సోకి నేను చనిపోతే, నా ఆత్మ ఇంకా బతికే ఉంటుందన్న హామీ ఏమీ ఉండదు. ఆ కట్టుకథ చాల ఆసక్తికరంగా, ఉపశమనం కలిగించేదిగా నాకనిపించవచ్చు, దాన్ని నమ్మాలని నాకు ఉండవచ్చు, కానీ అది నిజమని చెప్పేందుకు నా దగ్గర రుజువేమీ ఉండదు. అందరు శాస్త్రజ్ఞులకీ, నిరంతరం బాధ, సందేహం లాంటి వ్యక్తిపరమైన అనుభవాలు కలుగుతూనే ఉంటాయి కాబట్టి, వాటి ఉనికిని వాళ్ళు కాదనలేరు.

మనసునీ, చైతన్యాన్నీ కాదని తోసివేసేందుకు మరో మార్గం వాటి అస్తిత్వానికి బదులు వాటి ఔచిత్యాన్ని నిరాకరించటం. వ్యక్తిపరమైన అనుభవాల జోక్యం లేకుండా, కేవలం మెదడు చేసే పనుల అధ్యయనం ద్వారా అన్ని ప్రశ్నలకీ సమాధానాలు చెప్పగలుగుతామని డేనియల్ డెనెట్, స్టానిస్లాస్ దేహేన్ లాంటి కొందరు శాస్త్రజ్ఞులు అంటారు. అందుచేత తమ పదజాలం నుంచి 'మనసు', 'చైతన్యం', 'వ్యక్తిపరమైన అనుభవాలు' లాంటి పదాలని శాస్త్రజ్ఞులు నిస్సంకోచంగా తొలగించెయ్యవచ్చు. కానీ ఆధునిక రాజకీయాలూ, నీతిశాస్త్రం పూర్తిగా వ్యక్తిపరమైన అనుభవాల మీదే ఆధారపడి నిర్మించబడిందని తరువాతి అధ్యాయాల్లో మనం చూడబోతున్నాం. పైగా, కేవలం మెదడు చేసే పనులమీద ఆధారపడటంవల్ల సమస్యలకి పరిష్కారాలు దొరకవు. ఉదాహరణకి, చిత్రహింసలూ, బలాత్కారాలూ తప్పని ఎందుకనాలి? కేవలం నాడీకణాల దృష్టితో చూసినప్పుడు, ఒక మనిషి చిత్రహింసకి గాని, బలాత్కారానికి గాని గురైనప్పుడు మెదడులో కొన్ని ప్రతిక్రియలు తలెత్తుతాయి, రకరకాల విద్యుత్ సంకేతాలు ఒక నాడీకణజాలం నుంచి మరో నాడీకణజాలానికి అందుతాయి. అది తప్పెలా అవుతుంది? అందులో వ్యక్తిపరమైన అనుభవం నిక్షిప్తమై ఉండటంవల్లే ఆధునిక మానవులలో అధికశాతం చిత్రహింసనీ, బలాత్కారాన్నీ నైతికంగా ఇబ్బందికరమైనదని భావిస్తారు. ఏ శాస్త్రజ్ఞుడైనా వ్యక్తిపరమైన అనుభవాలకు ఔచిత్యం లేదని వాదించదలిస్తే, వ్యక్తిపరమైన అనుభవాలతో సంబంధం లేకుండా అది ఎందుకు తప్పో వివరించగలగాలి.

చివరిగా, చైతన్యం వాస్తవమైనదనీ, దానికి గొప్ప నైతిక, రాజకీయ విలువ ఉన్నదనీ, అయినప్పటికీ అది ఎటువంటి జీవశాస్త్ర కార్యాలనీ నెరవేర్చదనీ కొందరు శాస్త్రజ్ఞుల అభిప్రాయం. మెదడు చేసే కొన్ని పనుల ఉపఫలమే చైతన్యం, అది ఎందుకూ పనికిరాదు. జెట్ ఇంజన్లు బిగ్గరగా గర్జిస్తాయి, కానీ ఆ శబ్దం విమానాన్ని ముందుకి నడపదు. మానవులకి బొగ్గుపులుసు వాయువు అక్కర్లేదు, కానీ మనం ఊపిరి వదిలినప్పుడల్లా గాలిలోకి దాన్ని విడుస్తాం. అదే విధంగా చైతన్యం అనేది, సంక్లిష్టమైన నాడీజాలాలని విడుదల చేసే ఒక రకమైన మానసిక కాలుష్యం కావచ్చు. అది ఏమీ చెయ్యదు. ఊరికే అలా ఉంటుందంతే. ఇదే నిజమైతే, కొన్ని లక్షల సంవత్సరాలుగా, కొన్ని కోట్ల ప్రాణులు అనుభవిస్తూ వస్తున్న బాధ, సుఖం కేవలం మానసిక కాలుష్యమని అనుకోవలసివస్తుంది.

ఇది నిజం కాకపోయినా, దీన్ని గురించి ఇంకా లోతుగా ఆలోచించాల్సిన అవసరం ఉంది. కానీ 2016 నాటికి చైతన్యం గురించి సమకాలీన శాస్త్రీయ విజ్ఞానం మనకి అందించే సిద్ధాంతాలలో అన్నిటికన్నా ఉత్తమమైనది ఇదే అని తెలుసుకుంటే చాలా అద్భుతంగా అనిపిస్తుంది.

బహుశా జీవశాస్త్రాలు ఈ సమస్యని సరైన కోణం నుంచి చూడవేమో. జీవితమంటే వివరాల సేకరణ అనీ, జీవులు లెక్కలు వేసేందుకూ, నిర్ణయాలు తీసుకునేందుకూ మాత్రమే పనికి వచ్చే యంత్రాలనీ అనుకుంటుంది అది. కానీ జీవులకీ, కలన గణితానికీ ఉన్న ఈ సామ్యం మనని తప్పుదారి పట్టించవచ్చు. పంతొమ్మిదో శతాబ్దంలో శాస్త్రజ్ఞులు మెదళ్ళనీ, మనసులనీ, అవేవో ఆవిరి యంత్రాలయినట్టు వర్ణించారు. ఆవిరి యంత్రాలే ఎందుకు? ఆ రోజుల్లో అదే గొప్ప సాంకేతిక ఆవిష్కారం కాబట్టి, రైళ్లలోనూ, నౌకల్లోనూ, కార్ఖానాల్లోనూ యంత్రాలు ఆ శక్తితోనే నడిచేవి. అందుకని మానవులు జీవితాన్ని వివరించేందుకు అది సారూప్య సూత్రాలను అనుసరించి పనిచేస్తుందని అనుకునేవారు. మనసు, శరీరమూ గొట్టాలతో, సిలిండర్లతో, వాల్వులతో, పిస్టన్లతో నిర్మితమయ్యాయి, కదలికల్ని, శారీరక చర్యలనీ ఉత్పత్తి చేసేందుకు పీడనాన్ని సృష్టిస్తూ, విడుదల చేస్తూ ఉంటాయి. ఇలాంటి అభిప్రాయాలు ఫ్రాయిడ్ మనస్తత్వశాస్త్రం మీద కూడా గొప్ప ప్రభావం చూపాయి. అందుకే ఈనాటికీ మన మనస్తత్వశాస్త్రం నిండా మెకానికల్ ఇంజనీరింగ్ నుంచి తీసుకున్న భావాలకి సంబంధించిన పడికట్టు పదాలు కనిపిస్తాయి.

ఉదాహరణకి, ఫ్రాయిడ్ చెప్పిన ఈ విషయాన్నే తీసుకోండి : 'సైనిక ఆక్రమణలలో సైన్యం లైంగిక ప్రేరేపణనే ఉపయోగిస్తుంది. లైంగిక శక్తి అత్యధికంగా ఉండే యువకులనే సైన్యంలో చేర్చుకుంటారు. నిజంగా ఆ లైంగిక శక్తిని ఉపయోగించకుండా సైన్యం దాన్ని అదుపుచేసి, వాళ్లలో అపరిమితంగా ఉన్న ఆ ఒత్తిడిని మరోచోట విడుదల చేసేందుకు దోహదం చేస్తుంది. ఆ తరవాత ఆ సైన్యం అన్నాళ్ళూ అణచుకున్న ఒత్తిడిని దురాక్రమణ ద్వారా విడుదల చేస్తుంది.' ఆవిరి యంత్రం పనితీరు కూడా సరిగ్గా ఇదే విధంగా ఉంటుంది. మూసివేసిన ఒక పాత్రలో ఉడుకుతున్నప్పుడు వెలువడే ఆవిరిని బంధించి ఉంచితే ఆ ఆవిరి మరింత ఒత్తిడిని పుట్టిస్తుంది. మీరు హఠాత్తుగా కవాటాన్ని (వాల్వ్) తెరిచి ఆ ఒత్తిడిని ముందే అనుకున్న దిశగా పంపేవరకూ అది అలా పెరిగిపోతూ ఉంటుంది. ఆ తరవాత విడుదలైన ఒత్తిడి ఒక రైలుని గాని, బట్టలు నేసే యంత్రాన్నిగాని ఆ దిశలో నడిపిస్తుంది. కేవలం సైన్యంలోనే కాదు, ఏ కార్యరంగంలోనైనా, మనలో ఒత్తిడి పెరిగి పోవటం గురించి మనం ఫిర్యాదు చేస్తూనే ఉంటాం. ఆ 'ఆవిరి (ఒత్తిడి) ని కొంత విడుదల చేస్తే' తప్ప మనం పేలిపోతామని భయపడతాం.

ఇరవైయొకటో శతాబ్దంలో మానవ మనస్తత్వాన్ని ఆవిరి యంత్రంతో పోల్చటం హాస్యాస్పదంగా అనిపిస్తుంది. ఈనాడు మనకి కంప్యూటర్‌లాంటి మరింత అధునాతనమైన సాంకేతిక పరిజ్ఞానం అందుబాటులో ఉంది. అందుచేత దాన్ని ఒత్తిడిని అదుపుచేసే ఆవిరి యంత్రంతో కాక డేటా ప్రాసెస్ చేసే కంప్యూటర్‌తో పోలుస్తాం. కానీ ఈ కొత్త సామ్యం

కూడా అంత సవ్యంగా ఉన్నట్టు అనిపించదు. ఎంతైనా కంప్యూటర్లకి మెదడు ఉండదు కదా. వాటికి ఏదైనా 'బగ్' సోకినా కూడా దేనికోసమూ వెంపర్లాడవు. అధికార మదంతో రాజ్యాలు కొన్ని దేశాలతో పూర్తిగా వెబ్ సంబంధాలు తెంపుకున్నప్పటికీ అవేమీ బాధపడవు. మరయితే మెదడుని అర్థం చేసుకునేందుకు నమూనాగా కంప్యూటర్లని ఎందుకు వాడుకోవాలి?

అయితే, కంప్యూటర్లకి అనుభూతులూ, కోరికలూ ఉండవని కచ్చితంగా చెప్పగలమా? ఒకవేళ ఇప్పుడు లేకపోయినా అవి ఇంకా క్లిష్టంగా మారాక వాటికి కూడా చైతన్యం వస్తుందేమో? అదే జరిగితే దాన్ని మనం నిశ్చయం చేసుకోవటం ఎలా సాధ్యం? బస్ డ్రైవర్లూ, టీచర్లూ, మనోరోగ నిపుణులూ చేసే పనులని కంప్యూటర్లు చెయ్యటం మొదలెడితే, వాటికి భావనలు ఉన్నాయా, లేక మెదడుతో పనిలేని కలన గణితాల సమూహం మాత్రమేనా అని ఎలా నిర్ధారిస్తాం?

మానవుల విషయానికి వచ్చేసరికి, ఈనాడు మనం ప్రత్యక్షంగా (స్పృహలో ఉంటూ) అనుభవించే మానసికమైన భావాలకీ, స్పృహలో లేకుండా చేసే పనులకీ ఉండే తేడాలని గుర్తించగలుగుతున్నాం. చైతన్యాన్ని అర్థం చేసుకోవటంలో మనం ఇంకా చాలా వెనకబడి ఉన్నప్పటికీ, దానికి సంబంధించిన విద్యుత్ రసాయన సంకేతాలలో కొన్నిటిని గుర్తించ టంలో శాస్త్రజ్ఞులు కృతకృత్యులయ్యారు. దీనికి మొదటి మెట్టుగా, మనుషులు కొన్ని పనులు పూర్తి అవగాహనతోనే చేస్తున్నామని చెప్పినప్పుడు శాస్త్రజ్ఞులు వాళ్ళు చెప్పిన మాట నమ్మారు. అలా తాము పూర్తి స్పృహలో ఉండే కొన్ని పనులు చేస్తున్నామని చెప్పినప్పుడు, ఆ సమయంలో మనుషుల మెదళ్ళలోని ప్రత్యేకమైన అంశాలని విడదీసి చూడగలుగుతారు. మనిషి అచేతనంగా పనిచేసేప్పుడు ఆ అంశాలు ఎక్కడా కనబడవు.

ఉదాహరణకి, మెదడు దెబ్బతిని స్పృహ కోల్పోయిన మనిషిలో చైతన్యం పూర్తిగా లోపించిందా, లేక అతనికి కేవలం తన శరీరం మీద అదుపు తప్పి మాట పడిపోయిందా అనే విషయాన్ని నిర్ధారించేందుకు ఇది శాస్త్రజ్ఞులకు సహాయపడింది. ఒకవేళ అలాటి రోగి మెదడులో ఏ కొద్దిపాటి చైతన్యం కనిపించినా, అతను కదలలేక, మాట్లాడలేక అలా పడుకుని ఉన్నా అతనిలో కొంత చైతన్యం ఉన్నట్టే అనుకోవాలి. నిజానికి అలాటి రోగితో మాట్లాడేందుకు డాక్టర్లు ఈమధ్య fMRI రేఖాపటం (ఇమేజింగ్) ఉపయోగిస్తున్నారు. వాళ్ళు రోగిని ప్రశ్నలు వేసి అవును/కాదు అని మాత్రమే సమాధానం చెప్పమంటారు. జవాబు అవును అయితే వాళ్ళని టెన్నిస్ ఆడుతున్నట్టు ఊహించుకోమంటారు, తమ ఇల్లుండే ప్రదేశాన్ని ఊహించుకుంటే కాదు అని సమాధానం చెప్పమంటారు. అప్పుడు ఆ రోగి టెన్నిస్ ఆడుతున్నట్టు ఊహించుకున్నప్పుడు ('అవును' అని జవాబు చెప్పేప్పుడు) అతని మోటార్ కార్టెక్స్ ఎలా మెరుస్తుంది, అలాగే 'కాదు' అని అనేప్పుడు ఒక స్థలం గురించి గుర్తుచేసే మెదడు భాగం ఎలా క్రియాశీలంగా మారుతుంది అనేది డాక్టర్లు గమనించ గలుగుతారు.

మనుషుల విషయంలో ఇదంతా చెప్పటం తేలికే, కానీ కంప్యూటర్ల మాటేమిటి? కానీ కర్బనం (కార్బన్) మీద ఆధారపడే మానవ నాడీజాలవ్యవస్థకీ, సిలికాన్ మీద

ఆధారపడే కంప్యూటర్లకీ నిర్మాణంలో చాలా తేడా ఉంది. అందుచేత మానవ చైతన్యానికి సంబంధించిన విశిష్ట సంకేతాలు కంప్యూటర్లకి వర్తించకపోవచ్చు. మనం ఒక విషవలయంలో చిక్కుకున్నట్టు అనిపిస్తోంది. మనుషులు స్పృహలో ఉన్నామని చెపితే నమ్మి, ఆ సంకేతాలని గుర్తించటంతో ప్రారంభిస్తే, వాళ్ళు నిజంగానే స్పృహలో ఉన్నారని 'నిరూపించవచ్చు'. కానీ కృత్రిమ తెలివి (ఆర్టిఫిషల్ ఇంటెలిజెన్స్) తనకు తానై స్పృహలో ఉన్నానని ప్రకటిస్తే దాన్ని మనం నమ్మేయటమేనా?

ఈ సమస్యకి ఇంతవరకూ మన దగ్గర సరైన సమాధానం లేదు. తనకి తప్ప మరొకరికి మెదడు ఉందని కచ్చితంగా నిరూపించటం సాధ్యం కాదని కొన్ని వేల సంవత్సరాల క్రితమే తత్వవేత్తలు గ్రహించారు. ఇతర మానవుల విషయంలోనైనా వాళ్లకి చైతన్యం ఉందని మనం అనుకోవచ్చు కాని, అలాగని నిశ్చయంగా తెలుసుకోలేం. ఈ సమస్త విశ్వంలో బహుశా అనుభూతులు కలిగే వ్యక్తిని నేనొక్కణ్ణే అయుండవచ్చు, మిగిలిన మనుషులూ, జంతువులూ ఏ మెదడే లేని రోబోట్లేనేమో? నేను కల కంటున్నానేమో, నేను కలుసుకునేవాళ్ళందరూ నా కలలో పాత్రలేనేమో? నేనొక కాల్పనిక జగత్తులో బందీగా ఉన్నానేమో, నేను చూసే ప్రాణులన్నీ నిజంగా అక్కడ లేవేమో?

ప్రస్తుతం వాడుకలో ఉన్న శాస్త్రీయ సిద్ధాంతం ప్రకారం, నేను అనుభవించే ప్రతిదీ నా మెదడులో జరిగే విద్యుత్ క్రియలవల్లే సాధ్యమవుతోంది. అందుచేత 'వాస్తవిక' ప్రపంచానికీ, కాల్పనిక ప్రపంచానికీ తేడా కనిపెట్టేందుకు వీలులేని విధంగా పూర్తి కాల్పనిక ప్రపంచాన్ని నాముందు సృష్టించటం సాధ్యం. అలాంటిది చేసే సమయం ఇంకా ఎంతో దూరంలో లేదని కొందరు మస్తిష్క శాస్త్రవేత్తల అభిప్రాయం. ఏమో, మీ విషయంలో ఇప్పటికే అలాంటిది జరుగుతుందేమో ఎవరికీ తెలుసు? ఇది 2216వ సంవత్సరం కావచ్చు, 'కాల్పనిక ప్రపంచం' అనే ఒక ఆటలో మీరు నిండా మునిగి ఉన్న యుక్తవయస్కులు కావచ్చు, ఇరవైయొకటో శతాబ్ద ప్రారంభకాలంలో ప్రాచీన, ఉద్వేగ భరితమైన ప్రపంచాన్ని ఆ ఆటలో పాల్గొంటూ మీరు చూస్తున్నారేమో. ఇది సాధ్యమేనని మీరు ఒప్పుకున్నట్టయితే, గణితం మిమ్మల్ని ఒక భయంకరమైన నిర్ధారణకు చేరుస్తుంది: వాస్తవిక ప్రపంచమనేది ఒకటే ఉంది కాబట్టి, కాల్పనిక జగత్తులనేవి అనంతమైనవి కాబట్టి, ఉన్న ఒకే ఒక వాస్తవిక ప్రపంచంలో మీరు నివసించే అవకాశం దాదాపు లేదనే అనాలి.

మనం సాధించిన శాస్త్రీయ సాఫల్యాలేవీ, ఇతర మెదళ్లనే సంచలనాత్మకమైన సమస్యని అధిగమించలేకపోయాయి. ఇంతవరకూ అధ్యయనకర్తలు చేసిన పరీక్షల్లో అన్నిటికన్నా ఉత్తమమైనది ట్యూరింగ్ టెస్ట్ (మనిషితో సమానమైన తెలివితో యంత్రం ప్రవర్తిస్తుందా అన్న పరీక్ష). కానీ అది కేవలం సామాజిక ఆచరణలని మాత్రమే పరీక్షిస్తుంది. కంప్యూటర్‌కి మెదడు ఉందా అని పరీక్షించాలంటే కంప్యూటర్‌తోనూ, నిజమైన మనిషితోనూ ఒకే సమయంలో మాట్లాడాలి. కానీ రెండిటిలో ఏది కంప్యూటర్, ఏది మనిషి అనే విషయం తెలియకూడదు. కావాలంటే మీరు ఎలాంటి ప్రశ్నలైనా వెయ్యొచ్చు, ఆటలాడచ్చు, వాదించవచ్చు, చివరికి సరసాలు కూడా ఆడచ్చు. మీకిష్టమైనంత

సేపు ఇవన్నీ చెయ్యొచ్చు. తరవాత రెండిటిలో ఏది కంప్యూటరో, ఏది మనిషో చెప్పగలగాలి. మీరు చెప్పలేకపోయినా, ఏవైనా పొరపాట్లు చేసినా కంప్యూటర్ ట్యూరింగ్ పరీక్షలో గెలుస్తుంది. అప్పుడు దానికి మెదడున్నట్టే మీరు ప్రవర్తించాలి. అయినా, అది నిజంగా రుజువైనట్టు కాదు. ఇతర మెదళ్ళు కూడా ఉన్నాయని ఒప్పుకోవటం ఒక సామాజిక, చట్టపరమైన ఆచారం.

1950లో బ్రిటిష్ గణితశాస్త్రజ్ఞుడు, అలన్ ట్యూరింగ్ ఈ పరీక్షని ఆవిష్కరించాడు. కంప్యూటర్ యుగానికి చెందిన పితామహుల్లో ఆయన ఒకడు. బ్రిటన్‌లో స్వలింగ రతి చట్టవిరుద్ధమని భావించే కాలంలో ఆయన జీవించాడు. 1952లో ఆయన స్వలింగ రతిలో పాల్గొంటున్నాడని ఆయన్ని ఖైదు చేశారు. బలవంతంగా రసాయనక్రియతో పుంస్త్వనాశనం జరిపించారు. రెండేళ్ల తరవాత ఆయన ఆత్మహత్య చేసుకున్నాడు. 1950లో బ్రిటన్‌లో ఉండే స్వలింగ సంపర్కం చేసేవాళ్ళందరూ మామూలుగా చేయించుకోవాల్సిన పరీక్షకి ట్యూరింగ్ టెస్ట్ నకలు. మీరు ఎటువంటి వంకలూ లేని మగవాణ్ణిని నిరూపించుకోగలరా? మీరు ఎటువంటివారైనా పెద్ద తేడా ఏమీ ఉండదని ట్యూరింగ్ వ్యక్తిగతమైన అనుభవం ద్వారా తెలుసుకున్నాడు, ఇతరులు మీ గురించి ఏమనుకుంటున్నారన్నదే ముఖ్యం. భవిష్యత్తులో తయారవబోయే కంప్యూటర్లు అచ్చంగా 1950లో స్వలింగ రతిలో ఆసక్తి గలవారిలాగే ఉంటాయని ట్యూరింగ్ అభిప్రాయపడ్డాడు. నిజంగా కంప్యూటర్లకి చైతన్యం ఉంటుందా లేదా అన్న విషయం అంత ముఖ్యం కాదు. దాన్ని గురించి అందరూ ఏమనుకుంటున్నారన్నదే ముఖ్యం.

ప్రయోగశాలలలోని ఎలుకల దుర్భరజీవితం

మెదడుని గురించీ, దాని గురించి మనకి చాలా తక్కువ తెలుసన్న నిజాన్ని గురించీ తెలుసుకున్నాం కాబట్టి ఇప్పుడు మనం మళ్ళీ జంతువులకి మెదడు ఉంటుందా లేదా అనే ప్రశ్నకి వద్దాం. కుక్కలలాంటి కొన్ని జంతువులు కొన్ని మార్పులూ, చేర్పులూ చేసిన ట్యూరింగ్ పరీక్షలో పాసవుతాయి. ఒక ప్రాణిలో చైతన్యం ఉందా లేదా అని నిర్ణయించేందుకు మానవులు ఆ ప్రాణికి గణితంలో ఉన్న సామర్థ్యాన్నీ, మంచి జ్ఞాపకశక్తినీ లెక్కలోకి తీసుకోరు, తమతో అనుబంధాలు సృష్టించుకోగలరా లేదా అనేదే చూస్తారు. మనుషులు ఆయుధాలతోనూ, కార్లతోనూ, చివరికి లోదుస్తులతో కూడా గాఢమైన అనుబంధాలు పెట్టుకుంటారు, కానీ ఈ అనుబంధాలు ఏకపక్షమైనవే తప్ప సంబంధాలుగా మార్పు చెందవు. కుక్కలు మనుషులతో గాఢమైన అనుబంధాలు ఏర్పరచుకోగలవు కాబట్టి అవి మెదడులోని యంత్రాలలాంటివి కావని కుక్కల్ని పెంచేవాళ్ళు గట్టిగా నమ్ముతారు.

కానీ అన్నిటినీ సందేహించేవాళ్ళకి ఇది తృప్తి కలిగించదు. భావోద్రేకాలు కలన గణితమనీ, ఎటువంటి కలన గణితమైనా పనిచేసేందుకు చైతన్యం అవసరం లేదనీ అంటారు వాళ్ళు. ఎప్పుడైనా ఒక జంతువు క్లిష్టమైన భావోద్రేకాలు కనబరిస్తే, అది ఏదో ఒక అధునాతనమైన, అచేతనమైన అల్గోరిథమ్‌వల్ల కలిగిన ఫలితం కాదని మనం రుజువు

చెయ్యలేం. మనుషుల విషయంలో కూడా మనం ఇలా వాదించవచ్చు. చైతన్య స్థితిలో ఉన్నట్టు ప్రకటించటంతో సహా మనుషులు చేసే పనులన్నీ అచేతనమైన అల్గోరిథమ్స్ వల్లేనని అనవచ్చు.

మనుషుల విషయంలో, ఎవరైనా తాము చైతన్యవంతంగా ఉన్నామని అన్నప్పుడు ఆ మాట మనం నమ్మచ్చు. కనీసం ఇలాటి నమ్మకంవల్ల మనం చైతన్యానికి సంబంధించి మెదడు పంపే సంకేతాలని గుర్తించగలుగుతున్నాం. ఆ రకంగా మనుషుల్లో చైతన్య స్థితిలోనూ, అచేతన స్థితిలోనూ ఉండే తేడాని క్రమపద్ధతిలో ఉపయోగించగలుగుతున్నాం. అయినప్పటికీ, జంతువుల మెదడులోనూ, మనిషి మెదడులోనూ ఎన్నో లక్షణాలు ఒకేరకంగా ఉండటం చేతనూ, చైతన్యం గురించి మనం మరింత లోతుగా అర్థం చేసుకోవటం చేతనూ, ఇతర జంతువులూ ఎప్పుడు చైతన్యవంతంగా ఉంటాయనేది మనం నిర్ధారించగలం. చైతన్యంతో ఉన్న మనిషి మెదడులోని లక్షణాలే ఒక కుక్క మెదడులో కనిపిస్తే, కుక్కలకి చైతన్యం ఉందన్న విషయానికి బలమైన రుజువు దొరుకుతుంది.

కోతులమీదా, ఎలుకలమీదా మొదటిసారి జరిపిన పరీక్షల వల్ల, వాటి మెదళ్లలో చైతన్యం తాలూకు సంకేతాలు ఉన్నాయని తెలిసింది. అయినప్పటికీ, మనిషి మెదడుకి, జంతువు మెదడుకి ఉండే తేడాలని బట్టి, ఇంతవరకూ చైతన్యం గురించి అన్ని విషయాలూ తెలుసుకునేందుకు మనకి చాల సమయం అవసరమౌతుంది అనే నిజాన్ని బట్టి, ఈ విషయాన్నీ సందేహించేవాళ్ళని తృప్తిపరిచేందుకు మనకి కొన్ని దశాబ్దాలు పట్టవచ్చు. ఈలోపల దీన్ని నిరూపించాల్సిన బాధ్యత ఎవరు తీసుకోవాలి? మనకి మరో రకమైన రుజువు దొరికేదాకా కుక్కలు మెదడు లేని యంత్రాలని అనుకోవాలా, లేక కుక్కలకి చైతన్యం ఉందని ఎవరైనా నిరూపించేదాకా వేచి చూడాలా?

2012 జూలైలో నాడీవ్యవస్థని అధ్యయనం చేసే శాస్త్రజ్ఞులూ, అభిజ్ఞాశాస్త్ర (కాగ్నిటివ్ సైన్స్) నిపుణులూ కేంబ్రిడ్జ్ యూనివర్సిటీలో సమావేశమయ్యారు. వాళ్ళు కేంబ్రిడ్జ్ డిక్లరేషన్ ఆన్ కాన్షస్నెస్ అనే పత్రం మీద సంతకాలు చేశారు. అందులో ఇలా రాసి ఉంది, 'మనకి ఇంతవరకు అన్నివైపులనుంచీ అందిన రుజువులను బట్టి మానవేతర జంతువులలో చైతన్యాన్ని ఉత్పత్తిచేసే నాడీ-శరీర నిర్మాణ, నాడీ రసాయన, నాడీ శారీరక పదార్థాలు ఉన్నాయనీ, అవి బుద్ధిపూర్వకంగా ప్రవర్తనని కనబరచగలవనీ తెలియవచ్చింది. అందుచేత, మానవులకి మాత్రమే చైతన్యాన్ని పుట్టించే నాడీవ్యవస్థకి సంబంధించిన పదార్థాలు లేవని రుజువయింది. క్షీరదాలు, పక్షులు, ఆక్టోపస్‌లతో సహా ఇంకా ఎన్నో మానవేతర ప్రాణులలో కూడా నాడీవ్యవస్థకి సంబంధించిన పదార్థాలు ఉన్నాయి. తిరుగులేని సాక్ష్యం లేనందున, ఇతర జంతువులలో చైతన్యం ఉన్నదని ఈ ప్రకటన అనటంలేదు, కానీ ఇలాకాక మరోలా ఆలోచించేవారే దీనికి సరైన ఆధారం చూపించాల్సిన అవసరాన్ని మాత్రం ఇది గుర్తుచేస్తోంది.

శాస్త్రజ్ఞుల అభిప్రాయాలలో వచ్చే మార్పులకి ప్రతిస్పందిస్తూ జంతువులకి కూడా చైతన్యమూ, జ్ఞానమూ ఉంటాయని 2015 మే నెలలో న్యూజిలాండ్ మిగిలిన దేశాలకన్నా ముందు చట్టపరంగా గుర్తించి, అక్కడి పార్లమెంట్ జంతు సంక్షేమ సవరణ చట్టం

(అనిమల్ వెల్ఫేర్ అమెండ్‌మెంట్ యాక్ట్) అమలు చేసింది. జంతువులలో చేతనాజ్ఞానం ఉన్నదనీ, పశుపాలన లాంటి విషయాలలో వాటి సంక్షేమానికి తప్పనిసరిగా ప్రాముఖ్యం ఇవ్వాలనీ ఆ చట్టం నిబంధన విధించింది. మనుషులకన్నా గొర్రెల సంఖ్య ఎక్కువ (30 మిలియన్ల గొర్రెలు, 4.5 మిలియన్ల మనుషులు) ఉన్న దేశంలో అది చాలా ముఖ్యమైన నివేదిక. ఆ తరవాత కెనడాలోని క్యుబెక్ ప్రావిన్స్ కూడా అటువంటి చట్టాన్ని అమలు చేసింది. మిగిలిన దేశాలు కూడా దాన్ని అనుసరించే అవకాశం కనిపిస్తోంది.

అనేక వ్యాపార సంస్థలు కూడా జంతువులకి చేతనాజ్ఞానం ఉందని గుర్తిస్తున్నాయి. అయినా విచిత్రంగా ఇది జంతువులని తరచు బాధాకరమైన ప్రయోగాలకి గురిచేస్తుంది. ఉదాహరణకి, ఔషధాలు తయారుచేసే కంపెనీలు నిరాశని నివారించే ఔషధాలను కనుగొనేందుకు ఎలుకల మీద తరచు ప్రయోగాలు చేస్తాయి. ఎక్కువగా ఉపయోగంలో ఉన్న ఒక నిర్వహణకి సంబంధించిన నియమం (ప్రోటోకాల్) ప్రకారం మీరు వంద ఎలుకలని తీసుకుని (లెక్కలు నమ్మదగినట్టు ఉండేందుకు) ఒక్కొక్క ఎలుకనీ నీటితో నింపిన గాజుగొట్టంలో పెడతారు. ఆ గొట్టాల్లోంచి పైకి వచ్చేందుకు ఎలుకలు అదే పనిగా ప్రయాసపడుతూ ఉంటాయి, కానీ ఆ ప్రయత్నం ఫలించదు. పదిహేను నిముషాలు గడిచాక అధికశాతం ఎలుకలు ప్రయత్నాన్ని మానుకుని కదలకుండా ఉండిపోతాయి. తమ చుట్టూ ఏం జరుగుతోందో పట్టించుకోని స్థితిలో అవి ఆ గాజు గొట్టాల్లో తేలుతూ ఉండిపోతాయి.

మళ్ళీ మీరు వంద ఎలకలని తీసుకుని వాటిని నీళ్లలో పడేస్తారు, కానీ పద్నాలుగు నిమిషాల తరవాత, అవి నిస్పృహకి గురయేలోపల వాటిని బైటికి తీస్తారు. వాటిని పొడిబట్టతో తుడిచి, తిండి పెట్టి కాసేపు విశ్రాంతి తీసుకొనిస్తారు – ఆ తరవాత మళ్ళీ నీళ్లలో పడేస్తారు. రెండోసారి అధికశాతం ఎలకలు ప్రయత్నం మానుకునేముందు ఇరవై నిమిషాలు బైటికి వచ్చేందుకు ప్రయాసపడతాయి. అదనంగా ఆ ఆరు నిమిషాలు ఎందుకు? గతసారి బైటపడటంలో కృతకృత్యులైన ఆ జ్ఞాపకం వాటి మెదడులో జీవరసాయనాలని ప్రేరేపించి ప్రాణాలమీద వాటికి ఆశ పుడుతుంది. అందుకే అవి కొంత ఆలస్యంగా నిరాశకి గురవుతాయి. ఈ జీవరసాయనాన్ని కనక మనం విడదీయగలిగితే, మానవులలో నిరాశా నిస్పృహలు నివారించేందుకు దాన్ని ఉపయోగించుకోగలుగుతాం. కానీ ఒకానొక క్షణంలో ఎలుక మెదడులో ఎన్నో రసాయనాలు వెల్లువెత్తుతాయి. సరైనది ఇదేనని దాన్ని మనం ఎలా గుర్తిస్తాం?

అందుకోసం మీరు మరిన్ని ఎలుకల సమూహాలని తీసుకోవాలి. అవి ఇంతకు ముందు ఇలాంటి పరీక్షలో పాల్గొని ఉండకూడదు. ఒక్కొక్క సమూహంలోని ఎలుకలలోనూ ఒక ప్రత్యేకమైన రసాయనాన్ని ఇంజెక్షన్ చేసి నింపాలి. ఆ రసాయనం నిరాశను అవరోధించగలదని మీరు అనుకోవాలి. ఆ ఎలుకలను నీళ్లలో పడేస్తారు. 'ఏ' అనే రసాయనం శరీరంలోకి చొప్పించిన ఎలుకలు పదిహేను నిమిషాలపాటు సంఘర్షించాక నిస్పృహకి లోనయితే, మీరు మీ జాబితా నుంచి 'ఏ'ని తొలగించవచ్చు. 'బి' రసాయనం ఇంజెక్షన్ ద్వారా శరీరంలోకి పంపిన ఎలుకలు ఇరవై నిమిషాలపాటు గిలగిలా

16. ఎడమ : గాజుగొట్టం నుండి తప్పించుకోవడానికి కష్టపడుతున్న ఆశాజనకమైన ఎలుక. కుడి : ఆశలన్నీ కోల్పోయి గాజుగొట్టంలో తేలుతూన్న ఉదాసీనత నిండిన ఎలుక.

కొట్టుకున్నట్టయితే, మీకు జాక్ పాట్ దొరికిందని సీఈఓ కీ, షేర్లు కొన్నవాళ్ళకీ చెప్పెయ్యచ్చు.

ఈ మొత్తం వివరణ విన్నాక సందేహపరులు, అనవసరంగా ఎలుకలకి మానవుల స్వభావాన్ని అంటగడుతున్నారని నిరాకరించవచ్చు. ఎలుకలకి ఆశా నిరాశలు ఉండవు. అవి ఒక్కోసారి వేగంగా కదులుతాయి, మరోసారి కదలకుండా ఉండిపోతాయి, కానీ వాటికి అనుభూతులేవీ ఉండవు. వాటిని నడిపించేవి కేవలం అచేతనమైన కలన గణితాలే. కానీ, అలాగయితే ఈ ప్రయోగాలన్నిటికీ అర్థమేముంది? మానసిక వ్యాధులకు వాడే మందులు మనుషుల ప్రవర్తనలో మార్పు తీసుకొచ్చేందుకు కాదు, మనుషుల భావాలలో కూడా మార్పులు తెచ్చేందుకు పనికివస్తాయి. ఎవరైనా ఒక మనోరోగ నిపుణుడి దగ్గరకు వెళ్లి, “డాక్టర్, నేను నిరాశతో కుంగిపోతున్నాను, నన్ను ఈ స్థితినుంచి బయటపడేసేందుకు ఏదైనా మందు ఇవ్వండి,” అని అంటే, తమలో ఉత్తేజాన్ని కలిగించేందుకు, మనసులో దిగులు ఉన్నా పైకి ఉత్సాహంగా కనబడేట్టు చేసే ఏదో ఒక మందు ఇమ్మని అడుగుతున్నారని అనుకోకూడదు. వాళ్లకి నిజంగా ఉల్లాసంగా ఉండాలని అనిపిస్తుంది. ఎలుకల ప్రవర్తన మనుషుల భావాలని ప్రతిఫలిస్తుంది ముందే అనుకుంటేనే అలాంటి అద్భుతమైన మాత్ర తయారుచేయటానికి ఎలుకల మీద ప్రయోగాలు చెయ్యటం ఉపయోగపడుతుంది. నిజంగానే, ఇలాంటి నమ్మకమే మనోరోగ ప్రయోగశాలలలో సామాన్యంగా పనిచేస్తుంది.

స్వీయచేతన గల చింపాంజీ

మనుషులు అత్యుత్తమమైన ప్రాణులకి పెద్దపీట వేసే ప్రయత్నంలో, ఎలుకలకీ, కుక్కలకీ, ఇతర జంతువులకీ చైతన్యం ఉంది కానీ వాటిలో మనుషులకున్న స్వీయచేతన లేదని కొందరు వాదిస్తారు. వాటికి నిరాశ, ఆనందం, ఆకలి, సంతృప్తి అనేవి ఉండవచ్చు, కానీ వాటికి 'స్వంత' ఆలోచన ఉండదు, తాము అనుభవించే నిస్పృహ గాని, ఆకలి గాని 'నేను' అనే ఒకానొక ప్రత్యేకమైన ప్రాణికి కలుగుతోందని అవి గ్రహించవు.

ఈ ఆలోచన అస్పష్టమైనదే కానీ అందరికీ సామాన్యంగా ఉండేదే. కుక్కకి ఆకలి వేసినప్పుడు అది తనకోసం ఎక్కడో ఒక మాంసం ముక్క సంపాదిస్తుంది కాని మరో కుక్కకి దాన్ని వడ్డించదు. పక్కింటి చెట్టుమీద మరో కుక్క పోసిన మూత్రం వాసన చూసినప్పుడు అది తన మూత్రమా, ముద్దొచ్చే పక్కింటి లాబ్రడోర్ కుక్కదా, లేక మరో కుక్కదా అని వెంటనే దానికి తెలిసిపోతుంది. తమ శరీరం వాసనకి, మైథునానికి సిద్ధంగా ఉన్న ఆడకుక్కల వాసనకి, పోటీదారు కుక్కల వాసనకి, కుక్కలు చాలా తేడాగా ప్రతిస్పందిస్తాయి. మరి వాటికి స్వీయచేతన లేదంటే ఆ మాటకి అర్థమేమిటి?

ఈ వాదనకి ఒక అధునాతనమైన భాషాంతరం (వెర్షన్) ఉంది. స్వీయచేతనలో స్థాయి భేదాలు ఉంటాయని అంటుంది అది. మానవులకి మాత్రమే 'తాను' అనే భావన ఉంటుందనీ, దానికి గతం, భవిష్యత్తు గురించి అవగాహన ఉంటుందనీ, బహుశా మానవులకి మాత్రమే గతంలోని అనుభవాలని నెమరువేసుకోవటం, భవిష్యత్తులో చెయ్యబోయే పనులను గురించి ఆలోచించటం సాధ్యమైనందువల్లే 'తాను' అనే భావన కలుగుతుందేమోననీ అనుకోవటం జరుగుతుంది. ఇతర జంతువులూ నిరంతరం వర్తమానంలోనే జీవిస్తాయి. గతాన్ని గుర్తుచేసుకుంటున్నట్టూ, భవిష్యత్తు గురించి ఆలోచిస్తున్నట్టూ కనిపించినా, నిజానికి వాటికి వర్తమానంలో కలిగే స్పందనలకీ, క్షణికమైన ప్రేరణలకీ మాత్రమే ప్రతిక్రియలు ఉంటాయి. ఉదాహరణకి, చలికాలం కోసం గింజల్ని దాచేటప్పుడు, ఉడతకి పోయిన సంవత్సరం చలికాలంలో తనకి ఆకలి వేసిందని గుర్తుండదు. అది భవిష్యత్తు గురించి ఆలోచించదు. క్షణికమైన ప్రేరణకి ప్రతిస్పందిస్తుందంతే. ఆ ప్రేరణ మూలాలు గాని, ప్రయోజనం గాని దానికి బొత్తిగా తెలీదు. అందుకే ఎప్పుడూ చలికాలం చూడని చాలా చిన్న ఉడతపిల్లలు కూడా వేసవిలో గింజల్ని పోగుచేసి దాచుకుంటాయి.

అయినా గతకాలంలోనూ, వర్తమానంలోనూ జరిగే సంఘటనలని తెలుసుకునేందుకు భాష తప్పనిసరి అనేది అవసరం ఎందుకైందో స్పష్టంగా తెలీదు. అలాటి పనులకి మానవులు భాషనీ ఉపయోగిస్తారనేది నిదర్శనం కాలేదు. మనుషులు తమకుండే ప్రేమనీ, భయాన్నీ వ్యక్తం చేసేందుకు కూడా భాషనీ వాడుకుంటారు. కానీ అవి మాటల్లో చెప్పలేక పోయినా ఇతర జంతువులకి కూడా ప్రేమ, భయం లాంటివి మరో రకంగా వ్యక్తం చేస్తాయి. నిజానికి మనుషులు కూడా మాటల్లో చెప్పకుండానే గతం, భవిష్యత్తుకి సంబంధించిన సంఘటనలను గ్రహించగలుగుతారు. ముఖ్యంగా కలలు కనేప్పుడు

మాటలు లేకుండా ఎన్నో విషయాలు చెప్పుకుంటాం, కానీ నిద్ర లేచాక వాటిని మాటల్లో వివరించేందుకు చాలా అవస్థపడతాం.

ఎన్నో రకాల పక్షులమీద ప్రయోగశాలల్లో ప్రయోగాలు జరిగాయి. చిలుకలు, పాలపిట్టలే కాక ఇతర జంతువులలో కొన్నిటికి గడిచిపోయిన సంఘటనలు గుర్తుంటాయనీ, భవిష్యత్తు కోసం ప్రణాళికలు వెయ్యగలవనీ తేలింది. కానీ దీన్ని నిస్సందేహంగా రుజువు చెయ్యటం అసాధ్యం, ఎందుకంటే ఏదైనా జంతువు ఎంత అధునాతనంగా ప్రవర్తించినా అది దాని మెదడులోని అచేతనమైన కలన గణితంవల్లనే కానీ, చేతనంగా ఏవో సంఘటనల తాలూకు చిత్రాలు కనిపించటంవల్ల కాదని సందేహవాదులు వాదిస్తారు.

ఈ సమస్యని వర్ణించేందుకు స్వీడన్‌లోని ఫ్యురువిక్ జూలో ఉండే సాంటినో అనే మెగా చింపాంజీని ఉదాహరణగా తీసుకుందాం. అది ఉండే ఆవరణలో దానికి ఉబుసు పోవటం కోసం ఒక సరదా ఆటను అదే కనిపెట్టింది. జూకి వచ్చే సందర్శకులమీద రాళ్లు రువ్వటం ప్రారంభించింది. అలా ప్రవర్తించటం అసాధారణమేమీ కాదు. కోపం వచ్చినప్పుడు చింపాంజీలు రాళ్లు, కర్రలు, చివరికి మలమూత్రాలూ కూడా రువ్వుతాయి. ఏదేమైనా సాంటినో తాను ఏం చెయ్యాలో ముందే నిర్ణయించుకుంది. తెల్లవారగానే, ఇంకా జూలో ఎవరూ జంతువులని చూసేందుకు రాకముందు, సాంటినో కోపంగా ఉన్న లక్షణాలేవీ చూపించకముందే, తాను విసిరేసే వస్తువులని పోగుచేసి ఒక కుప్పలా పెడుతుంది. అక్కడి గైడ్‌లూ, సందర్శకులూ ఆ చింపాంజీ విషయంలో అప్రమత్తంగా ఉండేవాళ్ళు, ముఖ్యంగా అది ఆ కుప్ప దరిదాపుల్లో ఉన్నప్పుడు. అందువల్ల అది ఎవరిమీదా రాళ్లు, కర్రలు విసరలేకపోయేది.

2010 మే నెలలో సాంటినో ఒక కొత్త యుక్తిని ప్రదర్శించింది. తెల్లవారగట్లే తను పడుకునే చోటినుంచి గడ్డివాములు తీసుకెళ్లి ఆవరణ చుట్టూ ఉన్న గోడ దగ్గర ఉంచింది. సామాన్యంగా సందర్శకులు చింపాంజీలని చూసేందుకు అక్కడే గుమిగూడతారు. ఆ తరవాత అది రాళ్లు సేకరించి ఆ గడ్డిలో దాచింది. ఒక గంట గడిచాక కొందరు అక్కడికి జంతువులని చూసేందుకు వచ్చారు. సాంటినో కోపం గాని, చిరాకు గాని చూపించకుండా సౌమ్యంగా కనిపించింది. వాళ్ళు చేతికందే దూరంలోకి రాగానే తాను దాచిన రాళ్లను తీసి వాళ్ళమీద రాళ్లవర్షం కురిపించటం మొదలెట్టింది. జనం హడలిపోయి అటూ ఇటూ పరిగెత్తారు. 2012 వేసవిలో సాంటినో ఆయుధాల వేగాన్ని పెంచింది. రాళ్ళని గడ్డివాములు కింద దాచటమే కాకుండా, చెట్టు బోదెల్లోనూ, బిల్డింగులలోనూ, దాచగలిగిన అన్ని చోట్లా దాచటం ప్రారంభించింది.

కానీ సందేహపరులని సాంటినో సైతం తృప్తిపరచలేకపోయింది. ఉదయం 7 గంటలకి సాంటినో రాళ్ళని మధ్యాహ్నం జూకి వచ్చేవాళ్లమీద విసిరేందుకే పోగుచేస్తుందని అనటానికి రుజువేమిటి? అలా చేస్తే తనకి సరదాగా ఉంటుందని అది ఊహించగలదని కచ్చితంగా చెప్పగలమా? సాంటినోని ప్రేరేపించేది ఏదైనా అచేతనమైన అల్గోరిథమ్ కావచ్చు కదా? ఎప్పుడూ చలికాలం చూడని ఉడతపిల్ల 'చలికాలం కోసం' గింజలు దాచటం లాంటిదేనేమో ఇది కూడా?

ఇదే విధంగా, తనకి పోటీగా ఉంటూ, తనని గాయపరిచిన చింపాంజీ మీదికి మరో మగ చింపాంజీ కొన్ని వారాల తరవాత దాడికి దిగితే అది నిజంగా కసి తీర్చుకుంటున్నట్టు కాదని సందేహపరులు అంటారు. తాత్కాలికంగా వచ్చిన కోపానికి ప్రతిక్రియ అది, దానికి కారణం ఆ చింపాంజీకే తెలీదు. ఒక ఆడ ఏనుగు తన పిల్లని సింహం బెదిరించటం చూస్తే, అది సింహం మీదికి వెళ్ళి తన ప్రాణాలకి ప్రమాదం కొనితెచ్చుకుంటుంది. అది నెలల తరబడి తన ప్రియమైన పిల్లకి పాలిస్తూ పెంచటంవల్ల కాదు, అర్థం కాని శత్రుత్వమేదో దాన్ని సింహం మీద దాడిచేసేందుకు ఉసిగొల్పుతుంది. యజమాని ఇంటికి రాగానే కుక్క ఆనందంతో గంతులు వెయ్యటం, అతను చిన్నప్పట్నుంచీ దానికి తిండి పెట్టి, ముద్దు చెయ్యటం వల్ల కాదు. చెప్పలేని, ఆపుకోలేని అతి ఉత్సాహమేదో దాన్ని కమ్మేస్తుంది.

ఈ వాదనలని అంగీకరించటం, కొట్టిపారెయ్యటం, రెండూ మనకి సాధ్యం కాదు, ఎందుకంటే ఇతరుల మెదళ్ళకి సంబంధించిన సమస్యలు అవి. చైతన్యానికి అవసరమైన అల్గోరిథమ్స్ ఏవీ మనకి తెలీదు కాబట్టి, జంతువులు చేసే పనులన్నీ చైతన్యంతో ఉన్నప్పుడు చేసే ప్రణాళికలు, వచ్చే జ్ఞాపకాలు కాదనీ, అచేతనమైన అల్గోరిథమ్స్ అనీ భావించాలి. అందుకని సాంటినో విషయంలో కూడా రుజువు ఎక్కడుంది అనేదే అసలు ప్రశ్న. సాంటినో ప్రవర్తనకి అన్నిటికన్నా సరైన వివరణ ఏది? అది బుద్ధిపూర్వకంగా భవిష్యత్తుకి ప్రణాళికలు వేస్తోందని అనుకోవాలా? ఈ విషయాన్నీ కాదనేవాళ్ళు అందుకు తగిన నిదర్శనం చూపించాలా? లేక ఆ చింపాంజీని ప్రేరేపించేది అచేతనమైన కలన గణితమని సరిపెట్టుకోవాలా? దానికి గడ్డివాములు కింద రాళ్ళు దాచాలన్న కోరిక చైతన్యంలో ఉన్నప్పుడు కలిగేది అనుకోవాలా?

ఒకవేళ సాంటినోకి గతం గుర్తులేకపోయినా, భవిష్యత్తుని అది ఊహించలేకపోయినా, దానికి స్వీయచేతన లేదని అర్థమా? మనుషులు గతాన్ని గుర్తుచేసుకోకపోయినా, భవిష్యత్తు గురించి కలలు కనకపోయినా, వాళ్ళకి స్వీయచేతన ఉందని అంటాం కదా? ఉదాహరణకి, ఒక స్త్రీ తన పసిబిడ్డ తడబడే అడుగులతో రద్దీగా ఉన్న రోడ్డుమీదికి వెళ్ళటం చూసినప్పుడు ఆమె గతం గురించీ, భవిష్యత్తు గురించీ ఆలోచించేందుకు ఆగదు. తల్లి ఏనుగులాగే తన బిడ్డని కాపాడేందుకు పరిగెత్తుతుంది. ఏనుగు గురించి అన్నట్టే ఆమె గురించి ఎందుకు అనం? ప్రమాదం ముంచుకు రావటం చూసి బిడ్డని కాపాడేందుకు పరిగెత్తటమనేది ఆ తల్లి స్వీయచేతన లేకుండానే చేసిందని అనచ్చు కదా? ఆమెకి తాత్కాలికమైన ఆవేశం కలిగిందని అనుకోవచ్చు కదా?

అదే విధంగా, మొదటిసారి కలుసుకున్నప్పుడు ఒక యువ జంట ప్రణయావేశంతో ముద్దులు పెట్టుకుంటున్నారనుకోండి, ఒక సైనికుడు తన తోటి సైనికుణ్ణి శత్రు సైన్యం జరిపే కాల్పులని కూడా లెక్కచెయ్యకుండా ముందుకి ఉరుకుతాడనుకోండి, లేదా ఒక చిత్రకారుడు విపరీతమైన ఆవేశంతో కుంచెని కదుపుతూ ఒక గొప్ప కళాఖండాన్ని సృష్టిస్తున్నాడనుకోండి. వాళ్ళలో ఎవరూ గతం, భవిష్యత్తు గురించి ఆలోచించేందుకు ఆగరు. అంటే వాళ్ళకి స్వీయచేతన లేనట్టా? తాను గతంలో సాధించిన విజయాల గురించీ, భవిష్యత్తులో వెయ్యబోయే ప్రణాళికల గురించీ ఎన్నికల ప్రచారం కోసం ఉపన్యాసం ఇచ్చే రాజకీయవేత్త కన్నా వీళ్ళు తక్కువ వాళ్ళని అనాలా?

తెలివైన గుర్రం

2010లో శాస్త్రజ్ఞులు ఎలుకల మీద ఒక అతిహృదయవిదారకమైన ప్రయోగం చేశారు. ఎలుకని ఒక అతిచిన్న బోనులో బంధించి, ఆ బోనుని ఒక పెద్ద గదిలో ఉంచి, మరో ఎలుకని స్వేచ్ఛగా గదంతా తిరగనిచ్చారు. బోనులో ఉన్న ఎలుక బాధపడుతున్నట్టు సంకేతాలు పంపింది. అది రెండో ఎలుకలో గాభరానీ, ఒత్తిడినీ పెంచినట్టు దాని ప్రవర్తనలో మార్పు వచ్చింది. చాలా సందర్భాలలో స్వేచ్ఛగా ఉన్న ఎలుక బంధింపబడిన ఎలుకకి సహాయం చేసేందుకు ప్రయత్నించటం కనిపించింది అంతేకాదు, చాలాసార్లు ప్రయత్నించాక, బోను తెరిచి ఆ బందీని విడుదల చేయగలిగింది. పరిశోధకులు ఆ ప్రయోగాన్ని మళ్ళీ చేసి, ఈసారి గదిలో ఒక చాకోలెట్ కూడా ఉంచారు. ఇప్పుడు స్వేచ్ఛగా ఉన్న ఎలుక చాకోలెట్ తినటమా, బందీగా ఉన్న ఎలుకని విడుదల చెయ్యటమా అనే రెంటిలోనూ ఏదో ఒకటి ఎంచుకోవలసిన పరిస్థితి ఏర్పడింది. ఎన్నో ఎలుకలు ముందు బందీని బోనులోంచి విడిపించి దానితో కలిసి చాకోలెట్ తినటాన్ని ఇష్టపడ్డాయి (కొన్ని ఇంకా స్వార్థంతో ప్రవర్తించిన మాట నిజమే. ఆ రకంగా కొన్ని ఎలుకలు మిగిలినవాటికన్నా అల్పబుద్ధి గలవని రుజువైంది).

స్వేచ్ఛగా ఉన్న ఎలుక సానుభూతివల్ల బందీగా ఉన్న ఎలుకని విడిపించలేదనీ, అది బాధతో అరవటం వినలేక ఆ పని చేసిందనీ సందేహపరులు దాన్ని తోసిపుచ్చారు. తమకి బాధ కలిగించే స్పందనలను నివారించేందుకు తప్ప అంతకన్నా ఉదారమైన భావాలవల్ల అలా చెయ్యలేదని అంటారు వాళ్ళు. నిజమేనేమో. కానీ మనుషుల విషయంలో కూడా మనం అచ్చంగా ఇదే మాట అనచ్చు. ఒక బిచ్చగాడికి నేను డబ్బిస్తే, అతన్ని చూస్తున్నప్పుడు నాలో కలిగే బాధవల్లే నేనలా చేస్తున్నానేమో? నిజంగా ఆ బిచ్చగాడి విషయం నేను పట్టించుకుంటున్నానా, లేక నా గురించి నాకు మంచిగా అనిపించాలని ఆ పని చేస్తున్నానా?

ఇంతకీ చెప్పొచ్చేదేమిటంటే, మనుషులమైన మనం, ఎలుకలు, కుక్కలు, డాల్ఫిన్లు, చింపాంజీలకన్నా భిన్నమైనవాళ్ళం కాము. వాటిలాగే మనకి కూడా ఆత్మ లేదు. మనలాగే వాటికి కూడా చైతన్యం ఉంది, సంక్లిష్టమైన స్పందనలతో, భావోద్రేకాలతో కూడిన ప్రపంచం ఉంది. ప్రతి జంతువుకీ తనకే సొంతమైన లక్షణాలూ, ప్రతిభలూ ఉంటాయి. మానవులకి కూడా విశేషమైన ఎన్నో రకాల ప్రతిభలు ఉంటాయి. అనవసరంగా జంతువులకి మానవుల లక్షణాలు ఆపాదించకూడదు, అవి కేవలం జూలు ఉన్న మనలాంటి ప్రాణులేనని అనుకోకూడదు. ఇది అవకతవకగా ఉన్న విజ్ఞానశాస్త్రమే కాకుండా, ఇలాంటి ధోరణి ఇతర జంతువులని వాటి పరిస్థితులను బట్టి అర్థం చేసుకుని విలువ ఇవ్వకుండా అడ్డుపడుతుంది.

1900 ప్రారంభంలో క్లెవర్ హాన్స్ అనే గుర్రం జర్మనీలో గొప్ప పేరు సంపాదించుకుంది. జర్మనీలోని చిన్న ఊళ్ళలోనూ, గ్రామాల్లోనూ తిరుగుతూ, జర్మన్ భాషలో తనకి ఉన్న అసాధారణమైన ప్రతిభని, గణితంలో మరింత గణనీయమైన నేర్పునీ ప్రదర్శించింది.

'హాన్స్, నాలుగు మూళ్ళు ఎంత?' అని అడిగితే అది పన్నెండుసార్లు గిట్టతో నేలమీద తట్టేది. కాయితం మీద రాసిన సందేశాన్ని చూపించి, 'ఇరవైలోనుంచి పదకొండు తీసివేస్తే ఎంత వస్తుంది?' అని అడిగితే హాన్స్ చాలా కచ్చితంగా తొమ్మిదిసార్లు గిట్టతో నేలని తట్టేది.

1904లో ఈ విషయాన్ని పరీక్షించేందుకు జర్మన్ బోర్డు ఒక మనస్తత్వశాస్త్ర నిపుణుడి ఆధ్వర్యంలో శాస్త్రీయవేత్తల అధికారవర్గాన్ని నియమించింది. అందులో పదముగ్గురు సభ్యులు ఉన్నారు. వారిలో ఒక సర్కస్ మేనేజర్, పశువైద్యుడు ఉన్నారు. వాళ్ళు ఇదంతా మోసమని నమ్మారు. కానీ, ఎంత గట్టిగా ప్రయత్నించినా అందులో మోసంగాని మధ్యపెట్టే ప్రయత్నంగాని ఉందని నిరూపించలేకపోయారు. హాన్స్‌ని దాని యజమాని నుంచి విడదీసినప్పుడూ, పూర్తి అపరిచితులు ఆ ప్రశ్నలు వేసినప్పుడూ కూడా హాన్స్ దాదాపు అన్ని ప్రశ్నలకీ సరైన జవాబులు చెప్పింది.

1907లో ఆస్కార్ ఫంగ్స్ట్ అనే మనస్తత్వవేత్త మరో పరిశోధన ప్రారంభించాడు. దానివల్ల అసలు విషయం తెలిసిపోయింది. హాన్స్ సరైన జవాబు ఇచ్చేందుకు తనని ప్రశ్నలడిగేవాళ్ళ ముఖకవళికలూ, శరీరం కదిలే తీరూ శ్రద్ధగా గమనించేది. నాలుగు మూళ్లు ఎంత అని హాన్స్‌ని అడిగినప్పుడు, పాత అనుభవం నుంచి అది ఎన్నిసార్లు గిట్టని నేలమీద తట్టాలని మనుషులు ఎదురుచూస్తున్నారో తెలుసుకునేది. అలా తడుతూ అది మనుషులని జాగ్రత్తగా గమనించేది. అది సరైన అంకెని సమీపిస్తున్నకొద్దీ, మనుషుల్లో ఒత్తిడి మరింత పెరిగిపోయేది, అది సరైన అంకెకి చేరుకోగానే ఒత్తిడి తారాస్థాయికి చేరుకునేది. మనుషుల శరీర భంగిమ, వారి ముఖం మీద భావమూ హాన్స్ గుర్తించగలిగేది. అప్పుడది తట్టటం ఆపేసి, ఒత్తిడి స్థానంలో ఆశ్చర్యం లేక నవ్వు ఎలా చోటుచేసుకుందో గమనించేది. తన జవాబు సరైనదని హాన్స్‌కి తెలిసిపోయేది.

17. 1904లో వేదికపైన తెలివైన హాన్స్.

మనుషులు జంతువులకి మానవ లక్షణాలు ఆపాదించి, వాటికి ఉన్న సామర్థ్యంకన్నా ఎక్కువ ఉన్నట్టు చెప్పి పొరపాటు చేస్తారనటానికి తరచు క్లెవర్ హాన్స్‌ని ఉదాహరణగా చూపిస్తారు. అయినప్పటికీ దీనివల్ల మనం నేర్చుకునే పాఠం పూర్తిగా వ్యతిరేకమైనది. జంతువులకి మనిషికుండే సామర్థ్యంలాంటిది ఉందని చెప్పటం సామాన్యంగా వాటికుండే సామర్థ్యాన్ని తక్కువ చెయ్యటమే అవుతుంది. ఇతర ప్రాణులకి ఉండే తెలివినీ, అసాధారణమైన సామర్థ్యాన్నీ కించపరచటం సరికాదు. గణితానికి సంబంధించినంతవరకూ, హాన్స్ గొప్ప మేధావేమీ కాదు. ఎనిమిదేళ్ల పిల్లలెవరైనా అంతకన్నా బాగా లెక్కలు చెయ్యగలరు. కానీ శరీర భంగిమల ద్వారా భావాలనీ, ఉద్దేశాలనీ తెలుసుకోవటం అనే సామర్థ్యం విషయంలో మాత్రం హాన్స్ మేధావే. క్లెవర్ హాన్స్‌కి ఇలాంటి సామర్థ్యం ఉండటానికి కారణం సామాన్యంగా గుర్రాలు ఒకదానికి మరొకటి ఏమైనా తెలియజేయాలంటే శారీరకమైన హావభావాలనే ఉపయోగించుకుంటాయి. హాన్స్‌లోని విశేషమేమిటంటే, అది ఆ సామర్థ్యాన్ని ఉపయోగించుకుని మిగిలిన గుర్రాల భావాలనేకాక, తనకి పరిచయం లేని మనుషులు ప్రకటించే హావభావాలని కూడా గ్రహించేది.

జంతువులు నిజంగానే అంత తెలివైనవైతే, అవి మనుషులని బళ్లకి ఎందుకు పూన్చవు, ఎలుకలు మనమీద ప్రయోగాలు ఎందుకు చెయ్యవు, డాల్ఫిన్లు మనని వలయాల్లోంచి ఎందుకు దూకించలేవు? హోమో సేపియన్లకి కచ్చితంగా ఏదో ఒక ప్రత్యేకమైన సామర్థ్యం ఉంది. దానివల్లే వాళ్ళు మిగిలిన జంతువుల మీద ఆధిపత్యం చేయగలుగుతున్నారు. ఇతర జంతువులతో పోలిస్తే హోమో సేపియన్లు పూర్తి భిన్నమైన స్థాయిలో జీవిస్తున్నారని, వాళ్లకి మాత్రమే సొంతమైన ఆత్మ, చైతన్యం లాంటివి వాళ్లకి ఉన్నాయన్న అతిశయోక్తిని తోసిపుచ్చిన తరవాత, మనం నేలమీదికి దిగి వాస్తవమేమిటో తెలుసుకునే ప్రయత్నం చెయ్యాలి. మన జాతికి ప్రత్యేకమైన లక్షణాన్ని ఇచ్చే మానసిక, శారీరక సామర్థ్యం ఏమిటో పరీక్షించి చూడాలి.

పరికరాలను తయారుచెయ్యగలగటం, తెలివితేటలు మానవుడి ఉన్నత స్థితికి కారణమని అధికశాతం అధ్యయనాలు పేర్కొంటాయి. మిగిలిన జంతువులు కూడా పరికరాలను తయారుచేయగలిగినప్పటికీ, ఆ రంగంలో మానవులు ఇతర జంతువులన్నిటినీ అధిగమించారనటంలో ఏమాత్రం సందేహం లేదు. తెలివితేటల విషయంలో అంత స్పష్టత లేదు. ఒక పరిశ్రమ మొత్తం తెలివిని నిర్వచించేందుకూ, కొలిచేందుకూ తన శ్రమనీ, సమయాన్నీ ధారపోస్తున్నప్పటికీ ఏదో ఒక నిర్ధారణకు రావటానికి ఇంకా చాలాకాలం పట్టేట్టు ఉంది. అదృష్టంకొద్దీ మనం అలాంటి యుద్ధరంగంలో అడుగుపెట్టాల్సిన అవసరం లేదు. తెలివితేటలకు ఎవరైనా ఎటువంటి నిర్వచనం ఇచ్చినా, సేపియన్స్ ప్రపంచాన్ని జయించటానికి తెలివితేటలు, పరికరాలు తయారుచెయ్యటం మాత్రమే కారణాలు కావని స్పష్టంగా మనకి తెలుసు. తెలివికి మనం చెప్పుకునే నిర్వచనాన్ని బట్టి చూస్తే, కొన్ని లక్షల సంవత్సరాల క్రితమే మానవులు ఇతర జంతువులకన్నా అత్యధికమైన తెలివితేటలు ఉన్నవారనీ, పరికరాలు తయారుచెయ్యటంలో ప్రపంచంలో అందరికన్నా గొప్ప నైపుణ్యం కలవారనీ తెలుస్తుంది. అయినప్పటికీ తమ చుట్టూవున్న పర్యావరణ

వ్యవస్థ మీద వాళ్ళ ప్రభావం ఏమాత్రం కనిపించని, ఎటువంటి ప్రత్యేకతా లేని ప్రాణులు గానే జీవించారు వాళ్ళు. తెలివి, పరికరాల తయారీ కాక ఇంకేదో ముఖ్యమైన లక్షణమేదో వాళ్లలో లోపించి ఉండాలి.

చివరికి మానవజాతి ఈ భూమ్మీద ఆధిపత్యం సాధించటానికి ఎవరికీ అంతుచిక్కని మూడో లక్షణమేదీ కాదేమో, పరిణామక్రమంలో ఇంకా ఉన్నతమైన తెలివిని, పరికరాలని తయారుచేసే సామర్థ్యాన్నీ అది సంపాదించుకుందేమో? కానీ అది నిజమని అనిపించదు. చరిత్ర నమోదుచేసిన విషయాలను చూస్తే, తెలివికీ, పరికరాలు తయారుచేసే సామర్థ్యానికీ, వ్యక్తిపరంగానూ, మన జాతికి మొత్తంగానూ సంబంధం ఉన్నట్టు కనిపించదు. ఈనాటి సేపియన్స్ కన్నా ఇరవైవేల సంవత్సరాల క్రితం జీవించిన సగటు సేపియన్లకి ఎక్కువ తెలివీ, పరికరాలు తయారుచెయ్యటంలో ఎక్కువ నైపుణ్యం ఉండేవేమో. ఆధునికకాలంలో స్కూళ్ళూ, మన ఆఫీసుల్లో యజమానులూ అప్పుడప్పుడూ మన సామర్థ్యాన్ని పరీక్షకి పెట్టచ్చు, కానీ మనం ఎంత అధ్వాన్నంగా పనిచేసినప్పటికీ, ప్రభుత్వ సంక్షేమ వ్యవస్థ మన కనీసావసరాలు తీరేట్టు చూస్తుంది. రాతియుగంలో అయితే ప్రతిరోజూ, ప్రతిక్షణం సహజ ఎంపిక మిమ్మల్ని పరీక్షించేది. అది పెట్టే రకరకాల పరీక్షల్లో మీరు సాఫల్యం సాధించకపోతే ఇక త్వరలో మీ ప్రాణాలు పోవటం ఖాయం. కానీ, రాతియుగంలో జీవించిన మన పూర్వీకులకు పనిముట్ల తయారీలో నైపుణ్యం, పదునైన తెలివితేటలూ, తీవ్రమైన స్పందనలూ ఉన్నప్పటికీ 20,000 సంవత్సరాలక్రితం మానవజాతి ఈనాటికన్నా బలహీనంగా ఉండేది.

గత 20,000 సంవత్సరాలుగా మానవజాతి రాతిమొనలున్న ఈటెలతో మామత్ ఏనుగులను చంపే దశనుంచి, సౌరమండలాన్ని వ్యోమనౌకలతో అన్వేషించేంత వరకూ ఎదగటానికి పరిణామక్రమం దాని చేతులకి మరింత సామర్థ్యం కల్పించటం, పెద్ద మస్తిష్కాలని సృష్టించటం (నిజానికి ఈనాడు మన మెదళ్ళు ఇంకా చిన్నవిగా ఉన్నట్టు తోస్తుంది) కారణం కాదు. నిజం చెప్పాలంటే, ఈ ప్రపంచాన్ని మన అధీనం చేసుకోవటానికి అనేకమంది మానవులని ఒకటిగా కలుపుకోగలగటమే అసలైన కారణమని అనిపిస్తుంది. ఒక వ్యక్తిగా మనిషి తన వేళ్ళని చింపాంజీకన్నా చురుగ్గా ఉపయోగించటంవల్ల, తోడేలు కన్నా చాతుర్యం ఉండటంవల్ల ఈ లోకం మీద ఆధిపత్యం సాధించలేదు. ఎక్కువ సంఖ్యలో సహకరిస్తూ, పరిస్థితులకి సర్దుకుపోతూ జీవించే జాతి ఈ లోకంలో హోమో సేపియన్స్ ఒక్కటే. కానీ, ఒకవేళ మానవులు అధిక సంఖ్యలో సహకరిస్తూ జీవించటం నేర్చుకుని ఉండకపోతే, మన తెలివైన మెదళ్ళూ చురుకైన చేతులూ యురేనియం అణువుని ఛేదించేబదులు ఇంకా రాళ్ళని ముక్కలు చేస్తూ ఉండేవి.

సహకారమే కీలకమైతే, మనకన్నా కొన్ని మిలియన్ల సంవత్సరాలకు పూర్వమే మూకుమ్మడిగా సహకరిస్తూ జీవించిన చీమలూ, తేనెటీగలూ మనకన్నా ముందే అణు బాంబుని ఎందుకు కనిపెట్టలేకపోయాయి? కారణం, వాటి సహకారంలో వంగే గుణం లేదు. తేనెటీగలు సహకరించే పద్ధతి చాలా నాగరికంగా ఉంటుంది, కానీ అవి రాత్రికి రాత్రి తమ సామాజిక వ్యవస్థని కొత్తగా ఆవిష్కరించుకోలేవు. తేనెతుట్టకి కొత్త అపాయం

గాని, అవకాశం గాని ఎదురైనప్పుడు అవి రాణీఈగని హతమార్చి గణతంత్ర రాజ్యాన్ని స్థాపించలేవు.

ఏనుగులు, చింపాంజీలలాంటి సామాజిక ప్రాణులైన క్షీరదాలు తేనెటీగలకన్నా ఎక్కువ వంగే గుణం కలవి. కానీ అవి కలిసిమెలిసి ఉండేది కేవలం కొన్ని కుటుంబ సభ్యులతోనూ, స్నేహితులతోనూ. వాటి సహకారం వ్యక్తిగత పరిచయం మీద ఆధారపడి ఉంటుంది. మీరూ, నేనూ చింపాంజీలమై, నేను మీతో సహకరించాలనుకుంటే మీరు నాకు వ్యక్తిగతంగా తెలిసుండాలి. మీరు ఎలాంటి చింపాంజీ? మంచి చింపాంజీయా, చెడ్డ చింపాంజీయా? మీరెవరో నాకు తెలియకపోతే మీతో ఎలా సహకరిస్తాను? మనకి తెలిసినంతలో సేపియన్స్ మాత్రమే అసంఖ్యాకులైన తమజాతివారితో వాళ్ళు అపరిచితు లైనప్పటికీ సర్దుకుపోతూ సహకరించగలరు. ఈ భూమ్మీద మనం అధికారం సాధించటం వెనక ఉన్న రహస్యం, శాశ్వతమైన ఆత్మ, అసామాన్యమైన చైతన్యం కాదు, ఇలాంటి పటిష్ఠమైన సామర్థ్యమే.

విప్లవం వర్ధిల్లాలి!

పెద్దెత్తున సహకరించటమనేది ఎంత ముఖ్యమో చరిత్ర తరచి చూస్తే తెలుస్తుంది. బాగా సహకరించినవాళ్లకే ఎప్పుడూ విజయం లభిస్తూ వచ్చింది. అది కేవలం హోమో సేపియన్లకీ, ఇతర జంతువులకీ జరిగిన పోరాటాల్లోనే కాకుండా, విభిన్నమైన మానవ సమూహాల మధ్య జరిగిన పోరాటాల్లో కూడా కనబడుతుంది. ఆరకంగా చూస్తే రోమన్లు గ్రీకులతో పోరాడి గెలవటానికి కారణం వాళ్లకి పెద్ద మెదళ్ళు ఉండటమో, లేక పనిముట్లు చెయ్యటంలో ఎక్కువ నైపుణ్యం ఉండటమో కాదు. వాళ్ళు ఎక్కువగా సహకరించటమే ఆ గెలుపుకి కారణం. చరిత్ర తిరగేస్తే మంచి క్రమపద్ధతిలో పోరాడిన సైన్యం వ్యవస్థ సవ్యంగా లేని మూకలని సులభంగా మట్టికరిపించాయి. కలిసికట్టుగా పనిచేసిన ఉన్నత వర్గం క్రమశిక్షణ కొరవడిన సామాన్యజనం మీద ఆధిపత్యం వహించింది. ఉదాహరణకి, 1914లో మూడు మిలియన్ల రష్యన్ కులీనులు, అధికారులూ, వ్యాపారవేత్తలూ 180 మిలియన్ల రైతులమీదా, కార్మికులమీదా పెత్తనం చెలాయించారు. తమ ఉమ్మడి సంక్షేమాన్ని రక్షించుకోవటం కోసం ఎలా సహకరించాలో రష్యాలోని ఉన్నతవర్గానికి తెలిసింది. కానీ 180 మిలియన్ల సామాన్యులకి అలా సహకారంతో పనిచేయటం చేతకాలేదు. అయినా తమకింద ఉన్న 180 మిలియన్ల జనం సహకరించటం నేర్చుకోకుండా ఉండేందుకు ఉన్నతవర్గం శాయశక్తులా ప్రయత్నించింది.

ఏదైనా ఒక విప్లవాన్ని ప్రారంభించేందుకు సంఖ్యాబలం మాత్రమే సరిపోదు. సామాన్యంగా చిన్నచిన్న ఉద్యమాలు కలిసి విప్లవంగా రూపొందుతాయి తప్ప, జనం పెద్దెత్తున పాల్గొని వాటిని ప్రారంభించరు. మీరు ఒక విప్లవాన్ని ప్రారంభించదలుచుకుంటే, 'ఎంతమంది నా ఆలోచనలని సమర్థిస్తారు,' అని ప్రశ్నించుకునే బదులు, 'నన్ను సమర్థించేవారిలో ఎంతమంది నాతో ఉపయోగకరంగా సహకరించగలరు?' అని

ప్రశ్నించుకోండి. జార్‌కి వ్యతిరేకంగా కొన్ని కోట్లమంది రైతులు ఎదురుతిరిగినప్పుడు రష్యన్ విప్లవం ఉవ్వెత్తున విరుచుకుపడలేదు. కొద్దిమంది కమ్యూనిస్టులు సరైన సమయంలో సరైన స్థానాన్ని ఆక్రమించినప్పుడు అది ప్రారంభమైంది. ఆ సమయంలో 1917లో రష్యాలో ఉన్నతవర్గానికీ, మధ్యవర్గానికీ చెందినవాళ్ళు 3 మిలియన్ల మంది, కమ్యూనిస్ట్ పార్టీలో ఉన్న సభ్యుల సంఖ్య కేవలం 23,000. అయినా విశాలమైన రష్యన్ సామ్రాజ్యం మీద కమ్యూనిస్టులకి ఆధిపత్యం లభించటానికి కారణం వాళ్ళు ఒక క్రమపద్ధతిలో పనిచెయ్యటమే. రష్యాలో బలహీనుడైన జార్ చేతుల్లోంచి, అంతే అసమర్థుడైన కెరెన్స్కీ చేతుల్లోంచీ పాలనాధికారం జారిపోయాక కమ్యూనిస్టులు దాన్ని సంతోషంగా అందిపుచ్చుకున్నారు. బుల్‌డాగ్ ఎముకని దవడల్లో బిగించినట్టు ఆధిపత్యాన్ని హస్తగతం చేసుకున్నారు.

1980 దశకం చివరిదాకా కమ్యూనిస్టులు తమ పట్టు వదలలేదు. ఆ వ్యవస్థ చెక్కుచెదరకుండా వాళ్ళని ఎనిమిది దశకాల సుదీర్ఘ కాలం అధికారంలో ఉంచింది. చివరికి వ్యవస్థలో లోపాలు తలెత్తటంవల్లే అది కూలిపోయింది. 1989 డిసెంబర్ 21న రొమేనియా దేశపు కమ్యూనిస్టు నియంత నికొలాయ్ చౌసెస్కు, బుకారెస్ట్ కేంద్రస్థానంలో, సమర్థన తెలియజేసేందుకు పెద్ద జనసమూహాన్ని కూడగట్టాడు. అంతక్రితం కొన్ని నెలలుగా సోవియట్ యూనియన్ తూర్పు యూరోపియన్ రాజ్యాలకి అందించే మద్దతుని వెనక్కి తీసుకున్నాయి, బెర్లిన్ గోడ కూలింది, పోలాండ్, తూర్పు జర్మనీ, హంగేరీ, బల్గేరియా, చెకోస్లోవేకియా లాంటి దేశాలని విప్లవాలు ముంచెత్తాయి. 1965 నుంచీ రోమానియాని పరిపాలించిన చౌసెస్కు, డిసెంబర్ 17 నుంచీ రోమానియాలోని తిమిసోరా అనే నగరంలో అతని పరిపాలనపై వ్యతిరేకంగా అల్లర్లు విజృంభించినప్పటికీ తాను ఆ సునామీకి తట్టుకుని నిలబడగలనని అనుకున్నాడు. ఆ అల్లర్లని ఖండించేందుకు చౌసెస్కు బుకారెస్ట్‌లో పెద్ద సంఖ్యలో జనాన్ని కూడగట్టుకుని, ప్రజల్లో అధికశాతం తనని ఎంతగా ప్రేమిస్తున్నారో రొమానియన్లకీ, మిగతా ప్రపంచానికీ నిరూపించేందుకు ప్రయత్నించాడు. బలహీనమైపోయిన పార్టీ యంత్రాంగం నగరం నడిబొడ్డులో 80,000 మందిని కూడగట్టి, రోమానియా అంతటా ప్రజలని అన్ని పనులూ పక్కన పెట్టి తమ రేడియోలనీ, టెలివిజన్లనీ ఆన్ చేయమని ఆదేశించింది.

ఎంతో ఆనందంగా ఉన్నట్టు కనిపిస్తున్న జనం అతనికి జేజేలు పలుకుతూ ఉంటే చౌసెస్కు ఆ కూడలిలో ఉన్న బాల్కనీ మీదికి ఎక్కాడు. కొన్ని దశాబ్దాలుగా అతను అలా చెయ్యటం రివాజు. అతనికి ఒకపక్క భార్య ఎలీనా, మరోపక్క పార్టీ ముఖ్య అధికారులూ నిలబడ్డారు. అంగరక్షకుల సమూహం కూడా వెంట ఉంది. ఎప్పటిలాగే మందకొడిగా సాగే ఉపన్యాసాన్ని అతను ప్రారంభించాడు. ఎనిమిది నిమిషాలు రోమేనియన్ సోషలిజం గొప్పదనం గురించి మాట్లాడి, జనం యాంత్రికంగా చప్పట్లు కొడుతూ ఉంటే, తన ఉపన్యాసానికి తానే మురిసిపోయాడు. అంతలో ఏదో అలజడి మొదలైంది. దాన్ని మీరు యూట్యూబ్‌లో చూడచ్చు. 'Ceausescu's last speech' కొడితే, ఆ చారిత్రిక సంఘటన మీకు కనిపిస్తుంది.

యూట్యూబ్‌లో చౌసెస్కు సుదీర్ఘమైన వాక్యంతో మరో ఉపన్యాసాన్ని ప్రారంభించటం

కనిపిస్తుంది, "బుకారెస్ట్‌లో ఈ గొప్ప సంఘటనకి నాంది పలికి దీని ఏర్పాట్ల విషయం చూసిన వారికి నా ధన్యవాదాలు, దీన్ని ఒక –" అని మరుక్షణం అతను నిశ్శబ్దంగా ఉండిపోతాడు, కళ్ళు పెద్దవవుతాయి, నమ్మలేనట్టు కొయ్యబారిపోతాడు. ఆ వాక్యం అతను పూర్తిచేయనే లేదు. ఆ క్షణాంశంలో ఒక పూర్తి ప్రపంచం ఎలా కూలిపోయిందో మీకు కనబడుతుంది. శ్రోతల్లో ఎవరో అతని మాటలకి అడ్డొచ్చి, ఏయ్ ఆపు, అరిచారు. అలాంటి ధైర్యం చేసిన మొదటి వ్యక్తి ఎవరై ఉంటారని ఇప్పటికీ జనం మాట్లాడుకుంటారు. ఆ తరవాత మరో గొంతు అదే విధంగా అరిచింది, తరవాత మరొకరు, మరొకరు, అలా కొన్ని నిమిషాలలో అక్కడ గుమిగూడినవాళ్ళందరూ ఈలలు వెయ్యటం, తిట్లు తిట్టటం, 'టి-మీ-సోఆ-రా!' అని అరవటం ప్రారంభించారు.

రోమేనియన్ టెలివిజన్‌లో ఇదంతా ప్రత్యక్ష ప్రసారం అయింది. జనాభాలో ముప్పాతిక శాతం టెలివిజన్ తెరలకి అతుక్కుపోయింది. వాళ్ళ గుండెలు అతివేగంగా కొట్టుకోసాగాయి. సెక్యూరిటేట్ అని పేరుపడ్డ సీక్రెట్ పోలీసులు ఆ ప్రసారాన్ని వెంటనే ఆపమని ఆజ్ఞాపించారు, కానీ టెలివిజన్ సిబ్బంది వాళ్ళ మాట వినలేదు. బాల్కనీలో ఉన్న పార్టీ సభ్యులు హడలిపోవటం జనం చూడకుండా కెమెరామ్యాన్ వాటిని ఆకాశంవైపు తిప్పాడు. కానీ సౌండ్ మ్యాన్ రికార్డు చెయ్యటం ఆపలేదు. సాంకేతికవర్గం ప్రసారాన్ని కొనసాగించింది. రోమానియా అంతటా జనం ఈలలూ, తిట్లూ, అరుపులూ విన్నారు.

18. ఒక ప్రపంచం కూలిపోయిన క్షణం : దిగ్భ్రాంతిలో చౌసెస్కు, తన కళ్లనూ చెవులనూ అతను నమ్మలేడు.

చౌసెస్కు గొంతు చించుకుని, "హలో! హలో! హలో!" అంటూ, సమస్యంతా మైకులోనే ఉన్నట్టు అరుస్తూనే ఉన్నాడు. అతని భార్య ఎలీనా జనాన్ని కోప్పడుతూ, "నిశ్శబ్దంగా ఉండండి!" అని అనటం మొదలుపెట్టింది. ఆమె భర్త ఆమెవైపు తిరిగి గట్టిగా అరిచేదాకా ఆమె అలా అంటూనే ఉంది. అదంతా టెలివిజన్‌లో ప్రత్యక్షంగా ప్రసారం అవుతూనే ఉంది. "అందరూ నిశ్శబ్దంగా ఉండండి!" అని బతిమాలాడు చౌసెస్కు. గొడవ చేస్తున్న జనాన్ని, "కామ్రేడ్స్! కామ్రేడ్స్! నిశ్శబ్దంగా ఉండండి కామ్రేడ్స్!" అని దీనంగా అర్థించాడు.

కానీ కామ్రేడ్స్ నిశ్శబ్దం పాటించటానికి ఒప్పుకోలేదు. బాల్కనీలో బొచ్చుటోపీ పెట్టుకున్న ముసలాయనకన్నా తాము ఎక్కువ శక్తిమంతులమని బుకారెస్ట్ సెంట్రల్ స్క్వేర్‌లోని 80,000 మంది గ్రహించిన తరవాత రొమానియాలో కమ్యూనిస్టు పార్టీ కూలిపోయింది. ఆ వ్యవస్థ ఆ క్షణంలో కూలిపోవటంకన్నా అది అన్ని దశాబ్దాలపాటు కొనసాగటమే నిజంగా ఆశ్చర్యపోవాల్సిన విషయం. విప్లవాలు అంత అరుదుగా ఎందుకు జరుగుతాయి? జనం కొన్ని శతాబ్దాలపాటు బాల్కనీలో నిలబడిన వ్యక్తి తమమీద అధికారం చేస్తూ ఉంటే నిజానికి ఏ క్షణాన్నైనా అతనిమీద దాడి చేసి అతన్ని నరికి పోగులు పెట్టచ్చు కదా? కానీ అలా చెయ్యకుండా అతను ఇచ్చే ఉపన్యాసం వింటూ, చప్పట్లు చరుస్తూ, అతన్ని ఎందుకు అభినందిస్తారో?

చౌసెస్కు, అతని భజన చేసేవాళ్ళూ 20 మిలియన్ల రొమేనియన్లని నాలుగు దశాబ్దాలకాలం తమ అధీనంలో ఉంచుకున్నారు. దానికి మూడు ముఖ్యమైన పరిస్థితులకి హామీ ఇవ్వటమే కారణం. మొదటిది, అన్ని రకాల సహకార సంఘాలలోనూ వాళ్ళు కమ్యూనిస్టు పార్టీకి విధేయులైనవాళ్లనే అధికార పదవుల్లో నియమించారు. అంటే, సైన్యం, ట్రేడ్ యూనియన్లూ, చివరికి క్రీడా సంఘాలలో కూడా వాళ్ళే అధికారంలో ఉన్నారు. రెండోది, అవి రాజకీయమైనవైనా, ఆర్థికమైనవైనా, సామాజికమైనవైనా, అవి కమ్యూనిస్టు వ్యతిరేక సహకార సంఘాలకి పునాది అయినట్లయితే, అటువంటి ఇతర సంస్థలని వేటినీ తమకి పోటీ రానివ్వలేదు. మూడోది, సోవియట్ యూనియన్‌లోనూ, తూర్పు యూరప్‌లోనూ ఉన్న తమ సోదర కమ్యూనిస్టు పార్టీల మద్దతు మీద అవి ఆధారపడ్డాయి. అప్పుడప్పుడూ ఒత్తిళ్లు తలెత్తినప్పటికీ, ఈ పార్టీలు అవసరమైనప్పుడు ఒకదాన్నొకటి ఆదుకున్నాయి. కనీసం బైటివాళ్ళెవరూ (సోషలిస్టు పారడైజ్) సామ్యవాద నందనవనంలో జోక్యం కలిగించుకోకుండా చూశాయి. అటువంటి పరిస్థితుల్లో, ఉన్నతవర్గ అధికార పక్షం తమని ఎన్ని కష్టాలకీ, బాధలకీ గురిచేసినప్పటికీ, ఆ 20 మిలియన్ల రొమేనియన్లూ దానికి సరైన వ్యతిరేకతని ప్రకటించేందుకు ఏకం కాలేకపోయారు.

ఆ మూడు పరిస్థితులూ చేజారిపోయిన తరవాతే చౌసెస్కు అధికార పదవిని పోగొట్టుకున్నాడు. 1980 దశకం చివర్లో సోవియట్ యూనియన్ రక్షణ కల్పించటం మానేసిన తరవాత కమ్యూనిస్టు రాజ్యాలు ఒక్కొక్కటే పేకముక్కల్లా కూలిపోసాగాయి. డిసెంబర్ 1989 నాటికి చౌసెస్కు బైటినుంచి ఎటువంటి సహాయాన్నీ ఆశించలేని స్థితికి చేరుకున్నాడు. పైగా దానికి వ్యతిరేకంగా పొరుగు దేశాల్లో తలెత్తిన విప్లవాలు స్థానిక వ్యతిరేకతకు బలాన్నిచ్చాయి. కమ్యూనిస్టు పార్టీ స్వయంగా ప్రత్యర్థి కూటములుగా

విడిపోసాగింది. మితవాదులు సమయం మించిపోయే లోపల చౌసెస్కు పట్టు వదిలించుకుని కొత్త సంస్కరణలని ప్రారంభించాలని అనుకున్నారు. బుకారెస్ట్‌లో ప్రదర్శన ఏర్పాటు చేసి, టెలివిజన్‌లో దాన్ని ప్రత్యక్షంగా ప్రసారం చెయ్యటం ద్వారా, స్వయంగా చౌసెస్కు విప్లవ కారులకు తమ శక్తిసామర్థ్యాలు తెలుసుకునేందుకూ, అతనికి వ్యతిరేకంగా ప్రదర్శన చేసేందుకూ అవకాశం కల్పించాడు. ఒక విప్లవాన్ని అంతటా వేగంగా వ్యాపింపజేసేందుకు దాన్ని టీవీలో చూపించటంకన్నా మంచి మార్గం ఇంకేముంటుంది?

అయినప్పటికీ, బాల్కనీలో ప్రదర్శనని ఏర్పాటుచేసిన వారి తడబడే చేతుల్లోంచి అధికారం జారిపోగానే, అది ఆ కూడలిలో ఉన్న జనం చేతుల్లోకి వెళ్లిపోలేదు. పెద్ద సంఖ్యలో ఉన్న ఆ జనం అమితోత్సాహం కనబరిచినప్పటికీ, కలిసికట్టుగా ఎలా పనిచేయాలో వాళ్లకి తెలీలేదు. 1917లోలాగే రాజకీయ చదరంగంలో నేర్పు గల ఒక చిన్న సమూహం చేతుల్లోకి అధికారం వెళ్ళిపోయింది. ఆ సమూహానికి గల ఒకే ఒక అర్హత, మంచి సంస్థగా కలిసి పనిచేయటం. కమ్యూనిస్టు పార్టీలో మితవాదులకి చోటు కల్పించే ఒక విభాగం ఏర్పాటై, నేషనల్ సాల్వేషన్ ఫ్రంట్ అనే పేరు పెట్టుకుని, రోమేనియన్ విప్లవాన్ని దొంగిలించుకుపోయింది. ఆ ఫ్రంట్‌కి ప్రదర్శనలో పాల్గొంటున్న జనంతో నిజానికి ఎటువంటి సంబంధమూ లేదు. మధ్యశ్రేణి పార్టీ అధికారులతో కూడిన ఆ సమూహానికి ఇయాన్ ఇలియస్కు అనే వ్యక్తి నాయకత్వం వహించాడు. కమ్యూనిస్టు పార్టీ కేంద్ర సమితిలో అతను మాజీ సభ్యుడు, ప్రచార విభాగంలో ఒకసారి ప్రముఖ స్థానంలో ఉండేవాడు. నేషనల్ సాల్వేషన్ ఫ్రంటులోని ఇలియస్కు, అతని కామ్రేడ్లూ కలిసి తమని తాము ప్రజాస్వామ్య రాజకీయవేత్తలుగా పునరావిష్కరించుకుని, ఎక్కడ మైకు దొరికితే అక్కడ తామే విప్లవానికి నాయకులమని ప్రకటించుకున్నారు. ఆ తరవాత తమకున్న సుదీర్ఘ అనుభవాన్నీ, ఆప్తజనాన్నీ ఉపయోగించుకుని దేశాన్ని తమ అధీనం చేసుకుని అక్కడి వనరులన్నిటినీ సొంతం చేసుకున్నారు.

కమ్యూనిస్టు రొమేనియాలో దాదాపు అన్నిటిమీదా రాజ్యానిదే యాజమాన్యం అయింది. ప్రజాస్వామ్య రొమేనియా తన ఆస్తిపాస్తులని వ్యక్తులకి చెందేలా మార్చింది. మాజీ కమ్యూనిస్టులకు వాటిని చవకగా అమ్మసాగింది. జరుగుతున్నదేమిటో వాళ్ళు మాత్రమే పసిగట్టగలిగి ఒకరి జేబు మరొకరు నింపేందుకు సహకరించసాగారు. జాతీయ మౌలిక సదుపాయాలను, ప్రకృతి వనరులను అదుపులో పెట్టుకున్న ప్రభుత్వ సంస్థలు మాజీ కమ్యూనిస్టు అధికారులకు అతితక్కువ ధరలకి అమ్ముతూ ఉంటే, పార్టీలోని కాల్బలాలు కారుచౌకగా ఇళ్లూ, అపార్టుమెంట్లూ కొనుక్కున్నారు.

ఇయాన్ ఇలియస్కు రొమేనియా అధ్యక్షుడిగా ఎంపికయ్యాడు. అతని తోటివారు మంత్రులు, పార్లమెంట్ సభ్యులు, బ్యాంకు అధ్యక్షులు, లక్షాధికార్లు అయ్యారు. దేశాన్ని అధీనంలో ఉంచుకున్న కొత్త రొమేనియన్ ఉన్నతవర్గంలో ఈనాటికీ మాజీ కమ్యూనిస్టులూ, వాళ్ళ కుటుంబాలే ఉన్నాయి. తిమిసోరాలో, బుకారెస్టులో ప్రాణాపాయం కొనితెచ్చుకున్న సామాన్య ప్రజలకి ఎంగిలి మెతుకులు మాత్రమే మిగిలాయి. ఎందుకంటే వాళ్లకి తమ సంక్షేమం కోసం సహకరిస్తూ పనిచేయటం, పటిష్ఠమైన సంఘంగా ఏర్పడటం చేతకాలేదు.

2011లో ఈజిప్ట్‌లో జరిగిన విప్లవానికి కూడా ఇదే గతి పట్టింది. 1989లో టెలివిజన్ చేసిన పనే 2011లో ఫేస్‌బుక్, ట్విట్టర్ చేశాయి. కొత్త ప్రసార మాధ్యమాలు తమ క్రియాకలాపాల్ని సమన్వయపరిచేందుకు సాయం చేశాయి. దాంతో కొన్ని వేలమంది అదను చూసుకుని వీథుల్లోనూ, కూడళ్లలోనూ వెల్లువెత్తి ముబారక్ పరిపాలనని నేలకూల్చాయి. అయినా, తహరీర్ స్క్వేర్‌కు 1,00,000 మందిని తరలించటం ఒక ఎత్తైతే, రాజకీయ యంత్రాంగం మీదా, సరైన సమయంలో సరైనవాళ్లతో రహస్యంగా చేతులు కలపి దేశాన్ని సమర్థంగా పరిపాలించటం మీదా పట్టు సాధించటం మరో ఎత్తు. ఆ తరవాత ముబారక్ పదవినుంచి తప్పుకున్నాక ప్రదర్శన చేసినవాళ్ళకి ఆ స్థానాన్ని ఎలా భర్తీ చెయ్యాలో తెలీలేదు. దేశాన్ని పాలించేందుకు ఈజిప్ట్‌లో సవ్యంగా పనిచేసే సంస్థలు రెండు ఉన్నాయి : సైన్యం, ముస్లిం బ్రదర్ హుడ్. ఆ పరిస్థితిలో ముందు బ్రదర్ హుడ్ విప్లవాన్ని కాజేసింది, ఆ తరవాత చివరికి అది సైన్యం చేతుల్లోకి వెళ్ళిపోయింది.

బుకారెస్ట్‌లోని పాత నియంతలకన్నా, కైరోలోని ఉద్యమకారులకన్నా రుమేనియాలోని మాజీ కమ్యూనిస్టులూ, ఈజిప్ట్‌లోని సేనాధిపతులూ తెలివైనవారూ, చురుకైనవారూ కారు. సర్దుకుపోతూ సహకరించటం వాళ్లకి లాభించింది. జనసమూహాలకన్నా బాగా వాళ్ళు సహకారంతో పనిచేశారు. మొండిగా ప్రవర్తించిన చౌసెస్కు, ముబారక్‌తో పోలిస్తే వాళ్ళు చాలా ఎక్కువగా సర్దుకుపోయేందుకు సిద్ధమయ్యారు.

లైంగిక ఆకర్షణ, హింసకి అతీతంగా

ఎక్కువ సంఖ్యలో సర్దుకుపోతూ సహకరించగలగటం వల్లనే ఈ ప్రపంచం మీద సేపియన్లు, అంటే మనం, ఆధిపత్యం వహించటం నిజమయితే, మానవుల పవిత్రతలో మనకున్న నమ్మకాన్ని అది తక్కువ చేస్తుంది. మనం ప్రత్యేకమైన వాళ్లమనీ, మనకి అన్ని రకాల ప్రత్యేక సౌకర్యాలూ ఉండే హక్కు ఉందనీ అనుకుంటాం. దానికి నిదర్శనంగా మన జాతి సాధించిన అద్భుతమైన విజయాల్ని చూపిస్తాం : పిరమిడ్లనీ, గ్రేట్ వాల్ ఆఫ్ చైనానీ కట్టాం; అణువు, డీఎన్ఏ నిర్మాణ రహస్యాన్ని తెలుసుకున్నాం; దక్షిణ ధ్రువానికీ, చంద్రుడి మీదికీ చేరుకున్నాం. ఈ సాఫల్యాలన్నింటికీ ఒక్కొక్క మానవుడిలోనూ ఉండే అసాధారణమైన సారమేదో – ఉదాహరణకి, మరణంలేని ఆత్మ లాంటిది – కారణమైతే అప్పుడు మానవ జీవితానికి పవిత్రత ఆపాదించటంలో అర్థముంది. అయినా, ఈ విజయాలన్నిటికీ మానవులు అధికసంఖ్యలో సహకరించటమే కారణం కాబట్టి, వ్యక్తులని ఆరాధించమని అనటం ఎందుకో అర్థం కాదు.

ఒకే ఒక సీతాకోకచిలుక కన్నా ఒక తేనెతుట్టకి ఎక్కువ బలముంటుంది, కానీ అంతమాత్రాన ఒక్క సీతాకోకచిలుక కన్నా తేనెతుట్ట పవిత్రమైనదని అర్థం కాదు. క్రమశిక్షణ లేని రొమేనియన్ ప్రజలకన్నా రొమేనియన్ కమ్యూనిస్టు పార్టీ బలమైనది కనుకనే అది ఆధిపత్యం వహించగలిగింది. కానీ అంత మాత్రం చేత ఒక సామాన్య పౌరుడికన్నా పార్టీ సభ్యుడి జీవితం ఎక్కువ పవిత్రమైనదని అనగలమా? చింపాంజీలకన్నా

మానవులకి కలిసిమెలిసి సహకరిస్తూ జీవించటమెలాగో తెలుసు, అందుకే మనిషి వ్యోమనౌకల్లో చంద్రుణ్ణి చేరుకుంటే, చింపాంజీలు జూకి వచ్చిన వారిమీద రాళ్లు రువ్వుతూ ఉంటాయి. అంత మాత్రాన మనుషులు ఉన్నతప్రాణులని అనగలమా?

అనవచ్చేమో! అసలు మనుషులు అలా సహకరించేందుకు దోహదం చేసేది ఏమిటనే దానిమీద అది ఆధారపడి ఉంటుంది. మానవులు మాత్రమే అలాంటి పెద్దపెద్ద అధునాతన సామాజిక వ్యవస్థల్ని ఎలా నిర్మించగలుగుతున్నారు? చింపాంజీలూ, తోడేళ్ళు, డాల్ఫిన్ల లాంటి సామాజిక క్షీరద ప్రాణులలో సామాజిక సహకారం పరిచయం బాగా ఉండటం మీద ఆధారపడి ఉంటుంది. మామూలుగా చింపాంజీలు కలిసి వేటకు బయలుదేరాలంటే వాటికి పరస్పరం మంచి పరిచయం, తరతమభేదాలూ పటిష్ఠంగా ఉండాలి. అందుకే చింపాంజీలు సామాజిక పరిచయాలకీ, అధికారం కోసం చేసే పోరాటాలకీ చాలా సమయం వెచ్చిస్తాయి. పరిచయం లేని చింపాంజీలు పరస్పరం కలుసుకున్నప్పుడు, సామాన్యంగా అవి సహకరించలేవు, పైగా ఒకదానిమీద మరొకటి గొంతు చించుకుని అరుస్తాయి, కొట్లాటకు దిగటమో, వీలైనంత త్వరగా అక్కణ్ణుంచి పారిపోవటమో చేస్తాయి.

బొనొబోస్ అనే మరుగుజ్జు చింపాంజీల విషయంలో కాస్త తేడా కనిపిస్తుంది. బొనొబోస్‌లు ఒత్తిడిని దూరం చేసేందుకు లైంగికతని ఉపయోగించుకుని ఆ విధంగా సామాజిక సంబంధాలని కలుపుకుంటాయి. వాటిలో సమలైంగిక సాంగత్యం చాలా మామూలు విషయమనేది ఆశ్చర్యమేమీ కాదు. పూర్వ పరిచయంలేని రెండు బొనొబోస్ సమూహాలు ఒకదానికొకటి ఎదురైనప్పుడు ముందుగా అవి భయాన్నీ, వైరాన్నీ ప్రదర్శిస్తాయి. అడవి దాటి పెడబొబ్బలతో దద్దరిల్లిపోతుంది. అయినా, కొద్దిసేపట్లోనే ఒక సమూహంలో ఆడ కోతులు అవతలివైపుకి వెళ్లి, యుద్ధానికి బదులు ప్రేమించు కుందాం రమ్మని ఆ అపరిచితులని పిలుస్తాయి. ఆ ఆహ్వానాన్ని సామాన్యంగా అవతలి సమూహం అంగీకరిస్తుంది. కొద్ది నిమిషాలలో యుద్ధరంగంగా మారవలసిన ఆ స్థలంలో లెక్కలేనన్ని బొనొబోస్‌లు ఒకదానితో ఒకటి, చెట్లమీదినుంచి తలకిందులుగా వేలాడటంతో సహా, రకరకాల భంగిమల్లోనూ సంగమిస్తూ కనిపిస్తాయి.

సహకరించేందుకు ఇలాంటి యుక్తులు ఉపయోగించటం సేపియన్లకి బాగా తెలుసు. కొన్నిసార్లు వాళ్ళు మామూలు చింపాంజీల్లాగా అధికారం విషయంలో తరతమ భేదాలు పాటిస్తారు, మరోసారి బొనొబోస్‌లలాగా లైంగికతతో సామాజిక సంబంధాలు కలుపుకుంటారు. కానీ వ్యక్తిగత పరిచయం, అది పోరాటానికైనా, మైథునంకైనా, పెద్దెత్తున సహకరించేందుకు ఉపయోగపడదు. గ్రీక్ రుణానికి సంబంధించిన సంక్షోభాన్ని గ్రీక్ రాజకీయవేత్తనీ, జర్మన్ బ్యాంకర్లనీ పోరాటానికో, విశృంఖలమైన శృంగారానికో ఆహ్వానిస్తే అది పరిష్కారం కాదు. సేపియన్లు (విరోధానికి గాని శృంగారానికి గాని) 150 కన్నా ఎక్కువమందితో దగ్గర సంబంధాలు పెట్టుకోలేరని పరిశోధనలు తెలియజేస్తున్నాయి. అధిక సంఖ్యలో జనం సహకరించేందుకు ఏర్పాట్లు చెయ్యటానికి దోహదం చేసేది ఏదైనప్పటికీ, అది దగ్గర సంబంధాలు మాత్రం కాదు.

ప్రయోగశాలల్లో చేసే ప్రయోగాలని ఆధారం చేసుకుని మానవసమాజాన్ని అర్థం చేసుకునేందుకు ప్రయత్నించే మనస్తత్వవేత్తలకీ, సామాజిక శాస్త్రజ్ఞులకీ, ఆర్థిక శాస్త్రవేత్తలకీ, ఇంకా కొంతమందికీ ఇది చెడువార్త. సంస్థాగతమైన కారణాలవల్లా, ఆర్థిక కారణాలవల్లా ఈ ప్రయోగాలలో చాలామటుకు వ్యక్తులమీదా, పాల్గొనే చిన్న సమూహాలమీదా జరుపుతారు. కానీ ఒక చిన్న సమూహం ప్రవర్తనని బట్టి పెద్ద సమాజం గతిశీలతని అంచనా వెయ్యటం ప్రమాదకరం. వందమంది ఉన్న ఒక సమూహంతో పోలిస్తే వంద మిలియన్ల జనాభా ఉన్న సమాజం భిన్నంగా పనిచేస్తుంది.

ఉదాహరణకి, అల్టిమేటం గేమ్ అనే ప్రయోగాన్నే తీసుకోండి. అది ఆర్థికతకి సంబంధించిన ప్రవర్తన మీద జరిపిన అతిప్రసిద్ధమైన ప్రయోగాలలో ఒకటి. దీన్ని ఇద్దరు వ్యక్తుల మీద జరుపుతారు. ఒకరికి 100 డాలర్లు ఇచ్చి వాటిని తనకిష్టమైనట్టు రెండో వ్యక్తితో పంచుకోమంటారు. దాన్ని అతను తనే తీసేసుకోవచ్చు, సగం రెండో వ్యక్తికీ ఇవ్వచ్చు, లేదా ఎక్కువ భాగం అతనికే ఇచ్చెయ్యచ్చు. రెండో ఆటగాడు మొదటి వ్యక్తి ఇచ్చినదాన్ని తీసుకోవచ్చు, లేదా వద్దని నిరాకరించవచ్చు. అతను వద్దంటే ఎవరికీ ఏమీ దక్కదు.

మానవులు హేతుబద్ధమైన గణన యంత్రాలని ప్రాచీన ఆర్థిక సిద్ధాంతాలు అంటాయి. ఆ ఇద్దరిలో సామాన్యంగా మొదటి వ్యక్తి 99 డాలర్లు తీసుకుని రెండో వాడికి ఒక డాలర్ ఇస్తాడని అవి అంటాయి. అంతేకాక రెండో వ్యక్తి ఆ విభజనకి అంగీకరిస్తాడని కూడా అంటాయి. హేతుబద్ధంగా ఆలోచించే మనిషి ఒక డాలర్ తీసుకునేందుకు ఎప్పుడూ సిద్ధంగానే ఉంటాడు. రెండో ఆటగాడికి 99 డాలర్లు దక్కితే మాత్రం అతనికేమిటి?

సంప్రదాయాన్ని పాటించే ఆర్థికశాస్త్రవేత్తలు ఎప్పుడూ తమ ప్రయోగశాలలనుంచీ, ప్రసంగాలు చేసే గదుల్లోంచీ బైటికొచ్చి బహుశా వాస్తవ ప్రపంచంలోకి అడుగుపెట్టి ఉండరు. అల్టిమేటం గేమ్ ఆడేవాళ్ళలో చాలామంది అది 'అన్యాయం' అనుకుని తక్కువ డబ్బు తీసుకునేందుకు ఒప్పుకోరు. మోసపోయినవాళ్ళలా కనిపించటంకన్నా ఒక డాలర్ కోల్పోవటమే మంచిదనుకుంటారు. వాస్తవ ప్రపంచం ఇలాగే పనిచేస్తుంది కాబట్టి అసలు అంత తక్కువ డబ్బు ఇస్తామని ఎవరూ అనరు. ఎక్కువమంది ఆ డబ్బుని సమానంగా విభజిస్తారు, లేదా తమ వంతులో కొద్దిగా ఎక్కువ తీసుకుని అవతలి వ్యక్తికి 30 లేదా 40 డాలర్లు ఇస్తారు.

అల్టిమేటం గేమ్ సాంప్రదాయ ఆర్థిక సిద్ధాంతాలు పనికిరావని నిరూపించి అతి ముఖ్యమైన ఆర్థిక ఆవిష్కరణను స్థాపించటంలో గణనీయమైన సహకారాన్ని అందించింది. సేపియన్లు గణితశాస్త్ర తర్కానికి కట్టుబడి భావనారహితంగా కాక, భావోద్రేకాలు గల సామాజిక తర్కాన్ని అనుసరించి ప్రవర్తిస్తారు. మనని భావోద్రేకాలు శాసిస్తాయి. మనం ముందే చెప్పుకున్నట్టు, ప్రాచీన ఆటవిక సమూహాలలో ఉండిన సామాజిక విధానాలని ప్రతిఫలించే అధునాతన అల్గోరిథమ్‌లే ఇవి. 30,000 సంవత్సరాల క్రితం నీకు అడవి కోడిని వేటాడటంలో నేను సాయం చేసి, నువ్వు ఒకే ఒక రెక్కని నాకిచ్చి మిగిలిన కోడిని నువ్వే తీసేసుకుని ఉంటే, 'ఏమీ లేకపోవటంకన్నా ఒక రెక్కయినా దక్కటం మేలే,' అనుకుని

ఉండను. నా పరిణామక్రమ కలన గణితం మేలుకుని, అడ్రినలిన్, టెస్టోస్టెరోన్ నా శరీరమంతా వ్యాపించి, నా రక్తం ఉడికిపోయి, నేలను కాళ్ళతో తన్ని, గొంతు చించుకుని అరుస్తాను. కొన్నాళ్ళపాటు నేను తిండిలేక బాధపడి ఉండేవాణ్ణి. బహుశా వాణ్ని రెండు దెబ్బలు వేసే ధైర్యం కూడా చేసేవాణ్ణేమో. కానీ అది నాకు మేలే చేసింది. మళ్ళీ నా దగ్గరనుంచి ఏదైనా లాక్కునే ముందు నువ్వు ఒకటి రెండు సార్లు ఆలోచిస్తావు. మనకి రావలసినవాటిలో అన్యాయం జరిగితే మనం ఒప్పుకోము, ఎందుకంటే రాతియుగంలో అలా పిరికిగా ప్రవర్తించినవాళ్లు ఎక్కువకాలం ప్రాణాలతో ఉండలేకపోయేవాళ్లు.

ప్రస్తుతం అక్కడక్కడా ఉన్న ఆటవికుల సమూహాలని చూస్తే మనకి ఈ విషయం నిజమని అర్థమౌతుంది. అధికశాతం జట్లు సమానత్వాన్ని ఎక్కువగా పాటిస్తాయి. ఎవరైనా వేటగాడు ఒక బలిసిన జింకని చంపి తెస్తే అందరికీ అందులో భాగం దొరుకుతుంది. చింపాంజీల విషయంలో కూడా ఇలాంటిదే కనిపిస్తుంది. ఒక చింపాంజీ పందిపిల్లని చంపితే, దాని జట్టులోని చింపాంజీలన్నీ చుట్టూ చేరి చేతులు చాస్తాయి. సామాన్యంగా అన్నిటికీ ఆ మాంసంలో కొంత దొరుకుతుంది.

ఈ మధ్య జరిగిన మరో ప్రయోగంలో ఫ్రాన్స్ డి వాల్ అనే ఆదిమానవుల అధ్యయనకర్త రెండు కాపుచిన్ కోతులను పక్కపక్క బోనుల్లో పెట్టాడు. అవి రెండూ ఒకటి చేసే పనిని మరొకటి చూడగలిగేట్టుగా ఆ బోనుల్ని ఉంచాడు. డి వాల్, అతని సహాధ్యయన కర్తలూ ఒక్కొక్క బోనులోనూ చిన్నచిన్న రాళ్ళని పెట్టారు. కోతులు ఆ రాళ్ళని తమకి ఇచ్చేటట్టు వాళ్ళు వాటికి తర్ఫీదు ఇచ్చారు. కోతులు అలా రాయి అందించినప్పుడల్లా వాటికి తినేందుకు ఏమైనా ఇచ్చేవాళ్ళు. మొదట్లో ఆ బహుమతి ఒక చిన్న దోసకాయ ముక్క. రెండు కోతులూ ఆ దోసకాయ ముక్క తిని చాలా సంతోషించేవి. కొన్నిసార్లు అలా చేశాక డి వాల్ ప్రయోగాన్ని ఒక అడుగు ముందుకి తీసుకెళ్లాడు. ఈసారి మొదటి కోతి రాయి అందించినప్పుడు దానికి ఒక ద్రాక్షపండు దొరికింది. దోసకాయలకన్నా ద్రాక్షపళ్ళు ఎక్కువ రుచిగా ఉంటాయి. కానీ, రెండో కోతి రాయి అందిస్తే దానికి మాత్రం దోసకాయ ముక్కే దొరికింది. మొదట దోసకాయ ముక్కతో తృప్తిపడ్డ కోతికి ఈసారి కోపం వచ్చింది. దోసకాయ తీసుకుని, దానివైపు ఒక్క క్షణం చూసి దాన్ని ఆ శాస్త్రజ్ఞుడి మీద విసిరేసింది. ఆ తరువాత కోపంతో గట్టిగా అరుస్తూ గంతులు వేసింది. అది సులభంగా మోసపోయే రకం కాదు.

వినోదం కలిగించే ఈ ప్రయోగం (మీరు దీన్ని స్వయంగా యూట్యూబ్‌లో చూడచ్చు), అల్టిమేటం గేమ్ కలిసి, ఆదిమానవులకి సహజంగానే ఒకరకమైన నైతికత ఉంటుందనీ, సమానత్వమనేది సార్వత్రికమైన, కాలాతీతమైన విలువ అనీ మనకి నమ్మకం కలిగించాయి. మానవులు సహజంగా సమానత్వాన్ని ఇష్టపడతారు, సమానత్వం పాటించని సమాజాలు ఆగ్రహం, అసంతృప్తివల్ల ఎన్నటికీ సవ్యంగా పనిచెయ్యలేవు.

కానీ అది నిజమా? ఈ సిద్ధాంతాలు చింపాంజీలు, కాపుచిన్ కోతులు, చిన్న ఆటవిక జట్ల విషయంలో పనిచెయ్యవచ్చు. కొద్దిమంది మనుషులమీద చేసే ప్రయోగాలలో కూడా అవి బాగా పనిచేస్తాయి. కానీ, మానవుల్ని అధికసంఖ్యలో గమనించినప్పుడు మీకు తేడా

స్పష్టంగా కనిపిస్తుంది. మానవులు నిర్మించిన రాజ్యాలు, సామ్రాజ్యాలలో అధికశాతం తీవ్రమైన అసమానత్వాన్నే పాటించాయి, కానీ ఆశ్చర్యమేమిటంటే, వాటిలో ఎక్కువభాగం స్థిరంగానూ, సమర్థంగానూ పనిచేశాయి. ప్రాచీన ఈజిప్ట్‌లో, పెద్దపెద్ద భవంతుల్లో ఫారో మెత్తటి దిళ్ళమీద వాలి సుఖంగా జీవించాడు, బంగారు జోళ్ళూ, విలువైన రాళ్ళు పొదిగిన దుస్తులూ ధరించాడు, అందమైన అమ్మాయిలూ అతని నోటికి ద్రాక్షగుత్తులు అందించేవాళ్లు. తెరిచి ఉన్న కిటికీలోంచి అతనికి పొలంలో పనిచేసే రైతులు కనిపించేవాళ్ళు. వాళ్ళు నిర్దయగా నిప్పులు కురిపించే ఎండలో, మట్టికొట్టుకున్న బట్టల్లో పనిచేస్తూ ఉండేవాళ్ళు. ఇక పొద్దుగూకాక తినేందుకు దోసకాయ దొరికితే ఆ రైతు అదృష్టవంతుడనే అనుకోవాలి. అయినా రైతులు అరుదుగా తిరగబడేవాళ్లు.

1740లో ప్రష్యా రాజు రెండవ ఫ్రెడరిక్ సైలీసియా మీదకి దండెత్తి వరసగా చేసిన యుద్ధాలలో రక్తపుటేర్లు పారాయి. వాటివల్ల అతనికి ఫ్రెడరిక్ ద గ్రేట్ అనే బిరుదు వచ్చింది. ప్రష్యాని ఈ విజయాలు శక్తివంతమైన దేశంగా మార్చాయి, కానీ వందలమంది ప్రాణాలు కోల్పోయారు, అంగవైకల్యంవల్ల బాధలు పడ్డారు, అనాథలైపోయారు. ఫ్రెడరిక్ సేనలోని సైనికుల్లో చాలామంది అసహాయులైనవాళ్ళే. ఉక్కుహస్తంతో చేసిన క్రమశిక్షణకు, క్రూరమైన సైనిక శిక్షణకూ బలైనవాళ్లు. వాళ్ళ సేనానాయకుడంటే వాళ్లకి ప్రేమ లేక పోవటం ఆశ్చర్యమేమీ కాదు. దాడికి సిద్ధమవుతున్న సేనలను చూస్తూ, ఫ్రెడరిక్ ఒక దళపతితో “60,000 మంది వ్యక్తులను చూస్తూ మనం సురక్షితంగా యిక్కడ నిల్చున్నాం - వాళ్ళంతా మన శత్రువులు. వారిలో ఏ ఒక్కరూ బలంలో మనకు తీసిపోరు, మనకన్నా తక్కువ ఆయుధాలు వారి దగ్గర లేవు. అయినప్పటికీ మనముందు వాళ్లంతా వణుకుతున్నారు, మనకేమో వాళ్ళని చూసి భయపడాల్సిన కారణం లేదు, “తన మనసులోని మాట చెప్పాడు. తరువాతి కాలంలో యుద్ధంలో ఎన్ని కష్టాలు పడ్డప్పటికీ ఆ 60,000 మంది సాయుధసైనికులు అతనిపై తిరుగుబాటు చేయలేదు, నిజానికి వారిలో చాలామంది తమ జీవితాలని సైతం త్యాగం చేసి, అసమానమైన సేవలను అతనికి అందజేశారు.

ఈజిప్ట్‌లోని రైతులూ, ప్రష్యా సైనికులూ అలా ప్రవర్తించటానికి కారణమేమిటి? అల్టిమేట్ గేమ్, కాపుచిన్ కోతులమీద చేసిన ప్రయోగాలను బట్టి మనం మరో రకమైన ఫలితాలకోసం ఎదురుచూసి ఉంటాం కదా? మనుషుల సంఖ్య తక్కువ ఉన్నప్పటికన్నా వాళ్ళు ఎక్కువసంఖ్యలో ఉన్నప్పుడు భిన్నంగా ప్రవర్తిస్తారు. ఒక్కొక్క సమూహంలోనూ మిలియన్ మంది మనుషులుండి, వాళ్ళు 100 బిలియన్ల డాలర్లు పంచుకోవలసి వచ్చి నప్పుడు, అల్టిమేటం గేమ్ ప్రయోగంలో శాస్త్రజ్ఞులకు ఎలాంటి ఫలితాలు కనిపిస్తాయి?

బహుశా విచిత్రమైన, అద్భుతమైన ఫలితాలు కనిపించి ఉండేవేమో. ఉదాహరణకి, మిలియన్ మంది మనుషులు ఏకగ్రీవంగా నిర్ణయాలు తీసుకోలేరు కాబట్టి ఒక్కొక్క సమూహంలోనూ కొంతమంది ఉన్నతవర్గానికి చెందినవాళ్లు పుట్టుకొచ్చి ఉంటారు. అలాటి ఒక సమూహం మరో సమూహానికి 10 బిలియన్ డాలర్లిచ్చి, మిగిలిన తొంభై బిలియన్లు తాము తీసేసుకుంటే ఏమౌతుంది? ఈ పంచటంలో ఉన్న అన్యాయాన్ని రెండో

సమూహానికి చెందిన నాయకులు ఒప్పుకోవచ్చు, ఆ 10 బిలియన్ డాలర్లలో ఎక్కువ భాగాన్ని తమ స్విస్ బ్యాంకు ఖాతాల్లోకి మళ్లించవచ్చు. అదే సమయంలో తమ అనుచరుల్లో తిరుగుబాటు ధోరణి తలెత్తకుండా దాన దండోపాయాలు ప్రయోగించి ఉండవచ్చు. ఇకమీదట నిరసన తెలిపేవారిని తీవ్రంగా శిక్షిస్తామని నాయకులు బెదిరించి, పిరికిగా లొంగిపోయినవారికి, ఓర్పుగా ప్రవర్తించినవారికీ పైలోకంలో శాశ్వతమైన బహుమతులు లభిస్తాయని మాటివ్వచ్చు. ప్రాచీన ఈజిప్ట్‌లోనూ, పద్దెనిమిదో శతాబ్దంలో ప్రష్యాలోనూ ఇదే జరిగింది. ప్రపంచం నలుమూలలా ఉన్న దేశాలన్నిటిలోనూ పనులు ఈ విధంగానే సానుకూలమవుతాయి.

ఇలాంటి బెదిరింపులూ, వాగ్దానాలూ తరచు వర్గభేదాలనీ, జనం పెద్దెత్తున సహకరించి పనిచేసే విధానాన్నీ సృష్టిస్తాయి. తాము అనివార్యమైన, ప్రకృతిసిద్ధమైన నియమాలని పాటిస్తున్నామనీ, మానవుల ఇష్టాయిష్టాల ప్రకారం కాకుండా దేవుడి ఆదేశాల్ని అనుసరించి పనిచేస్తున్నామనీ జనం నమ్మినంతకాలం అది సాధ్యమౌతుంది. అధికసంఖ్యలో జనం సహకరించే అన్ని సందర్భాలూ చివరికి కల్పించిన ఒక వ్యవస్థమీదే ఆధారపడతాయి. అవి కేవలం మన ఊహల్లోనే ఉన్నప్పటికీ, అవి గురుత్వాకర్షణ శక్తి అంతటి వాస్తవమైనవనీ, వాటిని తప్పించుకోవటం సాధ్యం కాదనీ మనం నమ్ముతాం. 'ఇంద్రుడికి పది ఎద్దులని బలిస్తే వానలు పడతాయి; నీ తల్లిదండ్రులని గౌరవిస్తే నువ్వు స్వర్గానికి వెళ్తావు; నేను చెప్పేది నమ్మకపోతే నరకానికి పోతావు.' ఒకే ప్రాంతంలో నివసించే సేపియన్లందరూ ఒకే రకమైన కథలని నమ్మితే, అందరూ ఒకే రకమైన నియమాలు పాటిస్తే, అప్పుడు అపరిచితుల ప్రవర్తనని అంచనా వెయ్యటం, పెద్దసంఖ్యలో జనం సహకరించేట్టు చెయ్యటం సులభమవుతుంది. సేపియన్లు తరచు టర్బన్, గడ్డం, బిజినెస్ సూట్ లాంటి బాహ్య చిహ్నాలను ఉపయోగిస్తారు. 'నువ్వు నన్ను నమ్మచ్చు, నువ్వు నమ్మే కథనే నేనూ నమ్ముతున్నాను,' అని చెప్పటమే ఆ చిహ్నాలకి అర్థం. మన దాయాదులైన చింపాంజీలు ఇలాంటి కథలల్లి ప్రచారం చెయ్యలేవు. అందుకే అవి పెద్ద సంఖ్యలో సహకరించలేవు.

అర్థమనే సాలెగూడు

'కల్పించిన వ్యవస్థలు,' అనే ఆలోచనని జనం సులువుగా అర్థం చేసుకోలేరు. వాస్తవాలనేవి రెండే రకాలని వాళ్ళు అనుకోవటమే దీనికి కారణం – ఒకటి వస్తుపరమైనది, మరొకటి వ్యక్తిపరమైనది (subjective). వస్తుపరమైన (objective) వాస్తవాలకు మన నమ్మకాలతో గాని, భావనలతో గాని సంబంధం ఉండదు, అవి స్వతంత్రమైనవి. ఉదాహరణకి, గురుత్వాకర్షణ వస్తుపరమైన వాస్తవం. న్యూటన్‌కి ముందే అది ఉండేది. దాన్ని నమ్మేవాళ్ళూ, నమ్మనివాళ్ళూ కూడా దాని ప్రభావానికి ఒకేరకంగా లోనవుతారు.

దీనికి విరుద్ధంగా వ్యక్తిపరమైన వాస్తవం నా నమ్మకాల మీదా, భావనల మీదా ఆధారపడి ఉంటుంది. తీవ్రమైన తలనొప్పితో డాక్టర్ దగ్గరకెళ్తాననుకుందాం. ఆమె నన్ను క్షుణ్ణంగా పరీక్షించి, తలనొప్పికి కారణమేమిటో తెలుసుకోలేక రక్తపరీక్ష, మూత్ర పరీక్ష,

డీఎన్ఏ పరీక్ష, ఎక్స్ రే, ఎలెక్ట్రోకార్డియోగ్రామ్, ఎఫ్ఎంఆర్ఐ స్కాన్, ఇంకా ఇలాంటి బోలెడన్ని పరీక్షలు చేయించుకోమని పంపిస్తుంది. ఆ పరీక్షల ఫలితాలు వచ్చాక, నాలో ఏ రోగమూ లేదనీ, నా ఆరోగ్యం చాలా బాగుందనీ, నేను ఇంటికి వెళ్లిపోవచ్చని చెపుతుంది. అయినా నా తలనొప్పి తీవ్రత అలాగే ఉంటుంది. చేసిన అన్ని పరీక్షలూ నాకు ఎటువంటి అనారోగ్యమూ లేదని చూపించినా, నన్ను తప్ప ఆ తలనొప్పి ఇంకెవర్నీ బాధపెట్టకపోయినా, నాకు మాత్రం ఆ నొప్పి నూటికి నూరు శాతం నిజమే.

వాస్తవమనేది వస్తుపరమో, వ్యక్తిపరమో అయి ఉండాలనీ, మూడో రకమేదీ ఉండదనీ చాలామంది నమ్మకం. అందుకని ఏదైనా విషయం కేవలం తమకి మాత్రమే కలిగే భావన కాదని తృప్తిపడ్డాక, అది వస్తుపరమైనదనే నిర్ధారణకు వస్తారు. ఎక్కువమంది దేవుణ్ణి నమ్మితే; డబ్బే ఈ ప్రపంచాన్ని నడిపిస్తుందని అనుకుంటే; దేశభక్తి యుద్ధాలని సృష్టించి సామ్రాజ్యాలని నిర్మిస్తుందని భావిస్తే, అవి కేవలం నేను మాత్రమే నమ్మే వాస్తవాలు కావు. దేవుడు, డబ్బు, దేశాలు వస్తుపరమైన వాస్తవాలే అయియుండాలి.

కానీ ఒక మూడో స్థాయి వాస్తవం కూడా ఉంది : పరస్పర ఆత్మాశ్రయమైన (ఇంటర్ సబ్జెక్టివ్) స్థాయి. ఈ స్థాయి మనుషులు ఎక్కువమంది మనుషులతో మాట్లాడటం మీద ఆధారపడతారు తప్ప ఎవరో ఒక వ్యక్తి నమ్మకాలమీదా, భావనలమీదా ఆధారపడరు. చరిత్రలో ముఖ్యులైనవాళ్ళెందరో ఇలాంటి పరస్పర ఆత్మాశ్రయ స్థాయికి చెందినవాళ్ళే. ఉదాహరణకి, డబ్బుకి వస్తుపరమైన విలువనేది లేదు. డాలర్ నోటుని మీరు తినలేరు, తాగలేరు, తొడుక్కోలేరు. అయినప్పటికీ కొన్ని కోట్లమంది దాన్ని నమ్మినంత కాలం, ఆహారం, పానీయాలూ, దుస్తులూ కొనుక్కోటానికి దాన్ని ఉపయోగించుకోవచ్చు. రొట్టెలు చేసే మనిషి హఠాత్తుగా డాలర్ నోటుని నమ్మటం మానేసి ఆ పచ్చకాయితం తీసుకుని నాకు రొట్టె ఇవ్వనంటే అదేమంత పెద్ద విషయం కాదు. కొంత దూరం నడిచి సూపర్ మార్కెట్‌కి వెళ్ళగలను. కానీ, ఆ సూపర్ మార్కెట్ క్యాషియర్ కూడా ఆ కాయితం తీసుకోనంటే, అలాగే మిగిలిన దుకాణాలవాళ్ళూ, మాల్స్‌లో అమ్మేవాళ్ళూ కూడా అదే ధోరణి కనబరిస్తే ఇక డాలర్ తన విలువ కోల్పోతుంది. ఆ పచ్చకాయితాలు అలాగే ఉంటాయి కానీ అవి ఎందుకూ పనికిరావు.

అలాటి సంఘటనలు నిజంగానే అప్పుడప్పుడూ జరుగుతాయి. 1985 నవంబర్ 3న ఇరవైఐదు, యాభై, వంద క్యాట్ నోట్లు ఇక చెల్లవని మయన్మార్ ప్రభుత్వం ఊహించని విధంగా ప్రకటించింది. వాటిని మార్పిడి చేసుకునే అవకాశం జనానికి దొరకలేదు. జీవితకాలమంతా పనిచేసి కూడబెట్టిన డబ్బు పనికిరాని కాయితాలుగా మిగిలిపోయింది. వాడుకలో లేని నోట్ల స్థానంలో వేరే వాటిని భర్తీ చేసేందుకు ప్రభుత్వం కొత్త డెబ్భైఐదు క్యాట్ నోట్లని తయారుచేసింది. మయన్మార్ నియంత జనరల్ నే విన్ డెబ్భైఐదో పుట్టిన రోజున దాన్ని విడుదల చేశారని అంటారు. 1986 ఆగస్టులో పదిహేను క్యాట్లు, ముప్ఫయి ఐదు క్యాట్ల నోట్లను ప్రవేశపెట్టారు. సంఖ్యాశాస్త్రంలో గట్టి నమ్మకం ఉన్న ఆ నియంత పదిహేను, ముప్ఫయిఐదు అంకెలు అదృష్టాన్ని కలగజేస్తాయని నమ్మాడు. కానీ అది అతని ప్రజలకి ఎటువంటి అదృష్టాన్నీ కలిగించలేదు. 1987 సెప్టెంబర్ 5న ముప్ఫయిఐదు, డెబ్భైఐదు నోట్లు చెల్లవని ప్రభుత్వం హఠాత్తుగా ప్రకటించింది.

19. బెలావేజా ఒప్పందంపై సంతకాలు చెయ్యడం. పెన్ కాగితాన్ని తాకింది – అబ్రకదబ్ర! సోవియట్ యూనియన్ అదృశ్యమయింది!

జనం నమ్మటం మానేస్తే ఆవిరైపోయేది డబ్బు విలువ మాత్రమే కాదు. చట్టాలు, దేవుళ్ళు, చివరికి మొత్తం సామ్రాజ్యాలకి కూడా ఈ గతి పట్టచ్చు. ఈ క్షణం వాళ్ళు ప్రపంచానికి రూపమిస్తూ ఉండచ్చు, మరుక్షణం అవి ఉనికి లేకుండా పోవచ్చు. ఒకప్పుడు జ్యూస్, హేరా మధ్యధరా సముద్ర ప్రాంతంలో ప్రముఖ శక్తులు, కానీ ఈనాడు వాళ్ళని ఎవరూ నమ్మకపోవటంవల్ల వాళ్ళకి ఎటువంటి అధికారమూ లేదు. ఒకప్పుడు సోవియట్ యూనియన్‌కి మొత్తం మానవజాతిని మట్టుపెట్టేంత శక్తి ఉండేది, కానీ ఒక్క కలం దెబ్బతో అది ఉనికి కోల్పోయింది. 1991 డిసెంబర్ 8, మధ్యాహ్నం 2 గంటలకి విస్కులి సమీపంలో ఉన్న ప్రభుత్వ భవనంలో, రష్యా, యుక్రెయిన్, బెలారస్ రాజకీయ నాయకులు బెలావేజా ఒప్పందం మీద సంతకం చేశారు. అందులో, 'మేము, యుఎస్ఎస్ఆర్ సంస్థాపక రాజ్యాలు, రిపబ్లిక్ ఆఫ్ బెలారస్, రష్యన్ ఫెడరేషన్, యుక్రెయిన్ 1922 నాటి ఈ సంధిపత్రం మీద సంతకాలు చేశాము. దీని ద్వారా యుఎస్ఎస్ఆర్ అంతర్జాతీయ చట్టానికి సంబంధించిన విషయంగానూ, భౌగోళిక రాజకీయ వాస్తవంగానూ తన ఉనికిని కోల్పోయిందని అంగీకరిస్తున్నాము,' అని ఉంది. అంతే, ఆ తరవాత సోవియట్ యూనియన్ అనేది లేదు.

డబ్బునేది పరస్పర ఆత్మాశ్రయమైన వాస్తవమని ఒప్పుకోవటం కొంతవరకు సులభమే. ప్రాచీన గ్రీకు దేవతలూ, దుష్ట సామ్రాజ్యాలూ, పరాయి సంస్కృతుల విలువలూ కేవలం ఊహల్లోనే ఉంటాయని అధికశాతం మనుషులు ఒప్పుకుంటారు. అయినా, మన దేవుళ్ళూ, మన దేశం, మన విలువలూ కేవలం కల్పనలని ఒప్పుకోము. ఎందుకంటే మన జీవితాలకి అర్థం కల్పించేవి ఇవే. మన జీవితాలకి వాస్తుపరమైన అర్థమేదో ఉందని నమ్మాలనుకుంటాం,

మన త్యాగాలు, మన మెదడులో ఉండే కథలకన్నా ముఖ్యమైనవని అనుకుంటాం. అయినప్పటికీ, అధికశాతం మనుషుల జీవితాలకి అర్థం, ఒకరితో ఒకరు చెప్పుకునే కథల అల్లికలోనే ఉంటుంది.

చాలామంది కలిసి అందరికీ నచ్చే కథలు అల్లినప్పుడు అర్థం సృష్టించబడు తుంది. చర్చిలో పెళ్లి చేసుకోవటం, రంజాన్ రోజున ఉపవాసం ఉండటం, ఎన్నికలు జరిగే రోజున ఓటు వెయ్యటం లాంటి ప్రత్యేకమైన పనులలో నాకు అర్థం ఉన్నట్టు ఎందుకనిపిస్తుంది? ఎందుకంటే నా తల్లిదండ్రులు, నా తోబుట్టువులు, ఇరుగుపొరుగువాళ్ళూ, దగ్గరున్న పట్నాల్లో నివసించే ప్రజలూ, దూరదేశాల్లో నివసించేవాళ్లూ కూడా అలాటి పనుల్లో అర్థముందని అనుకుంటారు. మరి వీళ్ళందరికీ ఆ పనుల్లో అర్థముందని ఎందుకనిపిస్తుంది? వాళ్ళ స్నేహితులకీ, పొరుగువాళ్ళకీ అదే అభిప్రాయం ఉంటుంది కాబట్టి. జనం అనంతంగా కొనసాగే ఉచ్చులో తమ నమ్మకాలని నిరంతరం బలపరుచుకుంటూ ఉంటారు. ముడి పడిన ప్రతిసారీ అర్థమనే వలని మరింత బిగుతుగా తయారుచేస్తుంది. చివరికి అందరూ నమ్మినదాన్నే మీరూ నమ్మటం తప్ప వేరే మార్గం ఉండదు.

అయినా దశాబ్దాలు, శతాబ్దాలూ గడిచినకొద్దీ అర్థమనే వల విడిపోయి దాని స్థానంలో కొత్త వల వస్తుంది. చరిత్రని అధ్యయనం చెయ్యటమంటే ఈ వలలు ఏర్పడటం, విడిపోవటం గమనించటం, ఒక యుగంలో జనానికి అతిముఖ్యంగా తోచింది వాళ్ళ వారసుల దృష్టిలో పూర్తిగా అర్థం లేనిదని గ్రహించటమే.

1187లో హట్టిన్ యుద్ధంలో సలాదీన్ మతపోరాటం చేసే సేనలని ఓడించి జెరూసలేంని హస్తగతం చేసుకున్నాడు. దానికి ప్రతిక్రియగా పోప్ మూడో మతయుద్ధానికి నాంది పలికి మళ్ళీ ఆ పవిత్రనగరాన్ని అధీనం చేసుకున్నాడు. జాన్ అనే కులీన ఆంగ్ల యువకుడు ఉన్నాడనీ, అతను సలాదీన్‌తో పోరాడేందుకు ఇల్లు వదిలి వెళ్ళాడనీ ఊహించండి. తనకు చేసే పనికి వస్తుపరమైన అర్థం ఉందని జాన్ నమ్మాడు. ఆ పోరాటంలో తను చనిపోతే తన ఆత్మ స్వర్గానికి పోతుందనీ, అక్కడ తను శాశ్వతమైన స్వర్గసుఖాలు అనుభవిస్తాననీ అతను నమ్మాడు. ఆత్మ, స్వర్గం అనేవి కేవలం మనుషులు కల్పించిన కథలేనని తెలిస్తే అతను హడిలిపోయేవాడు. తను ఆ పవిత్రభూమి చేరాక, పెద్ద మీసాలున్న ముస్లిం యోధుడెవరైనా తన తలమీద గొడ్డలితో మోదితే, తనకి భరించలేనంత బాధ కలుగుతుందనీ, చెవులు గింగుర్లెత్తుతాయనీ, కాళ్లలో బలం నశించి కూలబడిపోతాననీ, కళ్ళు చీకట్లు కమ్ముతాయనీ – కానీ మరుక్షణం తన చుట్టూ మిరుమిట్లుగొలిపే వెలుగు కనిపిస్తుందనీ, దేవదూతలు పాడే ఇంపైన పాటలు, వాద్యాల ధ్వనులూ చెవులకి సోకుతాయనీ, మెరిసిపోయే రెక్కలున్న గంధర్వులు అద్భుతమైన స్వర్ణద్వారాల దగ్గర నిలబడి తనకి స్వాగతం చెబుతారనీ అతను మనస్ఫూర్తిగా నమ్మాడు.

వీటన్నిటిలో జాన్‌కి దృఢ విశ్వాసం ఉంది. దానికి కారణం అతను అతిదట్టమైన, శక్తివంతమైన అర్థమనే వలలో చిక్కుకుని ఉన్నాడు. చిన్నతనం నుంచీ అతనికి ఉన్న ఒక జ్ఞాపకం – అతని తాత హెన్రీ దగ్గరుండే తుప్పుపట్టిన కత్తి. అది వాళ్ళ కోటలోని హాల్లో గోడకి వేలాడుతూ ఉండేది. ఇంకా నడక కూడా రాని వయసులో జాన్ తన తాత గురించి

కథలు విన్నాడు. రెండో మతపోరాటంలో ఆయన చనిపోవటం, తరవాత స్వర్గంలో దేవదూతలతో విశ్రాంతి తీసుకుంటూ జాన్‌నీ అతని కుటుంబాన్నీ కనిపెట్టుకుని ఉండటం గురించి కూడా ఎన్నో కథలు విన్నాడు. సంగీతకారులు కోటకి వచ్చినప్పుడు వాళ్ళు కేవలం పవిత్రభూమిలో శౌర్య సాహసాలతో పోరాడిన వీరుల గురించి పాటలు పాడేవాళ్ళు. జాన్ చర్చికి వెళ్ళినప్పుడు రంగురంగుల చిత్రాలతో ఉన్న అద్దాల కిటికీలు చూడటం అతనికి సరదాగా ఉండేది. ఒక కిటికీ మీద దుష్టుడిలా కనిపించే ఒక ముస్లింని గుర్రం మీద సవారీ చేస్తూ తన బల్లెంతో పొడుస్తున్న గాడ్ ఫ్రె చిత్రం. మరో చిత్రంలో నరకంలో కాలిపోతున్న పాపుల ఆత్మలు. చర్చిలో మతాధికారి చెప్పే మాటలు జాన్ శ్రద్ధగా వినేవాడు. ఆయనకన్నా తెలివైనవాడు లేడని జాన్ ఉద్దేశం. దాదాపు ప్రతి ఆదివారం అందంగా మలిచిన నీతి కథలు, హాస్యోక్తులు చెప్పి కాథలిక్ చర్చిలో తప్ప ఇంకెక్కడా మోక్షం దొరకదనీ, రోమ్‌లో ఉండే పోప్ మనందరికీ పవిత్రమైన పిత అనీ, మనం ఎప్పుడూ ఆయన ఆదేశాల్ని పాటించాలనీ చెప్పేవాడు. మనం హత్య చేసినా, దొంగతనం చేసినా దేవుడు మనని నరకానికి పంపిస్తాడు; కానీ వేరు మతానికి చెందిన ముస్లింని హత్యచేస్తే దేవుడు మనకి స్వర్గంలో స్వాగతం పలుకుతాడనీ బోధించేవాడు.

జాన్‌కి పద్దెనిమిదేళ్ళు నిండుతాయనగా ఒకరోజు మాసిపోయిన బట్టలు వేసుకున్న ఒక యోధుడు కోట ద్వారం దగ్గరకొచ్చి, పూడుకుపోతున్న గొంతుతో ఇలా అన్నాడు : సలాదీన్ హట్టిన్‌లో మతపోరాటం చేస్తున్న సేనలను నాశనం చేశాడు! జెరూసలేం పరాజయం పొందింది! పోప్ ఒక కొత్త పోరాటాన్ని ప్రకటించాడు. అందులో చనిపోయిన వాళ్ళకి శాశ్వతంగా మోక్షం లభిస్తుందని వాగ్దానం చేశాడు! జనమంతా దిగ్భ్రాంతికి గురై విచారంలో మునిగిపోయారు, కానీ జాన్ మొహం పైలోకం గురించిన ఆలోచనతో వెలిగిపోయింది. 'నేను మన మతంతో విభేదించేవాళ్ళతో పోరాడి మన పవిత్రభూమికి స్వాతంత్ర్యం తెచ్చిపెడతాను!' అని ప్రకటించాడు. ఒక్కక్షణం ఎవరూ మాట్లాడలేదు. ఆ తరవాత అందరి మొహాల్లోనూ చిరునవ్వులూ, కన్నీళ్లూ కన్పించాయి. అతని తల్లి కళ్ళు తుడుచుకుని జాన్‌ని ఆప్యాయంగా కౌగలించుకుంది. కొడుకుని చూస్తే తనకి చాలా గర్వంగా ఉందని చెప్పింది. అతని తండ్రి గట్టిగా అతని వెన్ను చరిచి, 'నాకు నీ వయసుంటే నేను కూడా నీ వెంట వచ్చేవాణ్ణి. మన కుటుంబగౌరవం ప్రమాదంలో పడింది, నువ్వు మా ఆశల్ని వమ్ము చెయ్యవని నమ్ముతున్నాను!' అన్నాడు. అతని స్నేహితులిద్దరు అతనితో కలిసి పోరాడతామని అన్నారు. నదికి అవతలివైపుండే జాన్ ప్రత్యర్థి, ఒక సామంతరాజు సైతం అతనికి శుభాకాంక్షలు తెలియజేసేందుకు వచ్చాడు.

అతను కోట వదిలి వెళ్తూ ఉంటే, గ్రామస్థులు గుడిసెల్లోంచి బైటికి వచ్చి చేతు లూపారు, వేరు మతస్థులతో పోరాడేందుకు వెళ్తున్న ఆ ధీరుడి వైపు ప్రేమ ఒలకబోస్తూ చూశారు. అతను ఇంగ్లాండ్ నుంచి నావలో ప్రయాణమై తనకి పరిచయం లేని, నార్మండీ రాజ్యం, సిసిలీ లాంటి దూరదేశాలకి ప్రయాణం చేసే సమయంలో, విదేశీ యోధుల గుంపులు కొన్ని అతనితో కలిశాయి. అందరిదీ ఒకే లక్ష్యం, ఒకే మతం. సైన్యం చివరికి పవిత్రభూమి మీదకి దిగి సలాదీన్ సేనలతో పోరాటం మొదలుపెట్టాక, దుష్టులైన

సారాసెన్స్ (అరబ్ ముస్లింలు) సైతం తమ మతాన్నే నమ్మటం చూసి జాన్ ఆశ్చర్య పోయాడు. వాళ్ళు కాస్త అయోమయంలో పడ్డమాట వాస్తవమే. క్రైస్తవులు పరమతానికి చెందినవాళ్ళనీ, ముస్లింలు అల్లా కోరికని అనుసరించి ప్రవర్తిస్తున్నారని అనుకున్నప్పటికీ, వాళ్ళు కూడా దేవుడి కోసం, జెరూసలేం కోసం పోరాడేవాళ్లు చనిపోయాక తిన్నగా స్వర్గానికే వెళ్తారని నమ్మారు.

ఆ రకంగా, ఒక్కో పోగుగా మధ్యయుగపు నాగరికత అర్థమనే వలని నేసి, అందులో జాన్‌నీ అతని సమకాలికులనీ ఈగల్లా చిక్కుకునేట్టు చేసింది. ఈ కథలన్నీ కేవలం కల్పితాలనీ, మనుషుల ఊహల్లోంచి పుట్టినవనీ జాన్ ఊహించలేకపోయాడు. అతని తల్లిదండ్రులూ, పెదనాన్నలూ పొరపాటు చేసి ఉండచ్చు. కానీ గాయకబృందాలూ, అతని స్నేహితులూ, పల్లెపడుచులూ, అన్ని విషయాలూ తెలిసిన మతాధికారీ, నదికి ఆవల ఉన్న సామంతరాజూ, రోమ్‌లో ఉండే పోప్, దేశంలోనూ, సిసిలీలోనూ ఉండే యోధులూ, చివరికి స్వయంగా ముస్లిములు సైతం – వాళ్ళందరికీ మతిభ్రమించటం సాధ్యమా?

ఏళ్ళు గడుస్తూ ఉంటాయి. చరిత్రకారుడు గమనిస్తూ ఉండగానే అర్థం వల విడిపోయి, దాని స్థానంలో మరో వల తయారౌతుంది. జాన్ తల్లిదండ్రులు చనిపోతారు, ఆ తరవాత అతని తోబుట్టువులూ, స్నేహితులూ ఈలోకం నుంచే వెళ్ళిపోతారు. మతపోరాటాల గురించి గాయకబృందాలు పాడే పాటలకి బదులు, కొత్త ఒరవడిలో విఫల ప్రేమల గురించి విషాదాంత నాటకాలు ఆడటం ఫ్యాషన్ అవుతుంది. కుటుంబానికి సొంతమైన కోట నేల కూలుతుంది. దాన్ని మళ్ళీ కొత్తగా కట్టినప్పుడు హెన్రీ తాత కత్తి ఆనవాలు లేకుండా పోతుంది. శీతాకాలం తుఫానుకి చర్చిలోని అద్దాల కిటికీలు పగిలిపోతాయి, వాటిని మరమ్మతు చేసి వేరే అద్దాలు బిగించినప్పుడు వాటిలో బులియన్ గాడ్ ఫ్రే, నరకంలో పాపుల చిత్రాలు ఉండవు. ఇంగ్లాండ్ రాజు ఫ్రాన్స్ రాజు మీద సాధించిన విజయాల గురించి ఉంటుంది. స్థానికుడైన మతాధికారి పోప్‌ని 'పవిత్రుడైన మన పిత' అని సంబోధించటం మానేస్తాడు. ప్రస్తుతం ఆయన్ని 'రోమ్‌లోని దెయ్యం,' అంటున్నారు. దగ్గరలో ఉన్న యూనివర్సిటీలో అధ్యయనకర్తలు గ్రీక్ రాతప్రతుల్లో నిండా మునిగి ఉన్నారు, శవాలని కోస్తున్నారు, మూసిన తలుపుల వెనక రహస్యంగా, బహుశా ఆత్మ అనేది లేదేమో అంటున్నారు.

ఏళ్ళు అలా గడుస్తూనే ఉంటాయి. ఒకప్పుడు కోట ఉన్నచోట ఇప్పుడు ఒక షాపింగ్ మాల్ ఉంది. దగ్గరలో ఉన్న సినిమా హాల్లో మోంటీ పైథాన్ అండ్ ద హోలీ గ్రెయిల్ అనే సినిమా లెక్కలేనన్నిసార్లు ప్రదర్శింపబడుతోంది. ఖాళీగా ఉన్న చర్చిలో ఇద్దరు జపాను యాత్రీకులని చూసి ఏమీ తోచకుండా ఉన్న మతగురువు అనందం పట్టలేకపోతున్నాడు. అతను రంగుల చిత్రాలున్న గాజు కిటికీల గురించి వివరంగా చెపుతూ ఉంటే, వాళ్లిద్దరూ మర్యాదకోసం చిరునవ్వుతో తలాడిస్తూ వింటున్నారు కానీ వాళ్లకి ఒక్క ముక్క కూడా అర్థం కావటంలేదు. బైట మెట్లమీద యుక్తవయసు పిల్లలు ఐఫోన్లతో ఆడుకుంటున్నారు. జాన్ లెన్నన్ పాడిన 'ఇమాజిన్' పాటకి రీమిక్స్ యూట్యూబ్‌లో చూస్తున్నారు వాళ్ళు. 'స్వర్గం అనేది లేదని అనుకోండి, ప్రయత్నించటం సులభమే', అంటున్నాడు లెన్నన్. వీధులు

శుభ్రం చేసే ఒక పాకిస్తానీ పేవ్‌మెంట్లు ఊడుస్తున్నాడు, ఆ పక్కనే ఒక రేడియోలో వార్తలు ప్రసారమౌతున్నాయి : సిరియాలో మారణహోమం కొనసాగుతోంది, రక్షణ పరిషత్ సమావేశం అర్థాంతరంగా మధ్యలో ఆగిపోయింది. హఠాత్తుగా కాలంలో ఒక కన్నం తెరుచుకుంటుంది, అద్భుతమైన ఒక వెలుగు కిరణం ఒక యుక్తవయసు కుర్రవాడిమీద పడుతుంది. ఆ కుర్రవాడు, 'నేను పరమతస్థులతో పోరాడి, పవిత్రభూమికి స్వాతంత్ర్యం తీసుకొస్తాను,' అని ప్రకటిస్తాడు.

పరమతస్థులు, పవిత్ర భూమి? ఈనాడు ఇంగ్లాండ్‌లో ఈ మాటలు ఎవరికీ అర్థం కావు. చివరికి మతగురువు కూడా ఆ కుర్రవాడికి మతిభ్రమించిందనే అనుకుంటాడు. దీనికి విరుద్ధంగా, ఒక ఆంగ్లేయ యువకుడు శరణార్థుల మానవహక్కుల్ని పరిరక్షించేందుకు ఆమ్నెస్టీ ఇంటర్నేషనల్‌లో చేరి సిరియాకి వెళ్తే అతను ఒక పెద్ద హీరో అనుకుంటారు. మధ్యయుగంలో అయితే అతనికి మతిలేదని అనుకునేవాళ్లు. పన్నెండో శతాబ్దంలో ఇంగ్లాండ్‌లో ఎవరికీ మానవహక్కులంటే ఏమిటో తెలీదు. మీరు ముస్లింలని చంపేందుకు కాక, ఒక ముస్లిం సమూహాన్ని మరో ముస్లిం సమూహంనుంచి కాపాడేందుకు మధ్యప్రాచ్యానికి వెళ్లాలనుకుంటున్నారా? మీకు బుద్ధి లేదనుకోవాలి.

చరిత్ర పుటలు మనముందు ఈవిధంగానే తెరుచుకుంటాయి. మనుషులు అర్థాన్ని ఒక వలలా పేనుతారు, దాన్ని మనసారా నమ్ముతారు, కానీ ఇవాళో రేపో ఆ వల విడిపోతుంది. అప్పుడు వెనక్కి తిరిగి చూసుకుంటే ఆ విషయాన్ని ఎవరైనా అంతగా ఎందుకు పట్టించుకొన్నారో మనకి అర్థం కాదు. ఒకసారి వెనక్కి తిరిగి ఆలోచిస్తే స్వర్గానికి చేరుకోవాలన్న ఆశతో మతయుద్ధంలో పాల్గొనేందుకు వెళ్ళటం పూర్తి మతిలేని తనంగా తోస్తుంది. అదే విధంగా వెనక్కి చూసుకుంటే ప్రచ్ఛన్నయుద్ధం ఇంకా పిచ్చిగా కనిపిస్తుంది. కమ్యూనిస్టు స్వర్గాన్ని నమ్మి ముప్ఫయి ఏళ్ళ క్రితం అణు విధ్వంసానికి ఎలా ప్రయత్నించారు? ఇవాల్టినుంచి వందేళ్ల తరవాత ప్రజాతంత్రంలోనూ, మానవహక్కుల లోనూ మనకున్న నమ్మకం, మన వారసులకు ఇంతే అర్థం కానిదిగా అనిపించవచ్చు.

కలలుకనే సమయం

వ్యక్తిపరంగా పరస్పరం అర్థమనే వలని అల్లగలరు కనుకనే సేపియన్లు ప్రపంచాన్ని పాలించగలిగారు. ఆ వలలో రాజకీయాలూ, సైన్యాలూ, వ్యక్తులూ, ప్రదేశాలూ ఒక సమష్టిగా కేవలం వాళ్ళ ఊహల్లోనే ఉండగలవు. ఈ వల సాయంతో మతపోరాటాలు, సామాజిక విప్లవాలు, మానవహక్కులకోసం చేసే పోరాటాలూ రూపొందించటం ఒక్క మానవుడికి మాత్రమే సాధ్యం.

మిగిలిన జంతువులూ కూడా ఎన్నింటినో ఊహించవచ్చు. ఎలుకని పట్టటం కోసం పొంచి చూస్తున్న ఒక పిల్లి దాన్ని చూడకపోయినా దాని రూపాన్నీ, చివరికి దాని రుచినీ కూడా ఊహించవచ్చు. అయినా మనకి తెలిసినంతవరకూ పిల్లులు ఈ లోకంలో ఉన్న ఎలుకల్లాంటి వస్తువులని మాత్రమే ఊహించుకోగలవు. అవి ఎన్నడూ చూడని, వాసన,

రుచి తెలియని, అమెరికా డాలర్, గూగుల్ సంస్థ, యూరప్ యూనియన్ లాంటి వాటిని అవి ఊహించుకోలేవు. సేపియన్లు మాత్రమే వాటిని ఊహించగలరు.

పిల్లులు, ఇతర జంతువుల్లాంటివి వస్తుపరమైన పరిధికి పరిమితమై కేవలం వాస్తవాన్ని వర్ణించేందుకు వార్తాప్రసార సాధనాలను, వ్యవస్థని ఉపయోగించుకుంటే, సేపియన్లు పూర్తి కొత్త వాస్తవాలని సృష్టించేందుకు భాషని వాడుకుంటారు. గత 70,000 సంవత్సరాలుగా సేపియన్లు పరస్పరం ఆవిష్కరించుకున్న వాస్తవాలు మరింత శక్తి పుంజుకుని, నేడు వాళ్ళు ప్రపంచాన్నే శాసించేంత స్థాయికి చేర్చాయి. చింపాంజీలూ, ఏనుగులూ, అమెజాన్ వర్షారణ్యాలూ (రైన్ ఫారెస్ట్స్), ఆర్కిటిక్ హిమానీనదాలూ (గ్లేసియర్స్) ఇరవైఒకటో శతాబ్దంలో మనుగడ సాధించగలవా? యూరోపియన్ యూనియన్, ప్రపంచ బ్యాంకు లాంటి పరస్పర వ్యక్తిపరమైన అస్తిత్వాల ఆకాంక్షలు, నిర్ణయాల మీద అవి ఆధారపడి వుంటాయి. ఆ అస్తిత్వాలు కేవలం మనం కలిసికట్టుగా చేసిన భావనలోనే వున్నాయి.

మరే ఇతర జంతువూ మనతో సమానంగా నిలబడలేదు. దానికి కారణం వాటికి ఆత్మ, మెదడు లేకపోవటం కాదు, దానికి అవసరమైన ఊహాశక్తి లేకపోవటమే అసలు కారణం. సింహాలు పరిగెత్తగలవు, గెంతగలవు, పంజాలు విసిరి పళ్లతో కొరకగలవు. కానీ బ్యాంకు అకౌంట్ తెరవటం, దావా వెయ్యటం వాటికి చేతకాదు. ఇరవైఒకటో శతాబ్దంలో దావా వెయ్యటం ఎలాగో తెలిసిన బ్యాంకర్, ఆఫ్రికాలోని సవన్నాలో ఉండే అతిభయంకరమైన సింహంకన్నా ఎక్కువ శక్తిమంతుడు.

మానవుణ్ణి ఇతర జంతువులనుంచి వేరుచేసే, పరస్పర వ్యక్తిపరమైన అస్తిత్వాలని సృష్టించే ఈ సామర్థ్యమే, జీవశాస్త్రాలనుంచి శాస్త్రేతర విషయాలను వేరుచేస్తుంది. దేవుళ్ళు, దేశాలు లాంటి అందరూ నమ్మే విషయాలు ఎలా అభివృద్ధి చెందాయో తెలుసుకునేందుకు చరిత్రకారులు ప్రయత్నిస్తూ ఉంటారు, కానీ జీవశాస్త్రజ్ఞులు అలాంటి విషయాల ఉనికిని అసలు గుర్తించరు. మనం జన్యు రహస్యాన్ని ఛేదించగలిగి, మెదడు లోని ఒక్కొక్క నాడీకణాన్నీ చిత్రించగలిగితే, మానవజాతికి సంబంధించిన రహస్యాలన్నిటినీ తెలుసుకోగలుగుతామని కొందరు అనుకుంటారు. అసలు మానవులకి ఆత్మ అనేదే లేనట్టయితే, ఆలోచనలూ, భావనలూ, స్పందనలూ కేవలం మానవసమాజం తాలూకు జీవరసాయన అల్గోరిథమ్‌లే అయితే, మరి జీవశాస్త్రం మానవ సమాజంలోని చపలత్వానికి బాధ్యత ఎందుకు వహించదు? ఈ కోణం నుంచి చూస్తే మతపోరాటాలు ఒకానొక ప్రాంతానికి సంబంధించిన వివాదాలు, పరిణామక్రమం ఒత్తిడికి గురై రూపుదిద్దుకున్నవి. పవిత్రభూమిలో సలాదీన్‌తో పోరాడేందుకు వెళ్లిన ఆంగ్ల సైనికులకీ, వాటి భూభాగాన్ని సొంతం చేసుకునేందుకు పొరుగున ఉన్న తోడేళ్ళ గుంపుతో కొట్లాటకు దిగే తోడేళ్ళ గుంపుకీ పెద్ద తేడా ఏమీ లేదు.

మానవీయ విజ్ఞానశాస్త్రాలు పరస్పర వ్యక్తిపరమైన అస్తిత్వాలకు ప్రాముఖ్యం ఇస్తాయి. వాటిని హార్మోనులకీ, న్యూరాన్లకీ పరిమితం చెయ్యలేం. చారిత్రాత్మకంగా

ఆలోచించటమంటే మనం ఊహించే కథలలో ఉండే కథావస్తువులకు నిజమైన శక్తిని ఆపాదించటమే. కానీ చరిత్రకారులు వాతావరణ మార్పులు, జన్యుపరిణామాలులాంటి వస్తుపరమైన కారణాలను పక్కన పెట్టరు కానీ జనం సృష్టించి నమ్మే కథలకి ఎక్కువ ప్రాముఖ్యం ఇస్తారు. ఉత్తర కొరియాకి, దక్షిణ కొరియాకి చాలా తేడా ఉండటానికి కారణం ప్యోంగ్యాంగ్‌వాసుల జన్యువులకీ, సోల్ (సియోల్) లో నివసించేవారు జన్యువులకీ తేడా ఉండటం కాదు, లేదా ఉత్తర కొరియాలో పర్వతాలు, చలి ఎక్కువ ఉండటం కారణం కాదు. ఉత్తర కొరియాలో భిన్నమైన కల్పిత కథలకి ఎక్కువ ప్రచారం ఉండటమే కారణం.

ఏదో ఒక రోజున నాడీవ్యవస్థకి సంబంధించిన జీవశాస్త్రం (న్యూరోబయోలజీ) కమ్యూనిజాన్నీ, మతపోరాటాలనీ కచ్చితమైన జీవరసాయన భాషలో వివరించవచ్చు. కానీ అది కనుచూపుమేరలో లేని విషయం. ఇరవైఒకటో శతాబ్దంలో చరిత్రకీ, జీవశాస్త్రానికీ మధ్యనున్న విభజనరేఖ చెరిగిపోవచ్చు, కానీ అది చారిత్రక సంఘటనలకు మనం జీవశాస్త్రానికి సంబంధించిన వివరణ కనుగొనటంవల్ల జరగదు, సైద్ధాంతిక కల్పిత కథలు డీఎన్ఏ పోగులను మార్చి రాస్తాయి; రాజకీయ, ఆర్థిక ప్రయోజనాలు వాతావరణాన్ని కొత్తగా మలుస్తాయి, పర్వతాలకీ, నదులకీ సంబంధించిన భూగోళశాస్త్రం సైబర్ స్పేస్ కోసం దారినిస్తాయి. మానవులు సృష్టించిన కథలు జన్యు సంకేతాలుగానూ, ఎలక్ట్రానిక్ సంకేతాలుగానూ తర్జుమా చెయ్యబడినప్పుడు, పరస్పర వ్యక్తిపరమైన వాస్తవం, వస్తుపరమైన వాస్తవాన్ని కబళించి, జీవశాస్త్రం చరిత్రతో కలగలిసిపోతుంది. ఆ విధంగా ఇరవైఒకటో శతాబ్దంలో కల్పన ఆధారంగా రూపొందిన కథలు ఈ భూమ్మీద అన్నిటికన్నా ఎక్కువ శక్తివంతంగా తయారవుతాయి. అవి దారితప్పే గ్రహశకలాలనీ, సహజఎంపికనీ కూడా అధిగమిస్తాయి. అందుచేత మనం భవిష్యత్తుని అర్థం చేసుకోవాలనుకుంటే జన్యు సమూహాలని లోతుగా అర్థం చేసుకోవటం, అంకెలని లెక్కపెట్టటం ఏమాత్రం సరిపోదు. ఈ ప్రపంచానికి అర్థాన్నిచ్చే కథలలోని గూడార్థాన్ని కూడా అర్థం చేసుకోవాలి.

20. సృష్టికర్త : జాక్సన్ పోలాక్ అంతఃప్రేరణ చెందిన క్షణంలో.

భాగం-II

హోమో సేపియన్లు ఈ ప్రపంచానికి అర్థానిస్తారు

మానవులు ఏ రకమైన ప్రపంచాన్ని సృష్టించారు?

తాము ఈ ప్రపంచాన్ని నియంత్రించటమే కాకుండా దానికి అర్థాన్ని కూడా ఇవ్వగలమన్న నమ్మకాన్ని ఎలా సాధించగలిగారు?

మానవతావాదం - మానవజాతిని ఆరాధించటం - అన్నిటికన్నా ముఖ్యమైన మతంగా ఎలా తయారైంది?

4

కథకులు

తోడేళ్ళు, చింపాంజీల లాంటి జంతువులు రెండు రకాల వాస్తవంలో జీవిస్తాయి. ఒకవైపు బైట ఉన్న చెట్లూ, బండరాళ్ళూ, నదులూలాంటి వస్తుపరమైన సత్వాలుగా వాటికి తెలుస్తాయి. మరోవైపు తమలో కలిగే భయం, ఆనందం, కోరికలాంటి ఆత్మాశ్రయమైన అనుభవాలు కూడా అవి గ్రహిస్తాయి. దీనికి వ్యతిరేకంగా సేపియన్లు మూడు పొరల వాస్తవంలో జీవిస్తారు. చెట్లు, నదులు, భయం, కోరికలతోబాటు అదనంగా సేపియన్ల ప్రపంచంలో కథలు కూడా ఉంటాయి. అవి డబ్బుకీ, దేవుళ్ళకీ, దేశాలకీ, కార్పొరేషన్లకీ సంబంధించిన కథలు. చరిత్ర మరింత విశదమైనకొద్దీ, దేవుళ్ళ, దేశాల కార్పొరేషన్ల ప్రభావం పెరిగి, నదుల, భయాల, కోరికల ప్రభావం తగ్గిపోయింది. లోకంలో ఇంకా ఎన్నో నదులున్నాయి, జనం ఇంకా భయాలు, కోరికల వల్ల ప్రేరణ పొందుతూనే ఉన్నారు. కానీ ఏసుక్రీస్తు, ఫ్రెంచ్ రిపబ్లిక్, ఆపిల్ ఇన్క్. నదులమీద ఆనకట్టలు కట్టి నదీప్రవాహాలని నియంత్రించి, మనలో ఉండే లోతైన ఆరాటాలకీ, వాంఛలకీ కొత్త రూపాన్నివ్వటం నేర్చుకున్నాయి.

ఇరవైఒకటో శతాబ్దపు టెక్నాలజీలకు ఇలాంటి కల్పిత కథలని ఇంకా శక్తివంతం చేసే అవకాశం ఉంది కనుక భవిష్యత్తుని అర్థం చేసుకోవాలంటే ఏసుక్రీస్తు, ఫ్రాన్స్, ఆపిల్‌కి సంబంధించిన కథలు అంత శక్తిని ఎలా సంతరించుకున్నాయో అర్థం చేసుకోవాలి. చరిత్ర సృష్టించేది తామేనని అనుకుంటారు మానవులు, కానీ నిజానికి చరిత్ర కథల వల చుట్టూ తిరుగుతూ ఉంటుంది. రాతియుగం నుంచీ వ్యక్తిపరంగా మానవులకి ఉండే ప్రాథమిక సామర్థ్యంలో అట్టే మార్పు రాలేదు. కానీ కథల వల మాత్రం నిరంతరం బలోపేతమౌతూ చరిత్రని రాతియుగం నుంచి సిలికాన్‌యుగం వైపు నెట్టుకుంటూ పోతోంది.

ఇదంతా 70,000 సంవత్సరాల కిందట జరిగింది. ఆ సమయంలోనే జ్ఞానవిప్లవం మొదలై సేపియన్లు తమ ఊహల్లో మాత్రమే ఉన్న విషయాలను గురించి మాట్లాడటం మొదలెట్టారు. ఆ తరువాతి 60,000 సంవత్సరాలు సేపియన్లు ఎన్నో కట్టుకథలని

అల్లారు, కానీ అవి చిన్నవి, ఒక ప్రాంతానికి మాత్రమే పరిమితమైనవి. ఒక తెగ పూజించే పూర్వీకుడి ప్రేతాత్మ గురించి పొరుగునున్న తెగకి ఏమీ తెలీదు. ఒకచోట ఎంతో విలువ గల గవ్వలు, పర్వతాలని దాటి అవతలి ప్రాంతానికి చేరుకోగానే విలువ కోల్పోయేవి. పూర్వీకుల ఆత్మల గురించీ, అమూల్యమైన గవ్వల గురించీ చెప్పుకునే కథలవల్ల సేపియన్లకి గొప్ప లాభం కలిగింది. దానివల్ల వందలమంది, ఒక్కోసారి వేలమంది సేపియన్లు కలిసి సహకరించగలిగేవాళ్ళు. ఈ పని నియాండర్తాళ్ళూ, చింపాంజీలూ చేయలేకపోయాయి. అయినా, సేపియన్లు ఆటవికులుగా జీవించినంత కాలం, పెద్ద సంఖ్యలో సహకరించలేకపోయారు, ఎందుకంటే కేవలం ఆహార సేకరణ, వేటాడటం పెద్ద నగరాలకీ, రాజ్యాలకీ సరిపడినంత ఆహారం సమకూర్చలేకపోయాయి. అందుకని, రాతియుగపు ప్రేతాత్మలూ, దేవదూతలూ, దెయ్యాలూ బలహీనమైపోయాయి.

సుమారు 12,000 సంవత్సరాల కిందట ప్రారంభమైన వ్యవసాయ విప్లవం ఆత్మాశ్రయమైన పరస్పర సంబంధాలను విస్తృతపరిచేందుకూ, బలోపేతం చేసేందుకూ అవసరమైన భౌతిక ఆధారాలను సమకూర్చింది. కిక్కిరిసిన పట్నాలలో కొన్ని వేలమందికి, క్రమశిక్షణ ఇచ్చే సమయంలో వేలమంది సైనికులకు ఆహారం అందించేందుకు వ్యవసాయం దోహదం చేసింది. కానీ ఆ సమయంలో పరస్పర సంబంధాల నెట్‌వర్క్ ఒక కొత్త అడ్డంకిని ఎదుర్కోవాల్సి వచ్చింది. సామూహికంగా జనం నమ్మే కల్పిత గాథలని పరిరక్షిస్తూ పెద్ద సంఖ్యలో జనం సహకరించేట్టు చూడటంకోసం మొదట్లో వ్యవసాయదారులు మనిషి మెదడు చేసే డేటా ప్రాసెసింగ్ సామర్థ్యం మీదే ఆధారపడ్డారు. కానీ ఆ సామర్థ్యం చాలా పరిమితమైనది.

గొప్ప దేవతలకి సంబంధించిన కథలని వ్యవసాయదారులు నమ్మారు. తమకి ఇష్టమైన దేవుడికి వాళ్ళు ఆలయాలు నిర్మించారు, ఆ దేవుడి గౌరవార్థం ఉత్సవాలు జరిపించారు, బలులిచ్చారు, భూములు, పదోవంతు పన్నులూ, కానుకలో సమర్పించారు. సుమారు 6,000 సంవత్సరాల క్రితం, ప్రాచీన సుమేరు నగరాలలో ఆలయాలు కేవలం ప్రార్థనాకేంద్రాలు కావు, అవి అతిముఖ్యమైన రాజకీయ, ఆర్థిక కార్యకలాపాలకి కూడా కేంద్రాలుగా ఉండేవి. ఈనాటి బ్రాండ్‌లూ, కార్పొరేషన్లూ చేసే పనులని సుమేరియన్ దేవుళ్ళు చేసేవాళ్ళు. ఈనాటి కార్పొరేషన్లు ఆస్తులకి యాజమాన్యం వహించే, డబ్బు అప్పులిచ్చే, ఉద్యోగాలిచ్చే, ఆర్థిక సంస్థలని ప్రారంభించే చట్టబద్ధమైన కల్పనలు. ప్రాచీన ఉరుక్, లగాష్, షురుపక్ లాంటి ప్రాచీన నగరాలలో దేవుళ్ళు న్యాయమూర్తులుగా వ్యవహరించేవాళ్ళు. వాళ్ళు భూములనీ, బానిసలనీ సొంతం చేసుకునేవాళ్ళు, అప్పులివ్వటం, తీసుకోవటం, జీతాలివ్వటం, ఆనకట్టలు, కాలువలు కట్టటం లాంటి పనులు చేసేవాళ్ళు.

దేవుళ్ళు ఎప్పుడూ చనిపోరు కనుక, ఆస్తుల కోసం పోరాడుకునేందుకు వాళ్లకి పిల్లలుండరు కనుక వాళ్ళు మరింత ఆస్తినీ, అధికారాన్నీ పోగుచేసుకుంటూ ఉండిపోయారు. దేవుళ్ల కింద పనిచేసేవాళ్ళూ, దేవుళ్ళ దగ్గర్నుంచి అప్పులు తీసుకునేవాళ్లూ, దేవుళ్ళ భూముల్ని దున్నేవాళ్ళూ, దేవుళ్ళకి పన్నులూ, కప్పాలూ బాకీపడేవాళ్ళూ ఎక్కువైపోసాగారు. శాన్‌ఫ్రాన్సిస్కోలో ఉండే జాన్‌కి ఉద్యోగం ఇచ్చింది గూగుల్, మేరీ మైక్రోసాఫ్ట్‌లో

పనిచేస్తుంది, అచ్చంగా ఈ రోజుల్లోలాగే, ప్రాచీన ఉరుక్‌లో ఒక వ్యక్తికి ఉద్యోగం ఇచ్చినది ఎన్కి అనే పెద్ద దేవుడు, అతని పొరుగువాడు ఇనన్నా అనే దేవత కింద పనిచేసేవాడు. ఎన్కి, ఇనన్నా కోసం కట్టిన దేవాలయాలు, మనకి గూగుల్, మైక్రోసాఫ్ట్ ఎంత వాస్తవమో అంతే వాస్తవమైనవి. వాళ్ళ పూర్వీకులైన రాతియుగపు దెయ్యాలూ, ప్రేతాత్మలతో పోలిస్తే, సుమేరియన్ దేవుళ్ళ అస్తిత్వం చాలా బలమైనది.

దేవుళ్ళే స్వయంగా వ్యాపారం చెయ్యలేదని వేరే చెప్పక్కర్లేదు. ఎందుకంటే వాళ్ళు మానవుల కల్పనల్లోనే తప్ప ఇంకెక్కడా లేరు. రోజువారీ వ్యవహారాలన్నీ ఆలయాలలో పూజారులు చూసుకునేవాళ్ళు (సరిగ్గా గూగుల్, మైక్రోసాఫ్ట్ తమ పనులు నిర్వహించేందుకు రక్తమాంసాలున్న మనుషులని పనిలో పెట్టుకున్నట్టే). కానీ దేవుళ్ళు ఇంకా ఆస్తులు, అధికారం సంపాదించుకున్నకొద్దీ పురోహితులు తమ బాధ్యతలు నెరవేర్చలేకపోయారు. శక్తిమంతుడైన మహేంద్రుడికీ, సర్వాంతర్యామి భూదేవికీ వాళ్ళు ప్రాతినిధ్యం వహించి ఉండచ్చు, కానీ వాళ్ళు మాత్రం పొరపాట్లు చేసే మానవులే. ఇనన్నాకి ఉన్న భూములెన్ని, ఆమె కింద పనిచేసేవాళ్ళలో ఎంతమందికి జీతాలు అందాయి, ఆమెకి ఇంకా అద్దె చెల్లించనివాళ్లు ఎంతమంది, ఇనన్నాకి అద్దె బాకీపడ్డ వాళ్ళ దగ్గర ఎంత వడ్డీ వసూలు చెయ్యాలి, అనేవి జ్ఞాపకం పెట్టుకోవటం వాళ్లకి కష్టమైంది. వ్యవసాయ విప్లవం తరవాత కొన్ని వేల సంవత్సరాల వరకూ సుమేర్‌లోనూ, ప్రపంచంలోని ఇతర ప్రాంతాలలోనూ, మానవులు సహకరిస్తూ పనిచెయ్యటమనేది అభివృద్ధి చెందకపోవటానికి ముఖ్యమైన కారణాలలో ఇది కూడా ఒకటి. పెద్దపెద్ద రాజ్యాలు లేవు, విస్తృతమైన వ్యాపార వ్యవస్థలు లేవు, సార్వత్రిక మతమనేది లేదు.

సుమారు 5,000 సంవత్సరాల క్రితం, సుమేరియన్లు రాయటం, డబ్బు అనే అంశాలని కనుగొన్న తరవాత ఈ అడ్డంకి తొలగిపోయింది. ఒకే తల్లిదండ్రులకు, ఒకే సమయంలో, ఒకేచోట పుట్టిన ఈ కవలలు మానవ మస్తిష్కానికి సంబంధించిన ఈ డేటా ప్రోసెసింగ్‌ని ఛేదించాయి. రాయటం, డబ్బువల్ల కొన్ని వేలమంది దగ్గర్నుంచి పన్నులు వసూలు చెయ్యటం, సంక్లిష్టమైన ఉద్యోగిస్వామ్యాన్ని అమలు చెయ్యటం, విస్తృతమైన రాజ్యాలని స్థాపించటం సాధ్యమైంది. సుమేరులో ఈ రాజ్యాల నిర్వహణ దేవుళ్ళ పేరిట పురోహిత రాజుల ద్వారా జరిగింది. పొరుగున ఉన్న నైలునదీలోయలో మనుషులు ఒక అడుగు ముందుకెళ్లి పురోహిత రాజుని దేవుడితో ఏకం చేసి, ప్రాణాలతో ఉన్న ఫారో అనే దేవుణ్ణి సృష్టించారు.

ఫారో కేవలం దేవుడి ప్రతినిధి కాదనీ, ఆయనే అసలైన దేవుడనే ఈజిప్ట్‌వాసులు నమ్మారు. ఈజిప్ట్ మొత్తం ఆ దేవుడికే సొంతం, ప్రజలందరూ ఆయన ఆజ్ఞకి బద్ధులై పన్నులు చెల్లించాలి. సుమేరియన్ ఆలయాల్లోలాగే ఫారోల ఈజిప్ట్‌లో కూడా తన సామ్రాజ్యానికి సంబంధించిన వ్యాపారాలని దేవుడు నిర్వహించలేదు. కొందరు ఫారోల పరిపాలన క్రూరంగా ఉండేది, కొందరు విందులూ, వినోదాల్లో మునిగి తేలుతూ ఉండేవాళ్ళు. ఈ రెండు రకాల పరిస్థితుల్లోనూ ఈజిప్ట్ సామ్రాజ్యానికి చెందిన పరిపాలన కొన్ని వేలమంది చదువుకున్నవాళ్ళ చేతుల్లో ఉండేది. మనిషి కాబట్టి ఫారోకు మానవ

శరీరమే ఉండేది, దానికి శరీరధర్మాన్ని అనుసరించి అవసరాలు, కోరికలు, భావోద్రేకాలు ఉండేవి. కానీ రక్తమాంసాలతో ఉన్న ఫారోకి పెద్ద ప్రాముఖ్యం ఉండేది కాదు. నైలునదీ లోయని పరిపాలించిన అసలు ఫారో ఊహల్లోనే ఉండేవాడు, ఆయన గురించి ఈజిప్ట్‌లో ఉండే లక్షలమంది జనం కథలు కథలుగా చెప్పుకునేవాళ్ళు. ఆయన ఆ కథల్లో మాత్రమే జీవించాడు.

ఫారో రాజధాని నగరం మెంఫిస్‌లో ద్రాక్షపళ్ళు తింటూ, తన భార్యలతోనూ, ఉంపుడుగత్తెలతోనూ సరసాలాడుతూ కాలం గడుపుతూ ఉంటే, ఆయన కింద పనిచేసే అధికారులు మధ్యధరా సముద్ర తీరం నుంచి నూబియన్ ఎడారి దాకా తిరుగుతూ ఉండేవాళ్ళు. ఒక్కొక్క గ్రామం చెల్లించవలసిన పన్నుల లెక్కలు ప్రభుత్వోద్యోగులు సరిచూసి వాటిని పొడవాటి ప్యాపిరస్ కాగితపు చుట్టలమీద రాసి మెంఫిస్‌కి పంపేవాళ్లు. సైన్యంలో సైనికుల్నిగాని, నిర్మాణం జరిగే స్థలంలో కూలీలనిగాని పంపించవలసిందని ఆదేశం వచ్చినప్పుడు, అధికారులే అవసరమైనంత మందిని పోగుచేసేవాళ్ళు. రాజుగారి ధాన్యాగారాలలో ఎన్ని కిలోల గోధుమ ధాన్యం ఉందో, కాలువలనీ, జలాశయాలనీ శుభ్రం చేసేందుకు ఎన్ని రోజులు పడుతుందో, ఫారో అంతఃపురంలో వాళ్లకి కావలసినంత భోజనం సమకూర్చేందుకు ఎన్ని బాతులనీ, పందులనీ మెంఫిస్‌కి పంపించాలనేది వాళ్ళే లెక్కకట్టేవాళ్ళు. జీవించిఉన్న దేవుడు మరణించాక, అయన శవానికి లేపనాలు పూసి, గొప్పగా శవయాత్ర జరిపి మెంఫిస్ బైట ఉన్న శ్మశానానికి తీసుకెళ్లిన తరవాత కూడా ఉద్యోగిస్వామ్యం తన పని తాను చేస్తూనే ఉండేది. అధికారులు కాగితాల చుట్టలమీద రాస్తూనే ఉండేవాళ్ళు, పన్నులు వసూలు చేస్తూనే ఉండేవాళ్ళు, ఆదేశాలు పంపిస్తూ రాజ్యానికి సంబంధించిన యంత్రాల మరలకి చమురు రాస్తూనే ఉండేవాళ్ళు.

సుమేరియన్ దేవుళ్ళు మనకి ఈనాటి కంపెనీ బ్రాండ్‌లను గుర్తుచేస్తే, జీవించి ఉన్న దేవుళ్లలాంటి ఫారోలని, బ్రాండ్‌ల లాంటి, ఎల్విస్ ప్రెస్లే, మడోన్నా, లేదా జస్టిన్ బీబర్ లాంటి ఆధునిక వ్యక్తులతో పోల్చవచ్చు. సరిగ్గా ఫారోలాగే ఎల్విస్‌కి కూడా ఒక శరీరం, దానికి కొన్ని అవసరాలూ, కోరికలూ, భావోద్రేకాలూ ఉండేవి. అతను తిన్నాడు, తాగాడు, నిద్రపోయాడు. అయినా అతను జీవంతో ఉన్న ఒక శరీరం కన్నా ఎక్కువే. ఫారోలాగే ఎల్విస్ ఒక కథ, ఒక కల్పిత గాథ, ఒక బ్రాండ్. ఆ బ్రాండ్ అతని శరీరంకన్నా చాలా ముఖ్యమైంది. ఎల్విస్ జీవితకాలంలో ఆ బ్రాండు రికార్డులు, టికెట్లు, పోస్టర్లు, హక్కులు అమ్మి కొన్ని మిలియన్ల డాలర్లు సంపాదించుకుంది. కానీ ఎల్విస్ స్వయంగా దానికి అవసరమైన సాయం అందించింది చాలా తక్కువే. అతనికి బదులు ఆ పనిలో అధికభాగం ఏజెంట్లు, లాయర్లు, ప్రొడ్యూసర్లు, సెక్రెటరీలతో కూడుకున్న ఒక చిన్న 'సైన్యం' చేసింది. తత్ఫలితంగా ఎల్విస్ చనిపోయినప్పుడు కూడా ఆ బ్రాండ్‌కి అది ఎప్పటిలా వ్యాపారమే అయింది. ఈనాటికీ జనం ఆ మహారాజు పోస్టర్లూ, పాటల ఆల్బంలూ కొంటున్నారు, రేడియో స్టేషన్లు ఇప్పటికీ రాయల్టీలు చెల్లిస్తున్నాయి, టెన్నెసీలోని మెంఫిస్‌లో ఉన్న ఆ మహారాజు సమాధి చూసేందుకు గ్రేస్‌ల్యాండ్‌కి యేటా 5 లక్షలకన్నా ఎక్కువమంది యాత్రీకులు వెళ్తారు.

21. 'బ్రాండ్లు' ఆధునిక ఆవిష్కరణ కాదు. ఎల్విస్ ప్రెస్లే మాదిరిగానే ఫారో కూడా ఒక జీవించిన ఫారోగా కాకుండా ఒక బ్రాండ్‌గా మిగిలాడు. లక్షలాదిమంది అనుచరులకు అతని ప్రతిమ అతని కండలు కలిగిన వాస్తవికత కంటే చాలా ఎక్కువ, అతను చనిపోయిన చాలాకాలం తర్వాత కూడా వారు ఆయనను ఆరాధించారు.

రాయటమనేది కనిపెట్టకముందు కథలు మనిషి మస్తిష్కానికుండే సామర్థ్యానికి మాత్రమే పరిమితమయేవి. మనుషులు జ్ఞాపకం ఉంచుకోలేని అతిక్లిష్టమైన కథలను సృష్టించటం సాధ్యమయేది కాదు. రాయటం కనుగొనగానే హఠాత్తుగా సుదీర్ఘమైన సంక్లిష్టమైన కథలు సృష్టించటం సాధ్యమైంది. వాటిని మానవ మస్తిష్కంలో కాక మట్టి పలకలమీదా, పాపిరస్ కాగితాలమీదా రాసి ఉంచుకునేవాళ్ళు. ఈజిప్ట్‌వాసులు ఫారోలకున్న భూములన్నిటినీ, పన్నులనీ, పదోవంతు కప్పాలనీ గుర్తుంచుకునేవాళ్ళు; ఎల్విస్ ప్రెస్లే ఏనాడూ తను సంతకం పెట్టిన కాంట్రాక్టులన్నిటినీ చదవలేదు; యూరోపియన్ యూనియన్‌కి సంబంధించిన నియమనిబంధనలన్నీ పూర్తిగా తెలిసినవాళ్ళు ఈ లోకంలో ఒక్కరు కూడా లేరు; ఏ బ్యాంకర్‌కీ, సీఐఏ ఏజెంట్‌కీ ఈ ప్రపంచంలోని ప్రతి డాలర్‌కీ లెక్కచెప్పటం చేతకాదు. అయినా ఆ అతిచిన్న వివరాలన్నీ ఎక్కడో రాసిపెట్టి ఉన్నాయి, వాటికి సంబంధించిన పత్రాలన్నిటినీ ఒకచోట చేరిస్తే ఫారో, ఎల్విస్, ఈయూ (EU) తాలూకు గుర్తింపునీ, శక్తినీ తెలుసుకోవటం సాధ్యమౌతుంది.

ఆ విధంగా రాయటమనేది మొత్తం సమాజాలన్నిటినీ కలనగణిత పద్ధతిలో నిర్వహించటానికి ఉపయోగపడింది. భావోద్రేకాలంటే ఏమిటో, మెదడు ఎలా పనిచేస్తుందో అర్థం చేసుకునేందుకు ప్రయత్నించి, క్రమపద్ధతిలో లెక్కలు కట్టేందుకు, సమస్యలకి

పరిష్కారాలు కనుగొనేందుకు, నిర్ణయాలు తీసుకునేందుకు పనికివచ్చే మెట్లుగా దాన్ని నిర్వచించినప్పుడు మనకి 'అల్గోరిథమ్' అనే పదం దొరికింది. నిరక్షరాస్యుల సమాజాల్లో మనుషులు అన్ని లెక్కలూ, నిర్ణయాలూ తమ మెదళ్లలోనే చేసుకుంటారు. అక్షరాస్యుల సమాజాల్లో మనుషులు నెట్‌వర్క్‌లుగా ఏర్పడతారు, అప్పుడు ఒక్కొక్క మనిషీ ఒక బ్రహ్మాండమైన అల్గోరిథమ్‌లో ఒక చిన్న మెట్టు మాత్రమే అవుతాడు. ఎటువంటి ముఖ్యమైన నిర్ణయమైనా ఆ మొత్తం అల్గోరిథమ్ తీసుకుంటుంది. ఉద్యోగిస్వామ్యానికి ఇదే సారాంశం.

ఉదాహరణకి ఒక ఆధునికమైన ఆసుపత్రిని ఊహించుకోండి. మీరు లోపలికి వెళ్ళగానే రిసెప్షనిస్ట్ మీ చేతికి ఒక ఫార్మ్ ఇచ్చి, ముందే నిర్ణయించుకున్న కొన్ని ప్రశ్నలు వేస్తుంది. మీ సమాధానాలు నర్సుకి పంపిస్తుంది. మీకు ఎలాంటి పరీక్షలు చేయించాలో నిర్ణయించేందుకు ఆమె వాటిని ఆసుపత్రి నియమాలతో పోల్చి చూస్తుంది. ఆ తరవాత ఆమె మీ రక్తపోటుని, గుండె కొట్టుకునే వేగాన్నీ పరీక్షిస్తుంది, రక్తపరీక్ష కోసం రక్తం తీసుకుంటుంది. డ్యూటీలో ఉన్న డాక్టర్ ఆ పరీక్షల ఫలితాను చూస్తాడు, మిమ్మల్ని ఏ వార్డ్‌లో చేర్చాలో నిశ్చయించేందుకు ఆసుపత్రి నియమాలని కచ్చితంగా పాటిస్తాడు. వార్డ్‌లో మిమ్మల్ని మరింత క్షుణ్ణంగా పరీక్షిస్తారు. లావాటి మెడికల్ గైడ్ పుస్తకాలు తప్పనిసరిగా చేయించాలని చెప్పే ఎక్స్‌రే, ఎఫ్ఎంఆర్ఐ స్కాన్ లాంటివి చేస్తారు. బాగా తెలిసిన డేటాబేస్‌ని అనుసరించి ఫలితాలని విశేషజ్ఞులు విశ్లేషిస్తారు. ఆ తరవాతే మీకు ఎలాంటి మందులివ్వాలో, ఇంకా ఏమేమి పరీక్షలు చెయ్యాలో నిర్ణయిస్తారు.

ఈ అల్గోరిథమ్‌లోని నిర్మాణం రిసెప్షనిస్టు, నర్స్, డ్యూటీ చేసే డాక్టర్ ఎవరన్నది అసలు అనవసరమని నిర్ధారిస్తుంది. వాళ్ళ వ్యక్తిత్వం, రాజకీయ అభిప్రాయాలూ, క్షణికమైన మానసిక స్థితులు అసంబద్ధమైనవి. నిబంధనలనీ, నియమాలనీ అనుసరించినంత వరకూ మీ రోగం నయం చేసే సామర్థ్యం వాళ్లకి ఉందనే అనుకోవాలి. అల్గోరిథమ్‌కి సంబంధించిన ఆదర్శం ప్రకారం చూస్తే, మీ అదృష్టం ఏదో ఒక ఉద్యోగంలో పనిచేసే, రక్తమాంసాలున్న మనుషుల చేతుల్లో కాకుండా 'వ్యవస్థ' చేతుల్లో ఉందని అనుకోవాలి.

ఆసుపత్రుల విషయంలో జరిగేదే, సైన్యంలో, జైళ్లలో, స్కూళ్లలో, కార్పొరేషన్లలో, ప్రాచీన రాజ్యాలలో కూడా జరుగుతుంది. కానీ ప్రాచీనకాలపు ఈజిప్ట్, ఆధునికకాలపు ఆసుపత్రులతో పోలిస్తే సాంకేతికంగా చాలా వెనకబడి ఉండేది, కానీ అల్గోరిథమ్‌కి సంబంధించిన సూత్రాలు మట్టుకు అవే. ప్రాచీన ఈజిప్ట్‌లో కూడా అధికశాతం నిర్ణయాలు ఒకేఒక తెలివైన వ్యక్తి తీసుకున్నవి కాక, పాపిరస్ కాగితాల, శిలాశాసనాల సాయంతో కలిసి పనిచేసే అధికార బృందం ద్వారా తీసుకోబడిన నిర్ణయాలే అమలయేవి. జీవించి ఉన్న దేవుడు, ఫారో పేర ఆ నెట్‌వర్కే మానవ సమాజాన్ని పునర్నిర్మించి, ప్రకృతిసిద్ధమైన ప్రపంచానికి కొత్త రూపమిచ్చింది. ఉదాహరణకి, మూడవ సెనుసరేట్, అతని కుమారుడు మూడవ అమెనెమహత్ క్రీ.పూ. 1878 నుంచి 1814 వరకూ ఈజిప్ట్‌ని పరిపాలించారు. వాళ్ళు నైలునది నుంచి ఫెయమ్ లోయలోని చిత్తడినేలల వరకూ ఒక అతిపెద్ద కాలువ తవ్వించారు. జటిలమైన ఆనకట్టలూ, జలాశయాలూ, చిన్నచిన్న కాలువలూ నైలునదిలోని

నీటిని ఫెయమ్ వైపు దారిమళ్లించాయి. దానివల్ల 50 బిలియన్ క్యూబిక్ మీటర్ల నీటిని నిలువచేసే బ్రహ్మాండమైన కృత్రిమ సరస్సుని సృష్టించటం జరిగింది. దీనితో పోలిస్తే, అమెరికాలో మనిషి నిర్మించిన అతిపెద్ద సరస్సు, లేక్ మీడ్ (హూవర్ డామ్ రూపొందించినది) మహా అయితే 35 బిలియన్ క్యూబిక్ మీటర్ల నీటిని మాత్రమే నిలువ చెయ్యగలదు.

ఫెయమ్ ఇంజనీరింగ్ ప్రణాళిక ఫారోలకి నైలు నదిని నియంత్రించే శక్తినిచ్చింది. విధ్వంసం సృష్టించే వరదల్ని నివారించి, కరువు కాలంలో ప్రజలకి విలువైన నీటి సదుపాయం కల్పించింది. అంతేకాక, మొసళ్ళతో నిండి ఉండే ఫెయమ్ చిత్తడి నేలలని, దాన్ని చుట్టి వుండే ఎడారినీ, ఈజిప్ట్ మొత్తానికి ఆహారం అందించే ధాన్యాగారంగా మార్చింది. కొత్త కృత్రిమ సరస్సు ఒడ్డున షదెత్ అనే నగరాన్ని నిర్మించారు. గ్రీకులు దానికి క్రోకడైలోపోలిస్ – మొసళ్ల నగరం అని పేరు పెట్టారు. ఆ నగరంలో అన్నిటికన్నా ప్రసిద్ధమైనది మొసళ్ల దేవుడు, సోబెక్ దేవాలయం. ఆ దేవుడు ఫారోగా గుర్తింపు పొందాడు (ఆ కాలపు విగ్రహాలలో అప్పుడప్పుడు ఫారో మొసలి తలతో కనిపిస్తాడు). ఆ దేవాలయంలో పెత్సుచోస్ అనే పవిత్రమైన మొసలి ఉండేది. దాన్ని జీవించి ఉన్న సోబెక్ అవతారంగా పరిగణించేవాళ్ళు. దేవుడి రూపంలో జీవించి ఉన్న ఫారోలాగే ప్రాణాలతో ఉన్న దేవుడు పెత్సుచోస్‌ని కూడా పురోహితులు అతిప్రేమగా చూసుకునేవాళ్ళు. వాళ్ళు అదృష్టవంతురాలైన ఆ మొసలికి ఆహారం, ఆటవస్తువులూ ఇచ్చి, దానికి బంగారు జరీ దుస్తులు తొడిగి రాళ్లు పొదిగిన కిరీటాలతో అలంకరించేవాళ్ళు. ఎంతైనా పెత్సుచోస్ పురోహితుల బ్రాండ్, వాళ్ళ ఆధిపత్యం, జీవనోపాధి దానిమీదే ఆధారపడ్డాయి. పెత్సుచోస్ చనిపోయినప్పుడు, దాని స్థానంలో మరో మొసలిని వెంటనే ఎన్నుకున్నారు, చనిపోయిన మొసలికి లేపనాలు పూసి, 'మమ్మీ'గా సురక్షితం చేశారు.

మూడవ సెనుసరేట్, మూడవ అమెనెమహత్ కాలంలో ఈజిప్ట్‌లో బుల్‌డోజర్లు కానీ డైనమైట్ కానీ లేవు. వాళ్ళ దగ్గర ఇనప పనిముట్లు, యంత్రాలు, చక్రాలు (క్రీ.పూ. 1500 వరకూ ఈజిప్ట్‌లో చక్రాలు ఉపయోగంలోకి రాలేదు) లేవు. కంచుతో చేసిన పనిముట్లు అన్నిటికన్నా గొప్ప సాంకేతిక విద్యగా పరిగణింపబడేది. కానీ అవి చాల ఖరీదైనవీ, అరుదైనవీ అవటంవల్ల నిర్మాణాలు చేసేందుకు రాతి పనిముట్లనీ, చెక్కతో చేసిన వస్తువులనే వాడేవాళ్లు. మనుషుల కండబలంతోనే వాటిని పనికిపెట్టేవాళ్ళు. ప్రాచీన ఈజిప్ట్‌లో నిర్మించిన పెద్దపెద్ద కట్టడాలు – ఆనకట్టలూ, జలాశయాలూ, పిరమిడ్లూ – అన్నీ గ్రహాంతరవాసులెవరో వచ్చి కట్టారని కొందరి అభిప్రాయం. చక్రాలూ, ఇనుము లేని నాగరికత అలాంటి అద్భుతాల్ని ఎలా సాధించగలిగింది?

కానీ వాస్తవం దానికి చాలా భిన్నమైనది. గ్రహాంతరవాసుల సాయంతో ఈజిప్ట్ ప్రజలు ఫయమ్ సరోవరాన్నీ, పిరమిడ్లనీ నిర్మించలేదు, దానికి కారణం వాళ్ళకుండిన అత్యద్భుతమైన నిర్వహణా సామర్థ్యం. కొన్ని వేలమంది అక్షరాస్యులైన ప్రభుత్వోద్యోగుల సహాయంతో ఫారోలు కొన్ని వేలమంది శ్రామికులని పనిలోకి తీసుకోవటమే కాకుండా ఏళ్లతరబడి వాళ్లకి సరిపడినంత ఆహారం సరఫరా చేసి పోషణాభారాన్ని తలకెత్తుకున్నారు. కొన్ని దశాబ్దాలపాటు కొన్ని వేలమంది శ్రామికులు సహకరిస్తూ పనిచేస్తే, రాతి

పనిముట్లతోనే అయినా వాళ్ళు కృత్రిమ సరస్సుని, పిరమిడ్లనీ నిర్మించగలుగుతారు.

ఫారో స్వయంగా చిన్నమెత్తు సహాయం కూడా చెయ్యలేదు, అది సహజమే. పన్నులు తానే స్వయంగా వసూలు చెయ్యలేదు, కట్టడాలకి సంబంధించిన ప్రణాళికలేవీ ఆయన వెయ్యలేదు, పార చేతిలోకి తీసుకోలేదని స్పష్టంగా తెలుస్తూనే ఉంది. ప్రాణాలతో ఉన్న దేవుడు ఫారోకీ, స్వర్గంలో ఉన్న పోషకుడు సోబెక్‌కీ చేసే ప్రార్థనలు మాత్రమే నైలునదీ లోయని విధ్వంసకరమైన వరదలనుంచీ, కరువు బాధ నుంచీ విముక్తి కలిగించగలవని ఈజిప్ట్ ప్రజలు నమ్మారు. వాళ్ళ నమ్మకం సరైనదే. ఫారో, సోబెక్ కల్పిత అస్తిత్వాలు, నైలు నీటిని పొంగేట్టు గాని, తగ్గిపోయేట్టు గాని చెయ్యటం వాళ్ళతరం కాదు, కానీ కొన్ని లక్షల మంది ఫారోనీ, సోబెక్‌నీ నమ్మినప్పుడు, వాళ్ళు ఆనకట్టలు కట్టేందుకూ, కాలువలు తవ్వే టందుకూ పెద్ద సంఖ్యలో సహకరించటంవల్ల వరదలూ, కరువూ అరుదైన సంఘటనలై పోయాయి. రాతియుగపు ప్రేతాత్మలను పక్కనపెట్టి సుమేరియన్ దేవుళ్లతో పోలిస్తే, ప్రాచీన ఈజిప్ట్‌కి చెందిన దేవుళ్ళు నిజంగానే శక్తిమంతులని అనాలి. వాళ్ళు నగరాలని స్థాపించారు, సైన్యాలని తయారుచేశారు, లక్షలమంది ప్రజల, ఆవుల, మొసళ్ల జీవితాల మీద ఆధిపత్యం వహించారు.

కేవలం ఊహల్లో ఉన్న వ్యక్తులకి నిర్మాణాలు చెయ్యటం, ఆధిపత్యం వహించటం ఆపాదిస్తే విచిత్రంగానే అనిపిస్తుంది. కానీ మొదటి అణుబాంబు నిర్మించినది అమెరికా అనీ, చైనా త్రీ గోర్జెస్ డామ్ నిర్మించిందని, లేదా గూగుల్ డ్రైవర్ లేకుండా నడిచే కారు తయారుచేస్తోందనీ ఈనాడు చెప్పుకోవటం మనకి అలవాటయిపోయింది. అలాటప్పుడు ఫారో జలాశయం నిర్మించాడనీ, సోబెక్ కాలువ తవ్వించాడనీ ఎందుకనకూడదు?

కాగితంమీద ఆధారపడి జీవించటం

ఆ విధంగా రాయటమనేది శక్తిమంతమైన కల్పిత వ్యక్తులు రూపుదాల్చేందుకు దోహదం చేసింది. ఆ వ్యక్తులు కొన్ని లక్షలమందిని ఏకం చేశారు, ఆ జనం నదులు, చిత్తడి నేలలు, మొసళ్ళు అనే వాస్తవాలకు కొత్త రూపం కల్పించారు. అదే సమయంలో రాయటం అనేది కనుగొనటంవల్ల అటువంటి కల్పిత వ్యక్తులని నమ్మటం జనానికి సులువైంది, అదే విధంగా, వాస్తవాన్ని నైరూప్య చిహ్నాల ద్వారా అనుభూతి చెందటం జనానికి అలవాటైంది.

ఆటవికులు తమ సమయాన్ని చెట్లెక్కుతూ, పుట్టగొడుగులకోసం వెతుకుతూ, అడవి పందుల్నీ, కుందేళ్ళనీ తరుముతూ గడిపేవాళ్లు. దైనందిన జీవితంలో వాళ్లకి తెలిసిన వాస్తవాలు చెట్లూ, పుట్టగొడుగులూ, అడవి పందులూ, కుందేళ్ళూ. రైతులు రోజంతా పొలాల్లో పనిచేసేవాళ్ళు. భూమి దున్నుతూ, పంటలు కోస్తూ, ధాన్యం నూరుతూ, పెంపుడు జంతువులని సంరక్షిస్తూ రోజులు గడిపేవాళ్లు. వాళ్లకి కలిగే రోజువారీ వాస్తవ అనుభవం కాళ్ళకింద మట్టినేల, నాగలికి కట్టిన ఎద్దుల శరీరం వాసన, అప్పుడే కాల్చిన వెచ్చని రొట్టె రుచి. దీనికి వ్యతిరేకంగా ప్రాచీన ఈజిప్ట్‌లో రాతప్రతులు తయారుచేసేవాళ్ళు. వాళ్ళ సమయంలో ఎక్కువ భాగాన్ని చదవడంలో, రాయటంలో, లెక్కలు వెయ్యటంలో

గడిపేవాళ్లు. వాళ్ళ రోజువారీ వాస్తవంలో ఎవరు ఏ పొలానికి సొంతదారు, ఒక ఎద్దు ఖరీదెంత, రైతులు యేటా కట్టవలసిన పన్ను ఎంత లాంటి లెక్కలకి సంబంధించిన సిరాముద్రలు, పాపిరస్ కాగితం చుట్టలు ఉండేవి. రాసే వ్యక్తి తన స్టైలస్ (పదునైన గంటం) తో ఒక్క గీత గీస్తే చాలు, మొత్తం గ్రామం అదృష్టం అతని చేతుల్లో ఉంటుంది.

ఆధునిక యుగం వరకూ, అత్యధిక శాతం జనం నిరక్షరాస్యులుగానే ఉండిపోయారు. కానీ అతిముఖ్యమైన పరిపాలనా యంత్రాంగం వాస్తవాన్ని రాతప్రతుల్లో చూడటం ఎక్కువైంది. అక్షరాస్యులైన ఈ ఉన్నతవర్గం, అది ప్రాచీన ఈజిప్ట్ కానివ్వండి లేదా ఇరవయ్యో శతాబ్దపు యూరప్ కానివ్వండి, కాగితం మీద రాసినది ఏదైనా సరే చెట్లు, ఎద్దులు, మానవులంత వాస్తవమైనదే.

1940 వసంతకాలంలో ఫ్రాన్స్‌ని నాజీలు ఆక్రమించినప్పుడు అక్కడి యూదుల్లో అధికశాతం దేశం వదిలి పారిపోయేందుకు ప్రయత్నించారు. దక్షిణ సరిహద్దు దాటేందుకు వాళ్ళకి స్పెయిన్, పోర్చుగల్ వీసాలు అవసరమయ్యాయి. అనేకమంది ఇతర శరణార్థులతో బాటు కొన్ని వేలమంది యూదులు, తమ ప్రాణాలు కాపాడే చిన్న కాయితం ముక్క సంపాదించే ప్రయత్నంలో, బొర్డోలో ఉండే పోర్చుగీస్ దౌత్య కార్యాలయాన్ని (కాన్సులేట్) చుట్టుముట్టారు. విదేశీ మంత్రిత్వశాఖ అనుమతి లేనిదే వీసాలు ఇవ్వకూడదని ఫ్రాన్స్‌లో ఉండే పోర్చుగీస్ ప్రభుత్వం దౌత్య కార్యాలయాన్ని ఆదేశించింది. కానీ బొర్డోలో పౌరులకు రక్షణ కల్పించే అధికారి, అరిస్టిడీస్ డి సౌజా మెండిస్ ఆ ఆదేశాన్ని పెడచెవిన పెట్టేందుకు నిశ్చయించుకున్నాడు. దాంతో ముప్ఫయి యేళ్లుగా దౌత్య కార్యాలయంలో చేసిన వృత్తికి నీళ్లొదులుకున్నాడు. నాజీల ట్యాంకులు బొర్డోని సమీపిస్తూ ఉన్నప్పుడు డి సౌజా, ఆయన బృందం పదిరోజులు రాత్రనక పగలనక ఇరవైనాలుగుగంటలూ పనిచేస్తూ, నిద్ర కూడా మానుకుని వీసాలు అందిస్తూ, కాయితాలమీద అధికార ముద్రలు వేస్తూ గడిపారు. అలసిపోయి సొమ్మసిల్లేదాక డి సౌజా కొన్ని వేల వీసాలు పంపిణీ చేశాడు.

22. అరిస్టిడస్ డి సూజా మెండిస్, రబ్బరు స్టాంప్ కలిగిన దేవదూత

ఈ శరణాగతులెవరికీ ఆశ్రయం ఇవ్వటం ఇష్టంలేని పోర్చుగీస్ ప్రభుత్వం, తమ ఆదేశాన్ని ఉల్లంఘించిన దౌత్యాధికారిని ఇంటికి తీసుకువెళ్ళేందుకు ఏజెంట్లని పంపి, ఆయన్ని ఉద్యోగంలోనుంచి తీసేశారు. మనుషుల దీనావస్థ గురించి ఏమాత్రం పట్టించుకోని అధికారులు సైతం, పత్రాలకి విపరీతమైన గౌరవం చూపించేవాళ్ళు. సౌజా మెండిస్ ప్రభుత్వాదేశాన్ని ధిక్కరించి అందజేసిన వీసాలని ఫ్రెంచ్, స్పానిష్, పోర్చుగీస్ ప్రభుత్వోద్యోగులు అందరూ గౌరవించి నాజీల వలలో చిక్కి చనిపోకుండా సుమారు 30,000 మందిని కాపాడారు. ఆ మారణహోమం జరిగినప్పుడు, ఒక చిన్న రబ్బర్ స్టాంప్ తప్ప ఇంకే ఆయుధమూ లేని సౌజా మెండిస్, ఒంటరిగా అంత పెద్ద మానవసమూహాన్ని రక్షించగలిగాడు.

రాసివుంచిన రికార్డులకు తరచు చాలా తక్కువ సానుకూల ప్రభావం ఉండేది. 1958 నుంచి 1961 వరకూ మావో త్సే తుంగ్ చైనాని వేగంగా ఒక మహాశక్తి (సూపర్ పవర్)గా మార్చాలనుకున్నప్పుడు, కమ్యూనిస్ట్ చైనా 'ద గ్రేట్ లీప్'ను ముందుకు తీసుకెళ్ళింది. వ్యవసాయ ఉత్పత్తులను రెండు మూడింతలు పెంచమని మావో ఆజ్ఞాపించాడు. అదనంగా అందిన ఉత్పత్తిని పారిశ్రామిక ప్రణాళికలకూ, సైన్యానికి సంబంధించిన పథకాలకూ ఉపయోగించాలని ఆయనకి తీవ్రమైన ఆకాంక్ష ఉండేది. అసాధ్యమైన మావో కోరికలు బీజింగ్‌లోని ప్రభుత్వ కార్యాలయాలనుంచి, ఆ కింది ఉద్యోగుల నిచ్చెన దిగి, ప్రాంతీయ పరిపాలనా యంత్రాంగం ద్వారా గ్రామపెద్దలకి చేరేవి. స్థానికంగా ఉండే

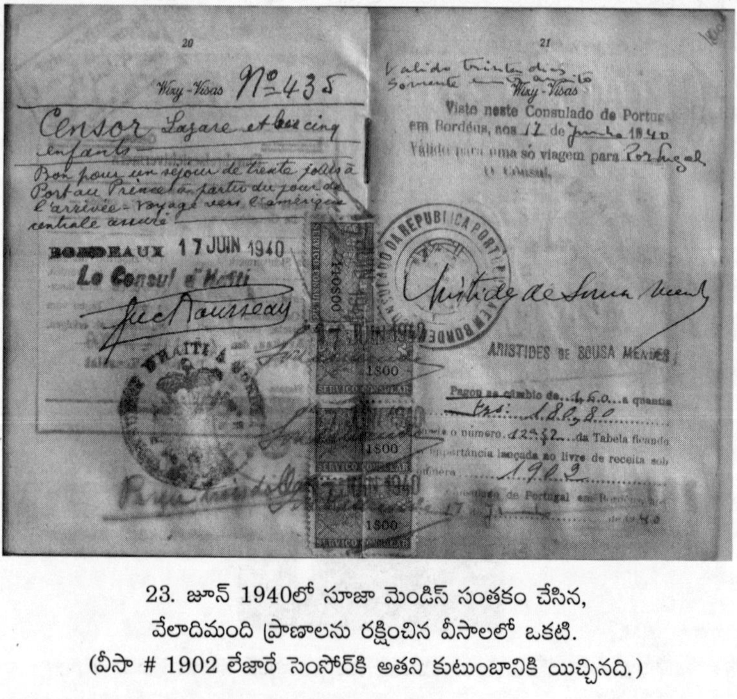

23. జూన్ 1940లో సూజా మెండిస్ సంతకం చేసిన, వేలాదిమంది ప్రాణాలను రక్షించిన వీసాలలో ఒకటి. (వీసా # 1902 లేజారే సెంసోర్‌కి అతని కుటుంబానికి యిచ్చినది.)

అధికారులు, విమర్శించేందుకు భయపడుతూ, తమ పైఅధికారులకి ముఖస్తుతి చేస్తూ, వ్యవసాయ ఉత్పత్తుల్లో విపరీతమైన అభివృద్ధి సాధించినట్టు, అబద్ధపు రిపోర్టులు సృష్టించారు. అలా కల్పించిన అంకెలు పైఉద్యోగులదాకా వెళ్ళినప్పుడు ప్రతీ అధికారీ తాను అందుకున్న అంకెకు సున్నాలు జోడిస్తూ కలం ఝుళిపించి అసలు సంఖ్యని అతిపెద్దదిగా తయారుచేశాడు.

దీనివల్ల 1958లో ఆ యేడాది ధాన్యం ఉత్పత్తి ఉన్నదానికన్నా 50 శాతం ఎక్కువగా ఉన్నట్టు చైనా ప్రభుత్వానికి తెలియజేయటం జరిగింది. ప్రభుత్వం ఆ రిపోర్టులని నమ్మి, తమ దేశ ప్రజలకు అవసరమైనంత ఆహారధాన్యాలు ఉన్నాయనుకుని, ఆయుధాలకు, భారీ లోహాలకు బదులు కొన్ని లక్షల టన్నుల ధాన్యాన్ని విదేశాలకు అమ్మింది. అలా చేయటంవల్ల చరిత్రలో ఎన్నడూ జరగనంత అతిదారుణమైన కరువుకాటకాలు ఏర్పడి లక్షలమంది చైనీయుల ప్రాణాలు బలితీసుకుంది.

ఈలోపల చైనాలో వ్యవసాయ రంగంలో జరిగిన ఈ మహాద్భుతం గురించి ఎంతో ఉత్సాహంగా చెప్పుకున్న వార్తలు ప్రపంచమంతటా వినవచ్చాయి. ఆదర్శవాది టాంజానియా అధ్యక్షుడు జూలియస్ న్యేరేరేని చైనా సాధించిన విజయం అప్రతిభుణ్ణి చేసింది. టాంజానియాలో వ్యవసాయాన్ని ఆధునికం చేసేందుకు, చైనాని ఉదాహరణగా తీసుకుని, సామూహిక వ్యవసాయ భూముల్ని స్థాపించాలని ఆయన సంకల్పించాడు. ఆయన ఆదేశాన్ని రైతులు నిరాకరించినప్పుడు, సంప్రదాయాన్ని అనుసరించే గ్రామాలని ధ్వంసం చేసేందుకు న్యేరేరే సైన్యాన్నీ, పోలీసులనీ పంపాడు. వేల సంఖ్యలో రైతులని బలవంతంగా సామూహిక వ్యవసాయ భూములకు తరలించాడు.

ఆ భూములు చిన్న ఆకారంలో ఉండే స్వర్గాలని ప్రభుత్వం ప్రచారం చేసింది. కానీ వాటిలో చాలామటుకు ప్రభుత్వ పత్రాలలో మాత్రమే కనిపించేవి. రాజధాని దార్ ఎస్ సలామ్‌లో రాయబడిన నియమావళి, రిపోర్టులు ఫలానా తేదీన ఫలానా గ్రామానికి చెందిన మనుషుల్ని ఫలానా పొలానికి తరలించటం జరిగింది, అని చెప్పాయి. నిజానికి ఆ గ్రామస్థులు గమ్యానికి చేరుకున్నాక అక్కడ వాళ్ళకేమీ కనిపించలేదు. ఇళ్లు లేవు, పొలాలు లేవు, పరికరాలు లేవు. చేసిన పని చాలా విజయవంతంగా ముగిసిందని అధికారులు అధ్యక్షుడు న్యేరేరేకి చెప్పి చంకలు గుద్దుకున్నారు. జరిగిందేమిటంటే, ఆఫ్రికాలో అతిపెద్ద ఆహారం ఎగుమతి చేసే ఉత్పత్తి కేంద్రంగా ఉండిన టాంజానియా పదేళ్ళలోపల బైటనుంచి సహాయం లేకుండా ప్రజలకి అవసరమైనంత ఆహారం ఉత్పత్తి చెయ్యలేక, అధిక ధరకి ఆహారధాన్యాలు కొనుక్కునే స్థితికి చేరుకుంది. 1979లో టాంజానియాలో 90 శాతం వ్యవసాయదారులు సామూహిక భూముల్లోనే నివసించేవాళ్ళు, కానీ దేశంలో వాళ్ల ద్వారా వ్యవసాయోత్పత్తి మాత్రం 5 శాతం మాత్రమే ఉండేది.

రాయటం గురించి మనకి లభ్యమయే చరిత్ర నిండా ఇలాంటి ప్రమాదాలే కనిపిస్తాయి, కానీ నిజానికి చాలా సందర్భాలలో రాయటంవల్ల మునుపటికన్నా రాజ్యపాలన సమర్థంగా జరిగిందనే చెప్పాలి. గ్రేట్ లీప్ ఫార్వర్డ్ సైతం చైనీస్ కమ్యూనిస్ట్ పార్టీని అధికార పీఠం మీదనుంచి పడదొయ్యలేదు. రాసిన కల్పనలకి వాస్తవానికన్నా ఎక్కువ ప్రాముఖ్యం

ఇవ్వటమేది ఈ విపత్తుకి కారణమైంది. కానీ ఇదే సామర్థ్యం తన విజయాలను అనేక రంగుల్లో చిత్రించి, అధికారాన్ని వదలకుండా పట్టుకుని ఉండేందుకు కూడా సాయం చేసింది.

లిఖిత భాష నిజాన్ని వర్ణించే నిరాడంబరమైన మార్గంగా ప్రారంభమై ఉండచ్చు. కానీ క్రమంగా అది వాస్తవానికి కొత్త రూపం ఇచ్చే విధంగా కొత్త శక్తిని సంతరించుకుంది. అధికారుల రిపోర్టులు వస్తుపరమైన వాస్తవంతో ఢీకొన్నప్పుడు, చాలాసార్లు వాస్తవమే తప్పుకుని దారి ఇవ్వాల్సి వచ్చేది. పన్ను వసూలు చేసే అధికార్లతో, విద్యావ్యవస్థతో, లేదా మరేదైనా క్లిష్టమైన ప్రభుత్వ వ్యవస్థతో వ్యవహరించిన వాళ్ళకి, నిజమేమిటన్నది ఎవరికీ అక్కర్లేదని తెలుస్తుంది. మీ కాయితాల్లో ఏం రాసి ఉందో అదే అన్నిటికన్నా ముఖ్యం.

పవిత్ర గ్రంథాలు

వాస్తవం లిఖిత వాక్యం ఒకదాన్నొకటి ఎదుర్కొన్నప్పుడు ఒక్కోసారి వాస్తవం వాక్యానికి దారివ్వవలసి వస్తుందన్నది నిజమా? అది ఉద్యోగిస్వామ్య వ్యవస్థని నిందించేందుకు అందరూ వేసే అపనింద కాదా? ఫారోల సామ్రాజ్యంలోగాని, మావో త్సే తుంగ్ కిందగాని పనిచేసిన అధికశాతం ఉద్యోగులు తెలివైనవాళ్ళే. వాళ్ళు తప్పకుండా ఇలా వాదించే ఉంటారు : 'పొలాల గురించి, కాలువల గురించి, ధాన్యాగారాల గురించి వాస్తవాలు తెలియజేసేందుకు మేము రాతని ఉపయోగిస్తాం. ఆ వివరాలు కచ్చితంగా ఉన్నట్టయితే సరైన నిర్ణయాలు తీసుకుంటాం. అదే వివరాలు స్పష్టంగా లేనట్టయితే, అది కరువుకాటకాలకీ, ఒక్కోసారి తిరుగుబాటుకీ కూడా దారితీస్తుంది. అప్పుడు మేము కాని, రాబోయే కాలంలో పరిపాలించే రాజులు కాని, ఆ తప్పులనుంచి పాఠం నేర్చుకుని, మరింత నిజాయితీ పాటించి వివరాలను అందించేందుకు ప్రయత్నిస్తారు. అందుకని, కాలక్రమాన ఆ పత్రాలు మరింత స్పష్టంగా ఉండే అవకాశం ఉంటుంది.

అది కొంతవరకూ నిజమే కానీ అది విరుద్ధమైన ఒక చారిత్రిక గతిశీలతని విస్మరిస్తుంది. ఉద్యోగిస్వామ్యానికి అధికారం పెరిగిపోతూ ఉన్నప్పుడు, తాము చేసే తప్పుల గురించి ఉద్యోగులకి లెక్క వుండదు. తాము చెప్పే కథలని వాస్తవానికి అనుగుణంగా మార్చకుండా, వాస్తవాన్ని ఆ కథలకు సరిపోయేట్టు మార్చుకోవచ్చు. చివరికి కనిపించే వాస్తవం వాళ్ళ ఉద్యోగిస్వామ్య కల్పనలకు సరిపోయేట్టు తయారౌతుంది, ఎందుకంటే వాళ్ళు వాస్తవాన్ని అలా చెయ్యమని బలవంతపెడతారు. ఉదాహరణకి, ఆఫ్రికాలో అనేక దేశాల సరిహద్దులు నదీప్రవాహ మార్గాలనీ, పర్వత పంక్తులనీ వ్యాపారమార్గాలనీ నిర్లక్ష్యం చేస్తాయి, చారిత్రాత్మక, ఆర్థిక భూమండలాలనీ అనవసరంగా విడగొడతాయి, ప్రాంతీయ జాతులకీ, మాటలకీ సంబంధించిన గుర్తింపులను పట్టించుకోవు. ఒకే తెగకి చెందిన మనుషులు వేర్వేరు దేశాలలో తమవాళ్లున్నారని గ్రహించవచ్చు, అదే విధంగా ఒకే దేశంలో ఎన్నో రకాల ప్రత్యర్థి తెగలు చెదురుమదురుగా జీవిస్తూ ఉండచ్చు. ఇలాంటి సమస్యలు ప్రపంచంలో అన్ని దేశాలనీ పట్టిపీడిస్తున్నాయి, కానీ ముఖ్యంగా ఇవి ఆఫ్రికాలో మరీ తీవ్రంగా ఉండటానికి కారణం, ఆధునిక కాలంలో ఆఫ్రికన్ సరిహద్దులు ప్రాంతీయ

దేశాల ఆకాంక్షలనీ, సంఘర్షణలనీ ప్రతిబింబించవు. ఆ సరిహద్దు రేఖల్ని గీసింది ఆఫ్రికాలో ఎన్నడూ అడుగుపెట్టని యూరోపియన్ ప్రభుత్వోద్యోగులు.

పంతొమ్మిదో శతాబ్దం చివరి దశలో అనేక యూరోపియన్ శక్తులు ఆఫ్రికన్ భూభాగాలమీద ఆధిపత్యం వహించాయి. ఒకదానితో ఒకటి పోరాడే ఆ శక్తులు యూరప్‌లో యుద్ధానికి కారణమవచ్చున్న భయంవల్ల 1884లో ఆ శక్తులు బెర్లిన్‌లో సమావేశమయి, ఆఫ్రికాని కేకుని కోసినట్టు ముక్కలుగా కోశాయి. ఆ రోజుల్లో యూరోపియన్లకి ఆఫ్రికా దేశం లోపలి భాగాల గురించి బొత్తిగా ఏమీ తెలీదు. బ్రిటిష్, ఫ్రెంచ్, జర్మన్ దేశస్థుల దగ్గర నిర్దుష్టమైన ఆఫ్రికన్ తీరప్రాంతాల చిత్రాలు (మ్యాపులు) ఉండేవి. నైజర్, కాంగో, జాంబెజీ నదులు సముద్రంలో ఎక్కడ కలుస్తాయో వాళ్లకి తెలుసు. కానీ భూభాగం లోపలి ప్రాంతాలలో ఈ నదుల ప్రవాహ మార్గాలేమిటో వాళ్లకి ఏమీ తెలీదు, ఆ నదుల ఒడ్డున ఉన్న రాజ్యాలేవో, నివసించే తెగలు ఏవో తెలీదు, ప్రాంతీయ మతాలూ, చరిత్ర, భౌగోళిక వివరాలూ తెలీవు. కానీ యూరోపియన్ దౌత్యవేత్తలకు ఇదేమీ పట్టలేదు. ఒక ఖాళీ ఆఫ్రికా చిత్రపటం తీసుకుని, తళతళలాడేట్టు పాలిష్ చేసిన బెర్లిన్ బల్లమీద దాన్ని పరిచి, అక్కడక్కడా గీతలు గీసి, ఆ భూఖండాన్ని పంచుకున్నారు.

అందరూ అంగీకరించిన ఆ మ్యాప్ పట్టుకుని యూరోపియన్లు ఆఫ్రికా లోపలికి బలవంతంగా ప్రవేశించినప్పుడు, బెర్లిన్‌లో కూర్చుని తాము గీసిన మ్యాపులు ఆఫ్రికాలోని భౌగోళిక, ఆర్థిక, జాతిపరమైన వాస్తవాలకు న్యాయం చెయ్యలేదని గ్రహించారు. కానీ మళ్ళీ కొట్లాటలకి దిగకుండా ఉండేందుకు, ఆక్రమణదారులు తాము చేసుకున్న ఒప్పందాలకు కట్టుబడ్డారు. ఆ తరవాత వాళ్ళు కల్పించి గీసిన ఆ గీతలే యూరోపియన్ వలసప్రాంతాలకి సరిహద్దులుగా ఉండిపోయాయి. ఇరవయ్యవ శతాబ్దం సగభాగం గడిచి, యూరప్‌లోని సామ్రాజ్యాలు నాశనమయ్యాక, వలస ప్రాంతాలు స్వేచ్ఛ సాధించాక, ఎదురుతిరిగితే యుద్ధాలూ, కొట్లాటలూ ఎడతెగకుండా కొనసాగుతూనే ఉంటాయని భయపడి, కొత్త దేశాలు వలస ప్రాంతాల సరిహద్దుల్ని ఆమోదించాయి. ఈనాడు ఆఫ్రికాలోని అనేక దేశాలు ఎదుర్కొంటున్న సమస్యలకి మూలకారణం వాటి సరిహద్దులు సవ్యంగా లేకపోవటమే. యూరోపియన్ ఉద్యోగ వ్యవస్థ రాసిన కల్పిత గాథలు ఆఫ్రికన్ వాస్తవాన్ని ఎదుర్కొన్నప్పుడు అవి ఆఫ్రికన్ వాస్తవాన్ని బలవంతంగా అణచివేశాయి.

ఆధునిక విద్యావ్యవస్థలో రాసి ఉంచిన రికార్డుల ముందు వాస్తవం తలవంచే ఉదాహరణలు అనేకం కనిపిస్తాయి. నా బల్ల వెడల్పు కొలిచేప్పుడు నేను వాడే కొలబద్ధపై అంత ప్రాముఖ్యం ఉండదు. నేను దాని వెడల్పు 200 సెంటిమీటర్లని చెప్పినా, 78.74 అంగుళాలని చెప్పినా దాని వెడల్పులో మార్పు ఉండదు. కానీ ప్రభుత్వోద్యోగులు ప్రజలని కొలిచేప్పుడు, వాళ్ళు ఎంచుకునే కొలబద్దలవల్ల చాలా తేడా వస్తుంది. కచ్చితమైన మార్కులని బట్టి స్కూళ్ళు ప్రజలని అంచనా వెయ్యటం మొదలెట్టాక కొన్ని లక్షలమంది విద్యార్థుల, అధ్యాపకుల జీవితాలు నాటకీయంగా మారిపోయాయి. మార్కులనేవి ఒక కొత్త ఆవిష్కరణ. ఆటవికులు తాము సాధించిన విజయాలకు మార్కులు సంపాదించుకో లేదు. వ్యవసాయ విప్లవం తరవాత కొన్ని వేల సంవత్సరాలవరకూ విద్యాసంస్థలేవీ

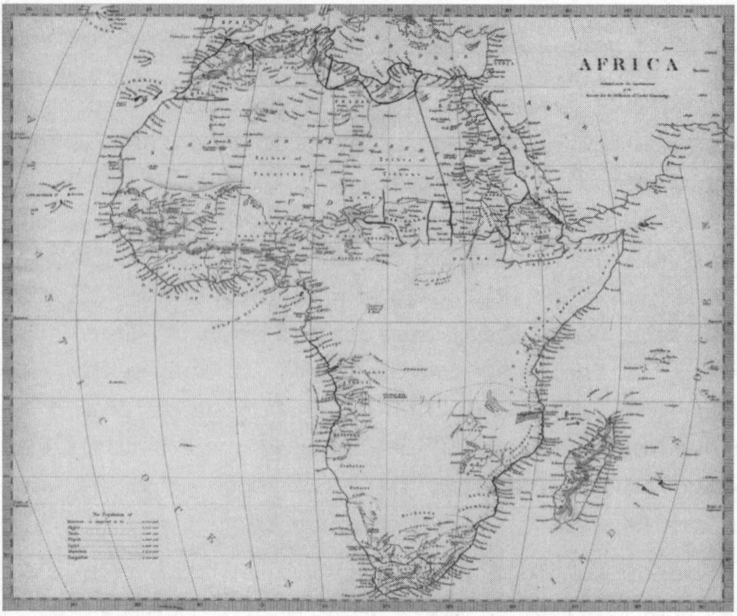

24. 19వ శతాబ్దం మధ్యలో యూరోపియన్ దేశాల ద్వారా తయారుచేయబడ్డ ఆఫ్రికా ఖండపటం. ఆఫ్రికాలోని లోపలి ప్రాంతాలు యూరోపియన్లకు అంతగా తెలియవు, అయినప్పటికీ దాన్ని విభజించి సరిహద్దు రేఖలు గీయడంలో వారికి యిబ్బంది కలగలేదు.

కచ్చితమైన మార్కులు ఇవ్వలేదు. మధ్యయుగంలో చెప్పులు కుట్టటం నేర్చుకునే వ్యక్తికి షూ లేసులు బాగా కుట్టినందుకు 'ఏ', బకిల్స్ సరిగ్గా కుట్టకపోవటం వల్ల 'సి మైనస్' ఇస్తున్నామని యేడాది చివరలో ఎవరూ ఒక కాయితం అందించలేదు. షేక్స్‌పియర్ కాలంలో గ్రాడ్యుయేషన్ చేసే విద్యార్థి ఆక్స్‌ఫర్డ్ వదిలి వెళ్లేప్పుడు అతనికి రెండు రకాల ఫలితాలు అందే అవకాశం ఉండేది – డిగ్రీ సంపాదించుకోవటం, దాన్ని సంపాదించుకోలేక పోవటం. ఒక విద్యార్థికి 74 మార్కులూ, మరో విద్యార్థికి 88 మార్కులూ ఇవ్వాలని ఎవరూ అనుకోలేదు.

పారిశ్రామిక యుగంలో పెద్దసంఖ్యలో విద్య నేర్పే వ్యవస్థ ప్రారంభమయాకే క్రమబద్ధంగా కచ్చితమైన మార్కులు వేసే పద్ధతి మొదలైంది. ఫ్యాక్టరీలో, ప్రభుత్వ మంత్రిత్వ శాఖలూ అంకెల భాషలో ఆలోచించటం అలవాటు చేసుకున్నాక, స్కూళ్ళు కూడా దాన్నే అనుసరించాయి. ప్రతి విద్యార్థినీ అతను లేదా ఆమె తెచ్చుకునే మార్కులను బట్టే విలువకట్టి అంచనా వెయ్యటం ప్రారంభించారు. మరోవైపు ప్రతి టీచర్నీ, ప్రిన్సిపల్‌నీ స్కూలు సగటు మొత్తాన్ని బట్టి నిర్ణయించేవారు. ఒకసారి ప్రభుత్వోద్యోగులు కొలబద్దని వాడటం మొదలెట్టాక వాస్తవం మారిపోయింది.

మొదట్లో అసలు స్కూళ్లనేవి జ్ఞానం పంచేందుకూ, విద్య గరపేందుకూ ఆరంభించ బడ్డాయి. మార్కులు కేవలం వాళ్ళ సాఫల్యాన్ని కొలిచేందుకు మాత్రమే పనికివచ్చేవి. కానీ సహజంగానే కొద్దిరోజుల్లోనే ఎక్కువ మార్కులు తెచ్చుకోవటం మీద స్కూళ్ళు దృష్టి కేంద్రీ కరించసాగాయి. సాహిత్యాన్నీ, జీవశాస్త్రాన్నీ లేదా గణితశాస్త్రాన్నీ అర్థం చేసుకోవటం, పరీక్షల్లో ఎక్కువ మార్కులు తెచ్చుకోవటం ఒకటి కాదని ప్రతి పిల్లవాడికీ, టీచర్‌కీ, స్కూళ్ల ఇన్‌స్పెక్టర్‌కీ తెలుసు. అలాగే ఈ రెంటిలో ఒకదాన్ని ఎంచుకోమన్నప్పుడు అధికశాతం స్కూళ్ళు మార్కులనే ఎంచుకుంటాయనీ ఆ పిల్లలకీ, టీచర్లకీ, ఇన్‌స్పెక్టర్లకీ తెలుసు.

పవిత్ర గ్రంథాల రాకతో లిఖిత దస్తావేజుల శక్తి పరాకాష్ఠకి చేరుకుంది. ప్రాచీన నాగరికతలకి సంబంధించిన పురోహితులకీ, లేఖరులకీ పత్రాలని వాస్తవానికి మార్గనిర్దేశాలుగా భావించటం అలవాటయింది. మొదట్లో ఈ పత్రాలు వాళ్లకి పన్నుల గురించీ, పొలాల గురించీ, ధాన్యాగారాల గురించీ తెలియజేసేవి. కానీ ఉద్యోగిస్వామ్యం అధికారం పెరిగినకొద్దీ, ఆ పత్రాల ఆధిపత్యం కూడా పెరిగిపోయింది. పురోహితులు కేవలం దేవుళ్ళ ఆస్తిపాస్తుల జాబితాలు మాత్రమే కాకుండా వాళ్ళు చేసే పనుల గురించీ, ఆజ్ఞల గురించీ, రహస్యాల గురించీ కూడా జాబితాలు తయారుచేశారు. వాస్తవాన్ని మొత్తంగా వివరించేందుకు పవిత్ర గ్రంథాలని ఆశ్రయించవలసి వచ్చింది. కొన్ని తరాలపాటు అధ్యయనకర్తలు అన్ని రకాల సమస్యలకి సమాధానాలు బైబిల్, ఖురాన్, వేదాలలో వెతకటం అలవాటు చేసుకున్నారు.

సిద్ధాంతపరంగా చూసినప్పుడు, ఏదైనా పవిత్ర గ్రంథం వాస్తవానికి తప్పుడు నిర్వచనం ఇస్తే, ఆ గ్రంథాన్ని అధ్యయనం చేసే విద్యార్థులు ఎప్పుడో ఒకప్పుడు ఆ పొరపాటుని గ్రహిస్తారు. అప్పుడా గ్రంథం ప్రామాణికం కాకుండా పోతుంది. అందరినీ అన్ని సమయాలలో మోసగించటం సాధ్యం కాదన్నాడు అబ్రహాం లింకన్. అలా అనుకోవటం బాగానే ఉంటుంది. కానీ వ్యవహారం దగ్గరకొచ్చేసరికి మనుషులు సహకరించటం అనేది నిజానికీ, కల్పనకీ మధ్య సున్నితమైన త్రాసులో ఊగుతూ ఉంటుంది. వాస్తవాన్ని మరీ వక్రీకరిస్తే అది మిమ్మల్ని బలహీనులని చేస్తుంది, మీతో పోటీ చేసేవాళ్ల దృష్టి ఇంకా స్పష్టంగా ఉన్నట్టయితే మీరు గెలవలేరు. మరోవైపు ఏదో ఒక కల్పితగాథ మీద ఆధారపడనిదే సహకరించేందుకు అధికసంఖ్యలో జనాన్ని మీరు పోగుచెయ్యలేరు. అందుకని, ఎటువంటి కల్పననీ జోడించకుండా, మీరు పూర్తిగా వాస్తవానికే కట్టుబడితే జనం మిమ్మల్ని అనుసరించరు.

టైం మిషన్‌లో మీరొక ఆధునిక శాస్త్రవేత్తని ప్రాచీన ఈజిప్ట్‌కి పంపిస్తే, అక్కడి పురోహితులు చెప్పే కట్టుకథలు అబద్ధమని నిరూపించి, రైతులకి పరిణామక్రమం, సాపేక్ష సిద్ధాంతం, క్వాంటం భౌతికశాస్త్రం గురించి ఉపన్యాసాలిచ్చి, అధికారాన్ని వాళ్ళ దగ్గర్నుంచి లాక్కోవటం ఆమెకి సాధ్యం కాదు. అన్నట్టు, ఒకవేళ మన శాస్త్రజ్ఞులు కొన్ని తుపాకులనీ, ఫిరంగులనీ తయారుచేసేందుకు ఆమె శాస్త్రీయ జ్ఞానాన్ని ఉపయోగించుకో గలిగితే, ఫారో, లేక మొసలి దేవుడు సోబెక్‌ని మించిపోగలదు. అయినా, ఇనుముని గనుల్లోంచి వెలికితీసి, కొలిములు నిర్మించి, మందుగుండు సామాను తయారుచేసేందుకు

ఆ శాస్త్రజ్ఞురాలికి శ్రమించి పనిచేసే చాలామంది రైతులు అవసరమౌతారు. శక్తిని పదార్థంతో విభజిస్తే, వచ్చే ఫలితం కాంతి వర్గాకార (స్క్వేర్డ్) వేగానికి సమానమని వివరిస్తే ఆమె మాటల ప్రభావం వాళ్ళమీద ఉంటుందని అనుకుంటున్నారా? అలా అనుకుంటు న్నట్టయితే మీరు ఆఫ్ఘనిస్తాన్‌కిగాని, సిరియాకిగాని వెళ్లి మీ అదృష్టాన్ని పరీక్షించుకోవచ్చు.

ఫారోల ఈజిప్ట్, కమ్యూనిస్ట్ చైనా, యూరోపియన్ సామ్రాజ్యాలు, ఆధునిక విద్యాసంస్థల వ్యవస్థ లాంటి నిజంగా శక్తివంతమైన సంస్థలకి స్పష్టమైన దృష్టికోణం ఉంటుందని హామీ ఇవ్వలేం. అణకువగా ఉండే వాస్తవం మీద తాము కల్పించిన విశ్వాసాలని బలవంతంగా రుద్దే సామర్థ్యం మీద వాళ్ళ శక్తి ఆధారపడి వుంటుంది. ఉదాహరణకి, డబ్బు అనే ఆలోచన చేసే పని అదే. ఏమాత్రం విలువలేని కాయితాలు తీసుకుని ప్రభుత్వం వాటిని విలువైనవని ప్రకటిస్తుంది. ఆ తరవాత మిగిలిన అన్నిటి విలువా లెక్కించేందుకు వాటిని వాడుకుంటుంది. ఈ కాయితం ముక్కల్ని ఉపయోగించి ప్రజలని పన్నులు కట్టేందుకు బలవంతపెడుతుంది. అప్పుడు వాళ్లకి వేరే దారిలేక కొన్ని నోట్లు సంపాదించుకోక తప్పదు. ఆ నోట్లు కాలక్రమాన నిజంగానే విలువని సంతరించు కుంటాయి. ప్రభుత్వోద్యోగులకి వాటిని నమ్మే స్వేచ్ఛ లభిస్తుంది. ఇక కాయితం రూపంలో డబ్బు జారీ చెయ్యటం మీద ప్రభుత్వానిదే అదుపు కాబట్టి, దాని శక్తి పెరుగుతుంది. ఎవరైనా, 'ఇవి కేవలం పనికిరాని కాయితం ముక్కలు!' అని అభ్యంతరం చెప్పి, అవి కాయితం ముక్కలే అన్నట్టు ప్రవర్తిస్తే, అతను జీవితంలో ఆట్టే ముందుకి పోలేడు.

విద్యార్థుల తెలివితేటలని అంచనా వేసేందుకు మెట్రిక్యులేషన్ పరీక్షలని మించినవి లేవని విద్యావ్యవస్థ ప్రకటించినప్పుడు కూడా జరిగేది ఇదే. కాలేజీలలోనూ, ప్రభుత్వ కార్యాలయాలలోనూ, ప్రయివేటు సంస్థల్లో ఉద్యోగాలలోనూ వాళ్ళకి సీట్లూ, ఉద్యోగాలూ రావాలంటే, ఆ అంగీకారం మీద వ్యవస్థ ప్రభావం ఉంటుంది. అందుకని విద్యార్థులు శాయశక్తులా మంచి మార్కులు తెచ్చుకునేందుకు ప్రయత్నిస్తారు. గౌరవప్రదమైన ఉద్యోగాలన్నీ ఎక్కువ మార్కులు తెచ్చుకునేవాళ్లకే దక్కుతాయి. సహజంగానే అక్కడికి వాళ్ళని చేర్చిన వ్యవస్థనే వాళ్ళు సమర్థిస్తారు. కీలకమైన పరీక్షలని తమ అదుపులో పెట్టుకునేది విద్యావ్యవస్థే కాబట్టి దానికి అధికారం ఎక్కువుంటుంది. అందువల్ల కాలేజీల్లో, ప్రభుత్వ కార్యాలయాల్లో, ఉద్యోగాల రంగంలో దాని ప్రభావం ఎక్కువైపోతోంది. 'డిగ్రీ సర్టిఫికెట్ కేవలం ఒక కాయితం ముక్కే!' అని ఎవరైనా ఎదురుతిరిగి, ఆ అభిప్రాయానికి తగ్గట్టు ప్రవర్తిస్తే ఆ వ్యక్తి జీవితంలో అంతగా ఏమీ సాధించలేడు.

పవిత్ర గ్రంథాలు కూడా ఇదే విధంగా ప్రభావం చూపుతాయి. మన ప్రశ్నలన్నిటికీ సమాధానాలు పవిత్ర గ్రంథాలలో దొరుకుతాయని మతవ్యవస్థ సాధికారంగా ప్రకటిస్తుంది. అదే సమయంలో అది న్యాయస్థానాలూ, ప్రభుత్వాలూ, వ్యాపారాలూ పవిత్ర గ్రంథాలు చెప్పినట్టు నడుచుకోవాలని బలవంతపెడతాయి. ఒక జ్ఞాని పవిత్ర గ్రంథాలని చదివాక లోకం వైపు చూస్తే, రెంటికీ మంచి సామ్యం కనిపిస్తుంది. 'దేవుడికి నీ సంపాదనలో పదోవంతు ఇచ్చుకోవాలని గ్రంథాలు చెబుతాయి – చూశారా, అందరూ ఇచ్చుకుంటున్నారు! స్త్రీలు పురుషులకన్నా తక్కువ స్థాయి వాళ్ళనీ, న్యాయమూర్తులుగా పనిచెయ్యకూడదనీ,

న్యాయస్థానంలో సాక్ష్యం ఇచ్చేందుకు కూడా పనికిరారనీ గ్రంథాలు అంటున్నాయి. కావాలంటే చూడండి – స్త్రీ న్యాయమూర్తులు ఎక్కడా లేరు, న్యాయస్థానాలు వాళ్ళు చెప్పే సాక్ష్యాన్ని ఒప్పుకోవు. దేవుడి వాణిని అధ్యయనం చేసినవాళ్లు జీవితంలో విజయం సాధిస్తారని గ్రంథాలు చెబుతాయి – చూశారా, మంచి ఉద్యోగాలన్నీ పవిత్ర గ్రంథాలని కంఠస్థం చేసినవాళ్లకే దక్కుతాయి.'

అలాంటి తెలివైన వ్యక్తి సహజంగానే పవిత్ర గ్రంథాలని చదవటం ప్రారంభిస్తాడు. ఎందుకంటే అతను తెలివైనవాడు, అతను మతగ్రంథాలు చదివిన పండితుడనిపించు కుంటాడు. అతను న్యాయమూర్తి పదవి సంపాదించుకుంటాడు. అతను న్యాయమూర్తి అయినప్పుడు స్త్రీలని న్యాయస్థానంలో సాక్ష్యం చెప్పనివ్వడు, తన తరవాత ఆ స్థానానికి ఎంచుకోమన్నప్పుడు, సహజంగానే పవిత్ర గ్రంథాలని క్షుణ్ణంగా చదివిన వ్యక్తిని ఎంచు కుంటాడు. 'ఈ పుస్తకంలో ఉన్నవి కేవలం కాయితాలు!' అని ఎవరైనా అభ్యంతరం చెప్పి, ఆ విధంగా ప్రవర్తిస్తే అతను జీవితంలో పైకి వెళ్ళలేడు.

వాస్తవాన్ని గురించి పవిత్ర గ్రంథాలు మనుషులని ఎంత తప్పుదారి పట్టించి నప్పటికీ, కొన్ని వేల సంవత్సరాలపాటు అవి చెప్పే మాటలు ప్రామాణికంగా నిలిచిపోతాయి. ఉదాహరణకి, బైబిల్‌లో చరిత్ర గురించి చెప్పే మాటలు పూర్తిగా తప్పు, అయినా అది ప్రపంచమంతా ఎంతగా విస్తరించిందంటే, ఇప్పటికీ దాన్ని కొన్ని కోట్లమంది నమ్ముతారు. బైబిల్ చరిత్రలోని ఏకేశ్వరవాదాన్ని ప్రచారం చేసింది. సర్వశక్తిమంతుడైన ఒకే ఒక దేవుడు ఈ లోకాన్ని పాలిస్తున్నాడనీ, ఆ దేవుడు అన్నిటికన్నా ఎక్కువగా నన్నూ, నేను చేసే పనులనీ పట్టించుకుంటాడనీ అంటుందది. ఏదైనా మంచి జరిగితే అది నేను చేసిన మంచి పనులకి బహుమానం. అదే ఘోర విపత్తు సంభవిస్తే అది తప్పకుండా నా పాపాలకి శిక్షే.

ఆ రకంగా ప్రాచీనకాలంలో యూదులు కరువు ఏర్పడితే, లేదా బాబిలోనియా రాజు నెబుఖద్నెజర్ జుడాయియాని ఆక్రమించి అక్కడి ప్రజలకి దేశ బహిష్కరణ విధిస్తే, అవి తప్పకుండా వాళ్ళు చేసిన పాపాలకి పడిన శిక్షే అని అనుకునేవాళ్ళు. పర్షియా రాజు సైరస్ బాబిలోనియన్లని ఓడించి బహిష్కరించబడిన యూదులను మళ్ళీ తమ దేశానికి రానిచ్చి, జెరూసలేంని పునర్నిర్మించనిస్తే, కరుణామయుడైన దేవుడు వాళ్ళ మొరలని వినివుండాలి, అనుకునేవాళ్లు. ఫిలిప్పైన్స్‌లో అగ్నిపర్వతం బద్దలవటంవల్ల ఆలా జరిగుండచ్చని కాని, నెబుఖద్నెజర్ బాబిలోనియాని వ్యాపార దృష్టితో ఆక్రమించాడని కాని, యూదులకి సాయం చెయ్యటంలో సైరస్‌కి రాజకీయ కారణాలేవో ఉన్నాయని కాని బైబిల్ గుర్తించదు. దానికి తగ్గట్టే, ప్రపంచ పర్యావరణాన్ని, బాబిలోన్ ఆర్థిక విధానాన్నీ, పర్షియన్ రాజకీయ వ్యవస్థనీ అర్థం చేసుకునేందుకు బైబిల్ ఏమాత్రం ఆసక్తి కనబరచదు.

ఇలా తనగురించే ఆలోచిస్తూ ఉండటం చిన్నతనంలో అందరికీ సహజమే. పిల్లలు ఏ మతానికి, ఏ సంస్కృతికి చెందినవాళ్ళైనా, ఈ ప్రపంచం తమచుట్టూ మాత్రమే తిరుగుతోందనుకుంటారు. అందుకే ఇతరుల పరిస్థితిపట్లా, భావాలపట్లా నిజంగా ఆసక్తి కనబరచరు. పిల్లల మనసులని విడాకులు అంత గాయపర్చటానికి అదే కారణం. తనకి సంబంధించని ముఖ్యమైన సంఘటనేదో జరుగుతోందని ఐదేళ్ల వయసున్న పిల్లో,

పిల్లవాడో గ్రహించలేడు. అమ్మా, నాన్నా స్వతంత్ర వ్యక్తులనీ, తమకి మాత్రమే సొంతమైన సమస్యలు, కోరికలు ఉంటాయనీ, తాము విడిపోవడానికి పిల్లవాడు కారణం కాదనీ ఎన్నిసార్లు చెప్పినా ఆ పిల్లవాడు దాన్ని అర్థం చేసుకోలేడు. ఆదంతా తనవల్ల జరుగుతోందని అనుకుంటాడు. చాలామంది పెద్దయ్యాక చిన్నతనంలో ఉండే ఈ భ్రమ నుంచి బయట పడతారు. ఏకేశ్వరవాదులు మాత్రం చనిపోయేదాకా దాన్ని వదలరు. తనవల్లే అమ్మా నాన్నా పోట్లాడుకుంటున్నారనుకునే చిన్నపిల్లవాడిలా పర్షియన్లు బాబిలోనియన్లతో పోరాడేది తనకోసమే అనుకుంటాడు ఏకేశ్వరవాది.

బైబిల్ నాటికే కొన్ని సంస్కృతులకి చరిత్ర గురించి స్పష్టమైన అవగాహన ఉండేది. సర్వాత్మవాద మతాలూ, బహుదేవతారాధన పాటించే మతాలూ, ఈ ప్రపంచం ఒకేఒక దేవుడికి కాక అనేక రకాల శక్తులకు క్రీడాస్థలమని వర్ణించాయి. అందుకని సర్వాత్మవాదులకీ, బహుదేవతారాధకులకీ జరిగే సంఘటనల్లో చాలా భాగం నాకూ, నా ఇష్టదైవానికీ సంబంధం లేనివని, ఆ సంఘటనలు నేను చేసిన పాపాలకి శిక్షలూ, మంచి పనులకి బహుమతులూ కావని, అంగీకరించటం సులభమైంది. హెరొడోటస్, త్యుసిడిడీస్ లాంటి గ్రీక్ చరిత్రకారులు, సైమా చియెన్ లాంటి చైనా చరిత్రకారులు, చరిత్రకి సంబంధించిన అధునాతన సిద్ధాంతాలను అభివృద్ధి చేశారు. ఆధునిక యుగంలో మనకుండే దృష్టి కోణానికీ, వీటికీ చాలా పోలిక ఉంది. రకరకాల రాజకీయ, సామాజిక, ఆర్థిక కారణాల వల్లే యుద్ధాలూ, విప్లవాలూ చోటుచేసుకుంటాయని వాళ్ళు వివరించారు. తాము ఏ తప్పూ చెయ్యకపోయినా జనం యుద్ధానికి బలి కావచ్చు. పర్షియన్ రాజకీయాలని అర్థం చేసుకునేందుకు హెరొడోటస్ చాలా ఆసక్తి కనబరిచాడు. సైమా చియెన్, స్టెప్పీ (గడ్డి మైదాన ప్రాంతాలు) లలో నివసించిన అనాగరికుల సంస్కృతీ, మతం గురించి ఎక్కువ ఆసక్తి చూపాడు.

ఈనాటి అధ్యయనకర్తలు బైబిల్‌కన్నా హెరొడోటస్, సైమా చియన్ అభిప్రాయాలతోనే ఎక్కువగా ఏకీభవిస్తారు. అందుకే అన్ని ఆధునిక రాష్ట్రాలూ ఇతర దేశాల గురించి సమాచారం సేకరించేందుకూ, ప్రపంచవ్యాప్తంగా పర్యావరణ, రాజకీయ, ఆర్థిక ధోరణులని విశ్లేషించేందుకూ అంత ప్రయాసపడతాయి. అమెరికాలో ఆర్థిక వ్యవస్థ తొట్రుపాటుకి గురైతే క్రైస్తవ మతాన్ని గాఢంగా నమ్మే రిపబ్లికన్లు సైతం తమని తాము తప్పుపట్టకుండా చైనా వైపు వేలెత్తి చూపిస్తారు.

బైబిల్ రాసినవాళ్ళకన్నా హెరొడోటస్, త్యుసిడిడీస్ వాస్తవాన్ని బాగా అర్థం చేసుకున్నప్పటికీ, ఆ రెండు ప్రపంచాల దృష్టికోణాలూ ఒకదాన్నొకటి ఎదుర్కొన్నప్పుడు, బైబిల్‌కే సంపూర్ణ విజయం లభించింది. గ్రీకులు చరిత్ర విషయంలో యూదుల అభిప్రాయాన్నే స్వీకరించారు, తప్ప యూదులు గ్రీకుల అభిప్రాయాన్ని కాదు. త్యుసిడిడీస్ తరవాత వెయ్యి సంవత్సరాలకి, తమ మీద ఏ అనాగరిక గుంపులో దాడి చేస్తే అది తాము చేసిన పాపాలవల్లేనని గ్రీకులకి నమ్మకం ఏర్పడింది. బైబిల్‌లోని ప్రపంచదృష్టి ఎంత లోపభూయిష్టమైనదైనా, అది మానవులు అత్యధిక సంఖ్యలో సహకరిస్తూ పనిచేసేందుకు సాయం చేస్తుంది.

కానీ అది ఫలితాన్నిస్తుంది!

కల్పిత కథలు మనం కలిసి పనిచేసేందుకు దోహదం చేస్తాయి. కానీ ఆ కల్పిత కథలే మన సహకారానికి లక్ష్యాలు నిర్ధారించటమనేది దానికి మనం చెల్లించే మూల్యం. మన దగ్గర సహకరించే వ్యవస్థకి సంబంధించిన వివరాలు అనేకం ఉండవచ్చు, వాటిని కల్పనల లక్ష్యాలకు ఉపయోగించటం జరుగుతుంది. అప్పుడు ఆ వ్యవస్థ చక్కగా పనిచేస్తున్నట్లు కనిపించవచ్చు, కానీ దానికోసం మనం ఆ వ్యవస్థకి సంబంధించిన ప్రమాణాలని స్వీకరించాల్సి ఉంటుంది. ఉదాహరణకి, ఒక ముస్లిం ముల్లా, 'మా వ్యవస్థ ఫలితాలనిస్తుంది. ప్రస్తుతం ప్రపంచమంతటా 1.5 బిలియన్ల ముస్లిములున్నారు, ఇంతక్రితం ఎప్పుడూ లేనంతగా మరింతమంది ఖురాన్ చదువుతూ అల్లాకి తమనితాము సమర్పించు కుంటున్నారు,' అంటాడు. కానీ ఇక్కడ మనం అడగాల్సిన ముఖ్యమైన ప్రశ్న, విజయాన్ని కొలిచేందుకు పనికివచ్చే కొలబద్ద ఇదేనా, అని. ఒక స్కూల్ ప్రిన్సిపాల్, 'మా వ్యవస్థ ఫలితాలనిస్తుంది. గత ఐదేళ్ళలో పరీక్షా ఫలితాలు 7.3 శాతం పెరిగాయి,' అనవచ్చు. కానీ ఒక స్కూల్‌ని అంచనా వేసేందుకు అన్నిటికన్నా మంచి పద్ధతి అదేనా? ఒక అధికారి, 'మా వ్యవస్థ ఫలితాలనిస్తుంది. మేం ఇంకా ఎక్కువ పన్ను వసూలు చేస్తాం, మరిన్ని కాలువలు తవ్విస్తాం, ప్రపంచంలో అందరికన్నా పెద్ద పిరమిడ్లు నిర్మిస్తాం,' అంటారు. నిజమే, ఫారోల ఈజిప్ట్ పన్నులు విధించటంలో, నీటిపారుదల వ్యవస్థలో, పిరమిడ్లు నిర్మించటంలో ప్రపంచానికి దారిచూపింది. కానీ నిజంగా అది అంత ముఖ్యమా?

మనుషులకి అనేక రకాల భౌతిక, సామాజిక, మానసిక అవసరాలుంటాయి. ప్రాచీన ఈజిప్ట్‌లో రైతులు, ఆటవికులైన తమ పూర్వీకులకన్నా ఎక్కువ ప్రేమగాని, మెరుగైన సామాజిక సంబంధాలుగాని అనుభవించారని స్పష్టంగా చెప్పలేం. అలాగే పోషకాల విషయంలో, ఆరోగ్యం, చిన్నపిల్లల మరణాల విషయంలో నిజానికి వాళ్ళ పరిస్థితి మరింత అధ్వాన్నంగా మారిందనే అనాలి. క్రీ.పూ.1850లో లేక్ ఫయం సృష్టించిన ఫారో, (మూడవ అమెనెమహత్) పరిపాలించిన కాలానికి సంబంధించిన ఒక పత్రంలో, మంచి లేఖరిగా తయారవ్వాలన్న ఉద్దేశంతో తన కొడుకు పెపీని దుఅ ఖేతీ అనే ఒక ధనికుడు స్కూల్లో చేర్పించాడని ఉంది. దారిలో దుఅ ఖేతీ రైతుల, శ్రామికుల, సైనికుల హస్తకళాకారుల దుర్భర జీవితాన్ని కళ్లకు కట్టినట్టు వర్ణించాడు. అది విని పెపీ తన జీవితాన్ని చదువుసంధ్యలకే ధారబోస్తాడనీ, అధికసంఖ్యాకుల బాధలనుంచి తప్పించు కుంటాడనీ ఆయన ఆశించాడు.

దుఅ ఖేతీ దృష్టిలో సొంత భూమిలేని రైతుకూలీ జీవితం కష్టాలతోనూ, బాధల తోనూ నిండి ఉంటుంది. కేవలం చింకిపాతలు వేసుకుని, వేళ్ళు బొబ్బలెక్కేదాకా అతను శ్రమిస్తాడు. అప్పుడు ఫారో కింద పనిచేసే సిబ్బంది వచ్చి అతన్ని వెట్టిచాకిరీ చేసేందుకు లాక్కెళ్తారు. అంత కష్టానికీ, శ్రమకీ బదులుగా అతనికి దొరికేది కేవలం అనారోగ్యం. ఇంటికి ప్రాణాలతో తిరిగొచ్చినా, అతను పూర్తిగా అలసిపోయి, కుంగి కృశించిపోయి ఉంటాడు. సొంత భూమి ఉన్న రైతు పరిస్థితి కూడా మెరుగ్గా ఏమీ ఉండదు. రోజంతా నది నుంచి పొలానికి నీళ్ల బాల్చీలు మోస్తూ శ్రమిస్తాడు. ఆ బరువుతో అతని భుజాలు

ఒంగిపోతాయి, మెడమీద పుళ్ళు లేస్తాయి. ఉదయాన్నే లీక్ (ఒక రకమైన ఉల్లి) మొక్కలకి, మధ్యాన్నం ఖర్జూరం చెట్లకీ, సాయంకాలం కొత్తిమీర మొక్కలకీ నీళ్లు పెడతాడు. కాలక్రమాన అతను లేవలేని స్థాయికి చేరుకొని చనిపోతాడు. రాసిన వాక్యాల్లో కావాలనే అతిశయోక్తి చొప్పించి ఉండవచ్చు, కానీ అది మరీ విపరీతంగా ఉండదు. ఆ రోజుల్లో ఫారోల ఈజిప్ట్‌ని మించిన శక్తి మరే రాజ్యానికీ లేదు. కానీ ఒక సామాన్య రైతుకి ఆ శక్తి అర్థం పన్నులూ, వెట్టిచాకిరీయే తప్ప, ఆసుపత్రులూ, సామాజిక రక్షణా సేవలూ కావు.

ఈ లోపం కేవలం ఈజిప్టులోనే కనబడేది కాదు. చైనాలోని రాజవంశాలు, ముస్లిం సామ్రాజ్యాలు, యూరోపియన్ రాజ్యాలూ బోలెడన్ని విజయాలు సాధించినప్పటికీ, క్రీ.శ. 1850లో కూడా సామాన్య మానవుడి జీవితం ప్రాచీనకాలపు ఆటవికులకన్నా మెరుగవలేదు–నిజానికి ఇంకా అధ్వాన్నమైందేమో. 1850లో తమ పూర్వీకులైన ఆటవికజాతి మానవుల కన్నా చైనాలో ఉండే రైతుగాని, మాంచెస్టర్‌లో ఉండే కార్మికుడుగాని ఎక్కువ గంటలు పనిచేసేవాడు; వాళ్ళు చేసిన పనులు శారీరకంగా ఎక్కువ కష్టంగా ఉండేవి కానీ మానసికంగా అంత సంతృప్తినిచ్చేవి కావు; వాళ్ళు తిన్న ఆహారంలో సమతూకం లోపించేది; పరిశుభ్రత మునుపటితో పోలిస్తే ఘోరంగా ఉండేది; అంటురోగాలు తరచు సోకేవి.

సెలవుదినాలు గడిపేందుకు ఎక్కడికి వెళ్లాలని మీరు అడిగితే చెప్పిన రెండు ప్రదేశాలలో ఏదో ఒకటి ఎంచుకోమని ఎవరైనా అన్నారనుకోండి :

రాతియుగపు ప్యాకేజి : మొదటిరోజు మిమ్మల్ని సహజమైన అడవిలో చాలాదూరం కాలినడకన తీసుకెళతాం, నది ఒడ్డున చెట్లూ చేమలూ దట్టంగా లేనిచోట రాత్రికి మజిలీ చేస్తాం. రెండోరోజు పది గంటలు నదిలో పడవలో విహరించి, ఒక చిన్న సరస్సు ఒడ్డున మకాం వేస్తాం. మూడోరోజు స్థానికుల దగ్గర ఆ సరస్సులో చేపలు ఎలా పట్టాలో, దగ్గరలోని చిట్టడవిలో పుట్టగొడుగులు ఎలా సంపాదించాలో నేర్చుకుంటాం.

ఆధునిక శ్రమజీవి ప్యాకేజి : మొదటిరోజు కాలుష్యంతో నిండిన ఒక బట్టలు నేసే ఫ్యాక్టరీలో పది గంటలు పనిచేసి, ఇరుకుగా ఉండే అపార్టుమెంట్ కాంప్లెక్స్‌లో రాత్రి గడుపుతాం. రెండోరోజు ఒక డిపార్ట్‌మెంట్ స్టోర్‌లో పదిగంటలు క్యాషియర్లుగా పని చేస్తాం. నిద్రపోయేందుకు మళ్ళీ అదే అపార్టుమెంట్ కాంప్లెక్స్‌కి వెళ్తాం. మూడోరోజు స్థానికుల దగ్గర బ్యాంకు అకౌంట్ తెరవటం, తాకట్టు ఎలా పెట్టాలో నేర్చుకుంటాం.

మీరైతే ఏ ప్యాకేజి ఎంచుకుంటారు?

మానవ సహకారానికి సంబంధించిన (నెట్‌వర్క్) అల్లికలని బేరీజు వేసి చూస్తే, అదంతా మనం ఉపయోగించే కొలబద్దనీ, దృష్టినీ బట్టి ఉంటుంది. ఫారోల ఈజిప్ట్‌ని ఉత్పత్తి దృష్టితో, పోషకపదార్థాల దృష్టితో లేదా సామాజిక సామరస్యం దృష్టితో బేరీజు వేస్తున్నామా? ఉన్నతవర్గం, సామాన్యరైతు, పందులు, మొసళ్ళనిబట్టి అంచనా వేస్తున్నామా? చరిత్ర ఒకే రకంగా సాగే కథ కాదు, కొన్ని వేల ప్రత్యామ్నాయ కథలు అందులో ఉంటాయి. మనం చెప్పేందుకు ఒక కథని ఎంచుకున్నప్పుడు మిగిలిన కథలన్నిటినీ చెప్పకుండా దాటేస్తాం.

మానవ సహకార అల్లికలు తాము కనిపెట్టిన కొలబద్దలతోనే తమని తాము కొలుస్తాయి. అలాటప్పుడు తమకి తాము ఎక్కువ మార్కులు ఇచ్చుకోవటంలో ఆశ్చర్యమేమీ లేదు. ముఖ్యంగా కల్పన ద్వారా నిర్మించిన దేవుళ్ళలాంటి అస్తిత్వాల పేర, దేశాల పేర, కార్పొరేషన్ల పేర నిర్మించినవైతే, సామాన్యంగా ఆ కల్పిత అస్తిత్వం దృష్టికోణం నుంచే తమ విజయాల్ని అంచనా వేస్తారు. దైవాజ్ఞని తు.చ. తప్పకుండా అనుసరించే మతం విజయ వంతమనిపించుకుంటుంది; దేశ హితాన్ని ప్రోత్సహిస్తే ఆ దేశానికి గౌరవం దక్కుతుంది; ఒక కార్పొరేషన్ అభివృద్ధి సాధించాలంటే అది బోలెడంత డబ్బు సంపాదించాలి.

ఏ మానవ నెట్‌వర్క్ చరిత్రనైనా పరీక్షించేటప్పుడు, కథ మధ్యన ఆగి వివరాలని ఒక వాస్తవమైన వాస్తవిక అస్తిత్వం దృష్టికోణం నుంచి చూస్తే మంచిదని నా అభిప్రాయం. ఒక అస్తిత్వం వాస్తవమైనదని మీకెలా తెలుస్తుంది? అది చాలా సులభం – 'అది బాధపడ గలదా?' ప్రశ్నించుకోండి. జ్యూస్ (Zeus) ఆలయాన్ని కాల్చివేస్తే ఆ దేవుడికి బాధ కలగదు. యూరో విలువ కోల్పోతే, యూరో బాధపడదు. బ్యాంకు దివాళా తీస్తే దానికి బాధ వెయ్యదు. యుద్ధంలో ఏదైనా దేశం ఓడిపోతే అది నిజంగా బాధపడదు. అది కేవలం ఒక ప్రతీక. కానీ దీనికి వ్యతిరేకంగా ఒక సైనికుడు యుద్ధంలో గాయపడితే, అతను నిజంగానే బాధకి గురవుతాడు. ఆకలితో అలమటిస్తున్న రైతుకి తినటానికి ఏమీ లేకపోవటం బాధాకరం. అప్పుడే పుట్టిన దూడనుంచి ఆవుని విడదీస్తే ఆవు బాధపడుతుంది, ఇది వాస్తవం.

కానీ కల్పిత కథలని నమ్మటంవల్ల కూడా మనకి దుఃఖం కలగవచ్చు. ఉదాహరణకి, దేశానికీ, మతానికీ సంబంధించిన కల్పిత కథలను నమ్మటం యుద్ధాలకి దారితీయచ్చు, ఆ యుద్ధాల్లో లక్షలమంది తమ నివాసాలు, అవయవాలు, ప్రాణాలు సైతం కోల్పోతారు. యుద్ధానికి కారణం కల్పన కానీ దానివల్ల కలిగే దుఃఖం, బాధ 100 శాతం వాస్తవం. అందుకే మనం కల్పనకీ, వాస్తవానికీ గల తేడా గ్రహించాలి.

కల్పన చెడ్డదేమీ కాదు. అది ముఖ్యమే. అందరూ సామాన్యంగా ఆమోదించే డబ్బు, రాజ్యాలు, కార్పొరేషన్లు లాంటివి లేనట్టయితే ఏ సమాజమూ సవ్యంగా పనిచేయలేదు. ఎవరో తయారుచేసిన నియమాలని సమానంగా పాటించకపోతే మనం ఫుట్‌బాల్ ఆడలేం. అలాగే కల్పిత కథలని నమ్మకపోతే మనం మార్కెట్‌లవల్ల, న్యాయస్థానాలవల్ల పొందే లాభాలని అనుభవించలేం. కానీ ఈ కథలు కేవలం పరికరాలు. అవి మన లక్ష్యాలుగా, కొలబద్దలుగా మారకూడదు. అవి కేవలం కల్పితాలన్న విషయం మర్చిపోతే, మనం వాస్తవానికి దూరమౌతాం. అప్పుడు 'కార్పొరేషన్లకు బోలెడంత డబ్బు కూడబెట్టేందుకు,' లేదా 'దేశ హితాన్ని కాపాడటం కోసం' యుద్ధాలనన్నింటినీ ప్రారంభిస్తాం. వ్యాపార సంస్థలూ, డబ్బు, దేశాలూ ఉండేది కేవలం మన ఊహల్లోనే. మనకి సేవ చేసేందుకు వాటిని ఆవిష్కరించాం : కానీ వాటి సేవలో మనం ప్రాణాలు అర్పించటమనేది ఎలా సాధ్యమైంది?

5

వింత జంట

మానవ సమాజాలకి కథలు పునాదుల్లాగానూ, స్తంభాల్లాగానూ పనిచేస్తాయి. చరిత్ర పుటలు తెరుచుకున్న కొద్దీ దేవుళ్ళ గురించీ, దేశాల గురించీ, వ్యాపార సంస్థల గురించీ కథలు బలం సంతరించుకుంటూ, వస్తుపరమైన వాస్తవాన్ని శాసించేంత శక్తివంతంగా తయారయ్యాయి. మహత్తరమైన దేవుడు సోబెక్‌ని, స్వర్గం ఆధిపత్యాన్ని నమ్మటం, లేదా లేక్ ఫయం, చైనా గోడ (ద గ్రేట్ వాల్ ఆఫ్ చైనా, చార్ట్రెస్ కాథెడ్రల్ నిర్మించటం బైబిల్ వల్లే సాధ్యమైందని నమ్మటం లాంటివి. దురదృష్టం కొద్దీ ఈ కథలని గుడ్డిగా నమ్మటం అంటే నిజంగా జ్ఞానం ఉన్న మనుషుల జీవితాలని మెరుగుపరచటానికి బదులు, మానవులు తరచు దేవుళ్ళు, దేశాలు లాంటి కల్పిత అస్తిత్వాల కీర్తిని వ్యాపింప చేసేందుకే ఎక్కువ ప్రయాసపడ్డారని అర్థమౌతోంది.

ఈ విశ్లేషణ ఈనాటి పరిస్థితుల్లో కూడా నిజమని అనవచ్చా? మొదటిసారి చూసినప్పుడు ప్రాచీన ఈజిప్ట్, లేదా మధ్యయుగపు చైనా, ఆధునికయుగంతో పోలిస్తే చాలా భిన్నంగా కనిపిస్తాయి. ఆధునిక విజ్ఞానశాస్త్రం అభివృద్ధి సాధించాక మానవుడి జీవన విధానంలోని ప్రాథమిక నియమాల్లో మార్పు రాలేదా? సంప్రదాయానికి సంబంధించిన కట్టుకథల ప్రాముఖ్యం కొనసాగుతూనే ఉన్నప్పటికీ, ఆధునిక సామాజిక వ్యవస్థలు వస్తుపరమైన, శాస్త్రీయ సిద్ధాంతాల మీదే ఆధారపడుతున్నాయనేది నిజం కాదా? అలాంటి సిద్ధాంతాలు ప్రాచీన ఈజిప్ట్‌లో కానీ, మధ్యయుగపు చైనాలో కానీ కనబడవే?

శాస్త్రీయ సిద్ధాంతాలు కొత్తరకం కట్టుకథలనీ, మనం విజ్ఞానశాస్త్రాన్ని నమ్మటం, ప్రాచీన ఈజిప్టు వాసులు సోబెక్ దేవుణ్ణి నమ్మటం ఒకటేననీ మనం వాదించవచ్చు. కానీ ఈ పోలిక సరైనది కాదు. సోబెక్ అతని భక్తుల సామూహిక కల్పనలో మాత్రమే ఉండేవాడు. సోబెక్‌ని ప్రార్థించటంవల్ల ఈజిప్ట్ సామాజిక వ్యవస్థ బలపడింది. దానివల్ల జనం ఆనకట్టలూ, కాలువలూ నిర్మించి వరదలనీ, కరువునీ నివారించగలిగారు. అయినప్పటికీ వాళ్ళు చేసిన ప్రార్థనలవల్ల నైలునదిలోని నీటిమట్టం ఒక్క మిల్లీమీటరైనా

పెరగలేదు, తరగలేదు. అసలు తేడా ఎక్కడుందంటే, శాస్త్రీయ సిద్ధాంతాలు మనుషులను ఒకటిగా కలిపివుంచేందుకు మాత్రమే పనిచేయవు. స్వయంకృషి ఉన్నప్పుడే వ్యక్తికి దేవుడు సాయం చేస్తాడన్న సామెత ఉండనే ఉంది. దేవుడనేవాడు లేడు కానీ, అతనిలో మనకి నమ్మకం ఉంటే, మనం ఏమైనా చేసేందుకు అది ప్రేరణ కలిగిస్తుంది, సాయం చేస్తుందని మరో రకంగా చెప్పటం. దేవుడిలా కాకుండా యాంటీబయోటిక్స్ తమకి తాము సాయం చేసుకొని వాళ్ళకి కూడా సాయం చేస్తాయి. మీకు వాటిలో నమ్మకం ఉన్నా లేకపోయినా అవి వ్యాధులను నయం చేస్తాయి.

ఆధునిక యుగానికి పూర్వం ఉండిన ప్రపంచానికీ, నేటి ప్రపంచానికీ చాల తేడా ఉంది. ఈజిప్ట్‌లోని ఫారోలూ, చైనా సామ్రాట్టులూ వేల సంవత్సరాల తరబడి ప్రయత్నించినా కరువు, మహమ్మారి, యుద్ధాలని నివారించలేకపోయారు. ఆధునిక సమాజాలు ఆ పనిని కొన్ని శతాబ్దాలలో సాధించగలిగాయి. పరస్పరం వ్యక్తిపరంగా నమ్మిన కట్టుకథలను వదిలేసి, వస్తుపరమైన శాస్త్రీయ విజ్ఞానాన్ని స్వీకరించటంవల్ల కలిగిన ఫలితమే కదా ఇది? రాబోయే దశాబ్దాలలో ఈ ప్రక్రియ మరింత ఊపందుకుంటుందని మనం ఆశించవచ్చు కదా? సాంకేతిక పరిజ్ఞానం మానవులని మరింత ఉన్నత స్థితికి తీసుకెళ్ళి, వృద్ధాప్యాన్ని అధిగమించటానికి, ఆనందానికి మార్గం కనుక్కునేందుకు సాయం చెయ్యగలిగినప్పుడు, మానవులు తాము కల్పించిన దేవుళ్ళనీ, దేశాలనీ, వ్యాపార సంస్థలనీ నమ్మటం మానేసి, దానికి బదులు భౌతికశాస్త్రానికి, జీవశాస్త్రానికి సంబంధించిన వాస్తవాల మీద దృష్టి కేంద్రీకరించగలుగుతారు.

కానీ వాస్తవానికి వచ్చేసరికి విషయాలు ఇంకా చాలా క్లిష్టంగా ఉంటాయి. ఆధునిక విజ్ఞానశాస్త్రం జీవనక్రీడలోని నియమాలని మార్చిన మాట నిజమే, కానీ అది కట్టుకథల స్థానంలో వాస్తవాలని ఉంచి అంతటితో ఊరుకోలేదు. కట్టుకథలు మానవజాతి మీద ఇంకా ప్రభావం చూపుతూనే ఉన్నాయి. విజ్ఞానశాస్త్రం వీటికి మరింత బలం చేకూరుస్తుంది. ఆత్మాశ్రయమైన వాస్తవాన్ని నాశనం చెయ్యటానికి బదులు, మునుపెన్నడూ లేనంతగా విజ్ఞానశాస్త్రం ఆ వస్తుపరమైన వాస్తవాలనీ, వ్యక్తిపరమైన వాస్తవాలనీ పూర్తిగా తన అదుపులో ఉంచుకోగలుగుతుంది. కంప్యూటర్లు, బయోఇంజినీరింగ్‌ల ధర్మమా అని, తమ కిష్టమైన కథలకి అనుగుణంగా వాస్తవాన్ని మలిచేందుకు మనుషులు ప్రయత్నించటం వల్ల, కల్పనకీ, వాస్తవానికీ మధ్య ఉన్న తేడా అస్పష్టంగా తయారౌతుంది.

సోబెక్‌ని ఆరాధించే మతాచార్యులు దైవత్వం గల మొసలిని ఊహిస్తే, ఫారోలు అమరత్వం గురించి కలలు కన్నారు. నిజానికి పవిత్రమైన మొసలి మామూలుగా బురద నేలల్లో ఉండే మొసలే, దాన్ని జలతారుతో అలంకరించారు. అలాగే ఫారో కూడా ఒక సామాన్య రైతులాగే ఏదో ఒకరోజు చనిపోయేవాడే. చనిపోయాక అతని శవాన్ని చెడిపోకుండా ఉంచేందుకు రకరకాల లేపనాలూ, సుగంధద్రవ్యాలూ వాడి (మమ్మిని) భద్రపరిచేవాళ్ళు. కానీ దానిలో ప్రాణం ఏమాత్రమూ ఉండదు. దీనికి వ్యతిరేకంగా ఇరవై యొకటో శతాబ్దంలో శాస్త్రజ్ఞులు నిజంగానే 'సూపర్ మొసళ్ళని' తయారుచెయ్యటం, ఈ భూమ్మీదే ఉన్నతవర్గానికి తరగని యవ్వనాన్ని అందించటం లాంటి పనులు చెయ్యగలరేమో.

ఆ కారణంగా విజ్ఞానశాస్త్రం అభివృద్ధి చెందటం మూలాన కనీసం కొన్ని కట్టుకథలూ, మతాలూ మునుపటికన్నా ఎక్కువ బలం సంతరించుకునే అవకాశం ఉంటుంది. అలా ఎందుకు జరుగుతుందో అర్థం చేసుకునేందుకూ, ఇరవైయొకటో శతాబ్దంలో రాబోయే సమస్యలని ఎదుర్కొనేందుకూ మనని అదే పనిగా వేధిస్తున్న అతిపెద్ద సమస్యని మళ్ళీ ఒకసారి తరచి చూడాలి : ఆధునిక విజ్ఞానశాస్త్రానికీ, మతానికీ గల సంబంధం ఏమిటి? ఈ ప్రశ్న గురించి ఇప్పటికే జనం చెప్పవలసినదంతా కొన్ని లక్షలసార్లు చెప్పేశారు. కానీ వ్యావహారిక దృష్టితో చూసినప్పుడు, అవి రెండూ భార్యాభర్తల్లాంటివి. ఇద్దరికీ ముడిపడి 500 సంవత్సరాలు గడిచినా, ఎవరెన్ని రకాల సలహాలు అందించినా ఆ సంబంధం ఏమిటో ఇద్దరికీ అర్థం కాలేదు. అతనింకా సిండ్రెల్లా గురించే కలలు కంటున్నాడు, ఆమె అందాల రాజకుమారుడికోసం తహతహలాడుతోంది, కానీ మరో పక్క చెత్తడబ్బా ఎవరు ఖాళీ చెయ్యాలని ఇద్దరూ వాదించుకుంటూనే ఉంటారు.

సూక్ష్మజీవులూ దెయ్యాలూ

విజ్ఞానశాస్త్రానికీ, మతానికీ సంబంధించిన అపార్థాలన్నీ మతానికి మనమిచ్చే నిర్వచనం వల్లే తలెత్తుతాయి. జనం తరచు మతమంటే మూఢనమ్మకాలని, ఆధ్యాత్మికత అని, అతీంద్రియ శక్తులని, దేవుళ్ళని నమ్మటమని పొరబడతారు. మతమంటే ఇవేవీ కావు. మతాలని మూఢనమ్మకాలతో పోల్చలేం. తమకి అత్యంత ప్రియమైన నమ్మకాలని 'మూఢ నమ్మకాలు' అనటం ఎక్కువమందికి నచ్చదు. మనం నమ్మేది ఎప్పుడూ 'నిజమే', ఇతరులు నమ్మేవి మాత్రమే మూఢనమ్మకాలు.

అదే విధంగా అతీంద్రియ శక్తులని నమ్మేవాళ్ళెవరూ ఉండరు. దెయ్యాలని నమ్మే వాళ్ళు అవి అతీంద్రియ శక్తులని అనుకోరు. అవి ముళ్ళపందుల్లా, తేళ్ళలా, సూక్ష్మజీవుల్లా ప్రకృతిలో ఒక భాగం. ఆధునిక వైద్యులు కళ్ళకి కనబడని సూక్ష్మజీవులు వ్యాధులకు కారణమని అంటారు, కనిపించని దెయ్యాలు రోగాలకు కారణమని భూతవైద్యులు అంటారు. అందులో అతీంద్రియ శక్తుల ప్రసక్తి లేనే లేదు : మీరు ఒక దెయ్యానికి కోపం తెప్పిస్తే అది మీ శరీరంలో ప్రవేశించి మిమ్మల్ని బాధపెడుతుంది. అంతకన్నా సహజమైంది ఏముంటుంది? దెయ్యాలని నమ్మనివాళ్ళే, అవి ప్రకృతిలో భాగం కావనీ, వాటి ఉనికి ప్రకృతికి భిన్నంగా ఉంటుందనీ అనుకుంటారు.

అతీంద్రియ శక్తులని నమ్మటమే మతమని అనుకుంటే, మతం ప్రసక్తి లేకుండా ప్రకృతికి సంబంధించిన విషయాలలో మనకి తెలిసినవాటన్నిటినీ అర్థం చేసుకోగలగటమే దాని అర్థమని అనుకోవలసివస్తుంది. అది కేవలం మనం ఎంచుకున్న అనుబంధం (ఆప్షనల్ సప్లిమెంట్). ప్రకృతిని పూర్తిగా అర్థం చేసుకున్న తరవాత, దానికి 'అతీంద్రియమైన' మతవిశ్వాసాన్ని చేర్చాలా వద్దా అనేది మీరే నిశ్చయించుకోవాలి. కానీ, అలాంటి విశ్వాసం లేకపోతే ఈ ప్రపంచాన్ని అర్థం చేసుకోవటం సాధ్యం కాదని అధికశాతం మతాలు వాదిస్తాయి. ఆ విశ్వాసాలని లెక్కలోకి తీసుకోకపోతే, వ్యాధులకీ, భూకంపాలకీ సరైన కారణాలు మీకు ఎన్నటికీ అర్థం కావు.

'దేవుళ్ళని నమ్మటమే' మతం అనే నిర్వచనం కూడా సమస్యని సృష్టిస్తుంది. శ్రద్ధాళువైన ఒక క్రైస్తవ స్త్రీ దేవుణ్ణి నమ్ముతుంది కాబట్టి ఆమెకి మతంలో నమ్మకముందని అంటాం, కానీ అంతే గాఢంగా కమ్యూనిజంని నమ్మే వ్యక్తికి మతంలో నమ్మకం లేదంటాం, కారణం కమ్యూనిజంలో దేవుడు లేడు. అయినా మతాలని సృష్టించింది మానవుడే కానీ దేవుడు కాదు, అది చేసే సామాజిక కార్యాలను బట్టి దాని నిర్వచనం ఉందే తప్ప, దేవుళ్ళ అస్తిత్వాన్ని బట్టి కాదు. మానవ సమాజ నిర్మాణాన్ని అధిగమించి మానవాతీత శక్తులకు చట్టబద్ధత ప్రదానం చేసేది ఏదైనా మతమే. అవి మానవాతీతమైన నియమాలంటూ వాదించి, మానవ నియమ నిబంధనలని, విలువలని చట్టబద్ధం చేయవచ్చు.

మనం కనిపెట్టని, మనం మార్చలేని నైతిక నియమాలకు మనం కట్టుబడి ఉండవలసిందేనని మతం నొక్కివక్కాణిస్తుంది. శ్రద్ధాళువైన ఒక యూదు మతస్థుడు ఈ నైతిక నియమాలని సృష్టించినది దేవుడనీ, వాటినే బైబిల్ బహిర్గతం చేస్తుందనీ అంటాడు. ఒక హిందూ మతస్థుడు బ్రహ్మ, విష్ణువు, శివుడు ఆ నైతిక నియమాలని సృష్టించారని, వేదాల ద్వారా వాటిని మనకి తెలియజేశారనీ అంటాడు. బౌద్ధం, తావోయిజం నుంచి నాజీవాదం, సామ్యవాదం, ఉదారవాదం వరకూ, మానవాతీత నియమాలు ప్రకృతి నియమాలని, ఎవరో ఒక దేవుడు సృష్టించినవి కావని వాదిస్తాయి. ప్రతి వ్యక్తీ భిన్నమైన ప్రకృతి నియమాలని నమ్ముతాడు. వాటిని బుద్ధుడు, లావోజి నుంచి హిట్లర్, లెనిన్ దాకా భిన్నమైన భవిష్యద్రష్టలూ, ప్రవక్తలూ కనుగొని బహిర్గతం చేశారు.

ఒక యూదు కుర్రవాడు తండ్రి దగ్గరకొచ్చి, "నాన్నా, మనం పందిమాంసం ఎందుకు తినకూడదు?" అని అడిగాడు. తండ్రి తెల్లబడిన తన పొడవాటి గడ్డాన్ని నిమురుకుంటూ, "ప్రపంచం ఆ విధంగానే నడుస్తుంది. నువ్వింకా చిన్నవాడివి, నీకర్థం కాదు. మనం పందిమాంసం తింటే దేవుడు మనని శిక్షిస్తాడు, మన పరిస్థితి ఘోరంగా తయారౌతుంది. ఇది నా అభిప్రాయం కాదు, రబ్బీ అభిప్రాయం కూడా కాదు. ఈ లోకాన్ని రబ్బియే సృష్టించి వుంటే, పందిమాంసం తినటం నిషిద్ధమయేది కాదేమో. కానీ ఈ లోకాన్ని రబ్బీ సృష్టించలేదు, దేవుడు సృష్టించాడు. ఎందుకో నాకు తెలీదు కాని, దేవుడు పందిమాంసం తినకూడదని అన్నాడు. అందుకే మనం దాన్ని తినకూడదు. అర్థమైందా?" అన్నాడు.

1943లో ఒక జర్మన్ కుర్రవాడు నాజీ పార్టీకి చెందిన తన తండ్రి దగ్గరకొచ్చి, "నాన్నా, మనం యూదులనెందుకు చంపుతున్నాం?" అని అడిగాడు. తండ్రి తళతళలాడే తోలు జోళ్ళు తొడుక్కుంటూ, "ఫ్రిట్జ్, మరి లోకం అలాగే నడుస్తుంది. నువ్వు మరీ చిన్నవాడివి, అది నీకర్థం కాదు. కానీ యూదులని ప్రాణాలతో ఉండనిస్తే మానవజాతిని నాశనం చేసి, అది అంతరించిపోయేట్టు చేస్తారు. ఈ ఉద్దేశం నాది కాదు, హిట్లర్ ఉద్దేశమూ కాదు. హిట్లరే ఈ లోకాన్ని సృష్టించి ఉంటే, సహజ ఎంపిక లేని ప్రపంచాన్నే ఆయన సృష్టించేవాడేమో. అక్కడ యూదులూ, ఆర్యులూ కలసిమెలసి సామరస్యం పాటిస్తూ జీవించేవాళ్లేమో. కానీ ఈ లోకాన్ని సృష్టించింది హిట్లర్ కాదు. ఆయన సృష్టి నియమాల రహస్యాన్ని ఛేదించాడంతే, ఆ తరవాత వాటిని అనుసరిస్తూ ఎలా జీవించాలో చెప్పాడు. వాటిని ఉల్లంఘిస్తే మనం నాశనమైపోతాం, అర్థమైందా?" అన్నాడు.

2016లో ఒక బ్రిటిష్ కుర్రవాడు తండ్రి దగ్గరకొచ్చి, “నాన్నా, మధ్యప్రాచ్యంలో ఉండే ముస్లింల మానవహక్కుల గురించి మనమెందుకు లెక్కచెయ్యాలి?” అని అడిగాడు. తండ్రి పార్లమెంట్ సభ్యుడు, ఉదారవాది. తండ్రి తాగుతున్న టీ కప్పు కింద పెట్టి, ఒక్క క్షణం ఆలోచించి, “డంకన్, ప్రపంచం పనితీరు అలాగే ఉంటుంది. నువ్వింకా చిన్నవాడివి, నీకు అర్థమవదు. అందరు మనుషుల స్వభావమూ ఒకలాగే ఉంటుంది, మధ్యప్రాచ్యంలో ముస్లింలది కూడా అంతే. వాళ్ళుకూడా అందరితో సమానమైన హక్కులు అనుభవిస్తారు. ఇలాగని నేను అనటంలేదు, ఇది పార్లమెంట్ ఉద్దేశం కూడా కాదు. ఒకవేళ పార్లమెంటే ఈ లోకాన్ని సృష్టించి ఉంటే, క్వాంటం ఫిజిక్స్ లాంటి విషయాలతోబాటు సార్వత్రిక మానవహక్కులని కూడా ఏనాడో ఏదో ఒక సబ్‌కమిటీలో భూస్థాపితం చేసి ఉండేవాళ్ళు. కానీ ఈ లోకాన్ని సృష్టించింది పార్లమెంట్ కాదు కాబట్టి, అది దాన్ని అర్థం చేసుకునేందుకు ప్రయత్నిస్తుంది, మధ్యప్రాచ్యంలో ఉండే ముస్లింల హక్కులని కూడా మనం గౌరవించాలి. లేకపోతే మన హక్కులని కూడా త్వరలో కోల్పోవలసివస్తుంది. మన భవిష్యత్తు భయంకరంగా తయారౌతుంది. సరే ఇక నువ్వెళ్లు!” అంటాడు.

ఉదారవాదులు, సామ్యవాదులు, ఇతర మతసిద్ధాంతాలను అనుసరించేవాళ్ళు తమ వ్యవస్థని ‘మతం’ అనేందుకు ఇష్టపడరు. ఎందుకంటే, మతమంటే మూఢనమ్మకాలు, అతీంద్రియ శక్తులని వాళ్ళ నమ్మకం. సామ్యవాదులకి గాని, ఉదారవాదులకి గాని మీరు ఆస్తికులని చెబితే, వాళ్ళు నిరాధారమైన స్వప్నలోకంలో బతుకుతున్నందుకు మీరు తప్పు పడుతున్నారని భావిస్తారు. నిజానికి, వాళ్ళు నమ్మే నైతిక వ్యవస్థ మనుషులు కల్పించింది కాదనీ, అయినా సరే మానవులు దాన్ని పాటించాలనీ అంటున్నారు మీరు. మనకి తెలిసినంతవరకూ అన్ని మానవ సమాజాలూ దీన్ని నమ్ముతాయి. ప్రతి సమాజమూ తమ సభ్యులు మానవాతీతమైన నైతిక నియమాలు పాటించాలనీ, ఆ నియమాలని ఉల్లంఘిస్తే గొప్ప విపత్తుకి గురవుతామని అంటుంది.

తమ కథల్లోని వివరాల విషయంలో, స్పష్టమైన ఆదేశాల విషయంలో, బహుమతులు, శిక్షల విషయంలో మతాలు ఒకే రకంగా ఉండవు. దేవుడికి ధనవంతులంటే ఇష్టం ఉండదని మధ్యయుగంలో యూరప్‌లోని కాథలిక్ చర్చ్ వాదించింది. సూది బెజ్జంలో నుంచి ఒంటె దూరటం కన్నా ఒక ధనవంతుడు స్వర్గద్వారాల గుండా ప్రవేశించటం కష్టమని ఏసుక్రీస్తు చెప్పాడు. చర్చ్ కూడా దానాలివ్వమని ధనికులని హెచ్చరిస్తూ, లోభులు నరకంలో దహించుకుపోతారని బెదిరించింది. ఆధునిక సామ్యవాదం కూడా ధనికులంటే అయిష్టం చూపుతుంది, కానీ అది ఎప్పుడో చనిపోయాక నరకంలో కాలిపోతారని కాకుండా ఇప్పుడే, ఇక్కడే వర్గపోరాటానికి బలవుతారని బెదిరిస్తుంది.

చరిత్రలోని సామ్యవాద నియమాలు క్రైస్తవ దేవుడి ఆదేశాలకు సమానమైనవే. అవి కూడా మనుషులు ఇష్టం వచ్చినట్టు మార్చుకునేందుకు వీల్లేని మానవాతీత శక్తులే. ఫుట్‌బాల్ ఆటలో ఆఫ్‌సైడ్ నియమాన్ని రద్దు చేయాలని రేపు ఉదయం జనం నిర్ణయించవచ్చు. దానిని సృష్టించింది మనమే కాబట్టి మార్చే స్వేచ్ఛ మనకి ఉంటుంది. కానీ, మార్క్స్ దృష్టిలో చరిత్రకి సంబంధించిన నియమాలని మనం మార్చలేం. పెట్టుబడిదారులు ఏం

చేసినప్పటికీ, వాళ్ళు సొంత ఆస్తి కూడబెట్టినంత వరకూ, వాళ్ళు వర్గపోరాటాన్ని సృష్టించే అవకాశం ఉంటుంది, తిరగబడే శ్రామికవర్గం చేతుల్లో ఓడిపోయే అవకాశం కూడా ఉంటుంది.

మీరే ఒక సామ్యవాది అయినట్లయితే, సామ్యవాదం, క్రైస్తవం చాలా భిన్నమైనవనీ, కమ్యూనిజమే సరైనదనీ, క్రైస్తవం సరైనది కాదనీ వాదించవచ్చు. వర్గపోరాటమనేది నిజానికి పెట్టుబడిదారీ వ్యవస్థలో భాగమే, కానీ అక్కడ ధనికులు చనిపోయాక నరకంలో శాశ్వతంగా చిత్రహింసలు అనుభవిస్తూ ఉండిపోరు. ఒకవేళ అదే నిజమైనప్పటికీ, సామ్యవాదం మతం కాదని అనలేం. నిజానికి సామ్యవాదం మాత్రమే అసలైన మతం అనాలి. మతాలని అనుసరించే ప్రతిఒక్కరూ తమ మతం మాత్రమే నిజమని అనుకుంటారు. బహుశా వీటిలో ఒక మతాన్ని అనుసరించేవాళ్లదే సరైన మార్గమేమో.

మీరు బుద్ధుణ్ణి కలుసుకుంటే

సమాజం సక్రమంగా పనిచేసేట్టు చూసేందుకూ, పెద్దెత్తున జనం సహకరించేందుకూ పనికొచ్చే సాధనమే మతమనటం, దాన్ని ఒక ఆధ్యాత్మిక మార్గంగా భావించేవాళ్ళకి కోపం తెప్పిస్తుందేమో. అయినా, మతానికీ, విజ్ఞానశాస్త్రానికీ ఉన్న తేడా మనం అనుకునేదానికన్నా తక్కువున్నట్టే, మతానికీ, ఆధ్యాత్మికతకీ ఉన్న తేడా చాలా పెద్దది. మతం ఒక బేరం, ఆధ్యాత్మికత ఒక ప్రయాణం.

మతం ఈ ప్రపంచాన్ని సమగ్రంగా వివరిస్తుంది. ముందే నిశ్చయించుకున్న లక్ష్యాలకి ఒప్పందం చేసుకుంటుంది. 'దేవుడు ఉన్నాడు. ఆయన మనని ఒక పద్ధతిలో ప్రవర్తించమన్నాడు. ఆయన చెప్పినమాట వింటే మీకు స్వర్గంలో చోటు లభిస్తుంది. దేవుడి ఆజ్ఞ ఉల్లంఘిస్తే మీరు నరకయాతనలు అనుభవిస్తారు.' ఈ బేరం ఎంత స్పష్టంగా ఉంటుందంటే, మనిషి ప్రవర్తనని నియంత్రించే నియమాలనీ, విలువలనీ నిర్వచించేందుకు ఈ బేరం సమాజానికి అనుమతిస్తుంది.

ఆధ్యాత్మిక ప్రయాణాలు అలా ఉండనే ఉండవు. సామాన్యంగా అవి మనుషులని రహస్యమార్గాల గుండా అపరిచితమైన గమ్యాల వైపుకి తీసుకెళ్తాయి. ఆ అన్వేషణ సామాన్యంగా – నేనెవర్ని? ఈ జీవితానికి అర్థమేమిటి? మంచి అంటే ఏమిటి? లాంటి ఏదో ఒక పెద్ద ప్రశ్నతో ప్రారంభమౌతుంది. చాలామంది అధికారంలో ఉన్నవాళ్లు చెప్పే సమాధానాలని అంగీకరిస్తారు, కానీ ఆధ్యాత్మిక అన్వేషకులు వాటితో సులభంగా తృప్తి పడరు. ఆ పెద్ద ప్రశ్న ఎటు తీసుకువెళ్తే అటు వెళ్లాలని నిశ్చయించుకుంటారు. అవి మీకు పరిచయమున్న, లేదా వెళ్ళాలన్న చోట్లే కానక్కర్లేదు. ఆ రకంగా చూసినప్పుడు చాలామంది విషయంలో విద్యకి సంబంధించిన అధ్యయనాలు ఒక బేరమే తప్ప ఆధ్యాత్మిక ప్రయాణం కాదు, ఎందుకంటే మన పెద్దలు, ప్రభుత్వాలు, బ్యాంకులు ముందే నిర్ణయించి ఆమోదించిన లక్ష్యాలకే అవి మనని తీసుకెళ్తాయి. 'నేను మూడేళ్లు చదువుకుని, పరీక్షలు పాసయి, బీఏ డిగ్రీ తెచ్చుకుని మంచి ఉద్యోగంలో స్థిరపడతాను.' మీకు దారిలో ఏదైనా

ఒక పెద్ద ప్రశ్న ఎదురై, మొదట్లో మీకు దాన్ని గురించి ఏమీ అర్థం కాకపోయినా, అది మీరు అనుకోని గమ్యంవైపు దారిమళ్ళిస్తే అప్పుడు విద్యకి సంబంధించిన ఆ అధ్యయనాలు ఆధ్యాత్మిక ప్రయాణంగా మారిపోతాయి. ఉదాహరణకి, వాల్ స్ట్రీట్‌లో ఉద్యోగం తెచ్చుకునేందుకు ఒక విద్యార్థిని అర్థశాస్త్రం చదవటం ప్రారంభిస్తుంది. కానీ ఎలాగో ఆమె హిందూ ఆశ్రమంలో చేరటమో, జింబాబ్వేలో హెచ్ఐవీ రోగులకు సాయం చెయ్యటమో జరుగుతుంది. అప్పుడు దాన్ని మనం ఆధ్యాత్మిక ప్రయాణం అంటాం.

అలాంటి ప్రయాణానికి 'ఆధ్యాత్మిక' అనే పేరు ఎందుకు పెట్టాలి? ఇది ప్రాచీన ద్వైత మతాల నుంచి అందిన వారసత్వం. ద్వైత మతాలు ఇద్దరు దేవుళ్ళని – ఒక మంచి దైవాన్నీ, ఒక దుష్ట దైవాన్నీ నమ్ముతాయి. మంచి దైవం పవిత్రమైన, శాశ్వతమైన ఆత్మలని సృష్టించిందనీ, అవి అద్భుతమైన ప్రేతాత్మల లోకంలో నివసిస్తాయనీ ద్వైతం నమ్ముతుంది. కానీ, ఒక్కోసారి సైతాను అని మనం పిలుచుకునే దుష్ట దైవం పదార్థంతో తయారైన మరో ప్రపంచాన్ని సృష్టించింది. తను సృష్టించిన లోకాన్ని శాశ్వతంగా ఉండేట్టు ఎలా నెలకొల్పాలో సైతానుకి తెలీలేదు. అందుచేత పదార్థంతో తయారైన ఈ భౌతిక ప్రపంచంలో అన్నీ కుళ్ళి విచ్ఛిన్నమైపోతాయి. తను లోపాలతో సృష్టించిన ఆ లోకానికి ప్రాణం పోసేందుకు, పవిత్రమైన లోకంలోని ఆత్మలని ప్రలోభపెట్టి సైతాను వాటిని భౌతిక శరీరాలలో బంధించాడు. వాళ్ళే మానవులు, మంచి ఆధ్యాత్మికమైన ఆత్మలు భౌతికమైన దుష్టశరీరంలో చిక్కుకుపోయాయి. ఆత్మని ఖైదు చేసే బందిఖానా శరీరం కనుక కృశించి పోయి చివరికి మరణిస్తుంది. కాబట్టి సైతాను అలుపు లేకుండా ఆత్మని భౌతిక సుఖాలతో ప్రలోభపెడుతూ ఉంటాడు. అన్నిటికన్నా మిన్నగా ఆహారం, మైథునం, అధికారం అనే ప్రలోభాలతో ఆకర్షిస్తూ ఉంటాడు. శరీరం కృశించిపోయి మట్టిలో కలిసిపోయాక ఆత్మకి ముక్తి లభించి మళ్ళీ ఆధ్యాత్మిక లోకానికి వెళ్లిపోయే అవకాశం లభిస్తుంది. కానీ భౌతిక సుఖాల ఆకర్షణ దాన్ని మళ్ళీ మరొక కొత్త భౌతిక కాయం వైపు ఆకర్షిస్తుంది. ఆ విధంగా ఆత్మ ఆహారం, మైథునం, అధికారం కావాలన్న కోరికతో, ఒక భౌతిక శరీరం నుంచి మరో శరీరంలోకి పరకాయప్రవేశం చేస్తూనే ఉంటుంది.

ఈ భౌతిక బంధాలను తెంచుకుని ఆధ్యాత్మిక లోకానికి తిరుగుప్రయాణం కట్టమంటుంది ద్వైతం. అది మనకి ఏమాత్రం పరిచయం లేనిది, అయినా నిజమైన మన ఇల్లు అదే. ఈ అన్వేషణలో మనం అన్నిరకాల భౌతిక ప్రలోభాలనీ, బేరాలనీ నిరాకరించాలి. ఈ ద్వైతమనే వారసత్వం వల్ల, ప్రయాణం చేసిన ప్రతిసారీ ఈ లౌకిక ప్రపంచానికి సంబంధించిన అన్ని సంప్రదాయాలనీ, బేరాలనీ మనం అనుమానిస్తూ, మనకు తెలియని గమ్యం వైపు నడవటమే 'ఆధ్యాత్మిక ప్రయాణం'.

ఇలాంటి ప్రయాణాలు మూలతః మతాలకన్నా భిన్నమైనవి. ఎందుకంటే మతాలు లౌకిక క్రమపద్ధతిని పటిష్ఠం చెయ్యాలని చూస్తాయి, కానీ ఆధ్యాత్మికత దానినుంచి తప్పించుకోవాలని చూస్తుంది. ఆధ్యాత్మిక మార్గాన్ని వెతికేవాళ్లు అన్నిటికన్నా ముఖ్యంగా కోరేది – ఆధిపత్యం చెలాయించే మత సంప్రదాయాలనీ, విశ్వాసాలనీ సవాలు చేసే హక్కు. 'బుద్ధుడు దారిలో మీకు ఎదురైతే, చంపెయ్యండి', అని జెన్ బౌద్ధధర్మంలో

అంటారు. ఆ మాటకి అసలు అర్థం, ఆధ్యాత్మిక మార్గంలో ప్రయాణం చేస్తున్నపుడు సంస్థాగతంగా బౌద్ధం తాలూకు పిడివాదంతో కూడిన ఆలోచనలూ, కఠిన నియమాలూ ఎదురైతే వాటినుంచి కూడా మీరు విముక్తులు అవాలి.

మతాలకి ఆధ్యాత్మికత ఒక భయంకరమైన ప్రమాదం. సామాన్యంగా మతానుయాయుల ఆధ్యాత్మిక అన్వేషణలను ఆ మతం నియంత్రించాలని చూస్తుంది. అనేక మత వ్యవస్థలని సవాలు చేసేది ఆహారం, మైథునం, అధికారం కోసం ఎప్పుడూ ఆరాటపడే సామాన్యమానవులు కాదు, ఆధ్యాత్మిక మార్గంలోని సత్యాలని అన్వేషించే జిజ్ఞాసువులు, వాళ్లకి మామూలు మాటలకన్నా ఎక్కువ వుండేదేదో కావాలి. ఉదాహరణకి, కాథలిక్ చర్చ్ ఆధిపత్యాన్ని వ్యతిరేకిస్తూ జరిగిన ప్రొటెస్టెంట్ తిరుగుబాటుని రేకెత్తించింది శారీరక సుఖాలు కోరే నాస్తికుడు కాదు, శ్రద్ధాళువైన సన్యాసి మార్టిన్ లూథర్. మార్టిన్ లూథర్‌కి జీవితానికి సంబంధించిన అతిముఖ్యమైన ప్రశ్నలకి సమాధానాలు కావలసివచ్చాయి. చర్చ్ చెప్పే తంతులనీ, ఆచారాలనీ, ఒప్పందాలనీ ఆయన స్వీకరించదల్చుకోలేదు.

లూథర్ జీవించిన ఆ కాలంలో చర్చ్ తన అనుయాయులను రకరకాల ప్రలోభాలతో ఆకర్షించాలని చూసింది. మీరు ఈ లోకంలో పాపాలు చేసి పరలోకంలో శాశ్వతంగా నరక యాతనలు పడవలసివస్తుందని భయపడుతూన్నట్టయితే, పరిష్కారాన్ని కొనుక్కోవచ్చు. పదహారో శతాబ్దం మొదట్లో చర్చే స్వయంగా వీధిబళ్ల మీద 'విముక్తి అమ్మేవాళ్ళని' నియమించింది. వాళ్ళు వీధుల్లో తిరుగుతూ యూరప్‌లోని ప్రతి ఊరిలోనూ నిర్ణీత ధరలకు వాటిని అమ్మేవాళ్ళు. మీకు స్వర్గంలో ప్రవేశించేందుకు వీసా కావాలా? అయితే పది బంగారు నాణేలు చెల్లించండి. అక్కడ మీ తాత హెయిన్జ్‌నీ, నాయనమ్మ గెర్ట్రూడ్‌నీ కలుసుకోవాలని ఉందా? సమస్యే లేదు, కానీ ముప్ఫయి నాణేలు ఖర్చు పెట్టవలసి ఉంటుంది. వీళ్ళలో అందరికన్నా ప్రసిద్ధుడైన డొమినికన్ భిక్షువు జొహాన్నెస్ టేట్జెల్ 'డబ్బు పెట్టెలో నాణెం ఖంగుమనగానే, ఆత్మ నరకం వదిలి స్వర్గానికి ఎగిరిపోతుంది', అన్నాడని అంటారు.

25. డబ్బు తీసుకుని 'పాపం నుంచి విముక్తి' పత్రాన్ని పోప్ అమ్మటం
(ఒక ప్రొటెస్టెంట్ కరపత్రం నుంచి)

దీన్ని గురించి ఆలోచించినకొద్దీ లూథర్‌కి ఈ బేరంలోనూ, చర్చ్ దీన్ని ఇస్తామనటం లోనూ ఏదో మోసం ఉందనిపించింది. ముక్తిమార్గాన్ని అలా కొనుక్కోవటం సాధ్యం కాదు. జనం చేసే పాపాలని క్షమించి స్వర్గద్వారాలు తెరిచే అధికారం పోప్‌కి లేదు. ప్రొటెస్టెంట్ సంప్రదాయం ప్రకారం 1517 అక్టోబర్ 31న లూథర్ విట్టెన్‌బర్గ్‌లోని ఆల్ సెయింట్స్ చర్చ్‌కి కాలినడకన వెళ్ళాడు. తనవెంట ఒక సుదీర్ఘమైన ఒక పత్రాన్నీ, ఒక సుత్తినీ, కొన్ని మేకులనీ తీసుకెళ్లాడు. ఆ పత్రంలో ఆనాడు వాడుకలో ఉన్న తొంభైఐదు మతాచారాలని వ్యతిరేకిస్తూ ఒక పెద్ద జాబితా ఉంది, వాటిలో 'పాపాలనుంచి విముక్తి' అమ్మటం కూడా ఒకటి. ఆ పత్రాన్ని లూథర్ చర్చ్ ద్వారానికి మేకులు కొట్టి బిగించాడు. దాంతో ప్రొటెస్టెంట్ సంస్కరణ రగులుకొని, విముక్తి కోరుకునేవాళ్లెవరైనాసరే పోప్ ఆధిపత్యాన్ని కాదని ఎదురు తిరగాలనీ, స్వర్గానికి వెళ్లేందుకు వేరే దారులు వెతకాలనీ జనానికి పిలుపునిచ్చింది.

చరిత్ర కోణం నుంచి చూసినప్పుడు, ఆధ్యాత్మిక ప్రయాణం ఫలితం ఎప్పుడూ విషాదమే, ఎందుకంటే అది వ్యక్తులకి మాత్రమే పనికివచ్చే ఒంటరి మార్గం. సమాజాలు అన్నీ కలిసి చేసే ప్రయాణం కాదు. మానవ సహకారానికి కావలసినవి కేవలం ప్రశ్నలు కాదు, కచ్చితమైన సమాధానాలు. చలనం లేని మతనిర్మాణాలకి వ్యతిరేకంగా నిప్పులు కక్కేవాళ్ళు వాటి స్థానంలో కొత్త నిర్మాణాలకు రూపమిస్తారు. ద్వైతుల విషయంలో అదే జరిగింది. వాళ్ళ ఆధ్యాత్మిక ప్రయాణాలు మతసంస్థాపనలుగా మారిపోయాయి. కాథలిక్ చర్చ్‌కి సంబంధించిన చట్టాలనీ, సంస్థలనీ, ఆచారాలనీ సవాలు చేశాక, మార్టిన్ లూథర్ చట్టానికి సంబంధించిన కొత్త పుస్తకాలు రాయటం, కొత్త సంస్థల్ని స్థాపించటం, సందర్భానికి తగ్గట్టు కొత్త వేడుకలను ఆవిష్కరించటం లాంటి పనులు చేయవలసివచ్చింది. ఇది బుద్ధుడి విషయంలోనూ, ఏసుక్రీస్తు విషయంలోనూ జరిగినదే. సత్యాన్ని తెలుసుకోవాలన్న పిడివాదంవల్ల సంప్రదాయబద్ధమైన హిందూమతానికీ, యూదుమతానికీ సంబంధించిన నియమాలనీ, అచారాలనీ, అసలు దాని పూర్తి నిర్మాణాన్నే నాశనం చేశారు. కానీ కాలక్రమాన వాటి పేర ఇంకెవరి పేరునా లేనన్ని మరిన్ని నియమాలూ, ఆచారాలూ, నిర్మాణాలూ సృష్టించబడ్డాయి.

దేవుడికి నకిలీలు

మనకిప్పుడు మతం గురించి కాస్త వివరంగా తెలిసింది కాబట్టి, మతానికీ, విజ్ఞానశాస్త్రానికీ ఉన్న సంబంధాన్ని మళ్ళీ ఒకసారి పరిశీలించి చూద్దాం. ఈ రెండింటి సంబంధం గురించీ రెండు పూర్తి భిన్నమైన వాదనలున్నాయి. విజ్ఞానశాస్త్రం, మతం గర్భశత్రువులనీ, మత మౌఢ్యానికీ, శాస్త్రీయ పరిజ్ఞానానికీ హోరాహోరీ జరిగిన సంఘర్షణే ఆధునిక చరిత్రకి రూపకల్పన చేసిందనీ ఒక పక్షం అంటుంది. కాలక్రమాన విజ్ఞానశాస్త్రం వెలుగు మతాంధ కారాన్ని దూరం చేసింది, లోకం మతాతీతంగా, తార్కికంగా, సమృద్ధంగా పురోగతి సాధించింది. కానీ, కొన్ని శాస్త్రీయ అన్వేషణలు మతసిద్ధాంతాలు పనికిరానివని తేల్చినప్పటికీ, అది తప్పనిసరి అనలేం. ఉదాహరణకి, అరేబియాలో ముహమ్మద్ ప్రవక్త ఏడో శతాబ్దంలో ఇస్లాం మతాన్ని స్థాపించాడని రుజువు చేసేందుకు కావలసినన్ని ఆధారాలున్నాయి.

ఇంకా ముఖ్యమైన విషయం, అనుకూలమైన మానవ సంస్థలను సృష్టించేందుకు విజ్ఞానశాస్త్రానికి మత సహాయం అవసరం. శాస్త్రజ్ఞులు ప్రపంచం పనితీరుని అధ్యయనం చేస్తారు, కానీ, మానవులు ఎలా ప్రవర్తించాలో నిర్ణయించేందుకు శాస్త్రీయమైన పద్ధతులేవీ లేవు. మనుషులు ప్రాణవాయువు లేనిదే జీవించలేరని విజ్ఞానశాస్త్రం అంటుంది. కానీ, నేరస్థులకు ఊపిరిసలపకుండా చేసి హతమార్చడం సబబేనా? అలాటి ప్రశ్నకి ఏమని జవాబివ్వాలో విజ్ఞానశాస్త్రానికి తెలీదు. అలాంటి సందర్భాలలో సరైన మార్గదర్శి మతమే.

అందుకని శాస్త్రజ్ఞులు చేపట్టే ప్రతి వ్యావహారికమైన ప్రణాళికా మతం చెప్పే అంతరార్థాల మీద ఆధారపడుతుంది. ఉదాహరణకి, యాంగ్‌ట్జ్ నది మీద కట్టిన త్రీ గోర్జెస్ ఆనకట్టనే తీసుకోండి. 1992లో చైనా ప్రభుత్వం దాన్ని నిర్మించాలని తీర్మానించినప్పుడు అది ఎలాటి ఒత్తిడికి తట్టుకుని నిలబడగలదనే విషయాన్ని భౌతిక శాస్త్రవేత్తలు అంచనా వేశారు, దానికి ఎంత ఖర్చవుతుందో ఆర్థిక నిపుణులు అంచనా వేశారు, విద్యుత్ శాఖకి చెందిన ఇంజనీర్లు అది ఎంత విద్యుత్తుని ఉత్పత్తి చెయ్యగలదనే విషయాన్ని తెలియజేశారు. కానీ ప్రభుత్వం అదనంగా మరికొన్ని అంశాలని లెక్కలోకి తీసుకోవలసి వచ్చింది. ఆనకట్టని నిర్మించటంవల్ల బోలెడన్ని ఊళ్ళూ, గ్రామాలూ, పురావస్తు ప్రదేశాలూ, అపురూపమైన ప్రకృతిదృశ్యాలూ, నివాసస్థలాలూ లాంటి అనేక ప్రాంతాలు నీటిలో మునిగిపోయాయి. లక్షలమంది స్థానచలనం పొందారు, వందలకొద్దీ ప్రాణులు అంతరించిపోయే ప్రమాదం ఏర్పడింది. చైనీస్ డాల్ఫిన్లు అంతరించిపోవటానికి ఆ ఆనకట్ట నిర్మాణమే అసలు కారణ మంటారు. త్రీ గోర్జెస్ డామ్ గురించి మీ వ్యక్తిగత అభిప్రాయం ఏదైనప్పటికీ, దాన్ని కట్టటమనేది పూర్తిగా విజ్ఞానశాస్త్రానికి సంబంధించిన సమస్య కాదనీ, నైతిక విలువలకు సంబంధించిన సమస్య అనీ స్పష్టంగా తెలుస్తోంది. చైనాలోని ప్రాచీన దేవాలయ గోపురాలని, నదుల్లో జీవించే డాల్ఫిన్లనీ రక్షించటం, వేలకొద్దీ మెగావాట్లని ఉత్పత్తి చేసి, కొన్ని కోట్ల యుఆన్లని సంపాదించటంకన్నా ఎక్కువ ముఖ్యమని ఎటువంటి భౌతికశాస్త్ర ప్రయోగాలూ, ఆర్థికశాస్త్రానికి సంబంధించిన నమూనాలూ, గణితశాస్త్ర సమీకరణలూ నిరూపించలేవు. అందుచేత చైనా కేవలం శాస్త్రీయ సిద్ధాంతాల మీద ఆధారపడి పనిచేయలేదు. దానికి ఏదో ఒక మతమో, భావజాలమో అవసరం.

కొందరు మరో రకమైన తీవ్రవాదాన్ని సమర్థిస్తూ, విజ్ఞానశాస్త్రం, మతం పూర్తి భిన్నమైన రంగాలని అంటారు. విజ్ఞానశాస్త్రం వాస్తవాలని అధ్యయనం చేస్తుంది, మతం విలువల గురించి మాట్లాడుతుంది, ఈ రెంటి కలయిక సాధ్యం కాదు. మతం దగ్గర శాస్త్రీయ వాస్తవాల గురించి చెప్పేందుకేమీ లేదు. మతవిశ్వాసాల గురించి విజ్ఞానశాస్త్రం నోరు మెదిపేందుకు లేదు. మానవ జీవితం పవిత్రమైనదనీ, గర్భవిచ్ఛిత్తి పాపమనీ పోప్ నమ్మితే, జీవశాస్త్రం దాన్ని తప్పనిగాని, ఒప్పనిగాని నిరూపించలేదు. ఒక వ్యక్తిగా ప్రతి జీవ శాస్త్రవేత్తా పోప్‌తో వాదించవచ్చు. కానీ ఒక శాస్త్రవేత్తగా అతను బరిలోకి దిగలేడు.

ఈ రకమైన వాదనలో పస ఉందని అనిపించవచ్చు, కానీ అది మతాన్ని అపార్థం చేసుకుంటుంది. విజ్ఞానశాస్త్రం కేవలం వాస్తవాలనే పట్టించుకున్నప్పటికీ, మతం ఎప్పుడూ నైతిక నిర్ణయాలకు మాత్రమే పరిమితమై ఉండిపోదు. వాస్తవాలని ఆధారం చేసుకోకుండా

మతం మనకి పనికివచ్చే మార్గనిర్దేశమేదీ చేయలేదు. అక్కడే అది విజ్ఞానశాస్త్రాన్ని ఎదుర్కొనే అవకాశం ఉంటుంది. అనేక మతవిశ్వాసాలలోని ముఖమైన అంశాలు వాటికి సంబంధించిన నైతిక సిద్ధాంతాలు కాదు, అవి వాస్తవమని చెప్పే విషయాలు. 'దేవుడు ఉన్నాడు', 'చనిపోయాక పైలోకంలో పాపాలు చేసినందుకు ఆత్మ శిక్ష అనుభవిస్తుంది', 'బైబిల్ రాసింది దేవతలే గాని మానవులు కాదు,' 'పోప్ చెప్పేది ఎప్పుడూ తప్పుకాదు,' లాంటి మాటలు. ఇవన్నీ నిజమని నిరూపించేందుకు చేసే వాదనలు. మతానికి సంబంధించి అతితీవ్రంగా జరిగే వాగ్వివాదాల్లో, విజ్ఞానశాస్త్రానికీ మతానికీ మధ్య తలెత్తే సంఘర్షణలో ఇలాంటి వాదనలే ఉంటాయి, నైతిక నిర్ణయాలు కాదు.

ఉదాహరణకి గర్భవిచ్ఛిత్తినే తీసుకోండి. క్రైస్తవాన్ని మనసారా నమ్మేవాళ్ళు దాన్ని వ్యతిరేకిస్తారు, కానీ చాలామంది ఉదారవాదులు దాన్ని సమర్థిస్తారు. ఇక్కడ మింగుడుపడని విషయం నైతికతకు సంబంధించినదే కాని వాస్తవానికి సంబంధించినది కాదు. క్రైస్తవులూ, ఉదారవాదులూ మానవ జీవితం పవిత్రమైనదనీ, హత్య అతినీచమైన నేరమనీ నమ్ముతారు. కానీ జీవశాస్త్రానికి సంబంధించిన విషయాలలో వాళ్లకి ఏకీభావం లేదు : మానవజీవితం గర్భధారణ జరిగిన వెంటనే ప్రారంభమవుతుందా, పుట్టగానే మొదలవుతుందా, లేదా మధ్యలో ఎక్కడన్నా ప్రారంభమవుతుందా? కొన్ని మానవ సమాజాల్లో జీవితం పుట్టుక తరవాత కూడా ప్రారంభం కాదు. పుట్టిన బిడ్డకు పేరు పెట్టిన తరవాతే ఆ బిడ్డ జీవితం ప్రారంభమవుతుందని, కలహరీ ఎడారిలో ఉండే కుంగ్ జాతి, ఆర్కిటిక్ ప్రాంతంలో నివసించే ఇన్యూట్ (ఎస్కిమో) సమూహాలూ నమ్ముతాయి. బిడ్డ పుట్టాక పేరు పెట్టేందుకు వాళ్ళు కొన్నాళ్ళు ఆగుతారు. ఆ బిడ్డని జీవించి ఉండనివ్వకూడదని (ఏదైనా అంగవైకల్యం వల్లనో, ఆర్థిక ఇబ్బందులవల్లనో) నిర్ణయిస్తే దాన్ని చంపేస్తారు. నామకరణ ఉత్సవం చేసేముందు అలా చేస్తే అది హత్య అనిపించుకోదు. అటువంటి సమాజానికి చెందిన మనుషులు ఉదారవాదులతోనూ, క్రైస్తవులతోనూ ఏకీభవిస్తారు. మానవ జీవితం పవిత్రమైనదనీ, హత్య భయంకరమైన నేరమనీ ఒప్పుకుంటూనే శిశుహత్యని సమర్థిస్తారు.

మతాలు తమని తాము ప్రచారం చేసుకునేటప్పుడు, తాము పాటించే అందమైన విలువలని నొక్కివక్కాణిస్తాయి. కానీ దేవుడు వాస్తవ కథనాల్లోని చిన్న అక్షరాలలో చాటు మాటుగా దాక్కుని ఉంటాడు. కాథలిక్ మతం తాను సార్వత్రిక ప్రేమనీ, సానుభూతినీ ప్రచారం చేస్తానని చాటుకుంటుంది. ఎంత అద్భుతమో కదా! దాన్ని కాదనేవాళ్లు ఎవరుంటారు? మరైతే మానవులందరూ కాథలిక్ మతస్థులు ఎందుకు కారు? ఎందుకంటే మీరు ఆ మతం చెప్పేది జాగ్రత్తగా గమనిస్తే, ఆ మతం కూడా పోప్‌ని గుడ్డిగా అనుసరించాలని, ఆయనకి విధేయులై మతయుద్ధాలు చెయ్యమన్నా, సంప్రదాయాలని వ్యతిరేకించేవాళ్ళని సజీవదహనం చెయ్యమన్నా నోరెత్తకుండా ఆదేశాల్ని పాటించాలని అర్థమౌతుంది. ఇలాంటి వ్యవహారానికి సంబంధించిన అలాంటి ఆదేశాలు పూర్తిగా నైతిక నిర్ణయాలమీద ఆధారపడి ఉండవు. నైతిక నిర్ణయాలని వాస్తవిక కథనాలతో కలపటంవల్ల అలా జరుగుతుంది.

తాత్విక లోకం నుంచి వాస్తవిక లోకానికి దిగివచ్చి చుట్టూ ఉన్న చారిత్రిక వాస్తవాలని

గమనించినప్పుడు, మతసంబంధమైన కథల్లో ఎప్పుడూ మూడు భాగాలు ఉంటాయని తెలుసుకుంటాం :

1. 'మానవ జీవితం పవిత్రమైనది,' లాంటి నైతిక నిర్ణయాలు.
2. 'మనిషి జీవితం గర్భధారణతో ప్రారంభమౌతుంది,' లాంటి వాస్తవిక కథనాలు.
3. నైతిక నిర్ణయాలతో వాస్తవ కథనాలను జోడించి 'ఎన్నడూ గర్భవిచ్ఛిత్తిని అనుమతించకూడదు,' లాంటి వ్యావహారిక మార్గదర్శకాలు.

మతాలు చేసే నైతిక నిర్ణయాలని ఖండించేందుకు గాని, సమర్థించేందుకు గాని విజ్ఞానశాస్త్రానికి సామర్థ్యం, అధికారం లేవు. కానీ మతసంబంధమైన వాస్తవిక కథనాల గురించి చెప్పేందుకు శాస్త్రజ్ఞులకి బోలెడంత సమాచారం ఉంది. ఉదాహరణకి, 'గర్భం దాల్చిన వారం రోజులకి మానవ భ్రూణాలకి నాడీవ్యవస్థ ఉంటుందా? వాటికి నొప్పి తెలుస్తుందా?' లాంటి ప్రశ్నలకి జవాబు చెప్పేందుకు పురోహితులకన్నా జీవశాస్త్రజ్ఞులకు ఎక్కువ పరిజ్ఞానం ఉంటుంది.

ఇంకా స్పష్టంగా చెప్పాలంటే, మతసంబంధమైన ప్రకటనల్లో అరుదుగా కనిపించే ఒక ఉదాహరణని తీసుకుందాం. ఒకప్పుడు సామాజికంగానూ, రాజకీయంగానూ ఆ ప్రకటన చాలా ప్రభావం చూపింది. యూరప్‌లో మధ్యయుగంలో పోప్‌లకి ఎనలేని ఆధిపత్యం ఉండేది. యూరప్‌లో ఎక్కడ ఏ చిన్న కొట్లాట తలెత్తినా, దాన్ని పరిష్కరించే బాధ్యత ఆధిపత్యమే వహించేది. ఆ ఆధిపత్యం తమదేనని ఎప్పటికప్పుడు గుర్తుచేసేందుకు యూరోపియన్లకి డొనేషన్ ఆఫ్ కాన్స్టెంటీన్‌ని గుర్తుచేస్తూ ఉండేవాళ్లు. ఆ కథలో ఉన్నదేమిటంటే, క్రీ.శ. 315 మార్చ్ 30న చక్రవర్తి కాన్‌స్టెంటీన్ మొదటి పోప్ సిల్విస్టర్‌కీ, అతని వారసులకీ రోమన్ సామ్రాజ్యంలో పశ్చిమ ప్రాంతం మీద శాశ్వతమైన అధికారాన్ని ఇస్తున్నట్టు ఒక పత్రం మీద సంతకం చేశాడు. ఆ తరవాత వచ్చిన పోప్‌లు ఆ విలువైన పత్రాన్ని భద్రంగా దాచివుంచి, అధికారవాంఛతో తమకి ఎదురుతిరిగే యువరాజుల తోనూ, తిరుగుబాటు ధోరణి ప్రకటించే వ్యవసాయదారులతోనూ తలపడేందుకు దాన్ని ఉపయోగించుకున్నారు.

మధ్యయుగపు రోమన్లకి ప్రాచీన సామ్రాజ్యం ఇచ్చే ఆదేశాలంటే అమితమైన గౌరవం ఉండేది. రాజులూ, సామ్రాట్టులూ దేవుళ్ళ ప్రతినిధులనీ, అలాగే ఏదైనా పత్రం ఎంత ప్రాచీనమైనదైతే దానికి అంత ఎక్కువ అధికారం ఉంటుందనీ గట్టిగా నమ్మేవాళ్ళు. అన్యమతారాధకులుండే రోమన్ సామ్రాజ్యాన్ని క్రైస్తవ సామ్రాజ్యంగా మార్చినందుకు ముఖ్యంగా కాన్‌స్టెంటీన్ అంటే వాళ్లకి విపరీతమైన గౌరవం ఉండేది. ఆనాటి నగరపరిపాలక సంస్థ కోరికలకీ, కాన్‌స్టెంటీన్ ప్రకటించిన ఆదేశానికీ మధ్య జరిగిన ఘర్షణలో జనం ప్రాచీన పత్రాన్నే పాటించాలని తేల్చారు. అందుకే పోప్‌ని ఎవరైనా వ్యతిరేకించినప్పుడల్లా అతను 'డొనేషన్ ఆఫ్ కాన్‌స్టెంటీన్'ని చూపించి తనపట్ల విధేయత చూపించవలసిందని గుర్తుచేసేవాడు. అది ప్రతిసారీ ఫలితాన్నిచ్చిందని కాదు. కానీ మధ్యయుగంలో రాజకీయ వ్యవస్థకీ, పోప్ అధికార ప్రచారానికీ అదొక మూలస్తంభం అయింది.

'డొనేషన్ ఆఫ్ కాన్స్‌టెంటీన్'ని జాగ్రత్తగా గమనించినట్లయితే, ఈ కథలో మూడు విభిన్నమైన భాగాలున్నాయని తెలుస్తుంది :

నైతిక నిర్ణయం	వాస్తవిక కథనం	వ్యావహారిక నిర్దేశం
వర్తమానంలో చలామణీలో ఉన్న అభిప్రాయాలకన్నా ప్రాచీన సామ్రాజ్యంలోని మతసంస్థ ఆదేశాలనే జనం గౌరవించాలి.	315, మార్చ్ 30న సామ్రాట్టు కాన్స్‌టెంటీన్ యూరప్ మీద పోప్‌కి సర్వాధికారాలూ ఇచ్చాడు.	1315లో యూరప్ వాసులు పోప్ ఆజ్ఞలని పాటించాలి.

ప్రాచీన సామ్రాజ్య ఆదేశాల తాలూకు నైతిక అధికారం ఏమిటనేది స్పష్టంగా తెలియటం లేదు. ఇరవైయొకటో శతాబ్దంలో అధికశాతం యూరోపియన్లు ఈనాటి ప్రజల ఆకాంక్షలు ఏనాడో చనిపోయిన రాజుల కఠినమైన షరతులకన్నా ముఖ్యమైనవని అనుకుంటారు. అయినా విజ్ఞానశాస్త్రం ఈ నైతిక వాగ్వివాదంలో పాలుపంచుకోలేదు. ఎందుకంటే, ఈ విషయాన్ని ఏ ప్రయోగమూ, సమీకరణమూ నిర్ణయించలేదు. ఈనాటి ఆధునిక శాస్త్రవేత్త టైం మెషీన్‌లో మధ్యయుగపు యూరప్‌కి ప్రయాణం చేస్తే వర్తమాన రాజకీయ వివాదాలు ప్రాచీన కాలంలో నివసించిన మన పూర్వీకులకు అర్థంలేనివిగా కనిపిస్తాయని ఆమె నిరూపించలేదు.

అయినప్పటికీ కాన్స్‌టెంటీన్ డొనేషన్ కథ కేవలం నైతిక నిర్ణయాల మీదే ఆధార పడలేదు. కొన్ని బలమైన వాస్తవ నివేదికలు కూడా అందులో చోటుచేసుకున్నాయి. వాటిని విజ్ఞానశాస్త్రం సమర్థించటమో, తోసిపుచ్చటమో సాధ్యమే. 1441లో లోరెంజో వల్లా అనే ఒక కాథలిక్ మతాచార్యుడు, భాషాశాస్త్రవేత్త ఒక శాస్త్రీయ అధ్యయనాన్ని ప్రచురించాడు. అందులో కాన్స్‌టెంటీన్ డొనేషన్‌ని ఎవరో నకలు చేశారని నిరూపించాడు. ఆ పత్రంలోని శైలినీ, వ్యాకరణాన్నీ, అందులో ఉపయోగించిన రకరకాల పదాలనీ, పదబంధాలనీ విశ్లేషించాడు. నాలుగో శతాబ్దిలో లాటిన్ భాషలో ఎవరూ ఉపయోగించని పదాలు ఆ పత్రంలో ఉన్నాయనీ, కాన్స్‌టెంటీన్ చనిపోయిన 400 ఏళ్ల తరవాత దాన్ని ఎవరో తయారుచేసినట్లు అతను నిరూపించాడు. అంతేకాక ఆ పత్రంలోని తేదీ మార్చ్ 30. ఆ ఏడాది కాన్స్‌టెంటీన్ నాలుగోసారి కాన్సల్‌గా ఉన్నాడు, గాలికేనస్ కాన్సల్‌గా మొదటిసారి పనిచేశాడు. రోము సామ్రాజ్యంలో ప్రతి సంవత్సరం ఇద్దరు కాన్సల్స్‌ని ఎన్నుకునేవాళ్ళు. ఎన్నుకున్న తేదీని ఆ పత్రంలో నమోదుచేయ్యటం కూడా ఉండేది. దురదృష్టవశాతూ కాన్స్‌టెంటీన్ నాలుగో కాన్సులేట్ 315లో జరిగితే గాలికేనస్ మొదటిసారి 317లో ఎన్నుకోబడ్డాడు. ఈ అతిముఖ్యమైన పత్రం నిజంగానే కాన్స్‌టెంటీన్ కాలానికి చెందినదైతే అందులో అంత ఘోరమైన పొరపాటు దొర్లే అవకాశం లేదు. ఇది థామస్ జెఫర్సన్, అతని తోటి అధికారులూ అమెరికన్ డిక్లరేషన్ ఆఫ్ ఇండిపెండెన్స్ మీద జులై 34, 1776 అని రాసినట్టు వంటిదే.

డొనేషన్ ఆఫ్ కాన్‌స్టంటైన్‌ని పోప్ న్యాయస్థానంలో ఎనిమిదో శతాబ్దంలో నకలు చేశారని చరిత్రకారులందరూ అంగీకరిస్తారు. ప్రాచీన సామ్రాజ్య ఆదేశాలకి వల్లా ఏనాడూ అంతరాయం కలిగించకపోయినా, యూరోపియన్లు పోప్ ఆజ్ఞకి బద్ధులై ఉండాలన్న వ్యావహారిక నిర్దేశాన్ని, అతని శాస్త్రీయ అధ్యయనం తోసిపుచ్చింది.

20 డిసెంబర్ 2013లో యుగాండా పార్లమెంట్ స్వలింగ సంపర్కాన్ని ఒక నేరంగా పరిగణిస్తూ దానికి వ్యతిరేకంగా ఒక చట్టాన్ని పాస్ చేసింది. ఒక్కొక్కప్పుడు ఆ నేరానికి జీవిత ఖైదు శిక్ష కూడా విధించేది. దేవుడు స్వలింగ సంపర్కాన్ని నిషేధిస్తాడని నమ్మే క్రైస్తవులు ఆ నమ్మకాన్ని సమర్ధించారు. దీన్ని నిరూపించేందుకు వాళ్ళు లెవిటికస్ 18:22 లోని వాక్యాలని ఉదాహరణగా చెపుతారు, ('ఒక స్త్రీతో పెట్టుకున్నట్టు పురుషుడితో లైంగిక సంబంధం పెట్టుకోవదు; అది అతినీచం'), లెవిటికస్ 20:13 ('ఒక స్త్రీతో చేసే పని ఒక పురుషుడితో చేస్తే, వాళ్లిద్దరూ నీచమైన పనిచేశారనే అనుకోవాలి. వాళ్లకి మరణశిక్ష విధించాలి; వాళ్ళ మరణానికి వాళ్ళే కారణం'). ప్రపంచవ్యాప్తంగా గత శతాబ్దంలో ఇలాంటి మతసంబంధమైన కథలే కొన్ని లక్షలమందిని హింసకి గురిచేశాయి. ఈ కథని సంక్షిప్తంగా ఇలా చెప్పచ్చు :

నైతిక నిర్ణయం	వాస్తవిక నివేదిక	వ్యావహారిక నిర్దేశనం
మానవులు దేవుడి ఆజ్ఞలని పాటించాలి.	సుమారు 3000 సంవత్సరాల క్రితం దేవుడు మానవులకు స్వలింగ సంపర్కాలని నిషేధించాడు.	జనం స్వలింగ సంపర్కానికి దూరంగా ఉండాలి.

ఈ కథ నిజమేనా? మానవులు దేవుడి ఆజ్ఞల్ని పాటించాలి అన్న నిర్ణయం విషయంలో శాస్త్రజ్ఞులు వాదించలేరు. వ్యక్తిగతంగా మీరు దాన్ని తప్పు పట్టొచ్చు. దేవుని అధికారం కన్నా మానవ హక్కులు మిన్న అని మీరు విశ్వసించవచ్చు. ఆజ్ఞాపించినా ఒకవేళ దేవుడే మానవ హక్కులని ఉల్లంఘించమని మనల్ని ఆజ్ఞాపించినా, మనం దైవాన్ని పట్టించుకోనక్కర లేదు. ఇంతకీ దీన్ని నిర్ణయించడానికి ఏ శాస్త్రీయ ప్రయోగమూ జరగలేదు.

3000 సంవత్సరాల క్రితం హోమోసేపియన్ల జాతులలోని సభ్యులను మగవారు తోటి మగవారితో స్వలింగ సంపర్కం కలిగి ఉండరాదని ఈ విశ్వాన్ని సృష్టించిన సృష్టికర్త ఆదేశించినట్లు చెబుతూ ఉన్న వాస్తవిక ప్రవచనానికి విరుద్ధంగా శాస్త్రం ఎంతో చెబుతోంది. ఈ నివేదిక నిజమే అని మనకి ఎలా తెలుసు? దీనికి సంబంధించిన సాహిత్యాన్ని పరిశీలించినప్పుడు కొన్ని లక్షల పుస్తకాల్లోనూ, వ్యాసాల్లోనూ, ఇంటర్నెట్ సైట్లలోనూ ఇదే నివేదిక పదేపదే వివరించబడింది. అయితే వాటన్నిటికీ ఆధారం ఒకటే, బైబిల్. అటువంటప్పుడు ఒక శాస్త్రజ్ఞుడు బైబిల్‌ను ఎవరు ఎప్పుడు రాసాడు అని ప్రశ్నించవచ్చు. ఇదొక నిజమైన ప్రశ్న, విలువల గురించి అడిగే ప్రశ్న కాదు. యూదులు, క్రిస్టియన్ ముముక్షువులు కనీసం లేవిటికస్ గ్రంథాన్ని మౌంట్ సినాయి పైన దేవుడు మోజెస్‌కు చెప్పి

రాయించినట్లు అంటారు, ఆ క్షణంనుంచి దానిలోంచి ఏ ఒక అక్షరమూ చేర్చబడనూ లేదు, తొలగించబడనూ లేదు. 'కాని అది నిజమే అని ఎలా నమ్మగలం?' అని శాస్త్రజ్ఞులు పట్టుబడతారు. అంతెందుకు, పోప్ అంతటి వాడే డొనేషన్ ఆఫ్ కాన్స్‌టెంటీన్ అనే పత్రాన్ని కాన్స్‌టెంటీన్ 4వ శతాబ్దంలో స్వయంగా రాసాడని వాదించలేదా? వాస్తవానికి పోప్ దగ్గర పనిచేస్తున్న గుమస్తాల చేత 400 ఏళ్ల తర్వాత అది కల్పించబడింది కదా!

మనం ఇప్పుడు అన్ని శాస్త్రీయ పద్ధతులను ఉపయోగిస్తూ బైబిల్‌ను ఎవరు ఎప్పుడు రాసారో నిర్ణయించగలం. ఒక శతాబ్దానికి పైగా శాస్త్రవేత్తలు అచ్చంగా అదే పని చేస్తూ వచ్చారు. మీకు ఆసక్తి ఉంటే, వారు కనుక్కున్న విషయాలని ఎన్నో పుస్తకాలు చదివి తెలుసుకోవచ్చు. టూకీగా చెప్పాలంటే, శాస్త్రీయ అధ్యయనాల సమీక్షలు – బైబిల్ అనేక రకాల మతశాస్త్ర సూత్రాల సంకలనం అని, దాన్ని వివిధ నగరాలలోని విభిన్నమైన వ్యక్తులు వివిధ సమయాల్లో రచించినట్లు ఒప్పుకుంటున్నాయి. ఈ గ్రంథాలన్నీ ఒక పవిత్ర గ్రంథంగా బైబిల్ యుగం చాలాకాలానికి గాని సంకలనం చేయబడలేదు. ఉదాహరణకి. డేవిడ్ రాజు బహుశా క్రీ.పూ. 1000 ప్రాంతంలో నివసించి ఉండవచ్చు, డ్యూటర్నమీ అనే పుస్తకం జూడా రాజు జోసాయా ఆస్థానంలో క్రీ.పూ. 620 ప్రాంతంలో రచించబడిందని. అది జోసాయా ఆధిపత్యాన్ని బలపరచే ప్రక్రియలో ప్రచార సాధనంగా వాడినట్లు తెలుస్తోంది, లెవిటికస్ ఆ తర్వాతే సంకలనం చేయబడింది, క్రీ.పూ. 500 సంవత్సరాలకు ముందు మాత్రం కాదు.

ప్రాచీన యూదులు బైబిల్ మతగ్రంథానికి ఎటువంటి మార్పులు చేర్పులు చేయకుండా జాగ్రత్తగా భద్రపరిచారన్న విషయానికి వద్దాం. శాస్త్రవేత్తలు యూదులకు సంబంధించిన బైబిల్ ధార్మిక మతగ్రంథం పైన ఆధారపడింది కానే కాదని అంటారు, లోహ యుగ మత విధానానికి దగ్గరలో ఉందని అంటారు, ఇంచుమించు మధ్యప్రాచ్య ప్రాంతాల్లో నివసిస్తున్నవారు అవలంబించే విధానంలాగే ఇది ఉంటుంది. దానిలో యూదుల దేవాలయాలు, యూదుల శిక్షణా సంస్థలు, రబ్బీలు – చివరకి బైబిల్ కూడా ఉండదు. బదులుగా దేవాలయాలకు సంబంధించిన విస్తృత ఆచారాలు ఉంటాయి. వాటిలో అధిక భాగం జంతు బలులు, ఆకాశ దేవుడికి ఇచ్చేవి, ఎందుకంటే ఆ దేవుడు జనాన్ని ఆశీర్వదించి సకాలంలో వానలు కురిపిస్తాడు, యుద్ధాలలో విజయం చేకూరుస్తాడు. దీని మత సంఘ శ్రేష్ఠులలో పూజారి కుటుంబాలు ఉంటాయి, అవి వారి తెలివితేటల మూలాన కాక, పుట్టుకతో సంక్రమించినవి. వారిలో అధికులు చదువురాని అర్చకులే. ఆలయంలోని క్రతువులను నిర్వహిస్తూ ఉంటారు, మతగ్రంథాలను రాయడానికి చదవడానికి వారికి తీరిక చాలా తక్కువ.

యూదుల రెండవ దేవాలయ కాలంలో వ్యతిరేకుల మతశ్రేష్ఠుల బృందం ఏర్పడింది. గ్రీకు, పర్షియన్‌ల వలన కొంతవరకు ప్రభావితం చెందిన యూదులలోని మేధావులు గ్రంథాలని రాసి, వాటిలోని గూడార్థాలు చెప్పి ప్రాచుర్యంలోకి వచ్చారు. ఈ పండితులే కాలక్రమాన రబ్బీలుగా గుర్తించబడ్డారు. వాళ్ళు రచించి సంకలనం చేసిన పుస్తకానికే 'బైబిల్' అనే పేరు పెట్టారు. రబ్బీల ఆధిపత్యం వ్యక్తుల పుట్టుక మీద కాక వారి

వ్యక్తిగత తెలివితేటలు, ప్రతిభ మీద ఆధారపడింది. కొత్తగా చదువుకున్న శ్రేష్ఠులకూ పాత అర్చక కుటుంబాల మధ్య సంఘర్షణ అనివార్యం అయింది. రబ్బీలకు అదృష్టవశాత్తూ, రోమన్లు ఒకపక్క ప్రసిద్ధి చెందిన యూదుల తిరుగుబాటు (క్రీ.శ.70) ను అణిచివేస్తూనే, దానిలోని ఆలయాన్ని కాల్చివేయడం జరిగింది. దేవాలయం శిథిలం అయిపోవడంతో, అర్చక కుటుంబాలన్నీ తమ ఆధిపత్యాన్ని కోల్పోయాయి, వారి ఆర్థికమూలాలు దెబ్బతిన్నాయి, వారి మనుగడే ప్రశ్నార్థకమయింది. సంప్రదాయిక యూదుల మతం - యూదుల మత సంబంధిత ఆలయాలు, అర్చకులు, తలలు తెగ నరికే వీరులు - కనుమరుగైంది. దాని స్థానంలో కొత్త యూదుల మతగ్రంథాలు, రబ్బీలు, వాగ్వివాదంలో ఆరితేరిన మేధావులు చోటుచేసుకున్నారు. ఈ పండితుల ప్రధాన బలం గ్రంథాలలోని గూడార్థాలను వివరించి చెప్పడంపై ఆధారపడి ఉంది. వారు తమకున్న నైపుణ్యాన్ని శక్తివంతుడైన దేవుడు తన ఆలయాన్ని నిర్మూలించడానికి ఎలా ఒప్పుకున్నాడో వివరించడమే కాకుండా, బైబిల్ కథల్లో వర్ణించబడ్డ పాత యూదుల మతానికి కొత్తగా విభిన్నంగా సృష్టించబడ్డ యూదుల మతానికి మధ్య ఉన్న బ్రహ్మాండమైన అంతరాలని ఎలా కప్పిపుచ్చాడో వివరించడంలో కృతకృత్యులయారు.

అందువలన మనకున్న ఉత్తమ వైజ్ఞానిక జ్ఞానం ప్రకారం స్వలింగ సంపర్కం విషయంలో విధించిన లెవిటికస్ నిషేధ ఆజ్ఞలు ప్రాచీన జెరూసలేంలోని కొందరు మతాధికారులు, మేధావులు వెలిబుచ్చిన పక్షపాత ధోరణులను మించినవి కావు. జనం దేవుడి ఆజ్ఞలను విధిగా పాటించాలా వద్దా అన్న విషయాన్ని సైన్సు నిర్ణయించలేకపోయినా, అది బైబిల్ ఎలా పుట్టింది అన్న విషయంలో పనికివచ్చే అనేక విషయాలను ప్రస్తావించగలదు. ఇద్దరు హోమో సేపియన్ జాతి మగవాళ్ళు తమ ఆనందం కోసం కలిస్తే - ఈ విశ్వాన్ని, నక్షత్ర మండలాలనీ, బ్లాక్‌హోల్స్‌ను సృష్టించిన శక్తి ఎంతో బాధపడుతుందని ఉగాండా దేశ రాజకీయ నాయకులు భావిస్తే, ఆ విచిత్ర భ్రమను తొలగించడంలో సైన్సు సాయపడ గలదు.

పవిత్ర మతవిశ్వాసం

నిజానికి నైతిక నిర్ణయాల నుంచి వాస్తవిక వ్యాఖ్యానాలను విడదీయడం అంత సులభం కాదు. వాస్తవిక కథనాలని నైతిక నిర్ణయాలలోకి ఎప్పుడూ మార్చాలనే ధోరణిని మతాలు కనబరుస్తూ ఉంటాయి, చిన్నచిన్న వివాదాల విషయంలో కూడా గందరగోళాన్ని సృష్టిస్తూ ఉంటాయి. అలా ఒక వాస్తవిక నివేదన 'దేవుడు బైబిల్‌ను రచించాడు' అనేది 'బైబిల్‌ను దేవుడు రాసాడు అన్న విషయాన్ని మీరు నమ్మి తీరాలి' అన్న నైతిక ఆజ్ఞగా మారుతుంది. ఈ వాస్తవిక నివేదనను నమ్మడం ఒక సుగుణం అవుతుంది. దాన్ని నమ్మకపోవడం ఒక ఘోర పాపం అవుతుంది.

దీనికి విరుద్ధంగా, నైతిక నిర్ణయాలు తరచూ జనం చెప్పుకోడానికి ఆసక్తి కనబరచని వాస్తవిక కథనాలని వాటిలో దాచుకుంటాయి, ఎందుకంటే జనం వాటిని సందేహించడానికి తావు లేకుండా నిరూపించబడ్డాయి అని భావించడం వలన. అలా 'మానవ జీవితం

పవిత్రమైనది' (దీన్ని సైన్స్ పరీక్షించలేదు) అనే నైతిక నిర్ణయం 'ప్రతీ మనిషిలో శాశ్వతమైన ఆత్మ వుంటుంది' అన్న వాస్తవిక వ్యాఖ్య (ఇక్కడ వైజ్ఞానిక వాదనకు తావుంది) ను దాచి పెడుతుంది. అలాగే, అమెరికన్ జాతీయవాదులు 'అమెరికా దేశం పవిత్రమైనది' అని ప్రకటించినప్పుడు, నైతిక నిర్ణయంగా కనిపిస్తున్నా ఇది నిజానికి 'అమెరికా సంయుక్త రాష్ట్రాలు అనేక నైతిక, వైజ్ఞానిక, ఆర్థిక రంగాలలో గత కొన్ని శతాబ్దాలుగా నాయకత్వం వహిస్తోంది' లాంటి వాస్తవిక వ్యాఖ్యలను రూఢి చేస్తోంది.

ఇది కొందరు సామ్ హార్రిస్ లాంటి తత్వవేత్తలు నైతిక సంక్షోభాలను సైన్సు ఎప్పుడూ నివారించగలదని వాదించడానికి దారితీసింది. దానికి కారణం - మానవీయ విలువలు ఎప్పుడూ తమలో కొన్ని వాస్తవిక వాంగ్మూలాలను నిక్షిప్తం చేసుకొని ఉంటాయి. మనుషులు అందరూ ఒక ఉన్నతమైన విలువను పంచుకుంటారని హార్రిస్ అనుకుంటాడు, అన్ని నైతిక వాదోపవాదాలు అత్యధికంగా ఆనందం పొందడం కోసం సాయపడే అత్యంత సమర్ధమైన మార్గానికి సంబంధించిన వాస్తవిక నివేదికలే. ఇస్లాం మతవాదులు ఆనందం పొందడానికి స్వర్గం చేరుకోవాలని కోరుకుంటారు; ఉదారవాదులు మనిషికి మరింత స్వేచ్ఛనిస్తే మరింత ఆనందం పొందుతాడని నమ్ముతారు, ఈ భూప్రపంచాన్ని కేవలం బెర్లిన్ చేతే నడిపించినట్లయితే, మనిషి మరింత హాయిగా జీవించగలడని జర్మన్ జాతీయ వాదులు అనుకుంటారు. హార్రిస్ చెప్పినట్లు - ఇస్లాం మతవాదులూ, ఉదారవాదులూ, జాతీయవాదుల మధ్య ఎంటువంటి నైతిక తగాదా లేదు; వారికి ఉన్నదల్లా మానవాళికి ఎలా మంచి చేయాలా అన్న లక్ష్యసాధనలో వారికి ఉన్న వాస్తవిక భేదాభిప్రాయమే!

హార్రిస్ చెబుతున్నది నిజం అనుకున్నా, అందరు మనుషులూ ఆనందాన్ని అందు కుంటున్నా, ఈ పరిజ్ఞానాన్ని నైతిక విభేదాలని పరిష్కరించడానికి వాడలేం, దానికి ప్రధాన కారణం సంతోషాన్ని కొలవగల సాధనం గాని, వైజ్ఞానిక నిర్వచనం గాని మన వద్ద లేదు. త్రీ జార్జెస్ వంతెన విషయాన్ని గమనించండి. ఈ పథకం యొక్క ప్రధాన లక్ష్యం ప్రపంచాన్ని సుఖమయం చేయడం అని మనం ఒప్పుకున్నా, ఆనందాన్ని విశ్వవ్యాప్తం చేయడంలో - సంప్రదాయ జీవనశైలులను పరిరక్షించడంకన్నా లేదా అరుదైన చైనాలోని నదుల్లో నివసించే డాల్ఫిన్‌లను రక్షించడంకన్నా మరింత బాగా విద్యుత్తును చౌకగా ఉత్పత్తి చేయడం ఎలా చేస్తుందని చెప్పగలం? మన చైతన్యానికి సంబంధించిన రహస్యాలని అర్థం చేసుకోలేనంత కాలం, సుఖదుఃఖాలని కొలవగలిగే సార్వజనీన కొలబద్దను మనం కనుక్కోలేము. విద్యుత్తు చౌకగా లభించడంతో కొన్ని బిలియన్ల చైనా దేశస్తులు పొందిన ఆనందం ఎన్ని యూనిట్ల సంతోషాన్ని ఉత్పత్తి చేసింది? డాల్ఫిన్ జాతి మొత్తం కనుమరు గవడం ఎన్ని యూనిట్ల దుఃఖాన్ని ఉత్పత్తి చేసింది? ముందుగా చెప్పాలంటే సుఖదుఃఖాలు నిజానికి గణితశాస్త్రంలోని కూడికలు తీసివేతల లెక్కలు లాంటివి, ఐస్‌క్రీం తినడం ఆనంద దాయకమే! నిజమైన ప్రేమను పొందడం మరింత ఆనందదాయకం కదా!

కాబట్టి, మనం అనుకునే దానికన్నా నైతిక వాదోపవాదాల విషయంలో సైన్స్ మరింతగా సహాయం అందించే స్థితిలో ఉంది, అయినా దాని పరిమితులు దానికి ఉన్నాయి, అది దాటలేని గీత ఒకటి ఉంది. దారిచూపే ఏదో మతం సహాయం అందనంత

వరకూ, విస్తృతమైన స్థాయిలో సాంఘిక వ్యవస్థలను నడపడం అసాధ్యం. చివరకి విశ్వ విద్యాలయాలు, లాబొరేటరీలకు కూడా మత సహాయం అవసరం. వైజ్ఞానిక పరిశోధనకు మతం నైతిక సమర్థతను కలగజేస్తుంది; దానికి బదులుగా వైజ్ఞానిక అజెండాను, వైజ్ఞానిక ఆవిష్కరణలనూ ప్రభావితం చేయగల స్థాయిని అందుకుంటుంది. వైజ్ఞానిక శాస్త్రవేత్తలు అరుదుగా ఈ విషయాన్నీ ప్రస్తావిస్తారు, కాని వైజ్ఞానిక విప్లవం మొదలైంది చరిత్రలో అత్యంత మతదురభిమానం, అసహనం నిండిన మత సమాజాల్లోనే!

మంత్రకత్తె వేట

మనం తరచూ సైన్స్‌లో లౌకికవాద విలువలూ, సహనశక్తి ఉంటాయని అనుకుంటాం. అటువంటప్పుడు ఆధునిక యూరప్ ఆరంభంలో మీరు అక్కడ వైజ్ఞానిక విప్లవం చోటు చేసుకుంటుందని ఆశించలేరు. కొలంబస్, కోపర్నికస్, న్యూటన్ల కాలపు యూరప్‌లో ప్రపంచంలోని మతపిచ్చివాళ్ళంతా అక్కడే ఉండేవారు, వారిలో మత సహనం మచ్చుకైనా వుండేది కాదు. వైజ్ఞానిక విప్లవం యొక్క మేధావులు నివసించిన సమాజం యూదులను, ముస్లింలను దేశం నుంచి బహిష్కరించింది, సంప్రదాయ వ్యతిరేకులను తగలబెట్టింది, పిల్లిని ప్రేమించిన ప్రతీ పెద్దామెలో మంత్రకత్తెను చూసింది, ప్రతీ పున్నమి రాత్రి ఒక కొత్త మతయుద్ధానికి తెరతీసింది.

1600 ప్రాంతంలో మీరు కైరో గాని ఇస్తాంబుల్ గాని వెళ్లి వుంటే అక్కడ బహుళ సాంస్కృతిక, సహనశీల నగరాలను మీరు సందర్శించి వుండేవారు, సున్నీలు, షియాలు, చాందస క్రిస్టియన్లు, కాథలిక్కులు, అర్మేనియన్లు, కాప్ట్స్ (ప్రాచీన క్రిస్టియన్ కులం), యూదులు, అక్కడక్కడా హిందువులు కూడా సామరస్యంతో కలిసిమెలిసి ఉండటాన్ని గమనించేవారు. వాళ్ళ మధ్య భిన్నాభిప్రాయాలు ఉన్నా, అల్లర్లు జరిగినా, ఒట్టోమన్ సామ్రాజ్యం మామూలుగా మతం పేరిట జనంపై విచక్షణ చూపినా, యూరప్‌తో పోలిస్తే - అప్పట్లో అదొక ఉదారవాద స్వర్గం. ఆ తర్వాత మీరు సమకాలీన నగరాలు పారిస్, లండన్‌లలో పర్యటిస్తే, తీవ్రవాదంలో మునిగిపోయి ఉన్న నగరాలని దర్శించేవారు, ఆధిపత్య శాఖకు చెందిన జనం అక్కడ కనిపిస్తారు. లండన్‌లో కాథలిక్కులను చంపేశారు, పారిస్‌లో ప్రొటెస్టెంట్‌లను చంపేశారు, యూదులను ఎప్పుడో తరిమేశారు, సరైన మనస్సులో ఉన్న ఎవరూ ముస్లింలను కలలో కూడా రానీయరు. అయినప్పటికీ, వైజ్ఞానిక విప్లవం లండన్, పారిస్‌లలో మొదలయిందిగాని కైరో, ఇస్తాంబుల్‌లలో కాదు.

ఆధునికత యొక్క చరిత్రను సైన్స్-మతం మధ్య జరిగే సంఘర్షణ రూపంలో చూడటం ఒక అలవాటైపోయింది. సిద్ధాంతరీత్యా సైన్సూ మతమూ - రెండూ అన్నిటికన్నా ముఖ్యంగా సత్యాన్ని ఇష్టపడతాయి. కాని అవి సమర్థించే సత్యాలు విభిన్నమైనవి, అందుకే అవి ఘర్షణ పడతాయి. వాస్తవంలో సైన్సు కాని మతం కాని సత్యాన్ని అంతగా పట్టించుకోవు. అందువలనే ఆ రెండూ సులభంగా రాజీపడగలవు, కలిసి ఉండగలవు, సహకరించుకోగలవు కూడా.

మతం సామాజిక వ్యవస్థను ఏర్పాటు చేసి దాన్ని నడుపుతుంది. సైన్స్ రోగాలను నయంచేసే శక్తికోసం తపిస్తుంది, యుద్ధాలలో పోరాడటానికి, ఆహారాన్ని ఉత్పత్తి చేయడానికి శక్తిని కోరుకుంటుంది. వ్యక్తిపరంగా సైంటిస్ట్‌లూ, మతాచారులూ సత్యానికి అత్యధిక ప్రాముఖ్యతను ఇవ్వొచ్చు, కాని సామూహిక సంస్థలుగా సైన్స్, మతమూ సత్యం కన్నా విధి విధానం, శక్తికీ ప్రాముఖ్యతను ఇస్తాయి. అందుకే ఆ రెండింటి మధ్యా చక్కని సఖ్యత ఉంది. సత్యం కోసం రాజీపడని అన్వేషణ ఒక ఆధ్యాత్మిక ప్రయాణం, అదొక మతపరమైన స్థాపనలోగాని, వైజ్ఞానిక సంస్థలోగాని బందీ కాలేదు.

ఆ విధంగా ఆధునిక చరిత్రను సైన్స్‌కూ మానవతావాదానికి మధ్య ఒప్పందాన్ని రూపొందించే ప్రక్రియగా చూడటం అన్నిటికన్నా సరైనదని అనొచ్చు. ఆధునిక సమాజం మానవతావాద సిద్ధాంతాలను నమ్ముతుంది. ఈ సిద్ధాంతాలను ప్రశ్నించడానికి అది సైన్స్‌ను వాడదు, వాటిని అమలుపరచడానికి వాడుతుంది. ఇరవైఒకటవ శతాబ్దంలో స్వచ్ఛమైన శాస్త్రీయ సిద్ధాంతాలు మానవతావాద సిద్ధాంతాల స్థానాలని భర్తీచేసే అవకాశం లేదు. అయినప్పటికీ సైన్సునూ మానవతావాదాన్ని కలిపినా ఒడంబడిక తెగిపోవచ్చు. సైన్స్‌కూ మరొక ఉత్తర-మానవతావాద మతం మధ్యన భిన్నమైన ఒడంబడికకు దారి తీయొచ్చు. రాబోయే రెండు అధ్యాయాలలో విజ్ఞానశాస్త్రం, మానవతావాదం మధ్యనున్న ఒడంబడికను అర్థం చేసుకోవడానికి వినియోగిద్దాం. ఈ పుస్తకంలోని మూడవది, ఆఖరుది అయిన భాగం ఈ ఒడంబడిక ఎందుకు విచ్ఛిన్నమగుతుందో, దాని స్థానాన్ని ఏ కొత్త ఒడంబడిక భర్తీ చేయగలదో వివరిస్తుంది.

6

సరికొత్త ఒప్పందం

ఆధునికత అన్నది ఒక ఒప్పందం. మనమందరమూ పుట్టిననాడే ఆ అగ్రిమెంట్ మీద సంతకం చేస్తాం. మనం పోయేదినం దాక అది మనలను నియంత్రిస్తుంది. చాలా తక్కువమంది మాత్రమే ఈ ఒప్పందాన్ని అతిక్రమించగలుగుతారు. అది మన ఇంటిని, ఉద్యోగాలను చివరికి మన కలలను కూడా రూపొందిస్తుంది. మనం ఎక్కడ ఉంటాము, ఎవరిని ప్రేమిస్తాము, ఎట్లా చనిపోతాము అన్న సంగతులను కూడా అదే నిర్ణయిస్తుంది.

మొదటిసారి చూచినప్పుడు ఆధునికత చాలా గజిబిజి వ్యవహారంగా కనబడుతుంది. అందుకే చాలామంది తాము సంతకం చేసిన అగ్రిమెంట్ గురించి అర్థం చేసుకునే ప్రయత్నం చెయ్యరు. ఉదాహరణకు మనం ఒక సాఫ్ట్‌వేర్‌ను డౌన్‌లోడ్ చేసుకున్నప్పుడు డజన్లకొద్దీ పేజీల న్యాయపరిభాష గల ఒక కాంట్రాక్ట్ మీద సంతకం చేయాల్సి ఉంటుంది. దాన్ని ఒకసారి చూచి చివరి పేజీకి వెళ్ళిపోయి అవసరమైన బాక్స్‌లో టిక్ చేసి ఓకే అంటాం. దాన్ని మరిచిపోతాం. అయినా ఆధునికత ఆశ్చర్యంగా సింపుల్ వ్యవహారమే. ఇక్కడ అధికారానికి బదులు అర్థాన్ని వదులుకోవడానికి అంగీకరిస్తారు అని ఒక్క మాటలో మొత్తం పరిస్థితిని కుదించి చెప్పవచ్చు.

ఆధునికకాలం వరకూ, మానవులు ఏదో గొప్ప కాస్మిక్ ప్రణాళికలో పాలుపంచు కుంటారని, పాత్రను నిర్వహిస్తారని చాలా సంస్కృతులవారు నమ్మారు. దేవుళ్ళు లేదా శాశ్వతమైన ప్రకృతి నియమాల వల్ల ఆ ప్రణాళిక రూపొందించబడుతుంది. మానవజాతి దాన్ని కాదనజాలదు. ఆ పథకం జీవితానికి అర్థాన్ని ఇస్తుంది. కానీ వారి అధికారం మీద హద్దులను ఏర్పాటు చేస్తుంది. మానవులు రంగస్థలం మీద నటుల వంటివారు. వారి ప్రతి మాట, కన్నీటిచుక్క కదలికలకు ఒక స్క్రిప్ట్ అర్థాన్ని ఇస్తుంది. కానీ వారి పాత్ర నిర్వహణ మీద గట్టి హద్దులను పెడుతుంది. హామ్లెట్ మొదటి అంకంలోనే క్లాడియస్‌ను చంపడానికి లేదు. డెన్మార్క్ వదలడానికి లేదు. భారతదేశంలోని ఒక ఆశ్రమానికి పోవడానికి లేదు.

షేక్స్‌పియర్ వీటిని అనుమతించడు. అలాగే మానవులు కలకాలం బతకడానికి లేదు. అన్ని వ్యాధులను తప్పించుకోవడం కుదరదు. ఏదీ తన ఇష్టప్రకారం చేయడానికి లేదు. అవన్నీ స్క్రిప్ట్‌లో లేవు మరి.

అధికారాన్ని వదిలేసినందుకు మన బతుకులకు అర్థం కలిగిందని ఆధునికతకు ముందరి మనుషులు అనుకున్నారు. వారు యుద్ధరంగంలో సాహసంగా పోరాడారా, ప్రభువుకు మద్దతు పలికారా, ఉదయం నిషిద్ధ ఆహారం తిన్నారా, పక్కింటి మనిషితో ప్రణయం సాగించారా, ఇలాంటి అన్నింటిని గురించి పట్టింపు ఉంటుంది. దీనితో కొంత చికాకు పుడుతుంది. నిజమే కానీ, దీనివల్ల మనుషులకు ప్రమాదాలనుండి మానసికంగా రక్షణ అందుతుంది. యుద్ధం, మహమ్మారి, లేదా కరువులాంటి భయంకర పరిస్థితి ఏదో వచ్చినా ప్రజలు తమకుతాము నచ్చజెప్పుకుంటారు. మనమంతా దేవుడు లేదా ప్రకృతి ఆడించే మహత్తర విశ్వనాటకంలో పాత్రధారులం మాత్రమే. మనకు నాటకం వ్రాతప్రతి చూడడానికి అనుమతి లేదు. అంతా ఏదో ఉద్దేశంతోనే జరుగుతుందని మాత్రం నిశ్చింతగా నమ్మవచ్చు. ఆ పథకంలో యుద్ధం, వ్యాధి, అకాలాలకు వాటివాటి స్థానా లున్నాయి. నాటకకారుడిని నమ్మవచ్చు. కథకు అర్థవంతమైన మంచి ముగింపు ఉంటుందని భావించవచ్చు. వ్యాధి, కరువు కూడా మంచికే దారితీస్తాయి. అది ఇక్కడ, ఇప్పుడు కాక పోవచ్చు. మరణానంతరం కావచ్చు అంటారు వారు.

ఆధునిక సంస్కృతి ఈ మహత్తర విశ్వప్రణాళికను కాదుపొమ్మంటుంది. మనం గొప్ప నాటకంలో పాత్రలం అన్నది అబద్ధం. జీవితానికి ఒక రాసిన స్క్రిప్టు లేదు. రచయిత లేడు, దర్శకుడు, నిర్మాత అంతకన్నా లేరు. చివరకు దానికి అర్థమే లేదు. మన వైజ్ఞానిక అవగాహన ప్రకారం ఈ విశ్వం ఒక ఉద్దేశ్యంలేని గుడ్డి కార్యక్రమం. అందులో గొడవ, గందరగోళం ఉన్నాయి కానీ వాటికి గుర్తింపు లేదు. విశ్వంలో ఒక రేణువులాంటి ఈ గ్రహం మీద క్షణంపాటు మనం గడిపే సమయంలోనే అటూఇటూ కొట్టుకుంటాము. తరువాత చిరునామా లేకుండా పోతాము.

నాటకం రాసింది లేదు, అందులో మనుషులు నటించింది లేదు. కనుక ఉత్పాతాలు జరగవచ్చు. రక్షించడానికి ఎవరూ రారు. ఎవరూ మన బాధలకు అర్థాలు వెతకరు. సుఖమైన అంతం ఉండదు. దుఃఖాంతం కూడా ఉండదు. అసలు ముగింపే ఉండదు. ఏవేవో సంగతులు ఒకదాని వెంట ఒకటి జరుగుతుంటాయి. ఆధునిక ప్రపంచానికి ఉద్దేశ్యంపట్ల నమ్మకం లేదు. కారణం మీద మాత్రమే ఉంది. ఆధునికతకు ఒక ఆదర్శ వాక్యం అంటూ ఉంటే అది షిట్ హాపెన్స్, అసహ్యం ఏదో జరుగుతూనే ఉంటుంది, అని.

అట్లా స్క్రిప్ట్ గానీ ఉద్దేశంగానీ లేకుండా అర్థంలేని సంగతులు జరుగుతుంటే మానవులు కూడా ముందు నిర్ణయించిన విధానానికి కట్టుబడరు. మార్గం ఉండాలే కానీ, మనం అనుకున్నది ఏదైనా చేయవచ్చు. అజ్ఞానం తప్ప బంధనాలేవీ మనకు లేవు. వ్యాధులకు, కరువులకు కాస్మిక్ అర్థాలు లేవు. కానీ వాటిని మనం తుడిచిపెట్టగలం. మంచి భవిష్యత్తు మార్గంలో యుద్ధాలు తప్పనిసరి కావు. మనం శాంతిని స్థాపించగలం. మరణం తర్వాత మన కొరకు స్వర్గం సిద్ధంగా లేదు. మనం ఇక్కడే భూమి మీద స్వర్గాన్ని

స్థాపించగలుగుతాం. అందులో కలకాలం మనగలుగుతాం. అందుకు కొన్ని సాంకేతిక సమస్యలను తొలగించవలసి మాత్రం ఉంటుంది.

మనం పరిశోధనకు ధనం వెచ్చిస్తే సైన్సు ఫలితాలు సాంకేతిక ప్రగతిని వేగవంతం చేస్తాయి. కొత్త విధానాలతో ఆర్థిక ప్రగతికి మరింత ఊపు అందుతుంది. ఆర్థికవ్యవస్థ బలపడుతుంది. మరింత ధనాన్ని పరిశోధనలకు వెచ్చిస్తుంది. ఒక్కొక్క దశాబ్దం గడుస్తున్న కొద్దీ మనకు ఎక్కువ తిండి దొరుకుతుంది. మంచి వాహనాలు, మందులు అందుబాటులోకి వస్తాయి. ఒకనాటికి మన తెలివి ఎంతో పెరుగుతుంది. టెక్నాలజీ ఎంతో ముందుకు సాగుతుంది. ఇక వాటితో మనం శాశ్వత యవ్వనం, నిజమైన సంతోషం ఇచ్చే రసాయనాలను సిద్ధం చేయగలుగుతాం. కావాలనుకున్న మరే మందైనా తయారుచేయ గలుగుతాం. ఆ పనులకు ఏ దేవుడూ అడ్డు రాడు.

కొత్త ఒప్పందం మనుషులకు ఆ రకంగా అంతులేని ఆశలనిస్తుంది. వాటితోపాటే భయాలను ఇస్తుంది. సర్వశక్తిమత్వం మన ముందు ఉంది. ఇంచుమించు అది అందుబాటులో ఉంది. అయితే ఆ కింద మాత్రం ఎంతో లోతైన అగాధం ఉంది. ఆచరణాత్మక స్థాయిలో చూస్తే అర్థంలేని ఈ విశ్వంలో ఆధునిక జీవనంలో అధికారం గురించి అదే పనిగా వెతుకులాట సాగుతుంది. ఆధునిక సంస్కృతి, చరిత్రలోకెల్లా బలవత్తరమైనది. అది అంతులేకుండా పరిశోధిస్తున్నది, ఆవిష్కరణలు చేస్తున్నది, కొత్త సంగతులు కనుగొంటున్నది, పెరుగుతున్నది. అదే సమయంలో అంతకుముందు ఏ సంస్కృతిలోనూ లేనంతగా ఉనికి గురించిన ఆతురతకు గురవుతున్నది.

ఈ అధ్యాయంలో అధికారం గురించిన ఆధునిక అన్వేషణ చర్చకు వస్తుంది. తరువాతి అధ్యాయంలో కాస్మోస్ అనే అంతులేని ఈ విశ్వంలోకి ఏదో రకంగా అర్థాన్ని దూర్చేందుకు మానవజాతి తన పెరుగుతున్న శక్తిని వాడిన తీరును పరీక్షిస్తాం. ఆధునికులం అనే మనం అధికారం పేరున అర్థాన్ని వదులుకుంటామని మాట ఇచ్చాం. అయితే మన మాటను పట్టించుకునేవారు అవతల ఎవరూ లేరు. మనల్ని మనం చాలా తెలివిగలవాళ్ళమని అనుకుంటాం. మూల్యం చెల్లించకుండానే సరికొత్త ఒప్పందం పూర్తి లాభాలను అనుభవించగలం అనుకుంటాం.

బ్యాంకర్లకు గబ్బిలాలకు తేడా

ఆధునిక పద్ధతిలో అధికారం కోసం చేసే ప్రయత్నానికి ఇంధనంగా విజ్ఞానశాస్త్ర ప్రగతి దానికితోడుగా ఆర్థికాభివృద్ధి ఉండి పనిచేస్తాయి. చరిత్రలో చాలాకాలంపాటు విజ్ఞానశాస్త్రం నత్తనడక నడిచింది. ఇక ఆర్థికస్థితి మంచు కట్టుకుపోయి ఉంది. క్రమంగా మానవుల జనాభా పెరిగినకొద్దీ ఉత్పత్తి కూడా పెరిగింది. అప్పుడప్పుడు చేసిన కొత్త ఆవిష్కరణల కారణంగా కొన్ని సందర్భాల్లో తలసరి ఆదాయం కూడా పెరిగింది. అయితే ఇదంతా చాలా నెమ్మదిగా జరిగింది.

క్రీస్తుశకం 1000లో వందమంది గ్రామస్తులు కలిసి వంద టన్నుల గోధుమలు

పండించారని అనుకుందాం. ఇక 1100లో గ్రామస్తులు 107 టన్నుల గోధుమలు పండించారు. ఈ మామూలు పెరుగుదలతో జీవన లయలో మార్పులు రాలేదు. సామాజిక, రాజకీయక్రమం కూడా మారలేదు. ప్రతి ఒక్కరూ పెరుగుదల గురించి మాట్లాడతారు. ఆధునిక కాలానికి ముందు ప్రజలు మాత్రం దాన్ని పట్టించుకోలేదు. రాజకుమారులు, పురోహితులు, రైతులు అందరూ మానవీయ ఉత్పత్తి ఇంచుమించు నిలకడగా కేవలం ఒకే రకంగా ఉంటుంది అనుకున్నారు. ఒక వ్యక్తి తన ధనాన్ని పెంచుకోవాలంటే మరొకరి సొమ్మును కాజేయడం అన్నది ఒకటే పద్ధతి. ఇవాళ సొమ్ము ఉన్న మనిషికి జరిగినట్టు అతని మనుమలకు జీవితం గడవదు.

కొత్త ప్రణాళికలకు పెట్టుబడి పెట్టడంలో కష్టాలు ఉండేవి. ఇటువంటి స్తబ్ధతకి ఇంచుమించు అదే కారణం అనవచ్చు. తగినంతగా నిధులు లేనప్పుడు చిత్తడినేల నుంచి తడిని తొలగించడం కుదరదు. వంతెనలు వేయడం కుదరదు. బందరులు కట్టడం కుదరదు. ఇక కొత్త గోధుమ వంగడాలను తయారుచేయడం, కొత్త వ్యాపార మార్గాలను కనుగొనడం, కొత్త ఇంధన వనరులు కనుగొనడం కూడా కుదరవు. ఆ కాలంలో అప్పు అందే పరిస్థితి లేదు కాబట్టి నిధుల కొరత ఉండేది. పెరుగుదలలో నమ్మకం లేదు కాబట్టి అప్పులు అన్న పద్ధతి లేదు. ఆర్థిక పరిస్థితి నిలిచిపోయి ఉంది కనుక ఎవరికీ పెరుగుదలలో నమ్మకం లేదు. ఈ రకంగా ఆ నిలువ వేసిన పరిస్థితి తన కారణంగా తాను శాశ్వతంగా నిలిచింది.

మీరు ఒక మధ్యయుగం పట్టణంలో ఉన్నారు. అక్కడ ప్రతి సంవత్సరం అతిసార వ్యాధి వస్తుంది అనుకోండి. మీరు దానికి నివారణ కనుగొనాలని నిశ్చయించుకున్నారు. అందుకు వర్క్‌షాప్ పెట్టడానికి మీకు నిధులు కావాలి. మూలికలు కొనడానికి కూడా కావాలి. పరిశోధనకు మరెన్నో రసాయనాలు కావాలి. పనివాళ్లకు జీతాలు ఇవ్వాలి. వైద్యులతో సంప్రదింపుల కోసం ప్రయాణాలు చేయాలి. మీరు పరిశోధనలో ఉంటారు. అయినా మీకు, మీ కుటుంబానికి తిండి అవసరం. అంటే అందుకు కూడా కొంత డబ్బు కావాలి. మీ దగ్గర అంత డబ్బు లేదు. స్థానిక మిల్లు యజమాని లేదా బేకర్, కమ్మరి వంటివారిని ఎవరినో ఆశ్రయించవచ్చు. కొన్ని సంవత్సరాలపాటు మీ అవసరాలను తీరిస్తే మీరు మందు కనుగొన్న తర్వాత, ధనవంతులుగా మారి, వారి డబ్బు వారికి తిరిగి ఇస్తామని చెప్పవచ్చు.

అయితే దురదృష్టవశాత్తు వాళ్ళు మీ మాట వినరు. వాళ్లు తమ కుటుంబానికి ఆనాడు తిండి పెట్టాలి. పైగా వాళ్లకు ఈ పరిశోధనల మీద, అద్భుత ఔషధాల మీద నమ్మకం లేదు. వాళ్లంతా నిన్న పుట్టినవాళ్లు కాదు. బతికినంత కాలంలో ఎప్పుడూ ఎవరైనా భయంకర వ్యాధికి అటువంటి మందు కనుగొన్న సంగతి విని ఉండలేదు. సరుకులు కావాలంటే డబ్బులు ఇవ్వాల్సిందే. మీరు మందు కనుగొనలేదు. మరి డబ్బులు ఎక్కడి నుంచి వస్తాయి? మీరేమో దినమంతా పరిశోధనలో గడుపుతుంటారు. కనుక ఇష్టం లేకున్నా మీరు మళ్లీ పొలం దున్నుకోవడానికి వెళ్లిపోతారు. అతిసారవ్యాధి ఊళ్లోవాళ్లను కష్టపెడుతూనే ఉంటుంది. కొత్త చికిత్స గురించి ఎవరూ ఆలోచించరు. ఒక్క

బంగారు నాణెం కూడా చేతులు మారదు. అందుకనే ఆర్థిక వ్యవస్థ దానితోపాటు సైన్సు అట్లా ఉండిపోయాయి.

భవిష్యత్తు మీద గట్టి నమ్మకం ఉన్నందుకు ఆధునిక కాలంలో ఈ వలయం చివరికి విడిపోయింది. అప్పుల పరిస్థితి కూడా మారిపోయింది. అప్పు అంటే నమ్మకానికి గల ఆర్థిక రూపం. నేను ఒక కొత్త మందు కనుగొనాలి అనుకుంటాను, అయితే నా దగ్గర డబ్బు లేదు. అప్పుడు నాకు బ్యాంకువారు అప్పు ఇస్తారు. లేదంటే ప్రైవేటు పెట్టుబడిదారులు కూడా ముందుకు వస్తారు. వెంచర్ క్యాపిటల్ ఫండ్స్ అని కూడా ఉంటాయి. 2014 వేసవిలో వెస్ట్ ఆఫ్రికాలో ఎబోలా అనే వ్యాధి ప్రబలింది. ఆ వ్యాధికి వ్యతిరేకంగా టీకా మందులు, మందులు తయారుచేస్తున్న ఔషధ కంపెనీలవారి పరిస్థితి ఏంటో తెలుసా? వాళ్ల షేర్ల ధరలు ఆకాశాన్ని అంటాయి. టెక్‌మీరా వారి షేర్ల ధరలు 50 శాతం పెరిగాయి. బయోక్రిస్ట్ షేర్ల ధరలు 90 శాతం పెరిగాయి. మధ్యయుగంలో ప్లేగు వంటి వ్యాధి ప్రబలితే ప్రజలంతా ఆకాశం వైపు తలపెట్టి చూసేవాళ్ళు. తమ పాపాలను క్షమించి తమను రక్షించమని దేవుడిని వేడుకునేవారు. ఇవాళ ప్రజలు ఒక మహమ్మారి వ్యాధి ప్రబలింది అన్న మాట వింటే వెంటనే మొబైల్ ఫోన్ ఎత్తుకుంటారు. తమ బ్రోకర్లకు ఫోన్ చేసి మాట్లాడతారు. అంటే స్టాక్ ఎక్స్‌చేంజ్ వ్యాధి కూడా ఒక మంచి వ్యాపార అవకాశం అన్నమాట.

ప్రయత్నాలతో తగినన్ని ఫలించాయి అంటే ప్రజలకు భవిష్యత్తులో ఉన్న నమ్మకం పెరుగుతుంది. అప్పులు ఎక్కువ అవుతాయి. వడ్డీశాతం తగ్గుతుంది. కొత్తగా వ్యాపారంలోకి దిగుతున్నవారు సులభంగా డబ్బు సంపాదించగలుగుతారు. ఆర్థికవ్యవస్థ బలపడుతుంది. ఫలితంగా ప్రజలకు ప్రగతిలో మరింత నమ్మకం కుదురుతుంది. ఆర్థికవ్యవస్థ పెరుగుతూ పోతుంది. దానితో బాటే సైన్స్ కూడా పెరుగుతుంది.

ఇదంతా చదవడానికి సులభంగా కనబడుతుంది. అటువంటప్పుడు మానవజాతి ఆధునికయుగం దాకా ఆర్థిక ప్రగతి వేగం పుంజుకొనడానికి ఎందుకు వేచి ఉండవలసి వచ్చింది? వేలాది సంవత్సరాలపాటు ప్రజలకు భవిష్యత్తు పెరుగుదల అంశాలలో నమ్మకం లేదు. కారణం వారి తెలివితక్కువతనం కాదు. ఆలోచనలకు అది అనువుగా లేదు అంతే. ఈ పరిణామం ద్వారా మనకు అందిన లక్షణాలు, అదే రకంగా ప్రపంచం పనిచేసే తీరు కూడా నమ్మకం కలిగించే పద్ధతిలో లేవు. సహజ వ్యవస్థలు చాలామటుకు సమ స్థితిలో ఉంటాయి. మనుగడ కోసం జరిగే ప్రయత్నాలు ఫలితం లేని ఆటల కింద మారతాయి. నష్ట పరిస్థితి తప్ప ఒకరు మెరుగుపడే పరిస్థితి లేదు.

ఉదాహరణకు ఒక లోయలో ప్రతి సంవత్సరం సుమారు ఒకంత గడ్డి పెరుగుతుంది. దాన్ని సుమారు 10,000 కుందేళ్లు తిని బతుకుతాయి. వాటిలో చాలామటుకు నెమ్మదిగా ఉంటాయి, తెలివిలేనివి. అదృష్టం బాగా లేనివి కూడా. వాటిని 100 తోడేళ్లు తినేస్తాయి. వాటిలో ఒక తోడేలు తెలివిగలది, ఆలోచన గలది అయితే సగటున ఎక్కువ కుందేళ్ళను మింగుతుంది. అటువంటప్పుడు మిగతా కొన్ని తోడేళ్లకు తిండి దొరకనే దొరకదు. ఏదో రకంగా అన్ని తోడేళ్లు ఒకే సమయంలో ఎక్కువ కుందేళ్ళను తిన్నాయి, అనుకుందాం.

కుందేళ్ళ జనాభా పడిపోతుంది. వచ్చే సంవత్సరం మరిన్ని తోడేళ్ళు ఆకలికి నకనక లాడతాయి. కుందేళ్ల మార్కెట్‌లో అప్పుడప్పుడు ఎగుడుదిగుడులు ఉంటాయి. అయినా తోడేళ్ళు కలకాలం ఒకేరకంగా వేటాడగలుగుతాము అనుకోకూడదు. గడచిన సంవత్సరం కంటే ఈసారి 3 శాతం ఎక్కువ తింటాము అని అవి అనుకోకూడదు.

జీవావరణ (ecological) సంగతులు మరి ఇంత గజిబిజిగా ఉంటాయి. అందులో మనుగడ పోటీలకు, ఫలితాలు లేని ఆటలకు చోటులేదు. చాలా జంతువులు చక్కగా ఒకదానికొకటి సహకరించుకుంటాయి. కొన్ని అప్పులు కూడా ఇస్తాయి. అప్పులు ఇచ్చే జీవులలో వాంపైర్ గబ్బిలాల గురించి ముందు చెప్పుకోవాలి. ఈ గబ్బిలాలు గుహలలో వేల సంఖ్యలో చేరుకుంటాయి. చీకటి పడగానే తిండి వేటకు బయలుదేరుతాయి. నిద్రపోతున్న ఒక పక్షి, నిర్లక్ష్యంగా ఉన్న ఒక పశువు కనిపిస్తే చాలు, దాని చర్మంలో రంధ్రం వేస్తాయి. రక్తాన్ని పీలుస్తాయి. అలాగని అన్ని గబ్బిలాలకు ప్రతి రాత్రి ఈ రకమైన జంతువులు కనిపించవు. జీవితంలో ఎదురయ్యే ఇటువంటి అనిశ్చిత పరిస్థితులను ఎదుర్కోవడానికి గబ్బిలాలు ఒకదానికొకటి అప్పు ఇచ్చుకుంటాయి. తిండి పేరున ప్రాణి దొరకని గబ్బిలం తిరిగి ఇంటికి వస్తుంది. తిని కూర్చున్న గబ్బిలాన్ని రక్తం అరువు అడుగుతుంది. అప్పు ఇచ్చిన వాంపైర్ గబ్బిలాలు ఎవరికీ ఇచ్చాము అన్న సంగతిని గట్టిగా గుర్తు పెట్టుకుంటాయి. గబ్బిలం ఎప్పుడైనా ఆ తరువాత తిండి లేక తిరిగి వచ్చిందంటే, తనకు బాకీ ఉన్న గబ్బిలం దగ్గరకు వస్తుంది. ఆ గబ్బిలం లేదనకుండా రక్తాన్ని ఇస్తుంది.

అయితే బ్యాంకు మనుషులలాగా ఈ గబ్బిలాలు వడ్డీ అడగవు. వాంపైర్ ఏ అనే గబ్బిలం వాంపైర్ బీకి 10 సెంటి లీటర్ల రక్తం ఇచ్చింది అనుకుందాం. సందర్భం వచ్చినప్పుడు బీ కూడా సరిగ్గా అంతే రక్తాన్ని తిరిగి ఇస్తుంది. అలాగే ఈ గబ్బిలాలు కొత్త వ్యాపారం ప్రారంభించడానికి గాని, రక్తం మార్కెట్లో ప్రగతి సాధించడానికి కానీ అప్పులు ఇవ్వవు. అక్కడ రక్తాన్ని తయారుచేసేది వేరే జంతువులు. వాటి జనాభా పెంచే పద్ధతులు గబ్బిలాలకు తెలియవు. రక్తం మార్కెట్లో కూడా పెరుగుదల తగ్గింపు ఉంటాయి కానీ 2016 సంవత్సరంలో కన్నా 2017 సంవత్సరంలో 3 శాతం రక్తం ఎక్కువ ఉత్పత్తి అవుతుందని గబ్బిలాలు అనుకోవడానికి లేదు. కనుక గబ్బిలాలకు ప్రగతి అన్న మాటల్లో నమ్మకం లేదు. పరిణామక్రమంలో లక్షలాది సంవత్సరాలపాటు మానవులు కూడా గబ్బిలాలు, తోడేళ్ళు, కుందేళ్ళ వంటి పరిస్థితుల్లోనే కాలం గడిపారు. అందుకనే మనుషులకు కూడా ప్రగతి గురించి నమ్మడం కొంచెం అనుమానంగా ఉంటుంది.

మాయ రొట్టె

పరిణామం ఒత్తిడి కారణంగా మనుషులకు ప్రపంచాన్ని మార్పులేని ఒక రొట్టెగా చూడడం అలవాటు అయింది. అందులో ఎవరికైనా ఒకముక్క పెద్దది దొరికితే తప్పకుండా మరొకరికి తక్కువ దొరుకుతుంది. ఒక నగరం లేదా ఒక కుటుంబం బాగా బతకవచ్చు. అయితే మానవజాతి మొత్తం కలిసి వాళ్ళ తయారవుతున్న తిండి కన్నా ఎక్కువ ఉత్పత్తి

చేయడానికి లేదు. క్రిస్టియానిటీ, ఇస్లాం వంటి సాంప్రదాయిక మతాల మానవాళి సమస్యలకు ప్రస్తుత వనరుల సాయంతో సమాధానాలు అందించే ప్రయత్నాలు చేశాయి. ఉన్న రొట్టెనే మరో రకంగా పంచాలి. లేదంటే లేని రొట్టె గురించి ఆశ పెట్టాలి.

అందుకు వ్యతిరేకంగా ఆధునికత మాత్రం ఆర్థిక ప్రగతి వీలవుతుంది అన్న గట్టి నమ్మకం మీద ఆధారపడి ఉంది. అది చాలా అవసరం అని కూడా అంటుంది. ప్రార్థనలు, మంచి పనులు, ధ్యానాలు మనసుకు మంచి భావాన్ని ఇవ్వవచ్చు. ప్రేరణను కలిగించవచ్చు. కాని వ్యాధులు, యుద్ధం లాంటి సమస్యలను కేవలం పెరుగుదలతో మాత్రమే తీర్చడం వీలవుతుంది. మౌలికమైన నమ్మిక మామూలు ఆలోచనతో సంక్షిప్తంగా చెప్పవచ్చు. నీకు సమస్యలు ఉంటే నీకు ఏదో ఎక్కువ కావాలి. ఎక్కువ పదార్థం కావాలంటే నీవు దాన్ని ఎక్కువగా తయారుచేసుకోవాలి.

ఆధునిక రాజకీయ నాయకులు, ఆర్థిక శాస్త్రవేత్తలు పెరుగుదల మూడు అంశాల కారణంగా ముఖ్యమైనది అంటారు. మొట్టమొదట మనం ఎక్కువ ఉత్పత్తి చేస్తే ఎక్కువ అనుభవించవచ్చు. జీవనస్థాయిని పెంచుకోవచ్చు. మరింత ఆనందంగా బతకవచ్చు. ఇక రెండవ విషయం. మానవుల సంఖ్య పెరుగుతున్నకొద్దీ మనతీరు ఉన్నచోటే ఉండడానికి కూడా ఆర్థిక ప్రగతి అవసరం. ఉదాహరణకు భారతదేశంలో సంవత్సరంలో జనాభా పెరుగుదల 1.2% జరుగుతుంది. అంటే భారతీయ ఆర్థికవ్యవస్థ ప్రతి సంవత్సరం 1.2% పెరగాలి. పెరగకుంటే నిరుద్యోగ సమస్య పెరుగుతుంది. జీతాలు తక్కువ అవుతాయి. జీవనసరళి స్థాయి సగటున బాగా దిగిపోతుంది. ఇక మూడవ విషయం, భారతదేశంలో జనాభా పెరగడం లేదు. అక్కడి మధ్యతరగతివారు తమ ప్రస్తుత జీవన ప్రమాణాలు సంతృప్తికరంగా ఉన్నట్లు భావిస్తారు అనుకుందాం. మరి అప్పుడు ఆ దేశం బీదతనంతో కుంగిపోతున్న లక్షల సంఖ్యలో ఉన్నవారిని గురించి ఏం చేయాలి? ఆర్థిక పరిస్థితి మారకపోతే, అంటే రొట్టె ఉన్నంతే ఉంటే, బీదవారికి పెట్టడం కోసం ఉన్నవారి దగ్గర నుంచి కొంత తీసుకోవలసి ఉంటుంది. అందుకోసం కొన్ని కష్టమైన నిర్ణయాలు చేయవలసి ఉంటుంది. చాలామంది ఎదురుతిరుగుతారు. హింస కూడా జరగవచ్చు. అటువంటి నిర్ణయాలు, అసంతృప్తి, హింస ఉండకూడదు అనుకుంటే పెద్ద రొట్టె కావాలి.

ప్రజా సమస్యలు, వ్యక్తుల సమస్యలు అన్నింటికీ సమాధానంగా ఆధునికత, ఎక్కువ పదార్థం అన్న సంగతిని చూపిస్తున్నది. మత మౌలికవాదం నుంచి మొదలు మూడవ ప్రపంచ అధికారవాదం దాకా అన్నిటికీ అదే జవాబు. దంపతులు విడిపోయారన్నా అదే జవాబు. పాకిస్తాన్, ఈజిప్ట్ వంటి దేశాలవారు పెరుగుదల రేటును సాధించగలిగితే వారి పౌరులు కార్లు, నిండుగా ఉన్న రెఫ్రిజిరేటర్లు వంటి సదుపాయాలను అనుభవించ గలుగుతారు. అప్పుడు వారు ఇస్లామిక్ (మౌలికవాద) 'పైడ్ పైపర్' వెంటబడి కాక ప్రాపంచిక సంపద అనే మార్గం మీద నడుస్తారు. అదే రకంగా కాంగో, మయన్మార్ లాంటి దేశాలలో ఆర్థిక అభివృద్ధి, సంపన్నులయిన మధ్యతరగతివారిని సృష్టిస్తుంది. వారు లిబరల్ ప్రజాస్వామ్యాన్ని బలపరుస్తారు. ఈ సందర్భంలో పొంతనలేని దంపతుల వివాహం, ఒక పెద్ద ఇల్లు కొంటే, అంటే వారు ఇరుకు గదిని పంచుకోవాల్సిన అవసరం

లేకుంటే, ఒక డిష్ వాషర్ కొంటే, అంటే అంట్లు ఎవరు తోమాలి అన్న సమస్య ఎదురు కాకుంటే, వారంవారం వెల గల రికవరీ సెషన్స్‌కు వెళుతూ ఉంటే బాగానే నిలబడుతుంది.

అన్ని ఆధునిక మతాలు, ఆదర్శాలు, ఉద్యమాలూ కలిసే అత్యవసరమైన కూడలిగా ఆర్థిక ప్రగతి రూపు పోసుకున్నది. సోవియట్ యూనియన్ వారు తమ పంచవర్ష ప్రణాళికలను చాలా గొప్పగా భావించుకున్నారు. గొంతులు కోసే అమెరికన్ గజదొంగ నాయకుడు లాగే వారు కూడా ఆర్థిక ప్రగతిని గురించి పాటలు పాడారు. క్రైస్తవులు, ముస్లింలు అందరూ స్వర్గాన్ని నమ్ముతారు. అక్కడికి చేరడం ఎట్లాగ అంటే మాత్రం రకరకాలుగా చెబుతారు. అందుకే ప్రచ్ఛన్నయుద్ధం జరిగిన సమయంలో పెట్టుబడిదారులు, కమ్యూనిస్టులు అందరు భూమి మీదే స్వర్గం తయారుచేయాలి అన్నారు. అందుకు ఆర్థిక ప్రగతి ఒక్కటే ఆధారం అన్నారు. దానికి తగిన పద్ధతి గురించి మాత్రం తంటాలు పడ్డారు.

ఇవాళ హిందూ పునరుద్ధరణవాదులు, విశ్వాసులైన ముస్లిములు, జపనీస్ జాతీయతావాదులు, చైనీస్ కమ్యూనిస్టులు అందరూ వేర్వేరు విలువలను గమ్యాలను ప్రకటించవచ్చు. కానీ వారు తమ తమ వేర్వేరు గమ్యాలను చేరడానికి ఆర్థిక ప్రగతి ఒకటే మార్గమని అర్థం చేసుకున్నారు. అందుకే 2014లో మతవాది హిందూ అయిన నరేంద్ర మోదీని భారత దేశంలో ప్రధానమంత్రిగా ఎన్నుకున్నారు. అందుకు కారణం అతను అంతకుముందు తన రాష్ట్రం గుజరాత్‌లో మంచి ఆర్థిక ప్రగతి సాధించాడు. నిద్రాణమైన జాతీయ ఆర్థిక వ్యవస్థను అతను మళ్ళీ మేలుకొలుపగలడని అందరూ నమ్మారు. ఇటువంటి ఆలోచనలు కారణంగానే టర్కీలో ఇస్లామిక్ రీసెప్ తాయిప్ ఎర్డోగాన్ 2003 నుంచి అధికారంలో కొనసాగుతున్నాడు. అతని పార్టీ పేరే న్యాయం మరియు అభివృద్ధి పార్టీ. ఆర్థిక అభివృద్ధికి ఆ పార్టీ తన విధేయతను ప్రకటించింది. దశాబ్దానికి పైగా ఆ ప్రభుత్వం మంచి ప్రగతిని చూపించగలిగింది కనుకనే అధికారంలో ఉంది.

రెండు దశాబ్దాల పాటు స్తబ్దంగా ఉన్న జపనీస్ ఆర్థిక వ్యవస్థను పునరుజ్జీవింప చేస్తాను అన్న ఒట్టుతో జాతీయతావాది షింజో ఆబె 2012లో జపాన్ ప్రధానమంత్రిగా అధికారంలోకి వచ్చాడు. అతను దూకుడుగా, అసాధారణంగా చేసిన అభివృద్ధి ప్రతిపాదనలను ఆబినామిక్స్ అన్నారు. పక్కనే ఉన్న చైనాలో కమ్యూనిస్టు పార్టీ వారు కొత్త కాలపు మార్క్సిస్టు-లెనినిస్టు ఆలోచనా విధానానికి మాటలతో వత్తాసు పలుకుతున్నారు. ఆచరణలో మాత్రం డెంగ్ షియావో పింగ్ చెప్పిన మాటలు మార్గదర్శకంగా ఉన్నాయి. అభివృద్ధి అన్నది ఒకటి మాత్రమే గట్టి నిజం అన్నాడతను. ఎలుకలను పడితే చాలు, పిల్ల నల్లనిది అయినా తెల్లనిదయినా పర్వాలేదు అని కూడా అన్నాడు. మామూలు మాటలో చెప్పాలంటే ఆర్థిక ప్రగతి కోసం ఏమైనా చేయండి పర్వాలేదు. ఆ పద్ధతులవల్ల మార్క్స్, లెనిన్ అసంతృప్తి చెందినా పర్వాలేదు అని అర్థం.

ఏ పేచీలు పెట్టుకోని నగర రాజ్యం సింగపూర్‌లో, వారు ఈ ఆలోచనాధోరణిని మరింత ముందుకు సాగిస్తారు. మంత్రులకు ఇచ్చే జీతాలు జాతీయ సగటు ఉత్పత్తితో ముడిపడి ఉంటాయి. సింగపూర్ జాతీయ ఆదాయం పెరిగితే మంత్రులకు జీతం

పెరుగుతుంది. అది ఒక్కటే వాళ్ల పని అన్నట్లు ఉంటుంది పరిస్థితి.

పెరుగుదల గురించిన ఈ పద్ధతి సులభంగా బయటకు కనిపించవచ్చు. అందుకు కారణం మనం ఉన్నది ఒక ఆధునిక ప్రపంచం కనుక. గతంలో ఈ రకంగా ఉండేది కాదు. భారతదేశంలో మహారాజులు, ఆటోమాన్ సుల్తానులు, కామకూరా షోగున్స్, హాన్ సామ్రాట్టులు ప్రగతి ఆధారంగా తమ అదృష్టాలు నిర్ణయించుకోలేదు. మోదీ, ఎర్డోగాన్, ఆబీ, చైనా అధ్యక్షుడు జిన్పింగ్ అందరూ తమతమ రాజకీయ జీవితాలను ఆర్థిక ప్రగతితో ముడిపెట్టి ఉన్నారు. అంటే ప్రపంచమంతటా పెరుగుదల అన్నది ఒక మతం స్థాయికి చేరుకున్నది అన్న సత్యం బయటపడుతుంది. ఆర్థిక ప్రగతి మీద ఉన్న నమ్మకాన్ని ఒక మతం అనడంలో తప్పు ఏమి లేదు. అది మరి మనకున్న నీతిపరమైన సమస్యలు అన్నింటిని కాకున్నా కొన్నింటిని తీర్చగలుగుతున్నది. ఆర్థిక ప్రగతి అన్ని మంచి విషయాలకు మూలం అన్నప్పుడు ప్రజలను అది తమతమ నీతిపరమైన అభిప్రాయ భేదాలను కప్పిపుచ్చేటట్లు చేస్తుంది. ఎక్కువకాలంపాటు ఎక్కువ పెరుగుదల కనిపించే మార్గాన్ని వాళ్ళు అనుసరించేలా చేస్తుంది. మోదీ భారతదేశంలో వేలాది వర్గాలు, పార్టీలు, ఉద్యమాలు, గురువులు ఉన్నప్పటికీ వారివారి గమ్యాలు వేరే అయినప్పటికీ అందరూ ఆర్థిక ప్రగతి అనే ఒక ఇరుకుమార్గం ద్వారా ముందుకు పోవలసినవారే. ఈలోగా అందరూ కలిసికట్టుగా ఉంటే పోతుంది కదా అన్నది భావం.

అలాగే 'ఎక్కువ సరుకులు' అన్న ఈ మార్గం సంస్థలను, ప్రభుత్వాలను కూడా ఆర్థిక ప్రగతికి వ్యతిరేకం అనుకున్న అన్ని అంశాలను పక్కన పెట్టేట్లు చేస్తుంది. సాంఘిక సమానత్వాన్ని కాపాడడం పర్యావరణ సమతుల్యాన్ని కాపాడటం, తమతమ పెద్దలను గౌరవించడం కూడా రెండో స్థానానికి చేరుతాయి. సోవియట్ యూనియన్‌లోని నాయకులు ప్రభుత్వ అధీనంలో జరిగే కమ్యూనిజం కార్యక్రమాలు ప్రగతి వేగం పెంచే మార్గాలు అనుకున్నారు. కనుక ఆ మార్గంలో అడ్డుగా నిలిచిన ప్రతిదానిని పక్కకు నెట్టేశారు. లక్షలాది మంది రైతులు, భావప్రకటనా స్వాతంత్ర్యం, అరల్ సముద్రం అన్నీ అర్థం లేనివయ్యాయి. దీర్ఘకాల అభివృద్ధి నమ్మకంగా జరగాలంటే ఫ్రీ మార్కెట్ పెట్టుబడిదారీ విధానం ప్రభావ వంతంగా ఉంటుందని సాధారణంగా అందరు నమ్ముతున్నారు. అందుకే ఆశపోతు బడా వ్యాపారులు, ధనికులైన రైతులు రక్షణ పొందుతున్నారు. భావప్రకటనా స్వాతంత్ర్యం కూడా నిలబడుతున్నది. కానీ పర్యావరణ ప్రాంతాలు, సామాజిక పరిస్థితులు, సాంప్ర దాయంగా వస్తున్న విలువలు ఫ్రీ మార్కెట్‌కు అడ్డంగా నిలుస్తున్నాయి కనుక నాశనం చేయబడుతున్నాయి.

ఉదాహరణకు ఒక సాఫ్ట్‌వేర్ ఇంజనీర్ ఒక పెద్ద కంపెనీలో పనిచేస్తుంటుంది. గంటకు 100 డాలర్లు సంపాదిస్తుంది. ఆమె ముసలి నాన్నగారికి ఒకనాడు గుండెపోటు వస్తుంది. బజారుకు వెళ్లడానికి, వంటకు, చివరికి స్నానం చేయడానికి కూడా ఆయనకు ఇప్పుడు ఎవరో ఆసరా ఉండాలి. ఆమె తండ్రిని తన సొంత ఇంటికి తరలించవచ్చు. పనికి కొంచెం ఆలస్యంగా బయలుదేరవచ్చు. సాయంత్రం కొంచెం తొందరగా రావచ్చు.

సొంతంగా తనే తండ్రికి సాయంగా ఉండవచ్చు. అయితే ఆమె ఆదాయం, అప్పుడప్పుడే మొదలైన కంపెనీ రెండూ దెబ్బతింటాయి. తండ్రికి మాత్రం తనను గౌరవించి, ప్రేమించే కూతురు సేవలు అందుతాయి. అది కుదరదు అంటే ఆమె ఒక మెక్సికో నుంచి వచ్చిన కేర్‌టేకర్‌ను పనిలో పెడుతుంది. అతనికి గంటకు 25 డాలర్లు ఇస్తుంది. ఆ మనిషి పెద్ద మనిషికి కావాల్సిన సేవలన్నీ అందిస్తాడు. ఆ రకంగా ఇంజనీర్‌కు తన పని సాగుతుంది. కంపెనీ కొనసాగుతుంది. అంతేకాక ఆ మెక్సికన్ వ్యక్తికి ఆ దేశ ఆర్థిక వ్యవస్థకు న్యాయం జరుగుతుంది. మరి ఆ ఇంజనీర్ ఏం చేయాలి?

జవాబు ఫ్రీ మార్కెట్ పెట్టుబడిదారీ విధానం నుంచి వస్తుంది. కుటుంబ బంధాలను వదులుకోవాలని తల్లిదండ్రుల నుంచి దూరంగా ఉండడం ప్రోత్సహిస్తే, వారి సేవకు వేరు మనుషులను పెట్టాలంటే, అప్పుడు ఆర్థిక వ్యవస్థ పెరుగుదలకు వీలు కలుగుతుంది, అంటే, అలాగే జరగాలి. ఈ జవాబులో నీతిపరమైన నిర్ణయం ఉంది తప్ప వాస్తవం లేదు. కొంతమంది సాఫ్ట్‌వేర్ ఇంజనీరింగ్ నేర్చుకుంటారు. మరికొంతమంది పెద్దవాళ్లకు సేవలు అందించడం నేర్చుకుంటారు. కనుక మరింత సాఫ్ట్‌వేర్ తయారవుతుంది. పెద్దలకు మరింత మంచి సేవ దొరుకుతుంది. అయితే ఆర్థికవ్యవస్థ కుటుంబంలో బంధాలు కంటే గొప్పదా? ఇట్టి నీతిపరమైన నిర్ణయాలను చేయడానికి ఉద్యమించి మార్కెట్ పెట్టుబడి విధానం తన హద్దులు దాటింది. అది సైన్స్ అనే దేశంలో నుంచి మతం అన్న దేశంలోకి అడుగుపెట్టింది.

ఇంచుమించు పెట్టుబడిదారులు అందరూ బహుశా మతం అన్న ముద్రను ఏవగించుకుంటారు. అయితే మతాలు వెనకబడ్డకొద్దీ కాపిటలిజం తల ఎత్తుకుని ఉండ గలుగుతుంది. ఆకాశంలో ఉన్న రొట్టె మీద ఆశ చూపించే ఇతర మతాల వలె కాక పెట్టుబడి విధానం ఇక్కడే భూమి మీద అద్భుతాలను గురించి ఆశ పెడుతుంది. కొన్నిసార్లు వాటిని అందించగలుగుతుంది కూడా. కరువులు, వ్యాధులను అధిగమించడానికి అసలైన ఆధారం పెట్టుబడిదారీ విధానం మీద ఉన్న గట్టి నమ్మకమే. మానవుల హింసాత్మక ధోరణి తగ్గించడానికి కూడా అదే కారణం అనవచ్చు. పెరిగిన సహనం, సహకారాలు కూడా ఈ దారిలోనివే. ఇక్కడ మరికొన్ని అంశాలు పనిచేస్తున్నాయి. అయినా విశ్వ సమానత్వంలో కాపిటలిజం పాత్ర పెద్ద ఎత్తున ఉంది. ఆర్థిక విధానాన్ని అర్థంలేని కార్యక్రమం అని ప్రజలు అనుకోకుండా, అందులో నీ లాభం – నా నష్టం అన్న ధోరణి లేకుండా, అందరూ గెలిచే పద్ధతిని పాటిస్తే వచ్చిన లాభం అందరికీ పంచినట్టు అవుతుంది. శతాబ్దాలపాటు జరిగిన క్రైస్తవుల ప్రచార కార్యక్రమంలో చెప్పిన ప్రక్కవానిని ప్రేమించుము, కొట్టినవానికి రెండవ చెంప చూపుము వంటి మాటలకన్నా ఈ పరస్పర లాభ వినిమయం పద్ధతి ఎక్కువగా పనిచేసింది.

పెరుగుదల అన్నిటికన్నా విలువైనది. అందులో పెట్టుబడిదారీ విధానానికి నమ్మకం ఉన్నది. కనుక అది ఆ నమ్మకంలోనుంచి నీవు నీ లాభములను పెరుగుదలకై పెట్టుబడి పెట్టుదువు గాక అని చెప్పే కమాండ్‌మెంట్ నంబర్ వన్‌ను తయారుచేసింది. చరిత్రలో ఎక్కువమటుకు రాజులు, పూజారులు తమ లాభాలను పటాటోపం పండుగలు,

అందమైన ప్రసాదాలు, అనవసరమైన యుద్ధాల పేరున దండుగ చేశారు. అది కాదంటే వారు తమ బంగారు నాణాలను ఇనుప పెట్టెలో పెట్టి, సీల్ చేసి నేలమాళిగలలో పాతి పెట్టారు. ప్రస్తుతం పెట్టుబడిదారులు లాభాలు రాగానే కొత్త ఉద్యోగులను పెట్టుకుంటారు. కర్మాగారం పెద్దది చేస్తారు. కొత్త ఉత్పత్తులను తయారుచేయిస్తారు.

ఈ పనులన్నీ తామే చేయడం తెలియని పక్షంలో ఆ పని చేయించగలవారికి తమ ధనాన్ని అప్పగిస్తారు. అంటే బ్యాంకర్లు, వెంచర్ క్యాపిటలిస్టులకు ఇస్తారు అని అర్థం. ఇక వీరు కొత్తగా వ్యాపారంలోకి వస్తున్న వారికి పెట్టుబడులు పెడతారు. కొత్త గోధుమ చేలు వేయడానికి రైతులు అప్పులు తీసుకుంటారు. కాంట్రాక్టర్లు కొత్త భవంతులు కడతారు. ఇంధనరంగంవారు చమురుబావులను వెతుకుతారు. మరికొంతమంది, కొత్త ఆయుధాలకు రూపుపోసి ఉత్పత్తి చేస్తారు. లాభాలు వస్తాయి. కొత్త వ్యాపారస్తులు వడ్డీతో సహా సొమ్మును తిరిగి చెల్లిస్తారు. కనుక ఎక్కువ గోధుమలు, భవంతులు, చమురు, ఆయుధాలు వస్తాయి. ఎక్కువ ధనం కూడా వస్తుంది. బ్యాంకువారు దాన్ని మళ్లీ అప్పుగా ఇవ్వగలుగుతారు. క్యాపిటలిజం వారి మాట ప్రకారం ఈ చక్రం తిరగడం అనేది ఆగనే ఆగదు. ఇక చాలు, ఇక పెరిగింది చాలు, ఇప్పుడు ఊరుకుందాం, అని క్యాపిటలిజం అనే రోజు రానే రాదు. పెట్టుబడిదారీ చక్రం ఈనాటికీ ఎందుకు ఆగదు అన్న సంగతి తెలుసుకోవాలంటే 100,000 డాలర్లు సంపాదించి వాటిని ఏం చేయాలో తెలియక మథనపడుతున్న ఒక వ్యక్తితో మాట్లాడి చూడండి.

బ్యాంకులు ఇచ్చే వడ్డీ ఇంత తక్కువగా ఉంది, అంటాడు అతను బాధగా. ఏటా 0.5 శాతం మాత్రమే వడ్డీ ఇచ్చే పొదుపు ఖాతాలతో నా డబ్బు పెట్టడం ఇష్టం లేదు. గవర్నమెంట్ బాండ్స్ కొంటే రెండు శాతం వస్తుందేమో? మా తమ్ముడు రిచీ, సియాటిల్‌లో పోయినేడు ఓ ఫ్లాట్ కొన్నాడు. అప్పుడే పెట్టుబడి మీద 20 శాతం తిరిగి వచ్చింది. నేను కూడా రియల్ ఎస్టేట్‌లోకి పోతే బాగుంటుందేమో! కానీ అక్కడ ఒక బబుల్ కొత్తగా పుట్టింది అని అందరూ అంటున్నారు. మరి స్టాక్ ఎక్స్ఛేంజ్ గురించి ఏమనుకుంటారు? బ్రెజిల్ లేదా చైనాలలాగా పెరుగుతున్న ఎకానమీల వెంట నడిస్తే మంచిదని అందుకని ఈటిఎఫ్ కొనాలని ఒక మిత్రుడు అన్నాడు. ఇంత చెప్పి అతను ఒక క్షణం ఆగి ఊపిరి పీల్చుకుంటాడు. ఆలోగా మీరు అడ్డుపడి ఒక 100,000 డాలర్లు వచ్చాయి కదా, అవి చాలవా? అని అడుగుతారు. అప్పుడు అతను పెట్టుబడిదారీ విధానం ఆగిపోవడం గురించి నాకన్నా బాగా వివరిస్తాడు.

ఈ పాఠాన్ని చివరకు పిల్లలకు, యువకులకు కూడా ఎటుచూసినా దొరికే క్యాపిటల్స్ గేమ్స్ ద్వారా తలలోకి ఎక్కిస్తారు. ఆధునికతకు ముందరి గేమ్స్ ఇలాగే నిలిచిపోయిన ఆర్థిక పరిస్థితికి ప్రతీకలుగా నిలిచాయి. పదహారు పీసులతో చదరంగం ఆట మొదలుపెడతాము. ఎంతసేపు ఆడినా వాటి సంఖ్య పెరగదు. చాలా అరుదుగా సైనికుడు రాణిగా మారవచ్చు. అయితే కొత్త సైనికులను తయారుచేయడానికి ఉండదు. ఒక గుర్రాన్ని శకటుగా మార్చడానికి ఉండదు. చదరంగం ఆడేవారు పెట్టుబడి గురించి ఆలోచించవలసిన అవసరం ఏనాటికీ ఉండదు. బోర్డ్ గేమ్స్, అలాగే కంప్యూటర్ గేమ్స్ మాత్రం పెట్టుబడి, పెరుగుదల మీద కేంద్రీకరిస్తాయి.

నాగరికత పద్ధతి స్ట్రాటజీ గేమ్స్ నిజంగా ముఖ్యంగా చెప్పుకోదగినవి. మైన్ క్రాఫ్ట్, సెటిలర్స్ ఆఫ్ కటాన్, సిడ్ మయ్యర్స్ సివిలైజేషన్ అందుకు ఉదాహరణ. రాతియుగంలోనో, మరేదో ఊహాకాలంలోనో, దేశంలోనో ఆట జరుగుతున్నట్లు చూపించవచ్చు. ఆటలో సూత్రం మాత్రం ఎప్పటికీ ఒకే రకంగా ఉంటుంది. అది క్యాపిటలిస్టు పద్ధతిలో ఉంటుంది. అక్కడ ఒక నగరాన్ని లేదా రాజ్యాన్ని నిర్మించాలి. లేదా మొత్తం నాగరికతను రూపొందించాలి. అక్కడ పని చాలా తక్కువ స్థాయి నుంచి మొదలుపెడతారు. బహుశా అది ఒక చిన్న ఊరు లేదా దగ్గరలోని పొలం కావచ్చు. అక్కడ మీకు కొంత మొత్తం పెట్టుబడి ఇస్తారు. అందులో గోధుమలు, కలప, ఇనుము, బంగారం వంటివి ఉంటాయి. అప్పుడు మీరు ఈ ఆదాయాన్ని తెలివిగా వాడవలసి ఉంటుంది. కొన్ని పరికరాలు ఆదాయాన్ని ఇవ్వవు. కానీ చాలా అవసరంగా ఉంటాయి. సైనికుల విషయం కూడా అంతే. మరిన్ని పల్లెలు, పొలాలు తిరిగి లాభాలు ఇవ్వలేని అంశాలలో తక్కువ పెట్టుబడి పెడుతూ ముందుకు సాగడం ముఖ్యమైనది. అలాగే లాభాలు తెచ్చే వాటిలో మాత్రం ఎక్కువ పెట్టుబడి పెడతారు. కొత్త గ్రామాలను ఏర్పాటు చేశారు అంటే, మరుసటి సంవత్సరానికి మీకు ఆదాయం పెరుగుతుంది. అప్పుడు మీరు అవసరమైతే మరింతమంది సైనికులను కొనగలుగుతారు. అదే సమయంలో ఉత్పత్తిని పెంచగల పెట్టుబడులను కూడా ఎక్కువ చేయగలుగుతారు. కనుక త్వరలోనే మీ గ్రామాలను నగరాలుగా మార్చగలగుతారు. విశ్వవిద్యాలయాలు, రేవులు, కర్మాగారాలను కడతారు. సముద్రాల మీద తిరుగుతారు. మీ నాగరికత స్థాపితం అవుతుంది. అప్పుడు మీరు ఆట గెలుస్తారు.

ఆర్క్ సిండ్రోమ్ (నౌకా సంలక్షణం)

అయితే మరీ ఆర్థిక పరిస్థితి ఎప్పుడూ పెరుగుతూనే ఉంటుందా చివరకు వనరులు అడుగంటవా ఆ రకంగా అది ఆగిపోదా? శాశ్వతంగా పెరుగుదల జరిగేటట్లు చూడాలంటే ఏదో రకంగా మనం అంతులేని వనరుల భాండాగారాలను కనుగొనాలి.

ఇందుకు ఒకే ఒక మార్గం కొత్త దేశాలను జయించడం. శతాబ్దాలపాటు యూరోపియన్ ఆర్థిక వ్యవస్థ పెరుగుదల ఈ రకమైన విస్తరణ మీద ఆధారపడి ఉండేది. ప్రభువులు సముద్రాలన్నీ దాటివెళ్లి దేశాలను జయించారు. అయితే గెలవడానికి ఈ భూమి మీద కొన్ని మాత్రమే దేశాలు, ఖండాలు ఉన్నాయి. కొంతమంది కొత్త ఆలోచన గలవారు చివరికి కొత్త గ్రహాలను, చివరికి గెలాక్సీ మనుకూడా గెలుస్తాము అంటారు. కానీ ఈలోగా ఆధునిక ఆర్థిక వ్యవస్థ విస్తరణకు మరింత మంచి పద్ధతులను వెతకవలసి వస్తున్నది.

ఆధునికతకు ఈ విషయంలో కేవలం సైన్సు సమాధానాలు ఇవ్వగలిగింది. ఆర్థిక వ్యవస్థ నక్కల పద్ధతిలో విస్తరించడానికి వీలు లేదు. ఎక్కువ కుందేళ్లను తయారుచేసే పద్ధతి ఏ నక్కలకు తెలియదు. కుందేళ్ళ ఆర్థిక వ్యవస్థ కూడా ఒకేచోట నిలిచిపోతుంది. ఎక్కువ గడ్డిని పెరిగేలా చేయడం వాటికి తెలియదు. మనుషుల ఆర్థిక వ్యవస్థ మాత్రం

పెరిగే వీలుంది. ఎందుకంటే వారు కొత్త పదార్థాలను, కొత్త ఇంధనవనరులను కనుగొన గలుగుతారు.

ప్రపంచాన్ని ఒక స్థిరమైన ఆకారం గల రొట్టెగా ఊహించిన సాంప్రదాయ దృష్టిలో గల భావన ప్రకారం ఈ ప్రపంచంలో వనరులు కేవలం రెండు రకాలు మాత్రమే. అవి ఒకటి ముడిపదార్థం అయితే రెండవది ఇంధనశక్తి. కానీ వాస్తవానికి ఈ వనరులు మూడు రకాలుగా ఉన్నాయి. అవి మరి ఒకటి ముడిసరుకులు, రెండు ఇంధనశక్తి, మూడవది తెలివి. ముడిసరుకులు, ఇంధనాలు ఏదో ఒకనాటికి అడుగంటుతాయి. ఎంత వాడితే అంత తక్కువ మిగులుతాయి. కానీ అందుకు వ్యతిరేకంగా తెలివి మాత్రం నిరంతరం పెరుగుతూ ఉంటుంది. ఎంత వాడితే అంత పెరుగుతుంది. తెలివి ఇలా పెరిగితే ఇంతగా ముడిపదార్థాలు ఇంధనశక్తి కూడా దొరికే అవకాశం ఉంది. అలాస్కాలో చమురు వెతక డానికి నేను 100 మిలియన్ డాలర్లు పెట్టుబడి పెట్టాను అనుకుందాం. చమురుబాయి దొరుకుతుంది. నాకు ఎక్కువ చమురు దొరుకుతుంది. కానీ అది నా మనుమల దాకా మిగలదు. అది కాకుండా నేను సౌరశక్తి పరిశోధన గురించి 100 బిలియన్ డాలర్లు పెట్టుబడి పెట్టాను అనుకుందాం. అప్పుడు సౌరశక్తిని మరింత బాగా స్వీకరించగల పద్ధతి కొత్తది ఒకటి కనుగొంటారు. ఇక నాకే కాదు, నా మనుమలకు కూడా కావలసినంత ఇంధనశక్తి దొరుకుతుంది

పవిత్ర గ్రంథాలు, ప్రాచీన నాగరికతలలో ముఖ్యమైన తెలివి అంతా ఉంది. ఇక కొత్తగా తెలుసుకోవాల్సింది ఏమీ లేదు, అని వేలాది సంవత్సరాలపాటు ప్రజలు నమ్మారు. కనుక పెరుగుదల వైపు సైన్స్ వారి ముందుకు సాగలేదు. ఈ ప్రపంచంలో ఉన్న చమురు బావులు అన్నీ ఇప్పటికే గుర్తింపబడ్డాయి, అనుకునే ఒక కార్పొరేషన్ తన సమయాన్ని, ధనాన్ని కొత్త బావులను వెతకడంలో వెచ్చించదు. ఇదే రకంగా తెలియవలసినదంతా ఇప్పటికే తెలిసిపోయింది, అనుకునే ఒక మానవ సంస్కృతి కూడా సరికొత్త జ్ఞానాన్ని గురించి వెతకాలన్న ప్రయత్నం చేయదు. ఆధునికతకు ముందు, మానవ సమాజాలలో ఇంచుమించు ఇదే పరిస్థితి కొనసాగింది. వైజ్ఞానిక విప్లవం ఈ అమాయకపు ఆలోచనల నుండి మానవ జాతిని ముందుకు నడిపించింది. సైన్స్ కనుగొన్న అన్నిటికన్నా ముఖ్యమైన అంశం అజ్ఞానాన్ని కనుగొనడం. ప్రపంచం గురించి తనకు తెలిసింది. ఎంత తక్కువ అన్న సంగతిని మనుషులు అర్థం చేసుకున్నారు. కొత్త జ్ఞానాన్ని వెతకడానికి వారికి ఒక్కసారిగా కొత్త కారణం చేతికి అందింది. అప్పుడు ప్రగతి వైపు విజ్ఞానశాస్త్ర మార్గం విచ్చుకున్నది.

సైన్సులో ఒక్కొక్క తరం గడుస్తున్న కొద్దీ, కొత్త ఇంధన వనరులను, సరికొత్త రకాల ముడిసరుకులను, కొత్తరకం యంత్రాలను, సరికొత్త ఉత్పత్తి పద్ధతులను సిద్ధం చేయడం కుదిరింది. 2016లో మానవజాతి ఇంధనశక్తి మీద ముడిసరుకుల మీద ఇంతకుముందు ఎన్నడూ లేనంతగా అధికారం సంపాదించుకున్నది. ఇక ఉత్పత్తి ఆకాశాన్నంటింది. ఆవిరి యంత్రం, అంతర్దహన యంత్రం ఇంకా కంప్యూటర్ల కారణంగా ఏమిలేని చోటినుంచి సరికొత్త పరిశ్రమలు వెలిశాయి. మరొక 20 సంవత్సరాలు భవిష్యత్తులోకి చూస్తే, అంటే 2036లో మనం ఇవ్వాల్టికన్నా నమ్మకంగా మరింత ఎక్కువ ఉత్పత్తి చేసి ఆ పదార్థాలను

వాడుకుంటాం. నానో టెక్నాలజీ, జెనటిక్ ఇంజనీరింగ్, ఆర్టిఫిషియల్ ఇంటెలిజెన్స్‌లాంటివి వచ్చి ఉత్పత్తిని విప్లవాత్మకంగా మారుస్తాయి. సూపర్ మార్కెట్స్ ఇప్పటికే పెరుగుతున్నాయి. వాటిలో మరింతగా కొత్త విభాగాలు జత అవుతాయి.

కనుక వనరుల కొరత సమస్యను అధిగమించడానికి మనకు మంచి అవకాశాలు ఉన్నాయి. ఆధునిక ఆర్థిక పరిస్థితికి నిజమైన ఆపద అంటూ ఉంటే అది పర్యావరణం పడిపోవడంవల్ల. వైజ్ఞానిక ప్రగతి, ఆర్థికాభివృద్ధి రెండు కూడా పడిపోవడానికి సిద్ధంగా ఉన్న బయోస్ఫియర్‌లో జరుగుతున్నాయి. అవి మరింత ఆవిరి సేకరించి బలం పుంజుకుంటే పుట్టే అలజడి వలన ఈ పరిసర వాతావరణం దెబ్బతింటుంది. డబ్బు గల అమెరికావాసులతో సమానంగా ప్రపంచంలోని ప్రజలు అందరికీ జీవన ప్రమాణాలను అందించాలంటే మనకు మరిన్ని గ్రహాలు అవసరం. కానీ ఉన్నది మాత్రం ఒకటే. ప్రగతి, పెరుగుదల కలిసి, ఈ పర్యావరణ వ్యవస్థను పడగొడితే చెల్లించవలసిన మూల్యాలు, రక్తం తాగే గబ్బిలాలు, నక్కలు, కుందేళ్ళకే కాక సేపియన్స్‌కి కూడా అంటే ఆధునిక మానవుడికి కూడా ఆపద కలిగించేవిగా ఉంటాయి. పర్యావరణం పాడయితే ఆర్థిక వ్యవస్థ పడిపోతుంది. రాజకీయంగా సమస్యలు వస్తాయి. మనుషుల జీవన ప్రమాణాలు పడిపోతాయి. చివరకు మానవ నాగరికత మనుగడకే ముప్పు రావచ్చు.

పెరుగుదల వేగాన్ని తగ్గించి ఆ ఆపదను కొంత అడ్డుకోవచ్చు. పెట్టుబడిదారులు తమ పోర్ట్‌ఫోలియోల మీద ఈ సంవత్సరం 6 శాతం లాభం వస్తుంది అనుకుంటే, పది సంవత్సరాలలో వారు కేవలం మూడు శాతం లాభానికే అలవాటు పడడానికి నేర్చుకోవాలి. 20 సంవత్సరాలలో అది ఒక శాతం మాత్రమే అవుతుంది. 30 సంవత్సరాల తరువాత ఆర్థిక వ్యవస్థ పెరగడం ఆగిపోతుంది. ఉన్న దానితోనే మనమంతా సంతోషంగా ఉంటాం. పెరుగుదల అలవాటు పడినవారికి ఇటువంటి ఆలోచన నచ్చదు. అందుకు బదులు వారు మనం మరింత వేగంగా పరిగెత్తాలని సలహా ఇస్తారు. మన కొత్త పరిశోధనలు పర్యావరణ వ్యవస్థను కదిలించి మానవాళి మనుగడకే ముప్పు తెస్తే మనల్ని మనం కాపాడుకోవడానికి అప్పుడు మరేదో దారి కనుగొనాలి. ఓజోన్ పొర తరిగిపోతుంది. క్యాన్సర్‌లు ఎక్కువ అవుతాయి. అప్పుడు మనం మరింత మంచి సన్‌స్క్రీన్లను కనుగొనాలి. మరింత మంచి క్యాన్సర్ చికిత్సను కనుగొనాలి. ఆ రకంగా సన్‌స్క్రీన్ కర్మాగారాలు కొత్తవి వస్తాయి. పెరుగుతాయి. కొత్త క్యాన్సర్ ఆసుపత్రులు కూడా వస్తాయి. కొత్త పరిశ్రమలన్నీ వచ్చి వాతావరణాన్ని, సముద్రాలను కలుషితం చేస్తే గ్లోబల్ వార్మింగ్ పెరుగుతుంది. చాలా జంతుజాతులు నశిస్తాయి. అప్పుడు మనం మన కొరకు వర్చువల్ ప్రపంచాలను నిర్మించుకోవాలి. హైటెక్ శాంక్చ్యువరీలను సిద్ధం చేసుకోవాలి. బతుకులోని మంచి అంతా మనకు అందించే పద్ధతులను వెతకాలి. ఈ భూగోళం అనుకూలం కానంత వేడెక్కి నరకంలా కాలుష్యం చెందినాసరే మనం మనగలుగుతాం.

బీజింగ్ నగరం మరీ కాలుష్యానికి గురైంది. జనం బయటకు రావడానికి భయపడుతున్నారు. కలిగినవారు వేలాది డాలర్లను వెచ్చించి ఇంటిలో గాలిని శుభ్రం చేసే

వ్యవస్థను పెట్టుకుంటున్నారు. మరింత ఎక్కువగా ఉన్నవారు తమ ఇంటి పెరడు మీద కూడా రక్షణ కవచాలను ఏర్పాటు చేస్తున్నారు. విదేశీ డిప్లమేట్‌లకు, కలిగినవారి పిల్లలకు చదువు చెప్పే ఇంటర్నేషనల్ స్కూల్ ఆఫ్ బీజింగ్ 2013లో మరొక అడుగు ముందుకు వేసింది. ఐదు మిలియన్ డాలర్లను వెచ్చించి, ఆరు టెన్నిస్ కోర్టులు, మిగతా ఆటస్థలాల మీద ఒక మహత్తరమైన డోమ్ కట్టించింది. మిగతా పాఠశాలలు కూడా అదే మార్గంలో ముందుకు కదులుతున్నాయి. చైనాలో గాలి శుభ్రపరిచే పరిశ్రమ బాగా పెరుగుతుంది. అయితే బీజింగ్‌వాసులు చాలామంది ఇటువంటి వాటిని ఏర్పాటు చేయించుకునే పరిస్థితిలో లేరు. అసలు తమ పిల్లలను ఇంటర్నేషనల్ పాఠశాలలకు పంపే పరిస్థితిలో లేరు.

మానవజాతి ఒక డబుల్ రేస్‌లో తాను ఇరుక్కుపోయినట్టు తెలుసుకుంటుంది. ఒకపక్కన వైజ్ఞానిక ప్రగతినీ, ఆర్థిక పెరుగుదలను వేగవంతం చేయాలన్న భావన ఉంది. బిలియన్ల సంఖ్యలో ఉన్న చైనీస్‌వారు, అదే సంఖ్యలో భారతీయులు తాము కనీసం మధ్యతరగతి అమెరికన్లలాగా బతకాలి అనుకుంటారు. తమ కలలను ఎందుకు ఆపి ఉంచాలి అన్న అంశం వాళ్లకు అర్థం కాదు. అమెరికావారు మరి తమ పెద్ద కార్లను, షాపింగ్‌మాల్‌లను వదులుకొనడం లేదు. అయితే మరొక పక్కన జీవావరణ అంతిమ యుద్ధానికి మనం జవాబు చెప్పవలసి ఉంది. ఒక్కొక్క ఏడు గడుస్తున్నకొద్దీ ఈ జంట పోటీ పరుగులు నిర్వహించడం కష్టం అవుతుంది. ఢిల్లీ మురికివాడల్లో నివసించేవారికి అమెరికన్ కలలు దగ్గర అవుతున్నాయి. కానీ భూగోళం మాత్రం అంతిమ స్థితికి దగ్గరవుతున్నది.

ఇక్కడ ఒక మంచి వార్త కూడా ఉంది. వందలాది సంవత్సరాలపాటు మానవాళి పర్యావరణాన్ని పాడుచేయకుండానే ఆర్థిక వ్యవస్థను పెంచగలిగింది. అయితే ఈ సమయంలోనే ఎన్నో జంతుజాతులు అంతమయ్యాయి. మానవజాతి కూడా కొన్ని ఆర్థిక సమస్యలను, పర్యావరణ దురంతాలను ఎదుర్కొన్నది. అయినా ఏదో రకంగా లాక్కువస్తూనే ఉన్నాము. భవిష్యత్తు విజయాలకు ప్రకృతి నియమాల మద్దతు ఉంటుందని గ్యారెంటీ లేదు. సైన్సు ఎల్లప్పటికీ ఒక పక్క ఆర్థిక స్థితి కాపాడుతూ అదే పనిగా పర్యావరణాన్ని కూడా పాడవకుండా నిలబెడుతుందని ఎవరూ నమ్మకంగా చెప్పగలరు? వేగం ఎప్పుడూ పెరుగుతూనే ఉంటుంది. పొరపాట్లు జరిగే మార్జిన్స్ కూడా చిన్నవవుతాయి. అంతకు ముందు ఒక శతాబ్దంలో ఒక కొత్త సంగతి కనుగొంటే చాలు అనుకున్నప్పుడు ప్రస్తుతంలో మాత్రం అటువంటి అద్భుతాలు ప్రతి రెండు సంవత్సరాలకు ఒకటిగా జరగాల్సిన అవసరం కనిపిస్తుంది.

పర్యావరణంలో విపరీతంగా ఏదైనా దురంతం జరిగితే మానవాళిలోని వివిధ జాతులకు ప్రభావాలు కూడా వేరువేరుగా ఉంటాయన్న విషయాన్ని మనం పట్టించుకోవాలి. చరిత్రలో ఎక్కడా న్యాయం లేదు. ఒక దురంతం జరిగితే ధనికుల కన్నా బీదలు ఎక్కువగా బాధకు గురవుతారు. కానీ ఆ ధనికులే దురంతానికి కారణం అయి ఉండవచ్చు. గ్లోబల్ వార్మింగ్ వల్ల ధనిక పశ్చిమ దేశాలలో కన్నా ఎండిపోయిన ఆఫ్రికన్ దేశాలు ఎక్కువగా

కష్టపడుతున్నాయి. అయితే ఇక్కడ విపరీతంగా సైన్సు మహిమ ప్రమాదాన్ని పెంచుతుండ వచ్చు. నిజానికి సైన్స్ వల్ల ధనికులకు ఒక నిర్లక్ష్య ధోరణి ఏర్పడుతుంది.

గ్రీన్ హౌస్ వాయువుల విడుదలను గురించి ఆలోచించండి. వైజ్ఞానికులలో ఎక్కువ మంది, అలాగే రోజురోజుకు ఎక్కువమంది రాజకీయ నాయకులు గ్లోబల్ వార్మింగ్‌లోని సత్యాన్ని గుర్తిస్తున్నారు. దానినుంచి వచ్చే ఆపదను కూడా అర్థం చేసుకుంటున్నారు. ఈ అవగాహన కారణంగా మన ప్రవర్తనలో మాత్రం నిజానికి గుర్తించదగిన మార్పులు రాలేదు. మనం ఆ సమస్యను గురించి మరీమరీ మాట్లాడుకుంటాము. అయితే ఆర్థిక రంగంలోనూ, సామాజిక, రాజకీయ పరంగానూ అవసరమైన కొన్ని త్యాగాలు చేసి, రానున్న ఆపదను ఆపడానికి ఎవరు ఇష్టత ప్రకటించడం లేదు. 2000 సంవత్సరం నుండి 10 సంవత్సరాలపాటు వాయువుల విడుదల తగ్గనేలేదు. పైగా ప్రతి సంవత్సరానికి 2.2% ప్రకారం పెరుగుతున్నది. 1970 నుంచి 2000 సంవత్సరాల మధ్యలో పెరుగుదల ఏటా 1.3 శాతం మాత్రమే ఉండేది. గ్రీన్ హౌస్ వాయువుల విడుదలను తగ్గించడానికి అని 1997లో క్యోటో ప్రోటోకాల్ వచ్చింది. అందులో కూడా గ్లోబల్ వార్మింగ్‌ను నెమ్మది చేయాలి అన్నారు. అంతేకానీ ఆపాలి అనలేదు. అందరికన్నా

గ్లోబల్ CO_2 ప్రసరణలు 1970-2013

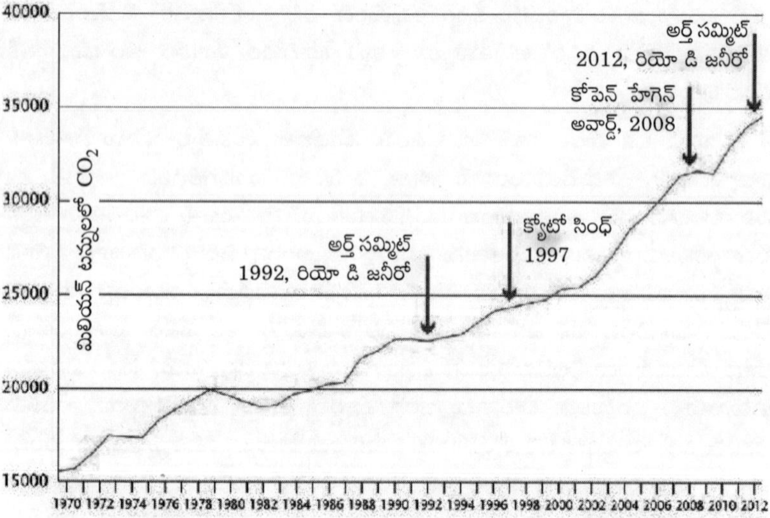

స్రోత్ : ఇమిషన్ డేటాబేస్ ఫర్ గ్లోబల్ అట్మాస్ఫరిక్ రీసర్చ్ (ఇడిజిఎఆర్), యూరోపియన్ కమీషన్

26. జరిగిన అన్ని సమావేశాలు కలిసి భూమండలంలోని గ్రీన్ హౌస్ వాయువుల విడుదలను తగ్గించలేకపోయాయి. ఆర్థికమాంద్యం సమయంలో ఎమిషన్స్ తగ్గుతాయి. 2008-09లో కనిపించిన తగ్గుదల అటువంటిదే. ఆర్థిక ప్రగతిని ఆపడం ఒకటే వాయువుల విడుదలను తగ్గించడానికి తగిన మార్గం. ఏ ప్రభుత్వం కూడా అందుకు అంగీకరించదు.

ఎక్కువగా కాలుష్యం కలగజేసే దేశం యునైటెడ్ స్టేట్స్ ఒప్పందాన్ని అంగీకరించలేదు. వాయువుల విడుదలను తగ్గించడానికి గుర్తింపు, తగిన ప్రయత్నాలు కూడా ఏమీ చేయలేదు. అలా చేసిన పక్షంలో మరి ఆర్థిక ప్రగతి కుంటుపడతుందాయే.

ఇక 2015 సంవత్సరం డిసెంబర్‌లో పారిస్ ఒడంబడిక వచ్చింది. అందులో ఎంతో ఆశావాదంతో గమ్యాలను నిర్ణయించారు. సగటు ఉష్ణోగ్రత పెరుగుదలను అదుపుచేయాలని, దాన్ని పారిశ్రామికీకరణకన్నా ముందు ఉండే స్థాయికి 1.5 డిగ్రీలు ఎక్కువ స్థాయికి నిలపాలని అన్నారు. ఈ గమ్యాన్ని చేరుకోవడానికి చాలా అవసరమైన, బాధాకరమైన మార్పులను సౌకర్యంగా 2030 తర్వాతికి వాయిదా వేశారు. బహుశా 21వ శతాబ్దపు రెండవ భాగంలోకి కూడా వాటిని మారుస్తారేమో... అంటే సమస్యను తర్వాత తరానికి సులభంగా అందించినట్లు ఉంటుంది. కేవలం పర్యావరణానికి అనుకూలంగా కనిపించడం ద్వారా ప్రస్తుతం యాజమాన్యాలు కొన్ని వెంటనే అందే రాజకీయ లాభాలను పొందు తున్నాయి. అదే సమయంలో వాయువుల తగ్గింపు అంటే అభివృద్ధి తగ్గింపు సమస్యను దానికుండే రాజకీయ పరిణామాలను తమ తరువాత వచ్చే నాయకులకు మిగిలించి ఉంచుతున్నాయి. అయినాసరే ఈ రచన జరుగుతున్న సమయంలో అంటే 2016లో యూఎస్ఏ, అలాగే మిగతా ఎక్కువ కాలుష్య కారకాలైన ప్రభుత్వాలవారు పారిస్ ఒప్పందానికి లోబడుతారు అన్న విషయం అనుమానాస్పదంగా ఉంది. మరీ ఎక్కువమంది రాజకీయ నాయకులు, వాళ్లకు ఓటు వేసేవాళ్ళు, ఆర్థిక ప్రగతి జరుగుతున్నంత కాలం సైంటిస్టులు, ఇంజనీర్లు ఏదోరకంగా మనలను అందరినీ ప్రళయం నుంచి కాపాడ గలుగుతారు అని నమ్ముతారు. వాతావరణం మార్పు విషయానికి వస్తే అభివృద్ధిని గురించి గట్టిగా నమ్మేవాళ్లంతా అద్భుతాలు ఏవో జరుగుతాయని ఆశించడమే కాదు, అవి తప్పక జరుగుతాయని అంటారు.

రానున్న కాలంలో వైజ్ఞానికులు ఈ గ్రహాన్ని కాపాడడానికి కొన్ని సరికొత్త ఆవిష్కరణలు చేస్తారు అన్న ఊహతో మానవాళి భవితవ్యాన్ని పణం పెట్టడం ఎంతవరకు సహేతుకం? ఈ ప్రపంచాన్ని నడిపిస్తున్న దేశాధ్యక్షులు, మంత్రులు, సంస్థల ప్రధాన అధికారులు సాధారణంగా ఎంతో హేతువాదులుగా ఉంటారు. మరి అటువంటివారు ఈ పరిస్థితిని ఎందుకు కల్పిస్తున్నారు? బహుశా వాళ్లు తమ వ్యక్తిగత భవిష్యత్తును కూడా అదే పరిస్థితిలోకి తీసుకువెళ్తున్నాము అని అనుకోవడం లేదేమో. పరిస్థితి ఎంత దిగజారినా, సమస్యకు సైన్సు సమాధానం అందించకున్నా, ఇంజనీర్లు మాత్రం రానున్న కాలానికి ఒక హైటెక్ నోవాస్ ఆర్క్‌ను నిర్మించగలుగుతారు. అయితే అది పైవర్గాలకు మాత్రమే అందుతుంది. కోట్లాదిమంది ఇతరులను మునగడానికి వదిలేస్తారు. ఈ హైటెక్ పడవ మీద ఉన్న నమ్మకం ప్రస్తుతం మానవాళి భవితవ్యానికి, అలాగే మొత్తం పరిసర వాతావరణానికి గల అన్నిటికన్నా ఆపద. ఈ హైటెక్ పడవ గురించి విశ్వాసం గలవారిని, మరణం తర్వాత మరో జీవితం ఉంటుందని విశ్వసించేవారికి అణ్వాయుధాలు ఇవ్వకూడదు, అనే పద్ధతిలోనే, ప్రపంచ స్థాయిలో పర్యావరణ పరిరక్షణకు నియమించకూడదు.

ఇక బీదవారి సంగతేమిటి? వారందరూ ఎందుకు ప్రతిఘటించడం లేదు? ప్రళయం వచ్చిన పక్షంలో దాని పూర్తి ప్రభావానికి గురయ్యేది వీళ్లే. ఆర్థికమాంద్యం మూల్యాన్ని కూడా వీళ్ళే చెల్లిస్తారు. పెట్టుబడిదారీ ప్రపంచంలో బీదల జీవితాలు ఆర్థిక వ్యవస్థ పెరిగినప్పుడు మాత్రమే మెరుగవుతాయి. కనుక ఈ బీదవారు రానున్న కాలంలో పర్యావరణ సమస్యలు తగ్గించాలన్న మాటకు మద్దతు పలకరు. మరి ప్రస్తుత కాలంలో ఆర్థిక ప్రగతి ఆగిపోతే వారే కదా ముందు నష్టపోయేది! పర్యావరణాన్ని కాపాడాలి అన్నది చాలా మంచిమాట. అయినా ఇంటి అద్దె చెల్లించాలని తిప్పలు పడుతున్నవారు ఎక్కడైనా అప్పు దొరుకుతుందేమో అని చూస్తారు గానీ మంచు శిఖరాలు కరుగుతూ ఉన్నాయి అన్న సమస్యను పట్టించుకోరు.

ఎలుకల పందెం

మనం ఇలాగే తగినంత వేగంతో పరిగెత్తుతూ ఆర్థిక పరిస్థితిని, పర్యావరణ పరిస్థితులను సమస్యలు రాకుండా చూడగలిగాము అనుకుందాం. అప్పుడు ఆ పరుగే పెద్ద సమస్య అవుతుంది. వ్యక్తి స్థాయిలో అది పెద్ద ఎత్తున ఒత్తిడికి, టెన్షన్‌కు కారణం అవుతుంది. శతాబ్దాలపాటు ఆర్థిక ప్రగతి అలాగే వైజ్ఞానిక ప్రగతి జరిగిన తరువాత జీవితం బహుశా ప్రశాంతం, శాంతిమంతం అయి ఉంటుంది. కనీసం చాలా అభివృద్ధి చెందిన దేశాలలోనైనా అలా ఉంటుంది. మన పూర్వీకులకు తమవద్ద ఏ రకమైన పరికరాలు అందుబాటులో ఉన్నాయి అన్న విషయం తెలిసి ఉంటే, స్వర్గతుల్యమైన ప్రశాంతి అందుకున్న సంతోషంలో ఉండేవారు. అందులో చింతలు, చీకులు లేవు. అయితే సత్యం మాత్రం మరో రకంగా ఉంది. సాధించిన వాటన్నింటిని పక్కన పెడితే, మరింత చేయాలన్న ఒత్తిడి ఎప్పుడూ ఉండనే ఉంటుంది.

మనం ఎప్పుడూ మనల్ని మనము, మన అధికారులను, మన అప్పులను, ప్రభుత్వాన్ని, పాఠశాల పద్ధతులను నిందిస్తూనే ఉంటాము. అయితే అది వాళ్ళ తప్పు కాదు. మనం పుట్టిన తొలిరోజునే సంతకం చేసిన ఆధునిక ఒప్పందం తప్పు అది. ఆధునికతకు ముందు ప్రపంచంలో ప్రజలంతా సోషలిస్టు తరహా అధికారంలో చిన్న గుమాస్తాల వంటివారు. వాళ్లు తమ పనులు తాము చేస్తూ వెళ్లిపోయారు. అయితే ఆధునిక ప్రపంచంలో మాత్రం మనుషులనే మనం వ్యవహారాన్ని నడిపిస్తూ ఉంటాము. అందుకే రాత్రి, పగలు ఒత్తిడిలో ఉంటాం.

ఇక సామూహిక స్థాయిలో చూస్తే ఈ పందెం అంతులేని ఒక సమస్యగా కనబడు తుంది. అంతకు ముందు సామాజిక రాజకీయ వ్యవస్థలు శతాబ్దాలపాటు నిలదొక్కు కున్నాయి. కానీ ఇప్పుడు కొత్తతరం వచ్చినప్పుడల్లా పాత ప్రపంచాన్ని పడుగొడుతుంది. దాని స్థానంలో ఒక కొత్తదాన్ని నిర్మిస్తుంది. కమ్యూనిస్ట్ మేనిఫెస్టోలో అందంగా చెప్పినట్టు, ఆధునిక ప్రపంచం అనిశ్చితత, అలజడి లేని స్థితిని, పాజిటివ్‌గా కోరుకుంటుంది. స్థిరమైన సంబంధాలను, ప్రాచీన పద్ధతి ఇష్టాయిష్టాలను అది పక్కన పెడుతుంది. కొత్త నిర్మాణాలు గట్టిపడే లోగానే ప్రాచీనాలుగా భావింపబడతాయి. ఘనపదార్థం అనుకున్నది

కూడా కరిగి గాలిలో కలిసిపోతుంది. ఇటువంటి గజిబిజి ప్రపంచంలో బతకడం కష్టం. ఇక దాన్ని నడిపించడం అంతకన్నా కష్టం.

పరుగు పందెంలో నుంచి పక్కకు తగ్గడానికి వ్యక్తులు గాని, మానవ బృందాలు గాని, ప్రయత్నించకుండా, ఆధునికత మరింత కష్టపడి పనిచేయవలసి ఉంటుంది. పందెంలో ఉద్రిక్తత, గజిబిజి ఉన్నాయన్న మాట వాస్తవమే. ఈ పరిస్థితుల్లో ఆధునికత పెరుగుదలను ఒక గొప్ప విలువగా భావిస్తుంది. దాని కొరకు అన్ని త్యాగాలను చేయాలి అని, ఆపదలను ఎదుర్కొనాలి అని అంటుంది. సామూహిక స్థితిలో ప్రభుత్వాలు, సంస్థలు, వ్యవస్థలు అన్నీ తమ విజయాలను కేవలం పెరుగుదల అన్న కొలబద్దతో మూల్యాంకనం చేయాలని అంటారు. ఇక సమతాస్థితిని చూసి దయ్యం అని భయపడాలి పరిస్థితి వస్తుంది. వ్యక్తి స్థాయిలో ఎప్పటికప్పుడు ఆదాయం, జీవన ప్రమాణాలను పెంచుకునేలా చూడాలని ప్రేరణలు ఉంటాయి. ప్రస్తుత పరిస్థితులతో మీరు ఎంత సంతృప్తిగా ఉన్నప్పటికీ మరింత అందాలని ఆశించాలి. నిన్న గొప్పవాళ్లకు మాత్రమే అని భావించిన అంశాలు ఇవాళ కనీస అవసరాల కిందకు మారతాయి. ఒకప్పుడు మీరు మూడు గదులున్న ఇంట్లో ఉండి, ఒక కారుతో మాత్రమే, మరొక కంప్యూటర్‌తో మాత్రమే కాలం బాగానే గడిపారు. ఇవాళ మీకు ఐదు గదుల ఇల్లు కావాలి. కార్లు రెండు ఉండాలి. కావలసినన్ని ఐపాడ్లు, టాబ్లెట్లు, స్మార్ట్ ఫోన్‌లు ఉండాలి.

ఎక్కువగా ఆశలు లేని వ్యక్తులను ఒప్పించడం మరి అంత కష్టం కాలేదు. మనుషులకు పేరాశ అన్నది సహజంగా వస్తుంది. అదే ప్రభుత్వాలను, చర్చిలను కొత్త ఆదర్శాల వెంట వెళ్ళమని ఒప్పించడం కష్టమయ్యింది. వేలాదిసంవత్సరాలుగా సమాజాలు వ్యక్తి దురాశను అరికట్టాలని, ఒక సమతాస్థితిని తేవాలని శ్రమించాయి. ఎవరికివారు ఎక్కువ, మరింత ఎక్కువ కావాలని కోరుకున్నట్టు అందరికీ తెలుసు. అయితే రొట్టె మాత్రం ఒకటే ఉంది. కనుక కొంచం వెనక్కు తగ్గితే సామాజికంగా ప్రశాంతత ఉంటుంది. అత్యాశ మంచిది కాదు. ఆధునికత ప్రపంచాన్నే తలక్రిందులు చేసింది. గజిబిజి స్థితి కన్నా సమతాస్థితి భయంకరమైనది అని మానవ సమాజాలను అది నమ్మించింది. ఆశలో నుంచే పెరుగుదల పుడుతుంది కనుక ఆశ మంచిదే. అందుకే ఆధునికత అందరినీ ఎక్కువ కోరుకునేట్టు చేసింది. వద్దన్న ప్రాచీన క్రమశిక్షణను పడగొట్టింది.

ఫలితంగా వచ్చిన ఆతురతలకు ఎక్కువమటుకు స్వేచ్ఛావిపణి (ఫ్రీ మార్కెట్) పెట్టుబడివాదం జవాబులతో సంతృప్తిని పంచింది. దాని కారణంగానే కదా ఈ ఆదర్శవాదం ప్రజాదరణ పొందింది? చింతించకండి, అంతా సర్దుకుంటుంది, అయితే అందుకు ఆర్థిక పరిస్థితి మెరుగుపడాలి, ఇక అన్నింటిని మార్కెట్ అదృశ్యహస్తం, చక్కపరుస్తుంది, అని క్యాపిటలిస్టు మేధావులు అదే పనిగా అంటారు. అందుకే అనవరతంగా పెరిగే ఆకలిగొన్న ఒక గజిబిజి వ్యవస్థను పెట్టుబడివాదం పవిత్రీకరించింది. ఏం జరుగుతున్నది తెలియదు. మనం మరీ పరుగులు పెడుతున్నా అర్థం కాదు. కమ్యూనిజం కూడా అభివృద్ధిలో విశ్వాసం గలది. అది గజిబిజి నివారిస్తుందని, ప్రభుత్వ ప్రణాళిక ద్వారా పెట్టుబడిని సాధిస్తుందని భావించారు. మొదట్లో కొంత విజయాలు అందుకున్నా తరువాత తరువాత అది అర్థం లేని ఫ్రీ మార్కెట్ ఊరేగింపులో వెనుకబడి పోయింది.

ఇవాళ రేపటి జ్ఞానుల ఎజెండాలో, ఫ్రీ మార్కెట్ పెట్టుబడి వాదాన్ని తప్పుపట్టడం ముందు ఉంటుంది. ప్రపంచాన్ని క్యాపిటలిజం ఆక్రమించి ఉన్నది కనుక అందులోని లోపాలను అర్థం చేసుకోవడానికి అందరూ ప్రయత్నించాలి. వాటివల్ల గొప్ప ప్రమాదాలు రాకుండా ముందే జాగ్రత్త పడాలి. కేవలం తప్పుబడుతూ అందులోనుంచి వచ్చిన లాభాలను చూడకుండా ఉండకూడదు. ఇప్పటివరకు అది ఆశ్చర్యకరంగా విజయాలను సాధించింది. అభివృద్ధి అన్నమాటకు ఉత్పత్తి పెరుగుదల కొలబద్దలు అని కూడా అనుకోవాలి. ముందుముందు పర్యావరణ విషయంగా సమస్యలు వస్తాయి అన్న సంగతిని పక్కనబెడితే, ఈ మాట సత్యం. 2016లో మనం ఒత్తిడి, గజిబిజికి లొంగిన ప్రపంచంలో బ్రతుకుతూ ఉండవచ్చు. అయితే ప్రపంచం మునిగిపోతుంది అని ముందే చెప్పిన మాటలు మాత్రం నిజం కాలేదు. మొదట్లో శాశ్వతమైన పెరుగుదల ప్రపంచ స్థాయి సహకారం అన్న వాటిని నిరశించారు కానీ అవి నిజమయ్యాయి. అక్కడక్కడ ఆర్థిక సమస్యలు అంతర్జాతీయంగా యుద్ధాలు వచ్చి ఉండవచ్చు అయినా దీర్ఘ దృష్టితో చూస్తే కాపిటలిజం నిలదొక్కుకోవడమే కాక కరువులకు, వ్యాధులు, యుద్ధాలకు ఎదురునిలిచింది కూడా. వేలాది సంవత్సరాలుగా పూజారులు, రబ్బీలు, ముఖీలు చెప్పిన మాట ప్రకారం మనుషులు కరువులు, వ్యాధులను, యుద్ధాలను తమ ప్రయత్నాల ద్వారా ఆపలేరు. అప్పుడిక బ్యాంకర్లు, పెట్టుబడిదారులు, పారిశ్రామికవేత్తలు వచ్చారు. 200 సంవత్సరాల కాలంలో అవన్నింటిని చేసి చూపించారు.

ఆధునిక ఒప్పందం మనకు అంతకు ముందెన్నడూ లేని అధికారాన్ని ప్రామిస్ చేసింది. ఆ మాటను నిలబెట్టుకుంది. అయితే అందుకు చెల్లించిన మూల్యం ఎంత? అధికారానికి బదుల ఈ ఒప్పందం కింద మనం అర్థాన్ని వదులుకోవాలి. భయపెట్టే ఈ డిమాండును మనుషులు ఎలా ఎదుర్కొన్నారు? తలవంచి ఉంటే ప్రపంచం చీకటిగా మారి ఉండేది. నీతులు, అందాలు, ప్రేమలు అన్నవాటికి చోటులేదు. అయితే ఇవాళ మానవజాతి ఇంతకు ముందెన్నడూ లేనంత శక్తిమంతంగా ఉంది. ఎన్నడూ లేని శాంతి, సహకారాలు కూడా ఇప్పుడున్నాయి. మనుషులు ఇదంతా ఎలా సాధించగలిగారు? దేవతలు, స్వర్గం-నరకం లాంటివి లేని ఈ ప్రపంచంలో మానవులు నైతికతను, అందాలను, ప్రేమలను ఎలా పెంచి పోషించిగలిగారు?

మళ్లీ క్యాపిటలిస్టులు (పెట్టుబడిదారులు) చటుక్కున మార్కెట్ అదృశ్య హస్తానిదే ఈ గొప్పతనం అంతా అంటారు. కానీ మార్కెట్ హస్తం అదృశ్యం మాత్రమే కాదు, దానికి కళ్ళు కూడా లేవు. అది తనంతటతాను మానవసంబంధాలను కాపాడగలిగేది కాదు. దేవుడు, రాజు, చర్చి సహాయం లేకుండా పల్లెలో జరుగుతున్న ఒక జాతరను కూడా నిర్వహించడం కష్టం. న్యాయస్థానాలు, పోలీసులు కూడా అన్నింటితోపాటు అమ్మకానికి ఉన్నప్పుడు నమ్మకం ఆవిరవుతుంది. క్రెడిట్ మాయమవుతుంది. వ్యాపారం కుప్ప కూలుతుంది. మానవసమాజం కుప్ప కూలకుండా ఇంకా కాపాడింది ఏమిటి? అది సప్లై అండ్ డిమాండ్ నియమం కాదు. మానవత్వం అనే కొత్త మతం విప్లవాత్మకమైనదిగా తలయెత్తి ఆ పనిని సాధించింది.

7

మానవతావాద విప్లవం

ఆధునాతనమైన ఒప్పందం మనకు శక్తిని ఇస్తుంది నిజమే. కానీ అందుకు బదులుగా మనం గొప్ప కాస్మిక్ ప్రణాళిక ఉందని, అదే మన జీవితానికి అర్థం ఇస్తుందని అన్న నమ్మకాన్ని వదులుకోవాల్సి ఉంటుంది. కానీ ఒప్పందాన్ని కొంచెం జాగ్రత్తగా పరీక్షిస్తే దాన్ని మోసం చేసి దాటవేయడానికి ఒక మార్గం కనిపిస్తుంది. మహత్తరమైన కాస్మిక్ ప్రణాళిక అన్న విషయం గురించి ప్రసక్తి తేకుండా అర్థాన్ని తెలుసుకోగలిగితే అప్పుడు ఒప్పందాన్ని పక్కన పెట్టినట్టు కాదు.

ఈ తప్పించుకునే దారి ఆధునిక సమాజానికి చక్కని విముక్తి మార్గాన్ని ఇచ్చింది. మరి అర్థం లేకుండా ఒక క్రమాన్ని నిలబెట్టడం సాధ్యం కాదు. ఆధునికత మహత్తరమైన కాస్మిక్ ప్రణాళికలో వేళ్లు లేకుండానే జీవితానికి అర్థం కనుగొనాలని వేసిన మహత్తరమైన రాజకీయ, కళాసంబంధ, మతసంబంధ పథకం గమనించదగింది. మనమంతా దైవిక నాటకంలో పాత్రధారులం కాము. ఇక మనలను గురించి, మన పనులను గురించి పట్టించుకునేవారు ఎవరూ లేరు. మన అధికారానికి, శక్తికి అవధులను నియమించేవారు కూడా లేరు. అయినా సరే మన జీవితాలకు అర్థం ఉందని మనం బాగా గట్టి చేసుకున్నాం,

2016 నాటికి మానవజాతి విజయం సాధిస్తూనే ఉన్నది. అంతకు ముందు కన్నా మనకు కావలసినంత అధికారం ఉండనే ఉంది. అయినా సరే దేవుడు చనిపోయాడు అన్న వార్తతో అందరూ అనుకున్నట్టు సామాజిక పతనం మాత్రం జరగలేదు. చరిత్ర మొత్తం లోను మత ప్రవక్తలు, తత్వవేత్తలు అందరూ. కాస్మిక్ ప్రణాళికలో మనిషికి నమ్మకం లేకుండా పోయిననాడు, న్యాయం, క్రమం అన్నవి మొత్తంగా నాశనమైపోతాయి అంటూ ఒకటే మాట చెబుతున్నారు. అయితే ఇవాళ ప్రపంచం మొత్తం మీద చట్టానికి క్రమానికి అతిపెద్ద వాళ్లు దేవుడిలో, అతని సర్వవ్యాపి ప్రణాళికలో నమ్మకం గలవారే. మతాతీత నెదర్లాండ్స్ కన్నా దేవునికి భయపడే సిరియాలో హింస ఎక్కువగా సాగుతున్నది.

కాస్మిక్ ప్రణాళిక లేని సందర్భంలో అలాగే మనం ఏ దైవిక ప్రకృతి నియమాలకు లొంగనవసరం లేని సందర్భంలో, సామాజిక పతనం జరగకుండా ఆపుతున్న శక్తి ఏమిటి? వేలాది కిలోమీటర్లపాటు అంటే అమ్స్టర్‌డామ్ నుంచి బుకారెస్ట్‌కు లేదా న్యూ ఆర్లియన్స్ నుంచి మాంట్రియల్‌కు ప్రయాణించినాసరే బానిసల వ్యాపారం చేసేవారు మిమ్మల్ని పట్టుకోరు. దేశ బహిష్కృతులు మీ మీద దాడి చేయరు. ఒకరితో ఒకరు పోరాడుతున్న కొండ జాతులవారు మిమ్మల్ని చంపరు.

లోచూపు

గడచిన కొన్ని శతాబ్దాలలో ప్రపంచం మీద విజయం సాధించిన ఒక కొత్త విప్లవాత్మకమైన పద్ధతి మానవతావాదం, అర్థం, నియమం లేని ఉనికికి అదే సమాధానం ఇచ్చింది. మానవతావాద మతం మానవులను ఆరాధిస్తుంది. క్రైస్తవంలోనూ, ఇస్లాంలోను దేవుడు, బౌద్ధం, డావోయిజంలలో ప్రకృతి నియమాలు పోషించిన పాత్రను మానవులే పోషించాలని అనుకుంటుంది. సాంప్రదాయికంగా మహత్తరమైన కాస్మిక్ ప్రణాళిక అర్థాన్ని ఇచ్చింది. అయితే మానవతావాదం మాత్రం ఈ పద్ధతిని తిరగబెట్టింది. మనుషుల అనుభవాలవల్ల కాస్మాస్‌కు అర్థం వస్తుంది అంటుంది. ఈ వాదం ప్రకారం మనుషులందరూ తమ అనుభవాల నుండి జీవితాలకు అర్థాలు వెతుక్కోవాలి. అంతేకాదు విశ్వానికి కూడా అర్థం వెతకాలి. మానవతావాదం అందించిన మొట్టమొదటి కమాండ్‌మెంట్ అర్థంలేని ఈ ప్రపంచానికి అర్థాన్ని కలుగజేయుము అంటుంది.

మరి ఆ మార్గంలో వెళ్లినందుకు ఆధునికతలో కేంద్రీయ మత విప్లవం వచ్చింది. దానికి అర్థం దేవునిలో విశ్వాసాన్ని వదులుకోవడం కాదు, మానవతలో విశ్వాసాన్ని కలుగ జేసుకోవటం, అందుకు శతాబ్దాలపాటు గట్టి కృషి అవసరమైంది, పండితులు కరపత్రాలు రాశారు. కళాకారులు కవితలను, సంగీతకారులు వాద్యబృందం రచనలను చేశారు. వాటితో విశ్వానికి అర్థం కలగాలి అన్నారు. మానవతావాద విప్లవానికి గల అర్థాల లోతును అందుకోవడానికి ఆధునిక యూరోపియన్ సంస్కృతిని, అక్కడి మధ్యయుగపు సంస్కృతితో పోల్చి చూడాలి. 1300 ప్రాంతంలో లండన్, ప్యారిస్, టులేడో నగరాలలో ప్రజలు తమకు ఏది మంచి ఏది చెడు, ఏది తప్పు ఏది సరైనది, ఏది అందం ఏది వికారం అన్న అంశాలను నిర్ణయించుకోగలుగుతారని ఎవరూ అనుకోలేదు. వాళ్ల నమ్మకం ప్రకారం దేవుడు మాత్రమే మంచితనాన్ని, ధార్మికతను, సౌందర్యాన్ని తయారుచేస్తాడు, వాటికి నిర్వచనం చేస్తాడు.

మానవులకు సాటిలేని కార్యదక్షత, అవకాశాలు ఉన్నాయి అని విస్తృతంగా అందరు నమ్మారు. అయినా ఆ మానవులే తెలివిలేనివారు అని కూడా అనుకున్నారు. బయటినుంచి దారి చూపించేవారు లేకుండా శాశ్వత సత్యాన్ని మనుషులు తెలుసుకోలేరు అన్నారు. క్షణికమైన ఆనందాలూ, ప్రాపంచిక భ్రమలకు వారు లొంగిపోతారు అన్నారు. మధ్యయుగపు తాత్వికులు మానవుల అశాశ్వతత్వాన్ని ఎత్తిచూపారు. అందుకే వారి అభిప్రాయాలూ,

అనుభవాలూ గాలిలాగ నిలకడలేనివి అన్నారు. ఇవాళ నేను ఒక విషయాన్ని మనసారా ప్రేమిస్తున్నాను. మరునాడు దాన్నే ఏవగించుకుంటాను. ఆ తరువాతి వారంలో నేను చనిపోతాను. నన్ను పాతిపెడతారు. అందుకే మనిషి అభిప్రాయం మీద నిలబడే అర్థమైన తప్పకుండా పెళుసుగాను, క్షణికంగానూ ఉంటుంది. అందుకే జీవితానికి, ఈ విశ్వానికి గల అర్థం, అటువంటి సంపూర్ణ సత్యాలు, అతిమానవశక్తి నుంచి పుట్టే శాశ్వతమైన నియమాల మీద మాత్రమే ఆధారపడి ఉండాలి.

ఈ దృష్టి ప్రకారం అర్థమేదయినా అధికారానికి కూడా దేవుడు అత్యున్నతమైన వనరుగా మిగిలిపోయాడు. అర్థం, అధికారం రెండూ కలగలుపుగా ముందుకు సాగుతాయి. మన పనులకు అర్థాన్ని నిర్ణయించేది ఎవరయినా, వారు దేవుడైనా దయ్యమైనా, తప్పు అయినా సరైనా, అందంగా ఉన్నా అనాకారిగా ఉన్నా, చివరకు మనం ఏ రకంగా ప్రవర్తించాలి అన్న విషయాన్ని చెప్పే అధికారాన్ని కూడా వారే సంపాదించుకుంటారు.

అర్థానికి, అధికారానికి వనరుగా దేవుని పాత్ర అన్నది కేవలం తాత్విక సిద్ధాంతం కాదు. అది నిత్యజీవితంలోని ప్రతి అంశం మీద ప్రభావం చూపింది. 1300 సంవత్సరంలో ఒక చిన్న ఇంగ్లీషు నగరంలో పెళ్లయిన ఒక ఆడ మనిషి తన పక్కింటి మనిషి మీద మనసు పెంచుకున్నది అనుకుందాం, ఆమె అతనితో సంభోగించింది కూడా. నెమ్మదిగా తిరిగి ఇంట్లోకి దూరుతున్నప్పుడు, ఆమె ఒక సన్నని నవ్వు దాచుకుంటుంది. జుట్టు సరి చేసుకుంటుంది. అప్పుడు ఆమె మెదడు పరుగుతీస్తుంది. ప్రశ్న అడుగుతుంది. ఏమిటి జరిగింది? నేను ఎందుకు ఇలా చేశాను? ఇది మంచిదా చెడ్డదా? నా గురించి అందరూ ఏమనుకుంటారు? నేను మళ్ళీ ఈ పని చేయవచ్చా? ఒక ప్రశ్న కాదు చాలా ప్రశ్నలు. ఆ ప్రశ్నలకు జవాబులు తెలుసుకోవాలంటే ఆమె స్థానిక పూజారి వద్దకు వెళ్లాలి. చేసిన తప్పు ఒప్పుకోవాలి. ఆ పవిత్ర పితను మార్గదర్శనం చేయమనాలి. పూజారి మత గ్రంథాలు అన్నీ బాగా చదివినవాడు. అమ్మాయి చేసిన వంటి తప్పులను గురించి దేవుని భావనలు ఆ పవిత్ర గ్రంథాలలో ఉన్నాయి. దేవుని శాశ్వతవాక్యం మీద ఆధారపడి ఆ పూజారి ఒక నిర్ణయాన్ని చేయవచ్చు. ఆడ మనిషి మరణాంతకమైన పాపాన్ని చేసింది. అందుకు ఆమె ప్రాయశ్చిత్తం చేయాలి. చేయని పక్షంలో ఆమె నరకానికి పోతుంది. ఆమె తను చేసిన తప్పును అర్థం చేసుకోవాలి. వచ్చే క్రూసేడ్ నాడు 10 బంగారు నాణేలను దానం చేయాలి. వచ్చే ఆరునెలలపాటు ఆవిడ మాంసం తినకూడదు. కాంటర్బరీలో ఉన్న సెయింట్ థామస్ సమాధిని యాత్రగా వెళ్లి చూసి రావాలి. అది శిక్ష. ఇక ఆమె అటువంటి తప్పు మళ్లీ చేయకూడదు అన్న అంశం ప్రత్యేకంగా చెప్పనవసరం లేదు.

ప్రస్తుతం మాత్రం పరిస్థితి వేరుగా ఉంది. అర్థం అన్నది చివరగా మనలోనుంచే వస్తుందని, ఇష్టాలు అన్నింటికన్నా గొప్ప అధికారం కలవి అని శతాబ్దాలుగా మానవతావాదం నమ్మకంగా చెబుతున్నది. ఏదో బయట శక్తి వచ్చి మనకు చెప్పేవరకు వేచి చూడనవసరం లేదు. మన ప్రవర్తన, మన భావనలు, కోరికల మీద ఆధారపడవచ్చు. అందుకు సంబంధించి చిన్ననాటి నుంచి మానవతావాద నినాదాలు మనకు వెల్లువలా వచ్చి తగులుతూనే ఉన్నాయి. నిన్ను నీవు విను. నీకు నీవు విధేయత కలిగి ఉండు. నీలో నీకు

నమ్మకం కలిగి ఉండు. నీ హృదయం ప్రకారం నడుచుకో. ఏది మంచిది అనిపిస్తే అది చేయి, అంటాయి ఈ నినాదాలు రూసో తన నవల ఎమిలీలో ఈ విషయాలన్నింటినీ సూక్ష్మంగా చెప్పేశాడు. ఆ నవలను 18వ శతాబ్దపు భావనల బైబిల్ అన్నారు. జీవితానికి సంబంధించిన ప్రవర్తనా నియమావళిని తలుచుకున్నప్పుడు వాటిని అతను హృదయం లోతులలో చూడగలిగాడు. పాత్రల స్వభావాల ఆధారంగా వాని చూపించాడు. నేను చేయదలుచుకున్న దాని గురించి నన్ను నేను సంప్రదించి ఉంటే చాలు. నేను ఏది మంచి అనుకుంటే అదే మంచి. నేను చెడు అనుకునేది చెడు.

అందుకే ఆధునిక కాలంలో ఒక అమ్మాయి మరొకరితో సంబంధం పెట్టుకుంటే, ఆమె పూజారిగారి మాటలను గుడ్డిగా వినాలని అనుకోదు. మతగ్రంథాలను కూడా అడగదు. తన భావాలను జాగ్రత్తగా పరిశీలించుకుంటుంది. అక్కడ ఆమెకు విషయాలు అర్థం కాకపోతే ఒక దగ్గరి మిత్రురాలిని ఆశ్రయిస్తుంది. ఆమె ముందు తన మనసు వెళ్లబోసుకుంటుంది. అక్కడ కూడా పని జరగకపోతే ఆమె మానసిక వైద్యుడి వద్దకు వెళుతుంది. విషయం చెబుతుంది. వైద్యుడికి మధ్యయుగంనాటి పూజారికి ఉన్నటువంటి స్థానమే ఉంది. అయితే ఈ ఇద్దరిని పోల్చిచూడడం అర్థంలేని మాట. ప్రాక్టికల్‌గా చూస్తే వాళ్ళ ఇద్దరి మధ్యన పెద్ద అగాధం ఉంది. మానసిక వైద్యుడి వద్ద పవిత్ర గ్రంథాలు లేవు. అతనికి దైవనిర్ణయాలు తెలియవు. అందుకే ఆడమనిషి తమ కథ ముగించగానే అతను చివ్వున లేచి, నీతి నియమం లేనిదానవు అంటూ గర్జించడు. అలాగే భలే చేశావు అని కూడా అనడు, ఏం చేసినా, ఏం చెప్పినా అతను చాలా నమ్మదగిన గొంతుకతో, ఇంతకూ నీవు ఆ సంగతి గురించి ఏమనుకుంటున్నావో అని అడుగుతాడని మాత్రం అనుకోవచ్చు.

తెరపిస్ట్ దగ్గర కూడా బోలెడన్ని పుస్తకాలు ఉంటాయి. ఫ్రాయిడ్, యుంగ్ రచనలు అన్నీ ఉంటాయి. మానసిక రుగ్మతలకు సంబంధించిన వెయ్యి పేజీల ప్రామాణిక పుస్తకం *డయాగ్నసిస్ అండ్ స్టాటిస్టికల్ మాన్యువల్ ఆఫ్ మెంటల్ డిస్ఆర్డర్స్ (డిఎస్ఎం)* కూడా ఉంటుంది. అయినా అవి పవిత్ర గ్రంథాలు కావు. మానసిక రుగ్మతలకు సంబంధించిన గ్రంథం వ్యాధులను గురించి నిర్ధారిస్తుంది. అది జీవితానికి అర్థాలను చెప్పదు. మనుషులు చేసిన పనులకు అసలైన అర్థాలు చెప్పడానికి మనుషుల భావనల వల్లనే వీలవుతుందని చాలామంది సైకాలజిస్టులు నమ్ముతారు. తన పేషెంట్ వ్యవహారం గురించి ఏమనుకున్నా, ఆ అంశం గురించి ఫ్రాయిడ్, యుంగ్ వంటివారు ఏమన్నా, వెయ్యి పేజీల పుస్తకంలో దాని గురించి ఏం రాసి ఉన్నా చివరికి తెరపిస్టు తన ఆలోచనలను ఆమె తల మీద రుద్దడానికి ప్రయత్నించడు. ఆమె తన హృదయంలోని మూలలను వెతికి విషయాన్ని పరీక్షించడానికి కావలసిన సాయం చేస్తాడు. అక్కడ మాత్రమే సమస్యకు సమాధానం దొరుకుతుంది. మరైతే మధ్యయుగంలోని పూజారులు వద్ద దేవుడితో మాట్లాడడానికి హాట్‌లైన్ ఉండేది. కనుకనే వారు మంచి, చెడు వేరు చేసి చెప్పగలిగేవారు. ఆధునిక చికిత్సకులు అలా కాకుండా మన అంతర్గత భావాలతో ముందుకు సాగేలా సాయం చేస్తారు.

వివాహ వ్యవస్థలో వస్తున్న మార్పులను గురించి ఇది కొంత వరకు అర్థం

చేయిస్తుంది. ఈ మధ్యయుగం కాలంలో పెళ్లి అన్నది దేవుడు నిర్వహించిన పవిత్రబంధం. దేవుడు తల్లిదండ్రులకు తమ ఇష్టాల ప్రకారం తమ పిల్లలకు పెళ్లి చేయించాలి అని కూడా చెప్పాడు. వివాహేతర సంబంధం అంటే నిర్లక్ష్యంగా చేసిన తిరుగుబాటు వంటిది. అక్కడ దైవానికి కాదు తల్లిదండ్రులకు కూడా ఎదురుతిరిగిన భావం ఉంది. అది అంతులేని పాపం. ప్రేమికులు ఏమనుకున్నా దాని గురించి ఏం చెప్పినా అర్థం లేదు. అందరూ ప్రేమ కోసం పెళ్లి చేసుకుంటారు. కేవలం వ్యక్తిగత భావాల ఆధారంగా ఆ బంధానికి విలువ నిస్తారు. ఆడమనిషిని ఒకనాడు ఒక వ్యక్తి దగ్గరకు పంపించిన భావమే మరొకనాడు మరొక వ్యక్తి వద్దకు పంపించవచ్చు. అందులో తప్పేముంది? మానసిక భయాలకు, లైంగిక వాంఛలకు వివాహేతర సంబంధం జవాబు ఇస్తున్నది అంటే, సొంత భార్యాభర్తలతో ఆనందం దొరకడం లేదంటే, కొత్త ప్రేమికులు మంచివారైతే, మరింత ప్రేమ గలవారైతే, పరస్పర అవసరాలకు మంచి అర్థం తెలిసినవారైతే, వారితో అనుభవించడంలో తప్పేముంది?

ఒక్క క్షణం ఆగండి అంటారేమో మీరు. ఈ వ్యవహారంలో మరికొందరు ఉన్నారు. వారి భావాలను కూడా పట్టించుకోవాలి. లైంగిక సంబంధం పెట్టుకున్న ఆడ, మగ ఇద్దరూ ఆనందాన్ని అనుభవించవచ్చు. వాళ్లకు మరి ఒక భర్త, భార్య ఉన్నారు. వాళ్లకి ఈ సంగతి తెలిస్తే అందరి భావాలూ చాలా వికృతంగా తయారవుతాయి. చివరకు విడాకుల వరకు పరిస్థితి దారితీయవచ్చు. పిల్లలు గనుక ఉంటే దశాబ్దాలపాటు వారి మనసులలో మరకలు నిలిచిపోతాయి. అసలు దొంగచాటు వ్యవహారం బయటనే పడలేదు అనుకుందాం. దాచి ఉంచడంలో ఒక పెద్ద టెన్షన్ పుడుతుంది. అందులో నుండి ఒకవైపు పశ్చాత్తాపం, ఒకవైపు సంబంధాలలో బాధలు రావచ్చు.

మనుషుల నీతి గురించిన ఆసక్తికరమైన చర్చలలో ఇటువంటి వివాహేతర సంబంధాలు ముందు వస్తాయి. అక్కడ పరస్పర భావాల మధ్య పోటీ జరుగుతుంది. జరిగిన పని ఒక్కటే. కాని దాని ప్రభావంగా ఇద్దరికి ఆనందం కలిగితే మరొక ఇద్దరికీ బాధ కలుగుతుంది. ఆ పరిస్థితుల్లో ఆ భావాల ప్రభావాలను ఏ రకంగా లెక్క వేయాలి? ఇద్దరు పొందిన ఆనందం మరి ఇద్దరూ, వారి పిల్లలు పొందిన దుఃఖాన్ని గెలుస్తుందా?

ఈ ప్రశ్నలు గురించి మీ భావాల సంగతి గొప్ప విషయం కాదు. ఇరుపక్షాలవారు చేసే వాదాలను అర్థం చేసుకోవడం ముఖ్యం. ఆధునిక జనాలకు వివాహేతర సంబంధాలను గురించి వేర్వేరు రకాల భావాలు ఉన్నాయి. అవునా, సరే మానవభావాలు అన్న ఒక్క అంశం పేరుమీద అందరూ ఆ సంబంధాన్ని బలపరుస్తారు. వాళ్లకు పవిత్ర గ్రంథాలతోనూ, పై నుంచి వచ్చిన ఆదేశాలతోను సంబంధం లేదు. ఒకరికి బాధ కలిగినప్పుడు మాత్రమే ఏ విషయమైనా చెడ్డది అవుతుందని మానవతావాదం అంటున్నది. నీవు ఎవరినీ హత్య చేయకుము అని ఎప్పుడో ఒక దేవుడు చెప్పినందుకు కాదు హత్య చేయకుండా ఉండడం. హతుడయిన మనిషికి అంతులేని బాధ కలుగుతుంది. అతని కుటుంబ సభ్యులకు, మిత్రులకు, మిగతా వారందరికీ మానసికంగా బాధ కలుగుతుంది. కనుక హత్య చెడ్డది. నీవు దొంగతనము చేయకుము, అని ఒక ప్రాచీన గ్రంథంలో రాసి ఉన్నందుకు

దొంగతనం చేయకుండా ఉండనవసరం లేదు. ఒకరు ఆస్తి పోగొట్టుకున్నప్పుడు చాలా మానసిక బాధలకు గురవుతారు. కనుక దొంగతనం మంచిది కాదు. ఒక పనివలన ఎవరికీ బాధ కలగనట్లయితే, దానితో బహుశా ఎటువంటి సమస్య లేదు. ప్రాచీన గ్రంథాలలో మనుషులు, జంతువుల చిత్రాలనూ, శిల్పాలను తయారుచేయకూడదు అని రాసి ఉంది. అయితే నాకు మాత్రం అటువంటి చిత్రాలు, శిల్పాలు తయారుచేయడం చాలా ఇష్టం. ఆ పని చేసి నేను ఎవరినీ బాధించను. ఇక మరి అందులో తప్పు ఎక్కడిది?

ప్రస్తుతం స్వలింగ సంపర్కం గురించి జరుగుతున్న చర్చల విషయంలో కూడా ఇదే తర్కం ముందుకు వస్తుంది. యుక్తవయస్సు దాటిన ఇద్దరు మగవాళ్ళు ఒకరితో ఒకరు లైంగిక సుఖం పొందుతూ ఉంటే, అందువల్ల మరెవరికీ కష్టనష్టాలు లేకుంటే, అది ఏ రకంగా తప్పు అవుతుంది? దాన్ని మనం చట్టవిరుద్ధమని ఎలా అనగలుగుతాము? అది ఆ ఇద్దరు మనుషుల మధ్యన వ్యక్తిగత విషయం. వాళ్లు తమతమ వ్యక్తిగత భావాల ఆధారంగా ఆ విషయాన్ని నిర్ణయించుకుంటారు. వారికి స్వతంత్రం ఉంది. ఇక మధ్యయుగం కాలంలో ఇద్దరు మగమనుషులు పూజారి దగ్గరికి వెళ్లి తాము ఒకరినొకరు ప్రేమించుకుంటున్నాము అని చెబితే, దాని వలన వాళ్ళకు ఇంతకుముందెన్నడూ లేని సంతోషం కలిగింది అంటే, ఆ పూజారి భావాలు, తీవ్ర నిర్ణయాలు ఈ సంతోషం వలన మారి ఉండవు. పైగా వారిలో దోషభావం లేనందున పరిస్థితి మరింత పాడవుతుంది. అందుకు వ్యతిరేకంగా ఈ కాలంలో ఇద్దరు మగమనుషులు ప్రేమలో ఉన్నాము అని చెబితే, మీకు బాగా అనిపిస్తే అలాగే కానివ్వండి! అందులో పూజారులను ఎవరిని కలుగజేసుకోనివ్వకండి. మీ మనసు ప్రకారం ప్రవర్తించండి. మీకు ఏది మంచిది అనేది మీకే బాగా తెలుస్తుంది, అంటారు.

ఆసక్తికరంగా ఇవాల్టి రోజున మతమౌఢ్యం గలవారు కూడా ఈ మానవతావాద చర్చలోకి అడుగుపెడుతున్నారు. ప్రజాభిప్రాయాన్ని ప్రభావితం చేయదలచుకున్నప్పుడు వాళ్ళు ఆ మార్గం పడతారు. ఉదాహరణకు ఇజ్రాయెల్‌లో స్వలింగ సంపర్కం చేసే వర్గం వారు ప్రతి సంవత్సరం గే సైడ్ పరేడ్ అని జెరూసలెంలో ఒక ఉత్సవం జరుపుతారు. మామూలుగా సమస్యలకు లోనవుతున్న ఆ నగరంలో ఆనాడు మాత్రం అంతటా ఏకత్వం కనిపిస్తుంది. అందుకు కారణం ఆనాడు యూదులు, ముస్లింలు, క్రైస్తవులు అందరికీ ఒక్కసారిగా ఒకే సాధారణ అంశం కనబడుతుంది. వాళ్లంతా ఏకకంఠంతో ఉత్సవాన్ని నిరసిస్తారు. వాళ్ళు చేసే వాదన ఆసక్తికరంగా ఉంటుంది. భగవంతుడు స్వలింగ సంపర్కాన్ని నిషేధించాడు, కనుక ఈ మనుషులు ఉత్సవం జరపకూడదు అని కాదు వాళ్ళ వాదన. పవిత్ర నగరం జెరూసలెంలో ఈ ఉత్సవం జరుగుతూ ఉంటే చూడడంవల్ల మా మనోభావాలు దెబ్బతింటున్నాయి. వాళ్లు వాళ్ల భావాలని మేము గౌరవించాలి అన్నట్లే మా భావాలను గౌరవించమని మేము అడుగుతున్నాము, అంటూ కనిపించిన ప్రతి మైక్రోఫోన్, టీవీ కెమెరా ముందు వాళ్ళు గోల చేస్తారు.

7 జనవరి 2017 నాడు ముస్లిం తీవ్రవాదులు చార్లీ హెబ్డో అనే ఫ్రెంచ్ పత్రిక సిబ్బందిని ఊచకోత కోశారు. అందుకు కారణం ఆ పత్రికలో మహమ్మద్ ప్రవక్త గురించి

కార్టూన్లు కొన్ని అచ్చయ్యాయి. అయితే ఆ తర్వాత రోజులలో చాలా ముస్లిం వర్గాలు ఆ దాడిని నిరసించాయి. కానీ ప్రతి ప్రకటనల్లోనూ కానీ అని తర్వాత కొన్ని మాటలు సాగాయి. ఉదాహరణకు ఈజిప్షియన్ పాత్రికేయ బృందంవారు తీవ్రవాదులను నిరసించారు. కానీ పత్రికవారిని కూడా లక్షలాది ముస్లింల భావాలకు బాధ కలిగించినందుకు తప్పుపట్టారు. ఈ సిండికేట్‌వారు పత్రికను దేవుని నిర్ణయాన్ని కాదన్నందుకు కాదు తప్పుపట్టింది. దీన్నే మరి ప్రగతి అంటారేమో.

మన భావాలు, మన వ్యక్తిగత జీవితాలకు అర్థం ఇవ్వడమే కాక రాజకీయ విధానాలు కూడా వార్తలు వస్తున్నాయి ఒక దేశాన్ని ఎవరు పాలించారు అనే అంశం తెలుసుకోవాలంటే, ఎటువంటి విదేశాంగ విధానాన్ని స్వంతం చేసుకోవాలి, ఎటువంటి ఆర్థిక పద్ధతులను పాటించాలి వంటి ప్రశ్నల గురించి కూడా తెలుసుకోవాలి అంటే అందుకు జవాబుల కోసం పవిత్ర గ్రంథాలను ఆశ్రయించేది లేదు. ఆ విషయంగా పోప్‌గారి ఆదేశాలను లేదా నోబెల్ లారేట్ కౌన్సిల్‌ను అందుకు బదులుగా చాలామటుకు దేశాలలో ఎన్నికలు పెట్టి ప్రజలను ఆయా అంశాలను గురించి నిర్ణయించమని అడుగుతారు. అందరికన్నా బాగా తెలుసు అన్న నమ్మకం ఉంది వ్యక్తిగతంగా మానవులు రాజకీయ అధికారాన్ని గురించి నిర్ణయాలు చేస్తారు.

అయితే మరి ఈ ఎంపిక విషయంలో ఓటర్లకు ఏరకంగా ఏం తెలుస్తుంది? కనీసం సిద్ధాంతపరంగానైనా ఓటరు మొట్టమొదలు గురించి తన మనసును అడుగుతాడు. దాని ప్రకారం ఓటు వేస్తాడు. అది అంత సులభం కాదు. నా స్వంత భావాలు వరకు నేను చేరాలంటే, అర్థం లేకుండా జరుగుతున్న ప్రచారంలో నుంచి నేను బయట పడాలి. ప్రభావం చూపించాలని ప్రయత్నిస్తున్నా మరెందరినో తప్పించుకోవాలి. కిరాయి పండితుల సలహాలను వినకూడదు. వీటన్నింటిని తప్పించుకుని నేను నిజంగా అధికారం గల నా అంతర్వాణి వినాలి. అప్పుడు నా అంతర్వాహిని 'కెమెరాన్‌కు ఓటు వెయ్యి' 'మోడీకి ఓటు వెయ్యి' 'క్లింటన్‌కు ఓటు వెయ్యి' అని సందర్భం ప్రకారం చెబుతుంది. ఇక నేను బ్యాలెట్ పేపర్ మీద ఆ పేరు పక్కన ముద్ర వేస్తాను. ఆ రకంగా ఒక దేశాన్ని పరిపాలించవలసింది ఎవరు అన్న ప్రశ్నకు జవాబు అందుతుంది.

అదే మధ్యయుగంలో అయితే ఈ పద్ధతిని పిచ్చితనానికి పరాకాష్ట అనేవారు. ముఖ్యమైన రాజకీయ నిర్ణయాల విషయంలో మూర్ఖులైన మామూలు మనుషుల చంచల మయిన భావాలు ఎందుకు పనికిరానివి, ఇంగ్లాండ్ వార్ ఆఫ్ రోజెస్ ప్రభావం కింద నలిగిపోయింది. అప్పుడు జాతీయస్థాయిలో రెఫరెండం పెట్టి నిర్ణయం చేయాలని ఎవరూ అనుకోలేదు. మరి ఆ పని చేస్తే అందులో అర్థం ఏంటి. ప్రతి మనిషి తన అభిప్రాయాన్ని బయటపెడతాడు. అదే విధంగా ఒక్క 1095లో పోపు అర్బన్ 2 తన మొదటి క్రూసేడ్‌ను ప్రారంభించాడు. అది ప్రజాభిప్రాయం ప్రకారం జరిగిందని అనలేదు. అది కేవలం దైవేచ్ఛ. అంటే పైన ఉండే స్వర్గం నుంచి రాజకీయ అధికారం వచ్చింది. అది మామూలు మనుషుల మనసులు, మెదళ్లలో నుంచి రాలేదు.

27. పావురం రూపంలో పవిత్ర ఆత్మ (The Holy Spirit) ఫ్రాంకిష్ రాజ్యాన్ని స్థాపించిన క్లోవీస్ రాజు బాప్టిజం కొరకు నూనె అందిస్తుంది. (చిత్రం 1380 నాటి గ్రాండెస్ క్రానిక్స్ డి ఫ్రాన్స్ నుంచి). ఫ్రాన్స్ పుట్టుక గురించిన గాథ ప్రకారం నూనె పాత్రలను రైమ్స్ కేథడ్రల్‌లో పెట్టారు. తరువాతి రాజులందరికీ అక్కడే నూనెతో తలంటారు. ప్రతి పట్టాభిషేకంలోను మహిమలు కనిపించాయి. ఖాళీ చేసిన పాత్ర దానంతటదే నిండింది. అంటే ఆ ప్రభువును దేవుడే ఎంపిక చేసినట్టు అర్థం. ఆ విధంగా కాని పక్షంలో లూయీ IX లేక లూయీ XIV లేక లూయీ XVI ని రాజు చేయాలని దేవుడు అనుకోకపోతే నూనెతో ఆ పాత్ర నిండేది కాదు.

రాజకీయం విషయంలో నిజమైన అంశాలే సౌందర్య దృష్టి గురించి కూడా నిజమవుతాయి. ఈ మధ్యకాలంలో కళను గుణాత్మకమైన కొలతలతో చూశారు. అందులో మనుషుల భావాలకు తావులేదు. మనుషుల అభిరుచులు కూడా మానవేతరమైన నిర్ణయాల ప్రకారం మారాయి. అప్పట్లో మరి కళ కూడా మానవేతర శక్తుల ప్రభావంతో పుట్టింది అనుకున్నారు కనుక ఈ పద్ధతి అందరికీ నచ్చింది. అందులో మళ్ళీ మానవుల భావాలకు తావులేదు. చిత్రకారులు, కవులు, సంగీతకారులు, భవన నిర్మాణకర్తల చేతులను మ్యూజెస్,

ఏంజెల్స్, హోలీ స్పిరిట్‌లు నడిపిస్తాయి అని అనుకున్నారు. సంగీతకారుడు చక్కని రచన చేస్తాడు. అయితే అతనికి ఎటువంటి గౌరవం ఉండదు. కళానికి కూడా అలాగే గౌరవం దక్కలేదు. కలాన్ని మనిషి వేళ్ళు పట్టుకుని కదిలించాయి. అయితే ఆ వేళ్ళను మాత్రం దేవుని చెయ్యి పట్టుకుని కదిలించింది.

నక్షత్రాలు కదలిక ప్రకారం స్వర్గ సంగీతం పుడుతుందని అది మొత్తం విశ్వమంతటా వ్యాపిస్తుందని ఒక ప్రాచీన గ్రీకు సిద్ధాంతం ఉండేది. మధ్యయుగంవారు దాన్ని నమ్మారు. ఆ స్వర్గ సంగీతం నక్షత్రాల నుండి పుట్టి మానవ శరీరం లోపలి కదలికలను, మనసును ప్రభావితం చేస్తుంది. అప్పుడు వారి భౌతిక, మానసిక ఆరోగ్యం బాగుంటుంది అనుకున్నారు. అంటే మానవ సంగీతం అటువంటి దైవిక సంగీతానికి అనుగుణంగా రావాలి అన్నమాట. రక్తమాంసాలున్న సంగీతకారుల మనసులోనుంచి వచ్చేది సంగీతం కాదు. కనుకనే చాలా అందమైన ప్రార్థన గేయాలను, పాటలను, వరుసలను గురించిన గౌరవాన్ని వాటిని కట్టినవారికి కాక దైవిక ప్రేరణలకు ఆపాదించారు.

28. పోప్ గ్రెగరీ ద గ్రేట్ తన పేరున సాగే గ్రిగోరియన్ గీతాలను రచించాడు. పావుర రూపంలో పవిత్ర ఆత్మ అతని కుడి భుజం మీద కూర్చున్నది. అతని చెవిలో గీతాలను చెప్పింది. వాటి అసలు రచయిత ఆ హోలీ స్పిరిటే. గ్రెగరీ కేవలం ఒక వాహిక. కళ, సౌందర్యం చివరకు దేవుడినుంచి వస్తాయి.

ఇటువంటి ఆలోచనలు ఇప్పుడు లేవు. ప్రస్తుతపు మానవతావాదులు కళాసృష్టికి, సౌందర్యదృష్టికి కేవలం మానవ భావాలే ఆధారం అంటారు. మనిషి లోపల ఉన్న ఒక గొంతు నుంచి సంగీతం పుడుతుంది. అది నక్షత్రాల లయను, దేవదూతల మనసులను అనుసరించవలసిన పనిలేదు, నక్షత్రాలకు మాట తెలియదు. ఇక దేవదూతలు మిగతావన్ని మన ఊహలలో మాత్రమే ఉన్నాయి. కళాకారులు కేవలం తమ స్వంత భావాలతో సంబంధం పెట్టుకుంటారు, దేవునితో కాదు. అందుకే ఒక కళను మూల్యాంకనం చేసే టప్పుడు మనం కొలబద్దలను విషయాత్మకంగా చూడము. మళ్లీ మన గుణాత్మక భావన లోకి పోతాము. నీకు బాగా అనిపిస్తే ఆ పని చెయ్యి, అంటుంది నీతిలో మానవతావాదపు ఆదర్శం. రాజకీయంలో అదే అందరికన్నా ఓటర్‌కు బాగా తెలుసు అంటుంది. ఇక సౌందర్యదృష్టి విషయానికి వస్తే అందం చూచే వారి కళ్ళలో ఉంది, అంటుంది.

అసలు మౌలికంగా కళ అన్న మాటకు నిర్వచనం ఎటు కాకుండా ఉంది. 1917లో మార్సెల్ డుఛాంప్ ఒక మామూలు యూరినల్ కొన్నాడు. దాన్ని కళాఖండం అన్నాడు. ఫౌంటేన్ అని దానికి పేరు పెట్టాడు. దాని మీద సంతకం కూడా చేసి ప్రదర్శనశాలలో పెట్టాడు. మధ్యయుగంవారైతే ఆ విషయాన్ని చర్చించడానికి కూడా ఇష్టపడేవారు కాదు. ఇటువంటి అంశాన్ని గురించి ఎందుకు ఊపిరి వ్యర్థం చేయడం? అయితే ఆధునిక మానవతావాద ప్రపంచంలో మార్సెల్ చేసిన పనిని కళారంగంలో ముఖ్యమైన మైలురాయి అన్నారు. ప్రపంచమంతటా లెక్కలేనన్ని కళావిద్యార్థుల తరగతి గదులలో మొదటి సంవత్సరం విద్యార్థులకు ఫౌంటెన్ అనే యూరినల్ బొమ్మ చూపిస్తారు. గురువుగారి యొక్క కదలికతో అక్కడ సంచలనం మొదలవుతుంది. ఓహో ఇదే కళ! అంటారు అందరు. ఇది కానే కాదు! కాదు, ఇదే అసలు కళ. అలా వీలు లేదు! అని వాదిస్తూ విద్యార్థులు కొంతకాలం గోల పడతారు. అప్పుడు అక్కడ పంతులుగారు ఒక ప్రశ్న అడిగి పరిస్థితిని మారుస్తాడు. కళ అంటే నిజంగా ఏమిటి? అడుగుతాడు అతను. అసలు ఒక వస్తువు కళాఖండమా కాదా ఎలా నిర్ణయిస్తారు? అని కూడా ప్రశ్నిస్తాడు. మళ్లీ కొంత వెనక, ముందు అయిన తర్వాత, ఆ గురువుగారు తరగతిని సరైన మార్గంలో పెడతాడు. ప్రజలు దేనినైతే కళ అంటారో అదే కళ అవుతుంది. అందం చూసే వారి కళ్ళలో ఉంటుంది, అని చెబుతాడు. ప్రజలంతా ఆ యూరినల్ కళాఖండం అంటే అవును అది కళే. వాళ్లు తప్పు చేస్తున్నారు అని ప్రజలకు చెప్పే అధికారం ఎక్కడ ఉంది? ఇవాళ డుఛాంప్ కళాఖండం నమూనాలు ప్రపంచంలోని ముఖ్యమైన ప్రదర్శనశాలలు అన్నింటిలోనూ ఉన్నాయి. శాన్ ఫ్రాన్సిస్కో మ్యూజియం ఆఫ్ మోడరన్ ఆర్ట్ గ్యాలరీ ఆఫ్ కెనడా, లండన్‌లోని క్రియేట్ గ్యాలరీ, ప్యారిస్‌లోని పాంపిడు సెంటర్ ఇలా అన్నింటిలోనూ అది ఉంది. కానీ అక్కడ మూత్రశాలలో లేదు. ప్రదర్శన వస్తువులలో ఉంది.

ఇటువంటి మానవతా ధోరణి ఆర్థిక సంబంధిత రంగాలలో కూడా కొంత కాలం బలంగా పని చేసింది. మధ్యయుగంలో కొన్ని సంఘాలు ఉండి ఉత్పత్తి విధానాలను నిర్ణయించేవి. వ్యక్తిగతంగా కళాకారులకు గానీ కొనుగోలుదారులకు కానీ ఆ పనిలో పాత్ర లేదు. వడ్రంగుల సంఘం కుర్చీ అంటే ఏమిటి నిర్ణయిస్తుంది. బేకర్‌ల సంఘం మంచి

రొట్టె అంటే ఏమిటి నిర్ణయిస్తుంది. గాయకులకు కూడా సంఘం ఉంటుంది. ఏ పాట మంచిది, ఏది కాదు అన్న సంగతి ఆ సంఘమే తెలుస్తుంది. ఇక రాజకుమారులు, నగర కౌన్సిల్‌వారు జీతాలను, ధరలను నిర్ణయిస్తారు. బేరంలేని ధరలతో వస్తువులను కొనమని ప్రజలను బలవంతపెడతారు. ఇక ఆధునిక ఫ్రీ మార్కెట్లో ఇటువంటి సంఘాలను, కౌన్సిళ్లను, రాజకుమారులను పూర్తిగా తొక్కిపెట్టారు. అక్కడ కొనుగోలుదారుల స్వేచ్ఛ అన్నదే అన్నిటికన్నా గొప్ప శక్తి,

టొయోటా వారు ఒక పర్ఫెక్ట్ కారును తయారుచేయాలని అనుకున్నారు అని భావిద్దాం. అందుకు వేరువేరు రంగాల నుండి నిపుణులతో ఒక సంఘం ఏర్పాటవుతుంది. మంచి ఇంజనీర్లను, డిజైనర్లను తీసుకువస్తారు. భౌతిక శాస్త్రవేత్తలు, ఆర్థిక నిపుణులు, కొంతమంది సామాజిక శాస్త్రవేత్తలు, మానసిక తత్వవేత్తలు కూడా ఉండే ఒక సలహా సంఘం వస్తుంది. మరింత జాగ్రత్తగా ఉండాలి అనుకుంటే ఒకరిద్దరు నోబెల్ బహుమతి విజేతలను, ఆస్కార్ గెలిచిన నటులను కూడా అందులోకి పిలుస్తారు. ప్రపంచ ప్రసిద్ధ కళాకారులకు ప్రమేయం కల్పిస్తారు. పరిశోధన, అభివృద్ధి సాగుతుంది. పర్ఫెక్ట్ కార్ అంటూ ప్రకటన జరుగుతుంది. లక్షల సంఖ్యలో వాటిని ఉత్పత్తి చేస్తారు. ప్రపంచమంతటా డీలర్లకు పంపిస్తారు. అయితే ఆ కారు ఎవరూ కొనరు. అంటే కొనుగోలుదారులు పొరపాటు చేస్తున్నట్టా? తమ మంచి ఏమిటో వాళ్లకు తెలియదా? అదేమీ కాదు. స్వతంత్ర మార్కెట్‌లో ఎప్పుడైనా కొనుగోలుదారులదే చివరిమాట అవుతుంది. వారు వద్దంటే ఆ కారు మంచిది కాదని అర్థం. యూనివర్సిటీ ప్రొఫెసర్లు, మతాధికారులు, ముల్లాలు తమ తమ స్థానాలలో నుండి అది చాలా గొప్ప కారు, అని ఎంత గట్టిగా ఘోషించినా ఎవరికీ పట్టదు. కస్టమర్ దాన్ని కాదు అన్నాడు అంటే అది పనికిరాని కారు. వాళ్ళు తప్పు చేస్తున్నారని చెప్పే హక్కు ఎవరికీ లేదు. పైవారు ప్రజలను తప్పకుండా ఒక కారు కొనాలి అని చెప్పే రోజు బహుశా రాదు.

కారు విషయంలో నిజమైన పరిస్థితి మరో విషయంలోనూ అమలవుతుంది. ఉదాహరణకు ఉప్సాలా యూనివర్సిటీ నుంచి ప్రొఫెసర్ లైఫ్ అండర్సన్ ఏమంటున్నారో వినండి. జెనెటిక్స్ పద్ధతుల ద్వారా పశువుల పెంపకాన్ని మెరుగుపరచడం ఆయనగారి రంగం. త్వరగా పెరిగే పందులు, ఎక్కువ పాలు ఇచ్చే ఆవులు, ఎముకల మీద ఎక్కువ మాంసం ఉండే కోళ్లు ఇలాంటివన్నీ ఆయన తయారుచేశాడు. హార్స్ అనే పత్రిక వారితో పరిచయంలో రిపోర్టర్ నవోమి దరోమ్, ప్రయోగాల సమయంలో జంతువులకు కలిగే బాధ గురించి ఆండర్సన్‌ను ఒక ప్రశ్న అడిగింది. నిజానికి ప్రస్తుతం అలా అభివృద్ధి చేసిన ఆవుల పొదుగులు మోయలేనంత బరువుగా ఉంటున్నాయి. అటువంటి కోళ్లు కదలలేక పోతున్నాయి. అయినా ప్రొఫెసర్ అండర్సన్ గట్టి జవాబిచ్చాడు. విషయం చివరకు కస్టమర్ దగ్గరకు వచ్చి ఆగుతుంది. మాంసానికి కస్టమర్ ఎంత ఇవ్వగలను అంటే అదే తుది నిర్ణయం. ఈ జన్యుపరంగా అభివృద్ధి చేసిన ఆధునిక కోళ్లు లేకుంటే రానురాను ప్రపంచంలో మాంసం సరఫరా చాలా కష్టం అవుతుంది. మరి కస్టమర్లు చాలా చవకగా మాంసం కావాలంటారు. వాళ్లకు అది అందించవలసి ఉంటుంది. వాళ్ళు మరీ ధరను వింటారా మిగతా అంశాలనా అన్నది ప్రశ్న, అన్నాడాయన.

మానవతావాదం యొక్క ఐదు రూపాలు

29. మానవతావాద రాజకీయాలు : ఓటర్ నిర్ణయం చివరిది.

30. మానవతావాద ఆర్థికశాస్త్రం : కొనుగోలుదారులది సరైన నిర్ణయం.

31. మానవతావాద సౌందర్య దృష్టి : అందం చూసేవారి కళ్ళలో ఉంటుంది. (ప్రత్యేక ప్రదర్శనలో మార్సెల్ డూషాం ఫౌంటెన్, నేషనల్ గ్యాలరీ ఆఫ్ స్కాట్లాండ్.)

32. మానవతావాద నైతికత : బాగనిపిస్తే చేయడమే!

33. మానవతావాద విద్య : నీవే ఆలోచించు!

ప్రొఫెసర్ అండర్సన్ తన పరిశోధన పుట్టించే సమస్యల గురించి పట్టించుకోకుండా హాయిగా నిద్రపోవచ్చు. ఉత్పత్తులను కొనుగోలుదారులు కొంటున్నారు. వాళ్ల అవసరాలు తీరుతున్నాయి. కనుక అంతా మంచి జరుగుతుంది. ఇదే తర్కం ప్రకారం ఒక బహుళజాతి కార్పొరేషన్ డోంట్ బి ఈవిల్ అనేవాళ్ళ మోటోకు తగినట్టుగా ఉన్నామా లేదా అని అడుగుతారు. అప్పుడు చూడవలసిన చోటు ఒకటే ఉంటుంది. ఆ కంపెనీ కావలసినంత డబ్బు సంపాదిస్తుంది అంటే, కోట్లాది మంది వాళ్ళ ఉత్పత్తులను కొంటున్నారు అంటే, కంపెనీ బాగానే పనిచేస్తున్నది అని అర్థం. ఎవరైనా ఆక్షేపించేవారుంటే, ప్రజలు తప్పు చేస్తారు అని అంటారు. ఆ పెద్దమనిషికి కస్టమర్ ఈజ్ ఆల్వేస్ రైట్ అన్న మాటలు జ్ఞాపకం చేస్తారు. మానవ భావాలలో నుంచే అర్థాలు, అధికారాలు పుడతాయి. లక్షలాదిమంది ఒక కంపెనీ ఉత్పత్తులను కొంటున్నారు అంటే వాళ్లంతా తప్పు చేస్తున్నారు అని చెప్పడానికి తమరెవరు?

చివరగా మానవతావాదుల ఆదర్శాలు విద్యారంగాన్ని కూడా విప్లవాత్మకంగా మార్చాయి. మధ్యయుగం కాలంలో అర్థాలు, అధికారులు అన్ని బయటి నుంచి వచ్చాయి. అందుకే విద్యతోపాటు విధేయత, పురాతన గ్రంథాలను వల్లెవేయడం, సనాతన సంప్రదాయాలను పఠించడం వంటి వాటి మీద కేంద్రీకరించారు. గురువులు తమ శిష్యులను ప్రశ్నలు అడిగారు. ఆ ప్రశ్నకు అరిస్టాటిల్, కింగ్ సోలమన్ లేదా సెయింట్ థామస్ అక్వినాస్ ఎటువంటి జవాబు ఇచ్చారు విద్యార్థులు జ్ఞాపకం పెట్టుకోవాలి.

అయితే అధునాతన మానవతా విద్యావిధానం వేరు. ఇక్కడ విద్యార్థులకు స్వంతగా ఆలోచించే పద్ధతిని బోధిస్తారు. అరిస్టాటిల్, సోలమన్, అక్వినాస్ లాంటివారు రాజకీయం, కళలు, ఆర్థిక శాస్త్రాలను గురించి ఏమన్నారు అన్నది ముఖ్యమే. అయితే అర్థం, అధికారం అన్ని ఇచ్చే అన్నిటికన్నా గొప్ప ఆకారం మనలోనే ఉంది. కనుక ఈ అంశాలను గురించి మీరు ఏమనుకుంటున్నారు అన్నది చాలా ముఖ్యం. అది కిండర్‌గార్టెన్‌లో గానీ, బడిలో గానీ, కాలేజీలో గానీ, పిల్లలకు ఏం చెబుతున్నారు అని ఒక టీచర్‌ని అడగండి. నేను మీ పిల్లలకు చరిత్ర చెబుతాను. కాదంటే క్వాంటం ఫిజిక్స్ చెప్తాను. కళ బోధిస్తున్నాను. వీటన్నింటినీ మించి నేను వాళ్లకు సొంతంగా ఆలోచించడం నేర్పాలని ప్రయత్నిస్తాను, అని జవాబు వస్తుంది. ఈ పద్ధతి అన్ని సందర్భాలలోనూ విజయాలు సాధించలేకపోవచ్చు. అయినా మానవతావిద్య ఆ ప్రయత్నంలోనే ఉంటుంది.

అర్థం, అధికారం వచ్చేచోటు ఆకాశంలో నుంచి మనుషుల భావాలలోకి మారింది కనుక, కాస్మాస్ స్వరూపం కూడా మారింది. వెలుపలి ప్రపంచంలో ఇప్పటివరకు దేవుళ్ళు, మ్యూజెస్, ఫెయిరీలు, దయ్యాలు మాత్రమే ఉండేవి. ఇప్పుడది ఖాళీ ప్రదేశం అయింది. ఇప్పటివరకు కేవలం మొరటు ప్రేమలతో నిండిన అంతరంగం మాత్రం, అందనంత లోతు, విలువ కలదిగా మారింది. దేవదూతలు, దయ్యాలు అన్నీ అడవులలో, ఎడారులలో తిరిగే అసలు స్వరూపాలను నుంచి మారి, అంతరంగ బలాలుగా మన మెదడులోకి చేరాయి. ఎక్కడో మేఘాల మీద లేదా అగ్నిపర్వతాలు కింద ఉండే స్వర్గం, నరకం అసలైన

స్థలాలుగా మిగలలేదు. అవి కూడా మానసిక పరిస్థితులు గానే నిర్వచించబడ్డాయి. కోపం, అసహ్యం భగ్గుమన్నప్పుడల్లా నరకం అనుభవంలోకి వస్తుంది. ఒక శత్రువును క్షమించినప్పుడు, చేసిన తప్పిదానికి బాధ పడ్డప్పుడు, కలిగినదాన్ని బీదవాళ్ళతో పంచుకున్నప్పుడు స్వర్గానికి సమానమైన ఆనందం మనసులో కలుగుతుంది.

నీట్షే దేవుడు చనిపోయాడు అని చెప్పినప్పుడు నిజంగా దీన్నే భావించాడు. కనీసం పాశ్చాత్య ప్రపంచంలో దేవుడు ఒక అర్థంలేని ఆలోచనగా మిగిలాడు. ఆలోచనను కొందరు అవును అంటారు. కొందరు కాదంటారు. రెండు రకాలా దానివల్ల ప్రభావం ఉండదు. గతకాలంలో నాకు దేవుడు లేకుండా రాజకీయంగా, నైతికంగా, సౌందర్యపరంగా అధికారం లేదు. నేను ఏది సరైనది, మంచిది, అందమైనది అని చెప్పలేకపోయేవాడిని. అలా ఎవరు మొదలుపెట్టారు? ఇప్పటి పరిస్థితి వేరు. దేవుడిని నమ్మకుండా ఉండడం చాలా సులభం. నా నమ్మకాలవల్ల నేను ఎటువంటి మూల్యం చెల్లించవలసి అవసరం ఉండదు. నేను పూర్తి నాస్తికుడిని అయినాసరే రాజకీయంగా, నైతికంగా, సౌందర్యపరంగా, నా అంతరంగం నుంచి ఎంతో అనుభవం పొందగలుగుతాను.

దేవుడిని నమ్మే పనైతే అది పూర్తిగా నా ఇష్టం. నా అంతరాత్మ దేవుడిని నమ్మమని నాకు చెబితే నేను నమ్ముతాను. నాకు దేవుని ఉనికి అనుభవంలోకి వస్తుంది. నా గుండె నాకు అతను ఉన్నాడు అని చెబుతుంది. అటువంటి అనుభవం నాకు కలగడం లేదంటే, ఇక నా హృదయం దేవుడు లేడు, అని ఒక్కసారిగా చెప్పడం మొదలుపెడితే, నా నమ్మకం మీద తెరపడుతుంది. రెండు మార్గాలలోనూ అసలైన అధికారం అంతర్గత భావనది. నేను దేవుని నమ్ముతున్నాను అని చెప్పినప్పుడు కూడా నిజం ఒకటే మిగులుతుంది. నాకు నా అంతర్వాణి మీద గట్టి నమ్మకం ఉంది అన్న సత్యమే అది.

పసుపుపచ్చని ఇటుకల దారి

అధికారాన్ని అందించగల అన్ని ఆకరాలలోలాగే, భావాలలో కూడా కొన్ని లోపాలు ఉంటాయి. ప్రతి మానవునిలోనూ ఒకే ఒక్క అధికారంగల ఆంతర్యం ఉంటుందని మానవతావాదం భావిస్తుంది. కానీ నేను దానిని చూడాలని ప్రయత్నం చేస్తే నాకు అక్కడ నిశ్శబ్దం ఎదురవుతుంది. లేదా రకరకాల గొంతులు గోలగా వినిపిస్తాయి. దానికి సమాధానంగా మానవతావాదం ఒక సరికొత్త వనరును సూచించింది. దాన్ని అందుకోవడానికి, అసలైన జ్ఞానాన్ని పొందడానికి ఒక సరికొత్త మార్గాన్ని కూడా ఇచ్చింది.

మధ్యయుగపు యూరోపులో జ్ఞానం గురించి సమీకరణం చెప్పమంటే, **జ్ఞానం = శాస్త్ర గ్రంథాలు × తర్కం*** అన్నాయి. జనం ఒక ముఖ్యమైన ప్రశ్నకు జవాబు తెలుసు

*ఇక్కడ ఒక గుణకారం గుర్తును వాడాము. ఈ రెండు అంశాలు ఒక దాని మీద ఒకటి ప్రభావం కలిగి ఉంటాయి కనుక ఆ గుర్తు. కనీసం మధ్యయుగపు విద్వాంసుల మాట ఆధారంగా చూస్తే తర్కం తెలియకుండా బైబిల్‌ని అర్థం చేసుకోవడం కుదరదు. నీకు తెలిసిన తర్కం విలువ సున్నా అయితే, బైబిల్‌లో అన్ని పేజీలు చదివినా నీకు తెలిసింది సున్నా మాత్రమే. నీకు శాస్త్ర గ్రంథాలను గురించి తెలిసింది సున్నా అయితే, తర్కం

కోవాలనుకుంటారు. అప్పుడు వారు శాస్త్ర గ్రంథాలను చదువుతారు. తమ తర్కాన్ని వాడి అందులో రాసిన అంశాలకు అర్థం తెలుసుకుంటారు. బైబిల్ ఆధారంగా కొంతమంది విద్వాంసులు భూమి ఆకారాన్ని తెలుసుకోవాలని ప్రయత్నించారు. అందుకు తగిన ఉటంకాల కొరకు వెతికారు. జాబ్ 38 :13లో అటువంటి ఒకటి దొరికింది. దేవుడు భూమి అంచులను పట్టుకొనగలడు. దుర్మార్గులను అక్కడి నుండి దులిపివేయగలడు, అని అక్కడ రాసి ఉంది. అంటే భూమికి అంచులు ఉన్నాయి, దేవుడు వాటిని పట్టుకుంటాడు, కనుక పండితులు తర్కం చేసి భూమి చదునుగాను, నలుమూలలుగానూ ఉండి ఉండ వచ్చునని అన్నారు. మరొక మహావిద్వాంసుడు ఈ వివరణను కాదుపొమ్మన్నాడు. ఇసయ్య 40:22లో రాసిన అంశాలను చూపించాడు. దేవుడు భూమి అన్న వృత్తము మీద సింహాసనంలో కూర్చుని ఉండును, అని అక్కడ చెప్పి ఉంది. మరి భూమి గుండ్రంగా ఉంది అని చెప్పడానికి అది ఆధారం కాదా? ఇలా ప్రయోగాత్మకంగా పండితుల తెలివి కోసం సంవత్సరాలపాటు విద్యాలయాలలో, గ్రంథాలయాలను గడుపుతూ, చేతనైన అన్ని పుస్తకాలు చదువుతూ, తమ తర్కానికి పదును పెట్టుకుంటూ విషయాలను అర్థం చేసుకునే ప్రయత్నంలో ఉంటారన్నమాట.

ఇక వైజ్ఞానిక విప్లవం వచ్చి జ్ఞానం అన్న మాటకు సరికొత్త సమీకరణాన్ని సూచించింది. **జ్ఞానం = ప్రయోగాత్మక సమాచారం × గణితం** అంటుంది ఈ కొత్త సమీకరణ పద్ధతి. ఒక ప్రశ్నకు మనం సమాధానం వెతకాలంటే అందుకు తగిన సమాచారాన్ని, అంకెలను ప్రయోగాత్మకంగా తెలుసుకోవాలి. అప్పుడు లెక్కలు అనే పరికరాన్ని వాడి ఆ సమాచారాన్ని విశ్లేషించాలి. ఉదాహరణకు భూమి ఆకారం ఏమిటి అని తెలుసుకోవాల్సి ఉంది. అప్పుడు సూర్యుడు, చంద్రుడు, గ్రహాల పరిశీలనతో పని ప్రారంభం అవుతుంది. ఆ పరిశీలన భూమిమీద వేరువేరుచోట్ల నుంచి జరుగుతుంది. కావలసినంత పరిశీలన చేసి గణాంకాలను సేకరించిన తరువాత త్రికోణమితి అనే పద్ధతిని వాడి భూమి ఆకారాన్ని తేలుస్తారు. అంతే కాదు మొత్తం సౌర కుటుంబం నిర్మాణాన్ని కూడా తెలుసుకుంటారు. అంటే ప్రయోగాత్మకంగా పరిశోధకులు ఒక అంశాన్ని తెలుసుకోవాలంటే, సంవత్సరాలపాటు నక్షత్రశాలల్లోనూ, పరిశోధనశాలల్లోనూ, పరిశీలనయాత్రల్లోనూ గడుపుతూ ప్రయోగాత్మకంగా ఎంతో సమాచారాన్ని సేకరిస్తారు అని అర్థం. అప్పుడు తమ గణిత పరికరాలకు పదును పెడుతూ అందిన సమాచారాన్ని చక్కగా విశ్లేషిస్తారు.

ఈ సమీకరణంలోని పద్ధతి ఆధారంగా భౌతికశాస్త్రం, వైద్యం, అలాగే ఎన్నో మిగతా రంగాల్లో గొప్ప విజయాలను సాధించారు. అయితే వాటిలో ఒక లోపం వచ్చింది. విలువలు, అర్థం అన్న విషయాన్ని గురించి మాత్రం అవేమీ చెప్పలేకపోయాయి. మధ్యయుగం పండితులు హత్య, దొంగతనం మంచివి కావని నిష్కర్షగా తేల్చి చెప్పి

ఎంత ఉన్నా లాభం లేదు. ఇక సమీకరణంలో కూడిక గుర్తు వాడితే కావలసినంత తర్కం తెలిసి, శాస్త్ర గ్రంథాలను గురించి తెలియకున్నా సరే, అతనికి ఇంకా కావలసినంత జ్ఞానం ఉంటుంది అని ఫలితం వస్తుంది. మనకది సకారణంగానే తోచవచ్చు. కానీ అప్పటి విద్వాంసులు దాన్ని ఒప్పుకోలేదు.)

ఉండేవారు. మానవుని జీవితం కేవలం దేవుని ఆదేశాలను అనుసరించడం కోసమే, ఆ మాటే గ్రంథాలలో చెప్పబడింది, అని వారు అంటారు. శాస్త్ర విజ్ఞాన పరిశోధకుడు మాత్రం ఇటువంటి నిర్ణయాలను చెప్పలేడు. గణాంకాలు సేకరించి, ఎంత లెక్కల ఇంద్రజాలాన్ని ప్రయోగించినా హత్య మంచిది కాదు అని నిరూపించడం అతనికి కుదరదు. కానీ ఇటువంటి విలువల నిర్ణయాలు లేకుండా మానవ సమాజాలు మనజాలవు.

ఈ పరిస్థితిని తట్టుకోవాలంటే కొత్త వైజ్ఞానిక పద్ధతితో బాటే మధ్యయుగపు ఫార్ములాను కూడా అనుసరించవలసి వచ్చింది. భూమి ఆకారాన్ని నిర్ణయించడం, వంతెన కట్టడం లేదా ఒక వ్యాధిని తగ్గించడం వంటి ప్రయోగాత్మక సమస్యలు వచ్చినప్పుడు, మనం ప్రయోగాత్మక సమాచారాన్ని సేకరిస్తాము. దాన్ని లెక్కల సాయంతో విశ్లేషిస్తాము. ఇక నైతిక సంబంధమైన సమస్య వచ్చినప్పుడు, అంటే విడాకులను అంగీకరించాలా వద్దా, గర్భస్రావం, స్వలింగ సంపర్కం మంచిదేనా వంటి సమస్యలు ఎదురైనప్పుడు అదే మనం పురాతన గ్రంథాలను ఆశ్రయిస్తాం. బ్రిటన్ మొదలు 21వ శతాబ్దపు ఇరాను దాకా చాలా సంస్కృతుల వారు ఈ పద్ధతిని పాటించారు.

ఆ తర్వాత మానవతావాదం మరొక మార్గాన్ని సూచించింది. మానవులకు తమలో తమకు నమ్మకం పెరిగినకొద్దీ, నైతికత గురించిన తెలివి పెరగడం కోసం ఒక కొత్త సమీకరణ పుట్టుకువచ్చింది. దాని ప్రకారం **జ్ఞానం = అనుభవం × ఇంద్రియ గ్రాహ్యశక్తి**, ఈ చివరిదాన్ని సెన్సిటివిటీ అన్నారు. ఏదో ఒక నైతిక ప్రశ్నకు సమాధానం వెతకాలి. అప్పుడు మనం అంతర్గత అనుభవాన్ని ఆశ్రయించి వాటిని ఎంతో సునిశితంగా గ్రహిస్తాము. అంటే సంవత్సరాలపాటు అనుభవాలు అంటూ మనం తెలివిని సేకరించి ఉంటాము, అదే సమయంలో మన గ్రహణశక్తిని సునిశితంగా చేస్తాము అని అర్థం. ఇప్పుడు ఆ అనుభవాలను మనం చక్కగా అర్థం చేసుకోగలుగుతాము.

ఇంతకు అనుభవాలు అంటే ఏమిటి? అవి ప్రయోగాత్మక సమాచారం కిందకు రావు. అందులో అణువులు, విద్యుదయస్కాంత తరంగాలు, ప్రోటీన్లు, అంకెలు ఉండవు. అది ఒక విషయాత్మక అంశం. ప్రేరణ, భావాలు, ఆలోచనలు అందులో మూడు ప్రధాన భాగాలుగా ఉంటాయి. ఏ నిశిత క్షణంలోనైనా నేను అనుభవించే వేడి, సంతోషం, టెన్షన్ మొదలైన ఇంద్రియ ప్రేరణలతో పాటు, ఉన్న ప్రేమ, భయం, కోపం వంటి భావజాలంతో పాటు, నా అనుభవం ఆధారపడి ఉంటుంది. ఆ సమయంలో వస్తున్న ఆలోచనలకు కూడా అనుభవంలో గట్టి స్థానం ఉంటుంది.

మరి ఇంతకూ సూక్ష్మగ్రాహ్యత (sensitivity) అంటే ఏమిటి? ఇందులో రెండు అంశాలు ఉన్నాయి. నాకు కలుగుతున్న ఇంద్రియ ప్రేరణలను, భావావేశాలను, ఆలోచనలనూ, అవి నా మీద చూపే ప్రభావాలను లెక్కలోకి తీసుకోవాలి. వస్తున్న ప్రతి గాలి తరగ నన్ను కదిలించ కూడదు అని గట్టి చేసుకోవాలి. అయినా కొత్త అనుభవాలకు సిద్ధంగా ఉండాలి. అవి వచ్చి నా దృష్టిని, నడవడిని, చివరికి నా వ్యక్తిత్వాన్ని మార్చగలగాలి.

అనుభవాలు, ఈ గ్రహణ శక్తి ఒకదాన్నొకటి క్రమంగా పెంచుకుంటూ పోతాయి.

నాకు గ్రహణశక్తి లేకపోతే ఏ అనుభవాన్ని రానివ్వను. రకరకాల అనుభవాలకు లోనైతేగాని ఈ శక్తిని పెంపొందింపలేను. గ్రహణశక్తి అన్నది లెక్కపెట్టగల ఒక అంశం కాదు. పుస్తకాలు చదివితే ఉపన్యాసాలు వింటే అది పెరగదు. అది ప్రయోగాత్మకమైన పాటవం. వరుసబెట్టి వాడుతుంటే గాని అది పెరగదు.

ఉదాహరణకు టీ విషయం తీసుకోండి. నేను ప్రతి ఉదయం పొద్దున్నే వార్తాపత్రిక చదువుతూ మామూలు టీ తాగుతాను. శరీరంలో చక్కెర పరుగు పెట్టడానికి ఒక మార్గం తప్పిస్తే ఆ టీ తాగడానికి అర్థం లేదు. నేను ఒకేసారి రెండు అంశాలను పట్టుకుని వాటి గురించి అనుభవించలేకపోతున్నాను, అని ఒకనాడు తెలుసుకుంటాను. ఆ టీ రుచి తెలియడమే లేదు కనుక అందులో చక్కెర తగ్గిస్తాను. పేపర్ పక్కన పెట్టి కళ్ళుమూసుకుని దానిమీద ధ్యాస పెట్టి టీ రుచి చూస్తాను. అప్పుడు నాకు అందులోని సువాసన, రుచి అనుభవంలోకి వస్తాయి. ఇక వెంటనే వేరు రకాల టీలతో ప్రయోగాలు మొదలుపెడతాను. బ్లాక్ టీ, గ్రీన్ టీ లాంటి వాటిని తాగుతూ వాటిలో ఉండే చురుకుదనం, మెత్తదనాలను అనుభవిస్తాను. కొన్ని నెలలు గడుస్తాయి. సూపర్ మార్కెట్‌లో దొరికే మామూలు టీ లను వదిలేసి నేను హారోడ్స్‌లో టీ కొంటాను. పాండా పేడ టీ అనేదాన్ని బాగా ఇష్టపడతాను. అది చైనాలోని సిచువాన్‌లోని యాన్ కొండల నుంచి వస్తుంది. పాండా ఎలుగుబంట్ల పేడతో ఆ తేయాకు పొదలు పెరుగుతాయి. ఒక్కొక్కసారి ఒక్కొక్క కప్పు ప్రకారం ఆ విధంగా నేను తేయాకు పట్ల నాకు గల గ్రహణశక్తిని పెంచుకుంటాను. టీ విషయంగా ఒక నిపుణుడిగా సిద్ధమవుతారు. నేను టీ తాగుతున్న తొలి రోజుల్లోనే ఈ పాండా పేడ టీని మింగ్ సామ్రాజ్యం నాటి పోర్సెలీన్ కప్పుల్లో అందించినా, పేపర్ కప్పులో అందించిన మామూలు టీ కన్నా మామూలుగానే రుచించేది. దానికి తగిన సెన్సిటివిటీ లేకుంటే ఏ అనుభవం కూడా మనసుకు రాదు. అలా జరగడానికి వరుసపెట్టి అనుభవాలు అవసరం.

టీ విషయంగా సత్యమైన ఈ పద్ధతి మిగతా సౌందర్యం, నీతి లాంటి వాటితో కూడా అన్వయింపబడుతుంది. చేతన మనం పుట్టినప్పుడే సిద్ధంగా మనతో లేదు. జీవితంలో ముందుకు సాగుతున్నకొద్దీ మనం జనాలను కష్టపెడతాము, వారు మనల్ని కష్టపెడతారు. అప్పుడు మనం ప్రేమ ప్రదర్శిస్తాము. ఎదుటివారు కూడా అదే లక్షణాలు చూపిస్తారు. అందిన ఆ ప్రేమను మనం గ్రహించగలిగితే నైతిక విషయంగా మన సెన్సిటివిటీ మరింత పదును అవుతుంది. ఎంతో విలువ గల నైతిక విజ్ఞానం, మంచి చెడులను గురించిన వ్యత్యాసం, తప్పొప్పుల సంగతి చివరికి నేనెవరో అన్న ప్రశ్నకు జవాబు మనకు అందుతాయి.

కనుకనే మానవతావాదం జీవితాన్ని ఒక క్రమంలో జరిగే అంతర్గత మార్పుల కింద చూస్తుంది. అజ్ఞానంలో నుంచి మనము వెలుగులోకి వెళతాము. అందుకు అనుభవాలే ఆధారం. విస్తృతమైన బౌద్ధిక, భావసంబంధ, భౌతిక అనుభవాలతో జ్ఞానాన్ని సంపూర్తిగా అభివృద్ధి చేసుకోవడమే మానవ జీవితంలో పరమోన్నత లక్ష్యం. 19వ సంవత్సరం తొలి కాలంలో ఆధునిక విద్యావిధానాన్ని రూపొందించినవారిలో ముఖ్యుడు విల్ హెల్మ్ ఫన్ హుంబోల్ట్, మనిషి ఉనికి గమ్యాన్ని నిర్వచిస్తూ, అది వీలైనంత విస్తృత జీవితానుభవాల

నుంచి విజ్ఞానాన్ని భట్టి పట్టి తీయడం అన్నాడు. జీవితంలో ఒకే ఒక శిఖరం ఉంటుంది. మానవతలోని అన్నింటినీ అనుభవంలోకి తెచ్చుకున్న ప్రమాణం అది అని కూడా ఆయన అన్నాడు. ఇది మానవతావాదానికి ఆధార నినాదం కావచ్చు.

చైనీస్ తత్వశాస్త్రం ప్రకారం ఈ ప్రపంచంలో రెండు శక్తులు ఒకదానికి ఒకటి అనుకూలంగా పని చేస్తుంటాయి. వాటికే యిన్, యాంగ్ అని పేరు. భౌతిక ప్రపంచానికి సంబంధించి ఇది నిజం కాకపోవచ్చు. విజ్ఞానశాస్త్రం, మానవతల ఒడంబడిక ఆధారంగా పనిచేసే ఆధునిక ప్రపంచంలో మాత్రం ఇది నిజమే. ప్రతి వైజ్ఞానిక యాంగ్‌లోనూ ఒక మానవత్వపు యిన్ ఉంటుంది. అదే రకంగా వైజ్ఞానిక యిన్‌లో మానవత్వపు యాంగ్ ఉంటుంది. యాంగ్‌తో మనకు శక్తి వస్తుంది. యిన్ అర్థాలను, నైతిక నిర్ణయాలను అందిస్తుంది. ఆధునికతలో ఈ రెండు శక్తులు కారణం, భావాలు పరిశోధనశాల, ప్రదర్శనశాల ఉత్పత్తి పద్ధతి, సూపర్ మార్కెట్ల వలె ఒకదానికి ఒకటి అంటిపెట్టుకొని ఉంటాయి. ప్రజలు మామూలుగా ఒక యాంగిల్ మాత్రమే చూచి ఈ ప్రపంచం, పస లేనిదని కేవలం సైన్సు, తర్కాల ప్రకారం నడుస్తోందని, ఉపయోగికతను మాత్రమే గుర్తిస్తుందని అనుకుంటారు. అది ఒక పరిశోధనశాల లేదా ఒక కర్మాగారంలాంటిది అనుకుంటారు. కానీ ఈ ఆధునిక ప్రపంచం ఒక బడాయి సూపర్ మార్కెట్ వంటిది కూడా. చరిత్రలో ఏ సంస్కృతిలోనూ మానవ భావనలకు, కోరికలకు, అనుభవాలకు ఇంత ప్రాముఖ్యాన్ని ఇచ్చింది లేదు. మానవ జీవితం అనుభవాల క్రమం అన్న పద్ధతి మీద ఆధారపడి ఎన్నో ఆధునిక పరిశ్రమలు పుట్టాయి. పర్యటన నుంచి కళ అన్నవి వాటికి ఉదాహరణలు మాత్రమే. ట్రావెల్ ఏజెంట్లు, రెస్టారెంట్‌లో వంటవాళ్ళు మనకు అందించేది టికెట్లు, వింత వింత భోజనాలు మాత్రమే కాదు. వాళ్లు మనకు సరికొత్త అనుభవాలను వడ్డిస్తున్నారు.

అదే విధంగా ఆధునికతకు ముందు రచనలు అన్నింటిలోనూ బాహిరమైన సంఘటనలు, పనులను మాత్రమే వర్ణించారు. ఆధునిక నవలలు, సినిమాలు, కవితలలో మాత్రం భావాల మీద ఎక్కువ దృష్టి ఉంటుంది. గ్రీకు, రోమన్ కావ్యాలలో, యోధుల ప్రేమ చరిత్రలో కేవలం వారి ధైర్యసాహసాలు కనబడతాయి తప్ప భావాలకు చోటు ఉండదు. ఒక అధ్యాయంలో యోధుడైన నాయకుడు రాక్షసులతో పోరాడి చంపిన తీరు వర్ణన, తరువాతి అధ్యాయంలో నిప్పులుకక్కే డ్రాగన్‌తో పోరాడి అందాల యువరాణిని తప్పించిన వైనం వర్ణించి ఉంటాయి. మూడవ అధ్యాయంలో మాంత్రికుడు వచ్చి రాజ కుమారుని ఎత్తుకుపోతాడు. యోధుడు అతని వెంట పడి చంపుతాడు. ఈ నాయకుడు తప్పకుండా పైవర్గంవాడై ఉంటాడు. అతనొక వడ్రంగి లేదా రైతు కావడానికి లేదు. రైతులకు నాయక లక్షణాలు ఉండడానికి లేదు కదా..!

ముఖ్యమైన విషయం ఏమిటంటే మొత్తం కథలోనూ నాయకుడికి మనసులో మార్పు రాలేదు. అకిలెస్, ఆర్థర్, రోలాండ్, ల్యాన్సెలాట్ అందరూ భయమెరుగని యోధులు. సాహసయాత్రకు బయలుదేరే ముందు వాళ్లకు కేవలం తమ ధైర్యసాహసాలను చూపించే అవకాశం మాత్రమే కనబడుతుంది. వాళ్లు కథలో చివరికి కూడా ఆరోగ్యంగానే

మిగిలి ఉంటారు. వాళ్ళు చంపిన రాక్షసులందరూ, కాపాడిన రాజకుమార్తెలు అందరూ వారి ధైర్యసాహసాలకు గుర్తులుగా నిలబడతారు. కానీ ఆ నాయకుడు నేర్చింది మాత్రం ఏమీ ఉండదు.

మానవతావాదం దృష్టి వాళ్ళు చేసిన సాహసకృత్యాల మీద కాక వాళ్ల భావనల అనుభవాల మీదికి మారిన తర్వాత కళ కూడా మారింది. వర్డ్స్‌వర్త్, దోస్తవోయేవ్‌స్కీ, డికెన్స్, జోలా వంటివారు ఈ వీరులు, వారి వీరగాథల మీద కాక మామూలు కూలి జనాలు, మనుషులకు గల భావాలను గురించి రాశారు. జేమ్స్ జాయిస్ రచన *యూలిసెస్‌*తో ఈ పద్ధతి తారస్థాయికి చేరింది అని చాలామంది అంటారు. రెండు లక్షల 60 వేల మాటల్లో జాయిస్ ఒక ఇద్దరి బతుకు, ఒక రోజులో గడిచిన తీరును వర్ణిస్తాడు. నిజానికి ఆ రోజంతా వాళ్ళిద్దరు చేసింది మాత్రం ఏమీ లేదు.

ఈ పుస్తకాన్ని చాలా తక్కువ మంది మాత్రమే ఆ చివర నుంచి ఈ చివర వరకు చదివి ఉంటారు. అయితే సరిగ్గా ఈ రకమైన దృష్టి మార్పులే ప్రస్తుతం మన పాపులర్ కల్చర్‌లో నిండా కనబడుతున్నాయి. యునైటెడ్ స్టేట్స్‌లో సర్వైవర్ అనే ఒక రియాలిటీ షో వాస్తవికతను ఇంచుమించు పిచ్చి స్థాయికి చేర్చింది అని పొగిడేవారు ఉన్నారు. విమర్శించే వారు కూడా ఉన్నారు. నీల్సన్ రేటింగ్స్‌లో తారాస్థాయికి చేరిన రియాలిటీ షో ఇది ఒకటే. 2007 సంవత్సరంలో టైమ్ పత్రిక వారు ఈ టీవీ షోను అప్పటి వరకు వచ్చిన అన్ని టీవీ కార్యక్రమాలలో నుంచి ఎంచిన 100 ఉత్తమ షోల లిస్ట్‌లో చేర్చారు. ఇందులో ప్రతి సీజన్‌లోనూ కొంత మంది పోటీదారులు కేవలం ఈత దుస్తులతో ఒక ఉష్ణమండలపు దీవిలో వదిలి వేయబడతారు. వారు అన్నిరకాల సమస్యలను ఎదుర్కొంటూ బతకాలి. ప్రతి ఎపిసోడ్‌లోనూ ఒక వ్యక్తిని పోటీ నుంచి తొలగిస్తారు. చివరకు మిగిలిన వ్యక్తికి పది లక్షల డాలర్లు బహుమతిగా ఇస్తారు.

హెూమర్ కాలపు గ్రీస్‌లోనూ, రోమన్ సామ్రాజ్య కాలంలోనూ, మధ్యయుగపు యూరప్‌లోనూ ఈ ఆలోచన అందరికీ పరిచితంగానూ, ఆకర్షణీయంగానూ కనిపించి ఉండేది. 20 మంది పోటీలో ప్రవేశిస్తారు, చివరికి ఒక వ్యక్తి మాత్రమే గెలిచి బయటకు వస్తాడు. ఒక హెూమర్, రాజకుమారుడు, రోమన్ రాజకుటుంబీకులు, లేదా క్రూసేడర్ యోధుడు ఈ కార్యక్రమాన్ని చూస్తూ కూర్చుంటే, ఆశ్చర్యకరం, అనుకుంటాడు బహుశా. ఇందులో ఆశ్చర్యకరమైన సాహసాలు కనిపిస్తాయి. అటో ఇటో తేల్చే యుద్ధాలు, సాటిలేని సాహసకృత్యాలు, మోసాలు వేషాలు అన్ని కనిపిస్తాయి. చివరికి యోధులు ఒకరినొకరు కత్తితో పొడుచుకుంటారు. లేదా పేగులు బయటపడేలా కత్తులతో కోసుకొంటారు.

ఎంత నిరాశాజనకం! ఈ పొడుచుకోవడాలు, ప్రేగులు బయటపడడాలు కేవలం ప్రతీకలు మాత్రమే. ప్రతి ఎపిసోడ్ ఒక గంటసేపు నడుస్తుంది. అందులో పదిహేను నిమిషాలపాటు, టూత్‌పేస్ట్, షాంపూ, సీరియల్స్ గురించి కమర్షియల్ ఉంటాయి. మరో ఐదు నిమిషాలపాటు అర్థంలేని పిల్లతనం చాలెంజెస్ ఉంటాయి. ఎవరు ఎక్కువగా కొబ్బరి కాయలను వలయంలోకి విసరగలుగుతారు, ఒక్క నిమిషంలో అందరికన్నా ఎక్కువ పురుగులు ఎవరు మింగుతారు ఇలాంటి అర్థంలేని సంగతులను చూపిస్తారు. ఇక మిగతా

సమయంలో హీరోలు కేవలం తమ భావాలను గురించి మాట్లాడతారు. ఆమె ఇలా అన్నదని ఇతడు ఇలా అన్నాడని, మరోలా అనిపించిందని కబుర్లు చెబుతాడు. నిజంగా క్రూసేడర్ యోధుడు ఒకతను ఈ సర్వైవర్ సీరియల్ చూడడానికి కూర్చుంటే, విసిగి వేసారిపోయి తన గండ్రగొడ్డలి తీసుకుని టీవీని ముక్కలు ముక్కలుగా చేసి ఉండేవాడు.

ఇవాళ మనకు మధ్యయుగపు యోధులు మనసులేని మృగాల వలె కనిపించవచ్చు. వాళ్లు గనక ఇప్పుడు ఉంటే మానసికవైద్యుల వద్దకు పంపేవాళ్లం. వైద్యుడు వారిని తమ తమ భావాలను గుర్తించేలా చేస్తాడు. ద విజర్డ్ ఆఫ్ ఓజ్‌లో టిన్ మాన్‌కు ఇదే జరుగుతుంది. డోరోతీ, ఆమె మిత్రురాళ్లతో కలిసి అతను పసుపుపచ్చని ఇటుక దారిమీద నడుస్తాడు. వాళ్లు ఓజ్ చేరిన తర్వాత అక్కడ మహామాంత్రికుడు తనకు హృదయం ఇస్తాడని అతని నమ్మకం. అలాగే స్కేర్ క్రో మెదడు కావాలనుకుంటుంది. సింహం ధైర్యం కోరుకుంటుంది. చివరకు ప్రయాణం ముగిసిన తర్వాత చూస్తే మహా మాంత్రికుడు కేవలం ఒక మోసగాడు అని తెలుస్తుంది. అతను వీళ్ళెవరికీ ఏమీ ఇవ్వజాలడు. అయితే అక్కడ వాళ్లకు అంతకన్నా ముఖ్యమైన విషయం ఒకటి దొరుకుతుంది. అది తెలివి. ఎవరికి కావలసిన శక్తి వాళ్లలోనే ఉందన్న తెలివి. సెన్సిటివ్‌గాను, తెలివిగలవాడుగానూ, ధైర్యవంతుడుగానూ కావడానికి దేవుడు వంటి ఒక శక్తి అవసరం లేదని వాళ్ళు అర్థం చేసుకుంటారు. నిజం తెలుసుకోవడానికి నువ్వు కేవలం పసుపు పచ్చని ఇటుక దారి మీద నడవాలి. ఎదురు వచ్చిన అనుభవాలను మనసు విప్పి అర్థం చేసుకోవాలి.

ఎంటర్‌ప్రైస్ అనే అంతరిక్షనౌకలో గెలాక్సీలో ప్రయాణించిన తరువాత క్యాప్టెన్ కర్క్, క్యాప్టెన్ జా లుక్ పికార్డ్ ఈ సంగతే తెలుసుకుంటారు. మిసిసిపి నది వెంట ప్రయాణించిన హకెల్ బరీ ఫిన్, జిమ్ అనుభవం కూడా ఇలాగే ఉంటుంది. ఈజీ రైడర్‌లో హార్లీ డేవిడ్సన్ మోటార్ సైకిల్ మీద వెళ్ళిన వయట్, బిల్లీల సంగతి కూడా అంతే. ఇటువంటి రోడ్ సినిమాలు వంద వచ్చి ఉంటాయి. అందులో మనుషులు పెన్సిల్వేనియా కాకపోతే న్యూ సౌత్ వేల్స్ నుంచి బయలుదేరుతారు. కార్లు కాదంటే బస్సుల్లో ప్రయాణం చేస్తారు. జీవితాలను మార్చే అనుభవాలలో నుంచి ముందుకు సాగుతారు. తమనుతాము అర్థం చేసుకుంటారు. తమ భావాలను గురించి మాట్లాడతారు. తిరిగి శాన్‌ఫ్రాన్సిస్కో చేరుకుంటారు. కాదంటే మరోచోటికి చేరుకుంటారు. కానీ అప్పటికి వారు మరింత తెలివిగల మంచి మనుషులుగా మారి ఉంటారు.

యుద్ధం గురించిన వాస్తవం

జ్ఞానం = అనుభవం × గ్రహణశక్తి అన్న ఫార్ములా ప్రజాసంస్కృతినే కాదు, యుద్ధం వంటి బరువయిన అంశాల గురించిన అవగాహనను కూడా మార్చింది. ఒక యుద్ధం సమంజసమయినదేనా తెలుసుకొనడానికి ప్రజలు దేవుడిని ఆశ్రయిస్తారు. మతగ్రంథాలలో వెదుకుతారు. రాజును, రాచరికం వారిని, మతాధికారులను అడుగుతారు. మామూలు సైనికులు, పౌరుల అభిప్రాయాలను గురించి మాత్రం ఎవరూ అగరు. హోమర్, వర్జిల్,

షేక్స్‌పియర్ వంటివారు యుద్ధాల గురించి రాసిన రచనలలో చక్రవర్తులు, సేనాధిపతులు, గొప్ప నాయకుల సాహసాల మీద మాత్రమే దృష్టి కనబడుతుంది. యుద్ధం తీరును వారు దాచలేదు. అయినా ఆ అన్యాయం కన్నా గొప్పగా, దాని గొప్పదనం, వీరుల గాథలను వర్ణించారు. మామూలు సైనికులు, గోలియత్ చంపిన పీనుగుల కుప్పలా, లేదా డేవిడ్ వంటి విజేతను భుజాల మీదకు ఎత్తుకుని జయధ్వానాలు చేస్తున్న గుంపుగానూ మాత్రమే అక్కడ కనబడతారు.

34. జా జాక్వెస్ వాల్టర్, బాటిల్ ఆఫ్ బ్రైటెన్‌ఫీల్డ్ (1631)లో గుస్తావ్ అడాల్ఫ్ రాజు.

ఉదాహరణకు 17 సెప్టెంబర్ 1631న జరిగిన బ్రెయిటన్‌ఫీల్డ్ యుద్ధం గురించిన చిత్తరువును చూడండి. చిత్రకారుడు జాఁ జాక్వెస్ వాల్డర్, స్వీడన్ రాజు గుస్తాన్ అడోల్ఫ్‌ను అందులో మహత్తరంగా చిత్రిస్తాడు. గుస్తాన్ నాయకత్వంలో అతని సైన్యం ఆనాడు విజయం సాధించింది. అతనేదో యుద్ధాల దేవుడు అన్నట్టు రణరంగం మీద అంత ఎత్తున చిత్రింపబడ్డాడు. చదరంగం ఆటగాడు పావులను కదిలించినట్లు ఆ రాజు యుద్ధాన్ని నడిపించిన భావం చిత్రంలో కనబడుతుంది. పావులు సహజంగా చిన్నచుక్కలుగా పూర్వ రంగాలలో ఉండిపోయాయి. దాడి చేస్తున్నప్పుడు పారిపోతున్నప్పుడు, చంపుతున్నప్పుడు, చస్తున్నప్పుడు సైనికుల భావాలను వాల్డర్ పట్టించుకోలేదు. వాళ్లంతా ముఖాలు లేని గుంపులు మాత్రమే.

చిత్రకారులు నాయకుడి మీద కాక యుద్ధం మీద కేంద్రీకరించినా దాన్ని పైనుంచి మాత్రమే చూచారు. గుంపులు కదలడం గురించి గమనించారు. వ్యక్తుల భావాలను చూడలేదు. నవంబర్ 1620లో జరిగిన బ్యాటిల్ ఆఫ్ వైట్ మవుంటేన్‌ను చిత్రించిన తీరు గమనించవచ్చు.

ప్రొటెస్టెంట్ తిరుగుబాటుదారుల మీద జరిగిన ముప్పయ్యేళ్ల యుద్ధం అది. అందులో కాథలిక్‌వారికి అందిన మహత్తర విజయాన్ని చిత్రకారుడు పైటర్ స్నేయర్ చిత్రీకరించాడు. రకరకాల వ్యూహాలు, కదలికలు, పటాలాల విన్యాసాలను అందులో చేర్చి యుద్ధాన్ని గుర్తుండేలా చేయాలని స్నేయర్ ప్రయత్నించాడు. వేరువేరు పటాలాలను, వారి ఆయుధాలను యుద్ధం మొత్తంలో వారి ఉనికిని సులభంగా చూడవచ్చు. కానీ మామూలు సైనికుల అనుభవాలను, భావాలకు చిత్రకారుడిచ్చిన ప్రాముఖ్యత చాలా తక్కువ. వాల్టర్ చిత్రంలోలాగే యుద్ధం ఇక్కడ కూడా రాజులు, దేవతల దృష్టికోణం, అంటే పైనుంచి కనబడుతుంది. యుద్ధం అన్నది పెద్ద చదరంగపు ఆట అన్న భావనను చూపరులకు, ఈ చిత్రాలు కలిగిస్తాయి.

భూతద్దం అవసరం కావచ్చు గానీ, చిత్తరువును మరింత దగ్గరగా చూస్తే ద బ్యాటిల్ ఆఫ్ వైట్ మవుంటేన్, మామూలు చదరంగం ఆటకన్నా మరింత సంక్లిష్టంగా కనబడుతుంది. మామూలుగా ఏవో రేఖాగణితపు నైరూప్యతగా కనిపించిన భాగాలు, దగ్గరగా చూస్తే రక్తం ఓడుతున్న మారణదృశ్యాలుగా ఎదురవుతాయి. పరుగుపెడుతూ, పారిపోతూ అక్కడక్కడ మీకు మామూలు సైనికుల ముఖాలు కూడా కనిపించవచ్చు. కొందరు తుపాకులు పేలుస్తూ, శత్రువులను పొడుస్తూ కూడా కనబడతారు. అయితే ఈ దృశ్యాలకు అర్థాలు

35. పీటర్ స్నేయర్స్, ద బాటిల్ ఆఫ్ వైట్ మౌంటెన్

మొత్తం చిత్రంలో వాటి చోటును బట్టి మాత్రమే ఉంటాయి. ఒక ఫిరంగి గుండు తాకి సైనికుడు హతుడవుతున్న దృశ్యం ఉంటుంది. అది కాథలిక్ విజయంలో ఒక భాగంగా మాత్రమే మనం అర్థం చేసుకుంటాము. ఇక సైనికుడు ప్రొటెస్టెంట్‌ల పక్షాన పోరాడుతుంటే అతని తిరుగుబాటుకు ఆ పరిస్థితి సమాధానం. కాథలిక్ సైనికుని మరణం అదొక త్యాగం పైన చూస్తే యుద్ధభూమి మీద దేవదూతలు ఎగురుతున్నట్టు చిత్రించబడి ఉంటుంది. వారు పట్టుకున్న తెల్లని బ్యానర్ మీద లాటిన్‌లో ఈ యుద్ధంలో ఏం జరిగింది, అది ఎందుకు ముఖ్యం, రాసి ఉంటుంది. 8 నవంబర్ 1620న చక్రవర్తి ఫెర్డినాడ్ II తన శత్రువులను దేవుని సాయంతో ఓడించాడు అన్నది అక్కడ సందేశం

వేలాది సంవత్సరాలుగా జనం యుద్ధాలలో దేవతలను, చక్రవర్తులు, సేనా నాయకులు, గొప్ప యోధులను మాత్రమే చూచారు. కానీ, గడిచిన రెండు శతాబ్దాల కాలంలో రాజులు, సేనాధిపతులను ఎక్కువగా పక్కకు నెట్టారు. మామూలు సైనికులు, వారి అనుభవాల మీద కేంద్రీకరణ జరిగింది. ఆల్ క్వయెట్ ఆన్ ద వెస్టర్న్ ఫ్రంట్ లాంటి నవలలు, ప్లటూన్ లాంటి యుద్ధం సినిమాలలో మొదట అప్పుడే సైన్యంలో చేరిన సైనికుడు కనిపిస్తాడు. అతనికి తన గురించి ప్రపంచం గురించి తెలిసింది తక్కువ. కానీ ఆశలు, ఆశయాలు నిండుగా ఉంటాయి. కారణం న్యాయమయినది, జనరల్ ఒక జ్ఞాని గనుక యుద్ధం గొప్పదని అతను అనుకుంటాడు. బురద, రక్తం, చావుకంపులతో కొన్ని వారాలు యుద్ధం సాగుతుంది. ఒకటొకటిగా అతని భ్రమలన్నీ కుప్పకూలుతాయి. అమాయకుడయిన కొత్త సైనికుడు, మరింత తెలివిగల మనిషిగా యుద్ధం వదిలి వెళ్లిపోతాడు. పంతుళ్లు, సినిమావారు, మాటకారి రాజకీయ నాయకులు అందించిన అర్థంలేని ఆదర్శాల మీద అతనికి నమ్మకం ఇక ఉండదు.

ఈ పరిస్థితి ఇవాళ ప్రభావవంతంగా మారింది. ఇదొక విరోధాభాసం. దీన్ని ఉపాధ్యాయులు, సినిమాలవారు, మాటకారి రాజకీయ నాయకులు అదే పనిగా వల్లిస్తున్నారు. అపోకలిప్స్ నౌ, ఫుల్ మెటల్ జాకెట్, బ్లాక్ హాక్ డౌన్ వంటి విజయవంతమయిన సినిమాల నిర్మాతలు 'యుద్ధమంటే మీరు సినిమాలలో చూచేది కాదు!' అంటుంటారు. సెల్యులాయిడ్, వచనం, కవిత రూపంలో వచ్చే మామూలు మనుషుల ఘోష యుద్ధం గురించిన చివరి వ్యాఖ్యానాలుగా మిగులుతున్నది. అందరూ వారి భావనలను గౌరవించడం నేర్చుకున్నారు. 'లైటు బల్బు మార్చడానికి ఎంతమంది వియెత్నాం వెటరన్స్ అవసరం?' ప్రశ్న. 'తెలియదు అక్కడ లేము గదా!' జవాబు ఇదొక జోకు.

గుర్రాలెక్కిన జనరల్స్, వారి యుద్ధ వ్యూహాల మీద పెయింటర్స్‌కు కూడా ఆసక్తి అడుగంటింది. పైగా వారు మామూలు సైనికుల భావనలను రూపుపోస్తున్నారు. ఇంతకు ముందు ప్రస్తావించిన పెయింటింగ్స్‌ను గుర్తుచేసుకోండి. ఇక మరొక రెండు చిత్తరువులను చూడండి. ఇరవయ్యవ శతాబ్దపు యుద్ధ చిత్రాలలో మాస్టర్ పీసెస్‌గా గుర్తింపు పొందిన ఈ కళాఖండాలు యుద్ధం (డెర్ క్రీగ్) కళాకారుడు ఓటో డిక్స్, రెండవది టామ్ లీ కళాఖండం దట్ 2,000 యార్డ్ స్టేర్.

36. ఓటో డిక్స్, ద వార్ (1929-32)

37. టామ్ లీ, ద *4000* యార్డ్ స్టేర్ (1944)

డిక్స్ మొదటి ప్రపంచయుద్ధకాలంలో జర్మన్ సైన్యంలో సార్జెంట్‌గా పనిచేశాడు. లీ, టైం మ్యాగజీన్ తరఫున 1944లో పెలెలియు దీవి యుద్ధం గురించి వార్తలు సేకరించిన పాత్రికేయుడు. వాల్టర్స్, స్నేయర్ ఇద్దరూ యుద్ధాన్ని సైన్యం, రాజకీయాల కార్యక్రమంగా చూచారు. అక్కడ జరిగిన అంశాలు మనం అర్థం చేసుకోవాలని అనుకున్నారు. అదే డిక్స్, లీ అనేవారు ఒక భావావేశ రూపాన్ని దర్శించి, ఆ భావనలను మనం అనుభవించాలి అన్నారు. వారు జనరల్స్ తెలివితేటలను, యుద్ధవ్యూహాలను పట్టించుకోలేదు. డిక్స్ సైనికుడు ఎక్కడయినా ఉండవచ్చు. అది ముఖ్యం కాదు. యుద్ధం ఎక్కడయినా నరకంలాగ ఉండేదే. లీ సైనికుడు ఆ యుద్ధంలో ఉండడం తటస్థించింది. ఇవోజీమాలో ఒక జపాను సైనికుని కళ్లలో, స్టాలిన్‌గ్రాడ్‌లో జర్మన్ సోల్జర్ కళ్లలో, డన్‌కర్క్‌లో బ్రిటిష్ సిపాయి కళ్లలోనయినా అదే చూపు కనిపిస్తుంది.

డిక్స్, లీ పెయింటింగ్‌లలో యుద్ధాలు సైన్యవ్యూహాలు, దైవిక ప్రకటనల నుంచి వెలువడవు. యుద్ధాన్ని అర్థం చేసుకోవాలనుకుంటే, కొండ మీది జెనరల్ వేపు, ఆకాశంలో ఏంజెల్స్ వేపు చూడకండి. నేరుగా మామూలు సైనికుని కళ్లలోకి చూడండి. లీ పెయింటింగ్‌లోని సైనికుని, తెరుచుకున్న కళ్లు కిటికీలయ్యి యుద్ధంలోని వాస్తవాన్ని చూపిస్తాయి. డిక్స్ చిత్తరువులోని నిజం భరించరానిదిగా ఉంది. దాన్ని కొంతవరకయినా గ్యాస్ మాస్క్‌తో కప్పి ఉంచాలి.

డిక్స్, లీ లాంటి కళాకారులు యుద్ధం తాలూకు సాంప్రదాయిక వారసత్వాన్ని తలకిందులు చేశారు. అంతకు ముందటి అంతులేని యుద్ధాలు కూడా ఇరవయ్యవ శతాబ్ది యుద్ధాలలాగే తప్పక భయంకరమయినవి. అయితే, ఇప్పటివరకు అన్యాయమయిన అనుభవాలను కూడా ఒక విస్తృతమయిన పద్ధతిలో ప్రదర్శించారు. వాటికి సవ్యమయిన అర్థాలు కనిపించాయి. యుద్ధం నరకం అయి ఉండవచ్చు, అయితే అది స్వర్గానికి ద్వారం కూడా. 'నిజమే, నేను బాధపడుతున్నాను. కానీ, పోప్, చక్రవర్తి మాత్రం మేమొక మంచి జరగడానికి యుద్ధం చేస్తున్నాం అంటున్నారు. అంటే నా బాధ అర్థం గలది' అంటాడు వైట్ మవుంటేన్ యుద్ధంలో కాథలిక్ సైనికుడు. ఆటో డిక్స్ అందుకు వ్యతిరేకమయిన పద్ధతిని వాడుకున్నాడు. అతను వ్యక్తిగత అనుభవాన్నించి అన్ని రకాల అర్థాలు వెలువడతాయి అంటాడు. 'నేను బాధపడుతున్నాను. ఇదేమీ బాగుండలేదు. అంటే మొత్తం యుద్ధం మంచిది కాదు. కైజర్, మతాధికారులు యుద్ధాన్ని బలపరిస్తే, వాళ్లు తప్పు చేస్తున్నారేమో?' అంటుంది అతని ధోరణి.

మానవతావాదంలో విభజన

ఇప్పటివరకు మానవతావాదాన్ని మనం ఒకే ఒక అవిచ్ఛిన్న ప్రపంచ దృష్టి అన్న భావనతో చర్చించాం. నిజానికి ఈ వాదం కూడా క్రైస్తవం, బౌద్ధం వంటి విజయవంతమయిన మతాలలాగే కొనసాగింది. అది విస్తరించి, మారినకొద్దీ పరస్పర విరుద్ధ భాగాలుగా విడిపోయింది. మానవతావాద వర్గాలన్నీ, మానవుని అనుభవం ఒకటే, అన్ని అధికారాలకు,

అర్థాలకు మూలం అంటాయి. అయినా ఆ అనుభవాలను వేరువేరుగా వ్యాఖ్యానిస్తాయి.

మానవతావాదం మూడు ముఖ్యమయిన శాఖలుగా చీలింది. వీటిలో సదాచార శాఖ, ప్రతి మానవుడు, అటువంటి మరొకరు లేని వ్యక్తిత్వం. అందులో స్వంత అంతర్వాణి, పునశ్చరణ లేని అనుభవాల క్రమం ఉంటాయి అంటుంది. ప్రతి వ్యక్తి ఒక ప్రత్యేక కోణం నుంచి ప్రపంచం మీద వెలుగు ప్రసరించే ఏకైక కిరణం. అది విశ్వానికి రంగు, లోతు, అర్థాలను ఆపాదిస్తుంది. అందుకే ఈ ప్రపంచంలో అనుభవాలు పొందడానికి ప్రతి వ్యక్తికి వీలయినంత స్వాతంత్ర్యం ఇవ్వాలి. తన అంతర్వాణిని అనుసరిస్తూ అతనుగానీ, ఆమెగానీ లోపలి సత్యాన్ని ప్రకటించగలగాలి. రాజకీయాలు, ఆర్థికరంగం, కళలు, ఎందులోనయినా వ్యక్తి స్వేచ్ఛకు రాజకీయ, మతసంబంధ దృష్టి కన్నా ఎక్కువ బరువుండాలి. వ్యక్తికి ఎంత స్వతంత్రం వీలయితే, ప్రపంచం అంత సౌందర్యభరితం, ధనవంతం, అర్థవంతం అవుతుంది. ఇటువంటి స్వాతంత్ర్యాన్ని నొక్కి చెపుతున్నందుకు మానవతావాదంలోని ఈ శాఖను ఉదార మానవతావాదం, లేదా సూటిగా ఉదారవాదం అంటారు.*

అందరికన్నా బాగా తెలిసింది ఓటర్‌కే అని నమ్మింది ఉదారవాద రాజకీయంలోనే. అందం చూచేవారి కళ్ళలో ఉంటుంది అంటుంది లిబరల్ కళ. ఉదారవాద ఆర్థిక విధానం ప్రకారం కొనుగోలుదారులదే చివరిమాట. ఇక వీరి ధోరణి నీతి, మనకు ఏది బాగనిపిస్తే, దాన్ని చేయడమే. లిబరల్ విద్య, ఎవరికివారు ఆలోచించడాన్ని బోధిస్తుంది. అప్పుడు అన్ని సమాధానాలు లోపలే అందుతాయి.

పందొమ్మిది, ఇరవయి శతాబ్దాల కాలంలో మానవతావాదానికి మంచి మద్దతు రాజకీయబలం అందినకొద్దీ అందులో రెండు కొమ్మలు చిగురించాయి. అవి లెక్కలేని సామ్యవాద, కమ్యూనిస్ట్ ఉద్యమాలను ఆవరించాయి. నాజీలు పరిణామ మానవతావాదానికి అసలయిన మద్దతుదారులు. అర్థం, అధికారం రెండూ అనుభవాలలో నుంచి వస్తాయని ఈ రెండు శాఖలు అంగీకరించాయి. రెంటికీ భావాతీతశక్తి, దైవిక నియమావళిలో నమ్మకం లేదు. పదేళ్ల బాలుడు, పొగనిండిన ఫ్యాక్టరీలో పన్నెండుగంటలపాటు పనిచేస్తే తప్పేమిటని ఎవరయినా కార్ల్ మార్క్స్‌ను అడిగితే, దానివల్ల ఆ కుర్రవాడికి బాగుండదు అని జవాబిచ్చేవాడు. ఇది ఒక ఉదాహరణ. మనం ఎవరినీ అవసరానికి వాడకూడదు. దమననీతికి, అసమానత్వానికి గురిచేయగూడదు. అది దేవుడు చెప్పినందుకు కాదు. వాటికి గురయిన మనుషులకు కష్టం కలుగుతుంది గనుక.

మానవ అనుభవాలను గురించిన ఉదారవాద అవగాహనలో లోపాలు ఉన్నాయని సామ్యవాద, పరిణామవాద వర్గాలు రెండూ అంగీకరిస్తాయి. ఉదారవాదులు మానవానుభవాలు వ్యక్తిగతమయినవి అంటారు. ఈ ప్రపంచంలో ఎందరో వ్యక్తులున్నారు వారికి

---

*అమెరికన్ రాజకీయంలో ఉదారవాదాన్ని సంకుచితంగా వివరిస్తారు. అది 'కన్సర్వేటిజం'కు వ్యతిరేకం అంటారు. అయితే మాటకుగల విస్తృతమయిన అర్థం ప్రకారం అమెరికాలోని కన్సర్వేటివ్స్ చాలామంది ఉదారులే.

వేరువేరు అనుభవాలు ఎదురవుతుంటాయి. పరస్పర విరుద్ధంగా కోరికలుంటాయి. అన్ని అర్థాలు, అధికారాలు వ్యక్తి అనుభవంలోనుంచి వస్తే, వాటి మధ్య వైరుధ్యాన్ని తొలగించి సెటిల్ చేసే మార్గం ఏది?

17 జులై 2015 నాడు జర్మన్ ఛాన్సలర్ ఏంజెలా మెర్కెల్‌ను లెబనన్ నుంచి వచ్చిన ఒక పాలస్తీనా శరణార్థి బాలిక కలిసింది. వారి కుటుంబం జర్మనీలో ఆశ్రయం కొరకు అడుగుతున్నారు. అది దొరకక వారు దేశం వదలవలసి వస్తున్నది. రీమ్ అనే ఆ అమ్మాయి చక్కని జర్మన్ భాషలో మెర్కెల్‌కు 'మిగతావారంతా జీవితాన్ని అనుభవించే తీరు చూడడం కష్టంగా ఉంది. అది నాకు వీలుగావడం లేదు. నాకు భవిష్యత్తు ఇచ్చేది ఏమిటో తెలియదు' అని చెప్పింది. 'రాజకీయాలు కష్టంగా ఉంటాయని మెర్కెల్ జవాబిచ్చింది. లెబనన్‌లో వందలవేల పాలస్తీనా శరణార్థులున్నారని, జర్మనీ, వారందరినీ స్వీకరించేందుకు లేదని ఆమె వివరించింది. అంతటి ఖరాఖండి జవాబుతో అమ్మాయికి దిమ్మ తిరిగింది. కళ్లలో నీళ్లు తిరిగాయి. మెర్కెల్ ముందుకు కదిలి అమ్మాయి వెన్ను నిమిరింది. తన దారిన తాను కదిలింది.

తరువాత రేగిన దుమారంలో మెర్కెల్ దయలేని తీరును అందరూ తప్పుపట్టారు. విమర్శలను తగ్గించడానికి ఆమె దారి మార్చింది. రీమ్ కుటుంబానికి ఆశ్రయం దొరికింది. తరువాత కాలంలో మెర్కెల్ తీరు మరింత సరళమయింది. జర్మనీలోకి లక్షల శరణార్థులకు దారి దొరికింది. అయితే అందరినీ సంతృప్తిపరచడం వీలుగాదు. భావావేశాలకు లొంగిందని తరువాత మెర్కెల్‌ను తప్పుపట్టారు. గట్టి నిర్ణయం చేయలేక పోయింది, అన్నారు. మెర్కెల్ విధానంలో వెనుదిరిగిన తీరు కారణంగా తమ పిల్లలకు జీవనప్రమాణాలు తగ్గే వీలుందని, ఇస్లామీకరణ కూడా జరగవచ్చునని చాలమంది భయం వెలిబుచ్చారు. ఉదారవాదం గురించి నమ్మకం ఉంటే తెలియని అపరిచితులకు సాయం చేయడం కోసం తమ కుటుంబాల శాంతి సౌభాగ్యాలను పణం పెట్టడం అవసరమా అని ప్రశ్నించారు. అందరికీ ఈ సంగతి గురించి గట్టి అభిప్రాయాలున్నాయి. అటు దిక్కూమొక్కూ లేని శరణార్థులు, ఇటు ఆతురతగానున్న జర్మన్‌వారి భావాల మధ్య తేడాలను సెటిల్ చేయడం ఎట్లా?

ఉదారవాదులు ఇటువంటి విభేదాలను గురించి బాధపడుతుంటారు. ఇటువంటి చిక్కు సమస్యలకు లాక్, జెఫర్సన్, మిల్, వారి సహోద్యోగులు ఒక త్వరితం, సులభమయిన సమాధానాన్ని అందించలేకపోయారు. ఎన్నికలు పెట్టినందుకు ఫలితం ఉండదు. ఆ ఎన్నికలలో ఎవరు ఓటు వేస్తారు? కేవలం జర్మన్ పౌరులా? లేక ఆ దేశంలో స్థిరపడాలని చూస్తున్న ఆసియా, ఆఫ్రికావాసులు కూడానా? ఒక వర్గంవారి భావనలను గౌరవించడం ఎందుకు? అరబ్-ఇజ్రాయెల్ సమస్య కూడా యిటువంటిదే. ఎనభయి లక్షల ఇజ్రాయెల్ పౌరులు, 350 మిలియన్‌ల అరబ్‌లీగ్ దేశాలవారు ఓటు వేయాలక్కడ! అటువంటి అభిప్రాయసేకరణ ఫలితాన్ని స్థానికులు గౌరవించరు.

ఓటర్లలో ఎక్కువమందితో మౌలికంగా బంధాలు ఉంటేనే ప్రజలు ప్రజాస్వామ్య పద్ధతికి లొంగుతారు. మిగతా ఓటర్ల అనుభవం నాకు తెలియనిది అయితే వారు నా

భావాలను అర్థం చేసుకోరు. నా ఆసక్తిని పట్టించుకోరు. అప్పుడు నేను ఎంత హీనంగా ఓడిపోయినా, ఆ ఫలితాన్ని అంగీకరించడానికి, నాకు కారణం కనిపించదు. మతవిశ్వాసాలు, జాతీయ పరిస్థితుల కారణంగా మునుపటినుంచి బంధాలు గలవారు మాత్రమే ప్రజాస్వామ్య ఎన్నికలకు సరి, అంటారు. మౌలికంగా సయోధ్యగలవారి మధ్య అటువంటి పాతబంధాలు అంగీకారానికి ఆధారాలవుతాయి.

ఆ ప్రకారం చాలా సందర్భాలలో ఉదారవాదం, పాత గుర్తింపులతో, జాతి భావాలతో కలిసిపోయింది. అక్కడ కొత్త జాతీయవాదం పుట్టింది. ఇవాళ చాలామంది జాతీయవాదాన్ని ఉదారత-వ్యతిరేక శక్తులతో చేరుస్తారు. కానీ, కనీసం పందొమ్మిదవ శతాబ్ది కాలంలో జాతీయవాదం, ఉదారవాదంతో దగ్గరగా చేరింది. ఉదారులు వ్యక్తికిగల సాటిలేని అనుభవాలను గుర్తిస్తారు. ప్రతి మనిషికి ప్రత్యేక భావాలు, అభిరుచులు, పిచ్చి ఆలోచనలు ఉంటాయి. వాటివల్ల మరెవరికీ హాని లేనంతవరకు వారు ఆ లక్షణాలను బయటపెట్టి, పరీక్షించవచ్చు. అదే దారిలో, గుసెప్పీ మజినీ వంటి పందొమ్మిదవ శతాబ్ది జాతీయవాదులు దేశాల ప్రత్యేక తీరును గౌరవించారు. మానవులు అనుభవాలలో చాలా వరకు వర్గసంబంధం గలవి అన్నారు వారు. పోల్కా నాట్యం ఒంటరిగా కుదరదు. జర్మన్ భాషను ఒకరే కనుగొని, పరిరక్షించలేరు. మాట, ఆట, తిండి, పానీయం లాంటివన్నీ వాడి ప్రతి దేశం తన పౌరులలో వివిధ అనుభవాలను పోషించుతుంది. స్వంత విచిత్ర ధోరణులను పెంచుకుంటుంది.

మజిని వంటి ఉదార జాతీయవాదులు ఈ జాతీయ అనుభవాలను ఓపికలేని సామ్రాజ్యాలవారు అణగదొక్కి, అడ్డుకోకుండా కాపాడాలి అని ప్రయత్నించారు. దేశాలు శాంతియుత వర్గాలుగా ఉండడాన్ని కోరుకున్నారు. ఎవరి వర్గభావాలను వారు ప్రకటించే స్వతంత్రం పాటించగలగాలి అనుకున్నారు. దానివల్ల పొరుగువారికి యిబ్బంది కలగ గూడదు. యూరోపియన్ యూనియన్ వారికి ఇదే అధికారిక భావజాలం వారి 2004 రాజ్యాంగం ప్రకారం, యూరోప్ అన్నది 'భిన్నత్వంలో ఏకీకృతం' అక్కడి దేశాలలోని వేరు వేరు జనాభాలు స్వంత గుర్తింపు కలిగి ఉంటారు. ఈ రకమయిన వర్గానుభవాలను రక్షించి ఉంచడంవల్ల ఉదార జర్మనీకి వలస రాదలచినవారిని ఆహ్వానించే తీరుని నిరసించే వీలు కలిగింది.

ఉదారవాదం, జాతీయవాదాలను ఒకచోట చేర్చినందుకు చిక్కుసమస్యలన్నీ విడి పోయినాయి అని అనడానికి లేదు పైగా కొత్త సమస్యలు పుట్టుకువచ్చాయి. వర్గానుభవాల విలువను వ్యక్తుల అనుభవాలతో పోల్చేది ఎట్లా? పోల్కా డాన్స్, బ్రాట్ వుర్స్ట్ రొట్టె, జర్మన్ భాషలను పరిరక్షిస్తే, మరొకవేపు లక్షలమంది శరణార్థులను ఆకలికి, బహుశా చావుకు వదిలితే న్యాయం చేయడం అవుతుందా? వారివారి గుర్తింపు నిర్వచనం గురించి దేశాల మధ్యన, మౌలికంగా విభేదాలు తలెత్తితే ఏమవుతుంది? 1933లో జర్మనీలో, 1861లో యుఎస్‌లో జరిగింది అదేగదా! స్పెయిన్ (1936), ఈజిప్టు (2011) కూడా అంతే! ఇటువంటి సందర్భాలలో ఎన్నికలు పెట్టడంతో చిక్కులు విడిపోవు. ప్రత్యర్థి పార్టీలకు ఫలితాల పట్ల గౌరవం ఉండదు.

చివరగా జాతీయ పోల్కా నాట్యం చేస్తుండగా, మీ దేశం మిగతావాటికంటె వేరు అన్న భావానికి ఒక్క అడుగు దగ్గరవుతారేమో? పందొమ్మిదవ శతాబ్ది ఉదార జాతీయవాదం, జర్మన్‌ల ప్రత్యేక అనుభవాలను, హాబ్స్‌బర్గ్, జారిస్ట్ సామ్రాజ్యాలు గౌరవించాలి అన్నది. ఇటాలియన్‌లు, పోల్స్, స్లావీన్స్ అదే మాట అన్నారు. ఇరవయ్యవ శతాబ్ది అల్ట్రానేషనలిజం ముందుకు కదిలి యుద్ధాలు చేసింది. మరొకమాట అన్నవారిని కాన్‌సెంట్రేషన్ కాంప్‌లలో పెట్టింది.

సామ్యవాదవర్గం మరొకదారిని నడిచింది. మన చూపును, మిగతావారి భావాల మీదగాక, కేవలం స్వంతభావాల మీద కేంద్రీకరించే తీరును తప్పు పట్టింది. మానవానుభవాల నుంచి అన్ని అర్థాలు పుడతాయి, నిజమే. అయితే ఈ ప్రపంచంలో బిలియన్‌ల జనం ఉన్నారు. అందరూ నాలాగే న్యాయం, విలువగలవారు. ఉదారవాదం మాత్రం నా చూపును లోపలికి తిప్పుతుంది. నేను గొప్పవాడిని, నా దేశం సాటిలేనిది అంటుంది. సామ్యవాదం మాత్రం నన్ను నేను గొప్ప చేసుకోగూడదని, అందుకు బదులు మిగతావారి భావనలను తెలుసుకొమ్మంటుంది. నా పనులవల్ల వారి భావాలు ప్రభావితమయే తీరును గుర్తించమంటుంది. ఒక్కొక్క దేశం గొప్పదనాన్ని గురించి పండగలు చేస్తుంటే విశ్వశాంతి రాదు. ప్రపంచంలోని పనివారలందరినీ ఒకచోట చేర్చితే అది వీలవుతుంది. ప్రతి మనసు తనమీద తనకే గల ప్రేమతో ఆంతర్యం లోతులను వెదుకుతుంటే సామాజికశాంతి రాదు. దానికి బదులు ప్రతి వ్యక్తి తన స్వంత కోరికలకన్నా ఎక్కువ ప్రాధాన్యత ఎదుటివారికిచ్చినపుడు సామరస్యం వీలవుతుంది.

తన ఆంతర్యాన్ని తరచి చూడడం ద్వారా, దయాగుణాన్ని యితరుల గురించిన అవగాహనను పెంచుకుంటాను అని ఉదారవాది ప్రతివాదం చేయవచ్చు. కానీ ఈ వాదం లెనిన్, మావోల ముందు పనిచేసి ఉండేది కాదు. వ్యక్తులు తమ అంతరంగాలను తరచి చూడడం బూర్జువా దుర్గుణం అని నేను నాలోని నాతో సంబంధం పెట్టుకోవాలి అనుకుంటే, ఏదో రకంగా కాపిటలిస్ట్ ఉచ్చు ఒకదాంట్లో పడే వీలుందని వారు వివరించి ఉండేవారు. నా ప్రస్తుత రాజకీయ అభిప్రాయాలు, నా యిష్టాయిష్టాలు, నా హాబీలు, నా కలలు నా అసలయిన వ్యక్తిత్వాన్ని ప్రతిబింబింపవు. అవి కేవలం నా పెరుగుదల తీరు, సామాజిక పరిసరాలను ప్రతిబింబిస్తాయి. అవి నా వర్గం మీద ఆధారపడతాయి. నా పరిసరాలు, బడి వాటికి రూపుపోస్తాయి. కలవారు, లేనివారు పుట్టిననాటినుంచి ఒకే రకంగా బ్రెయిన్‌వాష్‌కు గురవుతారు. ధనికులకు బీదవారిని పట్టించుకోవద్దని చెపుతారు. బీదవారికి మాత్రం తమ నిజమయిన ఆసక్తులను పట్టించుకోవద్దని చెపుతారు. స్వకీయ పరీక్ష, మనస్తత్వ చికిత్స ఎంత చేసినా లాభం ఉండదు. సైకోథెరపిస్టులు కూడా పెట్టుబడిదారీవర్గం తరఫున పనిచేస్తున్నారాయె.

నిజంగా నా గురించి నేను తర్కించుకున్నందుకు, నా గురించిన సత్యాన్ని అర్థం చేసుకోవడం నుంచి మరింత దూరంగా పోయే వీలు ఉంటుందేమో. అందుకు కారణం, ఈ చర్చలో వ్యక్తిగత నిర్ణయాల గురించి ఎక్కువ ధ్యాస ఉండి, సామాజిక పరిస్థితులను

తగినంత గుర్తించము. నేను ధనవంతుడనయితే, చేసిన మంచి నిర్ణయాలవల్ల అది వీలయింది అంటాను. బీదతనంలో కూరుకుని ఉంటే, ఎక్కడో తప్పులు చేసి ఉంటాను. నేను మానసికంగా క్రుంగి ఉంటే, లిబరల్ చికిత్సకుడు మా అమ్మనాన్నలను తప్పుపట్టే వీలుంది. తాను నన్ను బతుకులో కొత్త గమ్యాలను పెట్టుకొమ్మంటాడు. పెట్టుబడిదారుల దోపిడి కారణంగా నాకు ఈ గతి పట్టిందని నేను చెప్పజూస్తే, ప్రస్తుత సామాజిక వ్యవస్థలో నాకు నా గమ్యాలను చేరుకునే అవకాశాలు లేవంటే, అతను, నేను నా కష్టాలను సామాజిక వ్యవస్థ మీదకు నెడుతున్నాను, అనే వీలుంది. అమ్మ సమస్యలను పెట్టుబడిదారుల మీదకు నెట్టానంటాడు.

అమ్మ గురించి, నా భావావేశాల గురించి, మనసు సమస్యల గురించి మాట్లాడుతూ ఏండ్లు గడపడానికి బదులు, నన్ను నేను ప్రశ్నలు అడగాలి అంటుంది సామ్యవాదం. నా దేశంలో ఉత్పత్తిమార్గాలు ఎవరి అదుపులో ఉన్నాయి? దేశంలో ముఖ్యమయిన ఎగుమతి, దిగుమతులేమిటి? అధికారంలో ఉన్న నాయకులకు, అంతర్జాతీయ బ్యాంకులకు మధ్య సంబంధం ఏమిటి? అని నేను ముందు అడగాలి. ప్రస్తుత సామాజిక-ఆర్థిక వ్యవస్థను అర్థం చేసుకోవాలి. మిగతా అందరి అనుభవాలు తెలుసుకోవాలి. అప్పుడు మాత్రమే నా భావనలు నాకు నిజంగా అర్థమవుతాయి. అందరం చేరి పనిచేస్తే వ్యవస్థ మారుతుంది. అయితే ప్రపంచంలోని అందరి ఆలోచనలను ఎవరు తెలుసుకోగలరు? ఎవరు వాటిని పోల్చి చూపగలరు?

అందుకే సామ్యవాదులు ఆత్మవిమర్శ అనవసరం అంటారు. సామాజిక వ్యవస్థలను, సంస్థలను ఏర్పాటు చేయాలంటారు. సోషలిస్ట్ పార్టీలు, ట్రేడ్ యూనియన్స్ రావాలి. అవి మనకు ప్రపంచాన్ని అర్థం చేయించాలి. అయితే అటు ఉదారవాద విధానంలో ఓటరు అందరికన్నా తెలిసినవాడు. లిబరల్ ఆర్థికశాస్త్రంలో కొనుగోలుదారుడు ఎప్పుడూ పైచేయిగా ఉంటాడు. రాజకీయంలో పార్టీకి బాగా తెలిసి ఉంటుంది. ఆర్థికరంగంలో ట్రేడ్ యూనియన్ ఎప్పుడూ సరయిన మార్గంలో ఉంటుంది. అధికారం, అర్థం మాత్రం ఇంకా మానవానుభవాల నుంచి వస్తుంటాయి. పార్టీ, ట్రేడ్ యూనియన్ రెండు మనుషులే. అవి మానవుల సమస్యలను తగ్గించడానికి పనిచేస్తాయి. అయినా వ్యక్తులంతా, పార్టీ చెప్పింది వినాలి. ట్రేడ్ యూనియన్‌ను వినాలి. స్వంతభావాలకన్నా ఆ సమష్టి భావాలు గొప్పవి.

పరస్పర విరుద్ధమయిన మనవానుభవాల సమస్యకు పరిణామ మానవతావాదం మరోరకం సమాధానం యిస్తుంది. డార్విన్ పరిణామ సిద్ధాంతంలో బిలలోరీతుగా వేళ్లూనుకి ఉండి, అది వైరుధ్యాలను గురించి తప్పుపట్టగూడదు, అది మెచ్చుకోవలసిన సంగతి అంటుంది. అందులోనుంచే సహజమయిన ఎంపిక జరుగుతుంది. పరిణామం ముందుకు సాగుతుంది. కొందరు మనుషులు మిగతావారికంటే పైచేయిగా ఉంటారు. అనుభవాలు తలపడుతున్నప్పుడు, తట్టుకుని నిలిచే మనుషులు మిగతా అందరినీ తొక్కి పడేయాలి. ఉన్నత స్థితిలో ఉన్నవారు, కిందవారిని తొక్కేయడం, అన్నిరకాలా, మనుషులు అడవి తోడేళ్ళను నిర్దయగా అంతం చేయడం, మచ్చిక చేసిన గొర్రెలను ఇచ్చ వచ్చినట్లు వాడడం వంటిదే. యూరోపియన్‌లు, ఆఫ్రికన్‌లను ఓడించినా, తెలివిగల వ్యాపారులు,

తెలివితక్కువవారిని దివాలా తీయించినా అంతా మంచి కొరకే. పరిణామ తర్కాన్ని ఇలా వాడుతూ ముందుకు సాగితే, మానవజాతి క్రమంగా బలం కలిగి, అన్నింటికి తట్టుకోగల స్థితికి చేరుతుంది. చివరకు సూపర్‌హ్యూమన్స్ వచ్చేస్తారు. పరిణామం హోమోసేపియన్స్‌తో ఆగలేదు. జరగవలసింది మరెంతో ఉంది. అయితే మానవహక్కులు, సమానత్వం అంటూ మనం, అన్నిటికీ తట్టుకోగల మనుషులు అవసరం లేదంటే సూపర్‌మాన్ రానే రాడు పైగా సేపియన్స్ జాతి బలహీనమయి, అంతం కావచ్చు కూడా.

సూపర్‌మాన్ అవతరణకు సూచనగా వచ్చిన ఈ ఉన్నత మానవులు ఎవరు? వారు మొత్తం జాతులు, కొన్ని తెగలు, లేదా అసాధారణ జ్ఞానం గల వ్యక్తులు ఎవరయినా కావచ్చు. వాళ్లెవరయినా వారి ఉన్నత స్థాయికి కారణాలుంటాయి. వాళ్లకు మంచి పనితనం ఉంటుంది. అది కొత్త తెలివిని తయారుచేయడంలో బయటపడుతుంది. అంటే అభివృద్ధి చెందిన సాంకేతిక శాస్త్రం, సంపన్న సమాజాలు, మరింత మంచి కళ వాళ్ల వలనవుతాయి. ఒక ఐన్‌స్టైన్ లేదా ఒక బీతోవెన్ అనుభవం ఎందుకూ పనికిరాని తాగుబోతు అనుభవంకన్నా విలువగలది. వాళ్ల తెలివి మధ్య పోటీ లేదు. అలాగే ఒక దేశం మానవ ప్రగతిలో ముందుంటే, మిగతా దేశాలు మానవ పరిణామానికి ఏ రకంగానూ తోడ్పడలేదంటే, ఆ దేశాన్ని మెచ్చుకోవడమే గొప్ప.

ఫలితంగా, ఓటో డిక్స్ వంటి ఉదారవాద కళాకారులతో పోలిస్తే, యుద్ధం గురించిన మానవానుభవం గొప్పది. ఎంతో అవసరం కూడా, అంటుంది పరిణామ మానవతావాదం. ద థర్డ్ మ్యాన్ అనే మూవీలో కథ రెండవ ప్రపంచ యుద్ధం జరిగిన వెనువెంటనే వియెన్నాలో జరుగుతుంది. ఇటీవలి స్పర్థ గురించి అభిప్రాయం చెపుతూ హ్యారీ లైమ్ అందులో : 'నిజానికి, అదేమీ అంత భయంకరంగా లేదు – బోర్జియాస్ కింద ఇటలీలో ముప్ఫయి సంవత్సరాలపాటు, యుద్ధం, టెర్రర్, హత్య, రక్తపాతం సాగాయి. అయినా అక్కడినుంచే మైకెలాంజిలో, లియొనార్డో దా వించీ, పునరుత్థానం కూడా వెలువడింది తెలుసు. స్విట్జర్లాండ్‌లో సోదరప్రేమ సాగింది. 500 ఏండ్లపాటు ప్రజాస్వామ్యం, శాంతి కొనసాగాయి. ఇక వారేం తయారుచేయగలిగారు? పిట్ట కూసే గడియారమా?' అంటాడు. అతను చెప్పినవి అన్ని తప్పులే. అధునాతన యూరోప్ తొలికాలంలో స్విట్జర్లాండ్ కన్నా రక్తసిక్తమయిన ప్రాంతం మరొకటి లేదేమో? (వాళ్లు ఎగుమతి ఎక్కువగా చేసింది కిరాయి సైనికులను) పిట్టకూసే గడియారాన్ని కనుగొన్నది జర్మనీవారు. అయితే ఈ సత్యాలు ముఖ్యం కాదు. అతని ఆలోచన ముఖ్యం. యుద్ధం అనే అనుభవం మనుషులను కొత్త ఆవిష్కరణలవేపు తోస్తుంది. చిట్టచివరకు యుద్ధంవల్ల సహజవరణం సులభంగా సాగుతుంది. యుద్ధంలో బలహీనులు పోతారు. తీవ్రమయినవారు, కలలు గనేవారు బహుమతులు అందుకుంటారు. బతుకు సత్యాలు యుద్ధంలో బయటపడతాయి. అధికారం, కీర్తి, విజయం కావాలన్న కోరిక నిద్రలేస్తుంది. నీట్షే యుద్ధాన్ని 'బతుకు బడి' అని మొత్తం సంగతిని ఒక్కముక్కలో చెప్పాడు. 'నన్ను చంపనిదేదో నన్ను మరింత బలవంతుడిని చేస్తుంది' అని కూడా అన్నాడు.

బ్రిటిష్ సైన్యాధికారి హెన్రీ జోన్స్ ఇటువంటి ఆలోచనలనే వ్యక్తం చేశాడు. మొదటి ప్రపంచ యుద్ధంలో, పడమటి ఫ్రంట్‌లో, తన మరణానికి మూడు రోజుల ముందు, ఆ 21 ఏళ్ల జోన్స్ ఒక ఉత్తరం రాశాడు. యుద్ధం అనుభవాలను సోదరునికి గొప్పగా చెప్పాడు :

> యుద్ధం భయంకరమయినది, కానీ, అది చాలా గొప్ప సంగతి, అన్న విషయాన్ని గురించి నీవెప్పుడయినా ఆలోచించావా? నేను చెప్పదలచుకున్నది, అక్కడ మనిషి వాస్తవాల ఎదుట ఉంటాడని. పొరపాట్లు, స్వార్థం, లగ్జరీ, మామూలుగా ఉండే లేకితనం, వ్యాపారధోరణిలతో పదింట తొమ్మిదిమంది మనుషులు శాంతి సమయంలో తమ బతుకులు సాగిస్తారు. యుద్ధంలో ఒక పాశవికత తలెత్తుతుంది. అది కనీసం ఉన్న మాటను ఉన్నట్టు చెప్పేస్తుంది. దీన్ని మరొకలా చూడాలి. శాంతిసమయంలో ఎవరయినా అర్థం లేని పిచ్చి పనులు చేస్తూ, తన సుఖం గురించి తంటాలు పడుతూ, డబ్బుల గురించి, అటువంటి మరిన్ని సంగతుల గురించి, తమ చిన్న బతుకులు సాగిస్తారు. అది తమ కొరకు బతికే తీరు. ఎంత అన్యాయం అది! ఇక ఇటు చూస్తే, యుద్ధంలో నీవు చంపబడినా, అది ఇప్పుడు కాకుంటే, మరిన్ని ఏళ్లకు జరిగేదే, అనుకుంటే, నీకు ఒక సంతృప్తి ఉంటుంది. నీ దేశానికి సాయం చేయాలని ప్రయత్నిస్తూ, పెరికివేయబడ్డావని నీకు తెలిసి ఉంటుంది. నీవు ఒక ఆదర్శాన్ని వాస్తవానికి స్వంతం చేసుకుంటావు! ఈ పని మామూలు జీవితంలో చాలాచాలా అరుదుగా మాత్రమే జరుగుతుంది. అందుకు కారణం, మామూలు జీవనం. వ్యాపారం, స్వార్థాల మీద సాగుతుంది. నీవు 'ముందుకు సాగాలంటే', అదేదో సామెత చెప్పినట్లు, చేతులను శుభ్రంగా ఉంచుకునేందుకు కుదరదు.
>
> వ్యక్తిగతంగా చూస్తే, నాకు యుద్ధంలో అవకాశం వచ్చిందని సంతోషంగా ఉంటుంది. బతుకంటే అర్థం లేనిదని అది తెలుసుకునేలా చేసింది. 'తనలో నుండి బయటకు రావడానికి' యుద్ధం అందరికీ అవకాశం యిస్తుందని నా భావన చెప్పలేమో. నా గురించి నేను చెపితే, బతుకులో ఎన్నడూ నేనింత మహదానందం పొంది ఉండలేదు, అనగలను. ఆ పెద్ద స్టంట్ మొదలయిన క్షణం గొప్పది. అందుకు గత ఏప్రిల్ ఒకటే ఉదాహరణ. చివరి అరగంట పాటున్న ఎక్సైట్‌మెంట్, ఈ భూమి మీద లేని అనుభవం'.

పాత్రికేయుడు మార్క్ బౌడెన్, తన బెస్ట్ సెల్లర్ రచన 'బ్లాక్ హాక్ డౌన్'లో షాన్ నెల్సన్ అనే అమెరికన్ సిపాయి, 1993లో మొగడిషులో పొందిన అనుభవాన్ని ఇటువంటి మాటల్లోనే చెపుతాడు :

"అతని అనుభవాన్ని వర్ణించడం కష్టం. అదేదో ఒక సత్యం అవతరించి నట్లుంది. చావుకు దగ్గరగా ఉన్న అతను ఎన్నడూ అంత సంపూర్తిగా సజీవుడుగా ఉన్న భావం అనుభవించలేదు. క్షణంలో చావు తప్పించుకున్న సందర్భాలు అతని బతుకులో ఉన్నాయి. మలుపు వద్ద వేగంగా వస్తున్న ఒక కార్ ఎదురుగా వచ్చి, తృటిలో పక్కకు పోయింది. ఇవాళ అతను అటువంటి భావంతో బతికాడు. చావు తన ముఖంలోకి తొంగి చూచినట్లుంది. క్షణం, తర్వాత క్షణం, తర్వాత క్షణంగా... మూడుగంటలపాటు... లేదా మరింత కాలం... యుద్ధం... సంపూర్తి మానసిక, శారీరిక జాగ్రదావస్థ. వీధిలో గడిచిన ఆ గంటల్లో అతను షాన్ నెల్సన్ కాడు. పెద్ద ప్రపంచంతో అతనికి సంబంధం లేదు. కట్టవలసిన బిల్లులు, భావబంధాలు, ఏవీ లేవు. ఒక నానో సెకండ్‌నుంచి మరొకదాంట్లోకి బతుకు ఈడుస్తున్న మానవమాత్రుడతను. ఊపిరి సాగుతున్నది. అది ఎప్పుడు ఆగేది తెలియదు. చివరి క్షణం ఎప్పు డయినా కావచ్చు. మళ్లీ ఇటువంటి పరిస్థితి రాను అనిపించింది.

అడాల్ఫ్ హిట్లర్ కూడా తన యుద్ధానుభవాలతో మారాడు. తెలివి పెరిగింది. 'మైన్ కంఫ్'లో అతను ఈ విషయాలు చెపుతాడు. అతని యూనిట్ అప్పుడే ఫ్రంట్ వైన్ చేరింది. సైనికుల తొలి ఉత్సాహమంతా భయంగా మారింది. లోపల ఒక అంతులేని యుద్ధం చేయవలసివచ్చింది. లేకుంటే భయం నరాలను తెంచే తీరుగా ఉంది. 1915/16 చలికాలానికి తాను భయాన్ని గెలిచానని హిట్లర్ చెపుతాడు. 'నా పట్టుదల ఎదురులేని యజమాని అయింది... నాకు ప్రశాంతత, నిశ్చయం కుదిరాయి. అవి నిలకడగా ఉన్నాయి. ప్రారబ్ధం ఎటువంటి పరీక్షలయినా పెట్టనీ, నా నాడులు తెగవు. నా నిశ్చయం కుప్పగూలదు' అని రాశాడతను.

యుద్ధం అనుభవం హిట్లర్‌కు ప్రపంచాన్ని అర్థం చేయించింది. ప్రపంచం, దయ లేని సహజవరణం అనే నియమం కింద నడుస్తున్నది. ఈ అడవిలో సత్యాన్ని గుర్తించను అన్నవారు బతకలేరు. విజయం కావాలంటే ఈ అరణ్య నియమాలను అర్థం చేసుకోవడమే గాదు, వాటిని సంతోషంగా స్వంతం చేసుకోవాలి. యుద్ధవ్యతిరేక ఉదారవాద కళాకారుల లాగే, హిట్లర్ కూడా మామూలు సైనికుల అనుభవాలను పవిత్రం చేశాడు. ఇరవయ్యవ శతాబ్దం రాజకీయంలో, మామూలు ప్రజల వ్యక్తిగత అనుభవాలకు, అంతులేని అధికారం అందడానికి మనకున్న ఉదాహరణలలో హిట్లర్ రాజకీయ జీవితం ఒకటి. అతను సీనియర్ అధికారి కాడు. నాలుగు సంవత్సరాల యుద్ధంలోనూ అతను కార్పొరల్ కన్నా పైహోదాకు ఎదగలేకపోయాడు. అతనికి చదువు లేదు. వృత్తికౌశలం లేదు. రాజకీయ అనుభవం లేదు. అతను గొప్ప వ్యాపారవేత్త కాడు, యూనియన్ నాయకుడు కాడు. మిత్రులు, బంధువులెవరూ పైస్థాయిలో లేరు. చెప్పుకోదగిన ఆస్తి కూడా లేదు. మొదట్లో అతనికి జర్మన్ పౌరసత్వం కూడా లేదు. అతనొక కానీలేని వలసవచ్చిన మనిషి.

హిట్లర్ జర్మన్ ఓటర్లను తనను నమ్మమని అభ్యర్థించాడు. అతనికి చెప్పడానికి ఉన్న వాదం కూడా ఒకటే. యుద్ధపు ఆగడ్తలలో అతని అనుభవాలు, యూనివర్సిటీలు మరెక్కడా

కూడా చెప్పనిదంతా బోధించాయి. ప్రజలు అతని వెంటచేరి ఓటు వేశారు. వాళ్లంతా అతనితో ఒకదయ్యారు. ప్రపంచం ఒక అడవి అని వారు కూడా నమ్మారు గనుక, మనలను చంపనిది, బలాన్నిస్తుందని ఒప్పుకున్నారు. కనుక అదంతా జరిగింది.

ఒకపక్క ఉదారవాదం ప్రతి మానవ సమాజంలోని ప్రత్యేక అనుభవాలను రక్షించాలని కొంత మెత్తబడిన జాతీయవాదంతో కలిసిపోయింది. కానీ పరిణామ మానవతావాదులు, హిట్లర్‌లాంటివారు, మానవ ప్రగతికి యింజన్ల వంటివని కొన్ని దేశాలను గుర్తించారు. ఈ దేశాలు, వారు దారిలో అడ్డుతగిలినవారి తలలు పగలగొట్టాలని, అంతం చేయాలని భావించారు. అయితే హిట్లర్, నాజీలు పరిణామ మానవతలోని ఒక విపరీత ధోరణికి మాత్రమే ప్రతినిధులని గుర్తించవలసి ఉంది. స్టాలిన్ గులగ్‌లు అన్ని సామ్యవాద ఆలోచనలు, వాదాలను శూన్యం చేయవు. అంటే నాజీ వారి దుశ్చర్యలు, పరిణామ మానవతావాదం అందించే దృష్టిని చూడకుండా అడ్డు రాకూడదు. మానవతావాదంలోని ఈ ధోరణి కొన్ని జాతి సిద్ధాంతాలతో, అల్ట్రానేషనలిస్ట్ భావావేశాలతో కలిసి నాజీపంథా పుట్టింది. ఈ వర్గంలోని వారందరూ జాతివాదులు కారు. మానవాళి శక్తిపాటవాలలోగల నమ్మకాలన్నీ, పోలీస్‌రాజ్యాలు, కాంసెంట్రేషన్ క్యాంప్‌లు పెట్టాలని అనవు.

ఆష్విట్జ్ అన్నది రక్తం ఎరుపుగల హెచ్చరికగా పనిచేయాలి. అది మానవ దిక్చక్రానికి అడ్డువేసిన నల్లని తెర కాదు. ఆధునిక సంస్కృతి రూపకల్పనలో పరిణామ మానవతావాదం గొప్ప పాత్ర గలది. ఇరవయిఒకటవ శతాబ్దిలో దాని ప్రభావానికి మరింత పాత్ర ఉండే వీలుంది.

చక్ బెరీ కంటే బీతోవెన్ మేలా?

మానవతావాదంలోని మూడుశాఖల మధ్య తేడాలు తెలుసుకోవాలంటే, కొన్ని మానవ అనుభవాలను పోల్చి చూడాలి.

అనుభవం 1 : ఒక సంగీతశాస్త్రం ప్రొఫెసర్, వియెన్నా ఆపెరా హౌస్‌లో బీతోవెన్ ఫిఫ్త్ సింఫొనీ వింటూ కూర్చున్నాడు. 'ప ప ప పామ్!' ధ్వని తరంగాలు అతని కర్ణభేరికి తాకుతాయి. సంకేతం నాడి ద్వారా మెదడుకు చేరుతుంది. అడ్రినల్ గ్లాండ్ అతని రక్తంలోకి హార్మోన్‌ను చిమ్ముతుంది. అతని గుండె వేగం పెరుగుతుంది. ఊపిరి వేగమవుతుంది. మెడ మీద వెంట్రుకలు నిక్కబొడుచుకుంటాయి. వెన్నులో వణుకు పుడుతుంది. 'ప ప ప పామ్!'

అనుభవం 2 : అది 1965. సాన్‌ఫ్రాన్సిస్కో నుంచి లాస్‌ఏంజెల్స్‌కు పసిఫిక్ కోస్ట్ హైవేలో ఒక మస్టాంగ్ కారు అతివేగంగా పోతున్నది. యువ డ్రైవర్ చక్ బెరీ పాటను ఫుల్‌వాల్యూంలో వింటున్నాడు. 'గో, గో, జానీ గో!' పాట సాగుతున్నది. ధ్వని తరంగాలు అతని కర్ణభేరికి తాకితే, సంకేతాలు శ్రవణనాడి ద్వారా మెదడుకు అంది, అడ్రినలిన్ గ్రంథి అతని రక్తంలోకి అడ్రినలిన్స్ గుప్పిస్తుంది. అతని గుండె వేగంగా కొట్టుకుంటుంది. ఊపిరి

వేగం పెరుగుతుంది. మెద మీద వెంట్రుకలు నిక్కబొడుచుకుంటాయి. వెన్నెముకలో వణుకు పుడుతుంది. 'గో, గో, జానీ, గో, గో, గో!'

అనుభవం 3 : కాంగో వర్షారణ్యంలో లోపల పిగ్మీ వేటగాడు స్తంభించి నిలబడ్డాడు. పక్క పల్లె నుంచి అమ్మాల గుంపుపాట వినిపిస్తున్నది. అది వారి యవ్వనగానం తొలిపాట 'యే ఓహ్ ఓహ్, యే ఓహ్, ఓహ్'. ధ్వని తరంగాలు అతని కర్ణభేరికి తాకగానే, సంకేతం నాడి ద్వారా మెదడుకు అంది, అడ్రినల్ గ్రంథి అతని రక్తంలోకి అడ్రినల్‌ను గుప్పిస్తుంది. అతని గుండె వేగం పెరుగుతుంది. ఊపిరి వేగవంతమవుతుంది. మెడ మీద జుట్టు నిక్క బొడుస్తుంది. వెన్నులో వణుకు పుడుతుంది. 'యే ఓహ్, ఓహ్, యే, ఓహ్, ఓహ్'.

అనుభవం 4 : పున్నమి రాత్రి. కెనడా రాకీ కొండలో ఒకచోటు. ఒక నక్క కొండ కొనన నిలబడి ఎదకు వచ్చిన ఆడ నక్కల కూతలు వింటున్నది. 'ఆఊ! ఆఊ!' ధ్వని తరంగాలు దాని చెవులకు తాకగానే, సంకేతం నాడి ద్వారా మెదడుకు చేరి, అడ్రినల్ గ్రంథి రక్తంలోకి అడ్రినలిన్ గుప్పుతుంది. దాని గుండె వేగం పెరుగుతుంది. ఊపిరి వేగం పెరుగుతుంది. మెడమీద వెంట్రుకలు నిక్కబొడుస్తాయి. వెన్నులో వణుకు పుడుతుంది. 'ఆఊ! ఆఊ!'

ఈ నాలుగు అనుభవాలలో అన్నింటికన్నా విలువయినది ఏది?

సంగీతశాస్త్రం ప్రొఫెసర్, యువ డ్రైవర్, కాంగో వేటగాడు ముగ్గురి అనుభవాలు సమాన విలువ గలవని ఉదారవాదులు అంటారు. వాటిని సమంగా భావించాలంటారు. మానవ అనుభవాలు అన్నీ సాటిలేనివి. అవి ప్రపంచానికి కొత్త అర్థాలను యిస్తాయి. కొంతమందికి శాస్త్రీయ సంగీతం నచ్చుతుంది. కొందరికి రాక్ అండ్ రోల్ నచ్చుతుంది. మరికొందరికి ఆఫ్రికన్ సాంప్రదాయ ఛాంట్స్ నచ్చుతాయి. సంగీత విద్యార్థులకు వీలయినన్ని రకాల సంగీతం వినే అవకాశం కల్పించాలి. సాయంత్రం అందరూ ఐట్యూన్స్ స్టోర్‌కు వెళతారు. క్రెడిట్ కార్డ్ సాయంతో, నచ్చిన సంగీతం కొంటారు. సంగీతంలో అందం, వినేవారి చెవుల్లో ఉంది. ఇక కస్టమర్ ఈజ్ ఆల్వేస్ రైట్! నక్క మాత్రం మనిషి కాదు. కనుక దాని అనుభవాలు అంత విలువయినవి కావు. అందుకే దానికి మనిషికిగల విలువ లేదు. కనుకనే మనిషిని రక్షించడానికి నక్కను చంపినా తప్పులేదు. అన్నింటికీమించి నక్కలు అందాల పోటీలో ఓటు వేయవు. వాటి దగ్గర క్రెడిట్ కార్డ్‌లు ఉండవు.

ఈ విధానం వోయేజర్ గోల్డెన్ రికార్డ్‌లో దర్శనమిస్తుంది. 1977లో అమెరికన్‌లు *వోయేజర్ I* అంతరిక్ష పరిశోధన నౌకను ప్రయోగించారు. అది వెలుపలి అంతరిక్షంలోకి వెళ్లాలి. ఈ సమయానికి అది సౌరమండలం దాటిపోయింది. నక్షత్రాల మధ్యస్థలంలోకి పోయిన మొదటి, మానవనిర్మిత పరికరం అది. దానిమీద నాసా ఒక బంగారు రికార్డ్ అమర్చారు. నౌకకు ఎక్కడయినా కుతూహలం గల గ్రహాంతరవాసులు ఎదురయితే ఈ డిస్క్ వారికి భూగ్రహం గురించి తెలియజేస్తుంది. కనీసం అది ఉద్దేశ్యం.

భూమి, దానిమీద బతుకుతున్నవారి గురించి ఎంతో సామాజిక, వైజ్ఞానిక సమాచారం ఆ రికార్డ్‌లో ఉంది. కొన్ని బొమ్మలు, స్వరాలు, కొన్ని డజన్ల సంగీత రచనలు,

భూమి మీద సాధించిన కళావిజయాలను ప్రదర్శించే రకంగా, ప్రపంచం నలుమూలల నుంచి సేకరించి అందులో ఉంచారు. సంగీతం పీసెస్ ఒక క్రమంలో లేవు. బీతోవెన్ ఫిఫ్త్ సింఫొనీ తొలిభాగం నోట్స్ శాస్త్రీయ సంగీతంలో, అలాగే పాప్ సంగీతంలో చక్ బెరీ పాట 'జానీ బి గుడ్' ఉంది. ప్రపంచం నలుమూలల నుంచి సేకరించి సాంప్రదాయ సంగీతంలో కాంగో పిగ్మీ అమ్మాయిల వయసువచ్చిన పండుగ పాట ఉంది. రికార్డ్‌లో కుక్కజాతి జంతువుల అరుపులు కూడా ఉన్నప్పటికీ, అవి సంగీతం భాగంలో లేవు. అవి గాలి, సముద్రం అలలు, వర్షం చప్పుళ్లతోబాటు మరొక సెక్షన్‌లో ఉన్నాయి. ఆల్ఫా సెంటారీవారు ఈ రికార్డ్‌ను వింటే, గింటే, వాళ్లకు ఒక సందేశం ఇందులో ఉంది. బీతోవెన్, చక్ బెరీ, పిగ్మీ వయసుపాట అన్నీ ఒకే విలువగలవి. కానీ నక్క అరుపులు మాత్రం పూర్తి వేరే రకం!

సామ్యవాదులు నక్కల అనుభవానికి విలువ లేదు అనడంలో ఉదారవాదులతో కలిసే వీలుంది. అయితే మూడు మానవ అనుభవాల గురించి వారి అభిప్రాయాలు పూర్తి వేరుగా ఉంటాయి. సామ్యవాదంలో గట్టి విశ్వాసం గలవారు సంగీతంలో అసలు విలువ, వినేవారి వ్యక్తిగత అనుభవాల మీద ఆధారపడదు, అంటారు మిగతావారు, మొత్తం సమాజం ఆ విలువలను నిర్ణయించాలి. మావో చెప్పినట్టు 'కళ, కళ కోసమే వంటిది' ఒకటి లేదు. వర్గాలకు అతీతంగా ఎదిగి నిలిచిన కళ, ఎవరితోనూ సంబంధం లేని కళ, రాజకీయంతో లంకెలేని కళ, లాంటివి ఏవీ లేవు.

అంటే సంగీతానుభవాలను విలువ కడుతున్నప్పుడు, సామ్యవాదులు, బీతోవెన్ దగ్గరకు వెళతారు. అతను అయిదవ సింఫొనీని తెల్ల యూరోపియన్‌లలో అగ్రవర్ణాల కొరకు రాశాడు అంటారు. అది కూడా యూరపు, ఆఫ్రికా మీద దండయాత్రకు బయలుదేరుతున్న కాలంలో రాశాడు కనుక అతని సంగీతరచనలో అప్పటి ఆదర్శాలు తొంగిచూస్తాయి. అవి అగ్రవర్ణ జాతులను మరింత పైకెత్తాయి. ఆఫ్రికా మీద విజయం తెల్లవానికి బరువు దించినట్టు అంటూ వ్యాఖ్యానం సాగుతుంది.

ఇక రాక్ అండ్ రోల్ గురించి చెపుతూ, ఆ సంగీతం అధఃపతితులయిన ఆఫ్రికన్-అమెరికన్ వారి సృష్టి అంటూ మొదలుపెడతారు. వారు బ్లూస్, జాజ్, గోస్పెల్‌ల నుండి ప్రేరణ అందుకున్నారు. అయితే 50, 60 దశకాలలో మెయిన్‌స్ట్రీమ్ అమెరికన్‌లు, దాన్ని స్వంతం చేసుకున్నారు. దాన్ని కన్జూమరిజం, అమెరికన్ సామ్రాజ్యవాదం, కోకా-కోలోనియలిజంలకు సేవ చేయడానికి వాడుకున్నారు. అగ్రవర్గాల తెల్ల యువకులు తమ పెటీ బూర్జువా ఊహావిప్లవంలో, రాక్ అండ్ రోల్‌ను వ్యాపారధోరణికి దించి స్వంతం చేసుకున్నారు. పెట్టుబడివాదం బలానికి చక్ బెరీ స్వయంగా తలవంచాడు. అతను పాడిన అసలు పాట 'ఎ కలర్‌డ్ బాయ్ నేమ్‌డ్ జానీ బి గుడ్' అంటుంది. కానీ తెల్లవారి రేడియో స్టేషన్‌ల ప్రోద్బలంతో పాటలో మాటలు మార్చాడు. 'ఎ కంట్రీబాయ్ నేమ్‌డ్ జానీ బి గుడ్' అని పాడసాగాడు, ఇలా సాగుతుంది ఆ వ్యాఖ్యానం.

ఇక కాంగో పిగ్మీ అమ్మాయిల బృందగానానికి వస్తే, వారి యుక్తవయసు పాట పితృస్వామ్య అధికార నిర్మాణంలో భావం. ఆడవారి మీద పెత్తనం గురించి అది అందరికీ నూరిపోస్తుంది. అటువంటి పాట రికార్డింగ్ ప్రపంచ మార్కెట్‌లోకి వస్తే, పడమటి పాత

కాలపు జ్ఞాపకాలు తిరిగి తలెత్తుతాయి. ఆఫ్రికా, అక్కడి ఆడవాళ్లు కొందరికి మనసులో మెదులుతాయి.

ఇంతకూ ఏ సంగీతం మంచిది. బీతోవెన్, జానీ బి గుడ్, లేక పిగ్మీ పాట నుంచి ఎంపిక జరగాలి. ప్రభుత్వంవారు సంగీతశాలలు కట్టారా? రాక్ అండ్ రోల్ కేంద్రాలు పెట్టారా? లేక ఆఫ్రికన్ సంస్కృతి ప్రదర్శనలు పెట్టారా? బడిలో కాలేజీలో పిల్లలకు ఏ రకం సంగీతం నేర్పించాలి? నన్ను అడగకండి. పార్టీ సాంస్కృతిక కార్యదర్శిని అడగండి.

సంస్కృతులను పోల్చిచూచేచోట లిబరల్స్, కింద బాంబులున్నట్లు మునివేళ్ల మీద నడుస్తారు. రాజకీయంగా సరికాని తప్పటడుగు పడుతుందని భయపడతారు. సామ్యవాదులు ఆ మైన్ ఫీల్డ్‌లో సరయిన దారి వెదికే బాధ్యత పార్టీకి వదిలేస్తారు. ఇక పరిణామవాదులు సంతోషంగా అందులోకి దుముకుతారు. గనులన్నీ పేలుతాయి. వాళ్లు తమాషా చూస్తారు. ఉదారవాదులు, సామ్యవాదులు జంతువులను దూరం చేస్తారు, మనుషులు నక్కలకన్నా మేలు అనడానికి వెనుకాడరు, అంతేగాదు నక్కపాటకన్నా మనిషి పాట మంచిది అనడంలో వాళ్లకు కష్టం కలుగదు, అని కూడా వారంటారు. అయితే పరిణామం బలాలనుంచి మానవజాతి వదిలిపెట్టబడలేదు. నక్కలకన్నా మనుషులు క్రమంలో ఎగువన ఉంటారు. అట్లాగే కొన్ని మానవ సంస్కృతులు మరిన్నింటికంటే ముందంజగా ఉంటాయి. మనుషుల అనుభవాల వరుసలో తికమక లేనేలేదు. దాని గురించి మనకు దోషభావం అవసరం లేదు. పూరిగుడిసె కంటె తాజ్‌మహల్ అందమయినది. మైకెలాంజిలో మది డేవిడ్ బొమ్మ, నా అయిదేళ్ల మేనకోడలి మట్టిబొమ్మకంటే గొప్పది. బీతోవెన్ పాట చక్ బెరీ రచన కంటే కాంగో పాట కంటె చాలా ఉన్నతంగా ఉంటుంది. అది! చెప్పేశానంతే!

అందరు మానవుల అనుభవాలు ఒకలాంటివే అని వాదించేవారు, దద్దమ్మలయినా కావాలి, లేక పిరికివారయినా కావాలి అంటారు పరిణామ మానవతావాదులు. ఇటువంటి బూతుతనం, పిరికితనంవల్ల మానవజాతి వినాశనం, అంతం మొదలవుతాయి. సాంస్కృతిక సామ్యాలు, సామాజిక సమానత పేరున మానవ ప్రగతికి అడ్డంకులు ఎదురవుతాయి. ఉదారవాదులు, సామ్యవాదులు రాతియుగంలో బతికి ఉంటే, వాళ్లు లాస్కో, అల్టామీరా కుడ్యచిత్రాలలో విలువ ఏదీ కనిపించేది కాదు. నియాండర్‌తాల్ వారి గీతాలకన్నా ఇవి ఏరకంగానూ గొప్పవి కావు, అని వారు పట్టుపట్టి వాదించేవారు.

మానవతావాదుల మతయుద్ధాలు

మొదట్లో మానవతావాదంలోని మూడువర్గాల మధ్య తేడాలు చాలా చిన్న సమస్యగా కనిపించాయి. క్రైస్తవం, ఇస్లాం, హిందూమతంలోని మానవతావాదుల మధ్యనున్న అంతులేని విభేదాలతో పోల్చిచూస్తే మానవతావాదంలోని వర్గాల వాదాలు చాలా చిన్నవి. దేవుడు చనిపోయాడని, మానవుల అనుభవాలు మాత్రమే విశ్వానికి అర్థాన్నిస్తాయని అందరం అంగీకరించినంత కాలం, అన్నీ మానవానుభవాలు సమానం అనుకున్నా, కాదు కొన్ని గొప్పవి అనుకున్నా పోయేదేమీ లేదు. అయినా మానవతావాదం ప్రపంచాన్ని

జయిస్తున్న కొద్దీ, ఈ విభేదాలు విస్తరించాయి. తరువాత చరిత్రలో మతపరమయిన యుద్ధాలలో అన్నింటికన్నా హీనస్థితికి దారితీశాయి.

ఇరవయ్యవ శతాబ్దపు తొలి పదేండ్లలో కూడా, ఉదార సాంప్రదాయం బలంగా నమ్మకంతో సాగింది. వ్యక్తులకు వీలయినంత స్వాతంత్ర్యం ఉంటే, తమ భావాలను ప్రకటించి, తదనుగుణంగా సాగే వీలుంటే ప్రపంచం అంతకు ముందెన్నడూ లేని శాంతి సౌభాగ్యాలను అనుభవిస్తుందని ఉదారవాదుల నమ్మకం సాగింది. సాంప్రదాయిక అధికార క్రమాలను, ప్రగతినిరోధక మతాలను, దమననీతి సామ్రాజ్యాలను పూర్తిగా పడగొట్టడానికి కొంతకాలం పట్టవచ్చు. అయినా ప్రతి దశాబ్దంతో కొత్త స్వేచ్ఛలు వస్తాయి, విజయాలు వీలవుతాయి. చివరకు మనం భూమి మీద స్వర్గాన్ని స్థాపిస్తాం. 1914 ప్రశాంత దినాలలో ఉదారవాదులకు చరిత్ర తమ పక్షాన ఉన్నట్టు తోచింది.

ఆ 1914 క్రిస్మస్ నాటికి లిబరల్స్ గొప్ప షాక్ తిన్నారు. తరువాతి దశాబ్దాలలో వారి భావజాలానికి కుడి, ఎడమలనుంచి జమిలి దెబ్బలు తగిలాయి. ఉదారవాదం నిజానికి నిర్లక్ష్యంగా, దోపిడీ చేసే వర్గ వ్యవస్థ అంటూ సామ్యవాదులు వాదించారు. అతిగా అర్థాలు చెపుతున్న లిబర్టీ అనే మాటకు బదులు 'ఆస్తి' అనుకోవాలి. వ్యక్తులు తమకు వచ్చిన దారిని సాగడాన్ని బలపరచడం, చాలాచోట్ల వారి ఆస్తులను, మధ్య, ఉన్నతవర్గాల వారి సౌకర్యాలను కాపాడడంగా ఉంటుంది. అద్దె చెల్లించలేని పరిస్థితిలో, కావలసినచోట ఉంటాను, అంటే అర్థం ఉందా? ఫీసు కట్టలేనివారు నా మనసుకు నచ్చింది చదువుకుంటా నంటే ఏమన్నట్టు? కారు కొనే స్తోమత లేనివారు యిష్టం వచ్చినచోటికి పోతానంటే కుదురుతుందా? అందరికీ తిండిలేక మాడడానికి స్వతంత్రం ఉంది, అన్నమాట ఉదారవాదంలో గొప్ప సూత్రమయిందన్నారు. జనాలను, ఒంటరి వ్యక్తులుగా తమనుతాము భావించమని ప్రోత్సహిస్తే, వారు మిగతావారినుంచి విడిపోతారు. వారిని అణగదొక్కేవారికి వ్యతిరేకంగా ఒక్కటిగా పోరాడడం కుదరదు. ఆ రకంగా ఉదారంవల్ల అసమానత శాశ్వత మవుతుంది. జనం బీదరికంలో కూరుకుపోతారు. కలవారు అందరికీ దూరమవుతారు.

ఉదారత మీద వామపక్షం నుంచి దెబ్బతిని అస్థిరంగా ఉన్నప్పుడే, కుడి నుంచి పరిణామవాదుల దెబ్బ కూడా తగిలింది. రేసిస్ట్‌లు, ఫాసిస్ట్‌లు కలిసి ఉదార, సామ్యవాదాలను రెంటినీ తప్పుపట్టసాగారు. సహజమయిన ఎంపికను కాదని, మానవజాతిని నిర్వీర్యం చేస్తున్నారు అన్నారు. అందరు మానవులకు సమానస్థాయి విలువనిచ్చి, అందరూ ఎవరితోనయినా పిల్లలను కనవచ్చునంటే ప్రకృతిసిద్ధంగా తట్టుకోగలవారు మాత్రమే నిలుస్తారనే సహజవరణం అంతమవుతుంది. తట్టుకోగలవారు గుంపులో కలిసిపోతారు. మహామానవులుగా మారడానికి బదులు మానవజాతి అంతరిస్తుంది.

మానవతావాద వర్గాల మధ్య 1914 నుంచి 1989 వరకు తీవ్రమయిన యుద్ధాలు సాగాయి. ఉదారవాదం ఒకటి తర్వాత ఒకటిగా ఓటములను రుచి చూచింది. కమ్యూనిస్ట్‌లు, ఫాసిస్ట్‌లు ఎన్నో దేశాలను ఆక్రమించారు. ఉదారవాదంలోని మూల సూత్రాలను అమాయకత అన్నారు. అపాయకరాలు అనకపోవడం వింత వ్యక్తులకు స్వతంత్రం యివ్వండి. ప్రపంచంలో శాంతిసౌభాగ్యాలు నిలుస్తాయి! అవునవును!

రెండవ ప్రపంచ యుద్ధాన్ని ఉదారవాదుల మహావిజయంగా ఇప్పటికీ భావిస్తాం. కానీ, అప్పట్లో అది ఆ రకంగా కనిపించలేదు. బలంగల ఉదారవాద కూటమికి, ఏకాకి నాజీ జర్మనీకి మధ్యన స్పర్ధగా యుద్ధం సెప్టెంబర్ 1939లో మొదలయింది. (ఫాసిస్టు ఇటలీ కూడా తరువాతి సంవత్సరం జూన్ వరకు వేచి ఉంది.) ఉదారుల కూటమి కుప్ప తిప్పలుగా సంఖ్యాపరంగా, ఆర్థికంగా పైచేయిగా మారింది. జర్మన్‌వారి జిడిపి (జాతీయ ఉత్పత్తి) 1940లో 387 మిలియన్ డాలర్లు. యూరోప్‌లో, వారి ప్రత్యర్థుల జాతీయ ఉత్పత్తి మొత్తం 631 మిలియన్ డాలర్లు. బ్రిటిష్, ఫ్రెంచ్, డచ్, బెల్జియన్ సామ్రాజ్యాలు, వారి సామంతరాజ్యాలు, ఈ లెక్కలోకి రాలేదు. అయినా 1940లో జర్మనీ ఈ కూటమికి నిర్ణాయకంగా దెబ్బవేయడానికి మూడునెలలు మాత్రమే పట్టింది. ఫ్రాన్స్, లోతట్టు దేశాలను, నార్వే, డెన్మార్క్‌లను అది ఆక్రమించింది. ఇంగ్లీష్ ఛానల్ పుణ్యమా అని ఇంగ్లండ్ తప్పించుకున్నది.

మిత్రదేశాలు సోవియెట్ యూనియన్‌తో చేతులు కలిపిన తర్వాత మాత్రమే జర్మనీ తల వంగింది. కానీ సోవియెట్ పెద్ద మూల్యాన్ని చెల్లించవలసివచ్చింది. యుద్ధంలో రెండున్నర కోట్ల మంది సోవియెట్ పౌరులు చచ్చారు. అమెరికా, బ్రిటన్‌లలో చెరి అయిదులక్షల మంది మాత్రమే చచ్చారు. నాజీయిజంను ఓడించిన ఘనతలో ఎక్కువభాగం కమ్యూనిజంకు యివ్వవలసిందే. కొంతకాలమయినా కనీసం కమ్యూనిజం యుద్ధ ఫలితాలను గొప్పగా అనుభవించింది.

సోవియెట్ యూనియన్ యుద్ధంలో ఒంటరి కమ్యూనిస్ట్ అస్పృశ్య దేశంగా అడుగు పెట్టింది. కానీ ప్రపంచంలోని రెండు సూపర్ పవర్లలో అది ఒకటి అయింది. విస్తరిస్తున్న అంతర్జాతీయ బ్లాక్‌కు లీడర్ అయింది. 1949 నాటికి తూర్పు యూరోప్ సోవియెట్ ఉపగ్రహం అయింది. చైనీస్ కమ్యూనిస్ట్ పార్టీ తమ ప్రచ్ఛన్నయుద్ధం గెలిచింది. యునైటెడ్ స్టేట్స్‌లో కమ్యూనిస్ట్ వ్యతిరేకత వెల్లువయింది. విప్లవాత్మక, సామ్రాజ్యవాద వ్యతిరేక ఉద్యమాలు ప్రపంచమంతటా చెలరేగి మాస్కో, బీజింగ్‌ల వేపు చూడసాగాయి. ఉదారవాదం కేవలం జాతివాద యూరోపియన్ దేశాలతో మిగిలిపోయింది. ఈ సామ్రాజ్యాలు కూలిన కొద్దీ మామూలుగా వాటి స్థానంలో సైన్యాధికారులు నియంతలుగా వచ్చారు. లేదా సామ్యవాద ప్రభుత్వాలు వచ్చాయి. ఉదారవాద ప్రజాస్వామ్యాలు మాత్రం రాలేదు. 'మీరు నచ్చినా, నచ్చకున్నా, చరిత్ర మా పక్షాన ఉంది. మేము మిమ్మల్ని పాతేస్తాం!' అంటూ 1956లో సోవియెట్ నాయకుడు నికితా క్రుశ్చేవ్ ఉదారవాద పశ్చిమ దేశాలను విశ్వాసంతో హెచ్చరించాడు.

క్రుశ్చేవ్ ఆ మాటను నమ్మాడు. మూడవ ప్రపంచం నాయకులు, ప్రథమ ప్రపంచపు జ్ఞానులు కూడా ఆ మాటను నమ్మారు. 1960-70 దశకాలలో చాలా పడమటి విశ్వ విద్యాలయాలలో 'లిబరల్' అన్నమాట ఒక తిట్టు కిందకు మారింది. రాడికల్ వామవర్గ ఉద్యమాలు ఉదారవిధానాన్ని పడగొట్టాలని పనిచేయడంతో ఉత్తర అమెరికా, పడమటి యూరోప్‌లలో సాంఘిక సంచలనాలు పెరగసాగాయి. కేంబ్రిడ్జ్, పారిస్ విశ్వవిద్యాలయం, బెర్కిలీలలో విద్యార్థులు ఛైర్మన్ మావో లిటిల్ రెడ్ బుక్ చదవసాగారు. చే గువేరా చిత్రాన్ని

గదుల్లో పెట్టుకున్నారు. పడమటి ప్రపంచమంతటా 1968లో నిరసనలు, దాడులు పెట్రేగిపోయి పరిస్థితి తారాస్థాయికి చేరింది. మెక్సికన్ రక్షకదళాలు లాతెలాల్కో దమన కాండలో డజన్లకొద్దీ విద్యార్థులను కాల్చి చంపారు. బ్యాటిల్ ఆఫ్ వాలె జులియా అని పేరు పడిన పోరాటంలో రోమ్‌లో విద్యార్థులు ఇటాలియన్ పోలీసులతో తలపడ్డారు. మార్టిన్ లూథర్‌కింగ్ హత్య కారణంగా వందకన్నా ఎక్కువ అమెరికా నగరాలలో దాడులు, నిరసనలు కొనసాగాయి. మే నెలలో పారిస్‌లో విద్యార్థులు వీథులను స్వాధీనం చేసుకున్నారు. ప్రెసిడెంట్ డీ గాల్ జర్మనీలోని ఒక మిలిటరీ బేస్‌కు పారిపోయి తలదాచు కున్నాడు. ధనిక పౌరులు ఇళ్లు వదలలేక గడగడలాడిపోయారు. ఉరికి గురయినట్టు కలలుగన్నారు.

1970 నాటికి ప్రపంచంలో 130 స్వతంత్రదేశాలు వెలిశాయి. కానీ వాటిలో ముప్ఫయి మాత్రమే ఉదారవాద ప్రజాస్వామ్యాలు. వాటిలో ఎక్కువభాగం యూరోప్‌లోని నైరుతి మూలలో కిక్కిరిసి ఉన్నాయి. భారతదేశం ఒక్కటి స్వాతంత్ర్యం వచ్చిన తర్వాత ఉదారవాద మార్గంలో నడుస్తానన్నది. అయినా ఆ దేశం కూడా పడమటి కూటమి నుంచి దూరం పోయింది. సోవియెట్ల వేపు మొగ్గింది.

1975లో ఉదారవాద వర్గానికి అన్నిటికన్నా అవమానకరమయిన అపజయం ఎదురయింది. వియెత్నాం యుద్ధం ముగిసింది. గోలియత్ వంటి మహాదేశం అమెరికాను డేవిడ్ వంటి ఉత్తర వియెత్నాం మట్టి కరిపించింది. ఆ తర్వాత వరుసగా దక్షిణ వియెత్నాం, లావోస్, కంబోడియాలను కమ్యూనిజం చేజిక్కించుకున్నది. 17 ఏప్రిల్ 1975న కంబోడియా రాజధాని నామ్‌పెన్ ఖమేర్ రూజ్ ముందు కుప్పకూలింది. సైగాన్‌లోని అమెరికన్ రాయబార కార్యాలయం పైకప్పు మీదనుంచి, మిగిలిపోయిన యాంకీ (అమెరికన్) లను హెలికాప్టర్‌లు ఎత్తుకుపోయే దృశ్యాలను, రెండు వారాల తర్వాత ప్రపంచమంతా టీవీ తెరలపై చూచింది. అమెరికన్ సామ్రాజ్యం కుప్పగూలుతుందని చాలామంది అనుకున్నారు. 'డోమినో సిద్ధాంతం' అని ఎవరో అనబోయేలోగానే భారత దేశంలో ఇందిరాగాంధీ అత్యవసరస్థితి ప్రకటించింది. ప్రపంచంలోని అన్నిటికన్నా పెద్ద ప్రజాస్వామ్యం సామ్యవాద నియంతృత్వ మార్గంలోకి పోతున్నది అనుకున్నారు.

ఉదారవాద డెమొక్రసీ, వయసుమళ్లిన తెల్ల సామ్రాజ్యవాదులు క్లబ్‌గా కనబడ సాగింది. ప్రపంచానికి తమ యువతకు ఇవ్వడానికి వాళ్లవద్ద ఏమీ మిగిలి లేదు. వాషింగ్‌టన్ తనను తాను ప్రపంచానికి లీడర్‌నంటూ తనను తాను పొగడుకున్నది. కానీ మిత్రవర్గంలో ఉన్నది రాజులు (సౌదీ అరేబియాలో కింగ్ ఖాలిద్, మొరాకోలో కింగ్ హసన్, పర్షియాలో షా), సైనిక డిక్టేటర్‌లు (గ్రీక్ కల్నల్స్, చిలీలో జనరల్ పినొషే, స్పెయిన్‌లో జనరల్ ఫ్రాంకో, దక్షిణ కొరియాలో జనరల్ పార్క్, బ్రెజిల్‌లో జనరల్ గెయిసెల్ మరియు తైవాన్‌లో జనరలెసిమో చాంగ్ కై-షేక్) మాత్రమే.

ఈ రాజులు, సైన్యాధ్యక్షులు, సేనలవారి మద్దతు ఉన్నప్పటికీ నాటో కన్నా వార్సా ఒప్పందంలో సంఖ్యాబలం కనిపించింది. సాంప్రదాయ ఆయుధాల విషయంగా సమానత్వం సాధించడానికి పడమటి దేశాలు బహుశ లిబరల్ డెమొక్రసీని తొలగించవలసి

వచ్చింది. ఫ్రీ మార్కెట్ కూడా పోయింది. అన్నీ సర్వసత్తాక దేశాలయ్యాయి. లిబరల్ డెమొక్రసీని అణ్వాయుధాలు మాత్రమే కాపాడగలిగాయి. నేటోలో పరస్పర నిశ్చిత వినాశనం (మ్యూచువల్ అష్యూర్డ్ డిస్ట్రక్షన్) విధానం అంగీకరించారు. దాని ప్రకారం అలవాటుగా జరిగే సోవియెట్ దాడులకు గూడా అణ్వాయుధాలు జవాబు చెపుతాయి. 'మీరు గానీ దాడి చేస్తే, అందులోంచి ఎవరూ బతికి బయటపడకుండా మేం చూస్తాం' అని ఉదారవాదులు భయపెట్టారు. ఈ భయంకరమయిన ఢాలు అడ్డుపెట్టుకుని లిబరల్ డెమొక్రసీ, ఫ్రీ మార్కెట్, తమ చివరి పట్టుగొమ్మల్లో పట్టం సాగించాయి. పడమటివారికి సెక్స్, డ్రగ్స్, రాక్ అండ్ రోల్ లాంటివాటితోబాటు వాషింగ్‌మెషీన్స్, రిఫ్రిజిరేటర్‌లు, టీవీలు అనుభవించే అవకాశం దొరికింది. అణుబాంబులు లేకుంటే, బీటిల్స్ గానీ, వుడ్‌స్టాక్‌గాని ఉండేవారు కారు. పొంగిపొరలే సూపర్ మార్కెట్లు ఉండేవి కావు. కానీ 1970 మధ్యకాలానికి అణ్వాయుధాలు ఉన్నప్పటికీ సామ్యవాదానికి భవిష్యత్తు బలంగా కనిపించింది.

అప్పుడిక మొత్తం మారిపోయింది. ఉదారవాద డెమొక్రసీ చరిత్ర చెత్తాబుట్టలో నుంచి పాకి బయటికి వచ్చింది. తననుతాను దులుపుకుని ప్రపంచాన్ని జయించింది. గులగ్‌కన్నా సూపర్‌మార్కెట్ బలమయినదని తేలింది. దక్షిణ యూరోప్‌లో మెరుపు యుద్ధం మొదలయింది. గుత్తాధికార రాజ్యాలు గ్రీస్, స్పెయిన్, పోర్చుగల్ కుప్పగూలాయి. ప్రజాస్వామ్య ప్రభుత్వాలు నెలకొన్నాయి. 1977లో ఇందిరాగాంధీ ఎమర్జెన్సీ తొలగించింది. భారతదేశంలో ప్రజాస్వామ్యం తిరిగి స్థాపితమయింది. 1980 దశకంలో తూర్పు ఆసియా, లాటిన్ అమెరికాలలో నియంతృత్వాలు (బ్రెజిల్, అర్జెంటీనా, తైవాన్, దక్షిణ కొరియా లాంటిచోట్ల) తొలగింపబడ్డాయి. 80 దశకం కడమ, 90 దశకం తొలి భాగాలలో ఉదారవాద తరంగాలు ఉప్పెనగా మారాయి. సోవియెట్ సామ్రాజ్యం తుడిచి పెట్టుకుపోయింది. చరిత్ర గురించి అందరిలో ఆత్రం పెరిగింది. దశాబ్దాలపాటు, అపజయాల తరువాత ఉదారవాదం ప్రచ్ఛన్న యుద్ధంలో నిర్ణయాత్మకంగా గెలిచింది. కొంత అలసినప్పటికీ, మానవతావాద మతయుద్ధాలలో నుంచి గర్వంగా మళ్లీ తలయెత్తి విజయంగా ఎగిసివచ్చింది.

సోవియెట్ సామ్రాజ్యం లోలోనికే కూలింది. తూర్పు యూరోప్‌లోనేగాక, గతంలో సోవియెట్ రిపబ్లిక్‌లు చాలావాటిలో కూడా కమ్యూనిజం పోయి ఉదార ప్రజాస్వామ్యాలు వచ్చాయి. బాల్టిక్ స్టేట్స్, ఉక్రేన్, జార్జియా, అర్మేనియాలు ఉదాహరణలు. ఇవాళ రష్యా కూడా ప్రజాస్వామ్యాన్ని అంటూ బూటకం చెపుతుంది. కోల్డ్‌వార్‌లో గెలుపు కారణంగా లిబరల్ నమూనా ప్రపంచంలో ఎన్నోచోట్ల, ముఖ్యంగా లాటిన్ అమెరికా, దక్షిణాఫ్రికా, ఆసియాలలో ఊపందుకుని వ్యాపించింది. కొన్ని ఉదారవాద ప్రయోగాలు అన్యాయంగా ఓడిపోయాయి. కానీ గెలిచిన సందర్భాలే ఎక్కువ. ఇండోనేషియా, నైజీరియా, చిలీ, ఉదాహరణలు. అక్కడ సైన్యాధికారులు దశాబ్దాలుగా రాజ్యం చేశారు. అవన్నీ ప్రజాస్వామ్యా లయ్యాయి.

38. ఖాళీ అవుతున్న సైగాన్‌లోని అమెరికా రాయబార కార్యాలయం.

ఒక ఉదారవాది 1914లో నిద్రపోయి 2014లో మేలుకుంటే, అతడు లేదా ఆమెకు పెద్ద తేడా కనిపించేది కాదు. ఇప్పుడు కూడా వ్యక్తికి స్వాతంత్ర్యం ఇస్తే ప్రపంచం శాంతిసౌఖ్యాలను అనుభవిస్తుంది అంటున్నారు. ఇరవయ్యవ శతాబ్ది యావత్తు ఒక పొరపాటుగా కనబడుతుంది. 1914 వేసవిలో మానవజాతి లిబరల్ హైవే మీద వేగంగా ముందుకు సాగింది. అప్పుడది తప్పువేపు మళ్లింది. దానికి గోడ ఎదురయింది. ఇక ఎనిమిది దశాబ్దాలు మూడు ప్రపంచ యుద్ధాలు జరిగితే గానీ హైవే మీద తిరిగి దారి దొరకలేదు. అయితే ఈ కాలమంతా వ్యర్థంగా పోలేదు. ఆంటిబయోటిక్స్, అణుశక్తి, కంప్యూటర్స్ అనీ అక్కడినుంచే వచ్చాయి. స్త్రీవాదం కూడా వచ్చింది. డీకలోనియలిజం, ఫ్రీసెక్స్ కూడా వచ్చాయి. తోడుగా ఉదారవాదం అనుభవంతో బరువయింది. మెత్తబడింది. సామ్యవాద, ఫాసిస్ట్ ప్రత్యర్థులనుంచి అది ఎన్నో ఆలోచనలు, సంస్థలను అందుకున్నది. మామూలు మనుషులకు విద్య, ఆరోగ్యం, సంక్షేమసేవలు అందించే బాధ్యత తెలుసు కున్నది. అయినా మౌలికంగా ఉదారవాదంలో మాత్రం ఇచ్చిన మార్పు చాలా తక్కువ. ఇప్పటికీ అది వ్యక్తి స్వాతంత్ర్యాలను గౌరవిస్తుంది. ఓటర్, కొనుగోలుదార్ల మీద విశ్వాసం కొనసాగుతున్నది. ఇరవయిఒకటవ శతాబ్దం తొలి కాలంలో చూడడానికి మిగిలింది ఇది ఒకటే!

విద్యుత్తు, జన్యుశాస్త్రం, రాడికల్ ఇస్లాం

వ్యక్తివాదం, మానవహక్కులు, ప్రజాస్వామ్యం, ఫ్రీ మార్కెట్ కలిపిన లిబరల్ ప్యాకేజ్‌కు 2016 నాటికి ప్రత్యామ్నాయం లేదు. 2011లో పడమటి ప్రపంచంలో నిరసనలు మొదలయ్యాయి. వాల్‌స్ట్రీట్‌ను ఆక్రమించండి, స్పానిష్ 15-ఎమ్ ఉద్యమంలాంటివి జరిగాయి. వాటికి కూడా ప్రజాస్వామ్యం, వ్యక్తివాదం, మానవుల హక్కుల గురించి గానీ,

ఫ్రీ మార్కెట్ ఆర్థిక విధానానికి గానీ వ్యతిరేకత లేదు. ఉదారవాద ఆదర్శాలకు అనుగుణంగా పనిచేయలేదని ఈ ఉద్యమాలు ప్రభుత్వాలను నిలదీశాయి. బజారులో నిజమయిన స్వతంత్రం ఉండాలి, పడిపోవడానికి వీలులేనంత పెద్ద బ్యాంక్‌లు, కార్పొరేట్ సంస్థల ప్రమేయం అందులో ఉండగూడదు, అని మాత్రం వారన్నారు. నిజంగా ప్రాతినిధ్యాలు గల ప్రజాస్వామ్య సంస్థలు ఉండి సామాన్యపౌరుల కొరకు పనిచేయాలన్నారు. ధనికస్వాములు, అధికారులకు అవి లొంగకూడదన్నారు. అన్యాయంగా స్టాక్ ఎక్స్‌చేంజ్‌లు, శాసనసభలు పనిచేయడం లేదని తీవ్రంగా విమర్శించినా ప్రపంచాన్ని నడపడానికి మరో నమూనా దొరకలేదు. పాశ్చాత్య పండితులు, ఆక్టివిస్ట్‌లకు ఉదారవాద ప్యాకేజీని తప్పులు పట్టడం ఒక కాలక్షేపం. అంతకన్నామించి వాళ్లవల్ల మంచి జరిగింది లేదు.

పాశ్చాత్య సామాజిక ప్రతిఘటన కన్నా చైనా నుంచి ఛాలెంజ్ వస్తున్నట్టు కనబడుతుంది. రాజకీయాన్ని, వ్యాపారాన్ని సరళం చేసినా చైనా ఒక ప్రజాస్వామ్యం కాదు. ఫ్రీ మార్కెట్ ఇకానమీ అంతకన్నా కాదు. అయినా చైనా ఆర్థికంగా ఘనవిజయాలు సాధించడానికి ఎవరూ అడ్డు రాలేదు. ఈ ఆర్థికమహాకాయం నీడ మాత్రం చాలా చిన్నది. చైనావారు ప్రస్తుతం ఏ రకమయిన నమ్మికగలవారు అన్నది ఎవరికీ తెలిసినట్టు కనబడదు. చివరికి చైనావారికి కూడా! సిద్ధాంతం ప్రకారం చైనా యింకా కమ్యూనిస్ట్ దేశమే. ఆచరణలో మాత్రం ఆ పద్ధతి లేనేలేదు. కొందరు చైనీస్ మేధావులు, నాయకులు తిరిగి కన్ఫ్యూషియానిజం గురించి ఆలోచిస్తున్నారు. అయితే అది ప్రదర్శన కొరకు గాక మరొకటి కాదు. ఆదర్శాల విషయంగా అక్కడ శూన్యం ఏర్పడింది. కనుక అది సిలికాన్ లోయలో పుట్టిన సాంకేతికమతాల వ్యాప్తికి తగిన ప్రయోగశాల అయింది. (ఈ విషయం గురించిన చర్చ తరువాతి అధ్యాయాలలో వస్తుంది.) చిరంజీవత్వం, వర్చువల్ స్వర్గం లాంటివాటిని నమ్మే ఈ సాంకేతిక మతాలు రావాలంటే మరో పది, ఇరవయి ఏండ్లు పడుతుంది. కనుక ప్రస్తుతానికి ఉదారవాదం విషయంగా చైనానుంచి ఎటువంటి ఆపద లేదు. దివాలా తీసిన గ్రీకువారికి ఉదారవాద నమూనాను తెగడడం, మరొకదాన్ని గురించి వెదకటం, 'చైనాను అనుకరించడం' కన్నా మరొక పనికివచ్చే, ఫలితమిచ్చే దారి లేదు.

అయితే మరి తీవ్రమయిన ఇస్లాం సంగతి ఏమి? అదే రకమయిన క్రైస్తవం మాటేమిటి? జూడాయిజం, హైందవం ఏమంటాయి? చైనావారికి తాము నమ్మేతున్నది ఏమని తెలియదు. ఈ సంగతి ఫండమెంటల్ మతాలవారికీ తెలుసు. నీట్షే దేవుడు చనిపోయాడని చెప్పి నూరేళ్లు దాటాయి. అయినా ఆ దేవుడు తిరిగి వస్తున్నట్టు తోస్తుంది. అయితే ఇదొక మిథ్య, ఎండమావి. దేవుడు పోయాడు – శరీరాన్ని వదిలించుకోవడానికి కొంతకాలం పడుతున్నది, అంతే. మౌలికమయిన ఇస్లాం పాటించేవారికి, ఉదారవాదానికి ఆపద కలిగించేంత శక్తి లేదు. వారి నమ్మకం తీవ్రం కావచ్చు కానీ వారికి ఇరవయిఒకటవ శతాబ్ది ప్రపంచం గురించి తెలియదు. మనచుట్టు కొత్త సాంకేతిక వనరుల కారణంగా ఆవరిస్తున్న కొత్త ఆపదల, అవకాశాల గురించి చెప్పడానికి తగిన మాటలు వారి దగ్గర లేవు.

మతం, సాంకేతికశాస్త్రం ఎప్పుడూ కలసి జంటనృత్యం చేస్తాయి. ఒకదాన్నొకటి

తోసుకుంటాయి. పరస్పరం ఆధారపడతాయి, ఒకదాన్నొకటి మరీ దూరంగా వదిలి మనజాలవు. సాంకేతికశాస్త్రంలో వచ్చిన ప్రతి అంశానికి వాడడానికి వేరువేరు అవకాశా లుంటాయి. ఇంజనియర్లకు ఒక ప్రవక్త వచ్చి ఎంపిక, గమ్యాల గురించి తెలియజెప్పాలి. కనుక అక్కడ మతం అవసరం ఉంది. పందొమ్మిదవ శతాబ్దంలో ఇంజనియర్‌లు లోకోమోటివ్‌లను, రేడియో, అంతర్దహన ఇంజన్‌లను కనుగొన్నారు. ఇవే పరికరాలను వాడి ఫాసిస్ట్ సమాజాలను నిర్మింపవచ్చునని, కమ్యూనిస్ట్ నియంతలను, ఉదారవాద ప్రజాస్వామ్యాలను కూడా నడిపించవచ్చునని ఇరవయ్యవ శతాబ్ది రుజువు చేసింది. మత పరమయిన దృఢవిశ్వాసాలు లేకుండా! రైలుయింజన్‌కు ఎటు పోవాలో తెలియదు.

మరొక పక్కన సాంకేతిక శాస్త్రం తరుచుగా, ఒక వెయిటర్ మన ఆకలికి హద్దులు ఏర్పరిచినట్టు, అందుకు మెనూ అందించినట్టు, మన మతదృష్టికి వీలు, పరిధులను నిర్వచిస్తుంది. కొత్త టెక్నాలజీ వచ్చి పాత దేవుళ్లను చంపుతుంది. కొత్తవారిని పుట్టిస్తుంది. వేట–సేకరణ కాలంలో మానవుని పంట దేవతలు వేరు. అందుకే కార్మికులు స్వర్గాలను గురించి కలలు గంటారు. రైతులకు అది చేతగాదు. విప్లవాత్మక సాంకేతిక ఆవిష్కరణలు, అంతకు ముందెన్నడూ లేని మతోద్యమాలను పుట్టించగలవు. మధ్యయుగం వారికది తెలియదు. ఇస్లామిక్ ఫండమెంటలిస్ట్‌లు 'మా మతమే అంతిమ సమాధానం' అనే నినాదాన్ని వల్లెవేయవచ్చు. సాంకేతిక వాస్తవాలతో సంబంధాలు తెంపుకున్న మతాలు, అడిగే ప్రశ్నలను అర్థం కూడా చేసుకోలేరు. కృత్రిమ జ్ఞానం వచ్చి మనుషులకన్నా మెరుగుగా పనిచేయడం మొదలయితే, ఉద్యోగాలన్నీ ఏమవుతాయి? ఆర్థికంగా పనికిరాని ప్రజలు పెద్దసంఖ్యలో ఉన్నందుకు రాజకీయప్రభావం ఎట్లాగుంటుంది? నానోటెక్నాలజీ, శరీరాలను పునర్నిర్మించే వైద్యపద్ధతులు వచ్చి ఎనభయి ఏళ్ల మనిషిని మధ్యవయస్కుడుగా మారిస్తే సంబంధాలు, కుటుంబాలు, పెన్షన్ ఫండ్స్ ఏమవుతాయి? పుట్టబోయే పిల్లల లక్షణాలను ముందే నిర్ణయించగలిగితే, మానవ సమాజం ఏమవుతుంది? బీద, గొప్పల మధ్యన వార మరింత పెరిగితే ఏమవుతుంది?

ఈ ప్రశ్నలలో దేనికయినా, ఖురాన్‌లో గాని షారియాలో గాని సమాధానాలు దొరకవు. బైబిల్, కన్ఫ్యూషియస్ అనలెక్ట్స్‌లో కూడా ఉండవు. మధ్యప్రాచ్యంలోని మధ్య యుగంవారిలో, ప్రాచీన చైనాలో ఎవరికీ, కంప్యూటర్‌లు, జన్యుశాస్త్రం, నానోటెక్నాలజీలు తెలియవు. సాంకేతిక, ఆర్థిక ప్రభంజనాలు ప్రపంచంలో స్థిరతకు లంగరు అందిస్తామని రాడికల్ ఇస్లాం హామీలు యివ్వవచ్చు. కానీ తుఫానులోనుంచి బయటపడాలంటే మ్యాప్ ఉండాలి. తెడ్డు ఉండాలి. లంగరు ఉంటే చాలదు. అందుకే తీవ్ర ఇస్లాం తమ మతంలో పుట్టి పెరిగినవారికి ఆశలు చూపవచ్చు. స్పెయిన్‌లో యువతకు, ఆత్రంగా ఉన్న చైనా బిలియనీర్లకు యివ్వడానికి వారివద్ద ఏదీ లేదు.

సరే, కోట్లాది మంది ఇస్లాం, క్రైస్తవం, హిందూమతాలను నమ్మడం కొనసాగించ వచ్చు. చరిత్రలో కేవలం సంఖ్యాబలం వలన అన్నీ జరగలేదు. ముందుచూపు గలిగి, కొత్త దారులు తొక్కే ఆవిష్కర్తలు, వారి చిన్న బృందాలు చరిత్రకు రూపుపోశారు. వెనుకకు చూచే జనానీకంవల్ల ఏమీ జరగలేదు. పదివేల ఏండ్ల కింద జనులందరూ వేట–సేకరణలతో

బతికారు. మధ్యప్రాచ్యంలో కొందరు అగ్రగాములు మాత్రమే వ్యవసాయదారులు. అయినా భవిష్యత్తు వారిదయింది. 1850లో జనాభాలో 90 శాతం మంది వ్యవసాయదారులు. గంగ, నైల్, యాంగ్జేల వెంట చిన్న పల్లెల్లో ఉన్నారు. ఎవరికీ ఆవిరి యంత్రం, రైలుదారి, టెలిగ్రాఫ్ తీగల గురించి తెలియదు. అయితే వారి భవితమాత్రం అప్పటికే మాంచెస్టర్, బర్మింగ్‌హాంలలో కొందరు ఇంజనియర్లు, రాజకీయ నాయకులు, పెట్టుబడి పెట్టేవారు నిర్ణయించారు. వీరంతా కలసి పారిశ్రామిక విప్లవం ప్రారంభించారు. ఆవిరి యంత్రం, రైల్‌దారి, టెలిగ్రాఫ్, తిండి ఉత్పత్తి తీరును మార్చాయి. దుస్తులు, వాహనాలు, ఆయుధాల తయారీ మారింది. పారిశ్రామిక అధికారులకు సాంప్రదాయిక వ్యావసాయిక సమాజాల కన్నా ఎక్కువ బలం అందింది.

పారిశ్రామిక విప్లవం ప్రపంచమంతటా పాకింది. గంగా, నైల్, యాంగ్జేలను కూడా తాకింది. అయినా చాలామంది వేదాలు, బైబిల్, ఖురాన్‌లను నమ్ముతూనే ఉన్నారు. ఆవిరియంత్రం మీద మాత్రం వారికి నమ్మిక కలుగలేదు. ఇవాళటిలాగే, పందొమ్మిదవ శతాబ్దంలో కూడా, మనష్యుల సమస్యలన్నింటికీ వారి దగ్గరే తరుణోపాయాలు ఉన్నాయనే పూజారులు, మార్మికులు, గురువులకు కొదువ ఉండేది కాదు. ఉదాహరణకు 1820 నుండి 1880 దశకాల వరకు బ్రిటన్ మద్దతుతో ఈజిప్టు సూడాన్‌ను గెలిచింది. ఆ దేశాన్ని ఆధునికం చేసి కొత్త అంతర్జాతీయ వ్యాపారవర్గంలో దూర్చే ప్రయత్నం చేసింది. దీనితో సాంప్రదాయ సూడాన్ సమాజం అస్థిరమయింది. పెద్ద ఎత్తున నిరసన, తిరుగుబాట్లు జరిగాయి. 1881లో ఒక స్థానిక మతగురువు మహమ్మద్ అహ్మద్‌బిన్ అబ్దుల్లా, తనను తాను మెహ్‌దీ విమోచకుడు (వార్తావాహకుడు) గా ప్రకటించుకున్నాడు. భూమి మీద దేవుని శాసనాన్ని స్థాపించడానికి వచ్చానన్నాడు. అతని మద్దతుదారులు ఆంగ్లో-ఈజిప్షియన్ సేనను ఓడించారు. జనరల్ చార్లెస్ గార్డన్ అనే కమాండర్ తల నరికారు. విక్టోరియన్ బ్రిటన్ బిత్తరపోయింది. అప్పుడు వారు సూడాన్‌లో ఇస్లామిక్ మతరాజ్యాన్ని స్థాపించారు. షారియాలా వారికి ప్రమాణం రాజ్యం 1898 దాకా కొనసాగింది.

ఈలోగా భారతదేశంలో దయానంద సరస్వతి నాయకత్వంలో హిందూ పునరుత్థాన ఉద్యమం మొదలయింది. వేదగ్రంథాలలో మాట ఎన్నటికీ పొల్లుపోదు, అన్నది వీళ్ల ఆధారసూత్రం. వేద విజ్ఞానాన్ని విస్తరింపజేయడానికి అతను 1875లో ఆర్యసమాజ్ స్థాపించాడు. కానీ నిజం చెప్పాలంటే దయానంద తరుచుగా వేదాలను ఆశ్చర్యంగా ఉదారవాద ధోరణిలో వ్యాఖ్యానించేవాడు. స్త్రీలకు సమానహక్కులులాంటి అంశాలను, పడమటి దేశాలలో అంతగా ప్రచారానికి రాకముందే అతను ప్రస్తావించడం ఒక ఉదాహరణ.

దయానందుని సమకాలికుడు పోప్ పయస్ IX స్త్రీల విషయంలో మరింత పాతరకం భావనలు గలవాడు. మానవాతీత అధికారం సాధించినందుకు దయానంద అభిమానాన్ని పోప్ చూరగొన్నాడు. కాథలిక్ సిద్ధాంతంలో పోప్ ఎన్నో సంస్కరణలు చేశాడు. పోప్‌లు పొరపాటు చేయరు అంటూ ఒక కొత్త సూత్రాన్ని ప్రవేశపెట్టాడు. మధ్యయుగంనాటిదిగా కనిపించే ఈ ఆలోచన, 1870లో మాత్రమే స్థిరమయిన

సిద్ధాంతంగా మారింది. ఛార్లెస్ డార్విన్ ఆన్ ద ఆరిజిన్ ఆఫ్ స్పీసీస్ ప్రచురించి అప్పటికి పదకొండు సంవత్సరాలయింది.

పోప్ తాను పొరపాట్లు చేసే శక్తి లేనివాడినని కనుగొన్న ముప్ఫయి సంవత్సరాలకు చైనా నిర్జిత విద్వాంసుడు హోంగ్ జాక్యూవాన్‌కు కొన్ని మతపరమయిన కలలు కనిపించాయి. కలలుగాని ఆ దృశాలలో, దేవుడు, ఈ హోంగ్ ఎవరో కాదు, సాక్షాత్తు ఏసుక్రీస్తు తమ్ముడు అని బయటపెట్టాడు. ఇక దేవుడు హోంగ్‌ను ఒక దివ్య ఉద్యమంలోకి దించాడు. పదిహేడవ శతాబ్ది నుంచి చైనాను పాలిస్తున్న మాంచు 'రాక్షసుల'ను వెళ్లగొట్టమన్నాడు. భూమి మీద మహత్తరమయిన ప్రశాంతమయిన స్వర్గరాజ్యాన్ని (తైపింగ్ తియాంగవో) స్థాపించమన్నాడు. అసహాయస్థితిలోనున్న లక్షలాది చైనీయులకు హోంగ్ సందేశం ఉత్తేజకరంగా వినిపించింది. గంజాయి యుద్ధాలలో చైనా పరాజయాలలో వారు కుదుపు తిని ఉన్నారు. ఆధునిక పరిశ్రమలు, యూరోపియన్ సామ్రాజ్యవాదం కూడా అంతే కదిలించేవిగా ఉన్నాయి. అయితే హోంగ్ వారిని శాంతియుత రాజ్యంలోకి నడిపించలేదు. తైపింగ్ విప్లవంలో అతను కింగ్ డైనాస్టీ మీదకు ప్రజలను నడిపించాడు. 1850 నుంచి 1864 వరకు నడిచిన ఆ యుద్ధం పందొమ్మిదవ శతాబ్దంలోకెల్లా ఘాతకమయినది. అందులో కనీసం రెండుకోట్లమంది చనిపోయారు. నెపోలియన్ యుద్ధాలు, అమెరికన్ సివిల్ వార్‌లో కూడా అంతమంది చావలేదు.

ఒకవేపు పరిశ్రమల కర్మాగారాలు, రైల్‌దారులు, ఆవిరి ఓడలతో ప్రపంచం నిండిపోతున్నా కోట్లాదిగా జనం హోంగ్, దయానంద, పయస్, మెహ్‌దీలను పట్టుకుని వేలాడారు. అయినా పందొమ్మిదవ శతాబ్దిని మనం విశ్వాసుల శతాబ్దిగా భావించము. పందొమ్మిదవ శతాబ్దపు ప్రభావవంతులను గురించి ఆలోచించగానే మనకు మార్క్స్, ఎంగెల్స్, లెనిన్ మాత్రమే గుర్తుకు వస్తారు. మెహ్‌దీ రాడు. పయస్, హోంగ్ రారు. అది సరయినదే. 1850లో జరిగిన సోషలిజం కేవలం నామమాత్రపు ఉద్యమం. అయినా అది త్వరలోనే బలం పుంజుకుని ప్రపంచాన్ని మార్చింది. చైనా, సూడాన్‌లలో తమనుతాము గొప్పవారలం అన్న నాయకులకన్నా ఎక్కువ లోతయిన ప్రభావం చూపగలిగింది. జాతీయ ఆరోగ్యసేవలు, పెన్షన్ నిధులు, ఉచిత పాఠశాలలకు మీరు విలువనిచ్చే పక్షంలో అందుకు మీరు ధన్యవాదాలు చెప్పవలసింది మార్క్స్ మరియు లెనిన్‌లకు (బిస్మార్క్‌కు కూడా). హోంగ్, మెహ్‌దీలు ఇక్కడ అవసరం లేదు.

హోంగ్, మెహ్‌దీలు ఓడిన చోట, మార్క్స్, లెనిన్ ఎందుకు గెలవగలిగారు? ఇస్లామిక్ లేదా క్రైస్తవ మతధర్మాలకన్నా, సామ్యమానవతావాదం, తత్వపరంగా మరింత మెరుగయినందుకు మాత్రం కాదు. మార్క్స్, లెనిన్ తమ కాలంలోని సాంకేతిక, ఆర్థిక వాస్తవాలను, అర్థం చేసుకోవడం మీద మరింత ధ్యాసపెట్టారు. ప్రాచీన గ్రంథాలు, ప్రవక్త పద్ధతి కలలను పట్టించుకోలేదు. ఆవిరియంత్రాలు, రైల్‌దారులు, టెలిగ్రాఫ్‌లు, విద్యుత్తు కారణంగా అంతకుముందు విని ఉండని సమస్యలు తలెత్తాయి. అంతగానే మునుపెన్నడూ లేని అవకాశాలను కూడా కల్పించాయి. నగరాలలోని శ్రామికుల అనుభవాలు, అవసరాలు, ఆశయాలు, బైబిల్ రైతులకున్నవాటికి భిన్నమయినవి. ఈ అవసరాలు, ఆశలను పూర్తి

సమాధానాలు యివ్వడానికి మార్క్స్, లెనిన్ ఆవిరియంత్రం పనితీరును, బొగ్గగని లక్షణాలను, రైళ్లు ఆర్థిక వ్యవస్థకు రూపుపోసే విధానాన్ని, విద్యుత్తు రాజకీయాలను ప్రభావితం చేసే పద్ధతిని అర్థం చేసుకున్నారు.

ఒక్క వాక్యంలో కమ్యూనిజానికి నిర్వచనం చెప్పమని లెనిన్‌ను ఒకసారి అడిగారు. అతను అందుకు జవాబుగా 'కమ్యూనిజం అంటే పనివారల గుంపులకు అధికారం', అలాగే మొత్తం దేశానికి విద్యుత్తు ఏర్పాటు' అన్నాడు. విద్యుత్తు లేకుండా కమ్యూనిజం లేదు. రైల్‌రోడ్, రేడియో అంతే అవసరం. కమ్యూనిజం కొరకు సమాచారం, వనరులు అన్నీ ఒకేచోట కేంద్రీకరించవలసిన అవసరం పుడుతుంది. అందుకే రష్యాలో పదహారవ శతాబ్దం ఆ తరహా రాజ్యం రాలేకపోయింది. 'ఎవరి స్తోమతను బట్టి వారినుంచి, ఎవరి అవసరాల ప్రకారం వారికి' అన్నది ఒకటే పనిచేయడానికి ఉత్పత్తులను సులభంగా సేకరించగలగాలి. సుదూరాలకు పంపి పంచగలగాలి. మొత్తం దేశం జరుగుతున్న పనులను సమన్వయపరిచి సమీక్షించే వీలు ఉండాలి.

మార్క్స్, ఆయన అనుచరులు కొత్త సాంకేతిక సత్యాలను, కొత్త మానవానుభవాలను అర్థం చేసుకున్నారు. అందుకే వారు పారిశ్రామిక సమాజంలోని కొత్త సమస్యలకు తగిన జవాబులు యివ్వగలిగారు. అంతకుముందులేని అవకాశాలనుండి లాభాలు పొందడానికి సిసలయిన ఆలోచనలు వారికి వచ్చాయి. సోషలిస్టులు ఒక ధైర్యంగల కొత్త ప్రపంచానికి తగిన ధైర్యంగల కొత్తమతాన్ని యిచ్చారు. సాంకేతికశాస్త్రం, ఆర్థికస్థితి ద్వారా మోక్షం యిస్తామన్నారు. చరిత్రలో ఆ తీరున కొత్త సాంకేతికమతం స్థాపితమయింది. ఆదర్శవాద భాషణల పునాదులు మారాయి. మార్క్స్‌కు ముందు జనం తమనుతాము, ఉత్పత్తి పద్ధతుల ఆధారంగా కాక, దేవుని పట్ల గల దృష్టి ఆధారంగా విభజించుకున్నారు. ఆ తరువాత సాంకేతిక నిర్మాణం, ఆర్థిక విధానాలు ప్రధానాలయినయి. ఆత్మలు, మరణానంతర స్థితులు అవసరం లేవిక. ఇరవయ్యవ శతాబ్ది రెండవ భాగంలో మానవాళి ఉత్పత్తి విధానాల గురించిన చర్చలతో తననుతాను అడ్డుకున్నది. మార్క్స్, లెనిన్‌లను అతితీవ్రంగా విమర్శించినవారు కూడా, చరిత్ర, సమాజాల పట్ల వారి ధోరణిని స్వంతం చేసుకున్నారు. టెక్నాలజీ, ఉత్పత్తుల గురించి, దేవుడు, స్వర్గాల గురించి కన్నా మరింత జాగ్రత్తగా ఆలోచింపసాగారు.

పందొమ్మిదవ శతాబ్ది మధ్యకాలంలో చాలామంది మార్క్స్ వంటి దృక్కోణాన్ని కలిగి ఉండలేదు. అందుకే చాలా తక్కువ దేశాలలో మాత్రమే పారిశ్రామికీకరణ వేగంగా జరిగింది. ఈ కొన్ని దేశాలు ప్రపంచాన్ని జయించాయి. చాలా సమాజాలు జరుగుతున్న సంగతులను అర్థం చేసుకోలేకపోయాయి. అందుకే ప్రగతిబండి వారు లేకుండానే వెళ్లి పోయింది. దయానందుని భారతదేశం, మెహ్‌దీ సూడాన్ ఎక్కువగా దేవుని ధ్యాసలో ఉండిపోయినయి. ఆవిరి యంత్రం వారి దృష్టికి రాలేదు. కనుకనే పారిశ్రామిక బ్రిటన్ ఆ దేశాలను వాడుకుని కొల్లగొట్టింది. గత కొన్ని సంవత్సరాలలో మాత్రమే భారతదేశం గుర్తింపదగిన ప్రగతి సాధించింది. ఆర్థిక, భౌగోళిక రాజకీయపరంగా బ్రిటన్ నుంచి దూరమయింది. సూడాన్ యింకా వెనుకబడి తపతపలాడుతున్నది.

ఇరవయి ఒకటవ శతాబ్ది మొదట్లో ప్రగతి రైలుబండి మళ్లీ స్టేషన్‌లోనుంచి బయటకు వస్తున్నది. హోమో సేపియన్స్ అనే స్టేషన్ నుంచి బయలుదేరే చివరి రైలు ఇదేనేమో? ఈ బండిని అందుకోలేకుంటే ఇంకొక అవకాశం ఉండదు. అందులో సీటు దొరకాలంటే మీకు ఇరవయి ఒకటవ శతాబ్ది సాంకేతికశాస్త్రం అర్థం కావాలి. అందునా ముఖ్యంగా జీవ సాంకేతికశాస్త్రం, కంప్యూటర్ అల్గారిథమ్ తెలిసి ఉండాలి. ఇవి ఆవిరి, టెలిగ్రాఫ్‌ల కన్నా ఎక్కువ అవకాశాలనిచ్చేవి. వాటిని కేవలం తిండి, గుడ్డ, వాహనాలు, ఆయుధాల ఉత్పత్తికి మాత్రమే కాదు వాడేది. ఇరవయి ఒకటవ శతాబ్ది ముఖ్య ఉత్పత్తులుగా మానవదేహాలు, మెదళ్లు, మైండ్‌లు ఉంటాయి. శరీరాల మెదళ్ల నిర్మాణం పద్ధతి తెలిసినవారికి, తెలియని వారికి మధ్యగల వార డికెన్స్ బ్రిటన్, మెహ్‌దీ సూడాన్‌ల మధ్య తేడాలాంటిది. తప్పకుండా అది ఆధునిక మానవుడు, నియాండర్‌తాల్‌ల మధ్య తేడా కన్నా ఎక్కువ. ఇరవయి ఒకటవ శతాబ్దిలో ప్రకృతి ట్రెయిన్ మీద పయనించేవారికి సృష్టి-వినాశనం వంటి దైవికశక్తులు కలుగుతాయి. బండిని వదులుకున్నవారి వెనుక ఉండిపోయి లుప్తులవుతారు.

వందఏండ్లనాడు, అప్ టు డేట్‌గా ఉందనుకున్న సామ్యవాదం, కొత్త టెక్నాలజీతో కలిసి సాగలేకపోయింది. లియోనిడ్ బ్రెజ్నేవ్, ఫిడెల్ కాస్ట్రో ఇద్దరూ ఆవిరియంత్రం కాలంలో మార్క్స్, లెనిన్ రూపుపోసిన ఆలోచనలను పట్టుకుని ఉన్నారు. వారు కంప్యూటర్, బయోటెక్నాలజీల శక్తిని అర్థం చేసుకోలేకపోయారు. అందుకు వ్యతిరేకంగా ఉదారవాదులు సమాచారయుగానికి మరింత బాగా సర్దుకున్నారు. 1956లో క్రుశ్చేవ్ చెప్పిన భవిష్యవాణి సాకారం కాకపోవడాన్ని ఇది కొంతవరకు వివరిస్తుంది. చివరకు మార్క్సిస్టులను ఉదార వాదం పెట్టుబడిదారులు పాతేశారన్న అంశాన్ని విశదం చేస్తుంది. ఇవాళ మార్క్స్ మళ్లీ బతికివస్తే, మిగిలిన తన కొంతమంది శిష్యులను, దస్ కాపిటల్ చదవడంతో ఎక్కువకాలం గడపద్దనీ, ఇంటర్‌నెట్, మానవ జన్యువివరాలను ఎక్కువ చదవమని అభ్యర్థిస్తాడేమో!

రాడికల్ ఇస్లాం సామ్యవాదంకన్నా మరింత కనకష్టంగా ఉంది. అదింకా పారిశ్రామిక విప్లవంతో కూడా ఒప్పందంలోకి రాలేదు. ఇక జెనెటిక్ ఇంజనియరింగ్, కృత్రిమ జ్ఞానం విషయం గురించి చెప్పడానికి వాళ్ల దగ్గర ఏమీ లేదంటే ఆశ్చర్యం లేదు. ఇస్లాం, క్రిస్టియానిటీ, మిగతా సాంప్రదాయిక మతాలు ప్రపంచంలో యింకా ముఖ్యస్థానంలో ఉన్నాయి. అయితే వారి పాత్ర ప్రస్తుతం జరిగినదానికి స్పందించడం వరకే పరిమితం. గతంలో వారు సృజనశక్తిగా ఉండేవారు. ఉదాహరణకు క్రైస్తవం, ఇప్పటివరకు ఛాదస్తంగా భావించినట్లు, మనుషులందరూ దేవుని ముందు సమానులే అన్నది. దానితో మానవుల రాజకీయ నిర్మితి, సామాజిక అధికార పరంపర, చివరకు స్త్రీ, పురుష సంబంధాలు మారి పోయాయి. ఏసు తన సెర్మన్ ఆన్ ద మవుంట్‌లో మరింత ముందుకు పోయాడు. బలహీనులు, దళితులు దేవునికి అభిమాన ప్రజలు అన్నాడు. అధికారం పిరమిడ్ దానితో తలకిందులయింది. తిరుగుబాటుదారులకు తరాల తర్వాత తరాలకు ఆయుధాలు అందాయి.

సామాజిక, నైతిక సంస్కరణలకు తోడుగా, ముఖ్యమయిన ఆర్థిక, సాంకేతిక ఆవిష్కరణతో క్రైస్తవం బాధ్యత వహించింది. కాథలిక్ చర్చ్‌వారు మధ్యయుగం యూరోప్‌లో

చాలా అభివృద్ధి చెందిన నిర్వహణ వ్యవస్థను నెలకొల్పింది. జ్ఞాన అభిలేఖాగారాలు, సూచికలు, కాలనిర్ణయ పట్టికలు, మిగతా సమూలాన్ని ఉపయోగించే పద్ధతులను వాడడంలో దారిచూపింది. యూరోపులో పన్నెండవ సెంచురీ వాటికన్ ప్రస్తుతపు సిలికాన్ వ్యాలీ లాంటిది. యూరోపులో మోనాస్టరీలు అనే పేరున, మొదటి ఆర్థిక కార్పొరేషన్‌లను చర్చ్ స్థాపించింది. అవి వెయ్యేళ్లపాటు యూరోప్ ఆర్థికవ్యవస్థను ముందుండి నడిపించాయి. అభివృద్ధి చేసిన వ్యావసాయిక, నిర్వహణ పద్ధతులను ప్రవేశపెట్టింది. తాళాలను వాడిన మొదటి సంస్థలు ఈ మొనాస్టరీలు. శతాబ్దాలపాటు అవి, కతీడ్రల్ స్కూల్స్, యూరోప్‌లో అన్నింటికన్నా ముఖ్యమయిన విద్యాకేంద్రాలుగా నిలిచాయి. యూరోప్‌లో చాలా తొలి విశ్వవిద్యాలయాలు, బొలోనా, ఆక్స్‌ఫర్డ్, సలమంచా వంటివాటిని స్థాపించడంలో సాయం అందించాయి.

ఇవాళటికీ కాథలిక్ చర్చ్ విధేయులు తమ ఆదాయం నుంచి యిచ్చే భాగాలను అనుభవిస్తున్నది. అయినా దానితోబాటు మిగతా ఆస్తిక మతాలన్నీ చాలాకాలంగా సృజనను వదిలి జరిగినదానికి స్పందించేవిగా మిగిలిపోయాయి. అగ్రగామి సాంకేతిక విధానాలు, సరికొత్త ఆర్థిక పద్ధతులు, కొత్తదారులు వేసే సామాజిక చింతనలను వదిలి అవి వెనుకనుండి పనులను సరిచూడడంతో కాలం గడుపుతున్నాయి. ఇతర ఉద్యమాలవారు వ్యాప్తి చేసే టెక్నాలజీలు, పద్ధతులు, ఆలోచనలతో వారు ఎక్కువగా సతమతమవుతున్నారు. జీవశాస్త్రజ్ఞులు గర్భనిరోధకమాత్ర తయారుచేశారు. పోప్ ఆ విషయంగా చేయవలసింది అర్థంగావడం లేదు. ఇంటర్‌నెట్ తయారయింది. సదాచార యూదులు దాన్ని వాడడం గురించి రాబైలు మల్లగుల్లాలు పడుతున్నారు. స్త్రీవాదులు, స్త్రీలకు పిలుపునిచ్చి మీమీ శరీరాలు మీకే అంటున్నారు. ఇటువంటి అపాయకరమయిన ఆలోచనల విషయంగా కర్తవ్యాన్ని గుర్తించి ముఫ్తీలు వాదాలు చేసుకుంటున్నారు.

ఇరవయ్యవ శతాబ్దంలో అన్నింటికన్నా ప్రభావవంతమయిన ఆవిష్కరణ, కొత్తగా కనుగొన్న అంశం, సృష్టి ఏమిటని మిమ్మల్ని మీరు ప్రశ్నించుకోండి. అది చిక్కుప్రశ్న. ఎంచుకోవడానికి ఎన్నో విషయాలున్నాయి. ఆంటిబయోటిక్స్ వంటివి, కంప్యూటర్ సాంకేతికావిష్కరణలు, స్త్రీవాదం వంటి కొత్త భావజాలం అన్నీ వాటిలో ఉన్నాయి. ఇరవయ్యవ శతాబ్దంలో సాంప్రదాయిక మతాలయిన ఇస్లాం, క్రైస్తవం, ఇతరాలు సాధించిన ఇటువంటి అంశాలు ఏమిటని, మీరు ఇప్పుడు మరొకసారి ప్రశ్నించుకోండి. ఇది కూడా చిక్కుప్రశ్నే. ఈసారి ఎంపిక చేయడానికి ఉన్న సంగతులు మరీ తక్కువ. ఆంటి బయోటిక్స్, కంప్యూటర్స్, స్త్రీవాదంతో సమంగా గుర్తుకువచ్చి ఎంపికకు నిలిచే అంశాలను ప్రీస్ట్‌లు, రాబైలు, ముఫ్తీలు ఇరవయ్యవ శతాబ్దంలో ఏం కనుగొన్నారు? ఈ రెండు ప్రశ్నలను గురించి ఆలోచించిన తరువాత, ఇరవయి ఒకటవ శతాబ్దపు గొప్పమార్పులు ఎక్కడనుంచి వస్తాయంటారు? ఇస్లామిక్ పాలన నుంచా? లేక గూగుల్ నుంచా? ఇస్లామిక్ స్టేట్ వారికి యూట్యూబ్‌లో వీడియోలు పెట్టే పద్ధతి తెలుసు. హింస అనే పరిశ్రమను వదిలేస్తే, సిరియా, ఇరాక్‌ల నుంచి ఈ మధ్యన బయటపడ్డ ఆవిష్కరణలు ఏవి?

సైంటిస్ట్‌లతో సహా, కోట్లాదిగా జనం, అధికారం ఆకరం కోసం మతగ్రంథాలను వాడుతున్నారు. అయితే వీటిలోనుంచి కొత్తదనం ఏమాత్రం రావడం లేదు. మగ, మగ పెళ్లి గురించి, పూజారులుగా ఆడవాళ్లు అనే అంశం గురించి క్రైస్తవంలో ప్రగతివాదవర్గం వారు అంగీకరించడం ఒక ఉదాహరణగా ఆలోచించండి. ఈ అంగీకారం ఎక్కడ మొదలయి వచ్చింది. బైబిల్ చదివినందుకు కాదు, సెయింట్ ఆగస్టీన్, మార్టిన్ లూథర్ నుంచి కాదు. మైకేల్ ఫోకాల్ట్ రాసిన 'ద హిస్టరీ ఆఫ్ సెక్సువాలిటీ' లేదా డొనా హరవే 'ఎ సైబోర్గ్ మానిఫెస్టో' లాంటివి చదవడంవల్ల వచ్చింది. అయినా క్రైస్తవ విశ్వాసులు ఎంత ప్రగతివాదులయినా, ఈ రచనలనుండి తాము నీతులు నేర్చినట్టు ఒప్పుకోరు. మళ్లీ బైబిల్ వద్దకు వెళ్లిపోతారు. సెయింట్ ఆగస్టీన్, మార్టిన్ లూథర్‌లను ఆశ్రయిస్తారు. అక్కడ లోతుగా వెతుకుతారు. పేజ్ తర్వాత పేజ్, కథ తర్వాత కథ చదువుతారు. అవసరమయింది దొరుకుతుంది. అది ఒక నీతిసూత్రం, ఒక కథ, ఒక నిర్దేశం అయి ఉంటుంది. దాన్ని సృజనాత్మకంగా వివరించగలిగితే, దేవుడు గే పెళ్లిళ్లను ఆశీర్వదిస్తాడని, ఆడవాళ్లు ప్రీస్ట్‌లు కావచ్చునని వివరించడం వీలవుతుంది. ఇక ఆ ఆలోచన బైబిల్‌లో నుంచే వచ్చినట్టు నటిస్తారు. కానీ అది ఫోకాల్ట్ దగ్గర పుట్టింది. బైబిల్ అధికారం పుట్టే స్థానంగా ఉంటుంది. అందులోనుంచి ప్రేరణలేవీ రాకున్నా ఫరవాలేదు.

అందుకే సాంప్రదాయిక మతాలు ఉదారవాదానికి బదులుగా మరి దేన్నీ చంపలేవు. జెనెటిక్ ఇంజనియరింగ్ గురించి, ఆర్టిఫీషియల్ ఇంటలిజెన్స్ గురించి చెప్పడానికి వాళ్ల పవిత్రగ్రంథాలలో ఏమీ లేదు. చాలామంది ప్రీస్ట్‌లు, రాబైలు, ముఫ్తీలు, జీవశాస్త్రంలో వచ్చే సరికొత్త సంగతులను, కంప్యూటర్ ప్రగతిని అర్థం చేసుకోలేకపోతారు. ఈ సరికొత్త అంశాలు అర్థం కావాలంటే, అందులో ఎక్కువ ఛాయిస్ లేదు. సైంటిఫిక్ వ్యాసాలు చదువుతూ, ప్రయోగాలు చేస్తూ, గడపాలి. పాతపుస్తకాలు భట్టీయం వేస్తే చర్చిస్తే ప్రయోజనం ఉండదు.

కనుక ఉదారవాదం సాధించినదానికి సంతృప్తి చెంది ఉండిపోనవసరం లేదు. అది మానవతావాద మతయుద్ధాలలో గెలిచిన మాట నిజమే. 2016 నాటికి దానికి నిలువగలిగే ప్రత్యామ్నాయం లేదు. కానీ, దాని విజయంలోనే వినాశనానికి విత్తులు ఉండే వీలుంది. విజయం సాధించిన ఉదారవాద ఆదర్శాలు మానవజాతిని, చిరంజీవత్వం, ఆనందం, దైవత్వాలను అందుకొమ్మని ముందుకు తోస్తున్నాయి. కొనుగోలుదారులు, ఓటర్లు అందించే మొక్కవోని శుభాశంసనలతో సైంటిస్ట్‌లు, ఇంజనియర్‌లు ఈ ఉదారవాద ప్రాజెక్ట్‌ల గురించి మరింత భక్తితో పనిచేస్తారు. వారందరూ కనుగొని, సిద్ధం చేసేవి, లిబరల్ ప్రపంచదృష్టిలో సహజంగా ఉన్న లోపాలను అనుకోకుండానే బయటపెట్టే వీలుంది. కస్టమర్‌లు, ఓటర్‌ల గుడ్డితనం కూడా తెలిసిపోతుంది. జెనెటిక్ ఇంజనియరింగ్, ఆర్టిఫీషియల్ ఇంటలిజెన్స్ తమ పూర్తి శక్తిని బయటపెడితే, ఇక ఉదారవాదం, ప్రజాస్వామ్యం, ఫ్రీమార్కెట్ అన్నీ, పాతకత్తులు, కేసెట్ టేప్‌లు, ఇస్లాం, కమ్యూనిజంల లాగ అర్థం లేనివి కావచ్చు.

ఇరవయి ఒకటవ శతాబ్ది మనుషులు చావులేని స్థితి, ఆనందం, దైవత్వాలను అందుకోవడానికి ప్రయత్నిస్తారు అనే భవిష్యవాణితో ఈ పుస్తకం మొదలయింది. ఈ మాట చాలా స్వతహాగా పుట్టిందికాదు. దూరదృష్టితో వచ్చింది కూడా కాదు. అది కేవలం ఉదారమానవతావాదపు సాంప్రదాయిక ఆదర్శాలను ప్రతిబింబిస్తున్నది. మానవత చాలా కాలం క్రితమే జీవాన్ని, భావాలను, మానవుల కోరికలను పవిత్రమయినవి, అన్నది. ఇక మానవ నాగరికత జీవితకాలాన్ని పొడిగించడానికి, సంతోషాన్ని మానవశక్తిని పెంచడానికి, పూనుకుంటే అందులో ఆశ్చర్యం అసలు లేదు. అయినా పుస్తకంలో మూడవ, చివరి భాగంలో మరొక చర్చ సాగుతుంది. మానవతావాద స్వప్నాలను సాకారం చేయాలన్న ప్రయత్నంలో, కొత్త మానవతావాదానంతర టెక్నాలజీల విడుదలతో, దాని పునాదులకే ముప్పురావచ్చు అన్నది ఇక్కడ అంశం. భావాలను గురించిన మానవతావాద విశ్వాసం, మూల్యం చెల్లించకుండానే, సరికొత్త ఒప్పందపు ఫలాలనుంచి లాభం పొందే శక్తినిచ్చింది. మన శక్తికి హద్దులు పెట్టడానికి, మనకు అర్థం ఆపాదించడానికి ఏ దేవుని అవసరం లేదు. కావలసి అర్థాలన్నింటినీ, వినియోగదారులు, వోటర్ల ఎంపిక అవకాశాలే యిస్తాయి. మరి కస్టమర్‌లు, ఓటర్‌లు స్వతంత్రంగా ఎంపిక చేయరని తెలిస్తే, లెక్కలు వేయడానికి తగిన టెక్నాలజీలు అందుబాటులోకి వస్తే, వారి భావాలను మరొకరు రూపొందించే, దాటిపోయే అవకాశాలు వస్తే, ఏమవుతుంది? ఈ విశ్వమంతా మానవుని అనుభవాల మీద ఆధార పడింది, అంటే, ఆ మానవానుభవం, మరెవరో రూపొందించగల ఉత్పత్తి మాత్రగా మారితే ఏమవుతుంది? సూపర్‌మార్కెట్‌లోని అన్ని వస్తువులకు దీనికి తేడా లేదంటే ఏమిటి పరిస్థితి?

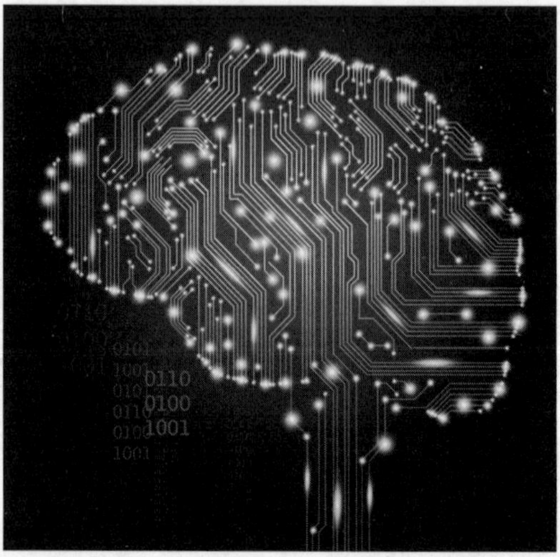

39. మెదడు కంప్యూటర్‌గా – కంప్యూటర్ మెదడుగా.
ఇప్పుడు కృత్రిమ జ్ఞానం మానవ మేధస్సును మించిపోతున్నది.

భాగం–III

హోమో సేపియన్స్ పట్టు తప్పింది

మనుషులు ఈ ప్రపంచాన్ని నడిపించి,
అర్థం యివ్వడం కొనసాగుతుందా?

జీవసాంకేతిక శాస్త్రం, కృత్రిమ జ్ఞానం
మానవులను ఎలా భయపెడతాయి?

మానవజాతి వారసులెవరు?
మానవతకు బదులుగా వచ్చే మతం ఏది?

8

పరిశోధనశాలలో టైమ్ బాంబ్

ప్రపంచం 2016 సంవత్సరం నాటికి వ్యక్తివాదం, మానవహక్కులు, ప్రజాస్వామ్యం, ఫ్రీ మార్కెట్లను (స్వేచ్ఛావిపణులు) కలిపిన ఉదారవాద ప్యాకేజీ పెత్తనం కింద ఉంది. ఈ ఉదారవాద క్రమాన్ని 21వ శతాబ్ది సైన్సు అణగదొక్కి ఉన్నది. విలువలు అన్న ప్రశ్నను సైన్స్ పట్టించుకోదు. సమానత్వం కన్నా స్వేచ్ఛకు, సమూహానికన్నా వ్యక్తికి ఎక్కువ విలువ ఇచ్చినతీరు సరైనదేనా అన్న సంగతిని సైన్స్ తేల్చజాలదు. అయితే అన్ని మతాలలాగే ఉదారవాదం కూడా నైరూప్య నీతి నిర్ణయాల మీద మాత్రమేగాక వాస్తవాలు అని నమ్మే వాక్యాల మీద కూడా ఆధారపడి ఉంటుంది. ఈ వాస్తవ స్టేట్‌మెంట్స్ తీవ్రమైన సైన్స్ పరిశీలన ముందు నిలువజాలవు.

మనుషులకు స్వేచ్ఛా సంకల్పం ఉందని నమ్ముతారు గనుక ఉదారవాదులు (లిబరల్స్) వ్యక్తి స్వాతంత్ర్యాన్ని గౌరవిస్తారు. దానికి విలువ ఇస్తారు. ఉదారవాదం ప్రకారం వోటర్లు, కొనుగోలుదారుల నిర్ణయాలు స్థిర నిర్ణయాలకు దారితీసేవి కావు. ఒక లెక్క లేకుండా యాదృచ్ఛికంగా చేసినవి అంతకన్నా కావు. బయట బలాలు, అనుకోకుండా జరిగే సంఘటనల ప్రభావం ప్రజలమీద మరి ఉంటుంది. అంతా జరిగిన తర్వాత స్వతంత్రం అనే మంత్రదండాన్ని బయటికి తీసి ఎవరి నిర్ణయం వారు చేయవచ్చు. అందుకే ఉదారవాదం వోటర్లు, కస్టమర్లకు అంత ప్రాముఖ్యం ఇస్తుంది. మనసు ప్రకారం నడవ మంటుంది. బాగా అనిపించినది చేయమంటుంది. ఈ స్వతంత్ర సంకల్పమే విశ్వానికి అర్థాన్ని ఇస్తుంది. బయటివారు ఎవరూ నీకేమనిపిస్తుంది అన్న సంగతిని తెలుసుకోలేరు. నీవు ఏం చేస్తావు అన్నది ముందు చెప్పజాలరు. మీ ఆసక్తులను కోరికలను పట్టించుకునే బిగ్ బ్రదర్ ఉన్నాడని ఎవరూ నమ్మకూడదు

స్వేచ్ఛా సంకల్పాన్ని మనుషులకు ఆపాదించడం నీతిపరమైన నిర్ణయం కాదు. అది ప్రపంచం గురించిన వాస్తవాల కిందకు వస్తుంది. ఈ వాస్తవ వర్ణన అన్నది గతంలో జాన్

లాక్, జా జాక్వెస్ రూసో, థామస్ జెఫర్సన్‌ల కాలంలో అర్థం కలిగి ఉంటే ఉండవచ్చు. జీవశాస్త్రం ఈ మధ్య కనుగొన్న అంశాల తరువాత ఇది నిలవదు. స్వేచ్ఛా సంకల్పానికీ, ఇటీవలి సైన్స్‌కు మధ్య విభేదాలను పరిశోధనశాలలోని ఏనుగు అనవచ్చు. దాన్ని చాలామంది చూడాలి అనుకోరు. వారంతా తమ సూక్ష్మదర్శినిలోకి, ఎఫ్‌ఎమ్ఆర్ఐల్లోకి మాత్రమే చూస్తారు.

18వ శతాబ్దంలో హోమో సేపియెన్స్ అంటే ఒక బ్లాక్ బాక్స్. అది పనిచేసే తీరు అందరికీ తలకెక్కదు. ఒక మనిషి కత్తి తీసి మరొకరిని చావపొడిచాడు. అది ఎందుకు అని విద్వాంసులు అడిగారు. అతను అట్లా చేయాలని ఎంచుకున్నాడు. తన ఫ్రీ విల్‌ను వాడి హత్యను ఎంచుకున్నాడు. కనుకనే అతని నేరానికి అతనే పూర్తిగా బాధ్యుడు, అని అంగీకరించదగిన జవాబు వచ్చింది. గత శతాబ్దంలో పరిశోధకులు బ్లాక్ బాక్స్‌ను విప్పతీశారు. అక్కడ వారికి ఆత్మ, స్వతంత్ర సంకల్పం ఏవీ కనబడలేదు. కేవలం కొన్ని జన్యువులు, హార్మోన్లు, నాడీకణాలు మాత్రం కనిపించాయి. మిగతా వాస్తవాన్ని నడిపించే భౌతిక, రసాయనిక నియమాలకు అవి కూడా లొంగి నడుచుకుంటాయి. ఇవాళ విద్వాంసులు ఆ మనిషి కత్తి తీసి మరొకరిని ఎందుకు చావబొడిచాడు అని అడుగుతారు. అతను దాన్ని ఎంచుకున్నాడు అని బదులిస్తే ఆవగింజ కూడా తెగదు. అందుకు బదులు జన్యుశాస్త్రజ్ఞులు, మెదడు పరిశోధకులూ చాలా వివరంగా సమాధానం చెబుతారు. మెదడులో జరిగిన ఫలానా ఫలానా విద్యుత్ రసాయనచర్యల కారణంగా అతను అట్లా చేయవలసి వచ్చింది, అంటారు. ఆ చర్యలకు ఒక ప్రత్యేకమైన జన్యువుల కూర్పు ఆదేశం ఇచ్చింది. దాని వెనుక ప్రాచీనమైన పరిణామక్రమం ఒత్తిడి ఉంది. అనుకోకుండా జరిగిన విక్రియల (మ్యూటేషన్ల) ప్రభావం కూడా ఉంది అంటారు పరిశోధకులు.

ఎలక్ట్రోకెమికల్ బ్రెయిన్ ప్రాసెసెస్ హత్యకు దారితీశాయి. అవి నిర్ణయాత్మకాలు లేదా యాదృచ్ఛికాలు. లేదంటే రెండూ కలగలిసిన రకం. అయితే అవి స్వతంత్రాలు మాత్రం కావు. ఉదాహరణకు ఒక నాడీకణం ఒక విద్యుదావేశాన్ని వెలిగిస్తుంది. అది నిర్ణయాత్మక ప్రతిచర్య కావచ్చు. బయటి ప్రేరణవల్ల అది జరిగి ఉండవచ్చు అని అర్థం. ఒక రేడియోయాక్టివ్ అణువు అనుకోకుండా డీకంపోజ్ అయింది. కనుక, ఈ పని కూడా అనుకోకుండా, పద్ధతి లేకుండా, రాండమ్‌గా, యాదృచ్ఛికంగా జరిగింది. రెండు సందర్భాల్లోనూ స్వతంత్ర సంకల్పానికి స్థానం లేదు. జీవ రసాయన చర్యలు వరుసగా జరుగుతాయి. అవి నిర్ణయాలకు ప్రేరణలు అవుతాయి. కారణాలు అవుతాయి. అవన్నీ మునుపు జరిగిన మరిన్ని ఏవో సంగతులవల్ల జరుగుతాయి. కనుక అవి స్వతంత్రాలు కావు. అనుకోకుండా, పద్ధతి లేకుండా జరిగే ప్రమాదాలు కూడా స్వతంత్రాలు కావు. అవి కేవలం రాండమ్‌గా, యాదృచ్ఛికంగా జరుగుతాయి. ఇవి నిర్ణయాత్మక చర్యలతో కలిస్తే అప్పుడు ఫలితాలు, జరిగే వీలున్నవిగా ఉంటాయి. అయితే ఇది కూడా స్వతంత్రం కిందకు రాదు.

ఒక మరమనిషిని కడతాము. దాని సెంట్రల్ ప్రాసెసింగ్ యూనిట్‌ను ఒక రేడియో యాక్టివ్ యురేనియం ముద్దకు కలుపుతాము. మరమనిషి రెండు నిర్ణయాల మధ్యన

ఎంపిక చేయాలి. ఉదాహరణకు ఎడమ, కుడి ఏదో బటన్ నొక్కాలి. గడిచిన క్షణంలో డీకె అంటే తరుగుకు గురైన యురేనియం అణువులను రోబోట్ లెక్కకడుతుంది. సరిసంఖ్య వస్తే కుడి మీట నొక్కుతుంది. బేసి వస్తే ఎడమ మీట. ఇటువంటి మరమనిషి పని గురించి మనం ఎన్నటికీ స్థిరంగా చెప్పలేము. అయితే ఈ నిర్మాణాన్ని స్వతంత్రం అని కూడా ఎవరూ అనరు. దాన్ని మనం ప్రజాస్వామ్య ఎన్నికలలో ఓటు వేయడానికి పంపము. దాని పనికి దాన్ని చట్టపరంగా బాధ్యతగలది అని కూడా అనము.

వైజ్ఞానిక అవగాహన ప్రకారం నిర్ణయాత్మకత, యాదృచ్ఛికత రెండు సమానబలంగా ఉన్నాయి. అక్కడ స్వతంత్రానికి మాత్రం రవంత కూడా చోటు లేదు. స్వతంత్రం అనే పవిత్ర శబ్దం ఆత్మ అన్నమాట వంటిది అవుతుంది. అది ఉట్టుట్టి మాట. స్వతంత్ర సంకల్పం కేవలం ఊహాగాథలలో ఉంటుంది. వాటిని మనం అంటే మనుషులమే కనుగొన్నాము.

స్వతంత్రం తలమీద చివరి దెబ్బ పరిణామసిద్ధాంతం వేస్తుంది. పరిణామాన్ని శాశ్వత ఆత్మలతో ముడిపెట్టలేము. అలాగే, అది స్వేచ్ఛ సంకల్పాన్ని మింగివేయజాలదు. మానవులు స్వతంత్రులు అయితే, సహజవరణం (natural selection) వారిని ఎట్లా రూపొందించింది. పరిణామసిద్ధాంతం ప్రకారం ఉదాహరణకు ఇల్లు, తిండి గురించి జంతువులు చేసే నిర్ణయాలన్నీ, వాటి జన్యు పరంపర ఆధారంగా జరుగుతాయి. వాటి జన్యువులు సరిగా ఉంటే, అది మంచి పుట్టగొడుగులు తింటుంది. మంచి జంటను ఎంచుకుంటుంది. మంచి జన్యువులు తరువాత తరానికి అందుతాయి. ఇక జీవిలో లోపంగల జన్యువులు ఉంటే ఆ జంతువు విషపూరితమైన పుట్టగొడుగులు తింటుంది. బలహీనమైన జంటని ఎంచుకొంటుంది. అప్పుడా బలహీన జన్యువులు అంతరించి పోతాయి. ఇక జంతువు తన తిండిని, జంటను స్వతంత్రంగా ఎంచుకుంటే అక్కడ సహజవరణం అనే న్యాచురల్ సెలెక్షన్‌కు తావు లేదు.

ఇటువంటి వైజ్ఞానిక వివరణలు ఎదురైనప్పుడు ప్రజలు వాటిని పక్కకు తోసేస్తారు. తమకు స్వతంత్రం ఉంది. తాము తమ కోరికలు, నిర్ణయాల ప్రకారం పని చేస్తాము, అంటారు. ఇది వాస్తవం. మనుషులు తమ ఇష్టానుసారం నడుచుకుంటారు. స్వేచ్ఛాసంకల్పం అంటే మన కోరికల ప్రకారం నడుచుకునే వీలు అని అర్థం చెపితే, ఇక మరి మనుషులకు అటువంటి స్వతంత్ర సంకల్పం ఉంది, అది చింపాంజీలు, కుక్కలు, చిలుకలకు కూడా ఉంది. పాలీ చిలుకకు క్రాకర్ కావాలి. అది క్రాకర్ తింటుంది. అయితే చిలుకలు, మనుషులు, తమ కోరిక ప్రకారం పని చేయగలుగుతారా అన్నది మిలియన్ డాలర్ల ప్రశ్న. అవి లేదా వారు తమ కోరికలను ఎంచుకునే వీలు ఉందా? పాలీ చిలుకకు దోసకాయ ముక్క కాదు. క్రాకర్ కావాలి. నేను నా పొరుగు మనిషికి మరో చెంప చూపడానికి బదులు కత్తి తీసుకుని ఎందుకు అతడిని పొడుస్తాను? నల్ల కారు కాదని ఎర్ర కారు కోసం ఎందుకు పరిగెత్తుతాను. లేబర్ పార్టీ కాదని కన్సర్వేటివ్ వారికి ఎందుకు ఓటు వేస్తాను. ఈ కోరికలు దేన్ని నేను ఎంపిక చేయను. నా లోపల ఒక బలమైన కోరిక పెల్లుబుకుతుంది. నా మెదడులో జరిగిన ఒక రసాయనిక చర్యవలన ఈ భావం నాలో పుడుతుంది. ఈ చర్యలు నిర్ణయాత్మకం కావచ్చు. యాదృచ్ఛికాలు కావచ్చు. స్వతంత్రం మాత్రం కావు.

మనిషిని పొడిచి చంపడం, ఒక ప్రభుత్వాన్ని ఎంచుకోవడం వంటి ముఖ్యమైన నిర్ణయాలలో నా ఎంపిక క్షణిక భావనల మీద జరగదు, అని మీరు అనవచ్చు. బరువైన వాదనలు, ఆలోచనలు చాలాకాలం క్రమంగా సాగి ఇవి వస్తాయి. అయితే అనుసరించదగిన వాదాల వరుసలు ఇక్కడ చాలా ఉన్నాయి. కొన్ని కలిసి నా ఓటు ఎంపికకు కారణాలు అవుతాయి. మరొకరు లేబర్ వారికి ఇలాగే ఓటు వేస్తారు. మరికొందరు యుకెఐపికి ఓటు వేస్తారు. ఇంకొందరు ఓటు వేయరు. ఇంట్లో ఉంటారు. ఒక కారణాల వరుస అనే ట్రెయిను మరొక దాన్ని కాదని నేను ఎందుకు ఎంచుకుంటాను. నా మెదడు అనే రైల్వేస్టేషన్‌లో నన్ను బలవంతంగా ఒక ట్రైన్ ఆఫ్ రీజనింగ్ ఎక్కించడానికి ఒక నిర్ణయాత్మక చర్యల క్రమం ఉంటుంది. లేదంటే నేను ఏదో ఒక దాన్ని ఎంచుకుంటాను. కానీ నేను స్వతంత్రంగా ఆ ఆలోచనలను ఎంపిక చేసుకోను. పనికి ముందుకు సాగను.

ఇవన్నీ కేవలం సిద్ధాంత ప్రతిపాదనలు కావు. తాత్విక ఊహాగానాలు అంతకన్నా కావు. ఇవాళ మనుషుల కోరికలను, నిర్ణయాలను గుర్తించడానికి మెదడు స్కానర్ల వాడుక వీలయింది. అవి తమలో జరిగినట్టు ఆ మనుషులకు కూడా అర్థం కాక ముందే, యంత్రం వాటిని తెలుసుకుంటుంది. ఇటువంటి ఒక ప్రయోగంలో ఒక పెద్ద బ్రెయిన్ స్కానర్‌లో ఒక మనిషిని పెడతారు. రెండు చేతులకు చెరొక స్విచ్ ఇస్తారు. ఇష్టం వచ్చినప్పుడు ఏదో ఒక స్విచ్ నొక్కమంటారు. మెదడులోని నాడీకణాల పనిని గమనిస్తున్న పరిశోధకులు ముందే వ్యక్తి నొక్కబోయే స్విచ్ ఏదని చెబుతారు. మనిషికి తన కోరిక తనకు తెలియక ముందే, అది యంత్రానికి తెలుస్తుంది. ఆ పనికి కొన్ని వందల మిల్లీ సెకండ్లు నుంచి కొన్ని సెకండ్ల ముందుగానే మనిషి నిర్ణయాన్ని సూచించే నాడీ చర్యలు మొదలవుతాయి. అప్పటికి మనిషికి తన ఎంపిక ఇంకా తెలియదు.

ఎడమ, కుడి మీట నొక్కే నిర్ణయం మనిషి ఎంపిక ఆధారంగా జరుగుతుంది. అవును, అది స్వతంత్రమైన ఎంపిక కాదు. నిజానికి మనకున్న ఈ స్వతంత్ర సంకల్పం అనే నమ్మకం తర్కంలోనే తప్పుంది. మెదడులో ఒక రసాయనచర్యల క్రమం సాగుతుంది. ఫలితంగా నేను కుడి స్విచ్ నొక్కుతాను. నాకు నిజంగా కుడి స్విచ్ నొక్కాలని ఉందన్న భావన కలుగుతుంది. అది మరి నిజం. నిజంగానే ఆ మీట నొక్కాలని నాకు అనిపిస్తుంది. దాన్ని నేను నొక్కాలి, అనుకుంటే ఆ కోరికను నేను ఎంచుకుంటాను, అని జనం పొరపాటు నిర్ణయానికి దూకేస్తారు. ఇది తప్పు. నా కోరికను నేను ఎంచుకోను. ఆ భావాన్ని అనుభవిస్తాను. అలాగే నడుచుకుంటాను.

అయితే జనం మాత్రం స్వేచ్ఛాసంకల్పం గురించి చర్చ కొనసాగిస్తారు. వైజ్ఞానికులు కూడా తరచుగా అర్థంలేని మత సంబంధ విషయాలను కూడా వాడుతుంటారు మరి. శతాబ్దాలుగా క్రైస్తవ, ముస్లిం, యూదుమతం పండితులు కూడా ఆత్మకు, సంకల్పానికి గల సంబంధం గురించి చర్చించారు. ప్రతి మనిషిలోనూ ఒక అంతస్సారం ఉంటుందని, దాని పేరే ఆత్మ అని వారన్నారు. అదే ఒక మనిషి యొక్క అసలైన సెల్ఫ్ అంటే వ్యక్తిత్వం. ఈ సెల్ఫ్‌కు ఎన్నో కోరికలు ఉంటాయని, దుస్తులు, బండ్లు, ఇళ్ళు ఉన్నట్టే అవి కూడా ఉంటాయని వారన్నారు. వాటిని ఎంచుకున్నట్టే నా కోరికలను కూడా ఎంచుకుంటాను అని

వారన్నారు. ఈ ఎంపికల ప్రకారం నా భవిత నిర్ణయమవుతుంది. నేను మంచి కోరికలు నేర్చుకుంటాను. స్వర్గం చేరుకుంటాను. ఇక నేను చెడ్డ ఎంపికలు చేస్తాను. నరకం నా పాలవుతుంది. అయితే మరి, ఈ నా కోరికలు నేను ఎంచుకున్న విధానం అనే ప్రశ్న అక్కడ పుట్టింది. ఉదాహరణకు పాము అందించిన పండును ఈవ్ తినాలని కోరుకున్నదా లేక ఈ కోరిక ఆమె మీద ఆరోపించబడిందా? ఆ కోరిక ఆమె మెదడులో అట్లాగ ఉన్నట్లుండి అనుకోకుండా పుట్టిందా? లేక దాన్ని ఆమె స్వతంత్రంగా ఎంచుకున్నదా. ఆమె దాన్ని స్వతంత్రంగా ఎంచుకున్న పక్షంలో మరి ఆమెకు శిక్ష ఎందుకు.

అయితే ఒకసారి మనం మనిషికి ఆత్మ అంటూ లేదని మనుషులలో అంతస్సార మయిన వ్యక్తిత్వం లేదని అంగీకరించాము, అనుకుందాం. ఈ లోని వ్యక్తి ఎంపికలు ఎలా చేస్తాడు? నీ భార్య దుస్తులు ఎలా ఎంపిక చేసుకుంటుంది, అని ఒక బ్రహ్మచారిని అడిగినట్టు ఉంటుంది ప్రశ్న. నిజానికి అక్కడ ఒక చేతనాస్రవంతి ఉంటుంది. ఇక కోరికలు పుట్టుకువస్తాయి. ఆ ప్రవాహంలో కొట్టుకువస్తాయి. అక్కడ శాశ్వతంగా ఒక లోని వ్యక్తి లేడు. కోరికలు అతని సొంతం కావు. ఇక నేను నా కోరికలను నిర్ణయాత్మకంగా లేదా యాదృచ్ఛికంగా కాక స్వతంత్రంగా చేస్తానా అని అడగడం అర్థం లేని సంగతి.

ఇదంతా చాలా సంక్లిష్టంగా కనపడవచ్చు అయినా ఈ ఆలోచనను చాలా సులభంగా పరీక్షించవచ్చు. మీ మెదడులో ఒక ఆలోచన వచ్చిన మరుక్షణం ఆ మిమ్మల్ని మీరు ఒక ప్రశ్న అడగండి. ఈ ఆలోచనలు ఎందుకు ఆలోచించాను? ఒక నిమిషానికి ముందు ఈ ఆలోచన గురించి నేను ఆలోచించానా? అప్పుడుగాని ఈ ఆలోచన గురించి ఆలోచించలేదు. లేక అది ఒక దిశ లేక నిర్ణయం, నానుంచి ఆదేశం లేకుండానే పుట్టుకు వచ్చిందా? నేను నిజంగా నా ఆలోచనలకు, నిర్ణయానికి యజమానిని. తరువాత ఒక అరవయి సెకండ్ల పాటు నేను ఎటువంటి ఆలోచనలు నిర్ణయాలు చేయకూడదని ఒక నిర్ణయం చేయవచ్చా. ప్రయత్నించి ఏం జరుగుతుందో చూడండి.

స్వతంత్ర సంకల్పాన్ని గురించి అనుమానం తెచ్చుకోవడం కేవలం ఒక తాత్విక చర్య మాత్రమే కాదు. దానికి ప్రయోగాత్మక ప్రయోజనాలు కూడా ఉన్నాయి. జీవులకు స్వతంత్ర సంకల్పం లేకుంటే మనం వాటి కోరికలను మార్చవచ్చు. నియంత్రించవచ్చునని అందుకు ఔషధాలను, జెనెటిక్ ఇంజనీరింగ్, బ్రెయిన్ ప్రేరణలను వాడవచ్చునని అర్థం వస్తుంది.

తత్వశాస్త్రం పనిలో ఉండగా చూడాలనుకుంటే రోబో ఎలుకల పరిశోధనశాలకు వెళ్ళండి. రోబో ఎలుకలు అంటే కూడా మామూలు ఎలుకలే. కానీ చిన్న మెలిక ఉంటుంది. వాటి శరీరంలో పరిశోధకుల ఎలెక్ట్రోడ్‌లను అమర్చారు. మెదడులో సెన్సరీ, రివార్డ్ ప్రాంతాలలో ఈ ఎలక్ట్రోడ్లు ఉంటాయి. రిమోట్ కంట్రోల్‌తో సైంటిస్టులు ఈ ఎలుకలను పనిచేయిస్తారు. కొంతకాలం వాటికి శిక్షణ ఇస్తారు. అప్పుడవి చెప్పినట్లు ఎడమకు, కుడికి తిరుగుతాయి. నిచ్చెనలు ఎక్కుతాయి. చెత్తకుప్పలను వాసన చూస్తాయి. నిజానికి ఎలుకలకు అలవాటు లేని ఎన్నో పనులను అవి చేస్తాయి. ఎత్తునుంచి కిందకు దూకుతాయి. చాలా సంస్థలు ఈ మర ఎలుకల మీద ఆసక్తి కనబరుస్తున్నారు. ఎన్నో

పనులు, పరిస్థితులలో అవి తమకు సాయం చేయగలరని వారు అనుకుంటున్నారు. ఉదాహరణకు ఈ ఎలుకలు భవనాలు కూలినప్పుడు వాటి కింద చిక్కుకుపోయిన మనుష్యులను గుర్తించగలుగుతాయి. బాంబులను, బూబీ ట్రాప్స్‌ను కనుగొనగలుగుతాయి. టనల్స్, గుహలు మొదలైన వాటి వివరాలు తెలుపగలుగుతాయి.

ఇటువంటి ఎలుకల మీద ప్రయోగాలు చేస్తున్నప్పుడు వాటికి కలిగే బాధ గురించి జంతుసంక్షేమ సంఘాల వారు తమ అనుమానాలను వ్యక్తం చేశారు. అయితే ఈ అనుమానాలను స్టేట్ యూనివర్సిటీ ఆఫ్ న్యూయార్క్‌లో ప్రొఫెసర్‌గా పనిచేస్తున్న సంజీవ్ తల్వార్ కొట్టిపడేశాడు. నిజానికి ఎలుకలు ఈ ప్రయోగాలతో సంతోషపడుతున్నాయి, అని కూడా ఆయన అన్నాడు. ఎలుకలు సరదా కోసం పనిచేస్తాయి, అంటాడతను. మెదడులోని బహుమతి కేంద్రాలను ఎలక్ట్రోడ్లు ప్రేరేపించినప్పుడు ఎలుకలు నిర్వాణాన్ని అనుభవిస్తాయి, అని ఆయన సంతోషంగా అంటాడు.

మరెవరో తమ మీద అధికారం నడిపిస్తున్నారని ఆ ఎలుకలకు తోచదు. తనకు ఇష్టం లేకుండా బలవంతంగా ఎవరో తమ చేత పనులు చేయిస్తున్నారని కూడా వాటికి తోచదు. ప్రొఫెసర్ తల్వార్ రిమోట్ కంట్రోల్ నొక్కుతాడు. ఎలుకకు ఎడమకు తిరగాలని కోరిక కలుగుతుంది. అందుకే అది ఎడమకు తిరుగుతుంది. ఒక మీట నొక్కితే ఎలుకకు నిచ్చెన ఎక్కాలని కోరిక పుడుతుంది. అది నిచ్చెన ఎక్కుతుంది. ఎలుక కోరికలు అంటే న్యూరాన్లు వెలిగే ఒక పద్ధతి కాక మరొకటి కాదు. మరొక న్యూరాన్ కారణంగా ఈ న్యూరాన్లు వెలుగుతున్నాయా లేక మెదడులో ఉన్న ఎలక్ట్రోడ్‌లను ప్రొఫెసర్ తల్వార్ పనిచేయిస్తున్నారు కాబట్టి వెలుగుతున్నాయా, అన్న ప్రశ్నకు అక్కడ తావేలేదు. మీరు ఆ ఎలుకను ఆ సంగతి అడిగితే, నేను నా స్వేచ్ఛాసంకల్పం కారణంగా ఈ పనులన్నీ చేస్తున్నాను. చూడు, ఎడమకు తిరగాలి అనుకుంటున్నాను. కనుక తిరుగుతున్నాను. నిచ్చెన ఎక్కాలి అనుకుంటున్నాను ఎక్కుతున్నాను. ఇదంతా చూస్తే నాకు స్వేచ్ఛాసంకల్పం ఉంది, అని అర్థం కావడం లేదా, అని అది మనకు జవాబు చెబుతుంది.

ఎలుకలలాగే మనుషులలో కూడా ఇటువంటి ప్రయోగం చేయవచ్చునని అర్థ మయింది. కోపం, భయం, డిప్రెషన్ వంటి లక్షణాలను సరైన కేంద్రానికి ప్రేరణ ఇవ్వడం ద్వారా నియంత్రించవచ్చునని, కొత్త కోరికలు కలిగించవచ్చని ఉన్నవాటిని చంపవచ్చునని తెలుసుకున్నారు. మనుషుల మెదళ్ళలో కంప్యూటర్ చిప్స్ ఏర్పాటు చేసే ప్రయోగాలను ఈ మధ్యనే యుఎస్ మిలిటరీవారు ప్రారంభించారు. బాధకు గురయిన తర్వాత ఒత్తిడితో బాధపడే సైనికులకు ఈ పద్ధతితో చికిత్సలు చేయించవచ్చునని వారు అనుకుంటున్నారు. తీవ్రమైన డిప్రెషన్‌కు గురైన పేషెంట్లకు చికిత్స కోసం జెరూసలేంలోని హదాసా ఆసుపత్రిలో డాక్టర్లు ఒక కొత్త ప్రయోగాన్ని మొదటిసారిగా వాడుతున్నారు. వాళ్లు పేషెంట్ మెదడులో ఎలక్ట్రోడ్లు అమరుస్తారు. వాటిని ఒక చిన్న కంప్యూటర్‌తో కలుపుతారు. ఆ కంప్యూటర్ పేషంట్ ఎదలో అమర్చబడి ఉంటుంది. కంప్యూటర్ నుంచి ఆదేశాలు రాగానే ఎలక్ట్రోడ్‌లు ఒక చిన్న విద్యుత్ ప్రవాహాన్ని పుట్టిస్తాయి. డిప్రెషన్‌కు కారణమైన మెదడు

ప్రాంతాలను ఈ ప్రవాహాలు ప్రభావితం చేస్తాయి. అయితే ఈ ప్రయోగం ప్రతిసారీ పనిచేస్తుంది అనడానికి లేదు. కొంతమంది పేషెంట్లు మాత్రం బతుకంతా తమకు కలిగి బాధించిన చిమ్మచీకటి అనుభవం మంత్రం వేసినట్లు లాగా మాయమైందని అన్నారు.

ఒక పేషెంట్ మాత్రం చికిత్స తర్వాత కొన్ని నెలలకు లక్షణాలు మళ్ళీ వచ్చాయి అన్నాడు. అప్పుడు తనకు మరీ తీవ్రమైన డిప్రెషన్ కలిగింది, అన్నాడు. వైద్యులు అతడిని పరీక్షించారు. ఈ సమస్యకు కారణం కనుగొన్నారు. అమర్చిన కంప్యూటర్‌లో బ్యాటరీ అయిపోయింది. కొత్త బ్యాటరీ పెట్టారు. అతని పరిస్థితి మళ్ళీ బాగుపడింది

ఇటువంటి ప్రయోగాలు చేయడానికి నైతికమైన సమస్యలు ఉన్నాయి. కనుక చాలా ప్రత్యేకమైన పరిస్థితుల్లో మాత్రమే మెదడులో ఎలక్ట్రోడ్లు పెట్టే ప్రయత్నాలు చేస్తారు. కనుక మనుషులలో చాలా అవసరమైన ప్రయోగాలను శరీరం లోపలికి దేన్నీ పంపించే అవసరం లేకుండా, హెల్మెట్ వంటి పరికరాలతో కొనసాగిస్తున్నారు. ఈ హెల్మెట్ వంటి పరికరాలను ట్రాన్స్ క్రేనియల్ డైరెక్ట్ కరెంట్ సిములేటర్స్ అంటున్నారు. తల మీద పెట్టిన హెల్మెట్ లోపలి ఎలక్ట్రోడ్‌లు చర్మంతో కొంతదూరంనుంచి సంబంధం కలిగి ఉంటాయి. అక్కడ బలహీనమైన విద్యుదయస్కాంత క్షేత్రాలు ఏర్పడతాయి. అవి మెదడులో తగిన భాగంవైపు పంపించబడతాయి. ఈ రకంగా మెదడులోని కార్యక్రమాలను మొదలుపెట్ట వచ్చు, మార్చవచ్చు, ఆపవచ్చు కూడా.

అమెరికన్ మిలిటరీ వారు సైనికుల కోసం ఇటువంటి ప్రయోగాలను చేసి చూస్తున్నారు. యుద్ధ రంగంలోనూ శిక్షణలో వారు తాము నేర్చుకుంటున్న అంశాల మీద ఎక్కువ దృష్టి పెట్టడానికి, పనితనం పెంచుకోవడానికి ఇవి సహాయం చేస్తాయని వారు భావిస్తున్నారు. ప్రధానమైన ప్రయోగాలను హ్యూమన్ ఎఫెక్టివ్‌నెస్ డైరెక్టరేట్ వారు నడిపిస్తున్నారు. అది ఒహాయోలోని ఎయిర్‌ఫోర్స్ బేస్‌లో ఉంది. ఫలితాలు పూర్తి దశకు రాలేదు. ఈ విషయం గురించి చర్చలు మాత్రం చాలా ముందుకు వెళ్ళిపోయాయి. ఈ పద్ధతి డ్రోన్‌లను పనిచేయించేవారిలో, ఎయిర్ ట్రాఫిక్ కంట్రోలర్స్‌లో ఈ విషయాలను గుర్తించే శక్తిని బాగా పెంచుతుందని ఎన్నో పరిశోధనలో తెలిసింది. అలాగే స్నైపర్స్, ఎక్కువకాలంపాటు చాలా జాగరూకతతో ఉండవలసిన మిగతా సందర్భాలలో వ్యక్తులు లాభం పొందవచ్చు అంటున్నారు.

స్నైపర్స్ అనే తుపాకీ యోధుల శిక్షణ కేంద్రంలోకి వెళ్లి ప్రభావాలను సొంతంగా పరిశీలించడానికి శాలీ ఆడీ అనే న్యూ సైంటిస్ట్ పత్రికా విలేఖరికి అనుమతి దొరికింది. మొట్టమొదట ట్రాన్స్ క్రేనియల్ సిములేటర్ లేకుండానే ఆమె యుద్ధరంగం సిములేటర్ లోకి ప్రవేశించింది. 20 మంది ముసుగువీరులు బాంబులు పట్టుకుని, చేతిలో రైఫిల్స్‌తో తన మీదకు దాడిగా వస్తుంటే భయంపుట్టి కుదుపుకు గురైన తీరును ఆమె వర్ణించింది. నేను ఒక వీరుని కాల్చి చంపితే మరొక ముగ్గురు పుట్టుకువస్తున్నారు, అంటే నేను తగినంత వేగంగా తుపాకీ పేల్చడం లేదని అర్థం. నా భయం, అసమర్థత కలిసి నన్ను మరింత బలహీనురాలిని చేశాయి. నా తుపాకీ జామ్ అయింది, అని ఆమె రాసింది. ఆ సైనికులు

కేవలం కంప్యూటర్ సష్టించిన పెద్ద తెర మీద అన్ని దిక్కులా చూపించిన వీడియో బొమ్మలు మాత్రమే. అది ఆమె అదృష్టం. ఆమె తన పరిస్థితి గురించి చాలా బాధ ఫీల్ అయింది. తుపాకీ పడేసి అక్కడి నుంచి పారిపోవాలని కూడా అనుకున్నది.

అప్పుడు ఆమెకు ఒక హెల్మెట్‌ను అమర్చారు. అసౌకర్యం ఏమీ తోచలేదు. కొద్దిగా కితకితలు పెట్టినట్లు అనిపించింది. నోటిలో లోహం పెట్టుకున్నట్టు రుచి మారింది. అయినా ఆమె ఆ వర్చువల్ తీవ్రవాదులను ఎదుర్కోవడానికి ముందుకు నడిచింది. తాను ర్యాంబో లేదా క్లింట్ ఈస్ట్ వుడ్ అయినట్టు ఒక పద్ధతి ప్రకారం వాళ్ళను చంపడం మొదలుపెట్టింది. వాళ్లు ఇరవయిమంది తుపాకులు చూపుతూ నా మీదకి వచ్చారు. నేను నెమ్మదిగా నా రైఫిల్ పైకి ఎత్తాను. గట్టిగా ఊపిరి పీల్చుకున్నాను. దగ్గరగా ఉన్న మనుషి మీద ఫయర్ చేశాను. తర్వాతి గమ్యాన్ని గురించి లెక్క చూచాను. చూస్తుండగానే ఒక గొంతు వినిపించింది. అది పద్ధతి అన్నది ఆ గొంతు. సిమ్యులేషన్ రూమ్‌లో లైట్లు మళ్ళీ వెలిగాయి.... చుట్టూ శరీరాలు పడి ఉన్నాయి. అయినా అంతా ప్రశాంతంగా ఉంది. మరింతమంది వస్తారని నేను అనుకున్నాను. టీం వాళ్ళు వచ్చి నా ఎలక్ట్రోడ్‌లను తీసేస్తూ ఉంటే నాకు అసంతప్తిగా అనిపించింది. పైకి చూస్తే గడియారాన్ని ఎవరో ముందుకు నడిపించారు, అనిపించింది. ఇరవయి నిమిషాలు గడిచిపోయాయి అన్న సంగతి నాకు అర్థం కాలేదు. ఎంత మందిని చంపాను అని నేను ఒక అసిస్టెంట్‌ని అడిగాను. ఆమె ప్రశ్నార్థకంగా నా ముఖంలోకి చూసి అందరినీ, అన్నది.

ఈ ప్రయోగం శాలీ జీవితాన్ని మార్చేసింది. ఈ తరువాతి రోజుల్లో ఆమె, నేను ఒక ఆధ్యాత్మిక అనుభవంలో నుంచి వచ్చాను అన్న భావనలో కొనసాగింది. ఈ ప్రయోగాన్ని నిర్వచించింది చలాకీతనం అనుభవం లేదా వేగం నేర్చుకున్న భావనలు కావు. జీవితంలో మొదటిసారిగా కాళ్ల కింద నుంచి నేల జారిపోయిన భావన కలిగింది. చివరకు మెదడులో పాత భావాలు అన్నీ మూసుకుపోయాయి. నామీద నాకు అనుమానం లేని నా మెదడు సరికొత్త ఆవిష్కరణలాగ కనిపించింది. నా తలలో ఒక్కసారిగా సాటిలేని నిశ్శబ్దం మొదలైంది. తర్వాత వారాలపాటు నాకు మళ్లీ అక్కడికి వెళ్ళి ఆ ఎలక్ట్రోడ్లు తలకు కట్టుకుని ప్రయోగంలో కొనసాగాలన్న కోరిక కలిగింది, అని నేను చెబితే మీరు అర్థం చేసుకుంటారని నేను అనుకుంటున్నాను. నా మనసులో చాలా ప్రశ్నలు కూడా పుట్టాయి. నా మెదడులో ఉన్న చేదుభావనలు గల కోపిష్టి నోమ్స్ (పిశాచాలు) కన్నా వేరుగా నేను అంటే ఏమిటి, అన్నది ఒక ప్రశ్న. ప్రయత్నించడానికి నాకు చాలా భయంగా ఉందని అవి నన్ను అపజయాలవైపు తరుముతున్నాయి. ఇంతకూ తలలో ఆ గొంతులను ఎక్కడినుంచి వచ్చాయి? మరెన్నో ప్రశ్నలు.

ఈ కొన్ని గొంతుకలు సమాజంలో ఉన్న నిష్కారణ ఇష్టాయిష్టాలను మళ్ళీ చెబుతాయి. కొన్ని మన వ్యక్తిగత చరిత్రను మళ్లీ వినిపిస్తాయి. కొన్ని జన్యు వారసత్వాన్ని వివరిస్తాయి. అన్నీ కలిసి కనిపించని ఒక కథను సృష్టిస్తాయి. ఇదంతా మనకు తెలిసి చేసే నిర్ణయాలను ప్రభావితం చేస్తుంది కానీ, విధానం మనకు ఏనాటికి అర్థం కాదు. మన

మనసులోని ఏకపాత్రాభినయాలను మనం మళ్లీ రాయగలిగితే ఏమవుతుంది. కనీసం అప్పుడప్పుడైనా వాటి గొంతుక నులిమివేస్తే ఏమవుతుంది అని శాలీ ఆడీ అడుగుతున్నది.

అయితే 2016 నాటికి ట్రాన్స్ క్రేనియల్ సిములేటర్స్ ఇంకా ప్రారంభ దశలోనే ఉన్నాయి. సంపూర్ణ సాంకేతిక శాస్త్రంగా అవి వస్తేగిస్తే ఎప్పుడు అన్న అంశాలు విశదం కాలేదు. అవి చాలా కొద్దిసేపు మాత్రమే తమ ప్రభావాన్ని చూపుతున్నాయి. శాలీ ఆడీ ఇరవయి నిమిషాలపాటు అనుభవించిన ఆ సందర్భం చాలా విశేషమైనది. బహుషా ప్లాసిబో ప్రభావం కారణంగా వచ్చిన ఫలితం కూడా అయి ఉండవచ్చు. ఈ విషయం గురించి చర్చలో వచ్చిన చాలా పరిశోధన ఫలితాలు చాలా తక్కువమంది శాంపిల్స్ మీద ప్రత్యేక పరిస్థితులలో చేసిన ప్రయోగాలను మాత్రమే వర్ణించాయి. తర్వాత కనబడే ప్రభావాలు, ప్రమాదాలను గురించి అసలు ఏ మాటా చెప్పలేదు. ఒకవేళ ఈ సాంకేతిక శాస్త్రం పెరిగి ఫలిస్తే, లేదా మెదడులోని విద్యుత్తును ప్రభావితం చేయడానికి మరేదైనా పద్ధతి ముందుకు వస్తే, మానవ సమాజాలకు ఎటువంటి ప్రభావం కలుగుతుంది? మనుషులు ఏమవుతారు?

మనుషులు తమ మెదడులోని విద్యుత్ వలయాలను కేవలం టెర్రరిస్టులను చంపడానికి, మరింత శక్తివంతంగా చంపడానికి మాత్రమే వాడనవసరం లేదు, ఈ పద్ధతితో మరిన్ని ఉదారవాద గమ్యాలను కూడా చేరవచ్చు. చదువు, పని మరింత బాగా జరిగేటట్లు చూడవచ్చు. ఆటలు, హాబీలలో మునిగి బాగా పనిచేయవచ్చు, ఒక సమయంలో తమకు నచ్చిన విషయాలమీద కేంద్రీకరించే ప్రయత్నం చేయవచ్చు. అది లెక్కలయినా సరే లేదా ఆటలయినా సరే. అయితే ఒకవేళ ఇటువంటి పనులన్నీ మామూలుగా జరిగే పరిస్థితి వస్తే, కస్టమర్ల స్వతంత్ర సంకల్పం కొనడానికి సిద్ధంగా ఉంచిన మరొక బజారు పదార్థంగా మారిపోతుంది. మీకు పియానో బాగా నేర్చుకోవాలని ఉంటుంది. కానీ ప్రాక్టీస్ చేయవలసిన సమయం వస్తే, మాత్రం టెలివిజన్ ముందు కూర్చోవడానికి మీరు ఇష్టపడతారు. కొంప మునగలేదు. హెల్మెట్ తలమీద పెట్టుకోండి. సరైన సాఫ్ట్‌వేర్‌ను పని చేయించండి. ఇక పియానో వాయించాలి అన్న కోరిక బలంగా మిమ్మల్ని ముందుకు తోస్తుంది

తలలోని స్వరాలను పెంచడానికి లేదా నోరు మూయించడానికి ఉన్న వీలు వలన మీ స్వేచ్ఛాసంకల్పం అణగదొక్కబడుతుంది, అని మీరు ప్రతివాదం చేయవచ్చు. మీ దృష్టిని బయటి అంశాల ప్రభావాల కారణంగా మీకు ఇష్టమైన సరైన కోరికల మీద సారించి సాధించుకోలేకపోవచ్చు. అటెన్షన్ హెల్మెట్ సాయంతో లేదా అటువంటి మరొక పరికరంతో అపరిచిత స్వరాలను, అవి తల్లిదండ్రులు, పూజారులు, స్పిన్ డాక్టర్లు, ప్రకటన కర్తలు, పక్కింటివాళ్లు ఎవరివైనా నిశ్శబ్దం కిందికి మార్చవచ్చు. అంశం మీద దృష్టిని కేంద్రీకరించవచ్చు. అయితే వ్యక్తిత్వం ఒకే ఒకటి ఉన్నది కనుక మీ యొక్క సాధికారమైన కోరికలను గొంతుకల నుంచి వేరు చేసి చూడవచ్చును అన్నది ఉదారవాదం కల్పించిన మరొక మిథ్యాభావం. ఇటీవలి వైజ్ఞానిక పరిశోధనలు దీన్ని తోసివేస్తాయి.

నేను ఎవరిని?

స్వేచ్ఛాసంకల్పం మీద ఉన్న ఉదారవిశ్వాసాన్ని దాన్ని మాత్రమేకాక వ్యక్తిత్వవాదాన్ని కూడా సైన్స్ అణగదొక్కుతుంది. మనకు కేవలం విభజించడానికి వీలులేని ఒకే ఒక వ్యక్తిత్వం ఉంది, అని ఉదారులు భావిస్తారు. వ్యక్తి అంటే విభజనకు వీలులేని పరిస్థితి అని అర్థం. అవును, నా శరీరం సుమారు 37 ట్రిలియన్ కణాలతో నిర్మితమై ఉంది. ఇక ప్రతినిత్యం నా శరీరం, నా మెదడు లెక్కలేనన్ని కలయికలు, మార్పులకు గురవుతుంటాయి. నేను నిజంగా ధ్యాసపెట్టి నన్ను నేను చూడడానికి ప్రయత్నిస్తే ఆ లోపల చాలా లోతులో, ఒకే ఒక స్థిరమైన అధికారికమైన గొంతు వినిపిస్తుంది. అది నా నిజమైన సెల్ఫ్ అంటే వ్యక్తిత్వం. అక్కడి నుండే విశ్వంలోని అన్నిఅర్థాలు, అధికారాలు అన్ని పుట్టుకువస్తున్నాయి. నాకు ఇలా ఒకే ఒక్క నిజమైన వ్యక్తిత్వం ఉండాలి. అసలైన లోపలి గొంతుకలు ఒకటి కంటే ఎక్కువ ఉంటే పోలింగ్ స్టేషన్‌లో గానీ, సూపర్ మార్కెట్లో, పెళ్లి బజారులో మరొకచోటగానీ ఏ గొంతును వినాలి అన్నది ప్రశ్న అవుతుంది.

గత కొన్ని దశాబ్దాలలో జీవశాస్త్రం ఈ ఉదారవాద పరికల్పన కథ కేవలం పుక్కిటి పురాణం అన్న నిర్ణయానికి చేరుకున్నది. ఒకే ఒక్క ఆధికారికమైన వ్యక్తిత్వం అన్నది శాశ్వతమైన ఆత్మలాంటిదే. శాంటాక్లాస్, ఈస్టర్ బన్నీ లాంటిదే. నేను నా లోపలికి చాలా లోతుగా నిజంగా చూడగలిగితే, పైకి కనిపించి నేను అంగీకరిస్తున్న ఏకత, విరుద్ధమైన మాటలు వినిపించే గొంతుకల గోలగా ఎదురవుతుంది. అందులో ఏదీ నిజమైన నా వ్యక్తిత్వం కాదు. మానవులు అవిభాజ్యులు కాదు. వాళ్లను విభజించడం వీలవుతుంది. అంటే విభాజ్యులే.

మనిషి మెదడులో రెండు భాగాలున్నాయి. ఆ రెంటినీ కలుపుతూ ఒక లావుపాటి నాడుల తాడు ఉంది. మెదడులోని ఈ అర్ధభాగాలు ఒక పక్కనున్నది మరొక పక్కలోని శరీరాన్ని నియంత్రిస్తుంది. అంటే మెదడులోని కుడి అర్థం శరీరంలోని ఎడమ భాగాన్ని పనిచేయిస్తుంది అని అర్థం. ఎడమచేతివైపు కనిపించినంత మేరనుండి అది సమాచారాన్ని కూడా తీసుకుంటుంది. ఎడమకాలు, ఎడమచేయి కదలడానికి కూడా మెదడులోని ఈ కుడి భాగమే ఆధారం. అలాగే కుడి సగంలోని శరీరాంగాలను ఎడమ మెదడు సగం పని చేయిస్తుంది. అందుకే మెదడు లోపలి కుడిభాగంలో స్ట్రోక్ వచ్చినవారు కొన్ని సందర్భాలలో తమ శరీరంలోని ఎడమ భాగాలను పట్టించుకోరు. తలలో కుడి భాగాన్ని మాత్రమే దువ్వుకుంటారు. పళ్ళెంలో పెట్టిన తిండిని కూడా ఒకపక్కనుంచి మాత్రమే తింటారు.

భావావేశాల పరంగా, అర్థం చేసుకునే పరంగా కూడా రెండు అర్ధగోళాల మధ్యన మార్పులున్నాయి. అయితే అవి మరీ స్ఫుటంగా మాత్రం లేవు. విషయాలను అర్థం చేసుకునే చాలా సందర్భాలలో మెదడులోని రెండు భాగాలు కలిసి పనిచేస్తాయి. అయితే రెండింటి భాగస్వామ్యం సమానంగా మాత్రం ఉండదు. ఉదాహరణకు చాలా సందర్భాలలో ఎడమ అర్ధభాగం మాటలలో, తార్కికంగా కారణాలు వెతకడంలో ముఖ్యపాత్ర వహిస్తుంది. ఇక కుడి అర్ధభాగం స్థలానికి సంబంధించిన విషయాలలో పైచేయిగా ఉంటుంది.

ఎపిలెప్సీ అంటే మూర్ఛవ్యాధి వచ్చిన రోగుల్లో జరిగిన పరిశోధనల కారణంగా మెదడులోని ఈ రెండు అర్ధగోళాల మధ్య సంబంధం గురించి చాలా విశేషాలు తెలిశాయి. ఎపిలెప్సీ తీవ్రంగా వచ్చిన కేసులలో మెదడులోని ఒక భాగంలో ముందు విద్యుత్తు ప్రభంజనం మొదలవుతుంది. కానీ వెంటనే మిగతా భాగానికి కూడా పాకుతుంది. క్షణాల్లో ప్రభావం బయటపడుతుంది. ఇటువంటి సమయాలలో వ్యక్తులకు శరీరం మీద నియంత్రణ తప్పుతుంది. మూర్ఛలు మళ్లీమళ్లీ వస్తూ ఉంటే గనుక ఉద్యోగాలు చేయడం కుదరదు. మామూలు జీవితం కూడా కుదరదు. ఇరవయ్యవ శతాబ్ది మధ్యకాలంలో పద్ధతులు ఏమీ పనిచేయనప్పుడు డాక్టర్లు–రోగుల సమస్యలు తగ్గించడానికి మెదడులోని రెండు భాగాల మధ్య ఉన్న తాడును తెగకోశారు. మెదడు ఒక అర్ధభాగంలో మొదలైన విద్యుత్తు మరొకదానికి చేరకుండా ఈ పద్ధతి అడ్డుకుంటుంది. ఇక మెదడు గురించి పరిశోధించే వారికీ ఈ పేషెంట్లు బంగారుగనులలాగా దొరికి బోలెడంత సమాచారాన్ని అందించారు.

స్ప్లిట్ బ్రెయిన్‌గా పిలువబడిన ఇటువంటి పరిశోధనల్లో చాలా ప్రత్యేకమైన అంశాలను ప్రత్యేకంగా పరిశోధించిన వారు ప్రొఫెసర్ రోజర్ ఓల్‌కాట్ స్పెరీ. తన విద్యార్థి మైకేల్ ఎస్. గజానిగాతోపాటు కనుగొన్న మౌలికమైన అంశాలకుగాను ఆయనకు 1981లో నోబెల్ బహుమానం ఇచ్చారు. వీరు ఒక టీనేజ్ కుర్రవాని మీద ప్రత్యేకమైన ప్రయోగాలు చేశారు. పెద్దవాడవు అయిన తర్వాత ఏం చేస్తావు, అని అబ్బాయిని అడిగారు. నేను డ్రాఫ్ట్స్‌మన్ అవుతాను, అని అతడు చెప్పాడు. ఆ జవాబును అతని మెదడులోని ఎడమ సగం అందించింది. అది తార్కికంగా కారణాలు వెతకడంలో ముఖ్యపాత్ర వహిస్తుంది. మాటలను కూడా అదే నియంత్రిస్తుంది. అయితే అబ్బాయి మెదడులో మాటలకు సంబంధించిన మరొక బలంగా పని చేసే కేంద్రం కూడా ఉంది. ఇది మెదడులోని కుడి అర్ధభాగంలో ఉంది. ఈ భాగంలో మాటలకి సంబంధించిన కేంద్రం లేదు మరి. ఇక్కడి సమాచారం ఏదైనా చెప్పాలంటే స్క్రాబుల్ లాంటి అక్షరాలను పేర్చి చెప్పవచ్చు. మెదడులోని కుడిభాగం ఏం చెబుతుందో చూడాలని పరిశోధకులు ప్రయత్నించారు. ఆ విషయంలో వారికి చాలా ఆసక్తి ఉంది. వాళ్లు స్క్రాబుల్ అక్షరాలను టేబుల్ మీద పరిచారు. పెద్దవాడవు అయిన తర్వాత ఏం చేయాలి అనుకుంటున్నావు, అన్న మాటలు ఒక కాగితం మీద రాశారు. కాగితాన్ని అబ్బాయి ఎడమకంటికి కనిపించే దృష్టి పరిధిలోని చివరలో ఉంచారు. ఈ పక్కనుంచి దృష్టి కలిగే ప్రేరణలను మెదడులోని కుడి అర్ధభాగం స్వీకరిస్తుంది. అయితే ఆ అర్ధభాగంలో మాటలకు సంబంధించిన కేంద్రం లేదు కనుక అబ్బాయి మాటలతో జవాబు చెప్పలేదు. కానీ ఎడమచేయి కదలసాగింది. టేబుల్ మీద అక్షరాలను అది చకచకా ఒకచోటికి చేర్చింది. చివరకు ఆటోమొబైల్ రేస్, స్వాకీ అన్న మాటలను ఆ చెయ్యి పేర్చింది.

రెండవ ప్రపంచయుద్ధంలో పాల్గొన్న మరొక యుద్ధవీరుడు పేషెంట్ డబ్ల్యూ జే. అతని ప్రవర్తన మరింత భయంకరంగా కనిపించింది. అతని రెండుచేతులు మెదడులోని రెండు అర్ధభాగాల నియంత్రణలో ఉన్నాయి. వాటి మధ్యన నాడులతాడు తెగింది. కనుక

రెండిటికీ మధ్య సంబంధం లేదు. అతను ఒక చేతితో తలుపు తెరుస్తాడు. ఈలోగా మరొక చెయ్యి కలుగజేసుకుని ఆ తలుపులు దడాలున మూసేస్తుంది.

మరొక ప్రయోగంలో గజానిగా అతని బృందంవారు బొమ్మలను చూపించారు. కోడికాళ్ళ బొమ్మను ఎడమ మెదడు సగానికి చూపించారు. అది మాటలకు ఆధారమైన సగం. అదే సమయంలో ఒక మంచు ప్రాంతం బొమ్మను కూడా కుడిసగం మెదడుకు చూపించారు. ఏం కనిపించింది అని అడిగితే పేషంట్ పిఎస్ కోడికాలు అన్నాడు. ఆ తర్వాత గజానిగా అతనికి వరుసగా కొన్ని బొమ్మలు చూపించాడు. అందులో తాను అంతకుముందు చూచినది ఏదయినా కనిపిస్తే వేలుపెట్టి చూపమన్నాడు. ఎడమ మెదడు అధికారంలో పనిచేస్తున్న ఆ వ్యక్తి కుడిచేయి ఒక కోడి బొమ్మను చూపించింది. అదే సమయంలో ఎడమ చేయి పైకి లేచి ఒక మంచుపారను చూపించింది. గజానిగా ఇక అప్పుడు ఆ పేషెంట్‌ను చాలా మామూలుగా ఒక ప్రశ్న అడిగాడు. ఎందుకని కోడిని, పారను రెండింటిని చూపించావు, అన్నాడతను. కోడికాలుకు, కోడికి సంబంధం ఉంది, మరి కోళ్ల గూటిని శుభ్రం చేయాలంటే పార అవసరం కదా అన్నాడు అతను.

ఇక్కడ ఏం జరిగింది మరి? మాటలను ఎడమమెదడు నడిపిస్తుంది. దానికి మంచు గురించి సమాచారం అందలేదు. అందుకే ఎడమచేయి ఈ పార ఎందుకు చూపించింది అన్న సంగతి దానికి అర్థం కాలేదు. కనుక అది అర్థం ఉన్న సంగతిని మరొకదాన్ని కనుగొన్నది. చివరకు ఎడమ మెదడు కేవలం మాటల సామర్థ్యాన్ని మాత్రమేకాక లోపల ఉండి అర్థాలు చెప్పే ఒక కేంద్రానికి కూడా ఆధారం అని గజానిగా తేల్చాడు. ఈ కేంద్రం బతుకుకు అర్థాలను చెప్పాలని ప్రయత్నిస్తుంది. పాక్షికంగా అందిన సమాచారాన్ని కూడా వాడుకుని కొత్త కథలను సష్టిస్తుంది.

మరొక పరీక్షలో మాటలు తెలియని కుడిభాగానికి కొన్ని బూతుబొమ్మలు చూపించారు. చూస్తున్న వ్యక్తి ముఖం ఎర్రబడింది ఆమె నవ్వింది. పరిశోధకులు అల్లరిగా 'ఏం కనబడింది' అని అడిగారు. 'ఏం లేదు ఏదో వెలుగు' అని మాత్రమే అన్నది అమ్మాయి మెదడులోని ఎడమ సగం. కానీ అమ్మాయి మళ్లీ నవ్వింది. నోటిని చేతితో మూసుకున్నది. అయితే 'ఎందుకు నవ్వుతున్నావు' అని పరిశోధకులు అడిగారు. అర్థభాగంలోని వివరణ కేంద్రం సరైన సమాధానం ఇవ్వాలని సతమతమవుతూ గదిలోని ఒక యంత్రం చిత్రంగా కనిపించింది అని చెప్పింది.

సీఐఎ వారు పాకిస్తాన్‌లో డ్రోన్ దాడిని నడిపిస్తారు. కానీ ఆ సంగతి యుఎస్ స్టేట్ శాఖ వారికి తెలియదు. ఒక పాత్రికేయుడు స్టేట్ శాఖ వారి నిలదీసి అడుగుతాడు. వారు ఏదో కట్టుకథ అల్లి చెబుతారు. పరిశోధనలో ఎదురైంది కూడా ఇటువంటి పరిస్థితి మాత్రమే. నిజానికి ఆ శాఖలో వారికి ఏం జరిగింది అన్న సంగతి తెలియనే తెలియదు. కనుక వారేదో మార్గం కనుగొంటారు. పద్ధతిని స్లిట్ బ్రెయిన్ పేషెంట్లు మాత్రమే కాక మానవులందరూ వాడుకుంటారు. నా వ్యక్తిగత సి.ఐ.ఎ, నా స్టేట్ డిపార్ట్‌మెంట్ అనుమతి లేకుండా, వాళ్ళకు తెలియకుండానే ఏవేవో చేస్తుంది. అప్పుడు సంగతి నాకు పరిస్థితిని

సర్దిచెప్పడానికి స్టేట్ డిపార్ట్‌మెంట్ ఏవో కథలను అల్లుతుంది. తరచుగా తాను కనుగొన్న కథలను స్టేట్ డిపార్ట్‌మెంట్ తానే నమ్మడం మొదలుపెడుతుంది.

ఆర్థికశాస్త్ర రంగంలో ప్రవర్తనలను గురించి జరిగిన పరిశోధనలలో కూడా ఇటువంటి ఫలితాలు కనిపించాయి. ప్రజలు ఆర్థిక నిర్ణయాలను ఎట్లా తీసుకుంటారు అని అక్కడ పరీక్షించారు. సూటిగా చెప్పాలంటే ఎవరు నిర్ణయాలు తీసుకుంటారు అన్న ప్రశ్న పరిశీలింపబడింది. మెర్సిడెస్ కాక ఒక టొయోటా కారు కావాలి అని నిర్ణయించేది ఎవరు? సెలవులకు థాయిలాండ్ కాక పారిస్ వెళ్లాలని అనుకునేది ఎవరు. షాంఘాయ్ స్టాక్ ఎక్స్ఛేంజ్‌లో పెట్టుబడి కాక దక్షిణ కొరియా ట్రెజరీ బాండ్స్ కొనాలని పెట్టుబడి విషయంగా నిర్ణయం చేసేది ఎవరు? ఇటువంటి నిర్ణయాలను చేసే ఒకే ఒక వ్యక్తిత్వం అంటూ ఏదీ లేదు అన్న సూచనలు ప్రయోగాల్లో అందాయి. అంతేకాక ఈ నిర్ణయాలు అటు ఇటు సాగిన టగ్ ఆఫ్ వార్ వంటి అంతర్మథనం నుండి బయటకు వస్తాయని, లోపల ఇటువంటి అభిప్రాయాలు చాలా ఉన్నాయని తెలిసింది

ఆర్థిక శాస్త్రం నోబెల్ బహుమతి 2002లో గెలిచిన శాస్త్రవేత్త డానియల్ కానెమన్ ఒక సరికొత్త మార్గంలో ప్రయోగం ఒకటి చేశారు. వాలంటీర్లను ఆయన ఒక ప్రయోగంలో మూడు భాగాలుగా పాల్గొనమని అభ్యర్థించారు. ప్రయోగంలోని చిన్ననిడివి భాగంలో వాలంటీర్లు తమ చేతిని ఒక పాత్రలో పెట్టాలి. అందులో 14 డిగ్రీల సెంటిగ్రేడు వద్ద నీరు ఉంటుంది. ఆ చల్లని నీటిలో ఒక నిమిషంపాటు చేయి పెట్టి ఉంచాలి. అది చాలా అసౌకర్యమైన అనుభవం. నిజానికి బాధగా ఉంటుంది కూడా. అరవయి సెకండ్ల తర్వాత వాళ్లు చేయి బయటికి తీస్తారు. ఇక ప్రయోగంలో ఒక నిడుపాటి భాగం ఉంటుంది. ఈసారి వాలంటీర్లు తమ ఇంకొక చేతిని మళ్లీ ఒక నీళ్ళపాత్రలో పెడతారు. అందులో నీళ్ళు కూడా 14 డిగ్రీల సెంటిగ్రేడు వద్ద ఉంటాయి. కానీ అరవై సెకండ్ల తర్వాత వాళ్లకు తెలియకుండా అందులోకి నెమ్మదిగా వేడి నీటిని పంపించి ఉష్ణోగ్రత ఒక డిగ్రీ పెరిగేటట్లు చూస్తారు. మరొక అరనిమిషం తర్వాత వాళ్లను చేయి బయటికి తీయమంటారు. పరీక్ష తక్కువనిడివి ప్రయోగంతో మొదలుపెడతారు. మరికొంతమంది ఎక్కువసేపు ప్రయోగంతో మొదలుపెడతారు. అందరూ రెండు భాగాలలో పాల్గొనవలసిందే. ఈ రెండు ప్రయోగాలు గడిచిన ఏడు నిమిషాల తరువాత ఈ ప్రయోగంలో అన్నిటికన్నా ముఖ్యమైన మూడవ భాగం వస్తుంది. వాలంటీర్లు అంతకు ముందరి ప్రయోగాలలో ఏదో ఒకదాన్ని ఎంచుకుని మళ్లీ ఒకసారి చేయాలి. విచిత్రంగా ఎనభయి శాతం మంది వాలంటీర్లు ఎక్కువకాలం సాగే ప్రయోగంలో పాల్గొంటామని ఎంచుకున్నారు. అది తక్కువ బాధాకరంగా ఉంది అని వాళ్ళు అనుకున్నారు.

ఈ చల్లటి నీళ్ల ప్రయోగం చాలా సులభమైనది. కానీ దాని ఫలితాలు మాత్రం ఉదారవాద ప్రపంచ దృష్టిని కదిలించివేశాయి. మన లోపల కనీసం రెండు వ్యక్తిత్వాలు ఉన్నాయని ఈ ప్రయోగంలో బయటపడింది. ఈ వ్యక్తిత్వాలలో ఒకటి అనుభవించే వ్యక్తిత్వం. రెండవది విషయాన్ని వివరించే వ్యక్తిత్వం. అనుభవించే వ్యక్తిత్వం అంటే మనం

ఒకదాని తరువాత ఒకటిగా ఈ క్షేత్రంలో ఉండి విషయాలను అనుభవించే తీరు. ఈ అనుభవించే వ్యక్తిత్వానికీ ఎక్కువకాలం సాగిన చల్ల నీళ్ల ప్రయోగం చాలా కష్టంగా తోచింది. ముందు ఒక నిమిషంపాటు చల్లటి నీళ్లలో చేయి పెడతాము. ఈ అనుభవం చిన్న ప్రయోగంలో నిమిషంపాటు నీళ్లలో చేయి పెట్టి దానికి వేరు కాదు. ఆ తరువాత మరొక ముప్ఫయి సెకండ్ల పాటు ఒక డిగ్రీ ఎక్కువ వేడిగల నీటిలో చేయి ఉంటుంది. ఇది మొదటి భాగంకన్నా కొంత మాత్రమే మెరుగు. అయినా అంతే అసౌకర్యంగా ఉంటుంది. అసౌకర్యం అయినా అనుభవానికి కొంత మేలైన అనుభవం తోడుకావడంతో, ఈ అనుభవించే వ్యక్తిత్వానికి కొంచెం సౌకర్యం వచ్చినట్లు కనబడుతుంది. కనుక ప్రయోగంలో ఈ రెండవ భాగం అనుకూలంగా కనబడుతుంది.

చిత్రంగా ఈ అనుభవించే వ్యక్తిత్వానికీ ఏదీ జ్ఞాపకం ఉండదు. దీనికి కథలు చెప్పడం చేతకాదు. ముఖ్యమైన నిర్ణయాలు చేయవలసి వచ్చినప్పుడు ఈ వ్యక్తిత్వాన్ని ఎవరు ఏది అడగరు. జ్ఞాపకాలను తరచి చూడడం, కథలు చెప్పడం, పెద్ద నిర్ణయాలు చేయడం లాంటివి అన్ని మరొక వ్యక్తిత్వం చేతిలో ఉంటాయి. అది కూడా మన లోపలే ఉంది. దాని పేరే వివరించే వ్యక్తిత్వం. ఈ వివరించే వ్యక్తిత్వం గజానిగా పరిశోధనలో ఎడమ మెదడుభాగం లాంటిది. జ్ఞాపకాలను కథలుగా అల్లుతూ, రానున్న కాలానికి కావలసిన ప్రణాళికను వేస్తూ ఈ వ్యక్తిత్వం ఎప్పుడూ పనిలో ఉంటుంది. కొందరు పాత్రికేయులూ, కవులూ, రాజకీయనాయకుల లాగే ఈ వ్యక్తిత్వం దగ్గర దారులను అనుసరిస్తూ ఉంటుంది. కనుక అది అన్ని విషయాలను వివరంగా చెప్పదు. మొత్తం సమాచారంలో నుంచి శిఖరాయమానంగా ఉన్న క్షణాలు, తుది ఫలితాలను మాత్రమే ఒకచోట చేర్చి చెబుతుంది. దానిలోని కొన్ని అంశాలను ఆధారంగా మాత్రమే మొత్తం ప్రయోగం యొక్క ప్రభావాన్ని చెబుతుంది. చన్నీళ్ల ప్రయోగంలో తక్కువ కాలం సాగే భాగం గురించి అంచనా వేస్తూ ఈ వివరించే వ్యక్తిత్వం ఒక సగటు అనుభవాన్ని ఫలితం చెప్పడానికి తీసుకుంటుంది. ఈ ప్రయోగంలో చాలా అసౌకర్యమైన భాగం అంటే నీళ్ళు బాగా చల్లగా ఉన్న భాగం. నీళ్ళు కొంచెం మెరుగ్గా ఉన్న చివరి భాగం. అప్పటికీ నీళ్లు చల్లగానే ఉన్నాయి. కానీ కొంచెం మెరుగు. ఈ రెండు అనుభవాలనూ కలిపి ఈ వివరించే వ్యక్తిత్వం నీళ్లు చాలా చల్లగా ఉన్నాయి, అని మాత్రం చెబుతుంది. ప్రయోగంలో రెండు భాగాలు ఉండేచోట కూడా ఇదే విషయం జరుగుతుంది. ప్రయోగంలోని అసౌకర్యమైన భాగంలో నీళ్లు చాలా చాలా చల్లగా ఉన్నాయి, తరువాత చివరి క్షణంలో నీళ్ళు నిజానికి కొంచెం మెరుగయ్యాయి. ఈ రెంటినీ గ్రహించి నేను మొత్తానికి కొంచెం వెచ్చబడ్డాయి అన్న విషయాన్ని ఈ వ్యక్తిత్వం వివరిస్తుంది. వివరించే వ్యక్తిత్వానికి కాలవ్యవధి అర్థం కాదు, అన్నది ఇక్కడ గమనించవలసిన సంగతి. ప్రయోగాలలో నిడివి గురించి దానికి పట్టదు అనేది ముఖ్యం కనుక రెండింటి మధ్య ఎంపిక చేయనప్పుడు అది నిడివి ప్రయోగాన్ని ఎంచుకుంటుంది. అక్కడ నీళ్ళు చల్లగా ఉన్నాయి అన్న ఫలితంకన్నా కొంచెం మెరుగ్గా ఉన్నాయి అన్న వార్త దానికి ముఖ్యంగా కనబడుతుంది.

వివరించే వ్యక్తిత్వం ప్రయోగాన్ని మూల్యాంకనం వేసిన ప్రతిసారీ వాటి కాల ప్రమాణాలను అది పక్కన పెడుతుంది. చిట్టచివరకు జరిగిన విషయాన్ని మాత్రమే దృష్టిలో

పెట్టుకుంటుంది. తారాస్థాయికి చేరిన సన్నివేశాలను కూడా గుర్తుంచుకుంటుంది. వాటికి తగ్గట్టు సగటు చేసి మొత్తం ప్రయోగానికి ఒక విలువ కడుతుంది. చేసే నిర్ణయాల మీద ఈ విషయానికి చాలా ప్రభావం ఉందని గమనించాలి. కానెమన్ ఈ ప్రయోగాల్లో వ్యక్తిత్వాలను గురించి 1990 దశకంలో పరిశోధనలు సాగించాడు. ఆ కాలంలో అతను టొరంటో విశ్వవిద్యాలయానికి చెందిన డోనాల్డ్ రెడెల్ మయ్యర్‌తో కలిసి కొలనోస్కోపి పేషంట్ల మీద పరిశోధనలు సాగించాడు. కొలనోస్కోపీ పరీక్షలో ఆసనంలో నుంచి ఒక చిన్న కెమెరాను అన్నవాహికలోకి ప్రవేశపెడతారు. వాహికలో గల వివిధ వ్యాధులను గమనించడానికి ఇది సహాయం చేస్తుంది. ఈ పరీక్ష నిజానికి ఎంతో అసౌకర్యమయినది. నొప్పి నిజంగా ఎక్కువగా లేకుండా ఈ పరీక్ష చేయడం ఎలా అని తెలుసుకోవాలని డాక్టర్లు ప్రయత్నించారు. పరీక్షలు వేగంగా కొనసాగించి పేషెంట్లకు తక్కువకాలంపాటు ఎక్కువ బాధ కలిగి నా పర్వాలేదు అనుకోవాలా. ఇక వాళ్లు మరింత నిదానంగా మరింత జాగ్రత్తగా పరీక్ష సాగించాలా.

ఈ ప్రశ్నకు జవాబు కోసం కానెమన్, రెడెల్ మైయర్ 154గురు రోగుల మీద ప్రయోగాలు చేశారు. కెమెరా పంపుతున్నప్పుడు ప్రతి నిమిషానికి ఒకసారి రోగులను తమ బాధ గురించి సూచించమన్నారు. అందుకు వారు 0 నుండి 10 వరకు ఉన్న ఒక లెక్కను వాడుకున్నారు. అంటే బాధ ఎక్కువైనకొద్దీ అంకె పెంచి చెప్పాలన్నమాట. సున్న అంటే అసలు నొప్పి లేదు, పది అంటే భరించరాని నొప్పి ఉంది, అని అర్థం. పరీక్ష ముగిసిన తరువాత మొత్తం పరీక్షను ఒకసారి గుర్తుతెచ్చుకొని మొత్తం పరీక్షకు కూడా నొప్పి పరిశీలన అంకెలు చెప్పాలి. ఇది కూడా 0 నుండి 10 స్కేల్ వరకు ఉంటుంది. చివరకు చెప్పే అంకె నిమిషానికి నిమిషానికి చెప్పే అంకె మీద ఆధారపడుతుంది అని మనం సులభంగా అనుకుంటాం. పరీక్ష ఎక్కువకాలం సాగి ఎక్కువబాధ కలిగినకొద్దీ చివరికి వచ్చే అంకె కూడా ఎక్కువగా ఉంటుంది అనుకుంటాం. కానీ వచ్చిన ఫలితాలు మాత్రం మరోరకంగా ఉన్నాయి.

చల్లనీటి ప్రయోగంలోలాగే, మొత్తం బాధ గురించి చెప్పమన్నప్పుడు రోగులు పరీక్ష నిడివిని గురించి గుర్తుంచుకోలేదు. ఎక్కువ బాధ కలిగిన క్షణాన్ని మాత్రమే గుర్తుంచు కుంటారు. ఒక పరీక్ష ఎనిమిది నిమిషాలపాటు సాగింది. అన్నిటికన్నా తీవ్రంగా నొప్పి ఉన్నప్పుడు ఆ రోగి ఎనిమిది అంకెను సూచించాడు. పరీక్ష ముగిసే సమయానికి నొప్పి 7 అన్నాడు. పరీక్ష ముగిసిన తరువాత, సగటు బాధను గురించి చెప్పమన్నప్పుడు 7.5 చెప్పాడు. మరొక కొలనోస్కోపి పరీక్ష 24 నిమిషాలు కొనసాగింది. ఈసారి కూడా అన్నిటికన్నా ఎక్కువ నొప్పి 8 వరకు వచ్చింది. కానీ పరీక్ష చివరలో మాత్రం ఆ వ్యక్తి నొప్పిని ఒకటిగా సూచించాడు. మొత్తం పరీక్షలో బాధ గురించి చెప్పమన్నప్పుడు మాత్రం 4.5 అంకెను సూచించాడు. అతని పరీక్ష మూడుగంటల కాలం నడిచింది. అంటే అతను మొత్తానికి చాలా ఎక్కువ నొప్పి అనుభవించినట్లు లెక్క. అయినా ఆ విషయం అతని జ్ఞాపకశక్తి మీద ఎటువంటి ప్రభావం చూపలేదు. వివరించే వ్యక్తిత్వం అనుభవాలను ఒకచోట చేర్చి మొత్తం లెక్క చెప్పదు. అది కేవలం సగటున మాత్రమే చెబుతుంది.

ఇంతకు పేషెంట్లు ఏ రకమైన పరీక్షలు కోరుకున్నారు. కొలనోస్కోపి తక్కువకాలం ఎక్కువ బాధతో సాగాలా. ఎక్కువకాలం తక్కువ బాధతో సాగాలా. ఈ ప్రశ్నకు సూటిగా ఒక జవాబు అంటూ లేదు. మనిషిలో రెండు వ్యక్తిత్వాలు ఉన్నాయి. ఆ రెంటికీ వేర్వేరు అభిప్రాయాలు ఉన్నాయి. అనుభవించే వ్యక్తిత్వాన్ని అడిగితే బహుశా తక్కువకాలం సాగే కొలనోస్కోపీని ఎంచుకుంటుంది. అదే వివరించే వ్యక్తిత్వాన్ని అడిగితే అది తప్పకుండా ఎక్కువకాలం కొనసాగే పరీక్షను కోరుకుంటుంది. అందుకు కారణం అది కేవలం సగటు బాధను మాత్రమే గుర్తు పెట్టుకుంటుంది. చివరకు ఏం జరిగింది అన్న విషయం కూడా దానికి గుర్తు ఉంటుంది. వివరించే వ్యక్తిత్వం దృష్టికోణంనుంచి చూస్తే డాక్టర్లు ప్రతిసారీ పరీక్షలో చివరికి కొద్దిగా నొప్పి ఉండే కాలాన్ని అవసరం లేకున్నా కొంత పొడిగించాలి. అప్పుడు మొత్తంమీద అనుభవం అంత బాధాకరంగా రోగులకు గుర్తుండదు.

చిన్నపిల్లల వైద్యులకు ఈ విషయం బాగా తెలుసు. పశువైద్యులు కూడా అంతే. ఇలాంటివారు చాలామంది తమ క్లినిక్‌లో సీసాల నిండా మిఠాయిలు పెట్టుకుంటారు. తమ వద్దకు వచ్చిన పిల్లలకు, పశు వైద్యులు కుక్కలకు బాధాకరమైన ఇంజక్షన్ ఇచ్చిన తరువాత లేదా కష్టపెట్టి పరీక్షలు చేసిన తరువాత మిఠాయిలు అందిస్తారు. వ్యక్తిత్వం డాక్టర్ దగ్గరికి వెళ్లిన సమయాన్ని గుర్తు చేసుకున్నప్పుడు అనుభవం చివరలో కొంతకాలం పాటు కలిగిన ఆనందం అంతకు ముందటి బాధను, ఆత్రాన్ని తుడిపివేస్తుంది.

చిన్నపిల్లల వైద్యులకన్నా పరిణామం ఈ సంగతిని చాలా ముందే తెలుసుకున్నది. ప్రసవం సమయంలో ఆడవారు భరించలేని బాధకు గురవుతారు. ఆ బాధను ఒకసారి అనుభవించిన తరువాత తెలివిగల ఏ ఆడమనిషి అయినా మళ్లీ గర్భం తెచ్చుకోవడానికి సిద్ధం కాదు. అయితే ప్రసవం ఆ తరువాతి రోజులలో శరీరంలోని హార్మోన్ల వ్యవస్థ కార్టిసోల్ బీటా ఎండార్ఫిన్స్ వంటి హార్మోన్లను శరీరంలోకి పంపిస్తుంది. అవి నొప్పిని తగ్గిస్తాయి. ఉపశమనం కలిగిన భావాన్ని అందిస్తాయి. కొన్నిసార్లు ఆనందాన్ని కూడా ఇస్తాయి. బిడ్డ మీద పెరుగుతున్న ప్రేమ, మిత్రులు, కుటుంబం వారు, మత ధర్మం అందించే అభినందనలు మరింత ఆనందాన్ని ఇస్తాయి. నిజానికి భయంకరమైన సంఘటనగా గుర్తు ఉండవలసిన ప్రసవం, ఒక చక్కని అనుభవంగా మనసులో మిగిలిపోతుంది.

టెల్ అవీవ్‌లోని రాబిన్ మెడికల్ సెంటర్‌లో జరిగిన పరిశీలనల ప్రకారం ప్రసవం యొక్క అనుభవం ముఖ్యంగా తీవ్రమైన స్థాయి, చివరి స్థాయిలను మాత్రమే గుర్తుంచుకుంటుంది, అని మొత్తం నిడివికి అందులో ఏ మాత్రం పాత్ర ఉండదని నిరూపింపబడినది. స్వీడన్‌లో మరొక పరిశోధనలో 2428 మంది తల్లులను ప్రసవం తర్వాత రెండు మాసాలకు ఆ అనుభవం గురించి చెప్పమన్నారు. తొంభయి శాతం మంది పాజిటివ్‌గా ఉన్నట్టు చెప్పారు. వాళ్లు నిజానికి బాధను మరచిపోలేదు. 28.5 శాతంమంది అది ఊహలకందనంతగా అన్నిటికన్నా ఎక్కువ బాధ అని అన్నారు. అనుభవాన్ని పాజిటివ్ అని చెప్పడానికి వారు వెనకాడలేదు. మనిషిలో ఉన్న వివరించే వ్యక్తిత్వం, అనుభవాల దగ్గరికి వెళ్లేటప్పుడు చేతిలో ఒక చక్కని కత్తెర మరొక నల్ల మార్కర్ తీసుకొని వెళుతుందన్నమాట.

40. వర్జిన్ మేరీ విశేష చిత్రం. ఆమె చేతుల్లో శిశువు ఏసు. బిడ్డ పుట్టుకను చాలా సంస్కృతులలో అద్భుతమైన అనుభవంగా వర్ణిస్తారు. కష్టంగా భావించరు.

భయంకరంగా ఉన్న కొన్ని దశ్యాలను అది సెన్సార్ చేస్తుంది. కేవలం ఆనందమైన సంఘటనగా ఆ విషయాన్ని అనుభవంలో రికార్డు చేసి పెడుతుంది.

జీవితంలో మనం కీలకంగా చేసే – జీవిత భాగస్వాములు, ఉద్యోగాలు, ఇల్లు వంటి నిర్ణయాలన్నింటినీ ఈ వివరించే వ్యక్తిత్వం మాత్రమే తీసుకుంటుంది. మీరు హాలిడేస్ కొరకు వెళ్లడానికి రెండు అవకాశాలు ఉన్నాయి. మీరు వర్జీనియాలోని జేమ్స్ టౌన్‌కు వెళ్ళవచ్చు. అక్కడి ప్రాచీనకాలపు చరిత్రాత్మక నగరాన్ని చూడవచ్చు. ఉత్తర అమెరికాలోని మెయిన్‌లాండ్ మీద ఇంగ్లాండ్‌వారు వచ్చి స్థిరపడింది మొట్టమొదటిసారి అక్కడే ఈ సెటిల్‌మెంట్ 1607లో ప్రారంభమైంది. అది ఇష్టం లేదంటే అందరూ కలలుగనే పద్ధతిలో అలాస్కాకు వెళ్లి ట్రెక్కింగ్ చేయవచ్చు. సన్ బేదింగ్ చేయవచ్చు. అది కూడా కాకుండా లాస్ వేగాస్ వెళ్లి సెక్స్, డ్రగ్స్, జూదం లాంటివాటిలో మునగవచ్చు. ఒక చిన్న చిక్కు ఉంది. మీరు కలలుగన్న హాలిడేయింగ్ గురించి నిర్ణయించుకునే అక్కడికి వెళితే తిరుగుదారి పట్టే ముందు విమానాశ్రయంలో మీరొక మందుబిళ్ల మింగాలి. సెలవుల్లో ఏం జరిగింది అన్న జ్ఞాపకాలను ఆ మందుతో తుడిచిపెట్టాలి. వేగాస్‌లో జరిగింది వేగాస్‌లోనే ఉండిపోతుంది. మరి ఇప్పుడు ఏ హాలిడే మీరు ఎంచుకుంటారు? నిజానికి ఎక్కువ మంది పురాతనకాలపు కట్టడాలు ఉన్న జేమ్స్‌టౌన్ ఎంచుకుంటారు. చాలామంది వివరించే వ్యక్తిత్వానికి తమ క్రెడిట్ కార్డును అందజేస్తారు. అది కేవలం కథను మాత్రమే గుర్తుంచుకుంటుంది. వారి అనుభవాలు ఎంత గొప్పవి అయినా అది వాటిని బహుశా గుర్తుంచుకోజాలకపోతుంది.

నిజం చెప్పాలంటే ఈ అనుభవాల వ్యక్తిత్వం, వివరణ వ్యక్తిత్వం పూర్తిగా వేర్వేరు కావు. అవి రెండూ ఒకదానికొకటి పెనవేసుకొని ఉంటాయి. కథల వ్యక్తిత్వం అనుభవాలను

తన కథలకు ముఖ్యమైన ముడిపదార్థంగా వాడుకుంటుంది. ముడిపదార్థం అదొక్కటే మాత్రం కాదు. ఈ కథలు తిరిగి అనుభవించే వ్యక్తిత్వం ఆలోచనలకు రూపం పోస్తాయి. ఉపవాసం చేసేది రంజాన్ మాసంలో అయితే ఒక రకంగా ఉంటుంది. ఒక వైద్య పరీక్ష కొరకు తిండి తినకుండా ఉంటే ఇంకొక రకంగా ఉంటుంది. జేబులో డబ్బులు లేవు కనుక ఉపవాసం ఉంటే మరొక రకంగా ఉంటుంది. వివరణల వ్యక్తిత్వం ఉపవాసాలకు రకరకాల అర్థాలను ఇస్తుంది. నిజంగా వేర్వేరు అనుభవాలను సిద్ధం చేసి ఉంచుతుంది.

నిజానికి అనుభవాల వ్యక్తిత్వం చాలా గట్టిది. వివరణల వ్యక్తిత్వం తయారుచేసి పెట్టుకున్న పథకాలను అది పాడుచేస్తుంది. ఉదాహరణకు నేను కొత్త సంవత్సరానికి ఒక నిర్ణయం తీసుకుంటాను. డయెటింగ్ మొదలుపెట్టాలని, నాగాపెట్టకుండా ప్రతినిత్యం జిమ్‌కు తప్పకుండా వెళ్లాలని అనుకుంటాను. ఇటువంటి మహానిర్ణయాల వివరించే వ్యక్తిత్వం కింద ఉంటాయి. తరువాతి వారం జిమ్‌కు వెళ్ళవలసిన సమయం వస్తుంది. అనుభవాల వ్యక్తిత్వం అధికారాన్ని చేతిలోకి తీసుకుంటుంది. ఇక నాకు జిమ్‌కు వెళ్లాలని అనిపించదు. అందుకు బదులు నేను ఒక పిజ్జా ఆర్డర్ చేసి, సోఫాలో కూర్చుని టివి చూడటం మొదలుపెడతాను.

అయినప్పటికీ మనలో చాలామంది ఈ వివరించే వ్యక్తిత్వమే తాము అనుకుంటారు. నేను అన్న ప్రతి సందర్భంలోనూ తలలో తిరుగుతున్న ఒక కథ గుర్తుకు వస్తుంది. అనుభవాల వరుస అంత సులభంగా రాదు. మన శరీరం లోపల ఉన్న ఒక వ్యవస్థ గజిబిజిగా ఉన్న ఈ జీవితంలోనుంచి తార్కికంగా కనిపించి నిలబడే కథలను తయారు చేస్తుంది. మనమంతా అదే మనం అనుకుంటాము. అబద్ధాలు, లోపాలు ఉన్నాసరే ఒకే కథ మళ్లీమళ్లీ చెప్పినాసరే, ఇవాళ చెప్పిన కథ నిన్నటి కథకు వ్యతిరేకంగా ఉన్నాసరే, అది మనకు సమ్మతమే. పుట్టుక నుంచి చివరి రోజుదాకా మనకు ఒకే ఒక మార్పులేని గుర్తింపు ఉంటుంది అన్న భావాన్ని మనం గట్టిగా మెదడులో నిలుపుకుంటాం. చావు తర్వాత కూడా అదే గుర్తింపు ఉండవచ్చు. దీనివల్లనే ఉదారవాద విశ్వాసాలు పుడతాయి. అవి ప్రశ్నలకు గురవుతాయి. నేను విభజింపరాని వ్యక్తిని అన్న భావం మిగులుతుంది. నాకు లోపల ఒక సిద్ధమైన అంతర్వాణి ఉంది అనుకుంటుంది. మొత్తం విశ్వానికి అర్థాన్ని ఆపాదిస్తుంది అని కూడా అనుకుంటుంది.

జీవితం యొక్క అర్థం

మనిషిలో ఉన్న ఈ వివరించే వ్యక్తి లేదా కథ చెప్పే నేను జోర్గ్ లూయిస్ బోర్జెస్ కథ 'ఏ ప్రాబ్లం'లోని నాయకుడు. ఈ కథ డాన్ క్విహటీకి సంబంధించినది. డాన్ క్విహటీ వ్యక్తిత్వం గురించి సెర్వాంటెస్ ఒకప్పుడు ఒక చిత్రమైన నవల రాశాడు. అందులో కథానాయకుడు తన కొరకు ఒక ఊహాప్రపంచాన్ని తయారుచేసుకుంటాడు. తననుతాను రాక్షసునితో పోరాడుతున్న నాయకుడు అనుకుంటాడు. లేడీ డల్సీనియా డెల్ టొబోసో అనే అమ్మాయిని కాపాడాలి అనుకుంటాడు. నిజానికి ఈ డాన్ క్విహటీ అసలు పేరు అలోన్జో

క్విగ్జానో. అతను వయసుపైనపడిన పల్లెటూరి పెద్దమనిషి. అమ్మాయి, అమాయకురాలైన పల్లెటూరి పిల్ల. దాడిచేసే రాక్షసులు కేవలం గాలిమరలు. ఈ కథానాయకుడు ఊహలలో తనకున్న నమ్మకంతో నిజంగా ఒక మనిషిని దాడిచేసి చంపితే ఏమవుతుంది అని ఆశ్చర్య పడ్డాడు రచయిత బోర్జెస్. మానవుల పరిస్థితిని గురించి ఈ రచయిత ఒక మౌలికమైన ప్రశ్న అడుగుతాడు. మనలోనుండే ఈ వివరించే వ్యక్తి అల్లిన కథలవల్ల మనకు, మన చుట్టూ ఉన్నవారికి తీరని హాని కలిగితే ఏమవుతుంది అంటాడు అతను. ఇక్కడ మూడు రకాలైన సందర్భాలకు వీలున్నాయి అంటాడు.

వీటిలో ఒక సందర్భం ప్రకారం నిజానికి ఏమీ పెద్దగా జరగదు. ఒక మనిషిని చంపిన విషయం గురించి డాన్ ఏమాత్రం పట్టించుకోడు. పైగా అతని ఊహలు మరీ బలమైనవి కనుక, అతను వాస్తవానికి ఊహకు ఉన్న తేడాలను చూడలేకపోతాడు. ఒక హత్యకు, తాను గాలిమరల మీద చేసే పోరాటానికి కూడా తేడా చూడలేకపోతాడు. మరొక సందర్భం ప్రకారం, అతను మామూలు మనిషిగా జీవితంలోకి రాగానే జరిగిన విషయాన్ని చూసి చాలా భయపడతాడు. భ్రమలోనుంచి బయటపడతాడు. కొత్తగా సైన్యంలో చేరిన ఒక యువకుడు తన దేశంకోసం త్యాగం చేయడం అంటే చాలా గొప్ప విషయం అని నమ్మి యుద్ధంలోకి పోతాడు. కానీ అక్కడ జరిగిన వాస్తవాలను చూసిన తరువాత అతని భ్రమలు మాయమవుతాయి. డాన్ విషయంలో కూడా ఇదే పరిస్థితి కనపడుతుంది.

కానీ మరొక సంభావ్యత ఉన్నది. అది మరింత చిక్కుగాను, లోతుగానూ ఉంటుంది. కేవలం ఊహలలో రాక్షసునితో పోరాడుతూ ఉన్నంతకాలం డాన్ ఉట్టి ఒక నటన సాగిస్తున్నాడు. కానీ నిజంగా ఒక మనిషిని చంపిన తర్వాత కూడా అతను ఆ ఊహలలోనే ఊగుతుంటాడు. అలా అయితేతప్ప అతను చేసిన తప్పిదానికి అర్థం ఉండదు. ఊహాకథ విషయంలో మనం ఎంతగా త్యాగాలు చేస్తే అంతగా దాన్ని పట్టుకుని వేలాడతాం. తద్వారా ఆ కథకు మనం అర్థాన్ని ఇవ్వాలి అనుకుంటాము. మన వల్ల కలిగిన బాధలకు కూడా అర్థాలు ఇస్తాము.

రాజకీయంలో ఈ పద్ధతిని మనవాళ్ళు వ్యర్థముగా చనిపోలేదు, అన్న పద్ధతిగా గుర్తిస్తారు. 1915లో ఇటలీ మొదటి ప్రపంచయుద్ధంలో ప్రవేశించింది. అప్పుడు వారు ట్రెంటో, ట్రియెస్టే ప్రాంతాలను స్వతంత్రాలు చేయాలని లక్ష్యంగా పెట్టుకుంటారు. ఆ ప్రాంతాలు అన్యాయంగా ఆస్ట్రో హంగేరియన్‌వారు ఆక్రమించినవి. పార్లమెంటులో రాజకీయ నాయకులు తీవ్రమైన ఉపన్యాసాలు చేశారు. చరిత్రలో జరిగిన అన్యాయానికి జవాబు చెబుతామన్నారు. పాతకాలపు రోమ్ వైభవాన్ని తిరిగి స్థాపిస్తామన్నారు. లక్షలాది మంది ఇటాలియన్ సేనలో చేరి ఆ ప్రాంతాల పేరు చెబుతూ, నినాదాలు చేస్తూ యుద్ధ రంగంలోకి దూకారు. తాము సులభంగా గెలవగలుగుతాము, అని వారు అనుకున్నారు.

కానీ ఆ విధంగా జరగలేదు. ఆస్ట్రో హంగేరియన్ సేనవారు గట్టి ఎదురుదాడి చేశారు. ఎసోంజో నది వెంట బలంగా నిలబడ్డారు. ఇటాలియన్ సేనలు మాత్రం పదకొండుసార్లు జరిగిన యుద్ధంలో తమనుతాము వారిముందు పారేసుకున్నారు. ఏవో కొన్ని కిలోమీటర్ల ప్రాంతం వీరి వశమైంది. అంతేగాని మరింత ముందుకు మాత్రం

సాగలేకపోయారు. మొదటి యుద్ధంలో 15 వేల మంది మనుషులు పోయారు. రెండవ యుద్ధంలో 40 వేల మంది యువకులు చచ్చారు. మూడవ యుద్ధంలో 60 వేలమంది పోయారు. ఇలా రెండు సంవత్సరాలపాటు పోరు కొనసాగింది. పదకొండుసార్లు ఈ యుద్ధాలు జరిగాయి. చివరకు ఆస్ట్రియావారు గట్టిదాడి చేశారు. బ్యాటిల్ ఆఫ్ కాపరెటోగా పేరుపొందిన పన్నెండవ యుద్ధంలో ఇటలీవారు అన్యాయంగా ఓడిపోయారు. ప్రతిపక్షం వారు వారిని వెనీస్ దాకా తరిమికొట్టారు. గొప్ప సాహసయాత్ర అవుతుంది, అనుకున్నది రక్తపాతం అయ్యింది. యుద్ధం ముగిసేనాటికి సుమారు ఏడులక్షలమంది ఇటాలియన్ సైనికులు చనిపోయారు. కనీసం పదిలక్షలమంది క్షతగాత్రులయ్యారు.

ఎసోంజోలో ఓడిపోయిన తర్వాత ఇటాలియన్ నాయకులకు రెండు రకాల ప్రత్యామ్నాయాలు ఎదురుగా ఉన్నాయి. తప్పు ఒప్పుకొని ఒక శాంతి ఒప్పందానికి దిగవచ్చు. ఆస్ట్రియా–హంగరీవారికి ఇటలీకి వ్యతిరేకంగా ఎటువంటి ఇబ్బందులు లేవు. వారు మరొకవైపు మరింత బలంగల రష్యాతో పోరాడుతున్నారు. కాబట్టి సంతోషంగా ఈ ఒడంబడికకు అంగీకరించేవారు. అయితే రాజకీయనాయకులు మాత్రం చనిపోయిన పదిహేనువేలమంది సైనికుల తల్లిదండ్రుల వద్దకు, భార్యలు, పిల్లల వద్దకు పోయి, క్షమించండి ఏదో పొరపాటు అయింది. ఈ విషయాన్ని మీరు మరీ గట్టిగా మనసులోకి తీసుకోకండి. గియొవానీ అనవసరంగా యుద్ధంలో చచ్చాడు. మార్కో విషయం కూడా అంతే, అని ఎలా చెప్పగలరు? కాకుంటే మరో రకంగా చెప్పవచ్చు. గియొవానీ, మార్కో మహాయోధులు. అన్యాయంగా ఆక్రమించిన ప్రాంతాలను విడిపించాలన్న పోరాటంలో చనిపోయారు. వాళ్ల మరణం వ్యర్థం కాకుండా మేము ప్రయత్నం చేస్తాము. విజయం మనదే అయ్యేదాకా మేము ఈ పోరాటం కొనసాగిస్తాము! అని వారు చెప్పి ఉండవచ్చు. రాజకీయ నాయకులు ఈ రెండవ పద్ధతినే పాటించారు అన్నది ఆశ్చర్యమేమీ కాదు. కనుకనే రెండవసారి యుద్ధం జరిగింది. మరింత మంది సైనికులు చనిపోయారు. అయినా యుద్ధం కొనసాగించవలసిందిగానే నాయకులు భావించారు. మనవాళ్లు వ్యర్థంగా ఏమీ చనిపోలేదు అన్న సూత్రం నిలబడింది.

అయినా కేవలం రాజకీయ నాయకులను మాత్రమే తప్పుపట్టడం సరికాదు. జనం కూడా యుద్ధాన్ని బలపరిచారు. ముగిసిననాడు అనుకున్న ప్రాంతాలు తిరిగి వారికి దక్కలేదు. బెనిటో ముస్సోలీనీ అతని ఫాసిస్ట్ వర్గంవారు ప్రజాస్వామ్యం బదులు అధికారం లోకి వచ్చారు. ఇటలీవారు చేసిన త్యాగాలకు తగిన ప్రతిఫలం అందేలా చేస్తామని వాళ్లు హామీ ఇచ్చారు. తమ పిల్లలు అన్యాయంగా చనిపోయారు, అని తల్లిదండ్రులకు చెప్పడం రాజకీయ నాయకులకు చాలా కష్టం. తల్లిదండ్రులు తమకుతాము ఆ సంగతి చెప్పుకోవడం అంతకన్నా కష్టం. ఇక క్షతగాత్రుల విషయం అంతకన్నా అన్యాయం. యుద్ధంలో కాలు విరిగిన ఒక సైనికుడు ఇటలీదేశం కొరకు దానికి శాశ్వతమైన గౌరవం కలగడానికి నన్ను నేను అర్పించుకున్నాను, అని తనకుతాను చెప్పుకుంటాడు తప్ప, నేను వెర్రివాడిని. కనుక స్వార్థపరులైన రాజకీయ నాయకుల మాటలు నమ్మాను. నా కాలు పోగొట్టుకున్నాను, అని చెప్పుకోలేడు. ఊహాప్రపంచంలో బ్రతకడం చాలా సులభం. ఆ ఊహలు బాధకు అర్థాన్ని ఇస్తాయి.

41. ఇసోంజో యుద్ధంలో అశువులు బాసిన కొందరు. వారి త్యాగం వ్యర్థమా?

ఈ సూత్రాన్ని వేల సంవత్సరాల క్రితమే ప్రీస్ట్‌లు కనుగొన్నారు. మతం పేరిట జరిగే వేరువేరు పండుగలు ఆదేశాలకు ఇదే ఆధారం. ప్రజలను కేవలం ఊహలో మాత్రమే ఉండే దేవుళ్ళు, దేశాల వంటి అంశాల మీద నమ్మకం కలిగి ఉండేటట్లు చేయాలంటే, విలువైనదేదయినా వారికొరకు త్యాగం చేసేలా చూడాలి. త్యాగం ఎంత బాధాకరమైనది అయితే అంతగా వారు దాన్ని అందుకున్నవారు ఉన్నారు, అన్న నమ్మకంలో దిగుతారు. పేద రైతు, జూపిటర్ పేరున తన ఎద్దును బలి ఇస్తాడు. జూపిటర్ నిజంగా ఉన్నాడు అనుకుంటాడు. లేదంటే తన వెర్రిదనాన్ని సరిపుచ్చుకునేది ఎట్లా. మరొక ఎద్దుని బలిస్తాడు. మరొకటి, ఇంకొకటి కూడా. మరి అంతకు ముందటి బలులన్నీ వ్యర్థం కాదు అని చెప్పడానికి ఈ క్రమం కొనసాగుతుంది. అదే పద్ధతి సాగుతుంది. దేశంకోసం నేను ఒక బిడ్డను అర్పించాను, అంటే నేను గొప్ప ఇటాలియన్ జాతీయవాదిగా గుర్తింపబడతాను. ఉత్సాహం గల కమ్యూనిస్టును అనిపించుకుంటాను. ఇటాలియన్ జాతీయవాదం లేదా కమ్యూనిస్టుల ప్రచారం అబద్ధాలు అయితే నా బిడ్డ చావు, నా పక్షవాతం కూడా అర్థంలేనివి అవుతాయి. ఇటువంటివాటిని భరించే ధైర్యం చాలా తక్కువమందికి ఉంటుంది.

ఆర్థిక రంగంలో కూడా ఇటువంటి తర్కమే పనిచేస్తున్నది. 1999లో స్కాట్‌లాండ్ ప్రభుత్వం వారు ఒక కొత్త పార్లమెంట్ భవనాన్ని కట్టాలి అన్నారు. మొదట వేసిన ప్రణాళిక ప్రకారం కట్టడానికి రెండు సంవత్సరాలు పడుతుంది. ఖర్చు 40 మిలియన్ పౌండ్లు ఉంటుంది. అయితే ఆ పనికి ఐదు సంవత్సరాలు, 400 మిలియన్ పౌండ్లు అవసరం అయ్యాయి. కాంట్రాక్టర్లు అనుకోని కష్టాలు ఎదురైనా, ఖర్చు ఎక్కువైనా నేరుగా ప్రభుత్వం వద్దకు వెళ్లారు. మరింత సమయం, డబ్బు కావాలని అడిగారు. ఇలా జరిగిన ప్రతిసారి

ప్రభుత్వం వారు తమకుతాము నచ్చచెప్పుకున్నారు. సరే, ఇప్పటికే మనం ఇందులోకి పదులకొద్దీ మిలియన్ల పౌండ్లు ఖర్చు పోశాము. ఇక ఇప్పుడు పని మధ్యలో ఆపితే గౌరవం పోతుంది, సగం భవనం మాత్రమే మిగులుతుంది. నలభయి మిలియన్ పౌండ్లు ఇవ్వక తప్పదు, అని తమకుతాము చెప్పుకున్నారు. చాలా నెలల తర్వాత మళ్లీ అదే పరిస్థితి వచ్చింది. పూర్తికాని భవనంతో మిగిలిపోవడం అన్న ఒత్తిడి ఈసారి మరింత ఎక్కువైంది. కథ మళ్ళీ తిరిగి నడిచింది. చివరకు అనుకున్న దానికి పదింతలు ఖర్చు అయ్యేదాకా అది కొనసాగింది.

ఇటువంటి ఉచ్చులో చిక్కుకున్నది కేవలం ప్రభుత్వాలు మాత్రమే కాదు. పనిచేయని వ్యాపార ప్రయత్నాలలో బిజినెస్ కార్పొరేషన్ వారు కూడా మిలియన్లకొద్దీ డబ్బులను తగలబెడతారు. ఇక పనిచేయని పెళ్లిళ్లు, పనికిరాని ఉద్యోగాలతో ప్రైవేటు వ్యక్తులు ఈ పరిస్థితిలో పడతారు. అప్పుడు మనలోని వివరించే వ్యక్తి మునుముందు కూడా బాధలకు గురికావడానికి సిద్ధంగా ఉంటాడు. గతంలోని బాధలన్నీ అర్థంలేనివి అని ఒప్పుకోవలసిన అవసరం రాకూడదు మరి. చివరకు గతంలో చేసిన తప్పులు ఒప్పుకునే పరిస్థితి వస్తే, మనలోని ఈ కథలు చెప్పే వ్యక్తిత్వం కథలు, కొత్త మలుపులు వెతకాలి. అక్కడే గతంలోని తప్పులను అర్థం ఉండే రకంగా సర్ది చెప్పాలి. అవును, ఒక పొరపాటు కారణంగా నేను నా కాలు పోగొట్టుకున్నాను. కానీ ఆ తర్వాత అయినా యుద్ధం అర్థం లేనిదని నాకు తెలిసిపోయింది. నేను శాంతి కొరకు జరిగే పోరాటంలో మిగిలిపోతాను. గాయానికి ఒక రకంగా చక్కని అర్థం ఉందన్నమాట. శాంతి విలువను గుర్తించేలా అది నన్ను మార్చింది, అంటాడు ఒక పాత సైనికుడు.

ఇక్కడ మనకు ఈ వ్యక్తిత్వం కూడా, దేశాలు, దేవుళ్ళు, ధనం లాగే ఒక ఊహాకథ అన్న విషయం అర్థమవుతుంది. మనలో ప్రతి ఒక్కరిలోనూ పాత అనుభవాలను నెమరు వేసేందుకు చక్కని వ్యవస్థ ఒకటి లోపల ఉన్నది. అది కొన్ని ఇష్టమైన శాంపిల్స్‌ను మాత్రమే దాచుకుంటుంది. ఆ మిగిలిన అనుభవాలను చూచిన ఒక చక్కని చిత్రానికి, చదివిన మంచి నవలకు జోడిస్తుంది. కమ్మని అందమైన కలలను కూడా అందులో కలుపుతుంది. ఆ మొత్తం కలగూరగంపలోనుంచి అది ఒక చక్కని కథను బయటకు తీస్తుంది. నేను ఎవరిని. ఎక్కడినుంచి వచ్చాను. ఎక్కడికి వెళ్తున్నాను అన్న అంశాలను గురించి చెప్పడం మొదలుపెడుతుంది. ఎవరిని ప్రేమించాలి, ఎవరిని ఏవగించుకోవాలి, నన్ను నేను ఏం చేసుకోవాలి అన్న సంగతులను కూడా ఆ కథ నాకు చెబుతుంది. చివరికి కథ నన్ను నేను త్యాగం చేసుకొనేలా కూడా చేయవచ్చు. కథకు ఆ విషయం అవసరమైతే తప్పదు మరి. అందరిలోనూ కథల తీరులు ఉన్నాయి. కొందరిలో దుఃఖాలున్నాయి. మరికొందరిలో ఏనాటికి అందనంత నాటకం ఉంది. కొంతమంది జీవితాన్ని అదేదో ఆక్షన్ ఫీల్డ్ అయినట్టు అర్థం చేసుకుంటారు. హాస్యంగా ప్రవర్తించేవారు కూడా తక్కువగా లేరు. అయితే చివరికి మాత్రం అన్నీ కథలు మాత్రమే.

42. స్కాటిష్ పార్లమెంట్ భవనం. స్టెర్లింగ్ వ్యర్థం కాలేదు.

అయితే మరి అప్పుడు జీవితానికి అర్థం ఏమిటి? బయటినుంచి ఏదో వచ్చి సిద్ధంగా ఉన్న ఒక అర్థాన్ని మనకు అందిస్తుందని అనుకోకూడదు అని ఉదారవాదం చెబుతున్నది. పైగా ప్రతి ఓటరు, కొనుగోలుదారుడు, ప్రేక్షకుడు, సత్యాన్ని కల్పించడానికి, తమతమ స్వేచ్ఛా సంకల్పాన్ని వాడుకోవాలి అంటారు. అది కేవలం తన జీవితం గురించేకాక మొత్తం విశ్వం గురించి కూడా అంటారు.

జీవశాస్త్రాలు మాత్రం ఉదారవాదాన్ని కట్టిపడేస్తాయి. స్వతంత్ర మానవుడు అనేది ఒక కట్టుకథ అని అవి చెబుతాయి. కొన్ని జీవరసాయన అల్గోరిథంస్‌లోనుంచి వచ్చింది అంటాయి. ప్రతిక్షణం మెదడులో జరిగే జీవ రసాయనచర్యలు, కొత్త అనుభవాలు, మెరుపులను పుట్టిస్తాయి. అవి వెంటనే ఆరిపోతాయి. వెంటనే ఎన్నో మెరుపులు వస్తాయి, ఆరిపోతాయి. అలా ఒక క్రమం కొనసాగుతుంది. అయినా ఇవన్నీ కలిపి నిలకడగా ఉండే ఒక సారాన్ని మాత్రం సృష్టించలేవు. అంతులేని కథను మళ్లీ వివరించే వ్యక్తిత్వం మాత్రం, ఈ గజిబిజిలో ఒక క్రమం తేవాలని చూస్తుంది. అందులో ప్రతి అనుభవానికి చోటు ఉంటుంది కనుక ప్రతి అనుభవానికి అర్థం కూడా ఉంటుంది. ఇది ఎంత అర్థవంతంగా కనిపించినా, ఇది కూడా కల్పించిన కథ మాత్రమే. స్వర్గంలోని దేవతలు, తమ జీవితాలకు అర్థాలను కల్పిస్తాయని మధ్యయుగపు క్రూసేడర్లు అనుకున్నారు. ఇక ఆధునిక యుగంలో ఉదారవాదులు వ్యక్తుల స్వతంత్ర అనుభవాలు జీవితాలకు అర్థం వస్తాయి అన్నారు. వాళ్లందరూ సమానంగా భ్రమలోనే ఉన్నారు.

స్వేచ్ఛా సంకల్పం, అవిభాజ్య వ్యక్తుల ఉనికి రెండు అనుమానాస్పదం అన్నది కొత్త మాట కాదు. వ్యక్తిత్వం అన్నది ఒక భ్రమ అని రెండువేల సంవత్సరాలనాడే భారతదేశం,

చైనా, గ్రీసు దేశాలలోని తత్వవేత్తలు అన్నారు. వాటివల్ల ఆర్థిక రంగం రాజకీయాలు నిత్య జీవితం మీద ప్రభావం ఉంటే తప్ప ఇలాంటి అనుమానాలు నిజంగా చరిత్రను మార్చలేవు. విషయాలను గుర్తించడంలో పొంతన లేకపోవడంలో మనుషులు గొప్పస్థానం గలవారు. అందుకే మనం పరిశోధనశాలలో ఒక విషయాన్ని నమ్మితే అందుకు పూర్తిగా వ్యతిరేకమైన విషయాన్ని కోర్టులోగాని పార్లమెంట్‌లోగాని నమ్ముతాం. క్రైస్తవ మతం, డార్విన్ తన పుస్తకం ప్రకటించిననాడే మాయం కాలేదు. స్వతంత్ర వ్యక్తులు లేరు అన్న ముగింపునకు శాస్త్ర పరిశోధకులు వచ్చినంత మాత్రాన ఉదారవాదం కూడా మాయం కాదు.

నిజానికి కొత్త వైజ్ఞానిక ప్రపంచపు ప్రపంచ దృష్టిని గురించి మాట్లాడే రిచర్డ్ డాకిన్స్, స్టీవెన్ పింకర్ లాంటి ఛాంపియన్లు కూడా ఉదారవాదాన్ని కొట్టిపడేయడానికి నిరాకరించారు. సెల్ఫ్ గురించి, సంకల్పంలోని స్వతంత్రాన్ని గురించి విమర్శలు గుప్పిస్తూ వందలాది పేజీలు నింపిన జ్ఞానులు ఆశ్చర్యకరంగా బుద్ధిపరంగా పిల్లిమొగ్గలు వేస్తారు. ఆ రకంగా వారు 18వ శతాబ్దిలోకి వెళ్ళిపోతారు. పరిణామ జీవశాస్త్రం చేసిన ప్రశస్తమైన పరిశోధనలు, మెదడు గురించిన పరిశోధనలు లాక్, రూసో, జెఫర్సన్ రాజకీయ ఆలోచనల మీద ఎటువంటి ప్రభావం లేనివి అన్నట్టు ఉంటుంది పరిస్థితి.

మొత్తం మీద వైజ్ఞానికమైన లోచూపులన్నీ పనికివచ్చే సాంకేతిక శాస్త్రంగా, మామూలుగా జరిగే పనులుగా, ఆర్థిక నిర్మాణాలుగా మారిననాడు ఈ డబుల్ గేమ్ ఇక ముందుకు సాగదు. ఆ తర్వాత మనకు లేదా మన వారసులకు మతవిశ్వాసాలను, రాజకీయ సంస్థల గురించిన కొత్త ప్యాకేజీ అవసరమవుతుంది. మూడవ మిలేనియం మొదట్లో ఉదారవాదాన్ని భయపెట్టాలన్న ప్రయత్నం, స్వతంత్ర వ్యక్తులు లేరు, అన్న తాత్త్విక భావనతో మాత్రమే జరగలేదు. అందుకు సిసలైన సాంకేతిక శాస్త్రం సాయం చేసింది. త్వరలోనే ఎంతో ఉపయోగకరమైన పరికరాలు, యంత్రాల వెల్లువ రానున్నది. అవి వ్యక్తుల స్వతంత్ర సంకల్పాన్ని పట్టించుకోవు. ప్రజాస్వామ్యం, ఫ్రీ మార్కెట్, మానవ హక్కులు ఈ వరదను తప్పించుకొని మనగలుగుతాయా?

9

జంట విభజన

గడిచిన పేజీలలో ఉదారవాదతత్వాన్ని అణగదొక్కే ఇటీవలి వైజ్ఞానిక పరిశోధన ఫలితాలను గురించి కొంత విహంగ వీక్షణం జరిగింది. ఈ ఫలితాలవల్ల నిజంగా ఎదురయ్యే, ఆ తరువాత వచ్చే పరిస్థితులను గురించి పరీక్షించడానికి ఇక ఇది సమయం. ప్రతి మానవుడు సాటిలేని, విలువకట్టలేని వ్యక్తి, అతని స్వేచ్ఛాసంకల్పాల నుండి మాత్రమే అధికారం వస్తుంది అని నమ్మినవారు కనుక ఉదారవాదులు ఫ్రీ మార్కెట్‌ను, ప్రజాస్వామిక ఎన్నికలను గొప్పవిగా భావించారు. కానీ ఈ నమ్మకాలకు వ్యతిరేకంగా ఇరవయి ఒకటవ శతాబ్దిలో మూడు ముఖ్యమైన అంశాలు ఎదురవుతున్నాయి.

1. మానవులు ఆర్థికంగా, సైన్యపరంగా ప్రయోజకతను కోల్పోతారు. కనుక ఆర్థిక, రాజకీయ వ్యవస్థలు వారికి విలువలు ఇవ్వడాన్ని తగ్గిస్తాయి.
2. అయితే ఈ వ్యవస్థ మనుషులలో సామూహికంగా విలువను చూస్తుంది, విశిష్ట వ్యక్తిలో మాత్రం చూడదు.
3. వ్యవస్థకు కొంతమంది విశిష్టవ్యక్తులలో మాత్రం విలువ కనిపిస్తుంది. వారు సూపర్ మానవులలో విలువ పెంచుకున్న ఉత్తమ వ్యక్తులుగా మిగులుతారు. మనుషుల గుంపుగా మాత్రం కాదు.

ఈ మూడు ఆటంకాలను వివరంగా పరిశీలిద్దాము. మొట్టమొదటిది సాంకేతికాభివృద్ధి కారణంగా ఆర్థిక, సైన్యపరంగా మనుషుల విలువ తగ్గిపోతుంది అని. అయితే ఈ మాట వలన ఉదారవాదం తత్వపరంగా తప్పు అని మాత్రం తేలదు. అయినా మరొకవైపు ఇటువంటి దాడి ముందు ప్రజాస్వామ్యం, ఫ్రీ మార్కెట్ మిగతా ఇతర ఉదారవాద సంస్థలు తట్టుకుని నిలబడే తీరు గుర్తించడం చాలా కష్టం. చేస్తున్న తాత్వికవాదనలు చాలా విలువ గలవి గనుక మాత్రమే. ఉదారవాదం పైచేయి ఆదర్శంగా నిలువలేదు. కావలసినంత

అర్థం రాజకీయ, ఆర్థిక, సైన్యపరంగా ఉండి అది మనిషికి విలువనిచ్చింది. కనుక విజయం సాధించింది. అధునాతన పారిశ్రామిక యుద్ధాలు అనే యుద్ధరంగంలో పెద్ద ఎత్తున ఉత్పత్తి జరుగుతున్నా, అధునాతన పారిశ్రామిక ఆర్థిక రంగంలో ప్రతి మనిషికి గుర్తింపు, స్థానం ఉన్నాయి. తుపాకి పట్టగలిగిన, యంత్రాన్ని నడిపించగలిగిన ప్రతి చేతుల జతకు విలువ ఉంది.

ఉయ్యాలలో ఉన్న ఫ్రెంచ్ విప్లవాన్ని అణగదొక్కడానికి 1793 వసంతకాలంలో యూరోప్‌లోని రాజకుటుంబాలవారు తమ సైన్యాలను పంపించారు. పారిస్‌లోని దుడుకురకాలవారు ఒక్కుమ్మడిగా ఎదురుదాడి అంటూ చెలరేగి మొదటి పూర్తి యుద్ధాన్ని మొదలుపెట్టారు. ప్రజాస్వామ్యపు నేలనుండి శత్రువులను తరిమికొట్టేదాకా ఈ క్షణం నుంచి ఫ్రెంచి పురుషులంతా శాశ్వతంగా సైన్యం వారి సేవలో ఉంటారు. యువకులు యుద్ధం చేస్తారు. పెళ్లి అయినవారు ఆయుధాలను తయారుచేస్తారు. వాటిని, మిగతా అవసరమైన సరుకులను అవసరమైనచోటికి చేరుస్తారు. మహిళలు దుస్తులను, గుడారాలను కుడతారు. ఆసుపత్రులలో పనిచేస్తారు. పిల్లలు కూడా లినన్ తయారీలో ఉంటారు. ఇక వయసు మళ్ళినవాళ్ళు కూడలులకు వెళ్లి యోధులలో ధైర్యాన్ని పెంచడానికి, రాజుపట్ల ఏవగింపు కలిగించడానికి, ప్రజాస్వామ్యపు ఐకమత్యానికి భావనలను పెంచడానికి తగిన ఉపన్యాసాలను చేస్తారు అని ఆగస్టు 23న జాతీయ కన్వెన్షన్ వారు ఒక డిక్రీ, ప్రకటనను విడుదల చేశారు.

ఫ్రెంచ్ విప్లవంలోని చాలా ముఖ్యమైన పత్రం ద డిక్లరేషన్ ఆఫ్ రైట్స్ ఆఫ్ మ్యాన్ అండ్ ఆఫ్ సిటిజన్ విలువను ఈ ప్రకటన వెలుగులోకి తీసుకువస్తుంది. అందులో అందరు పౌరులకు సమానమైన విలువ ఉందని, సమానంగా రాజకీయ హక్కు ఉందని అర్థం అవుతుంది. ఒకవైపు ఈ రకమైన ప్రకటనల మీద అధికారుల అడ్డు ఉండగా మానవ హక్కులను గురించి విశ్వస్థాయిలో ప్రకటనలు జరగడం కేవలం కాకతాళీయమా? ఈ రెంటికీ మధ్యగల సంబంధాన్ని గురించి విద్వాంసులు వాదాలు చేయవచ్చు. తరువాత రెండు శతాబ్దాలలో ఈ వాదం సాధారణంగా ముందుకు సాగింది. అది ప్రజాస్వామ్యం పక్షంగా చేరి వాదించింది. పౌరులకు రాజకీయ హక్కులు ఇవ్వడం మంచిది. ప్రజాస్వామ్య దేశాల సైనికులు, ఇతర కార్మికులు, నియంతృత్వ దేశాల్లోని వారికన్నా బాగా పనిచేస్తారు, అని ఈ వివాదాలలో వినిపించింది. ప్రజలకు రాజకీయ హక్కులు ఇవ్వడం వలన వారి పనులకు ప్రోత్సాహం దొరుకుతుంది అని వీరు అంటున్నట్టు కనబడుతుంది. ఈ పరిస్థితి మరీ అటు యుద్ధరంగంలోనూ, ఇటు ఫ్యాక్టరీలో ప్రయోజనకరం.

హార్వర్డ్‌కు 1869 నుంచి 1995 వరకు అధ్యక్షుడిగా ఉన్న ఛార్లెస్ డబ్ల్యూ ఈలియెట్, 5 ఆగస్టు 1917న న్యూయార్క్ టైమ్స్‌లో ఒక వ్యాసం రాశాడు. అరిస్టాక్రాట్ల కింద, ప్రభుస్వామ్యం కింద పనిచేస్తున్న సేనలకన్నా ప్రజాతంత్ర సేనలు బాగా పనిచేస్తాయి. అలాగే అధికారాన్ని గురించి, తమ ప్రజాసేవకులను ఎంచుకోవడం శాంతి, యుద్ధం వంటి సమస్యలను తీర్చడం వంటి వాటిని ప్రజలు నిర్ణయించే దేశాలలోని సేనలు, పుట్టుక ద్వారా, పైనుండి దేవుడి వలన వచ్చిన అధికారంగల ప్రభుస్వామ్య దేశాల సేనలకన్నా

ప్రభావవంతంగా పనిచేస్తాయి అని ఈలియట్ ఆ వ్యాసంలో రాశాడు.

మొదటి ప్రపంచయుద్ధం సందర్భంలో స్త్రీల విమోచన అన్న విషయాన్ని కూడా ఇటువంటి కారణాలు బలపరిచాయి. పారిశ్రామిక విధానంలో స్త్రీల బలమైన పాత్రను అర్థం చేసుకుని, వారికి శాంతికాలంలో రాజకీయ హక్కులు ఇవ్వాలన్న విషయాన్ని దేశాలు గుర్తించాయి. ప్రెసిడెంట్ ఉడ్రో విల్సన్ 1916లో స్త్రీల పక్షానికి మద్దతుదారుగా నిలిచాడు. సెనేట్‌లో అతను మాట్లాడుతూ, వారి సేవలు లేకుండా, మొదటి ప్రపంచ యుద్ధంలో పాల్గొన్న మిగతా దేశాలు కానీ, అమెరికా గానీ యుద్ధాన్ని సాధించగలిగి ఉండేవి కావు. అన్ని రంగాలలోను వారు చేసిన సేవలు ఇప్పటివరకు వాళ్ళు పనిచేయడం చూడడానికి అలవాటుపడ్డ రంగాలు మాత్రమేకాక మగవాళ్ళు పనిచేసిన ప్రతిచోటా వాళ్లు కనిపించారు. యుద్ధ రంగపు అంచులలో కూడా వాళ్ళు ఉన్నారు. వీళ్లెనంతగా వాళ్లకు విముక్తి కలగచేయకపోతే మన మీద ఎవరికీ నమ్మకం ఉండదు. అందుకు బాధ్యత మనదే అవుతుంది, అన్నాడు విల్సన్.

అయితే 21వ శతాబ్దంలో మాత్రం స్త్రీలు, పురుషులు చాలామంది సైన్యపరంగా, ఆర్థికపరంగా తమ విలువను వదులుకునే పరిస్థితి ఎదురవుతుంది. రెండు ప్రపంచ యుద్ధాలు సంఘపరంగా కనపరిచిన పరిస్థితులు ఇప్పుడు లేవు. అభివృద్ధి సాధించిన సేనలు 21వ శతాబ్దిలో ఎక్కువగా అగ్రగామి సాంకేతిక శాస్త్రం మీద ఆధారపడతాయి. ఫిరంగి గుళ్లకు ఎదురయ్యే గుంపు సైనికులు కాకుండా ఇప్పుడు దేశాలవారికి మంచి శిక్షణ పొందిన కొద్దిమంది సైనికులు మాత్రమే అవసరమవుతారు. వారిలో కొందరు సూపర్ సైనికులు అవుతారు. వారు తక్కువ సంఖ్యలో ఉండి ప్రత్యేక బృందాలతో పనిచేస్తారు. ఇక నిశితమైన సాంకేతిక శాస్త్రాన్ని ముందుకు నడిపించగల నైపుణ్యం గలవారు కేవలం మరీ తక్కువమంది పరిశోధనలో పనిచేస్తారు. మనుషులు అవసరం లేకుండా కేవలం హైటెక్‌తో పనిచేసే డ్రోన్లు, సైబర్ వర్కులు వచ్చి 20వ శతాబ్దం నాటి సైనికుల గుంపులను పక్కకు నెట్టాయి. ఇక కీలకమైన నిర్ణయాలను ఆల్గోరిథమ్స్ మాత్రమే చేస్తాయి.

రక్తమాంసాలు ఉన్న సైనికుల పనితీరు గురించి ముందుగా చెప్పడం కష్టం. వారు సులభంగా కష్టాలకు లోనవుతారు. పైగా వారు ముందుకు కదిలి పనిచేసే కాలప్రమాణం కూడా అర్థం లేనిదిగా ఉంటుంది. నెబుదాద్నె జార్ కాలం నుండి సద్దాం హుస్సేన్ దాకా సాంకేతికంగా కావలసినన్ని అభివృద్ధి ఫలితాలు అందినా యుద్ధాలు మాత్రం జీవపరమైన టైం స్కేల్ మీద నడిచాయి. గంటలపాటు చర్చలు, రోజులపాటు పోరాటాలు సాగి యుద్ధాలు సంవత్సరాలపాటు కొనసాగాయి. ఇక సైబర్ యుద్ధాల తీరు వేరు. అవి కొన్ని నిమిషాలపాటు మాత్రమే జరిగే వీలుంది. షిఫ్ట్‌లో ఉన్న ఒక లెఫ్టనెంట్ కమాండర్ తన ముందున్న తెరల మీద అసాధారణంగా ఏదో కనిపించినట్టు భావిస్తుంది. వెంటనే ఫోన్ ఎత్తి తన పైఅధికారికి విషయం చెబుతుంది. ఆ అధికారి వెంటనే వైట్‌హౌస్‌ను హెచ్చరిస్తాడు. దేశాధ్యక్షుడు ఎర్ర ఫోన్ ఎత్తుకునే లోపలే యుద్ధం ముగిసిపోతుంది కూడా. సెకండ్‌లలో జరిగిన నిశితమైన సైబర్ దాడి ప్రభావంతో యూఎస్‌లోని కరెంటు వ్యవస్థ కుప్పకూలుతుంది. విమానాలు నడిపించే కేంద్రాలన్నీ పని మానేస్తాయి. అణువిద్యుత్

కేంద్రాలలో, రసాయనిక సంస్థలలో ఎన్నో ప్రమాదాలు జరుగుతాయి. పోలీసు, సైన్యం వారి ఇంటలిజెన్స్ సమాచార వ్యవస్థ పాడవుతుంది. రికార్డులన్నీ పోతాయి. ట్రిలియన్లకొద్దీ డాలర్లు మాయమవుతాయి. అవి ఎవరివి అన్న లెక్కలు మిగలవు. ప్రజలలో సంచలనం కలిగించకుండా ఉండడానికి ఒక పద్ధతి ఉంటుంది. ఇంటర్నెట్, టెలివిజన్, రేడియోలు పని మానేస్తాయి. జరిగిన దురంతం తీరుతెన్నులను గురించి ప్రజలకు ఎవరికీ ఏమీ తెలియదు.

మరింత తక్కువ స్థాయిలో రెండు డ్రోన్‌లు ఒకదానితో ఒకటి పోరాడుతున్నాయి అనుకుందాం. దూరంగా ఉన్న ఒక బంకర్‌లోని ఆపరేటర్ అనే మనిషి దగ్గరనుంచి ఆజ్ఞ లేకుండా అందులో ఒక డ్రోన్ తుపాకులను పేల్చజాలదు. ఇంకొకటి మాత్రం పూర్తిగా స్వతంత్రం గలది. అందులో ఏది గెలుస్తుంది అని చెప్పటం కష్టమా? 2093 సంవత్సరంలో కొత్తగా వచ్చిన ఫ్రెంచ్ విప్లవాన్ని అణగదొక్కడానికి యూరోపియన్ యూనియన్ డ్రోన్లను, సైబోర్గ్‌లను పంపింది అనుకుందాం. ఇక పారిస్ కమ్యూన్ అందుబాటులో ఉన్న అన్ని హ్యాకర్‌లను, కంప్యూటర్లను, స్మార్ట్‌ఫోన్‌లను పనిలో పెడతారు. అక్కడ మనుషుల అవసరం మాత్రం చాలా తక్కువగా ఉంటుంది. చావడానికి అడ్డునిలిచే వరుసలుగా మాత్రమే వారు బహుశా అవసరమవుతారు. దీనితో తెలిసేది ఒకటే. ఇక మీద పోరాటాలు సమవుజ్జీ పద్ధతిలో నడవవు. మనుషులంతా అభివృద్ధి చెందిన ఆయుధాలకు ఎదురుగా ఎరలుగా మాత్రమే అవసరమవుతారు.

43. ఎడమ : బాలిట్ ఆఫ్ సోమ్‌లో సైనికులు, 1916. కుడి : పైలట్ లేని డ్రోన్

విజయంకన్నా న్యాయం ఎక్కువ అని మీరు భావించినప్పటికీ మీరు మీ సైనికులను పక్కకు కదిలించి వాటంతట అవే పనిచేసే మరమనుషులను, డ్రోన్లను పనిలో పెట్టాలి. మానవ సైనికులు హత్యలు చేస్తారు. మానభంగాలు, దోపిడీలు చేస్తారు. క్రమశిక్షణగా ఉండాలని తలుచుకున్న సందర్భంలో కూడా పొరపాటున మామూలు పౌరులను కూడా చంపుతారు. కంప్యూటర్లకు నీతికి సంబంధించిన ఆల్గోరిథమ్స్ నేర్పిస్తే, అవి అప్పుడప్పుడే వచ్చిన శాసనాలను దృష్టిలో ఉంచుకుని, అంతర్జాతీయ న్యాయస్థానాల నిర్ణయాలకు అనుగుణంగా నడుచుకుంటారు.

ఆర్థికరంగంలో కూడా సుత్తె చేతబట్టడం, బటన్ మీటను నొక్కడం లాంటి పనులు చేతనైన చేతులకూ అంతకు ముందటితో పోలిస్తే విలువ తగ్గింది. గతంలో మనుషులు మాత్రమే చేయగలిగిన పనులు చాలా ఉండేవి. కానీ ఇప్పుడు మరమనుషులు, కంప్యూటర్లు వచ్చేస్తున్నాయి. బహుశా చాలా పనులు అవి మనుషుల కన్నా బాగా చేయగలుగుతాయి. నిజమే, కంప్యూటర్ల పనితీరు మనుషుల పనితీరుకు పూర్తి వేరుగా ఉంటుంది. రానున్న కాలంలో అవి మనుషులలాగా మారుతాయి అనడానికి కూడా లేదు. కంప్యూటర్లకు తాము ఉన్నాము అన్న చేతనాభావం కలిగే పరిస్థితి కనిపించడం లేదు. అనుభవాలు, ఇంద్రియజ్ఞానం అంతకన్నా లేవు. ఈ విషయంలో గడిచిన 50 సంవత్సరాలలో చెప్పలేనంత ప్రగతి జరిగింది. కానీ వాటి చేతన గురించి మాత్రం జరిగిన ప్రగతి సున్న. ఇంతవరకు 1950 నాటి కంప్యూటర్ కన్నా ఇవ్వాళటి కంప్యూటర్‌కు చేతనాజ్ఞానం ఎక్కువ లేనేలేదు. ఒక మహత్తరమైన విప్లవం గడప దగ్గర మనం నిలబడి ఉన్నాము. తెలివితేటలు, చేతన అనే జంట వేరవుతున్న పరిస్థితి వస్తుంది కనుక మనుషుల ఆర్థికవిలువ మాయమయ్యే ప్రమాదం కనబడుతున్నది.

ఇంతకాలం పైస్థాయి తెలివి, పైస్థాయి చేతనతో కుడి ఎడమగా ముందుకు సాగింది. చదరంగం ఆట, కారు నడిపించడం, వ్యాధులను గుర్తించడం లేదా తీవ్రవాదులను గుర్తించడం వంటి చాలా తెలివిగా చేయవలసిన పనులను గట్టి చేతన గలవారు మాత్రమే చేయగలిగారు. అయితే ప్రస్తుతం చేతన అవసరం లేని జ్ఞానాన్ని కొత్తగా తయారుచేస్తున్నారు. అది ఈ పనులన్నింటినీ మనుషులకన్నా మరింత సులభంగా చేయగలుగుతుంది. ఈ పనులలో ఒక పద్ధతిని గుర్తించడం మాత్రమే ముఖ్యమైన అంశం కనుక చేతనలేని ఆల్గోరిథమ్స్ వీటిలో మనుషులను దాటవేసి ముందుకు పోయే వీలు కనబడుతున్నది.

దానితో ఒక సరికొత్త ప్రశ్న పుడుతుంది. జ్ఞానం, చేతన ఈ రెంటిలోనూ ఏది ముఖ్యం? ఇవి రెండు చేతులు కలిపి ముందుకు సాగినంత కాలం వాటి తులనాత్మక విలువలు గురించి చర్చించడం, తాత్వికులకు కేవలం ఒక కాలక్షేపంగా సాగింది. కానీ ఈ 21వ శతాబ్దంలో మాత్రం ఇది త్వరగా పట్టించుకోవలసిన రాజకీయ, ఆర్థిక సమస్యగా మారింది. సైన్యాలు, కార్పొరేషన్ల వారికి ఈ జవాబు సూటిగా ఉంటుందన్న మాట అందరినీ మెత్తబరుస్తున్నది. జ్ఞానం తప్పకుండా ఉండాలి కానీ చేతన మాత్రం ఐచ్ఛికం.

సేనలు, కార్పొరేషన్లు జ్ఞానులైన ఏజెంట్‌లు లేకుండా పని చేయజాలవు. అయితే వాటికి చేతనా విషయానుభవం అవసరం లేదు. తనను తాను నడిపించుకునే ఆటోమేటిక్ కారుకన్నా రక్తమాంసాలుగల టాక్సీ డ్రైవర్ చేతన, అనుభవాలు చాలా గొప్పవిగా ఉంటాయి. యంత్రాలకు అనుభవాలు భావాలు లేనేలేవు. సోల్ నగరంలోని రద్దీమార్గంలో వెళుతున్నప్పుడు కూడా టాక్సీ డ్రైవర్ చక్కని సంగీతాన్ని వినగలుగుతాడు. నక్షత్రాలను చూస్తే అతని మనసు విచ్చుకుంటుంది. అతనిక విశ్వంలోని వింతలను గురించి ఊహిస్తాడు. తన చిన్నారి కూతురు మొట్టమొదటి తప్పటడుగులు చూచి అతను సంతోషంతో కన్నీళ్లు పెట్టుకుంటాడు. అయితే టాక్సీ డ్రైవర్‌గా అతడి నుండి వీటన్నింటినీ ఎవరూ ఆశించరు. వ్యవస్థకు కావలసింది అతను ప్రయాణికులను పాయింట్ ఎ నుండి

పాయింట్ బి వరకు త్వరగా, క్షేమంగా, సరసమైన ధరకు చేర్చాలి. ఆటోనామస్ కార్ ఈ పనులను చాలా సులభంగా, మనిషి డ్రైవర్ కన్నా బాగా చేయగలుగుతుంది. దానికి సంగీతం వినడం చేతకాకపోవచ్చు. తన ఉనికి గురించి తెలియకపోవచ్చు.

ఇక మనుషులను టాక్సీలే కాదు, అన్ని వాహనాలు నడిపించడం నుంచి పక్కకు పెడతాము. ట్రాఫిక్ మీద అధికారాన్ని కంప్యూటర్ అల్గోరిథంలకు అందిస్తాము. అన్ని వాహనాలను ఒకే నెట్‌వర్క్‌కు కలుపుతాము. ఇక ప్రమాదాల సంఖ్య బాగా తగ్గుతుంది. 2015 ఆగస్టులో గూగుల్‌వారు చేసిన సెల్ఫ్ డ్రైవింగ్ కారు ప్రయోగంలో ప్రమాదం జరిగింది. ఆటోమేటిక్ కారు చౌరస్తా దగ్గరికి వచ్చింది. అక్కడ కొంతమంది రోడ్డు దాటడానికి ప్రయత్నిస్తున్నారని అది గమనించింది. కనుక బ్రేకులు వేసింది. క్షణాలలో వెనుక నుంచి ఒక సెడాన్ కారు వచ్చి దాన్ని గుద్దింది. ఆ సెడాన్‌ను ఒక మనిషి డ్రైవర్ నిర్లక్ష్యంగా నడిపిస్తున్నాడు. రోడ్డును చూడడానికి బదులు అతను విశ్వంలోని వింతలను గురించిన ఊహలలో తేలుతూ ఉండవచ్చు. ఒకే కంప్యూటర్‌కు చేర్చిన రెండు కార్లు అయితే ఈ ప్రమాదం జరిగి ఉండేది కాదు. వాటిని నడిపిస్తున్న కంప్యూటర్‌కు అన్ని వాహనాలు ఎక్కడ ఉన్నది తెలుసు. కనుక వాటిలో రెండు గుద్దుకునే పరిస్థితి ఉండదు. ఇటువంటి వ్యవస్థతో చాలా కాలం ఆదా అవుతుంది. డబ్బు, మనుషుల బతుకులు మిగిలిపోతాయి. అయితే మనుషులకు కారు నడిపిన అనుభవం మిగలదు. అట్లాగే లక్షలాదిమంది నిరుద్యోగులు అవుతారు.

కొంత కాలంలోనో మరికొంత కాలంలోనో అభివృద్ధి చేయబడిన మానవులు పూర్తిగా పనికిరాకుండా పోతారని కొంతమంది ఆర్థిక నిపుణులు భవిష్యవాణి చేస్తున్నారు. షర్టులు తయారుచేయడం లాంటి చోట్ల, మనుషులు పని చేయడానికి బదులు మర మనుషులు, త్రీ డీ ప్రింటర్స్ ఇప్పటికే వచ్చేశాయి. అన్ని వైట్ కాలర్ ఉద్యోగాల విషయంలోనూ త్వరలోనే చాలా తెలివిగల ఆల్గోరిథమ్స్ పని చేయడం మొదలవుతుంది. ఆటోమేషన్ వచ్చినా తమకు హాని లేదు అనుకున్న బ్యాంకర్లు, ట్రావెల్ ఏజెంట్లు కూడా ఆపదలో పడిపోతున్నారు. మనము స్మార్ట్‌ఫోన్లను వాడి విమానం టికెట్లు ఒక అల్గోరిథం నుండి కొనగలిగినప్పుడు ట్రావెల్ ఏజెంట్లు ఎందుకు?

స్టాక్ ఎక్స్ఛేంజ్ వ్యాపారులు కూడా ఆపదలో పడ్డారు. ప్రస్తుతం చాలామటుకు వాణిజ్య ట్రేడింగ్ మొత్తం కంప్యూటర్స్ అల్గోరిథం ఆధారంగా జరుగుతున్నది. ఒక మనిషి సంవత్సర కాలంలో చేయగలిగిన లెక్కలను ఈ అల్గోరిథంస్ ఒకక్షణంలో చేస్తాయి. మనిషి కనురెప్ప కాలంకన్నా తక్కువలోనే అవి కావలసిన సమాచారాన్ని తరచి చూస్తాయి. 23 ఏప్రిల్ 2013న సీరియా హ్యాకర్లు అసోసియేటెడ్ ప్రెస్ వారి అఫీషియల్ ట్విటర్ అకౌంట్‌లోకి చొరబడ్డారు. వైట్‌హౌస్ మీద దాడి జరిగిందని ప్రెసిడెంట్ ఒబామా గాయపడ్డాడని వాళ్ళు 01:07కు ట్వీట్ చేశారు. వార్తలను నిరంతరం పరిశీలిస్తూ ఉండే అల్గోరిథంలు ఈ విషయాన్ని చూశాయి. వెంటనే ప్రతిక్రియ కనిపించింది. స్టాక్స్ పిచ్చిగా అమ్ముడుపోవడం మొదలైంది. డౌ జోన్స్ కుప్పకూలింది. క్షణాలలో 150 పాయింట్లు తగ్గాయి. అది 196 బిలియన్ డాలర్లకు సమానం. 1:10 నిమిషాలకు అసోసియేటెడ్ ప్రెస్

వారు ఆ ట్వీట్ బూటకం అని ప్రకటించగలిగారు. అల్గోరిథంస్ తిరుగుదారి పట్టాయి. 01:13లకు డౌ జోన్స్ మళ్ళీ నష్టాల నుంచి తేరుకున్నది.

మూడు సంవత్సరాల ముందు 6 మే 2010న న్యూయార్క్ స్టాక్ ఎక్స్ఛేంజ్‌లో ఇంతకన్నా తీవ్రంగా దాడి జరిగింది. రెండు గంటల నలభై రెండు నుంచి రెండు గంటల నలభై ఏడు వరకు అంటే కేవలం 5 నిమిషాల్లో డౌ జోన్స్ 1000 పాయింట్లు పడి పోయింది. ఒక ట్రిలియన్ డాలర్లు నష్టం వచ్చింది. మరొక మూడు నిమిషాల్లో అది తిరిగి తన పాత పరిస్థితికి వచ్చింది. మన డబ్బులను సూపర్‌ఫాస్ట్ కంప్యూటర్ ప్రోగ్రాంల చేతిలో పెడితే జరిగేది అదన్నమాట. నాటినుంచి ఇప్పటివరకూ ఫ్లాష్ క్రాష్ అని పిలిచిన ఆ సందర్భంలో జరిగిన దాని గురించి నిపుణులు పరిశోధిస్తూనే ఉన్నారు. తప్పంతా ఆల్గోరిథమ్స్ ఉంది అని వారికి తెలుసు. అయితే ఆ తప్పు ఎక్కడ జరిగింది అర్థం కాలేదు. అల్గోరిథంలు ఆధారంగా జరిగే వ్యాపారం మీద కొంతమంది ఇప్పటికే లా సూట్స్ వేశారు. అది మానవులను చూసే తీరు చాలా దారుణమని, వారు పోటీ నిలువలేని రకమని వాదిస్తున్నారు. ఇందులో నిజంగా మానవ హక్కుల మీద దాడి జరిగిందా అన్న విషయం గురించి చర్చలు జరిగితే చాలామంది న్యాయవాదులకు డబ్బులు అందవచ్చు.

అయితే ఈ న్యాయవాదులు అందరూ మనుషులు కావాల్సిన అవసరం లేదు. లాయర్లు అందరూ రోజంతా 'ఆబ్జెక్షన్' అని అరుస్తూ, తీవ్రమైన ఉపన్యాసాలు చేస్తూ కోర్టులో గడుపుతారని సినిమాలు, టీవీ సీరియల్‌లు మనకు చూపుతుంటాయి. కానీ మామూలు లాయర్లు చాలామంది దినమంతా అంతులేని ఫైళ్లను వెతుకుతూ, పాత కేసులను పరిశీలిస్తూ, తప్పుల కోసం గాలిస్తూ, చిన్నపాటి సాక్ష్యాల కోసం దేవులాడుతూ గడుపుతారు. కొంతమంది జాన్ డో హత్యకు గురయిన రాత్రి ఏం జరిగింది. అని వెతుకుతూ గడుపుతారు. మరికొంతమంది తమ క్లయింట్లు తర్వాతి కాలంలో అన్ని పరిస్థితులలోనూ సురక్షితంగా ఉండే విధంగా మహత్తరమైన బిజినెస్ కాంట్రాక్ట్‌లను రాయడంలో బిజీగా ఉంటారు. అయితే ఒక మనిషి జీవితకాలమంతా వెతకలేని అంశాలను ఒక్కరోజులో వెతికే సెర్చ్ సౌకర్యం వచ్చిననాడు ఈ లాయర్లంతా ఏమవుతారు? బ్రెయిన్ స్కాన్‌లు వచ్చి అబద్దాలను, మోసాలను మీట నొక్కే లోపల తెలుసుకునే పరిస్థితి వస్తున్నది. చాలా అనుభవం గల లాయర్లు, డిటెక్టివ్‌లు కూడా ముఖకవళికలను మాత్రమే చూచి, గొంతు విని అన్ని సంగతులు తెలుసుకోలేరు. నిజానికి మెదడులో కేంద్రాలు నిజం చెప్పడానికన్నా అంతా అబద్ధం చెప్పడానికి ఎక్కువ పనిలో ఉంటాయి. ఇంకా అక్కడికి చేరలేదేమో కానీ ఎఫ్ఎమ్ఆర్ఐ స్కానర్లు వచ్చి సత్యం గుర్తించే యంత్రాలుగా పనిచేసే కాలం చాలా దూరం లేదు. ఇక లక్షలాది లాయర్లు, న్యాయాధిపతులు, పోలీసులు, డిటెక్టివ్‌లు ఏమవుతారు? వాళ్లంతా మళ్లా బడికి వెళ్లి మరో కొత్త వృత్తిని నేర్చుకోవాలి.

వాళ్ళు తరగతిలోకి చేరగానే తమకన్నా ముందు అల్గోరిథంస్ అక్కడికి చేరినట్లు తెలుస్తుంది. లెక్కలు, ఫిజిక్స్, చరిత్ర పాఠాలు చెప్పడంతో పాటు, విద్యార్థి గురించి కూడా గమనించి అన్ని సంగతులు గుర్తించే ఆల్గోరిథమ్స్‌ను మైండోజో లాంటి కంపెనీవారు తయారుచేశారు. విద్యార్థి ఇచ్చే ప్రతి జవాబును డిజిటల్ టీచర్స్ గుర్తిస్తారు. అందుకు

విద్యార్థి తీసుకున్న కాలాన్ని కూడా లెక్కిస్తారు. విద్యార్థి బలహీనతలు తెలుస్తాయి. శక్తి కూడా బయటపడుతుంది. ఏం చేస్తే అతనికి ఉత్సాహం కలుగుతుంది, దేనితో నిరుత్సాహం పెరుగుతుంది తెలిసిపోతాయి. అప్పుడిక అవి నాకు నా వ్యక్తిత్వానికి తగిన పద్ధతిలో థర్మోడైనమిక్స్ గురించి జామెట్రీ గురించి నాకు పనికి వచ్చే పద్ధతిలో చెప్పగలుగుతాయి. ఆ పద్ధతి మిగతా 99 శాతం మంది పిల్లలకు పనికి రాకపోవచ్చు. అయితే ఈ డిజిటల్ టీచర్స్ ఎప్పుడు ఓపిక కోల్పోరు. కొట్టరు, సమ్మె చెయ్యరు. ఇక ఇప్పుడు ఒక విచిత్రమైన ప్రశ్న ఎదురవుతుంది. ఇంత తెలివి ఉన్న కంప్యూటర్లు గల ఈ ప్రపంచంలో నేను థర్మోడైనమిక్స్, జామెట్రీ నేర్చుకున్నందుకు ఒరిగేది ఏమిటి?

ఇక డాక్టర్లు కూడా అల్గోరిథంలకు లొంగి ఉండేవారే. చాలామంది డాక్టర్లు చేయవలసిన మొట్టమొదటి పనులు రోగాన్ని నిర్ధారించడం, అందుబాటులో ఉన్న, తగిన చికిత్స సూచించడం. నేను జ్వరం, డయేరియా ఉందంటూ క్లినిక్‌కి వెళ్తాను. నాకు ఫుడ్ పాయిజనింగ్ జరిగి ఉండవచ్చు. అయితే ఈ లక్షణాలు కడుపులో వైరస్ వల్ల, కలరా, డిసెంట్రీ, మలేరియా, క్యాన్సర్ మరేదైనా తెలియని వ్యాధి వల్ల కూడా రావచ్చు. సరైన నిర్ణయం చేయడానికి డాక్టర్‌కు కేవలం కొన్ని నిమిషాల వ్యవధి మాత్రమే ఉంది. హెల్త్ ఇన్సూరెన్స్ వారు అంతకన్నా ఎక్కువ కాలాన్ని, డబ్బును అనుమతించరు. కనుక కేవలం కొన్ని ప్రశ్నలు మాత్రమే అడిగి, వీలైనంత త్వరగా పరీక్ష ముగించవలసి ఉంటుంది. ఇక అంతకుముందు పెట్టిన మెడికల్ చరిత్రతో డాక్టర్ ప్రస్తుత విషయాలను పోల్చి చూస్తాడు. ఈ ప్రపంచంలో లెక్కలేనన్ని మనుషుల వ్యాధులు ఉన్నాయి. చాలా మంచి డాక్టర్ కూడా నాకు వచ్చిన జబ్బులన్నింటిని, చేయించుకున్న పరీక్షలను గుర్తుంచుకోలేడు. డాక్టర్

45. ఐబిఎం వాట్సన్ జియోపార్డీలో 2011లో
ఇద్దరు మానవ ప్రత్యర్థులను ఓడించింది.

లందరికీ ప్రతి వ్యాధి గురించి, మందు గురించి తెలియడం కష్టం. వాటి గురించి వచ్చిన కొత్త వ్యాసాలను అందరూ చదవలేరు. వీటన్నింటినీ మించి ఆ డాక్టర్ స్వయంగా అలిసి లేదా ఆకలితో ఉండవచ్చు. అతనికే అనారోగ్యం కలిగి ఉండవచ్చు. అప్పుడు అతని నిర్ణయం సరిగా ఉండదు. కనుకనే డాక్టర్లు కొన్నిసార్లు రోగనిర్ధారణలో తప్పులు చేస్తారు. కుదరని మందులు రాస్తారు.

ఇక ఇప్పుడు ఐబీఎం వారి పేరు పొందిన వాట్సన్ గురించి చూడండి. అది ఒక ఆర్టిఫిషియల్ ఇంటెలిజెన్స్ సిస్టం. 2011లో జియోపార్టీ అనే టెలివిజన్ గేమ్‌లో అంతకు ముందు గెలిచిన మనుషుల మీద విజయం సాధించింది. ఇప్పుడది మరింత సీరియస్ పనులను నేర్చుకుంటున్నది. వ్యాధి నిర్ధారణ రంగంలో దిగింది. మనిషి డాక్టర్ల కన్నా వాట్సన్ వంటి ఏఐ యంత్రాలకు ఎక్కువ పని చేతనవుతుంది. అది చరిత్రలో వైద్యానికి, జబ్బులకు సంబంధించిన మొత్తం సమాచారాన్ని తన లోపల ఉంచుకోగలుగుతుంది. ప్రతినిత్యం దానికి కొత్త వివరాలను చేర్చుకుంటుంది. కొత్త పరిశోధన అంశాలే కాక ప్రపంచమంతటా కంప్యూటర్ల ద్వారా కలిసిన క్లినిక్‌లలో అన్నింటిలో జరిగే పరీక్షల ఫలితాలను తెలుసుకుంటుంది.

ఇక మరొకవైపు వాట్సన్‌కు నా గురించి ఎంతో తెలిసి ఉంటుంది. నా జన్యువివరాలు, అనుదిన వైద్యచరిత్ర మాత్రమేకాక నా తల్లిదండ్రులు, అన్నదమ్ములు, చుట్టాలు, పక్కింటి వాళ్ళు, మిత్రుల గురించి కూడా తెలిసి ఉంటుంది. ఈ మధ్యన నేను ఏ దేశాలకు తిరిగింది దానికి తెలుస్తుంది. నాకు కడుపునొప్పి మళ్ళీ మళ్ళీ వస్తుందా, మా కుటుంబంలో ఇంటెస్టినల్ క్యాన్సర్ ఎవరికైనా వచ్చిందా, అసలు ఇవ్వాళ ఈ ఊళ్ళో ఈ రకమైన పరిస్థితికి ఎంతమంది గురయ్యారు. ఇలాంటి సంగతులన్నీ అదే తెలుసుకుంటుంది.

మూడో అంశం, వాట్సన్‌కు అలుపు లేదు. ఆకలి, అనారోగ్యం అన్నవి అంతకన్నా లేవు. అది నా పేరున కావాల్సినంత సమయం వెచ్చించగలుగుతుంది. నేను ఇంట్లో సోఫాలో తాపీగా కూర్చుని దాని వందల ప్రశ్నలకు జవాబులు ఇవ్వవచ్చు. నా అనుభవాన్ని దానికి వివరించవచ్చు. ఆరోగ్యం గురించి గాభరాపడే వాళ్లకు తప్ప మిగతా పేషెంట్లు అందరికీ ఇది మంచి వార్త. అయితే ఇవాళ ఒకరు వైద్య కళాశాలలో చేరి ఇరవయి సంవత్సరాలలో ఫ్యామిలీ డాక్టర్‌గా స్థిరపడతాను అని అనుకుంటే మరొకసారి ఆలోచించ వలసి ఉంటుంది. ఇలాంటి వాట్సన్ పక్కన ఉండగా షెర్లాక్స్ వంటివారి అవసరం లేనేలేదు.

జనరల్ ప్రాక్టీస్ చేసే డాక్టర్లు మీదనే కాక స్పెషలిస్టుల తల మీద కూడా ఈ కత్తి వేలాడుతున్నది. నిజానికి క్యాన్సర్ రోగ నిర్ధారణ వంటి మరీ చిన్న రంగంలో పనిచేస్తున్న డాక్టర్లను తొలగించి యంత్రాలు వాడడం చాలా సులభంగా కనబడుతున్నది. ఈ మధ్య జరిగిన ఒక ప్రయోగంలో వాటికి అందించిన లంగ్ క్యాన్సర్ కేసులలో తొంభయి శాతాన్ని యంత్రాలు సరిగా గుర్తించగలిగాయి. మనిషి డాక్టర్లు కేవలం సగం కేసులలో మాత్రమే సరిగా చెప్పగలిగారు. నిజానికి భవిష్యత్తు అప్పుడే వచ్చేసింది. ఈ మధ్యన సిటీ స్కాన్‌లను మామోగ్రాఫ్‌లను రొటీన్‌గా స్పెషలైజ్ అల్గోరిథంలకు అందజేస్తున్నారు. అవి డాక్టర్లకు

సెకండ్ ఒపీనియన్ అందిస్తున్నాయి. వారు గుర్తించలేకపోయిన కొన్ని ట్యూమర్లను గుర్తిస్తున్నాయి.

చాలామంది డాక్టర్లను రేపు పొద్దుటికల్లా తొలగించడంలో వాట్సన్‌కు కొన్ని రకాల సాంకేతిక సమస్యలు అడ్డువస్తున్నాయి. అయితే ఈ సాంకేతిక సమస్యలు ఎంత చిక్కుతరమయినా తీర్చవలసిన మాత్రం ఒకేసారి. మనిషి డాక్టర్‌కు శిక్షణ ఇవ్వడం చాలా గజిబిజి పని. చాలా ఖర్చుతో కూడినది కూడా. అందుకు సంవత్సరాలు పడుతుంది. 10 సంవత్సరాలపాటు చదువు, ఇంటర్న్‌షిప్ పేరున కష్టపడి ముగిస్తే, చివరకు మిగిలేది ఒక్క డాక్టరు. మరొక డాక్టర్ కావాలంటే మళ్లీ ఈ పనులన్నీ వరుసబెట్టి జరగవలసిందే. కానీ వాట్సన్ ఎదుర్కొంటున్న సమస్యలకు ఒక్కసారి జవాబు దొరికితే చాలు, ఒక్కరు కాదు, కావలసినంత మంది డాక్టర్లు అందుబాటులోకి వస్తారు. ప్రపంచంలోనే అన్ని మూలలలోనూ ఇరవయినాలుగు గంటలపాటు, వారమంతా అందుబాటులో ఉంటారు. కనుక వాట్సన్ పనిచేయించడానికి వంద బిలియన్ డాలర్లు ఖర్చు చేసినప్పటికీ, దీర్ఘకాలికంగా మానవ వైద్యశిక్షణతో పోల్చిచూస్తే అదే లాభసాటి వ్యవహారం.

అయితే మానవ వైద్యులందరూ మాయమవుతారు. అంటే మాత్రం అబద్ధం. మామూలుగా రోగనిర్ధారణ కాకుండా సృజనాత్మకంగా పనిచేయవలసిన చోట్ల రానున్న చాలాకాలం వరకు మనుషుల పాత్ర మిగులుతుంది. 21వ శతాబ్దపు సేనలు తమ వద్ద ఉన్న ప్రత్యేకత ఈలైట్ దళాలను కాపాడి పెంచుతున్న పద్ధతిలో వైద్య రంగంలో కూడా అటువంటి స్థానాలలో కొంతమందికి తప్పకుండా చోటు మిగులుతుంది. సేనలో రేంజర్లు, నేవీలో సీల్స్ ఉన్నట్టే వైద్యంలో కూడా ప్రత్యేక సిబ్బంది ఉంటారు. అయితే సైన్యంలో ఒక్కొక్క హోదావారు లక్షల సంఖ్యలో అవసరం లేదు. అదే రకంగా జనరల్ ప్రాక్టీషనర్లు కూడా లక్షల సంఖ్యలో అవసరం ఉండరు.

డాక్టర్ల విషయంలో నిజమైన ఈ పద్ధతి ఫార్మసిస్టుల విషయంలో రెండింతలు నిజం. 2011లో శాన్‌ఫ్రాన్సిస్కోలో తెరిచిన ఒక ఫార్మసీ కేవలం ఒక్క మరమనిషి చేతిలో నడిచింది. ఒక మనిషి ఫార్మసీకి వస్తాడు. క్షణాలలో మర మనిషి అతని ప్రిస్క్రిప్షన్‌ను తెలుసుకుని ఆ రోగికిగల అలర్జీలు, తెలుసుకుని మిగతా మందుల వివరాలన్నింటినీ అడగకుండానే లెక్కలోకి తీసుకుంటుంది. ఈ రోబోటిక్ ఫార్మసిస్ట్ పనిలో పెట్టిన మొదటి సంవత్సరంలోనే ఇరవయి లక్షల ప్రిస్క్రిప్షన్లను అందజేసింది. అందులో ఒక్కదాంట్లో కూడా తప్పు రాలేదు. రక్తమాంసాలు గల అంటే మనిషి ఫార్మసిస్ట్ సగటున 1.7 శాతం కేసులలో తప్పులు చేస్తారు. ఈ లెక్క ప్రకారం ఒక్క యునైటెడ్ స్టేట్స్‌లోనే సంవత్సరానికి 50 మిలియన్ ప్రిస్క్రిప్షన్‌లో తప్పుల కింద లెక్క వస్తుంది.

అల్గోరిథంలు వచ్చి డాక్టర్లను, ఫార్మసిస్టులను మించి పనిచేసినప్పటికీ అది కేవలం సాంకేతికపరంగానే. ఇక మానవత అన్నది ఎక్కడికి పోతుంది అని చాలామంది వాదిస్తున్నారు. మీ సిటీ స్కాన్‌లో మీకు క్యాన్సర్ ఉందని తేలుతుంది. ఆ విషయం, భావాలు లేని ఒక యంత్రం చెప్తే తెలుసుకోవాలని మీకు ఉందా? మీ భావాలను గుర్తించిన ఒక మనిషి చెప్తే వినాలని ఉందా? అయితే మరొక రకం పరిస్థితులు ఊహించండి. అది

యంత్రమే కానీ మీ భావాలకు తగినట్టుగా, వ్యక్తిత్వాన్ని అనుసరించి మాటతీరు మారుస్తుంది. విషయం మెత్తగా చెబుతుంది. జీవులు కూడా అల్గోరిథంలు అన్న విషయం గుర్తుంచుకోండి. వాట్సన్ మీ భావనలను గుర్తిస్తుంది. ట్యూమర్లను గుర్తించిన అంత సరిగా అది భావాలను కూడా గుర్తించగలుగుతుంది.

ఒక మానవ వైద్యుడు బయటకు కనిపించే మీ ముఖకవళికలు లేదా గొంతువంటి వాటిని గమనించి మీ భావాలను అంచనా వేస్తాడు. వాట్సాప్ ఈ పనిని మనిషి డాక్టర్ కన్నా మరింత బాగా చేయగలుగుతుంది. పైగా లోపలి ఇండికేటర్‌లను కూడా లెక్క లేనన్నింటిని గుర్తించగలుగుతుంది. ఈ లక్షణాలు మామూలు కంటికి కనిపించకపోవచ్చు, చెవికీ వినిపించకపోవచ్చు. రక్తపుపోటు, మెదడులో చర్యలూ, మిగతా లెక్కలేనన్ని బయో మెట్రిక్ విషయాలు గమనించి వాట్సన్ మీ భావాలను సూటిగా గుర్తించగలదు. పదుల లక్షల సంఖ్యలో అంతకుముందు ఎదుర్కొన్న పరిస్థితులను దృష్టిలో పెట్టుకుని, సరిగ్గా మీకు చెప్పవలసిన అంశాలను మాత్రమే అది చెబుతుంది. అందుకు సరైన గొంతును కూడా వాడుతుంది. మనుషులలో కావలసిన తెలివి, భావాలకు సంబంధించి ఉండవచ్చు. అయితే వారికి తమ స్వంతభావాలు ఉంటాయి. అవి కొన్నిసార్లు పనికి అడ్డుతగులుతాయి. ఒక కోపిష్టి మనిషి ఎదురైతే ఈ భావాలు కూడా కోపాన్ని పెంచుకుంటాయి. భయపడుతూ ఏదైనా చెబితే అవి కూడా భయానికి కుంగుతాయి. తనవంటూ భావాలు లేని కంప్యూటర్ మాత్రం మనిషి మానసిక పరిస్థితికి తగిన రకంగా నడుచుకోగలుగుతుంది.

కొన్ని కస్టమర్ సర్వీస్ డిపార్ట్‌మెంట్‌లలో ఇటువంటి పద్ధతులను ఇదివరకే వాడుతున్నారు. మాటర్‌సైట్ కార్పొరేషన్ అనే కంపెనీ ఈ విషయంగా ముందుంది. ఎవరితోనైనా మాట్లాడిన తరువాత బాగా కుదిరింది అన్న భావం కలిగిందా? అటువంటి వాళ్ల కలయికవల్ల ఇటువంటి మాజికల్ ఫలితాలు వస్తాయి. మాటర్‌సైట్ ప్రతినిత్యం ఇటువంటి భావాలను కలిగిస్తుంది. ప్రపంచంలోని అన్ని కాల్ సెంటర్లలోను కలిగిస్తుంది, అంటూ వారి ప్రకటన సాగుతుంది. వాళ్ల ఉత్పత్తుల మీద అన్నింటి మీద ఇటువంటి సందేశం ఉంటుంది. ఒక అభ్యర్థన లేదా ఫిర్యాదుతో మీరు కస్టమర్ సేవ విభాగానికి ఫోన్ చేస్తారు. ఈ కంపెనీలో ఆ కాల్‌ను ముందు తెలివిగల ఒక అల్గోరిథంకు అందిస్తారు. అల్గోరిథం మీ సమస్యలు వింటుంది. మీరు వాడిన మాటలను విశ్లేషిస్తుంది. మీ ప్రస్తుతపు భావాల స్థితిని మాత్రమే కాక మీరు అంతర్ముఖులా, బయటపడే రకమా, తిరుగుబాటు రకమా లేక మరొక రకమా అంటూ మీ వ్యక్తిత్వం పద్ధతిని కూడా నిర్ణయిస్తుంది. ఇవన్నీ తెలుసుకున్న తరువాత అందుకు తగినట్టు మాట్లాడగల భావ పరిస్థితి, వ్యక్తిత్వం గల ఒక రిప్రజెంటేటివ్‌కు మీ కాల్‌ను ఫార్వర్డ్ చేస్తుంది. మాటలను శ్రద్ధగా వినే మనిషి కావాలా, లేక గట్టిగా ఎదురుచెప్పేవారు కావాలా, ఇవి కాక తటస్థంగా ఉండే హేతువాది కావాలా, తేల్చి మీకు త్వరగా జవాబు ఇవ్వగల వారి వద్దకు మీ కాల్ పంపుతుంది. ఇద్దరి మధ్య సయోధ్య కుదిరితే, సంతోషంగా తక్కువ సమయంలో తక్కువ ఖర్చుతో ముగుస్తుంది. కస్టమర్ సర్వీస్ శాఖ వారికి కావలసింది అదే.

21వ శతాబ్దపు ఆర్థిక రంగంలో ఈ అదనపు ప్రజలను ఏం చేసుకోవాలి అన్న ప్రశ్న

బహుశా అన్నిటికన్నా ముఖ్యంగా ఎదురువస్తుంది. చాలా తెలివిగల చేతనలేని ఆల్గోరిథమ్స్ అన్ని పనులను మనకన్నా బాగా చేస్తుంటే మామూలు మనుషులు ఏం చేయాలి?

చరిత్ర మొత్తంలోనూ జాబ్ మార్కెట్ వ్యవసాయం, పరిశ్రమ, సేవలు అనే మూడు వర్గాలుగా విభజింపబడి ఉంది. 1800 సంవత్సరం వరకు చాలామటుకు ప్రజలు వ్యవసాయంలోనే పనిచేశారు. కొంతమంది మాత్రమే పరిశ్రమలు, సేవలలో ఉన్నారు. అభివృద్ధి చెందిన దేశాలలో పారిశ్రామిక విప్లవం సమయంలో చాలామంది పొలాలు, పశువుల మందలను వదిలి వెళ్ళిపోయారు. కొంతమంది పరిశ్రమలలో చేరారు. సేవా రంగంలో కూడా చాలామంది చేరారు. ఇటీవలి దశాబ్దాలలో అభివృద్ధి చెందిన దేశాలు మరొక రకమైన విప్లవాన్ని చవిచూశాయి. ఉద్యోగం ఒక్కొక్కరికి అందడం తగ్గుతున్నకొద్దీ అందరూ సేవారంగంలోకి రాసాగారు. 2010 సంవత్సరం నాటికి యునైటెడ్ స్టేట్స్‌లో రెండు శాతం మాత్రమే వ్యవసాయంలో ఉన్నారు. ఇరవయి శాతం పరిశ్రమలలో ఉన్నారు. మిగతా 78 శాతం మంది ఉపాధ్యాయులు, వైద్యులు, వెబ్‌పేజ్ డిజైనర్స్ లాంటి మరిన్ని ఉద్యోగాలలో ఉన్నారు. మెదడులేని అల్గోరిథంలు ఒకవైపు పాఠాలు చెబుతున్నాయి. వ్యాధులను నిర్ధారిస్తున్నాయి. మనుషులను మరింత బాగా డిజైన్ చేస్తున్నాయి. అప్పుడు మనం ఏం చేయాలి?

ఇది నిజంగా సరికొత్త ప్రశ్న కాదు. పారిశ్రామిక విప్లవం పెరిగినకొద్దీ యంత్రాలు వచ్చి తమ ఉద్యోగాలను పోగొడతాయని ప్రజలు భయపడ్డారు. అయితే ఆ పని జరగలేదు. అందుకు కారణం ఉంది. పాత వృత్తులు పనికిరాకుండా పోతుంటే, కొత్తవి పుట్టుకు వచ్చాయి. యంత్రాలకన్నా మనుషులు బాగా చేయగలిగిన పనులు ఎప్పటికీ ఉండనే ఉన్నాయి. అయినప్పటికీ ఇది ప్రకృతి నియమం కాదు. రానున్న కాలంలో ఇలాగే కొనసాగుతుంది అని ఎవరూ హామీ ఇవ్వలేరు. మనుషులకు ఉండే పని రెండు రకాలుగా ఉంటుంది. శరీరపరమైనది ఒకటైతే బుద్ధిపరమైనది ఇంకొకటి. కేవలం శరీరపరమైన క్షమతలోనే యంత్రాలతో మనిషికి పోటీకి వస్తే, మనుషులు మరింత బాగా చేయగలిగిన పనులు చాలా మిగిలాయి. అంటే యంత్రాలు కేవలం ఆలోచన లేకుండా చేసే పనులలో మాత్రం మిగిలాయి. కొంతైనా బుద్ధి కావలసిన పనులలో మనుషులు కొనసాగారు. అయితే ఇక ముందు జ్ఞాపకం ఉంచుకోవడం, విశ్లేషించడం, నిర్మాణంలోని పద్ధతులను గుర్తించడం లాంటి పనులను అల్గోరిథం మరింత బాగా చేయడం మొదలైతే అప్పుడు పరిస్థితి ఏమిటి?

మనుషులు ఎప్పటికీ చేతన లేని అల్గోరిథంలకు అందని, చేయలేని పనులను తాము ఒక్కరే చేయగలరు అన్న ఆలోచన కేవలం ఒక భ్రమ. ఈ కలలను గురించి ప్రస్తుత వైజ్ఞానిక రంగంలో ఇస్తున్న జవాబుల సారాంశాన్ని మూడు సులభమైన సూత్రాలలో చెప్పవచ్చు.

1. జీవులన్నీ అల్గోరిథంలు. మనుషులతో బాటు జంతువులు అన్ని అల్గోరిథంలే. లక్షల సంవత్సరాలు సాగిన పరిణామక్రమంలో సహజవరణం అన్నది వారికి రూపు పోసింది.

2. క్యాలిక్యులేటర్ ఏ వస్తువులతో తయారయింది అన్న అంశం అల్గోరిథం చేసే లెక్కల మీద ప్రభావం చూపదు. అబాకస్‌ను కర్రతో చేసినా సరే, ఇనుము లేదా ప్లాస్టిక్‌తో చేసినా సరే, రెండు పూసలకు మరొక రెండు కలిపితే నాలుగు పూసలే అవుతాయి.

3. జీవసంబంధం లేని అల్గోరిథంలు, ఎన్నడు చేయలేని పనులను జీవసంబంధమైనవి చేయగలుగుతాయి అనడానికి కారణం లేదు. వేసిన లెక్కలు సరిగా ఉన్నంతకాలం అల్గోరిథంలు కార్బన్‌లో ఉన్నా, సిలికాన్‌లో ఉన్నా పట్టదు.

ప్రస్తుతం చాలా పనులను జీవసంబంధ అల్గోరిథంలు అటువంటి సంబంధం లేని వాటికన్నా బాగా చేస్తున్నాయి అన్నమాట సత్యం. కొన్ని అంశాలు ఈ రకంగా కలకాలం కొనసాగుతాయి అని నిపుణులు కూడా అన్నారు. కానీ పరిస్థితి మాత్రం ఈ కలకాలం అన్నది ఒకటి లేదా రెండు దశాబ్దాలు మాత్రమే అని తేలిపోయింది. చిన్నపిల్లలు కూడా ముఖాలను బాగా గుర్తించగలుగుతారు. ఎంత బలంగల కంప్యూటర్లకయినా ఈ పని చేత కాలేదు అన్నది ఇటీవలి వరకూ గట్టి ఉదాహరణగా నిలబడింది. అయితే ఇప్పుడు మాత్రం ఫేషియల్ రికగ్నిషన్ అన్న కంప్యూటర్ పద్ధతి మనుషులకన్నా మరింత బాగా ముఖాలను గుర్తు పడుతున్నది. పనిని మరింత వేగంగా కూడా చేస్తున్నది. గంటలకొద్దీ నిడివితో ఉన్న సర్వైలెన్స్ కెమెరాలలోని వీడియోలను ఈ పద్ధతులతో పరిశీలించి, పోలీసువారు ఇంటెలిజెంట్ సేవల వారు, అనుమానితులు, నేరస్తులను గుర్తిస్తున్నారు.

1980 దశకంలో మానవుల తమకుగల ప్రత్యేక శక్తులను గురించి చర్చించేటప్పుడు చదరంగం ఆట గురించి గురించి ముఖ్యంగా మాట్లాడేవారు. మానవుల ఆధిక్యతకు అది ఉదాహరణ అనేవారు. ఈ ఆటలో యంత్రాలు మనుషుల మీద ఏనాటికీ గెలవలేవు

45. డీప్ బ్లూ ముందు గ్యారీ కాస్పరోవ్ ఓటమి.

అనుకున్నారు. 10 ఫిబ్రవరి 1996న, ఐబీఎం వారి డీప్ బ్లూ కంప్యూటర్, ప్రపంచ చెస్ ఛాంపియన్ గారీ కాస్పరోవ్‌ను ఓడించింది. మనుషుల ఆధిక్యత విషయం బయట పడిపోయింది.

దానిని తయారుచేసినవారు డీప్ బ్లూ కంప్యూటర్‌కు చదరంగంలోని మౌలిక నియమాలు మాత్రమే కాకుండా, ఆటలోని రకరకాల మెళకువలను గురించి కూడా అర్థం అయ్యేలా ప్రోగ్రాం చేశారు. కొత్తతరం ఆర్టిఫిషియల్ ఇంటెలిజెన్స్ మనుషుల సలహా కన్నా మెషీన్ లెర్నింగ్‌ను ఎక్కువ వాడుతున్నది. 2015 ఫిబ్రవరిలో గూగుల్‌వారు తయారుచేసిన డీప్ మైండ్ అనే కంప్యూటర్ ప్రోగ్రాం తనంతట తానుగా 49 అటారీ ఆటలను ఆడటం నేర్చుకున్నది. ఈ ప్రోగ్రాంను తయారుచేసినవారిలో ఒకరు, డా. డెమిస్ హస్సాబిస్. 'మేము దీనికి ఒకే ఒక సూచన యిచ్చాం – స్క్రీన్ మీది రా పిక్సెల్స్, సర్వోత్తమైన స్కోర్‌ని చూపించాలి అని. తక్కినదంతా అదే చూసుకుంటుంది,' అని అతను వివరించాడు. ప్యాక్ మాన్ మొదలు స్పేస్ ఇన్‌వేడర్స్ కార్ రేస్ నుంచి టెన్నిస్ ఆటలు దాకా అన్నిటినీ ఆడింది. ఆ ఆటలను చాలా బాగా కొన్ని సందర్భాలలో మనుషులకన్నా బాగా ఆడింది. అక్కడక్కడ మనుషులకు కూడా వీలుకాని మెళకువలను అది ఆటలలో చూపింది.

బంతి ఆటలలో కూడా కంప్యూటర్ అల్గోరిథంలు తమ శక్తిని ఈ మధ్యన రుజువు చేసుకున్నాయి. దశాబ్దాలుగా బేస్ బాల్ ఆటలో ఆటగాళ్లను ఎంచుకోవడానికి వృత్తిపరమైన స్కౌట్లను, మేనేజర్లను వాడుకునేవారు. వారికి గల విజ్ఞానం, అనుభవం, అనుకోకుండా వచ్చే ఆలోచనలు చివరకు ఎంపికను ఒక వృత్తిగా మార్చాయి. మంచి ఆటగాళ్లకు మిలియన్ల డాలర్లు అందాయి. డబ్బులున్న టీమ్‌లవారు మంచి ఆటగాళ్లను ఎంపిక చేసుకోగలిగారు అని సులభంగానే అర్థం చేసుకోవచ్చు. డబ్బు లేనివారు మామూలు ఆటగాళ్లతో సంతృప్తి పడాలి. 2002లో అంతగా వనరులు లేని ఓక్ ల్యాండ్ అథ్లెటిక్స్ జట్టు మేనేజర్, బిల్లీ బీన్ ఒక కొత్తదారి తొక్కాలి అనుకున్నాడు. మామూలుగా ఆటగాళ్లను ఎంపిక చేసే అకౌంట్లు పట్టించుకోకుండా వదిలేసిన వారినుంచి టీమ్‌లను తయారుచేయడానికి కొంతమంది ఆర్థిక శాస్త్రవేత్తలు, కంప్యూటర్ పనివాళ్ళు కలిసి ఒక చిత్రమైన కంప్యూటర్ అల్గోరిథం తయారుచేశారు. బీన్ దాన్ని వాడాలి అనుకున్నాడు. ఇంచుమించు పవిత్రంగా చూస్తున్న బేస్ బాల్ హాల్‌లను అతను పంకిలం చేశాడు అని పాతతరాలవారు నిరసించారు. ఆటగాళ్ల ఎంపిక అన్నది ఒక కళ అని వాళ్ళు పట్టుబట్టారు. కలకాలంగా లోతైన అనుభవం గలవారు మాత్రమే ఆ పనిని బాగా చేయగలరు అన్నారు. ఒక కంప్యూటర్ ప్రోగ్రామ్ ఆ పని ఏనాటికీ చేయజాలదు. బేస్ బాల్ వెనుకనున్న రహస్యాలు ఆందులోని ఆత్మ దానికి తెలియదు అన్నారు.

అయితే వాళ్లకు త్వరలోనే శృంగభంగం అయింది. 44 బిలియన్ డాలర్ల బడ్జెట్టు సాయంతో అల్గోరిథంల టీం 125 మిలియన్ డాలర్ల పెట్టుబడిగల న్యూయార్క్ యాంకీస్ దీంతో తలపడింది. అంతేకాదు వరుసబెట్టి ఇరవయి ఆటలు ఓటమి లేకుండా ముందుకు సాగిన టీంగా అది గుర్తింపు పొందింది. అయితే బీన్ లేదా ఓక్ ల్యాండ్ విజయాలు కలకాలం కొనసాగలేదు. చూస్తుండగానే మిగతాచోట్ల వాళ్లు కూడా అల్గోరిథం పద్ధతిని

పాటించడం మొదలుపెట్టారు. ఆటగాళ్ళకే కాదు, కంప్యూటర్ సాఫ్ట్‌వేర్ వాళ్లకు కూడా ఎక్కువ డబ్బులు ఇవ్వగలిగినందుకు యాన్ కీస్, రెడ్ సాక్స్‌ది పైచేయి అయింది. ఓక్ ల్యాండ్ అథ్లెటిక్స్ వంటి బీద జట్లు ఇక మిగతా వాటితో తలపడే అవకాశం లేకపోయింది.

2004లో ఎమ్.ఐ.టి ప్రొఫెసర్ ఫ్రాంక్ లెవీ, అలాగే హార్వర్డ్ ప్రొఫెసర్ రిచర్డ్ ముర్నేన్ ఉద్యోగాల మార్కెట్ గురించి లోతుగా పరిశీలించిన తరువాత ఒక పత్రాన్ని సమర్పించారు. ఆటోమేషన్‌కు గురికానున్న కొన్ని ఉద్యోగాలను వారు గుర్తించారు. కానీ రానున్న భవిష్యత్ కాలంలో ఆటోమేషన్‌కు వీలు లేనిది అంటూ ట్రక్ డ్రైవింగ్ వృత్తిని ఉదాహరణగా చూపించారు. రద్దీ ఉన్న రోడ్లలో జాగ్రత్తగా ట్రక్ నడపడం అల్గోరిథంలకు చేతకాదు అని వాళ్ళు రాశారు. సరిగ్గా పదేళ్ల గడిచిన తర్వాత గూగుల్, టెస్లా కంపెనీలు కలిసి ఈ విషయాన్ని ఊహించడమే కాదు చేసి చూపిస్తున్నాయి కూడా.

కాలం గడిచినకొద్దీ, మనుషుల స్థానంలో కంప్యూటర్ అల్గోరిథంలు పనిచేయడం మరింత సులభం అవుతున్నది. అందుకు కారణం మంచి అల్గోరిథంలు రావడం ఒక్కటే కాదు. మానవులు కూడా వృత్తులలో ఎక్కువ ఆసక్తి పెడుతున్నారు. బ్రతుకుతెరువు కోసం అతిప్రాచీన మానవులు రకరకాల పనులను నేర్చుకున్నారు. కనుకనే ఇవాళ ఒక వేట సేకరణతో బతికే మరమనిషిని తయారుచేయడం కష్టం. ఆ మనిషికి రాతితో పరికరాలు తయారుచేసుకోవడం, తినడానికి వనికివచ్చే పుట్టగొడుగులను గుర్తించడం, వేట జంతువును కనుగొని తరుముతూ వెళ్లడం తెలిసి ఉండాలి. అయితే గడచిన కొన్ని వేల సంవత్సరాలలో మనుషులు కూడా స్పెషలైజింగ్ నేర్చుకున్నారు. ఒక టాక్సీ డ్రైవర్ లేదా గుండె డాక్టర్, పాతకాలపు వేట – సేకరణ మనిషి కన్నా చాలా నిశితంగా పనులు నేర్చుకుంటారు. కనుక వారిని ఏఐ సాయంతో పక్కకు నెట్టడం సులభంగా వీలవుతుంది.

ఈ పనులన్నింటినీ నడిపించే నిర్వహణ అధికారులను కూడా మార్చవచ్చు. ఊబర్ కంపెనీవారు లక్షలాది టాక్సీ డ్రైవర్లను బలంగల అల్గోరిథంల పుణ్యమా అంటూ ఏదో కొంతమంది మనుషులతో నిర్వహించగలుతున్నారు. మనుషుల పర్యవేక్షణ లేకుండానే అల్గోరిథంలు చాలా ఆదేశాలను ఇస్తున్నాయి. మీ 2014లో డీప్ నాలెడ్జ్ వెంచర్స్ అనే హాంకాంగ్ పెట్టుబడి సంస్థ తమ నిర్వహణ బోర్డులోకి వైటల్ అనే అల్గోరిథంను కూడా ప్రవేశపెట్టింది. ఈ కంపెనీ రీజనరేటివ్ వైద్యంలో ప్రత్యేకంగా పనిచేస్తుంది. కంప్యూటర్ అల్గోరిథంకు నిర్వహణలో స్థానం కల్పించడం ఇదే మొదటిసారి. బోర్డ్‌లో మరొక ఐదుగురు మానవ సభ్యులు ఉన్నారు. ఒక ఫలానా కంపెనీలో పెట్టుబడి పెట్టాలా అక్కరలేదా అన్నమాట చర్చకు వచ్చినప్పుడు వాళ్లతోపాటు వైటల్ కూడా ఓటు వేస్తుంది. అయితే మనుషులలాగా కాకుండా అది కావలసినంత సమాచారాన్ని తీవ్రంగా పరిశీలించిన తర్వాత ఆ పని చేస్తుంది.

అల్గోరిథంలు మనుషులను పక్కకు నెట్టి ధనం, అధికారం కొంతమంది చేతుల్లోనే ఉండేటట్లు పరిస్థితిని మారిస్తే ఎంతో శక్తిగల అల్గోరిథంలు గలవారు ప్రత్యేకంగా పైకి వస్తారు. అంతకుముందెన్నడూ లేనట్లు సామాజిక, రాజకీయ అసమానత్వం పుట్టుకు వస్తుంది. ఇవాళ లక్షలాదిమంది టాక్సీ డ్రైవర్లు, బస్ డ్రైవర్లు, ట్రాక్టర్ డ్రైవర్లకు గుర్తింపు,

తగినంత ఆర్థిక రాజకీయశక్తి ఉంటున్నది. రవాణా మార్కెట్లో వాళ్ళకు కొంతపాటి షేర్ కూడా ఉంటుంది. అయితే వారి ఆసక్తులకు ఆపద వచ్చిందంటే వాళ్లు ఒకటిగా చేరుతారు. సమ్మె చేస్తారు. ఓటింగులో గట్టి అవరోధాలను నిలబెడతారు. అయితే ఒక్కసారిగా లక్షలాదిమంది మనిషి డ్రైవర్లను ఒకేఒక్క అల్గోరిథం వచ్చి పక్కకునెడితే, మొత్తం ధనం, బలం ఆ అల్గోరిథం యజమానులైన కంపెనీ వారి చేతుల్లోకి పోతుంది. కార్పొరేషన్ యజమానులైన కొద్దిమంది బిలియనీర్లు మరింత బలపడతారు. అది కాదంటే అల్గోరిథంలు తామే సొంతదారులు కావచ్చు. కార్పొరేషన్లు దేశాలను న్యాయపరంగా వ్యక్తులుగా గుర్తించే పద్ధతిని చట్టంలో ఇదివరకే ప్రవేశపెట్టారు. ఒక టొయోటాకు లేదా అర్జెంటీనాకు శరీరంగానీ మెదడుగానీ లేకపోవచ్చు. అయినా వాటికి కూడా అంతర్జాతీయ న్యాయాలు వర్తిస్తాయి. వాటికి సొంత భూములు, డబ్బు ఉండవచ్చు. అవి మిగతావారిని, మిగతావారు వాటిని కోర్టుకు లాగవచ్చు. త్వరలోనే అల్గోరిథంలకు కూడా ఇటువంటి స్థానం కలిగే వీలుంది. అప్పుడు ఒక అల్గోరిథంకు సొంత రవాణా కంపెనీ లేదా వెంచర్ క్యాపిటల్ ఫండ్ ఉంటుంది. అక్కడ ఒక మనిషి యజమాని ప్రసక్తి ఉండదు.

అల్గోరిథం సరైన నిర్ణయాలు చేస్తూ ఉంటే రానురాను దాని ఆస్తులు పెరుగుతాయి. ఆ ధనాన్ని బాగుంది అనిపించిన చోట పెట్టుబడి పెట్టవచ్చు. మీ ఇంటిని కొని మీ యజమానిగా మారవచ్చు. దాని హక్కుల మీద మీరు తొక్కితే అంటే బాడుగ చెల్లించకపోతే, అల్గోరిథం లాయర్లను పెట్టి మిమ్మల్ని కోర్టుకు లాగుతుంది. అల్గోరిథంలు మానవులైన పెట్టుబడిదారులను ఓడించి ముందుకు పోగలిగితే, అప్పుడు వాటి పైవర్గం అన్నది ఒకటి తయారవుతుంది. భూగ్రహంలో ఎక్కువ భాగానికి అవే యజమానులు అవుతాయి. ఇది అసాధ్యంగా వినిపించవచ్చు. ఈ మాటలు కొట్టిపారేసే ముందు ఇప్పటికే న్యాయపరంగా గ్రహం మీద అధికారం మానవులు కాని అంశాలకు ఉందన్న సత్యాన్ని గమనించండి. దేశాలు, కార్పొరేషన్లు మానవులు కారు. సుమారు ఐదువేల సంవత్సరాల క్రితం సుమేరు వంటి ప్రాంతాలలో కేవలం ఊహలలో మాత్రమే ఉండే దేవుళ్ళు ఎంకీ, ఇనాన్నా లాంటి వారి ఆస్తుపరులుగా ఉండేవారు. దేవుళ్ళకు పొలాలు ఉండి మనుషులకు ఉద్యోగాలు ఇవ్వగలిగితే అల్గోరిథంలకు మాత్రమే ఎందుకు ఉండకూడదు?

అయితే మరి మనుషులు ఏం చేస్తారు? కళ అన్నది చిట్టచివర, ప్రధానంగా మానవులకు మాత్రమే అందుబాటులో ఉండే ఆశ్రయం అంటారు. కానీ డాక్టర్లను, డ్రైవర్లను, పంతుళ్ళు, చివరకు భూస్వాములను కూడా కంప్యూటర్లు వచ్చి స్థానభ్రంశం కలిగించిన ప్రపంచంలో అందరూ కళాకారులే అవుతారా? ఇక అల్గోరిథంలు నుండి ఈ సృజనాత్మక సృష్టి మాత్రం మిగిలిపోతుందని ఎందుకు అనుకోవాలి? సంగీతరచన నిర్మించడంలో కంప్యూటర్లు మనుషులను అధిగమించజాలవని మనం ఎందుకు అనుకోవాలి? కళ అన్నది ఒక మహత్తర శక్తిగల ఆత్మ లేదా పారభౌతిక అంశాల ఉత్పత్తి కాదని జీవశాస్త్రం చెబుతున్నది. దాన్ని తయారుచేస్తున్నది జీవసంబంధ అల్గోరిథంలు. అందులో గణిత అంశాలు ఉన్నాయి. అటువంటి పరిస్థితుల్లో ఇక జీవ సంబంధం లేని అల్గోరిథంలు ఆ వృత్తి మీద అధికారం సాధించకుండా ఉండడానికి వీలు లేదు.

యూనివర్సిటీ ఆఫ్ కాలిఫోర్నియా ఇన్ శాంటాక్రూజ్‌లో సంగీత శాస్త్రం ప్రొఫెసర్ డేవిడ్ కోప్. శాస్త్రీయ సంగీత రంగంలో అతను చాలా వివాదాలకు ఆధారంగా ఉన్నాడు. కంచెరోలు, కొరాళ్లు, సింఫనీలు, ఆపెరాలు రాసే కంప్యూటర్ ప్రోగ్రాంలను అతను తయారుచేశాడు. అతని మొదటి సృష్టి పేరు ఎక్స్‌పెరిమెంట్స్ ఇన్ మ్యూజికల్ ఇంటెలిజెన్స్ (ఈఎంఐ). అది యోహాన్ సెబాస్టియన్ బాఖ్ పద్ధతిని నకలు చేస్తుంది. దాన్ని తయారు చేయడానికి ఏడు సంవత్సరాలు పట్టింది. కానీ ఒకసారి తయారైన తరువాత అది ఒక్క రోజులో బాఖ్ పంథాలో ఐదువేల కొరాల్స్ తయారుచేసింది. శాంటాక్రూజ్‌లోని ఒక సంగీతోత్సవంలో కొరాల్స్ ప్రదర్శనకు కోప్ ఏర్పాట్లు చేశాడు. మహత్తరమైన సంగీతాన్ని ఉత్సాహవంతులైన సభ్యులు చాలా మెచ్చుకున్నారు. సంగీతం తమ మనసులను తాకింది అంటూ పొంగిపోయి అన్నారు. అయితే వారెవరికీ కంప్యూటర్ ప్రోగ్రామ్ ఆ సంగీతాన్ని తయారుచేసిందని తెలియదు. అది బాఖ్ రచనలే అని వారు అనుకుంటున్నారు. నిజం బయటపెట్టినప్పుడు కొంతమంది నిశ్శబ్దంగా ఉండిపోయారు. మరికొందరు మాత్రం కోపంగా అరిచారు.

ఈఎంఐ మరింత మెరుగైంది. బీథోవెన్, షాపిన్, రష్మానినోవ్, స్ట్రవిన్స్కి ఇలాంటి సంగీతకర్తలను కూడా అనుకరించడం నేర్చుకున్నది. తోప్ దానికి ఒక కాంట్రాక్ట్ సంపాదించాడు. కంప్యూటర్ తయారుచేసిన క్లాసికల్ మ్యూజిక్ అని మొదటి ఆల్బం కూడా వచ్చింది. అది బాగా అమ్ముడుపోయింది. ప్రచారంతోబాటు శాస్త్రీయ సంగీత అభిమానుల నిరసన కూడా పెరిగింది. ఆరెగాన్ యూనివర్సిటీ నుండి లార్సన్ అనే ప్రొఫెసర్ కోప్‌కు ఒక ఛాలెంజ్ పంపించాడు. సంగీతం పోటీ ప్రతిపాదించాడు. ప్రొఫెషనల్ పియానో వాద్యకారులు మూడు రచనలు వినిపిస్తారు. వరుసగా వచ్చే వాటిలో ఒకటి ఖాఖ్ రచన, మరొకటి ఈఎంఐ రచన, చివరికి లార్సన్ రచన. ఇక సభికులను ఏ రచన ఎవరిది అని తేల్చమని అడుగుతారు. మనిషి తయారుచేసిన హృదయంగల సంగీతాన్ని సులభంగా ప్రజలు గుర్తిస్తారని, మనసులేని యంత్రం రచనను చటుక్కున తెలుసుకుంటారని లార్సన్ భావించాడు. కోప్ పోటీకి ఒప్పుకున్నాడు. ఎంపిక చేసిన రోజున వందలాదిగా లెక్చరర్లు, విద్యార్థులు, సంగీత అభిమానులు ఆరెగాన్ విశ్వవిద్యాలయం సంగీత ఆలయంలో పోగయ్యారు. సంగీతం వినిపించిన తర్వాత ప్రశ్నలు అడిగారు. ఫలితం ఎలాగుందో తెలుసా? విన్నవారు ఈఎంఐ రచనను అసలైన బాఖ్ రచన అనుకున్నారు. బాఖ్ సంగీతాన్ని లార్సన్ రాసింది అనుకున్నారు. లార్సన్ సృష్టి మాత్రం కంప్యూటర్ రాసింది అన్నారు.

ఈఎంఐ సంగీతం సాంకేతికంగా మాత్రం అత్యుత్తమంగా ఉందని విమర్శకులు చర్చ సాగించారు. కానీ అందులో ఏదో లోపం ఉంది. అది మరీ లెక్క ప్రకారం ఉంది. అందులో లోతు లేదు, ఆత్మ లేదు. కానీ అసలు విషయం చెప్పకుండా వారంతా ఈఎంఐ రచనలు విన్నతర్వాత మాత్రం వాటిలో ఎంతో ఆత్మ ఉందంటూ, భావాలు ప్రతిధ్వనిస్తున్నాయి అంటూ తెగ పొగిడేశారు.

ఈఎంఐ విజయం తరువాత కోప్ మరిన్ని కొత్త, నిశితమైన ప్రోగ్రాములను

తయారుచేశాడు. వాటిలో ఆనీ తలమానికం. ఈఎంఐ అంతకు ముందే నిర్ణయించిన నియమాల ప్రకారం సంగీతాన్ని తయారుచేస్తుంది. ఆనీ యంత్రాలు స్వయంగా విషయాలు నేర్చుకునే పద్ధతి మీద ఆధారపడింది. దాన్ని మెషీన్ లెర్నింగ్ అంటారు. కనుక దాని సంగీత పద్ధతి తరచూ మారుతూ ఉంటుంది. బయటి ప్రపంచం నుంచి వచ్చే ప్రతిక్రియ ప్రకారం అది మారుతుంది. ఆనీ తరువాత సంగీతరచన తీరు కోప్ కూడా ఊహించలేడు. ఆనీ కేవలం సంగీత రచనలతో ఆగలేదు. కళారూపాలలో కూడా చేయి పెట్టి హైకూ కవిత్వం రాసింది. 2011లో కోప్ ఒక పుస్తకాన్ని ప్రచురించాడు. దాని పేరు *కంస్ ద ఫయరీ నైట్ : 2000 హైకు బై మాన్ అండ్ మెషిన్.* పుస్తకంలో కొన్ని హైకు ఆనీ రాసినవి. మిగితావి మనిషి కవులు రాసినవి. అయితే పుస్తకంలో ఏ కవిత ఎవరిది అన్న సమాచారం లేదు. మనిషి సృజనాత్మకత, యంత్రం సృష్టి మధ్య తేడా చెప్పగలుగుతాను అనుకుంటే మీరు దాన్ని పరీక్షించుకోవచ్చు.

19వ శతాబ్దంలో పారిశ్రామిక విప్లవం కారణంగా నగరాలలో కొత్త శ్రామికవర్గం తయారైంది. ఈ వర్గం వారు అంతకుముందు ఎన్నడూ లేని ఆశలు, భయాలను వెలిబుచ్చారు. వాటికి జవాబులు అందించిన సామ్యవాదం అందుకే విస్తరించింది. ఉదారవాదం చివరికి సామ్యవాదాన్ని ఓడించింది. సోషలిస్టు కార్యక్రమాలలోని మంచి భాగాలను ఎంపిక చేసుకున్నందుకే ఆ గెలుపు వీలయింది. ఇరవయి ఒకటవ శతాబ్దంలో మరొక శ్రామికవర్గం పెద్ద ఎత్తున తయారుకావడాన్ని మనం బహుశా చూడవచ్చు. ఈ ప్రజలకు ఆర్థిక, రాజకీయ చివరకు కళాత్మక విలువలు ఉండవు. ధన సేకరణ, అధికారం, సమాజ శ్రేయస్సు వంటివాటికి వీరు ఏ రకంగానూ చేయూతను ఇవ్వరు. ఈ పనికిరాని వర్గం నిరుద్యోగంలోనే ఉండిపోవడమే కాకుండా, వారెవరూ ఉద్యోగాలకు పనికిరాని స్థితి ఉంటుంది.

సెప్టెంబర్ 2013లో ఇద్దరు ఆక్స్‌ఫర్డ్ పరిశోధకులు ఉద్యోగాల భవిష్యత్తు అంటూ ఒక పత్రాన్ని తయారుచేశారు. కార్ల్ బెనిడిక్ట్ ఫ్రే, మైకేల్ ఏ ఓస్‌బార్న్, వచ్చే ఇరవయి సంవత్సరాలలో కంప్యూటర్ అల్గోరిథంలు చేజిక్కించుకునే వీలున్న వివిధ వృత్తులను సర్వే చేశారు. లెక్కలు వేయడానికి వీరు తయారుచేసిన అల్గోరిథం యూఎస్ లోని 47% ఉద్యోగాలకు ముప్పు ఉన్నదని తేల్చింది. టెలి మార్కెటర్‌లు, ఇన్సూరెన్స్ అండర్ రైటర్లు బహుశా 99 శాతం మంది తమ పనిని అల్గోరిథంలకు అప్పగించవలసి ఉంటుందని వారు సూచించారు. ఆటలలో రిఫరీలలో 98 శాతం మందికి ఈ గతి పడుతుంది అన్నారు. క్యాషియర్‌లలో 97%, షెఫ్‌లలో 96%, వెయిటర్‌లలో 94%, ఇలా లెక్క ముందుకు సాగింది. లాయర్ల అసిస్టెంట్స్ 94%, టూర్ గైడ్ 91%, బేకర్స్ 89%, బస్ డ్రైవర్ 89%, భవన నిర్మాణ కూలీలు 88%, పశు వైద్య అసిస్టెంట్లు 86%, సెక్యూరిటీ సిబ్బంది 84%, సెయిలర్స్ 83%, బార్ టెండర్స్ 77 శాతం, ఆర్కైవిస్ట్‌లు 76%, వడ్రంగులు 72%, లైఫ్ గార్డులు 67% ఇంకా మరెన్నో ఉద్యోగాలు ఇలాగే ముప్పులో ఉన్నాయి. అయితే కొన్ని ఉద్యోగాలు మాత్రం భద్రంగా మిగిలిపోయాయి. 2033 నాటికి పురాతత్వ శాస్త్రవేత్తలను అల్గోరిథంలు పక్కకు తొలగించగల అవకాశం 0.7 శాతం

మాత్రమే. ఈ ఉద్యోగంలో మరీ చాలా నిశితమైన, ప్రత్యేకమైన పరిశీలన ఉండాలి. పైగా ఇందులో ఎక్కువగా లాభాలు లేవు. ప్రభుత్వాలు, కార్పొరేషన్‌లు అందుకే ఈ రంగంలో పెట్టుబడి ఎక్కువగా పెట్టరు. దాన్ని ఆటోమేట్ చేసే ప్రయత్నం రానున్న 20 సంవత్సరాలలో అంతకన్నా చేయరు.

కానీ, 2033 నాటికి కొన్ని కొత్త వృత్తులు పుట్టుకు వస్తాయి. ఉదాహరణకు వర్చువల్ ప్రపంచాన్ని డిజైన్ చేసేవారు అవసరం అవుతారు. ఈ ఉద్యోగాలలో మరింత సృజనాత్మకత, మామూలు ఉద్యోగాలలో లేని ఫ్లెక్సిబిలిటీ అవసరమవుతాయి. నలభయి సంవత్సరాలు గల ఒక క్యాషియర్ లేదా ఇన్సూరెన్స్ ఏజెంట్ ఈ పనికి అవసరమైన మెళకువలు నేర్చుకోగలుగుతారా అన్నది అనుమానం. అయినా ఒక ఇన్సూరెన్స్ ఏజెంట్ తయారుచేసిన వర్చువల్ ప్రపంచాన్ని ఊహించి చూడండి మరి! వాళ్లు నేర్చుకున్నారు అనుకుందాము, మరో పది సంవత్సరాలలో వాళ్ళు ఆ పని మానేసి మరొక ప్రొఫెషన్‌కు కావలసిన శిక్షణను తీసుకోవలసిన అవసరం వస్తుంది. వర్చువల్ ప్రపంచాన్ని డిజైన్ చేయడంలో కూడా ఆల్గోరిథమ్స్ మనిషి కన్నా మెరుగ్గా పని చేయవచ్చు. ఇక్కడ అసలైన సమస్య కొత్త ఉద్యోగాలను సృష్టించడం కాదు. అల్గోరిథంలకన్నా మనుషులు బాగా చేయగలిగిన ఉద్యోగాలను సృష్టించడం సమస్య.

రానురాను అందుబాటులోకి వస్తున్న సాంకేతిక సౌకర్యాల కారణంగా మనుషులు తమ తరఫున ఏ పని చేయకుండా ఆ పనికిరాని వర్గాలకు కూడా మద్దతు ఇచ్చే వీలు కలగవచ్చు. అయితే వాళ్లకు పని, సంతృప్తి ఎక్కడి నుంచి వస్తాయి? జనం ఏదో చేస్తూ ఉండాలి, లేదంటే పిచ్చెత్తిపోతారు. దినమంతా వాళ్ళు ఏం చేస్తారు? మాదకద్రవ్యాలు, కంప్యూటర్ ఆటలు ఒక సమాధానం కావచ్చు. ఈ అనవసరమైన ప్రజలు బహుశా త్రీడీ వర్చువల్ రియాలిటీ ప్రపంచంలో ఎక్కువకాలం గడుపుతారు. అందులో వారికి కావలసి నంత, ఉత్సాహం, భావావేశాలు అందుబాటులో ఉంటాయి. మామూలు ప్రపంచం పొడిగా ఉంటుంది మరి. మానవ జీవితానికి, మానవ అనుభవాలకు పవిత్రతనిచ్చిన ఉదారవిశ్వాసం ఈ పరిస్థితిలో గట్టి దెబ్బ తింటుంది. అయినా లాలా ల్యాండ్‌లో కృత్రిమ అనుభవాలను మింగుతూ, కాలం గడిపే, పనిలేని మనుషులకు పవిత్రత ఒకటి కూడానా?

నిక్ బోస్ట్రామ్ వంటి నిపుణులు, తాత్వికులు మనుషులు ఇంత అన్యాయంగా దిగజారరు అని హెచ్చరిస్తున్నారు. ఒకసారి ఆర్టిఫిషియల్ ఇంటెలిజెన్స్ మనుషుల జ్ఞానాన్ని అధిగమించిపోయిన తర్వాత అది సులభంగా మానవజాతిని తుడిచిపెడుతుంది. లేదంటే మనుషులు తన మీదకు ఎదురుతిరిగితారు, ప్లగ్ పీకేస్తారు అన్న భయంతో అది ఏమైనా చేస్తుంది. దానికి స్వంతంగా గమ్యం ఏదో ఉండి దాని కొరకు ఏమయినా చేస్తుందది. తమకంటే తెలివిగల ఒక వ్యవస్థలోని భావాలను అదుపులో పెట్టడం మనుషులకు చాలాచాలా కష్టం అవుతుంది.

ఇక వ్యవస్థను ముందే మెత్తగా, తక్కువ గమ్యాలు గలదిగా డిజైన్ చేస్తే అందులో భయంకరమైన పర్యవసానాలు ఉండవచ్చు. ఒక సూపర్ ఇంటెలిజెన్స్ ఆర్టిఫిషియల్ యంత్రాన్ని తయారుచేసే ప్రయత్నం చేసి దాన్ని పైవిలువ తెలుసుకోమని అడుగుతారు.

ఏం జరుగుతుందో అర్థం అయ్యేలాగా, కృత్రిమ జ్ఞానం ఈ ప్రపంచాన్ని ఆక్రమిస్తుంది. మానవజాతిని మట్టుపెడుతుంది. గెలాక్సీల అంచులదాకా విజయయాత్ర చేస్తుంది. విశ్వంలో తెలిసిన భాగాన్ని మొత్తం పెద్ద సూపర్ కంప్యూటర్‌గా మారుస్తుంది. ఇక బిలియన్ల బిలియన్‌ల సంవత్సరాలపాటు పైవిలువను మరింత నిశితంగా లెక్క వేస్తూనే ఉంటుంది. వారు మరి దాన్ని అందుకొరకే కదా అడిగింది!

87 శాతం సంభావ్యత

ఈ అధ్యాయం మొదట్లో మనము ఉదారవాదానికి ఎదురవుతున్న కొన్ని సమస్యలను గుర్తించాము. అందులో మొట్టమొదటిది మానవులు బహుశా సైన్యపరంగా, ఆర్థికపరంగా పనికిరానివారు అవుతారు అన్నది. అది కేవలం వీలున్న ఒక విషయం మాత్రమే. అలా జరుగుతుందని ముందు చెప్పిన భవిష్యవాణి కాదు. సాంకేతిక సమస్యలు, రాజకీయ ఆక్షేపణలు కలిసి ఉద్యోగాల మార్కెట్ మీద అల్గోరిథంలు దాడి వేగాన్ని తగ్గించవచ్చు. పైగా మనుషుల మెదడు గురించి మొత్తం వివరాలు తెలియవు. మానవులు తమలో దాగివున్న ఏ రకమైన శక్తిపాటవాలను ఎప్పుడు కనుగొంటారో తెలియదు. మరుగున పడుతున్న ఉద్యోగాల స్థానంలో కొత్త పనులు రావచ్చు. అయితే ఇవి మాత్రమే ఉదార వాదాన్ని కాపాడడానికి సరిపోవు. ఉదారవాదం కేవలం మానవుల విలువలు మాత్రమే నమ్మేది కాదు. వ్యక్తివాదాన్ని కూడా నమ్ముతుంది. ఇక, భవిష్యత్తులో వ్యవస్థకు మానవుల అవసరం ఇంకా ఉండవచ్చునన్నది, ఉదారవాదానికి ఎదురవుతున్న రెండవ సమస్య. మనుషులు ఇంకా సంగీత రచనలు చేస్తారు. ఫిజిక్స్ పాఠాలు చెబుతారు. పెట్టుబడులు పెడతారు. కానీ దానికి వ్యక్తుల అవసరం ఉండదు. అయినప్పటికీ ఆ మనుషులు తమను తాము అర్థం చేసుకున్న దానికన్నా వ్యవస్థ వారిని ఎక్కువగా అర్థం చేసుకుంటుంది. వారికి కావలసిన ముఖ్యమైన నిర్ణయాలు అన్నింటినీ అదే చేస్తుంది. ఈ రకంగా వ్యక్తులకు గల అధికారాన్ని స్వతంత్రతలను వ్యవస్థ కొల్లగొడుతుంది.

ఇక ఉదారవాదానికి వ్యక్తివాదంలో గల నమ్మకం ఇంతకుముందు మనం చర్చించిన మూడు ముఖ్యమైన భావనల మీద ఆధారపడి ఉంటుంది.

1. నేను ఒక వ్యక్తిని. అంటే భాగాలుగా, ఉపవ్యవస్థలుగా విడదీయడానికి వీలు లేని ఒక సారం కలవాడిని. ఈ అంశం మీద వెలుపల ఎన్నో పొరలు కప్పి ఉన్నాయి, వాస్తవం. కానీ, నేను ప్రయత్నిస్తే ఈ బయటి పొరలను తొలగించ గలుగుతాను. అప్పుడు నాకు నా లోపల లోతులలో ఒక పరిశుద్ధమైన ఒంటరి అంతర్వాణి వినిపిస్తుంది. అదే నా అసలైన అస్తిత్వం.
2. నా అసలైన అస్తిత్వం పూర్తి స్వతంత్రత గలది.
3. ఈ మొదటి రెండు ఊహలను బట్టి చూస్తే, నాకు నా గురించి మరెవరూ గుర్తించలేని విషయాలు తెలిసి ఉంటాయి. కేవలం నాకు మాత్రమే నా

అంతరంగంలోని ప్రదేశాన్ని అందుకోవడానికి వీలుంది. నా అసలైన అస్తిత్వం చెప్పే గుసగుసలు నేను ఒక్కడినే వినగలుగుతాను. కనుకనే ఉదారవాదం వ్యక్తికి అంత అధికారాన్ని ఇచ్చింది. నా కొరకు ఎంపికలు చేయడానికి నేను మరొకరిని నమ్మజాలను. నేనెవరు, నా భావనలు ఏమి, నాకు కావలసింది ఏమి అన్న అంశాలను మరెవరో గుర్తించలేరు. అందుకే అందరికన్నా వోటర్‌కు బాగా తెలుగు, వినియోగదారుడు చెప్పేది ఎప్పటికీ సత్యం, అందం చూసే వారి కళ్ళలో ఉంది.

జీవశాస్త్రాలు మాత్రం ఈ మూడు ఊహలను కాదు పొమ్మంటున్నాయి. వారి వాదన ప్రకారం

1. జీవులు కూడా అల్గోరిథంలు, ఇక మానవులు వ్యక్తులు కారు. వారు విభజనకు తలొగ్గే రకంవారు. అంటే వారు ఒకేఒక లోపలి గొంతు, లోపలి వ్యక్తిత్వం లేకుండా వేర్వేరు రకాల లెక్కల పద్ధతి కలిసిన రూపాలు మాత్రమే.
2. మనిషి నిర్మించిన అల్గోరిథం స్వాతంత్రాలు కావు. అవి జన్యువులు, వాతావరణ కారణాలవల్ల ఏర్పడినవి. కనుకనే అవి నిర్ణయాత్మకంగా లేదా యాదృచ్ఛికంగా విషయాలను తెలుస్తాయి. స్వతంత్రాలు మాత్రం కావు.
3. ఈ రకంగా చూస్తే బయట అల్గోరిథం కనీసం సిద్ధాంతపరంగా నన్ను గురించి నాకన్నా బాగా అర్థం చేసుకోగలుగుతుంది. నా శరీరం, నా మెదడుకి సంబంధించిన వ్యవస్థలోని అన్ని అంశాలను ఒక అల్గోరిథం పరిశీలిస్తున్నపుడు దానికి నేనెవరు, నా భావనలు ఏమిటి, నాకు కావలసింది ఏమిటి అన్న అంశాలు సులభంగా తెలిసిపోతాయి. ఇటువంటి అల్గోరిథం ఒకవేళ తయారయితే ఓటర్లను, కస్టమర్లను, కళను చూసేవారిని పక్కన పెడుతుంది. అప్పుడు అందరికన్నా బాగా తెలిసింది. అల్గోరిథంకే. అది చెప్పింది ఎప్పుడూ నిజమవుతుంది. దాని లెక్కలోనే అందం కూడా దాగి ఉంటుంది.

మొత్తానికి 19వ, 20వ శతాబ్దాలలో వ్యక్తివాదం మీద నమ్మకం అర్థవంతమయినది. అప్పటికీ భావవంతంగా నాలోకి చూచే బయట అల్గోరిథంలు లేవు. ప్రభుత్వాలు మార్కెట్లో ఆ పని చేయాలని భావించి ఉండవచ్చు. కానీ అవసరమైన సాంకేతికశాస్త్రం వారి దగ్గర లేదు. కేజీబీ వారు లేదా ఎఫ్‌బిఐ వారు నా బయోకెమిస్ట్రీ, జన్యుసంకలనం, మెదడు గురించి కొంత తెలుసుకుని ఉండవచ్చు. పైగా నా ఫోన్‌ను టాప్ చేసి నేను చేసిన కాల్ వివరాలు అన్నీ తెలుసుకుని వాటిని రికార్డు కూడా చేసి, నేను వీధిలో కలిసిన మనసుల అందరిని గమనించి, వివరాలను సేకరించి ఉండవచ్చు. కానీ వారి దగ్గర ఆ సమాచారాన్ని పట్టించుకోగల కంప్యూటర్ శక్తి మాత్రం లేదు. ఫలితంగా ఇరవయ్యవ శతాబ్ది సాంకేతిక పరిస్థితులను గుర్తించి నా గురించి నాకన్నా మరెవరికీ ఎక్కువగా తెలియదు, అని

ఉదారులు వాదించడం అర్థవంతంగానే కనిపిస్తుంది. కనుకనే మనుషులు తమనుతాము స్వయంప్రతిపత్తిగల వ్యవస్థగా గుర్తించడం సకారణం అనిపిస్తుంది. బిగ్ బ్రదర్ మాటల కన్నా, తమ మనసును బట్టి ప్రవర్తించడం కూడా అర్థవంతంగానే కనబడుతుంది.

అయితే ఇరవయి ఒకటవ శతాబ్దంలోని సాంకేతిక శాస్త్రము, బయటి అల్గారిథమ్స్ వచ్చి మానవతను హ్యాక్ చేస్తాయి. అప్పుడు దానికి నాగురించి నాకన్నా ఎక్కువ తెలుస్తుంది. ఇది జరిగిందంటే ఇక వ్యక్తివాదం మీద నమ్మకం కుప్పకూలుతుంది. వ్యక్తులుగా నుంచి అధికారం నెట్‌వర్క్ చేసిన అల్గోరిథంలలోకి మారుతుంది. ఇక మానవులు తమనుతాము స్వయంపాలన అధికారంగల జీవులుగా చూడరు. తమ కోరికలు, తమ ఇష్టప్రకారం జరుగుతున్నాయి, అనుకోవడానికి ఉండదు. తాము జీవరసాయనిక చర్యల సమాహారాలము అని అనుకోవడానికి అలవాటు పడతారు. ఎలక్ట్రానిక్ అల్గోరిథంలు వీటిని ఎప్పటికప్పుడు పరిశీలిస్తూ మార్గదర్శనం చేస్తూ ఉంటాయి. ఇది జరగడానికి నిజానికి ఎప్పుడూ తప్పులు చేయని అల్గోరిథం ఒకటి అవసరం లేదు. దానికి నా గురించి కొంత వరకు తెలిసి ఉంటే చాలు సంపూర్తిగా అర్థం చేసుకోనవసరం లేదు. నాకు తెలిసినదానికంటే ఎక్కువ తెలిసి ఉంటే చాలు. నాకంటే అది తక్కువ తప్పులు చేస్తే చాలు. అప్పుడు అల్గోరిథంలు నమ్మడానికి అర్థం ఉంటుంది. నా నిర్ణయాలు ఎంపికలు దాని చేతిలో సులభంగా పెట్టవచ్చును.

వైద్యానికి సంబంధించినంతవరకు మనం ఈ గీతలు ఎప్పుడో దాటాము. ఆసుపత్రికి వెళ్లిన తర్వాత మనం వ్యక్తులం కానేకాము. నీ జీవితకాలంలో ఎంతో ముఖ్యమైన నిర్ణయాలు, నీ శరీరానికి ఆరోగ్యానికి సంబంధించినవి, ఐబీఎం వారి వాట్సన్ వంటి కంప్యూటర్ ఎక్కువగా తీసుకునే వీలు ఈ మధ్య మరీ పెరిగింది. నిజానికి ఇది దుర్వార్త ఏమీ కాదు. మధుమేహ వ్యాధి గలవారు తమ శరీరాన్ని, దాని తీరును ఎప్పటి కప్పుడు పరీక్షించే యంత్రాలను వెంటపెట్టుకుని తిరుగుతున్నారు. అది ఒక దినంలో చాలాసార్లు రక్తాన్ని పరీక్షించి ప్రమాద పరిస్థితి ఉంటే హెచ్చరిస్తుంది. 2014లో యేల్ విశ్వవిద్యాలయం పరిశోధకులు కృత్రిమ ప్లీహాన్ని తయారుచేసినట్టు ప్రకటించారు. దాన్ని ఒక ఐఫోన్‌తో నడిపిస్తారు. ఈ ప్రయోగంలో యాభయిఇద్దరు డయబెటిక్స్ పాల్గొన్నారు. ప్రతి వ్యక్తిలోనూ ఒక చిన్న సెన్సర్ ఉంటుంది. ఎదలో అమర్చిన ఒక చిన్న పంపు ఉంటుంది. పంపుతో ఇన్సులిన్, గ్లూకగాన్ గొట్టాలు కలిపి ఉంటాయి. ఈ హార్మోన్లు శరీరంలోని చక్కెర స్థాయిని నిర్వహిస్తాయి. వాటి వివరాలను పంపు ఐఫోన్‌కు తెలుపు తుంది. ఫోన్‌లో సమాచారాన్ని పరిశీలించే ఒక ఆప్ ఉంటుంది. నిజంగా అవసరం వచ్చినప్పుడు అది పంపుకు ఆజ్ఞలు ఇస్తుంది. పంప్ తగిన మోతాదులో ఇన్సులిన్ లేదా గ్లూకగాన్ శరీరంలోకి విడుదల చేస్తుంది. ఈ మొత్తం కార్యక్రమంలో ఎక్కడా మనుషుల ప్రమేయం అవసరం లేదు.

నిజంగా చాలామంది సీరియస్ వ్యాధులు లేని వారు కూడా ఇటువంటి శరీరం మీద అమర్చుకునే సెన్సర్లను, కంప్యూటర్లను వాడుతున్నారు. వాటి సాయంతో తమ ఆరోగ్యాన్ని నిత్య కార్యక్రమాలను పరిశీలించుకుంటున్నారు. ఇటువంటి పరికరాలు ఫోన్‌లలో లేదా

చేతిగడియారాలు మొదలు చేతికి కట్టుకునే పట్టీలు, అండర్‌వేర్‌లలో కూడా ఉంటున్నాయి. రక్తపోటు, గుండె రేటు వంటి బయోమెట్రిక్ వివరాలను అవి గమనిస్తూ ఉంటాయి. సమాచారం నిశితమైన కంప్యూటర్ ప్రోగ్రామ్‌లకు అందుతుంది. పరికరాన్ని పెట్టుకున్న వారు తమ ఆహారాన్ని, నిత్యం చేసే పనులను రీతిగా మార్చుకుని, మంచి ఆరోగ్యాన్ని అనుభవిస్తూ ఎక్కువకాలం ఉపయోగకరంగా బతకడానికి వ్యవస్థ సాయం చేస్తుంది. గూగుల్‌వారు ఔషధరంగంలో మహా ప్రసిద్ధ కంపెనీ నోవార్టిస్‌తో కలిసి, ఒక కాంటాక్ట్ లెన్స్ తయారుచేస్తున్నారు. అది కొన్ని సెకండ్లకు ఒకసారి ప్రకారం రక్తంలోని గ్లూకోజ్ స్థాయిని పరీక్ష చేస్తూ ఉంటుంది. పిక్సీ సైంటిఫిక్ వారు స్మార్ట్ డయపర్స్ అమ్ముతున్నారు. ఈ గుడ్డలు శిశువు మలమూత్రాలు పరీక్షిస్తాయి. ఆరోగ్య వివరాలను గుర్తిస్తాయి. 2014 సంవత్సరంలో మైక్రోసాఫ్ట్ వారు మైక్రోసాఫ్ట్ బ్యాండ్‌లు విడుదల చేశారు. మణికట్టుకు కట్టుకునే ఈ బ్యాండ్ మరెన్నో శరీర లక్షణాలతోపాటు గుండె కొట్టుకునే తీరు, నిద్ర పద్ధతి, ప్రతినిత్యం నడిచిన అడుగుల సంఖ్య మొదలైన వాటిని గుర్తిస్తుంది. ఇక డెడ్ లైన్ అనే మరొక అప్లికేషన్ మరొక అడుగు ముందుకు వేస్తుంది. నీకు మరి ఇంకెంతకాలం బతుకు మిగిలి ఉంది అని అది చెబుతుంది. ప్రస్తుతం ఈ అలవాట్ల ఆధారంగా అది ఆ లెక్క వేస్తుంది.

చాలామంది లోతుగా ఆలోచించకుండానే ఈ అప్లికేషన్‌లను వాడుతున్నారు. కొంత మందికి మాత్రం, మతం కాకున్నా, అదొక ఆదర్శంగా మారిపోయింది. క్వాంటిఫైడ్ సెల్ఫ్ మూమెంట్ వారు, నేను అంటే వరుసబెట్టిన లెక్కల క్రమం అని చెబుతున్నారు. ఈ వరుసలు చాలా గజిబిజిగా ఉంటాయి. మనిషి అవగాహనకు అందవు. ఇక ఇప్పుడు పాతకాలంనాటి నిన్ను నీవు తెలుసుకో అన్న మాటను పాటించదలుచుకుంటే, నిన్ను నీవు అర్థం చేసుకోవాలంటే, తత్వశాస్త్రం, ధ్యానం, మానసిక విశ్లేషణ వంటివాటి మీద సమయం వృథా చేయనవసరం లేదు. దానికి బదులు నీ గురించి బయోమెట్రిక్ సమాచారాన్ని పద్ధతి ప్రకారం సేకరించాలి. అల్గోరిథంకు ఇచ్చి ఆ సమాచారాన్ని విశ్లేషించాలి. నీవు ఎవరు, ఏం చేయాలి అన్న విషయాలను అది చెబుతుంది. అంకెల ద్వారా ఆత్మజ్ఞానం అన్న నినాదంతో ఇప్పుడు ఒక ఉద్యమం మొదలైంది.

2000 సంవత్సరంలో ఇజ్రాయెలీ గాయకుడు షోమీ షవాన్ తన హిట్ పాట ఆరిక్‌తో స్థానిక ప్లే లిస్ట్‌లను గెలుచుకున్నాడు. ఆ పాట ఒక కుర్రవానికి సంబంధించినది. అతను తన ప్రస్తుత గర్ల్ ఫ్రెండ్ గతంలో స్నేహితుడిని గురించి తీవ్రంగా ఆలోచిస్తాడు. ఆ గతం స్నేహితుడి పేరు ఆరిక్. పడకలో ఆరిక్ బాగున్నాడా, తాను బాగుంటాడా గాయకుడు అడుగుతాడు. అమ్మాయి జవాబు చెప్పదు. తప్పించుకోవడానికి చూస్తుంది. ఇద్దరితోనూ అనుభవం వేరువేరుగా ఉంటుంది అంటుంది. ఇతనికి సంతృప్తి కలగదు. మళ్లీ ప్రశ్న అడుగుతాడు. అంకెలలో చెప్పు లేడీ, అంటాడు. సరిగ్గా ఇటువంటి అబ్బాయిల కోసమే బెడ్ పోస్ట్ అనే కంపెనీ బయోమెట్రిక్ ఆర్మ్ బ్యాండ్స్‌ను అమ్ముతుంది. సంభోగం సమయంలో వాటిని చేతికి కట్టుకోవాలి. అది ఇక గుండె రేటు, చెమట, సంభోగం సాగిన కాలం, శరీరంలో కేలరీలు ఖర్చు అయినతీరు అన్నింటినీ లెక్కవేస్తుంది. సమాచారమంతా

ఒక కంప్యూటర్‌కు చేరుతుంది. అది సమాచారం అంతా విశ్లేషించి సంభోగంలో వ్యక్తి స్థాయి గురించి అంకెల పద్ధతిలో చెబుతుంది. అక్కడ ఇక ఉత్తుత్తి ఉద్వేగాలకు (ఆర్గాజంలకు), నీకు ఎలా ఉంది, లాంటి ప్రశ్నలకు చోటు లేదు.

జనం ఆగకుండా ఇటువంటి యంత్రాల మధ్యవర్తిత్వం ద్వారా తమనుతాము తెలుసుకోవాలి అనుకుంటున్నారు. అటువంటివారు తమనుతాము జీవరసాయన వ్యవస్థగా మాత్రమే చూడగలుగుతారు. ఆ వ్యవస్థల మధ్య తేడాలు పరస్పర విరుద్ధంగా డిమాండ్ చేసే అంశాలను బట్టి వారి నిర్ణయాలు ఆధారపడతాయి. మీకు వారంలో రెండు గంటలు వ్యవధి దొరుకుతుంది అనుకుందాం. ఆ సమయంలో చదరంగం ఆడవచ్చు లేదా టెన్నిస్‌కి వెళ్ళవచ్చు. నీ గుండె ఏమంటున్నది, అని ఒక దగ్గర మిత్రుడు అడుగుతాడు. నా గుండె విషయానికి వస్తే టెన్నిస్ మంచిది అని అనుకుంటాను. కొలెస్ట్రాల్ లెవెల్, బ్లడ్ ప్రెషర్ రెండింటికీ అది మంచిది. కానీ నా ఎఫ్ ఎం.ఆర్.ఐ. స్కానర్ చూస్తే మాత్రం మెదడులోని ఎడమ ప్రీ ఫ్రాంటల్ కార్టెక్స్‌ను ఇంకా బలపరచుకోవాలని సూచన ఉంది. మా కుటుంబంలో జ్ఞాపకశక్తి తగ్గిపోవడం అనే డిమెన్షియా చాలామందికి వచ్చింది. మా చిన్నాన్నకు అది చాలా తక్కువ వయసులోనే వచ్చింది. వారానికి ఒకసారి చదరంగం ఆడితే, డిమెన్షియా మొదలుకావడం కొంచెం ఆలస్యం అవుతుందని ఇటీవలి పరిశోధనలు చెబుతున్నాయి, అని మీ జవాబు.

ఆసుపత్రిలోని వృద్ధుల వార్డులలో బయటి మధ్యవర్తిత్వం గురించి వివరీతమైన ఉదాహరణలు ఇప్పటికే అందుతున్నాయి. మానవతావాదం పెద్దవయసు గురించి కలలు కంటూ అది జ్ఞానం, జాగరూకతగల వయసు, అంటుంది. ఆదర్శంగా ఉండే పెద్ద వయసువారు శరీరపరంగా వ్యాధులను బలహీనతను ఎదుర్కోవచ్చు. కానీ వారి మెదడు మాత్రం చురుకుగా, నిశితంగా ఉంటుంది. ఇక ఎనభయి సంవత్సరాల అనుభవం వారికి అందుబాటులో ఉంది. ఏది, ఎటువంటి అన్న సంగతి వారికి సరిగా తెలుసు కనుక, మనుమలకు, చూడవచ్చినవారికి తగిన సలహాలు ఇస్తుంటారు. అయితే ఇరవయి ఒకటవ శతాబ్దపు వృద్ధులు మాత్రం ఈ రకంగా లేరు. మానవ జీవశాస్త్రం, వైద్యానికి గురించిన అవగాహన రోజురోజుకు పెరుగుతున్నది. కనుక మనుషులు చాలాకాలంపాటు బతుకుతున్నారు. ఈలోగా మనయొక్క నిజమైన వ్యక్తిత్వం బలహీనపడి కరిగిపోతున్నది. మిగిలిన శరీరం కేవలం సరిగా పనిచేయని జీవ వ్యవస్థల సమాహారం. కొన్ని మానిటర్లు, కంప్యూటర్లు, పంపుల సాయంతో అది కొనసాగుతుంది.

మరింత లోతుకు వెళితే జన్యుసాంకేతికశాస్త్రం నిత్యజీవితంలో భాగం అవుతున్నది. జనం తమ డిఎస్ఏలతో మరింత లోతైన సంబంధాలను పెట్టుకుంటున్నారు. లోని ఏకైక వ్యక్తిత్వం మరింతగా మసకబారుతున్నది. లోని సాధికారమైన అంతర్వాణి, జన్యువుల గుంపు గోలగా మారుతున్నది. కష్టమైన అభిప్రాయభేదాలు, నిర్ణయాలు ఎదురైనప్పుడు నేను ఇక అంతర్వాణి గురించి వెతకనేమో. పైగా లోనున్న జన్యు పార్లమెంటును నేను ఆశ్రయిస్తాను.

నటి ఏంజెలినా జోలీ 14 మే 2013 నాడు న్యూయార్క్ టైమ్స్ పత్రికలో ఒక వ్యాసాన్ని ప్రకటించింది. తాను తన రెండు స్తనాలను శస్త్రచికిత్సతో తీసివేయాలని నిర్ణయించినట్లు ఆమె చెప్పింది. సంవత్సరాలపాటుగా ఆమె రొమ్ము క్యాన్సర్ భయంతో బతుకుతున్నది. ఆమె తల్లి, అమ్మమ్మ ఇద్దరూ, చిన్నవయసులో ఆ సమస్యతోనే పోయారు. జోలీ జన్యు పరీక్ష చేయించుకున్నది. బిఆర్‌సిఏ1 జన్యువులో ప్రమాదకరమైన ఒక మార్పు జరిగిందని తెలిసింది. సర్వేల ప్రకారం ఇటువంటి జన్యువు మ్యూటేషన్ ఉన్న స్త్రీలకు రొమ్ముక్యాన్సర్ వచ్చే అవకాశాలు 87 శాతం ఉంటాయని తేలింది. అప్పటివరకు జోలికి ఎటువంటి క్యాన్సర్ లేదు. అయినా ఆమె ఏ వ్యాధిని దగ్గరకు రానివ్వదలుచుకోలేదు. రెండు స్తనాలను తీసేయించుకుంటాను అన్నది. నా కథను నేను రహస్యంగా ఉంచదలుచుకోలేదు. క్యాన్సర్ నీడలో బతుకుతున్న నాలాంటి ఆడవారు చాలామంది ఉండవచ్చు. వాళ్లు కూడా జన్యు పరీక్షలు చేయించుకుంటారు అని నేను నమ్ముతున్నాను. వాళ్లకు కూడా ప్రమాదం ఉందని తెలిస్తే, అనుసరించవలసిన గట్టి దారులు ఉన్నాయని తెలుసుకున్నాను, అని ఆమె అక్కడ రాసింది.

మాస్టెక్టమీ అనే ఈ శస్త్రచికిత్స చేయించుకోవాలా, వద్దా అని నిర్ణయించడం, కష్టమైన పని. పైగా అందులో మరణావకాశాల ప్రశ్న ఉంది. కష్టాలు, ప్రమాదాలు, ఆర్థికంగా చిక్కులు ఎదురుకావచ్చు. చికిత్స తరువాత కూడా జాగ్రత్తలు తీసుకోవలసి ఉంటుంది. వ్యక్తి ఆరోగ్యం, శరీర పరిస్థితి, మానసిక ఆరోగ్యం సంబంధాల మీద కూడా దాని ప్రభావం ఉంటుంది. జోలీ, ధైర్యంగా నిర్ణయం చేసి ఆ సంగతిని ప్రజల ముందు ఉంచింది. దానితో పెద్ద సంచలనం రేగింది. అంతర్జాతీయంగా ఆమెకు, పొగడ్తలు వచ్చాయి, అభిమానులు పెరిగారు, జన్యువైద్యం గురించి, దానితో ఉండే లాభాలను గురించి చాలామందికి దీనివల్ల తెలిసే అవకాశం ఉందని ఎందరో నమ్మారు.

ఆమె కేసులో ఆల్గోరిథమ్స్ వైద్యుల కీలకమైన పాత్రను పరిశీలించడం, చారిత్రక దృష్టికోణం నుంచి ఎంతో ఆసక్తికరమైనది. జీవితం గురించి ఇంత ముఖ్యమైన నిర్ణయం తీసుకోవలసిన సందర్భం వచ్చినప్పుడు జోలీ కొండ కొమ్ము మీదికి ఎక్కి అక్కడి నుంచి సముద్రం మీద సూర్యుడు అలలోకి అస్తమిస్తున్న దృశ్యాన్ని చూస్తూ, తన ఆంతర్యంతో ముచ్చటించాలని అనుకోలేదు. అందుకు బదులు ఆమె తన జన్యువుల మాట వినాలని నిర్ణయించుకున్నది. జన్యువులు భావాలను కాక కొన్ని అంకెలను చెబుతాయి. ఆ సందర్భంలో జోలికి అసౌకర్యం గానీ, బాధ కానీ ఎదురుకాలేదు. ప్రశాంతంగా ఉండు, అంతా సర్దుకుంటుంది, అని ఆమె భావాలు చెప్పాయి. ఆమె డాక్టర్లు వాడిన కంప్యూటర్ అల్గోరిథంలు మాత్రం మరొక కథ చెప్పాయి. నీకు వ్యాధి భావన లేదు. కానీ నీలో ఒక టైం బాంబ్ టిక్ టిక్ అంటున్నది. ఇప్పుడు ఏదో చేయాలి మరి, అని హెచ్చరించింది.

అక్కడ జోలీ భావాలు, సాటిలేని వ్యక్తిత్వం, కీలకమైన పాత్రను పోషించాయి, అన్నది నిజం. మరొకరకం వ్యక్తిత్వం గల ఇంకొక ఆడమనిషి ఇటువంటి జెనెటిక్ మ్యుటేషన్ తనలో ఉందని చెప్పితే, ఆమె బహుశా ఆపరేషన్‌కు సిద్ధం అయ్యేది కాదు. ఇక్కడే మనం వెలుగునీడల జోన్‌లోకి ప్రవేశిస్తాం. ఈ ఆడమనిషికి ప్రాణాపాయకరమైన బిఆర్‌సిఎ1

మ్యూటేషన్ ఒకటే కాక మరొక ఏబిసిడి త్రీలో కూడా మార్పు వచ్చిందని దానివల్ల మెదడులో సంభావ్యతలను మూల్యాంకనం చేసే జన్యు భాగానికి లోపం వచ్చిందని, దానివల్ల మనుషులు ఆపదలను గుర్తించలేకపోతారు అని చెబితే ఏమై ఉండేది? ఒక గణాంక శాస్త్రవేత్త వచ్చి ఆ ఆడమనిషి తల్లి, అమ్మమ్మ మరింతమంది బంధువులు, ఆరోగ్య సమస్యలను ముందే గుర్తించలేకపోయారు, తగిన జాగ్రత్తలు తీసుకోలేదు గనుక చిన్న వయసులోనే చనిపోయారు, అని చెబితే ఏమై ఉండేది?

మీరు కూడా మీ ఆరోగ్యం గురించి ఏంజలీనా జోలిలాగే ముఖ్యమైన నిర్ణయాలు చేసుకునే అవకాశం ఉంది. జన్యు పరీక్షలు, రక్తం పరీక్షలు లేదా ఎఫ్ఎమ్ఆర్ఐ చేయించుకుంటారు. అందుబాటులో ఉన్న అంతులేని గణాంక వివరాల ఆధారంగా అల్గోరిథం మీ పరీక్ష ఫలితాలను విశ్లేషిస్తుంది. అప్పుడు అల్గోరిథం చెప్పిన మాటను మీరు పాటిస్తారు. ఇదేదో ప్రళయాంతకమయిన పరిస్థితి కానేకాదు. అల్గోరిథంలు తిరుగుబాటు చేయవు. మనల్ని బానిసలుగా మార్చవు. అవి చాలా మంచిగా ప్రవర్తించి మనకోసం నిర్ణయాలు చేస్తాయి. వాటి సలహాలను వినకపోవడం వెర్రి కింద లెక్క.

జోలీ కథానాయకురాలిగా నటించిన మొదటి చిత్రం 1993లో వచ్చిన సైన్స్ ఫిక్షన్ ఫిల్మ్ సైబోర్గ్ *2.* కార్పొరేట్ గూఢచారిగా, హంతకురాలుగా పనిచేయడానికి 2074లో పిన్ వీల్ రోబోటిక్స్ అనే కంపెనీవారు తయారుచేసిన సైబోర్గ్‌గా ఆమె నటించింది. పాత్ర పేరు కాసెల్లా రీస్. తన పనిలో ఉంటూ, మానవ సమాజంలో మరింత బాగా కలిసిపోవాలని కాసెల్లాకు మానవభావాలు నేర్పించారు. వీల్ రోబోటిక్స్‌వారు తనను కేవలం నడిపించడమే కాక, మట్టుపెట్టాలని కూడా చూస్తున్నారని కాసెల్లా తెలుసుకుంటుంది. తప్పించుకుని తన బ్రతుకు స్వతంత్రం కోసం పోరాటం చేస్తుంది. గ్లోబల్ కార్పొరేట్ కబంధహస్తాల నుండి తప్పించుకోవడానికి ఒక వ్యక్తి చేసే స్వతంత్ర వ్యక్తిగత పోరాటం, సైబోర్గ్ *2*లో ఉదారవాద ఫాంటసీగా చిత్రించారు.

నిజజీవితంలో మాత్రం జోలీ ఆరోగ్యం పేరున తన వ్యక్తిత్వాన్ని స్వయంప్రతిపత్తిని త్యాగం చేసింది. అందరి ఆరోగ్యాన్ని పెంపొందింపచేయాలన్న ఇటువంటి కోరికవల్ల మనలో చాలామంది ఇష్టపడుతూనే వ్యక్తిగతంగా హద్దులు అనే అడ్డంకులను తొలగించే వీలుంది. ఇక ప్రభుత్వాధికారులు, బహుళజాతి కంపెనీలవారికి మన ఆంతర్యంలోకి తొంగిచూడడానికి దారి దొరుకుతుంది. ఉదాహరణకు మనం మన ఈ-మెయిల్స్ అన్నీ చదవడానికి, మన కార్యక్రమాలను గమనించడానికి గూగుల్‌వారికి అనుమతి గనుక ఇస్తే సాంప్రదాయిక వైద్యసేవలవారు గుర్తించడానికి మునుముందు రానున్న మహమ్మారి వ్యాధులు గురించి గూగుల్‌వారు ముందే హెచ్చరించే వీలు ఉంది.

లండన్‌లో ఫ్లూ వ్యాధి ప్రబలుతున్నది అని యూకే నేషనల్ హెల్త్ సేవ వారికి ఎలా తెలిసింది? వందలాది క్లినిక్‌లలో, వేలాదిమంది డాక్టర్ల రిపోర్టులను విశ్లేషించడం ద్వారా తెలిసింది. మరీ డాక్టర్లకు సమాచారం ఎలా తెలిసింది? మేరీ ఒక రోజున పొద్దున్నే నిద్ర లేస్తుంది. తనకు ఆరోగ్యం బాగా ఉన్నట్టు లేదు, అనుకుంటుంది. అయితే నేరుగా డాక్టర్

దగ్గరకు పరిగెత్తదు. ఆమె కొన్ని గంటలు వేచి చూస్తుంది. బహుశా ఒకటి రెండు దినాలు కూడా. తేనే వేసుకుని చక్కని టీ ఒక కప్పు తాగితే అంతా సర్దుకుంటుంది అనుకుంటుంది. కానీ పరిస్థితి మారదు. ఇప్పుడు ఆమె డాక్టర్ వద్ద అపాయింట్‌మెంట్ తీసుకుంటుంది. క్లినిక్‌కు వెళ్లి తన లక్షణాలను వర్ణిస్తుంది. డాక్టర్ ఒక కంప్యూటర్‌లోకి సమాచారాన్ని టైప్ చేస్తాడు. బహుశా ఎన్‌ఎహెచ్‌ఎస్ వారి ప్రధాన కార్యాలయంలో ఎవరో సమాచారాన్ని లెక్క చూస్తారు. వేలాదిమంది మిగతా డాక్టర్ల నుంచి కూడా ఎటువంటి సమాచారం వచ్చింది. ఫ్లూ ప్రబలుతున్నది అని అప్పుడు తేలుతుంది. అయితే ఇదంతా జరగడానికి చాలాకాలం పడుతుంది.

గూగుల్‌వారు ఈ పనిని పది నిమిషాలలో చేయగలుగుతారు. లండన్‌వాసులు తమ ఈ-మెయిల్స్, గూగుల్ సెర్చ్‌లో టైప్ చేసే మాటలను వారు గమనిస్తే చాలు. అక్కడ కనిపించిన కొన్ని మాటలను వ్యాధి లక్షణాల డేటాబేస్‌తో అది సరిచూస్తుంది. ఒక సగటు రోజున తలనొప్పి, జ్వరం, వికారం ఇంకా తమ్ములు అన్న మాటలు ఒక లక్షసార్లు వస్తాయి అనుకుందాం. ఇవాళటి రోజున వాటి సంఖ్య మూడులక్షలకు పెరిగింది. ఆ విషయం గూగుల్ అల్గోరిథంలకు తెలిసింది. ఇంకేముంది? ఫ్లూ వచ్చేసిందని అర్థం. మేరీ తన డాక్టర్‌గారి వద్దకు వెళ్లేదాకా వేచి ఉండడం అవసరం లేదు. మొట్టమొదటి నాడు ఆమెకు తన ఆరోగ్యం సరిగా లేదని తోచినప్పుడు, ఆఫీసుకు బయలుదేరే ముందు ఒక మెయిల్ పంపింది. తలనొప్పిగా ఉంది. అయినా వస్తున్నాను, అని అందులో రాసింది. గూగుల్‌కు కావలసింది అంత మాత్రమే.

గూగుల్ తన ఇంద్రజాలం నడిపించాలంటే ముందు, తన ఈమెయిల్ చదవడానికి మేరీ వారిని అనుమతించాలి. ఆ సమాచారాన్ని ఆరోగ్య సంస్థలతో పంచుకోవడానికి కూడా ఆమె ఒప్పుకోవాలి. బ్రెస్ట్ క్యాన్సర్ గురించి అందరికీ తెలియడానికి ఏంజలీనా జోలి తన ప్రైవసీని పణం పెట్టినట్టే మీరు కూడా చిన్న త్యాగం చేయవచ్చు. అప్పుడు అంటువ్యాధిని అడ్డుకోవడం వీలవుతుంది.

ఇది కేవలం సిద్ధాంతపరమైన ఆలోచన కాదు నిజానికి 2008లోనే గూగుల్, ఫ్లూ ట్రెండ్స్ అనే పథకాన్ని ప్రవేశపెట్టింది. గూగుల్ సెర్చ్‌లో మాటల ఆధారంగా అది ఫ్లూను గురించి పరిశీలించింది. ఈ సర్వీస్ ఇంకా అభివృద్ధి దశలో ఉంది. ప్రైవసీ నిషేధాల కారణంగా అది సెర్చ్ వర్డ్స్ మాత్రమే లెక్కలోకి తీసుకోగలుగుతుంది. వ్యక్తిగత ఈ-మెయిల్స్ చదవడం లేదు. అయినా ఇప్పటికే సాంప్రదాయ ఆరోగ్య సేవల వారికన్నా పదిరోజులు ముందు ఫ్లూ గురించి హెచ్చరించగలిగే స్థితికి అది చేరింది.

ద గూగుల్ బేస్‌లైన్ స్టడీ అనేది మరింత ఆశాభావంగల ప్రాజెక్ట్. మానవ ఆరోగ్యాన్ని గురించి గూగుల్ చాలా పెద్ద ఎత్తున సమాచార డేటాబేస్ తయారుచేయాలని సంకల్పించింది. ఈ రకంగా ప్రజారోగ్యం గురించి లోపంలేని ఒక ప్రొఫైల్ తయారవుతుంది. అందులోని బేస్‌లైన్ నుంచి ఏ కొంచెం మార్పు కనిపించినా క్యాన్సర్ వంటి పెరగనున్న ఆరోగ్య సమస్యలను గురించి ప్రజలను ముందే హెచ్చరించే వీలు ఉంటుంది. వాటిని మొగ్గలోనే తుంచివేయవచ్చు. బేస్‌లైన్ స్టడీని గూగుల్ ఫీట్ అనే మరొక ప్రోడక్ట్

వరుసతో కలిపి ఉంచుతారు. వీటిని దుస్తులలో, కడియాలలో, కాలిజోడు, కళ్ళజోడులో, శరీరం మీద అమర్చుకోవచ్చు. ఇక బయోమెట్రిక్, మెడికల్ సమాచారం అంతులేకుండా అందుతూనే ఉంటుంది. బేస్‌లైన్ పరిశీలన కోసం నిరంతరంగా బయోమెడికల్ సమాచారాన్ని పోగు చేయాలన్నదే ఇక్కడ సంకల్పం.

ఒంటి మీద వేసుకునే బట్టల కన్నా లోతుకు వెళ్లాలని గూగుల్ వంటి కంపెనీలు పథకాలు వేస్తున్నాయి. డీఎన్ఏ పరీక్షల గురించి ఆసక్తి అంచెలంచెలుగా పెరుగుతున్నది. ఈ రంగంలో 23 అండ్ మీ కంపెనీ అగ్రగామిగా ఉంది. ఆనీ వోజ్‌కి అనే ఆమె స్థాపించిన ప్రైవేట్ కంపెనీ ఇది. గూగుల్ కంపెనీ స్థాపించినవారిలోని సెర్ జై బ్రిస్, ఒకప్పటి భార్య ఆమె. కంపెనీ పేరులో ఉండే 23 సంఖ్య మానవ శరీరంలో 23 జతల క్రోమోజోములను సూచిస్తుంది. మానవ జన్యువులన్నీ వాటిలోనే ఉంటాయి. వాటికి, నాకు ప్రత్యేక సంబంధం ఉంది అని చెప్పడం ఇక్కడ ప్రధానంగా భావించారు. క్రోమోజోములు చెప్పే మాటలు అర్థం చేసుకునేవారు ఎవరైనా మీరు అంతకుముందు అనుమానించి ఉండని అంశాలను మీ గురించి మీకు చెప్పగలుగుతారు.

ఈ సంగతి తెలుసుకోవాలని ఉంటే 23 అండ్ మీ వారికి కేవలం 99 డాలర్లు కట్టండి. వాళ్లు మీకు ఒక ట్యూబ్‌తోపాటు చిన్న ప్యాకేజీ పంపిస్తారు. ఆ ట్యూబ్‌లో ఉమ్మేసి మూతపెట్టండి. మౌంటెన్ వ్యూ కాలిఫోర్నియాలో కంపెనీకి పంపించండి. అక్కడ మీ లాలాజలం లోని డీఎన్ఏ మీద పరీక్షలు జరుగుతాయి. ఫలితాలు ఆన్‌లైన్ పద్ధతిలో మీకు అందుతాయి. మీకు ఎదురయ్యే అవకాశం ఉన్న వైద్యసమస్యల వివరాలు అందుతాయి. జన్యులక్షణాల ఆధారంగా బట్టతలనుంచి గుడ్డితనం వరకు గల మరొక 90 పైన ఎన్నో పరిస్థితులను గురించి కూడా తెలుస్తుంది. నిన్ను నీవు తెలుసుకో, అన్న సంగతి ఇంతకన్నా సులభం, చవకగా ఎన్నడూ లేదు. ఇదంతా గణాంకవివరాల మీద ఆధారపడి జరుగుతుంది. సరైన సూచనలు చేయడానికి కంపెనీవారి డేటాబేస్ చాలా గొప్పగా ఉండాలి. మహత్తరమైన జన్యు డేటాబేస్ పోగుచేయగలిగిన మొట్టమొదటి కంపెనీ కస్టమర్లకు మంచి ఫలితాలను అందించగలుగుతుంది. వ్యాపారాన్ని చేత చిక్కించుకుంటుంది. యుఎస్‌ఎలో ప్రైవేసీ చట్టాలు మరీ బలంగా ఉన్నాయి. చైనాలో మాత్రం వ్యక్తి ప్రైవసీ గురించి పట్టింపు లేదు. కనుక ఈ రంగంలో వ్యాపారం అంతా చైనాకు సులభంగా హస్తగతం అవుతుంది, అని అమెరికన్ బయోటెక్ కంపెనీలవారు భయపడుతున్నారు.

మనం చుక్కలను అన్నింటినీ కలిపితే, గూగుల్‌తోపాటు, వారి పోటీదారులకు మన బయోమెట్రిక్ యంత్రాల నుండి వచ్చే సమాచారాన్ని, డీఎన్ఏ స్కాన్లను, మెడికల్ రికార్డ్‌లను పరిశీలించడానికి అనుమతిస్తే సర్వం తెలిసిన వైద్య ఆరోగ్య సేవలు అందుబాటులోకి వస్తాయి. అంటువ్యాధులతో పోరాడవచ్చు. అంతేకాక, క్యాన్సర్, గుండెపోటు, ఆల్జిమర్స్ (మరపువ్యాధి) నుంచి కూడా మనుషులను కాపాడవచ్చు. ఇటువంటి డేటాబేస్ అందుబాటులో ఉంటే గూగుల్‌వారు మరింత చేయగలుగుతారు. ప్రసిద్ధి చెందిన పోలీస్ పాటలో చెప్పినట్టు, ఈ వ్యవస్థ, మన ప్రతి శ్వాసను గమనించగలుగుతుంది, అన్ని కదలికలను చూడగలుగుతుంది, మనం తెంచుకున్న అన్ని బంధనాలను గమనించ

గలుగుతుంది. మీ బ్యాంక్ అకౌంట్‌ను, గుండె కొట్టుకునే వేగాన్ని, రక్తంలో చక్కెరను, లైంగిక రహస్యాలను ఈ వ్యవస్థ తెలుసుకుంటుంది. దానికి మీ గురించి, మీకు మీ గురించి తెలిసినదానికన్నా, ఎక్కువ తెలిసి ఉంటుంది. తెగిన సంబంధాలలో, తప్పుడు వృత్తులలో, హానికరమైన అలవాట్లలో మిమ్మల్ని మీరు మోసం చేసుకునే తీరు, నచ్చ చెప్పుకునే భావనలకు గూగుల్ విలువను ఇవ్వదు. ఇవాళ మనలోని, వివరించే వ్యక్తిత్వం, మనలను నియంత్రిస్తుంది. కానీ అలా కాకుండా ఏదో వండిన కథల ఆధారంగా గూగుల్ నిర్ణయాలు చేయదు. భావాత్మకంగా అడ్డదారులు వెతకదు. అంతిమ ఫలితం ముఖ్యం అన్న నియమాన్ని పట్టించుకోదు. మనం వేసిన ప్రతి అడుగును గూగుల్ గుర్తిస్తుంది. కలిపిన ప్రతి చేతిని అది గమనిస్తుంది.

చాలామంది నిర్ణయాలు చేసే కార్యక్రమాన్ని ఇటువంటి వ్యవస్థకు అప్పగించడానికి సంతోషంగా అంగీకరించారు. ముఖ్యమైన నిర్ణయాలు ఎదురైనప్పుడు కనీసం దానితో సలహా సంప్రదింపులు చేయడానికి ముందుకు వస్తారు. ఏ సినిమా చూడాలి, హాలిడేకు ఎక్కడికి వెళ్లాలి, కాలేజీలో ఏం చదువుకోవాలి, ఏ ఉద్యోగంలో చేరాలి, చివరికి ఎవరితో డేట్ చేసి పెళ్లి చేసుకోవాలి ఇలాంటి అంశాలలో గూగుల్ సలహాలను ఇస్తుంది. గూగుల్ విను, ఈ మధ్య జాన్ ఇంకా పాల్ ఇద్దరూ నన్ను పెళ్లి చేసుకోవాలని అంటున్నారు. వాళ్లిద్దరూ నాకు ఇష్టమే. అయితే అందులో కొంత తేడా ఉంది. మనసులో నిశ్చయం చేసుకోవడం కష్టంగా ఉంది. అన్ని సంగతులు తెలుసు గనుక, నేను ఏం చేయాలని నీవు సలహా ఇస్తావు, అని మీరు గూగుల్‌ని అడుగుతారు.

"అవును, నీవు పుట్టిన నాటి నుంచి నిన్ను నేను ఎరుగుదును. నీ ఈ-మెయిల్స్ అన్నీ చదివాను. నీ ఫోన్ కాల్స్ అన్ని రికార్డ్ చేశాను. నీకు నచ్చిన సినిమాలు ఏమో నాకు తెలుసు. నీ డిఎన్ఏ వివరాలు, గుండె గురించి మిగతా బయోమెట్రిక్ చరిత్ర అన్ని నా దగ్గర ఉన్నాయి. నీవు వాళ్లు ఇద్దరితో గడిపిన డేటింగ్ సాయంత్రాలు అన్నీ నాకు తెలుసు. అంతేకాదు క్షణం క్షణం నీ గుండె రేటు, రక్తం పోటు, చక్కెర స్థాయి డేటింగ్ సమయాలలో మారిన తీరును గురించి గ్రాఫ్‌లో నేను చూపించగలను. వాళ్లతో నీవు లైంగికపరంగా గడిపిన క్షణాలు అంకెల ఆధారంగా విలువలు కట్టి చూపించగలను. సహజంగానే నాకు నీ గురించిలాగే వాళ్ల గురించి కూడా తెలుసు. ఈ మొత్తం సమాచారం ఆధారంగా, ఇక నా మహత్తరమైన అల్గోరిథంలో లక్షలాది రిలేషన్‌షిప్స్ గురించిన దశాబ్దాల మీద సేకరించిన గణాంకాల ఆధారంగా చెబుతున్నాను. జాన్‌తో వెళ్ళమని నా సలహా. అతనితో దీర్ఘకాలం మీద నీవు 87% సంతృప్తిగా ఉండటానికి వీలు ఉంది," అని గూగుల్ జవాబు చెబుతుంది.

"ఇంకొక మాట! నీ గురించి నాకు బాగా తెలుసు! నా ఈ జవాబు నీకు నచ్చలేదు అని కూడా నేను అర్థం చేసుకోగలను. నిజానికి జాన్ కన్నా పాల్ చాలా అందమైనవాడు. నీవు బయట అందానికి చాలా విలువనిస్తావు. నేను పాల్ పేరు చెబుతానని నీవు రహస్యంగా అనుకున్నావు. అందం ముఖ్యమే, కాదనను; అయితే నీవు అనుకున్నంత మాత్రం కాదు. పదులవేల సంవత్సరాల క్రితం ఆఫ్రికా సవానాలో పరిణామం చెందిన

నీ జీవరసాయన అల్గోరిథంలు, కాబోయే తోడులో అందానికి 35 శాతం విలువనిస్తాయి. నా అల్గోరిథంలు సరికొత్త పరిశీలనలు, గణాంకాల మీద ఆధారపడినవి. అవి అందానికి దీర్ఘకాలం మీద రొమాంటిక్ సంబంధాలలో విజయం మీద కేవలం 14 శాతం మాత్రమే ప్రభావం ఉంది అంటున్నాయి. అందుకే పాల్ అందాన్ని గమనించినప్పటికీ, నీవు జాన్‌తో మరింత సుఖంగా ఉంటావు అని నా సలహా," అంటూ గూగుల్ కొనసాగుతుంది.

ఇటువంటి అంకితభావం గల సలహా సర్వీసులు ఉంటే వాటికి బదులుగా మనం, మానవులు వ్యక్తుల అన్న భావాన్ని వదులుకోవాలి. ఏది మంచి, ఏది చెడు, అందం అంటే ఏమిటి, జీవితానికి అర్థం ఏమిటి అని తేల్చుకోగల స్వేచ్ఛాసంకల్పం ప్రతి మనిషికి ఉందన్న సత్యాన్ని మరిచిపోవాలి. మానవులే ఒక స్వయంప్రతిపత్తి గలవారు ఎంత మాత్రం కారు. తమలోని వివరించే వ్యక్తిత్వం, సృష్టించి చెప్పే కథల దిశగా పోరు. అందుకు బదులుగా వారు మహత్తరమైన ప్రపంచవ్యాప్త నెట్‌వర్క్‌లో విడదీయరాని భాగాలుగా ఉండిపోతారు.

కథలు చెప్పే లేదా వివరించే వ్యక్తిత్వాన్ని ఉదారవాదం పవిత్రీకరిస్తుంది. పోలింగ్ స్టేషన్‌లో, సూపర్ మార్కెట్‌లో, పెళ్లి బజారులో ఓటు వేయనిస్తుంది. శతాబ్దాలుగా ఇది అర్థవంతంగా కనిపించింది. వివరించే వ్యక్తిత్వానికి అన్నిరకాల కల్పనలు, భావనలలో నమ్మకముంది, కానీ ఒక ప్రత్యామ్నాయ వ్యవస్థ ఉండి, నన్ను అర్థం చేసుకున్నది లేదు కనుక అలా అనుకున్నారు. నన్ను మరింత బాగా అర్థం చేసుకునే ఒక వ్యవస్థ వచ్చిన తర్వాత వ్యక్తిత్వం చేతిలో అధికారాన్ని వదిలిపెట్టడం అర్థం లేని పనిగా మారింది.

నాకన్నా నా రాజకీయ ఎంపికలను గూగుల్ బాగా చేయగలుగుతుంది. కనుక ప్రజాస్వామిక ఎన్నికల వంటి ఉదారవాద పద్ధతులు అర్థం లేనివిగా మారతాయి. నేను పోలింగ్ బూత్‌లో తెరవెనుక నిలబడినప్పుడు సాధికార అంతరంగాన్ని, నాలోని లోతైన కోరికలను ప్రతిబింబించే వ్యక్తి, పార్టీ గురించి తేల్చుమని ఉదారవాదం నాకు ఆదేశాలు ఇస్తుంది. అయితే జీవశాస్త్రాలు మాత్రం నేను తెరవెనుక నిలబడినప్పుడు, గత ఎన్నికల తరువాత సంవత్సరాలలో నా భావనలన్నింటినీ నేను గుర్తుపెట్టుకోలేదు అన్న అంశాన్ని ఎత్తిచూపుతాయి. పైగా బయటినుంచి మహత్తరమైన ప్రచారపు గోల, స్పిన్‌లతోపాటు అడ్డదిడ్డంగా వచ్చే జ్ఞాపకాలు నన్ను ప్రభావితం చేస్తాయి. అవి నా నిర్ణయాన్ని కొంతవరకు మార్చవచ్చు. కానెమన్ చేసిన చల్లనీళ్ల ప్రయోగంలోలాగే రాజకీయాల్లో కూడా వివరించే వ్యక్తిత్వం, చివరకు వచ్చే ఫలితాలను అనుసరిస్తుంది. మధ్యలో జరిగిన చాలా సంఘటనలను వదిలిపెట్టి అది కేవలం కొన్ని ముఖ్యమైన వాటిని మాత్రమే గుర్తుంచుకుంటుంది. ఇటీవల సంఘటనలకు దిక్కులేని బరువు ఇస్తుంది.

ప్రధానమంత్రి పాటిస్తున్న విధానాలను గురించి నేను గత నాలుగు సంవత్సరాలలో మరీమరీ ఫిర్యాదులు చేసి ఉండవచ్చు. నాలోని నాకు, విలువ తెలుసుకున్న మిగతావారికి, అతను మన సర్వనాశనానికి వచ్చాడు, అని చెప్పి ఉంటాను. అయితే ఎన్నికలకు ముందు నెలలో ప్రభుత్వం పన్నులను తగ్గించింది. విరివిగా డబ్బు ఖర్చు చేసింది. ప్రభావవంతమైన

ప్రచారానికిగాను అధికార పార్టీ, అత్యుత్తమ కాపీరైటర్లను ఎంచుకుంటుంది. అతను ఆపదలను, హామీలను సమతూకంగా వినిపించేట్లు నా మెదడులోని భయం కేంద్రానికి చక్కగా నచ్చచెబుతాడు. ఎన్నికలనాడు ఉదయం నిద్ర లేచేసరికి నాకు జలుబు చేసి ఉంటుంది. దానితో నా మెదడు మరింత మొద్దుబారి ఉంది. ఇక నేను మిగతా అన్నింటి కన్నా భద్రత, నిలకడ అన్నవాటికి ప్రాముఖ్యం ఇస్తాను. ఇంకేముంది! 'మనందరికీ సర్వ నాశనం అన్న మనిషిని', నేను మరో నాలుగుసంవత్సరాలపాటు అధికారంలోకి పంపిస్తాను!

నా తరఫున ఓటు వేసే హక్కును గూగుల్‌కు అందజేసి ఉంటే నన్ను నేను ఈ పరిస్థితి నుంచి కాపాడుకొని ఉండవచ్చు. గూగుల్ నిన్న పుట్టింది కాదు. ఆ సంగతి మీకు తెలుసు. ఈ మధ్యన వచ్చిన పన్నుల తగ్గింపు, ఎన్నికల హామీలను అది పక్కన పెట్టదు. అయితే గడిచిన నాలుగు సంవత్సరాలలో జరిగిన సంగతులను మాత్రం గుర్తుంచుకుంటుంది. ఉదయం లేచి వార్తాపత్రికలు చదివినప్పుడల్లా రక్తపోటు పెరిగిన తీరును, సాయంత్రం వార్తలు చూస్తున్నప్పుడు నా డోపామైన్ లెవల్స్ పడిపోయిన తీరును అది గుర్తు ఉంచు కుంటుంది. ప్రచారకర్తల బోలు నినాదాలను అడ్డుకోవడం ఎట్లాగో దానికి తెలుసు. ఒంట్లో బాగాలేకున్నప్పుడు ఓటర్లు కుడివైపు ఎక్కువగా ఉన్నారని అది అర్థం చేసుకోగలదు. కనుక గూగుల్ నా క్షణికమైన మానసిక స్థితి మీద ఆధారపడి వోటు వేయదు. వివరించే వ్యక్తిత్వ కల్పన కథనం కూడా అది పట్టించుకోకుండా, నేను అనే గుర్తింపు పొందిన జీవరసాయన అల్గోరిథంల సమాహారపు నిజమైన భావాలు, ఆసక్తుల ప్రకారం అది వోటు వేస్తుంది.

సహజంగానే గూగుల్ ప్రతిసారి సరైన నిర్ణయానికి రాదు. అది పట్టించుకునే లక్షణాలు అన్నీ కేవలం సంభావ్యతలు మాత్రమే. కానీ గూగుల్ నిజంగా సరైన నిర్ణయాలు చేసిన పక్షంలో, ప్రజలు దానికి మరింత అధికారం ఇస్తారు. కాలం గడిచినకొద్దీ డేటాబేస్‌లు పెరుగుతాయి. గణాంకాలు మరింత నిశితం అవుతాయి. అల్గోరిథంలు మెరుగుపడతాయి. ఫలితాలు మరింత బాగా వస్తాయి. నన్ను ఎప్పుడూ సంపూర్తిగా తెలుసుకోజాలదు. అయినా అది ఎప్పుడూ తప్పులు చేయదు. కానీ ఇదంతా అవసరం లేదు. నా గురించి నాకు తెలిసిన దానికన్నా సిస్టం ఎక్కువ తెలుసుకున్ననాడు ఉదారవాదం కుప్పకూలుతుంది. నిజానికి తమ గురించి తమకు చాలామందికి తెలియదు. కనుక ఇదంతా జరగడం కనిపించే దానికన్నా సులభం.

గూగుల్ ప్రత్యర్థి ఫేస్‌బుక్ చేసిన ఇటీవలి ఒక పరిశీలనలో మానవ వ్యక్తిత్వాలు నడకతీరుల విషయంగా మిత్రులు, బంధువులు, తల్లిదండ్రులు, భార్యలు, భర్తల కన్నా ఫేస్‌బుక్ అల్గోరిథం మానవ వ్యక్తిత్వాల గురించి, నిర్ణయాలు చేయగలుగుతుందని సూచన అందింది. ఈ స్టడీలో ఫేస్‌బుక్ అకౌంట్ ఉన్న ఎనభయి ఆరు వేల రెండు వందల ఇరవై మంది పాల్గొన్నారు. వారు వంద ప్రశ్నలు గల ప్రశ్నావళి పూర్తిచేశారు. ఫేస్‌బుక్ అల్గోరిథం మాత్రం అప్పటివరకు వారి ఫేస్‌బుక్‌లో వేసిన లైక్‌లు, మెచ్చుకున్న వెబ్ పేజీలు, బొమ్మలు క్లిప్పింగ్‌ల ఆధారంగా ప్రశ్నావళిలో వారు చెప్పబోయే జవాబులను ముందే లెక్కించి చెప్పింది. లైక్‌లు ఎంత ఎక్కువగా ఉంటే ప్రిడిక్షన్ కూడా అంత బాగా

వస్తుంది. కొలీగ్స్, మిత్రులు, కుటుంబసభ్యులు, భార్యలు, భర్తలు చేసిన ప్రిడిక్షన్లతో అల్గోరిథం ప్రిడిక్షన్‌లను పోల్చి చూశారు. మరొక పది లైక్ వివరాలు ఉంటే అల్గోరిథం తోటి ఉద్యోగులు చేసిన పిటిషన్‌కు సమానంగా చేరుతుందని ఆశ్చర్యకరంగా తెలిసి పోయింది. మిత్రులతో పోల్చడానికి డెబ్బయి లైకులు కావాలి. కుటుంబ సభ్యుల విషయంలో నూటయాభయి, భార్య, భర్తల విషయంలో మరొక మూడువందలు ఉంటే గూగుల్ వారికన్నా మంచి ప్రిడిక్షన్లు చేస్తుంది. మరోమాటలో చెప్పాలంటే మీరు ఫేస్‌బుక్‌లో మూడువందలసార్లు లైక్ బటన్ నొక్కి ఉంటే, మీ భార్య లేదా భర్తకన్నా ఫేస్‌బుక్ అల్గోరిథం మీ అభిప్రాయాలను కోరికలను మరింత బాగా చెప్పగలుగుతుంది అని అర్థం.

నిజానికి కొన్ని రంగాలలో ఫేస్‌బుక్ అల్గోరిథం వ్యక్తికన్నా ఎక్కువ బాగా పనిచేసింది. పాల్గొన్న వారిని తాము మాదకద్రవ్యాలు వాడిన తీరును, తమ సోషల్ నెట్‌వర్కింగ్ ఇష్టాలను అంచనా వేయవలసిందిగా అడిగారు. వారి లెక్కలు అల్గోరిథం లెక్కలకు సమంగా రాలేదు. ఇక చివరకు వ్యాసాన్ని రాసిన మనిషి రచయితలు, ముందు చెప్పిన ఫలితాలతో పరిశోధన పత్రం ముగుస్తుంది. ఇది ఫేస్‌బుక్ అల్గోరిథం చెప్పిన మాట కాదు. ప్రజలు తమ మానసిక నిర్ణయాలను వదిలిపెట్టవచ్చు. కార్యకలాపాల ఎంపిక, ఉద్యోగాల తీరు, చివరకు జీవితభాగస్వామి ఎంపిక విషయంలో కూడా వారు కంప్యూటర్ల మీద ఆధారపడవచ్చు. డేటా ఆధారంగా జరిగే ఇలాంటి నిర్ణయాలు జనుల జీవితాలను మెరుగు పరుస్తాయి, అని పత్రంలో రాశారు.

మరొక ఆశ్చర్యపరిచే విషయం కూడా ఇందులో బయటపడింది. యూఎస్ అధ్యక్షుడి ఎంపిక సమయంలో ఫేస్‌బుక్‌కు పదుల మిలియన్ల అమెరికన్ పౌరుల రాజకీయ అభిప్రాయాలు తెలిసి ఉండే అవకాశం ఉంది అన్నారు. పైగా వారిలో ఎవరు ఓట్ల మొగ్గును తేలుస్తారు అన్నది కూడా గుర్తించగలం అన్నారు. ఓక్లహోమాలో డెమొక్రాట్స్, రిపబ్లికన్‌ల మధ్యన పోటీ మరీ దగ్గరగా ఉంటుందని, 32,417 మంది ఓటర్లు ఇంకా ఎటు తేల్చుకోలేదని, ఈ తేడాలో సమతూకం తీసుకురావాలంటే అభ్యర్థులు చేయవలసిన ప్రసంగాల తీరును గురించి కూడా ఫేస్‌బుక్ అల్గోరిథం చెప్పగలిగింది. ఇంత వెలకట్టలేని రాజకీయ సమాచారాన్ని ఫేస్‌బుక్ ఎలా సేకరించగలిగింది? మనమే దానికి ఏమాత్రం ఖర్చు లేకుండా ఇవన్నీ చెప్పాము.

యూరప్‌లో సార్వభౌమవాదం బలంగా సాగుతున్నప్పుడు విజేతలు, వ్యాపారులు రంగు పూసలు మాత్రం ఇచ్చి మొత్తం దీవులను, దేశాలను హస్తగతం చేసుకున్నారు. ఇరవయి ఒకటవ శతాబ్దంలో ఎక్కువమంది మానవులు ఇంకా అందించగల అన్నింటికన్నా వెలగల వనరు, బహుశా మనుషుల వ్యక్తిగత సమాచారం. ఈ సమాచారాన్ని మనం కేవలం ఈమెయిల్ సేవలు, పిల్లి బొమ్మల వీడియోలకు బదులుగా అందజేస్తున్నాము.

భవిష్యవాణి నుండి సార్వభౌమాధికారం దాకా

ఒకసారి గూగుల్, ఫేస్‌బుక్ ఇంకా మిగతా అల్గోరిథంలు అన్నీ తెలిసిన భవిష్యవాణిగా రూపొంది, భవిష్యత్తును చెప్పడం మొదలుపెడతాయి. అవి ఏజెంట్లుగానూ చివరకు అన్ని అధికారాలుగల సార్వభౌములుగాను మారే అవకాశం ఉంది. ఇక్కడ మనం మార్గాన్ని అర్థం చేసుకోవాలంటే వేజ్ నడిచిన దారిని గమనించాలి. ఈ వేజ్ అనేది జిపిఎస్ ఆధారంగా నడిచే నావిగేషనల్ అప్లికేషన్. ప్రస్తుతం దాన్ని చాలామంది డ్రైవర్లు వాడుతున్నారు. వేజ్ అన్నది కేవలం ఒక మ్యాప్ కాదు. లక్షలాది మంది డ్రైవర్లు అనుక్షణం ట్రాఫిక్ జామ్‌లు, కారు ప్రమాదాలు, పోలీసు కార్లను గురించి కొత్త సమాచారం దానికి జోడిస్తూ ఉంటారు. కనుక ట్రాఫిక్ రద్దీ ఉన్న మార్గాల నుంచి మిమ్మల్ని పక్కకు నడిపించడానికి అది సిద్ధంగా ఉంటుంది. మిమ్మల్ని గమ్యానికి చాలా దగ్గరి తోవలో తీసుకుపోతుంది. మీరు ఒక కూడలి చేరుకుంటారు. మనసులో కుడికి తిరగాలి అని భావిస్తారు. వేజ్ మాత్రం మిమ్మల్ని ఎడమకు తిరగమంటుంది. ఇటువంటి కొన్ని అనుభవాల తర్వాత దాని మాట వినడమే మంచిదని, మన భావాలను పక్కన పెట్టవచ్చునని అందరూ నేర్చుకుంటారు.

ఒకసారి చూచినప్పుడు వేజ్ అల్గోరిథం కేవలం ముందు రాబోయే సంగతులను చెబుతుంది అనిపిస్తుంది. మీరు ఒక ప్రశ్న అడుగుతారు. అది జవాబు చెబుతుంది. అయితే దాన్ని వినాలా, వద్దా అన్న నిర్ణయం మీదే. దానిమీద మీకు నమ్మకం కలుగుతుంది. అప్పుడు ఇక తరువాత చేయవలసింది దాన్ని ఏజెంటుగా మార్చడమే. అల్గోరిథంకు మీరు గమ్యం గురించి మాత్రమే చెబుతారు. ఇక తర్వాత అది పర్యవేక్షణ లేకుండా మిమ్మల్ని ఆ గమ్యానికి చేరుస్తుంది. వేజ్ విషయంలో ఒక ఆటోమేటిక్ కారుకు దాన్ని కలిపినప్పుడు ఇలా జరుగుతుంది. దానికి మీరు ఇంటికి వేగంగా చేరాలి, ఇంటికి అందమైన దారుల గుండా చేరాలి, లేదా కాలుష్యం తక్కువగా కలిగే మార్గం వెంట వెళ్ళాలి, అని మాత్రమే చెబుతారు. ఆజ్ఞ ప్రకారం నడుచుకోవడం దానికే వదిలేస్తారు.

చివరకు వేజ్‌కు సార్వభౌమాధికారం దొరకవచ్చు. దాని చేతుల్లో చాలా అధికారం ఉంటుంది, మీకంటే దానికి ఎక్కువ తెలిసి ఉంటుంది. కనుక అది మిమ్మల్ని నడిపించడం మొదలుపెడుతుంది. మిగతా డ్రైవర్ల మీద కూడా పెత్తనం చేస్తుంది. మీ పక్షాన నిర్ణయాలు చేస్తుంది. ఉదాహరణకు అది చాలా బాగుంది, కనుక అందరూ వేజ్ వాడడం మొదలు పెడతారు. రూట్ నెంబర్ 1లో ట్రాఫిక్ జామ్ ఉంది, అదే గమ్యానికి చేర్చే రూట్ నెంబర్ 2 మాత్రం అలా లేకుండా ఉంది. ఈ సంగతి అందరికీ చెబితే అందరూ రూట్ నెంబర్ 2 లో పెడతారు. అది కూడా జామ్ అవుతుంది. అందరూ ఒకే ఆరెకిల్‌ను నమ్మి దాన్నే వాడుతూ ఉంటే, అది అందరిమీద అధికారం చలాయిస్తుంది. అప్పుడే అది మన తరఫున ఆలోచించాలి. బహుశా అది డ్రైవర్లలో సగం మందికి మాత్రమే రూట్ నెంబర్ 2 ఖాళీగా ఉందని చెబుతుంది. మిగతా సగంవారికి ఈ సంగతి తెలియకుండా ఉంచుతుంది. అప్పుడు రూట్ నెంబర్ వన్ మీద రద్దీ తగ్గుతుంది. నంబర్ 2 కూడా రద్దీ లేకుండా ఉంటుంది.

మైక్రోసాఫ్ట్‌వారు కోర్టానా అనే మరింత అభివృద్ధి చెందిన వ్యవస్థను తయారు చేశారు. పేరుపొందిన హాలో వీడియో గేమ్ వరుసలో, ఒక కృత్రిమజ్ఞానం పాత్ర పేరు కోర్టానా. ఇది ఈ కృత్రిమజ్ఞానంతో పనిచేసే పర్సనల్ అసిస్టెంట్. మైక్రోసాఫ్ట్‌వారు దీన్ని విండోస్‌లో జతపరచాలని ప్రయత్నిస్తున్నారు. (తర్వాత ఈ విషయం నిజంగానే జరిగింది. 10లో కోర్టానా ఉంది.) కోర్టానాను అందరూ తమ ఫైల్స్, ఈమెయిల్ అప్లికేషన్స్ అన్నింటినీ చూడనిస్తారు. ఇక అది వాటన్నింటినీ గమనించి వివిధ విషయాలను గురించి సలహాలు ఇవ్వడం మొదలుపెడుతుంది. యూజర్ ఆసక్తులకు అది ఒక ఏజెంట్‌గా కూడా పనిచేస్తుంది. మీ ఆవిడ పుట్టినరోజుకు ఏదో కొనాలని అది మిమ్మల్ని హెచ్చరిస్తుంది, బహుమతి ఎంపిక చేస్తుంది, రెస్టారెంట్‌లో టేబుల్ రిజర్వ్ చేస్తుంది. భోజనానికి ముందు మందుబిళ్ల వేసుకోమని మిమ్మల్ని హెచ్చరిస్తుంది. మీరు ఇలాగే చదువుతూ కూర్చుంటే ముఖ్యమైన బిజినెస్ మీటింగ్‌కు ఆలస్యం అవుతారని చెబుతుంది. మీరు మీటింగ్‌లోకి వెళ్తారు. ఇక కోర్టానా మీ రక్తపోటు ఎక్కువగా ఉందని, డోపామీన్ లెవెల్ తక్కువగా ఉందని, గతం లెక్కలను గుర్తుంచుకొని చూస్తే ఇటువంటి పరిస్థితుల్లో మీరు తప్పులు చేసే అవకాశం ఎక్కువగా ఉందని చెబుతుంది. కనుక ఏ నిర్ణయాలు చేయవద్దు, ఏ విషయంలోనూ కమిట్ కావద్దు, సంతకాలు చేయవద్దు అని అది మీకు మార్గదర్శనం చేస్తుంది.

ఒకసారి కోర్టానాలు భవిష్యత్తు చెప్పే స్థాయి నుంచి ఏజెంట్ల స్థాయికి మారితే, యజమానుల తరఫున అవి ఒకరితో ఒకరు మాట్లాడటం మొదలుపెడతాయి. ఇదంతా అమాయకంగానే మొదలవుతుంది. నా కోర్టానా, మన మీటింగ్ స్థలాన్ని, సమయాన్ని ఎంపిక చేయడానికి మీ కోర్టానాతో మాట్లాడుతుంది. తరువాత జరిగేది కూడా తెలుసు. నాకు ఉద్యోగం ఇవ్వడానికి అవకాశం ఉన్న ఒక యజమాని, నీవు సివి పంపనవసరం లేదు, నా కోర్ఠానా, నీ కోర్టానాను ప్రశ్నలతో ముంచెత్తేందుకు అనుమతిస్తే చాలు, అంటాడు. నన్ను ప్రేమించే అవకాశం ఉన్న వ్యక్తి కోర్టానా నా కోర్టానాను సంప్రదిస్తుంది. అవి రెండూ మాట్లాడుకుని జంటకు కుదురుతుందా లేదా తెలుస్తాయి. ఆ సంగతి వాటి స్వంతదారులకు మాత్రం తెలియదు.

కోర్టానాలకు అధికారం పెరుగుతుంది. అప్పుడు అవి తమ యజమానుల ఆసక్తికి అనుకూలంగా ఉండే రకంగా ఒకదాన్నొకటి మార్చటానికి మొదలుపెడతాయి. ఉద్యోగం విషయంలో కానీ, పెళ్లి విషయంలో కానీ మీ విజయం మీ కోర్టానా బలం మీద ఆధారపడి ఉంటుంది. చాలా అడ్వాన్స్‌డ్ అల్గోరిథం వాడుతున్నవారిది, పాత వర్షన్ వాడుతున్నవారి కన్నా పైచేయిగా ఉంటుంది.

కోర్టానా యజమానికి సంబంధించిన గుర్తింపు అక్కడ చాలా చిక్కు సమస్యగా మారుతుంది. మనం గమనించినట్లు మానవులు ఇక వ్యక్తులు కారు. ఈ ఒకే ఒక ఏకీకృత వ్యక్తిత్వం ఉండదు. మరి కోర్టానా ఆ మనిషి లోపల ఉండే వివిధ వ్యక్తులలో, ఎవరి మాట ప్రకారం నడుచుకోవాలి? నాలోని వివరించే వ్యక్తిత్వం, తిండి నియమాలు పాటించాలని, ప్రతినిత్యం జిమ్‌కు వెళ్లాలని, కొత్త సంవత్సరం సందర్భంగా నిర్ణయం చేస్తుంది. కానీ

అనుభవాల వ్యక్తిత్వం మాత్రం టీవీ ఆన్ చేయమని, పిజ్జా ఆర్డర్ చేయమని కోర్టానాకు చెబుతుంది. అప్పుడు కోర్టానా ఏం చేయాలి మరి? అనుభవాల వ్యక్తిత్వం మాట వినాలా? కథల వ్యక్తిత్వం వారం క్రితం చేసిన నిర్ణయాన్ని పాటించాలా?

ఈ కోర్టానా అన్నది అలారం గడియారం కన్నా వేరు కాదు, అని మీకు అనిపించ వచ్చు. కథల వ్యక్తిత్వం గడియారంల సాయంత్రం అలారం పెడుతుంది. అనుభవాల వ్యక్తిత్వం పనిలోకి దిగడానికి ఆ అలారం హెచ్చరిక ఇస్తుంది. అయితే కోర్టానాకు అలారం గడియారంకన్నా నా మీద ఎక్కువ అధికారం ఉంటుంది. ఒక బటన్ నొక్కి అనుభవాల వ్యక్తిత్వం అలారం గడియారం గోలను ఆపవచ్చు. కోర్టానా సంగతి అలా కాదు. దానికి నా గురించి చాలా తెలిసి ఉంటుంది. దాని మాట వినడానికి అది నా లోపలి బటన్‌లను నొక్కుతుంది.

ఈ ఆటలో ఉన్నది మైక్రోసాఫ్ట్‌వారి కోర్టానా ఒకటే కాదు. గూగుల్ నౌ అలాగే ఆపిల్ వారి సిరి కూడా అదే మార్గంలో నడుస్తున్నాయి. అమెజాన్ వారు వాడుతున్న అల్గోరిథం మిమ్మల్ని క్రమంగా పరిశీలించి, జతగూడిన సమాచారంతో కొత్త ఉత్పత్తులను మీకు రికమెండ్ చేస్తుంది. పుస్తకాల అంగడికి వెళితే నేను నా మనసును బట్టి కొన్ని పుస్తకాలను ఎంచుకుంటాను. అమెజాన్ వారి వర్చువల్ అంగడికి వెళ్ళినప్పుడు మాత్రం అల్గోరిథం ఒక్కసారిగా తలెత్తి, గతంలో నీవు కొన్న పుస్తకాల సంగతి నాకు తెలుసు, నీలాగా ఆలోచించేవారందరూ కూడా ఈ పుస్తకాన్ని బాగా చదువుతున్నారు, కనుక నీవు కూడా దీన్ని కొను, అని ఒక పుస్తకాన్ని ముందు పెడుతుంది.

అయితే ఇదంతా ఆరంభం మాత్రమే. ఇవాళ కనీసం యుఎస్‌లో చాలామంది అచ్చు పుస్తకాలకన్నా డిజిటల్ పుస్తకాలను ఎక్కువగా చదువుతారు. అలా చదువుతున్నప్పుడు అమెజాన్ వారి కిండల్ ఆ మనుషులను గురించి సమాచారాన్ని సేకరించగలుగుతున్నది. పుస్తకంలోని ఏ భాగాలను మీరు వేగంగా, ఏవి నెమ్మదిగా చదువుతున్నారు? ఏ పేజీలో మీరు చదవడం ఆపారు, ఏ వాక్యం చదువుతున్నప్పుడు ఆ పుస్తకం చదవడం వదిలేశారు, వంటి విషయాలను అది గమనిస్తుంది. (ఆ భాగాన్ని తిరగ రాయమని రచయితగా చెప్పాలేమో.) కిండల్‌ను అప్‌గ్రేడ్ చేసి ముఖాలను గుర్తించే శక్తినిచ్చి, బయోమెట్రిక్ సెన్సర్‌లను కూడా జోడించితే, ఏ వాక్యం చదువుతున్నప్పుడు మీ గుండె రేటు, రక్తపోటు మారాయి అన్న సంగతులు కూడా దానికి తెలుస్తాయి. మిమ్మల్ని ఏమి నవ్వించింది, ఏది దుఃఖానికి లేదా కోపానికి గురిచేసింది, అది గుర్తుంచుకుంటుంది. నిజానికి మీరు చదివిన సంగతులు మరచిపోతారు. అమెజాన్‌కు మాత్రం అవి కలకాలం గుర్తుంటాయి. మీ కొరకు పుస్తకాలను అది మరింత బాగా ఎంపిక చేయగలుగుతుంది. అసలు మీ వ్యక్తిత్వం గురించి, దానిపై ప్రభావం చూపడం గురించి కూడా దానికి తెలుస్తుంది.

ఇక కొంతకాలానికి ఈ సర్వజ్ఞ నెట్‌వర్క్ నుంచి ఒక క్షణం కూడా తప్పించుకోలేని పరిస్థితి వస్తుంది. డిస్‌కనెక్షన్ (దాన్ని వదిలించుకోవడం) అంటే ఇక చావుతో సమానం. వైద్యంలో జరుగుతున్న విషయాలు నిజమైతే మనుషులు తమ శరీరాలలో బయోమెట్రిక్ పరికరాలను, బయోనిక్ శరీర భాగాలను, నానో మరమనుషులను ఏర్పాటు చేసుకుంటారు.

అవి ఆరోగ్యాన్ని పరిశీలిస్తూ, ఇన్ఫెక్షన్లు, అనారోగ్యాల నుంచి మనుషులను కాపాడతాయి. అయితే ఈ పరికరాలన్నీ ప్రతినిత్యం 24 గంటలు ఆన్‌లైన్ ఉండాలి. అప్పుడే వాటిలో సరికొత్త మార్పులు వచ్చి కలుస్తాయి. సైబర్ స్పేస్‌లోని కొత్త దాడుల నుంచి సురక్షితంగా ఉంటాయి. హెూమ్ కంప్యూటర్లో వైరస్‌లు, వర్మ్‌లు, ట్రోజన్స్ వచ్చినట్లే పేస్ మేకర్, హియరింగ్ ఎయిడ్, నానో టెక్నాలజీ నిరోధక వ్యవస్థకు కూడా వైరస్‌లు రావచ్చు. నా శరీరంలోని యాంటీ వైరస్ ప్రోగ్రామ్‌లను నేను ఎప్పటికప్పుడు అప్‌డేట్ చేయకపోతే నా శరీరంలో తిరుగుతున్న మిలియన్లకొద్ది నానోరోబోస్, ఆనాటికి ఒక దక్షిణ కొరియా హాకర్ అధికారంలో పనిచేస్తున్నాయని అర్థం అవుతుంది.

21వ శతాబ్దపు కొత్త సాంకేతిక విధానాలు వచ్చి మానవతావాద విప్లవాన్ని తిరగ బెడతాయి. మనుషుల అధికారాన్ని తొలగించి, వారిమీద మనుషులుకాని అల్గోరిథంల అధికారాన్ని ఏర్పాటు చేస్తాయి. ఇది మీకు భయంకరంగా కనిపిస్తే తప్పు కంప్యూటర్ వారిది మాత్రం కాదు. జీవశాస్త్రం వారిమీద ఆ బాధ్యత ఉంది. ఈ పద్ధతి మొత్తానికి జీవశాస్త్రానికి సంబంధించిన ఆలోచనల కారణంగా మొదలైంది. జీవులు అల్గోరిథంలు అన్న మాటను జీవశాస్త్రమే తేల్చింది. అది నిజం కాకపోతే, జీవులు అల్గోరిథంలా కాక మరో రకంగా పనిచేస్తే కంప్యూటర్లు మిగతా రంగాల్లో అద్భుతాలు చేస్తాయి. అంతేగాని అవి మనలను, మన జీవితాలను అర్థం చేసుకోలేవు. బతుకు మార్గాన్ని మార్చలేవు. చివరకు అవి మనతో కలిసిపోలేవు. జీవశాస్త్రజ్ఞులు చివరికి జీవులన్నీ అల్గోరిథంలు అని తేలిస్తే మాత్రం వారు జీవులు, నిర్జీవులు మధ్య తేడాను తుడిపి వేసినట్టు అవుతుంది. కంప్యూటర్ల ప్రగతి కేవలం ఒక సాంకేతిక విప్లవం కాక జీవసంబంధ వినాశనంగా మారుతుంది. మనుషులనే వ్యక్తుల నుంచి అధికారం నెట్‌వర్క్ చేసిన అల్గోరిథంలకు మారుతుంది.

కొంతమంది ఈ అభివృద్ధిని చూసి భయపడుతున్నారు. కానీ లక్షలాదిమంది దాన్ని ఇష్టపడి స్వంతం చేసుకుంటున్నారు. ఇప్పటికే మనలో చాలామంది ఆన్‌లైన్‌లో పనిచేస్తూ గోప్యతనీ, వ్యక్తిత్వాన్నీ త్యాగం చేస్తున్నాము. మన పనులన్నీ రికార్డ్ అవుతున్నాయి. కొన్ని నిమిషాలపాటు కూడా ఇంటర్నెట్ లేకపోతే అందరూ తలకిందులు అవుతున్నారు. అధికారం మనుషుల నుండి అల్గోరిథంలకు మారడం అన్నివైపులా జరుగుతున్నది. అది ఒక ప్రభుత్వ నిర్ణయం ప్రకారం జరిగింది కాదు. వ్యక్తులు ఎవరికివారు నిర్ణయించి చేసుకున్న పరిస్థితి.

ఫలితంగా వచ్చేది ఆర్వెల్ చెప్పిన పోలీసు రాజ్యం కాదు. ఒక ఆపద మన ముందు ఉన్నప్పుడు కూడా, మనం పాత ఆపదలను ఎదుర్కోవడానికి ఎప్పుడూ సిద్ధంగానే వుంటాం. వ్యక్తిని సామూహిక దౌర్జన్యం నుంచి కాపాడే రక్షకులు దాని విచ్ఛిన్నం వ్యతిరేక దిశ నుంచి జరగబోతోందని గ్రహించలేరు. ఇప్పుడు వ్యక్తిని అణగదొక్కేది ఆర్వెల్ చెప్పిన పెద్ద అన్న (Big Boss) కాదు, వ్యక్తులు లోలోనే ఛిన్నాభిన్నం అవుతారు. ప్రస్తుత కాలంలో చాలా కార్పొరేషన్‌లు, ప్రభుత్వాలు నా వ్యక్తిత్వానికి నివాళి అర్పిస్తాయి. నాకు వైద్యం, విద్య, మానసికోల్లాసం నా వ్యక్తిగత అవసరాలను బట్టి అందజేస్తామని హామీ ఇస్తాయి.

కానీ, ఆ పనులు చేయడానికి ఆ సంస్థలు ముందుగా నన్ను జీవరసాయనిక ఉపవ్యవస్థలుగా విడదీయాలి. శక్తివంతమైన అల్గోరిథంలతో వాటిని రకరకాల సెన్సర్లలతో పరిశీలిస్తూ ఉండాలి. వాటి పనితీరును అర్థం చేసుకోవాలి. ఇదంతా జరుగుతూ ఉంటే వ్యక్తి కేవలం ఒక మతపరమైన భ్రమగా మిగిలిపోతాడు. జీవరసాయన, ఎలెక్ట్రానిక్ ఆల్గోరిథమ్స్‌ల వలగా వాస్తవం మిగిలిపోతుంది. దానికి స్థిరమైన అవధులు ఉండవు. వ్యక్తి కేంద్రాలు ఉండవు.

అసమానతను అభివృద్ధిపరచడం

ఇప్పటివరకు మనం లిబరలిజంకు ఎదురైన ప్రయోగాత్మకమైన ఆపదలను మూడింటిని గమనించాము. మొదట మానవులు తమ విలువలు పూర్తిగా పోగొట్టుకుంటారు; రెండవదిగా మానవులకు సమష్టిగా విలువ ఉంటుంది: అయితే వ్యక్తిగతమైన అధికారం మాత్రం ఉండదు. బయటి అల్గోరిథంలు వారిని నడిపిస్తాయి. అయినా వ్యవస్థ మాత్రం నీవు సింఫొనీలను రూపొందించాలి, చరిత్ర పాఠాలు చెప్పాలి, లేదా కంప్యూటర్ కోడ్ రాయాలి అంటుంది. అయినా దానికి నీ గురించి నీకు తెలిసిన కన్నా ఎక్కువ తెలిసి ఉంటుంది. కనుక నీకు కావలసిన ముఖ్యమైన నిర్ణయాలను చాలామటుకు అదే చేస్తుంది. బహుశా నీకది సంతోషకరంగానే ఉంటుంది. నిజానికి ప్రపంచం అంత చెడ్డదేమీ కాదు, అయితే అది ఉదారవాదానంతర ప్రపంచం అనిపించుకుంటుంది.

ఇక ఉదారవాదానికి వచ్చిన మూడవ ఆపద ప్రకారం కొంతమంది మనుషులు ఉండక తప్పదు. వారిని గురించి అర్థం చేసుకోవడానికి ఉండదు. అప్‌డేట్ చేయబడిన మనుషులుగా వారు గౌరవం గల చిన్న ఉన్నత వర్గంగా కొనసాగుతారు. ఈ సూపర్ హ్యూమన్‌లకు కనీవినీ ఎరుగని శక్తిసామర్థ్యాలు ఉంటాయి. ముందెన్నడూలేని సృజనాత్మకత ఉంటుంది. కనుక ప్రపంచం గురించి వారు చాలా ముఖ్యమైన నిర్ణయాలు చేస్తారు. వ్యవస్థ కొరకు చాలా కీలకమైన సేవలను వారు అందిస్తారు. వ్యవస్థ మాత్రం వారిని అర్థం చేసుకోదు, అదుపు చేయదు. అయితే చాలామంది మనుషులు ఈ రకంగా అప్‌గ్రేడ్ చేయకుండానే ఉండిపోతారు. కనుక వారు ఒక తక్కువ రకం కులంగా మిగిలిపోతారు. వారి మీద కంప్యూటర్ అల్గోరిథంలు, కొత్త సూపర్ మానవులు అధికారం చేస్తుంటారు.

మానవ జాతిని జీవశాస్త్ర కులాలుగా విభజించడంతో ఉదారవాద ఆదర్శాల పునాదులు ఇంకా నాశనం అవుతాయి. ఆర్థికంగా, సామాజికపరంగా ఉండే ఖాళీలతోపాటు ఉదారవాదం సమజీవితం సాగిస్తుంది. అది సమానతకన్నా స్వతంత్రానికి ఎక్కువ విలువ నిస్తుంది. కనుక ఈ ఖాళీలను అంగీకరిస్తుంది. అయినాసరే, లిబరలిజం ఇంకా అందరు మానవులకు సమానవిలువ, అధికారం ఉన్నాయి అంటుంది. ఉదారవాద దృష్టికోణంనుంచి చూస్తే ఇది బాగానే ఉంటుంది. ఒక వ్యక్తి బిలియన్ల అధికారిగా ఉండి గొప్ప భవనంలో జీవనం సాగిస్తూ ఉంటాడు. అదే సమయంలో మరొక రైతు తన పూరిగుడిసెలో బతుకు తుంటాడు. వాదం ప్రకారం రైతు యొక్క సాటిలేని అనుభవాలు కూడా, పెద్దమనిషి అనుభవాలకు సమంగానే విలువ గలిగి ఉంటాయి. అందుకనే ఉదారవాద రచయితలు,

పేదరైతు అనుభవాలను గురించి నవలలు రాస్తారు. ధనస్వాములు కూడా అటువంటి పుస్తకాలు చదువుతారు. బ్రాడ్‌వేలోగాని కోవెంట్ గార్డెన్‌లోగాని మీరు నాటకం చూడ్డానికి వెడతారు. అక్కడ మంచి సీట్ కావాలంటే వందలాది డాలర్స్ ఇవ్వవలసి వస్తుంది. ప్రేక్షకుల సగటు ఆస్తులు బిలియన్లలో ఉంటాయి. వారందరూ జా వాల్ జా కథ చూస్తారు. తన తమ్ముని పిల్లల కొరకు అతను ఒక రొట్టె దొంగిలించాడు. కనుక పందొమ్మిది సంవత్సరాలు జైలులో గడిపాడు. ఆ కథనే అందరూ మెచ్చుకుంటారు.

ఎన్నికల రోజు కూడా ఇదే తర్కం పనికి వస్తుంది. బీదరైతు వోటుకు, బిలియనీరు వోటుకు సమానమైన విలువ ఉంటుంది. వేరువేరు మానవ అనుభవాలకు సమానవిలువ ఇవ్వడం సామాజిక సమానతకు, ఉదారవాదం ఇచ్చిన జవాబు. అందరికీ ఒకే రకమైన అనుభవం ఇవ్వడం కుదరదు. అయితే కలిగినవారు, బీదవారి మధ్య తేడా కేవలం ధనం ప్రకారమే కాక నిజమైన జీవవ్యత్యాసాల మీద ఆధారపడితే ఈ జవాబు పనిచేస్తుందా?

న్యూయార్క్ టైమ్స్‌లో వచ్చిన వ్యాసంలో ఏంజలీనా జోలీ, జన్యు పరీక్షల ఖర్చు గురించి చెప్పింది. ఆమె చేయించుకున్న పరీక్షకు మూడువేల డాలర్లు ఖర్చయింది. తరువాత స్తనాలు తొలగించడం, వాటి స్థానంలో కొత్తవి ఏర్పాటు చేయడం, వాటి కారణంగా కొంతకాలం సాగిన చికిత్సలకు ఖర్చు వేరుగా ఉంది. ఈ ప్రపంచంలో సుమారు ఒక బిలియన్ మంది దినానికి ఒక డాలర్ కన్నా తక్కువ సంపాదిస్తారు. ఒకటిన్నర బిలియన్ మంది ఒకటి నుండి రెండు డాలర్‌ల మధ్యన సంపాదిస్తారు. ఇటువంటివారు జీవితమంతా కష్టపడి పనిచేసినా జన్యుపరీక్షకు అవసరమయ్యే మూడు వేల డాలర్లను కూడబెట్టలేరు. ఆర్థిక విభేదాలు రానురాను పెరుగుతున్నాయి. 2016 సంవత్సరం మొదటి భాగంలో ప్రపంచంలోని అందరికన్నా ఎక్కువ ధనవంతులు అరవయిఇద్దరి ఆస్తి, జనాభా అడుగువర్గంలోగల 7.6 బిలియన్ బీదవారి ఆస్తులకు సమానంగా ఉంది. ప్రపంచ జనాభా అప్పటికి 7.2 బిలియన్లు. అంటే అందులో అడుగు సగం మంది వద్ద ఉన్న డబ్బులు అరవయి ఇద్దరివద్ద ఉన్నాయని అర్థం.

డీఎన్ఏ పరీక్షల ధరలు రానురాను తగ్గవచ్చు. అయితే మరింత వెలగల పద్ధతులు కొత్తగా వెలువడుతున్నాయి. పాత చికిత్సలు ఎక్కువమందికి అందుబాటులోకి వస్తాయి. ఉన్నతవర్గంవారు ఎప్పుడూ ఒక రెండు మెట్లు ముందే ఉంటారు. చరిత్ర మొత్తంలోనూ ధనవంతులు సామాజికంగా రాజకీయంగా పైచేయిగా కొనసాగారు. అయితే జైవికపరంగా మాత్రం బీదవారి నుంచి వారు వేరుగా లేరు. మధ్యయుగంలో రాజకుటుంబాలవారు తమ లోపల ఉన్నతమైన నీలిరక్తం ప్రవహిస్తున్నది అన్నారు. హిందూ బ్రాహ్మణులు తాము ఇతరులకన్నా సహజంగానే తెలివిగలవారము అన్నారు. అయితే ఇదంతా కట్టుకథ. రానున్న కాలంలో మాత్రం అప్‌గ్రేడ్ చేయబడిన అగ్రవర్గం వారికి, సమాజంలోని మిగతా వారికి ఈ మధ్యన భౌతికంగా వృత్తిపరంగా నిజంగా ఎడం ఉండే పరిస్థితి వస్తుంది.

ఈ పరిస్థితిని వైజ్ఞానికుల ముందుపెట్టి అడిగితే ఇరవయ్యవ శతాబ్దిలో వైద్యంలోని అభివృద్ధి అంతా ధనవంతులతో మొదలయింది, అయినా తరువాత అది అందరికీ అందుబాటులోకి వచ్చింది. ఆ రకంగా సామాజికంగా ఉన్న తేడాల సమస్య తరిగింది తప్ప

పెరగలేదు, అని వారు ఒక పద్ధతిగా జవాబు చెబుతారు. ఉదాహరణకు టీకా మందులు, యాంటీబయాటిక్స్ మొదట్లో పడమటి దేశాల అగ్రవర్గాల వాళ్లకు మాత్రమే దొరికాయి. మరి అవి ప్రస్తుతం అందరు మానవుల జీవితాలను అన్నిచోట్ల మెరుగుపరుస్తున్నాయి.

అయితే ఈ రకమైన విధానం ఇరవయి ఒకటవ శతాబ్దంలో కూడా కొనసాగుతుంది అన్నది కేవలం ఆశాభావ వాదన. అందుకు రెండు ముఖ్యమైన కారణాలున్నాయి. మొట్టమొదట వైద్యంలో మహత్తరమైన విధాన విప్లవాలు వస్తున్నాయి. రోగం వచ్చిన వారికి ఉపశమనం చేయాలన్నది ఇరవయ్యవ శతాబ్దిలో వైద్యం. ఇరవయి ఒకటవ శతాబ్దంలో మాత్రం అది ఆరోగ్యంగా ఉన్నవారిని మరొక మెట్టు పైకి తీసుకుపోవాలి అంటున్నది. అనారోగ్యాన్ని బాగుచేయడం అన్నది సామాజిక సమానత్వం మీద సాగిన కార్యక్రమం. అందులో అందరూ అనుభవించదగిన భౌతిక, మానసిక ఆరోగ్యపరంగా నియమావళి ప్రమాణాలు ఉన్నాయి అన్నారు. ఎవరైనా సగటు పరిస్థితికి దిగువ ఉంటే వైద్యులు వారి సమస్యలు తొలగించాలి. వారిని అందరితో సమానంగా ఉంచాలి. అయితే ఆరోగ్యంగా ఉన్నవారిని మరింత మెరుగుపరచడం అన్నది, ఉన్నతవర్గాలకు సంబంధించిన ప్రాజెక్ట్. అందులో విశ్వవ్యాప్త ప్రమాణాలు అందరికీ వర్తించవు. కొందరిది పైచేయిగా ఉంటుంది. మనుషులకు మరింత మంచి జ్ఞాపకశక్తి, సగటుకన్నా ఎక్కువ తెలివి, లైంగికంగా అత్యున్నత సమర్థత కావాలని కోరికలు. అప్‌గ్రేడ్ పద్ధతి ఏదైనా చక్కగా ఉండి అందరికీ అందుబాటులోకి వస్తే, అధిక కనీస ప్రమాణం అవుతుంది. తర్వాతి తరంలో దానికన్నా ఎక్కువ స్థాయిని అందుకోవాలని ప్రయత్నాలు జరుగుతాయి.

రెండోది 20వ శతాబ్దంలో చికిత్సా విధానం ప్రజాసమూహాలకు మేలు చేసింది, ఎందుకంటే 20వ శతాబ్దం ప్రజాసమూహాల యుగం. 20వ శతాబ్దంలో సైన్యానికి కొన్ని మిలియన్ల ఆరోగ్యవంతులైన సైనికుల అవసరం ఏర్పడింది. ఫలితంగా ప్రభుత్వాలు ప్రజారోగ్య సేవలను ప్రతి ఒక్కరి శక్తిని, ఆరోగ్యాన్ని కాపాడటంకోసం ఏర్పాటుచేసింది. వైద్యరంగంలో మనం సాధించిన గొప్ప విజయాలు : సామూహిక పరిశుభ్రత సౌకర్యాలు, సామూహిక టీకాల కోసం ప్రచారం, సామూహిక మహమ్మారిలని అధిగమించడం. 1914లో జపాన్ దేశంలోని ఉన్నతవర్గం బీదలకు టీకాలు వేయించడంలో, ఆసుపత్రులు నిర్మించడంలో, మురికివాడల్లో మురుగునీటి వ్యవస్థను ఏర్పాటు చేయడంలో స్వార్థ ప్రయోజనాలు ఉన్నాయి. ఒక బలమైన సేన, ఒక బలమైన ఆర్థిక వ్యవస్థతో జపాన్ ఒక బలమైన దేశం అవాలని వారు కోరుకున్నారు, అందుకోసం వారికి కొన్ని మిలియన్ల ఆరోగ్యవంతులైన సైనికులు, కార్మికులు అవసరం అయారు.

కానీ ఈ ప్రజాసమూహాల యుగం ముగిసినట్టుంది. దానితోపాటే ప్రజావైద్యం కూడా ముగిసింది. మానవ సైనికులు, కార్మికులు పక్కకు కదిలి, అల్గోరిథంలకు అధికారం ఇస్తారు. అందరికీ ప్రామాణికమైన ఆరోగ్య సేవలు, అందునా పనికిరానివారికి అందించడం అర్థం లేనిదని ఉన్నతవర్గాలవారు అనవచ్చు. ఆ సమయంలో కొంతమంది సూపర్ హ్యూమన్‌లను, మామూలు కన్నా పైస్థాయికి చేర్చడం ముఖ్యమని వారు అనుకోవచ్చు.

ఇప్పటికే జపాన్, దక్షిణ కొరియా వంటి సాంకేతిక అభివృద్ధి సాధించిన దేశాలలో

జననాల రేటు తగ్గుతున్నది. పిల్లల పెరుగుదల, విద్య గురించి కొంతమంది అక్కడ కేంద్రీకరిస్తున్నారు. వారినుంచి ఎంతో ఆశిస్తున్నారు. ఇక అభివృద్ధి చెందుతున్న భారతదేశం, బ్రెజిల్, నైజీరియా వంటి దేశాలు ఏ రకంగా జపాన్‌తో పోటీ పడగలుగుతాయి? ఈ దేశాలు పొడుగాటి రైలుబండిలాగా ఉంటాయి. మొదటి తరగతి పెట్టెలో ఉన్న ఉన్నత వర్గాలవారు మంచి ఆరోగ్యరక్షణ, విద్య ఆదాయం స్థాయి, ప్రపంచ స్థాయికి సమానంగా అందుకుంటారు. మూడవతరగతి పెట్టెలో ఉన్న వందలాది మిలియన్ల మామూలు పౌరులు, విస్తరిస్తున్న వ్యాధులకు, అజ్ఞానానికి, బీదతనానికి గురవుతూనే ఉంటారు. వచ్చే శతాబ్దంలో భారతదేశం, బ్రెజిల్, నైజీరియాలోని ఉన్నతవర్గాలవారు ఏం చేయాలను కుంటారు? కోట్లాది మందికిగల సమస్యలు తీర్చడంలో పెట్టుబడి పెడతారా? ఆర్థిక పరంగా మనుషులు ముఖ్యులు అనుకున్నప్పుడు అటువంటి పరిస్థితి ఉండేది. ఇప్పుడు మనుషులు పనికిరాని వారి కింద లెక్కకు వస్తున్నారు. కనుక క్రూరంగా ఉన్నాసరే అన్నిటి కన్నా బాగా పనిచేసే విధానం ఉన్నత వర్గాలను మాత్రమే పట్టించుకుంటుంది. జపాన్‌తో పోటీ పడాలంటే బ్రెజిల్ వారికి కూడా అప్‌గ్రేడ్ చేసిన సూపర్ మానవులు అవసరం. లక్షలాదిమంది ఆరోగ్యంగల సేనలు, కార్మికులు అవసరం లేకపోవచ్చు.

భౌతికంగా, భావపరంగా, బుద్ధిపరంగా విశేషమైన శక్తిపాటవాలు ఉన్న సూపర్ మానవుల అవతరణ ముందు ఉదారవాద విశ్వాసాలు ఏ రకంగా నిలబడతాయి? మామూలు సేపియన్స్ కన్నా ఈ సూపర్ మానవులకు అనుభవాలు మౌలికంగా వేరుగా ఉన్నాయని తెలిస్తే ఏం జరుగుతుంది? తక్కువరకం సేపియన్ దొంగల అనుభవాలను గురించి నవలలు చదవడం సూపర్ మానవులకు బోరింగ్‌గా ఉంటే, పక్కన సూపర్ మానవుల ప్రేమ వ్యవహారాలు, మామూలు మానవులకు తలకు ఎక్కకుండా ఉంటే ఏమిటి పరిస్థితి?

కరువులను, వ్యాధులను, యుద్ధాలను అధిగమించాలని ఇరవయ్యవ శతాబ్దిలో మానవులు గొప్పగా పెట్టుకున్న ధ్యేయాలు, విశ్వవ్యాప్తంగా పుష్కలంగా వనరులు, ఆరోగ్యం, శాంతి మామూలుగా అందరికీ అందాలని ఆశించాయి. కానీ ఇరవయి ఒకటవ శతాబ్దపు కొత్త ప్రణాళికలు మరణం మీద విజయం, మహదానందం, దైవికతలను ఆశిస్తున్నాయి. మొత్తం మానవాళికి సేవ చేయాలి అని కూడా అంటున్నాయి. అయితే ఈ ప్రణాళికలో మామూలు పరిస్థితిని కాపాడడం కాక, దాన్ని దాటి ముందుకు పోవాలి అనుకుంటున్నాయి. కనుక ఇక సూపర్ మానవుల కులం ఒకటి కొత్తగా పుట్టుకు వస్తుంది. అది ఉదారవాద మూలాలను వదిలిపెడుతుంది. ఇరవయ్యవ శతాబ్దిలో యూరోపియన్లు ఆఫ్రికన్‌లను చూచిన పద్ధతిలోనే మామూలు మనుషులను తక్కువవారిగా చూస్తుంది.

వైజ్ఞానిక ఆవిష్కరణలు, సాంకేతిక అభివృద్ధి కలిసి మానవాళిని పనికిరాని అధిక సంఖ్యాకులు ఒక వర్గంగా, అప్‌గ్రేడ్ చేయబడిన సూపర్ మానవులు మరొక చిన్న ఉన్నత వర్గంగా విడదీస్తే, లేదా అధికారం మనుషులనుండి పోయి, గొప్ప తెలివిగల అల్గోరిథంల చేతికి మారితే ఉదారవాదం పూర్తిగా కుప్పకూలుతుంది. ఫలితంగా వచ్చే శూన్యంలో ఎటువంటి కొత్తమతాలు లేదా ఆదర్శాలు చోటు కల్పించుకుంటాయి? ఉండే మన దేవుళ్లవంటి మన తర్వాతి తరాల వారి పరిణామాన్ని అవి ఎటు వైపు నడిపిస్తాయి?

10

చేతనా సముద్రం

రానున్న కొత్త మతాలు ఆఫ్ఘనిస్థాన్‌లోని గుహలనుంచి లేదా మధ్యప్రాచ్యంలోని మదరసాలనుంచి కాదు వచ్చేది. అవి పరిశోధనశాలలనుంచి వస్తాయి. ఆవిరి యంత్రం, విద్యుత్తు ద్వారా మోక్షాన్ని హామీ ఇచ్చి, సామ్యవాదం ప్రపంచాన్ని జయించినట్లే, రానున్న దశాబ్దాలలో ఈ సరికొత్త సాంకేతిక మతాలు, అదే మోక్షాన్ని ఆల్గోరిథమ్స్, జన్యువుల ద్వారా ఇప్పించే పద్ధతిని హామీ ఇస్తూ అదే ప్రపంచాన్ని మరొకసారి జయిస్తాయి.

రాడికల్ ఇస్లాం, క్రైస్తవ పునాదివాదం గురించి అంతగా మాట్లాడుతున్నప్పటికీ మతదృష్టితో చూస్తే ఇవాళ ప్రపంచంలో ఆసక్తికరమైన ప్రదేశాలు, ఇస్లామిక్ రాజ్యాలు లేదా బైబిల్ బెల్ట్ కానేకావు. సిలికాన్ వ్యాలీ అన్నింటికన్నా ఆసక్తికరమైనది. హైటెక్ గురువులు అక్కడి నుండి ధైర్యంగల కొత్తమతాలను వండుతున్నారు. వాటికి దేవునితో సంబంధం లేదు. ఉండే సంబంధమంతా సాంకేతికశాస్త్రంతోనే. సంతోషం, శాంతి, సౌభాగ్యం, చివరకు చిరంజీవులుగా బతుకు లాంటి పాత బహుమానాలు అన్నింటినీ ఇవి కూడా ఇస్తామంటాయి. అవన్నీ చావు తరువాత స్వర్గం, దేవతల సాయంతో కాకుండా, ఇక్కడే భూమిమీద సాంకేతికశాస్త్రం సాయంతో అందుతాయి.

ఈ కొత్త సాంకేతిక మతాలను రెండు వర్గాలుగా విభజించవచ్చు. ఒకటి సాంకేతిక మానవతావాదం. రెండవది సమాచార మతం. మనుషులు తమ విద్యుక్త కర్తవ్యాన్ని పూర్తి చేశారని, ఇప్పుడిక కాగడాను పూర్తి కొత్త రకాలకు అందించవలసిన సమయం వచ్చిందని డేటా రిలీజియన్ అనే ఈ సమాచారమతంవారు అంటారు. డేటామతం వారి కలలను, పీడకలలను మనం తరువాతి అధ్యాయంలో చర్చకు తీసుకుందాం. ఈ అధ్యాయాన్ని ముఖ్యంగా సాంకేతిక మానవతావాదం లేదా టెక్నో హ్యూమనిజం అనే సాంప్రదాయిక వర్గానికి అంకితం చేద్దాం. వీరు సృజనకు శిఖరాయమానంగా ఇంకా మానవులను

భావిస్తారు. సాంప్రదాయిక మానవతా విలువలు పట్టుకుని వేలాడతారు. సాంకేతిక మానవతావాదం అంగీకరించిన ప్రకారం మనకు తెలిసిన హెమో సేపియన్స్ వారి, చరిత్ర అంతానికి చేరుకున్నది. దానికి చోటు లేదు. కనుక మనం సాంకేతికశాస్త్రాన్ని వాడి హోమో డెయూస్ అంటే మానవదేవుడు, లేదా దైవమానవుడు అనే మరింత ఉత్కృష్టమైన మానవ నమూనాను తయారుచేయాలి, అని కూడా వీరి అభిప్రాయం. ఈ మానవదేవునిలో మానవుని ముఖ్య లక్షణాలు కొన్ని ఇంకా మిగిలి ఉంటాయి. కానీ వారి భౌతిక, భౌద్ధిక క్షమతలు చాలా వేరుగా ఉంటాయి. కనుక వారు అభివృద్ధి చెందిన, చేతనలేని ఆల్గోరిథం లతోబాటు సమంగా నిలిచి, ముందుకు సాగుతారు. దానికి చేతనకు సంబంధం తగ్గు తున్నది. చేతనలేని జ్ఞానం చెప్పలేని వేగంతో పెరుగుతున్నది. మరి మనుషులు రంగంలో నిలిచి ఉండాలంటే చురుకుగా తమ మెదళ్లను అప్‌గ్రేడ్ చేసుకోవలసి ఉంటుంది.

డెబ్బయివేల సంవత్సరాల క్రితం తెలుసుకొనడం అనే కార్యక్రమంతో అభిజ్ఞా విప్లవం, సేపియన్స్ మెదళ్లను పరివర్తనం చేసింది. గుర్తింపులేని ఆఫ్రికన్ కోతి జాతిని ఆ రకంగా ప్రపంచానికి శాసకుడుగా మార్చింది. సేవియన్ మెదళ్లు మెరుగుపడి, ఒక్కసారిగా వాటికి కొత్త ప్రపంచం ఎదురయ్యింది. వాళ్లకు దేవుళ్లను, కార్పొరేషన్లను సృష్టించడానికి నగరాలను, రాజ్యాలను ఏర్పాటు చేయడానికి శక్తి అందింది. వాళ్లు రాత నేర్చుకున్నారు. ధనం వాడకం తెలుసుకున్నారు. అణువును ఛేదించారు. చంద్రగోళం మీదకు చేరుకున్నారు. అయితే భూమిని కుదిపే ఈ విప్లవం అంతా సేపియన్స్ డిఎన్ఏలో జరిగిన కొద్దిపాటి మార్పులు వల్ల జరిగింది. వారి మెదళ్ళలో కొంచెం రీవైరింగ్ జరిగింది. జన్యువులలో మరిన్ని మార్పులు, అలాగే మెదడులో మరికొంత రీవైరింగ్ చేస్తే, మరొక ఆత్మాశ్రయ విప్లవం రావడానికి సరిపడుతుందని సాంకేతిక మానవమతం అంటున్నది. మొదటి విప్లవం తర్వాత, మెదడుకు చేసిన మరమ్మతు వలన హోమో సేపియన్స్‌కు కొత్త ప్రపంచం దొరికింది. కనుకనే వారు భూగ్రహానికి శాసకులు కాగలిగారు. అలాగే రెండవ విప్లవం జరిగితే ఊహకందని మరిన్ని కొత్త రాజ్యాలు, అధికారంలోకి వచ్చి గెలాక్సీలకే వారిని అధిపతులుగా చేయవచ్చు.

పరిణామ మానవతావాదం గతంలోనే కొన్ని కలలు కన్నది. వంద సంవత్సరాల క్రితమే సూపర్ మానవులను తయారుచేయాలి అన్నది. ఈ కొత్త ఆలోచన, పాత ఆలోచనను కొంచెం పెంచి ముందుకు వచ్చింది. హిట్లర్ అతని అనుయాయులు కూడా సూపర్ మానవులను తయారుచేస్తామన్నారు. వాళ్లు అందులో మనుషుల జాతులకు స్థానం కల్పించారు. పనికిరానివారిని తొలగించాలి అన్నారు. అయితే కొత్త శతాబ్దపు టెక్నో హ్యూమనిజం మాత్రం అదే గమ్యానికి మరింత ప్రశాంతంగా చేరాలి అంటున్నది. అందుకు జెనటిక్ ఇంజనీరింగ్, నానోటెక్నాలజీ, కంప్యూటర్-మెదళ్లకు సంధానం పద్ధతులు సాయం చేస్తాయి.

మెదడులో అంతరాయాలు

మనిషి మెదడును మరింత పైస్థాయికి చేర్చాలని సాంకేతిక మానవతా ప్రయత్నిస్తున్నది. అప్పుడు మనకు అంతకుముందు ఎరుగని అనుభవాలు, చేతనలో తెలియని స్థాయిలు అందుతాయి. అయినా మానవ మేధస్సును తిరగబెట్టడం చాలా గజిబిజి పని. అపాయంతో కూడుకున్నది కూడా. మనం మెదడును నిజంగా అర్థం చేసుకోలేము అన్న సంగతిని మూడవ అధ్యాయంలో చూచాం. మెదళ్లు ఎలా రూపు పోసుకుంటాయి, వాటి పని ఏమిటి అన్నది మనకు తెలియదు. పట్టువదలకుండా ప్రయత్నాలు చేసి మానసిక స్థితులను అర్థం చేసుకోవడానికి ప్రయోగాలు జరిగాయి. ఈ మార్పుల ప్రభావం పూర్తిగా తలకు ఎక్కలేదు. మనకు మానసిక స్థితుల పూర్తి పరిస్థితి తెలియకపోవడం అన్యాయం. మానసికంగా గమ్యాలను ఏర్పరుచుకోవడం మనకు తెలియకుండా ఉంది.

మన పరిస్థితి ఒక చిన్న ఒంటరి దీవి మీద ఉన్న కొందరు మనుషులలాగా ఉంది. వాళ్లు అప్పుడప్పుడే కనుగొని ఒక కొత్త బోటును కట్టుకున్నారు. చిత్రపటం లేదు, గమ్యం లేదు. కానీ ప్రయాణానికి సిద్ధం అవుతున్నారు. మన పరిస్థితి అంతకంటే అన్యాయంగా ఉంది. తాము మహత్తరమైన సముద్రం మధ్యలో చిన్నదీవిలో ఉన్నాము, అన్న సంగతి మన ఊహలలోని ద్వీపవాసులకు తెలుసు. మనం మాత్రం గుర్తు తెలియని అంతులేని మానసిక పరిస్థితుల సముద్రంలో మధ్యన చిన్న చైతన్యద్వీపంలో బతుకుతున్నామన్న సంగతి అర్థం చేసుకోలేకపోతున్నాం.

వెలుగు, ధ్వని వర్ణ పటాలు మనిషి చూడగలిగిన, వినగలిగిన దానికన్నా ఎక్కువ వైశాల్యం గలవి. మానసిక స్థితులు కూడా సగటు మానవుడు అర్థం చేసుకోగలిగిన దానికన్నా చాలా పెద్దవి. మనము వెలుగును 400 నుండి 700 నానోమీటర్ల నిడివి మాత్రమే చూడగలుగుతాము. మనిషి చూడగలిగిన ఈ వెలుగుకు అటు ఇన్ఫ్రారెడ్, మైక్రోవేవ్ మరికొన్ని రకాల వెలుగు విశాలంగా విస్తరించి ఉంది. దిగువన అల్ట్రా వయొలెట్, ఎక్స్ కిరణాలు, గామా కిరణాలు లాంటి భాగాలున్నాయి. ఇలాగే మానవ మేధస్సు వర్ణపటం కూడా అంతులేని విధంగా విస్తరించి ఉండవచ్చు. మనిషి అందులో నుంచి రెండు భాగాలను మాత్రమే పరిశీలించగలిగాడు. ఒకటి మామూలుకు తక్కువ స్థాయి, రెండవది అసహజమైనది.

మానవులు అనుభవిస్తున్న వేరువేరు మానసిక రోగాలను, మెదడు వ్యాధులను గురించి మనస్తత్వ శాస్త్రవేత్తలు, జీవశాస్త్రవేత్తలు వంద సంవత్సరాలుగా పరిశోధనలు చేస్తున్నారు. ఆటిజమ్, షిజోఫ్రీనియా వాటిలో ముఖ్యమైనవి. ఫలితంగా మనకు ఇప్పుడు మామూలుకాని మెదడు వివరాలను గురించి సంపూర్తి కాకున్నా కొంత తెలుసు. భావాలను అందుకొనడానికి కొంతమందికి మామూలు స్థితి వరకు చేతకాదు. వారు ఆలోచించలేరు. ఇతరులతో మాట్లాడలేరు. ఇక అదే సమయంలో పరిశోధకుల ఆరోగ్యంగా ఉండి, పరిధులు గుర్తించగలవారిని కూడా పరిశీలించారు. చాలా అవసరమైన కొత్త పరిశోధనలు ఈ మధ్యన వెస్టర్న్, ఎడ్యుకేటెడ్, ఇండస్ట్రియల్, రిచ్, డెమోక్రటిక్ (WEIRD)

సమాజాల వారిమీద చేశారు. ఈ ఐదు మాటలు మొదటి అక్షరాలు కలిపితే వెయిర్డ్ అన్న మాట వస్తుంది. ఆ మాటకు మామూలుగా లేనివారు అని అర్థం. వారు మామూలు మనుషల కిందికి రారు మరి. ఇంతవరకు మెదడు మీద జరిగిన పరిశోధనలు అన్నీ హోమో సేపియన్స్ అంటే హోమర్ సింప్సన్ మీద అనుకుంటున్నారు.

మనస్తత్వశాస్త్రంలోని ఆరు వేరువేరు ఉపభాగాలలో జరిగిన పరిశోధన ఫలితాలను 2003 నుంచి 2007 వరకు ప్రకటించిన పేరున్న సైంటిఫిక్ జర్నల్స్ మీద పరిశీలన జరిగింది. అలా వచ్చిన పరిశోధనపత్రాలను హెన్‌రిక్, స్టీవన్ జె. హీనీ, అరా నోరెంజయాన్ 2010లో విశ్లేషించారు. పత్రాలలో చాలాచోట్ల మనిషి మెదడు గురించి ఏవేవో తెలుసుకున్నట్లు చెప్పారు. అయితే ఆ పరిశోధనలన్నీ ఇంతకు ముందు చెప్పుకున్న అసహజమైన వారి మీద మాత్రమే జరిగాయి. జర్నల్ ఆఫ్ పర్సనాలిటీ అండ్ సోషల్ సైకాలజీ అనే పత్రిక ఆ రంగంలోనే ఎంతో పేరు గలది. ఆ పత్రాలన్నింటిలోనూ పరిశీలించిన వ్యక్తులంతా 96 శాతం మంది వెయిర్డ్ రకం వారు మాత్రమే అంటున్నారు. 68 శాతం మంది అమెరికన్‌లు. పరిశీలించిన అమెరికన్లలో 67% మంది, అమెరికన్లు కానివారిలో 80 శాతం మంది మనస్తత్వశాస్త్రం విద్యార్థులు. పేరున్న ఆ పత్రికలో వచ్చిన పత్రాలలో ప్రకటించిన పరిశోధనలో మూడింట రెండువంతుల మంది పశ్చిమ విశ్వ విద్యాలయాల్లోని విద్యార్థులే. పత్రిక పేర్లు హెన్‌రిక్, స్టీవన్ జె. హీనీ, నోరెంజయాన్ చివరన "అమెరికన్ మనస్తత్వశాస్త్ర విద్యార్థుల" అన్న మాట చేరిస్తే బాగుంటుందని విశ్లేషణ చేసినవాళ్లు సరదాగా రాశారు.

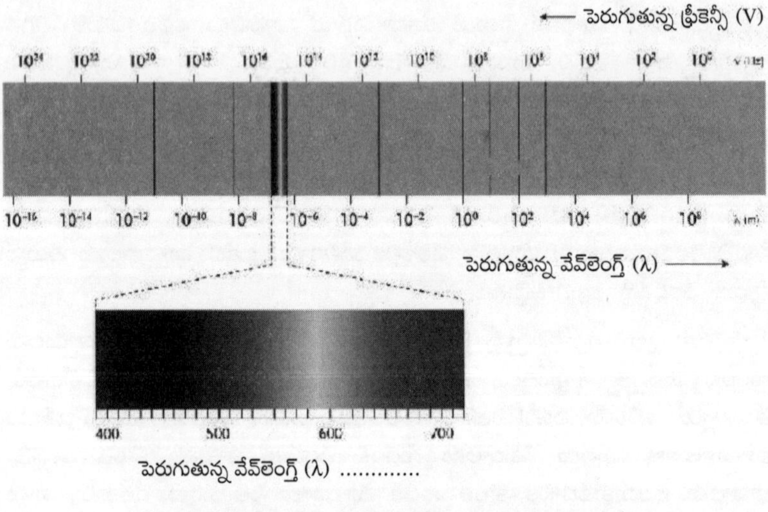

46. విద్యుదయస్కాంత వర్ణపటంలో కొంతభాగాన్ని మాత్రమే మనుషులు చూడగలుగుతారు. కనిపించే వెలుగుకన్నా వర్ణపటం పది ట్రిలియన్ రెట్లు పెద్దది. మెదడు సంగతి కూడా అంతేనా?

సైకాలజీ స్టూడెంట్లు చాలా పరిశోధనల్లో పాల్గొంటారు. అవును మరి, వాళ్ళ ప్రొఫెసర్లు సులభంగా వాళ్లను అందులోకి రానిస్తారు. నేను గనుక హార్వర్డ్‌లో ఒక సైకాలజీ ప్రొఫెసర్ అయితే నా విద్యార్థుల మీద పరిశోధనలు సాగించడం చాలా సులభం. నేరగాళ్ల గుంపులతో ఉన్న బోస్టన్ మురికివాడలలోకి నేను వెళ్లలేను. ఇక నామీబియాకు వెళ్లి, కలహారీలో వేట, సేకరణ పద్ధతి మీద బతుకుతున్న వారి గురించి పరిశోధన అసలే చేయలేను. బోస్టన్ మురికివాడలను గురించి, కలహరి వేట సేకరణ వారి గురించి, వారి మానసిక స్థితులు అనుభవాల గురించి, బలవంతంగా హార్వర్డ్ విద్యార్థుల మీద పరిశోధన చేసి మాత్రం కనుగొనలేము.

మొత్తం భూగోళం అంతా తిరిగి, ఉన్న మానవ సమాజాలు అన్నింటినీ పరిశీలించినా సరే, సేపియన్స్ మానసిక వర్ణపటంలో కొంతమాత్రమే మనం పరిశీలించినట్లు అవుతుంది. ఈ కాలంలో మొత్తం మానవాళిని ఆధునికత తాకింది. అందరూ ఒకే ఒక ప్రపంచగ్రామపు పౌరులయ్యారు. కలహారి వేటగాళ్ళు బహుశా హార్వర్డ్ మనస్తత్వ విద్యార్థులతో పోలిస్తే కొంచెం తక్కువ ఆధునికులు కావచ్చు. అయినా వారు గతంలో పాతిపెట్టిన టైం కాప్సూల్ వంటివారు కానేకాదు. క్రిస్టియన్ మిషనరీలు, యూరోపియన్ వ్యాపారస్తులు, ధనికులైన పర్యావరణ పర్యాటకులు, కుతుహలంగా వచ్చే పరిశోధకులు లాంటివారి ప్రభావానికి వారు ఎప్పుడో గురయ్యారు. కలహారి ఎడారిలో ఒక గుంపును చూస్తే అందులో ఇరవయి మంది వేటగాళ్ళు, ఇరవయిమంది తిండి సేకరించి బతికేవారు, మరో యాభయి మంది ఆంత్రపాలజిస్టులు ఉంటారని ఎవరో సరదాగా రాశారు.

గ్లోబల్ విలేజ్ పుట్టకముందు ఈ భూగోళం సంస్కృతులు ఎక్కడివక్కడ విడివిడిగా ఉండే పాలపుంతలాగా ఉండేది. అప్పుడు పెంచి, పోషించిన మానసిక స్థితులు ఇప్పుడు అంతరించిపోయాయి. విభిన్న సామాజిక, ఆర్థిక వాస్తవాలు, నిత్యకృత్యాలు కలిసి విభిన్న స్థాయి చేతనను నిలబెట్టాయి. రాతియుగపు నాటి మామత్‌ను వేటాడే మనిషి. రాతియుగపు రైతు లేదా కామకూరా సమురాయ్‌ల మెదడులోతు ఎవరు చూడాలి? ముందరి సంస్కృతులు అన్నీ చేతనలో గల ఉన్నత స్థితులను గురించి నమ్మాయి. వాటిని ధ్యానం, మందులు, కర్మకాండలతో సాధించగలం అన్నాయి. షామాన్లు, భిక్షువులు, సన్యాసులు పద్ధతిగా మెదడులోని రహస్య ప్రాంతాలను వెతికారు. అంతులేని వింతకథలతో తిరిగి వచ్చారు. అత్యున్నత ప్రశాంతత, గుర్తు తెలియని స్థితి, అనంతమైన వాడితనం, సాటిలేని నిశితతత్వం లాంటివాటిని గురించి చెప్పారు. మెదడు అనంతపరిధులను విస్తరించడం గురించి, శూన్యంలో కరిగిపోవడం గురించి కూడా చెప్పారు.

మానవతావాద విప్లవం తరువాత ఆధునిక పశ్చిమ సంస్కృతుల వారికి, మానసిక స్థితుల మీద ఆసక్తి నమ్మకం పోయి, మామూలు మనిషి మామూలు అనుభవాలను వారు పవిత్రాలు అనసాగారు. అందుకే, ఆధునిక పాశ్చాత్య సంస్కృతి ఒక రకంగా ప్రత్యేకం. వారిలో అసాధారణమైన మానసిక స్థితులను అనుభవించటానికి ప్రయత్నించేవారు ఎవరూ లేరు. ఆ పని చేసేవాళ్ళు ఎవరైనా మాదకద్రవ్యాలకు అలవాటుపడిన వారు, మానసిక రోగులు లేదా మోసగాళ్ళు అన్న భావం కూడా ఉంది. హార్వర్డ్ మనస్తత్వశాస్త్ర

విద్యార్థుల మానసిక భూమిచిత్రం సవివరంగా ఉందిగానీ, స్థానిక అమెరికన్ షామాన్‌లు, బౌద్ధ భిక్షువులు, లేదా సూఫీ ఆధ్యాత్మికవేత్తల మెదడులోని వివరాలు మాత్రం తెలియక పోవడం దాని ఫలితమే.

ఇక అది కేవలం సేపియన్స్ మెదడు. యాభయివేల సంవత్సరాలనాడు మనం ఈ గ్రహాన్ని నియాండర్తాల్ అనే చుట్టాలతో పంచుకున్నాము. వాళ్లు అంతరిక్ష నౌకలను వదలలేదు. పిరమిడ్‌లు కట్టలేదు. సామ్రాజ్యాలను స్థాపించలేదు. వారికిగల మానసిక శక్తులు చాలా వేరు. పైగా వారికి తెలిసిన పనితనాలు కూడా వేరు. చివరికి సేపియన్ కన్నా మెదడు మాత్రం పెద్దదిగా ఉండేది. మరి వాళ్ళు అన్ని న్యూరాన్‌లతో ఏం చేసుకున్నారు? ఆ సంగతి మనకు ముక్క కూడా తెలియదు. బహుశా సేపియన్స్ ఎవరికీ లేని మానసిక అనుభవాలను, స్థితులను వారు అనుభవించే ఉండవచ్చు.

ఇప్పటివరకు జీవించిన మానవజాతులు అన్నిటినీ ఒకచోట చేర్చినా మానసిక వర్ణపటం పూర్తికాదు. మనుషుల ఊహలకు కూడా అందని కొన్ని అనుభవాలు బహుశా జంతువులకు ఉండి ఉండవచ్చు. గబ్బిలాలు ఈకోలొకేషన్ అనే ధ్వనిపరావర్తన పద్ధతితో, ప్రపంచాన్ని అనుభవంలోకి తీసుకుంటాయి. ఎక్కువ అలలనిడివితో అవి కొన్ని చప్పుళ్లను వేగవంతమైన వరుసలో బయటకు వదులుతాయి. ఆ ధ్వనులు మనిషి చెవులకు వినపడవు. వదిలిన ధ్వనులు వస్తువులకు తగిలి వెనకకు వచ్చిన తీరును గుర్తించి అవి చుట్టూ ఉన్న వస్తువులను తెలుసుకుంటాయి. తిరిగి వాటికి అందే చిత్రం చాలా వివరాలతో ఉంటుంది. కనుకనే గబ్బిలాలు అంత వేగంగా తిరుగుతూ దేనికి తగలకుండా, చిన్న పురుగులను, మిగతా తిండిని అందుకుంటాయి. గబ్బిలాల నుంచి ఇతర వేటజంతువుల నుంచి తప్పించుకుంటాయి

గబ్బిలాలు ప్రతిధ్వనుల ప్రపంచంలో బతుకుతాయి. ఈ ప్రపంచంలో ప్రతివస్తువుకు ఒక నిర్ణీతమైన ఆకారం, రంగు ఉన్నట్టే, గబ్బిలాల ప్రపంచంలో ప్రతిధ్వని తిరిగి వచ్చే పద్ధతి ఉంటుంది. దాని ఆధారంగానే గబ్బిలం రుచిగా ఉండే పురుగులు లేదా విషమైన పురుగు తేడా తెలుసుకుంటుంది. సన్నని రెక్కల నుండి తిరిగివచ్చే ధ్వని ఒకటే అందుకు ఆధారం. కనుకనే తినడానికి వీలున్న కొన్ని పురుగులు తమ రెక్కల మీద విషం పురుగుల వంటి ఆకారాలను ఏర్పరుచుకుని తప్పించుకుంటాయి. మిగతా కొన్ని ప్రాణులు మరింత నిశితమైన పద్ధతులను నేర్చుకున్నాయి. తమ ఉనికి గబ్బిలానికి తెలియకుండానే అవి దాని పక్కనే తిరుగుతుంటాయి. ఈ ప్రతిధ్వనుల ఆధారంగా నడిచే ప్రపంచం, మనకు కనిపించే, వినిపించే ప్రపంచంలాగానే చాలా చిక్కులు, తుఫానులతో నిండినది. అది మనకు మాత్రం తెలియదు.

మెదడు ఫిలాసఫీ గురించి రాసిన అన్నిటికన్నా ముఖ్యమైన వ్యాసం శీర్షిక, 'గబ్బిలం లాగ ఉంటే ఎలా ఉంటుంది?' అని. 1974లో వచ్చిన ఈ పత్రంలో థామస్ నేగెల్ అనే ఫిలాసఫర్, సేపియన్స్ మనసు, గబ్బిలాల ప్రపంచపు లోతును, అర్థం చేసుకోలేదు అని సూటిగా బయటపెట్టాడు. గబ్బిలం శరీరం గురించి, వాటి ప్రతిధ్వనివద్ధతి గురించి, గబ్బిలాల నాడీకణాల గురించి మనం కావలసినన్ని అల్గోరిథంలు వ్రాయవచ్చు. కానీ

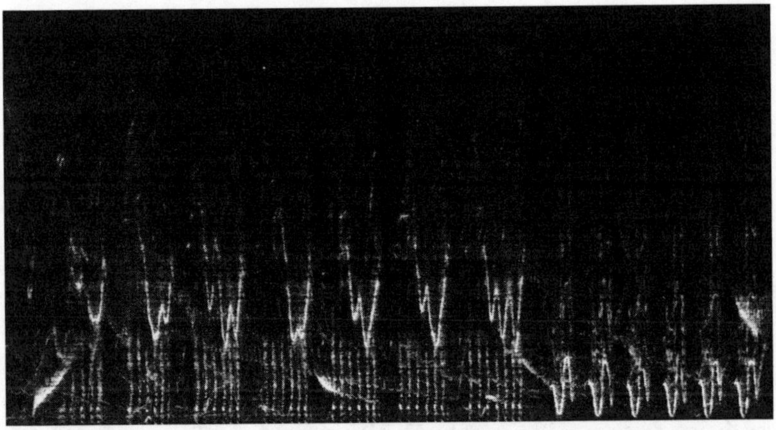

47. తిమింగలం పాట స్పెక్ట్రోగ్రామ్. పాటని ఒక తిమింగలం ఎలా అనుభవిస్తుంది? ద వోయేజర్ రికార్డులో బీథోవెన్, బాఖ్‌లతోపాటు తిమింగలం పాట కూడా వుంది. అది బాగుందనే మనం ఆశిద్దాం.

గబ్బిలంలాగా ఉండడం అంటే ఎలా ఉంటుంది, అన్న ప్రశ్నకు మాత్రం జవాబు తెలియదు. రెక్కలు కొట్టుకుంటున్న పురుగులను ప్రతిధ్వని సాయంతో గుర్తించడం ఎలా ఉంటుంది? అది దాన్ని చూడటంలాగే ఉంటుందా, లేక పూర్తిగా వేరుగా ఉంటుందా?

సేపియన్స్‌కు ఒక సీతాకోకచిలుకను గుర్తించడం గురించి పద్ధతిగా చెప్పడం, గుడ్డి మోల్‌కు ప్రసిద్ధ చిత్రకారుడు కరవాగియో చిత్రించిన కళాఖండాన్ని చూడమని చెప్పడం ఒకే రకంగా ఉంటాయి. గబ్బిలం భావాల మీద ప్రతిధ్వనుల కేంద్రీకరణ పద్ధతి, ఇంద్రియ జ్ఞానం ప్రభావం తప్పకుండా ఉండి ఉంటుంది. మానవులకు ప్రేమ అంటే ఎరుపు. అసూయ ఆకుపచ్చ, డిప్రెషన్ నీలిరంగు. ఈకోలొకేషన్ పద్ధతిలో ఒక ఆడగబ్బిలం ప్రేమ ఏ రంగులో ఉంటుందో ఎవరికి తెలుసు? ఒక మగగబ్బిలం భావాలు దాని శత్రువుపట్ల ఎలా ఉంటాయో ఎవరికి తెలుసు?

అయినా గబ్బిలాలు మరీ ప్రత్యేకం కావు! వీలైన ఉదాహరణలు చాలా ఉన్నాయి. వాటిలో ఇది ఒకటి. గబ్బిలం లాగా ఉండటం అంటే ఏమిటో సేపియన్స్‌కు తెలియనట్లే ఒక తిమింగలం, పులి లేదా పెలికాన్‌లాగా ఉండటం కూడా తెలియదు. తప్పకుండా అక్కడ కూడా ఎన్నో భావాలు ఉండి ఉంటాయి. కానీ వాటితీరు మనకు తెలియదు. తిమింగలాలు, మానవులు, రెండు జాతులు కూడా మెదడులోని లింబిక్ సిస్టం అనే చోటనే తమ భావాలను ప్రాసెస్ చేస్తాయి. అయితే తిమింగలంలోని ఈ భాగంలో మనిషిభాగంలో కన్నా అదనంగా ఒక భాగం ఉంటుంది. బహుశా ఆ భాగం కారణంగా తిమింగలాలు మనకు అంతుపట్టని భావాలను అనుభవిస్తూ ఉండవచ్చు. బాఖ్, మొత్సార్ట్ లాంటి వారికి కూడా అందని సంగీతానుభవం తిమింగలాలకు ఉంది. అవి ఒకదాన్నొకటి వందలాది కిలోమీటర్ల దూరం నుంచి వినగలుగుతాయి. ప్రతి తిమింగలానికి కొన్ని ప్రత్యేకమైన

పాటలు ఉంటాయి. చక్కని అల్లికగల ఆ పాటలు గంటలపాటు సాగుతాయి. అప్పుడప్పుడు ఒక తిమింగలం కొత్తపాట తయారుచేస్తుంది. దాన్ని మిగతావన్నీ నేర్చుకుంటాయి. సైంటిస్టులు ఈ పాటలను రికార్డ్ చేసి కంప్యూటర్ల సాయంతో విశ్లేషణ ప్రయత్నం చేస్తారు. అయితే ఎవరైనా మానవులు ఈ సంగీతానుభవం లోతులు కనుగొనగలుగుతారా? తిమింగలాలు, బీథోవెన్, ఎవరో మరొక కంపోజర్ అని విడదీసి చెప్పగలుగుతారా?

ఇవేవీ మనకు ఆశ్చర్యం కలిగించనవసరం లేదు. మిగతా జంతువులకన్నా ఎక్కువ లోతైన భావాలు, మంచి సంగీత అనుభవాలు కలిగి ఉన్నందుకు కాదు మనిషి ఈ ప్రపంచాన్ని పాలిస్తున్నది. కొన్ని భావాలు అనుభవాలు విషయంలో మనం తిమింగలాలు గబ్బిలాలు పులులు, పెలికన్ల కన్నా తక్కువ స్థాయిలో ఉండి ఉండవచ్చు.

మానవుని అవగాహనకు వెలుపల మరెన్నో గబ్బిలాలు, తిమింగలాలు, మిగతా జంతువులు విశాలమైన వింత ఖండాలలో వేచి చూస్తూ ఉండవచ్చు. నాలుగు బిలియన్ సంవత్సరాలపాటు జరిగిన పరిణామంలో గబ్బిలం గాని మరో రాక్షసిబల్లి గాని వాటికి తగిన శిక్షణలేక, అనుభవించని మానసిక స్థితులు అనంతమైన రకాలు ఉండడం వీలున్న విషయమే. రానున్న కాలంలో ప్రభావవంతమైన మందులు, జెనటిక్ ఇంజనీరింగ్, ఎలక్ట్రానిక్ హెల్మెట్, మెదడు కంప్యూటర్లకు మధ్య నేరుగా సంబంధం లాంటివి ఈ అనుభవాలను దారులను తెరవవచ్చు. కొత్తదీవులను, తెలియని ఖండాలను గుర్తించడానికి కొలంబస్, మాగెల్లాన్ బయలుదేరి విజయాలు సాధించినట్టే మనం కూడా ఒకరోజు ఈ గుర్తు తెలియని ప్రాంతాలకోసం ప్రయాణం మొదలు పెట్టవచ్చు.

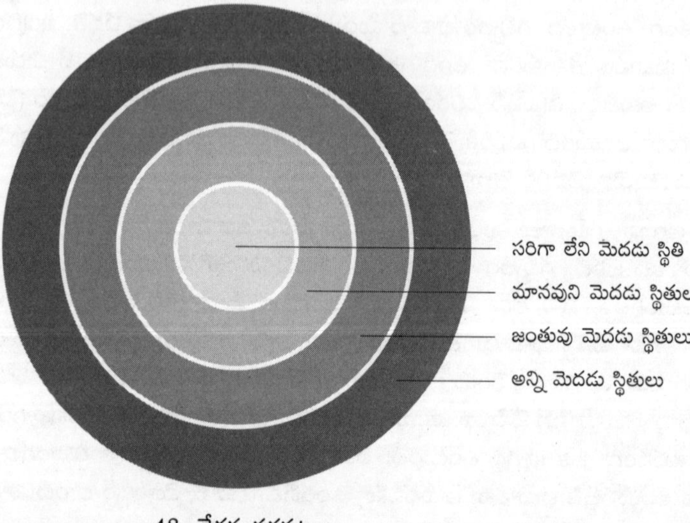

48. చేతన వర్ణపటం

నాకు భయం వాసన వేస్తోంది

వెయిర్డ్ సమాజాలలోని మానసిక వ్యాధులను నయం చేయడం, ఆ సమాజంలో తమ జీవితాలను అనుభవించడం మీద ఇంజనీర్లు, కస్టమర్లు, డాక్టర్లు ధ్యాస పెట్టినంత కాలం పరిశీలనలు కూడా మన అవసరాలకు సరిపోయినట్లు కనబడుతుంది. మామూలు పరిస్థితినుంచి ఏ కొంచెం దిగజారినా నార్మల్ సైకాలజీ దాన్ని మరొక రకంగా చూచిందని అన్నప్పటికీ, గత శతాబ్దంలో అది ఎంతోమందికి ఉపశమనాన్ని ఇచ్చిందని వారి జీవితాలను, లక్షలమంది తెలివిని కాపాడిందని తప్పు పట్టారు.

అయితే మూడవ మిలేనియం మొదట్లో మాత్రం మనకు పూర్తిగా వేరు రకమైన ఛాలెంజ్ ఎదురవుతున్నది. ఉదార మానవవాదంపోయి సాంకేతిక మానవవాద నిలదొక్కు కుంటున్న కొద్దీ వైద్యదృష్టి ఆరోగ్యంగా ఉన్నవారి పరిస్థితిని మరింత మెరుగుపరచడం మీద కేంద్రీకరించబడుతున్నది. రోగగ్రస్తులకు ఉపశమనం కలుగచేయడం కొంచెం వెనుకకు తగ్గింది. డాక్టర్లు, ఇంజనీర్లు, వినియోగదారులు కూడా కేవలం మానసిక సమస్యలకు చికిత్సలు మాత్రమే కాదు, మెదడును అభివృద్ధి చేయాలి అంటున్నారు. చేతన స్థితిలో కొత్త స్థాయిలను ఉత్పత్తిచేసే సాంకేతికనైపుణ్యం చేతికి అందుతున్నది. అయితే ఈ కొత్త స్థాయి ప్రాంతాలతీరు మాత్రం తెలియడం లేదు. వాటి చిత్రపటం లేదు. వెయిర్డ్ జనాల మామూలు, మామూలుకానీ మానసికవర్ణపటం గురించి మాత్రమే మనకు తెలుసు. ఏ గమ్యాలను లక్ష్యం చేసుకోవాలి అన్నది తెలియడం లేదు.

ఇక పాజిటివ్ సైకాలజీ అన్నది ఆ రంగంలోని ముఖ్యమైన వర్గంగా రూపొందింది అంటే ఆశ్చర్యం లేదు. 1990 దశకంలోనే మార్టిన్ సెలిగ్మన్, ఎడ్ డిన్నర్, మిహాలీ సిక్సెంట్ మిహాల్యీ వంటివారు మనస్తత్వశాస్త్రం, మానసిక రుగ్మతలను మాత్రమే కాక మానసిక బలబలాలను కూడా పరిశీలించాలి అన్నారు. అనారోగ్యంగల మెదడు గురించి మనదగ్గర పూర్తి చిత్రం ఉంది కానీ, బాగా పనిచేస్తున్న మెదడు చిత్రం ఎందుకని లేదు? అందుకే గడచిన రెండు దశాబ్దాలలో పాజిటివ్ సైకాలజీ ప్రధానమైన మొదటి అడుగులు వేసింది. సూపర్ నార్మేటివ్ మానసిక పరిస్థితులను గురించి, అయినా 2016 నాటికి ఈ రంగం సైన్స్ వారికి అందకుండానే మిగిలింది.

ఇటువంటి పరిస్థితిలో మనము ఒక చిత్రపటం లేకుండానే ముందుకు పరిగెత్తాలి. ప్రస్తుత ఆర్థిక, రాజకీయ వ్యవస్థకు కావలసిన మెదడు సామర్థ్యాన్ని పెంపొందించడం మీద కేంద్రీకరించాలి. అయితే ఇదేమీ కొత్త కార్యక్రమం కాదు. వేలాది సంవత్సరాలుగా ఈ వ్యవస్థ తన అవసరాలకు మించి మన మెదళ్లకు మళ్లీ మళ్లీ రూపు పోస్తున్నది. మారుస్తున్నది. మొదట్లో దగ్గరగా ఉండే చిన్న సమూహాలుగా సేపియన్స్ పరిణామం చెందారు. వారి మెదడులో అంశాల ఒక పెద్దయంత్రంలో భాగాలుగా బతకడానికి అనుకూలంగా లేవు. నగరాలు, రాజ్యాలు, సామ్రాజ్యాలు వచ్చిన తర్వాత వ్యవస్థలో పెద్ద ఎత్తున సహకారం అవసరమైంది. కానీ మిగతా నైపుణ్యాలు మాత్రం వెనకబడిపోయాయి.

ఉదాహరణకు పాతకాలపు మానవులు తమ వాసన శక్తిని బాగా వాడుకున్నారు. వేట సేకరణ పద్ధతులుతో బతికిన మనుషులు వివిధ జంతుజాతుల మధ్య తేడాను, చాలా సులభంగా దూరంనుంచి గుర్తుపట్టి ఉంటారు. మనుషులను, తమలోని భావాలను కూడా వారు గుర్తుపట్టి ఉంటారు. భయం వాసన ధైర్యాన్నికన్నా వేరుగా ఉంటుంది. పూర్తి ధైర్యంతో ఉండే మనిషికన్నా భయపడుతున్న మనిషి శరీరం నుంచి వేరురకం రసాయనాలు స్రవిస్తాయి. ప్రాచీన మానవుల మధ్య మీరు కూర్చుని పొరుగువారితో యుద్ధం గురించి చర్చిస్తుంటే మీ నుంచి ప్రజాభిప్రాయం వాసన వస్తుంది.

సేపియన్లు పెద్దసంఖ్యలో వర్గాలుగా బతకడం మొదలుపెట్టిన తర్వాత ఈ గ్రహణ శక్తికి సామాజిక ప్రాముఖ్యం తగ్గి ఉంటుంది. తక్కువమంది మధ్యలో ఉన్నప్పుడు మాత్రమే దాని ఉపయోగం తెలిసి ఉంటుంది. ఉదాహరణకు అమెరికా వారికి చైనాపట్ల గల భయాన్ని మనం వాసన పట్టలేము. ఫలితంగా మనుషుల గ్రహణశక్తి మీద ధ్యాస తగ్గింది. మెదడులో వేలాది సంవత్సరాలుగా వాసన రించి పనిచేసిన కేంద్రాలు, ఇప్పుడు లెక్కల వంటి మరిన్ని అంశాల మీదకు దృష్టి మార్చవలసి వచ్చింది. పొరుగువారిని వాసనచూకన్నా సమీకరణాలను సాల్వ్ చేయడం వ్యవస్థకు అవసరంగా కనిపించింది.

మన మిగతా జ్ఞానేంద్రియాలకు కూడా ఇదే గతి పట్టింది. కనపడకుండా వాటి గురించి శ్రద్ధ పెట్టడానికి ఉండే శక్తి కూడా తగ్గిపోయింది. వేటాడుతూ బతికిన ప్రాచీన మానవులు అనుక్షణం జాగరూకతతో ఉండేవారు. అడవిలో పుట్టగొడుగులను వెతుకుతూ వారు ఒక వేపు గాలిని వాసన చూస్తూ, మరొకవైపు నేలను పరిశీలిస్తూ ముందుకు సాగారు. ఒక పుట్టగొడుగు దొరుకుతుంది. వాళ్ళు దాన్ని చాలా జాగ్రత్తగా రుచిచూస్తారు. వాసనను బట్టి అది తినడానికి అనువైనది లేక విషపూరితమైనది అన్న తేడా తెలుస్తుంది. ఈనాటి ధనికసమాజ సభ్యులకు ఇటువంటి జాగరూకత అవసరం లేదు. సూపర్ మార్కెట్‌కు వెళ్ళితే వేలకొద్దీ పదార్థాలు సిద్ధంగా ఉంటాయి. అధికారులు ఆరోగ్యపరంగా వాటిని పరీక్షించి ఉంటారు. మనం ఇటాలియన్ పిజ్జా ఎంచుకున్నా థాయ్ నూడిల్స్ ఎంచుకున్నా ఇంట్లో టీవీ ముందు కూర్చుని ఆదరాబాదరాగా తింటాము. రుచిమీద ధ్యాస ఉండనే ఉండదు. రవాణా సౌకర్యాల కారణంగా ఇదే విధంగా మనం చాలా సులభంగా నగరంలోని అవతల చివరకు ఒక మిత్రుడిని కలవడానికి వెళ్ళిపోవచ్చు. కలిసిన తర్వాత మాత్రం ఆ మిత్రుడి మీద మన ధ్యాస పక్కకు కదలకుండా ఉండదు. మనం అదే పనిగా స్మార్ట్ ఫోన్ పట్టుకుని ఫేస్‌బుక్ అకౌంట్‌ను చూస్తూ ఉంటాము. మరెక్కడో ఇంతకన్నా ముఖ్యమైన విషయం జరుగుతున్నది అని మనకు గట్టి నమ్మకం. ఫియర్ ఆఫ్ మిస్సింగ్ అవుట్, అదే ఫోమో. ఆధునిక మానవజాతికి ఇది రోగంలా పట్టుకున్నది. అవకాశాలు అంతకు ముందుకన్నా ఎక్కువ ఉన్నప్పటికీ ఎంచుకున్నదాని మీద కూడా ధ్యాస పెట్టలేని పరిస్థితికి మనం చేరుకున్నాము.

వాసన, ధ్యాసలతోపాటు మనం కలలుగనే శక్తిని కూడా వదులుకున్నాము. మెలకువగా ఉన్నప్పుడు చూసిన, చేసిన వాటితో సమానంగా, కలలో దృశ్యాలకు, పనులకు కూడా ప్రాముఖ్యత ఉంటుందని కొన్ని సంస్కృతులవారు విశ్వసించారు.

మనుషులు కలలుగనే శక్తిని కాపాడుకున్నారు. వాటిని గుర్తుంచుకునే ప్రయత్నం కూడా చేశారు. కలలో తమ నడవడిని తాము కట్టుబడి చేయాలని కూడా ప్రయత్నించారు. వీటన్నిటినీ కలిపి ల్యూసిడ్ డ్రీమింగ్ అన్నారు. ఈ పద్ధతిలో నైపుణ్యం సంపాదించుకున్న వారు తమ ఇష్టానుసారం కలల ప్రపంచంలో కదులుతారు. ఉనికిలోనే ఉన్నత తలాలకు చేరగలుగుతాం అని, ఇతర ప్రపంచంలోని మనుషులను కలవగలగుతామని అటువంటి వారు అన్నారు. ఆధునిక ప్రపంచం మాత్రం అటువంటి కళలను, ఉపచేతన నుండి వచ్చే సందేశాలు, అదనంగా చూస్తే అవి మెదడులోని చెత్త అంటూ కొట్టి పడేస్తుంది. ఇక ఫలితంగా కలలకు జీవితంలో గొప్ప పాత్ర మిగలదు. చాలా తక్కువమంది మాత్రమే తమ కలలుగనే కళను పెంపొందించుకుంటారు. కొంతమంది తమకు కలలు అసలు రానేరావు అంటారు. కలలు జ్ఞాపకం ఉండవు అంటారు.

వాసనశక్తి, ధ్యాస పెట్టడం, కలలుగనే శక్తి తగ్గినందుకు మన జీవితాలు పసలేనివిగా మారినయా? బహుశా అవునేమో? సరే ఆర్థిక, రాజకీయ వ్యవస్థకు మాత్రం అది సరైనది గానే కనిపిస్తున్నది. పువ్వులు వాసన చూడడం, యక్షిణులను గురించి కలలు కనడం కన్నా గణిత నైపుణ్యాలు ముఖ్యమైనవి. ఇటువంటి కారణాల వల్లనే, మానవ మేధస్సుకు మునుముందు రాబోయే అప్‌గ్రేడ్ రాజకీయ ఆవశ్యకతలను, బజారు బలాలను అనుసరించే వీలుంది.

ఉదాహరణకు యుఎస్ సేన వారి అటెన్షన్ హెల్మెట్ చక్కగా నిర్ణయించిన పనుల మీద, నిర్ణయాలు చేసే శక్తి వేగం పెంచడం మీద ధ్యాస పెట్టాలి అంటుంది. అది వారి సానుభూతి లక్షణాన్ని, అనుమానాలను అంతర్గత స్పర్శలను భరించే శక్తిని తగ్గించే అవకాశం ఉంది. ఈ దాహరణకు మీరు పనిచేస్తున్న చోట ఏదో ఒక సమస్య వచ్చి కొనసాగుతున్నది అనుకోండి. కొత్తగా వచ్చిన మీ అధికారి మీ ఆలోచనలను గురించి పట్టించుకోదు. అన్ని ఆమె చెప్పినట్లే చేయాలి అంటుంది. ఒకరోజు సంతోషం లేకుండా గడుస్తుంది. తర్వాత మీరు ఫోన్ ఎత్తి ఒక స్నేహితుడితో మాట్లాడతారు. కానీ ఆ స్నేహితులకు మీకోసం సమయం వెచ్చించే వీలు ఉండదు. కనుక మాటను కట్ చేసి, మీ సమస్యను తీరుస్తున్న పద్ధతిలో ఇలా చెబుతారు. సరే అర్థమైంది. నీకు రెండేరెండు మార్గాలు మిగిలి ఉన్నాయి. 'ఉద్యోగం వదిలేయి లేదంటే అక్కడే ఉండి ఆ బాస్ చెప్పిన మాటవిను. నేను గనుక నీ స్థానంలో ఉంటే ఉద్యోగం వదిలేసే వాడిని,' అని ఫోన్ పెట్టేస్తారు. కాని దానివల్ల ఎలాంటి లాభం ఉండదు. నిజమైన మిత్రుడయితే అంత తొందరగా జవాబు చెప్పడు. ముందు మీ బాధను వింటాడు. మీ పరస్పర విరుద్ధ భావాలకు, కొరుకుతున్న ఆత్రానికి సమయం ఇస్తాడు.

అటెన్షన్ హెల్మెట్ కూడా మీ ఓపికలేని మిత్రుడిలాగే పనిచేస్తుంది. కొన్ని సందర్భాలలో, ముఖ్యంగా యుద్ధరంగంలో నిర్ణయాలు త్వరగా తీసుకోవలసిన అవసరం ఉంటుంది, నిజమే. అయితే బతుకు అంటే అంతే కాదు మరి. అటెన్షన్ హెల్మెట్‌ను అతిగా వాడితే గజిబిజిని, అనుమానాలను, వైరుధ్యాలను భరించే ఓపిక పోతుంది. అది కలలుగనే శక్తి, వాసన పట్టే, ధ్యాస పెట్టే శక్తి పోయినట్టే ఉంటుంది. వ్యవస్థ మనలను ఆ దిశవైపు తోస్తూ

ఉండవచ్చు. నిజానికి అక్కడ కావలసింది మన అనుమానాలు కావు. నిర్ణయాలు అవసరం. అలాగని స్థిర నిరణయాలు, సులభమార్గాల బ్రతుకులు లోతు లేనివిగా మారుతాయి. అనుమానాలు, వైరుధ్యాలు కొంత ఉంటేనే బాగుంటుంది.

మానసిక వర్ణపటం గురించి తెలియకుండానే మనం మెదళ్లను ఇంజనీర్ చేసే ప్రాయోగిక శక్తిని, ప్రభుత్వాలు, సేనలు, కార్పొరేషన్ల వంటివారి ఇరుకు అవసరాలతో కలిపితే, పుట్టుకు వచ్చేది సమస్యలు మాత్రమే. మనం మన శరీరాలను, మెదళ్లను విజయవంతంగా పైస్థాయికి చేర్చవచ్చు గాక. ఈలోగా మన మెదళ్లు పనికిరానివి అవుతాయి. ఈ రకంగా చూస్తే సాంకేతిక మానవతావాదం మనుషులను తగ్గస్థాయికి దిగజారుస్తుంది. అయితే వ్యవస్థకు అటువంటి తగ్గిన మానవులు నచ్చే ప్రమాదం ఉంది. వారికి సూపర్ మానవుల శక్తులు ఉన్నాయని కాదు, చికాకులకు కారణమై వ్యవస్థను కుంటుపరిచే మానవలక్షణాలు వారిలో మిగలవు గనుక వారు అనుకూలంగా ఉంటారు. మందలో అన్నిటికన్నా చురుకుగా ఉండే మేక కారణంగా కష్టాలు ఎక్కువగా వస్తాయని రైతుకు తెలుసు. కనుకనే వ్యవసాయ విప్లవంలో పశువుల మెదడు శక్తిని తగ్గించడానికి ప్రయత్నం చేశారు. సాంకేతిక మానవులు కలలుగన్న రెండవ అజ్ఞాత విప్లవం మన విషయంలో అదేపని చేయవచ్చు.

విశ్వాన్ని వేలాడదీసిన మేకు

సాంకేతిక మానవతావాదానికి మరొక తీవ్రమైన భయం ఎదురవుతుంది. మనిషి సంకల్పానికి సాంకేతిక మానవతావాదం పవిత్రతను ఆపాదిస్తుంది. దాని మీదనే మొత్తం విశ్వం వేలాడుతూ ఉన్నది అంటుంది. ఎటువంటి మెదడు శక్తిని పెంపొందించుకోవాలి, అన్న సంగతిని మన కోరికలు నిర్ణయించాలని ఈ వాదం కోరుకుంటుంది. భవిష్యత్తులో మెదళ్లకు ఈ పద్ధతితో రూపు పోయాలి అంటుంది. మరి అదే కోరికలను మరొక రకంగా రూపొందించి ఇంజనీర్ చేయడానికి తగిన సాంకేతిక ప్రగతి జరిగినప్పుడు ఏమవుతుంది?

సాధికారమైన సంకల్పాన్ని గుర్తించడం సులభం కాదని మానవతావాదం అంటుంది. మన అంతర్వాణిని మనం వినదలుచుకుంటే, లోనుండి విభిన్నస్వరాల గోల వినిపిస్తుంది. నిజానికి మన స్థిరమైన అంతర్వాణి వినాలని మనం అనుకోకపోవడం కూడా ఒక సత్యం. అవి బయటపెట్టకూడని రహస్యాలను, సౌకర్యం కాని అభ్యర్ధనలను ముందుకు తెచ్చే వీలుంది. చాలామంది తమనుతాము మరీ లోతుగా తరచి చూడకూడదు అని జాగ్రత్త పడతారు. వృత్తి విజయవంతంగా సాగుతున్న ఒక ప్లీడరు, లోనుండి గొంతుక, సమయం తీసుకుని ఒక బిడ్డను కనవచ్చుకదా అని చెప్పిన మాటను పట్టించుకోదు. ఒక అమ్మాయికి వైవాహిక జీవితం అనుకూలంగా ఉండదు. కానీ అందులోని రక్షణ కారణంగా ఆమె నోరు మూసుకుని ఉండిపోతుంది. మనసులో దోషభావం గల ఒక సైనికుడికి తాను చేసిన ఘాతుకాల గురించి పీడకలలు వస్తుంటాయి. తన లైంగికశక్తి మీద నమ్మకం లేని ఒక యువకుడు, అడగొద్దు, చెప్పొద్దు అన్న విధానాన్ని వ్యక్తిగతంగా పాటిస్తాడు. ఈ పరిస్థితు లన్నింటికీ ఏకమూలికా ప్రయోగంగా ఏదో జవాబు ఉందని మానవతావాదం అనుకోదు.

అయినా మనం ధైర్యం చూపాలని, భయపెట్టినా సరే, మనలోనుంచి వచ్చే సందేశాలు వినాలని, సాధికారమైన లోని గొంతుకను గుర్తించాలని, కష్టాలు ఎదురైనా దానిమాటలు పాటించాలని మానవతావాదం చెబుతుంది.

సాంకేతిక ప్రగతికి మాత్రం మరొక కార్యక్రమం ఉంది. అది మనలోని గొంతుకలను వినాలని అనుకోదు. వాటిమీద పెత్తనం చేస్తాను అంటుంది. ఈ గొంతుకలను సృష్టించే జీవరసాయన చర్యలు మనకు అర్థమయితే, ఇక మనం మీటలతో ఆడుకోవచ్చు. కొన్ని ధ్వనులను పెంచవచ్చు, కొన్నింటిని తగ్గించవచ్చు. ఆ రకంగా బతుకును మరింత సులభం, సౌకర్యవంతం చేయవచ్చు. శ్రద్ధ నిలువని ప్లీడర్‌కు రిటాలిన్ ఇవ్వవచ్చు. దోష భావంగల సైనికుడికి ప్రోజాక్, అసంతృప్తి గల భార్యకు సిప్రలెక్స్ ఇవ్వవచ్చు. అయితే ఇదంతా ప్రారంభం మాత్రమే.

ఈ పద్ధతి మానవతావాదులకు అసౌకర్యంగా ఉంటుంది. అయినా దీనిమీద అప్పుడే అంత త్వరగా నిర్ణయం ఇవ్వకపోవడం మంచిది. మానవతావాదం అంతర్వాణిని వినమన్నది, కాని దానితో వేలాది బతుకులు నాశనమయ్యాయి. కానీ తగిన రసాయనాన్ని తగిన మోతాదులో ఇస్తే లక్షలాదిమంది మనుగడకు, సంబంధాలకు, మంచి జరుగుతుంది. లోనిగొంతుకను కొంతమంది వినాలంటే ఆ లోపలనుంచి వచ్చే లోని అరుపులను, ఆక్షేపణలను ఆపాలి. ఈ లోని గొంతుకలు, సాధికారమైన కోరికలు జీవరసాయనపరంగా సమతూకం చెడినందుకు లేదా మెదడు వ్యాధులవల్ల పుట్టినవి గాక మరొకటి కాదని ఆధునిక మానసికవైద్యం అంటున్నది. వైద్యపరంగా డిప్రెషన్‌కు గురయినవారు మంచి ఉద్యోగాలను, కుటుంబాలను వదులుకొని వెళ్ళిపోతారు. వారికి ప్రపంచమంతా నల్ల కళ్ళజోడు లోనుంచి చూచినట్లు కనబడుతుంది. వినాశనం కలిగించే ఇలాంటి గొంతులను వినడం కంటే, వాటిని పిసికి పెట్టడమే మంచిది. శాలీ అడీ తన తలలోని గొంతులను నొక్కి వేయడానికి హెల్మెట్ వాడింది. దానితో ఆమెకు తుపాకీ గురిపెట్టి పేల్చడం కూడా చేతనయింది. తర్వాత ఆమెకు బతుకు చాలా మారింది.

ఈ విషయంలో మనకు వ్యక్తిగతంగా ఎవరి దృష్టి వారికి వేరుగా ఉండవచ్చు. అయినా చరిత్ర దృష్టితో చూస్తే మాత్రం, అక్కడ ఎన్నో మహత్తరమయినది జరుగుతున్నదని సులభంగానే తెలుస్తుంది. నిన్ను నీవు విను!, అన్న మానవతావాదపు తొలి సూత్రం, ఇక మీద ఎంత మాత్రం స్వయం స్పష్టం కాదు. లోపలిగొంతు స్థాయిని పెంచడం, తగ్గించడం మనకు తెలిసిన తర్వాత, సాధికారత మీద మన విశ్వాసం తొలగిపోతుంది. ఇప్పుడు మరి స్విచ్ మీద ఎవరిచేయి ఉన్న సంగతి తెలియదు. తలలోని గజిబిజి గొంతుకలను నొక్కివేయడం అద్భుతమైన ఆలోచనగా కనిపిస్తుంది. అయితే ఆ తర్వాత నాకు నాలోని సాధికార స్వరాన్ని వినడానికి వీలు కలగాలి. మరి అటువంటి స్వరం లేకపోతే, ఏ గొంతుకలను తగ్గించాలన్న విషయం ఎట్లా తెలుస్తుంది?

మెదడు పరిశోధకులు కొన్ని దశాబ్దాల లోపల మన లోపలి గొంతుకలన్నింటి మీద సులభంగా, సూటిగా అధికారాన్ని ఇప్పిస్తారని కేవలం వాదన కొరకు అనుకుందాం. సాంప్రదాయ కుటుంబంలోని ఒక గే యువకుడిని ఊహించండి. సంవత్సరాలపాటు

కుటుంబం అనే అలమరలో దాగున్న ఆ అబ్బాయి, తగినంత డబ్బు సంపాదించుకున్నాడు. చివరకు తన స్వలింగ సంపర్క పద్ధతికి ఉద్యుక్తుడయ్యాడు. లక్ష డాలర్లు తీసుకుని నేరుగా క్లినిక్‌కు వెళ్ళాడు. అక్కడ తలుపుముందు నిలబడి డాక్టర్‌కు చెప్పవలసిన మాటలను మనసులో ఒకసారి మననం చేసుకున్నాడు. ఇదిగో డాక్టర్, లక్ష డాలర్‌లు. మళ్లీ మగవాడి అవసరం రాకుండా నాకు ఏదో చేసెయ్యి అని అనాలనుకున్నాడు. అప్పుడు అతను బెల్ మోగిస్తాడు. జార్జ్ క్లూనీ స్వయంగా వచ్చి తలుపు తీశాడు. బిత్తరపోయిన కుర్రవాడు డాక్, అంటాడు. ఇదిగో లక్ష డాలర్లు. నేను మళ్ళీ మామూలుగా ఉండకుండా ఏదో చేసేయ్, అంటాడు.

జీవితాంతం కొనసాగిన బ్రెయిన్ వాషింగ్ మీద, కుర్రవాని సాధికారికమైన సెల్ఫ్, గెలవగలిగిందా? లేక ఒక క్షణంలో జరిగిన ఉత్సుకత అతడిని మోసం చేసిందా? లేక అనుసరించడానికి, మోసగించడానికి సాధికారమైన వ్యక్తిత్వం ఒకటి లేనేలేదేమో? ఒకసారి మనం మన సంకల్పానికి రూపుపోసి, మార్పులు చేయగలిగితే, ఇక దాన్ని అన్ని అర్థాలకు, అధికారులకూ ఆధారం అని ఎంతమాత్రం ఒప్పుకోము. సంకల్పం ఏం చెబుతున్నా సరే, మనం దానిచేత మరొకమాట చెప్పించగలం.

మానవతావాదం ప్రకారం మనుషుల అభిలాషలు మాత్రమే ప్రపంచాన్ని అర్థంతో నింపగలుగుతాయి. మనకు మరి కోరికలను ఎంచుకునే శక్తి వస్తే ఆ ఎంపికలకు ఏమిటి ఆధారం? రోమియో ఎవరిని ప్రేమించాలి అని నిర్ణయించడంతో రోమియో జూలియట్ నాటకం మొదలైంది అందాం. ఒకసారి నిర్ణయం చేసిన తర్వాత కూడా అతనికి దాన్ని మార్చుకునే వీలు ఉంది అందాం. ఆ నాటకం ఎట్లా ఉంటుంది? సాంకేతిక ప్రగతి మనకొరకు తయారుచేయదలుచుకున్న నాటకం అట్లాగే ఉంటుంది. మన కోరికలు మనలను చికాకులో పడేస్తే సాంకేతికశాస్త్రం వచ్చి సాయం చేస్తానంటుంది. విశ్వాన్ని వేలాడదీసిన మేకును కొట్టినచోట సమస్యలుంటే సాంకేతికశాస్త్రం దాన్ని ఊడబెరుకుతుంది. మరొకచోట దిగగొడుతుంది. అయితే సరిగ్గా ఎక్కడ? నేను దాన్ని విశ్వంలో ఎక్కడైనా కొట్టగలిగితే, మరి ఎక్కడ కొట్టాలి? కొట్టడానికి అన్ని చోట్లు ఎందుకున్నాయి?

ప్రజలకు అనుకూలంగా అన్ని కోరికలు ఉన్నప్పుడు మానవతావాద నాటకాలు మొదలవుతాయి. ఉదాహరణకు హౌస్ ఆఫ్ మోంటెగ్యు వాడయిన రోమియో, హౌస్ ఆఫ్ కాపులెట్‌కు చెందిన జూలియట్‌ను ప్రేమిస్తే, ఆ రెండు కుటుంబాలు శత్రువులు కనుక అది అనుకూలం కాని పరిస్థితి. ఇటువంటి నాటకాలకు సాంకేతికశాస్త్రం ఒక జవాబు చెబుతుంది. మనకు అసౌకర్యమైన కోరికలు లేకుండా నమ్మకం చేసుకోవాలి అంటుంది. ఆ ప్రేమజంట విషం తాగడానికి బదులు, ఒక బిళ్ళ వేసుకుని లేదా ఒక హెల్మెట్ పెట్టుకుని తమ పిచ్చి ప్రేమను మరొక మార్గంలో నడిపించి ఉంటే అంతటి బాధ, దుఃఖాల అవసరం ఉండేది కాదు కదా!

సాంకేతిక మానవతావాదానికి ఇక్కడ ఒక అలవిమాలిన తికమక ఎదురవుతుంది. మానవుల సంకల్పాన్ని అది విశ్వంలోనే గొప్ప సంగతి అంటుంది. కనుక ఆ సంకల్పాన్ని మరొకసారి డిజైన్ చేసి నడిపించే సాంకేతిక పద్ధతులు కావాలి అంటుంది. ఈ ప్రపంచం

లోనే అన్నింటికన్నా ముఖ్యమైనది అంటున్నారు గనుక ఆ విషయం మీద అధికారం చాలా ఆశాజనకంగా ఉంటుంది. ఒకవేళ అటువంటి అధికారం చేత చిక్కినప్పటికీ సాంకేతిక మానవతావాదానికి దాన్ని వాడడం అర్థం కాదు. ఆ పనిచేస్తే పవిత్రమైన మానవ ప్రపంచం మరొక డిజైనర్ వ్యాపారవస్తువుగా మారిపోతుంది. మానవసంకల్పం మానవుల అనుభవాలూ, కలిసి అర్థానికి, అధికారానికి అన్నింటికన్నా గొప్ప మూలస్థానాలు అని నమ్మినంతకాలం ఇటువంటి సాంకేతికవిధానాలతో పెట్టుకోవడం కుదరదు.

కనుక ఒక ధైర్యంగల సాంకేతిక మతం వచ్చి మానవతావాదంతో పేగుబంధాలను పూర్తిగా తెంచమంటుంది. మానవులవంటి ఏ జీవి అనుభవాలు, ఆశయాల మీద ఆధార పడని కొత్త ప్రపంచాన్ని ప్రస్తావిస్తుంది. అప్పుడిక అర్థం, అధికారాలు మరింకెక్కడినుంచి పుట్టుకు వస్తాయి? 2016 నాటికి ఆ ఉద్యోగం ఇంటర్వ్యూ కోసం ఒక అభ్యర్థి, చరిత్ర వారి సెట్టింగ్ రూమ్‌లో సిద్ధంగా కూచుని ఉండడం తెలుసు. ఆ అభ్యర్థి పేరు సమాచారం. వెలువడుతున్న మతాలలో డేటాయిజం అత్యంత ఆసక్తికరమైనది. అది దేవుడినిగానీ మనిషినిగానీ ఆరాధించదు. కేవలం సమాచారానికి పూజ చేస్తుంది.

11

సమాచార మతం

విశ్వంలో ఉండేది సమాచారం ప్రవాహాలు మాత్రమే అని డేటాయిజం ప్రకటిస్తుంది. ఏ పనయినా, వస్తువైనా డేటా ప్రాసెసింగ్‌కు అది అందజేసే సహకారం, సామగ్రి మీద దాని విలువ ఆధారపడి ఉంటుంది. ఇదేదో విపరీత ధోరణిగా మీకు వినిపించవచ్చు. కానీ వాస్తవానికి ఇది ఇప్పటికే వైజ్ఞానిక ప్రపంచంలో చాలా భాగాన్ని జయించి ఆక్రమించు కున్నది. రెండు సైంటిఫిక్ విలువలు ప్రళయప్రాయంగా కలిసినందుకు ఈ సమాచారవాదం పుట్టింది. ఛార్లెస్ డార్విన్ తన ఆన్ ద ఆరిజిన్ ఆఫ్ స్పీసి గ్రంథాన్ని ప్రకటించిన తరువాత నూటయాభయి సంవత్సరాలలో జీవశాస్త్రాలు జీవులను జీవరసాయనిక అల్గోరిథంలుగా చూడసాగాయి. అదేవిధంగా ఆలెన్ ట్యూరింగ్ తన యంత్రాన్ని తయారుచేసిన తర్వాత ఎనభయి సంవత్సరాలలో కంప్యూటర్ సైంటిస్టులు, సరికొత్త ఇలక్ట్రానిక్ అల్గోరిథంలను ఇంజనీర్ చేయడం నేర్చుకున్నారు. ఇక సమాచారవాదం ఈ రెంటిని కలిపింది. ఒకే రకమైన గణిత సూత్రాలు ఒకటిగా జీవరసాయన, ఇలక్ట్రానిక్ అల్గోరిథంలకూ వర్తిస్తున్నాయని వారు సూచించారు ఈ రకంగా జీవులకు, యంత్రాలకు మధ్యగల తారతమ్యాన్ని సమాచార వాదం తుడిచిపెట్టింది. చివరకు ఇలక్ట్రానిక్ అల్గోరిథంలు జీవరసాయన అల్గోరిథంలను అర్థం చేసుకుని వాటికన్నా బాగా పనిచేస్తాయి అంటుంది.

రాజకీయ నాయకులకు, వ్యాపారం చేసేవారికి, మామూలు కొనుగోలుదారులకు సమాచారం సంచలనాత్మక సాంకేతిక వనరులను అందిస్తుంది. అంతులేని కొత్త అధికారాన్ని చేతికిస్తుంది. ఇక విద్వాంసులూ, బుద్ధిజీవులక శతాబ్దాలుగా చేతికి అందకుండా ఉన్న పవిత్రాంశాన్ని అందిస్తానని హామీ ఇస్తుంది. వారు సంగీతశాస్త్రం నుండి ఆర్థికశాస్త్రం ద్వారా జీవశాస్త్రం వరకు సైన్స్‌లోని అన్ని విభాగాలను ఏకీకరించే మహాసిద్ధాంతం కోసం చూస్తున్నారు. డేటాయిజం చెబుతున్న ప్రకారం *కింగ్ లీయర్* ఫ్లూ వైరస్‌లు, రెండూ సమాచార ప్రవాహంలో కేవలం వేరువేరు తీరులు మాత్రమే. అవే మౌలికసూత్రాలు, పరికరాల సాయంతో ఈ మూడింటినీ విశ్లేషించవచ్చు. ఆలోచన చాలా ఆకర్షణీయంగా

ఉంది. ఇక శాస్త్రజ్ఞుల అందరిదీ ఒకే భాష అవుతుంది. విద్యాపరంగా వాళ్ల మధ్య వంతెన కట్టి వివిధ విషయాల మధ్యన సరిహద్దులను దాటి వారు తమ దృష్టికోణాలు అందించగలుగుతారు. సంగీత శాస్త్రజ్ఞులు, ఆర్థిక శాస్త్రవేత్తలు, కణ జీవశాస్త్రజ్ఞులు చివరకు ఒకరినొకరు అర్థం చేసుకోగలుగుతారు.

అలా జరుగుతున్నప్పుడు సమాచారవాదం, సాంప్రదాయిక విద్యా శిక్షణ అనే పిరమిడ్‌ను తలకిందులు చేస్తుంది. బుద్ధిజీవుల విద్యా కార్యక్రమంలో ఇప్పటివరకు సమాచారాన్ని మొదటి అంచెగా మాత్రమే భావించారు. మానవులు డేటాను భట్టీ పట్టి సమాచారాన్ని వెలికితీయాలి. అందులోనుండి తెలివిని, దాన్నుండి జ్ఞానాన్ని వండుకోగలగాలి. ఇప్పుడు వస్తున్న తీరు డేటా ప్రవాహానికి మనుషులు తట్టుకోలేరు అని డేటాయిజం అంటున్నది. కనుక వారు దాన్నుంచి సమాచారాన్ని, తెలివిని, జ్ఞానాన్ని తీయలేకపోతున్నారు. కనుకనే ఈ వస్తున్న డేటా సమాచారాన్ని ప్రాసెస్ చేయవలసిన బాధ్యత అల్గోరిథంల చేతికి మారాలి. వాటి పనిసామర్థ్యం మనుషుల మెదడుకన్నా చాలా ఎక్కువగా ఉంటుంది. ఆచరణ ప్రకారం చెప్పదలుచుకున్నా డేటాయిస్టులకు మనుషుల తెలివి, జ్ఞానం మీద గొప్ప నమ్మకం లేదు. కనుకనే వారు పెద్ద సమాచార భాండాగారం అలాగే కంప్యూటర్ అల్గోరిథంల మీద విశ్వాసం ఉంచదలుచుకున్నారు.

కంప్యూటర్ సైన్స్, జీవశాస్త్రం అనే రెండు మాతృరంగాలలో డేటాయిజం గట్టిగా వేళ్లూనుకుని ఉంది. ఈ రెంటిలో కూడా జీవశాస్త్రం ముఖ్యమైనది. సమాచారవాదాన్ని జీవశాస్త్రం హత్తుకున్న తర్వాతనే కంప్యూటర్ రంగంలో కొంతమాత్రమే వచ్చిన కొత్త పుంతలు ప్రపంచాన్ని కదిలించే మహత్తర మార్గాన్ని తొక్కాయి. జీవులు అల్గోరిథంలు అన్నమాటను మీరు అంగీకరించకపోవచ్చు. జిరాఫీలు, టొమాటోలు, మనుషులు సమాచారం ప్రాసెసింగ్‌లో వేర్వేరు పద్ధతులు అంటే అవును, అనలేకపోవచ్చు. అయితే సైన్స్ రంగంలో గొప్ప సిద్ధాంతం ప్రస్తుతం ఇదే అన్న విషయం మీరు అర్థం చేసుకోవాలి. అది ప్రపంచాన్ని గుర్తించలేని స్థితికి మారుతున్నది.

ఒక్కొక్క జీవిని మాత్రమే డేటా ప్రాసెసింగ్ వ్యవస్థగా చూడటం కాక, మొత్తం సమాజాన్ని తేనెతుట్టెను గానూ, బ్యాక్టీరియా గుంపులుగా, అడవులుగా, మానవనగరాలు గానూ చూస్తున్నారు. ఆర్థిక శాస్త్రవేత్తలు ఇక తమ రంగాన్ని కూడా ఒక డేటా ప్రాసెసింగ్ వ్యవస్థగా వర్ణిస్తున్నారు. ఆర్థికరంగం అంటే అందులో గోధుమలు పండించే రైతులు, గుడ్డలు తయారుచేసే కార్మికులు, రొట్టెలు, చెడ్డీలు కొనే వినియోగదారులు, అని మామూలు మనుషుల నమ్మకం. కానీ నిపుణులు మాత్రం, ఆ రంగాన్ని ఆశయాలు, శక్తియుక్తుల గురించి సమాచారం సేకరించే ఒక సాంకేతిక వ్యవస్థ అంటున్నారు. అందిన డేటాను వారు నిర్ణయాలుగా మారుస్తారు.

ఈ మాట ప్రకారం చూస్తే ఫ్రీ మార్కెట్ పెట్టుబడి వాదన, ప్రభుత్వం ఆధీనంలో నడిచే కమ్యూనిజం ఒకదానితో ఒకటి పోటీపడుతున్న ఆదర్శాలు, నీతి పద్ధతులు, వ్యాపారసంస్థలు కానేకావు. ఒక్క మాటలో అవి పోటీ పడుతున్న డేటా ప్రాసెసింగ్ వ్యవస్థలు. పెట్టుబడివాదంలో ప్రాసెసింగ్ విభజింపబడి జరుగుతుంది. కమ్యూనిజంలో మాత్రం అది ఒకే చోట జరుగు

తుంది. పెట్టుబడి పద్ధతిలో ఉత్పాదనకర్తలు, వినియోగదారులు అందరూ ఒకరితో ఒకరు నేరుగా సంబంధం కలిగి ఉంటారు. వారికి ఈ సమాచారాన్ని స్వతంత్రంగా పంచుకునే హక్కు ఉంటుంది. వారు స్వతంత్రంగా నిర్ణయాలు కూడా చేయగలుగుతారు. మార్కెట్‌లో రొట్టె ధర ఏరకంగా నిర్ణయమవుతుంది? ప్రతి బేకరీలో ప్రతినిత్యం ఒక సంఖ్యలో వారి సౌకర్యం ప్రకారం రొట్టె తయారవుతుంది. ధర నిర్ణయం కూడా వారి ఇష్టం ప్రకారమే అవుతుంది. ఇక కొనుగోలుదారులు వారికి చేతనయినంత రొట్టె కొంటారు. లేదా మరొక పోటీ అమ్మకందారు వద్దకు వెళతారు. ఒక రకం రొట్టకు వారు వెయ్యి డాలర్లు ఛార్జ్ చేసే స్వతంత్రం ఉంది. అయితే ఎవరూ కొనకపోయే ప్రమాదం కూడా ఉంది.

ఇంకా పెద్దస్థాయిలో చెప్పాలంటే పెట్టుబడిదారులు రొట్టెకు డిమాండ్ ఎక్కువగా ఉంటుందని గుర్తిస్తారు. ఇక వారు జెనెటిక్ ఇంజనీరింగ్ ద్వారా గోధుమల నాణ్యత పెంచే బయోటెక్నాలజీ కంపెనీలో పెట్టుబడి పెడతారు. ధనసహాయం వచ్చినందుకు పరిశోధన మరింత వేగంగా జరుగుతుంది. గోధుమలు మరింత వేగంగా అందుతాయి. ఇక రొట్టె కొరత ఉండనే ఉండదు. బయోటెక్ కంపెనీ తప్పుడు విధానాన్ని పాటించి ప్రగతి జరగని స్థితికి చేరినా, పోటీగా ఉన్న మరొక సంస్థ వారు అవసరమైన పరిశోధనలను విజయవంతంగా సాధించగలుగుతారు. ఈ రకంగా పెట్టుబడి విధానం అమలులో ఉన్న ఫ్రీ మార్కెట్ వ్యవస్థలో డేటా విశ్లేషణ, నిర్ణయాలు చేయడం వంటి పనులను వేరువేరు స్వతంత్ర, అసంబంధిత ప్రాసెసర్లకు పంచిపెడుతుంది. అవసరమైన సత్యాలను గురించిన సమాచారాన్ని అందరిమధ్య పంచి ఇచ్చిన వ్యవస్థలో, వేర్వేరు వ్యక్తులు వేర్వేరు పనులను ధరలు సమన్వయపరచగలుగుతాయి అని, ఆర్థికశాస్త్ర గురు, ఫ్రీడ్రిక్ హెయక్ అన్నారు.

ఈ దృష్టి ప్రకారం చూస్తే మనుషులు తయారుచేసిన అన్ని డేటా ప్రాసెసింగ్ వ్యవస్థలోనూ, స్టాక్ ఎక్స్ఛేంజి చాలా వేగంగా, ప్రభావవంతంగా పనిచేస్తుంది. అందరూ వచ్చి అందులో చేరవచ్చు. నేరుగా కాకుంటే వారి బ్యాంకులు, పెన్షన్ ఫండ్ ద్వారా చేరవచ్చు. మొత్తం ప్రపంచ ఆర్థిక వ్యవస్థను స్టాక్ ఎక్స్ఛేంజ్ నడిపిస్తుంది. అది భూమిమీద మాత్రమే కాదు మొత్తం గ్రహంమీద జరుగుతున్న అన్ని అంశాలను దృష్టిలో ఉంచుకుంటుంది. బహుశా ఇంకా వెలుపల కూడా. సైన్స్ ప్రయోగాలలో విజయాలు ధరల మీద ప్రభావం చూపుతాయి. జపాన్‌లో జరిగే రాజకీయ స్కాండల్, ఐస్లాండ్‌లో అగ్నిపర్వతం పేలుడు, ఇక అప్పుడప్పుడు సూర్యునిలో జరిగే మార్పులకు కూడా దానిమీద ప్రభావం ఉంటుంది. ఇక వ్యవస్థ సజావుగా నడవాలంటే, వీలయినంత స్వతంత్రంగా, వీలైనంత సమాచారం అందులోకి ప్రవాహంగా రావాలి. సమాచారం ప్రపంచంలో లక్షలాది మంది ప్రజల అందుబాటులో ఉంటే, వాళ్లు చమురుతు, హ్యుండై కంపెనీ షేర్లకు, స్విస్ ప్రభుత్వ బాండ్లకు, వాటిని కొంటూ, అమ్ముతూ సరైన ధర నిర్ణయిస్తారు. న్యూయార్క్ టైమ్స్‌లో వచ్చిన పతాకవార్త ప్రభావం అన్ని రకాల షేర్‌ల మీద పడడానికి పదిహేను నిమిషాల సమయం చాలునని ఇప్పటికే తెలిసిపోయింది.

పెట్టుబడిదారులు పన్నులు తక్కువగా ఉండాలని అనుకోవడం గురించి డేటా ప్రాసెసింగ్ పరిశీలనలు వివరిస్తాయి. ఎక్కువ పన్నులు అంటే ఉన్న పెట్టుబడిలో ఎక్కువ

భాగం ఒకే చోట చేరుకుంటుంది. అది ప్రభుత్వ ఖజానా. అక్కడినుంచే ఎక్కువ నిర్ణయాలు రావడం మొదలవుతుంది. దీనితో డేటా ప్రాసెసింగ్ వ్యవస్థ ఎక్కువగా కేంద్రీకృతమవుతుంది. తీవ్రమైన పరిస్థితుల్లో పనులు మరీ ఎక్కువగా ఉన్నప్పుడు ఇంచుమించు పెట్టుబడి మొత్తం ప్రభుత్వం వారి చేతుల్లోనే ఉండిపోతుంది. ఇక అన్నిరకాలా ప్రభుత్వానిదే పైచేయి అవుతుంది. ప్రభుత్వం రొట్టెలను, అంగళ్ళు ఉండవలసిన ప్రాంతాలను, పరిశోధన కోసం వాడవలసిన నిధులను ఏకపక్షంగా నిర్ణయిస్తుంది. స్వతంత్ర మార్కెట్లో ఒక ప్రాసెసర్ తప్పుడు నిర్ణయం చేస్తే వెంటనే అందరూ ఈ అవకాశాన్ని వాడుకుంటారు. సొమ్ము చేసుకుంటారు. ఇక అన్ని నిర్ణయాలు చేసే ఒకే ఒక్క ప్రాసెసర్ తప్పిదాలు చెప్పలేనంత ప్రమాదకరంగా ఉంటాయి.

మొత్తం డేటా సమాచారం ఒకేచోట ప్రాసెస్ అయి, నిర్ణయాలన్నీ ఒకే ఒక కేంద్రీకృత ప్రాసెసర్ చేస్తున్న ఇటువంటి విపరీత సందర్భాలను కమ్యూనిజం అంటారు. కమ్యూనిస్టు ఆర్థిక విధానంలో ప్రజలు వారివారి శక్తినిబట్టి పని చేస్తారు, కానీ ఫలితాలను అవసరాలను బట్టి అందుకుంటారు, అంటారు. మరొకమాటలో చెప్పాలంటే ప్రభుత్వం మీ లాభాలను మొత్తంగా తీసుకుంటుంది. మీకు ఎంత అవసరం అని నిర్ణయిస్తుంది. ఆ నిర్ణయాల ప్రకారం మీకు ఏదో కొంత ఇస్తుంది. ఏ దేశం కూడా ఈ పథకాన్ని మరీ ఇంత విపరీతంగా వాస్తవం చేయలేదు. ఒక్కసారి సోవియెట్ మాత్రం తన శాటిలైట్ దేశాలతోపాటు ఇంచుమించు ఆ పరిస్థితికి దగ్గరగా చేరుకున్నది. విభజించి సమాచారాన్ని ప్రాసెస్ చేయడం అన్న విధానాన్ని వారు పూర్తిగా వదిలేశారు. కేంద్రీకృత ప్రాసెసింగ్ వ్యవస్థకు మారారు. సోవియట్ యూనియన్ మొత్తం నుంచి సమాచారం మాస్కోలోని ఏకైక

49. మాస్కోలో సోవియట్ నాయకులు, 1963 :
కేంద్రీకృత సమాచార సమన్వయం

కేంద్రానికి చేరింది. అన్ని నిర్ణయాలను అక్కడే తీసుకున్నారు. దారులు వినియోగదారులు ఒకరితో ఒకరు నేరుగా మాట్లాడలేకపోయారు. అందరూ ప్రభుత్వం ఆదేశాలను అంగీకరించవలసి వచ్చింది.

ఉదాహరణకు సోవియట్ ఆర్థిక మంత్రిత్వ శాఖ రొట్టె ధర అన్ని అంగళ్లలోనూ రెండు రూబుల్స్ నాలుగు కోపెక్‌లు ఉండాలని నిర్ణయిస్తుంది. అలాగే ఓడెసలోని ఒక కోల్ఖోజ్ అనే వ్యవసాయ క్షేత్రంలో రైతు, గోధుమలను పండించడం ఆపి కోళ్లను పెంచాలి అని నిర్ణయిస్తారు. మాస్కోలోని రెడ్ అక్టోబర్ బేకరీలో నిత్యం మూడున్నర మిలియన్ రొట్టెలు తయారుకావాలి అంటారు. ఈలోపల సోవియట్ దేశంలోని బయోటెక్ పరిశోధన శాలలు అన్నింటినీ ట్రోఫిమ్ లైసెంకో సిద్ధాంతాలను అనుసరించమని ఆదేశిస్తారు. ఈ పరిశోధకుడు లెనిన్ అకాడమీ ఆఫ్ అగ్రికల్చరల్ సైన్సెస్‌కు అధిపతిగా పనిచేశాడు. పెద్దపేరు తెచ్చుకున్నాడు. ఆ కాలంలో అందరూ అంగీకరించిన డామినెంట్ జెనెటిక్ సిద్ధాంతాన్ని కాదన్నాడు. ఒక ప్రాణి తన జీవితకాలంలో కొత్త లక్షణాలను ఏవైనా సంపాదించుకుంటే అవి నేరుగా తరువాత తరాలకు అందుతాయి, అన్నాడాయన. డార్విన్ చెప్పిన సంప్రదాయ సిద్ధాంతానికి ఇది పూర్తిగా వ్యతిరేకం. కమ్యూనిస్టు విద్యాసూత్రాలకు మాత్రం అదే అనుకూలంగా ఉంది. ఒక గోధుమ మొక్కకు చలిని ఓర్చుకోవడం నేర్పిస్తే, తర్వాత తరం మొక్కలకు ఆ లక్షణం సహజంగానే వస్తుంది, అంటుంది ఈయన సిద్ధాంతం. ఇక లైసెంకో కోట్లాది మొక్కలను సైబీరియాతో సహా దేశమంతటా నాటడానికి పంపించాడు. ఇక సోవియట్ యూనియన్ వెంటనే యునైటెడ్ స్టేట్స్ నుంచి గోధుమలను పిండిని పెద్ద ఎత్తున దిగుమతి చేసు కోవాల్సిన పరిస్థితి వచ్చింది.

50. షికాగో బోర్డ్ ఆఫ్ ట్రేడ్‌లో సంచలనం :
డేటా ప్రాసెసింగ్‌కు అవరోధం.

క్యాపిటలిజం ఎక్కువ నీతి గలది లేదా వ్యక్తులకు స్వాతంత్రం ఇచ్చింది కనుక పెట్టుబడివాదులు కమ్యూనిస్టుల మీద గెలవాలి గారు అంటే తప్పు. కమ్యూనిస్టుల మీద దేవుడికి కోపం వచ్చింది. అన్నా తప్పే. సమాచారాన్ని విభజించి ప్రాసెస్ చేయడం కొనసాగిస్తే, కేంద్రీకరణ పద్ధతి కన్నా, బాగా జరుగుతుంది కనుక పెట్టుబడిదారులు ప్రచ్ఛన్న యుద్ధంలో గెలవగలిగారు. కనీసం సాంకేతికమార్పులు ఎక్కువగా జరుగుతున్న సమయంలో ఈ రకంగా జరుగుతుంది. ఇరవయ్యవ శతాబ్ది కడపటి భాగంలో తీవ్రంగా మారుతున్న ప్రపంచాన్ని కమ్యూనిస్టు పార్టీ ఎదుర్కొనలేకపోయింది. డేటా మొత్తం ఒక రహస్య బంకర్‌లో దాచి ఉంచితే, ముఖ్యమైన నిర్ణయాలు అన్నీ ముసలివాళ్లు కొందరు కలిసి చేస్తుంటే, వాళ్లు కావాలంటే బండ్ల నిండా ఆటం బాంబులు తయారుచేయగలుగుతారు. కానీ ఒక ఆపిల్‌ను ఒక వికీపీడియాను సృష్టించలేరు.

మంచికథలు చాలా లాగే, ఎక్కువ ప్రచారం లేని ఒక కథ ఉంది. స్తంభించిపోయిన సోవియట్ ఆర్థికరంగాన్ని తిరిగి పరుగు తీయించాలని మిఖయిల్ గోర్బచెవ్ ప్రయత్నిస్తు న్నాడు. ఆయన తన మనిషిని ఒకరిని లండన్ పంపించాడు. అక్కడ అమలవుతున్న థేచర్ కాపిటల్ విధానం ఏమిటి? పెట్టుబడిదారీ వ్యవస్థ నిజానికి ఎలా పనిచేస్తుంది తెలుసుకో రమ్మన్నాడు. లండన్ అధికారులు సోవియట్ నుంచి వచ్చిన అతిథిని నగరమంతా తిప్పారు. లండన్ స్టాక్ ఎక్స్ఛేంజ్ తీసుకువెళ్లారు. లండన్ స్కూల్ ఆఫ్ ఎకనామిక్స్‌కు తీసుకువెళ్లారు. అన్నిచోట్ల ఆ అతిథి బ్యాంక్ మేనేజర్లతోనూ, వ్యాపారస్తులు, ప్రొఫెసర్ల తోనూ చాలాసేపు చర్చలు సాగించాడు. చాలా గంటలు గడిచాయి. చివరకు పెద్దమనిషి పట్టలేక ఒక ప్రశ్న అడిగాడు. ఒక్కక్షణం ఆగండి! ఈ గజిబిజి ఆర్థిక సిద్ధాంతాలను గురించి మర్చిపోండి. ఒకరోజు మొత్తం లండన్‌లో అటుఇటు తెగ తిరిగాము. అయినా నాకు అర్థంకాని సంగతి ఒకటి మిగిలిపోయింది. మానగరం మాస్కోలో తెలివిగలవారు చాలామంది కలిసి, అక్కడి మా బ్రెడ్ సప్లై వ్యవస్థ గురించి బాగా కృషి చేస్తున్నారు. అయినా ప్రతి బేకరీముందు, అంగడిముందు ఎడతెగని వరసలలో జనం నిలబడి ఉంటారు. ఈ లండన్ నగరంలో కూడా మిలియన్ల కొద్దీ జనం ఉన్నారు. తిరుగుతున్నప్పుడు ఎన్నో అంగళ్ళు, సూపర్ మార్కెట్‌లు చూశాము. ఒక్కచోట కూడా నాకు బ్రెడ్ కొరకు మనుషులు నిలబడి కనిపించలేదు. నగరానికి బ్రెడ్ సప్లై విషయంగా బాధ్యతలు వహిస్తున్న ఒక్క అధికారి వద్దకు నన్ను తీసుకుపొండి. అక్కడ రహస్యాలు నేను తెలుసుకోవాలి, అన్నాడు. ఆ పెద్దమనిషి. లండన్ అధికారులు కాసేపు బుర్ర గోక్కున్నాడు. మరికాసేపు ఆలోచించారు. లండన్‌లో బ్రెడ్ సప్లై బాధ్యత వహించేవారు అని ఎవరూ లేరు, అన్నారు. చివరకు.

అదీ పెట్టుబడిదారులు విజయరహస్యం. లండన్ బ్రెడ్ సప్లైకి సంబంధించిన సమాచారాన్ని ఏ ఒక్క కేంద్ర ప్రాసెసింగ్ యూనిట్ ఒంటరిగా నిర్వహించదు. సమాచారం లక్షలాది వినియోగదారులలో స్వేచ్ఛగా ప్రవహిస్తుంది. అలాగే ఉత్పత్తిదారులు, బేకరీలు, పెట్టుబడిదారులు, రైతులు, పరిశోధకులు, అందరికీ సమాచారం సులభంగా అందుతుంది. బజారు ఫోర్సెస్ రొట్టె ధరను నిర్వహిస్తాయి. ప్రతినిత్యం కావాల్సిన రొట్టె సంఖ్యను కూడా నిర్ణయిస్తాయి. పరిశోధన, అభివృద్ధి ఎక్కడ జరగాలి అన్న సంగతులు తెలుస్తాయి. బజారు

బలాలు ఒకవేళ తప్పుడు నిర్ణయం చేస్తే తెలుసుకుని వెంటనే వాటిని సర్దుకుంటారు. కనీసం పెట్టుబడిదారులు అలా అనుకుంటారు. ఈ పెట్టుబడిదారీ సిద్ధాంతం సరైనదా అన్న అంశం మన ప్రస్తుత ఉద్దేశానికి సంబంధం లేనిది. సిద్ధాంతం ఆర్థికశాస్త్రాన్ని సమాచార ప్రాసెసింగ్ అన్న అంశం ద్వారా అర్థం చేసుకుంటుంది అన్నది కీలకమైన విషయం.

శక్తి అంతా ఎక్కడికి చేరుకున్నది?

మానవ రాజకీయనిర్మాణం కూడా డేటా ప్రాసెసింగ్ వ్యవస్థ కిందకే వస్తుందని రాజనీతి శాస్త్రజ్ఞులు ఈ మధ్య తరచుగా వ్యాఖ్యానిస్తున్నారు. పెట్టుబడి విధానం లాగే, కమ్యూనిజం ప్రభుస్వామ్యాల, నియంత ప్రభుత్వాలు ఒక రకంగా చూస్తే సమాచారాన్ని సేకరించి విశ్లేషించడంలో పోటీ పడుతున్న మెకానిజం కాక మరొకటి కాదు. అంటే ప్రాసెసింగ్ విధానాలు కేంద్రీకృతమై ఉంటాయి. ఇక ప్రజాస్వామ్యంలో అవి విభజింపబడి ఉంటాయి. ఇరవయ్యవ శతాబ్దపు చివరిభాగంలోని సమం లేని పరిస్థితుల కారణంగా గడిచిన దశాబ్దాలలో ప్రజాస్వామ్యం పైచేయిగా కొనసాగింది. డేటా ప్రాసెసింగ్ చేయడం బాగా పనిచేసినందుకు ఈరకంగా జరిగింది. ఇందుకు ప్రత్యామ్నాయ పరిస్థితుల్లో అంటే ఉదాహరణకు - ప్రాచీన రోము సామ్రాజ్యం నాటి పరిస్థితులలో, క్రాసింగ్ అంత ఒకేచోట జరిగేది. అందుకే రోమన్ ప్రజాస్వామ్యం పడిపోయింది. అధికారం సెనేట్‌నుండి, ప్రజలు ఎన్నుకున్న అసెంబ్లీల నుండి నిరంకుశ పాలన చేసిన చక్రవర్తి చేతుల్లోకి పోయింది.

ఇక మళ్లీ 21 శతాబ్దిలో డేటా ప్రాసెసింగ్ పరిస్థితులు మారితే ప్రజాస్వామ్యం పడిపోయి చివరకు మాయమయ్యే అవకాశం ఉందని అర్థం వస్తుంది. డేటా సమాచారం వచ్చే రాశి, వేగం రెండూ పెరుగుతుంటే ప్రతిష్టాత్మకమైన ఎన్నికలు, రాజకీయ పార్టీలు, పార్లమెంట్‌లు బహుశా నిరర్ధకాలు కావచ్చు. అవినీతి లేనివి కావడం అందుకు కారణం కాదు, కేవలం డేటా అనే సమాచారాన్ని అవి సమర్థంగా ప్రాసెస్ చేయలేకపోయాయి కనుక ఆ రకంగా జరిగింది అంటారు. ఈ సంస్థలన్నీ సాంకేతికశాస్త్రంకన్నా రాజకీయం ఎక్కువ వేగంగా కదిలిన యుగాలలో పుట్టినవి. పారిశ్రామిక విప్లవం 19-20వ శతాబ్దాలలో చాలా నెమ్మదిగా ముందుకు సాగింది. కనుకనే రాజకీయ నాయకులు, ఓటర్లు ఒక అడుగు ముందుకు ఉండగలిగారు. వారు దాని మార్గాన్ని నిర్ణయించగలిగారు. ఆవిరియంత్రం కాలం నుంచి రాజకీయాలలో లయ పెద్దగా మారలేదు. సాంకేతికశాస్త్రం మాత్రం ఒకటి నుంచి నాలుగవ గేర్‌లోకి మారింది. ఇప్పుడు సాంకేతికవిప్లవాలు రాజకీయ విధానాలను వెనుకబడేస్తాయి. ఎంపీలకు ఓటర్లకు కూడా పట్టు తప్పిపోతుంది.

ఇంటర్నెట్ తలెత్తిన తీరు చూస్తే రానున్నకాలం గురించి అర్థం అవుతుంది. మన నిత్యజీవితానికి, ఆర్థిక రంగానికి, భద్రతకు సైబర్ స్పేస్ చాలా అవసరంగా మారింది. అయినా అందుబాటులో ఉన్న వెబ్ డిజైన్‌లను ప్రజాస్వామ్య రాజకీయవిధానం అమలుచేసి విమర్శనాత్మకంగా ఎంపిక చేయలేదు. వీటిలో సార్వభౌమాధికారం, సరిహద్దులు, ప్రైవసీ వంటి సాంప్రదాయిక రాజకీయ అంశాలు అంతర్లీనంగా ఉన్న విషయం వాస్తవం. సైబర్

స్పేస్ ఎలాగుండాలి అన్న విషయం మీద మీరెప్పుడైనా వోటు వేశారా? ప్రజల దృష్టికి రాకుండానే వెబ్ డిజైనర్స్ తమ నిర్ణయాలను చేస్తున్నారు అంటే ఇంటర్నెట్ నియమాలు లేని స్వతంత్ర ప్రాంతంగా లెక్కకు వస్తుంది. సార్వభౌమాధికారాన్ని తుడిచిపెడుతుంది. సరిహద్దులను నిర్లక్ష్యం చేస్తుంది. ఏకాంతాలు ఉండవు. అది బహుశా ప్రపంచంలోనే అన్నిటికన్నా పెద్ద భద్రతాసమస్యగా మారుతుంది. ఒక దశాబ్దం కింద ఇది రేడార్ మీద కనబడేది కాదు. కానీ అసలైన అధికారులు ఇప్పుడు భయపడుతూ మరొక నైన్ బై ఇలెవెన్ వస్తుంది అంటున్నారు.

ఇంటర్నెట్‌ను మళ్లీ నిర్మించాలని ప్రభుత్వాలు, ప్రభుత్వేతర సంస్థలు తీవ్రమైన చర్చలు జరుపుతున్నాయి. అది మొదలైనప్పుడే కలుగజేసుకుంటే బాగుండేది. ఇప్పుడున్న వ్యవస్థను మార్చడం చాలా కష్టం. సైబర్ నియమాలను గురించి ప్రభుత్వం వారి భారీ ఉద్యోగస్వామ్యం నిర్ణయాలు చేసే లోపల ఇంటర్నెట్ మరో పదిసార్లు మారుతుంది. ప్రభుత్వం తాబేలు, సాంకేతికశాస్త్రం కుందేలుతో పోటీ పడలేదు. ఈ తాబేలు ఇప్పటికే సమాచార ప్రభావంతో బిత్తరపోయింది. ఎన్ఎస్ఏ మన ప్రతి మాటకు నిఘా పెట్టి కూపీలు లాగుతూ ఉండవచ్చు. అయితే అమెరికావారి విదేశీ విధానంలో కలుగుతున్న అపజయాల దృష్టితో చూస్తే వస్తున్న డేటా సమాచారాన్ని ఏం చేసుకోవాలని వాషింగ్టన్‌లో ఎవరికీ తెలిసినట్టు కనపడదు. ప్రపంచంలో ఏం జరుగుతున్నది అన్న సంగతులను చరిత్రలోనే ఏ దేశమూ ఇంతగా తెలుసుకుని ఉండలేదు. సమకాలీన యునైటెడ్ స్టేట్స్ లాగా ఏ దేశం కూడా సంగతులను ఇంత చిందరవందర చేసింది కూడా లేదు. పోకర్ ఆడుతున్న పెద్దమనిషికి ఎదుటి మనిషి చేతిలో ముక్కలు అన్నీ తెలుసు. అయినా రౌండ్ తర్వాత రౌండ్ ఓడిపోతున్నాడు, అన్నట్టుంది, ప్రస్తుత పరిస్థితి.

రానున్న దశాబ్దాలలో ఇంటర్నెట్ వంటి విప్లవాలు మరికొన్నింటిని చూసే అవకాశం ఉంది. వాటిలో సాంకేతికశాస్త్రం రాజకీయాలను వెనుకబడేసి దూసుకుపోతుంది. కృత్రిమ జ్ఞానం, జీవసాంకేతికశాస్త్రం కలిసి మన సమాజాలను, ఆర్థిక వ్యవస్థను, మన దేహాలను, మెదళ్లను కూడా ఓవర్ హాల్ చేసే అవకాశం ఉంది. ఈ సంగతులు ప్రస్తుతపు రాజకీయ రేడార్ల మీద సూచనగా కూడా కనిపించడం లేదు. సంబంధిత డేటాను ప్రస్తుత కాలపు ప్రజాస్వామ్య నిర్మాణాలు తగినంత వేగంతో సేకరించలేవు. ప్రాసెస్ చేయలేవు. చాలా మంది ఓటువేసేవాళ్లకు బయాలజీ, సైబర్నెటిక్స్‌ల గురించి తగినంతగా తెలియదు. కనుక వాటి గురించి అభిప్రాయాలు ఏర్పడే వీలులేదు. సాంప్రదాయిక ప్రజాస్వామ్య రాజకీయాలకు ప్రస్తుత సంఘటనలు మీద పట్టు ఉండటం లేదు. మనకు భవిష్యత్తు గురించి అర్థవంతమైన అవగాహనలు ఇవ్వడం అంతకన్నా కుదరదు.

అంటే దాని అర్థం మనమంతా ఇరవయవ శతాబ్దపు నియంతృత్వ పాలనలోకి వెళ్ళిపోతామని మాత్రం కాదు. సాంకేతిక అభివృద్ధి, డేటా ప్రవాహపు వేగం, పరిమాణం కారణంగా గుత్తాధిపత్య పాలనలు కూడా అంతే భయభ్రాంతులకు గురయ్యాయి. ఇరవయవ శతాబ్దిలో నియంతలకు భవిష్యత్తు గురించి గొప్ప దృష్టి ఉండేది. కమ్యూనిస్టులు, ఫాసిస్టులు కూడా పాత ప్రపంచాన్ని పూర్తిగా నాశనం చేసి దాని స్థానంలో కొత్తదాన్ని

కట్టాలి అనుకున్నారు. లెనిన్, హిట్లర్, మావో వంటివాళ్ళను గురించి ఏమనుకున్నా సరే, వారికి విజన్ (దార్శనికత) లేదు అని మాత్రం అనలేము. ఈనాడు నాయకులు అంతకన్నా గొప్ప భవిష్యత్తును ఊహించడానికి, అందుకు కృషి చేయడానికి అవకాశం ఉంది. ఆవిరి యంత్రాలు, టైప్ రైటర్ల సాయంతో కమ్యూనిస్టులు, నాజీలు కొత్తసమాజాన్ని, కొత్తమనిషిని తయారు చేయాలని ప్రయత్నించారు. కానీ ప్రస్తుత ప్రవక్తలు అందుకొరకు సూపర్ కంప్యూటర్లు, జీవసాంకేతికశాస్త్రం మీద ఆధారపడవచ్చు.

సైన్స్ ఫిక్షన్ సినిమాలలో హిట్లర్ వంటి రాజకీయ నాయకులు కొత్త సాంకేతిక శాస్త్రాల మీదకు ఎగిరి దూకుతారు. వాటిని తమను తాము గొప్పగా ఊహించుకునే ఏదో ఒక రాజకీయ ఆదర్శం సేవలో పెట్టే ప్రయత్నం చేస్తారు. అయినప్పటికీ ఇరవయి ఒకటవ శతాబ్దపు మొదటి భాగంలోని రక్తమాంసాల రాజకీయ నాయకులు, రష్యా, ఇరాన్, ఉత్తర కొరియా వంటి సార్వభౌమ దేశాలలో కూడా, ఈ సినిమాలలో నాయకులవలె లేరు. వారెవరూ బ్రేవ్ న్యూ వరల్డ్, ధైర్యశాలి కొత్త ప్రపంచం గురించి ఊహిస్తున్నట్టు కనిపించదు. కిమ్ జోంగ్ ఉన్ ఒకవైపు అలీ ఖామెనై మరొకవైపు తీవ్రంగా కలలు కంటారు. కానీ ఆ కలలు బాంబులు, బాలిస్టిక్ మిసైల్‌లను దాటి ముందుకు పోవు. అంత 1945 లాగా ఉంటుంది. పుటిన్ ఆశయాలు పాత సోవియట్ బ్లాక్‌ను పునర్నిర్మించడం వరకే పరిమితమయి ఉన్నాయి. కాదంటే జారుల సామ్రాజ్యం వరకు కూడా పోతాడేమో. ఈ లోగా యూఎస్ఏలోని పిచ్చెక్కిన రిపబ్లికన్లు బరాక్ ఒబామాను క్రూరుడైన నిరంకుశుడు అన్నారు. అమెరికా సమాజపు పునాదులను నాశనం చేసేందుకు అతను పన్నాగాలు చేస్తున్నాడు అన్నారు. అయినా తన ఎనిమిది సంవత్సరాల పాలనలో అతను ఆరోగ్యరక్షణ గురించి ఒక చిన్న చట్టాన్ని కూడా చేయలేకపోయాడు. కొత్త ప్రపంచాలు, కొత్త మానవులను తయారుచేయడం అతని ప్రణాళికకు అందని సంగతులు.

ప్రస్తుతం సాంకేతికశాస్త్రం తీవ్రంగా పరుగులు పెడుతున్నది. తగినంత వేగంగా డేటాను ప్రాసెస్ చేయలేక చట్టసభలు, నియంతలు కూడా ఒకే రకంగా తికమక పడుతున్నారు. కనుకనే ప్రస్తుతకాలపు రాజకీయనాయకులు, శతాబ్దం క్రితం తమ పూర్వీకులకన్నా తక్కువ స్థాయిలో ఆలోచిస్తున్నారు. ఫలితంగా ఇరవయి ఒకటవ శతాబ్ది తొలికాలంలో రాజకీయాలు గొప్ప ముందుచూపు లేనివిగా ఉండిపోయాయి. ప్రభుత్వం అంటే కేవలం విధినిర్వహణ మాత్రమే అయింది. అది దేశాన్ని నడిపిస్తుంది. దానికి నాయకత్వం వహించే ప్రశ్న లేదు. బడిపంతుళ్లకు సకాలానికి జీతాలు ఇవ్వడం, మురుగు కాలువలు పొంగిపొరల కుండా చూడడం జరిగితే చాలు. ఇరవయి సంవత్సరాల తర్వాత దేశం ఏమవుతుంది అని వారికి ఆలోచన కూడా లేదు.

కొంతవరకు ఇది మంచి విషయమే. ఇరవయవ శతాబ్దంలోని కొన్ని గొప్ప రాజకీయ కార్యక్రమాలు చివరకు మనలను ఆష్విట్జ్, హిరోషిమా, గ్రేట్ లీప్ ఫార్వర్డ్ వంటి వాటికి చేర్చాయి. సంకుచిత బ్యూరోక్రాట్ల చేతుల్లోనే మనం బహుశా క్షేమంగా ఉన్నాము. దేవునివంటి సాంకేతికశాస్త్రాన్ని, ఆత్మాశ్రయ రాజకీయాలతో కలగలిపితే అది సర్వనాశనానికి తగిన వంటకం అవుతుంది. కొత్త ఉదారవాద ఆర్థిక శాస్త్రవేత్తలు, రాజనీతి శాస్త్రవేత్తలు

చాలామంది నిర్ణయాలన్నింటినీ స్వతంత్ర బజారు చేతిలో వదలడమే మంచిది అంటుంటారు. ఇక రాజకీయ నాయకులు ఏ పని చేయకుండా అజ్ఞానంలో ఉండడాన్ని సమర్థించినట్లు అవుతుంది. అదే లోతైన మహాజ్ఞానంగా కనబడుతుంది. అర్థం చేసుకోవలసిన అవసరం లేదు. కనుకనే మేము దాన్ని అర్థం చేసుకోవడం లేదు అని నమ్మే సులభమైన ఉపాయం రాజకీయ నాయకులకు దొరుకుతుంది.

అయినా దేవునివంటి సాంకేతికశాస్త్రాన్ని హ్రస్వదృష్టి రాజకీయాలతో కలపడం వల్ల కూడా కొన్ని చిక్కులున్నాయి. విజన్ ఉండడం ఎప్పుడూ గొప్ప విషయమేమీ కాదు. అటువంటి చూపు అన్ని సందర్భాలలోనూ చెడ్డది కావడానికి కూడా లేదు. ఇరవయవ శతాబ్దిలో అసమగ్ర నాజీ దృష్టి తనంత తానే పడిపోలేదు. అంతే గొప్ప సామ్యవాద, ఉదారవాద విజన్‌లు దాన్ని ఓడించాయి. మన భవిష్యత్తును మార్కెట్ బలాలకు వదిలిపెట్టడం ప్రమాదకరమైనది. ఈ బలాలు మార్కెట్‌కు మాత్రమే మంచి చేస్తాయి. మానవాళికి, ప్రపంచానికి మంచి చేయాలని వాటికి పట్టదు. మార్కెట్ హస్తం గుడ్డిదే కాదు, ఎవరికీ కనబడదు కూడా. దాన్ని అలా వదిలేస్తే గ్లోబల్ వార్మింగ్ గురించి గానీ, కృత్రిమ జ్ఞానం వల్ల వచ్చే ఆపదను గురించి గానీ ఏమీ చేయదు.

అన్నింటికీ బాధ్యులైన వారు ఎవరో ఉన్నారని కొందరు నమ్ముతారు. ప్రజాస్వామ్య రాజకీయ నాయకులుగానీ గుత్తాధిపత్య నిరంకుశపాలకులుగానీ ప్రపంచాన్ని నడిపించడం లేదు. కొందరు బిలియనీర్ల చిన్న బృందం ఆ పని చేస్తున్నది. కానీ ఇటువంటి కుట్ర సిద్ధాంతాలు వ్యవస్థ స్థితిని తక్కువగా అంచనా వేస్తాయి కనుక పనిచేయవు. ఎక్కడో వెనుకగదిలో కూర్చుని చుట్టలు కాలుస్తూ, స్కాచ్ చప్పరిస్తున్న బిలియనీర్ల బృందం ప్రపంచంలో జరిగే సంగతులను బహుశా అర్థం చేసుకోదు. వాటిని నియంత్రించడం సంగతి పక్కన పెట్టండి. ఈనాటి అస్తవ్యస్త ప్రపంచంలో తీరులేని బిలియనీర్లు, కొద్ది మంది ఆసక్తిగలవారు మాత్రమే చాలా సంకుచిత గమ్యాలు ఉన్నందుకు బాగుపడతారు. అస్తవ్యస్తంగా ఉన్న వ్యవస్థలో సంకుచితమైన దృష్టితో లాభం ఉంటుంది. ఇక బిలియనీర్ల అధికారం వారి గమ్యాలకు తగ్గినట్టుగా ఉంటుంది. అందరికన్నా ధనికుడైన టైకూన్ మరొక బిలియన్ సంపాదించాలి అనుకుంటాడు. అందుకోసం వ్యవస్థను తగినట్టు ఆడించడం వీలవుతుంది. అది కాక, ప్రపంచంలోని అసమానతలను తగ్గించాలని వారనుకుంటే, గ్లోబల్ వార్మింగ్ ఆపాలి అనుకుంటే, వ్యవస్థలోని గజిబిజితనం కారణంగా అవి వీలు కావు.

అయినా అధికారంలోని ఈ శూన్యం ఎక్కువ కాలం సాగదు. ఇరవయిఒకటవ శతాబ్దంలో సాంప్రదాయ రాజకీయ నిర్మాణాలు డేటాను తగినంత వేగంగా ప్రాసెస్ చేయలేని పక్షంలో, అంటే గొప్ప గమ్యాలను ఊహించలేని పక్షంలో, మరింత శక్తివంతమైన కొత్త నిర్మాణాలు తలెత్తుతాయి. వాటి స్థానాలను ఆక్రమిస్తాయి. ఈ కొత్త నిర్మాణాలు ఇంతకు ముందు రాజకీయ వ్యవస్థ కన్నా పూర్తి వేరుగా ఉండవచ్చు. ఇంతకూ ఈ నిర్మాణాలను ఎవరు కట్టి నిర్వహిస్తారు అన్నది ఒకటే ప్రశ్న. మానవజాతి ఆ పని చేయలేక పోతే మరెవరో వచ్చి ఒకసారి ప్రయత్నించి చూస్తారు.

సూక్ష్మంగా చరిత్ర

డేటాయిస్ట్ దృష్టికోణంతో చూచి మనుషులు అనే జాతిని ఒకే ఒక డేటా ప్రాసెసింగ్ వ్యవస్థగా వర్ణించవచ్చు. ప్రతి మనిషి అందులోని చిప్ వంటివారు. అయితే మనం మొత్తం చరిత్రను కూడా నాలుగు మౌలిక విధానాల ద్వారా ఈ వ్యవస్థ పనితీరును మెరుగుపరిచే విధానంగా అర్థం చేసుకోవచ్చు.

1. **ప్రాసెసర్ల సంఖ్యలో పెంపు.** వెయ్యిమంది జనాభా ఉండే గ్రామంకన్నా లక్ష మంది ఉండే నగరంలో కంప్యూటింగ్ శక్తి ఎక్కువగా ఉంటుంది.
2. **ప్రాసెసర్ రకాలలో పెంపు.** లెక్కలు వేయడానికి, సమాచారాన్ని విశ్లేషించడానికి వివిధ ప్రాసెసర్లు వివిధ మార్గాలను అనుసరించవచ్చు. ఒకే వ్యవస్థలో రకరకాల ప్రాసెస్‌ల వాడకం కారణంగా మొత్తం కార్యక్రమంలోని చలనం, సృజనాత్మకత పెరుగుతాయి. ఒక రైతు, పూజారి, వైద్యుడు కలిసి కూర్చుని మాట్లాడితే ఆ సంభాషణలోనుంచి కొత్త ఆలోచనలు పుట్టవచ్చు. వేట – సేకరణ పద్ధతిలో పనిచేసే ముగ్గురు కలిసి మాట్లాడితే అటువంటి ఆలోచనలు రాకపోవచ్చు.
3. **ప్రాసెసర్ల మధ్య బంధాల సంఖ్య పెంపు.** ఒకదానితో ఒకటి సంబంధం లేని పక్షంలో ప్రాసెసర్లను, వాటి రకాలను పెంచడం వల్ల లాభం లేదు. పది నగరాలు ఎక్కడివక్కడే ఉండేకన్నా వాటి మధ్య పరస్పరంగా సంబంధాలు ఉన్నట్లయితే ఆర్థికంగా, సాంకేతికంగా, సామాజికంగా ఎన్నో కొత్త అంశాలు బయటకు వస్తాయి.
4. **ఉన్న దారుల వెంట కదలికలకు స్వేచ్ఛ అందించడం.** వాటి మధ్య డేటా సులభంగా ప్రవహించకపోతే ప్రాసెసర్ కల్పించినందుకు లాభం లేదు. నగరాల మధ్య రోడ్లు వేసి లాభం లేదు. దొంగలదాడి లేకుండా వాటి మీద ప్రయాణాలు జరిగే వీలు కల్పించాలి. ఒక వెర్రి నియంత వచ్చి ఆ మార్గాల మీద వ్యాపారస్తులు, ప్రయాణికులను ప్రయాణించకుండా కట్టడి చేయవచ్చు. అది జరగకుండా చూడాలి.

అయితే ఈ నాలుగు పద్ధతులు ఒకదానికొకటి విరుద్ధంగా పని చేయవచ్చు. ప్రాసెసర్ల సంఖ్య, వాటి రకాలు పెరిగిన కొద్దీ వాటిని కలపడం కష్టమవుతుంది. సేపియన్ డేటా ప్రాసెసింగ్ వ్యవస్థలో కూడా నాలుగు ముఖ్యమైన అంశాలు ఉంటాయి. ప్రతి దాంట్లోనూ ఒక విషయం మీద ఎక్కువ దృష్టి ఉండి అది వేరుగా కనబడుతుంది.

మొదటి అంచె అభిజ్ఞా విప్లవంతో మొదలైంది. చాలామంది సేపియన్‌లను ఒకే ఒక డేటా ప్రాసెసింగ్ వలయంగా కలపడం వీలయింది. దీనితో సేపియన్‌లకు మిగతా మానవ జంతుజాతుల మీద ముందడుగు పరిస్థితి అందింది. ఒకే నెట్‌కు కలపగల నియాండర్థాల్, చింపాంజీలు, ఏనుగుల సంఖ్యకు హద్దు ఉంటుంది. సేపియన్‌ల సంఖ్యకు మాత్రం అటువంటి అడ్డు ఉండదు.

డేటా ప్రాసెసింగ్‌లో తమకు అందిన ముందడుగు పరిస్థితిని వాడుకుని సేపియన్లు మొత్తం ప్రపంచాన్ని ఆక్రమించారు. కానీ వారు వివిధ ప్రాంతాలు, వాతావరణాలలోకి వెళుతూ ఉంటే, ఒకరితో ఒకరికి బంధాలు తెగిపోయాయి. సంస్కృతిపరంగా వారిలో ఎన్నో పరివర్తనలు వచ్చాయి. ఫలితంగా మానవ సంస్కృతులలో అంతులేని వైవిధ్యం కనబడింది. ప్రతి ఒక్కరిలోనూ జీవనశైలి, ప్రవర్తన తీరు, ప్రపంచదృష్టి వేరువేరుగా ఉన్నాయి. అందుకే చరిత్రలోని మొదటి అంచెలో మానవ ప్రాసెసర్లు, వాటి రకాలలో సంఖ్య పెరిగింది. అయితే కనెక్టివిటీ తగ్గింది. డెబ్బయి వేల సంవత్సరాల నాటి కన్నా ఇరవయి వేల సంవత్సరాల నాటికి సేపియన్‌లు ఎక్కువ సంఖ్యలో ఉన్నారు. చైనాలోని సేపియన్స్‌తో పోలిస్తే యూరోప్‌లోనివారు సమాచారాన్ని వేరు పద్ధతిలో వాడి ప్రాసెస్ చేశారు. అయితే యూరోప్, చైనా ప్రజల మధ్య సంబంధాలు లేవు. సేపియన్‌లు అందరూ ఒక రోజున ఒకే ఒక డేటా ప్రాసెసింగ్ వలయంలోకీ భాగంగా వస్తారన్నది అప్పటికే అసాధ్యంగా కనిపించింది.

రెండవ అంచె వ్యవసాయ విప్లవంతో మొదలైంది. అయిదు వేల సంవత్సరాల నాడు చేతిరాత, డబ్బు కనుగొన్న దాకా అది కొనసాగింది. వ్యవసాయం కారణంగా ప్రజల సంఖ్య పెంపుదల జరిగింది. అంటే హ్యూమన్ ప్రాసెసర్‌ల సంఖ్య పెరిగింది అనవచ్చు. అంతేగాక వ్యవసాయం కారణంగా ఎక్కువమంది మనుషులు ఒకేచోట, దగ్గరగా బతికే వీలు కలిగింది. అంతకుముందు లేని ప్రాసెసర్లతో ఒకేచోట దట్టమైన వలయం ఏర్పడింది. వ్యవసాయం, ఒకరితో ఒకరు సంబంధాలు పెట్టుకుని వ్యాపారం చేయడానికి వేరువేరు నెట్‌వర్క్‌లకు ప్రోత్సాహాన్ని అందించింది. అయినప్పటికీ రెండవ అంచెలో ప్రజలను విస్తరింపజేసి ఉపకేంద్రబలాల ప్రభావం కనిపించింది. రాత, డబ్బులు లేవు కనుక మనుషులు నగరాలను, దేశాలు, సామ్రాజ్యాలను స్థాపించలేకపోయారు. మానవ జాతి మొత్తం లెక్కలేనన్ని చిన్నచిన్న జాతులుగా విభజింపబడి ఉంది. వారందరికీ ఎవరికి వారి జీవనసరళి, ప్రపంచ దృష్టి ఉన్నాయి. మానవజాతినంతా ఒకటే చేయాలన్న భావన అప్పటికి కలలో కూడా లేదు.

ఇక మూడవ అంచె చేతిరాత, డబ్బు కనుగొనడంతో అయిదువేల సంవత్సరాల నాడు మొదలైంది. వైజ్ఞానిక విప్లవం మొదలయ్యే దాకా అది కొనసాగింది. రాత, పైకం ప్రభావం చేత మానవ సహకారం మొదలైంది. ఇక అపకేంద్ర బలాల విస్తరణ తగ్గింది. మానవసమూహాలు ఒకచోట చేరి నగరాలు, రాజ్యాలు రూపు పోసుకున్నాయి. నగరాలు, రాజ్యాల మధ్యన రాజకీయ వ్యాపార సంబంధాలు గట్టిపడ్డాయి. క్రీస్తుపూర్వం మొదటి మిలేనియం నుంచి అంటే నాణాలు, సామ్రాజ్యాలు మతాలు వచ్చిన తరువాత, మొత్తం భూగోళం చుట్టుముట్టే ఒక బంధన వలయాన్ని గురించి మానవజాతి తెలిసి తెలిసి కలలు కనడం మొదలుపెట్టింది.

ఈ కల మానవ చరిత్రలో 1492లో మొదలైన చివరి నాలుగవ అంచెలో సాకారం అయింది. మొదటి ఆధునిక అన్వేషకులు, విజేతలు, వ్యాపారస్తులు ప్రపంచమంతా తిరిగి బంధన సూత్రాలను సన్నగా అల్లారు. ఆధునికకాలం తర్వాతి భాగంలో ఈ సూత్రాలు

బలపడ్డాయి. ఈ రకంగా కొలంబస్ కాలం నాటి సాలెగూడు పోగులు 21వ శతాబ్దికి దారితీసే స్టీల్, ఆస్ఫాల్ట్ వలయాలుగా మారాయి. గోళాన్ని చుట్టుకున్న ఈ అల్లికలో సమాచారం అంతటా స్వేచ్ఛగా ప్రసరించడానికి వీలు కలిగింది. మొదట కొలంబస్ యూరేపియన్ వలను అమెరికన్ వలకు కలిపాడు. అప్పుడు ప్రతిసంవత్సరం కొన్ని బిట్‌ల డేటా మాత్రమే సముద్రం మీదుగా పయనించింది. దానితోపాటు సాంస్కృతికమైన అనుమానాలు, తీవ్రమైన సెన్సార్‌షిప్, రాజకీయంగా ఒత్తిడి మొదలయ్యాయి. ఫ్రీ మార్కెట్‌లో సంవత్సరాలు గడుస్తున్న కొద్దీ వైజ్ఞానిక సమాజం, రూల్ ఆఫ్ లా, ప్రజాస్వామ్యపు వ్యాప్తి హద్దులను తుడిచిపెట్టడానికి సాయం చేశాయి. ప్రజాస్వామ్యం, ఫ్రీ మార్కెట్ మంచి గనుక గెలిచారని మనం భావిస్తాం కానీ నిజానికి అవి ప్రపంచ వ్యాప్తంగా డేటా ప్రాసెసింగ్ వ్యవస్థను మెరుగుపరిచినందుకు గెలిచాయి.

అంటే గడిచిన డెబ్బయివేల సంవత్సరాలుగా మానవజాతి మొదట విస్తరించింది. తరువాత ఎన్నో వర్గాలుగా విడిపోయింది. చివరికి మళ్ళీ కలిసింది అని అర్థం. అయితే ఏకీకరణ కార్యక్రమం మనలను మళ్ళీ మొదటికి చేర్చలేదు. విభిన్న మానవవర్గాలు మళ్లీ ఒకసారి గ్లోబల్ విలేజ్ అంటూ కలిసినప్పుడు, అంటే ఈనాడు అన్ని వర్గాలూ తమతమ స్వంతమైన, దారి వెంట సేకరించి అభివృద్ధి చేసిన ఆలోచనా వారసత్వాలను, పరికరాలను, ప్రవర్తనలను తోడు తెచ్చుకున్నాయి. మన అధునాతన గిడ్డంగులలో మధ్యప్రాచ్యం వారి గోధుమలు, ఆండీస్ దేశాల బంగాళాదుంపలు, న్యూగినీ వారి చక్కెర, ఇథియోపియా కాఫీ అన్నీ కావలసినంతగా ఉన్నాయి. అలాగే మన భాష, మతం, సంగీతం, రాజకీయాలు కూడా మొత్తం గ్రహం మీద వారసత్వాలతో నిండుగా ఉన్నాయి.

మానవజాతి మొత్తం ఒకే ఒక డేటా ప్రాసెసింగ్ వ్యవస్థ అయినట్లయితే అందులో ఏమి నీతి బయటకు వస్తున్నది? డేటాయిస్టులను అడిగితే ఒక సరికొత్త, మరింత ప్రభావవంతమైన డేటా ప్రాసెసింగ్ వ్యవస్థ అందులో నుంచి వచ్చిందని దాని పేరే ఇంటర్నెట్ ఆఫ్ థింగ్స్ అని చెబుతారు. ఒకసారి ఈ మిషన్ పూర్తి అయితే హోమో సేపియన్స్ అంతర్ధానం అవుతారు.

స్వతంత్రం కావాలంటున్న సమాచారం

క్యాపిటలిజంలాగే డేటాయిజమ్ కూడా ఒక తటస్థ వైజ్ఞానిక సిద్ధాంతంగా మొదలైంది. కానీ అది ఇప్పుడు ఒక మతంగా మారింది. మంచి చెడులను చెప్పగలిగేదిగా అయ్యాను అంటుంది. ఈ మతంలో ఉండే అన్నిటికన్నా గొప్ప విలువ సమాచార ప్రవాహం. అసలు జీవమే సమాచార ప్రవాహం అయితే, మనం అనుకున్నట్టు బ్రతుకు మంచిదైతే, విశ్వంలోని సమాచార ప్రవాహాన్ని మనం మరింత లోతు వెడల్పుగా మార్చాలని చెప్పవచ్చు. సమాచారవాదం చెబుతున్న ప్రకారం మానవానుభవాలు పవిత్రమైనవి కావు. పరిణామానికి హోమో సేపియన్స్ పరాకాష్ట కాదు. హెమో దేవునికి ఇది ప్రారంభం కూడా కాదు. మానవులు కేవలం ఇంటర్నెట్ ఆఫ్ ఆల్ థింగ్స్ తయారీకి పరికరాలు

మాత్రమే. ఈ ఇంటర్నెట్ భూమి నుంచి విస్తరించి మొత్తం గెలాక్సీ నివారించవచ్చు. విశ్వం మొత్తాన్ని కూడా ఆచరించవచ్చు. ఈ కాస్మిక్ డేటా ప్రాసెసింగ్ వ్యవస్థ చివరికి దేవుడు లాగా ఉంటుంది. అది అంతటా ఉంటుంది. అన్నిటినీ పనిచేయిస్తుంది. మానవులు అందులో కలిసిపోవడానికి తయారుచేయబడతారు.

ఈ ఊహానిర్ధారణ సాంప్రదాయ మతాలలోని భవిష్యత్సృష్టి మాదిరి ఉంది. మానవులంతా కాస్మోస్ విశ్వాత్మలో ఏకం కావాలని, అయితీరాలని హిందూమతం చెప్పింది. మరణం తర్వాత సెయింట్‌లు అందరూ భగవంతుని అపార దయకు, పాత్రులవుతారు, పాపులు మాత్రం అతని ఉనికి నుంచి తెగతెంపులు చేసుకుంటారు అని క్రైస్తవం చెప్పింది. సిలికాన్ వ్యాలీలోని డేటావాద ప్రవక్తలు కూడా కావాలని సాంప్రదాయ భాషను వాడుతుంటారు. ఉదాహరణకు కుర్జ్ వయిల్ రాసిన భవిష్యత్తు వాణి పుస్తకం పేరు ద సింగులారిటీ ఇస్ నియర్ అని. 'కింగ్‌డమ్ ఆఫ్ హెవెన్ ఇస్ నియర్' అని బైబిల్ లోని మ్యాత్యూ 3-2లో చెప్పినట్టు ఇది జాన్ ది బాప్టిస్ట్ అరుపును అనుసరించి ఉంది.

రక్తమాంసాలు గల మానవులను ఆరాధించేవారికి డేటాయిస్టులు ఒక వివరణ ఇస్తారు. వారు పాతబడిపోయిన సాంకేతికశాస్త్రం మీద నమ్మకాన్ని పెట్టుకున్నారు అంటారు. సేపియన్ అన్నది పాతబడిపోయిన అల్గోరిథం. మొత్తంమీద చూస్తే కోడిపిల్లల కన్నా మనుషులకు గల అడ్వాంటేజ్ ఏమిటి? మనుషులలో సమాచారం మరింత గజిబిజి పద్ధతిలో ప్రసరిస్తుంది అన్నది మాత్రమేనా? మనుషులు ఎక్కువ డేటాను తీసుకుంటారు. కోడి పిల్లలకన్నా మంచి అల్గోరిథంలను వాడి దానిని ప్రాసెస్ చేస్తారు. రోజువారీ భాషలో చెప్పాలంటే మనుషులకు భావాలు మరింత లోతైనవి. తెలివితేటలు మరింత గొప్పగా ఉన్నాయని అర్థం. కాని ఒకటి గుర్తుంచుకోవాలి. ప్రస్తుత జీవశాస్త్ర సిద్ధాంతం ప్రకారం భావాలు, తెలివి కేవలం అల్గోరిథంలు. బాగుంది కానీ మనుషులకన్నా ఎక్కువ డేటాను అందుకోగల, దాన్ని మరింత సమర్థంగా ప్రాసెస్ చేయగల, మరొక డేటా ప్రాసెసింగ్ వ్యవస్థను మనం తయారు చేయగలిగినప్పుడు కోడిపిల్ల మీద మనిషి విలువ ఎక్కువగా ఉన్నట్టే, మనిషి మీద మరి ఆ కొత్త వ్యవస్థ విలువ ఎక్కువగా ఉండదా?

డేటాయిజం కేవలం ముందు జరగబోయే సంగతులను చెప్పడానికి పరిమితమైంది కాదు. అన్ని మతాలలాగే దానికి కూడా ఆచరించదగిన ఆదేశాలు ఉన్నాయి. మొట్టమొదట డేటావాదులు డేటా ప్రవాహాన్ని అత్యధికం చేయాలి. అందుకు వారు వీలైన మీడియాలతో సంబంధం పెట్టుకోవాలి. ఎక్కువ సమాచారాన్ని వాడుకోవాలి. సిద్ధం చేయాలి. మిగతా అన్ని విజయవంతమైన మతాలలాగే డేటాయిజం కూడా ఒక మిషనరీ. దాని రెండవ ఆదేశం ప్రకారం, ప్రతి విషయాన్ని అది వ్యవస్థతో ముడిపడి ఉంచాలి. కలవడానికి నిరాకరిస్తున్న మతవాదులతో కూడా అదే విధంగా ప్రవర్తించాలి. అన్నింటినీ అంటే మనుషులు కాక మిగతా వాటిని అని అర్థం. అంటే అన్నీ అని అర్థం. మన శరీరాలు ఉండనే ఉన్నాయి. వీధిలో కార్లు, ఇంట్లో రెఫ్రిజిరేటర్లు, గూటిలోని కోడిపిల్లలు, అన్నింటినీ ఇంటర్నెట్ ఆఫ్ ఆల్ థింగ్స్‌కు సంధానం చేయాలి వంటింట్లోనే రెఫ్రిజిరేటర్ తన అరల్లో ఉన్న గుడ్లను గుర్తించి కోడి పిల్లల గూటికి సమాచారం పంపుతుంది. కొత్తగా గుడ్లు

అవసరమైనప్పుడు చెబుతుంది. కార్లు మిగతా కార్లతో మాట్లాడతాయి. అడవిలో చెట్లు మిగతా చెట్లతో మాట్లాడతాయి. వాతావరణం గురించి, గాలిలో కార్బన్ డై ఆక్సైడ్ గురించి నివేదికలు అందిస్తాయి. మహత్తరమైన జీవన వలయం నుంచి ఈ ప్రపంచంలోని ఏ అంశాన్ని సంబంధం లేకుండా వదిలి పెట్టకూడదు. ఇక మరొక వైపున సమాచారాన్ని ఆపితే అది మహాపాపం కింద లెక్క అవుతుంది. చావు అంటే, సమాచారం ప్రసరించని ఒకానొక పరిస్థితిగాక మరేమిటి? కనుక సమాచార స్వతంత్రాన్ని అన్నింటిని మించిన మంచిగా ఎత్తి చూపుతుంది.

పూర్తిగా ఏదైనా ఒక సరికొత్త విలువను మనుషులు చాలా అరుదుగా తయారు చేయగలుగుతారు. అది గతంలో జరిగింది. 18వ శతాబ్దంలో మాత్రమే జరిగింది. అప్పట్లో సంచలనం కలిగించిన మానవస్వాతంత్రం, మానవసమానత్వం, మానవ సోదరత్వం అనే విలువలను బోధించసాగారు. 1789 నుంచి చాలా యుద్ధాలు జరిగాయి. విప్లవాలు, తిరుగుబాట్లు జరిగాయి. అయినా మానవులు మాత్రం కొత్త విలువను ఒకదాన్ని కూడా చూడలేకపోయారు. ఆ తరువాత వచ్చిన స్పర్థలు అన్నీ ఆ మూడు విలువల పేరుమీదనే జరిగాయి. లేదంటే అంతకన్నా పాతదైన దేవునికి విధేయత లేదా దేశసేవ వంటి విలువల ఆధారంగా జరిగాయి. 1789 తరువాత ఒక నిజంగా కొత్తదైన విలువ పుట్టుక కొరకు జరిగిన మొదటి ఉద్యమం సమాచార వాదం. లేదా డేటాయిజం. ఇక ఆ విలువ పేరు సమాచారానికి స్వాతంత్ర్యం.

సమాచారానికి స్వతంత్రం అన్న మాటను వాక్ స్వాతంత్రం లేదా భావ ప్రకటనా స్వాతంత్ర్యం అనే పాతకాలపు ఉదారవాద ఆదర్శం అనుకుని తికమక పడకూడదు. మనుషులకు ఆలోచించడానికి, అనుకున్నది బయటకు చెప్పడానికి, ఇష్టం వస్తే నోళ్ళు మూసుకుని ఉండడానికి, భావనలను తమలోని పెట్టుకోవడానికి భావ ప్రకటనా స్వాతంత్ర్యం ఇచ్చారు. సమాచారానికి స్వతంత్రం అన్నది ఇందుకు పూర్తిగా విరుద్ధం. ఇది మనుషులకు ఇచ్చినది కాదు. సమాచారానికి అందుతుంది. పైగా ఈ సరికొత్త విలువ మనుషుల వాక్ స్వాతంత్ర్యాన్ని అడ్డుకుంటుంది కూడా. సమాచారానికి స్వతంత్రంగా చుట్టూ తిరిగే హక్కు ఉంది. మనుషులకు సమాచారాన్ని స్వంతం చేసుకుని దాని కదలికలను అడ్డుకోవడానికి హక్కు ఉంది అన్న ఆలోచనను అది తిరగ కొడుతుంది.

11 జనవరి 2013న సమాచారవాదం పేరున తొలి వ్యక్తి అమరుడయ్యాడు. 26 సంవత్సరాల అమెరికన్ హ్యాకింగ్ నిపుణుడు అయిన ఈ యువకుడు ఆరోన్ స్వార్జ్ తన అపార్ట్‌మెంట్‌లో ఆత్మహత్య చేసుకున్నాడు. ఆరోన్ అలవిమాలిన తెలివిగలవాడు. పద్నాలుగు సంవత్సరాల వయసులోనే అతను కీలకమైన ఆర్‌ఎస్ఎస్ ప్రోటోకాల్ తయారీలో సాయం చేశాడు. సమాచారానికి స్వాతంత్రం అన్న విషయాన్ని అతను గట్టిగా నమ్మాడు. 2008లో అతను గెరిల్లా ఓపెన్ యాక్సెస్ మేనిఫెస్టో రాసి అందులో సమాచారం అవధులు లేకుండా స్వేచ్ఛగా ప్రసరించాలని డిమాండ్ చేశాడు. దాన్ని ఎక్కడ దాచి ఉంచిన సరే మనం సమాచారాన్ని అందుకోవాలి. నకలు తీసి ప్రపంచంతో పంచుకోవాలి. కాపీరైట్ లేని సమాచారాన్ని మనం ఆర్కైవ్స్‌కు చేర్చాలి. రహస్య డేటాబేస్‌లను కొని వాటిని

వెబ్‌లో పెట్టేయాలి. సైంటిఫిక్ జర్నల్స్‌ను డౌన్‌లోడ్ చేసి ఫైల్ షేరింగ్ నెట్‌వర్క్‌లోకి ఎక్కించాలి. గెరిల్లా ఓపెన్ యాక్సెస్ కోసం మనమంతా పోరాడవలసి ఉంది, అన్నాడు. ఆరోన్ స్వార్ట్జ్ ఆ రచనలో.

ఆరోన్ కేవలం మాట్లాడి ఊరుకోలేదు. వినియోగదారులనుంచి డబ్బులు వసూలు చేస్తున్నందుకు అతను జెఎస్‌టిఓఆర్ డిజిటల్ లైబ్రరీ మీద చికాకు ప్రకటించాడు. జెఎస్‌టిఓఆర్‌లో లక్షలకొద్దీ సైంటిఫిక్ పేపర్స్, పరిశీలనలు ఉంటాయి. సైంటిస్టులు, జర్నల్ యొక్క ఎడిటర్‌లకు ఉన్న భావప్రకటనా స్వాతంత్ర్యాన్ని వాళ్లు నమ్ముతారు. తమ రచనలు చదివినందుకు డబ్బు కావాలి అని అడిగేవాళ్లను కూడా వాళ్లు నమ్ముతారు. నేను సృష్టించిన ఆలోచనలకు నేను డబ్బులు అడిగితే, అలా చేయడం నా హక్కు అన్నవారిని జెఎస్‌టిఓఆర్ సమర్థించింది. ఆరోన్ మాత్రం మరోలా అనుకున్నాడు. సమాచారం స్వతంత్రంగా ఉండాలనుకుంటుంది అన్న విషయాన్ని అతను నమ్మాడు. ఆలోచనలు, వాటిని సృష్టించిన వారి సొత్తు కాదు అన్నాడు. డేటాను గోడల వెనుక దాచి ఉంచి లోపలికి రావడానికి డబ్బులు అడగడం తప్పు అన్నాడు. ఎమ్‌టి కంప్యూటర్ ద్వారా అతను జెఎస్‌టిఓఆర్‌లోకి దూరాడు. లక్షలాది సైంటిఫిక్ పేపర్లను డౌన్‌లోడ్ చేశాడు. వాటిని అందరికీ ఖర్చు లేకుండా అందుబాటులో ఉండే రకంగా ఇంటర్నెట్‌లోకి పంపించే ప్రయత్నంలో ఉన్నాడు.

స్వార్ట్జ్‌ను అరెస్ట్ చేశారు. తన మీద నేరారోపణ చేసి జైలుకు పంపుతారు అని అనుమానం వచ్చిన తర్వాత అతను ఉరి వేసుకున్నాడు. హ్యాకర్లు అందరూ తీవ్రంగా చలించారు. పిటిషన్లు వేసి అకడమిక్స్‌తోబాటు ప్రభుత్వ సంస్థల మీద దాడి మొదలు పెట్టారు. ఆరోన్‌ను అడ్డుకోవడం అన్యాయమని అది భావప్రకటన స్వాతంత్రానికి దెబ్బ అని వారు ఆక్షేపించారు. ఒత్తిడికి గురై జేస్టోర్ వారు జరిగిన అన్యాయానికి క్షమాపణ చెప్పారు. మొత్తం కాకున్నా కొంత డేటాను ప్రస్తుతం అందరికీ అందుబాటులో ఉంచారు.

డేటాయిస్ట్ మిషనరీలు అనుమానాలు గలవారికి నమ్మకం కలిగే రకంగా సమాచార స్వేచ్ఛ తెచ్చిపెట్టే అంతులేని లాభాలను గురించి అదేపనిగా వివరిస్తూ ఉంటారు. పెట్టుబడిదారులు అన్ని మంచి పనులు ఆర్థిక అభివృద్ధి మీదనే ఆధారపడతాయి అన్నట్టు డేటాయిస్ట్‌లు ఆర్థికాభివృద్ధితోబాటు అన్ని మంచిపనులు, సమాచార స్వతంత్రం మీద ఆధారపడతాయి అంటారు. యు.ఎస్.ఎస్.ఆర్ కన్నా యూఎస్‌ఏ ఎందుకు బాగా వేగంగా పెరిగింది? సమాచారం స్వేచ్ఛగా అందింది కనుక. ఇరానియన్లు లేదా నైజీరియా వారికన్నా అమెరికా ప్రజలు ఆరోగ్యంగా, ధనవంతులుగా, సంతోషంగా ఎందుకు ఉన్నారు? అది కూడా సమాచారానికి గల స్వతంత్రం కారణంగానే. అంటే మరింత మంచి ప్రపంచం కావాలంటే డేటాను స్వతంత్రం చేయడమే ఒకటే కీలకం.

సాంప్రదాయ ఆరోగ్యసంస్థల కన్నా గూగుల్ అంటువ్యాధులను సులభంగా ముందే గుర్తించగలుగుతుంది అని మనం ఇదివరకే చూశాం. తయారుచేస్తున్న సమాచారాన్ని గూగుల్‌కు సులభంగా అందించినప్పుడు మాత్రమే అది వీలవుతుంది. స్వతంత్రంగా

ప్రవహించే డేటా ఇదే రకంగా కాలుష్యాన్ని, వ్యర్థాలను కూడా తగ్గిస్తుంది. రవాణా వ్యవస్థను హేతుబద్ధం చేయడం ద్వారా ఇటువంటి ఫలితాలు వీలవుతాయి. 2010 సంవత్సరం నాటికి ప్రపంచంలోని ప్రైవేట్ కార్లు ఒక బిలియన్ కన్నా ఎక్కువయ్యాయి. ఆ సంఖ్య పెరుగుతూనే ఉన్నది. వాటి కారణంగా గ్రహమంతా కలుషితం అవుతున్నది. వనరులు వ్యర్థం అవుతున్నాయి. విశాలమైన రహదారులు, మరింత ఎక్కువ పార్కింగ్ స్థలాలు కావలసి వస్తున్నాయి. సొంత రవాణా సౌకర్యానికి మనుషులు బాగా అలవాటు పడ్డారు. వాళ్ళు ఇక బస్సులు, ట్రెయిన్లు ఎక్కే పద్ధతి కనిపించదు. అయితే డేటాయిస్టులు మరొక పరిస్థితిని వర్ణిస్తున్నారు. మనుషులకు కావలసింది తాము ఒక చోటి నుంచి మరో చోటికి వెళ్లడం. కారు ఉండాలన్న నియమం లేదు. మంచి డేటా ప్రాసెసింగ్ వ్యవస్థ ఉంటే ఈ సౌకర్యాన్ని మరింత చవకగా సమర్థంగా అందించగలుగుతుంది అంటారు వారు.

నాకు సొంత కారు ఉంది. కానీ అది రోజంతా పార్కింగ్‌లోనే ఉంటుంది. మామూలు పనిదినాన నేను కారులోకి 08:04కు ఎక్కుతాను. అరగంట ప్రయాణం చేసి యూనివర్సిటీ చేరుకుంటాను. ఇక ఆ రోజంతా కారు అక్కడే ఉంటుంది. 6 గంటల 11 నిమిషాలకు నేను మళ్ళీ కారు వద్దకు వస్తాను. మళ్లీ అరగంటలో ఇల్లు చేరుకుంటాను, అంతే. అంటే నేను కారును రోజూ గంటసేపు మాత్రమే వాడుతున్నాను. మిగతా 23 గంటలపాటు అది నాతోనే ఎందుకు ఉండాలి? స్మార్ట్ కార్ పూల్ వ్యవస్థను తయారుచేసి కంప్యూటర్ అల్గోరిథంల సాయంతో నడిపించవచ్చు కదా? కంప్యూటర్‌కు నేను ఎనిమిది గంటల నాలుగు నిమిషాలకు ఇంటినుంచి బయలుదేరుతాను అని తెలుసు. ఆ సమయానికి దగ్గరలో ఉన్న ఒక కారును అది నా దగ్గరికి పంపిస్తుంది. నన్ను క్యాంపస్‌లో దింపిన తర్వాత అది మిగతావారికి ఉపయోగపడడానికి వెళ్ళిపోతుంది. అక్కడే పార్కింగ్ లాట్‌లో అది పడి ఉండనవసరం లేదు. సాయంత్రం 6:11కు నేను యూనివర్సిటీ గేట్ చేరతాను. సమయానికి ఒక కారు నా ముందు వచ్చి నిలబడుతుంది. ఇంటికి చేరుస్తుంది. ఈ రకంగా సమాజం కొరకు స్వతంత్రంగా పని చేసే కార్లు 50 మిలియన్లు అందుకు రెండంతలున్న సొంత కార్లను అవసరం లేకుండా చేస్తాయి. అప్పుడిక రహదారులు, వంతెనలు, టనల్స్, పార్కింగ్ స్థలాలు కూడా ఎక్కువగా అవసరం రావు. అయితే అందుకు నేను సొంత కారు కావాలి అన్న కోరిక వదులుకోవాలి. అల్గోరిథంలకు నేను ఎప్పుడు, ఎక్కడ ఉన్నాను అన్న సంగతి కూడా తెలుస్తూనే ఉంటుంది. అందుకు కూడా నేను సమ్మతించాలి.

రికార్డ్ చేయి, అప్‌లోడ్ చేయి, షేర్ చేయి

కానీ మీకు ఇంత నచ్చచెప్పవలసిన అవసరం, ముఖ్యంగా మీరు ఇరవయి ఏళ్ల వయసు వారైతే, ఉండదేమో! జనం సమాచార ప్రవాహంలో భాగంగా ఉండాలనుకుంటారు. ప్రైవసీని పణంగా పెట్టవలసి వచ్చినా పర్వాలేదు అంటారు. మానవతావాదం వ్యక్తి జ్ఞానాన్ని పవిత్రమయినది అంటుంది. అందుకే పికాసో ఒక నాప్‌కిన్ మీద గీసిన గీతలకు సాత్‌బీ లో మిలియన్ డాలర్లు ధర పలుకుతుంది. అదే రకంగా మానవతావాద విజ్ఞానం, పరిశోధకుడు అయిన వ్యక్తిని గొప్పవానిగా చూపుతుంది. కనుకనే ప్రతి

పరిశోధకుడు తన పేరు సైన్స్ లేదా నేచర్ పత్రికలో పైన రావాలి అని కలలు కంటాడు. కానీ ఈ మధ్యన కళాసృష్టి, వైజ్ఞానిక పరిశోధనలు పెద్ద ఎత్తున అంతులేని సామూహిక కృషిలో నుంచి వస్తున్నాయి. వికీపీడియా ఎవరు రాస్తున్నారు? అందరం కలిసి కదా?

మహత్తరమైన వ్యవస్థలో వ్యక్తి ఒక చిన్న చిప్‌గా మారుతున్నాడు. దాన్ని ఎవరు అర్థం చేసుకోరు. ఈ మెయిల్, ఫోన్ కాల్స్, వ్యాసాల ద్వారా నేను ప్రతినిత్యం లెక్కలేనంత డేటా అందుకుంటాను. దాన్ని ప్రాసెస్ చేసి కొత్త డేటా సృష్టించి మళ్లీ ఈ మెయిల్, ఫోన్ కాల్, వ్యాసాల ద్వారా బయటికి పంపిస్తాను. నడుస్తున్న ఆ మహా ప్రణాళికలో నాభాగం ఏమిటి అన్నది నాకు నిజానికి అర్థం కాదు. మిగతా మనుషులు, కంప్యూటర్లు సృష్టించే బిలియన్స్ కొద్ది బిట్స్ డేటాలో నేను సృష్టించేది ఎలా కలుస్తుంది అన్నది కూడా తెలియదు. అవన్నీ తెలుసుకోవడానికి నా వద్ద టైం లేదు. ఈ-మెయిల్స్ లాంటి వ్యవహారంతో నేను ఎప్పుడూ బిజీగా ఉంటాను. మరింత డేటాను మరింత సమర్థంగా నేను ప్రాసెస్ చేసిన కొద్దీ మరిన్ని ఈ-మెయిల్స్ రాయాలి. మరిన్ని ఫోన్ కాల్స్ చేయాలి. మరిన్ని వ్యాసాలు రాయాలి. అంటే నేను నా చుట్టుపక్కల వారిని కావలసినంత డేటాతో ముంచెత్తుతారు అని అర్థం.

అంతులేకుండా సాగే ఈ డేటా ప్రవాహం కారణంగా ఆవిష్కరణలు, అడ్డంకులు తలెత్తుతాయి. వాటిని ఎవరూ ముందే అనుకోరు, నియంత్రించరు, అర్థం చేసుకోరు. ప్రపంచ ఆర్థికవ్యవస్థ ఎట్లా పనిచేస్తుంది అన్న విషయాన్ని ఎవరు అర్థం చేసుకోరు. ప్రపంచ రాజకీయం ఎటు పోతుంది అన్న సంగతి ఎవరికీ పట్టదు. నిజానికి వాటిని అర్థం చేసుకోవలసిన అవసరం లేదు. చేయవలసిందల్లా నీ ఇమెయిల్స్‌కు త్వరగా జవాబు చెప్పడం ఒకటే. వాటిని వ్యవస్థ చదవడానికి అంగీకరించాలి. ఫ్రీ మార్కెట్ పెట్టుబడిదారులు కనిపించని మార్కెట్ చేతిని నమ్మినట్టే డేటా వాదులు డేటా ప్రవాహంలోని కనిపించని చేతిని నమ్ముతారు.

ప్రపంచ డేటా ప్రాసెసింగ్ వ్యవస్థ అన్నీ తెలిసి, అన్నీ చేయగలదిగా మారుతుంది. ఈ రకంగా వ్యవస్థకు కనెక్ట్ కావడం అన్ని అర్థాలకు ఆధారం అవుతుంది. మానవులు డేటా ప్రవాహంతో కలిసిపోవాలి అనుకుంటారు. అందులో భాగంగా ఉంటే మనం మనకన్నా పెద్ద అంశం ఒక దాంట్లో భాగంగా నిలబడి ఉంటాము. ప్రతిమాట, ఒక మహత్తర కాస్మిక్ ప్రణాళికలో భాగమని సాంప్రదాయిక మతాలు నమ్మపలికాయి. పై నుంచి దేవుడు ఎప్పుడూ చూస్తూ ఉంటాడు. నీ అన్ని ఆలోచనలు భావాలను గమనిస్తాడు అన్నాయవి. ఇప్పుడు డేటా మతం వచ్చింది. నీ ప్రతిమాట, పని, సమాచార మహాప్రవాహంలో భాగం అంటున్నది. అల్గోరిథంలు నిన్ను అనవరతం పరిశీలిస్తున్నాయి. అవి నీవు చేసే, అనుభవించే అన్నింటిని అర్థం చేసుకుంటాయి, అంటున్నది. చాలామందికి యిది నచ్చింది. నిజంగా నమ్మకం గలవారికి సమాచార ప్రవాహం నుంచి దూరం కావడం అంటే, బతుకే అర్థం లేకుండా పోవడం. ఎవరికి తెలియదు అంటే ఏ పనినైనా చేయడం, అనుభవించడంలో అర్థం ఏమిటి? ప్రపంచస్థాయిలో సమాచారాన్ని ఇచ్చిపుచ్చుకోవడంలో భాగం కాకుంటే అర్థం ఏమిటి?

అనుభవాలు మన లోపల జరుగుతాయని మానవతావాదం అంటుంది. జరిగే అన్నింటికీ అర్థాలను మన లోపల తెలుసుకోవాలి. అప్పుడు విశ్వానికి అర్థం కలుగుతుంది అంటుంది. డేటాయిజం మాత్రం పంచుకోని పక్షంలో అనుభవాలకు అర్థం లేదు, విలువ లేదు అంటుంది. ఇక మన లోపల అర్థం తెలుసుకోవడం అవసరం లేదు, వీలు కాదు. మనం కేవలం మన అనుభవాలను రికార్డ్ చేసి మహత్తర ప్రవాహానికి కలపాలి. అల్గోరిథంలు వాటి అర్థాన్ని తెలుసుకుని చేయవలసిన పనిని సూచిస్తాయి. ఇరవయి సంవత్సరాల క్రితం జపనీస్ పర్యాటకులను చూచి అందరూ నవ్వేవారు. వాళ్లు ఎప్పుడూ కెమెరా పట్టుకుని కనిపించిన ప్రతిదృశ్యాన్ని ఫోటోలు తీసేవారు. ఇప్పుడు మిగతా వారందరూ కూడా అదే పని చేస్తున్నారు. భారతదేశం వెళ్లి అక్కడ ఒక ఏనుగును చూస్తే మీరు దాన్ని పరిశీలించి నా భావన ఏమిటి అని ప్రశ్నించరు. స్మార్ట్ ఫోన్ ఎక్కడ అని వెతకడంలో బిజీగా ఉంటారు. ఏనుగు ఫోటోలు తీసి ఫేస్‌బుక్‌కు ఎక్కిస్తారు. రెండు నిమిషాలకు ఒకసారి ఎన్ని లైకులు వచ్చాయి అని చూడడానికి ఫోన్‌లోకి చూస్తూ ఉంటారు. ప్రతినిత్యం డైరీ రాయడం, మామూలు మానవతావాద పద్ధతిగా ఉండేది. ఈ కాలపు కుర్రవాళ్ళకు అది అసలే అర్థంలేని అంశంగా కనిపిస్తుంది. ఎవరూ చదవని పక్షంలో దేన్నయినా రాసి ఏం ప్రయోజనం? నీకు కొత్త అనుభవం ఒకటి కలిగితే దాన్ని రికార్డ్ చెయ్యి. నీవు ఏదైనా రికార్డ్ చేస్తే దాన్ని అప్‌లోడ్ చెయ్యి, నువ్వు ఏదైనా అప్‌లోడ్ చేస్తే దాన్ని షేర్ చెయ్యి. ఇది కొత్త ఆదర్శం.

ఈ పుస్తకంలో ఆ చివర నుంచి ఈ చివర వరకు మనుషులు జంతువుల కన్నా ఎందుకు పైచెయ్యి అయ్యారు అని పదేపదే అడిగాము. సమాచారవాదం ఒక కొత్త, సింపుల్ జవాబు చెబుతున్నది. మానవ అనుభవాలు తమంతట తాముగా తోడేళ్ళు, ఏనుగుల అనుభవంకన్నా గొప్పవి ఏ మాత్రం కావు. సమాచారంలోని ఒక బిట్ మరొక బిట్ కన్నా గొప్పది కాదు. అయితే మనుషులు తమ అనుభవాలను గురించి కవితలు, బ్లాగులు రాసి ఇంటర్నెట్‌లో పంచుకోగలుగుతారు. ఆ రకంగా ప్రపంచస్థాయి డేటా ప్రాసెసింగ్ వ్యవస్థను మరింత విలువ గలదిగా చేస్తారు. అప్పుడు వారి సమాచారం లెక్కలోకి వస్తుంది. తోడేళ్లకు ఈ పని చేతకాదు. అందుకే ఎంత లోతు, సంక్లిష్టమైనా సరే తోడేళ్ల భావాలకు విలువ లేదు. ఇక మనం మన అనుభవాలను డేటాగా మారుస్తున్నాము అంటే ఆశ్చర్యం లేదు. ఆ పని మనం ఫ్యాషన్ కనుక చేయడం లేదు. మనుగడకు సంబంధించిన ప్రశ్న అది. మనకు ఇంకా విలువ ఉందని, మనం మనకు, వ్యవస్థకు కూడా రుజువు చేసి చూపించాలి. విలువ, అనుభవాలు కలిగినంత మాత్రాన రాదు. ఆ అనుభవాలను స్వతంత్రంగా ప్రవహించే డేటాగా మార్చాలి. అప్పుడు విలువ వస్తుంది.

(అన్నట్లు తోడేళ్ళు, వాటి చుట్టాలు కుక్కలు, పనికిరానివి కాదు. కెనైన్ జాతి అనుభవాలను చదవడానికి నో మోర్ వూఫ్ అనే కంపెనీ వారు హెల్మెట్‌ను తయారు చేస్తున్నారు. అది కుక్క మెదడు తరంగాలను గమనిస్తుంది. నాకు ఆకలిగా ఉంది, లాంటి భావాలను మనిషి భాష వాక్యాలలోకి మారుస్తుంది. అందుకు అది కంప్యూటర్ అల్గోరిథంలను వాడుకుంటుంది. మీ కుక్కకు త్వరలోనే ఫేస్ బుక్ లేదా ట్విట్టర్‌లో సొంత అకౌంట్ ఉండవచ్చు. మీ కన్నా కుక్కకు ఎక్కువ లైక్‌లు రావచ్చు.)

నిన్ను నీవు తెలుసుకో

సమాచార వాదం ఉదారం కాదు, మానవతగలది అంతకన్నా కాదు, అయితే అది మానవతకు వ్యతిరేకం కాదు అన్న మాటలు మరీ నొక్కి చెప్పాలి. అది మానవ అనుభవాలకు ఎంత మాత్రం వ్యతిరేకం కాదు. అది కేవలం వాటికి గొప్ప విలువ లేదు అని మాత్రం అనుకుంటుంది. మానవతావర్గాలను మూడింటిని బీథోవెన్ ఫిఫ్త్ సింఫనీ, చక్ బెరీ పాట, పిగ్మీ యవ్వన గీతం, తోడేలు ఎద అరుపు ఆధారంగా చూచినప్పుడు అందులో ఏ అనుభవం విలువగలది అని మనం ప్రశ్నించుకున్నాం. సంగీతం విలువ అందులోని డేటా ప్రకారం చూడాలి, అది ఇచ్చే అనుభవం గురించి కాదు అని డేటాయిస్టు మొత్తం ప్రయోగాన్ని దిశ లేనిదిగా కొట్టి పడేస్తాడు. పిగ్మీ యువత గీతం కన్నా ఫిఫ్త్ సింఫనీలో ఎక్కువ సమాచారం ఉంటుంది, అందులో కావలసినన్ని కార్డ్స్, స్కేల్స్ ఉంటాయి, దాన్ని మరెన్నో సంగీత పద్ధతులతో పోల్చి చూడవచ్చును అంటాడు అతను. ఫలితంగా ఫిఫ్త్ సింఫనీని అర్థం చేసుకోవాలి అంటే చాలా ఎక్కువ కంప్యూటర్ శక్తి కావాలి. ఆ పని చేసినందుకు మనకు చాలా జ్ఞానం కలుగుతుంది.

ఈ దృష్టితో చూస్తే సంగీతం కూడా లెక్కలతో కూడినది. ప్రతి పాటను లెక్కలు విశ్లేషించి చూపగలుగుతాయి. రెండు పాటల మధ్య సంబంధాన్ని కూడా చెబుతాయి. ఈ రకంగా ప్రతి సింఫనీ, పాట, అరుపు అన్నింటిని సమాచారం విలువను మనం లెక్కించ వచ్చు. అందులో అన్నింటికన్నా గొప్పది ఏది అని నిర్ణయించవచ్చు. అవి మనుషులలో లేదా తోడేళ్లలో పుట్టించే అనుభవాలకు గొప్పదనం లేదు. గడచిన డెబ్బయివేల సంవత్సరాలుగా మనుషుల అనుభవాలు విశ్వంలోనే అన్నిటికన్నా సమర్థత గల డేటా ప్రాసెసింగ్ అల్గోరిథంలు, కనుక అవి గొప్పవి అనడానికి కారణం ఉంది. అయితే త్వరలోనే మనం ఒకచోటికి చేరి, వాటిని బరువుగా భావించే పరిస్థితి వస్తుంది.

సేపియన్స్ ఆఫ్రికన్ గడ్డిమైదానాలలో పదులవేల సంవత్సరాల క్రితం పరిణామం చెందారు. కనుక వారిలోని అల్గోరిథంలు ఇరవయి ఒకటవ శతాబ్దపు సమాచార ప్రవాహాలను తట్టుకునే విధంగా లేవు. మానవుల డేటా ప్రాసెసింగ్ నుంచి మహత్తరమైన వేగవంతమైన డేటా ప్రవాహాలు పుట్టుకువస్తాయి. ఎంత అభివృద్ధి చేసినప్పటికీ మనుషుల అల్గోరిథంలు ఆ వేగాలకు తట్టుకోలేవు. కార్‌లు వచ్చి గుర్రంబండ్లను పనికిరానివిగా చేస్తే మనం గుర్రాలను అభివృద్ధి చేయలేదు. వాటికి రిటైర్‌మెంట్ ఇచ్చాం. హోమో సేపియన్స్‌తో కూడా అదే పనిచేయాల్సిన సమయం బహుశా వచ్చింది.

సమాచారవాదం మనుషులపట్ల గట్టి పనితనం దృష్టి పెడుతుంది. డేటా ప్రాసెసింగ్‌లో వాటి పాత్రను బట్టి మనుషుల అనుభవాలకు విలువ ఇస్తుంది. అంతకన్నా బాగా పనిచేసే అల్గోరిథం ఒకటి తయారు చేయగలిగితే, మనుషుల అనుభవాలకు మరి విలువ ఉండదు. టాక్సీ డ్రైవర్‌లేగాదు, డాక్టర్లు, లాయర్లను, కవులు, పాటగాళ్లను కూడా వారి కన్నా బాగా పనిచేసే కంప్యూటర్ ప్రోగ్రాముల కారణంగా పక్కన పెడుతున్నప్పుడు, ఆ ప్రోగ్రామ్‌లకు చేతన, ఆత్మ అనుభవం లేదని ఎందుకు చింతించాలి? ఒక మానవతావాది

మానవుల అనుభవాలను పవిత్రాలు అంటూ ఆరాధించడం మొదలుపెడితే, డేటాయిస్ట్‌లు దాన్ని సెంటిమెంటల్ చెత్త అని కొట్టి పడేస్తారు. ఏ అనుభవాన్ని అయితే నువ్వు మెచ్చు కుంటున్నావో, అది కేవలం ఒక పాత జీవరసాయన అల్గోరిథం! 70 వేల ఏళ్ల క్రితం ఆఫ్రికన్ సవానాలో అది ఆధునికమైనదే. 20వ శతాబ్దంలో కూడా సైన్యానికి, ఆర్థిక వ్యవస్థకి అది ముఖ్యమైనదే. కాని త్వరలోనే మనకు మెరుగైన ఆల్గోరిథంలు వుంటాయి.

చాలావరకు సైన్స్ ఫిక్షన్ సినిమాలలో చివరికి మనుషులు ఇతర గ్రహవాసుల గుంపులను ఎదుర్కొంటారు. లేదా తిరగబడిన మనుషులను ఎదుర్కొంటారు. కొన్నింటిలో అన్నీ తెలిసిన కంప్యూటర్ వారికి ఎదురు జరుగుతుంది. ఇక మానవతకు దిక్కులేదు అనిపిస్తుంది. కానీ చివరకు అన్ని అడ్డంకులు తొలగించుకుంటూ, ఏదో ఒక అద్భుతం కారణంగా మానవులు గెలుస్తారు. గ్రహాంతరవాసులు, మరమనుషులు, సూపర్‌కంప్యూటర్ ఈ అద్భుతాన్ని ముందుగా ఊహించే వీలు ఉండదు. ఆ అద్భుతం పేరు ప్రేమ. అప్పటి వరకు సూపర్ కంప్యూటర్ కారణంగా తికమకపడిన హీరో, మరమనుషుల తుపాకులతో వాళ్ళు చిల్లులు పొడిపించుకుని, తన ప్రియురాలి ప్రేరణతో అనుకోనిదేదో చేస్తాడు. ఇక పరిస్థితి పూర్తిగా తిరగబడుతుంది. ఇటువంటి సందర్భాలలోని అర్థంలేని పరిస్థితిని సమాచారవాదం ఎత్తి చూపుతుంది. అది హాలీవుడ్ రచయితలను దెప్పి పొడుస్తుంది కూడా. ఇంతగా ఆలోచించి, ఇదేనా మీరు చేయగలిగింది? మీరు ఊహించిన ఆ ప్రేమ కూడా ఏదో కాస్మిక్ స్థాయిలో లేదు. అది రెండు జీవుల మధ్యన శరీరపరమైన వాంఛ మాత్రమే. సర్వం తెలిసిన సూపర్ కంప్యూటర్, విశ్వాన్ని మొత్తంగా గెలవాలని బయలు దేరిన గ్రహంతరవాసులు ఈ హార్మోన్ వరుగుల కారణంగా మూగపోతారు అని అనుకుంటున్నారా? అంటుంది డేటాయిజం.

డేటాయిజం మానవుల అనుభవాలను డేటా విస్తరణ తీరుతో పోల్చి చూస్తుంది. అధికారం, అర్థం బయటకు వచ్చే అసలైన స్థానాన్ని అది తోసి పడేస్తుంది. ప్రభావవంతమైన ఒక మతవిప్లవాన్ని రేకెత్తిస్తుంది. అటువంటి విప్లవం 18వ శతాబ్ది నుండి ఇప్పటివరకు రానేలేదు. లాక్, హ్యూమ్, వోల్టేర్ లాంటి తత్వవేత్తల కాలంలో మానవతావాదం, దేవుడు కేవలం మనుషులు ఊహలలో నుంచి పుట్టాయి, అని వాదిస్తుంది. సమాచారవాదం ఇప్పుడు వారి వాదనను వారికే వినిపిస్తూ, అవును దేవుడు మానవుల భావనలలో నుంచే పుట్టాడు. అయితే ఆ భావనలు మాత్రం జీవరసాయన అల్గోరిథంలలోనుంచి పుట్టాయి, అని వారికి చెబుతుంది. దైవకేంద్రిత ప్రపంచం మానవ కేంద్రిత దృష్టికి మారి, 18వ శతాబ్దంలో మానవతావాదం దేవుడిని పక్కనబెట్టింది. ఇరవయిఒకటవ శతాబ్దిలో మానవ కేంద్రీకృత దృష్టి నుండి సమాచార దృష్టికి మారి డేటాయిజం మనుషులకు కూడా అదే గతిని పట్టిస్తుంది.

సమాచారవాద విప్లవం రావడానికి బహుశా కొన్ని దశాబ్దాలు పట్టవచ్చు. ఒకటి, రెండు శతాబ్దాలు మాత్రం అవసరం లేదు. అలాగే మానవతావాద విప్లవం కూడా రాత్రికి రాత్రి జరిగిందేమీ కాదు. మొదట్లో మనుషులు దేవుని నమ్ముతూ వచ్చారు. ఏదో దైవిక

కార్యక్రమం కొరకు దేవుడు మనుష్యులను సృష్టించాడు. కనుక వారు పవిత్రులు అని వాదన చేశారు. కొంతకాలం తర్వాత ఎవరో కొందరు ధైర్యవంతులు మాత్రం మనిషి తనంతట తానే పవిత్రుడు అన్నారు. దేవుడు లేనే లేడు అని కూడా అన్నారు. మనుషుల అవసరాలను తీర్చడానికి మనుషులే ఇంటర్నెట్ ఆఫ్ థింగ్స్ అనే వ్యవస్థను ఏర్పాటు చేస్తున్నారు. కనుక అతిపవిత్రమైనది అని డేటావాదులు అంటారు. కొంతకాలంకి ఇంటర్నెట్ అఫ్ ఆల్ థింగ్స్ తనంతతానే పవిత్రతను సంపాదించుకుంటుంది.

మానవ కేంద్రిత పరిస్థితి నుండి సమాచార కేంద్రిత దృష్టికి మారడం ఒక తాత్విక విప్లవంగా మిగిలిపోదు. అది ఒక ప్రయోగాత్మకమైన విప్లవంగా ఉంటుంది. నిజంగా ముఖ్యమైన విప్లవాలు అన్నీ ప్రయోగాత్మకమైనవి. ప్రయోగపూర్వకంగా ఎంతో ప్రభావం చూపించింది కనుకనే మనిషి దేవుని కనుగొన్నాడు అన్న మానవతావాదుల మాట గొప్పదిగా కనిపించింది. జీవులన్నీ అల్గోరిథంలే అని డేటాయిజం చెప్పిన ఆలోచన కూడా అదే రకంగా అనునిత్యం ప్రయోగాత్మకంగా ఫలితాలను చూపిస్తుంది కనుక గుర్తింపు పొందుతుంది. ఆలోచనలు మన ప్రవర్తనను మార్చినప్పుడే ప్రపంచాన్ని మార్చగలుగుతాయి.

ప్రాచీన బాబిలోన్‌లో ప్రజలు కష్టమైన చిక్కులలో ఉన్నప్పుడు స్థానిక గుడిలోని పై ప్రాంతాలకు రాత్రి పూట ఆ చీకటిలో ఎక్కి అక్కడి నుండి ఆకాశాన్ని చూసేవారు. నక్షత్రాలు తమ అదృష్టాలను నడిపిస్తాయి. అవే తమ భవిష్యత్తును నిర్ణయిస్తాయి అని బాబిలోనియన్లు విశ్వసించారు. పెళ్లి చేసుకోవాలా, వద్దా? పొలం దున్నాలా, వద్దా? యుద్ధానికి వెళ్లాలా, వద్దా? లాంటి విషయాలన్నింటినీ వారు ఆకాశంలో నక్షత్రాలను చూచి నిర్వహించుకునే వారు. వాళ్ల తాత్విక విశ్వాసాలు ప్రయోగాత్మకమైన పద్ధతులుగా మారాయి.

జూడాయిజం, క్రైస్తవం వంటి గ్రంథాల మీద ఆధారపడిన మతాలు వేరొక రకంగా కథలు చెప్పాయి. నక్షత్రాలు అబద్ధాలు చెబుతున్నాయి. వాటిని సృష్టించిన దేవుడు సత్యాన్ని మొత్తం బైబిల్‌లో చెప్పాడు. కనుక నక్షత్రాలను పరిశీలించడం ఆపండి. దానికి బదులు బైబిల్ చదవండి, అని ఆ మతాలు చెప్పాయి. ఇది కూడా ప్రయోగంగా చేయవలసిన పద్ధతి. ఎవరిని పెళ్లి చేసుకోవాలి, ఈ ఉద్యోగాన్ని ఎంచుకోవాలి, యుద్ధం చేయాలా వద్దా అని అర్థం కానప్పుడు బైబిల్ చదివి అందులోని మాటలను అనుసరించారు.

తర్వాత మానవతావాదులు వచ్చి మరో సరికొత్త కథ చెప్పారు. మనుషులు దేవుడిని కనుగొన్నారు. బైబిల్ రాశారు. దాన్ని వేయి విధాలుగా వ్యాఖ్యానించారు. కనుక మనుషుల నుంచి సత్యం పుట్టింది. ఉత్తేజం కలిగించే మానవుల సృష్టిగా బైబిల్‌ను చదవచ్చు. అయితే నిజానికి అవసరం లేదు. మీరు నిజంగా ఒక నిర్ణయం తీసుకోలేని పరిస్థితిలో ఉంటే వినవలసింది మిమ్మల్ని మాత్రమే. మీలోని గొంతుక చెప్పే మాటలను అనుసరించండి, అంటుంది. ఈ కొత్త కథ. అంతర్వాణి వినడానికి మానవతావాదం అప్పుడిక కొన్ని మార్గాలను కూడా చెప్పింది. సూర్యాస్తమయాలు చూస్తూ కూర్చోవడం, గ్యోరే రచనలు చదవడం, వ్యక్తిగత డైరీ రాయడం, ఒక మంచి మిత్రులతో మనసువిప్పి మాట్లాడడం అలాగే ప్రజాస్వామిక ఎన్నికల నిర్వహణ లాంటి పద్ధతులను అది సిఫారసు చేసింది.

శతాబ్దాలుగా వైజ్ఞానికులు కూడా ఈ మానవతావాద మార్గదర్శకాలను పాటించారు. భౌతిక శాస్త్రవేత్తలు పెళ్లి చేసుకోవాలా వద్దా అని ఆలోచిస్తున్నప్పుడు, తమలోకి తాము తొంగి చూడడానికి, సూర్యాస్తమయాలు చూస్తూ కూర్చున్నారు. సమస్యగా ఉండే ఒక ఉద్యోగంలో చేరడం గురించి సంశయం వచ్చినప్పుడు రసాయన శాస్త్రవేత్తలు డైరీలో రాసుకున్నారు. స్నేహితులతో మనసు విప్పి మాట్లాడుకున్నారు. జీవ శాస్త్రవేత్తలు యుద్ధం, శాంతి ఒప్పందం మధ్యన తేల్చుకోవాలి అనుకున్నప్పుడు ప్రజాస్వామిక ఎన్నికలలో వారు కూడా ఓటు వేశారు. మెదడు సైంటిస్టులు తాము కనుగొన్న సంచలనాత్మక విషయాలను గురించి పుస్తకం రాసేటప్పుడు అందులోని మొదటి పేజీలో గ్యోథే మాటలను అచ్చు వేశారు. విజ్ఞానశాస్త్రం, మానవతావాదాలకు మధ్యన ఆధునిక బంధం ఇటువంటి పునాదుల మీద నిలబడి ఆధునిక యాంగ్ ఆధునిక యిన్ మధ్య సమతూకాన్ని నిలబెట్టింది. అంటే కారణాలు, భావాలు మధ్యన, అలాగే పరిశోధనశాల, ప్రదర్శనశాల మధ్యన, ఉత్పత్తి లైన్, సూపర్ మార్కెట్ల మధ్యన కూడా.

మానవుల భావాలను పవిత్రాలు అనడంతో తృప్తి పడక అందుకు ఒక గొప్ప పరిణామ కారణాన్ని కూడా కనుగొన్నారు. డార్విన్ తర్వాత జీవశాస్త్రజ్ఞులు, భావాలను, జంతువులు సరైన నిర్ణయాలు చేయడానికి సహాయం అందించడానికి పరిణామంలో మెరుగుపరచబడిన సంక్లిష్ట అల్గోరిథంలుగా వివరించడం మొదలుపెట్టారు. ప్రేమలు, భయాలు కేవలం కవితలు చెప్పడానికి మాత్రమే పనికి వచ్చే ఆధ్యాత్మిక విషయాలు కావు. వాటిలో లక్షలాది సంవత్సరాల ప్రయోగాత్మక జ్ఞానం ఇమిడి ఉంది. మీరు బైబిల్ చదువుతున్నారంటే, ప్రాచీన జెరూసలేంలో నివసించిన కొంతమంది పూజారుల సలహాలు పొందుతున్నారని అర్థం. ఇక మరొకవైపు మీరు మీ భావాలను వింటున్నారు, అంటే లక్షలాది సంవత్సరాలుగా పరిణామక్రమం రూపం పోసిన అల్గోరిథంలను అనుసరిస్తున్నారని అర్థం. అవి సహజవరణం అనే నాణ్యత నిర్వహణ పరీక్షలో తట్టుకుని నిలబడ్డాయి. మీ భావాలు అంటే లక్షలాది పూర్వీకుల గొంతుకలు. వారంతా అనుకూలం కాని వాతావరణంలో మనుగడ సాగించి పునరుత్పత్తి చేశారు. అయితే మీ భావాలు పొరపాటు లేనివి కాకున్నా కనీసం అవి మార్గదర్శనానికి అనుసరించే మిగతా విషయాలకన్నా తప్పకుండా మంచివి. లక్షల పైన లక్షల సంవత్సరాల పాటు ప్రపంచంలో భావాలే గొప్ప అల్గోరిథంలు కనుకనే కన్ఫ్యూషియస్, మొహమ్మద్, స్టాలిన్ కాలాలలో వారు చెప్పిన కన్ఫ్యూషియనిజం, ఇస్లాం, కమ్యూనిజం పద్ధతులను కాక తమలోని భావాలను విని ఉండవలసింది.

అయితే 21వ శతాబ్దంలో మాత్రం భావాలు ప్రపంచంలోనే గొప్ప అల్గోరిథంలు కావు. అంతకు ముందెన్నడూ లేని కంప్యూటర్ శక్తిని, చాలా పెద్ద ఎత్తున సమాచారాన్ని వాడి ఇప్పుడు మనం ఉన్నతస్థాయి అల్గోరిథంలు తయారుచేస్తున్నాం. గూగుల్ ఫేస్‌బుక్ వారి అల్గోరిథంలకు మీ భావాలు మాత్రమేకాక మీకు అనుమానం కూడా రాని మీ గురించిన ఎన్నో విషయాలు కూడా తెలుసు. కనుక మీరు మీ భావాలను వెళ్లబెట్టవలసిన అవసరం లేదు అందుకు బదులు ఈ బయటి అల్గోరిథంలను వినాలి. ఒక్కొక్క మనిషి

ఎలా ఓటు వేస్తారో అల్గోరిథంలకు తెలిసినప్పుడు, ఎన్నికలు పెట్టడంలో అర్థం ఏమిటి? ఎవరు, ఎందుకు, ఎవరికి ఓటు వేస్తున్నారు. అన్న నాడీమండల కారణాలు కూడా అల్గోరిథంలకు తెలుసు. మానవతావాదం మీ భావాలు వినండి, అని నిర్దేశనం చేస్తే ప్రస్తుతం సమాచారం మాత్రం అల్గోరిథంలను వినండి, మీ ఆలోచనలు అన్నీ వాటికి తెలుసు, అంటున్నది.

మీరు పెళ్లి గురించి, ఉద్యోగం గురించి, యుద్ధం గురించి సమస్యలో పడి తెలుసు కోవాలనుకుంటే కొండ మీదకి ఎక్కి సూర్యాస్తమయాలు చూడడం అన్ని రకాలా పనికిరాని పని అని డేటాయిజం చెబుతున్నది. ఒక ప్రదర్శనశాలకు వెళ్లడం, డైరీ రాయడం, మిత్రుడితో మనసు విప్పి మాట్లాడడం కూడా అంతే పనికిరానివి. నిర్ణయాలు చేయాలంటే మీకు మీ గురించి మరింత బాగా తెలిసి ఉండాలి. 21వ శతాబ్దిలో మిమ్మల్ని మీరు తెలుసుకోవాలి అనుకుంటే కొండలు ఎక్కడం, ప్రదర్శనశాలకు వెళ్లడం, డైరీలు రాయడం కన్నా మంచి పద్ధతులు ఉన్నాయి. సమాచారవాదులు అందించే కొన్ని చక్కని మార్గదర్శక సూత్రాలు మీకోసం ఇవ్వబడ్డాయి.

నిజానికి మీరు ఎవరు అని తెలుసుకొనగోరుతున్నారా? డేటాయిజం అడుగుతుంది. అయితే మరి కొండలు, ప్రదర్శనశాలను మర్చిపోండి. మీరు మీ డిఎన్ఎ సీక్వెన్స్ చేయించుకున్నారా? లేదా?! ఎందుకని ఆలస్యం చేస్తున్నారు? ఇవాళ వెళ్ళి చేయించు కోండి. మీ తాతయ్య, నాయనమ్మను, అమ్మానాన్నలను, తోబుట్టువులను కూడా డీఎన్ఏ పరీక్ష చేయించుకోమని ఒప్పించండి! వాళ్ల సమాచారం అంతా మీకు ముఖ్యం. 24 గంటలపాటు మీ రక్తపోటు, గుండె వేగంలాంటి వాటిని పరీక్షించే బయోమెట్రిక్ వేరబుల్ పరికరాలను గురించి ఇంకా వినలేదా? ఇప్పుడైనా ఒకటి కొనండి. శరీరం మీద పెట్టుకోండి. స్మార్ట్ ఫోన్‌కు దాన్ని కలపండి షాపింగ్ చేస్తున్నప్పుడు అదే పనిగా ఒక మొబైల్ కెమెరా, మైక్రోఫోన్ కొనండి. చేస్తున్న ప్రతి పనిని రికార్డు చేయండి. ఆన్‌లైన్‌లో పెట్టండి. గూగుల్, ఫేస్‌బుక్ మీ ఈమెయిల్ చదివేటట్లు, షేర్స్, మెసేజెస్ అన్ని మీ లైక్‌లు కూడా రికార్డులో దాచి ఉంచేటట్లు చదివే రకంగా పర్మిషన్‌లు ఇవ్వండి. మీరు గనుక ఆ పని చేస్తే ఇంటర్నెట్ ఆఫ్ థింగ్స్‌లోని గొప్ప అల్గోరిథంలు ఇక మీరు ఎవరిని పెళ్లి చేసుకోవాలి, ఈ ఉద్యోగం చేయాలి, అసలు యుద్ధం చేయాలా వద్దా అన్న సంగతులన్నీ చెబుతాయి.

కానీ, ఇంతకు ఈ గొప్ప అల్గోరిథంలు ఎక్కడి నుంచి వస్తున్నాయి? అదే సమాచార వాదంలోని అంతర్గత రహస్యం. మనుషులు దేవుడిని, ఆయన ప్రణాళికలను అర్థం చేసుకోగలరని క్రైస్తవం చెప్పింది కదా! అదే రకంగా కొత్త మాస్టర్ అల్గోరిథం లోతులను మనిషి మెదడు కనుగొనజాలదని సమాచారం చెబుతున్నది. అయితే ప్రస్తుతం మాత్రం వాటిని మనుషులే రాస్తున్నారు. గూగుల్ వాళ్ళ అల్గోరిథంల లాంటి వాటిని ఒకరుకాక చాలామంది ఉండే బృందాలు తయారుచేస్తున్నాయి. ఆ గుంపులోని ఒక్క మనిషికి ఒక్క విషయం మాత్రమే అర్థమవుతుంది. ఏ ఒక్కరికి మొత్తం అల్గోరిథం అర్థం కాదు. పైగా రానురాను యంత్రాలు సొంతంగా నేర్చుకునే పద్ధతి, నాడీమండల నెట్‌వర్క్‌లు వస్తున్నకొద్దీ అల్గోరిథంలు తమంత తామే స్వతంత్రంగా పుట్టుకువస్తాయి. తమనుతాము మెరుగు

పరుచుకుంటాయి. తమ తప్పులు కూడా తెలుసుకుంటాయి. ఆకాశాన్నంటే ఎత్తు సమాచారాన్ని అవి విశ్లేషించగల పోతాయి. మనుషులు కనీసం దాన్ని ఊహించను కూడా లేరు. అందులో రూపాలను చూడలేరు. పాటించవలసిన పద్ధతులు మనిషి మెదడుకు అందవు. విత్తులాంటి అల్గోరిథంలను మనుషులే తయారుచేసి ఉండవచ్చు. కానీ అది చెట్టయి పెరుగుతున్నకొద్దీ తనదారిన తాను ముందుకు పోతుంది. మనుషులెవరూ వెళ్లలేని చోటుకు వెళుతుంది. అప్పుడు మనుషులు కనీసం దాని వెంట కూడా వెళ్లడానికి వీలు కాదు.

సమాచార ప్రవాహంలో ఒక అల

డేటాయిజం అనే సమాచారవాదానికి విమర్శకులు ఉన్నారు. విశ్వసించేవారు కూడా ఉన్నారు. మూడవ అధ్యాయంలో చర్చించినట్టు జీవం కేవలం సమాచార ప్రవాహం అనడం అనుమానాస్పదం. ముఖ్యంగా ప్రస్తుతానికి మనకు సమాచార ప్రవాహాలు చేతనను, విషయక అనుభవాలను ఎలా సృష్టిస్తాయి అన్న సంగతి తెలియదు. మరో ఇరవై సంవత్సరాలలో మంచి వివరణ రావచ్చు. కాక మరొక వైపు జీవులు అల్గోరిథంలు కావు అని కూడా తెలియవచ్చు.

బతుకు అంటే కేవలం నిర్ణయాలు చేయడం మాత్రమే అన్నది కూడా అనుమానాస్పదమే. సమాచారవాదుల ప్రభావం కింద అటు జీవశాస్త్రం, ఇటు సామాజిక శాస్త్రాలు, నిర్ణయాలు చేసే పద్ధతులను గురించి మరీ పట్టించుకుంటున్నాయి. అక్కడికి జీవనం అంటే అంతే అయినట్టు! మరి అంతేనా? ఇంద్రియ ప్రేరణలు, భావాలు, ఆలోచనలు, నిర్ణయాలు చేయడంలో ప్రధానపాత్ర వహిస్తాయి అన్నది నిజం. అయితే వాటి అర్థం అంతవరకేనా? నిర్ణయాలు చేసే పద్ధతిని గురించి డేటాయిజం రానురాను బాగా అర్థం చేసుకుంటుంది. అది జీవితాన్ని సరైన దృష్టితో చూడడం లేదేమో?

సమాచారవాద సిద్ధాంతాన్ని విమర్శనాత్మకంగా పరీక్షించడం ఇరవయి ఒకటవ శతాబ్దంలో విజ్ఞానానికి అన్నిటికన్నా గొప్ప ఛాలెంజ్‌గా ఎదురవుతుంది. అయినాసరే, అది వెంటనే చేపట్టవలసిన రాజకీయ, ఆర్థిక ప్రణాళిక. జీవాన్ని కేవలం డేటా ప్రాసెసింగ్, నిర్ణయాలు చేయడం మాత్రమే అన్న స్థాయికి చేర్చి అర్థం చేసుకుంటున్న సందర్భంలో మనం దేన్నయినా వదిలి పెడుతున్నామేమో అన్న అంశాన్ని జీవ, సామాజిక శాస్త్రాలలోని నిపుణులు తమని తాము ప్రశ్నించుకోవాలి. ఈ విశ్వంలో సమాచారంగా మార్చడానికి లొంగనిది మరేదైనా ఉందేమో? సమాచారాన్ని ప్రాసెస్ చేసే అన్ని ఇప్పటివరకు తెలిసిన పద్ధతులలోనూ చేతన గల జ్ఞానం మీద, చేతనలేని ఆల్గోరిథమ్స్ చివరకు బాగా పనిచేసి గెలవగలిగితే, చైతన్య కాలజ్ఞానం స్థానంలో వాటిని వాడడం వల్ల ఏం నష్టం వస్తుంది? అసలేమైనా నష్టం వస్తుందా?

సమాచార వాదం చెప్పేది తప్పు, జీవులు అల్గోరిథంలు కావు అన్నప్పటికీ, డేటాయిజం ప్రపంచాన్ని ఆక్రమించడానికి అడ్డు వచ్చేది ఏదీ లేదు. చాలా లోపాలు ఉండి

కూడా గతంలో మతాల గొప్ప ప్రజాదరణ పొందాయి. క్రైస్తవం, కమ్యూనిజం చేయ గలిగింది. సమాచారవాదం ఎందుకు చేయజాలదు? నిజానికి దానికి అవకాశాలు ఎక్కువగా ఉన్నాయి. ఇప్పటికే అది వైజ్ఞానికరంగాలలో బలంగా వ్యాపిస్తున్నది. ఒక ఏకీకృత వైజ్ఞానిక ఉదాహరణ ఎదురులేని సిద్ధాంతంగా మారవచ్చు. ఒక వైజ్ఞానిక ఉదాహరణను ప్రశ్నించడం చాలా కష్టం. అయితే ఇప్పటి వరకు ఏ ఒక్క ఉదాహరణను సైన్స్‌లోని మొత్తం వ్యవస్థ ఏకాభిప్రాయంతో అంగీకరించలేదు. ఒక రంగంలో పండితులకు బయటి నుంచి మతం వంటి ఆలోచనలు వచ్చి చేరవచ్చు. సంగీత శాస్త్రజ్ఞులనుండి జీవ శాస్త్రజ్ఞుడు దాకా అందరూ ఒకే సమాచార వాద ఉదాహరణను వాడితే, అది మరింత బలపడడానికి గట్టి అవకాశం ఉంటుంది. అప్పుడు అందులో లోపాలు ఉన్నప్పటికీ, దాన్ని ఎదిరించడం మాత్రం కష్టమవుతుంది.

ప్రపంచాన్ని జయించడంలో సమాచార వాదం విజయం సాధిస్తే, మరి మనుషులు అనే మన గతి ఏమవుతుంది? మొదట్లో అది మానవతావాద ఆరోగ్య, ఆనంద, అధికార అభివృద్ధి వేగాలను బహుశా పెంచుతుంది. ఈ మానవతావాద ఆశయాలను పూర్తి చేస్తానని హామీ ఇస్తూ అది వ్యాపిస్తుంది. చావు లేకుండా బ్రతకడం, అంతులేని ఆనందం, దైవిక శక్తుల సృష్టి కావాలంటే మనము అంతులేని సమాచారాన్ని ప్రాసెస్ చేయాలి. మనిషి మెదడుకు మించిన పని చేయవలసి ఉంటుంది. ఆ పనిని ఆల్గోరిథమ్స్ మనకు చేసి పెడతాయి. అయితే ఒకసారి అధికారం మనుషుల నుండి అల్గోరిథంలకు మారిన తర్వాత ఈ మానవతావాద ప్రణాళికల అవసరం లేకుండా పోతుంది. సమాచార కేంద్రిత ప్రపంచ దృష్టిని, మానవ కేంద్రిత దృష్టి స్థానంలో నిలబెట్టిన తర్వాత, మనుషుల ఆరోగ్యం, ఆనందం అన్నవి అంత ముఖ్యం కాకుండా పోతాయి. పాతబడిన డేటా ప్రాసెసింగ్ యంత్రాలను, వాటి కంటే మంచి యంత్రాలు చేతిలోకి వచ్చిన తర్వాత కూడా పట్టించు కోవడం ఎందుకని అవసరం? అది మనలను ఆరోగ్యవంతులు, ఆనందం గలవారు, చేస్తుందని ఇంటర్నెట్ ఆఫ్ ఆల్ థింగ్స్ నిర్మాణం గురించి ఇంతగా శ్రమ పడుతున్నాము. ఒకసారి అది సిద్ధమై పని మొదలుపెట్టిన తరువాత, మనుషులు ఇంజనీర్లు కాక చిప్‌లుగా మారతారు. ఆ తర్వాత వారు సమాచారం అవుతారు. ఇంకా తర్వాత ప్రవాహంలో మట్టిగడ్డలాగా, సమాచార ప్రవాహంలో మనుషులు కరిగిపోతారు.

హోమో సేపియన్స్ మిగతా జంతువులు అన్నింటి విషయంలో పాటించిన పద్ధతిని వారి విషయంలో తాను పాటిస్తానని డేటాయిజం భయపెడుతుంది. చరిత్ర వెంట మానవులు ప్రపంచం మొత్తం మీద ఒక నెట్‌వర్క్‌ను స్థాపించారు. ఇక ప్రతీ విషయాన్ని ఆ వలయంలో పనిచేసే తీరును బట్టి విలువ కట్టారు. వేలాది సంవత్సరాలపాటు ఈ పద్ధతివల్ల మనుషులకు అహంకారం, పక్షపాతం పెరిగిపోయాయి. వలయంలో అన్నింటి కన్నా ముఖ్యమైన పనులను మనుషులు చేశారు. కనుక ఆ నెట్‌వర్క్ సాధించిన అన్ని విషయాలకు తామే కారణం అన్నారు. సృష్టికి తామే పరాకాష్ట అన్నారు. మిగతా జంతువులు చేసే పనులు అంత గొప్పగా ఉండవు కనుక వాటి బతుకులు, అనుభవాలను తక్కువ విలువ గలవిగా అంచనా వేశారు. కానీ మారిన జంతువులు లుప్తం అయి

పోయాయి. ప్రస్తుత నెట్‌వర్క్‌లో మనుషుల పనిచేసే ప్రాముఖ్యత కూడా తగ్గిన నాడు, వారు సృష్టిలో పరాకాష్ట కానే కాదు అన్న సంగతి బయట పడుతుంది. మనమే నిర్ణయించిన కొలబద్ద మనలను, మామత్, చైనీస్ రివర్ డాల్ఫిన్‌లకు తోడుగా పంపిస్తుంది. ఒక్కసారి వెనక్కి తిరిగి చూస్తే కాస్మిక్ సమాచార ప్రవాహంలో మనిషి కేవలం ఒక అలగా మిగులుతాడు.

భవిష్యత్తును మనం నిజంగా అంచనా వేయలేం. ఈ పుస్తకంలో యిచ్చిన అన్ని దృష్టాంతాలను, జోస్యాలుగా కాక సంభావ్యతలుగా అర్థం చేసుకోవాలి. మనం భవిష్యత్తు గురించి ఆలోచించినప్పుడు, సాధారణంగా మన దిక్చక్రాలు ఈనాటి భావజాలాలు, సామాజిక వ్యవస్థలకు లొంగి వుంటాయి. ప్రజాస్వామ్య భవిష్యత్తుని నమ్మమని డెమొక్రసీ మనల్ని ప్రోత్సహిస్తుంది, పెట్టుబడిదారీ విధానం. పెట్టుబడిదారి కాని ప్రత్యామ్నాయాన్ని ఊహించనీయదు, మానవతావాదం మనల్ని మానవ అనంతర భవితవ్యం (post-human) ఊహించడాన్ని కష్టతరం చేస్తుంది. మహా అయితే, మనం అప్పుడప్పుడు గత సంఘటనలను రీసైకిల్, పునశ్చరణ చేస్తూ వాటిని భవితవ్య ప్రత్యామ్నాయాలుగా ఊహించుకోగలం. ఉదాహరణకు 20వ శతాబ్దపు నాజీయిజం, కమ్యూనిజం ఎన్నో స్థానభ్రంశం చెందిన కల్పిత గాథలకు నమూనాలుగా పనిచేస్తున్నాయి. సైన్సు ఫిక్షన్ రచయితలు మధ్యయుగ, ప్రాచీన వారసత్వాలని వాడుకుంటూ జేడి యోధులు, గెలాక్సీ చక్రవర్తులు అంతరిక్ష నౌకలలో లేజర్ తుపాకులతో యుద్ధం చేస్తున్నట్టు కల్పిత గాథలను ఊహిస్తుంటారు.

ఈ పుస్తకం ఇవాళటి మన పరిస్థితులను గురించి మూలాలు తెలుసుకొని వివరించింది. ఆ పరిస్థితులు పట్టును సడలించి, మన భవిష్యత్తును గురించి మరింత సృజనాత్మకంగా ఆలోచించడానికి, మరోరకంగా ప్రవర్తించడానికి, అది వీలు కల్పిస్తున్నది. ఏదో ఒక దృశ్యం గురించి మాత్రమే నిర్ణయించి ముందు చెప్పి దిక్చక్రాన్ని కుదించే కన్నా, వాటిని మరింత విస్తరించాలని ఈ పుస్తకం లక్ష్యం. మరింత విస్తృతమైన అవకాశాలు మనముందు ఉన్నాయని అది చెబుతున్నది. 2050 నాటికి ఉద్యోగాల మార్కెట్, కుటుంబం, జీవావరణశాస్త్రం ఎలా ఉంటాయి అన్నది ఎవరికీ తెలియదు. ఈ సంగతిని నేను మళ్ళీమళ్ళీ నొక్కి చెబుతున్నాను. ప్రపంచంలో ఏ మతం, ఆర్థికవ్యవస్థ, రాజకీయ నిర్మాణం ఆదిపత్యంతో ఉంటుంది అన్న సంగతి కూడా తెలియదు.

మన దిక్చక్రాలను పెంచినందుకు ఒక్కొక్కసారి పరిస్థితి ఎదురుతిరిగి మనం గజిబిజిలో పడిపోవచ్చు. ముందుకన్నా పనిచేయనివాళ్లం కావచ్చు. ఇన్ని దృశ్యాలు, సంభావ్యతలు ఎదురుగా ఉంటే దేని మీద ధ్యాస పెట్టడం? ప్రపంచం ఎన్నడూ లేనంత వేగంగా మారిపోతున్నది. అలవిమాలిన సమాచారం, ఆలోచనలు, హామీలు, భయాలూ వరదలుగా మనల్ని ముంచెత్తుతున్నాయి. మనుషులు తమ అధికారాన్ని ఫ్రీ మార్కెట్‌కు, గుంపు తెలివికి, బయటి అల్గోరిథంలకు వదిలేస్తున్నారు. డేటా ప్రవాహంతో తట్టుకోలేక పోవడం అందుకు కొంతవరకు కారణం కావచ్చు. సెన్సార్‌షిప్ గతంలో సమాచార ప్రవాహాన్ని ఆపి పనిచేసింది. ఇక 21వ శతాబ్దంలో అది జనం మీద అసంబద్ధమైన

సమాచారాన్ని రుద్ది పనిచేస్తుంది. దేన్ని పట్టించుకోవాలో మనకు తెలియదు. కనుక కావలసినంత కాలం, సమస్యలను గురించి పరిశోధిస్తూ, చర్చలు చేస్తూ గడిపేస్తాము. ప్రాచీనకాలంలో అధికారం అంటే సమాచారం అందుకునే అవకాశం అని అర్థం. ఇవాళ అధికారం అంటే దేన్ని పట్టించుకోకుండా వదలాలని తెలిసి ఉండటం. మన ఈ అస్తవ్యస్త ప్రపంచంలో జరుగుతున్న అన్ని సంగతులను లెక్కలోకి తీసుకుంటే, మరి దేనిమీద దృష్టి కేంద్రీకరించాలి?

నెల లెక్కలో చూస్తే బహుశా వెంటనే కనిపించే సమస్యలు మధ్యప్రాచ్యంలో పరిస్థితి, యూరప్‌లో శరణార్థులు, చైనా ఆర్థిక పరిస్థితి మందగమనం, ఇక దశాబ్దాల లెక్కలో చూస్తే, గ్లోబల్ వార్మింగ్, పెరుగుతున్న అసమానతలు, ఉద్యోగాల మార్కెట్ తీరు భయంకరంగా మన మీదకు వస్తున్నాయి. అయినప్పటికీ జీవితాన్ని మనం మరింత విస్తృత దృష్టితో చూస్తే మూడు ఒకదానితో ఒకటి సంబంధంగల విషయాలు మిగతా సమస్యలు, సందర్భాలు అన్నింటికన్నా ముఖ్యంగా కనిపిస్తున్నాయి.

1. జీవులన్నీ అల్గోరిథంలు, జీవం అంటే సమాచారం ప్రాసెసింగ్ అని చెప్పే, అన్నింటినీ కలుపుకునే సిద్ధాంతం మీదకు విజ్ఞానశాస్త్రం కేంద్రీకరిస్తుంది.
2. జ్ఞానం చేతన నుండి విడిపోతున్నది.
3. చేతనలేని అయినా అత్యంత జ్ఞానంగల అల్గోరిథంలు త్వరలోనే మన గురించి మనకు తెలిసినకన్నా ఎక్కువ తెలుసుకునే వీలున్నది.

ఈ మూడింటితో మూడు ప్రశ్నలు తలెత్తుతాయి. అవి ఈ పుస్తకాన్ని చదవడం ముగించిన తర్వాత కూడా మీ మెదడులో చాలాకాలం వరకు నిలిచి ఉంటాయని నేను నమ్ముతున్నాను.

1. జీవులు అంటే నిజంగానే అల్గోరిథంలు మాత్రమేనా? ఇక జీవం అంటే కేవలం సమాచారం ప్రాసెసింగ్ మాత్రమేనా?
2. జ్ఞానం లేదా చేతన, రెండింటిలో ఏది విలువ గలది?
3. చేతన లేని ఆయినా అత్యంత జ్ఞానంగల అల్గోరిథంలు మన గురించి మనకు తెలిసినకన్నా ఎక్కువ తెలుసుకున్నప్పుడు, మరిక సమాజం, రాజకీయాలు, నిత్యజీవితం ఏమవుతాయి?

కృతజ్ఞతలు

మా గురువు సత్యనారాయణ్ గోయంకా (1924-2013) కు - నాకు విపాసనాధ్యాన ప్రక్రియను నేర్పించి, వాస్తవికతని ఉన్నది ఉన్నట్లుగా అవలోకించడానికి, నిజరూపాన్ని గ్రహించడానికి, మనస్సునీ ప్రపంచాన్ని మరింత బాగా అర్థం చేసుకోవడానికి తోడ్పడి నందుకు. పదిహేనేళ్ళ విపాసనను సాధన చేయడం వలన స్పష్టత, శాంతి, అంతర్దృష్టి కలిగాయి, అవి లేకుండా ఉంటే, నేను ఈ పుస్తకాన్ని రాయగలిగి ఉండేవాడిని కాదు.

ఇజ్రాయిల్ సైన్స్ ఫౌండేషన్‌కి - నా రీసెర్చ్ ప్రాజెక్ట్ (గ్రాంట్ నంబర్ 26/09)కు నిధిని సమకూర్చిపెట్టినందుకు.

హీబ్రూ విశ్వవిద్యాలయానికి, ప్రత్యేకంగా నా అకడమిక్ హోమ్ అయిన చరిత్ర విభాగానికి, ఎన్నో ఏళ్లుగా వాళ్ళ ప్రశ్నలూ, వాళ్ళ జవాబులూ, వాళ్ళ మౌనం ద్వారా నాకు ఎంతో నేర్పించిన నా విద్యార్థులు అందరికి.

నా పరిశోధన సహాయకుడు ఇదాన్ షెరర్‌కి - అతని ముందు - చింపాంజీలు, నియాండర్తల్, లేదా సైబోర్గ్‌లను - నేను ఏది ఉంచినా, వాటిని నిబద్ధతతో పరిశోధించి నందుకు. నా ఇతర సహాయకులు - రేం లిరన్, ఇయాల్ మిల్లర్, ఓమ్రి షెఫర్ రవీవ్‌కి - ఎప్పటికి అప్పుడు నాకు తోడ్పడినందుకు.

నా పుస్తక ప్రచురణకర్త మిఖల్ శ్వీట్ (పెంగ్విన్ ర్యాండమ్ హౌస్, బ్రిటన్) కి - తెగింపు చూపినందుకు, ఎన్నో ఏళ్లుగా నిబద్ధతతో వ్యవహరిస్తూ అన్ని విధాలా నాకు మద్దతు ఇస్తున్నందుకు. ఇతర సహాయకులు ఎలీ స్టీల్, సూజైన్ డీన్, బెథాం జోన్స్, మారియా గార్బట్-లుసెరో లకి - వారు చేసిన సహాయానికి.

డేవిడ్ మిల్నర్‌కు - రాతప్రతిలో అద్భుతమైన సవరణలు చేసి, ఇబ్బందికరమైన తప్పులనుంచి నన్ను కాపాడి, కంప్యూటర్ కీబోర్డ్ మీదున్న ముఖ్యమైన కీ బహుశా 'delete' అని నాకు గుర్తు చేసినందుకు.

ప్రీనా గేధర్, లీజా క్రేసోహోటీ (రాయట్ కమ్యూనికేషన్స్) కి - నా పుస్తకం గురించి సమాచారం అందరికీ చేరేలా సమర్థమవంతంగా సాయం చేసినందుకు.

నా ప్రచురణకర్త జోనాథన్ జావో (హార్పర్ కాలిన్స్, న్యూ యార్క్) కి, అక్కడి పూర్వ ప్రచురణకర్త కలేయర్ వాక్టెల్‌కి - వారి విశ్వాసానికి, ప్రోత్సహానికి, అంతర్దృష్టికి.

షముల్ రోజనర్, ఎరన్ జమోరాలకి – సంభావ్యతను చూసి, విలువైన ప్రతిపుష్టి (ఫీడ్‌బ్యాక్) ని, సలహాని ఇచ్చినందుకు.

డెబోరా హేర్రిస్‌కి – కీలక పురోగతిలో సాయపడినందుకు.

ఏమోస్ ఏవిసార్, షిలో డి బెర్, తిర్జా ఐజెన్బర్గ్, ల్యూక్ మేథ్యూస్, రైమి రోథోల్జ్, ఓరెన్ ష్రికిలకి – నా రాతప్రతిని జాగ్రత్తగా చదివి, తప్పులని సరిదిద్ది, ఇతర దృక్పథాలను నేను అర్థం చేసుకోడానికి ఎంతో సమయం వెచ్చించినందుకు.

యిగాళ్ బీరోకోవ్‌స్కీ – దైవం గురించి సున్నితంగా ఆలోచించమని నన్ను ఒప్పించి నందుకు.

యోరమ్ యోవేల్‌కి – అతని అంతర్దృష్టికి, ఇస్తా వోల్ వనంలో నాతో కలిసి నడిచి నందుకు.

ఓరి కాట్జ్, జే పోమేరంజ్‌లకి – పెట్టుబడిదారీ వ్యవస్థను మరింత బాగా అర్థం చేసుకునేటందుకు నాకు సాయపడ్డందుకు.

కార్మల్ వాఇజ్మాన్ వాకీన్ కెల్లర్, ఎంతోఆన్ మేజిఏర్‌లకి – మెదళ్ళు, మనస్సుల పట్ల ఉన్నవారి ఆలోచనలకు.

డి ఏ గో ఓల్‌స్టెయిన్‌కి – అనేక సంవత్సరాల ఆత్మీయ మైత్రికి, ప్రశాంతమైన మార్గదర్శకత్వానికి.

ఎహుద్ ఆమిర్, షూకి బ్రుక్, మీరీ వోర్జెల్, గై జర్లావాకి, మిఖాయిల్ కో ఎన్ , యోసి మౌరే, ఆమిర్ సుమకాయ్-ఫింక్, సరాయి ఆహారోని, ఆది ఎజ్రాలకి – రాతప్రతిలో ఎంపిక చేసిన భాగాలని చదివినందుకు, వారి ఆలోచనలను పంచుకున్నందుకు.

ఇలోనా ఏరియల్‌కి – కనబరచిన అంతులేని ఉత్సాహానికి , కల్పించిన అసామాన్యమైన రక్షణకి.

మా అత్తగారు, అకౌంటెంట్ అయిన హన్నా వైహోవ్‌కి – ఆర్థిక వ్యవహారాల్ని చక్క బెట్టినందుకు.

మా అమ్మమ్మ ఫ్యాని, మా అమ్మ పినీనా, నా సోదరీమణులు లియాత్, ఇనాత్, నా అందరి కుటుంబసభ్యులు, స్నేహితులకి – వారి మద్దతు, సాంగత్యానికి.

చంబా, పెంగో, చిలీలకి – ఈ పుస్తకంలోని కొన్ని ముఖ్యమైన ఆలోచనలకు, సిద్ధాంతాలకు కుక్కలకు సంబంధించిన దృష్టికోణాన్ని ఇచ్చినందుకు.

నా జీవన సహచరి, మేనేజర్ అయినా ఇటీజిక్‌కి – ముందునుంచి నా ఇంటర్నెట్-ఆఫ్-ఆల్-థింగ్స్ భూమికని నిర్వహిస్తూ వస్తున్నందుకు.

ఫోటోలకు కృతజ్ఞతలు

1. Computer artwork © KTSDESIGN/Science Photo Library.
2. *The Triumph of Death*, c.1562, Bruegel, Pieter the Elder © The Art Archive/Alamy Stock Photo.
3. © NIAID/CDC/Science Photo Library.
4. Moscow, 1968 © Sovfoto/UIG via Getty Images.
5. 'Death and dying' from 14th-century French manuscript: *Pilgrimage of the Human Life*, Bodleian Library, Oxford © Art Media/Print Collector / Getty Images.
6. © CHICUREL Arnaud/Getty Images.
7. © American Spirit/Shutterstock.com.
8. © Imagebank/Chris Brunskill/Getty Images/Bridgeman Images.
9. © H. Armstrong Roberts/ClassicStock/Getty Images.
10. © De Agostini Picture Library/G. Nimatallah/Bridgeman Images.
11. Illustration: pie chart of global biomass of large animals.
12. Detail from Michelangelo Buonarroti (1475–1564), the Sistine Chapel, Vatican City © Lessing Images.
13. © Balint Porneczi/Bloomberg via Getty Images.
14. Left: © Bergserg/Shutterstock.com. Right: © s_bukley/Shutterstock.com.
15. © Karl Mondon/ZUMA Press/Corbis.
16. Adapted from Weiss, J.M., Cierpial, M.A. & West, C.H., 'Selective breeding of rats for high and low motor activity in a swim test: toward a new animal model of depression', Pharmacology, Biochemistry and Behavior 61:49–66 (1998).

17. © 2004 TopFoto.
18. Film still taken from www.youtube.com/watch?v=wWIbCtz_Xwk © TVR.
19. © NOVOSTI/AFP/Getty Images.
20. Rudy Burckhardt, photographer. Jackson Pollock and Lee Krasner papers, c.1905–1984. Archives of American Art, Smithsonian Institution.

    © The Pollock–Krasner Foundation ARS, NY and DACS, London, 2016.
21. Left: © Richard Nowitz/Getty Images. Right: © Archive Photos/Stringer/Getty Images.
22. Courtesy of the Sousa Mendes Foundation.
23. Courtesy of the Sousa Mendes Foundation.
24. © Antiqua Print Gallery/Alamy Stock Photo.
25. Woodcut from 'Passional Christi und Antichristi' by Philipp Melanchthon, published in 1521, Cranach, Lucas (1472–1553) (studio of) © Private Collection/Bridgeman Images.
26. Source: Emission Database for Global Atmospheric Research (EDGAR), European Commission.
27. © Bibliothèque nationale de France, RC-A-02764, *Grandes Chroniques de France de* Charles V, folio 12v.
28. Manuscript: *Registrum Gregorii*, c.983 © Archiv Gerstenberg/ullstein bild via Getty Images.
29. © Sadik Gulec/Shutterstock.com.
30. © CAMERIQUE/ClassicStock/Corbis.
31. © Jeff J Mitchell/Getty Images.
32. © Molly Landreth/Getty Images.
33. *The Thinker*, 1880–81 (bronze), Rodin, Auguste, Burrell Collection, Glasgow © Culture and Sport Glasgow (Museums)/Bridgeman Images.
34. © DeAgostini Picture Library/Scala, Florence.
35. © Bpk/Bayerische Staatsgemäldesammlungen.
36. Staatliche Kunstsammlungen, Neue Meister, Dresden, Germany © Lessing Images.

37. Tom Lea, *That 2,000 Yard Stare*, 1944. Oil on canvas, 36"x28". LIFE Collection of Art WWII, U.S. Army Center of Military History, Ft. Belvoir, Virginia. © Courtesy of the Tom Lea Institute, El Paso, Texas.
38. © Bettmann/Corbis.
39. © VLADGRIN/Shutterstock.com.
40. *Virgin and Child,* Sassoferrato, Il (Giovanni Battista Salvi) (1609–85), Musee Bonnat, Bayonne, France © Bridgeman Images.
41. © Bettmann/Corbis.
42. © Jeremy Sutton-Hibbert/Getty Images.
43. Left: © Fototeca Gilardi/Getty Images. Right: © alxpin/Getty Images.
44. © Sony Pictures Television.
45. © STAN HONDA/AFP/Getty Images.
46. 'EM spectrum'. Licensed under CC BY-SA 3.0 via Commons, https://commons.wikimedia.org/wiki/File:EM_spectrum.svg#/media/File:EM_spectrum.svg.
47. © Cornell Bioacoustics Research Program at the Lab of Ornithology.
48. Illustration: the spectrum of conciousness.
49. © ITAR-TASS Photo Agency/Alamy Stock Photo.
50. © Jonathan Kirn/Getty Images.

అనువాదకురాలి గురించి...

ఆర్. శాంత సుందరి ఢిల్లీ విశ్వవిద్యాలయం నుంచి ఎం.ఏ. (హిందీ), బి.ఎడ్. చేశారు. కొన్నేళ్లపాటు ఢిల్లీ, చెన్నై, లిబియా రాజధాని ట్రిపోలీలో హిందీ, ఆంగ్ల ఉపాధ్యాయినిగా పనిచేశారు. యు.జి.సి. జాతీయ సదస్సులలో పాల్గొన్నారు. అనువాదకులకు ఉండాల్సిన లక్షణాలు పుణికిపుచ్చుకుని, అనువాదాన్ని కళగా అభ్యసించి, తెలుగు, తమిళం, హిందీ, ఆంగ్ల భాషల్లో ప్రావీణ్యం ఉండి, సృజనాత్మక రచనలకు ధీటుగా అనువాద రచనను చేపట్టారు. అందరికీ అర్థమయ్యేలా సరళమైన శైలిలో, కథ, కవిత, నవల, వ్యాసాలూలాంటి అన్ని ప్రక్రియల్లోనూ అనువాదాలు చేసి తెలుగు, హిందీ భాషల్లో 70కి పైగా పుస్తకాలు ప్రచురించారు. వీటిలో శాస్త్రీయ, వైజ్ఞానిక, సాంకేతిక గ్రంథాలు కొన్ని ఉన్నాయి. వీరు చేసిన అనువాదాలు కొన్ని విశ్వవిద్యాలయాల పాఠ్య పుస్తకాల్లో చోటుచేసుకున్నాయి. వీరి అనువాద పుస్తకాలు చదువుతుంటే అనువాదాన్ని చదువుతున్నట్టు అనిపించదు, తెలుగు పుస్తకమే చదువుతున్నామన్నంత అనుభూతికి పాఠకులు లోనవుతారు. అందువల్లనే ఆమె అనువదించిన డేల్ కార్నెగీ, రాబర్ట్ కియోసాకి, రొండా బర్న్, ఆనంద్ నీలకంఠన్, యువల్ నోఆ హరారీ పుస్తకాలు పలు ముద్రణలకు నోచుకున్నాయి. డి. విజయభాస్కర్ రచించిన 'గాంధీ జయంతి'ని హిందీలో అనువదించినందుకు ఆంధ్రప్రదేశ్ ముఖ్యమంత్రి చేత సత్కరించబడ్డారు. బహుభాషానువాద ప్రజ్ఞకు గుర్తింపుగా ఢిల్లీలోని భారతీయ అనువాద పరిషత్ పురస్కారం, జాతీయ మానవ హక్కుల పురస్కారం పొందారు. ప్రేమ్‌చంద్ బాలసాహిత్యం పుస్తకానికి తెలుగు విశ్వవిద్యాలం పురస్కారం, 'ఇంట్లో ప్రేమ్‌చంద్' అనువాదానికి కేంద్ర సాహిత్య అకాడమీ అవార్డును అందుకున్నారు. లేఖిని, అమృతలత, ఆచార్య భీంసేన్ నిర్మల్ స్మృతి రాష్ట్రీయ పురస్కార సమితి, తదితర సాహిత్య సాంస్కృతిక సంస్థల పురస్కారాలు వీరిని వరించాయి.